在游戏中发展儿童 ❷
以游戏为基础的多领域融合干预

[美]托尼·林德◎等著
童歌营◎等译　　姜佳音◎审校

TPBI 2

华东师范大学出版社
·上海·

图书在版编目(CIP)数据

在游戏中发展儿童.2,以游戏为基础的多领域融合干预/(美)托尼·林德等著;童歌营等译.—上海:华东师范大学出版社,2024
ISBN 978-7-5760-3563-6

Ⅰ.①在… Ⅱ.①托…②童… Ⅲ.①儿童-游戏发展-研究 Ⅳ.①B844.1

中国国家版本馆 CIP 数据核字(2024)第 072098 号

Transdisciplinary Play-Based Intervention, Second Edition (TPBI2)
By Toni W. Linder, Ed.D.
Originally published in the United States of America by Paul H. Brookes Publishing Co., Inc.
Copyright © 2008 by Paul H. Brookes Publishing Co., Inc.
Simplified Chinese translation copyright © East China Normal University Press Ltd., 2024.
All Rights Reserved.

上海市版权局著作权合同登记 图字:09-2017-549 号

在游戏中发展儿童 2:以游戏为基础的多领域融合干预

著　　者　[美]托尼·林德 等
译　　者　童歌营 等
审　　校　姜佳音
责任编辑　王丹丹
责任校对　江小华　时东明
版式设计　刘怡霖
封面设计　卢晓红

出版发行　华东师范大学出版社
社　　址　上海市中山北路 3663 号　邮编 200062
网　　址　www.ecnupress.com.cn
电　　话　021-60821666　行政传真 021-62572105
客服电话　021-62865537　门市(邮购)电话 021-62869887
地　　址　上海市中山北路 3663 号华东师范大学校内先锋路口
网　　店　http://hdsdcbs.tmall.com

印 刷 者　浙江临安曙光印务有限公司
开　　本　787 毫米×1092 毫米　1/16
印　　张　41.5
字　　数　847 千字
版　　次　2024 年 11 月第 1 版
印　　次　2024 年 11 月第 1 次
书　　号　ISBN 978-7-5760-3563-6
定　　价　168.00 元

出版人　王焰

(如发现本版图书有印订质量问题,请寄回本社客服中心调换或电话 021-62865537 联系)

感谢多年来与我一起工作过的所有儿童和家庭,是你们教会了我关于发展、学习、耐心、灵活、决心和爱的一切。

中文版赠言

我对《在游戏中评估儿童2：以游戏为基础的多领域融合评估》《在游戏中发展儿童2：以游戏为基础的多领域融合干预》与《以游戏为基础的多领域融合评估与干预实施指南》中文版的出版感到非常自豪。长期以来，我在中国的同仁们一直致力于对儿童进行更真实、更实用的评估，并在包容性课堂中为儿童提供服务。他们认识到，观察是了解每个儿童的个体发展差异和技能的关键。观察能够使我们看到儿童相对于同龄人的功能水平，识别可能阻碍其进步的因素，以及确定可以实施哪些支持以促进其发展。无论专业背景如何，我们都可以成为观察儿童的专家，并结合我们对儿童和家庭的独特知识与专业知识，来提供更好的教育和治疗干预。基于个体差异需要个别化教育这一事实，TPBA2和TPBI2提供了一个框架，指导我们确定观察什么、如何解释观察结果，以及如何将从评估中获得的信息转化为有效的教育方法。

我们必须在一个整体框架中看待儿童，理解影响一个发展领域发展的因素总是会影响其他领域这一规律。我们不能通过单独的测试来"割裂"儿童，以期了解儿童的整体发展情况。通过结合我们在自然环境中观察儿童时所获得的知识，我们可以更准确地了解儿童和可能影响其学习的因素。此外，这项工作也强调了家庭在了解儿童的背景和经历以及这些如何影响儿童整体发展方面的重要性。家庭是评估和干预过程以及干预最终成功的关键。因此，我鼓励专业人士将家庭成员作为团队的重要成员，而非教育过程中的旁观者。我衷心感谢那些承担翻译这一艰巨任务的人们，并祝福他们成功培养专业人员的观察技能，从而在中国推进真实的评估和干预。这可能是一个具有变革性的过程，能够影响早期教育、幼儿特殊教育和治疗专业领域的主要领导者，促使他们共同为所有儿童和家庭的利益而努力。在大学课程和教师专业发展培训中运用这些内容，可以促进教师理解个体差异，以及认识到为有特殊需要的儿童修改教育目标和教学策略的必要性。这项工作有望对中国残障儿童的评估和教育的未来产生深远影响。它可以作为了解残障儿童的基础，并为构建教育计划以满足儿童的广泛需求提供基础。最后，我想用中文对你们说："加油！"

托尼·林德

译 者 序

一、为什么将这套书介绍给大家

有幸结识这套书的主要作者托尼·林德(Toni Linder)教授,是我在1996年受到道兹(Joiash B. Dodds)教授的资助到美国丹佛大学进修的时候。托尼·林德教授当时教授研究生课程"儿童发展"和"儿童评估",并且领导着一些重量级的研究项目。她在学术生涯中,一直带领多个学科的团队研究儿童发展的规律,以及通过对临床个案的分析来获得和验证儿童行为的评估指标,寻找发展的年龄轨迹;她秉承从生活中、游戏中促进发展的理念,将达成发展指标的干预过程与生活和游戏相贯通,她的工作既具有学术性也具备重大现实意义,更具有较高的学术和实践专业地位。

托尼·林德教授是一位非常关注当下需求、具有创新性的人。为了解决实践中面临的挑战,她重新审视并突破以往的理论和实践做法,带领多个学科的学者和临床医生们,在儿童早期残障的鉴别与干预、特殊教育、融合教育等多个领域都推进了创新。*Transdisciplinary Play-based Assessment*:*A Functional Approach to Working with Young Children*(简称 TPBA,中文译名为《在游戏中评价儿童:以游戏为基础的跨学科儿童评价法》)和 *Transdisciplinary Play-based Intervention*:*Guidelines for Developing a Meaningful Curriculum for Young Children*(简称 TPBI,中文译名为《在游戏中发展儿童:以游戏为基础的跨学科儿童干预法》)这两本书的内容,是托尼和她的合作者们基于科学证据发明的用于儿童和家庭的一套系统化的诊断与干预方法。第一版已经在2008年翻译介绍给中国的相关专业人士,以推动这种跨学科的早期发展的专业服务。

《在游戏中评估儿童2:以游戏为基础的多领域融合评估》(简称 TPBA2)、《在游戏中发展儿童2:以游戏为基础的多领域融合干预》(简称 TPBI2)和《以游戏为基础的多领域融合评估与干预实施指南》(*Administration Guide for TPBA2 & TPBI2*,简称《TPBA2 和 TPBI2 实施指南》)是对两本书第一版的丰富和修订完善。本人在研读及与来自相关学科的译者们讨论时,感到这三本书对当下儿童早期发展评估干预领域有不可多得的价值。这套书在四个方面的突出特点使得译者们倾注了热情,开展艰苦细致的翻译工作。

1. 在逼近真实的情境下评估儿童的真实水平

多年来，国内在儿童发展评估方面一直以应用标准化测验为主。许多临床儿科医生和心理学家发现，在使用标准化测验时虽然尽最大可能地消除儿童接受测试时的陌生感和紧张情绪，但是有些儿童仍然难以配合测试。在一些发达国家，儿童发展的问题需要由各类医学机构、教育评估机构分别评估，家长和儿童都不堪其扰；而在使用各类标准化测验时，更是由于儿童的不配合，其结果的准确性受到家长的质疑。各自分割的学科专业从各自的视角出发，经常得到相互矛盾的结果；干预措施也是各开其方，效率不高。对于这样的情况，不仅幼儿难以承受，家长也有许多投诉，他们认为测验的分数不准确。托尼·林德教授集合众多学者潜心研究，创立了TPBA方法，就是为了解决这些现实问题。

TPBA这本书的开篇就用两名幼儿的故事来说明他们在被评估时的经历。一名幼儿不停地被送到各种陌生情境中进行各种"测验"，另一名则在亲人的陪伴下玩各种好玩的游戏。后者不仅自己感觉轻松好玩，还发挥出了能力的最好水平；而干预也是在游戏中、在好奇心的驱使下和在周围人的陪伴鼓励下进行，取得了好的效果。在教室或者家里，通过设定可刺激儿童进行表现的环境来进行评估，这种条件下的评估结果最大限度地逼近儿童的真实水平。为了让中国的幼儿也能够得到准确的评估和有效的干预，需要学习和借鉴这样的最接近原生态的方法。

2. 基于大量研究的指标体系，集结了大量儿童发展的知识宝库

这套书是儿童发展科学研究和临床经验的结晶，它首先是研究儿童发展和教育的一个知识库。记得在1996年读到TPBA和TPBI初版时，我就被书中儿童发展的知识之全面而吸引，比如它在情感发展领域中纳入了幽默感的指标，这个指标在当时的研究"知识库"里才刚刚出现。这套方法里的评估指标大都很新，真真切切地展示了儿童行为表现的内部因素。比如，动机是儿童学习的重要推手，但是它在标准化的结局性的测验里是不作为指标的。随着阅读的深入，我更为书中对巨量的研究成果进行的解读和运用，以及进而发展出的丰富观察指标所叹服。而目前的新版又根据研究的发展进行了知识的更新。

读懂儿童，是当今幼儿教育质量提升中教师亟需提升的一个关键能力。要实现高质量的融合的教育，这种读懂儿童的能力更为关键。TPBA极为丰富的观察指标，不仅适用于对残障儿童的鉴别和衡量，还适用于所有正常发展的儿童；书中反映幼儿能力的发展脉络和年龄特点（集中体现在年龄表上）的描述适用于所有儿童，它是一种普遍的、"正常"的发展轨迹。这些展现儿童早期发展各个方面的丰富指标，其深度涵义让我们似乎可以通过显微镜来放大看到儿童发展的肌理。尤其可贵的是，许多指标是从各学科领域收集而来的，又经过多学科专家的实践和碰撞进行了融合，达到可靠和精准，以综合视角帮助我们全面看待一个整体的儿童。我们有理由相信，在如此全面深刻地了解儿童的基础上制订的干预计划，会非

常扎实地影响和帮助到儿童。

TPBA 丰富的指标都是基于对研究的分析得出的。TPBA 完整地呈现了跨学科综合评估儿童的理念、科学基础和实施方法。"我们评估我们重视的东西。"但是如果没有大量的研究,我们怎么知道什么是最重要的东西呢? TPBA 通过大量的研究文献综述,对儿童的所有经验对其发展的作用都进行了研究和分析。一开始读这本书可能会觉得比较冗长,但这正是因为作者想把指标背后的原理,即儿童发展的理论和研究成果讲清楚,这也是造成这套书标题层级多的原因。比如,TPBA 的"读写能力"这一章,就是基于丰富的研究结论,把儿童读写能力如何形成的机制,婴儿时期的口头语言能力和交流意识与读写能力的联系都说清楚,这样读者能理解指标的真正含义。在 TPBI 里有如何在读写方面为入学作好准备的问题。书中建议的入学准备干预措施,不流于表面,而是细致地说明了读写能力怎样在家庭和幼儿园的日常生活、游戏、交往中,一步一步由口头语言、交流意识的产生,到对书面材料和印刷品、符号的辨识,再到产生书面的、含有信息交流功能的作品这一系列过程发展而成。这样更加有依据地、透彻地说明了幼儿教育应当如何帮助儿童作好入学准备。

在幼儿教育专业化的过程中,包括我国的《3—6 岁儿童学习与发展指南》在落实过程中遇到的困难,使许多专家意识到,幼儿教师普遍缺乏的是对儿童发展的价值的认识。托尼·林德教授主创的这套方法极大程度上有助于增加我们对儿童发展的规律性的认识,提高各项工作的科学性和专业性。

3. 以游戏为基础的观察、评估和干预,结合生活的干预方式

TPBA 和 TPBI 方法的理论基础是生态学理论、活动理论、社会学习理论、家庭系统理论和交互作用理论(Transactional Theory)等,它们在自然环境中进行干预,包括帮助儿童在日常生活情境中与家庭和社区成员一起学习;后两个理论通过设置"情境化学习"和"情境实践"将学习融入日常活动的场景中。"儿童的一整天中有成千上万个可以成为学习机会的经历,其中有一些可能是有计划或无计划的,有意的或偶然的。能否认识到每一次经历都提供了学习的机会是嵌入式干预目标的关键。"

正如《TPBA2 和 TPBI2 实施指南》的第一章对 TPBA 的简介中所述,传统的方法往往包含成人导向的治疗或教育、细分的方案和根据成就标准衡量的针对性技能。传统的家庭和学校(幼儿园)的干预方案虽然都包括直接与儿童打交道的专业人员,但照料者或教育者不参与其中,他们可以观看或从事其他活动。传统意义上的教育或治疗旨在通过成人的监督、支持、指导或鼓励来完成特定的任务。其中纳入的任务可能来自发展项目检核表、治疗方法或课程目标。也正是因为有针对性的目标通常是从发展测试或检查表中获得的,所以干预常常是"应试教学"或目标指向的。在许多情况下,专家作出的建议是让儿童重复练习某些技巧或活动。在许多方法中,整合功能性活动的技能都没有被列为计划的一部分。托尼指出,"一些研究表明,成人导向的干预、抽离式疗法和治疗场景以外的有针对性的技能练习,其效果比不上由持续与儿童互动的人进行的干预、在实际功能的情形中实施的干预和练习,以及利用交往互动来激发学习动机的干预"。这使她找到游戏这个关键的、顺应规律的方法,让儿童成为了自身在与环境互动中发展的带领者。

自21世纪初,这套方法就不仅看到、而且发挥了游戏在儿童发展评估中和对有特殊需要的儿童的价值,是非常领先的。这套方法的创新意义在美国等国家得到高度承认,其对儿童早期的发育发展的干预,契合了整个教育理念的转变——儿童的游戏天性可以使其达到最高的可能表现水平。除了游戏在评估中的作用,在游戏中进行相对应的功能性的干预时也可以达到最优效果。

TPBI超越了测验分数甚至智商等结局性评定,将实际的全面性的结果与特定的功能过程和行为作为干预目标。TPBI另一个同等重要的特征是基于对儿童学习特征的深刻理解,相信和尊重儿童主动学习的潜能,超越成人主导的训练主义,创立了从成人导向到儿童导向的一系列连续方法,和以"最少催促系统"(System of Least Prompts)为指导的干预措施,以为儿童提供支架。

TPBI是一种功能性的方法,侧重于使儿童有效地解决问题、在游戏中互动、沟通交流、学习新的技能,并引导儿童完成成为独立的人需要学习或做的事情。这些理念体现为具备以下三点:确定儿童个体已经完备的功能性结果;确定儿童自身的优势和学习过程;落实可能支持儿童发展进步或学习的环境调整。这是一个灵活的过程,允许照料者、教育者和治疗师将个性化优先事项确定为儿童日常环境干预的焦点,这体现了对离儿童最近的周围人的信任和尊重。为了调整成人与儿童的互动和环境,最大限度地支持儿童的功能发展,TPBI还建议干预者帮助那些与儿童互动最多的人。

传统的治疗方法通常也是通过领域内的特定技能来解决干预问题。我们看到过一些为了达到一个小的方面的进步,用机械训练的痛苦来挫伤儿童心理和个性发展的训练法。在TPBI中,虽然针对个体领域和技能确定了具体的策略,但其目的是将这些策略整体合并。TPBI鼓励专业团队共同合作,制订全面的干预策略,使用贯穿生活的方法将发展的所有领域融入现实生活中,在家庭和学校的游戏与日常活动中进行整体的干预。

在对儿童的各个侧面都透视的基础上,又要把各个方面需要特别干预的点融入一个有情感的、活生生的人的生活过程中去。好的干预方案就像织一条美丽的毯子,经线和纬线都要交织。其核心理念是调动人的兴趣去发展,以此作为扬长补短的动力。从缺陷补偿性的技能训练到发挥儿童自身的主动性的游戏型的干预方式,我们需要有清楚的理念导向。这套方法的创立者深深认识到,儿童学习成功的一个最重要的因素是完成目标的动力。他们看到,最大限度地提高儿童学习效率的关键是:自发性和自主导向性的问题解决、儿童的积极参与或卷入，以及掌握动机。他们把这三个关键要素作为 TPBA 的基础，使团队能够观察儿童的学习方式和有助于学习的因素，同时也作为 TPBI 干预过程的基础性条件。TPBI 的"游戏"部分提醒我们，干预应该是做儿童想要做的事情，做儿童觉得很有趣的事情，它们是儿童活动的动力。几乎所有的活动都可以设置成游戏的形式。

TPBI2 提供了在家庭、幼儿保育中心、学校或社区环境中实施干预的策略。干预是融入到生活常规和互动中的。每一方面的干预，都明确了在生活和托幼机构里可以做的事情，以及着力的重点。这套干预方法强调以儿童的兴趣为出发点的干预原则。儿童的兴趣各不相同，他们即便面对相同的挑战也未必就能产生同样的动力。玩物品、与人玩耍或运动给不同的儿童带来的动力程度也是不同的。当儿童感兴趣时，他们的注意就会更集中；当更加专注时，他们就会变得更投入；当更加投入时，他们就有动力去学习。对于大多数早期儿童教育工作者来说，这并不新鲜，但将这些原则纳入有特殊需要的儿童的干预模式中，对那些受过在成人导向性活动中"做治疗"或"教育"训练的人而言则是个挑战。"儿童主动"并不意味着将儿童放在常规的教室里，然后希望他们自己有兴趣、有动力去自主学习，而是意味着在儿童的兴趣和能力水平上设计一个吸引儿童与物体或其他人接触的活动。成人也可能需要通过环境改造、增加情绪感染、由行动或同伴示范展示新效果来增加儿童的兴趣和兴奋度。

TPBA2 和 TPBI2 提供的大量实例表明，日常生活的设置和活动是对婴幼儿与学龄前儿童进行干预的重点。教育者和家庭成员都可以利用自然发生的活动和互动来促进儿童的发展进步。TPBI2 中的策略对于从出生到 6 岁的所有儿童都是适宜和有效的，包括普通发展水平的儿童、有特殊需要的儿童等。TPBI2 中列出的各个发展领域的许多策略也都有益于因各种因素而发育迟缓的儿童。全面的发育迟缓、特定遗传疾病、发育障碍，或有与语言和交流、情感或社会发展、认知或学习有关的具体问题，以及有与感觉或感觉—运动相关的特定问题的儿童，均可从 TPBA2 的多个部分提及的策略中获益。TPBI2 和 TPBA2 中所提出的策略对于各种环境中的儿童都是有用的，包括家庭、托儿所、早期教育机构和诊所等。在专业人员的支持下，TPBI2 的流程对于所有需要额外支持以最大化发展的儿童都是有用的。

4. 该套方法非常鲜明地确立了成人与儿童在评估和干预中的角色

托尼·林德带领团队创造了 TPBI，旨在弥补传统干预方法的缺陷。书中特别指出，个别治疗、专业人士导向的干预和孤立的技能练习等干预措施，并不总能为儿童带来大的收益或更多的功能独立性。传统的治疗和干预已被证明有其局限性，包括没有给照料者赋能，照料者难以识别儿童可能获得的新的技能，不了解可以在日常生活里支持儿童学习的必要的干预策略；干预过程由成人驱动，而非儿童发起，也非自我导向；儿童学习那些无功能的单项技能，并不能改善整体功能；儿童学着回应成人的催促，但不会自发地在社交活动中使用，也不会主动利用环境来学习相应技能；照料者往往效能感很低；等等。因此，与过去以"专业的"成人教师为主导的干预关系模式不同,在 TPBI 的干预中,所有相关者的视角均被采纳,有特殊需要的儿童、干预专业人员、照料者和教育者等都在发挥作用。儿童最亲近的周围人应该被看作最了解和最可能实施干预的人。作为 TPBI 的基本原则,书中专门指出,TPBA 和 TPBI 是由以照料者和教育工作者为关键成员组成的团队负责实施环境和互动策略的,而专业人士在 TPBI 过程中承担情感支持者、顾问、教练、榜样、教育者和倡导者等一系列角色。书中特别明确了 TPBI 专业人员的作用是:支持儿童生活中的重要人物来学习掌握可以全天培养儿童发展技能的策略及过程,由此实现在自然环境中,在玩耍和家庭与学校的日常活动中进行的干预,鼓励儿童在环境中自发学习、练习,以及在不同情境和环境中迁移技能。

TPBI 中反复强调了父母和照料者在儿童早期干预中的核心地位。"大部分时间,父母和其他照料者都与儿童在一起。他们每天与孩子交流数百次,提供数百个与环境和其他人互动的机会,通过每天的日常活动来引导孩子。有了这些互动的机会,他们也有了数以千计的支持发展的机会,通过让孩子置身于情境中,以特定的方式呈现需要的或激励性的材料,鼓励孩子应用更高水平的沟通和问题解决方式,并使用协助的技巧来促进孩子独立性与知识和技能获取能力的发展。"随之,书中指出,在大多数最先进的干预模式中,专业人员的角色已经转变为更多参与儿童生活的人。在专业照料者或教师与儿童相处的很多时间里,专业人员可以参与共同解决问题,成为榜样,演示、观察、鼓励反省,并提供反馈、信息或资源。这种关系是一种非评判性的支持性协作。这是大多数经训练的专业人员需要面临的在理论和实践方面的重大转变,许多专业人员将需要额外的培训和监督才能充分实现向新角色的转变。由此,TPBA2 和 TPBI2 提供了专业人员如何与家庭合作来支持他们的学习和实践的原则与范例。

二、关于如何"读"和"使用"这套书

这套书大小标题相互嵌套,开始会有些摸不着头绪,读时需要解构。

由于观察指标以大量的研究为基础,所以你会看到每一个观察指标下都简述了其所基于的研究文献。书中还基于研究划分了观察领域范畴及其子类。比如,在情感范畴中,有情感表达、情感风格、情感调控、儿童对自我、儿童对他人等子类。在每个观察的范畴和子类下面,都会先呈现一段或几段新近的研究。比如,在儿童社会情感方面,书中就指出了婴幼儿具备的幽默感的价值和发展脉络,让我们能更好地读懂儿童的情感丰富性。在行文上,从评估和干预入手,但是反过来又追述了相关的概念和原理:为什么要观察这些方面,其意义和内涵以及表现是什么,其发展脉络是怎样的,等等。

为了满足操作性需要,书中不仅讲了应该怎么做,而且告诉了读者应该避免的做法,尽

管因此花了一些篇幅,但这样做有助于避免在实操中走弯路,提高对儿童评估和引导的效率,以及帮助读者快速地在专业方面成长。书中还有大量值得称道的案例,比如在《TPBA2和TPBI2实施指南》的第七章,在游戏引导员的策略部分,每一个策略后面都给出了不当的引导和更好的引导范例,在真实的情境中向读者说明了成为一个成熟的游戏引导员的策略。第八章则呈现了三名儿童的整体个案。TPBA和TPBI两册书中也充满了个案,帮助读者理解和在实践中参照。

三、读法

以TPBA2为例,除了按照发展领域划分章,如"第四章 情绪情感与社会性发展",对应英文原版书里的发展领域(Domain),我们在翻译过程中还为每章划分了节,对应发展领域里包含的子类,比如第四章里的"第一节 情绪情感表达观察指南""第二节 情绪情感风格/适应性观察指南",在节下面细分了由罗马数字代表的观察指标。

每个发展领域的所有子类下的观察指标(TPBA2中)和与观察指标相对应的干预建议(TPBI2中)部分都使用了罗马数字编号。它们是贯穿TPBA2和TPBI2,由观察指标和干预建议共享的唯一的身份编号。例如,对于TPBA2认知发展领域的注意子类(第七章第一节)里的观察指标"I. A. 儿童在任务中的注意选择、注意集中程度以及注意稳定性如何?",在TPBI2认知发展领域的注意子类(第七章第一节)里的I. A.是与其对应的干预建议。

四、感谢贡献者

感谢华东师范大学出版社能够在2008年可能不被市场看好的情况下决定出版《在游戏中评价儿童:以游戏为基础的跨学科儿童评价法》和《在游戏中发展儿童:以游戏为基础的跨学科儿童干预法》。

北京大学第一医院儿科的李明主任有志于共同推动该方法在国内的推广使用,他召集了杭州儿童医院的李海峰团队和北京联合大学的毛颖梅教授等,一起负责《TPBA2和TPBI2实施指南》的翻译,他还帮助校对了TPBA2和TPBI2的相关章节。TPBA2和TPBI2这两卷书的翻译,集合了老中青专业人员,并尽量根据各人专长来分配相关章节的翻译。比如,视觉障碍儿童的评估和干预由北京大学第一医院小儿眼科的李晓清主任负责;华东师范大学周兢老师推荐了从事儿童语言发展研究的张义宾博士负责语言和交流部分;郭力平教授领导团队负责了认知发展部分的翻译并认真地审校。这些多学科专家的倾情参与使这套书的跨学科性知识体系的翻译质量得到了保障。

《TPBA2 和 TPBI2 实施指南》译者表
李明 毛颖梅 李海峰 等译

所在部分	具体章节	译者/第一次详细审校者	译者单位
第一部分 以游戏为基础的多领域融合评估（TPBA2）	中文版前言、关于作者、序言、致谢	姚骥坤/姜佳音	北京全纳教育研究中心、国家开放大学培训中心
	第一章 以游戏为基础的多领域融合评估(TPBA)简介	毛颖梅/毛颖梅	北京联合大学特殊教育学院、国家开放大学培训中心
	第二章 TPBA2的流程	张茜/李明	北京大学附属第一医院儿科
	第三章 计划实施TPBA2的注意事项	毛颖梅/毛颖梅	北京联合大学特殊教育学院
	第四章 克服实施TPBA2的障碍	毛颖梅/毛颖梅	北京联合大学特殊教育学院
	第五章 预先从家庭获取信息	武元/武元	北京大学附属第一医院儿科
	第六章 协调家庭参与：家庭成员是团队的一部分	段若愚、张茜/段若愚、张茜	北京大学附属第一医院儿科
	第七章 游戏的实施——互动的艺术	毛颖梅/毛颖梅	北京联合大学特殊教育学院
	第八章 报告的书写——结构、过程和个案	毛颖梅/毛颖梅	北京联合大学特殊教育学院
	附录 报告范本	毛颖梅/毛颖梅	北京联合大学特殊教育学院
第二部分 以游戏为基础的多领域融合干预（TPBI2）	第九章 TPBI2的基本原理	李晨曦、李海峰/李晨曦、李海峰	浙江大学医学院附属儿童医院康复科
	第十章 TPBI2的过程	李晨曦、李海峰/李晨曦、李海峰	浙江大学医学院附属儿童医院康复科
附录 TPBA2 和 TPBI2 表格	家庭信息表	张茜、毛颖梅/张茜、毛颖梅	北京大学附属第一医院儿科、北京联合大学特殊教育学院
	儿童评价表 儿童干预表	毛颖梅/毛颖梅	北京联合大学特殊教育学院

除了以上译者，在此还要衷心感谢柳沅铮、赵爽对第一至四章的初译，浙江大学医学院附属儿童医院康复科阮雯聪、丁利、严方舟在第九章和第十章的翻译与校对工作中作出的贡献，以及参与了该书附录初译的北京联合大学特殊教育学院原学生白巍、张欢和张雨涵。

TPBA2 译者表

童歌营 等译，姜佳音 审校

具体章节	译者/第一次详细审校者	译者单位
中文版前言、作者简介、序言、致谢	姚骥坤/姜佳音	北京全纳教育研究中心、国家开放大学培训中心
第一章 以游戏为基础的多领域融合儿童评估与干预体系概述	姚骥坤/姜佳音	北京全纳教育研究中心、国家开放大学培训中心
第二章 感觉运动发展领域	周楠/李海峰	首都师范大学学前教育学院
第三章 视觉发展	李晓清/童歌营	北京大学第一医院小儿眼科
第四章 情绪情感与社会性发展	苏玲/赵爽	中国儿童中心
第五章 交流能力发展领域	张义宾/李建芳	华东师范大学脑科学与教育创新研究院、独立执业翻译
第六章 聋儿或听力受损儿童的听力筛查和矫正	张义宾/李建芳	华东师范大学脑科学与教育创新研究院、独立执业翻译
第七章 认知发展领域	郭力平/李佩韦	华东师范大学教育学院学前与特殊教育系、剑桥大学出版与考评院
第八章 读写能力	张涛/姜佳音	国家开放大学培训中心

除以上译者外，还要感谢童馨汇儿童康复中心来晶晶、浙江大学医学院附属儿童医院康复科周斯斯和赵茹在TPBA2第二章的校对工作中作出的贡献。

TPBI2 译者表

童歌营 等译，姜佳音 审校

具体章节	译者/第一次详细审校者	译者单位
中文版前言、关于作者、序言、致谢	姚骥坤/姜佳音	北京全纳教育研究中心
第一章 以游戏为基础的多领域融合干预概述	姜佳音/姚骥坤	国家开放大学培训中心、北京全纳教育研究中心
第二章 以游戏为基础的多领域融合干预计划要点	赵爽/姜佳音	北京建筑大学、国家开放大学培训中心
第三章 促进感觉运动发展	刘昊等/李海峰	首都师范大学学前教育学院、浙江大学医学院附属儿童医院康复科
第四章 对视觉障碍儿童的工作策略	李晓清/童歌营	北京大学第一医院小儿眼科
第五章 促进情绪情感与社会性发展	苏玲/赵爽	中国儿童中心　北京建筑大学
第六章 促进交流能力发展	张义宾/李建芳	华东师范大学脑科学与教育创新研究院、独立执业翻译
第七章 促进认知的发展	郭力平/李佩韦	华东师范大学教育学院学前与特殊教育系、剑桥大学出版与考评院
第八章 支持读写能力的策略	张涛/姜佳音	中国儿童中心

除以上译者外，还要感谢浙江大学医学院附属儿童医院康复科翟芳佳、李彦璇在 TPBI2 第三章的校对工作中作出的贡献。

最后，我想代表所有热情的、有专业精神的跨学科译者团队在此呼吁，希望看到此书的读者不仅把它们当作一套书来读，更能够行动起来，实践这套跨学科多领域融合的评估和干预方法，让有特别需要的孩子们在多学科、跨学科的专业人员的支持下得到更好的成长机会。还特别希望托儿所、幼儿园和学校的老师们了解这套方法，能够利用这套方法让有特殊需要的孩子融入到普通班级中，和家长们共同努力，在更高质量的融合教育环境下发挥所有儿童的潜能，实现在儿童发展上的起点公平。

译　者

2024 年 10 月 25 日

中文版序

当前关于神经系统和环境对大脑发育影响的研究表明，早期经验对以后的发展和学习有着巨大的影响。这对于生活在贫困中的儿童，因各种形式的创伤或消极的环境影响而遭受毒性压力的儿童，或者有发育迟缓、残障或学习障碍的儿童尤其重要。我们现在明白，及早对这些儿童及其家庭进行干预，可为幼儿的整体发展和学习带来长远的积极结果。虽然儿童保育中心和幼儿园形式的儿童早期服务已经在许多国家存在了几十年，但新兴研究强调了对因遗传、神经系统或环境问题而易受伤害的儿童进行重点关注的、高质量的早期教育的关键性。

在过去15年中，一些国家和国际组织认识到早期生活的重要性。联合国儿童基金会、世界卫生组织、世界学前教育组织、联合国教科文组织、救助儿童会、国际儿童教育协会等机构在协助全球制订重点关注的方面发挥了重要作用，包括高质量的幼儿早期方案标准、制订从出生到学龄阶段的地方方案，以及建立以幼儿为重点的高等教育专业培训方案。此外，这些组织还注意到，在这些为儿童及其家庭提供更多支持的早期儿童方案中纳入高危儿童和有特殊需要的儿童是非常关键的。随着这些儿童被纳入幼儿教育项目中，一些伴随的问题也出现了。几十年来在幼儿方案中使用的策略并不能对所有儿童有效。幼儿专业人员需要专门的知识和技能，以便为那些功能水平低于同龄人、学习方式不同或需要治疗支持和策略的儿童提供个性化教育，使他们可以最大限度地参与到同伴当中，并取得发展意义上的进步。

作为科罗拉多州丹佛市丹佛大学的一名教授，我指导了培养幼儿特殊教育工作者和儿童与家庭专家的研究生项目。在开发这些项目的过程中，我意识到让我的学生了解儿童发展、残障、评估和干预方法、课程方法和家庭支持等方面的知识是很重要的。然而，大多数儿童发展方面的文章都涉及发展研究，却很少提供关于儿童何时获得特定技能或如何看待高危儿童的差异的实际信息。关于残障的文章描述了残障问题，但没有具体说明干预策略。教给幼儿教师的评估方法侧重于标准化测试，这些测试通常不适合高危儿童和残障儿童，并且实际上标准化测验对于任何幼儿来说都很难引起兴趣。残障的鉴别和干预计划的制订往往靠医学的一套基于评估与干预的模式来进行。关于干预的方案往往属于正式的行为矫正，它是碎片化的、针对特定发展领域的治疗活动，而不是将治疗纳入自然的日常活动中。家庭被视为边缘角色，需要"咨询"。此外，许多文章并没有为教师提出一种整体的方法，而是假设各种治疗师都有这种知识，并为儿童单独服务。为了满足这些培训需求，我确定需要一种建立在几个基本前提之上的新方法。

为了给所有的儿童提供优质的教育，专业人员需要基本的知识和技能，包括：

（1）在感觉运动、情绪情感与社会性发展、语言和交流、认知等领域的儿童发展知识；

（2）了解与这些发展领域的关键子领域相关的基础研究；

（3）观察和识别每个儿童在每个领域及其子领域中学习的特定质性方面；

（4）确定每个儿童在所有发展领域的功能发展水平；

（6）为每个儿童确定有效学习策略；

（7）在项目课程中实施个性化策略，并在每个儿童取得进展时修改目标和策略；

（8）沟通技巧，以建立从学校到家庭的教育桥梁，使家长和专业人员相互理解，并使用一致的方法来支持儿童的学习和发展。

由于认识到这些需要，我与几位同事合作开发了一种系统的方法，以协助专业人员获得与使用上述知识和技能为从出生到 6 岁的幼儿服务。因此，构想并编写了《在游戏中评估儿童：以游戏为基础的多领域融合评估》[*Transdisciplinary Play-Based Assessment*（TPBA），1990，1993］和《在游戏中发展儿童：以游戏为基础的多领域融合干预》[*Transdisciplinary Play-Based Intervention*（TPBI），1990，1993］。从理论上讲，TPBA 和 TPBI 是基于这样一个事实，即幼儿在具有激励性和参与性、发展水平适当的活动中学习。这就是为什么游戏是幼儿的动力。因此，这套新的体系是以游戏为基础的。此外，与过去将儿童分割成不同专业人员单独检查的"碎片"（例如，言语治疗师评估言语和语言、心理学家评估认知等）的方式大不相同的是，新体系将采取一种整体的方法，与团队一起观察儿童，讨论跨学科的观察（因此这套方法称为多领域融合），并一起规划在儿童的家庭、学校和社区等自然的环境下可行的整体干预策略。虽然这种方法现在听起来合乎逻辑，并被认为是"最佳实践"，但是在当时开发的时候它的确是革命性的。

在新体系发表之后的 15 年中，以整体的、基于游戏的目标和治疗策略，以及基于游戏的课程进行"真实的"评估和干预的想法已经被广泛接受了。如今到了更新与修订 TPBA 和 TPBI 的时候，与幼儿有关的研究成果激增，这使得材料的内容大大扩展。两本书变成了三本。

以游戏为基础的多领域融合评估与干预实施指南

第一本是《以游戏为基础的多领域融合评估与干预实施指南》（*Administrative Guide for TPBA2 and TPBI2*，简称《TPBA2 和 TPBI2 实施指南》；Linder，2008），其中界定了评估过程、不同的人在评估中的作用、策略和程序以及报告的样本。多年来，我们发现许多专业人员习惯了"测试"和提供结构化的治疗,所以他们并不真正知道如何引导儿童的游戏。因此,我们增加了一章关于如何与儿童一起玩耍以鼓励更高水平的表现的内容。在多年的观察团队做 TPBA 的过程中,我们还发现,在访谈内容之外还需要指导团队成员与家长互动的方法。因此,我们增加了一章关于如何成为家长引导者的内容。本书的其他章节讨论了如何制订一个满足家庭、学校或儿童保育中心需求的干预计划,并提供了一些案例。

在游戏中评估儿童 2:以游戏为基础的多领域融合评估

《在游戏中评估儿童 2:以游戏为基础的多领域融合评估》(简称 TPBA2,2008)是系统的第二本,为在感觉运动、情绪情感与社会性发展、语言和交流以及认知等领域对幼儿进行观察提供了框架。本书列出了四个领域中每个领域的七个子类的研究基础,以及如何观察儿童与如何解释优势和需要关注的发展领域。观察指南表格提供了在观察儿童时需要回答的关键问题。儿童如何做某事和是否做某事同样重要。观察表现的质量,需要多少支持,什么样的策略帮助儿童表现出更强的技能,这些信息将在以后对老师和家长有帮助。每个领域还包含"年龄表",这些表格列出了每个年龄段的技能。这些表格使观察员能够确定儿童技能的范围,以及技能在变得具有挑战性之前所集中在的年龄段。TPBA2 经常用于幼儿(教师)培训方案中的儿童发展课程,因为它提供了大量关于儿童发展的实用信息以及研究证据,还有如何解释所观察内容的一些实例。

在游戏中发展儿童 2:以游戏为基础的多领域融合干预

《在游戏中发展儿童 2:以游戏为基础的多领域融合干预》(简称 TPBI2,2008)以游戏为主题,是教师、治疗师和家庭的一种资源,用于确定支持儿童学习和发展的人际互动策略与环境调整的方法。每个领域和子类都使用与 TPBA2 相同的指导问题,以方便使用者进入非常具体的需要关注的发展领域,并从多种策略中选择合适的与儿童一起尝试。本书还概述了父母和教师在一天中的各种日常工作中通常用来支持学习的策略。因此,本书既是正常发育儿童的资源,也是有特殊需要的儿童的资源。

虽然 TPBA/TPBI 模式最初是为识别高危儿童和有特殊需要的儿童,并为其制订方案而开发的,但后来发现它对所有类型课堂的所有教师来说都是一个有用的工具。教师关于儿童发展的知识往往仅限于基本的理论认识和关于发展里程碑的信息。为了适应符合儿童个别特点的教学方法和策略,他们需要有一个更全面、更详细的关于发展的图景。在游戏促进和父母促进方面对幼儿教育工作者进行培训也拓宽了他们的技能范围。TPBI 还为教师提供了资源,以确定对在婴儿、学步儿或学前儿童教育项目中的所有儿童提供的额外支持。例如,对于某些幼儿难以参与特定的活动,有一些章节提供了建议,这些建议也可以与家庭分享。

TPBA2/TPBI2 在中国

我与中国专业人员的合作可以追溯到 20 世纪 90 年代,当时我对中国儿童发展中心的员工进行了关于 TPBA 第一版的培训。TPBA 和 TPBI 的第一版中文版于 2008 年出版。TPBA 通过对儿童游戏的详细观察,为专业人员提供了从出生到 6 岁儿童的发展技能的观察、记录框架。随后,我多次来到中国,目的始终是帮助教师和其他专业人员学习如何观察儿童,并制订基于发展需要和个性化学习的课程。

译者团队目前承担了翻译 TPBA2 和 TPBI2 以及《TPBA2 和 TPBI2 实施指南》的艰巨任务。近年来,中国教育界的领袖们已经认识到,需要制订幼儿教育标准,将有特殊需要的儿童纳入幼儿教育项目,并在高等教育中重点培训幼儿教师。通过各级政府和各界相关人士的努力,已经取得了很大进展。随着该套书籍的中文版出版,该模式将用于支持所有这些任务。虽然需要根据文化环境作一些修改,但它的基本模式将为中国早期教育中广大幼儿的评估和教育计划提供一种没有文化偏见的方法。随着中国各地为婴幼儿设立更多的项目,无论是以家庭为基础的、以社区为基础的,还是以学校(幼儿园)为基础的,这套书籍都可以为融合性的项目计划和实施提供资源。

看到我们在 TPBA 和 TPBI 方面的工作成果现在能够提供给中国幼儿教育工作者使用,我感到非常高兴和兴奋!我还希望看到高等教育项目在幼儿发展的学位课程中把这套书作为教科书。我希望这套书成为各地幼儿教育的领先者们规划和制订融合性课程的资源。

我很希望看到一些项目开始实施 TPBA2/TPBI2 模式,以支持所有儿童的学习和发展。我热切期待这套书为加强中国的幼儿教育作出积极贡献。

目　　录

作者简介　1

序言　5

致谢　7

第一章　以游戏为基础的多领域融合干预概述　1

第二章　以游戏为基础的多领域融合干预计划要点　5

第三章　促进感觉运动发展　28
　　第一节　改善运动功能的策略　28
　　第二节　改善粗大运动能力的策略　45
　　第三节　改善手臂和手部使用的策略　66
　　第四节　提高运动计划与协调能力的策略　88
　　第五节　改善感觉调节能力及其与情绪、活动水平和注意的关系的策略　115
　　第六节　提升感觉运动机能在日常生活和自理中的作用的策略　134

第四章　对视觉障碍儿童的工作策略　156

第五章　促进情绪情感与社会性发展　176
　　第一节　促进情绪情感表达的策略　176
　　第二节　改进情绪情感风格/适应性的策略　192
　　第三节　改进情绪和觉醒状态调整的策略　212
　　第四节　促进行为调控的策略　245
　　第五节　改进自我意识的策略　274

第六节　改进游戏中情绪情感主题的策略　293

第七节　改进人际互动的策略　314

第六章　促进交流能力发展　347

第一节　提高语言理解的策略　347

第二节　提升语言生成的策略　367

第三节　提高语用的策略　393

第四节　促进发音和语音发展的策略　417

第五节　改善发声和流畅度的策略　430

第六节　促进言语生成的口部运动机制功能发展的策略　440

第七节　提升听力和交流的策略　454

第七章　促进认知的发展　484

第一节　提高注意力的策略　484

第二节　提高记忆力的策略　502

第三节　改善问题解决的策略　521

第四节　提高社会认知的策略　543

第五节　提高游戏复杂性的策略　558

第六节　提高概念性知识的策略　578

第八章　支持读写能力发展的策略　602

作者简介

托尼·林德博士(Toni Linder, Ed. D.),从1976年开始担任莫格里奇教育学院(Morgridge College of Education)儿童、家庭和学校心理学项目(Child, Family, and School Psychology Program)教授。林德博士一直是幼儿真实性评估(Authentic Assessment)学科发展的引领者,她在"以游戏为基础的多领域融合评估和以游戏为基础的多领域融合干预"(Transdisciplinary Play-Based Assessment and Transdisciplinary Play-Based Intervention)方面的工作在全美和许多其他国家都获得了公认。她开发了《阅读、游戏和学习!®幼儿故事书活动:多领域游戏课程》(Read, Play, and Learn!® Storybook Activities for Young Children: The Transdisciplinary Play-Based Curriculum, 1999),这是一套适用于幼儿园儿童学习和发展并基于儿童文学和游戏的包容性课程。此外,林德博士还是丹佛大学儿童游戏和学习评估诊所(Play and Learning Assessment for the Young Clinic, PLAY)主任,她带领专家及专业学生团队在这里为幼儿及其家庭提供基于游戏的多领域融合评估。林德博士为儿童评估及干预、儿童早期教育、家庭参与等议题提供了广泛咨询。她主持了多类研究,如多领域融合研究对发展的影响、亲子互动、课程成果以及技术在农村地区专业发展中的应用。

坦尼·安东尼博士(Tanni L. Anthony, Ph. D.),科罗拉多州教育部视觉障碍项目主管和州顾问(Supervisor and State Consultant on Visual Impairment);科罗拉多州儿童视觉和听觉损失服务项目主任(Director, Colorado Services for Children with Combined Vision and Hearing Loss Project)。美国科罗拉多州丹佛市东科尔法克斯大道201号科罗拉多州教育部,邮编80203(Colorado Department of Education, 201 East Colfax Avenue, Denver, Colorado 80203)。

安东尼博士担任科罗拉多州教育部视觉障碍顾问,她还担任科罗拉多州儿童视觉和听觉损失服务项目主任。她是一位全美公认的专门针对幼儿视觉障碍或失聪的培训师和作家。安东尼博士在国际上为视觉障碍儿童及其家庭提供早期干预服务项目设计的咨询。她曾参与联邦政府项目,为服务于感觉丧失幼儿的人员设计职前和在职培训材料。安东尼博士是北科罗拉多大学教育学学士,在丹佛大学儿童与家庭研究及多领域融合领导力方向获博士学位。

安妮塔·邦迪博士(Anita C. Bundy, Sc. D.),美国注册作业治疗师,美国职业治疗协会成员，悉尼大学健康科学学院职业治疗专业教授。澳大利亚新南威尔士州悉尼市，邮编2041，邮政信箱170(P. O. Box 170, Sydney, New South Wales, Australia 2041)。

邦迪教授接受了职业治疗师的专业培训。她从事儿科教学和实践已经有30多年了。她的研究强调儿童游戏，包括利用游戏促进身体活动、心理健康和亲子互动。她撰写了两份与游戏相关的评估报告，一份是《游戏的充分性测试》(Test of Playfulness)，用于考察儿童的游戏方式；另一份是《环境的支持性测试》(Test of Environmental Supportiveness)，用于考察照料者、玩伴、空间和物品对游戏的贡献。她还是《感觉统合：理论与实践（第2版）》(Sensory Integration: Theory and Practice, 2nd ed., F. A. Davis)的主编，并撰写该书的若干章节。

蕾妮·查利夫-史密斯硕士(Renee Charlifue-Smith, M.A.)，美国注册言语治疗师，科罗拉多大学医学院儿科系肯尼迪合作伙伴项目(JFK Partners)高级讲师，言语语言病理学家。科罗拉多州丹佛市东第九大道4900号，邮编80262(4900 East 9th Avenue, Denver, Colorado 80262)。

蕾妮·查利夫-史密斯是科罗拉多大学医学院儿科系教员。她是言语语言病理科主任，在肯尼迪合作伙伴项目中担任ENRICN儿童早期干预团队(ENRICH Early Intervention Team)的协调员。她曾担任多个美国联邦政府资助的示范、研究和培训项目的言语语言病理学顾问。她的专业兴趣包括早期干预、自闭症谱系障碍和运动性言语障碍。

苏珊·德维纳尔(Susan Dwinal)，美国注册作业治疗师，职业治疗师。科罗拉多州戈尔登市高公园路420号，邮编80403(420 High Parkway, Golden, Colorado 80403)。

德维纳尔女士于2000年在新罕布什尔大学获得了职业治疗学士学位。她通过科罗拉多州丹佛市的肯尼迪合作伙伴项目完成其职业治疗研究，包括参与自闭症和发展障碍临床团队及成为充分使用社区和家庭自然物资源团队成员。苏珊曾在家庭、学校和社区等各类环境中从事儿科工作，为儿童和家庭服务。她曾与托尼·林德博士合作，担任丹佛大学儿童游戏和学习评估诊所的职业治疗师，同时也是林德博士的农村地区多学科融合游戏评估团队中的一员。

简·克里斯蒂安·哈弗博士(Jan Christian Hafer, Ed.D.)，加劳德特大学教育系教授。美国华盛顿佛罗里达大道西北800号，邮编20002(800 Florida Avenue NW, Washington, DC 20002)。

简·克里斯蒂安·哈弗在华盛顿加劳德特大学教育系专门从事以家庭为中心的早期教育。她的学术兴趣包括游戏、评估失聪和听觉障碍儿童，以及与听力正常的人群进行手语交流。

娜塔莎·霍尔硕士(Natasha Hall, M.S.)，美国注册言语治疗师，言语语言病理学家。科罗拉多州丹佛市奥奈达街181号,邮编80220(181 Oneida Street, Denver, Colorado 80220)。

霍尔女士是新墨西哥大学语言和听力科学学士,内布拉斯加州大学林肯分校言语语言病理学硕士。她擅长研究儿童早期的言语语言病理,在科罗拉多州格林伍德村樱桃溪学区工作。娜塔莎曾在科罗拉多州丹佛市的长老会/圣卢克医学中心(Presbyterian/St. Luke's Medical Center)服务四年,主要从事儿科研究。她在丹佛大学担任林德博士的农村地区多领域融合游戏评估团队的言语语言学核心顾问。娜塔莎的职业专长是早期干预实践和发展评估。

福里斯特·汉考克博士(Forrest Hancock, Ph. D.),儿童早期教育顾问。美国得克萨斯州奥斯汀市卵石海滩大道2305号,邮编78747(2305 Pebble Beach Drive, Austin, Texas 78747)。

汉考克博士是得克萨斯州中部地区的儿童早期教育顾问。她在普通教育和特殊教育领域耕耘了40年,她的教学经验涵盖了从小学到大学的学生和从业者。汉考克博士相继获得得克萨斯州立大学语言和学习障碍硕士学位、得克萨斯大学早期儿童特殊教育博士学位,之后在得克萨斯大学从事早期语言发展的研究生教学。她为学前教育工作者和管理者、早期干预服务协调者与早期干预专家开发和提供专业发展培训,并支持特殊教育教师在从业第一年的时候寻求认证。

序　言

《在游戏中发展儿童2：以游戏为基础的多领域融合干预》(TPBI2)在第一版的基础上做了大量增订，为各学科专家、教育工作者、照料者和家庭成员提供参考。本书提供了许多可以整合到功能性日常常规和游戏活动中的实用策略，并将其运用到家庭、学校和社区环境中。

各发展领域下的每项子类在 TPBI2 中都有相应的章节。本书的章节包括：

- 以游戏为基础的多领域融合干预概述
- 以游戏为基础的多领域融合干预计划要点
- 促进感觉运动发展
- 对视觉障碍儿童的工作策略
- 促进情绪情感与社会性发展
- 促进交流能力发展（含提升听力和交流的策略）
- 促进认知的发展
- 支持读写能力发展的策略

在上述每一章中，发展领域的每项子类都有自己的节。和 TPBA2 子类相关的每个问题都有说明，诸如典型的发展水平是什么样的，如何在日常常规中观察，父母通常如何在儿童的一日生活中支持该领域的发展。然后通过为每个潜在关注领域确定的人际互动策略和环境调整来处理个体差异。每章都有如何应用这些策略的案例。

TPBI2 各章旨在结合和融合各发展领域，在相应的章节部分为特定儿童的干预方案提供思路。策略以简单直接的方式呈现，以便这些章节部分可以让父母、照料者、教师或其他与儿童互动的专业人员共同参阅。本体系还包括功能进展量表（Functional Outcomes Rubrics，FOR），用于衡量各发展领域进展或儿童早期整体发展水平。

TPBA2 和 TPBI2 意在为有特殊需要的儿童个体提供帮助；不过 TPBA2 和 TPBI2 提供的策略对于面向全体儿童的教学计划同样有效。每章与干预有关的案例都是来自使用《阅读、游戏和学习！》课程的班级。这套课程同样由作者开发。TPBA2 和 TPBI2 策略可应用在任何课程中，用于帮助教师制订个性化的教学计划。

TPBI2 策略也可应用于干预应对（Response to Intervention，RTI）。在课堂上使用 TPBA2 观察指南和功能进展量表进行仔细观察，将有助于教师确定儿童的优势和所需的发展领域。TPBI2 的使用将进一步帮助教师在班级里选择人际互动和环境调整。由于这是一种多领域融合模式，也需要咨询来自不同学科的专业人员。

以游戏为基础的多领域融合体系是一个集功能性、整体性和整合性为一体的方法。它将儿童和家庭视为专业团队的一部分。TPBA2观察指南的评估结果和TPBI2中的策略使我们能够制订发展计划，为各类环境下的儿童提供持续性支持。通过不断监测和修订儿童发展计划，使用以游戏为基础的多领域融合体系有助于部分儿童避免日后需要特殊教育服务。对于需要更多支持的儿童来说，另一种可行的方法是采用TPBA2，然后在儿童符合接受特殊服务条件后再制订策略。以游戏为基础的体系无论是用于干预应对还是用于识别有发展问题的儿童，其理念都是一样的：评估与干预应该是一种愉快和好玩的方式；应该减少儿童发展问题带来的家庭压力；应该给儿童带来更强的独立性、更好的社会互动和更多更有效的学习。

致 谢

对以游戏为基础的多领域融合评估和干预体系的修订已经酝酿了很多年,这个过程中涉及数百个儿童、家庭、学生和专业人员的贡献。我知道我永远无法对每一位参与到这一创作过程中的人士表达充分的感谢,但是我将非常高兴列举几位作出重大贡献的关键人物。

首先,这项工作是建立在初版 TPBA 和 TPBI 基础之上的。为此,我感谢初版的主要贡献者——苏珊·霍尔(Susan Hall)、金·迪克森(Kim Dickson)、葆拉·哈德森(Paula Hudson)、安妮塔·邦迪、卡罗尔·雷(Carol Lay)和桑迪·帕特里克(Sandy Patrick)。所有这些专业人员都帮助塑造了 TPBA/TPBI 的格式和内容。这些同仁在进行初版 TPBA 和 TPBI 的工作时,他们的动力并不是来自各领域的奖励,而是纯粹源于一种信念,即游戏是促进幼儿及其家庭的最佳途径。他们在这一过程中的信念对于完成初版和随后 TPBA 体系的成功至关重要。

那些为 TPBA2、TPBI2 与《TPBA2 和 TPBI2 实施指南》作出贡献的同仁,在完成这项任务时,更多考虑的是正当性和有效性,因为在早期干预和幼儿特殊教育领域已经有很多研究支持我们所做的是基于最佳实践的。这些同仁也致力于为幼儿及其家庭提供功能性的、有意义的评估和干预。再次感谢安妮塔·邦迪,尽管她已经搬到了澳大利亚,但她继续在 TPBA2 和 TPBI2 中提供感觉运动发展方面的专业知识。苏珊·德维纳尔还是儿童游戏和学习评估诊所团队与 TPBA 农村培训团队的成员,我感谢她及她为手臂和手部使用的干预章节所做的工作。蕾妮·查利夫-史密斯教会了我很多关于口语能力和语言的知识,并且她是儿童游戏和学习评估诊所的一位不可缺少的成员。她的专业知识有助于扩大和建立我们工作的经验基础。蕾妮不仅撰写了几个章节的重要部分,她还审编与贡献了所有的交流和听觉评估及干预的章节。蕾妮一直是坚定的游戏拥护者和忠实的朋友,我非常感谢她的支持。谢丽尔·科尔·鲁克(Cheryl Cole Rooke)和娜塔沙·霍尔加入进来支持蕾妮,为我们打气,并贡献了交流领域的章节。来自华盛顿加劳德特大学的简·克里斯蒂安·哈弗将她在聋哑教育方面的专业知识带到了 TPBA2 和 TPBI2 中,为听觉评估和干预增加了所需要的新的组成部分。同样,坦尼·安东尼贡献了视觉方面的内容,这一领域经常被非视觉专家忽视。坦尼对 TPBA2 的视觉部分的研究表明,来自不同学科的专业人员能够可靠地观察视觉,并为进一步的视觉评估做出决定。安·彼得森-史密斯(Ann Petersen-Smith)将她的护理背景和专业经验带到我们的博士项目中,然后带到儿童游戏和学习评估诊所,之后又带到她对幼儿和家庭史问卷(the Child and Family History Questionnaire, CFHQ)的研究中。她的工作展示了这部分内容对 TPBA2 和 TPBI2 的重要性。凯伦·莱利(Karen Riley)在儿童游戏和学习评估诊所里领导了一个小组，对患有脆性 X 综合征(Fragile X Syndrome)的儿童进行了 TPBA 研究。她在诊所的领导力、她写报告的技巧、她对研究的热情以及她永恒的友谊都是无价之宝。谢谢你，凯伦！福里斯特·汉考克率先将 TPBA 和 TPBI 的培训带到得克萨斯州以表达她的支持，她随后为读写部分的评估和干预提供了贡献。此外，她有很好的编辑眼光！福里斯特的合作、友谊和支持帮助我度过了不止一个艰难的夜晚。

许多人为 TPBA2 和 TPBI2 各个方面的实践工作和研究作出了贡献。我要感谢伊萨·阿尔-巴尔汗(Eisa Al-Balhan)、坦尼·安东尼、安·彼得森-史密斯和凯利·德布鲁因(Kelly DeBruin)对这一过程中不同组成部分的专题论文研究。凯利·德布鲁因关于 TPBA2 同时效度和社会效度(Concurrent and Social Validity)的研究为整个过程提供了一个重要的视角。此外，得克萨斯州的几个小组进行了评估研究，用于检验 TPBA 的有效性，随后获得得克萨斯州教育部授予的"前景实践奖"(Promising Practices Award)。来自普莱诺(Plano)、康罗伊(Conroy)、朗德罗克(Round Rock)和凯蒂(Katy)的得克萨斯州团队均收集了数据以显示这一过程的有效性和各种成果带来的影响力。例如，凯莉·约翰逊(Kellie Johnson)和她在朗德罗克的团队证明，与普遍看法相反，使用 TPBA 并不会导致更多的儿童被认为需要特殊教育服务。事实上，由于儿童表现得更好而没有资格获得特殊教育服务，朗德罗克得以取消两个特殊教育学前班。儿童能够通过 TPBA 方法展示更高水平的技能。感谢所有"前景实践奖"团队致力于实施和分享儿童友好及家庭友好的实践。此外，我要感谢福里斯特·汉考克、伊莱恩·厄尔斯(Elaine Earls)、简·安德烈亚斯(Jan Andreas)、玛吉·拉森(Margie Larsen)、林恩·沙利文(Lynn Sullivan)、斯泰西·沙克尔福德(Stacey Shackelford)和其他独立学区及得克萨斯州地区服务中心，感谢你们的领导力、实地测试和反馈！安妮玛丽·德科特-扬(AnneMarie deKort-Young)、科林·加兰(Corrine Garland)和斯特拉·费尔(Stella Fair)从始至终是支持我的同事。

许多人审阅了手稿片段。我要感谢俄亥俄州聋哑学校的凯莉·达文波特(Carrie Davenport)，她对听觉章节给出了重要的反馈。我还要感谢约翰·内斯沃斯(John Neisworth)、菲利普帕·坎贝尔(Phillippa Campbell)、莎拉·兰迪(Sarah Landy)、马西·汉森(Marci Hanson)、安吉拉·诺塔里-赛弗森(Angela Notari-Syverson)、凯瑟琳·斯特雷梅尔(Kathleen Stremmel)和朱利安·伍兹(Juliann Woods)，再次感谢安妮塔·邦迪、凯伦·莱利、蕾妮·查利夫-史密斯和坦尼·安东尼，感谢几位参与跨领域影响的研究，从而证明了多领域融合结构的有效性。我相信这项工作将引起未来对干预计划的有趣研究。

关于 TPBA2 的一个令人难以置信的满足是有机会与来自世界各地不同文化的人分享

TPBA 和 TPBI。由于评估和干预模型的灵活性，它们很容易适应不同的情境。我要感谢那些已经开始使用 TPBA 和 TPBI(包括第一版和第二版材料)的人们的支持与正在进行的研究和反馈，特别是挪威的珍妮·辛(Jenny Hsing)和安妮-梅雷特·克莱佩内斯(Anne-Merete Kleppenes)，爱尔兰的玛格丽特·高尔文(Margaret Galvin)、凯文·麦格拉廷(Kevin McGrattin)和露丝·康诺利(Ruth Connolly)，葡萄牙的曼努埃拉·桑切斯·费雷拉(Manuela Sanches Ferreira)和苏珊娜·马丁斯(Susana Martins)以及中国的陈学锋。你们都给了我灵感，让我知道你们是如何为儿童和家庭倡导与创造变革的。谢谢你们！

当然，和每位教授一样，我以很多方式和我的学生们一起工作。虽然我无法一一感谢，但我要对你们多年来的辛勤工作表示感谢。我从你们每个人身上都学到了东西！我要特别感谢凯丽·利纳斯(Keri Linas)、金·斯托卡(Kim Stokka)和珍妮·科尔曼(Jeanine Coleman)在你们的博士项目中的合作。你们每个人都把游戏作为学习的重要组成部分，你们每个人都将为我们的领域作出巨大贡献。谢谢你们积极的、敢作敢为的态度！去吧，追逐梦想！

对于保罗·布鲁克斯出版公司(Paul H. Brookes Publishing Co.)(过去和现在)的所有人，包括保罗·布鲁克斯(Paul Brookes)、梅丽莎·贝姆(Melissa Behm)、希瑟·什雷斯塔(Heather Shrestha)、塔拉·格布哈特(Tara Gebhardt)、简·克雷奇(Jan Krejci)和苏珊娜·雷(Susannah Ray)，我感谢你们持续的支持、宽容、耐心和辛勤工作。

最后，我要感谢我的家人和朋友们，你们在这个看似难以承受、无休止的任务中几乎被抛弃了，我感谢你们坚定不移的爱和支持(即使在我犹豫不决的时候，你们也让我继续前进！)。你们的爱支撑着我，为我提供情感能量！谢谢你们！

第一章　以游戏为基础的多领域融合干预概述

《在游戏中评估儿童2：以游戏为基础的多领域融合评估》(*Transdisciplinary Play-Based Assessment, Second Edition*)中，有一篇小短文描述了儿童视角下的传统评估方式和以游戏为基础的多领域融合评估方式。下面的短文将描述儿童视角下的传统干预方式和以游戏为基础的多领域融合干预方式的不同。由于家庭干预和学校或儿童保育中心干预可能看起来非常不同，所以针对这两种情形都将提供例证。需要注意的是，两种环境中的儿童、治疗师、家长或老师的角色是相似的，但不同的干预方式会使他们的角色非常不同。

在家庭环境中的传统干预

想象一下你自己是一个两岁半的男孩，患有脑瘫，整体发育迟缓。当门铃响的时候，你正坐在妈妈的膝盖上看书上的图片。妈妈将你放在地上，上前开门。她微笑着让罗莎进来。罗莎带着她装玩具的包包。你也朝她微笑。你知道包里装的是什么。罗莎有好玩的玩具！你爬到包边，想钻进去。罗莎与妈妈在谈论你和你一周做的事情。你开始拿出罗莎的玩具，寻找一个既能发光又能发声的。哦，在这儿！你开始敲打它，试图让它动起来。罗莎帮你按了下按钮。妈妈坐在椅子上看着你和罗莎玩耍。罗莎拿出另一个玩具，让你在小木棒上串圈圈。这不是你最喜欢的玩具。这好难。所以你回到第一个玩具，再按着玩。罗莎又拿出刚才那个"甜甜圈"，并帮你将它们串在小木棒上。然后罗莎拿出马克笔和纸，放在咖啡桌上。她想试着让你站起来玩马克笔。她扶你站起来，把马克笔递给你。你在纸上敲了几下马克笔，然后坐了下来。站起来好难，写字也不好玩。你爬向妈妈，想让她来接你。但是妈妈却说："你们俩玩一会儿吧。我正好在你们玩的时候打扫厨房。"妈妈离开了房间。你想跟着她，但罗莎拉你回来，递给你另一个玩具。好吧。玩还是有意思的。你待在客厅里，在地板上一直玩到罗莎收拾好玩具准备离开。妈妈回到客厅和她说："过几周见。"罗莎说："玛雅下周会来解决他的一些运动方面的问题。"我不喜欢玛雅。她让我做很难的事。

以游戏为基础的多领域融合干预

当门铃响的时候，你正坐在妈妈的膝盖上看书上的图片。妈妈将你放在地上，上前开门。她微笑着让瑞秋进来。瑞秋一边和我说着话，和我玩着我最喜爱的弹出式玩具，一边问妈妈关于我们这一周的情况，聊聊有趣的事和遇到的困难。妈妈说我在家需要关注和很多帮助，这让她很难做完家务。这是真的。我喜欢妈妈陪着我！瑞秋问妈妈现在想做什么。妈妈说："我现在真的需要打扫早餐和午餐后的厨房。已经一点钟了，我似乎没有时间做我需要做的事。他去日托的那几天，情况会好些。我会有点自己的时间。"瑞秋说："那让我们到厨房看看山姆怎样能帮上忙并学习一些新技能！"我们都到了厨房，（妈妈说得对）厨房里真是一团糟！瑞秋说："让我们来看看。我们要鼓励他独自站立，能同时使用双手，学习一些有用的新词，能自己一个人玩。对吧？""尤其是最后一项！"我妈妈笑道。"好，我们先琢磨一下，"瑞秋说，"在这个房间里，山姆喜欢什么？"妈妈笑了："除了吃的？他喜欢水。"（这点她说得对！）"他喜欢把我的橱柜里的东西扒出来！"（这点说得也对！）瑞秋说："让他帮忙洗盘子吧。"瑞秋环顾四周，然后走到客厅，拿来我的小塑料桌和儿童椅，并把桌子靠在墙上。"这样就可以，"她说，"桌子被固定住，山姆可以靠着桌子站起来，不会挪动它。你有可以放水的塑料缸或水壶吗？"我爬过去看妈妈在橱柜那做什么，我看到很多有趣的锅碗瓢盆。"让他挑一个吧，"瑞秋说，"让他自己做出选择，培养独立性。""山姆，拿个平底锅来。"没问题。我拖出一口放在前面的大锅。瑞秋说："来点勺子之类的东西怎么样？"妈妈打开一个抽屉，我撑着桌子站起来，往抽屉里瞧。"太好了！"瑞秋说，"他想看看抽屉里的东西。这是鼓励他撑着站立的好方法！"妈妈让我从抽屉里拿出一些东西扔到地上，然后合上抽屉。瑞秋把水放进锅里，拿给我看，然后把锅放到我的小桌子上。"哇哇！"我一边喊一边爬向桌子。"好呀，山姆，是水。来帮妈妈洗盘子吧。"我撑着站起来，想够着水。瑞秋挪了下椅子，让我可以自己坐着。妈妈把我扔在地上的东西捡起来，放到装水的锅里。我伸出手拿起勺子，开始玩起来。瑞秋问妈妈要了块海绵，然后教我怎么挤水。这好难。但我喜欢看着水被挤出来的样子。她教我怎么擦勺子。嘿，洗东西真好玩！

瑞秋说："好了，他在洗盘子了，我们也可以开始了。"妈妈和瑞秋走到水池边，妈妈在水池里放水，开始洗盘子。瑞秋教妈妈如何做"示范"，一边洗勺子，一边和我说："山姆，勺子。"瑞秋告诉妈妈，如果我觉得无聊了，就拿一些新的东西让我洗。我不觉得无聊。我爱玩水。妈妈不断地给我看她洗的东西，然后告诉我该我洗了。我教她怎么挤海绵。妈妈说："太好了，山姆，你真是个好帮手。"我真的是！妈妈和我在洗盘子的时候，我们三个还在说话。当我们都洗完了，妈妈让我用海绵清理"烂摊子"。妈妈笑着告诉瑞秋，也许她也会让我帮忙把衣服放进洗衣机和烘干机里。瑞秋说这真是一个好主意。如果衣物筐在地上，我就需要一会儿站起一会儿蹲下地把每件衣服拿出来，然后放进烘干机里，这样我就需要用双手抓取更大的物件。我喜欢把东西拿出来再放进去。我认为我们现在就应该这么做。我说："出去。"妈妈和瑞秋相视而笑，点点头。妈妈说："我从来没料到我的'家务活'对他来说是游戏。这样,我有了各种主意,让我们既能一起做事情,也能帮到我们两个!"

在儿童早期教育与保育中心里的传统干预

我正和我的朋友们坐在一起听老师读故事,这时玛丽小姐进来抱我。她告诉我的老师她会准时带我回来吃点心。很好,我喜欢吃点心,不过我想在走之前听完故事。她抱着我去了她的办公室。那里有一张小桌子和一把椅子。桌子上放着一个洋娃娃和一些小汽车,看起来蛮好玩。我坐在小椅子上,玛丽小姐让我指给她看洋娃娃的嘴、眼睛和鼻子。我对应地指了指。"这是什么?"她指着娃娃的额头(head)问。我说"额"(har)。我不知道我们为什么要指这些。难道不能玩它们吗?我开始推小汽车玩,并发出像我爸爸的汽车一样的声音。她拿起一辆小汽车说:"C-A-R,说'car',山姆。"我试着模仿她。然后我接着推小汽车玩,并发出汽车声响。玛丽小姐拿出一本书,开始让我看书上的图片。她问我图上都有什么。她难道不知道吗?看完书后,玛丽小姐带我回到教室,告诉我下周再见。太好了。我准点回来吃点心了!

在儿童早期教育与保育中心里的以游戏为基础的多领域融合干预

在讲故事时间前,鲍勃先生来了,他在和我的老师说话。我坐在儿童椅上,这是因为之前鲍勃先生告诉我和老师,儿童椅能使我坐得更好,说得更好,也更为专注。我想他是对的。我们以前都坐在方格地毯上,我很费劲才能坐起来,这让我无法专心听故事或和老师说话!其他小朋友也有自己的儿童椅,也有些小朋友坐在地上或特殊的垫子上。鲍勃先生把我的书拿过来,让我能边听边看。鲍勃先生为我特制了书。书有三页,每页都很厚。这样我可以自己翻书。这本书能帮我看到老师正在讲的故事。我们轮流帮老师讲故事。有时轮到我讲故事,我就会使用鲍勃先生特制的有声书。老师拿起她的书,我就会在我的有声书上按下按钮,书就会读故事。我努力尽量多说话。我让小朋友们根据我说的大声读出来,就像书中的牛说的。我喜欢当老师的感觉。很多天下来,我们每天都在读同样的故事,很快我就学会了故事里的很多词,还可以告诉别人我知道的东西。

在讲故事时间结束后鲍勃先生还在。这时候我们都可以选择自己想做的事。鲍勃先生帮我们告诉老师我们想做什么,然后他在教室里到处走走,帮助小朋友。他喜欢帮我们小朋友互相聊天,说我们在做什么。有时他用手语,有时用图片。我朋友艾莉森有一台机器,鲍勃先生教她使用。当她按下机器的某个部位的时候,机器就会替她说话!真的好酷。鲍勃先生正在教我的老师(多棒啊!)如何让机器说话。有时鲍勃先生会带他的朋友来。他称之为"团队"的成员会教他怎么做。整个教室里进行着好多教学活动!

到了点心时间,鲍勃先生今天和我们一起吃。他说他要用耳朵吃饼干和奶酪!我大喊:"嘴巴!"鲍勃先生说:"停住,鲍勃!"他笑了,对我说:"谢谢。"然后他用嘴吃了。还好我告诉了他正确的吃法。然后他说他要用鼻子听我说话。我大笑。鲍勃先生真有趣。玛丽莎告诉他:"停住,鲍勃!"他停住了并看她。她指着耳朵:"耳朵,鲍勃。"我也说:"耳朵,鲍勃!"老师问我要不要闻闻奶酪,然后把奶酪举到我的眼睛边。每个人都笑了,说:"停住,安娜!"我的老师问:"我应该把奶酪举到哪里?"每个人都喊起来:"他的鼻子!""鼻子!"我也大叫起来。她把奶酪举到我鼻子边,我闻了闻。教老师如何做事,真好玩!

第二章　以游戏为基础的多领域融合干预计划要点

《在游戏中发展儿童2：以游戏为基础的多领域融合干预》（以下简称TPBI2）旨在展现为需要支持以促进发展的0—6岁幼儿提供计划、实施和评估干预措施的过程。TPBI的目的是为这一过程提供一个架构、一个概念化干预策略的框架，以及一种监测和评估所选策略效度的手段。

1.1　团队成员

无论是否与TPBA团队相同，TPBI团队成员都要协作支持与幼儿日常互动的成人，包括家庭成员、照料者以及早期教育工作者。在评估后计划阶段（Postassessment Planning Phase），团队成员倾听家庭成员的意见，并与家庭成员一起就幼儿的需求、最适合的服务以及采取的干预形式提供意见。无论是评估后计划阶段，还是在干预前计划阶段（Preintervention Planning Phase），团队都会从讨论服务转变为计划具体的策略。在干预前计划阶段，整个团队或者个别团队代表（如果TPBA是在家中完成的话）与主要照料者及教师会面，商讨期望的具体进展、引导干预的功能目标（Functional Objectives）以及全天可以采取哪些用于支持幼儿发展和学习的策略。对于在校幼儿，团队可分别与家长及教师讨论计划。不过一般不建议这么做。虽然家庭和学校所面临的问题不同，但是所有的照料者需要保持同步。团队成员帮助主要照料者考虑可能的进展，帮助他们确定一天中的时间、活动或事件用于形成干预思路，在与幼儿的良性互动过程中找到成熟时机引入干预。这是头脑风暴时刻，家长和教师可能同意或不同意提出的想法，谈论已经尝试过的方法，交流个人困惑，和/或分享他们自己对可能奏效的策略的看法。团队的角色是倾听、支持和帮助权衡各个选项，然后促进具体干预计划的制订。在干预阶段，团队成员的角色因幼儿年龄、服务地点、所确定的策略内容和水平而异。团队为幼儿和家长或教师提供基于最少支持系统的干预。也就是说，团队成员尽可能地发挥咨询作用，根据需要再提供更多的指导或架构。幼儿、父母、家庭照料者和教育者的目标都是培养独立性，培养独立思考和创造性解决问题的能力。团队成员的角色因人而异，这取决于他们对不同程度的支持的需要和期望。在评估阶段，团队成员给出观察结果，提炼家长的观点，得到相对客观的幼儿进展和下一步计划。

TPBI有别于传统治疗的地方在于：在传统治疗中，专家们与幼儿见面，并在各自的专业领域直接着手干预；而TPBI采取的是团队合作的方法，通过协作努力提供整体性干预。在前文的类比中，幼儿、家庭和团队之间的关系好比一个轮子，幼儿是轮毂，团队是轮辐，家庭是轮圈，三者连接在一起，轮子才能滚动。另一个类比可以是，幼儿是轮毂，家庭成员、教师和幼儿生活中其他重要的人都是轮辐，团队是为内圈提供支持的轮圈。如果轮圈的一部分缺失或失效，它就无法有效地工作。团队必须经常沟通，以多种方式相互支持，作为整体发挥作用。换言之，幼儿、家庭、教师和团队必须作为一个协作的整体发挥作用，干预才能达到最大效果。我们大多数人无法选择我们的团队、我们的家庭或我们的孩子，但是我们尽自己最大的努力使之行之有效。干预之所以"有效"，是因为每位团队成员都贡献信息、建议、培训、指导、监督和情感支持。干预之所以"有效"，是因为每位团队成员互相关心、没有偏见、开放、积极、诚实、宽容和耐心。干预之所以"有效"，是因为父母关心、没有偏见、开放、积极、诚实、宽容和耐心。干预之所以"有效"，是因为各方的相互倾听、整合想法与合作使它行之有效。尽管这并不总是发生，但请想象一下，当车轮不再摇晃，并在直线上不断滚动前行时，一切会怎么样。

　　团队中的每个人都按要求承担不同的职责，实施不同的干预。一种考虑实施TPBI的方式是，根据所服务人群的需求，提供早期干预（Early Intervention，EI）和/或幼儿特殊教育（Early Childhood Special Education，ECSE）支持的每个团队都由具有不同学科背景的成员组成。如TPBA2的第一章所述，团队共同执行TPBA。小组举行评估后会议（Postassessment Meeting）。不同州和机构的运作方式不同，因事而异。在流程中的某个时间点，一个干预小组被指派与幼儿及家庭一起工作，最好该小组也与照料者和教师一起工作（尽管这并不是必然的）。对于每个幼儿，都应指派一名家庭协调员（Family Facilitator）。理想情况下，家庭协调员是已经与家庭有良好联系，或在幼儿的主要残障或需求方面有专长的人。家庭协调员应保持家庭联系，建立家庭信任关系，以提供持续性服务。团队的其他成员应该支持协调员。

　　包括干预协调员（Intervention Facilitator）在内的小组成员应每周开会讨论幼儿和家庭情况，以收集意见和获得支持。团队应不定期地呈现幼儿的各类日常活动短片，供成员观看并据此提供意见。团队讨论应围绕协调员带来的核心事件和问题展开。只要有可能，团队成员应两两组队随访家庭或学校。这很重要。首先，两名团队成员可以就幼儿和家庭给出不同的新视角，在各自的专业领域提供指导，就他们认为的幼儿或家庭对干预的反应向主要的干预协调员提供反馈，和/或提供同行指导。让不同的团队成员在不同的时间参与，增加了重新思考干预策略的机会。此外，当团队成员开会讨论幼儿和家庭时，每位成员会有更多的"真实案例"视角。

　　在TPBI中，一个关键要素要铭记于心：家长、照料者和教师，这些每天陪伴幼儿最多时间的人,才是真正核心的干预人员;而所有团队成员仅仅是他们的支持者。干预协调员的作用是帮助这些核心的人在与幼儿互动的过程中获得知识、技能和信心,同时帮助他们"保持真实",让幼儿的学习和发展比以往任何时候都更充满乐趣和动力。

1.2 干预类型

在 TPBI2 中,各种干预思路以多种方式呈现。促进发展的普遍适用原则是,在提供策略的同时帮助成人创建支持性学习环境。通过学习互动,将各种促进幼儿在认知、情绪情感与社会性、交流及感觉运动领域的学习与发展的建议提出来。分享应用策略的案例,包括幼儿在家、保育中心或学校里的各种日常活动,图示罗列与发展相适宜的建议,这样团队就会有很多可供借鉴的想法。根据幼儿的年龄、幼儿的残障类型及严重程度、进行干预的环境、成人与幼儿的关系、成人使用策略的信心的不同,将已找到的不同策略应用到干预中。根据需要和期望的支持类型及程度,专业人员在幼儿的生活中扮演的角色与幼儿和成人也会不同。

1.3 材料

使用 TPBI 方法进行干预不需要特定材料。在 TPBI 干预过程中可以使用自然环境中的任何材料。此外,为增强幼儿的功能表现,治疗师也会建议改变环境、修改材料、使用治疗材料或设备。团队(包括家庭成员和教师)应尽可能地在家庭和教室中使用与没有残疾的同龄人或兄弟姐妹相同的材料。可以加入适应性或特殊的玩具、材料和设备,这样能更好地激发幼儿的动力、提高其技能或独立性。对于 TPBI 而言,最重要的"材料"是计划过程中用的表格。

表格只是 TPBI2 流程中的一个辅助工具。它们给出了流程的结构,并为思考、计划、实施和干预评估提供指导。为了达到各州或机构的要求,也可修改以下表格,或用规定的项目表格替换。TPBI 中使用的表格摘要及说明如下(所有表格都包含在 TPBA2 和 TPBI2 的表格光盘中):

- 评估后/干预前:

幼儿评估和建议检核表(Child Assessment and Recommendations Checklist;参见《TPBA2 和 TPBI2 实施指南》附录)

家庭服务协调检核表(Family Service Coordination Checklist;只在表格光盘中有)

团队干预计划表(Team Intervention Plan, TIP;参见《TPBA2 和 TPBI2 实施指南》附录)

- 干预开始和过程中:

协作解决问题工作单(Collaborative Problem-Solving Worksheet，CPSW；参见《TPBA2和TPBI2实施指南》附录)

团队干预计划策略检核表：家庭和社区（TIP Strategies Checklist：Home and Community；参见《TPBA2和TPBI2实施指南》附录)

团队干预计划策略检核表：儿童保育和早期教育中心(TIP Strategies Checklist：Child Care and Early Education；参见《TPBA2和TPBI2实施指南》附录)

- 干预过程中和干预后(可选，也可使用其他监测工具)：

TPBA2领域(四个领域)的功能进展量表[感觉运动、情绪情感与社会性、交流和认知；Functional Outcomes Rubrics (FORs) by TPBA2 Domain(4)；参见《TPBA2和TPBI2实施指南》附录]

OSEP幼儿进展(三个领域)的功能进展量表[Functional Outcomes Rubrics by OSEP (The Office of Special Education Programs) Child Outcome(3)；只在表格光盘中有]

团队评估进度表(Team Assessment of Progress Form，TAP；参见《TPBA2和TPBI2实施指南》附录)

OSEP幼儿进展汇报表和工作表（OSEP Child Outcomes Reporting Form and Worksheets；只在表格光盘中有)

1.3.1 表格说明

幼儿评估和建议检核表

此表可自选，在TPBA2之后和在确定了服务及干预之后填写。它总结了幼儿和家庭的需求，以及由谁提供何种干预和服务。它还记录了时间，用于回顾进度。

家庭服务协调检核表

此表可自选，可用于《残障人教育法》(The Individuals with Disabilities Education Act，IDEA)C部分的协调服务。它确定了潜在需求和家庭优势，以及由谁负责帮助获取这些服务。

团队干预计划表

此表在TPBA和其他各种评估完成后使用。它用于确定所选的幼儿整体进展(Global Outcomes，Go)、优先干预子类和干预的具体功能目标。

协作解决问题工作单

协作解决问题工作单用于记录所选子类和要干预的功能目标。此表也能指出其他可以与干预目标一起解决的发展领域。本工作单记录具体的人际互动和环境策略以及干预资源。

团队干预计划策略检核表：家庭和社区

此表以简要的形式确定了在家庭和社区的干预中嵌入不同的活动与生活日常的想法，

提供了不同的人际互动和环境策略的建议。此表的目的是激发更多想法，从而帮助完成协作解决问题工作单。

团队干预计划策略检核表：学校和儿童保育中心

此表简要地确定了在学校和儿童保育中心的干预中嵌入不同类别的活动和生活日常的想法，提供了可供参考的不同类别的人际互动和环境策略的建议。此表的目的是激发更多想法，从而帮助完成协作解决问题工作单。

TPBA2 领域的功能进展量表

该表根据各发展领域的子类提供目标达成量表（Goal Attainment Scales）的结构。目标达成量表显示子类从最低到达成技能的进阶。量表用于指明两个前后相间的测量的行为基线（实施干预反映出的行为）和行为水平。

如果需要，可以从表中按发展领域选出优先考虑的子类。团队一旦确定优先子类，就要写好所确定的功能干预目标（Functional Intervention Target, FIT）。

OSEP 幼儿进展的功能进展量表

该表为每个 OSEP 幼儿进展提供了目标达成量表的结构。这里包括与 TPBA2 发展领域的 FOR 相同的目标达成量表内容，不过是按 OSEP 幼儿进展组织的。团队一旦确立了优先项，就要写好功能干预目标[更多信息请参阅 TPBA2 和 TPBI2 表格光盘上的"TPBA2 中 OSEP 幼儿进展报告"（OSEP Child Outcomes Reporting with TPBA2）]。

团队评估进度表

团队评估进度表是用来评估优先干预项中幼儿目标达成量表的进度。每年至少要完成两次该表，但最好更频繁一些。（团队还可用 FOR 对发展领域的所有子类进行更全面的回顾。）然后通过重新审视期望的整体进展，确立新的优先项，修改团队干预计划，填写新的干预目标。

OSEP 幼儿进展汇报表和工作表

根据《残障人教育法》，各州及其项目必须上报接受 IDEA 服务的幼儿在改善、维持或未改善功能（联邦政府指定的三项幼儿进展）上所占的比例。（更多有关信息，请参阅 TPBA2 和 TPBI2 表格光盘上的"TPBA2 中 OSEP 幼儿进展报告"）。通过使用目标达成量表和 OSEP 幼儿进展的 FOR，此汇报表和工作表使项目得以追踪幼儿的发展进度。

1.4　TPBI 过程

TPBI 是一个灵活的过程，这意味着要与 TPBA2 结合使用。因为 TPBA 是干预的初步实验，所以为计划可能有益的干预方法提供了基础。TPBI2 可以在任何评估后使用，从而获得足够的功能信息以用于干预计划。团队一旦掌握了幼儿技能、行为、学习方式、互动偏好和功能需求的信息，就可开始计划干预。在干预实施之前，TPBI 过程会有若干步骤。这些步骤确立了干预方向，聚焦到家庭和其他照料者提到的功能目标上，然后制订出干预计划。TPBI 过程的每一步都有特定的表格用于促发思考。团队或可选择使用自己的表格，或可同时使用机构表格和 TPBI2 表格，或者只使用 TPBI2 表格。TPBI2 的核心并不在于文书工作，而是在于如何与幼儿、家庭和专业人员共同使用推荐的干预策略。这些表格旨在支持这项工作，而不是妨碍它。因此，请使用你需要和对你有帮助的部分。

以下的十二个步骤概述了 TPBI 过程是如何完成的，并说明如何将《TPBA2 和 TPBI2 实施指南》(TPBI2 的基础)的第九章概述的最新理论、研究和方法融入到该过程中。与 TPBA2 一样，专业人员可以从中获取各种工具和选项来满足项目中个体或团队的需求及偏好。以下内容介绍了计划干预的各种方法，并用说明和示例的方法介绍了如何将 TPBI2 计划过程应用于不同的幼儿群体。

1.5 十二个步骤

1.5.1 第一步：找到优势、需求和期望的进展

确立目标并知道是否正朝着这个目标取得进展是非常有帮助的。因此，干预流程的第一步是弄清幼儿整体进展或者干预后我们期望达到的进展。如前文所述，该研究领域已从"提高精细动作技能"这样的普遍目标转为与改善功能及生活质量有关的长期发展目标。根据你所在州、所在机构的要求，和(或)专业偏好，可以通过多种方式确定进展。TPBI2 使用多种不同的来源确定干预方向和重点：(1)从"幼儿和家庭史问卷"(Child and Family History Questionnaire，CFHQ)和"幼儿功能的家庭评估工具"(Family Assessment of Child Functioning Tools，FACF)上获取的家庭初步信息；(2)每个领域的 TPBA2"观察指南"(Observation Guidelines)和"观察总结表"(Observation Summary Forms)；(3)TPBA2 各个领域的年龄表(Age Tables)；(4)TPBA2 每个子类的"目标达成量表"；(5)每个 TPBA2 领域的"功能进展量表"(见《TPBA2 和 TPBI2 实施指南》附录)；(6)按 OSEP 划分的幼儿功能进展量表。鉴于需使用多种方法确定进展和具体目标，建议以上工具结合起来使用(Sandall, McLean 和 Smith, 2000)。

从家庭获取初步信息

首先，从"幼儿和家庭史问卷"和"幼儿功能的家庭评估工具"上获取信息以弄清幼儿和家庭对进展的期望值。特别需要留意的是，"幼儿功能的家庭评估工具"的第二部分"关于我自己问卷"(All About Me Questionnaire)末尾的几个问题，是关于幼儿父母期望看到幼儿在

独立性、控制力、技能等方面的表现的。即便对于已经有"适合个体的教育计划"(Individualized Education Program，IEP)的学龄前幼儿，我们仍建议同时将学校环境和家庭与社区环境中的进展都纳入计划中。在制订干预计划的支持要素时，有关风险和保护的要素很重要，因为这有助于确定优先项、优势、所需资源和关注点。

TPBA2 观察指南和观察总结表

每个领域的 TPBA2 观察总结表都发现了发展优势和需求的整体规律（参见 TPBA2 各个领域的 TPBA2 观察指南和观察总结表）。该表还包含用于给幼儿的功能水平打分的九分制目标达成量表（9-point Goal Attainment Scale，参见 TPBI2 各章）。快速回顾这些表的信息将有助于弄清楚幼儿在各个领域的发展优势和干预点。对于需要关注的方面，回顾 TPBA2 观察指南的具体子类会帮助团队在干预中对需进一步发展或关注的点明确定性过程。

TPBA2 年龄表

TPBA2 年龄表也可用于发现优势和所需技能，监测所关注特定子类的进度情况（参见《TPBA2 和 TPBI2 实施指南》附录中与 TPBA2 各个领域相关的年龄表）。高水平的技能表现作为优势可以为进一步发展奠定基础。记录哪些技能被标为"差距"，或者哪些技能幼儿尚未达到，但为进一步的学习（"准备"）打下了基础。TPBA2 年龄表帮助团队发现具体领域或目标技能。

通过使用以上信息，团队展开优势和需求的讨论，进而确定进展。有三种不同的方式用来确定哪个潜在的整体进展长期来看是适宜幼儿的：确定需要更高表现水平的 TPBA2 发展领域；确定 OSEP 幼儿进展[早期幼儿进展中心（ECO Center）]；确定个体进展。

*确定需要更高表现水平的 TPBA2 发展领域。*通过本方法，团队可以选择进展中的一个或多个作为整体进展：

1. 感觉运动：独立有效地运动，调节和使用感觉输入进行学习。
2. 情绪情感与社会性：有效地与他人产生联系并能控制情绪和行为。
3. 交流：理解并积极有效地使用口语和非口语交流。
4. 认知：理解不同想法，有效解决问题，积极参与学习。

*确定 OSEP 幼儿进展。*有些项目需要达到早期幼儿进展中心（ECO Center，2005）所陈述的另一套幼儿整体进展。那些进展不是按发展领域标明的，但是需要每个领域中的技能才能达成。它们已具有多领域融合的优势，TPBA2 目标达成量表信息可以记录在根据 OSEP 幼儿进展划分的功能进展量表上。因为各州要求必须上报幼儿进展的进度，所以分析了每个发展领域的 TPBA2 子类对这些整体进展的贡献。那些接收 IDEA 资助并出于责任使用 OSEP 幼儿进展的项目，也可使用这些进展用于计划干预。

在发表时，OSEP 确定的三项进展包括以下内容（早期幼儿进展中心网址：http://

www.fpg.unc.edu/~eco/pdfs/ECO_COSF_Training2-1-07.pdf）：

1. 具有积极的社会关系。
2. 获取知识和技能。
3. 采取适当的行动来满足自己的需求。

需要注意的是，OSEP对项目责任的要求可能会随着时间的推移而改变或完善。如果你选择使用这些进展，就必须要与早期幼儿进展中心再三核实你所使用的进展描述仍然准确。

确定个体进展。第三种方式是传统方法，专业人员和家庭写下对幼儿与家庭有价值的进展。该方式会问家庭对幼儿的目标，其答案就成为"长期"目标。尽管这种方法本身没有错，但它阻碍了各机构在幼儿和项目中寻找普遍的整体进展（例如那些幼儿都相同的进展）。如果每个幼儿都有被期望达到的不同进展，那么比较衡量所有幼儿的进度就会更为困难。将整体进展缩小到三四个，可以比较所有幼儿在这些进展上的进度。这样做是为了让项目管理者和立法者能够检查项目的整体有效性。不过那些不受联邦、州或机构要求约束的项目可能仍倾向于使用这种更为开放的方法。

这里讨论的方式既可独立使用，也可组合使用。这些方式是为了找到不同定性（发展过程）和定量（年龄-技能水平）的进展类型。根据幼儿和家庭的不同，选择最有效的方法。进展确定后就写入团队干预计划表（参见《TPBA2和TPBI2实施指南》附录）。此表所含的信息有助于确定所需服务，并成为干预计划的第一个文档。图表2.1显示了本的父母和老师选择的整体进展。

1.5.2　第二步：找到能帮助进展的优先子类

确认进展后的下一步就是细化领域中的"大"进展，这样有助于实现最终目标。这点很容易做到，就是要查看所选进展的子类，并确定哪些子类是幼儿和家庭的优先项。前两种确认进展的方式（按TPBA2领域和OSEP幼儿进展划分的功能进展量表），都提供了找到作出贡献的技能的相应方法。若是使用个人进展方式，那么团队必须通过专业判断来确定所选进展的子类部分。如果使用按TPBA2领域或OSEP幼儿进展划分的功能进展量表，这些就都容易被查阅到。团队应查看功能进展量表所列的子类，并依据其对幼儿的重要性，按优先级排列。作为TPBA2的一部分，团队已经对子类进行了评分。因此，除非家长对评分有不同的看法（若是则需讨论），否则查阅每个评分的情况就足以判断需要干预的领域。讨论各个领域的优先级后，选择所需要的干预。然后与商定的评分一同记录在团队干预计划表的优先子类下，用于下一步干预。如果家长愿意，在评分之外，还可以标上年龄水平。年龄水平将记录幼儿主要功能的年龄范围。在某些情况下，年龄水平并不适用，因为子类是定性的，而非基于年龄的。（有关本部分的示例请参见图表2.2。）

TPBI2 团队干预计划表			
幼儿姓名：本　　　　　　生日：			年龄：3岁
干预计划负责人：			日期：2006年7月2日
关系或角色：			
预计跟进重新评估月份：			
联系人：			电话：
说明：选择 TPBA2 领域进展栏或 OSEP 幼儿整体进展栏。依据在家庭与社区（Home and Community，H/C）、学校和/或儿童保育中心（School and/or Child Care，S/CC）环境下对幼儿的重要性，团队共同完成对下述进展的优先级排序（1,2,3,4）。每种环境中进展的优先级可相同或不同，因幼儿需要而异。			

TPBA2 领域进展		
H/C	S/CC	
		能够独立有效地运动，调节和使用感觉输入进行学习。（感觉运动）
1		能够有效地与他人产生联系并能控制情绪和行为。（情绪情感与社会性）
2	1	能够理解并积极有效地使用口语和非口语交流。（交流）
	2	能够理解不同想法，有效解决问题，积极参与学习。（认知）

OSEP 幼儿整体进展		
H/C	S/CC	
		积极的社会-情感技能
		获取和使用知识及技能
		以适当的行为满足需求

图表 2.1　本的进展优先级排序

在对幼儿进展进行优先级排序后，查看与最高优先级的进展相应的功能进展量表。查看在 TPBA 期间完成，且列在选定的功能进展量表上的目标达成量表。与家庭成员讨论评分最低的评估/干预领域。确定对幼儿学习和发展最为重要的领域子类。指出为干预所选择的子类以及子类旁边的栏上给出的等级。将子类下幼儿的年龄水平（如果可以的话）放在下一栏。

需要干预的优先子类：	得分	年龄水平
调节情绪和觉醒状态	1	12—15 个月
行为调节	3	12—15 个月
语言表达	4	12—15 个月
概念性知识	3	12—15 个月

图表 2.2　本在家和学校里的优先项（摘选自他的团队干预计划表）

1.5.3 第三步：确定基线

TPBI 使用一种独特的方法来确定干预目标和监控进展。这种方法结合了目标达成量表和评估量表（两者之一）。TPBA 的功能进展量表和 TPBA2 领域的功能进展量表，或按 OSEP 幼儿进展划分的功能进展量表都含有所有进展下每个子类的目标达成量表。与整体进展直接相关的每个 TPBA2 领域的子类都列在功能进展量表的左侧列。当团队找到了期望的进展，功能进展量表可以用于发现幼儿在特定子类或者所有子类中的发展范围。通过确定幼儿在功能进展量表中的位置，团队可以帮助家庭确定干预目标，从而帮助幼儿达到选定的进展。

查看目标达成量表通常有助于家长缩小幼儿功能水平的范围，而不会像 TPBA2 年龄表那样让家长感到有压力和难过。在目标达成量表上，家长在他们认为合适的地方画圈。例如："我认为他在调节情绪和觉醒状态方面处于 3 分和 5 分之间。他还是会有坏情绪的爆发，不过在我抱抱他、和他交流之后，他开始独自一人冷静下来。所以我想我可以打 4 分。"在查阅所选领域的目标达成量表后，团队准备确定干预目标。就某个幼儿而言，只有目标达成量表上评分相对低的地方才需要考虑作为干预目标。若是幼儿的各个进展相对持平，几乎所有评分都在同一水平上，那么可以基于更多的评估数据和家长的优先次序来确定干预目标。虽然一开始团队就可以选择多类，但明智之举是只选两个或三个优先的子类。TPBI2 给定章节中的每个小节都有其子类的目标达成量表。如果需要的话，团队可以复制选定的优先子类下的目标达成量表，组合在一起制作成小表格，作为其评估文档的一部分。

团队通过找到幼儿在功能进展量表中所处的位置，帮助家庭确定有助于幼儿达到选定进展的干预目标。（图表 2.3 示例的是已完成的按 TPBA2 领域划分的功能进展量表，图表 2.4 是本的小表格，是为他选定的优先次序和打分情况。）制作幼儿小表格，可以更容易确定优先次序，看起来也不那么繁琐。当本开始用更多的言语来交流，能倾听和理解得更多，他就能更好地控制情绪，表达需求，听从他人指令，学习新单词。这还将进一步帮助他在其他如游戏、社会互动和解决问题等发展领域取得进步。由于发展本身就具有跨领域性，我们没有必要在每个领域和子类中都明确干预的优先次序。

进展评估的三个组成部分——整体进展（GO）、功能进展量表（FOR）和功能干预目标（FIT）——为评估发展进度和制订下一步计划奠定了基础。为了便于记忆，我们将三部分的缩写组合在一起，即"GO FOR IT"。接下来将论述为已找到的优先子类制订相适应的干预目标。

TPBA2 领域的功能进展量表：情绪情感与社会性发展			
幼儿姓名		年龄	生日	首次评分日期	
填表人					

进展：有效建立与他人的联系和控制情绪情感及行为的能力

说明：下述多学科融合的目标达成量表是用于解析幼儿有效的情绪情感与社会性发展所需的技能。家庭成员、其他照料者、提供教育或治疗服务的专业人员、整个团队都可以完成此表。在每个子类下圈出你认为最能恰当描述幼儿行为或技能的数字。后续的评估结果可以记录在第二次打分和第三次打分栏里。TPBA2 观察总结表上的目标达成量表与本表相同。观察总结表上记录的得分就是本表的首次评分结果，这里的"首次评分日期"即为观察总结表上的"评估日期"。若是团队需要，打分次数也可超过三次。

TPBA2 子类	在功能活动中观察到的幼儿能力水平										第二次打分 日期：	第三次打分 日期：
情绪情感表达	1	2	③	4	5	6	7	8	9		
	用声音和身体动作表达与舒服和不舒服有关的情绪。		尝试用不同种类、水平和形式的情绪表达来表达需求。		经常表达极端情绪来满足需求，引起他人反应。		表达全方位的情绪，积极情绪占主导。		在适当的场合下，能够轻松地表达各种情绪，且情绪强度在可接受范围内。		
情绪情感风格/适应性	①	2	3	4	5	6	7	8	9		
	在没有极端、持久的情绪反应的情况下，不能适应新的人和事物或日常改变。		通过大量的语言准备和环境支持，适应人、事物或日常改变。		通过使用激励性的、合乎逻辑的联系应对情境转换，适应人、事物或日常改变。		通过语言准备，适应人、事物或日常改变。		通过适当的提醒和情绪反应，适应人、事物或日常改变。		
调节情绪和觉醒状态	①	2	3	4	5	6	7	8	9		
	有时控制觉醒状态和情绪会有困难；需要大量的环境和来自照料者的身体及语言支持。调节需要超过1小时。		在平和的环境里，接收照料者的身体或语言支持后，能控制觉醒状态和情绪。调节需要30—60分钟。		在安静的环境里，当从成人那里得到身体支持或情感支持时，能够控制觉醒状态和情绪。调节需要15—30分钟。		通过自我调节策略（如毛毯或者特别的玩具）或者成人的口头建议，能够控制觉醒状态和情绪。调节只需要几分钟。		在情境中能够用合适的方式独自控制觉醒状态和情绪。		

续表

TPBA2 子类	功能活动中观察到的幼儿能力水平									第二次打分 日期：	第三次打分 日期：
	1	2	③	4	5	6	7	8	9		
行为调节	成人要求停止行为，幼儿不理解或无反应。		开始理解什么不能做，但是仍然会去做。抵制成人的指令和控制。		能理解成人指令的正确和错误，因此有时会做出恰当的行为。开始听成人的指令行动。		独立理解正确和错误，大多数时候做出恰当的行为，但是需要成人辅助选择和控制行为。		大多数时候能选择恰当的行为，对成人的要求做出反应；在控制方面保持平衡。		
	1	2	③	4	5	6	7	8	9		
自我意识	依赖他人来满足需求。		尝试接触玩具和人，当其他人对行为有回应时，他会笑。当他有需求时，不会请求帮助。		专注于和运动、物品或与人交往相关的某一具体目标。经常会请求帮助或强化需求来保持尝试。		有动力去自主实现不同类型的目标；能坚持不懈、自信和愉悦地尝试直到成功。知道何时需要帮助。		以目标为导向，坚持不懈地面对挑战，对成功充满自信，对成就充满自豪。能意识到自己的优势和劣势。		
	1	②	3	4	5	6	7	8	9		
游戏中的情绪主题	在游戏中表达十分有限的情感，和/或在游戏情境中意识不到或担心其他人的情绪。		在游戏中通过语言和非语言的方式表达一定范围的情绪，但是这种情绪折射的是对游戏本身的反应，而不是对游戏内容。		在游戏场景中能意识到和标记自己与他人的基本情绪。在游戏中有重复的未解决的情绪主题。		能够将情绪寄托在假扮游戏中的虚拟人物上，并利用游戏主题尝试解决情绪冲突。		能够恰当地表达自己和他人的情绪，并可以通过象征性和社会性假扮游戏的互动与主题解决情绪冲突。		
	1	2	③	4	5	6	7	8	9		
社会互动	看着照料者并能用声音或身体动作回应照料者。		对关爱有反应并主动与他人互动。在与关键照料者分离时，可能会遇到困难。		轮流与家庭成员和熟悉的人持久互动。面对不熟悉的人会感到羞涩或焦虑。会与同龄人一起玩，但经常有冲突。		在日常活动中，与家人及同龄人的关系主要是积极互惠的。能够在几分钟内发起互动和参与同龄人的互动。		能分辨家庭成员和陌生人，与家庭有紧密关系，拥有友谊。能在互惠及目标导向的游戏中，发起和维持互动，能独自协商解决冲突。		

Transdisciplinary Play-Based System（TPBA2/TPBI2）by Toni Linder.
Copyright@2008 Pau H. Brookes Publishing Co., Inc. All rights reserved.

图表2.3 本在情绪情感与社会性发展领域的 TPBA 功能进展量表

TPBA2 子类	功能活动中观察到的幼儿能力水平									第二次打分 日期：	第三次打分 日期：
调节情绪和觉醒状态	①| 2	3	4	5	6	7	8	9		
	有时控制觉醒状态和情绪会有困难；需要大量的环境支持和来自照料者的身体及语言支持。调节需要超过1小时。		在平和的环境里，接收照料者的身体或语言支持后，能够控制觉醒状态和情绪。调节需要30—60分钟。		在安静的环境里，当从成人那里得到身体支持或情感支持时，能够控制觉醒状态和情绪。调节需要15—30分钟。		通过自我调节策略（如毛毯或者特别的玩具）或者成人的口头建议，能够控制觉醒状态和情绪。调节只需要几分钟。		在情境中能够用合适的方式独自控制觉醒状态和情绪。		
行为调节	1	2	③	4	5	6	7	8	9		
	成人要求停止行为，幼儿不理解或无反应。		开始理解什么不能做，但是仍然会去做。抵制成人的指令和控制。		能理解成人指令的正确和错误，因此有时会做出恰当的行为。开始听成人的指令行动。		独立理解正确和错误，大多数时候做出恰当的行为，但是需要成人辅助选择和控制行为。		大多数时候能选择恰当的行为，对成人的要求做出反应；在控制方面保持平衡。		
语言产生	1	2	3	④	5	6	7	8	9		
	反射性地表达需求（如哭、做鬼脸、身体动作）。		用眼神、面部表情、身体动作、做手势和发声来交流。		使用手势、发声、言语表达、手语（单词、词汇组合或短语）和/或辅助性与替代性沟通进行交流。		使用手势、单词、短语、手语、和/或辅助性与替代性沟通组成句子（语法不一定正确），提出和回答问题。		始终能用格式良好的句子，提问和回答各类问题。		
概念性知识	1	2	③	4	5	6	7	8	9		
	识别熟悉的声音、气味、味道、人、行为和物体。		能发现明显的特征，看到所具有的相似性和差异性，能对某些动物、人、物体、行为和事件进行简单标识。		识别、讨论或使用具体的相似性和差异性，将动物、人、物体、行为和事件结构化地进行分类或分组，例如类型、位置、用途、关系和/或因果联系。		用具体和抽象的概念与范畴识别、描述和组织想法与行动。正在提炼一个分类体系，新的概念和规则被构建并相互关联。		描述、比较、区分和理解概念特征与动态的方面（如谁、在哪里、何时、为什么和如何）。对数学、物理、生物、心理和文字概念之间的逻辑关系有一定理解，并能通过符号演示来分享想法。		

图表 2.4 本在家和学校的情况说明

1.5.4 第四步：写下功能干预目标或目的

早期干预和幼儿特殊教育的专业人员早已习惯写目标和目的。然而这些目标和目的往往不起作用。例如，"会增加词汇量"这样的目标可以描述任何幼儿。从检核表上划去的目标，或者遗漏的如"会把六块积木放进杯子里"的测试项目，都不能帮助幼儿发展某项功能性技能。你为什么让幼儿将积木装到杯子里？你想培养什么技能？再说了，谁需要用杯子盛积木呢？早期干预领域已经明智地转向支持幼儿在日常生活中使用功能性技能的发展。

遗憾的是，幼儿园并非总是这样做。幼儿园为达到 2001 年《不让一个孩子掉队法案》的要求而推动测试学业相关技能，这让教师更趋向于追求纯粹的学业目标，而不是促进幼儿的功能性技能。TPBI2 试图同时解决这两个问题。TPBA2 观察指南、目标达成量表和功能进展量表强调幼儿的发展过程和学习的功能性及本质。TPBA2 年龄表包含了各发展年龄段具体的发展次序和技能水平，其中包括与学业有关的技能。

与 TPBA2 相同，TPBI2 旨在同时强调技能和发展过程，最大限度地促进幼儿的功能发展。所写的功能干预目标可以且也应该与这两者相关。团队应努力让家庭和教师不仅关注学业技能，而且要处理需优先解决的幼儿发展问题。团队成员可提供各种信息，包括基础的学习和社会过程，语言基础知识对识字的重要性，感觉运动发展对学习的重要性，等等。使用从 TPBA2 中获得的信息，帮助家庭成员和专业人员了解这些基础如何促进学业、社交和运动技能的发展。

团队在共同确定优先发展项后，更困难的是将这些优先子类转为功能性的、可测量的目标。一旦确定优先次序，团队就会询问家长下一个步骤。

本

在本的妈妈玛茜打完分后，关于优先级高的情绪调节，团队成员问："你希望他接下来如何控制自己的情绪？"玛茜说："好吧，我希望本不要再大发脾气，不过我也知道这不会马上发生！我想我是希望他不用我这么帮他的。我花了很多时间抱着他！或许本能找到别的不需要我的帮助就能平复下来的办法，这将会是很好的一步。"

团队成员接着说："你提到现在本每小时至少'情绪失控一次'。如果我们减少他发脾气的次数呢？"

"那你就是圣人了。"玛茜说。团队经过进一步讨论形成了以下功能干预目标：

在一个月的时间内，本每天在家里发脾气的次数为三次或更少，每次不到 10 分钟。他能够用让他镇静的物品或"安全点"让自己平复下来。

我们只有知道幼儿在环境里于功能上需要做什么以及什么构成"成功",才能知道幼儿是否已经"足够好"地完成了某项技能。需要哪些技能特质?一项技能在同样的水平上需被看到多少次?在什么情况下?由于一次同时应对的干预目标数量限定在三或四个,所以我们值得花时间思考幼儿究竟需要做什么才能在人生中将功能发挥得更好,表现出何种水平的技能或行为才能证明功能正常。如此,每个人都能达成共识。

1.5.5 第五步:选择活动、环境和日常作息

第五步是"七步法"的第一步,即确立和制订策略。在决定何时、何地提供干预支持之前,需要先了解幼儿的日常生活。在确立干预目标后,团队就需要解决如何干预的问题。TPBI过程应该发生在自然环境中的自然互动中,并且目标嵌入在日常经历、活动和常规中。基于这样的理念,这里用的计划工具是为了与家庭、照料者、教师或治疗师共同商议,以符合这些哲学原则的方式指导干预措施的实施。

完成团队干预计划表需要通过几个步骤(参见《TPBA2 和 TPBI2 实施指南》附录),它们都已列在团队成员和家庭使用的干预计划表上。这里将重述这几个步骤。

无论我们有怎样的干预计划,都需要将其嵌入到幼儿的真实生活中。这点很重要。我们不能仅仅提供所谓的诊断、治疗或教育,而无法延展到功能性活动中。因此,计划干预的另一个关键点是要讨论真实情况、日常、事件和活动。这样干预就可以实现:帮助幼儿更好地发挥功能;帮助家庭成员或成人更好地发挥作用;充分利用幼儿的优势;和/或充分利用家庭成员或成人的优势。此外,团队需要思考以不同的方式实现较难的干预,如:更有趣或更快乐的方式;充满学习机会的好玩活动;在一天或一周中频繁发生的活动,提供了练习机会。讨论最初发生在团队里,但在开始实施干预前,需要在更为个人和私人的层面上进行更长时间的讨论。

1.5.6 第六步:完成团队干预计划表

前面的步骤帮助我们完成团队干预计划表。团队在明确功能干预目标后就可以决定如何干预。非常重要的是要指定主要的干预协调员和不同团队成员的角色,这将确保团队里的每个人都明白接下来会发生什么,以及将提供何种方式的支持。参见图表2.5以了解本的团队干预计划表是如何完成的。

1.5.7 第七步:确定或创建策略

由于与家庭、照料者和教师的第一次讨论往往很冗长,所以最好在正式会议之外安排时间讨论干预中使用的策略。与关键成人深入交流,讨论他们的一天中快乐和紧张的时光,以

及让人开心和绝望的时刻。简而言之，一起聊好的、坏的和难堪的事，不仅要聊一天中消极的一面，而且要聊最快乐的时刻。这很重要，因为快乐的时刻往往是融入语言、运动、社交和概念思维的最佳时机。幽默是激励幼儿的好方法。对这些不同时刻的讨论很容易进一步生发对纳入不同情形的策略的讨论。

从事幼儿早期干预和特殊教育的乐趣在于专业人员能够富有创造力。专业人员有一个装满各种知识和想法的仓库，但是面对的每个幼儿、每个家庭和每种情况都是不同的，之前能用的办法可能在另一情形下难以奏效，所以干预协调员的主意越多越好。团队一旦确定了几个需要关注的功能干预目标，并且了解了幼儿的日常生活结构，就准备好了去思考各项策略，以帮助幼儿和家庭或老师取得成功。

TPBI2 应是各种想法的源泉，是专业人员与幼儿生活中的关键成人一起解决问题的跳板。使用 TPBI2 没有固定的方式。它是一种资源，而不是一本菜谱。它对具有多学科融合背景的人特别有帮助，因为并不是每次家访都有各学科的代表参加。这是一个团队参与的过程，所以与整个团队讨论幼儿和家庭至关重要。在团队讨论中，每个专业人员审视其所专长的 TPBI2 领域的策略，并探讨这些策略如何对幼儿或家庭起到帮助作用。通过协作解决问题，团队的各种想法将有助于所有相关方共同形成一项行动计划，甚至是很多项计划，让一天充满教学和学习的特殊时刻。TPBI2 是跨领域的思想资源，时刻提醒着所有团队成员如何贯穿整体性战略。需要着重强调的是，并没有要求家庭成为治疗师。他们所得到的策略支持会让他们自己和幼儿的生活更加充实，更有意义，也更为成功。他们只需要用稍微不同的方式去做那些他们已经在做的事情。

同样，干预的目标数量要限制，选择使用的策略数量也应限制，以便厘清哪些策略已起到积极效果，从而避免家庭负担过重。将团队干预计划策略检核表作为发起讨论的基础，与对参与干预有信心的成人一起用更多时间讨论其中的一两个想法。

1.5.8 第八步：实施适合个体的环境和人际策略

随着讨论的深入，最初的一般性策略、建议、观察或想法需要开发为适合幼儿和家庭或教师个体的方法。干预协调员和其他团队成员希望观察发生的事情，探讨家长视角，以及可能通过为父母进行实验或示范来使用新策略。所有的这些努力将让我们进一步了解幼儿与幼儿生活中的成人如何反应和学习。适合成人个体的内容可包括：提供阅读材料、视频指南和案例；用视频作反馈；去新环境尝试新的体验。团队应花时间了解每个家庭成员，而不仅仅视其为"客户"，这样设计出的干预策略才会增加成功的可能性。与此同时，也需要保持职业素养和界限。

> **功能干预目标**
> 1. 在一个月的时间内,本每天在家发三次或更少次数的脾气,每次持续不到 10 分钟。他将会用让他镇定的物品或"安全点"让自己平复下来。
> 2. 只要本与和他说话的人发生眼神交流,他就会回应一个简单的只一步就完成的要求。最多重复要求一次。一个月中 75% 的时间都能达成。
> 3. 在一个月的时间内,每周本都可以在他熟悉的环境中,通过手势和对两件新常见物品的简单标识,表达他想要的东西。
> 4. 一旦本看到示范动作并用具体物品或玩具练习功能后,他就可以连续五次对该物品或玩具做出相适应的动作。
>
> **A. 如何为家庭和社区提供服务:**
> 由谁提供:主要干预协调员由言语语言病理学家朱迪(Judy P.)担任。
> 频率/强度/持续时间:朱迪将每隔一周家访一次,以咨询和协调干预策略。若家庭和教师感觉进度良好,家访次数会相应减少。
> 干预协调员的角色:朱迪将观察在家庭和学校里对本来说最困难的情形。在使用新策略时,她将提供反馈、建议、示范和咨询。根据需要其他团队成员也可家访,提供更多主意。朱迪偶尔会用视频录下的情况,带到团队解决问题的会上。
> 家庭成员的角色:B 先生和 B 太太是本生活里的关键人物,他们花了大量时间与他互动。他们将使用各种与本的干预目标相关的策略,引导干预。他们将监测哪些策略有效,哪些无效,从而与干预支持团队分享进展和问题。他们将与本的老师持续保持沟通,以确保所采取的方法是一致的。
>
> **B. 如何为儿童保育/早期教育机构提供服务:**
> 干预团队将观察课堂里的日常活动,并向教师提供咨询以协调干预,从而确保干预在家庭和学校里是一致的。
> 由谁提供:朱迪,言语语言病理学家,是主要干预协调员。
> 频率/强度/持续时间:每隔一周课堂随访一次,与家访交替进行。
> 干预协调员的角色:干预协调员用多种方式提供协助,例如:示范;提供所需的支持性材料或阅读材料;共同解决问题;若需要可让团队其他成员加入进来。
> 教育者/照料者的角色:教师是教室里主要的干预提供者。在干预协调员的支持下,教师在课堂上提供干预服务。
> 预估跟进再评估月份:2008 年 5 月
> 联系人:朱迪
> 电话:666 - 7777

图表 2.5 本的功能干预目标和团队成员角色

1.5.9 第九步: 写下具体的案例

将具体的想法记录下来供所有人参考。在很短的时间内,很多事都要被讨论到,也有很多事被忘掉。在与关键成人进行几次初步的讨论和头脑风暴后,将一个更为具体的计划记在纸上是很有帮助的。写下一到两个为团队干预计划开发的功能干预目标,接着探讨这一天以及之前讨论过的策略如何实施。可使用协作解决问题工作单(见《TPBA2 和 TPBI2 实施指南》附录)的格式。再次强调,TPBI2 是一个有用的参考。完成后的协作解决问题工作单是一个视觉提醒,让所有人在与幼儿互动时记住之前的想法或小技巧。邓斯特(Dunst,2001)发现视觉提醒有助于提高之前所记录的想法的使用频率。图表 2.6 是本的协作解决问题工作单的一部分。

当干预发生时,团队也应咨询家庭和其他的服务提供者,并根据需要提供进一步的释义、模型或反馈。可以不断地修改工作手册,随着进展的取得而增加更多干预目标。如果进展慢于预期,则可以增加新策略。协作解决问题工作单还可以是延展以往讨论的一种方式,探讨继上次讨论后其他发展领域发生了什么，环境有了哪些变化，之前写下的某个想法是否成功。

TPBI2 协作解决问题工作单					
幼儿姓名：本					
日期：2002年6月7日　　本表用于　　家庭/社区☒　保育中心□　学校□					
填表人：					
1. 表格的第一栏是所选的功能干预目标，该目标已在评估完成后记录在团队干预计划表上。					
2. 表格的第二栏是和达成目标相关且尚需解决的领域。					
3. 表格的第三栏（T）列出了一天中可优先用于达成功能干预目标的时间、日常或活动。第四栏（I）用于记录头脑风暴引出的互动支持。（可从 TPBI2 相关的发展领域和干预子类中获得参考建议。）第五栏（P）用于记录头脑风暴讨论出的潜在可以尝试的环境调整。每一栏都可参考团队干预计划策略检核表。					
4. 在工作表的最底下列出任何可能有助于干预实施的资源，包括阅读材料、网站、视频、设备、玩具、辅助工具以及与社区机构的联系。					
5. 列出实施干预和/或获取资源所需的帮助。					
功能干预目标和子类	相关领域	最自然的干预时机（T）	支持发展的互动（I）	潜在的环境适应（P）	
在一个月的时间内，每周本都可以在他熟悉的环境中，通过手势和对两件新常见物品的简单标识，表达他想要的东西。	认知：理解概念 语言：使用名词来标识物品 社交：与一个人交流 运动：用手势辅助沟通	吃饭：命名食物、餐具 洗澡：命名玩具、身体部位 穿衣：命名衣服、身体部位 游戏：命名玩具、人 书：命名图片、实物、动物	使用简单的只含有一个和两个单词的词汇。 交谈之前先有眼神交流。触碰肩膀，然后等一会。 标识物品时，将物品拿到嘴巴附近。 使用夸张、有节奏的方式说话。 使用手势或手语支持语言表达。	用真实物品提示接下来会发生什么（例如，拿出车钥匙提示外出）。 用真实物品的图片帮助标识（如将麦片盒放到碗边，帮他意识到物品和图片之间的关系）。	

图 2.6　本在家中的协作解决问题工作单的一部分

1.5.10　第十步：共享信息

无论幼儿是否去保育中心或学校，其生活中往往都伴有其他重要的成人。即使这些其他人没有被正式纳入干预过程，幼儿也会从跨人和跨环境的一致策略中受益。应该鼓励家庭告知和指导那些花了很多时间和孩子一起学习家庭自己正在学习的策略的人。在家庭许可的情况下，干预协调员也可发挥重要作用，邀请这些陪伴幼儿的人参与非正式讨论，获取书面信息，或加入支持小组或信息分享小组。

1.5.11　第十一步：实施干预

TPBA2/TPBI2 过程的每一部分都是干预的有机构成。从 TPBA 开始，当那些似乎能促进更高层水平的思维和行动的策略得以——展开时；贯穿在评估讨论和干预计划整个过程中，当家庭和团队经验得到分享时；扎根于那些一天接着一天落实、评估和修订的策略上，当

TPBA2 和 TPBI2 指引着整个演进过程时。与幼儿、家庭和教师的不断紧密的关系为我们成为一个高回报的过程的一部分提供了基础，即便有时会遇挫沮丧。作为干预协调员，专业人员的角色有多种多样，在任何一天他都要会倾听、交流、演示、练习或指导。干预过程充满了惊喜。有的日子，专业人员到了，却没有人在场。有的日子，一切似乎都不顺。其他的日子里，第一句话总要说出来，第一步总要迈开来。专业人员时时都要准备好，需要承担各种角色：帮助关键成人建立外部关系网；与其他机构一同充当倡议人；提供所需资源的渠道；随时了解法律问题，保持道德界限；当然最重要的是，保持良好的访视记录，记录详细的进度（Klass，2003）。

1.5.12　第十二步：评估进度

评估也是一个持续的过程。与干预过程的其余部分一样，评估进度的记录应该是共同努力进行的。在《TPBA2 和 TPBI2 实施指南》的第九章中，介绍了几种有助于协作的方法。除了与家庭成员、照料者和教师进行信息检查和讨论，还需要采取更正规的措施。根据幼儿的年龄和机构的要求，每年可进行两到三次官方评估。进度监控可以通过使用每个孩子的评估量表来完成（见图表 2.4）。家庭、学校或儿童保育中心都可以监测选定优先项的进展情况。尽管只选择了少数几个优先项，但所有领域都是相互关联的，这些领域的进展无疑将有助于其他领域的进展。如果家庭或教师有需要，也可以检查其他目标达成量表的进度。

1.6　干预发生于何处

干预不局限于家庭和学校，应在尽可能多的地方、尽可能频繁地进行，并由尽可能多的人实施。学习的关键是要在不同的功能环境中不断重复运用新技能，尤其是对于有特殊需要的幼儿而言。在特定情况下，幼儿可能需要额外的针对个体或单独的治疗（Private or Pull-out Therapy）。即便如此，这类专业治疗也应纳入整个干预过程中，以保持干预的连续性。

1.7　成功干预的效果

我们期求的干预效果是多方面的。我们希望有特殊需要的幼儿在日常生活中的功能性得到提高和更具独立性。我们希望他们有动力去学习和运用新想法及技能。我们希望幼儿能够爱人和被爱；拥有深厚的友谊；用快乐、敏锐和互惠的方式分享生活中的点点滴滴。我们希望幼儿尽可能多地表达自己，无论是用他们的眼睛、手势、肢体和语言，还是通过美术和音乐。我们希望他们爱和拥抱生活的方方面面。我们希望他们的家庭也是如此。

TPBI2 提供了反应进展取得的进度的选项：①使用 TPBA2 年龄表衡量已达成的技能和表现水平的变化；②使用功能进展量表衡量实现整体进展的进度。建议两者同时使用。

作为 TPBA2 的一部分，TPBA2 领域的功能进展量表一开始由专业人员完成。TPBA2 每一子类的总结信息都含有 9 分制目标达成量表。这项工作由团队各专业人员在幼儿的第一次评估时完成。因为大多数评估传统上是按发展领域进行的，所以量表是按领域组织的（也可由家庭、照料者和/或教育者完成）。如前文所述，核对量表并与家长讨论有助于确定干预目标领域。在干预计划阶段，无论是 TPBA2 领域的功能进展量表，还是 OSEP 幼儿进展的功能进展量表，都可用于确定整体进展和优先子类的进展。同样，无论选择两者中的哪一个目标达成量表来计划干预目标和策略（两者的内容实质上相同，只是组织方式不同），都应该用于衡量进度。（上述两套功能进展量表均可见于《TPBA2 和 TPBI2 实施指南》附录。）

功能进展量表的目的在于帮助项目衡量幼儿逐步取得整体进展的进度，在干预发生后确定新目标。团队为了了解进度，可以对已确定的目标子类重新打分（如图表 2.3 所示的幼儿个体评估表），或者对某一量表里的所有子类重新进行更全面的评估。如此一来，团队就可以确定已取得的进展和目标以及幼儿尚需努力的进展和目标。

如前所述，应定期回顾幼儿的功能进展量表（通常每年两到三次，由干预团队决定）。如果幼儿已取得进展，并且从量表上看到了提升，那么团队就需要评估是否要确定新的进展或目标。如果幼儿没有进步，那么团队需要讨论是否需要新的干预目标，抑或需要不同的策略，抑或两者兼需。一旦有了新计划，团队就需要相应修订和更新团队干预计划表与协作解决问题工作单。联邦政府的幼儿进展监测计划项目，对幼儿整体进展的进度衡量需要完成两次，一次是在进入该计划时，另一次是在结束时或者在早期干预阶段过渡到特殊教育或学前班或小学一年级时。（更多信息参阅 TPBA2 和 TPBI2 的表格光盘。）

团队还应回顾所确定目标下的 TPBA2 年龄表，测定表现水平的变化，检查具体的某项技能是否完成或仍需努力。建议团队的专业人员和教师使用 TPBA2 年龄表。家庭可能很难根据幼儿表现出的功能水平判断幼儿功能的年龄水平或缺失的技能。鉴于此，建议家庭使用目标达成量表，专业人员使用 TPBA2 年龄表。两者相结合就可以很好地定性和定量地判断幼儿的功能水平。早期干预和特殊教育领域有一个悖论，即功能进展和特定技能的测量都是需要的，但通常强调的却是年龄水平。

团队评估进度表可记录长期进展的情况（见《TPBA2 和 TPBI2 实施指南》附录和图表 2.7 所示的本的团队评估进度表）。目标达成量表的评分和幼儿的年龄水平都显示在团队评估进度表上。家长、教师或团队（独自或共同）可以在每次重新评估时指出他们看到的幼儿在这个功能连续体上的位置。这可以根据需要频繁地进行。目标达成量表易于理解和打分,便于所有人参与到幼儿评估中。在每年年底和不同阶段间的过渡期,目标达成量表上的信息结合 TPBA2 年龄表上的内容,就能够为形成性评估和总结性评估提供数据。这些数据应用于修订和更新幼儿团队干预计划表。

TPBI2 团队评估进度表(TAP)

幼儿姓名:本　　　　　生日:2003 年 1 月 15 日　　　　日期:
填表人:

团队评估进度表帮助团队监控进度。以最早的团队干预计划表作为起点,团队核心协调员与对幼儿生活起重要作用的成人一同完成本表。条件允许的话,这一过程应该既在家庭与社区也在学校或保育中心里完成。
1. 列出 TPBI2 团队干预计划表所确定的优先子类。
2. 在对应栏中记录更新评估的完成日期(第一个日期是初始评估的日期)。下表列出了三个测量日期(若需要可添加更多日期)。
3. 协助家长、照料者或教师完成每个优先子类对应的目标达成量表。
4. 列出目标达成量表在每个测量时间点的得分。
5. 使用 TPBA2 年龄表,在评估更新时确定每个子类的幼儿年龄水平。完成并更新 TPBA 领域的功能进展量表或 OSEP 功能进展量表(两个功能进展量表的范围相同,组织方式不同),与家庭和所有的保育提供者讨论进展领域。接着就可以修订团队干预计划表了。这项工作通过重新审视预期的整体进展、确定新的子类优先次序和编写新的干预目标的方式来完成。
6. 若需将以上信息转录为联邦政府幼儿进展报告的类别,请参阅可选光盘中的 OSEP 幼儿进展汇报表和工作表。

在家庭和社区里的评估

优先干预子类	第一次评估日期:		第二次评估日期:		第三次评估日期:	
	目标达成量表得分	年龄范围	目标达成量表得分	年龄范围	目标达成量表得分	年龄范围
表达性语言	1	12—15 个月	4	18—21 个月		
概念性知识	3	12—15 个月	5	15—18 个月		

在学校和保育中心里的评估

优先干预子类	第一次评估日期:		第二次评估日期:		第三次评估日期:	
	目标达成量表得分	年龄范围	目标达成量表得分	年龄范围	目标达成量表得分	年龄范围
表达性语言	4	12—15 个月	5	18—21 个月		
概念性知识	3	12—15 个月	4	15—18 个月		

Transdisciplinary Play-Based System (TPBA2/TPBI2) by Toni Linder.
Copyright © 2008 Paul H. Brookes Publishing Co., Inc. All rights reserved.

图表 2.7　本的团队评估进度

1.8　州和联邦政府的进展测量

联邦政府对责任报告的要求包括测量幼儿功能发展的进度（定性）以及幼儿与同龄人缩小发展差距的进度（定量）。两者都可以用 TPBA2/TPBI2 测量。

TPBA2 领域的功能进展量表或美国教育部特殊教育项目办公室采用的 OSEP 幼儿进展的功能进展量表可用于衡量 TPBA2 各领域进展的功能性、定性的发展进度（见《TPBA2 和 TPBI2 实施指南》附录）。在进入和退出项目评估时，团队应完成一整套的三项 OSEP 幼儿进展的功能进展量表。每个功能进展量表都包括一系列 TPBA2 子类的目标达成量表，分别显示了幼儿进展所需的相应技能。团队可以使用从 TPBA2 观察总结表上收集到的目标达成量表得分。更多有关使用 TPBA2 和 TPBI2 完成 OSEP 幼儿进展报告的信息，请参阅 TPBA2 和 TPBI2 的表格光盘。

此外，各领域的 TPBA2 年龄表显示了幼儿相对同龄人的定量变化。每个优先子类（当然也可包括其他领域）的年龄表也可以用来查看一段时间来幼儿的进步。只有当幼儿从一个子类过渡到另一子类时，团队才有必要对所有具有年龄表的子类重新进行评估。

OSEP 幼儿进展汇报表和工作表允许干预团队将整体进展按五个层级计入文档，从功能发展没有改善到达到同龄人的功能水平，从而记录幼儿的进步。幼儿照料者可以随着幼儿数据的累积查看团队进度，参与项目评估。

1.9　结论

TPBI2 是一种功能性的干预方法，它将家庭成员、照料者和教师视为幼儿干预计划项目的关键参与者。他们参与整个过程，包括评估、评估回顾、干预计划、实施及项目评估。全程参与可以督促这些重要人物有更多的"主动意识"和角色参与。在早期干预和早期幼儿特殊教育领域，一个重要的转变是将干预从治疗室转移到幼儿需要使用其技能的环境中。这种重心的转变需要治疗师和其他服务者的角色也相应转变为咨询和支持人员。这要求我们有新技能与成人沟通，将他们视作干预的合作伙伴，而不是信息的被动接收者。这还需要我们学习如何将有关幼儿的知识传授给其他团队成员、家庭成员和教育者，以及分享如何干预以解决影响幼儿发展的特定问题的技能。TPBI 为整个过程提供了一个框架，同时也总结了核心的互动和环境策略。这些策略对所有发展领域都很有帮助。在玩游戏和做充满动力、有意义的日常活动和常规中，经过多学科融合团队的干预，幼儿会成长得更加独立，身体运动和沟通交流能力更强，更有知识，情绪更稳定，社交方面更成功。

参考文献

Bailey, D., & Bruder, M. B. (2005, January). *Child and family outcomes for early intervention and early childhood special education: Issues and considerations*. Menlo Park, CA: Early Childhood Outcomes Center. Retrieved March 15, 2008, from http://www.fpg.unc.edu/~eco/pdfs/COSFTraining_11-7-06_module2.pdf.

Dunst, C. J. (2001). Participation of young children with disabilities in community learning activities. In M. J. Guralnick (Ed.), *Early childhood inclusion: Focus on change* (pp. 307-333). Baltimore: Paul H. Brookes Publishing Co.

Klass, C. S. (2008). *The home visitor's guidebook: Promoting optimal parent and child development* (2nd ed.). Baltimore: Paul H. Brookes Publishing Co.

No Child Left Behind Act of 2001, PL 107-110, 115 Stat. 1425, 20 U.S.C. §§6301 et seq.

Sandall, S., McLean, M. E., & Smith, B. J. (Eds.). (2000). *DEC recommended practices in early intervention/early childhood special education*. Longmont, CO: Sopris West.

第三章 促进感觉运动发展

第一节 改善运动功能的策略

安妮塔·邦迪

目标达成量表

1	2	3	4	5	6	7	8	9
任何姿势都需要有全身支撑。		能够保持头部稳定,在有支撑时能坐着。		能在坐姿、俯卧等姿势之间进行转换。能够独自站立片刻。		表现出能按预期调整姿势的能力。能够独自站立并在椅子上保持坐姿。		能做出并保持功能性体位,且能独立平稳地在功能性体位之间进行转换。

　　粗大运动和精细运动技能的发展要求具备健全的感觉神经和肌肉骨骼系统。如果这些系统被损坏,那么如姿势控制和肌张力等运动功能的基础都将受到负面影响。

　　姿势控制包括姿势定位和姿势稳定性,是维持身体稳定的一种方式,它能够使人体各部位自由地控制运动。姿势定位帮助儿童将身体移动到想要的位置,以便完成所需的活动。来自肌肉、关节、皮肤、耳朵(包括听觉和运动感觉)和眼睛的感觉信息可以帮助儿童了解自己身体部位所处的环境位置。视觉和听觉为儿童提供了他/她自己在所处环境中的空间信息,而触摸、前庭输入(即运动感觉)以及肌肉与关节承受的压力能让儿童感知身体各部位之间的相互联系。

　　有了姿势稳定性才能保持平衡。儿童通过移动身体的各部位来建立稳定的支撑基础以保持平衡,从而能够自如地参与到各种活动中。例如,学步儿行走时双脚分开以便维持稳定;当儿童伸手去拿东西时,他可能会用另一只手去支撑;当向后跌倒时,学龄前儿童会向后伸出双手以支撑身体。

　　肌张力即肌肉处于松弛状态时的肌肉紧张度,对姿势定位和姿势控制尤为重要。一定的肌张力对于保持静止的姿势(如坐着)和运动(如伸展、行走、跑步、蹬踢)都是必要的。肌张力的大小影响儿童对动作的准备、应对刺激、保持姿势和动作的能力。过高或过低的肌张力都可能影响儿童的姿势稳定性和轻松有效地进行功能性运动的能力。

1.1 适当的运动功能

具有良好姿势控制和肌张力的儿童,通常能够完成不同年龄阶段正常成长发育所要求的运动模式和运动里程碑。这些儿童在静止和移动时看起来都很自如。他们能够保持直立姿势,头部和躯干力线保持一致。他们可以轻松地改变位置,并在移动时保持平衡。具有良好姿势控制的儿童也能够预测身体需要做什么,并为相应的运动或姿势变化做好准备以便实现目标。例如,当有人向其扔来一个大球时,他/她的双腿、手臂和双手能自觉做好准备,以防止在球扔过来时失去平衡。具有良好姿势控制能力的儿童还能够根据需要做出屈伸动作以保持平衡。例如,儿童能够弯曲手臂和腿部以消除接球时的压力。运动能力强的儿童可以轻松、高效、顺畅地进行运动。

1.1.1 实践中适当的运动功能

Ⅰ. A. 姿势支持动作

日常常规(家庭和教室)

- 婴儿/学步儿:婴儿俯卧在婴儿床上,当父亲进入房间时,她兴奋地抬起头,挥舞手臂和腿。学步儿蹲下来捡起掉在地板上的麦片,然后伸手将其放在桌子上。
- 幼儿:幼儿在用餐时坐在桌子旁的椅子上。他侧身捡起掉落的餐巾并用手支撑在桌子上以防跌倒。

游戏常规(家庭和教室)

- 婴儿/学步儿:婴儿独自直立地坐在地板上,向前伸手拿起一个玩具,并坐回来进行探究。学步儿与她的父亲玩着追逐游戏,双脚分开,在身体两侧抬起双手奔跑。
- 幼儿:幼儿站在球前,抬起双手,单脚站立,另一只脚向后摆动,然后一脚将球高高踢向空中。

课堂常规

当儿童们围成圆圈时,他们双腿交叉在前坐在地毯上。他们正在传递海螺。传递时每个儿童依次转向左边的儿童,伸手去拿海螺并探索和聆听,然后再转身将海螺传给右边的下一个儿童。

Ⅰ. B. 肌肉支撑姿势

日常常规(家庭和教室)

- 婴儿/学步儿：婴儿站在她的婴儿床上，抓着床两侧的扶手上下蹦跳。她的腿能够轻松屈伸。学步儿坐在椅子上看书。他的背部挺直，双手捧着书放在面前。
- 幼儿：幼儿正在帮助父亲打扫家里。他正独自在地毯上来回推拉吸尘器清理。

游戏常规（家庭和教室）

- 婴儿/学步儿：婴儿爬向小狗。她抬起头看着小狗，并跟随小狗来回奔跑的动作转动头部。学步儿有一大桶乒乓球。他用左手拿着桶，右手一次又一次地拿出球扔向墙上的小丑脸。
- 幼儿：幼儿正推着手推车走路。同伴托起幼儿的一只脚以使他/她用双手行走，然后他们就这样从垫子上走过去。

课堂常规

在读写区，儿童们正在制作书本。他们将纸张装订起来，或使用打孔器打孔并将圆环固定在孔中。两种方法都需要用手挤压和推。

1.2 支持运动基本功能的一般原则

成人或有意或无意地进行各种活动以指导儿童对姿势定位、姿势控制和肌张力的使用。成人通常鼓励运动技能和独立性的发展，而这些策略同样适用于运动功能的使用。

1.2.1 鼓励进一步发展

父母和其他照料者对婴儿和学步儿的下一步发展尤其重视。他们期望并鼓励儿童抬头、翻身、独坐、爬行、拉站、独站、扶走、独走和跑步。在这样做的时候，他们往往将儿童置于他们所期望的"下一步姿势"（例如，坐着、站着），然后移除一些外部支撑。

1.2.2 提供练习

重复对于掌握新技能而言非常重要。成人通过将儿童置于能够使他们练习新运动技能所需动作的情境下，来提供各种练习机会。例如，把儿童想要的物品放在儿童头的一侧且触手不可得的地方，以鼓励儿童翻身。也可能将玩具放置在沙发、椅子或桌子上，以鼓励儿童拉站。设置需要儿童移动到新位置的情境是父母的一种常见的养育策略。

1.2.3 鼓励独立行动

成人使用的另一种策略是鼓励儿童在没有成人帮助的情况下完成任务。他们为儿童努力做独立动作欢呼鼓掌，即提供高水平的社会支持。例如，一个家长帮助儿童保持站立，而另一个家长则站在距儿童 2 英尺(0.6 米)的地方鼓励儿童走向自己。无论儿童是否成功,他们付出的努力都会受到赞扬,这样的鼓励能够激励儿童继续努力以最终掌握技能。

1.3 实践中的原则

成人在一天中使用各种方法支持儿童运动的发展。以下提供了几种关于照料者在家和学校里如何使用上文所述策略的示例,这些也是他们在与儿童的日常互动中能够自然使用的常见方法,且适用于大多数残障儿童。

1.3.1 日常常规(家庭和教室)

喂食/进食

当给坐在高脚餐椅里的婴儿喂食时,成人通常将食物放置在儿童伸手够得着的地方,这要求儿童能变换姿势并调整平衡。当儿童不再使用高脚餐椅,而是坐在椅子、凳子或其他类型的"成人用"座位上时,则要求他们能够在没有身体背部或身体两侧支撑的条件下运用肌肉力量支撑躯干。

换尿不湿/如厕

当儿童开始独立如厕时,必须放弃躺着换尿不湿的支持。便盆椅为儿童提供了侧面和背面的支撑,但要求儿童能直坐并双脚着地。马桶座圈不能提供背面和侧面的支撑,因此要求儿童具备更好的躯干稳定性和平衡性。父母通常让儿童从使用更多支撑的设备转向使用较少支撑的设备,从而让儿童在获得稳定后逐渐增强自信。鼓励儿童独立很重要。

穿衣

独立穿衣要求执行不同动作、平衡和协调时各部位的运动能力与协调能力。照料者通常通过帮助儿童区分身体部位和辨识穿何种衣物来指导儿童穿衣,并帮助儿童根据需要进行操作、推和/或拉。随着儿童变得愈加熟练,成人鼓励儿童进行更多的独立操作并减少帮助。穿裤子等活动又对儿童提出了新的要求——掌握身体平衡。成人可能会为儿童提供身体支撑,直到他们能够在最小的外部支撑下单脚站立数秒。成人也可能会让儿童坐着穿上裤子,等站起来后为他们拉好裤子。这两种方法都有助于儿童发展平衡能力、力量和协调能力。

1.3.2 游戏常规(家庭和教室)

面对面游戏

躲猫猫、唱歌、手指游戏和玩球等面对面游戏通常先在儿童坐着的时候进行,这样儿童会有更好的平衡感。一段时间后,成人可能会在儿童站着或走路时玩这些游戏,此时要求儿童能够移动双臂和双手、保持平衡,以及控制自己的手指、手和手臂。通常直到儿童具备了良好的方向感和稳定性后,他们才会停下来自己坐着来进行这种游戏。

体育游戏

与成人一起玩体育游戏是对儿童运动功能的挑战。成人可能会在儿童爬行或跑步时追逐他们;让儿童设法"擒抱"住成人并超越他们;玩蹦跳、跳跃或投掷游戏。以上所有活动都要求儿童能够移动身体重心、掌握平衡、区分身体部位以及施加或抵抗压力。这些游戏都是支持儿童基本运动功能发展的活动。

操作性游戏

成人通过使用需要儿童以各种方式运动的玩具来鼓励儿童姿势稳定性的发展。成人鼓励儿童在坐着、站着和走路时玩耍。他们提供各种玩具,如让儿童边在地板上爬边推小卡车、站着抛接球、摆动球拍玩具,以及让儿童骑三轮车。他们鼓励儿童进行建造、绘画和操作性游戏。所有这些都要求儿童的各个身体部位具备稳定性、平衡性和协调性。近端肌肉的稳定性为儿童灵巧地操纵玩具提供了一个稳定的基础。

感觉游戏

包括在泥地里或水坑里玩、玩蜡笔或手指画、用橡皮泥或黏土制作东西,或用刷子画画。成人还应当鼓励儿童多进行需要保持平衡、使用压力,以及区分手指、双手和双脚的活动。

1.3.3 阅读和学习常规

圆圈时间

教师们主要运用圆圈时间来实现认知、社交和沟通。然而,当儿童做这样一些动作时,如坐在地板上唱歌、跳舞、举手回答问题、转身与朋友交流答话等,稳定和平衡是必需的。

一对一阅读

成人给儿童讲故事的时候,通常会让儿童坐在他们腿上来给他们支撑。随着儿童年龄的增长,这个活动可能会变为让儿童坐在成人身旁进行。虽然这些动作的变化并不意味着运动功能的发展,但仍要求儿童在爬上爬下时维持平衡、扭身看向成人及其手中的书,并独立使用自己的双手。

科学与数学

许多科学和数学活动都涉及运动。儿童测量和计数不同大小的物品,通过举起和称重来进行比较,通过推拉来操纵周围的物品。同样的,虽然运动能力的发展并不是儿童进行科学和数学活动的最终目标,但儿童基本运动功能的发展往往可以促进儿童完成这些科学和数学活动。

1.4 为改善潜在的运动功能制订个性化的干预措施

Ⅰ.A. 姿势对动作的支持程度如何？

影响运动的原因可能是神经损伤或导致脑功能紊乱的大脑缺陷（如脑瘫）、肌肉骨骼系统疾病（如肌营养不良症）或生物、发育、环境等问题。由于运动功能不良的原因和后果可能很复杂，因此建议进行医学和治疗监测。一般情况下，具有姿势定位和姿势稳定性困难的儿童需要改善：(1)翻正反应（即能让儿童保持直立和适应新姿势的头部与躯干运动）；(2)保护性伸展（即伸展肢体以防止摔倒）；(3)平衡（即头部和躯干为保持重心做出的代偿性反应）；(4)能够使头部、躯干和四肢保持一致并自如地变换姿势；(5)对身体所处空间位置的感知；(6)有意识的运动意图；(7)行动控制的自主性。

除了上面提到的一般儿童策略，运动障碍儿童可能还需要额外的帮助。以下是适应人际互动和改变环境以支持儿童发展更好的姿势定位和姿势控制的一般原则。

人际互动策略

1. 激励儿童运动。儿童的动机至关重要。成人对儿童发起的被动运动为其大脑建立神经通路提供了一些输入信息，但由儿童自主控制的运动则涉及更多的大脑中枢，会产生更大的影响。因此，成人需要鼓励儿童独立自主运动。对于婴儿和发育中的幼儿而言，与人的社交互动是具有激励作用的。对于年龄大一些的儿童，与人和/或物品的互动可能会更具激励作用。

成人应该将他/她的脸或物品置于儿童面前，这样儿童就会抬起头朝向互动目标。缓慢移动目标可以鼓励儿童变换姿势，同时允许儿童调整身体部位以保持对齐。例如，如果父母对着正坐在倾斜的婴儿座椅上的孩子玩躲猫猫，则孩子不会尝试定位或移动，因为父母已经完成了所有的动作。然而，如果当儿童俯卧在地上时父母忽然从椅子或沙发后面跳出来，儿童则需要抬起头才能朝向成人。

2. 同伴互动。与他人的积极互动可以将儿童的注意力从他/她正在进行的困难运动上转移到眼前的社交互动上来，这能够帮助儿童无意识地运动。轮流游戏促使儿童模仿成人、兄弟姐妹或同伴的行为。例如，如果另一个儿童在他旁边做出模仿动作（在咖啡桌旁站起来），尤其是当该动作还获得了玩具或食物奖励时，儿童更有可能去尝试同样的动作。成人也可以扮演儿童感兴趣的角色榜样。例如，父母吹出泡泡再踩泡泡的行为是在鼓励儿童运用平衡技巧。

3. 设置简单的挑战。如果定位或维持平衡的挑战太难，儿童会崩溃、摔倒或放弃。成人需要调整以提供简单的挑战。在前一个吹泡泡的例子中，如果儿童还没有掌握足够的站立平衡技能，成人可以改变活动以降低平衡要求。例如，儿童可以坐在小椅子或凳子上，然后身体前倾,侧身戳泡泡,这仍需要儿童转移重心以维持平衡,但这为儿童提供了下半身的支撑,使儿童更易获得成功。

4. 让练习充满乐趣。不仅玩具和游戏可以帮助儿童掌握平衡性和稳定性,日常活动也可以。使这些日常活动变得有趣是激励儿童练习和培养技能的一种方法,这可以帮助儿童独立顺畅地活动。例如,洗澡时,可以引入一个游戏,让儿童从地板上的篮子里拿玩具投入浴缸中(这需要儿童蹲下和站起,向前伸出一只手臂,并在移动时维持身体平衡);在浴缸中,儿童可以玩赛艇游戏(鼓励儿童前后伸展肢体,转向一侧);洗澡后,可以通过"Hokey Pokey"游戏来使身体变干(将身体各部分擦干,这需要稳定性和平衡性)。

5. 给予积极的语言提示。语言提示包括鼓励儿童独立完成某活动(例如,"你可以做到!")。成人还可以适时给予口头指示(例如,"抬起脚")或建议(例如,"看看我是怎么做的")。成人的积极情绪对于激励儿童继续运动也很重要。

6. 提供最少的身体支撑。有运动障碍的儿童可能需要更长时间才能移动,或在尝试移动时表现出消极情绪或抗拒进行活动。因此,成人往往会抱起儿童或为儿童做好必要的工作。虽然这样可以节省时间,而且教会了儿童依赖是可以接受的,但这可能会造成"习得性无助"的后果。成人需要明确他们能给予儿童的最少支持,以帮助儿童完成他/她自己的目标,同时应注意不断减少支持直到儿童能够独立完成任务。

环境调整

除了可能支持儿童的人际互动策略,环境调整通常也会有用。根据 TPBA2 的调查结果,可以考虑以下一些环境调整策略。

1. 运用自适应座椅。缺乏平衡能力和稳定能力的儿童会花费很多精力试图让自己保持稳定。而自适应座椅能够在儿童需要的地方提供支撑(例如,背部、侧面、前面),从而让儿童将注意力集中在平衡以外的方面。这种支撑可以解放儿童的双手,使他/她能够玩和操纵物品。让儿童坐在座位上,双脚放置在地面或支撑在板凳上以帮助儿童保持稳定。一把有合适靠背的椅子对于存在平衡能力和稳定能力问题的儿童也很重要。对于大多数儿童来说,90 度角的靠背椅可以帮助他们坐直。然而对于头控困难的儿童来说,向后倾斜的椅子可能会有帮助,同时也需要调整向儿童展示玩具和材料的方式,以便他/她能够看到和操纵玩具与材料。例如,一本书可能需要放置在一个斜板上以便儿童能以一定的角度独立看书。椅子的座位也可能需要根据目前存在的运动问题进行调整。将支撑物放置在儿童两腿之间、下面或侧面可能更有助于儿童的定位活动,使其操纵物品更容易。应向治疗师咨询及寻求帮助以规划设计儿童的座位支撑。

2. 将练习融入日常生活。上述的那些支持策略使儿童不需要"努力"去保持姿势定位和稳定性,只有当儿童思考或社交时,这些策略才有必要使用。但这并不能激励儿童稳定性和平衡性的进一步发展。非常有必要为儿童提供全天候的机会来练习使用翻正反应、保持平衡以及调整身体以适应外界。即使有些儿童需要大量支持,照料者也应该让他们尽量都参与到日常活动中来。例如,儿童可以在日常生活中(如与家人一起吃饭、如厕、和兄弟姐妹一起玩、洗澡、睡觉等)努力尝试移动、起床、上车、下车、伸手拿东西等行为。

3. 放置玩具和材料。放置能够吸引儿童的玩具和材料十分重要。如果儿童想要的一切都放在他/她的眼前,儿童只需做出最少的努力就能保持稳定。正如之前的就座说明一样,当目标是让儿童快速完成所需完成的任务时,这是合适的。但如果是为了促进儿童平衡技能的进一步发展,则必须将物品放置在更具挑战性的位置。成人可以将儿童想要的物品放置在更高的位置以使儿童一只手向上,伸展身体的一侧,或踮起脚尖保持平衡;将物品放置在儿童身体一侧以使儿童倾斜身体并保持平衡;将物品放置在儿童面前但伸手不能够着的位置以使儿童前倾并伸展身体。放置的位置不能让儿童完全达不到并感到挫败,应有一定的挑战难度并能使儿童成功地克服重力。

4. 调节感觉输入水平。有些儿童存在感觉问题,因而无法获得足够的感官信息来明确自己身体在空间中的位置。有听力或视力障碍的儿童需要额外的触觉或本体感觉输入来感知环境,需要强烈的感觉刺激才能感知运动的儿童可能难以定位或响应没有提供足够感觉输入的运动。成人可能需要调整光线、声音或输入的强度,以便儿童能够做出必要的动作回应。例如,如果儿童在明亮的光线下看不到球,他就不会朝着球走去;如果儿童没有听到父母的声音,她就不会朝向成人去看看发生了什么;如果儿童没有感知到自己正在快速移动的事实,她就不能进行适当的身体调整,也不会及时停止。

5. 使用辅助设备。难以维持稳定的儿童可能需要各种辅助设备来帮助他们保持平衡或更方便地运动。矫形装置如夹板或石膏可以为脚踝、臀部、膝盖和手腕等提供支撑。助行器和拐杖也可以为儿童提供额外的稳定性。通过稳定各个身体部位,儿童可以提升定位能力和抗重力能力。同样的,应进行医学和治疗咨询以确定这些辅助设备的运用是否合适。

Ⅰ. B. 肌张力如何支持姿势?

患有神经疾病的儿童(例如脑性瘫痪、唐氏综合征、运动障碍等)通常具有过高、过低或明显"波动"的肌张力。当肌张力过高时,儿童的动作看起来很"僵硬"或被动,而且任务难度会增加所有相关肢体的肌张力。

肌张力过高的儿童难以控制自身行为。开始、维持和停止运动是需要集中注意力的,特别是在受影响的四肢上。上身肌张力过高的儿童常常屈肘、握拳或弯曲手指,而腿部肌张力过高的儿童则常常伸展下肢。

肌张力过低的儿童看起来比较"软",他们的活动范围增加了,姿势异常灵活。他们可以坐着、站立、行走、双腿张开以获得更多支撑。与高肌张力的儿童一样，低肌张力的儿童也可能会难以开始和停止动作，因此其动作过渡性很差，或者动作之间没有过渡。例如，他可能会"噗通"一声直接坐下。因为保持一个姿势需要花费很大气力，他可能会采取靠在支撑物上或者通过将一个身体部位"堆叠"在另一个身体部位上（例如通过上耸肩部来扭动脖子）的代偿性方法。儿童也可以通过"锁定"关节来加强身体部位的力量，以弥补身体的不稳定性。肢体肌张力较低的儿童，其躯干的肌张力一般也会较低。

其他两种类型的运动功能障碍，共济失调（Ataxia，特征为震颤和步行不平衡）和手足徐动型脑瘫（Athetoid Cerebal Palsy，以持续的不自主的扭动运动为特征）也是异常的肌张力所致。肌张力可以在身体的某一部位（如四肢）很高，而在另一部位（通常是躯干）很低。在儿童发育过程中进行仔细的监测十分重要，因为婴儿时期的低肌张力可能会在以后发展为手足徐动症（Athetosis）。

肌张力依赖于大脑发出的命令肌肉收缩或松弛的信号，因此影响肌张力的神经病症无法被"治愈"。然而，一定环境下的活动可以对肌张力产生暂时的影响，因此如果在关键时期反复进行这些活动，是可以改善运动功能的。建议采用以下策略来改善执行特定动作时相关肌肉的张力。特殊儿童则需要咨询专业的医学和治疗人员。

人际互动策略

1. 做准备活动以使低肌张力正常化。在从事需要使用手指、手、手臂、躯干、腿或脚的活动之前，成人可以做一些准备活动，以暂时增强肌肉对输入的反应，包括推挤或拉动肌肉的活动。涉及快速压缩运动、低温或静音脉冲输入的感觉活动也可能具有"唤醒"神经和肌肉的作用。例如，在走路之前进行双腿弹跳活动，在写字之前先玩一下橡皮泥，在进行精细的动作游戏之前用冷水洗手，都可以帮助肌张力过低的儿童增强运动控制能力。

2. 做准备活动以使高肌张力正常化。肌张力过高的儿童需要在尝试运用肌肉力量之前先放松肌肉。包括缓慢拉伸、按摩、温暖、缓慢而有节奏的运动和深度按压在内的准备活动均有助于缓解肌肉紧张。例如，在户外进行剧烈运动之前，洗一个热水澡、用柔软的毛巾裹紧身体、用温暖的乳液按摩，以及伸展运动，都可以帮助儿童更好地控制自己，从而进行更多正常的运动和练习。

3. 调整情感体验状态。成人的影响会对儿童产生镇静或兴奋的作用。对于肌张力低的儿童，成人的兴奋情绪、大声、较快的语速可能会吸引他们的注意力并增加其积极性，从而增强肌张力。对于肌张力高的儿童，情况则恰恰相反：柔和、缓慢、有节奏的声音是首选。兴奋会导致肌张力增加，因此最好使用镇静的方式。

4. 调整活动中的互动。与成人的影响相同，活动中的动作也能够对儿童的肌张力产生作用。活动的方式影响儿童的肌肉反应。上段所述的原则此处同样适用。对于低肌张力儿童,快速、弹跳和不连贯的断点动作对他们是有帮助的。例如,低肌张力儿童可能和另一个儿童坐在一条摇晃的船上。为了增强该儿童顺船势摇摆的能力,需要鼓励他/她做来回摇摆的快速运动,并且频繁地开始与停止运动,这将为肌肉输入提供更多的机会。或是在儿童快速摇摆时唱一首快歌,并要求儿童在你停止唱歌时停下摆动。对于高肌张力儿童,这种方法反而会增加肌张力,所以成人应该为高肌张力儿童唱一首缓慢而有节奏的歌曲。

5. 教儿童深呼吸和放松的技巧。患有脑瘫或神经脊髓缺陷的儿童,其呼吸功能也可能有缺陷。呼吸模式和呼吸功能的监测对于这些儿童非常重要。

6. 注意饮食。肌张力高的儿童会消耗更多热量,因为他们的肌肉收缩更多,因此需要补充更多的零食和高蛋白食物,以维持体重和能量需求。脑瘫儿童可能患有进食障碍,此时可能需要医疗干预。肌张力低的儿童消耗热量往往更少,因此他们更容易增加体重。注意食物和热量的摄入对这些儿童十分重要,因为体重的增加只会让他们更加难以活动。

环境调整

除了人际互动策略,环境的改变往往也对调整肌张力有用。根据 TPBA2 的研究结果,可以考虑以下这些改变环境的策略。

1. 调整环境。房间内不同数量与类型的刺激对儿童会有镇静或兴奋的作用。大声、明亮的光线和喧闹的活动会引起儿童兴奋,并可能增强其肌张力。柔和的灯光和色彩以及活动的减少可能导致肌张力下降。这可以帮助父母为儿童规划家庭环境的布置。不同肌张力的儿童往往同处一个教室,因此应在房间内布置不同的区域以促进不同的反应。

2. 调适活动程度。儿童的一天充满了从激烈到平静不等的各种各样的活动。这些活动的排序以及执行方式会影响儿童的反应。较为激烈的活动(例如在室外跑步)应该与平静的活动(例如阅读)交叉进行,这样能够使儿童正确地使用肌肉,然后恢复力量准备下一轮活动。肌张力高和低的儿童均能从这种模式中受益。

3. 根据个人需求调整活动。任何活动都可以加以调整,引入不同的玩具或材料以满足儿童的需要。可以引入一些较重的玩具或材料,来鼓励儿童进行推拉或其他更多的动作。带有惊喜元素的玩具,例如弹出玩具或"爆炸"玩具可以增加儿童的兴奋度。可以调节摇摆或上下移动的玩具的速度与节奏。在假扮游戏中,较重的玩具和真实的材料可以代替较轻的塑料玩具,通过改变玩具质地能够为儿童提供更多(或更少)的刺激。成人需要分析每个游戏情境与特点,以确定变更哪些内容能够使儿童更容易或更有效地回应。

4. 使用自适应设备。包括按摩器、电热垫、电动牙刷、电子秋千或摇椅在内的设备可根据儿童的需要适时使用。

5. 让儿童参与家中电器的使用。如吸尘器、厨房搅拌机和其他具备有声按钮的家用电器可以刺激和鼓励低肌张力儿童。高肌张力儿童可能会被烘干机的声音或者收音机发出的低沉声音安抚。成人应考虑哪些活动可以让儿童参与而非避开。例如,试着用长而硬的软管给草坪浇冷水可能会导致痉挛性脑瘫儿童的肌张力增强,但也可能为患有唐氏综合征的儿童提供抵抗和低温刺激,从而增强他们的运动能力。

1.5 为需要帮助的儿童提供改善基本运动功能的常规

以下是如何将上述策略运用到儿童日常生活和学校生活中的示例。对于没有特殊需求的儿童,除了本章开头所述的策略,也可以使用如下这些能够进一步增强儿童运动功能的发展和熟练程度的策略。

1.5.1 日常常规(家庭和教室)

喂食/进食

为了帮助儿童独立进食,要注意儿童的姿势。如果儿童在缺乏支撑时无法稳定坐着,就应该为其提供支持以防倒下、滑动或僵硬。例如,如果儿童头控不佳,则可能需要一把轻微后倾和具有侧面支撑的椅子。如果坐在高脚餐椅上的儿童容易向前滑倒,则应在其膝盖下方提供支撑以将其推回原位。如果椅子太大而使儿童向侧面摔倒,则可以将婴儿的沐浴泡沫支架放入椅子以增加四周的支撑。除了在儿童的膝盖下使用靠垫、泡沫或毛巾卷以缓解高肌张力,将儿童的脚放置在一个台阶上弯曲也可以帮助儿童保持屈曲而非伸展姿势。一旦儿童身处稳定的姿势中,他的手就可以自由探索或自己吃饭。

换尿不湿/如厕

躺着换尿不湿可以提供一个稳定的姿势,除非儿童拱起背伸展。在这种情况下,在儿童颈部和膝下垫毛巾卷可能有助于缓解肌张力,让儿童有更大的行动自由。在换尿不湿前后,将玩具放在儿童侧面供其玩耍可以让儿童练习维持仰卧的稳定性;让儿童俯卧并将玩具放在他前方能鼓励儿童向前方移动并提高其肩膀的稳定性。

随着儿童长大到能够独立如厕,完全支撑在身体周围、前面比后面稍微高一点的便盆椅可能会对腿部肌张力过高的儿童有所帮助。这种便盆椅能够增加儿童腿部的屈曲,从而抑制住高肌张力儿童腿部伸展的趋势。若儿童使用普通马桶,则可以根据需要从他后面、侧面或前面增加额外的适应性支撑。对于儿童而言,无论是在地板还是在台阶上,重要的是他们的双脚应得到支撑,因为这会增强他们的稳定性。当儿童不再担心摔倒或从便盆上掉下来时,他们才更倾向于去如厕。

穿衣

穿衣服需要儿童具备区分身体部位的能力、力量、协调性和平衡性。成人可以通过为儿童准备容易穿脱的衣服来帮助他们。配有魔术贴的,拥有大的头部、手部和腿部开口的,以及宽松的衣服更适合。儿童穿衣的姿势也很重要。可以让肌张力过高的儿童做些预备的放松运动,因为放松运动能帮助儿童保持穿衣所需的肢体的灵活性。对于肌张力过低的儿童,可以让他们通过游戏伸展四肢从而穿过衣服的开口。例如,"你的娃娃正在衣服袖口那里等你呢,你想拿到娃娃吗?"当儿童在发展平衡技能时,成人可以鼓励儿童站起来并使用梳妆台或自己的手臂为儿童提供支撑。要注意鼓励并称赞儿童在独立方面做出的努力!

外出

缺乏稳定性和肌张力过高或过低的儿童常被困在汽车后座的座椅上,无法探索或玩玩具。应调整座位使儿童可以看到窗外以开辟一个新的世界供探索。可在汽车座椅上放置一个带有魔术贴的托盘,并准备好相应的魔术贴玩具让儿童玩。要注意给玩具和托盘绑上绳子,这样玩具即使掉落也可以随时被儿童拿回来。

让儿童参与购物。在购物车的儿童座椅上为儿童提供适当的支撑(参见喂食/进食),以使儿童保持稳定。在保证安全的前提下,鼓励儿童伸手拿取前面和侧面的物品是练习平衡性的好办法。购物中心也为儿童提供了行走和跑步的机会。一些购物中心有儿童游乐区,可以鼓励儿童爬进爬出、爬上爬下或穿过游乐设施,这些设施通常比户外游乐设备更卫生、更安全。

1.5.2 游戏常规(家庭和教室)

面对面游戏

当儿童舒服地坐在你面前时,可以开始面对面的游戏,如拍手游戏。当儿童更加投入时,应当鼓励她在没有支撑物时坐着玩或站立着玩。成人站在儿童面前是无法练习其平衡能力的。随着儿童平衡能力的增强,父母可以移动到儿童的侧面或后面,使其转身寻找父母,这将能够练习儿童的平衡能力。

体育游戏

体育游戏本身就可以为加强运动所需的基础能力提供许多机会。儿童爬、走、跑、攀登、跳、跃、扭动和跳舞等都能够为肌肉和关节提供输入并练习平衡能力。成人需要鼓励有平衡和肌张力问题的儿童多进行体育活动,从而提高运动能力。在地上打闹、在床上跳跃或行走、扔枕头、在各个房间里玩追逐游戏和捉迷藏需要儿童执行许多不同类型的动作。儿童也对参与这些令人兴奋的游戏非常感兴趣。(对于患有痉挛的儿童来说,速度可以适当放慢,这样身体的相互作用就不会那么强烈。)应允许儿童在草地和沙地上面玩耍,因为两者的表面能够为儿童提供不同的平衡体验。儿童可以在餐厅或购物中心的游乐区玩耍,在那里他们可以和其他儿童一起安全地游戏。随着儿童年龄的增长,应该尽可能多地为他们提供和同伴一起游戏的机会,与同伴一起进行音乐和舞蹈活动对儿童而言也是一项令人兴奋的运动体验。

操作性游戏

对于存在稳定性或肌张力问题的儿童而言,操作性游戏往往很难。但是对于大部分儿童来说,一旦可以安全地坐下来并保持稳定,他们就能够自由地运用手和手指。因此,帮助儿童保持稳定对于在桌子上进行操作性游戏(例如拼图或绘画)至关重要。对于大多数儿童而言,坐在椅子上,双脚平放地面,脚踝、膝盖和臀部呈 90 度直角弯曲的坐姿很重要[对于伸展性较大的儿童,则角度更大(大于 90 度)可能会更适宜]。儿童身体躯干的姿势也很重要,背部应挺直,身体则朝向儿童的操控对象。

因为许多儿童喜欢在地上而不是在桌子上玩,成人也应当为在地上玩耍的儿童设置好最佳姿势。如果儿童肌张力过低,他们可能会躺在地板上或用胳膊支撑着身体玩耍,这通常不是能供他们自如地使用两只手一起操控物品的最佳姿势。还有一些儿童可能会双腿呈"W"型坐着或呈其他一些使腿部更多接触地面以获得更多支撑的姿势坐着。虽然这样的姿势具备一定的功能性,但会对关节周围的韧带造成压力,导致关节活动范围增大,甚至容易发生髋关节脱位。可替代的方法包括提供靠枕支撑,根据儿童弯曲的身体曲线提供支撑的"C"型枕或护理枕。也可以改变儿童的身体支撑基础,使他/她坐在膝盖和脚跟上或采取侧坐姿势,即双腿同时弯曲在一侧,这可以帮助儿童练习另一个姿势。还可以使用矮桌或长凳,让儿童将他们的腿伸到长凳下面,将玩具更多地放置在与儿童眼睛齐平的地方,这样可以帮助低肌张力的儿童抬起头部挺直背部。咨询治疗师可以帮助儿童获得个性化的适应方案。

感觉游戏

与颜料、黏土、胶水等结合的感觉游戏通常是需要坐在桌子旁进行操作的(参见上述操作性游戏)。在幼儿园里,许多感觉游戏都是在充满水、沙子、泥土、碎纸、土豆泥或任何数量的感官物品的"感觉体验桌"上完成的。存在稳定性和肌张力问题的儿童可能难以维持稳定的姿势去玩耍。肌张力过低的儿童可能会靠在桌子上、弯曲背部并让腹部抵在桌子上、锁住膝盖、摇晃脚踝,或者在坚持几分钟后就离开这项桌面游戏。肌张力过高的儿童可能会靠在桌子上,或用手臂支撑自己,也可能会通过锁定关节来保持稳定。对于站立不稳的儿童,可选择在感觉体验桌旁提供座位,使用固定的斜板或其他自适应装置等方法。但由于斜板是受限制性的,使用起来不方便,因此需要更加灵活方便但能够提供一定程度支撑的替代性方法。例如,一些可以放下座位的学步车可以方便让儿童站立一会儿然后坐下。感觉游戏的目标是最大限度地为儿童提供自己探索和动手操作的机会。

假扮游戏

对于缺乏稳定性的儿童而言，假扮游戏非常难，因为这需要与其他一些在儿童周围快速移动的同伴一起互动。需要在假扮游戏区域为需要额外支持的儿童提供稳定的家具以供其抓扶或倚靠。也可以在桌子侧面或坚固的架子上添加扶手，以便儿童在偶尔的支持下能在空间内移动。需要为有助行器或者其他移动设备的儿童提供额外的空间。假扮游戏的目标不是练习平衡，而是思考、沟通和互动，因此教师应该为儿童提供必要的支持，让他们能够在区域内自由移动。例如，儿童可以在一些中心使用椅子，在另一些中心使用助行器，在其他中心使用支撑靠枕坐在地板上，儿童也可以在假扮游戏区使用电动轮椅。教师需要将儿童的需要与假扮游戏的目标相匹配，使儿童的运动问题不会阻碍其学习和社交。

1.5.3 阅读和学习常规

圆圈时间

圆圈时间是一项团体活动，分享仅是活动目标之一，它更多的是一项大型社交活动。因此，安排好位置让儿童能够看到教师和其他儿童非常重要。如果儿童转身困难，可以提供一个转椅帮助她看到每一个人。立方体椅子能比地毯提供更好的支撑以使儿童参与游戏，而不是瘫倒、坐立不安或者倚靠他人。参与到团队中也是该活动的目标，因此应当确保儿童能够自如地使用双手。对于一些儿童而言，预备活动可以帮助他们更好地坐下参加活动。对于低肌张力儿童，在圆圈时间之前进行兴奋性游戏可能会有所帮助。对于高肌张力儿童，听放松的音乐能够帮助他们镇定。

一对一阅读

一对一阅读的目标和假扮游戏一样也与沟通和互动有关。成人应当将一对一阅读作为一项培养亲子关系的活动。虽然儿童可以在成人旁边单独的椅子或自适性座椅上坐着，但这将剥夺一对一阅读活动的主要优势——儿童与家长互相亲近，彼此触摸与互动。因此，建议在尽可能的情况下，更多地让儿童坐在成人的膝上，直到儿童逐渐长大以至于不能舒适地坐在家长膝上为止。成人可能需要使用枕头、靠垫或身体部位来对抗儿童的伸展或提供足够的支撑，但一对一的身体接触是十分重要的。一对一阅读是分享有趣的声音、语言、笑声、评论和故事的时刻，这一时刻为儿童提供的安全感远远超过了任何椅子。

科学与数学

科学与数学活动通常在桌旁坐着或在桌子或画架边站立着完成。上述关于预备活动和姿势位置安排的建议此处同样适用。因为在这个活动中注意力、动手能力和理解力是学习的关键，只有保证儿童身体的稳定性，他们的大脑思维和双手才都能自如运作起来。

案例：多米尼克

多米尼克是一名9个月大的患有脑瘫的非裔美国男孩。他的躯干呈现低肌张力，四肢的肌张力却过高。他对所有成人都能微笑，并会对能发出声音或做出动作的图片和玩具表现出兴趣。他能够在有外部支撑时坐着，但不能独立地坐。他能够从仰卧位翻身成俯卧位，能够让身体向后转向右侧，但是不能从俯卧位翻身成仰卧位。他坐在高脚餐椅上吃饭时会倒向一侧或另一侧，倒的方向通常取决于他原本朝着哪边倚靠。他喜欢看放在他母亲腿上的书籍。他通常能够在俯卧时做这个动作并维持几秒钟，然后瘫倒在地。多米尼克在从幼儿园回家的路上一直坐在小汽车座椅里哭泣，这让接他回家的母亲感到沮丧。

环境支持

1. 在多米尼克坐的高脚餐椅中增加支撑物。将沐浴泡沫支架放在他身体下面或身体周围，这有助于防止他摔倒并能帮助他专心处理面前的食物。高脚餐椅也可以用来玩，因为这个支撑性的座位能够使他自由地玩玩具。

2. 经常让多米尼克撑在自己的前臂上俯卧看他最喜欢的书，这将有助于他的肩部和手臂建立稳定性。

3. 给多米尼克换尿不湿时，将铃铛绑在他的四肢上，这将鼓励他移动四肢、观察铃铛并试着拿取铃铛。可以鼓励他摇动肢体让铃铛发出声音，然后等待看他自己的尝试。

干预支持

1. 虽然多米尼克不能在无支撑时坐着，但可以把他放在你的膝盖上，让另一个人蹲在他面前，稍稍高于他。这个人可以通过做鬼脸、发出噪音来吸引多米尼克抬起头部，同他面对面玩游戏。

2. 洗澡后，用温暖的乳液为多米尼克做一次舒缓的按摩，这将有助于降低他四肢的肌张力。

3. 在多米尼克放松时与他玩游戏。帮助他从身体各个方向取回玩具，在有支撑的座位上看图片，并且用脚站立承受身体重量。尽量用很多缓慢的动作、柔和的歌声与微笑使这些游戏变得有趣。鼓励他独立努力。

不同发展年龄的干预要点

以下建议针对的是处于相应发展水平的儿童。这些建议并不是全面的，而是表明了可能探索的领域。

发展年龄	基础姿势	干预要点
0—3个月	肌张力(3个月)： 　　肌张力：在无外部支撑时可以向前点头、向后仰头。 　　仰卧：头部保持在中线位置、身体姿势对称。手可以抬起放到身体中线位置。双脚能够蹬踢。可以移动四肢使双腿或双臂并拢。 姿势与粗大运动(3个月)： 　　俯卧：头部可以对称协调地抬起来呈45至90度角。肩部可以微微外展。 　　坐姿：外部支撑有助于维持坐姿；头部微微晃动。在无支撑的情况下头部能够保持在身体中线位置。能够用前臂短暂地支撑起身体。 　　站姿：扶站时能将脚平放在地面上并短暂地负重(0—3个月)。可以屈伸膝盖。当被拉起来时，全身挺直。头部和躯干保持一致。	经常让儿童俯卧，并诱导他/她抬头寻找人和声源。 直接将儿童感兴趣的人和物品呈现在其面前。与儿童说话并摇晃物品吸引儿童注意。 将铃铛挂在儿童手腕或脚踝上，鼓励儿童注意动作与声音之间的关系。 将儿童抱起放在肩上四周张望。将儿童放在膝盖上坐着并给予他/她最小的头部支撑，使其看他/她感兴趣的人和物品。 让儿童身体撑在手臂上或俯卧观察探索他/她感兴趣的物品，这将促进其肩部稳定性和头控的发展。 从儿童腋下虚抱起来，让儿童感受自己身体压在脚上的重量，这将鼓励儿童双脚弹跳并尝试感受自己腿上承受的压力。
3—6个月	姿势与粗大运动(6个月)： 　　仰卧：用手接触脚(5—6个月)。可能会把脚伸到嘴里并吮吸脚趾。可能会俯卧—仰卧位翻身。 　　俯卧：当处于俯卧位时会出现兰道反射(Landau Reaction)。头部能伸直。对头部、臀部和躯干控制力的增强可以使身体向各个方向旋转或扭动，达到自由移动的目的。伸展手臂并用手臂支撑身体或将自己向后推。能够活动躯干、头部和四肢以防倾翻。 　　坐姿：在无外部支撑时短暂地维持坐姿(5—6个月)、头部伸直并且不靠手臂支撑、肩胛骨缩回；不能维持长期坐姿或不能随即进行姿势转换。可以伸出手臂抓住自己和支撑物。可以自由移动头部。不能在坐姿与其他姿势间随意转换。 　　站姿：有外部支撑时可以用腿支撑全身(5—6个月)。 　　移动：俯卧时会蹬腿推动身体，通过双臂来控制自己向后或前移动。	给儿童的脚上穿有趣的袜子或戴上有趣的铃铛，以鼓励儿童探索自己的双脚。 将有趣的物品放在儿童头部的一侧并鼓励儿童转头朝向该物品。 翻身时给儿童的臀部施加一点辅助。 当儿童俯卧时，将儿童想要的物品移动到不同的位置，吸引儿童追踪并尝试拿取该物品。儿童拿到并玩耍后，将物品移动到新的位置。 把儿童举在空中或抱在膝盖上使他/她左右摇摆玩唱歌游戏。 让儿童坐着，用双臂支撑起上身。 让儿童看书，以鼓励他/她保持一两分钟的姿势。 鼓励儿童在成人的帮助下改变自身姿势。 练习靠腿站立，可以从腋下虚抱儿童给他/她支撑来让儿童持续感受处于直立站姿时的体验。 在儿童俯卧时面对面地站在他/她前面并向后移动，以吸引儿童的跟随。
6—9个月	姿势与粗大运动(9个月)：大部分婴儿可以将粗大运动与精细运动结合起来。 　　俯卧：可以从俯卧位翻成仰卧位。能够像四足动物一样支撑并摇晃四肢。可以旋转躯干，用一侧支撑身体并伸展手臂。 　　坐姿：可以使双手撑在身后及控制头部和躯干避免向后跌倒。 　　站姿：拉他/她一只手能够短暂保持站立。可以仅用一只手给儿童支撑，拉起儿童，转移重心并旋转身体。 　　运动：能腹爬。能通过摔倒推动自己前进。能通过手和膝盖支撑自己站立起来并沿着家具扶走。	当儿童仰卧、侧躺、俯卧、呈坐姿或用四肢支撑起身体时，将儿童想要的物品放在他/她周围的各种地方。 当儿童保持这些姿势时稍微动一下他/她，以便促使儿童尝试恢复原本的姿势。 将儿童想要的物品放在椅子或矮桌上，让儿童能够看见。鼓励儿童站起来去拿取该物品。将物品移动到一边以鼓励儿童随之移动。 使用社交活动和物品来诱导儿童爬行。

续表

发展年龄	基础姿势	干预要点
9—12个月	姿势与粗大运动(12个月)： 　坐姿：利用旋转形成坐姿。用一只手支撑身体，另一只手伸长去拿较远的物品。在双臂交替举到头部的同时能够保持躯干稳定性。能用手触摸自己的后背，形成大幅度的身体扭转。 　站姿：可以短暂地独立站立(9—12个月)。 　动作：将球滚向成人。 　运动：可以独立自主地运动。拉他/她一只手能够行走或者可独走数步；一些儿童会将步行作为主要的运动方式。	通过将儿童想要的玩具和食物放在儿童头顶上方稍高一点的位置以鼓励儿童坐着。 提供机会让儿童努力向各个方向伸展，有些要求儿童在伸展时用手或手臂支撑身体。 提供机会让儿童在家具附近来回移动，捡起饼干碎片或追逐移动的小汽车。 从腋下虚抱儿童提供支撑，趁他/她正观察探索感兴趣的物品而不注意时偷偷放手减少支撑。 在儿童行走并有需要时提供支撑。当有支撑时增加儿童行走的时间，并逐渐减少支撑(开始可以先拉着他/她的手，然后可以让他/她拉着父母的裤腿)。 让儿童比较喜欢的成人作为他/她行走的"目标"，特别是当成人拿着儿童想要的物品时。
12—18个月	姿势与粗大运动(15个月)： 　站姿：站立、蹲下、屈伸。 　运动：缓慢行走。爬上楼梯。 姿势与粗大运动(18个月)： 　坐姿：坐在小椅子上。爬上成人的椅子。 　动作：从地板上捡起玩具。扔球(9—18个月)。 　运动：能够拉着玩具自如行走。开始学习跑步，拉他/她一只手能够上楼。	将物品放在不同的高度以使儿童蹲下或站起来拿到它们。 让儿童从地板上拿起物品并把它们交给成人，这可以鼓励儿童做上下屈伸的动作。 提供机会让儿童在家具或其他设备上爬上爬下和玩。 将绳子连在小汽车和其他玩具上，以便儿童可以拉动它们。这能够鼓励儿童转身向后走去看玩具。 提供机会让儿童上下较低的楼梯。
18—24个月	动作(21个月)： 　动作：在没有踏板的骑乘玩具上活动。从成人椅子上爬下来。 姿势与粗大运动(24个月)： 　站姿：站立时稳定且平衡。可以短暂地单脚站立。 　动作：朝前方的较大目标扔球。向前踢球(20—24个月)。 　运动：走路时手臂肘部前后摆动，足跟足尖交替落地前进，步态平衡。从楼梯上跳下(17—24个月)。牵着他/她时可以上楼梯(12—23个月)。牵着他/她时可以下楼梯(13—23个月)。	提供机会让儿童在游乐场的低矮设施上爬上爬下，并用双脚推动骑乘玩具前进。 唱歌和跳舞以刺激平衡、跳跃和身体旋转。 玩抛接球游戏，以鼓励儿童学习方向预测、重心转移和身体调整。 在公园设施上练习攀爬，走上不同大小的台阶，并利用场地进行超越障碍训练。
24—36个月	运动(30个月)： 　运动：在无外部支撑时上楼(18—30个月)。在无外部支撑时下楼(19—30个月)。跳下一级台阶(19—30个月)。开始学习踩踏三轮车。独立在家具上爬上爬下(24—30个月)。 运动(36个月)： 　动作：能够将直径25厘米左右的球抱在胸前(30—35个月)。 　运动：行走时躯干可以旋转，双臂可以分别交替摆动。双脚交替上下楼梯(23—36个月)。可以爬幼儿园设备(30—36个月)。	玩要求儿童学会区分自己不同的身体部位并以不同的方式使用它们的游戏，例如"Simon Says"和"Hokey Pokey"。 让儿童玩需要身体各部位协调作用的游戏活动，例如骑三轮车、游泳和赛跑。 开始进行要求儿童协调眼睛、手和脚的投掷与击打的游戏。 让儿童参与公园中的儿童集体游戏。

续表

发展年龄	基础姿势	干预要点
36—48个月	运动(48个月)： 动作：弯曲肘部在身体前方接球(3—4岁)。 运动：像成人一样走路。真正学会跑步时的躯干旋转与手臂摆动。可以骑着三轮车绕过障碍物。	能够展示如何预测动作、调整身体姿势以及回应不同动作，如投掷和击打。 开始参与幼儿体操和体育运动。 模仿不同动物。
48—60个月	运动(54个月)： 动作：身体重心前移，向前方远处扔球。投掷时方向精度提高。 运动：33%的4岁儿童可以单脚跳跃，43%的儿童可以快跑，但只有14%的儿童可以蹦跳(Clark和Whitall, 1989)。 运动(60个月)： 动作：投掷时平稳投掷、及时放手、瞄准目标(3—5岁)。接球时能根据球的位置调整姿势，并用两侧肘部夹住球(54—59个月)。击球时，身体与物品能保持适当距离，能伸展手臂去接球。 运动：协调跳跃(交替跳跃式、身体短时悬空、双臂摆动)。单脚跳跃(3—5岁)。可以单脚站立几秒钟，可以上下坡路不摔跤。从高处跳下；向前跳。可以攀爬梯子(4—5岁)。	让儿童练习他/她喜欢的运动技能，提高准确性、速度和流畅性。 引进需要轮流进行的集体游戏包括跑步、投掷、击打和跳跃等。 通过跳舞、走路和翻滚来练习平衡。 为儿童提供粗大运动玩具，如呼啦圈、铁铲、耙子和球。
60—72个月	运动(66个月)： 运动：能够熟练掌握跑步技能(5—5岁半)；通过赛跑测试儿童技能。 运动(72个月)： 动作：踢中目标。 运动：肘部弯曲轻轻起跳、双脚稳稳落到地面。能够非常协调地快速跑动(5—6岁)。直线跳跃。	让儿童参与团体运动或俱乐部活动。 让儿童在公园中进行集体游戏，因为公园能够为他们提供足够的空间去赛跑和攀爬。 为儿童购置一辆自行车。

第二节　改善粗大运动能力的策略

目标达成量表

1	2	3	4	5	6	7	8	9
被放在哪里就待在哪里；没有主动从一个姿势转变为另一个姿势的活动。		通过滚动和爬行来活动。		通过四肢支撑、四处爬行和迈步的方式在环境中活动。		轻松地走和跑。		能够做复杂的粗大运动(如单脚跳、跳绳)。

尽管可以在没有运动的情况下学习、获得社会互动和开展交流,但这些过程都能通过身体参与和探索而更容易实现。事实上,精细运动和粗大运动之间是很难区分的,通常来说各项活动均需要两者的配合。在 TPBA2 中,我们区分了那些主要涉及躯干和下半身肌肉的活动,以及使用手臂和手的活动,但这并非指下半身的运动组成了粗大运动,而上肢的运动组成了精细运动。事实上,像投掷这个主要是由上肢运动组成的活动,就是一项粗大运动(或者称为大运动)。当儿童滚动、坐立、拉起至站立、独自站立和奔跑时,都需要粗大运动技能。这些技能有助于个体参与体育运动,以及进行多种功能性的活动,如洗澡、穿衣等。显然,后一种活动同时也涉及认知能力和精细运动技能。本节仅讨论粗大运动部分。

2.1 适宜的粗大运动活动

粗大运动技能应该是灵活的,而非踯躅或笨拙的。粗大运动也应该很容易执行,儿童应该能够主动做出与发展相符的功能性运动。粗大运动动作应该是有用的,即儿童应该能协调移动身体的各个部分以做出预期的动作。例如,虽然学龄前儿童尚不能准确地将足球踢进网里,但是儿童的动作应该能反映出从接触足球到踢足球的必要技能序列。适宜的粗大运动技能也应该能让儿童从一系列由慢到快的活动中获得乐趣。

粗大运动技能是通过练习来提高的,然后儿童才能轻松高效地掌握。成人需要知道儿童所处的发展阶段,从而预期儿童能达到的动作熟练程度。粗大运动技能倾向于从头到脚、从躯干到四肢的顺序发展。到学龄前期,儿童能够高效地行走和奔跑;他们可以攀爬、跳跃、控制身体从一个地方移动到另一个地方。随着年龄的增长,他们的技能变得更加精确,他们的动作也变得更加高效。

2.1.1 实践中适宜的粗大运动

Ⅱ. A. 粗大运动动作的质量及其对功能的干扰

日常常规(家庭和教室)

- 婴儿/学步儿:婴儿踢着他的脚,然后在洗澡后弯腰并将他/她的脚放进嘴巴里。在听到母亲的呼唤时,学步儿两只脚分开地奔跑向厨房。
- 幼儿:幼儿在几乎无人帮助的情况下,爬出浴盆并擦干身上的水。

游戏常规(家庭和教室)

- 婴儿/学步儿:婴儿向着沙发爬过去,然后站起来,等待爸爸将他/她抱起。学步儿跑向球,并试图踢球。

- 幼儿：幼儿把球扔向爸爸，然后在爸爸扔回来时伸出手接住。

课堂常规

在户外活动时，幼儿独自爬格子、钻隧道，然后从滑梯上滑下。

Ⅱ.B. 游戏姿势

日常常规（家庭和教室）

- 婴儿/学步儿：婴儿仰卧在婴儿床上，四肢张开，略微弯曲。学步儿坐在地板上，两腿伸开，吃饼干。
- 幼儿：幼儿双脚悬空、手扶住马桶边坐在马桶上，身体前倾，呼唤母亲。

游戏常规（家庭和教室）

- 婴儿/学步儿：婴儿坐在地上，两腿在身前弯成一圈，由手臂支撑身体。学步儿坐在小板凳上，脚挨着地，在一张儿童桌上涂色。
- 幼儿：幼儿双腿交叉在身前，坐在地上玩游戏。

课堂常规

幼儿坐在方椅上，围成圈听老师讲故事。

Ⅱ.C. 独立地进行姿势转换

日常常规（家庭和教室）

- 婴儿/学步儿：婴儿独自坐在婴儿床上；当爸爸进入房间时，他转头看，然后抓着婴儿床的栏杆站起来。学步儿爬上沙发，坐在妈妈旁边看书。
- 幼儿：幼儿脱掉他/她的裤子，走向洗衣机，爬上梯子，然后将裤子扔进洗衣机里。

游戏常规（家庭和教室）

- 婴儿/学步儿：婴儿翻身将玩具放到头上。学步儿蹲下来看蚂蚁在人行道上爬行。
- 幼儿：幼儿随着录音机里的音乐跳舞、旋转。

课堂常规

在下课休息时，幼儿绕着自行车道骑三轮车，然后下车换另一个伙伴骑车。

Ⅱ.D. 环境中的运动、独立性及质量

日常常规（家庭和教室）

- 婴儿/学步儿：婴儿将头转向一边，用手臂和腿去够取他/她的奶瓶，并以腹部为中心旋转。学步儿独立站立，但是当他/她抬腿穿裤子时，需要帮助来支撑身体。
- 幼儿：幼儿无需帮助就能独自爬上汽车和坐在汽车座椅上。

游戏常规(家庭和教室)
- 婴儿/学步儿:坐着的婴儿府身去够取玩具,向前跌倒后,婴儿将腿放到身后,向后蹬腿来推动自己向前够取玩具。学步儿爬上椅子伸手够取恐龙玩具。
- 幼儿:幼儿踢球,追球,弯下身子,捡起球,然后将球扔给朋友。

课堂常规
幼儿从橱柜中拿出拼图,放到桌子上,坐下来玩拼图。

Ⅱ.E. 双侧协调性
日常常规(家庭和教室)
- 婴儿/学步儿:婴儿躺在婴儿床里,手脚一致地拍打着。学步儿在"帮助"推洗衣筐时双腿交替地走路。
- 幼儿:幼儿通过将双手和一条腿先放上床,用另一条腿蹬地的办法爬上床。

游戏常规(家庭和教室)
- 婴儿/学步儿:婴儿手脚动作交替地爬向一个旋转的陀螺。学步儿用手扶着梯子栏杆,然后用一次迈一只脚的方式爬楼梯。
- 幼儿:幼儿通过用手扶着梯子栏杆,同时一脚迈一级的方式爬上玩具屋。

课堂常规
幼儿绕着桌子走,用手拿着纸盘子并在每个座位上放一个。

2.2 支持儿童适宜的粗大运动的一般原则

2.2.1 提供的支持逐渐减少

父母和其他成人会自然地支持婴儿的头部、背部和臀部。随着儿童能控制头部,父母逐渐减少对儿童头部的支持,直到儿童能够独立地将头保持在一个稳定的、直立的姿势。随着儿童的躯干更加有力,父母给他们的身体提供的支持减少,并开始将儿童靠在枕头、高脚椅背和婴儿座椅上。随着儿童的身体更加稳定,支撑物和其他支持的东西会逐渐减少,直到儿童可以在无任何外部支撑的情况下坐立。这同样适用于儿童需要习得的其他粗大运动技能。随着儿童掌握了技能,父母要允许儿童爬上家具或在较少的帮助下走下楼梯。在儿童获得粗大运动能力的过程中,父母要持续地观察儿童需要多少支持。

2.2.2 鼓励努力

幼儿喜欢听到成人在他们每次取得成就时欢呼和鼓掌。随着儿童变得更加独立,成人需要提供越来越少的帮助,因此父母和照料者要特别注意观察儿童的变化。如前文所述,成人不仅靠减少支持来鼓励儿童发展技能,其技能的发展还要通过提供口头和情感上的鼓励来实现。例如,当婴儿开始迈出头几步时,成人可以在不远处温柔地鼓励:"你能做到的!来吧!就是这样!再走一步!耶!"大多数父母都是儿童出生后头三年的啦啦队长,这样的鼓励有助于激励儿童继续努力。

2.2.3　提供示范

成人有意或无意地在对运动动作提供示范,但也许比成人的示范更加有力的是同伴或兄弟姐妹的示范。对大多数儿童来说,站立着的成人看起来像一双有头的腿!体型更小的人能更准确地展现他们的能力来让儿童模仿。例如,当一个婴儿看见另一个婴儿在桌子边爬来爬去时,这个婴儿就会想要跟随,事实上是在追随另一个婴儿的脚步;再者,大一些的儿童可以充当一个不会疲倦的榜样。

2.2.4　提供不同的练习机会

当儿童学习新的粗大运动技能时,父母和其他照料者应设法提供练习的机会。当婴儿学习坐立时,成人会让他们靠着各种柔软的物体。当婴儿学习爬时,成人用他们想要的东西引诱婴儿向前爬。当儿童被拉着站起来时,成人把儿童感兴趣的东西放在椅子、茶几、大腿或其他适合儿童高度的物体上。这些引诱物给了儿童所需的练习,这样他们就能完善运动技能,做得更快、更容易、更高效。

2.3　实践中的原则

2.3.1　日常常规(家庭和教室)

喂食/进食

尽管进食在很大程度上是一项精细运动,但是儿童的姿势会影响进食的成功。除了哺乳时,父母逐渐地让儿童以直立的姿势(通常是坐位)来吃饭,能确保儿童有效地使用手臂和手来获得支撑。随着儿童坐得越来越稳,对身体的支撑将越来越少。

换尿不湿/如厕

独立的坐姿或稳定的蹲姿是儿童能独立如厕的必备条件。家长和照料者首先要为孩子的背部和身体双侧提供支持,可以通过扶着儿童或者提供一把坐便椅来帮助儿童如厕。需要注意,坐便椅的尺寸对保证儿童的安全感来说非常重要。

穿衣

穿衣包括一系列粗大运动动作，包括精确地独自移动手臂和腿、改变身体姿势、在重心从一边转向另一边时保持身体平衡以及协调身体两侧。开始时，成人控制这些行为的过程，仅要求儿童身体灵活地配合便不再有其他要求。随着儿童有更强的身体控制能力，成人仅需要指导儿童的动作，示意儿童下一步要做什么，奖励儿童的努力和成功。例如，成人可以说："现在抬起你的脚，然后把它穿进裤腿里。错了！放错腿了！让我们试试另一条腿。这就对了！"

2.3.2 游戏常规（家庭和教室）

面对面游戏

当婴儿躺下或以支撑的坐姿坐在婴儿椅或成人腿上时，可以玩一些做鬼脸和发出声音的游戏来与其互动。幼儿可以在成人面前坐着或站着，玩一些面对面游戏，例如唱儿歌。儿童是独立的并且可以不断移动位置。幼儿园老师经常组织集体活动，包括跟随一名领队或者听从指令来移动。儿童通过观察成人和同伴来学习。

体育游戏

体育游戏是练习粗大运动技能的主要方式，儿童在滚、爬、蹲、跑、跳和转圈时，既增强了力量也提升了平衡感和协调性。父母通过提供户外玩耍、操场设备上的玩耍、与同伴在宽阔的场地上玩耍以及有组织性的娱乐活动（例如体操）等机会来鼓励儿童参与体育游戏。

操作性游戏

玩玩具需要用到手和手臂，但也经常需要粗大运动。地板游戏，例如搭积木，随着结构的增加，需要儿童从一个位置移动到另一个位置。桌面上的游戏需要儿童在座位上来回移动。假扮游戏需要一系列动作，如角色奔跑、追逐、开车等。成人通过提供各种鼓励运动的玩具，以各种方式来支持儿童玩耍，积极地玩玩具对儿童的发展来说很重要。

感觉游戏

父母喜欢在室外开展"脏玩"游戏，水枪、沙子及其他类似的活动都能促进儿童粗大动作的发展，例如奔跑、跑上跑下、前倾、够取等。画板或墙画等的艺术类活动也会促进身体在不同平面上运动。

2.3.3 阅读和学习常规

圆圈时间

尽管圆圈时间通常是坐着的，教师也能利用这段时间来开展运动活动，例如跳舞、表演故事或演示动作。穿插允许儿童运动的环节,往往能使儿童在就座时更好地参与到活动中。

一对一阅读

读书也是一种坐着的活动,但是去往书架、图书馆和书店的出行活动能够同时促进阅读与运动。

科学与数学

对幼儿来说,科学与数学应该包含通过探索来发现的活动,例如,在寻找地面上、植物上和树上的虫子时需要粗大运动与思考。行动与思维的结合能够激励儿童,粗大运动能够让儿童保持兴奋的状态。

2.4 改善粗大运动的个性化干预计划

Ⅱ.A. 一般来说,你是如何描述儿童的粗大运动的?粗大运动在多大程度上影响功能?

粗大运动是许多日常功能活动中的必要表现,行动存在困难的儿童会逃避做动作、难以高效地完成任务、需要付出更多努力并且更容易感到疲劳。运动方面的困难可能来自发育迟缓、与姿势或肌肉相关的问题(参见 TPBI2 第三章第一节)、基本协调问题,或运动计划能力问题。对有特殊需求的儿童而言,确定他们在粗大运动上存在困难的原因是非常重要的。当存在粗大运动能力落后时,需要练习和增加挑战来使儿童发展出更高能力的运动。对于有肌张力、平衡或其他运动问题的儿童,有针对性的策略可能会有所帮助(参见 TPBI2 第三章第一节)。协调能力与运动计划能力(参见 TPBI2 第三章第四节)需要练习和努力。因此对于成人来说,重要的是观察和理解正常的运动模式,这样才能鉴别出儿童何时需要帮助。

一般来说,帮助儿童更高效地运动会涉及感知运动发展的所有子范畴。有效的运动在一定程度上依赖于感知系统和运动系统的整合,而当这些系统的发展受阻时,成人就需要帮助儿童:

1. 对他们的身体和身体所处的位置有更直观的了解;
2. 组织和执行动作;
3. 控制和调整动作[调整速度和力量;改变方向(参见 TPBI2 第三章第四节)]。

有运动发育迟缓或残障的儿童可能会缺乏一些基本技能(如行走),或者他们可能有基本的运动技能但是运动质量不佳。运动的速度、灵活性或协调性都可能会出现问题。本节涉及帮助儿童获得和完善粗大运动能力。除了在本节开头部分提供给正常发展儿童的策略,本节还提供了以下策略。

人际互动策略

1. 利用儿童运动的动机。自发性对于行动至关重要,儿童需要"想做"某件事(参见

TPBI2 第五章第五节）。成人能够通过儿童想要的物品或活动激励儿童做出行动。如果儿童饿了，那么食物就是激励物；如果儿童想要和爸爸在一起，那他就会想爬几步到爸爸身边。儿童需要行动的理由，而成人恰恰可以提供这个理由。

2. 提供一定的挑战。在儿童能做出新动作后，成人可以调整挑战的难度（参见 TPBI2 第七章第三节）。如果父母在两步之外，开始会迈步的儿童可能认为这个挑战是"可行的"。另一方面，如果父母在房间的另一端，那么儿童可能会选择对他而言更舒服、更安全的运动方式——爬行。

3. 鼓励努力。成人的情感及言语鼓励能够激发儿童尝试新的或有挑战性的动作。然而，如果成人过于兴奋，效果可能会相反：儿童可能会拒绝。成人需要找到能够激励儿童的最理想的情绪水平。要鼓励儿童持续努力，而不是仅鼓励结果："你已经很努力了！我们再来试一次吧！"

4. 监控儿童的精力水平。那些运动存在困难的儿童会消耗过多的精力来完成运动。对成人来说，监控儿童身体的疲惫程度是很重要的，因为当儿童疲惫时，他们运动的积极性就会下降。此时如果成人继续鼓励儿童做动作，那么儿童可能会拒绝再付出努力。对儿童来说，只要是有趣的事情就值得他们去做，事情一旦变得无聊或有压力，就不值得再做了。

5. 做日常家务。成人能够为幼儿提供身体和动机的示范，当儿童年幼时，他们会想模仿父母做的一切！和父母一起扫地、拿洗衣筐、推购物车等都是有趣的事情。父母要想办法让儿童参与到日常家务中，而不是带着儿童乱跑、让儿童独自玩或让儿童待在电视机前。再次强调，要让活动变得有趣从而使得儿童"想要"去做。例如，"你有足够的力气帮妈妈把盘子从洗碗机里拿出来放好吗？"

6. 让儿童参与到选择活动和运动方式中。因为动机和目的对于练习粗大运动至关重要，因此成人需要想办法给儿童一些选择，这样能激发他们想要挑战自己的主动性。例如，"我要跳到汽车那里去，你是走过去，跑过去，还是跳过去呢？"

7. 谈谈儿童做了什么。儿童会从他们的行动中得到反馈。他们要么是完成了他们想要做的事情（如走到了父母旁边），要么是没有完成他们想做的事情（如摔了一跤）。那些摔跤的儿童知道他们摔跤了，可能会觉得不开心或者大多时候都不明白自己为什么摔跤了。这时成人可以通过提供反馈来帮助儿童，"这有点远了，我会走近一点"。

8. 帮助儿童预测他们需要做什么。有些行为需要预先思考才会成功，儿童需要预测他们要做哪些动作。例如，当踢球时，儿童需要思考如何将球与脚趾的位置联系起来，考虑这些可以提高动作的准确性。有的儿童能够基于环境对他们行为的反馈来进行自我修正（例如，当儿童没有踢到球后，他重新调整球的位置再踢一次），而有的儿童不明白为何会失败。成人可以对儿童的行为作出评价并提供一些建议，例如，"先用脚尖轻轻地点球，然后再抬起脚踢球"。

9. 优先鼓励动机。成人对儿童抱有各种各样的目标,希望儿童在没人帮助的情况下自己行动、独立完成生活技能(如穿衣)、自己玩。对于粗大运动发育落后的儿童,重要的是优先考虑那些对儿童来说重要的事情。有些错误的"治疗"是让儿童持续做一些花费大量精力的、对成人很重要但是对儿童不重要的目标。一旦儿童完成对他们自己来说最重要的目标,他们就拥有了适用于新环境的技能和信心——可能会做那些父母认为重要的活动。

10. 使用幽默和竞争。笑有很强的激励作用,儿童经常重复做一些动作只为让成人发笑,并再次体验到愉悦。加上体能的嬉戏打闹或竞争能够让运动变成一个高度紧张的游戏,例如,比赛谁先冲到浴室可以变得很有趣(如果儿童胜利),也可以变得很滑稽(如果父母跑错进到了厨房里)。由幽默和竞争所激发的重复运动能使儿童的技能得到练习(参见 TPBI2 第七章第五节和第五章第七节)。

11. 帮助儿童获得最佳的唤醒水平。最佳的唤醒水平可以激发动机及有目的的行为,一些儿童可能需要先冷静下来,这样他们才能专注于自己的行动及行为的后果;而另一些儿童可能需要刺激来激活他们的身体。不同类型的感官刺激(如视觉、听觉、运动、触觉)可用于唤醒或抑制唤醒水平(参见 TPBI2 第三章第五节)。

12. 鼓励典型的运动方式,但是如果有些运动方式对儿童有用,也可接受其他的替代方式。有特殊需求的儿童可能会发现需要调整他们的运动方式,只要这种调整不会导致儿童的情况恶化(如过度拉伸已经脱臼的关节),那么就可以解决问题而不会产生问题。例如,患有肌肉萎缩的儿童通常会锁住膝盖来站立,并用手扶腿的方式走路。这种适应性的行为对于患有这种疾病的儿童来说是有用的,能让他们独立地站起来。而脑瘫儿童可能会选择把腿向外摆成"W"型,因为这能够让他们以一个稳固的姿势在地板上同朋友游戏。尽管这能解决紧急的问题,但是从长远来看,像"W"此类坐姿很可能会导致疼痛及关节问题。不允许使用"W"型坐姿说起来容易,但是要执行这一规则却很难。此外,能够和朋友一起玩可能会避免后续出现的问题,并且可能有其他的方式来弥补这一问题。咨询医师和治疗师对于解决特定儿童的适应问题是必要的。

环境调整

除了人际互动策略能帮助改善粗大运动技能,对环境的调整往往也能起到作用。根据来自 TPBI2 的研究发现,可以考虑下面所列的环境调整措施。

1. 创造安全的运动环境。有运动发育迟缓的儿童可能由于缺乏协调性而出现磕碰和摔跤,在不过度限制儿童独立性的情况下,创造一个减少受伤可能性的环境至关重要。削除尖角,提供足够大的活动空间,以及为儿童跳跃和摔倒准备安全柔软的地方。

2. 在游戏中提供鼓励运动的玩具及设备。有一些玩具及设备能够激发儿童运用粗大运动技能。可推拉的玩具、球、三轮车、需要两腿发力的坐式玩具以及能攀爬的设备都是很好的例子。利用公园和有组织的活动让儿童们一起玩,同伴能起到很好的激励作用。

3. 提供建立稳定性的机会。儿童通过在具有挑战性的姿势中支撑自己的身体来建立稳定性——运动的一个基础(参见 TPBI2 第三章第一节)。对婴儿而言,这可能是撑着他们的手臂来四处看;对学步儿而言,这可能是在站立时接球;而对幼儿而言,这可能是提着他们的两条腿让他们用手臂撑着走路。精心设计能够同时促进稳定性和协调性的游戏活动是很重要的。

4. 提供练习平衡的机会。平衡感和稳定性一样,是许多协调性动作的基础,能在一些粗大运动中得到改善。在不平坦的地面上行走会让儿童调整身体和四肢。在沙堆里游戏、在不同大小的盒子或枕头搭起的"石头"上散步,或者爬山或下山等活动都能锻炼儿童的平衡感。

5. 为运动设置障碍。小的障碍能够培养儿童的毅力和应对策略。当儿童在为接近一个目标前进但是遇到障碍时,他就需要调整和适应。儿童如果想要找到楼上的母亲,就需要爬楼梯;如果球滚到沙发背后,儿童就需要爬过去才能拿到球。这些障碍要求儿童使用一个可能是挑战的运动模式来实现目标。

6. 交替进行活跃的和安静的活动。交替进行活跃的和安静的活动,能够帮助儿童在反应不足时"充电"或在反应过度时冷静。有意识地思考活动顺序能够防止对特定活动的体力不支或者情感耗竭。例如,儿童喜欢听着最喜欢的歌跳舞,但如果这个活动是跟在另一项需要大量运动的活动之后,那么儿童可能就没有意愿或精力来完成了。然而,如果读书跟在跳舞之后,那么儿童可能对下一个活动就有了充分的准备。

7. 体育游戏中的同伴合作。同伴能够起到很好的榜样和鼓励作用,如果有运动技能熟练的儿童带头,能力较弱的儿童就会模仿能力较强的儿童。重要的是,要让"榜样"认识到儿童的局限之处,这样就不会吓到运动技能落后的儿童了。

8. 在不同情境中提供多样的活动。儿童在多样的情境中使用粗大运动技能,最能促进技能的泛化。每个情境都提供了略为不同的特征和环境条件,因此,都会增加儿童对技能的利用。每个情境都提供了不同类型或水平的支持,儿童在不同情境中练习技能的机会越多,就越有可能将动作内化,并能够从有意识的表现水平变为潜意识的表现水平。例如,在家里的木地板上、爷爷家的毯子上、公园里的沙地上、前院的草地上和假期里在小河里行走,提供了略微不同的行走体验,所有这些都能增加儿童的自信和熟练度。

9. 使用辅助设备来帮助移动。如轮椅、手杖、拐杖这样的辅助设备让儿童能够移动,一些儿童在学走路时使用这些设备,能够独立行走后便停用这些设备。另一些儿童随着年龄的增长而使用这些设备,相比步行,他们更喜欢用其他方式来消耗体能。建议咨询物理治疗师及专家来选择合适的辅助器材。

Ⅱ.B. 儿童用什么姿势？

帮助儿童维持一个稳定的姿势对于儿童的注意力和双手自由活动的能力很重要。同样，敢于采用各种姿势能够确保儿童享有与同龄儿童相同的机会。有姿势问题的儿童、有运动发育迟滞的儿童和有运动障碍而导致害怕运动的儿童可能难以在日常活动或游戏中采用或保持恰当的姿势。儿童可能在运动技能里程碑上有严重的延迟，可能会因为缺乏稳定性而"瘫倒"或者僵住，或者可能认为坐在一把小椅子上是极其可怕的。正如前文所述，有些儿童需要辅助或支持性设备来实现独坐或独站，辅助设备使用起来可能会很滑稽或不舒服，或者可能无法在儿童需要的确切时间和地点出现。因此，一些儿童通过依靠一条手臂、一个人或者一个物体(如桌子)等来替代，而另一些儿童使用能让他们有更大支撑面积的方法，例如"W"型坐姿或者将腿伸直打开的"长形"坐姿，还有一些儿童会逃避那些要求过高的任务。有些替代行为可能是适用的，而有些可能会导致后续的困难。一些儿童可能会通过热身活动来抵消由肌肉张力或唤醒水平引起的困难(参见 TPBI2 第三章第一节和第三章第五节)。

人际互动策略

1. 提供语言指导。尽管不使用语言轰炸压垮儿童是重要的，但是语言指导能够帮助儿童找到合适的姿势。例如，当儿童趴在椅子上，靠着桌子来涂色时，成人可以建议："现在你转过来面朝桌子，放一块积木在脚下垫着，这样你就能坐得更舒服一些。"这有助于儿童知道该做什么以及怎样帮助自己。

2. 提供语言反馈。有时儿童不清楚他们目前的姿势，一句语言提醒就可以帮助他们。例如，可以说："你只有半边屁股坐在椅子上。"这可能就足以引导儿童重新调整坐姿。还要让儿童知道什么对他们是有效的，例如："坐着时把脚放在椅子边上会更方便涂色。"

3. 提供视觉提示和示范。儿童可能需要一个视觉的提示和示范来帮助理解其中的含义，成人或其他儿童可以做演示。在其他情况下，一个视觉提示或一个代表性的手势可以起到提示作用。例如，教师可以举起交叉的手指来提醒儿童双腿交叉在身前，而不是使用"W"型坐姿。当这个手势和语言结合使用几次后，单独使用这个手势就足以起到提示作用。

4. 帮助儿童移动到一个更稳定的姿势。一些儿童可能需要身体上的帮助来获得更稳定的姿势，如果是这种情况，请以重现儿童改变姿势的运动模式来移动儿童。这为儿童的肌肉提供了该模式的感觉输入，并且为此动作提供了一种练习模式。

5. 鼓励尝试新姿势。虽然所有的儿童都有自己喜欢的玩耍姿势和其他常规动作，但是最好要多观察以确保儿童所使用的这些姿势没有潜在的问题(例如"W"型坐姿会拉伤臀部、膝盖与脚踝周围的肌肉和肌腱)。

6. 允许有姿势困难的儿童一次只专注一件事。因为儿童需要持续锻炼姿势,所以当儿童在桌子上做事时最好只提供较少的支持,这样就能为儿童提供一个练习机会。然而,如果桌面活动有很多要求的话,儿童可能难以同时集中注意力,这会导致儿童很快疲惫,这就好比让一个成人①在第一次坐在独腿板凳上时使用筷子一样!

环境调整

除了人际互动策略可能帮助儿童采用和维持适宜的游戏姿势,环境调整往往也很有用。根据来自 TPBA2 的发现,团队可以考虑以下一些环境调整措施。

1. 提供适当的支持。有运动障碍的儿童可能需要与之匹配的设备,例如轮椅、专用椅子、斜卧腹部板等,以便为其与环境进行互动提供充分支持。对于一些儿童而言,仅是把沙发靠垫、毛巾卷放在他们身后或旁边,就能提供足够的支持。婴儿"C"型枕是弯曲的,能够围住婴幼儿或者那些需要额外支持来辅助他们坐在地板上玩的儿童。游泳时可将裁剪为合适尺寸的漂浮棒放置在儿童周围来提供支撑,或者在儿童坐立时放置在其膝盖下面,给儿童一个更好的姿势来弯曲或挺直身体(参见 TPBI2 第三章第一节)。也可改良桌子的大小——例如,用小椅子代替桌子,以便儿童坐着时脚可以放在地面上,而不是使用一张不合适的桌子。

2. 开展能够建立力量和稳定性的游戏与活动。需要推拉、跳跃或单脚跳的游戏能锻炼脚踝、膝盖和臀部,例如,儿童能通过唱歌和表演来假扮各种动物。这有助于儿童发展出在不同体位中所需的技能。

3. 开展提供挑战平衡感和需要保护性反应的游戏与活动。坐在"T"型椅子或者一个大球上时,儿童需要调整身体来保持平衡。挑战坐立平衡的游戏,例如抢椅子,能鼓励儿童通过身体调整来保持稳定的姿势。

4. 当儿童变得更舒适时,移走支撑物。当儿童变得更加稳定和安全时,就提供更少的支持。如果儿童能在地板上四处伸展,那就逐渐将他的双腿移到一个较窄的支撑物上。例如,如果儿童需要一把有靠背和扶手的椅子,那就让他坐在只有靠背的椅子上,然后再让他坐在没有靠背或扶手的椅子上。

5. 确保桌椅等的大小适当。有多种坐姿可供儿童选择。为了保持稳定的坐姿,要让儿童的脚踝、膝盖和臀部保持 90 度,这能促进儿童坐姿端正。

6. 改变活动位置以要求不同的姿势。有运动障碍的儿童可能不像正常发育的同龄儿童一样频繁地改变姿势。成人可以通过将活动转移到不同位置,以鼓励儿童采取并保持不同的姿势。例如,在桌子上玩宾果游戏,需要儿童使用传统坐在椅子上的姿势;也能在咖啡桌上玩,促使儿童采用跪地的姿势;或者也可以在地板上玩,促使儿童采用盘腿或侧坐的姿势。

---

① 可能是不使用筷子的民族的成人。——译者注

其他游戏或活动也能安排站着完成，例如画一幅壁画。

Ⅱ.C. 儿童在不同姿势间转换的独立性如何？

运动需要用到不同于静止姿势的肌肉。为了有计划地运动，儿童会做出特定的肌肉收缩和放松的模式，使腿能够以某种方式移动，身体能够放低、旋转或抬起——任何必要的姿势动作。运动也需要稳定性，因此有姿势或肌张力问题的儿童可能难以从一个姿势转换为另一个姿势。许多前文提出的建议在此处也适用（参见 TPBI2 第三章第一节）。

人际互动策略

1. 通过身体引导和语言支持帮助儿童习得更典型的运动模式。有特殊需求的儿童可能会有不寻常的运动模式，例如，他们可能从站姿"扑通"一声猛地变为坐姿。成人可以使用身体引导儿童通过不同模式来习得一种更典型的模式。在提供了足够多的身体提示之后，儿童也许可以独立或者仅通过语言提示开展动作。

2. 提供语言反馈和保证。一些儿童在转换姿势时可能会感到恐惧或焦虑，成人可以通过提供保证、和儿童保持亲密关系来提供安全感以及给予儿童任何需要的帮助。

3. 通过练习来降低运动前的"思考"。儿童越频繁地以某种方式运动，这种运动方式就越有可能成为一种习惯。此外，儿童会获得自信。

4. 减少儿童被抱着的时间——特别是儿童将全身重量都靠在成人身上的时候。相反，在任何可以的时候都让儿童背对着你，这样除了获得姿势训练上的一些益处，儿童还能够更好地看到周围的世界。即使儿童自己只付出一点点努力，也能鼓励他们未来的自我启蒙。

环境调整

除了人际互动策略可能有助于改善粗大运动的转变，环境调整往往也很有效。根据来自 TPBA2 的研究发现，团队可能需要考虑以下一些环境调整措施。

1. 提供转变的理由。许多运动困难的儿童更喜欢保持一个舒服的固定姿势，为了鼓励他们做出新姿势，可以设计环境以使儿童需要移动才能获得想要的东西。例如，当儿童坐在地板上时，可以把玩具放在一个较低的架子上，这样儿童就需要移动来够取玩具。相反，如果儿童是站着的，可以将玩具放在地板上、桌子下或椅子后面，来鼓励儿童转变姿势。

2. 玩体育游戏。假扮游戏常常涉及动作，例如，假装去"露营"就需要坐在"营火"旁边、在"丛林"里徒步旅行、爬进"睡袋"里、迈过"石头和木头"或者跳过"小溪"。这一系列活动能够鼓励儿童从一个姿势转变到另一个姿势。

3. 提供物品来辅助姿势转变。家具和其他稳固的物品能用来帮助儿童，特别是当儿童需要拉着东西站起来的时候。矮桌子、软凳或重的垫脚凳可能都很有用。

Ⅱ.D. 儿童如何在环境中运动？独立性如何？质量如何？

独立行动也能促进其他领域的发展。因此,那些行动能力下降的儿童可能会存在其他领域继发性障碍的风险。例如,不能行动的儿童依赖于其他人接近他们来进行社会互动或交流,他们难以对环境进行充分的探索和发现。减少社会及环境参与意味着缺乏实践,这会进一步阻碍其发展。此外,依赖他人行动也会对自信产生消极影响。因此,增强自主行动能力是一个重要目标。

人际互动策略

1. 在儿童能力增强后减少身体上的支持。要在关键地方提供支持,即提供最少的支持就能帮助儿童达到最佳的状态之处。依据儿童正在尝试的技能及身体上出现异常的部分,在需要的控制点(如当儿童尝试爬或走时的肩膀或臀部)上提供支持。随着儿童获得了自信和控制力,即使是用手指提供的最轻微的支持也足以帮助他们运动。

2. 提供最大的鼓励。带着微笑和期待的表情告诉儿童他们可以做得很好,声音和语言支持也能鼓励儿童增加独立性,强化儿童的努力和成就。

3. 为身体部位的运动提供语言建议。在儿童了解了身体部位的名称之后,就告诉他们需要移动的身体部位。例如,成人可以建议:"抬起你的脚。"

4. 动作示范。儿童需要视觉上的示范来完成所需的动作。例如,如果成人向儿童展示如何跳并表现出跳时的愉悦,那么儿童会更有动力去跳。

5. 接受不寻常的运动方式。一些肌张力高、身体异常或者有其他运动障碍的儿童会习得不寻常的运动方式,例如"横着爬""交叉着腿走路"。成人不应该因为这些不寻常的运动方式就阻止儿童运动。反而成人可以去鼓励,随后通过其他活动来增加想要儿童做的运动方式。例如,如果不寻常的爬行方式是膝盖在地板上时的触觉感受导致的,那么让儿童对不同材质的物品脱敏的活动就能有所帮助;如果运动方式是身体的一个部位或几个部位的紧张性过高导致的,那么在行动前拉伸或减少紧张性就能有所帮助。儿童也可能受益于成人对正确行动方式的悉心指导,这能够使儿童"感受"和体验到更典型的双腿协调的运动方式。对于特定儿童的发展问题而言,咨询治疗师可能是必要的。

环境调整

除了能支持独立运动的人际互动策略,环境调整往往也很有用。根据来自 TPBA2 的研究发现,团队可以考虑以下一些环境调整措施。

1. 提供辅助设备。我们都很熟悉的有支架、手杖、助行器和轮椅,近期,移动式的滑板车也出现在市场上。当然,像是三轮车、大轮车或其他可以骑的玩具也可以用于或适合有特殊需求的儿童。

2. 使用环境支持。当儿童学习走路时,他/她可以推着小椅子、包装盒、适合儿童的购物车或其他可以移动的物体来行走。

3. 规划环境使儿童可以独立行动。需要在家具间留出更大的空间来方便儿童使用辅助设备。相反，对于那些仅需一点支持就能在环境中到处行走、从一件家具走到另一件家具的儿童，将家具放置在他们伸手可及的范围内就很重要。浴室墙或走廊上的条纹也能帮助儿童独立行走。

4. 将"运动激励物"放置在环境中。将儿童喜欢的物品放在一个现实中可以拿到的距离内，这能够鼓励儿童独立行动。将物品放置得过远会阻碍运动，而把物体放置得过近则无法为儿童带来挑战。

Ⅱ.E. 儿童同时使用身体两侧的情况如何？（双侧协调性）

有时，身体两侧需要协同运动，例如双脚一起跳的时候。其他时候，身体两侧需要相互轮流行动，例如走路的时候。还有一些时候，身体两侧要做完全不同的事情，例如一只脚站立而用另一只脚踢球。无论是一起运动或单独运动，腿和手臂都需要协调起来完成粗大运动任务。对称运动（身体两边同时运动）要比交替运动更容易。当双侧运动较为困难时，儿童可能难以抑制身体其他部位引发的运动。学会使用身体两侧做想做的和不想做的动作对于协调性很重要。

身体可以被认为分成几个平面，从中间分为左侧和右侧、前侧和后侧以及上侧和下侧。儿童需要能够移动肢体从一侧到另一侧，从前侧到后侧，从上侧到下侧，从中间穿过所有的这些平面。有粗大运动障碍的儿童可能难以协调平面内或跨平面的动作来做出想做的动作。他们可能一次只能移动一个身体部位；或者他们会做出"镜像"动作，即身体一侧与另一侧的动作相同；或者他们可能不能跨过三条中线的一条或多条；或者他们可能无法在所有方向上以同样的精确度移动身体两侧。在所有这些情况下，运动的目的都可能受到损害。

为了保持儿童在那些涉及身体两侧协调的游戏、活动和生活常规中的兴趣，需要逐渐增加动作的难度、控制性和准确性。下面的建议可以改善下半身双侧的协调性。（对于提高上半身双侧协调性的策略，参见 TPBI2 第三章第三节。）

人际互动策略

1. 鼓励运动。那些协调身体两侧有困难的儿童可能会避免对他们有挑战的情境，成人可以通过提供一些有趣的理由来鼓励他们运动。爬楼梯可能看上去并不是很有趣，但是爬上楼梯后能有一个被背着下楼的机会可能对儿童有一定的激励作用。

2. 提供引导。身体引导可以帮助儿童学习运动模式，例如，支撑着一只脚同时用另一只脚踢球，能给儿童运动的感觉。成功会增加儿童练习的动力和欲望。尽量少给支持，因为自我发起的动作是很重要的。

3. 提供语言提示和视觉提示。一些儿童需要语言引导来处理信息,而另一些儿童需要看到演示动作的一个示范。一旦儿童尝试完成某项活动,成人可以结合使用视觉和语言来提供支持,除非儿童难以接受过多的信息输入。

4. 在移动物体之前,鼓励儿童先向静止的物体移动。踢一个静止的球要比踢一个移动的球容易。在鼓励儿童做动作时,要让儿童容易成功,并在儿童的技能提高后再增加难度。

环境调整

除了上述改善身体双侧协调性的人际互动策略,环境调整往往也很有用。根据来自TPBA2的研究发现,团队可以考虑以下一些环境调整措施。

1. 带儿童去操场。操场设施能提供很多练习独立使用身体双侧的机会,爬上滑梯的梯子、爬过隧道和爬上一个能坐在上面的玩具都是需要身体部位做出一系列独立动作的活动。在秋千上双脚前后摇摆需要双腿的动作一致,公园里的活动通常对儿童具有很强的激励作用。

2. 使用楼梯。不要使用扶梯和直梯,而要走楼梯。鼓励儿童双脚交替上楼梯,一只脚抬起到一级台阶上,另一只脚抬起并迈步到下一级台阶。

3. 将爬行整合进游戏中。提供纸板箱、小手推车,或其他能够吸引儿童用一条腿站立、另一条腿抬起爬过去的物体。用一个坚固的物体,例如攀爬架,鼓励儿童做出这样的动作。同时在儿童行动时提供支持。

4. 提供安全的环境。当儿童感觉安全时他们会更愿意尝试和练习动作,地毯、垫子、密切的监督以及成人的帮助都能促进儿童练习。

5. 利用社区活动。儿童体操课,例如金宝贝,或其他团体体操班会提供一个支持性的、有趣的环境来练习动作,并获得成人的帮助。

2.5 为需要支持以改善粗大运动的儿童提供的常规活动

以下是一些如何将上述策略整合到儿童家庭及学校的日常活动中的例子。除了本节开头所述的没有特殊需求的儿童的照料者使用的策略,以下这些策略也能够进一步促进儿童粗大运动的熟练程度。

2.5.1 日常常规(家庭和教室)

喂食/进食

进食通常只涉及坐姿,没有用到太多粗大运动动作,但是成人可以鼓励儿童练习坐到椅子或高脚椅上用餐。如果儿童进食有困难,用身体运动来分散儿童的注意力可能有所帮助。

对坐在高脚椅上的儿童,可以让儿童在用餐的间隙踢一个可以摆动的玩具,踢玩具的乐趣可能可以很好地促进进食。

换尿不湿/如厕

对婴儿来说,可以在换尿不湿的桌子上踢腿玩。把铃铛或者发声的物体绑到婴儿脚的上方,然后和他说话。当婴儿兴奋时他就会踢脚,一旦他踢到铃铛就会再踢。当婴儿意识到自己可以通过踢脚来发出声音时,成人可以举着玩具,让他看到玩具在他的脚上方,然后等待,这时婴儿可能试图踢玩具来发出声音,成人可以引导婴儿双腿轮流玩这个游戏。若婴儿的年龄合适,可以试着让他用双脚一起踢,这也需要用到婴儿控制姿势的能力。对于学步儿和幼儿来说,可以利用马桶和洗手池之间的台阶鼓励儿童双脚交替爬。

穿衣

穿衣服需要用到身体两侧。首先,家长可能需要把儿童的两只脚放进裤子里,然后让儿童自己把裤子提起来。每次只放一条腿进裤子里并鼓励儿童将脚往里蹬,这是一种练习使用双侧腿部的实用方法。如果儿童能独站,鼓励他用一只脚站立并用另一只脚穿进裤腿里。用你的手臂或肩膀支撑儿童让他靠着。儿童通常是坐下后穿鞋,鼓励儿童尝试在用一只脚短暂站立的情况下将另一只脚穿进鞋子里,这能够锻炼儿童的平衡感和重心转移。

外出

走出家门给成人提供了鼓励儿童行走、走下楼梯或路边斜坡、爬上汽车、爬进购物车的儿童座椅或餐厅长椅等活动的机会。成人可以通过让儿童在尽可能少的支持情况下做这些活动(当然要记住:活动的主要目的是什么),进而鼓励儿童独立。大一些的儿童可以推着购物车或者妹妹的婴儿车、练习跳跃、跳着上下车或者在路边或矮墙上行走。

2.5.2 游戏常规(家庭和教室)

面对面游戏

轮流做游戏对婴儿来说很有好处,例如,当婴儿用脚推妈妈的肚子时,妈妈可以向后移动来回应。当妈妈再次移回前面时,可以等待儿童的再次推动。这能成为一个伴随着声音、语言或歌曲的游戏。

体育游戏

有无数种体育运动能够锻炼到双侧协调,骑三轮车和自行车、球类运动、跑步、跳跃、攀爬、摔跤等都需要儿童以不同的方式来使用四肢,既可以一起使用又可以交替使用。那些身体协调性不佳的儿童可能会逃避参加此类游戏,或者认为这很难学习。成人可以通过引入需要练习平衡或逐渐转移重心的游戏来鼓励儿童做运动。跳蹦床(或床)、爬攀登架、荡秋千等都是可以和其他儿童一起做,但是不用相互竞争的独立游戏。成人可以提供"恰到好处"

的支持,让儿童在每个活动中都能成功。成人也可以让儿童在荡秋千时踢一个物体,跳到蹦床或沙发上,或者在滑下滑梯时去碰旗子。儿童随着能力的提高,通常会去寻求更大的挑战和更具竞争性的游戏。在地板上的游戏可以包括和父母一起坐着来回踢球,或者随着音乐的节拍一起做运动(如抬腿)。

操作性游戏

操作性游戏通常是在地面上或者坐在桌子边的椅子上进行的,相比腿部,手具有更高的参与度(参见 TPBI2 第三章第三节)。然而,坐着玩操作性游戏时也能通过不同的方式来鼓励粗大运动。侧坐在地板上、单膝跪在(一个膝盖立着,另一个膝盖跪在地上)一张小桌子旁或者坐着时一条腿弯曲而另一条腿伸直,都能鼓励儿童转移重心,以及鼓励他们从地板上捡起玩具或者站起来时以不同的方式移动腿部。

感觉游戏

感觉游戏包括在如草地、干草、沙地或水等不同纹理及材质上跺脚、跳跃或单脚跳。假装在剃须膏上"溜冰"或穿着袜子在光滑的地板上滑行都是有趣的活动。学习游泳包括学习用不同的方式踢腿,并且能够帮助那些在地面上走路不佳的儿童建立自信。

假扮游戏

根据想象的故事或事件,可能需要各种各样的运动活动。假装成牛仔可能涉及包括骑在摇摆的木马或三轮车上、追逐牛群以及翻过围栏等活动。假装成宇航员可能包括用硬纸箱做出一个宇宙飞船、爬进去、在太空行走(在枕头上)等。即使是幼儿的过家家游戏,也包括弯腰把娃娃放到床上、站起来、弯腰把食物放进烤箱、推婴儿车和摇晃娃娃哄睡觉等活动。

2.5.3 阅读和学习常规

圆圈时间

圆圈时间包括多种坐姿和运动方式。教师可以利用圆圈时间做游戏,例如"西蒙说"(Simon Says),这可以鼓励儿童以不同寻常的方式做动作、跳舞、假扮,或把故事中的动作戏剧化。

一对一阅读

读书通常是一种很少涉及运动的安静活动,但是许多书中都有适合跳舞或者表演各种动作的内容,成人可以在儿童读书时或者读书后插入这些活动。

科学与数学

科学与数学可以鼓励儿童探索不同动作之间的时间、速度、力量、作用力和因果关系。像动物一样移动,来看他们如何生活;走在咖啡罐做成的支柱上来探索高度的概念;尝试在不同宽度的木板上保持并感受平衡性等,这些都鼓励儿童通过运动探索来学习各种概念。教师们可以有意识地将运动和科学与数学教学结合在一起,这能够促进儿童认知和运动的共同发展。

案例：格瑞尔

格瑞尔是一个患有偏瘫的 3 岁男孩，虽然他的认知和语言能力很好，但是他的粗大运动能力很差。他能较好地使用身体左侧，但是身体右侧的功能受损，走路时他会避免使用右臂并拖着左腿走。他在平衡、身体转动、重心转移和协调身体双侧上都存在困难。尽管他的身体右侧不会变得"正常"，但是他可以学习如何在不同环境中更好地生活。以下是为他的家庭和老师提供的一些有关环境调整和人际互动的建议。

人际互动策略

1. 格瑞尔右侧身体的紧张性较高，建议咨询治疗师来了解如何降低紧张性，以及如何通过牵伸来防止挛缩。在让格瑞尔选择好游戏的背景音乐后，以一种有趣的、互动性的方式与他做这些活动。让这些活动变成轮流玩的游戏，格瑞尔为你的脚、腿和手臂做放松"准备"，你为他的身体做放松准备。在这个活动后进行一个格瑞尔自己选择的活动。

2. 支持格瑞尔将使用他的右臂作为庆祝的理由的所有自发的努力。

3. 玩让格瑞尔交替使用双脚或双臂的游戏，例如，让他仰躺着并试着去踢或打你吹出来的泡泡，或者是一个用线悬挂起来的网球。鼓励他每次使用一条腿。

4. 抓住格瑞尔的左臂和左腿，然后把他的头略微向下摆动，这是一个能让他享受用右手击球给爸爸的有趣姿势。

5. 格瑞尔喜欢玩闹嬉戏。在床上玩摔跤时他需要跨坐在你的腿上把你压住。这能帮助他爬到你身上并分开他的双腿。在床上的玩闹可以挑战他的平衡性，尤其是当他需要站起来的时候。

6. 鼓励格瑞尔采用多种坐姿。演示给他看如何将双腿交叉放到身前就坐，可以给他一个膝板来让他平衡交叉的双腿，并为绘画提供一个平面。这需要他保持腿的姿势来支撑起画板。

环境调整

1. 格瑞尔有平衡问题，要确保环境的安全性。在桌角装上保护物。

2. 格瑞尔经常恢复爬行状态，特别是下楼梯的时候。可以在楼梯右侧装上扶手，并鼓励他在下楼梯时双手扶住扶手。将他的身体转向右侧使他的右脚承重更大，这能帮助他更好地使用右脚。

3. 将玩具放在他周围不同的地方，特别是在他的右边，这样他需要转向各个方向，并使用他的右侧身体。

4. 和其他的 3 岁儿童约好一起在公园里玩的"游戏日"，这能够激励格瑞尔做他的朋友正在做的事情。仅在格瑞尔提出要求，或者感到沮丧、不愿尝试的时候给他提供帮助，只提供最低限度的帮助让他能够参与活动。

不同发展年龄的干预要点

以下建议针对的是处于相应发展水平的儿童。这些建议并不是全面的，而是表明了可能探索的领域。

发展年龄	发展要点	干预要点
0—3个月	随着肌张力的发展，开始控制头部和上半身躯干来抵抗重力。 3个月时，儿童仰卧可以将头部置于中线，将手放在胸部中线位置。 交替摆动手臂和腿。 当被抱着呈坐姿或站姿时，能保持头部在中线位置。 当被抱起时，开始能让头部跟随着身体一起动。 当被抱着呈站姿时，身体能短暂地承担一些重量。	干预要点是建立对颈部和上半身躯干的控制。 在俯卧时，使用视觉或听觉刺激来鼓励儿童抬头。 当儿童仰卧时，使用视觉或听觉刺激来鼓励儿童头部和眼睛的追踪。 当儿童仰卧时，给儿童视觉刺激物（如小汽车），这会促进儿童的目光注视以及四肢挥动。 在手腕和脚踝挂上会发出声音的物品，来激励儿童腿部和手臂的动作。
3—6个月	在所有身体姿势中，发展出更好的对重力的控制。能够控制腿部和下半身。 仰卧时，用手抓住脚放到腹部。 用脚踢地面来移动。 腹部向下时，手或肘部放松，腿部打开，背部完全舒展。 尝试用一只手抓取东西。 可以将腿向上提变为爬行姿势。 用腿推动腹部，手臂能够引导向前或向后的移动方向（5—6个月）。 刚开始时，可以偶然地从俯卧滚到仰卧。到6个月时能通过身体翻转和抬头从任意一侧翻身。 逐渐增加有支撑的坐姿时间，直到6个月时能达到30分钟。可以由通过手臂支撑的坐姿进而转为无支撑的坐姿。 在有支撑时，能站着上下移动身体，跺脚。逐渐将更多的重量放在腿上，在成人扶着腋下到臀部之间的某处时，能够移动。	干预重点在于通过增加更多的身体姿势并开始以这些姿势移动，来改善身体对重力的控制。 物体的摆放位置很重要，因为这能激励儿童采用新姿势去移动。 将玩具放在儿童身体一侧来鼓励其翻身、旋转和够取。 当儿童俯卧时，将其身体向前放置，来促进抬头和向前移。 将儿童放在硬一点的平面上，给他一个可推动的物体，让儿童更容易移动。 通过轻柔地将臀部的一边往上提进而带动腿部向前翻，来帮助儿童翻身。 体育游戏，如把儿童举在空中并做出"飞机式"姿势，来推动儿童的躯干、手臂和腿向上来抵抗重力。涉及此类姿势的游戏能够帮助儿童通过大肌肉来支撑身体。 确保儿童有足够的时间练习用腿和脚支撑身体站立，成人扶着儿童腋下和臀部之间的某处时，手放的位置越低，儿童的控制力就越强。
6—9个月	增加运动和稳定性，建立在前几个月习得的对身体的控制上。 各种各样的坐姿。 翻身、旋转、像四足动物和熊一样站立、尝试去爬、自己转成坐姿、能够拉着支撑物站立等是这一年龄段的关键。 在睡觉时间之外，很可能拒绝仰卧。 具有独立坐着玩玩具的能力。 如果被轻轻地撞到，能防止自己摔倒。	在儿童坐在成人大腿上或有支撑的椅子上时和他玩，将玩具放在前方和身体两侧，这样儿童需要转移身体重心来拿物体。可以身体前倾来帮助儿童理解怎样做。 当儿童可以独坐时，将玩具放在前面和两侧稍远的位置，沿着儿童周围各个方向都放上儿童喜欢的玩具，来挑战儿童的平衡感，鼓励儿童转身，促进儿童对身体肌肉的使用及身体两侧的协调。 玩具卡车、球和其他可以移动的物体能用来玩轮流游戏和来回推动的游戏。

续表

发展年龄	发展要点	干预要点
	到9个月时能独自保持坐姿。 能撑起身体，独立坐好。 能做"W"型和侧坐姿势。 大多数婴儿能坐着玩玩具。 俯卧时，能将头和胸部抬离起地面，四肢伸展，背部弓起。 使用手臂和腿来支撑。 像四足动物一样，前后摇晃。 腹部贴地向前移动。 扶着一只手可以站一会儿。 拉起到站立，可以只需要一只手来支撑。 可以用手和膝盖将自己拉起来，然后扶着家具行走。	将儿童放在矮桌子或沙发旁，来帮助他扶着站立。 用儿童想要的东西来促使他们尝试站起来。 对于需要帮助的儿童，可以调整他们膝盖和臀部的姿势，以便他们更容易站起来。 握住儿童的手向上拉，让儿童踩着地面站起来，随着音乐蹦跳。 握着儿童的手时，鼓励他走进一个装满有趣的材料的浅盒子里（可以改变盒子的深度，从一个盒子盖子到一个真实浅盒子，来让儿童调整脚抬起的高度）。 扶着儿童的臀部，让儿童弯身拿玩具，帮助他蹲下，拿到玩具，然后站起来。
9—12个月	这一个阶段的关键是能够爬行和站立。儿童非常活跃（很少静坐），总是在探索。 用手和膝盖爬行。 从手和膝盖移动到坐姿或半坐的状态，然后又转为爬行姿势。用手和膝盖着地。 几乎不需要辅助就能站立。从站姿转为坐姿不会摔倒。能通过半跪站起来。可以独自站一会儿。能走路（通常扶着家具或者拉着一个人的手）。	与儿童玩运动和打闹游戏，挠痒痒能够刺激儿童"逃开"。儿童逃开后，观察儿童想再次玩的信号。 用麦片等小东西吸引儿童跟着走，最开始是爬行时，接着是沿着矮桌子行走时。使用可以移动的玩具激发儿童去追逐玩具。 在儿童行进的路上设置障碍，这样儿童就不得不爬上、翻过或绕开障碍。例如，放置一个儿童喜欢的玩具在你身后，这样儿童就需要拉起你再爬过去才能拿到。枕头、椅子和其他大型物品都能成为简单的障碍。 观察运动方式以确保身体两侧的使用相同，通过将儿童喜爱的物体或活动放置在较少使用的一侧，来鼓励儿童运动和使用未充分使用的肢体。 提供爬进盒子或爬到物体下面的动力，要求儿童调整身体各部位动作的高度。 玩一些体育游戏，如在浴缸或浅水池里踢水，打开手电筒来让儿童通过移动"找到"灯光。 尽可能地减少站立时的支撑。由父母充当运动的"目标"具有激励作用。食物或其他特定的玩具也能作为激励物，促使儿童独立迈出第一步。随着儿童能够在无支撑的情况下行动，父母要在场确保安全并鼓励儿童继续努力。
12—18个月	这一时期的关键是行走、直立、蹲下、弯腰、改变行走的速度、从地板上捡玩具、拉着玩具玩等行为。 开始跑，牵着成人的一只手能上楼梯。 自己能坐在小椅子上、爬上成人椅、爬楼梯。	研究小物体，虫子、小纸片和食物碎屑都能吸引到儿童，可以鼓励儿童蹲下去学习或捡起他们看到的东西。 将儿童想要的物体放在不同表面、椅子、桌子或台阶上，来鼓励儿童爬行。
18—24个月	这一阶段的关键是出现基本的运动技能。能够单腿站一会儿，能够骑在没有踏板的玩具上、从成人的椅子上跳下来、将球扔到一个大的目标物上、向前踢球、在地上跳，最开始需要扶着，后来不需要任何支撑就能上下楼梯、从最后一级台阶跳到地面上。	试着踩在泡泡、树叶、草叶或其他小物体上，鼓励儿童单脚站一秒钟。 玩需要不同速度的游戏（如追小狗、蚂蚁）。 走在不同宽度、角度和材质的路上（如宽阔的人行道、狭窄的小道、细带子、斜坡和小山、台阶、颠簸的石头台阶、堆起来的泥土）。 在需要移动的物体上开始假扮游戏（如进出玩具车、骑上和爬下一匹"马"、躺下睡觉）。

续表

发展年龄	发展要点	干预要点
24—36个月	在这个阶段,出现更多基本的运动技能。开始蹬三轮车、独立爬上爬下家具、用胸接住一个直径25厘米的球、双脚能交替上下楼梯、爬上托儿所的器材。	三轮车有利于鼓励双腿交替运动,重心从身体的一侧转到另一侧。 在游泳池里的游戏,可以鼓励儿童踢水和对抗水的阻力。 玩动作模仿游戏,表演出儿歌里的动作,例如鸭子游泳、青蛙跳等。
36—48个月	更多基本的运动技能出现,其他已有的运动技能更加熟练。可通过弯曲手肘在身前接住球。表现出躯干扭动和手臂摆动的标准跑步姿势。能骑着三轮车绕开障碍。	通过有目标的游戏来加强对动作的控制,例如跳到特定的数字或颜色上,或玩需要改变速度的游戏(如红灯/绿灯)。 在假扮游戏中引入更多的复杂动作,涉及动作的假扮故事可以包括任何事,从去打猎到成为一名消防员,并且从燃烧的房子里救出儿童。成人可以通过提供一些道具(当作狩猎的吉普车或消防车的一个大箱子、一根水管和消防员用的梯子),来促进儿童的动作发展。
48—60个月	更加完善和发展更好的基本运动技能。学会跳跃、单腿跳、快跑,能单脚站几秒,沿着路边行走不会摔倒,能从高处跳下、向前跳。扔球时,通过重心前移将球扔得更远,并具有一定的方向性,可以瞄准目标并在正确的时刻松手;在接球时,调整身体姿势正对着球,并将手肘放在身体两侧;在击球时,身体与球的距离合适,球来时伸出手臂。	在这一阶段,儿童参与到更多的集体活动中。家长安排游戏日,教师安排集体活动。可以提供一些运动器材,例如跳绳、球、拍子和小型蹦床等。成人可以演示更加复杂的动作序列,如果儿童有语言理解能力,可以开始"指导"他们训练运动技能。重复动作模式可以让动作更熟练,将新动作融入到日常生活的各个方面是很重要的。
60—72个月	基本的运动技能不断完善,力量和协调性提高,踢中目标,轻松地跳过去,高速奔跑,沿着直线跳。	儿童能够理解集体运动规则,开始选择性地加入运动活动。

第三节　改善手臂和手部使用的策略

苏珊·德维纳尔和安妮塔·邦迪

目标达成量表

1	2	3	4	5	6	7	8	9
跟踪物品。不能随意控制手臂、手、手指。		伸手去抓物品和人;试着击打物品而不抓握。		用粗大动作抓取物品;很少主动放开。		根据物品的大小和形状做出抓取动作;粗大动作放开。		能够使用手臂、手、手指有效、有力地够到、抓取、在手中摆弄物品,以及准确地放开和放置物品。

在 TPBA2 中，使用手臂和手部的动作包括伸手够、击打物品，以及抓取、放开物品，独立进行的手指动作，在手中摆弄物品，搭建物品，以及使用工具。手臂和手部的使用是复杂的，取决于多种功能，包括产生想法的认知（参见 TPBA2 第七章第三子类　问题解决；和 TPBI2，第七章第三子类　促进问题解决的策略）、对动作的皮层控制、对四肢肌肉和关节动作的整合以及对躯干的控制。躯干为手臂的运动提供了一个稳定的基础（参见 TPBA2 第二章第一节）。在大多数功能性的活动中，都需要手臂和手部的运动，包括吃饭、穿衣、梳洗、洗澡和游戏。儿童通过手来学习，婴儿和儿童通过抓取和摆弄物品，学习到这些物品的特征（如材质、大小、重量等）。反过来，玩玩具和摆弄物品能够促进认知技能的发展（即注意力、问题解决能力、记忆力、书面表达能力、创造力和想象力）。手臂和手部技能是某些语言与交流的必要条件（即手势和肢体语言），并为社会交流、问候以及爱和情感的表达提供了手段。

3.1　适宜的手臂和手部使用

手臂和手部的使用应该是自主的、有意的、流畅的。儿童应当既能够对称地使用（也就是双手做同样的动作），也能非对称地使用（也就是一只手起到稳定支撑作用，另一只手做其他动作）。婴儿抓取和放开物品的能力是从粗大的主动动作开始的，然后逐渐变得更为精确（即做出的动作更好地匹配所要完成的任务），动作的自主性也逐渐增强。

儿童通过游戏来锻炼手臂和手部技能。抗阻力运动（Resistance to Movement）是手臂和手部技能发展的重要因素。因此无论是腹爬，还是后来学会的四点位爬行，婴儿只要能双手张开负重，就是在发展手臂和手部的技能。通过手部负重产生的压力有助于锻炼肩胛带的肌肉和手弓的成长。手弓的成熟使他们有能力做出相应的动作来操纵物品。同样地，年长的儿童做出悬垂、推秋千等动作，也都是在促进手臂和手部技能的发展。

幼儿和大龄儿童同样是通过游戏来发展手臂和手部动作技能的，例如玩建构类、触觉类的玩具（比如橡皮泥）等。另外在开始使用工具的时候，如使用餐具和书写工具，手臂和手部动作也得到了发展。这些都涉及手指的独立动作、对手的双向控制、根据物品来调整抓握动作、在手中调整物品的位置以便操纵（手中的操纵）。

不同的手分别发挥主导/辅助的功能，即一只手进行持握和稳定，另一只手进行操控，这种能力是手臂和手部动作技能的重要方面。幼儿能够翻阅一本书的书页、完成简单的拼图，学龄前儿童能够灵巧地摆弄物品、使用工具用于许多不同的目的，他们能够有效地使用两只手搭建积木，用珠子串项链，用剪刀剪纸，用蜡笔涂色等。

3.1.1 实践中适宜的手臂和手部使用

Ⅲ.A 手臂和手部的使用

日常常规（家庭和教室）

- 婴儿/学步儿：婴儿在睡觉醒来后，把拨浪鼓塞到自己嘴里。学步儿从公园回家后，在鞋带解开后脱下了鞋子。
- 儿童：在玩耍回来的时候幼儿把夹克上的拉链拉开，解开雪裤上的纽扣。

游戏常规（家庭和教室）

- 婴儿/学步儿：婴儿抓住拨浪鼓，晃动让它发出声音。他把拨浪鼓放到嘴里探索，体会到物品的感觉。学步儿用一只手抓住鼓，用另一只手拿鼓槌敲击鼓面。
- 幼儿：幼儿在玩穿衣打扮的游戏，她独立地穿上前面有扣子的衣服和高跟鞋。她打开手提包，把口红拿了出来。

课堂常规

在集体活动时间，儿童写信给妈妈，包括画一幅画、写下名字、叠信纸并装进信封里。

Ⅲ.B. 够物；Ⅲ.C. 抓取；Ⅲ.D. 放开

尽管这些动作是相对独立的，但是往往组合在一起完成，因此在本部分一同讨论。

日常常规（家庭和教室）

- 婴儿/学步儿：在给婴儿换尿不湿时，他把玩具从一只手换到另一只手。在零食时间，学步儿用手掌和所有的手指一起动作，抓起勺子吃苹果酱。
- 幼儿：学龄前幼儿用拇指、食指和中指拿起蜡笔，通过整个手臂的运动来涂色。

游戏常规（家庭和教室）

- 婴儿/学步儿：婴儿把玩具重重地往高脚椅的托盘上敲，然后在每次成人把玩具拿回后，婴儿反复地把玩具往地上扔。学步儿成功地把塑料块放到相应形状的孔里面去。
- 幼儿：在院子里玩的时候，幼儿把沙包投向目标。

课堂常规

在情人节活动里，儿童用剪刀剪出心形。

Ⅲ.E. 独立的手指动作

日常常规（家庭和教室）

- 婴儿/学步儿：在动物园里，婴儿兴奋地向妈妈指猴子。在和妈妈一起烘焙时，学步儿用手指蘸一些布朗尼面糊品尝。

- 幼儿：在去看医生时，幼儿按电梯的按钮。

游戏常规（家庭和教室）
- 婴儿/学步儿：婴儿用食指启动音乐玩具。学步儿用手指指自己最喜欢的图书上的画面。
- 幼儿：用手指数班上孩子的数量。

课堂常规
在圆圈时间，儿童能够用独立的手指动作，进行手指游戏。

Ⅲ.F. 在手中操纵物品
日常常规（家庭和教室）
- 婴儿/学步儿：婴儿从高脚椅的托盘上把两块麦圈抓在手掌里。婴儿不能熟练地把麦圈从手掌转移到手指上，于是就直接张开手指，嘴巴靠过去吃手掌上的麦圈。学步儿往插钉板上插小木棍时，是用整个手臂动作将钉子翻转过来，而不是用几根手指巧妙旋转操作。
- 幼儿：幼儿从口袋里拿出硬币，用拳头握住，然后一个一个地把硬币投到糖果售卖机中。

游戏常规（家庭和教室）
- 婴儿/学步儿：婴儿把玩具从一只手换到另一只手，然后放进桶里。学步儿用绳子把较大的珠子串起来做成项链。
- 幼儿：幼儿从自己收集的一堆石头中拿起一个并用手指夹住，展示给他的朋友看。

课堂常规
给图片涂色时，儿童把记号笔摆在手里合适的位置以舒适地书写。

Ⅲ.G. 构建技能
日常常规（家庭和教室）
- 婴儿/学步儿：婴儿用力地用一个物品敲击另一个物品，从而探索两者之间的关联。学步儿把纸盘叠放在桌子上，并在饭后把它们扔进垃圾桶里，表现出对物品功能的理解。
- 幼儿：幼儿帮助爸爸扶着木头，拿锤子敲，一起为家里的宠物龟做笼子。

游戏常规（家庭和教室）
- 婴儿/学步儿：婴儿组合物体，把一个物品放到另一个物品上或物体内。学步儿把三块积木垒起来做成一个塔，一遍又一遍地推倒、重建。
- 幼儿：完成十块相互交错连接的拼图。

课堂常规
在休息时间，儿童用石头垒成一个堡垒，和朋友一起游戏。

Ⅲ. H. 使用工具

日常常规（家庭和教室）

- 婴儿/学步儿：婴儿看到妈妈给姐姐梳头时，也模仿梳头。学步儿用大勺子搅拌面糊帮助妈妈做蛋糕。
- 幼儿：幼儿用饼干模具压制恐龙形状的饼干，带到学校庆祝同学的生日。

游戏常规（家庭和教室）

- 婴儿/学步儿：用木槌敲击木琴，发出声音。学步儿用玩具工具模仿锤钉子、拧螺丝。
- 幼儿：幼儿用记号笔画妈妈的画像，并且让妈妈把画像贴在冰箱上。

课堂常规

儿童在学校的花园里用小铲子挖土并播种。

3.2 支持儿童适宜地使用手臂和手部功能的一般原则

在日常生活中，父母、照料者、教师和其他专业人员给儿童提供自然的机会练习手臂和手部动作。以下列出一些可行策略，直接或间接地支持手臂和手部动作的发展。

3.2.1 鼓励儿童努力，赞扬儿童尝试

儿童天生具有追求成功和独立的内在动机。允许并鼓励儿童独立做事。生活中的自理技能能给儿童很多体验独立性与锻炼手臂和手部动作的机会。从穿衣到梳洗、进食，儿童有机会练习并熟悉手臂和手部动作。当儿童尝试一种新的动作时，应给予表扬（"哦，你真是个大男孩！自己都能穿鞋了！"），进行积极的强化，让儿童以后还愿意尝试该任务并最终能独立。

3.2.2 让儿童参与到你从事的活动中来并且让他们感受到乐趣

很多日常的活动都要用到手臂和手部。家务劳动——把换洗的衣服放到衣篓里、拎购物袋、打扫（擦玻璃、吸尘、扫地）、做饭——都要有手臂和手部动作的参与。很多活动都有很多抗阻力动作，并且要求两个手臂的协调使用。

3.2.3 提供额外的锻炼时间

儿童初次学习新的任务时，需要熟悉手臂和手部动作，需要额外的时间去完成相关的任务。快要迟到的时候，不是你练习穿衣的好时机！家长和其他照料者必须给儿童留有充分的时间去练习和学习新的技能。

3.2.4　为儿童提供示范并鼓励其模仿

儿童喜欢模仿成人。在玩游戏的时候，成人做出新动作的示范，鼓励儿童参与。用积木搭成不同的形状，用橡皮泥做小动物，或玩装扮游戏等，都能激发儿童的模仿。

3.2.5　和儿童一起做事，而非为他们做事

当儿童看到一个新玩具时，他可能需要帮助。儿童请求帮助时（无论是用语言或非语言的方式），家长可以手把手地帮助他们。当他们懂得如何完成的时候，家长应当逐渐地减少帮助，让他们独立进行。

3.2.6　反向链锁法

有些需要用到手臂和手部动作的技能（如生活自理）最好使用反向链锁策略来教学。大多数家长在教孩子新的技能时，都有意或下意识地使用到了链锁的策略。在反向链锁中，技能被分解为若干个小步骤，成人帮助完成前面的步骤，把最后一步留给儿童，让其自己做最后一步。当儿童能独立完成最后一步时，再逐渐地把之前的步骤留给他。例如系鞋带，成人可以替儿童完成之前的步骤，直到留下拉两根鞋带的最后一步。鼓励儿童以这种方式完成整个任务，体验到成就感。

3.3　为改善手臂和手部的使用制订个性化的干预计划

Ⅲ. A. 一般来说，你是如何描述儿童的手臂和手部使用状况的？这些使用问题对手臂和手部的功能影响如何？

手臂和手部动作发展受限的儿童，可能会回避需要使用这些动作的活动，或拒绝进行日常生活中的一些基础性的活动，因为这些活动对他们来说太难。这可能导致其他领域发育迟缓，比如认知、沟通、社会情感的发展。当发现儿童存在手臂和手部使用困难时，很重要的是要去找到导致这些困难的原因。使用手臂和手部的能力可能受到姿势控制或肌张力异常的影响（参见 TPBA2 第二章第一节）。如果儿童不能保持竖直站立的姿势，对手臂和手部的使用就会有影响。姿势和肌张力方面的问题需要通过干预或补偿技术解决，比如在进行手部动作的时候（或之前）为儿童的身体提供适当的支撑。感觉处理困难，包括对触摸的敏感性、身体位置觉减弱或运动计划困难也可能影响儿童使用手臂和手部的方式（参见 TPBA2 第二章第四节）。

当儿童的手臂和手部技能看起来存在问题时，成人需要帮助他们锻炼这些技能或提供补偿。锻炼技能要通过练习或调整使用材料的方式（如使用握笔器、改造后的剪刀）。在确

定导致手臂和手部使用困难的因素（如姿势不良、肌张力异常）时，有必要咨询职业治疗师。

需要问到下面的问题：

1. 儿童是否能够保持身体处于直立位？如果不能，是否能通过支撑性设备（对臀部、膝关节或脚进行90度角支撑），帮助其保持身体直立？

2. 儿童坐在椅子上时，是否能用脚接触地面以提供稳定的支撑？

3. 儿童站立时，是否需要额外的支撑以保持身体直立，防止偏向一侧？

4. 肌张力过高或过低是否影响手臂和手部的使用？在需要进行手部动作的活动之前，是否需要使用技术设备来降低或加强肌张力？（参见 TPBA2 第二章第一节）

5. 儿童的感觉处理能力怎么样？他/她对触觉敏感吗？这是否可能是导致其不愿用手去摆弄玩具的原因？儿童是否因为肌肉和关节对外力的感受存在异常而难以调节作用力（作用力过多或过少）？儿童是否能有效利用视觉引导手臂和手部动作？（参见 TPBA2 第三章）

6. 儿童是否在动作计划上存在困难，从而影响了手臂和手部的功能性使用？（参见 TPBA2 第二章第四节）

7. 儿童用两只手共同完成任务时是否存在困难？

在确定手臂和手部使用困难的根本原因后，通常在有经验的专业人员的帮助下，可以开始干预。下文概述了通过人际互动与环境调整以支持手臂和手部使用的一般原则。

人际互动策略

1. 确定儿童使用手臂和手部的动机。动机是手臂和手部使用发展的关键。尽管被动的活动对于神经系统也有一定的输入刺激，但是儿童主动的动作能起到的作用更强。这就是为什么要激发儿童使用手臂和手部的积极性。对于婴幼儿来说，能够发出声音、发光、转动、摇晃或震动的物品，通常是能够激发和吸引其注意力的。在儿童无法触及的高度晃动物品，能够激励他更努力地拿到它们。（但不要反复这样做，因为儿童会很快地看出你并不是为了让他们玩这些物品，而只是在诱导他们去够，因此会停手。）对于年龄较大的儿童，一个需要解决问题或构建的新游戏能够有效地激发他们的积极性。

2. 对儿童的努力和独立尝试进行鼓励。做儿童的"拉拉队长"，鼓励他们自己独立完成任务。提供最少的帮助以使儿童成功，并夸奖他们。

3. 给予真诚的赞扬。儿童知道自己何时做得好，成人是否在真心地夸奖自己。当儿童没有真正成功时，"你很努力！"或"差一点就成功了！"比"干得好！"或"真棒！"要显得更为真诚。

4. 提供"恰到好处"的挑战。创造"恰到好处"的挑战机会。儿童必须接受挑战，但不要让他们感到受挫。要考虑到儿童的实际能力和活动的要求，才能确定任务的适当难度。所谓"恰到好处"的挑战,是儿童要用尽全力去尝试的挑战。失败的可能是肯定存在的。我们既不能让任务太难,使儿童总是受挫、焦虑,也不能让它很简单,从而使儿童感到无聊。

5. 和儿童一起做日常家务和游戏。大多数儿童喜欢帮助成人。儿童喜欢参与到"成人"的活动中,幼儿喜爱参与"大孩子"的活动。开始做家务活或游戏活动时,让孩子参与进来并帮助你完成,或是等待儿童自主地开始一项活动,然后为其提供一点支持。击掌或是与孩子谈论你们一起做的事情,都能增加他的积极性。

6. 为儿童提供示范,并鼓励其模仿。儿童经常是通过观察然后自己尝试任务来学习新技能的。缓慢地提供动作示范并同时进行口头描述,这样口头说明就会支持你的动作。一些儿童可能更善于处理听觉而非视觉信息,这样他们就能在进行相关活动时,在口头上提醒自己该如何做。

7. 将复杂任务分解为小的步骤,以增加成功的可能。这样做在日常活动中是尤为重要的。比如,当儿童学习如何穿衣时,用肢体或语言指导儿童进行之前的步骤(抓住裤子、把一只脚放进去、把另一只脚放进去、提裤子、拉紧),只让他独立完成最后一步。随着他独立性的提升,逐步地增加要求其完成的步骤。

环境调整

除了支持手臂和手部使用的人际互动策略,对环境的调整通常也有用。根据 TPBA2 的发现,团队可以考虑以下环境调整措施。

1. 为儿童提供使用双手的机会。在日常生活中,给儿童大量自然的机会去探索、操作、搭建、创造、感受、完成日常生活任务。通过不同的方式使双手进行更多的练习,能够增强儿童双手的力量和日常生活所需的协调性。

2. 为儿童挑选能够吸引他们并且需要运用双手的玩具。选择明快的色彩或能发光的玩具,或能震动、发出声音的玩具。这些玩具能激发幼儿的积极性,运用双手去操纵玩具得到他们想看到、听到的效果。

3. 帮助儿童保持最佳的姿势,如果需要可以调整座椅。对于维持姿势困难的儿童(参见 TPBA2 第二章第一节),要确保他们的姿势得到支撑从而可以有效地使用双手。儿童需要稳定的身体支持基础来使用双手而不失去平衡。在直立位支撑时需要对膝关节或髋关节成 90 度角的支撑,脚支撑在地板或其他表面(如梯凳、箱子等)上为足部提供支撑。对于躯干肌肉的肌张力过低或过高的儿童来说,座椅可能需要进行调整(参见 TPBA2 第二章第一节)。

4. 调整感觉强度。一些儿童不喜欢特定的感觉,这会阻碍他们使用双手去探索各种物品或材质。这些儿童会避免"脏玩"游戏或者避免用手探索材料(参见 TPBA2 第二章第五节)。对于对手部触觉输入表现出敏感的儿童来说,手指画、沙箱游戏、玩剃须膏或橡皮泥等活动就需要进行调整。成人可以给儿童机会选择玩手指画或剃须膏,或用手或画笔或其他工具。同时还应给他们提供毛巾,让他们需要时可以随时擦手。

Ⅲ. B. 儿童伸手够物的动作做得怎么样? Ⅲ. C. 儿童的抓取动作如何? Ⅲ. D. 儿童放开物品的动作如何?

伸手够物、抓取、放开动作的发展是一个复杂的过程,它需要视觉和动作控制的共同参与。伸手够物的动作来自近端肌肉(即肩部、躯干),而抓取、放开动作则需要手腕、手部、前臂肌肉的参与。伸手够物动作的发展,需要视觉观察物品、视线的引导到用手以适当的方向伸向物体以抓握。抓取动作的发展,是从粗大的动作(用整个手掌抓),到用手指侧端抓,再到用拇指和其他手指配合精细地抓握。放开的动作发展,是从最初强烈的抓握反射到自主地放开手,再到能把物品在两手之间交换、按压着物品的表面放开,最终发展到伸腕(向上弯曲)时有意识地控制放手。当儿童在伸手够物、抓取、放开的动作上存在困难时,需要判明困难的性质,找到原因才能解决问题。帮助儿童发展这些技能需要近端肌肉的稳定能力(参见TPBI2第三章第一节),根据儿童视觉的需要调整活动(参见 TPBI2 第四章),以及对儿童的手部功能进行直接干预。

肌张力过高、过低或波动的儿童(参见 TPBA2 第二章第一节),经常会在手臂和手部动作上存在困难。肌张力过高或肌肉紧张的儿童可能表现出在伸手够物上存在困难,或存在拳头紧握的情况。肌张力过低或波动的儿童可能表现出对抗重力、抓握物体和协调地释放所需的力量或精确度下降。以下内容提供了人际互动策略和环境调整,以帮助开发儿童的够物、抓取和放开能力。

人际互动策略

1. 对儿童的努力和独立尝试进行鼓励。对于在伸手够物、抓取、放开动作方面存在困难的儿童,需要鼓励他们在游戏过程中去接触、操纵、传递玩具。成人应鼓励这些活动,并赞扬儿童的努力。有一种鼓励的方式是放一个儿童非常想玩的玩具在他们面前。

2. 以人为目标,让儿童伸手。在儿童的游戏中,熟悉的人经常是儿童玩耍时伸手去够的好目标。设置情境让儿童可以伸出双手去够他们喜爱的人。成人还可以把幼儿喜欢的物品放在稍偏离幼儿可以直接抓握、需伸手才能触及的地方,以此来激发他们伸手。

3. 提供最低程度的肢体辅助。对于够物、抓取和放开困难的儿童,建议提供从大到小的肢体辅助方式。当儿童伸手去拿一个他最喜欢的玩具时,首先在肩部附近开始辅助,随着儿童能力的逐渐提高,辅助的位置逐渐下移到手部。当提示更成熟的抓握时(用手的拇指侧),先帮助儿童学习拿东西时把小指和无名指攥在手掌里。当儿童明白了这个动作后,再辅助他用小指和无名指持住物品,并减少辅助。对于放手动作有困难的儿童,可以帮他稳定好前臂和手腕,或是帮他屈曲手腕(向下弯曲),这样能自然地使他的手指张开。同样,伸展(向上弯曲)使手指围绕物体闭合,从而帮助他们更好地完成抓握的动作。

4. 根据儿童的非言语信号提供休息。对于一个有运动或视觉困难的儿童来说,练习这些技能可能会令人沮丧和疲惫。要关注儿童的非言语信号,判断他的挫折或疲劳程度。在练习过程中穿插一些不需要精细动作的让儿童感到愉悦的活动。

5. 在儿童喜欢的日常生活中进行伸手够物、抓取、放开动作的练习。对于那些享受就餐时间的儿童,给他们很多机会去拿杯子、勺子、盘子。把食物切成不同的大小,放在不同的方向,迫使儿童用各种不同的方式去拿。在洗澡时,让儿童够海绵玩具,然后把玩具放到篮子里。

6. 记住,儿童喜欢游戏。不要让儿童反复不停地伸手拿物体但又不给他们玩的机会。同样,当儿童抓东西的方式不太正常时,不要过快地纠正他们。比起以最适合的方式抓握,孩子们对于获取物体更感兴趣。尽管我们希望他们以更为有效的方式使用手臂和手部,但是过于频繁的纠正会导致他们有意识地回避相关的动作,并且和照料者之间形成负面的互动关系。

环境调整

除了支持儿童够物、抓取和放开的以活动为基础的策略,环境调整往往也是有用的。根据TPBA2的研究发现,团队可以考虑如下几种环境调整措施。

1. 帮助儿童保持最佳的姿势,并在需要时调整为合适的姿势。对于婴幼儿来说,仰卧或半仰卧时最容易发展早期伸手技能,因为这时他们的胳膊是自由的,头和躯干也有支撑。对于年龄较大的儿童来说,如果姿势得到稳定的支撑,他们伸手和使用手的动作就能做得更好。

2. 在附近提供有吸引力的玩具。把能够发出声、光、震动的玩具放在伸手可及的地方,诱使儿童去伸手和抓握。悬浮的玩具为伸手提供了一个很好的目标(如气球、泡沫、气泡)。开关激活(比如通过按、拧、捅、滑动来开关)的玩具有助于练习抓取动作,例如发条玩具、魔法屏(Lite-Brite)、小猪银行、玩偶匣(Jack-in-the-Box)、钉板和振动笔等。玩"连接4"(Connect Four)、"噢,樱桃!"(hi-ho Cherry-O)、"不要破坏冰"(Don't Break the Ice)、"别把豆子弄撒"(Don't Spill the Beans)等游戏都能锻炼儿童抓取和放开的动作。

3. 改变物品的位置和空间方向。这样做能够使儿童努力向前、向旁边、向上、向下、向对角、向后去伸手够物,从而发展肩部、躯干、手臂和手部的协调性。这同样也能迫使儿童学习如何在不同的位置抓取物品,即手腕处于中立位(手掌对侧,拇指向上)、旋后位(手掌向上)和旋前位(手掌向下)或这些位置之间的方式练习抓取。

4. 用能够刺激感官的材料激发儿童。能够发出声响或提供感官刺激的玩具往往能激发儿童的动作。玩气球游戏,在游戏中,成人吹起气球,并把它放在儿童面前,往往儿童会伸手去拿气球,接触它,并让空气流出。在镜子上玩剃须膏,也能让儿童伸手向前去接触剃须膏。

将玩具藏在水或沙盘中可能会激励儿童伸手和抓住玩具。能挤压喷水的玩具也是儿童感兴趣的。贴纸活动也能很好地激发抓握、放手等动作。能发出声音的玩具,比如"Dropper Popper"(形状像半个球体,用手指能把它翻过来,放在桌子上它就能弹出去),能增强儿童抓握的力量。

5. 改变抓握物品的大小和形状。年龄较小或发展水平较低的儿童抓较大的物品更为容易,通常使用的是全手粗大抓握或用手的小指侧面抓握。当考虑改变物品的大小或形状时,要根据儿童的水平来进行,选择适当的练习材料。

6. 使用适当的材料或开关控制的玩具。对于一些伸手够物、抓取、放开动作存在困难的儿童来说,需要调整玩具材料来降低难度。因果玩具可以改造成包括单开关装置的玩具,这种装置可以通过推动、拉动或倾斜来激活玩具。

7. 玩带有目标物的游戏。比如,往篮子里、圆圈里或墙上扔球,就是一种很好的练习抓握和放开动作的活动。

8. 一起收拾玩具。让儿童收拾玩具能够提供在日常生活中自然地练习伸手够物、抓取、放开等动作的机会。

9. 给抓取和放开动作困难的儿童提供适配设施。类似于"万用套"(环绕在儿童手部使抓握和握持更容易的尼龙搭扣带,可以用在拿餐具、牙刷、帮助演奏乐器等活动中)、由有经验的职业治疗师根据需求定制的手部或手腕夹板、艺术工具(Sammons Preston,为抓握能力较弱的儿童特制的艺术材料固定器)、蜡笔固定器(Southpaw Enterprises,大号的蜡笔,使抓握能力减弱的儿童更容易抓握)或其他的握笔器等,能够帮助儿童更独立地完成抓握和握持动作。

Ⅲ.E. 儿童独立运动手指的动作,如指、捅、敲等动作的发展状况如何?

在感觉运动、交流、自我照料、情感和社会表达、认知领域的各种功能性活动中,都需要手指的独立动作。儿童用手指独立的动作去指某件物品来表达自己的意愿和需求,向成人和同龄人展示物品以达成共同注意(使用眼神接触和指向某物品来达到与他人分享体验的社交目的的能力),激发因果玩具或打开东西,通过非语言的方式或手势语言表达自己,从事一系列自我服务的活动(如开合盖子、使用电话、参与做饭)等。当儿童在手指的独立动作上存在困难时,他可能会难以表达自己的需求和愿望,难以有效地交流沟通,不会独立地玩玩具,难以独立地进行自我服务。接下来的内容将提出针对此种技能进行干预或改造环境的策略,以帮助开发儿童手指独立的能力。

人际互动策略

1. 设置情境激发共同注意,并帮助儿童单独用食指做出指的动作。在全天生活中,帮助儿童通过指向事物来表达自己的兴趣。读书时,向他示范指向喜欢的角色和/或图画。帮助儿童把其他的手指蜷起来，让他用食指去指书上近处的图画。给他一些可以用其他手指握住的东西，例如小球、棉球等，这样做能帮助他把其他手指蜷起来，只使用食指做动作。也可以这样教他们用食指表达自己的选择或其他的需求和愿望：在他们想要的物品上贴上圆形的标签，告诉他如果想要的话就得用食指去碰一下标签。出门在外时，鼓励儿童用食指去指环境中他看到的事物，比如一架飞过的飞机、树上停着的小鸟、路过的火车，等等。

2. 和儿童一起唱歌并做需要手指单独动作的手指游戏。儿童经常会被音乐和熟悉的歌曲吸引，很多歌都能配上手臂和手部的动作。有一些歌曲还需要手指单独做动作。比如，"拇指在哪里？"（Where Is Thumbkin?）、"五只小猴子在床上跳跃"（Five Little Monkeys Jumping on the Bed）、"五只小鸭子"（Five Little Ducks）、"十只在床上"（Ten in the Bed）、"打开，关闭"（Open, Shut Them）和"一闪一闪小星星"（Twinkle, Twinkle, Little Star）。

3. 儿童喜欢模仿成人的动作。给儿童提供示范让他模仿，独立做出手指的单独动作。一些日常的例子包括：打开开关（如台灯、设备、录音机、电梯），让儿童在玩具电话上按键或使用老式的拨盘电话，为儿童提供一个旧键盘或电动打字机，以便他可以假装在计算机上打字；和儿童一起玩乐器（如键盘、钢琴），或是让儿童参与做饭，比如打开或合上容器、倒水、搅拌、撕菜，等等。

环境调整

除了基于人际互动的策略，对环境的调整也能够帮助那些手指独立做动作存在困难的儿童。基于 TPBA2 的研究结果，团队可以考虑如下一些环境调整措施。

1. 选择有助于引发手指独立动作的玩具。有很多玩具都能够引发儿童运用单个手指的动作。不同颜色、不同角色的指偶通常能够引发儿童的兴趣，其他手指蜷在手掌上，而另一些手指单独做动作来操作指偶说话或行动。触发类的玩具也能激发儿童的兴趣，通过按按钮来发出声音、播放歌曲，或让玩具执行动作。对于年龄稍大的儿童，能够激发其手指独立动作的玩具有叠叠乐（Jenga，一种用来叠高的积木玩具）、"Tricky Fingers"（一种需要使用单独的手指在一个单独的盒子内移动彩球制作图案的游戏）。儿童在游戏中能够感受到单个手指的重量，从而为每个手指的独立动作提供反馈。

2. 进行艺术和手工活动，以及做饭等能够引发手指独立动作的活动。有许多艺术和手工活动能够激发儿童进行手指独立动作：手指画、橡皮泥、手指刷（适合儿童手指的小刷子）、人物和动物形象的印台（用手指尖做人物或动物的形状）等。做饭时也需要手指的独立动作，比如戳用来制作饼干或面包的面团、按搅拌器或微波炉的按钮等。

3. 玩乐器或音乐玩具。乐器能够自然地引发手指的独立动作。弹钢琴、琴键、手风琴或吉他都能帮助儿童的手指做出独立动作。玩音乐玩具经常要求儿童用单个的手指按上面的按钮。还有一些书上有能够触发儿歌的按钮，以及 CD 或磁带播放机，都能引发手指独立动作。

Ⅲ.F. 儿童在手中操纵物品的能力如何？

徒手操作包括抓握物体后调整其在手中的位置以便于下一步的使用。因此，它的功能在于使手部动作更为娴熟和有效。当儿童手部操作困难时，完成精细的动作常常看起来很怪异，要花费更长时间。徒手操作是精细动作中最晚发展的技能之一，它最早出现在大概 18 个月大的时候。即便是能够在手中做出最为复杂的操纵动作的 7 岁儿童，也有可能有意地回避这些动作，转而用简单的手部动作来代替。对于能够熟练地抓取物品的儿童，之所以徒手操纵物品存在困难，可能只是需要机会来练习这种复杂的技能。

人际互动策略

1. "魔术！"。一些儿童可能会觉得在没有表面支撑的情况下，在手中操纵物品调整其位置是很神奇的。成人可以在儿童面前做这样的示范：把硬币或鹅卵石攥在手里，手心朝下，这样儿童就看不见它，然后用拇指和食指夹住物体向上操纵让儿童看到。儿童之后就可以模仿这个"魔术"，给其他家人表演。

2. 在日常的活动中鼓励徒手操纵。比如，在商店购物付款时，给儿童手里放一些硬币，让她通过单只手的操纵，从中拿出一枚出来递给收银员。为了鼓励其单手操作，可以拉住她的另外一只手，或是把儿童抱起来使儿童的一只胳膊放在你的背后。

3. 把手部操纵动作融入到游戏活动之中。比如在玩过家家游戏时，给儿童一叠扑克筹码当作饼干，再假装给他一杯牛奶。当他一手饼干、一手牛奶的时候，就不得不设法用单手操纵，从一叠饼干里拿出一片来给你。

环境调整

除了人际互动策略，基于活动对环境进行调整通常也有帮助。基于 TPBA2 的研究结果，团队可以考虑如下几种环境调整措施。

1. 在日常的任务中让儿童帮忙。例如，把硬币放进储蓄罐或售卖机里、拧瓶盖、调整握笔姿势等，鼓励儿童练习手部操作。

2. 用蜡笔和记号笔涂色。自如地使用蜡笔和记号笔涂色需要儿童用单手拔掉笔盖并将其翻过来进行涂色。

3. 玩纸牌游戏。用手把牌摊成扇形是一种好玩的"花招"，它涉及手部的操纵动作。玩纸牌游戏要求儿童用一只手同时拿住多张牌，每次拿出一张牌的时候，手都要随之进行位置调整。

4. 使用需手部操作才能完成的材料。把绳子穿过珠子或通心粉需要手中操纵的动作。往细口的罐子里放小物品，如豆子或珠子，如果手里拿的小物品超过一个，就需要儿童在手里面进行操纵。

Ⅲ.G. 儿童的建构技能如何？

建构，是指在二维或三维空间中创造出新的形象或结构，如画画、书写、搭积木等。儿童可能有多种原因难以完成建构：运动、感知或认知。因此，了解根本原因对改善建构技能至关重要。

人际互动策略

1. 一起搭建一个东西然后推倒取乐。搭个东西、推倒、再搭……这样玩有很多乐趣。可以根据儿童的能力确定搭建的难度，从简单的塔，到复杂的桥，搭成了以后用卡车推倒。

2. 一起涂色或画画。根据要求轮流绘画——小狗、马、恐龙等，尽情地发挥想象力。在一张纸上一起作画能激发儿童的模仿、问题解决和语言表达。轮流提出要画什么，不仅能促进两人的对话，还能让成人有机会通过设定画画的主题来激发儿童做出不同的动作（例如，画太阳需要画出圆圈，画马路需要画直线）。

3. 制作用于游戏的道具或手工作品。根据游戏主题将需要的东西组合在一起，使创造道具变得有趣，例如，如果儿童想当个公主，你可以和她一起规划公主都需要些什么：王冠、手杖、珍珠项链……一起制作这些东西。成人可以帮助出主意、提供材料，以儿童为主进行计划和制作。成人根据需要给予建议、做示范和进行辅助。

4. 给朋友做贺卡。从杂志、报纸或旧贺卡上剪下图片，贴到纸上，把纸对折做成一张贺卡，然后在上面写点什么或画点什么。一起做这样的活动能带来很多乐趣，同时也能让很多种精细动作得到锻炼。

5. 选择一起玩包含建构技能的活动。比如组装火车玩具、搭多米诺骨牌、科乐思积木玩具、马赛克拼贴画等，或是用乐高或"万能工匠"（一种拼接类玩具）搭建模型。在这些活动中，成人和儿童轮流去做，能促进社会互动，并让成人有机会示范多种建构技能。

环境调整

除了可以支持儿童发展建构技能的人际互动策略，环境调整对于锻炼建构技能也是有帮助的。基于 TPBA2 的调查结果，可以考虑如下方式。

1. 使用中等或大号的物体。总的来说，大的或中等型号的物体相对小的物体来说更容易搭建。调整物体的大小和形状以适合儿童的能力水平，但注意要有一点难度和挑战性。

2. 有目的地使用物体。在玩建构游戏时使用没有明确目的的物体（如沙子、水）不会让儿童感到有压力。然而，有目的地使用物体能为儿童指导行动。例如，用小棍子玩沙子可以激发精细动作的练习，但是如果提供一个玩具运沙车、人偶、小石头、铲子或勺子，就能让儿童把这些东西以有意义的方式组合起来。如果有其他儿童或成人一起做这些活动，也可以增加儿童参与的积极性。

3. 使用电脑。电脑能给虚拟建构活动提供良好的视觉媒介。电脑软件可用于创建艺术品、拼图和整个虚拟城堡。对于有严重肢体残障的儿童,可以使用改造的键盘、触摸板或其他的控制设备,让技能不足的他们也能成功地使用电脑。

Ⅲ. H. 儿童如何有效地使用工具?

工具的使用对许多功能性活动至关重要。如果儿童不能有效地使用工具,就难以顺利地从事这样的活动。为此,无论是一根球棒还是一支铅笔,儿童必须要能够把它当成自己身体的一部分。最有效的提高工具使用能力的方法就是练习。

人际互动策略

1. 让练习变得有趣。比起以完美的方式操纵工具,幼儿更感兴趣的是使用工具进行的活动。只要不妨碍正常的活动进行,允许他们用不正确的方式拿工具,不需要过于担心正确与否。成人需要鼓励儿童在其想要继续的有趣的活动中重复。

2. 鼓励儿童涂色或画画。让低年级的学龄儿童自己画出轮廓再涂色,能让他们因看到自己的成果而感到开心,同时也锻炼了画线的能力。给儿童一个画画的理由可以激发他们画画的动机,比如在去购物前,让他们画出想要买的东西,自己制作一个"购物清单"。画出自己喜爱的宠物、人或活动,和家人分享或是带到学校去和老师、朋友们分享。成人在其中承担的角色是给予点评,和儿童一起解决问题并讨论可以增加点什么内容(比如,把纸垫在一个有凹凸质感的表面上涂色,从而画出草地的感觉),以及帮助儿童在他们的作品上添加文字标签。

3. 在让儿童用笔之前,先进行书写前的预热活动。精细动作发展不佳的儿童,需要额外进行能够刺激肌肉或手臂、手部、手指关节的活动,这些活动可以促进其本体感的发展。对抗阻力性的活动能让儿童清晰地感受到自己的身体部位以及自己在做什么。用手臂、手部、手指进行推、拉的动作,就能提供对抗阻力的感觉输入。例如,拿起并移动一件较重的物品,如把水从罐子里倒到水杯或容器中,能让整个胳膊体会到用力的感觉输入。儿童在黏土、沙子、豆子、米粒里画出图形或字母也能得到额外的感觉输入。

4. 不要强迫儿童书写或抄写字母。儿童书写是需要理由的,当他们有传达信息的动机时,自然会有书写的愿望。成人要设法激发他们的兴趣和积极性,但是不能为了书写而强迫儿童。

环境调整

除了人际互动策略能促进儿童使用工具的能力,环境调整往往也是有用的。根据TPBA2中的发现,团队可能希望考虑以下环境调整。

1. 调整儿童使用的工具。先让儿童用记号笔或油画棒，因为这些更容易操作。调整工具，让儿童更容易抓握和操纵。例如，可以使用握笔器，选择大小、轻重不同的笔，或是改造后适合操作的笔。

2. 使用不同的剪刀。在市场上有多种类型的适配剪刀可供使用，比如自动开合的剪刀、环状的剪刀、短剪刀适配器（手柄之间的缓冲器可以防止剪刀刀片闭合，只允许沿线剪较短一段）等。设计适当的活动（例如，让儿童在纸的边缘剪出流苏，而不是要求他剪出一根长条）能帮助儿童练习并体会到成功。

3. 使用家庭生活用具。很多儿童喜欢玩家庭生活用具，比如夹子、镊子等。这些用具能引发和书写类似的手部动作。通过创造有目的且有趣的方式（如用夹子把冰块夹到饮料里、用镊子夹起珠子做项链），改变一项可能无趣或儿童想逃避的任务。

4. 使用倾斜的桌面。在倾斜的桌面上画画或书写，能让儿童保持更好的姿势，也有利于儿童以与桌面垂直的视角获取信息。

3.4 支持儿童使用手臂和手部的常规活动

以下是如何将上述策略纳入到家庭和学校的日常活动之中的例子。除了本章开头提到的那些没有特殊需求的儿童的照料者使用的策略，这些活动可能有助于提高手臂和手指运动的熟练性。

3.4.1 日常常规（家庭和教室）

喂食/进食

进食能提供很好的机会锻炼双手。用手指抓饭能让婴儿练习抓握及从手到口的动作模式。儿童进食的姿势对手部的动作影响很大（参见 TPBA2 第二章第一节）。如果儿童处于受支撑的直立位，用手喂自己就会变得容易。用手抓食物有助于儿童细化伸手够物、抓握、捏、操纵物品、放手等多种动作。使用与年龄相当的生活用具有助于儿童早日学会使用工具。稍大的婴幼儿可以学习使用勺子和杯子喝水。学龄前儿童掌握了叉子的使用方法，年龄稍大的儿童可以学习用叉子和餐刀切食品。用餐时间是促进以主导/协助方式使用双手的大好时机，例如一只手扶住碗，另一只手用勺子舀。再比如打开容器的动作，能锻炼手腕的运动和捏的动作。成人根据需要提供示范、鼓励、少量的协助，必要时为儿童提供适当的工具。在吃饭前，进行一些能够刺激本体感的活动（如推、拉），也能对儿童的发展起到积极作用。

换尿不湿/如厕

对于婴儿，换尿不湿可以提供儿童在身体的中线位处用双手一起玩玩具的机会。这也可能是儿童伸手接触和滑动移动玩具的时刻。成人可以有意识地创造这样的机会,并激发他们的积极性。鼓励儿童注意看、伸手够玩具,当儿童成功时,热情地夸赞他们。调整玩具的位置,让儿童付出更多努力才能够到。

换尿不湿和如厕能让儿童有机会解开或扣上纽扣、用双手脱裤子和提裤子。对于有残障的儿童,更换扣件为魔术贴等方式可能会有帮助(参见 TPBI2 第三章第四节)。使用反向链锁策略,也就是为儿童完成最后一步,然后往上添加一个额外的步骤,这样做能够让他们体验到成功。在游戏中让儿童给玩具娃娃系扣子,外出时帮成人、兄弟姐妹系扣子,以提供更多的锻炼机会,从而提高效率。用卫生纸擦屁股能让儿童练习在没有视觉优势的情况下做出手部动作。虽然很多幼儿不能很好地完成这个动作,但也要注意给他们机会去尝试,因为这会激励儿童独立。如厕后洗手能让儿童练习抓握、旋转、拧水龙头等动作。要给儿童提供台阶凳,或进行其他的调整以使他们能够够到水龙头。对于精细动作存在困难的儿童来说,对手柄、把手等进行调整也是有帮助的。

穿衣

穿衣需要手臂和手在身体两侧协调动作。在穿衣时,儿童有时需要两只手分别做出不同的动作(例如,一只手固定住拉链,另一只手把拉链拉上来),有时需要两只手做同样的动作(例如,两只手拿着袜子往脚上套)。另外,系纽扣需要手指的独立动作以及使用双手对准和操作纽扣的熟练技能。系纽扣有助于提高和完善抓握技能与手腕运动。成人可以通过无限近似法支持儿童发展穿衣技能(例如,增加儿童可以成功完成的小步骤),并鼓励儿童努力和独立完成。有时可能需要对纽扣或衣服进行调整(参见 TPBI2 第三章第四节)。穿、脱外套需要对抗阻力,以及准确、有力地运动身体的各个部位。肌张力过低、过高或力量不足的儿童,可能在穿衣上遇到困难,需要额外的协助。对于这些儿童,在穿衣前或穿衣过程中需要用到帮助他们保持身体姿势、放松身体或激发肌肉的策略(参见 TPBI2 第三章第一节)。此外,暗扣或在背后调整的腰带,需要在看不见的情况下协调使用双手,因此就需帮助儿童体会自己身体部位的位置以及学会如何运用自己的肢体(参见 TPBI2 第三章第四节)。

外出

外出活动能提供很多机会锻炼手臂和手部动作:开门、关门、拿硬币、从架子上取物品等。外出活动还包括到公园玩耍、到餐馆吃饭,两者都包含了很多手臂和手部动作(参见下文)。成人可有意地在这些外出活动中提供锻炼儿童精细运动技能的机会,而不是让他们被动地待在汽车、推车或购物车里。儿童可以操作安全带的扣子(锻炼了手臂、手部和手指的协调性)、拿物品(锻炼了"拿取"的动作)、检查物品(双手操作)、把物品放到篮子里(锻炼"放手"的动作)。付款时儿童可以找出和挑出需要用的硬币(钳形抓握、在手中操作),把硬币给收银员(伸手够物和释放)。成人应当有意地考虑如何在每日的活动中为儿童创造大量练习精细动作的机会,从而不断地发展其动作的熟练性和流畅性。

3.4.2 游戏常规(家庭和教室)

面对面游戏

幼儿喜爱带动作的歌曲和游戏。这样的游戏能让他们有机会重复运动手臂、手部和手指。例如拿着小毯子玩躲猫猫的游戏,可以让婴儿做抓、手臂上下运动、放开毯子的动作。挠痒痒可以激发他们发起或回应这种社会互动。唱歌和手指游戏能激发儿童按照示范进行手指动作,记住动作的顺序,并且提供了练习双手手指协调性的机会。

面对面游戏都带有互动的性质,这给了成人机会通过放慢动作、夸大动作、等待时间等方式教儿童准确地完成动作。在需要时,成人可以手把手地辅助儿童做出相应的动作。有认知发展障碍的儿童可能需要更多的等待、示范或辅助。有运动障碍的儿童可能需要为其提供身体姿势的支撑或改善肌张力的策略(参见 TPBI2 第三章第一节)或运动计划(参见 TPBI2 第三章第四节)。

体育游戏

体育游戏中攀爬、推拉、提重物等动作,能给儿童机会锻炼手臂和手部的力量。在攀爬结构墙上玩耍,可增强玩耍所需的上臂和手部力量。球类游戏能锻炼协调性和双手协同的动作。体育游戏带有很多抗阻性的动作(如秋千、攀爬架、打斗)。这些都能促进身体力量和双侧身体协调性,让儿童能更加清晰地感受到自己的肢体位置。成人要给儿童机会在类似的器械上玩耍,从而获得这种锻炼。成人可以鼓励儿童推小推车或婴儿车(车里有同伴或弟弟妹妹),也可以辅助儿童,在推车侧面扶着以帮助其保持平衡。

操作性游戏

操作性游戏是促进手部技能发展的重要途径,各种不同的玩具、游戏和日常活动都能锻炼儿童的手臂和手部动作。比如拨浪鼓能让婴儿练习抓、持、放手的动作,并用嘴来探索物品。年龄稍大一些的儿童喜欢把东西放在各种容器的上面或里面,他们开始把小的物品组合成多种形状。拼图和建构类的玩具能够增强儿童的手眼协调和精细动作技能。儿童还很喜欢玩乐高玩具、用小珠子做项链、做手工、给娃娃装扮、捏橡皮泥以及其他类似的游戏。汽车和火车玩具能让儿童在地板上推车,从而锻炼手臂和手部的力量。工具套件能让儿童做敲、推、拉、拧的动作,这能促进手腕的发展。灯光盒(Lite-Brite)、操作性游戏等需要儿童准确地做出捏的动作,能够锻炼捏的力量。所有的这些活动都能促进精细动作技能的发展。涉及手指的抗阻性动作促进了力量发展,并能增强儿童对手指位置及其与身体其他部位关系的体验。

成人不仅要为有特殊需求的儿童提供与其发展水平相适应的材料，而且应鼓励他们在操作性游戏中进行相关精细动作。为因精细动作困难或运动障碍而面临挑战的儿童提供所需支持，要注意为其提供身体姿势的支撑，只有这样才能让儿童的双手自由活动。提供能让儿童感兴趣的玩具，让儿童有主动操作的意愿，根据儿童的手和手指的大小选择玩具。注意在游戏中进行社会互动，给儿童以奖励。需要时可以采用辅助设施，保证儿童体验到成功的乐趣。

感觉游戏

感觉游戏需要触觉的输入，因此必须要让儿童对于某些形式的触觉游戏感兴趣。在玩橡皮泥时使用饼干模具、小刀、叉子、披萨刀、剪刀等工具，能让儿童在获得感觉体验的同时锻炼双手动作。儿童同时用两只手，打开容器，取出玩具，收起来。手指画颜料和剃须膏能让儿童用手探索不同的材质，画画也锻炼了手指独立动作的能力。玩水、沙子、豆子、米粒、手指画或其他媒介，能给儿童的手臂和手部以多种多样的触觉输入。这些活动也能让儿童的手臂、手部、手指对抗阻力，从而提供对这些身体部位所在位置的清晰感觉。对某些触觉敏感的儿童在进行这些活动之前可能需要额外的帮助（参见 TPBI2 第三章第五节）。成人最初可能需要提供儿童较为喜欢的材质以降低其敏感度，提供增加的重量（通过较重的物体）以给予儿童更多的输入，或是让儿童使用工具来减少对敏感材质的直接接触。在感觉游戏中，推荐使用工具，因为它可以让儿童体验各种不同的操作方式，从而锻炼手部和手指的动作。感觉游戏可以在日常生活中进行，比如当儿童洗澡时（玩泡泡、海绵、毛巾），在地毯或床上玩耍时（捡线头或其他小东西），以及在户外草地上、树叶上、石头上或沙地上玩耍时。

假扮游戏

假扮游戏可以提供非常多的运动手臂、手部和手指的机会。在进行假扮游戏时，儿童需要操作装扮服装、道具、玩偶或指偶。几乎每个游戏步骤，都包含了精细动作技能。因此，假扮游戏和前文所述的穿衣、操作性游戏、感觉游戏等提供了相同的锻炼机会。假扮游戏是一系列游戏活动的组合。对于有特殊需求的儿童，假扮游戏可能具有挑战性，原因有多种（比如，认知受限、难以进行所需的行动、缺乏互动所需的社交能力或缺乏表达假扮游戏想法所需的沟通技能）。假扮游戏提供一种刺激的、有目的的手段训练儿童的精细动作，成人应当在必要时进行介入，以保证游戏的顺利进行。尤其是对动作发展存在困难的儿童，成人需要提供一些辅助设备或直接的支持。成人作为玩伴加入到假扮游戏之中，当观察到儿童沮丧或回避手臂和手部动作的时候，需及时协助。

3.4.3 阅读和学习常规

圆圈时间

圆圈时间是很好的开展唱歌和游戏活动的时间。在圆圈时间，儿童可以用手探索与书中故事有关的道具，在同伴之间相互传递。唱喜欢的歌的时候，用手臂和手做动作。老师提问时，举手来回答问题。这些都能促进动作技能的发展。成人需要保证每个儿童在圆圈时间都能参与到这些活动中。老师们很容易忽视那些静静地坐着不说话的儿童，可以让他们坐到老师身边来，让他们"帮助"老师做示范。即便是能力不强需要协助的儿童，也希望能做这样的"领导者"。还有一种办法是安排一位助理，为儿童做示范或提供辅助。同时要注意在班级一日活动的其他时间里，也要关注精细动作技能的练习。对于动作发展不佳的儿童，跟上班级集体活动的节奏是很困难的。如前文所讲到的，涉及本体感觉输入的准备活动会很有帮助。

一对一阅读

对于婴儿和幼儿，读书涉及视觉-运动、认知、交流和社交等方面的技能。在精细动作领域，读书能提供的锻炼机会包括一只手拿书、另一只手翻页，用单指去指有趣的图片、字母或词。对于有精细动作障碍的儿童，可以对材料进行适应性调整，比如用纸张比较重的纸板书，能让发育水平较低的儿童操作起来更容易。再比如在书页之间垫着东西、在书页上贴标签等方式，能让书页分开从而更容易翻页。也可以选择吸引儿童去探索的书籍。开合时有立体效果的图书、能运动的部件、有不同触感的表面等，都能激发儿童探索的兴趣。构图简单和色彩鲜艳的图画、描绘真实物品和人的图画、简化的故事、有趣的角色等，也都能激发儿童的探索，让他们想翻到下一页看接下来发生了什么。成人可以边读边用手指指着书上的语句，问儿童问题让他们指着图片来回答，请他们帮忙翻页。对于有严重动作障碍的儿童，可以把书扫描到电脑中或看电子书，让儿童操作电脑的控制板来翻页。身体姿势同样也是重要的因素，可保证儿童以最佳的姿势自由地做出动作。

科学与数学

科学与数学活动会要求儿童用手挖土、触摸昆虫或其他动物、探索石头，等等。这些活动都能促进儿童触觉的发展，用手来感受压力，辨别不同的刺激。虽然科学与数学活动并不是直接针对手的技能，但能提供一些锻炼手臂和手部动作的机会。教师们需要鼓励儿童，因为有些儿童可能会回避较困难的任务。如若需要，对他们的工具做一些调整（比如，让他们用大一些的把手、用尼龙扣把物品固定在手上、用橡胶材质的握柄、手指位置的视觉提示等）。操作的材料也可以调整，帮助儿童更容易完成任务，比如把开口做得大一些，这样儿童放东西进去时更容易。探索性玩具可能需要更大的或具有适应性的手柄或把手。可能需要改变环境，以便儿童更容易接触或使用材料。座椅也可能需要调整，保证儿童的姿势处于方便使用双手的位置。成人要在活动过程中随时观察，进行点评、提出建议、做出示范，必要时进行调整。

案例：肯

肯今年4岁，是个单亲家庭的孩子，妈妈在工作时就把他送到一所全日制的保育机构。肯个性热情，讨人喜爱。但是和班上的同学相比，他的精细动作和建构技能很弱，所以他回避很多需要用到这些技能的活动。肯拿蜡笔的姿势很低幼，他用拳头整个地握着，像是别人拿小杯子的姿势一样。他涂色时，整个手臂都会动。在手中操纵物品的技能也很差，他一旦拿着一个东西，必须得把它固定在自己的身体或桌子上才能在手中转动它。在用剪刀时，他用拇指和食指（而不是中指）握剪刀把。他不喜欢做手工和搭积木。干预小组为他提出了下面的建议，在家里和班级里帮助肯提升这些技能。

人际互动策略

1. 建议向治疗师咨询精细运动技能的发展。按照治疗师的建议，带肯做有趣的互动游戏。可以和治疗师轮流，让治疗师示范如何做这些游戏。

2. 当肯自发地进行涉及精细动作的活动或建构类的活动时，为他提供支持，并在他顺利完成时赞扬他。

3. 不要要求肯做太长时间的精细动作活动，因为这些活动对他来说非常耗费精力和力气。

4. 肯喜欢打翻物品。和他一起用积木或盒子搭建高塔，然后开心地击倒它。

5. 一起做手工或烤蛋糕、装点蛋糕。肯喜欢和成人在一起，如果有你的陪伴，他会更愿意挑战一些困难的活动。

环境调整

1. 给肯多一些机会玩挖沙、水等需要运用手臂和手部对抗阻力的活动。这些能帮助他体会自己手臂和手部的运动方式。

2. 选用大号的蜡笔或记号笔，能让他用起来更容易。

3. 用有四个握环的剪刀（两个让成人拿，两个让肯拿），可以用它来教肯学习如何更有效地使用剪刀。

4. 给肯提供大量有趣的活动锻炼精细动作（如做手工、给玩偶穿衣、玩黏土）。这些活动在幼儿园里都很常见，受小朋友们的欢迎。不要强迫，而是要邀请他参与，体会其中的乐趣。

不同发展年龄的干预要点

以下建议针对的是处于相应发展水平的儿童。这些建议并不是全面的，而是表明了可能探索的领域。

发展年龄	手臂和手部的动作技能	干预要点
0—3个月	发展抓握动作,如儿童能够拿住手中的物品。 尝试敲击物品。	提供对比强烈、带有视觉刺激的物品(如汽车),放在儿童可以够到的地方,让他能敲击。 把拨浪鼓等物品系在儿童手腕上吸引他的注意。
3—6个月	抓握动作更有力。 能抓住小玩具或拨浪鼓摇晃或敲击。 能把物品从一只手换到另一只手。 能把物品放到嘴里去。 能旋转手腕,粗大动作地转动和操作物品。 双手同时够、拿东西的动作正在发展。 能用双手把较大的物品抱在怀里。	把拨浪鼓、勺子或饼干放到儿童的手中。 当儿童做出敲击、摇晃、把东西放到口中的动作时赞扬他。
6—9个月	用拇指和其他手指控制物品的能力正在发展。 拇指和其他手指的灵活性增加,从而可以拿起并操作较小的物品。 开始用食指点和戳。 有目地地放开物品。 摆弄探索玩具。 一只手拿一个玩具,互相敲击。 能在站立、坐着的时候做出手部动作。	把物品(如柔软的书、小积木)放到椅子的托盘上、咖啡桌上或地板上,让儿童抓取并摆弄。 鼓励儿童把物品递给你,或是放到较大的容器中。 吹泡泡,让儿童把泡泡戳破。
9—12个月	逐渐发展出多种方式的抓握动作,如三指抓握、球状抓握、灵巧地捏。 能把物品从手指移动到手掌中。 开始能根据物品的重量调整手腕和手部的动作。 一只手稳定,另一只手操作。 放手时能进行更好的控制,能从简单地抛发展到把2.5厘米大小的东西落到小洞里面。但还不能按预期让物品落到想放的地方。 能把6个2.5厘米大的积木堆叠起来。 能跨越身体的中线位去够物品。 开始出现惯用手。	提供各种形状、大小、重量的物品供儿童用一只手或两只手抓取、操作、推拉。 提供大小不同的容器,让儿童把物品放进去。 和儿童一起垒高积木并推倒。
12—18个月	手指的力量和控制能力提高,能够使用工具操作物品。 双手同时协作的能力更好。 能双手轮流交替做动作。 开始能使用需要双手同时操作的工具。 放手动作的准确性持续提高。	继续提供各种大小、形状、重量的物品。 鼓励儿童独立使用勺子。 提供可以分解、组合的玩具。 在监督下让儿童玩蜡笔或记号笔。 唱简单的儿歌并随之拍手。 把盒子垒高。
18—24个月	可能会开始穿珠子。 能够协调地做一手为主一手辅助的动作。 能用手掌抓住蜡笔,将拇指向上转动或用手指握住蜡笔。 能够把一个或两个小物品从手掌移动到手指。 能拧开瓶盖(简单旋转)。 可以翻开书页。 建构:用4块积木建塔。 完成4—5块拼图。 使用工具:开始使用简单的工具(如玩具锤子)。	为儿童提供小物品供其组合、放入。 使用需要两只手操作的物品:带盖广口瓶、玻璃珠、发条玩具。 把薯片或饼干放到儿童手掌里,鼓励儿童将其移动到手指尖。 提供使用大积木、简单拼图、塑料工具进行搭建的机会。 提供各种图画书。

续表

发展年龄	手臂和手部的动作技能	干预要点
24—36个月	更有能力操作被抓握的物品(如能够拧开瓶盖)。放手的动作更加准确、控制得更好。双手同时使用工具的能力更强。惯用手的倾向更明显。	提供更为复杂的物品给儿童打开、关上、操作。做简单的拼图。滚球、扔球。
36—48个月	能够使用准确的(三角式)动作抓铅笔或蜡笔;用恰当的力量抓工具。能更有效地使用一只手操作抓住的物品:能把硬币从手掌移到手指,分开书页,和/或把一小块黏土搓成球。能投掷小球扔出至少3英尺(91.44厘米)远。能垒起9—10块小积木。涂色、画画时能稳住纸张。	提供更多建构性的玩具。鼓励儿童画简单的形状和涂鸦。使用插钉板和拼图。简单装扮游戏。用较大的球玩接球游戏。
48—60个月	画画动作来自手指,而不是手臂和手。拿起蜡笔后能在手里调整其位置。	在监督下让儿童使用剪刀。鼓励儿童进行简单的剪、切动作。画画、拼图、纸牌游戏。
60—72个月	能够用手指操作细小的物品而不掉下来。能沿着记号笔或铅笔"行走"手指到合适位置,以便绘图。能很好地同时用两只手做动作。	提供越来越小的物品,鼓励儿童在手里调整其位置,例如用一只手调整硬币的位置,一个一个地放到储蓄罐里。串珠子或通心粉。剪出形状。做简单的手工。

第四节 提高运动计划与协调能力的策略

安妮塔·邦迪

目标达成量表

1	2	3	4	5	6	7	8	9
在进行简单的常规性动作或活动时做出有意志的动作;不会独自尝试新动作或多步骤动作。		不知如何应对周围环境中的事物;使用无功能性目标的重复性动作;难以执行即使是很简单的非常规性动作序列。		可以构想某个目标,但在组织并执行多步骤任务时,需要提醒、示范、有意识的努力以及大量练习。		可以构想某个目标,但在完成多步骤复杂任务时,需要提醒或示范及有意识的努力,才能对需要的动作排序并执行。通过努力练习,可以准确地做出动作。		可以构想某个目标,且几乎不需要有意识的努力,对于复杂的动作可以有效地组织排序,实现既定目标。

运动计划属于一个更大的体系——实践(Praxis)。实践指的是大脑的组织能力,即构想目标、组织并执行一系列活动以达成计划的能力。而运动计划,则是组织并执行动作以完成特定任务的能力。运动计划通常可分为三个过程:构思,知道自己想做什么;组织,建立无意识的身体动作计划;执行,落实动作以完成任务。简言之,运动计划就是快速、有效地执行多步骤任务的能力。运动计划涉及身体运动的所有类型,包括:粗大运动,关于组织协调躯干和四肢的动作;精细运动技能,关于控制手臂、手掌和手指的能力;口部运动,关于协调舌、齿、唇和下巴的运动。

运动计划是很重要的,因为它和所有的目的性动作的学习有关。无论是社交互动、学业技能、语言及交流,还是其他任何需要身体运动的任务,都离不开运动计划。

一旦动作序列被练习和学习,它们就能自动产生,不再需要有意识的思考。例如走路、说话、吃饭、读写所需的各种动作。充分的运动计划能力对于独立地学习并运用新技能至关重要。

4.1 适宜的运动计划与协调能力

运动计划能力强的儿童,能根据情境的需要,采取相应的行动去实现自己的目标。他们不仅能发起动作,也能给各个步骤排列出先后顺序;他们理解自己身体各部位在空间里的位置,能够根据需要移动它们以达成目标,无论方向、距离、速度、力度都恰到好处;目标完成后,他们能将注意力转向其他任务。运动计划能力强的儿童,能有效地协调动作,组织好自己和环境的关系。当你要求他们完成一个常规动作时,他们可以快速有效地完成。当他们遇到新动作时,也能在自己的观察和别人的言语指导下,比较顺畅地完成(即使可能不完全准确);他们能意识到自己身体各部位在空间里的位置,会协调身体的运动,将环境中的物体和自身动作整合起来。

4.1.1 实践中适宜的运动计划与协调能力

Ⅳ. A. 儿童是否善于使用玩具?
日常常规(家庭和教室)
- 婴儿/学步儿:婴儿用手够奶瓶,握住并放到嘴里。学步儿把勺子伸进果酱瓶,挖舀,掏出,吃果酱。
- 幼儿:幼儿摆桌子准备吃点心时,可以把盘子、餐巾、塑料叉子摆在正确的位置。

游戏常规(家庭和教室)
- 婴儿/学步儿:婴儿两手分别拿起一块积木,用力对撞,微笑。学步儿拿起小奶瓶给洋娃娃喂奶,再把娃娃放在婴儿床上。
- 幼儿:幼儿戴上消防帽,抓起小棍子,假装在用消防水管灭火,然后爬进纸箱"消防车"里。

课堂常规

在音乐课上,儿童跳"小鸡舞"(Chicken Dance),将手臂弯成翅形,跺脚。然后老师弹奏音乐,孩子们伴着音乐即兴跳起其他动物的舞步。

Ⅳ.B. 儿童是否善于发起和终止动作?是否善于组织动作序列?

日常常规(家庭和教室)

- 婴儿/学步儿:婴儿被母亲抱到尿不湿台上换尿不湿,他抬起双腿等待,一换好尿不湿就放下腿。学步儿脱去裤子,褪下尿不湿,跑到浴盆边,呼唤母亲过来将他抱进浴盆。
- 幼儿:妈妈让幼儿穿上外套和鞋子,再带上午餐袋,他照做了。

游戏常规(家庭和教室)

- 婴儿/学步儿:婴儿将球倒出容器,盖上容器盖子,再将球一个接一个往盖子上的洞里塞,直到所有的球都回到容器里。学步儿拿过纸笔开始涂鸦,然后把涂鸦纸当成电影票交给成人。
- 幼儿:幼儿骑着三轮车在人行道上兜圈子,遇到停车标志就停下,绕过橙色小路锥,回到"终点"线,高喊:"成功啦!"

课堂常规

在区域活动时,幼儿拿起贴着自己照片的姓名牌,把牌子放在他选择的图表中心的魔术贴上;完成这个动作后,他又带着他的牌子去其他区域。

Ⅳ.C. 儿童的空间和时间能力如何?

日常常规(家庭和教室)

- 婴儿/学步儿:母亲伸出双臂说:"来妈妈这里。"婴儿站在咖啡桌边不动。妈妈走到离她一尺不到的地方,再次伸出双手,这时婴儿向前迈了一步。学步儿爬上马桶前的脚凳,转过身,等父亲将她抱上马桶。
- 幼儿:妈妈把洗衣篮放在楼梯底部,幼儿把脏衣服扔下来,想要扔进篮子里。

游戏常规(家庭和教室)

- 婴儿/学步儿:婴儿把球放到玩具斜坡轨道上方,看着球顺着轨道盘旋而下,等待球从轨道底部滑出。学步儿跑开,然后转身张望,等成人走过来,又继续向前跑,一直跑到墙边停下,等成人过来将他抱起。

- 幼儿：操场的地上到处放着呼啦圈，幼儿迈开或大或小的步子，保证每一步都在圈里而不会踩到圈上；听到老师喊："快点!"他加速跳过间距较小的圈，但遇到间距大的圈时会减速。

课堂常规

在积木区，幼儿先用一长串积木搭了一个飞机跑道，接着搭了一个控制塔。然后，他将两块积木堆叠起来，在顶上水平放上一块长积木。他把这个结构体放上"跑道"，推着起飞。

Ⅳ.D. 儿童是否有良好的身体感觉？能不能把外物当成身体的延伸？

日常常规（家庭和教室）

- 婴儿/学步儿：婴儿爬到婴儿床边，靠着床栏停住，伸手去够栏外的宠物猫。学步儿紧紧抓住栏杆扶手登上楼梯，到顶之后，又转身趴下，快速爬了下来。
- 幼儿：妈妈叫醒了幼儿，让他穿衣服。他自己依次穿上内裤、裤子和衬衣。

游戏常规（家庭和教室）

- 婴儿/学步儿：爸爸抱起婴儿，将她往后倒下去，让她倒着看东西。她乐得大笑，爸爸把她拉起来的时候，她又自己向后倒了下去。学步儿爬上沙发，跳到爸爸身上，爸爸把他举过头顶，他举起手脚高呼："爸爸，让我飞起来。"
- 幼儿：幼儿爬上椅子，伸出双臂，高喊："我是超人!"他跳下椅子，在房间里跑来跑去，假装在飞。他扑上枕头喊："坏蛋，哪里跑!"

课堂常规

喂仓鼠时间到了，幼儿先用小棍撬开笼子顶盖，再用长柄勺从食品罐里舀出一勺鼠粮颗粒，再将手臂从顶端伸入笼子，将鼠粮全部倒进盛鼠粮的杯子里，之后，她又拿起另一把长柄勺去水槽里取水，给笼子里的储水杯添水。

Ⅳ.E. 儿童是否能整理好衣物和个人空间？

日常常规（家庭和教室）

- 婴儿/学步儿：婴儿爬到开着的抽屉边，拉出一件衬衫，往头上套。妈妈要求学步儿收拾玩具，于是她把洋娃娃放回娃娃床上，书放到书架上，玩具收进玩具箱里。
- 幼儿：一到学校，幼儿先把书包放进自己的格子里，脱下靴子放到靴架上，脱下大衣挂起来，再进教室玩耍。

游戏常规（家庭和教室）

- 婴儿/学步儿：婴儿站在小床里，把小床里的毛绒玩具、毯子和其他东西一件件地往外扔，每次东西落地时他都乐不可支。学步儿取出动物拼图，倒出所有碎片，一片片对应着动物的形状,拼到恰当的位置。
- 幼儿:在假扮游戏区,幼儿把同伴打扮成公主,她小心翼翼地把皇冠戴到同伴头上,又往她脖子上围了一条羽毛围巾,最后还不忘给她穿上一双塑料高跟鞋。

课堂常规
铃声响了,幼儿开始收拾积木。他按照架子上标示的形状将积木一一放回各自的区域。

Ⅳ.F. 儿童是否能恰当用力?
日常常规(家庭和教室)
- 婴儿/学步儿:吃早餐时,婴儿把托盘拍在高脚椅上,不住点头,屁股动来动去,以此要求更多的食物。学步儿轻拍并亲吻出生不久的小弟弟。
- 幼儿:妈妈说:"现在安静,小宝宝睡着了。"幼儿蹑手蹑脚走出去,轻轻关上卧室门。

游戏常规(家庭和教室)
- 婴儿/学步儿:婴儿小心地堆叠大块的泡沫积木。学步儿推着婴儿车在室内走,一开始推得很慢,渐渐快起来,嘴里还说着:"宝宝快点。"
- 幼儿:幼儿正在和朋友用积木拼搭一艘宇宙飞船。他找到需要的模块,再用力拼接起来,拼完再找下一块。如果拼不上去,他会更加用力摁压,直到积木块完全拼接好。

课堂常规
在班级排队出去参加课间活动时,被指派为"值日门童"的幼儿会拉开厚重的教室门并一直把着,让同学们顺利通过。

Ⅳ.G. 儿童能否按照口头要求或示范做出动作?
日常常规(家庭和教室)
- 婴儿/学步儿:帮婴儿穿衣服时,妈妈举起双手说:"抬手臂!"婴儿举起手臂等着,直到穿好衬衣。妈妈往松饼上浇糖浆时,学步儿会坚持:"让我来。"妈妈把塑料糖浆瓶交给他,说:"慢一点,慢点倒,不要倒太多。"他握住瓶子,先稍稍倾斜,然后再倾斜一点,直到倒出糖浆。
- 幼儿:幼儿看爸爸示范如何使用创可贴:先打开包装,再撕掉两端的塑料护膜,然后贴到膝盖上。爸爸递来一个新的创可贴:"你来试一个。"幼儿仔细完成每个步骤,遇到问题就问爸爸。

游戏常规(家庭和教室)
- 婴儿/学步儿:爸爸用嘴唇发出"呸呸"声,婴儿笑起来,也做了同样的动作。照料者一边唱歌,一边弹手指头,学步儿边看边模仿成人的手指动作和身体动作。

- 幼儿：操场上，幼儿准备跨过倾斜的跷跷板。小伙伴对他说："别抓。"他松开双手说："看，没有抓。"

课堂常规

故事时间到了，老师表演故事里的动作，幼儿边看边模仿。

4.2 支持儿童运动计划与协调能力的一般原则

家长、照料者、老师或其他专业人员不觉得他们与儿童之间的日常互动能提高儿童的运动计划能力。但是，他们在互动中所做的很多事的确促进了儿童协调运动的发展。下面是一些成人有意或无意地对儿童使用的促进其协调运动发展的策略。

4.2.1 激励

儿童学习新动作时，成人会通过言语和手势给予鼓励。他们帮助儿童确立最初的动作目标(如：走向爸爸)，鼓励他们的努力(如："你快要到啦！")，强化他们的成就(如："你自己做到了！")。激励对于学习任何东西都至关重要。成人会帮助儿童从想做某些事来取悦别人转变成学习新的技能来取悦自己。

4.2.2 示范

给儿童展示如何做某事是一种常用的策略。从最简单的婴儿游戏"躲猫猫"，到击球等更复杂的活动，家长和其他重要照料者在让儿童做某个动作前，都会先做出示范。一般来说，成人先示范整套动作，儿童看完后模仿。如果动作序列比较复杂，儿童接受不了，成人就分小步示范。比如，成人先让儿童发球，给儿童示范如何接球，再把球传回给儿童，说："接球！"如果儿童站着不动，还被球打中，成人就说："手臂应该这样伸出来。"

4.2.3 肢体协助

肢体协助通常用在儿童学习新技能之初或被某个动作难住时。以学写字为例，教师会先示范写一个字母，如果儿童在书写的某方面遇到困难，成人会扶住他们的手，让儿童体会正确的动作。比如，学写字母C时，成人帮助儿童把笔移向正确的方向。

4.2.4 设定目标

成人帮助儿童选择他们可以完成的新技能。他们向儿童抛出一个又一个新的难题。从手脚并用爬上楼梯，到自己穿衣，再到投篮，儿童一次次应对着挑战。通常成人会帮幼儿决定：什么时候该独立做某事了(如刷牙)，买哪些玩具来促进重要技能的发展(如球和球拍)，采用哪种亲子游戏(拼拼图还是追逐戏耍)，参加哪些社区活动(游泳课还是踢足球)，乃至选择哪种休闲活动、学习哪种教育课程(是以游戏为基础还是重标准化与学术性)。所有决定都关系到儿童将要体验、练习并学会的技能类型，而且可能会影响到儿童以后擅长哪些技能。

4.2.5 给予指点

所有家长在教授新技能(尤其是运动技能)时都会采用的一个策略，即告诉儿童该做些什么。介绍会包括：该运动身体的哪一部分、怎么动、动向哪里、动多快、要变换什么、何时开始、何时结束，等等。比如，当家长和儿童一起用彩泥做"饼干"时，我们会听到这样的指点："用两只手。像这样搓。放在这里，然后压扁。再使劲儿压。这块太大了，我们重新做一块。掐点面团。搓快点。对了。可以压扁了。"

4.2.6 评论或提问

成人向儿童发问，可以启发儿童思考他们想做和正在做的事。这有助于儿童酝酿目标或计划，也有助于他们控制动作。比如，家长可以问："你打算用这些积木搭什么？"如果儿童没有既定计划，那么家长提出建议；如果儿童回答："我要搭一座城堡！"家长则旁观，不时作出评价或提问以启发儿童的创意，比如"城堡要不要门？"或"骑士看守恶龙，他需要一座塔楼"。

4.2.7 分解动作

遇到复杂的动作技能或活动，成人会把任务分解成相对容易的小步骤。比如，学骑三轮车时，一开始是不要求儿童踩踏板的，成人推着他们前进，让他们先学会把控方向。等到儿童习惯于坐在车上、学会了控制方向，成人才让他们把双脚放到踏板上，先后踩动两边的踏板。等儿童可以踩踏板了，成人再让他们学习同时把握方向和踩踏板。

4.2.8 体验

除了设法让儿童用"正确"的方式学习技能，成人还会鼓励他们去尝试新动作和新方法。当儿童学会接发球之后，成人可以尝试从胯下发球，或越过头顶来个"勾手投篮"，或往后投球。试验新方法对于儿童来说是件乐事，他们不仅能感受到不同类型的刺激输入，身体各部位的运动方式也焕然一新了。

4.3 实践中的原则

如上所述，成人用于帮助儿童发展运动计划能力的策略是多种多样的。这些策略又是如何运用到儿童的日常生活和学习中的呢？下面列举的是绝大部分儿童照料者在与儿童的日常互动中都会使用的方法。这些方法同样适用于绝大多数残障儿童。

4.3.1 日常常规（家庭和教室）

喂食/进食

成人训练儿童学习用勺、用叉，并在儿童学习施加正确的压力、往正确的方向用力分割食物时，指导儿童的手部动作，或直接提供肢体帮助。儿童练习端稳水杯、倒水时不洒出、用餐后把自己的餐具端进洗碗池且中途没有东西洒落，靠的是成人的不断鼓励和自己的反复练习。

换尿不湿/如厕

换尿不湿虽然主要由成人完成，但如果成人鼓励婴儿参与，婴儿慢慢就可以学会预料需要的动作，并配合成人做出动作。如厕包含很多复杂的动作步骤，家长帮助儿童学会这些步骤的方法是提供小号设施（儿童坐便器），在如厕过程中对每个步骤进行提示。

穿衣

成人在训练儿童独立穿衣时，把每个穿衣任务分解成几个小步，每一步都让儿童尽其所能地参与其中。对于婴儿，可以是穿T恤时把双手举过头顶；对于学步儿，成人给他们提供身体支撑并且用语言提示，比如说"抬一下脚"；再大一点的儿童基本能完成穿衣所涉及的大部分粗大运动，只有在扣小扣子、拉拉链等精细动作方面，可能还需要成人的提示或肢体协助。

4.3.2 游戏常规（家庭和教室）

面对面游戏

大部分面对面游戏都是和婴儿一起做的。玩游戏时，家长先示范，再等待儿童模仿。学步儿通常开始学动手指唱童谣的游戏，成人帮他们规范手指的动作形状、协助他们表演新动作、督促他们跟着歌曲的节奏做动作。到了学前阶段，儿童能学会玩桌面游戏，并在成人的帮助下轮流玩。

体育游戏

体育游戏通常是练习儿童所学动作技能的一种方式，如爬行、翻身、奔跑等。大一点的儿童进行体育游戏时还常常要用到球类、风筝、三轮车、游乐器材等工具。成人通过带儿童体验各种不同的运动，鼓励他们坚持练习，在需要时进行示范或给予协助，来帮助他们克服这些运动器材带来的挑战。

操作性游戏

玩玩具既涉及精细运动也涉及粗大运动。每添加一种新玩具，都要求儿童要么总结以往习得的技能模式,要么学习新的技能序列。成人可以建议各种材料的玩法,提出疑问,或示范方法。

感觉游戏

不同的玩具材料要求不同的操控方法。手指画和胶水,要求手指轻轻碰触;面团和彩泥,则需要较重的压力,而且很多造型都需要整个手部一起运动;当儿童开始发展绘画能力时,更需要讲究精细运动的准确性。家长设定限制和/或示范如何玩不同的材料,并对如何使用画笔、记号笔、铅笔提出建议。

4.3.3 阅读和学习常规

圆圈时间

圆圈时间要求儿童能够坐在椅子上并参与到小组活动中,不论是被点名还是和大家一起,都能按照教师的要求做出动作。通常口头指导就足够让儿童遵照执行了。

一对一阅读

为了让婴儿学会翻页,家长可以把书页翻开一点,让婴儿接着完成整个翻页过程。学步儿则可以在成人的鼓励下自己找书,与成人共读,读完再放回书架上。幼儿在学校通常还要学习手工自制书,教师先示范和口授,再鼓励幼儿绘画和书写。如有需要,成人可在书上添词加句,让书里的故事更加完整流畅。

科学与数学

很多科学与数学活动都要求儿童用特定方式对材料进行区分、比较和归类。教师可用示范、建议、提问、指导、鼓励等方法,让儿童熟练操作各种物品,使他们组织并发展出各种与材料相关的运动模式。

4.4 为改善运动计划与协调能力制订个性化的干预措施

运动计划问题通常出现在有感觉统合问题和其他发展性障碍的儿童身上。在婴儿期,由于大多数活动都有成人协助,运动计划问题可能不太明显。但随着儿童从对周围环境的感觉探索逐渐过渡到试图掌握精细的动作,动作控制变得越来越重要。动作序列变得越来越长、越来越复杂。对物品的功能性使用、对他人的模仿、对游戏的概念化和执行有困难的儿童,可能在学习新技能方面也存在着问题,对于社交也会比较紧张;他们的写作等技能可能也比较薄弱,最终影响学业表现。如果儿童不能发出并组织声音,或不能将声音连成词、词连成句,还会影响他们的人际沟通。此外,想做却做不到的挫败感还会导致儿童缺乏自信。

因此,对于父母和专业人员来说,懂得多种干预策略就格外重要了。这些策略可以提高儿童的运动计划能力,使其在环境中自如运动,知道自己想做什么以及怎样去做。除了上面提及的照料者和教师常用的一般性策略,我们还要根据每个儿童的具体运动计划问题制订个性化的干预计划,可运用以下技术实施干预。

Ⅳ. A. 儿童是否善于使用玩具?

有运动计划问题的儿童不能自动知晓一个新玩具的玩法。问题出在"构思"能力上,这个问题让他们只能将玩具的使用方法局限在以往的熟悉模式上。比如,有自闭症、脆性 X 染色体综合征或认知能力有限的儿童会无数次重复使用同一个动作玩同一个玩具。通常,他们玩玩具只是为了享受这些动作带来的感觉输入,而玩具本身到底有什么功能、可以如何加以利用,他们并不关心。这些儿童"卡"在某个动作模式上,要么是因为他们只知道这么一个动作,要么是因为这个特定的动作模式提供了令他们满意的感觉运动输入(参考 TPBA2 第二章第五节)。另外,他们思考动作序列的能力可能也比较有限(参考 TPBA2 第七章第三节和第五节)。值得注意的是,这些有重复性动作的儿童对肢体协助或指导是抵触的,因此指令性的、控制性的方法要尽量少用。下面推荐的方法有助于儿童构思更多复杂的动作序列。

人际互动策略

1. 建立信任关系。儿童向成人学习的前提,是他们感觉安全、被呵护、有依靠。游戏性互动有助于发展这样的关系。要让儿童主导,即发现儿童的兴趣点并将你的注意投向这些点。儿童感兴趣的任何玩具或物品都可以运用到游戏中。观察儿童自发地拿着玩具做什么,然后模仿他们,或在旁边玩另一个类似的玩具。儿童不应该因为关注成人的日程而感到有压力,相反,要让他们知道,无论他们怎么做都没有关系。一旦建立信任关系,互动游戏就可以开始了。

2. 示范相关动作。以儿童的兴趣和熟悉的动作为基础,使用儿童正在玩的玩具(一个复制的或类似的玩具),示范一个不同的但是有趣的新动作。比如,有些儿童会重复地玩小火车或者只是把它们撞在一起,成人可以在游戏中引入桥梁、隧道或薄纸做的公路,给儿童示范一个有趣的下一步动作,引导儿童改变玩法,适当调整原有动作模式。

3. 示范特别的动作。成人引入一个有趣的动作以吸引儿童的注意,诱导他们尝试新鲜事物。例如,对于只知道将玩具车移来移去的儿童,免下车"自动洗车"游戏应该很有吸引力,尤其是当游戏中使用真的水,会特别有趣。准备一个作为洗车平台的可盛水的烤盘、一条简易隧道、一碗肥皂水、一把长柄洗碗刷和一条毛巾,就可以开始洗车了。当儿童正在玩车时,成人"开"着另一辆小车去"洗车":开进洗车房,洗车,擦干。这是一个多步骤任务,当儿童开始模仿时,步骤间的过渡可能会不太顺畅,需要成人提供言语和肢体提示。利用其他车辆重复洗车游戏(可把手头的小车、卡车全都洗个遍!),有助于儿童脱离成人的协助,独立完成整个动作序列。

4. 制造需要新动作的情境。遇到困难,儿童就需要想办法解决:有时是主动取得成人的协助,有时是表现出某种行为(如尖叫)吸引成人前来帮助。但其实,给儿童一个他们能应付的小挑战,就能促使他们去尝试使用新的动作,独立地解决问题。比如,把他们最喜欢的玩具放到某个地方,让他们必须使用新动作才能拿到,比如爬到架子上把玩具车拿下来,或者把小车开进床底下,儿童必须爬进床底才能拿出来。

5. 提出新创意。一个口头提议就足以促成新的创意。根据正常儿童的听力能力和对他人的注意力,一个口头提议就能提供足够的刺激来让他们调整动作。比如,反复将积木连搭成线的儿童应该会对这样的口头建议作出反应:"这些积木好像火车啊!嘟嘟!火车来了!推一下,开火车喽!"

6. 引导儿童的自主创意。像这样提问题:"我们还能用它来做什么?""我们可以有几种方法?"鼓励儿童从不同角度看待玩具、器材或游戏情境,思考可能的结果,比如,"你觉得这颗纽扣能用来干什么?""如果……的话,会怎样?"鼓励儿童思考问题的多种答案:"这是爬上山顶的一种方法,还有其他办法吗?"

7. 以旧"焕"新,激发兴趣。将儿童的重复性动作变为有趣的新游戏。比如,有些儿童不能功能性地使用各种物品,而只是不停地将物品扔来扔去,成人就可以把"扔东西"变成游戏:教他们投篮,每次投中都大声欢呼。一个简单的感觉活动就这样变成了有目的的游戏活动。儿童未必能接受成人"空降"给他们的新动作,但若是对原有动作稍作调整,就有可能得到他们积极的回应。

8. 按需提供肢体协助。有些儿童的确需要在他人的肢体提示或肢体协助下才能执行新任务。但肢体协助应尽量减少,即控制在儿童实际需要的最低量,这样才能促使他们积极运用自主动作,独立完成任务。

环境调整

除了人际互动策略有助于儿童学习使用玩具,环境调整往往也是有用的。根据TPBA2的评估结果,可考虑以下环境调整策略。

1. 提供关联玩具。周围环境中各种材料的布置要存在潜在的关联。玩具的选择不是随机的,而是要有助于启发儿童的联想。举例来说,不要给儿童一箱子或一架子杂七杂八的玩具(小汽车、洋娃娃、书本等),而要放入有关联的玩具,如洋娃娃、奶瓶、牙刷,这样的搭配可以引发更高水平的功能性游戏。

教师们喜欢把玩具和材料分门别类地整理并存放(如,这边是车,那边是积木)。但对于构思能力有限的儿童,这种做法会让他们的游戏受到限制。成人可以通过对物品的整理和归类让儿童学会分类,但同时还要促进儿童更高层次的构思能力:选出有关联的玩具放到地板或桌面上,让儿童发现其中的关联并把它们融入游戏中。

2. 活用已有知识和经验。提供玩具和材料时,要联系儿童已有的经验。来自实际经验的各种记忆能启发儿童执行相关的动作序列。如果儿童最近去过动物园,那么塑胶动物玩具和食物道具就可以让他想起给动物喂食或建造一个动物园。

3. 调整环境布置。材料和玩具在环境中的位置很重要。如果所有玩具都尽收眼底,反而会让儿童不知所措,退回到熟悉的玩具中去。所以,不妨竖起隔板、关上柜门、用盖子盖住开放的架子,这样可以减少视觉刺激,降低儿童从架子上拿下东西的欲望。

4. 使用图片提示。有些儿童对于成人的口头建议不作反应,却对图片中再现的动作感兴趣。口头建议加动作图片序列的方式,也给了习惯通过视觉学习的儿童一个选项。

5. 剔除让儿童产生持续性动作的玩具。很多儿童会"卡"在他们最喜欢的一个玩具上,不断地重复同一个动作。把这些玩具从游戏项目中剔除,可促使他们尝试新动作。先用他们喜欢的玩具来强化他们去玩其他玩具。

6. 先在熟悉的环境中使用熟悉的材料物品,再加入新动作。渐渐再往熟悉的环境中加入陌生的材料和物品,用新材料促进新动作,然后再在陌生的环境中使用熟悉的动作,最终实现在陌生的环境中使用陌生的动作。

Ⅳ.B. 儿童是否善于发起和终止动作?是否善于组织动作序列?

所有的动作序列都包括这样的过程:发起起步动作,按序列过渡到后面的动作,终止动作以转向其他活动。组织思想和/或动作有困难的儿童,或不能完成自己想做的事情的儿童,可能会在动作序列的某些或所有步骤上遇到问题。假设儿童知道自己想做什么,那么导致动作执行困难的根源可能在于感觉处理(如回避某些类型的感觉输入)、协调双侧肢体或单个肢体的能力,或控制所需动作的速度和准确度的能力。

有动作序列问题的儿童,很难对正在发生的动作作出反应(如球过来时踢出去),也不会对未发生的事提前作出反应(如把杯子放在适当的位置以便成人往里面倒饮料)。以下策略应该有助于儿童学习动作序列的所有步骤。

人际互动策略

1. 以简单的运动序列开始。有些动作(如挥手臂)比较容易做,有些则比较难(如手指运动)。想让儿童发起动作并顺利接连第二个动作,可以从比较容易的动作开始,比如和婴儿玩"躲猫猫",只需两个简单的动作:手拿物件盖住脸部以遮挡视线,然后将物件向下移开;而玩"热豆粥"(Pease Porridge Hot)则较难,需要拍拍膝盖、双手对拍、拍玩伴的手等一整个序列。要逐渐提高儿童动作和游戏的难度。让幼儿决定参与动作的难度,因为大部分儿童会回避高于自己能力水平或让他们有挫败感的活动。要确保所有动作都有趣好玩,让儿童乐于参与。

2. 以全身运动开始。比起要求身体部分动、部分不动的活动,要求全身一起运动的活动相对简单些。比如,让儿童躺在地板上双脚踢球,再双手击球,比起单脚踢球再单手击球,在序列难度上要小很多。

3. 以有自我纠正反馈的活动开始。弄清楚如何排序套娃是困难的,但当一个套娃不适合另一个,或者底部套不上顶部时,儿童会得到即时的反馈。儿童会换另一个尺寸的套娃进行尝试,在不断试错后成功完成任务。有些动作,比如绕着塑料路锥骑三轮车,要求儿童能提前想到将要发生的事并预先作出调整。但儿童对哪些地方需要调整往往是不确定的,这样的要求更难,也更容易打击他们的信心。可以把动作分解成有趣的序列,比如,不要求儿童同时完成上车、踩踏板和控制方向这一整套动作。让学习的每一个步骤都充满动力。例如,如果将踏板向前踩下去,刚好能撞倒地上的障碍物,儿童会很愿意踩下第一脚,再把障碍物挪到另一边,或在稍微往前一点的地方放置第二个障碍物,儿童很快就会踩下第二脚。

4. 对熟悉的序列稍作调整。当儿童反复多次操练某个序列后,该序列中的动作就会成为常规。一旦常规变得熟练了,相关信息就会自动到达大脑并引起身体的自动反应,从而较少依赖意识思考。因此,在已掌握的序列上添加或调整某个动作,会比变换整个活动容易得多。比如,换尿不湿和换内裤的身体起始姿势是不同的,从原来的双腿同时抬起变成两腿先后抬起,还增加了提裤子这一步骤。这对很多儿童来说已经不是常规的调整,而完全是一个新挑战了,所以要减小序列调整的幅度:让儿童躺倒,让他抬起双腿,给他穿上裤子,再把他扶起来,让他提起裤子。这种程度的改变就差不多了。等儿童熟悉这个新序列之后,再加入其他步骤。

5. 为全新的序列提供必要的帮助。成人不可能将儿童遇到的所有活动都进行分步或者调整,此时就需要借助肢体指导和口头指令或口头帮助。比如,保育老师带儿童去操场上玩,一群孩子都在试图爬塑料滑梯上的梯子,但有的儿童不知该怎样抬步并往上攀爬,这时老师就要一边告诉他应该怎么办,一边通过肢体接触,帮他抬起脚步。

6. 给熟悉的序列加入新步骤。当儿童完成了熟悉的常规或游戏序列后,成人可在序列中加入新步骤。比如,当儿童学会洗手的开头的几步时(如爬上脚凳、打开水龙头),成人就可以示范后面的步骤了:双手握住香皂,翻转着擦香皂,将香皂放回皂盒,来回揉搓双手,冲洗。不过,即使是这些步骤也可能需要再分步练习,而且每次只在练习好一步后再开始练习下一步。

7. 利用熟悉的物品演示新序列。如果儿童有个钟爱的洋娃娃,可以利用这个娃娃来教授很多新序列:给娃娃洗头、刷牙、穿衣服,等等。虽然用娃娃练习跟实际情况会有出入,但这样的扮演过程有助于儿童建立起动作序列的心理形象,加深对动作序列的记忆。

8. 让儿童喜欢的人发挥榜样作用。儿童会模仿他们喜欢的人做事。看到同伴做了某个动作,即使难度很大,儿童往往也愿意尝试。而如果换作成人要求他们做的话,他们很可能是抗拒的。所以,要尽可能利用他们喜爱的人,发挥模范带头作用。这也有助于儿童建立动作的心理形象。

9. 告诉儿童活动的最后一个动作是什么。告诉儿童活动的各个步骤,先做什么,再做什么,最后做什么。知道最后做什么,不仅有助于儿童树立目标,也让他们知道什么时候任务算完成了。

10. 设定活动终止信号。有运动计划问题的儿童可能不知道什么时候该停止动作。除了告诉他们最后一个动作是什么,还可以设定终止信号(如出示"完成!"标识),提示儿童该做其他事了。

11. 使用反向链锁法。先教最后一步,再教倒数第二步,以此类推。这让儿童在学习动作序列时更容易成功。这种方法可以用到学习刷牙、穿衣等几乎全部的日常生活与课堂常规中。

环境调整

除了人际互动策略,环境调整也有助于提高儿童发起、组织和停止动作序列的能力。根据 TPBA2 的评估结果,可考虑以下环境调整策略。

1. 用儿童最爱的图书、电影和电视节目作为激励。图书、电影和电视节目里的角色都会执行许多动作序列。成人可以向儿童指出这些角色正在做什么、怎么做的,也可以让儿童说一说他们先做了什么、然后做了什么、最后做了什么。这些视觉和言语输入对于儿童来说是一种心理预演。

2. 用图片提示动作序列。有些儿童可以在动作图片的提示下做出需要的动作。例如,在儿童的外套旁挂一组她穿外套的照片,她在穿衣遇到困难的时候,看看这些照片就知道怎么做了。

3. 按动作顺序排列物品。有些儿童需要用具体的物品来提示他们下一步应该做什么。比如,班级排演万圣节小品时,为了给儿童提示动作,教师在晾衣绳上按顺序悬挂了一串物品:靴子的意思是"跺跺脚",衬衫是"摇摆身体",帽子是"点点头"。实物的视觉提示让儿童想起对应的词语,进而又想起与词语配套的动作。

4. 将习得的动作序列应用到新的情境中。一旦儿童在熟悉的环境中(如在家或学校里)习得了某个动作序列,就可以尝试把这些动作迁移到新的情境中去。比如,如果儿童在自己家后院学会了跟爸爸玩接传球,不妨再去公园里试试,那里有不一样的草地和地形,还有很多新的干扰因素。能在新环境中运用刚刚习得的技能并根据环境需要作出调整是一种很重要的能力。

5. 减少环境中的干扰因素。无论是听、视、触还是其他感觉的干扰，都会妨碍儿童的专注力。

6. 减少电动玩具的数量。儿童需要的是那些没有遥控、需要他们亲自拧发条或推拉才能移动的玩具，而电动玩具只需按动开关，对儿童来说的确简单易玩，但是他们对于儿童执行有序的运动计划的能力毫无帮助。

Ⅳ.C. 儿童的空间和时间能力如何？

有运动计划困难的儿童不太会处理空间和时间问题。比如玩球时，当对方离得较远，他们不知道要加大力度扔远一点；有人踢球过来，他们也不知道根据球的速度调整自己的反应。他们可能无法根据物体在视觉和听觉上的信息来调整自己的动作。儿童要学会处理空间和时间问题，要能在运动时保持稳定，会计划身体各部位的运动路线并控制运动速度，能协调四肢的运动在合适的地方和时间停下来，能在做动作时调节身体不同部位的用力程度，以及无论周围物体是静止或运动，都能顺利地运动身体。这些技能需要自动响应和快速调整以确保准确性。有运动计划问题的儿童比较欠缺这些技能，以致无法在人群中顺利移动身体，不能避开移动的物体，或者在尝试开始或停止动作时容易失去平衡。

人际互动策略

1. 谈论空间与时间问题。帮助儿童理解"近"和"远"、"动"和"静"、"快"和"慢"的概念。在儿童观察别人如何对空间作出反应、如何看准时机发出动作时，成人使用这些概念术语帮助他们评判正在发生的事。例如，在儿童旁观其他儿童打保龄球时，教师可以这样说："看，贾斯廷的手臂一直往后伸，再使劲把球扔出去，就能扔得又快又远。"

2. 尝试快动作和慢动作。成人可以尝试在游戏中用不同的速度做同一个动作。描述动作，然后让儿童说一说做了什么、发生了什么、感觉如何，接着成人模仿儿童的动作，也说出自己的感受。示范快动作和慢动作，讨论这两者的结果。

3. 分别与不同的人一起参与同一个活动。每个人与儿童的互动方式都不相同。同一个活动与不同的人一起做，彼此间的互动自然有变化。儿童需要根据不同人的要求和人际沟通方式作出自我调整。

4. 改变任务的要求。一旦儿童习得某项常规，可以尝试改变该常规的空间或时间要求。比如，如果儿童已经习惯在高脚椅或餐桌上吃饭，不妨安排一次草地野餐，于是儿童的姿势要变，拿取食物的动作要变，为了协调动作还要作出各种调整。

5. 动手指唱童谣。先由成人领头，儿童跟着学习相关序列，然后让儿童领头，成人或其他儿童跟着做。韵律和词语的结合有助于引导动作，几乎所有活动都可以改编成韵律加词语的形式。

6. 提供改变方向的机会。可以玩追逐游戏或其他需要开始和停止的游戏;如果成人有锻炼的习惯,可以让儿童加入。伴着音乐一起做运动(如碰脚趾、拉伸胳膊),有助于加深儿童对动作时间性的理解。还可以通过变化音乐节奏来改变运动的速度。

环境调整

除了人际互动策略,环境调整也有助于儿童学习空间性和时间性技能。根据 TPBA2 的评估结果,可考虑以下环境调整策略。

1. 改变人或物的相对位置。用儿童熟悉的方式放置并使用物品对于儿童学习动作序列相当重要。但实际情境对动作的要求几乎不可能一成不变,所以儿童也要学会调整动作。因此,要刻意地调整物品的位置和任务的要求:把物品从原来的位置移到另一处;同样的动作,尝试从不同距离、往不同方向发出(改变远近、高低、前后、左右),促使儿童对方向和动作稍加调整。为了提高儿童玩游戏的积极性,可以让他们指挥你的动作,如玩"戳泡泡"游戏时可以问:"我应该(把泡泡)吹到离你近一点的地方,还是远一点的地方?"穿衣服时可以问:"你想站起来穿,还是坐下去穿?"

2. 改变预期和结果。一旦儿童习得某项常规,或有了玩玩具的固定套路,就要打破他们固有的心理预期。比如,如果儿童已经学会了搭积木,成人就把积木打翻,让他们不得不顺势转向另一种结果。成人可以"驾驶"小车撞翻积木:"哦,不好了,我的车撞坏了。我们来搭个修理厂吧。"搭建修理厂需要儿童思考不同的空间布局。

3. 在不同情境下重复动作序列。儿童学习空间和时间调整必须有经验作基础。对于儿童来说,拥有尽可能多的对比体验是很重要的,这样他们才可以对各种不同的动作产生的结果进行比较并得出结论。比如,当儿童在公园、小卖部、商场、聚会、节庆活动等各种场合接触不同的人群时,他们就能逐渐学会如何在人群中移动。因为这些经验所要求的技能是一样的,只是有不同的空间和时间要求。在不同的环境中,人们的拥挤程度、运动幅度与速度以及对周围人的期待都有所不同,这就要儿童能根据具体情境的需要调整自己的运动。

4. 用不同的物体做相同的活动。常玩的游戏如果在某方面稍作改变,儿童就要作出相应的时间性调整。比如,如果儿童正在玩垒球,给他换一个大的橡胶球,这样他就需要调整击球的速度和力度。如果再把橡胶球换成气球,又需要新的调整。日常课堂常规中使用的物品也可以这样替换,如用海绵代替洗碗布,用儿童筷子(类似于 V 形夹)代替叉子。这种调整有助于儿童练习新的策略。

5. 制造与动作有关的空间性、时间性问题情境,让儿童思考解决方法。比如,把儿童想要的东西放在他们够不到的地方,让他们想办法拿到。

6. 给动作匹配音乐和节奏。伴着节奏韵律,玩拍手、弹跳、跺脚、行进等游戏。声音节奏有助于儿童发展运动的节奏模式,使运动更加顺畅、更少依赖于视觉提示(如看着肢体运动)。

7. 提供舒适的小空间。有运动计划困难的儿童在大空间里容易不知所措、陷入混乱，他们喜欢紧凑的小空间，蜷缩在里面让他们感觉很踏实。有些儿童会自己去找这样的地方，但成人也可以及时发现这种需要并为他们安排这样的专属空间。可以在安静的角落放一张懒人沙发，也可以在沙发或椅子背后留出小块空间，放一个大枕头，或者在大纸箱里塞进柔软的枕头或毛毯。儿童在需要时可以随时躲进这些空间，等待"满血复活"，当儿童因为游戏过多而感到不知所措或者沮丧时，成人也可以建议他们去这些角落放松身心。

8. 建立日程表。有组织问题的儿童在行程表的安排下会表现得更好。为每日的行程安排做一张图表。如果某一天的行程比较特殊，可以作相应的调整。制作图表时可采用魔术贴，方便每日按需更换图片。跟儿童谈论这张图表，用这个图表帮助儿童理解他每天要做的事（如可以让儿童说一说当天要做哪些事，下一个活动是什么，在喜欢的活动前还有哪些活动，等等）。

9. 需要在转换任务时提供听觉、视觉提示。在活动开始或结束时，给儿童一个声音或信号，提示他们要进行下一个活动了。这样儿童有时间调整身心作出应对。

Ⅳ. D. 儿童是否有良好的身体感觉？能不能把外物当成身体的延伸？

有运动计划问题的儿童往往不能感知到肢体间的、肢体与周围物体间的以及肢体与整个环境间的相对位置。身体意识来源于大脑对触觉信息（身体触摸到的）和本体感觉信息（肌肉、关节、肌腱与结缔组织接收到的不同种类和数量的信息输入）的解读。身体意识差的儿童明明坐在椅子边上，却会以为坐在正中间；会经常打破东西、撞上家具、绊倒或撞到别人；要看着自己的手脚才能完成动作；会为了寻求更多感觉输入而咬嚼衣物，或为了获取更多来自身体部位的反馈信息而做很多活动。

良好的身体意识有助于儿童在空间里有效地运动，也让他们知道身体与支撑物（如桌椅、秋千、马桶等）的相对位置，而使用工具也需要儿童知道如何将外物当作身体的延伸部分。身体意识差会导致社交冲突、学习新任务困难、学习动机弱以及自信缺失。

人际互动策略

1. 提供"恰好"的帮助。当儿童感觉安全的时候，会更愿意尝试各种运动。提供帮助时，先只伸出一根手指或一只手，视需要再增加。这样有助于儿童建立自信。

2. 示范不同动作。在儿童学会一个新动作或新技能之后，成人可以再给他们示范有关物品的一个新动作。比如，当儿童学会踢球时，成人可以示范用棍击球，或者来一场手放在膝盖上、以头踢球的比赛。简单的日常生活也可以做调整：如果儿童常用浴巾洗澡，可尝试换成长柄浴刷。这些调整可以让儿童重新定位身体的各个部位，用不同的方法使用它们。

3. 帮助儿童学习与动作相关的词汇。儿童能听从动作指令的前提是知道身体各部位的名称、动词和介词,同时也需要他们读懂各种手势。比如学习穿鞋时,成人说:"把脚放进鞋子里,再往前伸。"儿童要明白这句话中所有词语的意思。手势可以提示语义,但儿童仍有必要学习脱离手势独立地理解语义,这样他们才能在以后的小组活动中听从教师的指令。动作相关的词汇可以这样教:(1)一边给儿童看需要用到的身体部位,一边说出该部位的名称;(2)一边说出介词,一边用手势补充说明;(3)一边说出表示动作的词,一边演示该动作。

4. 练习各种身体动作。玩像"西蒙说"、"变戏法"(Hokey-Pokey)这样的游戏,或其他一些需要观察和模仿动作的韵律歌曲或者手指游戏。让儿童根据歌曲的节奏和内容新编动作。尝试各种有趣的玩法,如用脚趾拿笔作画,或用胳膊肘画画。这些"无厘头"的动作特别能调动儿童的积极性,让他们去尝试新的动作模式。

5. 以简单的单步动作开始。成人要清楚儿童能做哪些简单的动作,然后在此基础上加入稍复杂的动作。比如,如果儿童能跨过戏水池边沿,成人可建议他们采用其他方法进入水池:向前爬进去(手臂先进,腿后进),也可以侧身或后退着爬进去;或者,先坐下,把双脚伸进水池,双臂撑地面将身体前后摆动,抬起臀部越过水池边沿。这些变化都需要儿童改变既有的运动模式。

6. 制造问题情境。儿童在需要解决问题时,会学着尝试新办法。比如挤不出胶水时,他们会晃动瓶身、更用力地挤压或找工具把胶水瓶的孔开得更大。比如拿不出彩泥时,他们会用手指抠、倾倒容器并叩击底部,或直接找工具取出。成人不仅可以制造问题情境,还可以直接提出一些新方法让他们尝试。

7. 调动儿童的积极性,鼓励反复练习动作序列。重复很重要,因为动作序列每进行一次,相应的神经通路就得到一次强化。儿童之所以能不厌其烦地重复练习某些动作,是因为喜欢其中的成就感和掌控感。但对于有运动计划问题的儿童,单纯的重复性练习无法唤起他们的积极性,他们还需要成人的鼓励和拥抱,或一个有强化作用的结果(如在枕头上跳跃时,枕头下的玩具发出吱吱声)。

环境调整

除了人际互动策略,环境调整也有助于发展儿童的身体感觉以及把外物当成身体延伸部分的能力。根据 TPBA2 的评估结果,可以考虑以下环境调整策略。

1. 确保环境安全且富于吸引力。有运动计划问题的儿童可能分不清身体和环境的相对位置,常磕磕绊绊。要确保包住所有的尖锐边角,固定或清除所有松散物品(地毯、散乱的玩具);要减少多余物品(如散落地上的玩具)的数量,减少障碍;要提供有趣的物品和情境,激发儿童的探索欲望,尝试不同的运动模式,比如,比起正常踢球,将枕头踢到床上更容易吸引儿童。

2. 提供强烈、刺激的感觉输入。在床、蹦床、沙发垫或地板上跳跃时,自双脚上至双腿再到脊椎,身体的很多部位会同时向大脑发送信息。这些信息有助于儿童更好地理解身体各部位的情况。

3. 练习与环境有关的不熟悉的运动。经过练习,有运动计划问题的儿童可以驾驭日常熟悉的情境,上楼梯、爬沙发都没问题,但如果情境稍特别一点,问题就又来了。可以设计特别的小游戏,让儿童采用新方法来进行四肢的运动。比如,把餐桌当隧道,椅子当山洞,让儿童假扮小熊或其他动物;把纸箱当太空船,当木偶剧的舞台,或捉迷藏时的藏身处。

4. 提供推和拉的练习环境。儿童喜欢推拉重物。这种活动对于有运动计划问题的儿童来说尤其有用,因为推拉重物给了肌肉和关节更多的感觉输入。可以先让儿童乘坐小推车玩一圈,再换乘其他人或改放物品,让他们来推;也可以利用真实的食品罐头或其他比较重的家用物品进行戏剧性表演;洗衣篮或纸板箱可以当作购物车推来推去;还可以让儿童做些有推拉动作的家务或教室杂务(使用吸尘器、搬课桌椅、把新收的快递推到某个地方等)。

5. 制造使用工具的机会。工具是身体的延伸,帮助使用者完成身体无法独立完成的任务。有运动计划困难的儿童往往很难弄清楚如何协调身体各部位的动作与工具的动作。安排能调动儿童积极性的有趣活动,制造大量使用工具的机会。例如,用隔热垫端发烫的物品,用冰夹夹冰块,用曲奇切模做饼干,用铲刀将烤好的饼干从烤盘上移走,用叉子从泡菜坛里取泡菜,用牙签戳棉花糖吃,等等。

6. 活用可以当工具的物品。为了让儿童练习使用工具,即使原本不需要工具的活动也可以引入工具。比如手指画,可以用冰棍的木棒或塑料叉子代替手指;还可以用镊子、夹子、筷子夹豆子或其他小物品。

7. 让儿童背上装有重物的背包或背心。这些重量有助于儿童获得更多有关身体位置的感觉信息。

Ⅳ. E. 儿童是否能整理好衣物和个人空间?

如果没有成人的帮助,儿童基本不会去学习整理周围环境中自己的物品。有些儿童对物品与环境的关系会特别迷糊,需要的物品不知道去哪里找,用过的物品不知道放回哪里去。不论找出还是放回,都需要在脑海中对物品的位置有一个印象,并对如何移动物品到需要它的或原来的地方有一个计划。这对于有运动计划问题的儿童来说是比较困难的。组织思想和行动对他们来说是个挑战,尤其是当那件事还没成为常规的时候。因此,成人要重视确立常规和提示物,便于儿童记忆或学习新的常规。除了确立常规,合理的环境调整也很有帮助。

人际互动策略

1. 做出正面评价。即使儿童的动作不十分准确,也没有完全达到目标,但只要他们动手帮忙,就要肯定他们的努力。多关注他做到的方面,如"你把车子都放进箱子里了,真棒!"或"你这样帮忙,妈妈给你穿衣服就省事多啦!"这样的评论能鼓励儿童继续努力。

2. 及时肯定努力。不要等到儿童完成任务之后才给予肯定,要及时发现他们的努力并给予肯定(如"你做得这么认真呀!"或"马上就完成了,加油!")。

3. 通过疑问和提示来启发思考。"我们把这个放哪儿呢?""我们需要找个书架把书放起来。""我看到娃娃的小床在门那边。"

4. 分解任务。没有人喜欢混乱。将任务分解成小步骤来帮助儿童学习组织环境和任务。"你打算先拿起碗筷,还是娃娃的衣服?"

5. 示范并轮流。成人先示范,让儿童轮着做。不要包办代替。可以采用游戏的方式(如可以说:"我要把球收好。来,为我击个掌!你要收哪个?好棒!来,为你击个掌!")。

环境调整

除了人际互动策略,环境调整也有助于儿童学习整理衣物和个人空间。根据 TPBA2 的评估结果,可考虑以下环境调整策略。

1. 提供视觉、触觉、听觉提示。图片或物品可以给儿童提示物品的收纳地点。成人知道书应该放到书架上,也知道通过书架上已有书的位置分类该把这本书放在哪个架子上。但有运动计划问题的儿童可能不理解物体的归属。分类收纳是很重要的。手势、口头建议和图片或实物能提供帮助。在装玩具车的塑料箱上贴上车的图片,能起到引导作用。对于低功能儿童或有视觉障碍的儿童,在收纳容器或收纳架的特定区域粘上实物会很有帮助。衣服的分类收纳也能帮助儿童独立穿衣:在放衬衫的抽屉上贴上衬衫的图片,在放裤子的抽屉上贴上裤子的图片,诸如此类;使用纸板或木板隔出不同空间,让儿童分清不同衣物的位置(袜子在这边,内衣在那边)。这种整理对所有儿童(就这点而言,甚至对成人)都是有益的。

2. 制订穿衣常规。穿衣常规有助于儿童组织一系列的动作。例如,规定一套穿衣序列并坚持每日重复使用。一个穿衣步骤完成之后,让儿童自己做下一步。很快,他们就可以自己完成整个穿衣过程。

3. 使用镜子检查外表。在儿童照镜子时,制订一个可视化的检查清单:衬衫平整了?拉链拉上了?扣子扣上了?鞋带系了?头发梳了?等等。待日后儿童逐渐长大,身边不再有人"盯"着时,这样的"核查清单"仍会继续指导他的行为。

4. 制订收拾东西的计划。有运动计划问题的儿童更容易被绊倒或打破东西,所以要确立一套与各项日常活动有关的物品整理方法。即使收拾过的东西在一天中会冒出来很多次,还是要坚持每天多次教儿童整理和收拾,因为这样有助于儿童学习整理物品,整理时还能学到很多动作序列,而环境也会变得更加安全。制作一个动作图表可能会有帮助(如先收好书,然后收玩具车,最后收娃娃)。

5. 简化任务。收拾玩具时，不要抓一个跑一趟，先用一个篮子或者大容器把它们收集到一起，然后再在每一站给它们分类（毛绒玩具都放进吊网里、各种球全都放进球桶里等）。这种方法也有助于儿童学习分类和组织他们的想法。此外，减少儿童需要做的动作步骤也是很重要的。

Ⅳ. F. 儿童是否能适宜地用力？

想用适宜的力度完成某个任务，需要能够解释与压力有关的触觉信息和与环境变化有关的视觉信息。例如，如果你在上下楼梯时误判了楼梯的级数，你认为还有一个台阶但其实并没有的时候，你肯定会吓一大跳。你计划的动作跟实际环境的要求产生了偏差。触觉与视觉一起指导和调整我们的动作。有运动计划问题的儿童通常不知道用多大幅度、多大力度才能顺利完成某项活动。他们一开始就用力过猛或过轻，后面又不会作出调整以纠正动作偏差。凡是能协调触觉和视觉的活动都有助于儿童正确使用力气。

人际互动策略

1. 声情并茂地提示儿童。高亢的音调和快速的动作容易激发更多活动，也往往导致施力更多。柔声细语和缓慢动作则带来相反的效果。比如，成人想让儿童蹑手蹑脚走路时，常常轻声耳语。凡是需要力度变化的活动，都可以采用这一策略。比如用彩泥制作"松饼"时，成人可以粗声咕哝，伴以强烈的面部表情，表示需要用力。

2. 通过示范不同的力量来教词汇。一边教儿童各种表示不同力度的词汇，一边演示这些词汇的意义。比如，成人可以一边柔缓地爱抚小猫，一边说"轻轻地""温柔地"或"慢慢地"。

3. 尝试不同力度，体验不同结果。在游戏中告诉对方是"轻"还是"重"。比如，玩接球游戏时，先尝试轻轻拍球和用力拍球，然后要求对方轻轻发球或用力发球。这样儿童就可以同时体验到发重球和调整姿势接重球的感觉。这种方法也可以运用到其他活动中，比如打开水龙头、玩桌游时旋转指针或洗车等。

4. 解释用力过度的后果。有运动计划问题的儿童往往意识不到自己在做击打、跳跃等动作时有多用力，所以他们可能不小心伤害其他儿童、损坏玩具或破坏周围的东西。当儿童打人、伤人时，通过解释和让另一个孩子表达感受来帮助儿童理解打人的后果；当玩具损坏时，让儿童一起修理。这些都有助于儿童理解用力过度的后果。

5. 让同伴参与帮助儿童改善动作。让同伴理解这些儿童并非故意伤人；教同伴学会使用"轻轻""小心""慢慢"等词语，来帮他们的朋友调整动作；同伴也可以成为这些儿童的榜样，教导他们正确用力。

环境调整

除了人际互动策略，环境调整也有助于儿童学习如何在各种活动中适当用力。根据

TPBA2 的评估结果，可以考虑以下环境调整策略。

1. 玩投掷游戏。投掷游戏有助于儿童调整动作和力度。无论是将沙包丢进靶板中心的洞中，还是把纸巾扔进垃圾桶，把脏衣服扔进洗衣篮，或把球投进篮筐，这些投掷游戏都能促使儿童思考。不同的投掷距离需要不同的投掷力度。

2. 进行能自我校正的活动。有些活动能够立即反馈是否施加了适当的力量。例如装订或打孔，只有足够用力才能成功，而使用卷筒厕纸，却需轻轻拉扯，否则整卷都会散开。这种即时反馈会告诉儿童应该怎样做。不过，成人也需要辅以口头解释或示范，帮助儿童理解正确的做法。

3. 使用不同重量的玩具和材料。儿童玩具大多很轻，便于操控。但儿童要接触各种不同轻重的材料，才能学会判断合适的用力，这一点很重要。成人可以要求儿童帮忙拿电话黄页本、提购物袋或取各种工具，也可以让他们在花园里铲土或在沙箱里挖沙。挖水、沙、土、缓冲泡沫等不同重量的材料，儿童通过感受不同重量的材料来学习动作控制。

4. 使用结实耐用的玩具和材料。容易用力过度的儿童也容易破坏玩具，所以要确保儿童使用的是结实耐用的物品（木制玩具好于轻薄的塑料玩具，卡纸或重磅纸好于普通书写纸，水彩笔好于易折的蜡笔）。

5. 活动和常规要多样化，包含不同类别的感觉输入。提供需要轻重交替的活动。比如在课上可以进行这样的美术活动：仔细地将各种细小零碎的纸片用胶水粘到纸上，再用订书机将这张纸和另一张纸订到一起，或者用打孔器在这张纸的边缘打孔装饰。粘胶水要求准确、细致，而装订和打孔则要求加大压力。

IV. G. 儿童能否按照口头要求或示范做出动作？

有些儿童难以按照他人的要求做出动作，或难以模仿他人的动作。因为他们的运动计划能力无法让他们理解指令并将指令转化为动作序列，或者在看一个动作时，弄不清楚如何才能使他们的身体做出一样的动作。他们需要感受具体的动作。对他们而言，要建立与该运动动作相关的神经通路，必须借助一定的动作结构和成人的肢体协助。

人际互动策略

1. 提供肢体协助。在儿童刚开始一项新的动作任务时，成人需要手把手地带动他们做。例如，儿童学习开瓶盖时，可能需要成人一手稳住瓶身，一手放到儿童手上，协助儿童对盖子施以压力，再慢慢打开。根据儿童处理听觉信息的能力，还可以提供一些言语提示。多次重复以后，儿童就可以根据言语提示或示范动作来完成动作。

2. 有些活动需要逐步练习。很多儿童可以把一套多步骤序列当成整体来练习并掌握，但有些儿童一次只能学一个动作。对于这样的儿童，不要急于串联前后动作，要先按照序列中的顺序，反复练习每一个动作。比如，在练习跨进或跨过某物的动作（如进入戏水池、越过某个物体）时，儿童需要先反复练习第一步，即单脚抬起跨过某物，成人提供肢体协助，直到儿童能准确做出这个动作。第二步，将重心移到跨出的脚上并抬起另一只脚跨过去，这是一整套完全不同的动作，儿童只有在理解并内化了第一步的动作之后，才能接着练习。

3. 提供尽可能少的帮助。这一点很重要，前面也强调过，成人提供帮助的标准是"尽可能少"，只要能保证儿童顺利做出动作就好。儿童需要达到的目标是不需要成人的肢体帮助也能完成动作，成人应该逐渐减少肢体性提示，先从肢体操纵转为肢体指导，再到触摸提示，再变为手势或手势配合口头提示，最后只用口头提示就可以。

4. 动作练习要调动儿童的积极性。不要为了学习而学习，要把正在学的动作和儿童感兴趣的活动结合在一起。比如，如果儿童讨厌水，就不要练习跨越戏水池边沿了，可以让他跨过某个玩具去架子上取他想要的另一个玩具。

5. 表现出热情。兴奋的情感状态会使儿童更愿意去尝试成人要求的动作；儿童会觉得这么做是有意义的。如果成人把活动变成干巴巴的"任务""练习"或"治疗"，儿童是不会有动力参与的。

6. 时刻记得儿童的视角。有运动计划问题的儿童不能把眼前的景象转换成自己的视角。当成人与儿童面对面时，成人运动右手右脚，儿童会运动左手左脚，因为儿童看到成人这样做（就像在镜子里看到的那样）。治疗师可以站在儿童的前面，背对着儿童做示范；也可以站在儿童身后，督促儿童的肢体运动；还可以站在儿童旁边示范，这些方式都能使儿童模仿起来更加容易。

环境调整

除了人际互动策略，环境调整也有助于儿童按照示范或要求做出动作。根据 TPBA2 的评估结果，可以考虑以下环境调整策略。

1. 降低任务难度。如果任务太难，谁都会比较容易放弃，或选择去做简单好做的事。与其用一项注定让儿童气馁的活动折磨他们，不如调整任务的难度。比如，对于正在学习走楼梯的儿童，楼梯不要又高又陡，否则他要么拒绝尝试，要么直接趴下爬行。找一个台阶低缓、级数少、容易攀登的楼梯，等儿童在这样简单的楼梯上建立自信以后，再逐渐提高难度水平。

2. 使用图片提示。对于那些难以理解口头要求的儿童，可以使用动作示范和图片相结合的方式来帮助他们。

3. 给予肢体支持。有些任务之所以让儿童感到困难，是因为儿童缺少独立完成这些任务的基本条件。例如，如果儿童的肌张力太高或太低，他们就很难按照任务要求完成动作。这时，给他们搭把手，给一点支撑，帮他们纠正下姿势，或做些其他方面的调整，都会有所帮助。

4. 使用镜子,让儿童能看到动作。成人站在儿童身后,这样儿童就可以同时看到他自己和身后的成人,然后,成人开始做有趣的动作,儿童边看边进行模仿。

4.5 为需要支持以增强运动计划和协调能力的儿童提供的常规活动

4.5.1 日常常规(家庭和教室)

喂食/进食

进餐过程包括想吃食物、获取食物、把食物放进嘴里、咀嚼和吞咽。每一步儿童都有可能遇到问题。成人可以观察儿童的进餐过程,查明是哪一步出了问题。如果是运动计划(如把食物放进嘴里、控制嘴里的食物等)的问题,就要提高手、上臂以及口腔运动的能力(参见TPBI2第三章第六节)。调整工具也有助于简化运动计划(如,使餐具呈一定角度,方便食物入口)。成人还可以使用口头指令或亲自示范动作让儿童模仿。反复提供肢体协助,也有助于儿童计划进餐的动作序列。

换尿不湿/如厕

换尿不湿通常都由成人来完成,所以不需要运动计划。但到了如厕阶段,则需要儿童独立完成整个动作序列。无论是爬上马桶,还是摆正身体位置顺利大小便,都需要一定的平衡、协调以及控制能力。让儿童感觉安全是第一步。先判断儿童"摆正位置"需要多大程度的帮助。然后提供一定程度的帮助,当儿童保持身体稳定时,他就会感到足够安全,从而放松括约肌。成人还可以按需提供梯凳、扶手等支撑物。

穿衣

穿衣是一个复杂过程,需要儿童在保持身体平衡、稳定的基础上,执行一连串动作。儿童需要抬起胳膊和腿,对准某个方向,在一定的控制下准确地将胳膊和腿伸进衣服。刚开始需要成人手把手地帮助,逐渐地要让儿童主导和控制穿衣过程。肢体指导让儿童练习必要的运动模式,而减少控制则让他们锻炼出独立运用这些模式的能力。此外,图片提示也能起到帮助作用。

穿衣活动还要求儿童能调整衣物的方向,让四肢伸入正确的地方。建议在穿衣前把衣物放置成最方便儿童穿戴的样子,让他们不必费力思考如何调整。袖口裤脚要宽大,门襟可适当调整以便穿脱,裤腰要采用松紧带,以便儿童独立穿衣。

外出

新的环境给运动带来新的挑战。儿童会由于畏难而抗拒新环境。成人可以让这些有特殊需求的儿童预先学习、熟悉各项"外出"常规,比如进出婴儿车或安全座椅、坐进购物车、步行穿过到处是车的停车场,等等。将这些常规作为一种游戏来练习,让儿童觉得这些动作很有趣,从而把困难抛诸脑后。外出时,提前告知儿童下一步将发生什么、需要他们做什么(如进入餐馆的包厢、看菜单上的图片等)。在需要时提供必要的肢体协助,同时鼓励他们独立自主。

4.5.2 游戏常规(家庭和教室)

面对面游戏

面对面游戏通常涉及手部、手指和身体其他部位的运动。比如,对于有运动计划问题的儿童来说非常困难的手指游戏。他们需要照着成人的样子,将听到的动作词语与自己的动作协调起来。成人可以把儿童抱在膝盖上练习,这样儿童就能在一个方向上看到成人的手和他自己的手;成人的示范动作要慢,便于儿童模仿,需要时还可提供必要的帮助;反复练习可以促进动作序列的学习,为了让儿童愿意反复参与游戏,要让游戏充满活力和趣味。

体育游戏

相比面对面游戏,体育游戏中会有更多的动作序列涉及镜像问题,要求儿童在看到别人的动作后,在脑中进行"反转",再使用同向肢体做出动作。如果成人站在儿童前面示范时,儿童不能顺利模仿,则可以改由另一个人(同伴、兄弟姐妹或另一个成人)来示范,原先做示范的成人可以转到儿童身后,提供语言或肢体提示。在小组游戏中,也可以采用这个方法教儿童掌握动作序列和工具(如球和球拍)。可以玩一些需要特殊动作的体育游戏,如在接力赛中用不同方式传送物体,在秋千赛中用脚踢到某个目标,还有各种障碍赛,等等。这些都是很有趣的活动,如果能和朋友(兼做榜样和助手)一起玩的话会更加有趣。

操作性游戏

如果儿童在手和手指操控运动方面的计划能力比较弱,就很难玩序列复杂的游戏。即使是像粘胶水这样的动作过程(拿起胶水瓶、打开盖子、倒转瓶身、轻轻挤压、轻微出水后停止、回转瓶身、盖上盖子)都会是个巨大的挑战。除了使用示范法,反向链锁法不失为一种更加奏效的方法:成人或另一名儿童先完成序列中的所有步骤,只留最后一步,即盖上盖子,让儿童来完成。当他能很好地完成最后一步时,再给他加入倒数第二步,以此类推。这个方法也可以运用到拼插、积木、拼图等其他精细运动中。

感觉游戏

有运动计划问题的儿童会追求本体感觉输入,也就是说,他们喜欢有推、拉、跳等动作的游戏。这些运动可以给肌肉、关节提供更多感觉输入,从而使他们清楚身体在空间中的位置。成人可以将本体感觉输入融进游戏活动中,既可以当作游戏的准备环节,让儿童感觉自己身体的各个部位,也可以当作整个活动的一部分。比如,在绘画或者美术活动之前,可以让儿童先用橡皮泥制作一个东西。在进行需要更精准控制的活动之前,这样做可以增加对肌肉和关节的本体感觉。或者，也可以先让儿童用不同的印章制作艺术品，这个活动要求儿童用力。他们必须要用力向下压印泥，然后用力向下压在纸上。

假扮游戏

有运动计划问题的儿童会反复选择同一个表演项目（通常是一个他们熟悉的日常常规），而不愿努力发展新的动作序列。但演出服和道具的变换需要儿童对动作进行调整。可用言语督促或用肢体协助他们开始学习新的序列；让其他儿童参与进来，发挥激励和榜样作用；对演出服进行适当调整，便于他们穿上；将儿童熟悉的道具和动作融进游戏中，鼓励他们积极参与；注意循序渐进，在学会一套新动作后，再加入另一套新动作。

4.5.3 阅读和学习常规

圆圈时间

圆圈时间离不开运动，尤其是在唱歌、跳舞以及小组游戏的时候。有运动计划问题的儿童往往喜欢坚持某个熟悉的课堂常规，所以开展新活动时应该将这些熟悉的活动包括进去。让儿童有机会选择自己喜欢的歌曲或游戏，并给他机会领导整个小组。当逐渐建立了自信，他们就会愿意尝试新的体育游戏。新动作要慢慢教，确保在儿童学会（至少差不多学会）一个动作序列后，再加入新的序列。

一对一阅读

阅读涉及运动计划，它要求双眼视线在页面上移动，从一行的起始到结束，再移至第二行的开始，横向移动视线至结束；阅读还要求一次只翻一页，要求能通过浏览图片获取重要信息。成人可以这样训练儿童：在讲述图片的同时用手指着相应的图片，引导孩子浏览图片；第二次可以换儿童来讲述图片中的内容。当儿童开始明白纸上的内容与说出的话语是有联系的，就可以开始练习指读了。这鼓励儿童进行眼部运动序列的练习。但也别只关注书上的字，书中的图片以及成人的讲述也会影响儿童对书中内容的理解。

科学与数学

幼儿通过实践与发现、比较与鉴别来学习科学与数学。学习活动通常应包括比较特别的动作（例如，爬进灌木丛底捉小虫，带着网兜追扑蝴蝶，挪开大石块查看底下究竟有什么）。这些活动可以大大激发儿童的兴趣，使之积极运动，并努力解决问题。成人可以提出解决方法或者改造一些工具来帮助儿童。比如，扑蝴蝶时，给有运动计划问题的儿童一个加大、加重的网兜，网兜越大，对动作的精确度要求越小，而增加的重量还可提供更多的感觉输入。

案例：曼努艾拉

曼努艾拉，3岁，葡萄牙女孩，在波尔图的一所大学接受了 TPBA 测评。在此之前,除了在学校参加特殊教育课程,她还在私人机构接受作业治疗以及言语治疗。父母带她来参加评估主要是想看看她是否还需要接受其他课程,以及如何在家配合训练。

曼努艾拉是个活泼开朗的小姑娘,拉着妈妈跑来跑去玩各种玩具。在整个评估过程中,她可以做简单、熟悉的动作,但几乎不说话。除了认知及语言发展迟缓,曼努艾拉的运动计划能力也显露出不足。在游戏中,她表现得很活跃,但注意力维持的时间很短。她被地上的玩具绊倒,被坐在地上的妈妈绊倒,在小桌边坐着会从椅子上摔下去。她玩玩具时非常用力,会把奶瓶粗暴地塞进洋娃娃嘴里,用玩具梳子粗鲁地给成人梳头发,还把玩具乐器敲得砰砰响。她还经常冲动行事,受到挫折不知所措时会扔东西或砸东西。

据父母透露,曼努艾拉的行为还导致她在学校出现了社交问题。由于总在无意间伤害别人,其他孩子都不愿意跟她玩。评估结束后,评估小组认为是语言发育迟缓加重了她的学习和互动障碍。此外,运动计划问题也影响了她的认知能力和社交互动能力。评估小组和家长最终制订出一个干预计划,其中针对如何解决运动计划问题的建议主要包括以下几点。

人际互动策略

1. 让曼努艾拉帮助你穿衣并做其他家务。这有助于她练习将衣物与身体各部分相匹配,学会在穿衣前先把衣服摆到正确的方向。你可以轻轻地引导她。

2. 让她帮忙做一些动作轻柔的任务,如给你们或给自己梳头、擦干塑料碗碟、收纳衣物等。用"轻轻地""柔柔地""小心地"这样的词引导她的动作。评论她的动作行为,让她学会将动作和词语联系起来,比如轻声告诉她:"你刚才的动作真轻呀!"

3. 玩"停——开始"的游戏。为了让她学会开始和终止,可以用游戏来训练她,可在游戏中提示她。比如,搅拌饼干面团时,可以说:"停!往反方向搅!开始!……停!现在搅快点!开始!……停!现在搅慢点,开始。"(动作要变慢时,提示语也相应变慢)。这种方法也有助于她学习改变动作的方向和速度。

4. 在她做动作时,只提供需要的帮助。一开始只用口头建议,视需要再加入示范或动作提示,还不够的话,可以适当予以协助。要让她为自己能独立完成任务感到自豪。给她大量的言语鼓励。

环境调整

1. 整理环境,确保安全。房间里的障碍物,能清除的尽量清除,给尖锐的边角加上护套。因为她不太会绕开障碍物行走,会直接踩上去或被绊倒。要让她的环境尽量简单。

2. 穿衣对她是件难事,将所有穿衣活动分解成小步。告诉她身体各部位、衣物以及她正在做的动作的名称。把衣物摊开,让她看清哪个部分先穿。慢慢来,不急于指导她,要让她先尽自己的能力思考如何去做,这样她才会产生成就感,愿意自己去尝试。

3. 让她一整天始终有机会进行推拉、跑跳、嬉笑打闹之类的活动。给她很多重量输入,比如在洗澡后用力地用浴巾擦她身体,在她的背包里装上较重的玩具,请她帮忙搅拌面团等。买玩具的时候,要选择结实有重量的,因为轻质塑料玩具比较不容易被她留意到,也更容易被损坏。

4. 重量输入的活动与改变速度和力量的活动交替进行。例如,在激烈运动后,让她蹑手蹑脚去房间里吓妈妈一跳。

不同发展年龄的干预要点

因为运动计划很多是质化过程,与年龄无关。所以本节不涉及与各发展年龄相关的干预策略。

第五节　改善感觉调节能力及其与情绪、活动水平和注意的关系的策略

安妮塔·邦迪

目标达成量表

1	2	3	4	5	6	7	8	9
尽管进行了改善,但是感觉输入的反应过度或反应不足依然对与环境中的物体、人或事件的互动有着明显的消极影响。		需要对环境或人际互动进行重大或频繁的改善,才能表现出对感觉输入的恰当反应。		对环境或人际互动进行中等程度的改善可以表现出对感觉输入的恰当反应。		对环境或人际互动进行较少的改善就可以表现出对感觉输入的恰当反应。		不需要对环境进行改善,几乎总是能够表现出对感觉输入的恰当反应。

儿童通过视、听、触、味、嗅、运动以及肌肉和关节的压力等多种方式来获得感觉。感觉

调节是指儿童在环境中以适宜的方式对这些感觉进行过滤、加工和反应的能力。加工感觉信息涉及检测、接收、调节、整合和组织感觉信息的神经过程,从而使行为结果符合环境的要求和期望。儿童加工感觉的方式会影响情绪、唤醒和活动水平。能够调节感觉输入的儿童同样能够轻松而准确地解释输入的感觉,并调整或调节他们的唤醒水平,做出适宜的反应。他们对活动和事件做出预期的反应,包括典型的情绪反应、活动水平和集中注意力。因此,感觉调节对儿童与他人和物体的适应性互动至关重要,从而对儿童在游戏和日常活动中达到最佳参与发挥着至关重要的作用。

5.1 适宜的感觉调节能力及其与情绪、活动水平和注意的关系

具有适宜的感觉调节能力的儿童会对日常生活中的物体、人、活动和事件表现出适度的注意以及可接受的情绪和身体反应,此类儿童也喜欢各种类型的活动和感觉输入。他们对各种类型的刺激都有偏好,如偏好食物、气味、材料和动作,但他们并没有将自己的体验局限于特定类型的感觉输入或活动。他们可以适当地尝试各种体验,以达到想要的目标。具有适宜的感觉调节能力的儿童会对他们喜欢和不喜欢的事物表现出一系列的情绪反应,但是他们不会对日常的功能活动反应过度或反应不足。

5.1.1 实践中适宜的感觉调节能力及其与情绪、活动水平和注意的关系

V. A. 对感觉体验反应的调节和感觉体验对儿童情绪的影响
日常常规(家庭和教室)
- 婴儿/学步儿:婴儿刚开始被放进温水浴盆里时非常紧张,但是当爸爸在他的肚子上滴水时,他平静下来并开始微笑了。学步儿的饮食应该口味多样化,如清淡的鸡肉、咸的薯片和甜的水果,这让食物吃起来更加津津有味。
- 幼儿:幼儿在院子里的泥坑里玩耍。他在用手泼泥水的时候高兴得叫起来。

游戏常规(家庭和教室)
- 婴儿/学步儿:婴儿在他爸爸的膝盖上弹跳。每隔几次,爸爸会把他弹得更高,婴儿高兴得叫起来。学步儿躲在椅子后面,妈妈斜靠在椅子上并发出"乒!"的声音,学步儿吃惊地叫了出来。
- 幼儿:幼儿骑着自行车,由于拐弯太猛摔倒了,她的膝盖擦伤了,她哭了起来。

课堂常规
幼儿生气了,因为一个小女孩拿着他的帽子跑了。女孩把帽子还给了他,抱了他一下,

并说:"对不起。"他也抱了她一下,并说:"没关系。"

V.B. 感觉体验对儿童活动水平的影响
日常常规(家庭和教室)
- 婴儿/学步儿:当婴儿的父亲把她从婴儿床上抱出来时,他把婴儿抛向空中。她踢着脚,挥舞着手臂,让爸爸再来一次。学步儿正玩得很兴奋。他的母亲把他抱在大腿上,慢慢地摇晃着,开始给他读书。他平静下来,嘴里含着拇指,并把注意力放到书上。
- 幼儿:在超市里,幼儿看到了许多东西,他兴奋地跑到过道上,看着不同的麦片盒,对他的父亲喊道:"我想要这个,这个,还有这个!"

游戏常规(家庭和教室)
- 婴儿/学步儿:婴儿躺在婴儿床上,看着上面的设备。母亲打开它,当设备开始移动和播放音乐时,婴儿的腿和手臂开始动起来。学步儿在绕圈子玩,后来她看到了玩具推车,她把几个娃娃放在推车里,慢慢地推着车在房间里玩。
- 幼儿:幼儿在操场上,她环顾四周,看看其他儿童在做什么,然后爬上格子爬梯,爬过隧道,滑下滑梯,接着跑回来又做了一次。

课堂常规
在午睡之前,老师让所有的幼儿躺在床上深呼吸。然后,老师播放舒缓轻柔的音乐。

V.C. 感觉体验对儿童注意力的影响
日常常规(家庭和教室)
- 婴儿/学步儿:婴儿闻到了妈妈正在烘烤的巧克力曲奇饼干的味道,听到了妈妈打开橱柜的声音。她爬进厨房去找她。学步儿听到狗在外面叫,然后跑到窗户边,寻找那只狗。她指着窗户说:"爸爸,狗狗,汪汪,汪汪!"
- 幼儿:幼儿在他妈妈耙的树叶里玩耍。他等着妈妈堆了一堆树叶,然后跳进去打滚,一边玩一边笑。

游戏常规(家庭和教室)
- 婴儿/学步儿:婴儿按下弹出式玩具的按钮,小羊弹了出来,然后他把盖子盖在小羊上,再按下按钮。他对玩具上的所有按钮重复做这些动作。学步儿给她的洋娃娃涂上乳液,她一边用白色的乳液涂抹,一边说:"涂在你的脸上、手上、脚上和肚子上。"
- 幼儿:幼儿正在听音乐跳舞,当音乐停止时,她停止跳舞,看着她的妈妈说:"妈妈,放另一个音乐。"

课堂常规
在圆圈时间里,老师表演了《五只小鸭》手指歌。所有的幼儿都看着她,试图模仿她。

5.2 支持儿童适宜的感觉调节能力及其与情绪、活动水平和注意的关系的一般原则

父母和其他人经常会提前告诉儿童接下来会发生什么事情。这让儿童能够预测事件并调整反应。例如,成人可以说:"早餐后,我们出去玩。"这就告诉了儿童去预期什么类型的活动以及感觉输入。儿童开始思考即将发生的事情,并开始在他的脑海中计划户外玩耍,为这些体验做好了身心准备。

5.2.1 调节

成人可以帮助儿童调节过多或过少的感觉输入。他们观察儿童对各种活动的反应,并判断是否需要做出调整。例如,成人给儿童洗澡时,会试试水的温度,然后观察儿童进入浴缸时的反应。如果儿童抬起脚、做鬼脸,或者开始哭,成人会问,"水太热了吗?"或者"是不是太冷了?"成人观察和理解儿童对各种环境事件的反应,然后判断什么事情可以让儿童更舒适、更快乐、更感兴趣,或者更多地参与其中。例如,当秋千开始变高时,父母可能会看到儿童感到害怕。然后,成人会放慢秋千的速度,让儿童放心。成人也会去了解儿童喜欢的活动,并为他们创造机会,让儿童体验这种活动。例如,如果儿童喜欢运动,父母可能会带儿童去当地的户外休闲区或游乐园。如果儿童不喜欢噪音,他们会避免参加带有烟花或喧闹音乐的活动。

5.2.2 讨论

成人帮助儿童理解他们所体验的一切。他们描述声音的来源,标记味道、材质和气味,谈论运动,描述他们所体验的力量(例如,推或拉),谈论他们所看到的事物的特征(例如,闪亮的或明亮的)。讨论可以帮助儿童理解他们所体验的一切,减少新奇体验带来的焦虑或不确定性。

5.2.3 建立耐受性

成人会自然而然地逐渐向儿童介绍新的体验。他们会说"只要咬一口"或者"用手指碰一下就可以了"。随着儿童表现出对新奇体验的耐受性,父母或照料者将引入更多的体验。虽然儿童一开始可能会害怕看到大鸟,但是在书籍和在电视上看到它后,儿童可能会要求去做与这个有关的活动。

5.3 实践中的原则

成人会使用各种策略促进儿童调节感觉输入的能力。以下是照料者如何在家里和学校里使用这些策略的例子。这些例子是在日常生活中大多数照料者与儿童互动过程中自然而然会使用的方法。它们也适用于大多数有身心障碍的儿童。

5.3.1 日常常规（家庭和教室）

喂食/进食

所有的儿童都会偏食，但是大多数儿童都能够在诱导下去尝试各种不同的口味。父母经常用技巧来诱导儿童扩大他们的选择。他们可能会把喜欢的食物和不喜欢的食物混在一起。例如，儿童可能会喜欢一些食物上面的调料，或者儿童可以蘸着吃上面的食物。新口味的食物也可以在父母品尝并向儿童展示它的美味后引入。

换尿不湿/如厕

从换尿不湿到上厕所的转变需要忍受新的动作和感觉。鼓励儿童为自己新的能力感到自豪。父母也让儿童参与到洗手活动中，这样他们就能闻到肥皂的气味、感觉到肥皂的润滑、摸到水，然后用毛巾擦干。当父母为儿童的独立而称赞时，他们也鼓励了儿童扩大感觉体验。

穿衣

儿童通常喜欢穿他们喜欢的衣服。他们可能更喜欢某些特定的颜色、材质或风格。成人通过改变儿童每天穿的衣服、谈论衣服好的方面、夸赞儿童穿上这些衣服的观感，来帮助儿童增加他们对这些不同的感觉特征的耐受性。

5.3.2 游戏常规（家庭和教室）

面对面游戏

面对面游戏主要涉及视觉、听觉、触觉和运动体验。这些游戏的转换会鼓励儿童模仿成人，从而尝试新的感觉体验。

体育游戏

体育游戏包括视觉和听觉的体验，但更重要的是前庭觉、触觉和本体感觉。成人通过模仿和展示与行为相关的积极情绪来帮助儿童。轮流做游戏可以让儿童对成人挠痒痒，追逐成人，跳到成人身上，看到成人的反应并且体验这些感觉。

操作性游戏

游戏涉及所有类型的感觉输入。大多数父母试图让儿童多接触各种各样的游戏，包括制造声音的玩具、具有各种视觉方面的玩具、需要身体各个部位运动的玩具，等等。他们讨论玩具的用途、演示玩具的使用和反应，并鼓励儿童探索玩具在环境中所有可能的用途。

感觉游戏

艺术和混乱的游戏为成人提供了鼓励儿童探索各种材料的机会。虽然有些父母担心被儿童弄得一团糟，但是只要儿童是安全的，大多数父母都会允许他们去探索。儿童会去触摸、闻、吃和操作他们小时候所发现的一切。父母监控孩子在做什么，并且在适当的时候提供建议、意见和警告。

5.3.3 阅读和学习常规

圆圈时间

教师使用圆圈时间主要是为了视觉和听觉输入，可以鼓励儿童在小组活动中使用他们所有的感官。这样教师可以让儿童在不同的感觉体验中观察和模仿同伴。这种集体活动鼓励所有的儿童积极参与。

一对一阅读

阅读主要是视觉和听觉体验，但是许多儿童读物都包含触觉元素，比如奶牛图片上的毛皮材料或海滩图片上的粗糙纹理材料。父母也可以把书的内容作为刺激来重现书本中的行为，从而让儿童接触到其他的感觉体验。

科学与数学

发现数学和科学概念需要使用多种感官。优秀的教师通过嗅觉、味觉、触觉、听觉、视觉、运动和身体的努力等进行实验、物理探索和操作，以帮助儿童内化与感觉体验有关的概念。

5.4 为改善感觉调节能力及其与情绪、活动水平和注意的关系制订个性化的干预措施

V. A. 儿童如何调节对感觉体验的反应？感觉体验对儿童的情绪反应有什么影响？

尽管研究刚开始探索与感觉调节有关的问题，但是越来越多的证据表明，在所有的感觉系统中，神经系统如何处理感觉输入影响着行为。在感觉调节方面有困难的儿童似乎需要比正常儿童更多或更少的感觉输入，其神经系统才能有效地发挥作用。因此，他们对一种或多种感觉输入的耐受力阈值高于或低于大多数儿童。具有高感觉阈值的儿童在做出反应前需要大量感觉输入，而那些低感觉阈值的儿童则需要很少的感觉输入。具有高感觉阈值的儿童可能不会对正常儿童的行为做出反应，因此，他们寻求更多的感觉输入以做出适当的反应。相反，具有低感觉阈值的儿童会觉得其他儿童所认为的"典型"水平的输入太多了。

感觉调节不良可能会反映在儿童对各种情境的情绪反应当中。感觉调节问题可能会影响到任何一个感觉系统，儿童会对一种感觉输入的反应性较低而对另一种感觉输入的反应性较高。例如，儿童可能需要本体感觉系统更强烈的感觉输入才能感知身体在空间中的位置，但同时声音高敏感性又使儿童对高噪音做出哭泣反应。

当儿童需要更强烈的刺激来记录输入时，他们可能会以两种方式之一来做出反应。因为他们没有在特定的感觉区域中记录输入，所以可能会表现得情绪低落。然而，具有高感觉阈值的儿童也可能会做出更强烈和更具情绪性的反应。他们需要更多的感觉输入，因此，他们会跑得更多、跳得更多、更用力地推，以寻找强烈的体验。他们的情绪常常与这种强烈的反应相匹配。然而，强烈的输入也能给这些儿童带来镇静作用。例如，通过拥抱或推东西来增加本体感觉的输入可以起到镇静作用。

具有较低的反应阈值的儿童也可以通过两种方式之一来表现出情绪性。因为他们对少量的刺激做出反应，他们可能会回避某种类型的感觉，并且对某些类型的活动产生排斥和抵触。当接触到刺激时，他们会感到厌恶，他们也可能会有强烈的情绪反应，可能会逃跑或者愤怒和沮丧。他们可能会表现出逃避（如离开、退缩、分心）、打架（如愤怒、攻击）或恐惧（如不愿意、哭喊、黏人）。

更复杂的是，一些儿童似乎在不同的时间和不同的环境中表现出不同的反应。患有脆性X染色体综合征的儿童似乎在低反应性和防御性之间转换。

成人需要在所有的感觉区域和情境中确定儿童的感觉需要，从而有效地制订干预策略。儿童可能需要适应环境、活动或日常生活，以及与成人或同伴的互动模式，从而帮助他们在一天中最佳地发挥作用。

感觉调节问题可能会影响儿童在环境中充分发挥作用，以下是那些具有感觉调节问题的儿童身上可能会出现的特征。这些问题会对儿童的唤醒水平、情绪、注意力和活动水平产生影响。

触觉防御。那些对接触反应过度的儿童可能会表现出触觉防御，或表现出一连串的行为，这些行为表明他们一直回避各种类型的触觉输入，而这些输入对大多数人来说是不刺激的。他们可能会避免与他人接触，避免接触身体的某些部位，或者远离预期的接触。他们可能需要大量的私人空间。具有触觉防御的儿童也可能对某些材质感到厌恶，比如粗糙的材料。他们可能会避免日常生活中涉及的触觉输入，比如洗衣服、洗头、刷牙、理发或剪指甲。他们也可能会避免混乱的游戏或者任何涉及不寻常材质的游戏。

触觉寻求。经常找东西来触摸的儿童可能对触摸的反应不足。他们可能会不停地握着东西，触摸他们看到的一切，或者寻找一些不寻常的材质，比如羽毛和皮毛。

回避前庭觉和本体感觉。前庭神经系统对于组织感觉输入来协调身体和眼睛的运动，以及感知身体在空间中的位置发挥着重要作用。对前庭觉和本体感觉输入反应过度的儿童可能会表现出对某些运动的不适或恶心，也可能会表现出对重力的不安全感，或害怕身体处于不稳定的位置或者失去支撑。他们甚至可能会害怕轻微的运动，尤其是头部运动。

运动寻求。有些儿童会寻求运动体验。他们似乎无法获得足够的前庭觉和本体感觉输入。

压力寻求。一些儿童似乎通过打、推、拉、降落以及用巨大的力量做动作来寻求肌肉和关节的强烈输入。

对视觉刺激敏感。一些儿童对某些类型的视觉刺激表现出厌恶反应，比如明亮的灯光、闪烁的灯光等。他们也可能无法提取他们需要关注的视觉刺激。

对听觉刺激敏感。与视觉类似，儿童可能会对自己觉得"太吵"或太烦人的声音表现出厌恶反应，或者他们可能无法屏蔽那些不应该成为关注焦点的声音。

以下是处理与这些特征有关的情绪性问题的建议策略。

人际互动策略

1. 激发内在动机。如果儿童认为身体、情绪或社会奖励是值得引起焦虑的，那么他们可能会受到激发而去尝试让他们焦虑的活动。例如，如果一个儿童看到其他儿童参加活动并且玩得很高兴，他可能会有动力去进行尝试。如果儿童在人群中有焦虑感，成人可以指出其他儿童的乐趣所在，并提出这个儿童可能也会喜欢的行为。如果成人鼓励儿童进行尝试，儿童可能会想去尝试这种活动，以获得成就感或者取悦成人。成人不应该因为儿童不努力而批评他们，也不应该将儿童与其他表现更好的儿童进行比较。

对于容易生气的儿童，成人可以鼓励他们控制自己，在消极事件中寻找积极的练习机会。要为儿童指出正面的因素，比如，当儿童在排队时因为和其他人靠得太近而感到不耐烦时，成人可以告诉他，其他小朋友是因为喜欢他才靠近他，这样就能在身前身后都有朋友了。儿童可能会回避那些似乎势不可挡或者无法提供足够输入的感觉体验。为了激发儿童参与的积极性，成人可以添加一些元素来激发儿童的动机，帮助儿童确定他们想要完成的目标可以激发他们参与的积极性。例如，儿童可能会回避涉及触觉输入的艺术活动。成人可以帮助儿童确定一个他想要达到的结果，即使仅仅只是提供建议或者用一根棍子而不是手指来"画手指画"。

那些容易过度兴奋或受刺激的儿童可能会升级为情绪不稳定。成人可能想要激发儿童保持平静的举止，例如，"在你再做一次之前，让我们先数十次呼吸。太棒了！你做到了！"

2. 提供安慰、身体上的舒适和口头支持。以下几个原因可能会导致儿童表现出焦虑或恐惧：他们可能还记得之前与特定的感觉输入有关的消极体验；他们在看到这种活动的时候可能会预见到一种消极的感觉;或者他们在活动中可能体验到了这种感觉。成人可以通过帮助儿童为活动做准备来帮助他们。承认这种行为有时会让儿童感到"害怕",但没关系。谈论将要发生的事情(如"你要爬上台阶了"),儿童能做什么(如"你可以抓住栏杆"),成人会做些什么来帮助他(如"我会站在你身后"),儿童如何接近活动(如"你可以慢慢地走""你准备好了就告诉我""如果你需要帮助就叫我")。

承认儿童在某些情况下的不适。提供口头提示来帮助儿童监控这些情况。例如,如果儿童在其他儿童闯入他的空间时生气,成人可以帮助儿童分析与改变动作和反应:"这是个好主意,克洛伊,坐在你拥有更多空间的地方。""我喜欢你让你的朋友走过去的样子。""你可以告诉你的朋友你的感受吗?"

如果儿童表现出回避和没有情绪,那就承认儿童缺乏兴趣("这看起来很无聊吗?")或焦虑("这看起来太混乱了吗?")。然后,支持儿童思考一种使活动更有趣的方法(如"如果你跳过去拿外套而不是走路呢?"),或者使活动更可以忍受的方法(如"我敢打赌,用塑料薄膜盖住它,然后再摸它会很有趣!这样你就不会乱了!")。向儿童保证他/她能够做某个特定的动作。

通过评论儿童正在做什么和提问题来帮助儿童监控自己的情绪。例如,"你看起来很傻。你能慢一点吗?这样就不会太兴奋了"。

3. 帮助儿童将一种情绪活动与激发相对情绪的活动相结合。如果儿童拿着一个让他平静下来的玩具或物体,他可能会去尝试这个活动(如"让我们和你的泰迪熊一起在草地上野餐吧。我带了果汁!")。让儿童的注意力从烦恼的活动或事情上转移到有趣的活动或事情上,可能有利于降低情绪强度(如"看,山姆,你身后的人正在等着你把他们带到外面去")。

通过将活动与平静的言语和动作相结合,可以帮助儿童从过度刺激的活动中解脱出来(如,"让我们在这里慢慢地跳舞")。对于缺乏刺激的活动,成人可以用他的声音和热情来增加兴奋感,也可以纳入一种偏好的感官成分。例如,当儿童拒绝坐在桌子上玩耍时,成人可以建议儿童在坐下来之前和完成拼图之后吹泡泡。

当儿童的行为和情绪在一项活动中逐步增强时,可以通过引入一种平静的动作来使他们平静下来。例如,当儿童骑着车子围着操场转几圈后,老师可以给儿童一个停车标志,或者给儿童一张"超速罚单",从而鼓励她放慢速度。

4. 用言语来为儿童明确行动的过程和阶段;准备、监控和结束环节很重要。帮助儿童理解每种情境的参数。例如,"我们要去商店买牛奶。我们不会停留。我需要你牵着我的手帮我挑出牛奶。你也可以给收银员钱"。随后,"你在商店里面帮我做了一件很棒的事情"。这将帮助那些在陌生或者过度刺激的情境中有困难的儿童理解这种令人焦虑的状况会持续多久,也给了儿童一个让她参与的角色,并让她集中注意力。

儿童需要以言语作为参照来管理他们的行为。成人可以告诉儿童在某种特定的情境下什么行为是合适的。"我们要去教堂。在教堂里，人们安静地倾听。"随后："我们现在在教堂里，你需要保持安静。你可以坐在爸爸和我之间，我会给你一本书来读。"最后："我知道坐很长时间是很难的，你已经很努力了。"当情绪"爆发"时，言语也可以帮助儿童平静下来。"好吧，我知道你很生气，因为你必须坐在汽车的座位上。我会数到十，然后就是该停止哭泣的时候了。"

成人可以通过逐步引入界线来帮助儿童。通过这种方式，他们可以逐渐进入情境。例如，"让我们稍微靠近一点，我看不到""现在，我想要接住球。告诉我什么时候""现在，我要把球扔给你，你可以把它扔给托尼"。

5. 调节说话者的情绪。通过改善成人自己的情绪，可以影响儿童的情绪。

- 一个安静、坚定的声音和严肃的举止会表达安全、平静与庄严。
- 一个伴随着笑脸的安静的、有节奏的声音可以表达鼓励。
- 一个伴随着愉悦表情的充满活力的声音可以表达兴奋。

儿童常常对他人传达的情绪做出反应，因此，示范与情境相符的情绪会对儿童产生重要影响。

6. 帮助儿童发展自我调节能力。和儿童谈论他/她有什么样的感觉，以及这些感觉什么时候会出现。帮助儿童注意到他什么时候体验这些情绪以及他能做什么。例如，"你看起来很沮丧（愤怒、无聊、担心）。什么可以让你感觉更好一点？"或者"你是否需要去一个安静的地方（寻求帮助、改变活动）？"在重复了多次之后，儿童可能会开始意识到情绪的开始，并且采取行动来调节他的行为。加强儿童在自我调节方面的努力。

环境调整

除了人际互动策略可能支持儿童，环境调整往往也是有用的。根据来自TPBA2的发现，可以考虑以下的环境调整。

1. 调整环境。增加或减少环境中的刺激，包括必要的灯光、噪音、大量的视觉干扰、材料或玩具。减少游戏或运动的可用空间来降低影响。根据儿童的感官问题，在室内的小空间里面玩耍通常比在开放的户外玩耍更平静（除非儿童因缺少参数而感到有压力）。小而封闭的空间可能让人感到舒适。当儿童需要独处时，他们需要一个地方。给儿童提供柔软的、抚慰的过渡物体或者一个让孩子感到平静的"抱抱"。这可以是一条毯子，一个可爱的玩具，或者一个可以吸吮的东西。

2. 调整活动。提高或降低觉醒水平。活动的呈现方式——平静还是兴奋——为儿童构建了情绪模型。活动本身的结构也会影响情绪。吹泡泡、在沙滩上玩耍或者四处奔跑等没有界线的活动往往会激发情绪；而诸如用沙子或水填满一个桶这种有结构参数的活动往往更能让人平静。成人可以通过给活动设定一个目标（如剪纸的边缘），添加一个需要改变动作的序列（如扮演医生），或者提供循序渐进的指导，来为活动提供结构。对一些儿童来说，游戏序列的可预测性提供了安全感。成人需要逐渐地调整游戏。

3. 使活动有目的。让儿童去做能帮助他完成目标的活动会帮助他保持适当的情绪。如果儿童要把球踢到网兜里，他会比在任意一个地方踢球更有决心。关注点和目标导向可以帮助反应不足的儿童变得更有反应能力，而反应过度的儿童则会变得更善于观察，这需要更冷静的态度。

4. 提供物理参照。桌子、托盘或者地板上的一个划分出的空间等物理参照可以帮助儿童控制动作和情绪。一把有扶手的椅子、一个垫子或者一个可以坐在上面的球，也可以用来控制那些容易"越界"的儿童。另一方面，站立和开始一个活动可以激发需要额外输入的儿童。

5. 改善玩具和材料。儿童在游戏和日常活动中遇到的困难程度会影响儿童的情绪水平和反应性。如果一项活动太简单，儿童就会感到无聊、思想不集中或者寻求更刺激的行为。如果活动太具挑战性，儿童就会变得沮丧、生气或者干脆放弃。成人需要对活动进行调整，以便活动有轻微的挑战性，但不要太难。可以对玩具、材料和活动进行改变，以达到以下难度水平：给一个难以握住的杯子加一个把手，给布娃娃改衣服来使衣服更容易脱下和穿上，使用不同类型的方块（例如，磁石、猪鬃块）来增加儿童操作的兴趣和动机，在活动中加入更容易抓住和投掷的球（例如，更柔软或者更大的球），等等。

6. 改善感觉特征。儿童可能会寻找或厌恶不同的感觉输入。可以对玩具进行改进，添加能引起愉快情绪的感觉输入。视觉兴趣（如给娃娃涂指甲油）、听觉补充（如在手镯上系铃铛）、触觉装饰（如有质感的书籍）、嗅觉（如洗完澡后涂抹润肤露）和味觉（如在假扮游戏中使用真正的食物）都能增加帮助改善情绪的兴趣和元素。

7. 提供适应设备。适应设备可以减少挫折。适应的座位、通信设备、听觉增强或放大、眼镜等都是重要的，能最大限度地发挥与环境互动的积极方面，减轻压力和挫折。

8. 改善儿童的位置。确保儿童的舒适和稳定。感到不安全、不平衡、不稳定或者太过约束的儿童会感到不舒服、焦虑或恐惧。无论儿童是躺着、坐着、站着，还是在动，成人都需要注意儿童的安全感。有时需要的只是一只支持的手；其他时候，需要把儿童移到一个更稳定的位置。

9. 修改计划或日常活动。可预测的日常活动可以减轻儿童的压力和焦虑。尤其是对于那些难以调节自己的觉醒状态的儿童，保持起床、日常活动和上床睡觉的可预测模式是相当重要的。

Ⅴ.B. 感觉体验对儿童的活动水平有什么影响?

Ⅴ.C. 感觉体验对儿童的注意力有什么影响?

受感觉调节能力影响的觉醒水平不仅影响儿童的情绪，而且影响儿童的注意力和活动水平。具有较差的感觉调节能力的儿童可能容易分心、冲动和混乱，也可能具有较高的焦虑水平和不适宜的注意水平。例如，当儿童不能恰当地过滤感觉信息时，他的注意力可能会分散在环境中发生的所有的感觉变化当中，或者转移到特定的刺激上。无论是哪种情况，注意力都不是最佳状态。

活动水平、情绪和注意力之间相互影响，它们受儿童调节感觉输入能力的影响。对各种类型的感觉输入反应过度的儿童可能会以过度觉醒的方式做出反应，因此，他们变得过于活跃和不专心。相反，另一些儿童又可能以过于及时的"关闭"作为控制输入的方法。那些反应不足的儿童需要更多的输入来维持活动水平和注意力水平。

所有的感觉区域都会影响儿童的觉醒水平、活动水平和注意力。对某个感觉区域的反应不足或反应过度都会对儿童的行为产生深刻的影响。然而，需要考虑儿童对所有感觉区域的反应，因为儿童对一个感觉区域的反应可以抵消其对另一个感觉区域的反应。例如，当深度的触压应用于手臂或本体感觉输入应用于肩膀上时，对触觉输入反应过度的儿童可能会变得不那么活跃和更加专注。因此，观察儿童的反应模式对于干预是至关重要的。

以下是对儿童进行干预的一般原则，这些儿童反应过度或反应不足的感觉系统对活动水平和注意力有消极影响。建议咨询接受过感觉调节技术训练的专业人员。

人际互动策略

1. 改善频率、强度、持续时间和/或节奏。成人需要观察儿童行为的开始、重复和回避。儿童通常会去寻找他们喜欢的东西，重复那些令他们愉快的事情，回避那些令他们讨厌的事情。

对于那些对感觉输入反应过度的儿童，成人可能需要改善输入的频率、强度、持续时间和节奏，以提高注意力、降低活动水平。需求因儿童而异，随着环境需求的变化而改变。

另外，对于那些对感觉输入（包括触觉、噪音、视觉刺激或某种气味或味道）反应不足的儿童，一般而言，需要增加频率、强度、持续时间和节奏。监测儿童的反应以确定什么时候刺激达到"适量"。轻触和低温是有刺激性的，因此，在适当的情况下，可以用来唤醒反应不足的儿童。当被鼓励去做快速的、不连贯的动作（如跳舞或跳跃），或者对来自成人的不可预测的语调（如用一种不寻常或夸张的说话方式来说话，或者用唱歌来代替说话）或其他强烈的输入（如跳跃或挠痒痒）做出反应时，那些反应不足的儿童可能会增加活动水平和注意力。然而，一些看起来似乎是反应不足的儿童实际上是反应过度导致的退缩。换句话说，由于他们容易过度受刺激，所以回避与环境和人的接触。因为很难确定儿童属于什么情况，所以推荐进行专业咨询以确定需要做什么。

2. 通过平静的活动来减少焦虑和活动水平。由感觉防御（包括触觉、噪音、视觉刺激或某种刺激气味）引起的焦虑增加，可以通过平静的活动来减轻。深度的触压和温暖让人平静，因此，在儿童的背部、手臂和腿部放上温润的乳液或爽身粉，配合深度的、节奏缓慢的按摩动作可以降低活动水平。缓慢而平静地说话也会提高注意力、降低活动水平。（如果儿童表现出痛苦的信号，就停下来。）

3. 在可能的情况下，尽量让儿童控制自己身体的动作和行为。防御型的儿童经常会感到沮丧，因为他们觉得无法控制自己接收到的输入信息。让他们自己涂乳液、调节收音机的响度或者控制灯的变阻器会让他们有一种控制感。如果儿童不能控制输入，成人也可以询问儿童输入多少合适。例如，成人可以添加输入的增量（如，触摸、声音、光线），然后问儿童："你准备好接收更多的输入了吗？"为了不吓到儿童，要提前用言语提示儿童做好准备。

4. 抱紧儿童。儿童通常会经历这样一个过程：被紧紧抱住，再在近距离内进行互动，然后就能舒适地去进行独立探索。有些儿童可以从这些"安全基地"当中受益。换句话说，把儿童抱在大腿上或双腿之间可以提供舒适的输入、降低活动水平、提高注意。

5. 意识到儿童对移动的敏感性。经常带着儿童并将他们在不同的地方移动（例如，进入汽车座椅或浴盆）的父母需要意识到儿童对移动的高度敏感性，以及他们在移动的时候是如何抱儿童的。应该观察到有些儿童的头部在竖直移动时有困难，有些儿童则在非线性移动时有困难。

6. 减轻压力。压力会对注意产生消极影响，导致活动水平的增加或固化。减压策略包括帮助儿童有节奏地呼吸、放慢速度、全神贯注于他所喜欢的事情上（参见 TPBI2 第五章第三节）。成人可以向儿童提出建议、做出示范和帮助儿童调节自己的行为。

7. 示范情绪、行为和反应。成人给儿童示范自己如何调节注意力和活动水平。告诉儿童你在做什么，这些事情为什么会有用。

8. 玩轮流游戏。让儿童参与包含感觉体验的轮流游戏（适合儿童的）。例如，互相按摩，互相给对方使用背部按摩器，互相用毛巾擦干对方的手，或者互相涂乳液（有些儿童可能更喜欢轮流做这些事情，而不是互相做这些事情），这些游戏会对儿童产生不同的影响，这取决于他们的感觉需要。吹泡泡和追泡泡、接球、击球等游戏可能会增加注意力和活动水平，而其他的互动游戏，如纸牌、手指游戏或阅读可能会降低活动水平，同时提升注意力。

环境调整

除了人际互动策略能帮助儿童学会控制注意力和活动水平，环境调整通常也很有用。根据 TPBA2 的发现，可以考虑以下的环境调整。建议咨询有感觉调节知识的专业人员。

1. 建立一个安全的环境。有感觉调节问题的儿童可能不会注意环境中物体的位置，或者不能改变动作以避免危险。他们需要一个不混乱、有安全的家具、没有危险的环境。

2. 提供符合儿童感觉需要的玩具。要意识到儿童的玩具提供了多少感觉刺激，以及儿童对每个元素的反应。有些儿童需要额外的感觉输入，而有些儿童对太多的刺激会感觉超负荷。现在许多玩具都充满了各种各样的感觉刺激。他们有很多"花哨的东西"。这些玩具包含多种触觉元素，产生灯光和声音，播放音乐，引出单词、字母或数字，或者玩具有震动或启动移动的部件。对于需要额外的感觉输入来达到最佳唤醒水平的儿童，这些类型的玩具可以唤醒各种感觉系统，从而唤起儿童的注意和兴趣。然而，应该注意的是，过度使用这种类型的玩具会降低它的治疗价值，因为儿童会对它的效果产生免疫。最好是改变玩具和感觉输入的类型。

反应不足的儿童也可能受益于包含运动和本体感觉输入的玩具。有时被称为"繁重工作"，诸如拉着一辆轻载的货车或将另一个儿童推到雪橇上这样的活动可以"唤醒"这个系统。这里的适度很重要，因为对一个容易疲劳的儿童来说，过于繁重的工作会导致他们的回避。

对于那些对感觉输入反应过度的儿童来说，"少即是多"。提供低复杂度的刺激。积木可能没有玩具收银机那么让人兴奋，拼图可能比口哨引发更少的活动和焦虑。

3. 提供鼓和铃铛等音乐玩具，以及跳舞和唱歌的磁带与 CD 的播放设备。就像多感觉玩具能唤醒儿童一样，音乐玩具也可以唤醒儿童（尤其是在嘈杂的、不连贯的节奏下使用）。对于那些对感觉输入反应不足的儿童，乐器和设备可以激发儿童去移动、跳舞、唱歌和互动。

4. 提供舒缓的音乐作为背景音乐。对于那些对感觉输入反应过度的儿童来说，在活动中，播放古典音乐、摇篮曲或者慢节奏的音乐作为背景可以让儿童安静。例如，平静的音乐可以帮助那些被白天的事情过度刺激的儿童放松进而入睡。

5. 提供可以被有节奏地使用或拥抱来提供深压的材料。一些可以用重复的方式（解压玩具）来握着、摩擦或操作的物体可以帮助儿童平静。挤压类的玩具可以对儿童起到类似成人使用压力球那样的作用。对于那些对感觉输入反应过度的儿童来说，抱着东西是一种安慰。毛绒玩具或令人想要拥抱的玩具可以作为过渡物体和通过拥抱来提供本体感觉输入的物体。当儿童过度受刺激时，需要给他们这些玩具，然后在他们平静下来以后轻声交谈。儿童很快就会把这些物体与平静效果联系起来。

6. 提供熟悉的玩具和材料，因为熟悉的物品可能不会太具刺激性。对于那些对感觉输入反应过度的儿童来说，新的玩具、材料和环境可能会过度唤醒。那些容易被新奇的事物过度刺激的儿童可以从较少变化和常规中受益。在有准备的情况下逐步引入新奇的事件。带着熟悉的玩具、使用熟悉的常规和语言会有稳定作用。这使得儿童更容易预测接下来的情况，并使儿童能够与已知的平静策略相联系。

7. 提供更辣的口味和不同材质的食物。辛辣的食物和松脆的口感有唤醒效果。对于那些对感觉输入反应不足的儿童来说，吃可口的食物可以提升儿童的注意力和唤醒水平。

8. 包含口腔感觉活动。涉及口腔的动作会对注意力和活动水平产生影响，因为它们为这个区域提供了本体感觉的输入，而且需要有节奏的呼吸和吞咽活动。使用浓饮和吸管鼓励吮吸，这是一种本体感觉的活动。咀嚼有弹性的、有纤维的或者松脆的食物也需要额外的努力和本体感觉的输入。这些口腔活动可以替代非功能性行为，如咀嚼衣物或玩具。

9. 将香味引入环境中。大脑加工香味的部位与边缘系统紧密相连，边缘系统与情绪和记忆有关。因此，气味会对情绪产生影响。肉桂或香草等唤醒的芳香精油以及迷迭香、橙子、薰衣草、紫檀等镇静的芳香精油可以在一天的不同时间里用在洗澡水、浴巾或香薰机上，从而唤醒或平复儿童的感觉。

5.5 需要支持以有效调节感觉的儿童的常规

5.5.1 日常常规（家庭和教室）

喂食/进食

确保儿童感觉稳定和安全。支持尝试新的口味和气味。减少干扰，让儿童参与到探索的过程中。支持独立尝试食物的努力。用吸管吸浓饮也会给嘴唇、舌头和脸颊带来额外的输入和本体感觉输入。因此，吮吸可以帮助儿童进入进食过程。

换尿不湿/如厕

对婴儿来说，换尿不湿可以包括看景象、听声音、评论气味。由于儿童想要动，他们可能会因受到换尿不湿的限制而"战斗"。可以通过让他们参与到需要集中注意的、喜欢的活动中等方法给他们一个躺着的理由。随着儿童年龄的增加，让他们参与到一些感觉活动当中，比如用肥皂和水洗手、用毛巾擦干、涂上乳液和粉、按摩胳膊和腿，等等。提供有支撑的餐椅和安全座椅，让儿童感到安全。

穿衣

有些儿童喜欢裸着的感觉，而另外一些儿童则觉得裸着"太冷"。对儿童喜好的敏感是很重要的。要注意儿童喜爱的材质和觉得舒服的衣服类型。（喜欢裸着的儿童可能不喜欢密闭、紧身的衣服；然而，有些儿童可能更喜欢厚重、紧身的衣服，因为这样会觉得舒适。）穿衣服需要平衡能力，可能会引起不安全感。鼓励儿童的努力，提供安慰，而且无论何时，身体上的支持都很重要。

外出

外出包括从一个环境到另一个环境的重大转变，这对于有感觉调节困难的儿童来说可能是有困难的。准备外出（口头上和身体上的）、提供一个激励的任务（对儿童有意义）、注意儿童的感觉问题（减少恼怒，增加喜欢的感觉）是外出成功的重要因素。

5.5.2 游戏常规（家庭和教室）

面对面游戏

对有些儿童来说，面对面游戏可能会让他们感到抗拒，因为他们会因太过靠近或接触而产生戒心。在敏感的互动中，当儿童转过身或避开他/她的目光时，成人会读懂儿童的暗示并停止，这能帮助儿童变得更有反应。等儿童把目光重新转向成人后再与他/她接触。面对面游戏也应该尊重儿童想要有更远的距离的需要。对一些儿童来说，专注于手指游戏或物体游戏可以让他们在没有面对面接触的强度下进行轮流互动。

体育游戏

体育游戏可以为儿童提供"繁重工作"的机会，也可以让他们获得更强烈的本体感觉和前庭觉的输入。注意儿童的个体差异，体育游戏可以提供感觉系统的唤醒或抑制。快速运动（如骑车）和轻触（如戳泡泡）往往起唤醒作用，而深压和缓慢、有节奏的推拉运动（如推秋千上的儿童）往往起平静作用。对于反应不足的儿童，在做需要集中注意力的活动之前，要提供唤醒活动。对于反应过度的儿童，需要提供抑制或平静的活动来增强聚焦和注意的能力。

操作性游戏

操作性游戏往往需要聚焦和注意的能力，因此，像之前在体育游戏中描述的准备活动可能会有所帮助。操作性游戏本身也可以提供不同类型的输入。诸如挤压橡皮泥、用打孔机或订书机进行的艺术活动、用建构玩具或乐高积木玩具建造等活动都需要推拉或本体感觉的输入。用力着色以使颜色更深，也鼓励孩子使用力气。

感觉游戏

包括水、沙子和其他材质等材料的感觉游戏可能会让那些有触觉防御的儿童感到厌恶。从更大、更低"黏性"的物质开始，比如碎纸、木片和其他探索材料，然后逐渐改变儿童探索的材质，包括更小或更黏的材料。诸如做面包或曲奇饼等有意义的活动比简单的探索更有意义，因此更能激发儿童的积极性。使用手指颜料、胶水、羽毛、发光物等材料的艺术活动提供了触觉输入。那些有触觉防御的儿童可以先使用一个工具，然后逐渐使用指尖，最后与更多的手指和手接触。用手进行本体感觉活动（如切割需要用力切割的硬材料），为更令人厌恶的触觉体验做准备，这些都可以减少儿童的回避行为。

假扮游戏

假扮游戏可以有意义地使用许多不同的感觉系统。在角色扮演中，儿童可以推拉一辆婴儿车或玩具货车（本体感觉输入），假装"驱动"一辆车（前庭觉输入），给婴儿洗澡、穿衣服（触觉输入），等等。意识到儿童的感觉需要可以使成人能够提供道具以满足必要的感觉输入。作为一个游戏伙伴，成人可以在游戏当中示范、建议或帮助儿童使用这些材料。在假扮游戏的情境当中，儿童更有动力使用这些材料。例如，在扮演消防队员的时候，儿童更有动力去驾驶"消防车"、拿沉重的软管、爬上梯子、在水或者一些代表水的材料中玩耍及"抬"受伤的人,等等。

5.5.3 阅读和学习常规

圆圈时间

儿童的间隔和座位可以解决感觉问题。有些儿童可能需要像椅子、方地毯或呼啦圈这样的参照物来确定他们的空间。其他儿童可能受益于一些有关唤醒(对于感觉系统反应不足的儿童)或本体感觉输入(把椅子推到一个圆圈里)的准备活动,以帮助增强聚焦和注意的能力。有些儿童在圆圈时间玩可以拨弄的玩具或可以挤压的玩具帮助他们集中注意力。对其他儿童来说,嚼口香糖或其他有嚼劲的食物会很有帮助。

一对一阅读

坐在成人腿上阅读是为需要界线的儿童提供范围的一种很好的方式,并且可以通过拥抱来提供本体感觉输入。对于那些不喜欢被触摸的儿童,允许他们在阅读时抱着喜爱的毛绒玩具或娃娃,可以给他们提供一些额外的感觉输入,但允许他们保持对这些输入的控制。

科学与数学

数学和科学通常涉及对材料的操作、思考和解决问题。使用能够提供额外努力的操作(例如,需要压力来连接的三维模型)可以提供本体感觉的输入从而使感觉系统平静,并提升注意力。成人可以根据儿童的需要选择提供不同类型的感觉输入的操作。一些儿童也许可以对彩色的羽毛进行计数和分类,而另一些儿童则可以对较重的彩色积木做同样的事情。

> **案例:索莱达**
>
> 索莱达是一名4岁的西班牙儿童,她参加了一个农村地区的学前教育项目。她的老师很担心,因为索莱达的注意力持续时间很短,很容易分心,对其他儿童有攻击性并且经常咀嚼衬衫的衣领或其他物品。索莱达的妈妈说她只穿某些衣服(柔软的),而且早上需要"把衣服焐热",否则她就不穿。索莱达的妈妈还说,她在她房间的床底下(而不是床上)发现了索莱达。基于游戏的评估和她的感觉与发展史表明索莱达有触觉防御。她不喜欢与人过于亲近,也不喜欢穿因为材质或温度而感到不舒服的衣服。她也寻求与口腔刺激和深压有关的感觉。索莱达的许多攻击行为似乎是与同伴过于亲近的反应。她的反应似乎是一种防御反应,而不是攻击反应。她还寻求提供本体感觉输入的口腔刺激,比如咬和咀嚼。她的行为模式表明

了一种感觉调节的障碍。为支持索莱达在家庭和学校里的功能,对环境和交互适应提出了以下建议。

人际互动策略

1. 承认索莱达的感觉和让她感到不舒服的事情。帮助她想办法让自己平静。例如,"当有人和你太亲近时,你会感到心烦。你能做什么让莎拉不碰你呢?"或者"我看到你生气了,试着做深呼吸。很好。现在,你可以用手来做除了打以外的什么事情呢?"

2. 让索莱达为即将到来的日常生活的变化或新的事件做好准备。让她自己选择想要带着的东西,从而让她觉得舒服。让她知道对她的期望行为是什么,当她作出反应时,给她一个大大的拥抱作为奖励。

3. 对索莱达使用平静的声音,因为如果你模仿她的行为,她可能会变得更加兴奋或愤怒。帮助她听到安静的声音是什么样的,以及看到一个冷静的举止。

4. 给索莱达的背部、手臂和腿部按摩,让她平静下来,或者在一种活跃的运动体验前做好准备。

环境调整

1. 保持一个可预测的日常生活。

2. 给索莱达提供可供选择的事物来获得适当的本体感觉输入。这能帮助她平静下来,并且可以满足她对肌肉和关节额外输入的需要。提供她在环境中推拉事物的机会,如玩具货车。让她携带着重物。

3. 当她心烦的时候,给她东西去挤或者让她做一个动作。或许她可以用一只拳头打另一只手掌,或者把手紧握在一起。

4. 当她需要空间和时间冷静下来时,给她一个安静的地方。

5. 给索莱达制作一个动物袜子"朋友",里面装满了重的豆子或大米,外面是柔软的材料或皮毛。在圆圈时间或工作时间里,她的"朋友"可以被放在索莱达的腿上,让她轻抚。这能帮助她平静下来,并且可以帮助她参与。

6. 让索莱达用吸管喝东西,并给她浓饮(如酸奶)来提供口腔的刺激和本体感觉输入。

7. 当索莱达感到沮丧或需要参与时,咀嚼口香糖可能会有所帮助。

8. 给索莱达一个豆袋、睡袋或装满泡沫橡胶或软质材料的盒子用来放松或休息。这会给她提供感觉输入,并能让她感到舒适和平静。

不同发展年龄的干预要点

以下建议针对的是处于相应发展水平的儿童。各年龄段的关键经验没有包含在内,感觉加工能力并不像其他能力那样随年龄增长而逐渐发展。这里提供了不同年龄段儿童的与感觉活动有关的建议,这些建议并不是全面的,而是表明了可能探索的领域。

发展年龄	干预要点
0—3 个月	注意什么能让儿童平静或唤醒:不同种类的运动(例如,向上/向下、从一侧到另一侧、摇摆)、拥抱、某些材质,等等。 注意对脸、声音、不同音调和强度的噪音等的反应。 提供吸吮的机会,既能让人平静,又能让人专注于人和物。 面对面的讲话、微笑和唱歌等都是很重要的。
3—6 个月	注意对玩具和感觉输入类型的偏好。 鼓励与声音、面部表情和语音进行面对面的互动。 观察儿童不愉快的信号和有关的感觉输入,以确定儿童的回避模式。 儿童要开始够取喜欢的玩具和材料,因此,成人可以提供不同类型的感觉材料,观察儿童的选择。 引入各种不同的感觉玩具。 注意不要用那些具有太多感觉刺激的玩具来过度刺激儿童。鼓励翻身去够取玩具。
6—9 个月	提供躺在不同材质、地毯、毛毯、瓷砖等材料上面的机会,并探索这些材料。 成人可以利用儿童喜欢的玩具来激发他们够取、走路和探索的积极性。
9—12 个月	引入对味觉、嗅觉和不同材质的探索。 观察儿童的感觉自我平复技巧(例如,摇晃、吮吸拇指、摩擦毛毯)。 将玩具放到儿童身边的不同位置,以鼓励通过旋转、爬行和站立等来运动。 玩面对面的轮流游戏,以及包括挠痒痒和将儿童抛到空中的游戏。
12—18 个月	扩大食物的材质和口味。玩追逐游戏和包括脸与物体的轮流游戏。 观察对自己发起的活动和他人发起的活动的反应。 使沐浴时间成为玩耍时间,让儿童独立使用浴巾来保持对输入的控制。
18—24 个月	观察儿童对与上厕所有关的感觉的意识。 让儿童选择穿的衣服。 提供各种不同类型的游戏:操作性、运动和假扮游戏。 用安全的材料(生面团、沙子和水)引入感觉游戏。 喧闹打斗的游戏和追逐游戏提供了感觉输入转换的机会。
24—36 个月	用不同的感觉来进行自我平复的尝试(例如,安静的地点、拥抱)。 鼓励将浴缸和厨房用具放在一起玩来进行探索。 提供在公园和操场进行广泛的体育游戏的机会。 为需要推拉努力的操作和建造提供材料。 引入艺术材料来探索。 从儿童的书、日常观察和电影中引入新的假扮游戏主题。 在感觉表中定期改变感觉材料,以鼓励对新材质的探索。

发展年龄	干预要点
36—48个月	角色扮演情境涉及焦虑(例如,医生、牙医、上床睡觉)或其他主题(例如,消防员、渔夫、马戏团)。 与同伴玩包含跳舞等运动的游戏。 用各种材料建造大型建筑,包括箱子、大积木、纸等,并用艺术材料装饰它们。 在科学与数学中使用有纹理的材料、运动实验,以及发现真实物体和情境的特征。
48—60个月	通过"表演"来展示自己的才能。 玩小组体育游戏(捉人游戏,鸭一鸭一鹅,山谷里的农夫)。 让儿童参与家庭新食谱的制作来增加口味选择。 鼓励有道具和主题的假扮游戏,这些道具和主题要包含运动与感觉探索(例如,野营、去海边)。 在各种地方玩(例如,桌子、地板、户外)。 做一些包含通过发现特征来进行分类的科学与数学活动。
60—72个月	玩有规则的体育游戏(例如,"妈妈,我可以吗";"雕像";"抢座位")。 鼓励创编自己的假扮游戏故事,创造地板游戏和体育游戏,创作有乐器的歌曲、舞蹈和音乐。

第六节 提升感觉运动机能在日常生活和自理中的作用的策略

安妮塔·邦迪

目标达成量表

1	2	3	4	5	6	7	8	9
由于运动技能的缺陷,生活自理的所有方面都依赖成人。		在自理活动中,能稍稍地帮助成人。		能在成人在运动方面提供中等程度帮助的情况下完成所有形式的自我护理活动。		在自理和日常活动中只需要很少的帮助。		能够运用动作技能独立地完成每日自理和日常活动,包括系纽扣和使用餐具等。

日常生活中的大多数活动都有感觉运动成分。本节将介绍 TPBA2 的两个部分:吃饭和穿衣。这两点对儿童的自主尤为重要。当儿童逐渐开始自己吃饭和穿衣的时候,他们的自信心也开始提升,父母也就可以有更多的自由时间从事其他事情。

6.1 适宜的感觉运动机能对于日常生活和自理的作用

6.1.1 喂食/进食

进食所涉及的口腔机制与发音的机制相同(参考 TPBA2 第五章第四节)。它们包括嘴和下巴的生理结构,也包括牙齿和嘴唇、舌头、脸颊的肌肉组织。具有进食感觉运动机能的儿童能够摄取食物,并在口腔内操纵食物,吞下并呼吸,而不会发生吸入气管或窒息的情况。他们可以用手和/或餐具将食物送进嘴里,知道什么时候饿了,能够吃下各种不同材质、味道和气味的食物,能够很容易地控制自己摄入食物的量。

进食所需要的技能有特定的发展阶段,包括刚出生的婴儿通过吮吸—吞咽的方式吃流体食物;之后在婴儿后期通过吮吸、吞咽、呼吸的协调吃一些半固体食物;在幼儿阶段通过下颌的上下运动咬和咀嚼食物;最后借助餐具和旋转的咀嚼动作模式吃固体食物,这一模式在幼儿阶段开始发展并持续到整个成人阶段。

从出生到大概两岁左右,婴儿依靠成人提供营养和食物的支持,但婴儿会自己控制具体摄入的多少。他们逐渐开始承担起更多责任,触摸乳房、用手握奶瓶,然后去握杯子。开始时只是依靠成人拿着的勺子进食,慢慢变成自己控制勺子,最后会熟练地使用刀叉。两岁的时候,婴儿对食物产生偏好,他们能够控制手臂的大肌肉和手指的小肌肉实现独自进食活动,他们开始控制自己进食,并在使用餐具的过程中产生自豪感。在五岁的时候,儿童能够用餐刀完成倾倒、切割、摊开食物等动作。

6.1.2 穿衣

与其他日常生活技能一样,幼儿依赖成人完成为保暖和舒适而进行的穿衣与脱衣动作。大一点的婴儿能够帮助脱下自己简单的衣服(如袜子),在成人帮他们穿衣服的时候能够伸开四肢。学步儿脱衣服比穿衣服做得更好。幼儿能够逐渐掌握穿衣服的技能,能够穿除需要系扣子的衣服之外的大多数衣服。到了上学的年纪后,大多数儿童能够掌握系扣子并学习系鞋带。

6.1.3 适宜的感觉运动机能在实际中的作用

Ⅳ. A. 吃零食

日常常规(家庭和教室)

• 婴儿/学步儿:婴儿张开嘴期待勺子里的婴儿食物。婴儿用手拿起一片碎肉,放到嘴里,闭上嘴咀嚼起来。

• 幼儿:幼儿将黄油放在餐刀上,把面包撕开一个小洞,然后把黄油抹在面包片上。

游戏常规(家庭和教室)

• 婴儿/学步儿:婴儿会把拳头放进自己嘴里。学步儿会拿起一个塑料勺子,假装去喂玩具娃娃。

- 幼儿：在假扮游戏中，幼儿将一盘塑料食物放到桌子上。

课堂常规

在吃零食的时候，幼儿在餐桌上摆上碗和勺子，小心地将麦片和牛奶倒进碗里，用勺子吃，但会有些许洒落出来。

Ⅵ.B. 进行简单的穿衣任务

日常常规（家庭和教室）

- 婴儿/学步儿：妈妈把婴儿的胳膊递到衣服的袖子里然后将胳膊拉出来。妈妈将衣服的袖子放到学步儿手上，她会伸出自己的胳膊，然后把手伸进袖子里。
- 幼儿：幼儿会自己穿衣服，然后请妈妈帮忙系扣子。

游戏常规（家庭和教室）

- 婴儿/学步儿：婴儿拉起自己的衬衫露出肚子，这样爸爸可以往她肚子上吹气。学步儿会捡起妈妈的帽子戴到自己的头上，边跑边笑。
- 幼儿：幼儿脱下自己的鞋子，穿上从衣柜里拿出来的塑料高跟鞋，在脖子上围上围巾。

课堂常规

去室外之前，幼儿会自己穿上外套和鞋子，但需要别人帮助他们拉拉链和系鞋带。

6.2 支持感觉运动机能在日常生活和自理中的作用的一般原则

成人可以通过不同的策略提升儿童的日常生活技能，尤其是吃饭和穿衣技能。以下是一些成人通常用来帮助儿童发展独立技能的策略，这些策略对存在技能困难的儿童同样有帮助。

6.2.1 跟随儿童发出的信号

成人对儿童的信号做出回应。当婴儿哭的时候，他们会喂奶；当认为儿童湿了、冷了、热了的时候，他们会通过穿衣或脱衣来做出回应。随着儿童逐渐长大，成人能够理解他们的生理线索（如指向冰箱或者拽裤子）、对他们的语言或言语需要做出回应。成人也能够对儿童不喜欢什么或者不需要帮助的线索做出回应，以尊重他们自我控制发展的需要。当准备好迈入自我喂食的新阶段时，儿童也会发出线索，比如他们会伸手去抓并握住瓶子，身体向前倾去拿食物，等等。

6.2.2 对儿童发出的速度线索做出反馈

成人根据儿童对将要发生的活动的需要做出或快或慢的反馈。比如，刚开始喂食的时候,儿童比较饿,想要的比较多,因此喂食的速度比较快,随着儿童逐渐吃饱,喂食的速度开始慢下来。对穿衣服同样如此,儿童表现出的不安会提示父母加快给他们穿衣服的速度,或者儿童努力自己穿衣服的时候,父母需要减慢帮助她们穿衣的节奏。

6.2.3 制订清晰的流程

流程能帮助儿童预期并学习动作序列。每一个家庭都会制订出反映家庭文化和需求的流程。每一位老师同样也会制订出支持儿童需求和课程的流程。环境布置、时间、器皿、食物和衣服等可能有所不同,但流程会帮助儿童学习每个环境中可以期待哪些东西。成人(帮助儿童)逐渐建立起洗澡、如厕、穿衣、吃饭和其他一些日常生活技能的流程。

6.2.4 设置限制和标准

成人帮助儿童学习日常生活技能的可接受的方式,教会儿童什么可以吃、什么可以穿。他们教儿童恰当地使用餐具,无论吃饭的工具是勺子、叉子还是筷子。他们逐渐学习一些好的方式以及在不同场景中如何穿戴更合适的技能。

6.2.5 让吃饭和穿衣更有趣

成人可以将吃饭变成一项社交活动,将穿衣服变成一项令人愉悦的学习经验。比如,吃饭时各种声音此起彼伏,可以在吃饭时玩各种游戏、谈论食物,同时了解儿童在学习各种吃饭技巧时表现得怎么样。同样,穿衣服时可以学习身体各部位的名称、可以在儿童学到新技能时夸奖他/她。

6.2.6 鼓励参与和自主

成人可以用多种方式鼓励儿童参与日常生活技能。他们允许儿童自主选择吃什么、怎样吃以及何时吃,支持儿童逐渐自主控制吃饭的进程,协助儿童使用各种器皿,在其自主过程中逐渐提升难度。同样,也应该鼓励儿童自主选择愿意穿的衣服,在能够完全自主穿衣前主动协助成人帮忙穿衣服。

6.2.7 奖励成就

儿童希望取悦成人。他们会努力去争取成人的一个微笑、一个拥抱或者一点掌声。随着技能的不断学习,儿童逐渐体会到成就感,希望自己做事。成人通过表达认可、鼓励不断学习来支持儿童技能的获得,这样儿童将逐渐成长为"大男孩"或"大女孩"。

6.3 实践中的原则

成人在支持儿童发展自助技能时会使用一系列的策略。以下是照料者在家庭或学校中使用相关策略的案例,其中包含一些照料者在与儿童的日常互动中会使用的方法,这些方法对于大多数残障儿童同样适用。

6.3.1 日常常规

喂食/进食

随着儿童不断长大,成人会提供一些言语和身体提示。例如,妈妈拿起勺子慢慢地移到儿童嘴边时会说:"来了来了……你做到啦!太棒了!"

换尿不湿/如厕

换尿不湿和上厕所需要一些穿衣服和脱衣服的技能,这时成人可以帮助儿童了解每一个过程中的步骤有哪些。通常情况下,对于婴儿,成人可以对他/她正在进行的动作作出评价("让我们脱下裤子来")。对于学步儿,他们需要更多的自主性,成人可以请求孩子帮忙("抬起腿")。成人鼓励幼儿自己去完成很多事("穿好衣服了么?穿上你的裤子")。

穿衣

就像如厕与换尿不湿一样,成人逐渐让儿童承担更多的责任。开始时,他们在帮助儿童穿衣服的时候告诉儿童身体各部位以及衣服的名称,随后请儿童参与或者帮助自己穿衣服,最后只需要看着儿童自己穿衣服,并只有在需要的时候提供帮助。

6.3.2 游戏常规(家庭和教室)

面对面游戏

吃饭时经常会伴随一些面对面游戏。成人模仿儿童张开口,发出("嗯……")好吃的声音,模仿儿童做出鬼脸。成人也可以跟儿童玩"嗡嗡,飞机来啦!"这样的游戏,同时慢慢将勺子中的食物送进儿童的嘴里。尽管有些家长并不认为这是一种游戏,但这一互动过程是一个伴随食物、鬼脸和声音的角色轮流游戏。

体育游戏

当儿童还小的时候,父母和照料者经常在穿衣活动中穿插一些体育游戏。比如在儿童的肚子上嘘声吹气,给他们穿裤子的时候搂着儿童蹦蹦跳跳,给他们穿袜子的时候挠痒痒和亲吻儿童的脚。

操作性游戏

穿衣和吃饭活动经常穿插在玩偶游戏中,成人通常通过玩偶活动练习儿童的穿衣技能和使用扣件的技能,如按扣、纽扣和拉链。也可以与父母、兄弟姐妹或者同伴们用塑料餐具玩"茶话会"等假扮游戏。

感觉游戏

成人经常鼓励儿童练习一些新技能,比如在盆里或者沙箱里倾倒、浇水、搅拌,并给他们提供塑料杯子、铲子和勺子等,让儿童在不涉及食物的环境中练习。

6.3.3 阅读和学习常规

圆圈时间

闲暇时间,教师给儿童读一些关于季节和不同季节中穿着的书籍,以及一些关于植物、收获、烹饪和饮食的书籍,同时也会读一些儿童帮助弟弟妹妹们学习新技能的内容。团队歌曲和手指游戏也能够帮助儿童学会假扮游戏,比如"我们是这样子梳头发的……",等等。

一对一阅读

成人经常给儿童读一些关于独立、"我要长大"和"自己做事"的书籍,以此来鼓励儿童努力并认可自己不断成长的能力。同样,儿童也愿意谈论自己能做哪些事情。

科学与数学

教师将一些饮食和营养的知识融合到科学与数学活动中,比如食物乐透游戏,以及制作明胶和布丁等烹饪小实验。

6.4 计划个性化干预以促进感觉运动机能在日常生活中的作用

很多有特殊需求的儿童难以独立进食和/或进行日常生活技能,如洗浴、穿衣,以及保持个人卫生。这些困难的原因是多方面的,可能是生理问题、身体限制、认知或语言理解困难,抑或是知觉处理能力差、行为限制或者动机问题。日常生活技能与很多能力有关,包括注意、理解社会性和交际意图、理解需要做的事情、计划行动、加工知觉信息、完成一系列动作的身体能力、监控动作准确性的能力和完成的自豪感。因此,这涉及发展的方方面面,而粗大和精细运动动作只是最基本的要求。

本部分内容并不试图解决特殊需求儿童可能面临的所有问题。以下内容主要是针对轻度到中度特殊需求的儿童。重度多重障碍的儿童可能缺乏日常生活技能的自给能力,需要全面照料。对于日常生活技能重度受损的儿童,则需要一个包括医学、治疗、教育的专业团队,帮助其满足各种潜在的需要。多数儿童能够在一定程度上帮助成人培养自己的日常生活技能,而且无论有没有环境的适应和支持,大部分儿童都有能力学习变得独立。

该部分讲的是吃、穿能力,因为这些在 TPBA 中是可观察的。这里推荐的很多策略也适用于其他日常生活技能。

Ⅵ. A. 儿童吃简单的零食时完成得怎么样?

很多有特殊障碍的儿童,例如脑麻痹、智力迟钝、视觉损伤或其他障碍,可能存在饮食方面的困难,因为异常的肌张力会影响姿势的支撑和进食运动;异常的口腔或异常的肢体运动模式导致饮食困难;口腔结构异常引起的问题;学习问题;医学问题。此外,小胖威利症(Prader-Willi Syndrome)、苯丙酮尿症(Phenylketonuria)、影响新陈代谢的疾病或特定氨基酸或蛋白质分解的疾病可能会导致特定的饮食问题。一些危害食道、胃或肠(如胃返流)、心脏或呼吸问题的生理疾病也会影响饮食。此外,还需要监控药物的使用,因为药物可能会对饮食和消化产生影响。饮食事关生死存亡,因此,饮食相关的问题应该引起重视。

吃与喝涉及骨骼系统、肌肉系统、神经系统、认知和情感功能。困难可能与这其中的一些系统有关,可能需要言语或职业治疗师进行全面的医疗和治疗评估,以确定问题的原因。根据评估的结果,推荐不同的支持方法。下面是适用于不同饮食问题的一些基本策略和相关环境因素。

人际互动策略

1. 改变食物的外观。拿出时间来享受饮食。进餐时间应该是一个聊天的社交时间。经常性地品尝新食物。利用"15 规则"(在一段时间里至少品尝 15 次新食物)。不强迫儿童吃他们不喜欢的食物。坐在儿童的面前,从儿童的视线下方向他呈现食物,这有助于儿童的吞咽动作,也能够帮助他保持对称的坐姿。站着从上方拿出食物可能会导致一种紧张模式。食物在嘴里时,会引起嘴唇、面颊、下颌、舌头这些不同部位的口腔运动反应,因此建议咨询专家。每次只提供三种食物,并且在儿童年龄段的每一年只使用一把勺子。

2. 监督饮食和饮水。一些残障儿童在进食或饮水时存在协调呼吸和吞咽的困难,这会存在异物吸入气管的风险。为了降低误吸的风险,成人需要:一次只给少量的食物或水;把握好喂食节奏,等待儿童完全咽下之后再给食物;避免急性和强迫性喂食;依次提供食物和水;保证可接纳的最佳黏稠度(较稀的液体更容易吸入);如果问题持续存在,那么需要医学评估和临床会诊。

3. 使用语言支持学习。告诉儿童发生了什么(尤其是存在感觉、视觉、运动或听觉障碍的儿童)。使用一致的触觉、手势和词语线索。告诉儿童他们吃的是什么(如食品标签、动作)。在儿童吃东西时至少说三次食物的标签以帮助他们建立食物和标签的联系。提供选择。将词语与非言语手势或运动结合起来。对自主努力进食、努力尝试新口味以及饮食上取得成功给予赞赏和表扬。饮食时间应该是一个好的教育时间。对于视觉或听觉损伤的儿童，利用多感觉通道的方法提供支持和鼓励，因为这些儿童可能看不到脸部表情和/或听不到评价。利用触觉信号、符号或身体符号。利用这些符号或手势支持语言。告诉儿童如何在他/她的嘴中移动食物，或者是否需要更大的压力（例如，像胡萝卜之类的硬食物）。在进餐时就对当天发生的事情进行讨论。对于既有视觉又有听觉障碍的儿童，可以充分利用触觉的身体信号引导他们学习发生了什么，提供方向（"掀开"），提问问题（"更多？"），或作出评论（"香蕉"）。

4. 提供必要的身体支持。有运动控制困难的儿童对下颌、唇部、舌头的控制需要人工帮助。将非利手的拇指或手指放到下颌或面颊处可以帮助儿童控制下颌和其他的口腔结构。然而，这些技术的使用需要有专家的指导，使用的不恰当可能会阻碍儿童的饮食。将手放到头的顶部能够帮助儿童避免颈部紧张，颈部紧张会阻碍饮食。注意将手远离头的后部，因为这可能会导致压力和紧张。

5. 模仿日常活动和技能。让儿童尽可能参与到食物准备中——清洗、剥皮、搅拌、倾倒、切削等。这有利于增强儿童对菜品的意识。

儿童观看饮食行为并感觉咀嚼和下咽（感觉对于视觉缺陷的儿童尤其重要）。说出你正在做的动作："咀嚼"或"吞咽"。着重强调这些动作，使得儿童看到、感觉到你在做什么。

6. 告诉儿童做什么而不是不做什么。对儿童持续的努力给予积极的支持。

7. 鼓励独立。从出生的第一天开始，鼓励探索和参与（例如，触摸胸部、拿住瓶子、感受食物、将食物送到嘴边、玩耍勺子）。不要将奶瓶放在儿童嘴里（这增加了耳部感染和牙齿问题的风险），也不要让儿童处于无人看管的状态，这不仅是出于安全原因，也是因为进餐时间是建立依恋和社会互动的好时候。让儿童参与到用餐的每个方面：准备、上菜、进食、撤走食物和清理食物。所有这些活动都为自助自立以及其他日常技能提供了必要的练习。

8. 共同行动。坐在儿童旁边稍微靠后的位置。交叉双手并温柔地引导儿童的手。每次进餐前这样做几次，儿童便不会再回避帮助。当儿童的控制力增强的时候，逐渐停止帮助。使用提示，例如触摸手腕或胳膊，提醒儿童继续吃。

9. 教授必要的技能。将任务分解为比较小的步骤，并且明确这些技能是否能够通过近似方法完成；通过次级技能的链接（向前或向后）；通过触摸、手势或词语的提示；或者通过模仿。下面的建议包括按所涉及的技能分组的互动和环境相关因素。

10. 增加吮吸。加长的奶嘴、孔大的奶嘴，或特殊的奶嘴可能会刺激吮吸。（喂养团队、言语治疗师，或者职业治疗师能够推荐适合的奶嘴。不要在没有协助的情况下指定奶嘴。）使用较轻的瓶子和少量的液体来鼓励儿童拿住瓶子自己进食。

11. 增加咀嚼。以泥状食物开始。然后将果泥做成稍厚点块状的。将硬的小饼干变软然后给儿童吮嚼。小的、湿的大块需要捣碎以便咀嚼。不能变软的食物（如胡萝卜）对于口腔运动技能差的儿童是有危险的。只有在专业人员的建议下才能喂硬的食物，并且要仔细监督。可以提供硬的橡胶玩具用来咀嚼（例如，橡胶牙环）。对于有咬合反射的儿童，或者非典型的闭合下颌的儿童，需要使用带有橡胶涂层的勺子。这将有利于避免牙齿受损，还可以减少打碎勺子的危险。

12. 帮助下咽。在下一口之前要确保第一口已经下咽；不允许"填塞"或在面颊里存留食物。如果需要刺激吞咽，则将手指按压到舌头后部的下颌下面。（提前咨询专家。）使用自然增稠的液体，例如果汁或酸奶。放置好食物以防止误吸是很重要的。应该咨询专家寻求帮助。

13. 帮助手指喂食。鼓励对托盘或桌子进行视觉或触觉的扫视，以寻找和发现食物（失明儿童需要进行触觉搜索）。在开始进餐时，从手指喂食一种喜爱的食物开始（当儿童很饿时）。初期的食物要求是软的，容易拿起来，不要大于一个手指甲。鼓励手指的敏捷性（参见 TPBI2 第三章第三节）。站在儿童的身后指挥他们的双手，因为这能够帮助儿童形成正确的动作。

14. 帮助饮水。在教儿童放下一个杯子之前，首先教他们拿起一个杯子。在杯子的一侧做一个切口（儿童着嘴处的相反一侧），这样能够看到儿童饮用时发生了什么。这样做可以最小化儿童在饮用时向后仰头的可能，因为鼻子不会碰到杯子的边缘。也是由于这个原因，做切口的杯子有时被叫做"大鼻子的杯子"。使用有两个把手的杯子时，在杯子里放少量的液体和喜欢的口味。对于用开口杯饮水，先从少量的水开始。将杯子置于下唇，鼓励唇部密封，避免咬合反射。为了利于控制，开始时一次喂几滴液体即可。黏稠的液体可能比非常稀薄的液体更加容易一些。给儿童提供帮助直到他们可以独立地控制杯子。

15. 增加勺子的使用。使用儿童型号的勺子以避免儿童产生挫败感。示范如何将勺子放到嘴边。为了帮助拿住和使用勺子，在儿童能够使用勺子吃东西之前，可以在进餐时拿勺子来玩耍（儿童将会把勺子与进餐时间建立起联系）。成人和儿童每人拿一个勺子，这样就免得总是要考虑谁来拿勺子，同时还能促使儿童模仿成人的动作。在勺子的前端盛放少量的食物，让食物接触到儿童的嘴唇，以鼓励儿童张开嘴，然后将食物的一部分放进嘴里以防止塞住，并保持勺子向上倾斜。在使用勺子之前，先演示如何用手将食物放到勺子里。之后，演示如何在碗里将食物弄到勺子上。要选择容易被勺子兜住的食物。考虑是否需要使用特殊改造的勺子，既便于儿童握紧又便于放到嘴边（咨询专家）。为了鼓励使用勺子，成人应尽可能避免使用手指喂食。

16. 训练叉子的用法。实际上，对于很多儿童来说，使用叉子比使用勺子更加简单，因为食物不会因为叉子旋转而掉下来。使用儿童型号的叉子，这样可以很容易将食物塞进儿童嘴里,并且容易控制。为了减少挫败感,在进餐时间外可以多加练习。例如,让儿童帮忙煮饭,帮忙用叉子按压饼干面团或者捣碎软的食物。使用牙签插棉花糖、葡萄干和其他软的物品。这有助于儿童获得叉东西的概念。

17. 训练刀子的使用。参与准备食物是一种很好的支持儿童的方式。切饼干面团、软芝士、煮硬的鸡蛋、成熟的水果片、喂小鸟的不新鲜的面包片,等等。先在硬食品上涂上软材料,这样儿童便不会弄碎下面的食品或者在上面戳洞。例如,在芹菜上涂花生酱,在英国松饼上涂软奶油,或在托盘上撒油。儿童能够帮助做三明治(如果一片面包损坏了,并不是什么大的损失),涂抹软奶油或软化干酪。孩子们喜欢橡皮泥。使用塑料刀和自制比品牌的橡皮泥更软的橡皮泥。

18. 训练装饭摆餐等技能(例如,倒菜、传菜)。烹饪是有益的轮流支持的方式,而不仅仅是一顿饭的事情。儿童可以使用装有少量液体或固体的容器将原料倒入碗中,例如牛奶、面粉或糖。保持少量,使其更轻便、更容易操作,以增加成功的机会并减少混乱。让儿童把物品搬到准备区。如果儿童已经能够轻易地操作假杯子和罐子,你也可以一起使用这些东西。让儿童把小饼干托盘搬到烤箱处。让儿童将物品放到桌子上的篮子或托盘里以布置饭桌(例如,餐巾纸或勺子)。

19. 与家庭成员、同龄人或玩偶玩有关的角色假扮游戏。塑料器皿的游戏更易于操作,并且角色扮演的情境对于准确性没有要求。偶尔使用真正的小吃和器皿。

环境调整

除了可能帮助儿童提升进食技巧的人际互动策略,环境调整也是很有效的方法。根据 TPBA2 的发现,可以参考以下提到的环境调整。

1. 调整环境。消除人际压力。给残障儿童喂饭可能很有挑战性,试着放松自己,慢慢来。尽量保证安静、舒适的环境,放一点轻音乐可能会有帮助。同时确保儿童能够看到你的脸(避免给聋哑儿童使用背光)。保护好环境和衣着,这样就不必担心弄得一团糟。

2. 调整食物。提供一些符合儿童能力特点的食物。增加液态食物的黏稠度(比如,土豆片、使用增稠剂和一些明胶产品等),慢慢变为固态食物以促进咀嚼能力的发展;避免儿童出现便秘、蛀牙和维生素缺乏;减少牙齿畸形带来的影响。尽量避免给那些有感觉障碍的儿童提供太烫或者温度太低的食物,他们可能对于极端的温度有消极反应。注意监控食物的数量、类型以及黏稠度。是否提供固态食物需要视儿童整体发展水平而定。尽可能接近儿童消化和牙齿发育的水平。在刚开始时可以给儿童品尝多种新鲜食物,然后再提供儿童最喜欢的那种。调整食物的颜色(可以将不同颜色的食物放在盘子里让儿童去辨别)和口味(儿童需要学会去接受不同的味道,可以每周提供一种新口味)。辣、酸口味的食物可以促进肌肉张力发育不足儿童的口腔运动,而低温食物可以增强肌肉紧张程度。

3. 鼓励儿童去闻。在儿童品尝食物的时候鼓励他们去闻食物的味道。

4. 变换食物的材质。儿童很难辨别不同的材质。先给儿童提供一些入口之后可以变成小块状的食物,比如香蕉泥。最难操作的材质是那些入口即散的食物,比如大米和蔬菜。

5. 鼓励孩子自己进食。提供一些可以蘸着吃(如沙拉酱、洋葱做的辣调味汁、番茄酱)和用长柄勺吃的食物(如胡萝卜和椒盐卷饼),鼓励儿童尝试新食物,促进进食能力的发展。

6. 排除食物过敏。对于那些有食物过敏症的儿童,可以连续三天提供同样的食物来排除过敏反应。

7. 调整喂食安排。在间餐、短餐时教儿童一些吃饭技巧效果会更好。儿童可以在简短的练习中学习新的吃饭技巧,然后在更少压力的情况下跟家人一起享用食物。新环境中儿童更容易接受新口味和新材质的食物。为不同食物和饮料安排特定的时间、顺序和位置程序。

8. 改装餐具。尽管使用一些常规餐具更有利于儿童适应标准化的环境,但使用一些改装过的餐具可以帮助儿童更好地接受喂食,减少消极反应,更加独立。切掉圆角杯的上部可以防止杯子的上部碰到儿童的鼻子。透明塑料杯可以让成人看到儿童的嘴唇和舌头,方便根据需要作出调整。使用改装过的勺子:压舌板似的勺子可以减小对口腔内部的刺激,给过度敏感或者有咬合反应的儿童使用尼龙、塑料或者橡胶外包的勺子。使用防滑碗、盘子、杯子和垫子来固定食物。

9. 调整儿童的位置。调整儿童的姿势可以增加其稳定性,让他们更舒适地使用口腔运动技能和其他精细动作。任何人(即便是婴儿)都不应该在背朝下平躺着时吃东西。坐立是吃东西最理想的姿势。头部和躯干的控制与支持是坐立喂食的前提条件。对于那些残障儿童,需要向专业人员咨询以确保儿童处于良好的躯干、头部、手臂和手的控制位置。以下内容可能对不同类型的动作有帮助。

肌张力过高(Hypertonicity):肌张力过高的儿童可能会面临颈部和头部后倾的问题,导致吞咽动作比较困难,但易于呼吸。张开的下颚、下颚突出、嘴唇和舌头回缩等也可以被看到,这是出现过度紧张的症状。

- 尽可能保持直立姿势,头部稍微弯曲(不超过15度)以避免紧张。此处专业人员的协助非常重要。
- 在腿部下面垫一个楔子使大腿夹角超过90度,可以减轻腿部的伸展和推力。
- 基于儿童头部控制的实际发展水平,调整对儿童头部的支撑(比如扩展头枕、颈部支撑和头部支撑)。
- 在肩膀后面放置毛巾卷,向前推颈部和头部。
- 如果无法保持直立姿势,需要向专业人员咨询最合适的喂食姿势。

手足徐动症（Athetosis）：无法控制的腿部、手臂或者头部运动会影响喂食和吃饭。
- 限制肢体运动（如通过绑带、轮椅托盘等）可能会帮助喂食。
- 限制头部运动，手部放在儿童头顶会最有效。需要寻求专业协助。
- 向身体的中心线或者身体一侧呈现食物（与儿童通常转身的那一侧相反），这能够帮助儿童保持身体中心朝向不倾斜。

肌肉张力减退（Hypotonicity）：躯干和头部控制是肌张力低下儿童运动的关键。
- 头部控制需要头部定位器支撑以保持稳定。
- 对胸部的支撑可以促进躯干控制。但不要将绑带缠在儿童的胸腔位置，以防影响呼吸。
- 抬高托盘或者桌子可以使身体更加直立。
- 面部肌肉运动不足则需要在喝液体或吃食物时多加注意。经过专业训练的人员可以提供一些增加肌肉张力的技巧。

10. 调整感觉输入。调整感觉输入的数量和类型可以降低口腔-面部的过度敏感性。针对舌头、牙龈和面部的一些措施可以帮助减少或增加不适反应。（然而，在尝试任何具体措施之前，请向团队寻求相关帮助。）增加食物的香料、调味料和强度以增强味知觉（参见环境调整的第 2 条）。如果出现口腔过敏，需要考虑食物的放置位置、材质以及气味和味道等因素。向团队寻求专业帮助。通过玩具和口头游戏的方式为接受经口管理的儿童提供口腔输入，以减少口腔超敏反应或增加敏感度，这可以帮助儿童过渡到口腔喂食期。需要团队指导。

11. 抑制可能干扰饮食的原始反射。非对称紧张性颈反射（Asymmetrical Tonic Neck Reflex，ATNR）或者"击剑"姿势（Fencer's Position）可能会干扰手到嘴的运动。将儿童的手放在身体中线的一个固定位置上可以使其头部稳定在身体中线，进而使儿童能够控制自己的另外一只手。可以从儿童头部通常转动的方向的另外一侧向他/她提供食物。而对称紧张性颈反射（Symmetrical Tonic Neck Reflex，STNR）由于头部运动影响头部和胳膊，会妨碍坐立和手到嘴的动作（比如，颈部伸展＝胳膊伸展、双腿弯曲；颈部弯曲＝胳膊弯曲、双腿伸展）。通常，用手帮助儿童的头部转向最优位置就可以抵消这种倾向。托盘可以用来支持儿童的肘关节呈弯曲姿势，将托盘或桌子抬高到胸部中央可以提高躯干的稳定性。口腔运动反射如嘴角反射、咽反射、吞咽反射、咬合反射等可能会影响进食。稳定的身体姿势、头颈部的位置、手与嘴之间的相对位置、餐具的使用、食物如何放进嘴里等都需要考虑。需要咨询专业人员。

Ⅵ. B. 儿童在简单的穿衣任务中表现如何？

穿衣需要身体各个部位的精细运动技能的参与。儿需要同时使用身体姿势支持、平衡、大肌肉运动计划、感知觉管理、双侧协调、精细动作操作等,同时也需要一些认知、沟通和社会技能参与。有运动障碍的儿童,比如脑瘫或运动障碍患者等,在穿脱衣服时都会遇到困难。认知功能受损可能会影响注意力、模仿和学习技能的能力,而沟通问题可能会影响理解以及向他人求助时的表达。社交和情感技能也是必要的,特别是在最初通过轮流和参与来学习技能时,因为儿童需要有足够的动机、情绪调节和认知。即便是正常发育的儿童,也要在 12 个月大的时候才能够参与穿衣过程,至少在 6 岁才能独立完成穿衣过程。因此对许多有特殊需求的儿童来说,独立完成穿衣是一项很大的挑战。

以下建议可以为那些尝试帮助儿童学习穿衣技能的家长提供帮助。

人际互动策略

1. 镇定地互动。认真观看并回应儿童发出的线索,适时地放慢速度、停止或给予帮助。想要儿童逐渐独立就需要有耐心。就儿童正在穿什么、为什么这么穿、穿衣服之后干什么等展开对话。

2. 将穿衣变成游戏过程。彼此交换进行穿衣的各个步骤,这样儿童才能模仿你的动作。穿衣的过程中可以做鬼脸,做一些夸张的努力穿衣的动作。将一些技能动作拆解成小步骤。通过反向链锁法可以让儿童逐渐实现成功,也就是让儿童先完成所有动作序列的最后一步,在这一步成功后,再学习之前的那一步,至完成所有步骤。

3. 唱歌来增加儿童的兴趣。(哼唱着)"我们这样脱下你的鞋子,脱下你的鞋子……",等等。

4. 教给他们重要的技能。教儿童技能的时候要根据家庭的偏好、需要和用途来选择教导的复杂性和顺序性。比如,考虑一下哪些穿衣动作是最常用的,例如手套并不经常戴的时候可以不必着急教导戴手套。如果儿童正在学习独立如厕,那么穿裤子和脱裤子的能力就非常重要。也要考虑家庭的偏好,有些家庭中学习系鞋带可能很重要,而在另外的家庭中,在头上围围巾可能更需要。

5. 在穿衣前放松肢体。通过按摩或放松技巧,在穿衣前降低肢体的肌张力(参见 TPBI2 第三章第一节)。

6. 当心无意中造成的影响。尤其是给儿童穿衣服的时候,成人往往拉着儿童身体的各个部位往衣服里穿。注意这些动作可能在无意中导致肌肉过度紧张而增加儿童的肌张力。比如,拉起儿童的手指或四肢可能会增加肌张力,使穿衣难度更大。慢慢地引导儿童的四肢穿进衣服可以降低他们的紧张感。穿衣服时尽可能用推而不是拉。

7. 先穿最受影响的肢体部分(脱衣服时先脱最受影响的肢体部分)。这样可以在穿衣服时获得最大的灵活性。

8. 鼓励参与和独立。成人在帮助儿童穿衣服时传递对他们独立的期待和信心。对儿童做出的每一点努力给予赞扬、拥抱和亲吻（不仅仅是成功后才给予）。

环境调整

除了可能提升儿童穿衣技能的人际互动策略，环境调整往往也很有帮助。根据 TPBA2 的发现，研究团队可以考虑做出如下方面的环境调整。

1. 姿势技巧。尽量不要让儿童躺着穿衣服，减少身体伸展，尽可能让儿童看到穿衣服的过程。如果儿童发育到能坐立，则尽量使用坐立姿势穿衣服。可以让儿童倚在支撑物上（比如成人的身体或者其他硬的支撑面）。侧卧可以让肌张力高的儿童放松下来，给婴儿穿衣时可以让他们伸展地躺在成人的腿上。

2. 考虑衣服的构造。胯部和衣缝处要双线缝合，扣子要钉紧，扣眼也要做好。前开的衬衫比较容易穿。尽量穿直筒袜。

3. 考虑衣服布料。对于坐推车的儿童，透气性棉质或者棉混纺材料可以防止水分蓄积。对于感官调节有问题的儿童，选择儿童更喜欢的材质。避免使用过硬或容易让人发痒的材质。对于有痉挛问题的儿童，使用有弹性的材料可以给予儿童更多的活动空间。选择不易燃的材料，避免衣物上出现容易被挂住的线头，选择可洗免烫的材料，衣服外皮选择容易洗的材料。使用容易擦洗并且耐穿的乙烯基材料的外套或马甲，使用较轻又保暖的材料，聚酯纤维和羊毛材料既轻快又保暖。

4. 考虑衣服尺寸。大号的衣服在活动时会比较方便，而在袖子上填充太多材料则容易在穿衣时被刮住。大号的裤子对于有痉挛或支架的儿童比较适用。大号开口领子的衣服在穿衣时比较方便。

5. 调整衣服的闭合口。使用带有尼龙搭扣的鞋子。使用不同尺寸的尼龙搭扣来紧固衣服。在拉链齿上系上一个有童趣的拉带（比如加上一个有意思的物件、首饰、塑料花、皮革带以及其他一些可以用作拉链环的东西）。使用有弹性的线缝扣子，这样穿衣服时袖子可以伸展。

6. 适应性调整。在帮儿童换尿不湿或如厕、穿衣服或脱衣服之前做好准备，这样免去儿童因为等待而产生的不适。儿童尤其是女孩可以穿披风作外套。男孩可能会喜欢蜘蛛侠或超人披风。在衬衫和裤子上用有弹性的腰带。在承受外力较多或易磨损的地方加一些织物补丁。使用尼龙扣子，在裤子、衬衫或袜子上加一些线圈，这样更容易穿。以下是对有特殊需求的儿童的针对性的调整：

- 感知觉调节障碍：去掉衣服上可能会刺激儿童的标签。
- 不能行走：为只能爬行的儿童提供特殊的裤子。避免那些会影响爬行的穿着或衬衫。
- 手推车

  穿短身夹克衫和衬衫防止衣服卷起来。

宽摆裙更舒适。

穿侧边或背面封口的环绕式上衣。

穿披风比穿外套好。

- 上肢活动受限

  衣服上尽量少用纽扣。

  把套头衫做成前面有尼龙搭扣或拉链的衬衫。

- 视觉损伤

  在衣服上缝不同颜色的结（比如，红色的一个，绿色的两个）。

  在衣服上加一些鲜艳的装饰，帮助较低视力的儿童发现其中的差别，从而较容易找到衣服的开口处。

- 语言发育受损或迟缓：采用能够帮助儿童作选择、作评价、请求帮助的通信设备。如沟通板、图片序列提示、语音输出装置、手语等都可以使用。

6.5 为需要在日常生活中提升感知运动机能的儿童提供的常规活动

6.5.1 日常常规（家庭和教室）

喂食/进食

姿势是第一步，也是最重要的方面。儿童的脚部要有支撑，躯干应保持稳定并处在身体中线上，抑制身体其他部分的伸展或收缩动作。必要时使用一些做过改造的设备。喂饭的时候，成人需要坐在儿童面前的椅子上，从低于儿童眼睛视线水平的位置给他呈现食物或饮料。如有需要的话，使用经过改造的合适的餐具，比如圆角或"大鼻子"杯子。注意并控制儿童摄入食物和液体的量。如果儿童正在学习自己进食，成人刚开始时可以在儿童侧面或者身后对他进行引导，随着儿童逐渐掌控了自己的动作，成人便可以让他独自进行。制订好一套包括时间、座位、餐具摆放和参与方式的流程。

换尿不湿/如厕

对于身体较紧张的婴儿，让他趴在成人的膝盖上换尿不湿，可以防止婴儿双腿一起用力运动。对于大一点的儿童来说，需要提供一些支撑以帮助其站立和蹲下脱裤子。例如，成人可以站在儿童身后，倾斜儿童的臀部，这样儿童就可以蹲下并脱下自己的裤子。穿经过改造的衣服，比如带松紧带或尼龙扣的裤子更方便脱掉。裤子上部的环带有助于儿童拉起裤子。

穿衣

将衣服放在合适的位置，使其与儿童穿衣服的方式相协调。为儿童提供支撑以使其独立,先坐下来,然后用成人的肩膀或手臂作为支撑站起来。因为脱衣服更容易,所以可以先从脱衣服开始。当穿衣的时候,让儿童选择穿哪件衣服,这样可以激发儿童的参与感。必要时使用调整过的衣扣、可伸缩的衣料、胳膊和腿部加大尺寸的衣服。如果儿童的身体肌张力较高,可以先从受影响最大的那侧肢体开始穿衣或脱衣。

外出

鼓励儿童拿上需要的外套或帽子并鼓励他们参与穿衣。笨重的外套穿起来比较困难,这时可以先换成其他一些外穿衣物让儿童先体验穿衣服的成就感。帽子最容易戴;手套很容易脱,但戴起来难。对于运动障碍很严重的儿童,将按扣改为尼龙扣,或换成容易操作的拉链。坐在轮椅里的儿童或身体动作受限的儿童尽量穿披风。当儿童能够参与并从穿衣中获得成就感和自豪感的时候,他们就有足够的动力走出去了。

去餐馆对儿童来说是很大的挑战,带上儿童自己的餐具会让他们感觉更舒适一点,尤其是在家里经常使用改造餐具的儿童。为增加儿童吃饭的兴趣,可以让儿童决定点哪些菜。也可以点一些不需要成人帮助也能自主操作的东西。

6.5.2 游戏常规(家庭和教室)

面对面游戏

玩一些能够增强儿童口腔运动和精细运动控制的游戏。例如,在镜子面前玩模仿游戏可能会很有趣,这可以鼓励儿童以特定的方式活动嘴唇、舌头和下巴。例如,做出亲吻的动作、张嘴打哈欠、扮鬼脸等。玩轮流伸舌头的游戏,速度可以越来越快。跟大一点的儿童玩"西蒙说"游戏,同时伴随面部表情和舌头活动。可以咨询语言专家,制订最适合儿童的活动。手指游戏可以提升儿童的精细动作技能和模仿能力。很多歌曲和手指游戏都涉及吃饭或穿衣。

体育游戏

- 制作食物。让儿童帮你摇晃一个小罐子里的配料来做奶昔(如让儿童捣碎香蕉,加上他们自己倒出来的牛奶和橙汁,也可以加上调味粉和儿童剂量的奶粉)。播放音乐,儿童可以在同一时间跳舞和摇晃。
- 假装制作出食物。爆米花、沸腾的水或者面团。

操作性游戏

- 食物游戏。使用箔和保鲜膜来包装假装的食物(在厨房帮忙时可以用真的食物)。儿童一边用餐一边玩。给他们一个大的塑料碗让他们帮忙撕生菜、掰豆角、掰胡萝卜条或打鸡蛋。这也是一种感觉游戏,因为儿童会体验到不同的质地和气味。在假扮游戏中使用需要一定操作技能的烹饪工具(例如手动打蛋器、搅碎器、过滤器和钳子)。

- 装扮游戏。使用儿童可以操作的洋娃娃服装与扣件,使用儿童想要穿的衣服去装扮,包括帽子、大衣、连衣裙、鞋子和各种各样的服装。
- 智力游戏。不同的儿童玩不同水平的智力游戏,关于水果、蔬菜、衣服和身体部分的智力游戏,等等。更高水平的智力游戏可能以故事的方式呈现(例如,种植食物,去食品杂货店或饭店)。
- 游戏。与穿着和用餐有关的棋盘游戏或乐透游戏会让儿童分享他们的想法和经验。

感觉游戏

- 水中游戏。儿童可以用刷子与海绵擦洗塑料食物和清洗盘子(尤其是清洗假扮游戏中的塑料盘子)。把儿童的杯子、水壶、量杯和勺子放在浴缸、水池或洗碗盆里。把洋娃娃放入浴缸里洗头、洗澡、晾干,给洋娃娃穿上衣服等。
- 食物游戏。将食物浸到不同的调料里(例如沙拉酱调料、花生酱、奶酪蘸酱)。用布丁、苹果酱或酸奶涂手指。让儿童帮忙剥玉米、煮熟了的硬鸡蛋和橘子。做饭时闻香料和食物的味道。在进餐时间可以玩这种游戏,让家人闭上眼睛,闻着食物,猜猜是什么。
- 加入其他物品。在假扮游戏中加入其他物品(例如,羽毛围巾、用于"烹饪"的橡皮泥)。
- 艺术活动。在艺术活动中使用餐具(例如,挤压瓶子中的胶水,用一个塑料叉子、刀子或擀面杖塑造玩具面团,在罐子中搅拌颜料)。使用食物材料、植物、种子、贝壳面等。用浆果、葡萄、甜菜或者紫甘蓝制作染料。用土豆或把水果二等分或用其他有趣的来自自然中的食物残留的部分做印拓。

假扮游戏

假扮游戏应该提供一个让儿童在安全无指责的环境中练习技能的机会。

- 食物游戏。帮儿童准备一个模拟的茶话会、生日聚会或野餐。包括塑料容器和真实的器具。假扮游戏可以鼓励儿童并提供一个练习的机会。在游戏中提供真正的点心可以让练习显得更真实。这种游戏包括准备、服务、清洗餐具等。可以涉及不同文化的食物(例如餐馆或旅行游戏)。
- 装扮游戏。服装和道具能够让儿童练习穿衣服。让儿童参与探索不同文化或不同活动中使用的不同服装或穿着。在道具箱里放置不同文化的服饰,制作一些可以在不同文化和生活方式的故事中都能使用的食物。

6.5.3 阅读和学习常规

圆圈时间

圆圈时间是谈论和发展讲述日常活动、创建故事板、唱歌、跳舞的机会。所有的这些活动包括一连串有关穿或吃的动作。儿童可以分享他们喜爱的东西和家庭经验。圆圈时间也可以包括读一些如何学习自己做事的书、帮助其他人的日常活动以及发现事物是如何形成的。

一对一阅读

读一些关于儿童如何学习新技能的书,可以让成人去谈论儿童学习的经验和他们正在学习的感受。残障儿童可能爱看动物或者儿童独自努力去克服挑战的书。谈论书中所描绘的食物或衣服。讨论你喜欢什么或不喜欢什么。

科学与数学

- 概念。命名和辨认身体部位、食物、衣服。对物体进行排序和分类,什么时间、在哪里以及如何去穿和吃这些东西。参考以下活动:
  - 用餐的活动:烹饪和用餐包含计算数量;数餐具和食物。研究动物和植物的成长、营养、形状、气味、分量,以及食物是如何形成的。
  - 实验。根据儿童的水平,以上提到的每一个主题都可以用真实的食物来介绍和探索。可以通过检查、操作、比较和分割来探索它们。
  - 阅读。读有关食物和穿衣的书,玩与此有关的游戏。
  - 穿衣活动。对比不同季节、文化和年龄的衣服。用衣服的不同材质、重量和大小进行实验。计划旅游的装备。

案例:桑尼

桑尼是一名2岁的巴基斯坦儿童,患有不明基因遗传综合征。她的躯干和口腔的肌张力都非常低。她的嘴大部分时间是张着的。她有吐舌癖并且会流口水。她可以一个人弯着腰单独坐,但她的尾骨和肩膀向前蜷缩着,下巴向前伸。桑尼也有认知和视觉上的障碍,视力极低。目前她能自己用手指拿东西吃,但主要还是依靠勺子来喂食。她的父母和照料者为她穿衣服。目标是增加桑尼在喂食和穿衣服中的参与度,让她在日常生活技能上更独立。以下是提供给她的照料者的一些建议。

人际互动策略

1. 站在桑尼后面鼓励、引导她自己动手吃东西。让她知道你正在做什么。"吃饭时间到了。"触碰她的肩膀让她知道你在哪。"让我们一起找香蕉。"将你的手沿着她的胳膊移动到手上,轻轻地引导她的手在盘子里搜索。感受当她的手指碰到东西时的反应。"你找到了香蕉!拿着它!"当她捡起它的时候,松开你的手,看她是否能独立地把香蕉放进嘴里。必要时提供帮助,告诉她正在吃什么。"香蕉,你发现了一个香蕉,香蕉很好吃。"当她吃香蕉的时候重复这个词将帮助她学习香蕉是什么。当她学习搜索的时候逐渐撤除身体支持,但是要一直和她说话以保证她有继续保持的动力。

2. 在游戏、穿衣服、日常洗澡中使用以上提到的搜索策略。如果玩具可以发出声音,让桑尼感觉和听到它。告诉她,"让我们一起玩吧,在这儿你最大!"给玩具命名让她了解玩具的名字。然后在她能够够到玩具的时候移动它,让她开始搜索。对她的沐浴玩具、毛巾和肥皂做相同的搜索(如上所述)。

3. 当给桑尼穿衣服时,让她感觉并闻一闻衣服的气味(使用带有她喜欢的气味的柔软剂)。告诉她要穿衣服了,告诉她衣服各个部分的名称。将衣服放在她的身体上,让她感受衣服穿上的感觉。例如,将T恤放在她的胸膛和小胳膊上,告诉她,"这是你的运动衫,让我们穿上它吧"。这将让她为即将发生的事做好准备。在打开衣服的时候放入她的胳膊和腿,之后告诉她:"往里面伸胳膊。"这让桑尼学习如何参与穿衣以及穿衣服所涉及的动作。

环境调整

1. 在吃饭的时候,给桑尼的躯体和脖子提供支撑,让她更容易进食和吞咽。提供一个垂直的有靠背的座位,将她的餐具升到她胸部中间的高度,这样她吃东西的时候就可以保持头抬起。在她的膝盖下放置楔子和毛巾卷帮助她的臀部与背部保持直立90度角。确定她的脚放松,使她的脚也保持屈曲90度角。

2. 在桑尼的托盘上放一份和她的食物呈对比色的塑料纸(例如黑色的塑料纸上放着香蕉和面条)或者一个带有明亮装饰的盘子,以便她可以很容易地找到食物。从她最喜欢的食物开始。开始时在托盘上放许多食物以便她开始伸手搜索的时候可以成功拿到,然后逐渐减少托盘中食物的数量。

3. 使用圆角杯可以看到桑尼的舌头在哪里,已经喝了多少液体。在下巴处给予轻微的力量可以帮助她收进自己的舌头。给予她下巴和嘴唇处的外部支撑将帮助桑尼闭上嘴唇,减少流口水。

4. 现在,桑尼能躺着穿衣服了,这为头部和躯干提供了很多支持。一旦她抬高她的脚、伸出她的胳膊等(请参阅结尾部分的表格),将她移到一个有支撑的坐姿,这使她能够更充分地参与穿衣。

不同发展年龄的干预要点

以下建议针对的是处于相应发展水平的儿童。这些建议并不是全面的,而是表明了可能探索的领域。

发展年龄	吃饭和穿衣技能	干预要点
0—3个月	吃饭：能够持续吮吸20秒左右。 使用吮吸模式吃泥状食物。 穿衣：穿衣时成人能很轻松地摆弄婴儿的身体。	吃饭：注意并回应宝宝停止吮吸和休息的需要。 穿衣：告诉婴儿正在做什么。当婴儿感觉到冷的时候使用暖和的湿纸巾，在换尿不湿时用衣服或衣罩盖住上半身。
3—6个月	吃饭：尝试张嘴，咀嚼软饼干，也可能又回退到吮吸动作。 用舌头推出口腔中的食物。可能会开始有规律地吃泥状食物。会协助成人将奶瓶送到嘴边。 从杯子里吃一到两口食物。 除非在牙牙语或被其他物体吸引注意力的时候，很少会在仰卧、俯卧或坐着的时候流口水。 穿衣：在成人给自己穿衣服的时候，儿童会变得非常兴奋、激动。	吃饭：将勺子中的食物接触到儿童的嘴唇可以刺激儿童张开嘴巴，用勺子轻微压一下舌头可以诱导儿童闭上嘴唇。 开始用瓶子；让儿童协助将奶瓶举到自己的嘴边。用杯子接触儿童的下嘴唇可以刺激嘴唇闭合。 穿衣：鼓励参与；举起T恤或裤子让儿童主动去够。在穿衣服之前让儿童自己拿着衣服。说出身体部位和衣服各个部分的名称。如果肢体肌张力增高，先穿/脱受影响比较大的那部分肢体。
6—9个月	吃饭：张开嘴巴期待(成人举起的)勺子；开始用杯子喝水；开始能够用上嘴唇帮忙将勺子上的食物移进嘴里。 能一只手拿起软饼干放到自己嘴里(7个月)。 能够吃未加工或半加工的食物，以及一些捣碎的食物。能够用上嘴唇协助将食物从勺子上移进嘴里(8个月)。 不需要外部支撑也能坐在椅子上；安全带仅仅提供安全保护，不起支撑作用。当吸吮开始或移开乳房/奶瓶时不再漏液体(9个月)。 吃半固体食物的时候采用从上到下的吮吸方式。 穿衣：儿童预见成人的行动，并开始主动抬起自己的小腿或小脚。	吃饭：根据儿童的能力和需要提供带或者不带喷嘴的杯子。提供能够促进咀嚼动作发展的软质食物。 当儿童需要坐在较高的儿童椅上时，确保有足够的支撑。 玩一些口腔动作或表情模仿游戏。 穿衣：在换尿不湿或穿衣服时，让孩子以伸展的姿势倚靠在自己的腹部或膝盖上。 鼓励儿童在穿衣服时主动将胳膊或腿部伸向衣服的袖子或裤腿。 如果儿童的伸展动作比较多，尽量坐着穿衣服。
9—12个月	吃饭：咀嚼更加精细，能独立地用手指进食。 能够协助握住杯子或勺子。能喂自己整瓶食物(10个月)。 能够控制自己流口水。能够简单地吃切碎的食物，包括一些容易咀嚼的肉类。主要从杯子里喝水。经常坚持自己吃东西(12个月)。 穿衣：主动在穿鞋的时候伸出小脚，在穿衣服的时候伸出胳膊。 如果裤子脏了，就把它脱下来(12个月)。	吃饭：让儿童自己握住勺子，可以使用改造过的勺子。 让儿童练习自己取软质的东西吃，比如布丁，将食物放在托盘里可以鼓励儿童自己用手将食物送进嘴里。 在托盘里放1—2份食物，鼓励儿童自己拿起来。 刚开始的时候可以与儿童互动。 在儿童开始自己吃东西的时候要考虑儿童的姿势。 确保儿童坐稳，能够操作食物，吞咬食物不能太大口。控制给予食物的时间间隔不要太快，每次提供适量食物。 可以玩一些"吧唧嘴"的嘴唇和舌头活动游戏。在儿童运用身体各个部位的时候给它们命名。 在孩子咀嚼食物的时候，跟他/她讲一下食物的名字。 穿衣：为方便脱下，可以穿带松紧带的裤子。鼓励儿童自己去完成脱衣服的最后一步。

续表

发展年龄	吃饭和穿衣技能	干预要点
12—18个月	吃饭：能够吃磨碎的或者切碎的食物。 能控制咬的动作。 开始能够在嘴唇闭上的情况下咀嚼(15—18个月)。 喝水的时候嘴唇闭合得较好。 能较好地从杯子里吮吸并吞咽，很少被呛到。 用勺子蘸食物并送到嘴里。能够握住杯子的把手，但很容易倾斜。 能用勺子装满食物，送到嘴边并倾倒进嘴里。将杯子举到嘴边，但可能有食物漏出来(18个月)。 穿衣：尝试穿鞋，经常穿到一半。能脱下帽子。 能够取下帽子、袜子、手套，能够协助取下其他衣服。	吃饭：叉子比勺子更容易操作。为儿童提供固定住的杯子、盘子可以方便他/她们操作勺子。 让儿童尝试舀食物吃，鼓励尝试新食物。 吃东西的时候向儿童说明食物和动作的名称。 穿衣：让儿童参与脱衣服，自主决定穿哪一件衣服。 分步骤穿衣服，让儿童完成最后的步骤。 让儿童给洋娃娃裹上毯子，戴上帽子。 如果受运动能力的限制，儿童主要靠爬行来活动，可以在裤子膝盖处打上补丁。
18—24个月	吃饭：嘴唇较容易地张合，不会漏出食物或液体，可以吃不同材质的食物。 能够很好地拿起杯子。打开食物包装。 能够用吸管吸饮料。 能打开罐子。将勺子送到嘴里。 穿衣：在鞋带解开的情况下能脱下鞋子。 能协助穿上或脱掉长裤(18—24个月)。 能找到袖子的入口(21—24个月)。	吃饭：每周给儿童不同材质的食物。 让儿童参与食物准备过程，鼓励吃新食物。 如果儿童有口腔活动障碍，向专家咨询适合儿童使用的杯子类型。 在假扮游戏中使用塑料食物、盘子和餐具。 穿衣：使用适合穿戴的尼龙搭扣。前开衫比套头衫更适合儿童。
24—36个月	吃饭：能跟家庭成员吃同样的食物，可以根据食物的大小控制下巴的张合大小。用拳头握叉子(28个月)。 能一只手握住杯子的把手。 穿衣：能够脱掉下半身的衣物(24—30个月)。 能上衣服前面较大的一颗纽扣。 能够解开鞋带，脱掉鞋子(2—3岁)。 能穿鞋，但有可能穿反。 独立地脱下外衣。解开或系上面或侧面的纽扣。 能脱下所有的衣服。 能穿袜子、T恤和外套。	吃饭：将吃饭时间变成谈话时间。让儿童参与准备和餐桌布置工作。安排儿童用小水壶倒水（比如将牛奶倒进麦片里）。 让儿童选择用何种餐具盛盘子里的不同食物。 跟儿童谈论食物的气味、颜色、材质和味道。 跟儿童玩"茶话会"游戏，假装进行烹饪活动。 穿衣：根据需要改造衣服的闭合方式（如拉链）。 让儿童自主完成洗澡或睡觉前的脱衣任务以及如厕后的穿衣活动。 跟洋娃娃玩假扮游戏，包括脱衣、洗澡、换尿不湿及穿衣活动。 让儿童参与叠衣服和整理衣服的活动。 在叠衣服之前将衣服正面朝外，让儿童根据衣服的大小和颜色分类。
36—48个月	吃饭：能够咀嚼得很细，可以吃大多数不同类型的食物。能够从自来水龙头取水(36—42个月)。 穿衣：能够打开裤子上的前拉链(39个月)。能够系上一排三个纽扣的衣服。 能较好且快速地脱衣服。 能自己穿衣服。	吃饭：让儿童参与食物准备、食物传递、洗盘子并擦干。 练习用餐刀将软质食物切开。 在不同情境中（不同座位、餐具、食物等）吃东西。 在假扮游戏中提供不同的真实餐具（钳子、铲子、刷子）帮助儿童练习。

续表

发展年龄	吃饭和穿衣技能	干预要点
	在假扮游戏中使用不同类型的鞋子(靴子、高跟鞋、凉鞋和拖鞋等)。 在装扮游戏中让儿童帮兄弟姐妹或其他小朋友穿衣服。	穿衣:在穿衣时为儿童提供一些身体支撑,但越少越好。 在假扮游戏中为儿童提供不同材质、不同开口的衣服。
48—60个月	吃饭:用手指握叉子而不是用拳头(51个月以后)。适当的时候用叉子代替勺子。 穿衣:能够解开腰带或鞋带(45个月以后)。在脱衬衫、毛衣或者穿内裤、短裤、长裤、袜子、鞋的时候需要很少的帮助。 能够区分衣服的前后,将衣服的外侧穿在外面。可以将腰带穿进裤子的环里。 能够解开/系上大多数纽扣(4岁到4岁半)。 能够拉上前面的拉链(4岁到4岁半)。	吃饭:提供不同质地的食物。不断地给儿童提供新食物。 描述并谈论食物的产地、制作方法等。 让儿童参与食物的各个方面,包括去市场购物的过程。这样可以增加儿童准备和尝试那些自己购买食物的兴趣。 让儿童为家庭成员或班级成员服务。 制作并切割三明治来练习使用刀具。把刀叉放在一起使用。 穿衣:假扮游戏中可以涉及一些更加复杂的服饰,比如消防员或警察的制服、牛仔外套、航天员装备、英雄的服装,等等。越不常见和复杂的越好。
60—72个月	吃饭:儿童在吃饭的所有方面都很有效率。使用刀叉的能力更好。 穿衣:能小心地穿衣,可以打开后向拉链(57个月以后)。将鞋子穿在正确的那只脚上(4岁半到5岁)。能解开衣服上的带子。	吃饭:吃不同口味、质地的食物。尝试使用筷子。 穿衣:让儿童参与购买自己的衣服。让儿童参与给弟弟妹妹们穿衣服。

第四章　对视觉障碍儿童的工作策略

坦尼·安东尼

TPBA2 不包含儿童视觉评估，但提供了筛查机会，来明确儿童的视觉表现是处于正常范围，还是存在问题并需要进一步评估。对于已经通过其他方法明确有视觉问题，如需要佩戴眼镜，或者存在视觉损伤的儿童，本章给出了一些通用策略。

视觉系统由三个协同发挥作用的基本机制组成：眼球负责收集光、颜色和形状的视觉信息；视神经负责将视觉信息传入大脑；而大脑则负责解读视觉信息。如果其中哪一个或多个成分出现损伤，那么视觉图像将是歪曲的、被误解的，甚至可能丢失。有些问题可能通过眼镜或其他医疗方法很容易被矫正。但有一些视觉问题并不能完全矫正，儿童可能会面临终身的视觉损伤。

1.1　视觉发育

视觉发育经常通过检查视力（Visual Acuity）、视野（Visual Field）、双眼协同运动（Eye Teaming）、色觉（Color Vision）和诠释（Interpretation）来量化评估。下面简单回顾一下各部分。

1.1.1　视力

视觉相关测量最公认的方法就是视敏度，即我们视觉的清晰度。20/20 的测量结果是最佳视觉清晰度的正常值。婴儿刚出生时并不能达到成人的视力水平，需要经过几年时间才可以达到 20/20 的视力。视力与眼部的视觉能力密切相关。角膜——眼球前面的透明覆盖层——影响到 70% 的视力成分。能看到非常小的物体的能力与近视力（Near Acuity）相关，例如看见外衣上的线头或碗里最后一片麦片。而远视力（Distance Acuity）则用于观看房间另一头电视屏幕上播放的影片，或者在穿过街道之前观察驶来的车辆。近视力用来阅读书籍，而远视力则用来阅读写在教室黑板上的字或者教室前方幕布上投影的幻灯片。

1.1.2　视野

正常的视野范围大概为 180 度，在人注视正前方时从头部的一侧扩展至另一侧。若想了解你的视野边界，就在直视正前方眼球不移动的前提下尝试以下步骤：弯曲肘部使你的手与耳朵保持水平,慢慢将手向前移动,直到发现它;然后将一只手放在你的头上方,慢慢向前移动直到发觉它;最后,将一只手放置在你的下巴下方与胸部平齐,缓慢向前移动直到你看到它。通过这项检查可以获得你大致的视野范围。

我们通过自己的视野来收集正前方、侧方、上方和下方的信息。当我们发觉一个人正从一侧走向我们时,我们正在使用周边视野。我们走路时,下方的视野帮助我们发现路面上可能挡路的东西。我们的中心视野使我们能看到我们正在注视的那个人的脸,或者在报时间时能看到手表的表盘。阅读印刷品需要中央视力的参与。

1.1.3 双眼协同运动

眼球运动由六条眼外肌和三条颅神经控制(Langley,1998)。双眼生来即是一起运动的;无论我们看向哪一方向,双眼都要一起移动。眼球的这种协同一致称为双眼性(Binocularity)。通过移动双眼,我们可以把中央视力(我们最佳的精细视觉)移至我们想要看的地方。当网球从场地的一侧跳向另一侧时,观众也能够随时保持眼睛看到快速移动的网球而跟上比赛。在多数有移动的目标物(如,球、冰球)和/或人的娱乐活动中,追踪或跟随移动的目标都是很重要的。另一种双眼一起运动的形式为扫视,即移动双眼掠过一系列静止物。双眼协调一致的扫视运动对阅读很重要,双眼需要高效地往复移动,逐行扫视印刷品页面。

眼球运动能力应该在出生时即存在,并且在出生后数月内快速发育完善。出生后6个月时眼球就可以很好地同步运动了(Bishop,1988)。双眼应该一起移动,从左至右、从上至下均能运动到位。应该没有仅一只眼向内、外、上、下转动的现象。如果发现任何两只眼球不一致的情况,都应该报告给眼专科医师。

1.1.4 色觉

视网膜上的视锥细胞可以让我们感知色彩和各种形状。色彩提供了审美享受,例如欣赏秋天树叶色彩的变化,观看并通过视觉去感受艺术品,以及增加房间的氛围。色彩可以吸引我们的注意力并且提供信息。红色的停止信号灯提醒司机准备停车;在我们前面两个街区开出消防站的救火车,其黄绿色的霓虹灯先于警笛吸引了我们的目光;地图上使用不同颜色来标注地铁和道路。在低年级,颜色用来作为配对和分类的依据。在我们描述人和事物时,或者为别人指路时,我们的语言也融入了色彩成分。

1.1.5 诠释

视觉图像的诠释与视觉再认密切相关,诠释即对看到的事物明确其含义的能力。大脑会寻求理解所看到的东西为何物。当我们观看云团时,我们常会看出类似脸、动物或其他任何我们见过的东西。很小的婴儿能很快学会用眼睛找出看护他们的人。他们凭经验能认出熟悉的东西,如奶瓶和奶嘴。通过语言,这些看到的东西自然有了标签。随着儿童象征能力的成熟,视觉图像(如图片和符号)有了表征意义。

视觉是两种远距离感觉中的一种,听觉是另外一种提供远距离信息的感觉。视觉与所有的发展领域均密切相关。在年幼时以及一生中所学到的东西,多数都是通过偶然学习(Incidental Learning),或者通过观察所处的环境以及发生在身体之外的活动而学到的。偶然学习在很大程度上加强了幼儿对物体、人和事件的理解。为了帮助说明这一观点,我们来想象一下一个幼儿坐在高脚椅上看他妈妈为他准备零食的情景。他看到她走向了橱柜,从水槽边碗里的一把香蕉中拿了一根黄色的香蕉,打开抽屉拿出银色的小刀,剥去香蕉皮,用小刀将香蕉切片,这时香蕉片掉在了他的高脚椅上,他看到妈妈捡起这片香蕉放入她自己口中。在这短短几分钟的观察中,儿童知道了厨房的物品放置在哪里;香蕉被剥皮和切片前后看起来是什么样子的;小刀是用来切东西的;以及他妈妈像他一样吃东西。如果一个儿童没有这种视觉上的偶然学习的机会,对他来说香蕉可能就是放在高脚椅上的托盘中,而且是一片片的。

除了偶然学习,视觉还指导动作。早期观察手的行为通常出现在 3 月龄时,婴儿把她的手放在眼前来观察,再看着它们移开,远离她的身体。婴儿用经验学会了把她的手伸向想要的东西。随着时间和反复的实践,婴儿学会了用眼睛和手像激光一样精准地接近并抓住即使是最小的东西。视觉也将成为推动婴儿整个身体朝向渴望的人与物体前进的动力。随着躯体粗大运动技能的增强,儿童开始向着房间另一头所见的东西刻意移动身体去探索它。

视觉促使对他人行为的模仿。学步儿会模仿旁边的儿童玩玩具。爸爸拍手,宝宝也会拍。儿童看到妈妈每天早晨穿衣服,他自己也会比照着去穿上衣和裤子。兄弟姐妹的动作最容易激发儿童去反复地模仿。模仿与读写能力密切相关,儿童从他人那里摹写线条、形状,最后是字母和单词。

视觉与读写的另一个关联是识别图片细节和将图形"格式塔"(Gestalt,将看到的不完整的图在头脑中形成完整形态)的能力。幼儿的第一本书通常为画着熟悉的物体、动物和人物的图画书。图画能吸引儿童触摸和翻看,还能提供故事背景内容的主要信息。

1.2 合适的视力

虽然出生时即有视力,但是婴儿并非一出生就具备完美的视觉能力。小婴儿仅能被高对比度和有模式图案的人脸与画片吸引,可以追视缓慢移动的物体。在出生后 18 个月龄内,通常有一个自发的快速视觉发育过程。婴儿没有成人一样的视力,但是一般在 8—10 英寸(20.32—25.4 厘米)的距离内可以有眼神交流。到 6—7 月龄时,婴儿可以看到 10 英寸(25.4 厘米)远处非常小的物体。这种能力最早可能在孩子注意食物碎屑或小蛋糕包装时被观察到。到 6 月龄时,婴儿的视力范围已经扩展至 5 英尺(152.4 厘米)远。到 18 月龄时,儿童已经可以看到 20 英尺(609.6 厘米)远处的小球。3—4 岁的儿童应该有 20/40 或者更好的视力了。

可以通过学校或社区的视力筛查项目来检查视力是否属于正常范围。如果儿童的视力筛查不合格,应该推荐他/她去找合适的儿童眼专科医师。只有眼专科医师可以提供眼部检查来决定儿童是否存在屈光不正。当一个人存在近视、远视和/或散光时即存在屈光不正。这些问题通常可以通过佩戴处方眼镜得到矫正,如眼科医生开具的框架眼镜或角膜接触镜。

1.2.1 在实际生活中适当的视觉能力

1.2.1.1 视力的质量

日常常规(家庭和教室)

- 婴儿/学步儿:当婴儿被妈妈抱近并和他说话时,他看着妈妈的眼睛。学步儿能看到房间另一头 10 英尺(304.8 厘米)远处的妈妈,当妈妈朝他笑时他也微笑。
- 幼儿:学龄前儿童看到爸爸的白色汽车沿街开过来,他大声喊道:"妈妈,爸爸回家了。"

游戏常规(家庭和教室)

- 婴儿/学步儿:婴儿伸手去使劲儿拍打头顶上方的悬挂物,高兴地看它晃动。学步儿抓住玩具上的发条钮,尝试去上发条。
- 幼儿:幼儿注意到 3 英尺(91.44 厘米)外的薯头先生少了一只眼睛。

课堂常规

讲故事的时候,孩子们围绕在老师周围。老师读书的时候,把书本举起来让孩子们可以看见书上的图画。她指着上面的小细节,当孩子们也看到时,他们点头。

1.2.1.2 追踪移动物体的能力

日常常规(家庭和教室)

- 婴儿/学步儿:婴儿追视着一个东西从中间缓慢地移动到一侧。学步儿看着他的猫跑过房间到食盆前。
- 幼儿:幼儿一直看着妈妈在厨房里来回走动,为他准备下午的零食。

游戏常规(家庭和教室)

• 婴儿/学步儿：当悬挂物被拍打开始摆动时,婴儿看它来回摆动。学步儿看着从老师嘴里吹出的肥皂泡泡飘落到地面上。

• 幼儿：幼儿一直盯着他从滑梯旁跑到秋千那里的小伙伴。

课堂常规

老师拿着手电筒在黑屋子里移动手电光；孩子们盯着光束猜它会照向哪里。

1.2.1.3 辨别图形与背景关系的能力

日常常规(家庭和教室)

• 婴儿/学步儿：婴儿可以在她身旁图案繁杂的毯子上找到自己的奶嘴。学步儿可以在花园中的多彩花朵上发现一只小瓢虫。

• 幼儿：幼儿可以在一堆颜色和形状不同的纽扣中找到和自己上衣丢失的纽扣一样的扣子。

游戏常规(家庭和教室)

• 婴儿/学步儿：婴儿伸手去抓被其他玩具遮住一部分的拨浪鼓。学步儿在圣诞树旁的玩具堆里找到他最喜欢的新玩具。

• 幼儿：幼儿在"化妆"箱中发现了她正在寻找的假发。

课堂常规

老师要求孩子们在书中找到沃尔多,当他在画面繁杂的书页上被找到时,他们高兴地叫起来,"沃尔多在那儿！"

1.2.1.4 视觉辨别能力的质量

日常常规(家庭和教室)

• 婴儿/学步儿：婴儿可以用眼睛认出母亲。学步儿看到故事书中狗的画片时就去指自己的狗狗。

• 幼儿：幼儿拿起红色的蜡笔说："这是红色的！"

游戏常规(家庭和教室)

• 婴儿/学步儿：当看到妈妈手中的毛绒小黄鸭时婴儿笑了。学步儿可以在三只鞋子中找出两只能配对的鞋子给布娃娃穿上。

• 幼儿：幼儿在放置餐具的抽屉中找出最大的勺子。

课堂常规

老师在公告板上贴出每个人的婴儿照,孩子们可以认出哪一张是他们自己的。

1.3 支持儿童发展与年龄相符的视觉能力的一般原则

幼儿经常进行的活动中大部分都涉及视觉。父母和其他照料者在与儿童互动时自然而然会鼓励眼神交流,把东西高高举起让儿童看时或者一起看书时激发了注视,将物品在儿童的视线中移动,让他们看外面运动着的人和物时锻炼了追踪能力,等等。虽然这些活动不能促进视力发育,但是可以鼓励儿童使用视力。

使幼儿的视觉能力得到帮助的最重要的方法是,与其家人协作以获得适合儿童的眼部照护。美国眼科学会(The American Academy of Ophthalmology,1996)推荐所有的儿童均要在3岁时接受眼部检查。如果有严重眼病家族史和/或怀疑孩子视力有问题,则应该提前进行检查。只有眼专科医师,如视光师或眼科医生,可以进行眼内检查以及为获得最佳视力开具眼镜处方或其他治疗。进行视觉筛查的学校人员可以进行眼部筛查,但不能进行临床视力评估、视力问题诊断和/或提供所需的治疗。

1.4 提高视觉能力的一般原则

如果儿童因为眼和/或脑损伤出现视力下降,其对视觉图像的感知和/或理解力可能会因为不同原因而受到影响。如果儿童因为视力不佳而不能辨别图像,那么这种对图像理解力的缺乏或者降低与输入大脑的视觉信号差有关。举个例子,当眼角膜或晶体有浑浊时,视觉图像会被曲解。当任何眼部结构,包括视神经受损或发育不完全时,视觉信号就不能被完整地传入大脑。如果视觉通路或视皮层有神经损伤,即皮质性或脑源性视觉损伤(Cortical or Cerebral Visual Impairment,CVI),大脑或许将不能解读视觉图像。

如果儿童存在有可能被矫正的视觉问题,如屈光不正或斜视,或者有永久性的不可治愈的视觉损伤,早期干预和教育团队都应该按照眼专科医师的建议给予儿童所需的个性化照护。

1.4.1 遵循医疗建议

如果已经给予配镜,应该按照建议进行配戴。通常眼镜需要白天全天配戴,也有限于特定视觉活动而推荐部分时间配戴的,比如,有时仅在看近或看远时需要配戴眼镜。每天都需要仔细保持镜片干净及镜架合适。有一些专门为低龄儿童设计的镜架和镜片,使他们的小鼻子、小耳朵承受最小的重量,并减少受损伤的可能。

存在永久性视觉损伤的儿童也可以通过戴镜矫正屈光不正而获益。例如,患早产儿视网膜病变(一种影响早产儿视网膜的病变)的儿童,可能同时也有高度近视。虽然眼镜不能矫正因视网膜病变而导致的视力问题,但是通过矫正屈光不正,可以帮助儿童看得更清楚一些。有些畏光的儿童,例如白化病儿童,可以从配戴光吸收镜片中获益。这就是所有儿童都需要眼科医生随访的重要原因:确保视力得到最佳矫正。如果有其他医嘱,比如,因为一只眼视力弱或者有弱视的问题而需要遮盖眼睛时,那么照料者、早期干预者或教师,应该和儿童的家人共同商量确定如何执行遮盖计划。严格遵照医嘱中眼睛的遮盖时间是非常重要的。通常在一只眼被遮盖时去做视力作业是一种很好的方法。寻找一些儿童特别喜欢的任务可能会帮助他去坚持使用未遮盖眼,这能让未遮盖眼有使用的机会。有这些病情的儿童可能会早早感觉到视疲劳,应给予间断休息或停止视力作业。

1.4.2 团队中有视觉障碍认证教师

团队应该包括一名有认证资格的可以教授视力损伤学生的教师(a Certified Teacher of Student with Visual Impairments,TVI)。这是一名接受过大学教育的特殊教育者,并且在指导视力损伤儿童方面具备特殊的专业知识。TVI 接受过评估视力丧失对儿童发育影响的培训,有儿童专业学校教育经验,可以评估和介绍特殊设备,给予视力损伤儿童特殊的专业指导,例如盲文和低视力设备使用的培训。TVI 安排视觉功能评估(Functional Vision Assessment,FVA)以确定儿童在日常生活中的视觉状态,以及哪些低科技或高科技的方法能够帮助提高视觉效力。FVA 涉及如下儿童视觉表现:眼外观,眼球运动能力,聚焦能力,优势眼,颜色辨识,视觉刺激因素,光线需求,感觉补偿需求,以及总体个人感觉/学习类型(Anthony,2000)。

依据 TPBA2 中的内容,一名经过训练的 TVI 可以完成 FVA,虽然这不是 TPBA2 的常规组成部分。TPBA2 的视觉指南仅用于一般性的视力筛查,不能用来评价视觉功能。这些视觉指南可以帮助团队确定一名儿童是否需要眼专科医师的检查。当 TPBA 团队了解到他们需要对一名视觉受损的儿童进行基于游戏的评估时,TVI 的专业知识有助于他们讨论可能进行哪些适应所有发展领域需求的评估。

除了 FVA,TVI 还会完成一项单独的学习媒介评估(Learning Media Assessment;Koenig 和 Holbrook,1995)来确定一名视觉受损儿童所需学习或读写的媒介。例如,评估结果可能提示儿童主要为触觉学习者,应该被教授盲文。对于一名幼儿来说,这将包含从触摸实物,到可触摸出来的东西或触觉符号,最后到盲文教学等一系列逐步提升的步骤。儿童也可能从盲文和增视材料中获益,例如大字体印刷品或放大设备的使用,作为识字媒介的另一种手段。TVI 将与儿童的家庭成员以及教育提供者合作,来确保所有感觉信息以最佳的学习方式呈现给儿童。

以下需关注的六个方面对所有儿童都是至关重要的,特别是视觉损伤儿童。

1.4.3 提高姿势的安全性

在做视觉相关任务时保持良好的安全姿势对所有儿童都有好处。如果一个儿童需要努力去抵抗重力坐直身体,他在完成视觉任务时就会分心。例如,婴儿控制不好头部,只要他的头歪倒向一侧,他就不能持续与母亲进行眼神接触。如果儿童的头是稳固的,他的注意力就会集中到眼神接触的任务中。在轮椅中得不到很好的身体直立的支撑,儿童就不太可能集中精力从交流板上寻找想要的视觉符号。孩子们坐在椅子上时,他们的脚应该能平放在地面上。为了获得最好的观察结果,当期望他们用眼睛去看人、物、符号或进行手眼协调任务时,应该使他们的姿势得到很好的支撑。

1.4.4 确保充足的等待时间

存在神经系统损伤和/或需要医学治疗的儿童可能特别需要充足的等待时间以对眼前所见作出反应。当儿童接收到感觉信号后,他可能需要相当长的时间来组织一个动作,如盯着目标看、追视目标、伸手去抓目标,等等。这样的儿童对等待时间的特殊需求是他教育课程中重要方面,必须让所有团队成员了解,以使所有与儿童有互动的成员保持一致。

1.4.5 消除听觉引起的注意分散

安静的环境有助于儿童集中他们的视觉注意。在做家访时与其家人商量关闭电视机,或者如果有其他儿童吵闹的声音,要转移至安静的房间中,这可能是明智之举。如果一个托幼机构场所噪音比较大,可能需要寻找一处安静的角落进行儿童的工作,甚至转移至另一个房间。儿童存在的医学综合症状或神经系统问题越多,越需要注意环境的安静性,在那里对儿童的唯一要求是注意眼前的视觉信息。

创造一个安静的学习环境也包括注意成人的声音可能会分散儿童做视力功课的注意力。成人出于好意可能希望在儿童的学习任务中提供一些语言信息。即使词汇示范是重要的,也必须权衡,为儿童提供信息的同时也要尊重他要有一个安静的环境进行视觉学习的需求。一旦儿童认真去看了,成人可以决定如何去提供语言信息以更好地帮助他完善视觉经验。举个例子,当一个儿童凑近一本图画书专心研究图画时,早期干预者说道:"是的,萨拉,这是一只小兔子。在学校里我们也有一只小兔子宠物。"随着图画进入他的脑海,就可以提供更多有关这张图画和教室里真实兔子的信息。

1.4.6　注意焦距和视角

如果身体条件允许，儿童会按照需要自我调整以便更好地看清目标。一个物体可能被拿到距离儿童眼睛非常近的地方，或者儿童的身体可能会向前倾以使眼睛离物体更近。有些儿童看东西时可能会一定程度地偏转头部和/或眼睛。如果一个儿童没有接受过眼科医生检查而有这种表现，说明该为他安排一次眼科检查了。如果儿童有视力损伤并且不能通过戴眼镜或其他医疗方法改善，那么就不要阻止儿童这样做，因为他在用自己需要的方式去看得更清楚。

尝试将物品摆放在不需要儿童用手去拿近或者弯着脖子绷紧肌肉去看的位置，这对于低视力儿童（低视力是指经矫正，较好眼的可用视力小于等于20/70；Corn和Koenig，1996）会有帮助。例如，学生常需要用阅读架使读物直立，且能更近地看。对于幼儿，如果物品可以安全地吸附在游戏板上，他就更容易接触和观察感兴趣的物品。

视觉呈现（Visual Presentation）的另一方面涉及儿童的视野。多种视野缺损类型与眼部和脑部损伤有关。脑瘫或某种类型的视网膜病变的儿童视野缺损高发。视野缺损范围可以很小，也可以很广泛，可以是静止的，也可以是进行性的。有的视野缺损累及儿童双眼的半侧，例如偏盲的儿童。其他情况可能导致下方的、周边的或中央区视野缺损。缺损也可能发生在视野的任何一个地方，如有暗点或盲点。

如果一名儿童存在视野缺损，经认证的TVI可以指导读物放在什么位置最好。假如儿童的下方视野有缺损，需要抬高读物并采取一定角度便于更好地阅读。如果儿童存在右侧视野缺损，读物需要放在正前方或左侧。在所有视野缺损的情况下，某一方面的视觉效率训练可以保证儿童最大限度地掌握恰当的快速浏览技巧，以检视那些可能因视野缺损而漏掉的部分。

1.4.7　关注视觉展示

试想你的世界和《找到沃尔多》（*Where's Waldo*）一样。对于一些儿童，特别是那些因为神经系统损伤导致皮层/脑源性视觉障碍的儿童来说，画面所展示出来的视觉信息量是惊人的。为了帮助他们观察和诠释视觉信息，视觉信息量少一些常常更好。应该设身处地地想象儿童所处的位置及周围的视觉环境，如果背景很杂乱，那么即使一件物品就放在儿童前面，繁杂的背景也会产生干扰。背景可能是老师那件有复杂图案的上衣，或者儿童视野内很多不同的物体。对于某些儿童而言，有必要用单一背景幕布衬托物品以屏蔽多余视觉信息。对于不能抑制无关视觉信息干扰的儿童，培训人员与他相处时穿单色工作服可能会有帮助。

在视觉障碍儿童面前进行视觉展示时注意以下几点：

对比度。兴趣物与背景之间是否有很好的反差？在深色背景下辨识浅色物体较容易,反之亦然。

　　颜色。明亮的颜色可能更容易吸引儿童的注意力。一个孩子可能因为独特的颜色去识别属于个人的东西(例如,我的红色背包,我妈妈的白色汽车)。带颜色的边框可以被用来圈出图画。存在皮质性视觉损伤或 CVI 的儿童,他们对日常用品可能会表现出强烈的颜色偏好。例如,一个 CVI 儿童可能只注意到红色的杯子而完全不看浅蓝色的杯子。

　　视觉排列。"拥挤"的视觉呈现可能会干扰一个孩子的视觉注意力和辨别能力。对有些儿童而言,重要的是展示视标的数量要尽可能少,并注意视觉背景不要复杂。有必要用白色来围衬图片和/或字母,以突出页面中需要看的内容。视觉信息的拥挤可能导致一个孩子不能将一样物品与其他物品区分开。视力和/或视觉理解能力低下的儿童尤其如此。

　　视觉复杂性。图片或者视觉展示的内容如果有背景干扰或者内容繁杂,对于某些儿童就会很困难。面对视力下降和/或因神经系统问题影响到视力的儿童时,注意图片要简明清晰。

1.4.8　选择最佳照明

　　做视觉任务需要使用的照明亮度,取决于功课本身的要求和儿童的个体需要。某些视觉损伤会导致对光线敏感,比如白化病或虹膜缺损患者。对于这些儿童,如果光线明亮会让他们感觉不适,吸收光线的镜片和/或有沿的帽子可能对他们有帮助。对于其他儿童,可能光线更亮一些会做得更好。如果任务体本身是发亮的,或者光线能直接照射在展示画面上,将是有帮助的。举例来说,大多数人读书时并不需要房间里的光线有多明亮,但是却喜欢台灯的灯光直接照在书本上。一般原则是,照明光线应从儿童的后方从他的肩膀上落下来以获得最佳照明。

1.5　制订个性化干预方案提高视觉能力

1.5.1　如果儿童失明/视觉损伤了怎么办?

　　很多眼病会引起早发性视觉损伤。总的来说,残障儿童并发视力问题的风险高。尤其是那些由于出生前后感染,出生时的并发症、事故或创伤而有神经系统损伤病史的儿童。视觉损伤或失明可以单独存在或与其他残障并发存在。虽然不同的眼部问题或皮质性/脑源性视觉障碍疾病往往需要不同的处理方法,本章并不寻求为每一个视觉障碍儿童提出解决方案。经认证的 TVI 应该帮助完成个性化方案的制订。

　　以下部分将提出更多一般性策略供参考。目的不是指出矫正儿童视力的办法,而是帮助儿童补偿视力困难的方法,使其在发育和学习方面受到的影响尽可能小。

人际互动策略

1. 反复展示或提供与训练素材互动的机会。正像重复对于所有儿童的学习都很重要一样,视力很差或者缺失的儿童,如果有机会反复查看、触摸和/或听到物品、图片或符号,可能对他很有帮助。能吸附物品的游戏板和/或翘边托盘可以帮助盛放需要反复接触的物品。

2. 找出和/或告诉儿童周围环境和/或日常变化。如果发生了变化,要注意把这些变化尽可能地告诉儿童,并展示给他哪些已经发生了变化。这样可以让儿童预期即将发生的事情,并且根据其他感觉信号做出调整。如果儿童已经建立了实物或符号交流系统,可以找出一个意味着"不一样"的实物,用于帮助向儿童强调这个日常变化。

3. 留意疲劳现象。注意一些视疲劳现象,比如向别处看,闭眼或揉眼,眼神恼怒。尊重儿童休息的需求,要给予他自由时间。

4. 使用手托手(Hand-under-Hand)的方法。在为儿童提供实际指导之前建立信任感是极为重要的(Miles,1993)。培训团队不要去抓儿童的手,或者用身体去指挥儿童的手,这一点至关重要。手托手的方法包括让儿童知道你们正在做什么("我想给你看鸟窝中的鸟蛋"),然后把你的手放在儿童的手下面,以示邀请儿童和你一起来移动手。

5. 用可以激发儿童兴趣的生活实物和活动去教授新概念。如果做起来有趣,就值得学习。生活实物和亲身实践活动是给予视力损伤儿童深刻印象的关键因素。这些活动应该是活跃的,需要儿童参与,并且有一些东西需要他去探索发现。

6. 确定哪个感觉系统可以给儿童提供最准确的信息(视觉,触觉,听觉)。和TVI讨论学习媒介评估的结果。学习媒介评估能指导最适合儿童的感觉材料和活动类型。所有的团队成员都应该熟悉儿童个人的感觉学习方式。

7. 使用不止一种感觉介绍新物品。让儿童触摸、闻、试用它,以及听它的声音。一些儿童可能一次仅需要使用一种感觉。然后,再次和TVI讨论如何最好地去整合儿童的感觉学习。一些儿童可能受益于即时的多种感觉模式,而另一些儿童可能一次仅需要激发一种感觉,以便慢慢整合真实的感觉。

8. 如果要求儿童作出选择,物品或图片要单独展示或者用反差大的配对方式展示。儿童对相关物品越关注,他越容易确定展示的东西是什么。如果儿童需要在两种物品间进行选择,先展示在外观和触感上不同的物品会有帮助。

9. 对常见的视觉参照物使用一致的语言,并且提供对物品进行归纳的机会。这可以确保儿童了解,他正在观察或触摸的杯子就是他知道的那个杯子。例如,"这是你的'朵拉'杯子"。为了帮助归纳,应该给予儿童尝试同类物品中不同个体的机会,例如各种各样的杯子,这样"朵拉"杯子会因为独特的特点而被辨别出来,同时儿童也知道了有很多不同类型的杯子。

10. 使用与儿童的语言发展水平相符的描述性语言。描述对于有视觉损伤的儿童很重要，所以成人和儿童交流时不仅必须注意儿童各种程度的语言水平，也必须注意儿童理解抽象概念的能力。而且，确定哪一种类型的描述是有意义并且相关的，这一点也很重要。过多的信息可能反而会分散儿童的注意力，或者使他离开正在进行的活动和自我探索。要使用具体的词汇帮助儿童集中于你想让他看的东西（例如，"找穿着红色上衣的玩具娃娃"，而不是"给我那个娃娃"或"那是个头发上有绒毛缎带的娃娃"）。避免诸如"在这里"或"在那里"的词汇。要具体地说："拼图玩具在门边架子的顶层。"

11. 给予儿童所需的反应时间。整理和解释输入的多种感觉信号需要时间。先让儿童去探索事物再要求他作出反应。要有耐心！

12. 避免混乱。把桌子上或游戏区域内不需要的物品拿走。

13. 避免站在窗户旁边交谈。刺眼的光线以及从背后照过来的光会使成人的脸难以看清。要让你自己处于距儿童脸部合适距离和高度的位置上。

14. 鼓励儿童发展自我倡导（Self-Advocacy）的技能。帮助儿童建立自我倡导的语言模式，以便于他们在有休息和膳宿需求时使用："完成这个任务你需要光线更亮一些；我们来打开这个台灯吧"或"怎样才能帮你更好地看清这张图片呢？你把它拿得离你的眼睛更近一些好了"。

15. 为儿童做好接触或互动的准备。提供词语或声音线索让儿童做好准备。在接触儿童、给儿童吃东西或帮助儿童之前，呼唤儿童的名字并且告诉他你们要做什么。例如，"安东尼，来吃一口香蕉"。如果你要从儿童身边走开，务必让他知道你要离开了。

16. 玩听力游戏并突出声音线索。听觉对于视觉损伤儿童尤为重要，强调需要认真听和解释听到了什么。指出声音，询问儿童听到了什么，并且解释声音的含义。例如，"维奥莱特，你听到外面的声音了吗？你觉得这是什么？答对了。这是在下雨。你觉得我们今天应该出门吗？"要注意，这个儿童可能会被环境中的声音吸引，而其他正在专注于视觉信息的儿童并没有注意到。应该把这些声音强化为一次学习机会。例如，一个儿童在草地上和人行道上来回敲击他的手杖，而不去乘坐校车。老师可以评论说："你的手杖在草地上敲出的声音与人行道上的不同。"

17. 玩"我发现"（I Spy）游戏。这类游戏能以一种有趣的方式鼓励儿童使用视觉和辨别相似的物品，而且有助于了解更多儿童的远距离和/或图形-背景视觉能力。

18. 示范和帮助儿童发展组织能力。组织能力对于视觉损伤儿童至关重要。学前教室里应该有专门的游戏空间和储存学习素材的容器。帮助儿童安排他/她自己的空间，在脑海中建立一幅周围环境的心理地图，并能够独立管理这个环境。很多项目通过使用"完成"桶或篮子取得了成功。用于特定活动的物品在这项特定活动中使用后，要放置在这个容器中。物品使用后有特定地点存放，并且有明确的宣布方式，"我们完成了"，这样可以帮助儿童迅速过渡至另一项活动。

19. 指导其他儿童为视觉损伤儿童提供一些正在发生的事情的线索，并给予协助，但不要替这个儿童去做。成人在提供社交调解、促进同伴间互动中起着重要作用。

环境调整

除了人际互动策略可以帮助视觉损伤儿童，环境调整通常也是有用的。基于FVA的结果以及与TVI讨论的结果，团队可能需要考虑下面列出的一些环境调整。

1. 使用有意义的物品和简单的图片。用来代表一项活动和/或作为交流工具来使用的物品必须对儿童有意义。很多时候，出于好意的服务提供者想用小模型缩图来代表一个概念或一项活动。没有繁复构造或复杂背景的简单图片更有助于儿童理解图片。

2. 提供颜色反差来帮助完成视觉分辨任务。应用有反差的背景颜色来帮助儿童从背景中看到重要的关注点。浅色的物品或符号可以在暗色背景下展示，或者反过来。

3. 利用个性化的色彩吸引视觉注意力以及用于基于视觉的学习。使用儿童喜欢或偏爱的颜色来突出个人的物品，例如背包、书籍等。有皮质性视觉障碍或CVI的儿童常常表现出对某些特定颜色的强烈偏爱。这些颜色可以被用来强化视觉注意力以及用于基于视觉的学习。

4. 注意光线。减少教室中闪烁刺眼的光线，遮盖所有教材的反光表面，拉上窗帘或百叶窗（根据需求）。调整照明类型和强度。通常照明最好放置在儿童身后或身侧，使光柱可以落在任务材料上而不直接照射儿童的眼睛。白炽灯光比荧光灯光更好，荧光灯会产生噪声干扰。一些儿童可能会对亮光感到不适而需要降低光亮度。光线刺眼也是一个问题。例如，白板或者用薄膜覆盖的图片可能难以看清。

5. 减少干扰。声音干扰，如来源于外在和内部的噪音，或者会造成干扰的对话，都会使视觉更难集中。注意儿童适应背景噪音的能力，一些儿童可能不会被影响，另一些儿童则可能被分散了视觉注意力。如果希望儿童专注于特定的视觉目标，就从其视觉环境中拿走无关的玩具和物品。

6. 确定对图片、符号或印刷品大小的偏好。摆放不同尺寸的同一张图片，看儿童会选择哪一张。TVI会用多种不同大小字体的印刷材料进行特殊的评估来决定视觉效率。

7. 把物品在纸页上分开放置。在儿童开始观察图片或词语时，减少页面中的杂乱信息，仅保留少量、大尺寸的条目。酌情帮助儿童学会用手去指着一个一个地看。减少书中复杂的图片，把它们放在多个页面中，便于儿童去区分它们的特点和情节。如果儿童有视野缺损，要注意观察物品铺散开对儿童是有利还是不利。

8. 使用触觉信息来增强和/或替代图片和/或提供盲文。触觉适应需要小心进行。有时它们"看起来"很好,但对以触摸学习为主的儿童并没有意义。书中触摸项目的目标应该是激发儿童去探索并尽可能地去强化某个观念。例如,羽毛应该是书中对鸟的特征的一种很好的触觉提示,而不只是用胶粘出来的鸟的轮廓。TVI 负责指导儿童学习盲文,并且协助采买盲文书籍或为教室中存在的书籍提供盲文翻译。

9. 遮挡页面中不必要的内容。根据图片的复杂程度,或者页面中的内容,以及儿童要简化视觉信息数量的需求,遮挡部分图片或页面可以帮助儿童集中注意力于重要的内容。

10. 用明亮颜色的胶带或胶贴贴在玩具或物品关键部分的触摸提示上。明亮颜色的胶带或者用胶带制作的触觉标志可以用来做标示,例如,CD 播放机或磁带录音机的播放按钮。很多儿童不需要这种便利,因为他们可以靠触摸确定这些按钮的位置。

11. 使用灯箱。能够照亮透明页面和物体的灯箱,可以帮助儿童集中注意力、看对比,以及画出具体的形状和轮廓。TVI 可以帮助采购这种设备,并指导如何最好地利用这些材料。

12. 在玻璃窗和门上放置不透明的标志。对所有儿童,尤其是视觉损伤儿童,这是很重要的安全预防措施。

13. 使用适合的设备。斜面板可以帮助升高和支撑印刷品。音频材料可能给儿童听故事提供了一种非常好的方式。TVI 和运动专家可以借助所需低科技或高科技的技术来帮助增强视觉及支撑身体姿势。低视力设备,如放大镜和望远镜(看远用),需要由低视力专家来规定如何使用。

14. 与 TVI 一起确定需要的是大字号印刷的书还是电脑屏幕。很多州有订制印刷大字书的系统,TVI 很了解如何采买这些材料。电脑显示器可以根据需要调整字号和颜色/反差。

15. 注意要采取坐姿。在小组中,确保儿童是坐着的以便于他/她看到老师和指导材料。

1.5.2 如果儿童有视野缩窄怎么办?

人际互动策略

1. 与经认证的 TVI 沟通。讨论视野缺损的性质,以了解在向有耳聋/听力障碍的儿童进行手语交流时,应在何处呈现视觉信息以及/或自己应如何定位。

2. 只展示少量清楚、不混乱的材料。利用儿童可以看见的区域,并关注重要的部分。注意,把材料放大这种视觉展示,对于有视野缺损的儿童可能更加困难。

3. 要体谅寻找要看的东西是容易疲劳的。可以让儿童帮助把握教学进度,以及观看与活动之间的休息时间。注意视觉疲劳的信号(例如,揉眼,向别处看,眼睛发红)。

4. 帮助儿童解读视觉图像。如果儿童不能看到所有情形,可能需要用语言提示或描述,去帮助他们感知看到的是什么,或者在他们视野之外发生了什么。如果可能,鼓励儿童尽可能花时间去探索每一部分,从而建立对整个情形的理解。成人也可以帮助解释整体情形,以使他们更好地理解各个局部。

5. 按照儿童的指引。让儿童说出或展示出什么是他最善于看或者做的。

环境调整

除了人际互动策略可以帮助视野缩窄的儿童，环境调整通常也很有帮助。根据 TVI 完成的功能性视力评估的结果，团队可能需要考虑下面列出的一些环境调整。

1. 将物品放置于儿童喜欢的视野范围内。TVI 可以帮助确定儿童的功能性视野，哪里可能会被视觉忽略，以及可用的视野区。

2. 物品的尺寸要适合儿童的视野。如果儿童的视野范围很小，又是近距离展示较大的图片或物品，儿童就只能看见整个东西的一小部分，就难于甚至完全不能去认识和使用。

3. 注意交流板的视觉排列。当儿童有视野缺损时，摆放物品、图片或符号系统时要注意适应这种视野缺损，使儿童能够通过移动头部扫视到它们。因为很多儿童会通过移动头部来弥补视野缺损，获取摆放物的视觉信息，所以这两项都是重点考虑的部分。如果儿童患有脑瘫且不能通过移动适应视野缺损，那么物品摆放要尽可能少，以适应儿童的视野范围。

1.5.3 如果儿童的深度知觉能力差怎么办？

深度知觉需要良好的视力和双眼协同工作去感知深度变化的能力。

人际互动策略

1. 用语言帮助儿童预期深度的变化。提示儿童需要做什么（例如，伸出手，向下走）。

2. 鼓励儿童视觉和触觉并用。如果仅靠眼睛不能获得准确的信息，儿童需要通过声音、动作、触摸和按压来探索。这些方式都很有用，应该给予鼓励。如果一个很小的儿童因为察觉表面有变化，或者遇到变化的表面而犹豫不决，要鼓励他用手和脚感知表面的变化。如果经常出现这种情况，这个儿童可能需要转介去进行一次方向与运动功能（Orientation and Mobility，O&M）评估的咨询。

3. 与 O&M 专家一起确定是否需要活动辅助设备或手杖。使用这些设备的一个目的是明确"下一步"。只有 O&M 专家才可以确定视力损伤儿童使用什么手杖。

环境调整

除人际互动策略可以帮助深度感知能力差的儿童外，环境调整通常也很有帮助。依据 TPBA2 的研究结果，团队可能需要考虑下面列出的一些环境调整。

1. 强化标记边缘。荧光色很适合用来勾勒台阶、桌子、门的边缘等。彩色胶带可用于突出显示台阶的起始边缘，故意放置的地毯也可以。

2. 突出显示操场上的危险区域。给操场上的柱子刷上亮色油漆。突出显示危险区域的边缘以及操场区域与人行道的边缘。去除低矮的树枝。

1.5.4 如果儿童缺乏视觉运动/视觉认知能力怎么办？

有视力问题或视觉损伤的儿童可能也有运动问题，因为二者是一起发展的，而视觉通常会引导和鼓励运动探索与发展。有时，运动困难看起来是视力有问题，或者反过来。因此，同时关注这两方面并给予干预，对视觉和运动协调发展很重要。以下一些策略可能对存在视觉和运动协调障碍的儿童有帮助。

人际互动策略

1. 提供语言帮助。用词语指导儿童的行动并告诉他将要发生什么。例如，"噢，你画的路真直！继续，继续下去，你快到车库了"。

2. 允许儿童把他的手放在你的手里去感受动作如何做。手把手的肢体动作可能有点强迫性，不能让儿童获得相同的运动感受。

3. 接受替代方式。一些视力损伤儿童，特别是CVI儿童，可能在用手触摸前，先"用头去接触"，或用头靠向一个物体。这种代偿行为不应该阻止，因为儿童正在积极探索，而且以后会转变为用手接触的。

环境调整

除人际互动策略可以帮助儿童使用视觉-运动技能外，环境调整通常也很有帮助。依据FVA和TPBA2的精细运动章节的结果，团队可能需要考虑下面列出的一些环境适应性调整。

1. 如果已经开具了看近用眼镜处方，一定确保他们佩戴眼镜。确保眼镜清洁，让儿童感到舒适。

2. 注意读物的位置。如果读物被桌面抬高至视线水平，这对于儿童来说会容易许多，相反如果放在地面上，儿童不得不倾斜身体去看读物。

3. 使用闪亮的球或者用亮色条带或聚酯薄膜粘上条纹的球。当球滚动时，他们容易被看到、抓住、抛和踢。需要手-眼配合的其他东西也可以使用此方法。

1.6 支持视觉损伤儿童的常规活动

1.6.1 日常常规（家庭和教室）

喂食/进食

当妈妈给12个月大的孩子喂饭时，她把小块谷物食品在托盘中摆成一排。然后轻敲左侧第一片食物旁边的托盘，说："萨拉，从我手这边开始吃吧，第一片在你的盘子里。"（避免使用"在这里"，因为这没有提供完整的描述。）萨拉循着声音摸索左边，在妈妈手指边发现了第一片谷物，然后依序摸索了整个盘子，找到所有的食物。

换尿不湿/如厕

换尿不湿时,婴儿盯着他父亲把聚酯薄膜弄得不停闪耀。爸爸偶尔会拽它使它移动,婴儿抬起手试着去触摸它。

穿衣

妈妈说道:"本,你可以把你的袜子拿出来吗?"本穿过他的卧室来到他的衣橱前。每一个抽屉都有白色的把手,与衣橱的深木色形成反差。本够到中间抽屉的把手,拉开,找到右边的袜子桶,拿出一双卷起的袜子。

1.6.2 游戏常规(家庭和教室)

面对面游戏

妈妈和安德鲁在唱"老麦克唐纳"。在窗前的椅子上,安德鲁坐在妈妈腿上,看着她阳光下的面庞。在发出某种动物的声音时,她做出夸张的嘴部动作,安德鲁摸她的嘴后大笑。然后他也发出这种声音,妈妈摸他的嘴后也大笑了。

体育游戏

爸爸和韦恩晚饭后在玩球。爸爸拿着明亮颜色的沙滩球。爸爸问韦恩想捉球还是踢球,韦恩说:"踢。"爸爸说:"好的。球来了。看——它朝你过去了!"

操作性游戏

温达在做动物拼图。她拿起一片凑近眼睛说:"鸭子。"然后找拼图中同样形状的空缺处。当她发现找到位置时,她旋转拼图片。当把拼图片放进去时,拼图片发出"嘎嘎"的声音。"鸭子,"温达笑道。

感觉游戏

吉尼正在"阅读"一本触摸读物。他发现主角,一只名叫波的灯芯绒狗,在每一页上都有它恶作剧的故事。吉尼告诉妈妈:"波很有趣。"

假扮游戏

马克在和他的大兵玩耍。一组大兵都戴着小巧的毡帽。马克说这些是"好人"。没有帽子的是"坏人"。妈妈在地板上放了台灯,"战场"上空亮了。当它们战斗时,他在灯下抓住它们说道:"抓住你们啦!"然后有一个大兵掉落在地板上。

1.6.3 阅读和学习常规

圆圈时间

在圆圈时间,李坐在老师跟前,以便能看到老师拿着的大书。老师有一篮子与书上内容相应的物品。在读故事时,老师不时停下来拿出说到的物品,这样本和其他儿童就可以触摸它。

一对一阅读

妈妈把玛丽柏斯抱在腿上。她们在读她喜欢的书。每一页都有简单的图画。玛丽柏斯拿着书让它靠近自己的脸。她正翻着书页告诉妈妈发生的故事。"后来怎样了？"妈妈问。玛丽柏斯说："然后她拥抱了妈妈。"她翻开书页，凑近去看并触摸图画说："是的。我说对了。看，这不是么？"

科学与数学

在科学活动中，艾丽克莎看着大幅连续图片来混合颜色。她努力看着，然后到磁带录音机前按下绿色按钮。磁带上说："第一，找出黄色颜料，在灯光下取一小点儿放进空瓶。停止播放磁带，直到你已经准备好进行下一步。"艾丽克莎照做，然后再次按下绿色按钮。"接下来，找出红色的颜料，然后在灯光下放一点儿到瓶子里。停止播放磁带，直到你已经准备好进行下一步。"艾丽克莎遵照完成，然后再次按下绿色的按钮。"现在拿一根棍将颜色搅拌在一起。你得到什么颜色？""橘色！"艾丽克莎喊道。"现在，在纸上倒一点儿你的新颜色让它干燥。你的老师会帮助你把你制作的颜色的名字和你的名字写在纸上。"

案例：约瑟夫

约瑟夫是一个13个月龄大，患有视神经发育不全和脑瘫的孩子。他的视神经在出生时即发育不全，并且存在严重的视觉障碍。他已经学会了通过爬行和触摸周围环境寻找他想要的玩具。他发出声音呼喊他的妈妈和爸爸帮助他，并开始给他喜爱的东西做标记。他把麦圈说成"O's"；把奶瓶说成"ba-ba"；把爸爸说成"da-da"。虽然存在运动和语言技能的轻度延迟，但他非常积极地与他的父母和哥哥进行互动。他喜欢和他的父亲打闹玩耍，和他的母亲唱歌。他喜欢看窗外和亮光。

人际互动策略

1. 在你抚摸或抱起约瑟夫之前，要先和他说话。你的声音会让他注意到你的存在。在挪动他之前要告诉他什么事即将发生。"约瑟夫，该换尿不湿了。起来，走喽！"

2. 在玩互动游戏时，你让他看着你重复一个动作。模仿他发出的任何声音作为交流方式，并且在他移动或制造出响声时重复这个游戏。使用震动玩具和会动的玩具作为游戏的一部分。这会增强他对身体各部位的认识。

环境调整

1. 使用声光玩具，开启声或光或者声光都开启。这会把约瑟夫的注意力吸引到玩具上。变换开启声光模式以激发他去探索玩具。把他的手放在你的手上去帮助他找到开启按钮。

2. 使用触摸读物以及附带按钮可以按动发声的读物。这会让约瑟夫对书产生兴趣，学习新词汇，并且通过标签记住相关的触觉信号。TVI 可以帮助在他喜欢的故事书中加入盲文。触摸标签可以放在他的书中来帮助他辨别这些书。

3. 使用明亮的颜色或有反光的玩具来吸引他并且构建他的环境（例如，在他的食物托盘周围，他的地板垫边缘，他玩具盒子的颜色）。

不同发展年龄的干预要点

因为视觉损伤与年龄无关，所以没有此干预要点。请参考 TPBA2 的第三章。

参考文献

American Academy of Ophthalmology. (1996). *Policy statement: Vision screening for infants and children*. San Francisco: Author.

Anthony, T. L. (2000). Performing a functional low vision assessment. In F. M. D'Andrea & C. Farrenkopf (Eds.), *Looking to learning: Promoting literacy for students with low vision* (pp. 32–83). New York: American Foundation for the Blind Press.

Bishop, V. E. (1988). Making choices in functional vision evaluations: "Noodles, needles, and haystacks." *Journal of Visual Impairment & Blindness*, 82(3), 94–99.

Corn, A. L., & Koenig, A. J. (1996). Perspectives on low vision. In A. J. Corn & A. J. Koenig (Eds.), *Foundations of low vision: Clinical and functional perspectives* (pp. 3–25). New York: American Foundation for the Blind Press.

Koenig, A. J., & Holbrook, M. C. (1995). *Learning media assessment of students with visual impairments: A resource guide*. Austin, TX: Texas School for the Blind and Visually Impaired.

Langley, M. B. (1998). Alignment and ocular mobility. In M. B. Langley (Ed.), *Individualized systematic assessment of visual efficiency for the developmentally young and individuals with multihandicapping conditions* (Vol. 1, pp. 1–33). Louisville, KY: American Printing House for the Blind.

Miles, B. (1993, 2003). *Talking the language of the hands to the hands: The importance of hands for the person who is deafblind* (Fact sheet). Monmouth, OR: DB-Link: The National Consortium on Deaf-Blindness. (ERIC Document Reproduction Service No. ED419331) Retrieved June 14, 2007, from http://www.dblink.org/lib/hands.htm.

第五章 促进情绪情感与社会性发展*

第一节 促进情绪情感表达的策略

目标达成量表

1	2	3	4	5	6	7	8	9
使用声音和身体活动,表达舒适和不舒适的情感。		采用不同类型、不同水平、不同形式的情绪情感表达方式,向他人表明自己的各种需要。		经常表达极端的情绪,以使自己的需要得到满足,并引起他人的回应。		表达各种情绪情感,但主导的情绪情感是积极的。		能够在适当的时候轻松表达各种情绪,采用的方式恰好达到对方可接受的强度水平。

情绪情感表达(Emotional Expression)被认为是我们用来表明自身感受的手段。情绪情感表达的范围、清晰度、强度、时长以及频率等都影响人的发展和学习能力的方方面面。情绪情感对动机、注意力、认知过程、社会关系、人际沟通,甚至身体健康状况都有一定的影响。

儿童通过多种方式来表现其情绪情感:面目表情、身体语言、发出声音以及词汇。对于快乐、惊奇、恐惧、生气、沮丧、厌恶等基本情绪情感,都能从人们普遍适用的面部肌肉运动和面部表情中推测出来。而表示感兴趣、蔑视、羞愧的面部表情则不完全一致,但在特定的文化中是可以识别的。

情绪情感的许多迹象一出生就出现了,同时出现的还有更微弱的情绪。那些需要一定认知能力的情绪情感会出现得晚一些。在婴儿期初期,婴儿会通过烦躁不安或者哭闹来清楚地展现出他的不高兴;他们会目不转睛地盯着看某物,几周后还会用微笑来表明他们对其感兴趣。18个月大的婴儿展现出他们的各种情绪情感,包括与自我意识有关的情绪,例如羞愧和骄傲。随着语言的发展,儿童除了用身体语言,还开始使用词汇来表达情绪情感。

情绪情感表达是沟通交流的一个基本方面,情绪情感的明确表达非常重要,它有助于他人知道应该如何回应儿童,包括行为上的和情绪上的回应。它能使成人和其他儿童由此猜

---

* "emotion"在不同语境下,译为"情绪"或者"情感";作为标题时,统称为"情绪情感"。——译者注

测出某个活动是否受欢迎，是否应该继续做下去，还是应该进行调整，或者停止。情绪情感表达的强度决定了情绪情感线索是否易被解读，并且还在某种程度上决定了其他人的情绪情感回应。例如，如果一个儿童跌倒了，他没有表现出任何负面的情绪反应，那么成人就会将他的这个行为解读为儿童没受伤，无须在意他。而如果儿童尖叫并大哭起来，成人会立即跑过去帮助他，并给予安抚。如果儿童没有给出可解读的情绪线索，那么成人就很难给出恰当的回应。

情绪情感表达有助于我们知道儿童是如何看待他自己以及他人的，对他周围发生的事件是如何理解的，当遇到挑战性情境时他是如何进行自我调节的。各种情绪情感的强度、持续时间以及发生的频率还影响到儿童是如何被他人所认知的。如果儿童的回应总是表现为似乎与情境要求不相应的强烈情绪，那么成人可能会变得不予理睬，或者负面地看待这样的情绪，而不是给予回应。因此，为了传递准确的意图，以及为了同步的、互惠的社会互动的发展，情绪情感表达的适度是非常重要的。没有情绪情感表达，成人就不会了解儿童的感受；而过分的情绪情感表达，成人可能会对儿童的感受作出错误的解读。

1.1 恰当的情绪情感表达

情绪线索（Emotional Cues）应该是可读懂的。对于给出易于解读的情绪线索的儿童，成人能作出及时的回应。给出明确面部表情和身体语言的儿童，他们的需要能得到成人的回应。

积极的情绪情感应该是可接近的。积极的情绪情感表达绝对重要，因为它们强化了成人主动与儿童的相互作用。如果一个儿童很快乐，然而他没有任何的情绪情感表达，成人也许会不断增加各种活动的强度或者种类，来努力获得他的积极回应；如果仍得不到积极回应的话，成人就会停止努力。对于父母或者其他儿童照料者来说，不能引导出孩子的积极情绪，他们会备受打击。

情绪情感表达应该是准确的，因为这样才能表达出一个儿童的真实感受。例如，如果一个儿童受了伤还在笑，那么相比起受伤后哭闹的儿童，成人对他们作出回应要困难得多。对婴儿、学步儿以及幼儿来说，他所表达出来的就是他感受到的。明确这一点对于成人给出适当的回应是至关重要的。

当儿童长大一些后，他们开始对情绪情感有所理解，并对其加以控制。然而，他们可能会表现出与真实感受相反的情绪情感。较大一些的儿童可能会故意这样去做，只是为了不让人知道他们真正的感受，比如疼痛和尴尬。这种对情绪的故意压抑，或者说对情绪情感表达所作的有意识的选择，是情绪调节发展中的正常组成部分（参见 TPBA2 第四章第三节）。

随着儿童理解了其他人可能会怎么想或者会有什么感受时,他们开始按照其他人可能会产生的想法或感受来作出回应(参见 TPBA2 第七章第四节)。情绪情感表达还应该精确地反映出所经历的情绪情感的强度水平。

1.1.1 恰当的情绪情感表达的具体表现

Ⅰ. A. 儿童是如何表达情绪情感的?

日常常规(家庭和教室)

- 婴儿/学步儿:午餐期间,婴儿做出了厌恶的表情,并把以前从未吃过的婴儿食品吐了出来。学步儿在看到玩偶盒中的玩偶"砰"地蹦出时,惊奇地张开嘴和瞪大眼。
- 幼儿:当因拿了玩具而受到批评时,幼儿低下头,看着地面。

游戏常规(家庭和教室)

- 婴儿/学步儿:当爸爸把她向上高抛和把她悠起来旋转时,她微笑,咯咯地笑,然后尖叫起来。
- 幼儿:幼儿看着她的朋友围成圈跳舞,她笑了,她也开始跳舞,然后大笑并说道:"我在旋转呢。"

课堂常规

在户外游戏时,一个儿童向另一个儿童做鬼脸、吐舌头,说:"我不喜欢你,走开!"

Ⅰ. B. 情绪的范围,包括积极的、不舒适的以及与自我意识有关的情绪情感。

日常常规(家庭和教室)

- 婴儿/学步儿:在一整天中,儿童在早饭吃到香蕉时表现出很高兴;小狗朝她跳起来时,她表现出了害怕;把牛奶杯子掉到地上时,她表现出了不好意思;闻到自己的尿不湿时,她表现出了厌恶;让她去睡午觉时,她表现出了不高兴。
- 幼儿:当爸爸说该上床睡觉了,幼儿摇摇头,皱起眉头,说道:"我还没准备好上床睡觉。"爸爸回答说:"你可以有 5 分钟的时间做准备,然后我们会把你和你的玩具娃娃放到床上。"幼儿笑了,然后继续玩她的玩具娃娃。

游戏常规(家庭和教室)

- 婴儿/学步儿:当哥哥跑着追赶学步儿时,学步儿害羞地趴在妈妈腿上,然后哥哥大笑起来,走开了。当哥哥拦截他时,他大叫,而当哥哥咯吱他时,他大笑。
- 幼儿:幼儿假装是医生,她皱着眉说:"你需要做手术。"另一个儿童说:"我已经开过刀了。""医生"看上去很吃惊,笑了笑,说:"你需要更多的手术。你的病没有好。"

课堂常规

在讲故事时间,儿童兴趣盎然地看着教师,对故事中的人物发出微笑,听到教师讲的笑话,会大笑。而当教师说讲故事时间到此结束时,儿童皱起了眉头。

Ⅰ.C. 何种经历使儿童感到快乐、不快乐,或者影响到其自我意识?

日常常规(家庭和教室)

- 婴儿/学步儿:婴儿喜欢有趣的感觉体验,比如洗澡和吃饭。他不喜欢妈妈走开留下他一个人午睡。
- 幼儿:幼儿喜欢常规的、可以预测的每日活动。当常规惯例被改变,或者预料之外的事情发生时,他会不高兴。

游戏常规(家庭和教室)

- 婴儿/学步儿:学步儿喜欢跑,喜欢移动自己的身体并探索各种能产生变化的玩具。
- 幼儿:幼儿在室外骑他的小自行车,当爸爸让他停下来吃饭时,他烦躁起来。

课堂常规

在洗澡时间,儿童在澡盆的水中玩耍,大笑,把水撩到澡盆外面,当教师说他应该从水中出来并擦干他的手时,儿童大哭起来。

1.2 促进恰当的情绪情感表达的一般原则

大多数成人都会寻找并注意到儿童给出的各种情绪线索,这些线索展现出儿童的感受是怎样的。通常情况下,成人自己认为儿童的感受是怎么样的,他们就据此来作出回应。成人在鼓励儿童做出恰当的情绪情感表达方面,可以采用以下几种方式:(1)让儿童明确知道他的表情和行为传达给成人的是什么样的情绪;(2)向儿童解释其他人会怎样回应他的行为;(3)向儿童示范和解释成人自身的行为与感受;(4)帮助儿童调整其情绪情感的强度。

1.2.1 明确告诉儿童他的感受是什么

当成人了解了儿童的感受是怎样的时候,不论这种认识是从儿童的语言中得到的,还是通过对儿童身体语言的解读而了解到的,成人都能帮助儿童理解这些感受。如果儿童因为得不到他想要的糖果而哭起来,这时成人可以说:"我知道你对我说的'不可以吃糖'十分不高兴,但马上就该吃午饭了。"这样就告诉儿童他是被理解的,同时对成人的回应也给出了一个解释。将儿童的感受用语言说出来,有助于儿童命名自己的感受,并引导他们使用这些词汇来表达自己的感受。

1.2.2 解释其他人的感受是怎样的

告诉儿童他的情绪回应对成人有怎样的影响,这有助于儿童社会认知的发展(即理解他人的想法和感受)。例如,父母可以说:"你那样大声尖叫,让我抓狂。你不大声尖叫时,我觉得我想要帮你。需要帮助就直接对我说出来。"

1.2.3 解释情绪的原因

成人清楚地表达出自己的情感,并对自己的反应给予说明,这有助于儿童对情绪情感的理解。例如,成人可以说:"姥姥生病了,妈妈为此很难过,人难过时有时会哭。感到难过没什么大不了的,过一会儿我就会好些的。"

1.2.4 帮助儿童调整情绪

成人帮助儿童监测他们的情绪,并在他们准备对其进行调整时,作出判断。比如,父母可以说:"好了,够了。博比说他拿了你的玩偶,很对不起。你的玩偶已经回来了,不必再哭啦。"

1.3 实践中的一些原则

1.3.1 日常常规(家庭和教室)

喂食/进食

进餐时,照料者看着婴儿的脸,并说:"嗯,你喜欢吃苹果酱。"当学步儿把豇豆推到一边时,妈妈说:"我知道你不喜欢豇豆,但要吃两口。"

换尿不湿/如厕

当学步儿指着便盆中的大便微笑时,他的妈妈说:"瞧,这是你干的。你应该感到骄傲!"

穿衣

幼儿自己穿上胡乱搭配的衣服,然后带着一脸灿烂的笑容出现在厨房里的妈妈面前,说:"看,妈妈,都是我自己穿上的!"妈妈笑了,说:"你真棒,我真为你感到骄傲!"

1.3.2 游戏常规(家庭和教室)

面对面游戏

爸爸藏在毯子后面,然后把毯子拉下,说:"躲猫猫!"婴儿咯咯地笑,爬到毯子上,拉起毯子盖到自己的脸上。

体育游戏

妈妈假装是一个"搞笑的怪物",在学步儿后面追逐,幼儿大叫,并跑开。妈妈装出吓人的表情,并用低沉的声音说:"你最好跑快点,我就要抓到你啦!"当妈妈抓到幼儿时,她开始笑起来,并咯吱幼儿。

操作性游戏

幼儿吉米手拿一个恐龙玩偶,爸爸手拿一个男性人偶。吉米说:"你应该害怕,因为我要吃掉你!"爸爸代表男性人偶说道:"我不怕你,我很勇敢。"

感觉游戏

在画手指画时,学步儿做了个鬼脸,然后看着手上红色的颜料。他的妈妈说:"你不喜欢手被弄上颜料吧?没关系,它一洗就掉。来,让我们看看你能不能用手指画个圆圈。"

1.3.3 阅读和学习常规

圆圈时间

在阅读《一个名叫路威的豪猪》(*A Porcupine Named Fluffy*)这本书时,教师模仿豪猪受到犀牛嘲笑后的尴尬样子。她让所有儿童都低下头,看着地面,就像他们感到尴尬一样。

一对一阅读

妈妈一边和婴儿一起看图画书,一边指着图上一个正在哭的小孩说:"瞧,小宝宝流眼泪了。他很难过。"

科学与数学

在感知区,儿童正在感受不同的材质,有棉絮、松果、松针及其他材料。教师问儿童,他们喜欢触摸哪些、不喜欢触摸哪些。然后教师用"柔软""扎手""黏糊""锋利"等词汇来描述这些材质。

1.4 为促进情绪情感表达制订个性化的干预计划

Ⅰ.A. 儿童是如何表达他们的情绪情感的?

有些儿童受残障所限,很少表达出自己的情绪情感,或者不能正常表达情绪情感。例如,运动方面的障碍可能会影响到情绪情感的表达。肌张力低的儿童肌肉松缓无力,导致他们表达出感情的面部表情、手势、动作都很细微。同样地,增加肌张力也会限制情绪情感的表达。患有僵直性脑瘫的儿童,可以做出很微弱的笑容,但由于缺乏对动作的控制能力,这笑容看上去像是痛苦的。

很多环境方面和神经方面的紊乱都会导致情感缺失、感情压抑,或者出现极端的情绪。对于缺乏情绪情感表达的儿童,成人需要展现出自己的情绪情感,对情绪情感作出解释说明,并学会解读怪异的、微弱的情感线索。

另外,有些儿童是以超过其真实感受的方式过度地表达情绪情感的,他们可能感受到超过现实状况的某种情绪,或者不能将自己的情绪拉回到正常的状态水平(参见 TPBI2 第五章第三节)。在这些情况下,成人应帮助儿童对现状作出评估,并给出适当的反应。例如,当儿童跌倒了并声嘶力竭地大哭时,成人可以说:"就是擦碰了一下,没事,让我来亲亲它,很快就好了。"当儿童敏感过度时,成人可以说:"我知道你讨厌把水弄到脸上,让我把它们擦掉好了。"对于不能平静下来的儿童,成人可以说:"我要去那边坐下来,直到你能安静下来可以继续玩时再回来。"(参见 TPBI2 第五章第三节)。对于有剧烈的情绪变化或者极端情绪的儿童,还需要专业人员的指导。

帮助儿童准确地表达他们的感受,这一点对社会技能的发展非常重要。如果成人不能了解儿童的真实感受是什么,在互动中他们就不能给出适当的回应。以下策略有助于儿童更清晰地表达他们的情绪。

人际互动策略

1. 解读每一个带有情绪内容的动作和行为。说出你认为儿童正在经历的感受,并命名它,观察儿童的每个消极反应和积极反应。眼睛的一瞥、一个动作、发出的一个声音,都可能代表着一种情绪反应。成人应该细心地观察儿童,让他知道对于他的动作成人是如何理解的。例如,如果儿童在别人亲吻他的脸时避闪的话,成人可以说:"你不想让我亲你的脸,好吧,那我捏捏你的手吧。"观察儿童,并努力引发儿童的各种情绪表现,以便更好地了解儿童的情绪反应。

2. 调整脸部和身体的位置,让儿童能够看到情绪线索。尽管儿童能够从语调中确定多种情感,但是许多儿童还是需要更多的线索才能读懂他人的情绪情感。他人是幼儿的一面情绪镜子,因此让儿童看到(对于盲童来说是感觉到)他人的情绪情感表达是非常重要的。

3. 用夸张的表情或者动作展示情绪情感。许多残障儿童不能理解他人的情感,这可能是由于他们缺乏对他人的注意、理解能力较弱以及感觉受限等,从而限制了他们接收到的情感信息量(比如失聪儿童能看到面部表情,但听不到语调)。由于这个原因,成人需要夸大表情和动作来帮助那些在情绪情感理解上有困难的儿童。通过综合使用语调、面部表情和手势,使要传达的信息能够被儿童接收到。这样做不仅鼓励儿童关注情绪情感,还鼓励他们对成人的表达方式进行模仿。

4. 使用词汇命名所表达的情绪情感。如果儿童只是看到并模仿成人的表情,这并不代表他们理解了所表达的情感的含义。教给儿童有关那个情感的词汇,然后让他使用这些词汇来对某个感受命名。让儿童回答某个表情意味着什么,例如:"看看妈妈的眼睛和嘴,你认为我是什么感受?"

5. 谈论儿童的感受是什么。成人怎么谈论他们自己的情绪情感,就以同样的方式来谈论儿童的感受。成人应该对儿童的情绪命名。如果成人不能确定儿童的感受如何,就问问儿童自己。快乐、难过、恼火都是儿童最常谈论的情绪。还可以与儿童讨论其他情绪情感,比如尴尬、羞愧、内疚、骄傲、害怕、惊奇、失望、沮丧等。

6. 在各种情境中指出人的情绪。儿童在一天的时间里有各种机会看到无数次的情绪情感表达:在与他人互动的过程中,在现实生活情境中,看电视、看电影时,与他人游戏时,等等。例如,一天中,儿童可能会与他的哥哥兴奋地玩追逐游戏,看动画片时里面有个人物很吓人,在商店里看到一位生气的妈妈在斥责她的孩子,看到爸爸把什么东西洒在了地毯上,爸爸有些内疚,如此等等。这些机会都向儿童说明了各种不同的情绪情感是怎样的表现,以及为什么人们会有那样的感受。

环境调整

在鼓励儿童进行情绪情感表达上,除了人际交往策略,经常使用的还有环境调整。根据TPBA2中的发现,团队可以考虑采用下列一些环境调整。

1. 让儿童参与到有强烈情绪情感的情境中。能带来惊奇、身体移动和情绪兴奋的各种玩具、用品、活动都能唤起情感。如果儿童没有做出面部表情或者身体姿态,成人可以给他们做示范,儿童可能会试图去模仿这些表达方式。多次重复同一件事,可以引导儿童实时地做出情绪情感表达。

2. 使用周围环境中的图片和书籍,指出其中的情绪情感成分。带有情绪情感表达的图片常可以在广告、广告牌、杂志、书籍中看到。可以利用这些图片,将其作为讨论情绪情感的机会,来谈论情绪情感的表达和引起情绪的原因。图书特别有利于引发对某种行为以及与该行为相关的情绪情感的讨论。可选用儿童感兴趣且有面部表情描述的图书。

3. 用镜子反照儿童的表情。儿童不知道他们经历各种情绪时自己的面部表情是什么样子的,用一个小镜子,能让他们了解自己看上去的样子。如之前描述的那样,角色游戏可以很好地"假装"各种情绪,镜子可以帮助他们看到自己在别人眼中的样子。

4. 注意光线。从窗户照入的逆光会使面部看不清楚,这一点对有视觉损伤的儿童特别重要。成人应该意识到,照到人面部的光线,增加了儿童看清微弱的情感线索的机会,儿童怎么解读和翻译这些线索,影响到他们的情绪反应。

Ⅰ.B. 儿童是否表现出各种类型的情绪情感,包括积极的、消极的,以及有关自我意识的?

Ⅰ.C. 何种经历使儿童感到快乐或者不快乐,或者影响其自我意识?

有些儿童能在一定范围内清楚地表达自己的情绪情感,儿童表露出的情绪情感线索是清晰可见的,他们只是不能展示出全部的情绪情感类型。成人最常看到的一些情绪是快乐或者激动,生气或者沮丧。然而,在儿童知道自己某事做得很棒时,他们还需要展现出自豪感。这种掌控动机的感觉,对他们持续渴望学会新的技能是至关重要的(参见 TPBA2 第四章第五节)。发育迟缓或者有残障的儿童,其自豪感可能会降低,特别是当他们开始将自己的技能与其他儿童进行比较时。没有自豪感的残障儿童会轻易放弃,他们在不能完成困难的任务时,不是坚持不去,而是会选择忽略那个活动,仅做一次尝试就不再做了,或者生气、不高兴。适度的紧张和挫折可能是积极的,因为这些情绪情感常常会推动儿童去做进一步的努力。

除了自豪感,儿童还需要认识到,他们做了某些不好的事情时会感到遗憾。但是有些儿童可能不会表现出遗憾这种情绪情感,包括:尚不能理解事物的因果关系(即他们对他人做出的行为会产生某种结果)的儿童,社会认知(即意识到他人的情绪)受限的儿童,易做出冲动行为、不考虑行为后果的儿童。这些儿童需要成人的帮助,以便使其能够理解和表达遗憾的情绪。

对感觉信号高度敏感的儿童可能很容易被几乎任何刺激所击倒,并显现出负面的情绪,例如抱怨、哭闹等。在儿童感到不舒适时应与他们沟通交流,除此以外,帮助他们适应感觉信号的输入也是很重要的。

对于倍感沮丧的儿童,弄清楚什么能使他们高兴起来非常重要,同时还要探索儿童情绪低落的原因。被诊断为抑郁或者其他情绪情感失调的儿童,需要进一步的心理学评估以及其他专业人员的帮助。

对于被确诊患有不同障碍或者不同综合征的儿童来说,父母和专业人员熟悉与其特定状态相关的情绪和行为特征,是非常重要的。例如,患有安格尔曼综合征(Angleman Syndrome)的儿童,他们总是显露出快乐的表情,他们常常会发出不适宜的笑声,或者与当时的情境完全不相协调的一阵大笑;这些儿童在运动计划方面也会感到困难,而运动计划是模仿成人面部表情时所必需的;他们还会有智力发育迟缓的问题,这也限制了他们对情绪情感的理解。成人将事件与随之出现的情绪情感之间的关系具体地展示给他们,这非常必要,同时还应伴有经过某种修饰的面部表情和手势。患有威廉姆斯综合征(Willianms Syndrome)的儿童可能会表现出过度害怕、焦虑和恐惧,但他们还会表现出对他人的友善、关心和同情;他们在语言方面不同寻常的优势,使他们善于交谈,并善于描述出自己及他人的感受。

知道什么能够引发出各种类型的情绪,这非常重要,因为这样成人才能为儿童事先准备各种不同的情境,并以鼓励的方式发出回应。了解什么使儿童快乐、什么使儿童不快乐,在安排一个干预计划时尤其重要。儿童对喜欢的活动和能让他们取得成功的活动,会不断地重复去做。他们会避开那些不能给他们带来快乐以及他们不能成功完成的活动。通过能引发积极情绪的玩具、材料和活动,成人能够鼓励儿童尝试新的技能,还能将儿童原本并不喜欢的活动结合进去。

还可以利用儿童喜欢的活动来鼓励儿童去做那些他们不太感兴趣的活动。例如,如果儿童想要与小狗一起玩耍,而不想要穿上衣服,那么父母可以说:"只要你穿上衣服,你就可以和小狗一起玩耍。"

人际互动策略

1. 利用能让儿童笑起来的东西。积极的情绪鼓励儿童去探索、实践和实现他们的目标。成人基于儿童喜欢的活动特征,几乎能将任何一种活动变成可以引发儿童快乐情绪的活动。例如,对于喜欢运动的儿童,成人能够在活动之前或者活动过程中,将运动性的游戏结合进去。对于喜欢人际交往的儿童,游戏中轮流进行的方式可以使他原本不太喜欢的活动变得有趣。

2. 帮助儿童知道什么时候他们应感到骄傲。成人帮助儿童看到自己的长处,这时,让儿童不仅仅与其他人相比,而且还要与自己的过去相比。这一点很重要。例如:"上个星期你还不会自己提上裤子,可是现在你做到了。过不了多久你就能自己穿所有的衣服了。"

3. 帮助儿童理解遗憾的情绪。成人应帮助儿童认识到什么时候他应该对自己的行为感到不好意思。具体做法不是靠大声喊叫儿童的名字来羞辱他,而是帮助他分析所发生的事情,分析这事是多么有害,以及怎样防止其再次发生。例如:"你撞艾莉森的时候,她倒了,这弄疼了她。怎么才能让她感到好些呢?让我们帮她把膝盖擦干净吧,看看这样做她是否会感到好一些。"

4. 特别强调儿童所做的各种努力。特别是对于有智力障碍或者身体残障的儿童,因为这些儿童可能不会顺利实现其所渴望的目标,成人需要鼓励他们继续努力。对儿童付出的努力和独立完成某事的坚持,成人应给予赞同和夸奖。例如:"你很努力!你就要成功啦。耶!"

5. 读懂儿童的面部表情和行为的含义,告知儿童他表现出的情绪情感是什么。如之前已经说过的,一些儿童不会给出清晰可见的情绪信号,成人应通过自己的示范,表明情绪表达在什么时候是适当的、怎样对情绪命名,以及直接谈论儿童可能会是什么感受等,来帮助儿童认识情绪的重要性。

6. 谈论感到不舒适的情绪情感。明确告知儿童每个人都会有感到沮丧或者很不高兴的时候,告诉儿童那会在什么情况下发生,人们怎样做才能让自己感觉好一些。儿童感觉到不痛快,这种情绪是自然的,成人不应因儿童表现出"负面的"情绪就去指责他,而是要去帮助他调整自己的情绪,并在适当的时候表达出来(参见 TPBI2 第五章第三节)。

7. 特别强调儿童缺乏或者受到限制的情绪。对只表现出一种情绪类型的儿童,成人应努力去扩展他的体验范围，这很重要，以便丰富他的经历，并使其从中感受到不同的情绪。例如，不同的游戏可以让儿童感受到惊奇，有一定挑战性的游戏可以用来引发出儿童的兴趣，并促进他努力去完成，进而获得自豪感。

8. 当儿童开始进行假扮游戏时，利用角色游戏再现不同情绪的情境。假扮游戏可以使儿童以安全的方式"尝试"不同的情绪，比如害怕和生气等。成人应鼓励采用这种方式，但与此同时，如果儿童的情绪过于强烈，或者儿童完全被这种情绪控制，那么成人要提出解决问题的方法。在特定情境的角色游戏中，儿童投入了强烈的情感，这样的游戏能帮助儿童从中获得某些不同的情绪体验，并会考虑自己怎样才能更客观地给出回应。例如，儿童受到别人欺负时如何应对生气的情绪，通过角色游戏就能够帮助他去尝试这样的情境，而不一定非要真实的情境。成人还能够提醒儿童，当角色游戏中的类似情境在现实中真实发生时，他应该怎么去做。那些参加社交互动技能小组的稍大些的儿童，常常会在角色游戏中使用他们在交往活动中学到的技能，而且这些社交互动技能对小一些的儿童也同样有效。当某种情境不断重复出现或者反复实践时，儿童的回应会变得更加习惯、自然。

9. 对能促动儿童产生快乐反应的事情给予特别的关注。如前面所提到的那样，无论是积极的情绪，还是消极的情绪，都对干预具有指导作用。引发积极反应的活动是制订干预计划的基础，同时那些会带来较为消极的情绪反应的活动，也要考虑在内，这样不希望出现的那些情绪就会减少，或者完全避免。例如，如果儿童不喜欢手指精细动作的活动而喜欢假扮游戏的话，那么精细动作的任务就可以结合到假扮游戏中。比如，在玩"过家家"游戏时，可以利用铅笔和纸张，让儿童列出一个购物清单；一个开瓶起子可以假装用来打开瓶盖；可以把钱币放入存钱罐里；等等。

环境调整

1. 调整环境以回应儿童的特定需要。成人应重新组织行为模式，并确定什么样的环境和人际交往能激发积极的或者消极的情绪。之后，成人可以改变环境，以增加或者减少可能出现的情绪。

2. 阅读反映不同情绪的图书。所有的情绪情感类型都能通过对书中人物的回应得以表达。选择的图书，可以是与儿童没有表现出来、需要成人进行更多探索才能了解的情绪（比如生气或者难过）有关的，这样的阅读能帮助儿童思考和谈论他们的情绪情感。书籍还有助于儿童推及其他人的处境。成人的作用就是帮助儿童探索书中人物是怎样做的，怎样感受的，并将其与自己以及家人、朋友的行为和情绪情感联系起来。

3. 将道具结合到假扮游戏中，来激发情绪情感。假扮游戏通常会引发某种情绪情感，因为儿童再现了他们在现实生活中看到的他人的所作所为。对于仅表达出有限的、最低限度情绪情感的儿童，假扮游戏中的道具能鼓励他们更加强烈的情绪情感表达，或者促进特定类型情绪的表达。例如,激发情绪情感的道具有医药箱(引起儿童假装不舒服)、恐龙(气愤、攻击性)、魔杖,等等。使用木偶能引发各种类型的情绪情感(参见《TPBA2 和 TPBI2 实施指南》第三章图表 3.1)。

4. 发现社区内可用的资源。一些儿童和家庭可能会需要更多的支持来帮助他们探索儿童的情绪情感。了解社区中有哪些现成的资源可以用来促进儿童心理健康发展,这一点非常重要。

1.5 为在情绪情感表达上需要帮助的儿童提供的常规做法

1.5.1 日常常规（家庭和教室）

喂食/进食

儿童对某些食物表现出喜欢,对某些食物表现出不喜欢,对此,应告知儿童他的感受,命名他的感受。"你把它吐了出来,是不是它吃起来让人恶心?"在努力让儿童品尝一种新的食物时,成人先示范性地咬一口,然后表露出非常正面的情绪。

换尿不湿/如厕

对婴儿来说,成人给他们换尿不湿时,他们能体验到多种情绪经历。通过互动游戏,可以使换尿不湿变得有趣。当婴儿长大一些后,他渴望能移动得更远一些,换尿不湿会使他们有种挫败感。但这也提供了一个进行命名的好机会,例如"手忙脚乱""沮丧""耐心""焦急"等。从换尿不湿逐渐转到独立坐便盆,这对谈论这些词汇提供了更多的机会,另外可谈到的词汇还有"满意""骄傲"等。夸张的表情和手势很有帮助。

穿衣

穿衣服常常是一件具有挑战性的事情,因为儿童要弯曲身体的某个部位,做伸、推等动作,衣服被拉扯,还需要动作的协调。成人应特别强调儿童自己的努力有多么重要,让他坚持不懈地做下去,还可教给儿童一些词汇和短语,比如"沮丧""坚持下去""继续努力"等。加上一些评论,比如:"你做到了。你应该为自己感到骄傲!"这将有助于儿童体验到与成功相关的情绪。

外出

外出能使儿童看到家庭成员之外其他人的情绪情感表达。观察其他儿童非常重要,因为儿童常常彼此模仿。成人可以指出其他儿童的情绪情感,并谈论为什么他们会表现出各种情绪。观看他人可以使成人与儿童谈论情绪,特别是不舒适的情绪,而这样的情绪在儿童自己乱发脾气时是很难谈论的。

1.5.2 游戏常规（家庭和教室）

面对面游戏

面对面游戏为情绪情感表达提供了一个非常好的机会，在做这种游戏时儿童可以看到其他人的面部表情、解释这些情绪，并对其做出回应。对于不能表达出与自己的真实感受相一致的情绪情感的儿童，成人可以发起一个模仿游戏。"我要装出一头疯狂的狮子的样子。""你想装什么动物？你打算装作一头快乐的小牛还是一头疯牛？"

体育游戏

体育游戏可以唤起强烈的情绪。这种类型的游戏对于儿童学会更清楚地表达情感是非常有效的。捉迷藏能够让儿童感受到惊喜，抓到对方时会感到激动，游乐场的游戏可以促进动作的发展和自豪感，等等。游戏时可以结合使用带有情绪的词汇："啊哈！我让你吃惊了！""你好兴奋呀！"

操作性游戏

许多类型的操作性游戏都涉及建构或者以某种方式将物体结合起来。对于残障儿童来说，这种类型的任务会使他们做精细动作时遇到困难。告知儿童这不是那么容易的，并帮助他们找到解决的方法。"这有些难度，是不是？让我们先来做这个试试，这样可能就不那么困难了。"如前面描述过的那样，将能够激发儿童兴趣的各种因素结合起来，有助于儿童坚持做下去。例如，如果儿童不喜欢拼图游戏，不去参加这个游戏，或者在拼图时变得很烦躁，那么成人就可以改变这个游戏的焦点，把它变成一个人际交往的游戏："我需要一个蓝色的拼块，你能帮我找到一块蓝色的吗？啊，你找到了！"

感觉游戏

感觉游戏有多种类型（音乐的、运动的、触觉的），这类游戏也可引发强烈的情绪。当和体育游戏相结合时，感觉游戏能提供许多机会来表达和谈论情绪情感。

假扮游戏

假扮游戏能鼓励儿童对各种不同的情绪情感进行表达。将儿童喜欢的故事和电影情节通过戏剧化的手段表现出来，是鼓励儿童体验到不同情绪情感表达的一种安全、有效的方法。对于经历过创伤或失去的儿童来说，这也是一种表达情绪的方式，他可能觉得用其他的方式表达不太舒适。正如在环境调整部分所介绍过的那样，结合道具的使用，可以激发儿童体验某种情绪并谈论这种情绪。

1.5.3 阅读和学习常规

圆圈时间

大家围成圆圈进行阅读。这不像一对一阅读那么亲密无间，但是它有独特的有利之处，它使儿童可以听到其他人的想法和感受。儿童还可以自己做选择，或者是听别人说，或者是与别人进行交流。教师应该抓住讲故事的有利时机，讲述故事中人物的情绪，比如害怕、尴尬、勇敢、骄傲、嫉妒等，由此来讨论情绪，并戏剧化或重现书中的场景。

一对一阅读

与幼儿促膝阅读是一个极好的机会，可以谈论书中人物的情绪、他们为什么会有那样的感受、对这些感受他们会怎么做等话题。成人还可借此告诉儿童，在什么情况下他可能会感受到与书中人物同样的情感。这样的讨论有助于儿童知道其他人可能会经历与他们同样的感受。一对一阅读中彼此的亲密关系，还为讨论正在困扰儿童的问题提供了一个安全的基础。

科学与数学

情绪情感是心理学——儿童能够在幼儿园中接触到的一门科学——的一个组成部分。这门科学涉及社会认知，或者说理解其他人正在想些什么，正在感受些什么。将这作为一个重要的调查领域能引导儿童获得有意义的见解。例如，可以让幼儿做一个调查，了解怎样使他人感受到特定情绪，如果他们有了那样的情绪他们会做什么（比如，什么会使人快乐？什么会使人难过？发疯？沮丧？）。然后让儿童制作出一个图表，将男孩和女孩相对照，年轻人与老年人相对照，教师和父母相对照。这样的调查能帮助儿童了解情绪情感的相同与不同。

案例：拉杰夫

拉杰夫是一个 12 个月大的寄养儿童。他离开原来的家，是因为他在那里受到了虐待和忽略。拉杰夫几乎没有面部表情，从不主动接近他的养母。他很少哭，只是躺在他的婴儿床里，在有人进入房间看他是否醒着时，他才会动一动。他的养母报告说他之前常常被丢在那里没人照料，即使他哭，也没人回应。她注意到拉杰夫并不显露出情绪，这会损害他与他人建立关系的能力，也会对今后的收养产生负面影响。TPBA 研究人员对拉杰夫进行了评估，他们观察到，在评估时的整个游戏部分，他的情绪一直是"平"的。针对这个问题，研究人员提出了以下建议。

人际互动策略

1. 做拥抱、亲吻和挠痒痒的游戏，同时多做微笑和大笑的示范。仔细观察他的动作和表情，这些可能会显示出他对输入的信号是希望多些还是少些。应让拉杰夫知道，积极的情感和互动是与游戏密切相关的，他的暗示是会得到回应的。

2. 仔细倾听任何声音和观察任何动静。读懂这些暗示，并立即做出交流和回应。使用言语告诉拉杰夫你认为他的感受是怎样的。"你喜欢这样吗？你还想要吗？"

3. 尝试各种不同的游戏，感觉的、面对面的、玩具的、动作的等，以此了解拉杰夫喜欢什么样的游戏。可以多做他喜欢的游戏，并逐步提升游戏的程度（强度和时长），以便引发出他更多的情绪感受。当情绪开始发生改变时就停止。

环境调整

1. 提供那些能带来惊喜或者产生很大听觉和视觉效果的玩具，这样拉杰夫会受到促动而接近这些玩具。效果明显的玩具更能唤起情感。

2. 挨着拉杰夫，在他旁边对着镜子做出夸张的表情。努力让他去模仿你的表情。将一面镜子放到拉杰夫的面前，这样他能够看到自己的脸。这可能会让他对看着镜子里的自己和微笑感兴趣。

不同发展年龄的干预要点

以下建议针对的是处于相应发展水平的儿童。这些建议并不是全面的，而是表明了可能探索的领域。

发展年龄	情绪情感表达	干预要点
0—3个月	认出并能表现出痛苦、生气、高兴、欢喜和惊奇。	说出儿童的情绪情感，并对其立即给予回应。这样儿童能学会用面部表情和发出声音来交流，以取得成人的回应。
3—6个月	在人际互动中能表现出激动、快乐。 对大的噪音表现出害怕。	利用面对面游戏做出面部表情，让儿童模仿。 告诉儿童声音的各种来源。
6—9个月	区分出生气的音调。 位于高处时表现出害怕。 表达出生气、不信任、厌恶。 在做人际互动游戏时表现出高兴。	对儿童的非言语暗示给出回应。命名儿童的情绪情感，指出这些情绪情感是怎么引起的。 提供一个可预测的常规日程，当因日程变化而带来混乱时，应确保儿童安心。在成人的支持和安抚下，让儿童触及一定的高度。 儿童解读成人的面部表情，以便知道他应怎样回应。因此，成人应该为儿童做出适当的情绪情感表达的示范。
9—12个月	表现出对陌生人的害怕。 表现出惊讶和害羞。	用安抚回应儿童的害怕，在儿童感觉舒适的条件下，让他观看、触摸并接近陌生人，这样逐步地将陌生人引入环境中。 利用能引发惊奇和促进探索的玩具。
12—18个月	开始表现出内疚、骄傲、羞愧。 对更多的事情表现出害怕。 失去某物时表现出情绪低落。 表现出嫉妒，因生气而发脾气。	学习什么是对的，什么是错的。同时要向儿童解释为什么这样做是对的，那样做是错的。 对儿童独立做事的行为应予以鼓励，并特别肯定他这样做所付出的努力。 讨论如何应对令人不舒适的情绪，比如沮丧、嫉妒等。 帮助儿童自己选择应对情绪的方式。

续表

发展年龄	情绪情感表达	干预要点
18—24个月	重复他人沮丧的表情。 表现出尴尬、羞愧和内疚。	鼓励儿童观察他人的面部表情和动作，弄明白他们的感觉如何。 评论并特别强调儿童对他人情绪情感的认识及回应。 随着儿童对他人如何看待自己有了更多的自我意识，对他表现出来的不同于他人的特点要给予支持（例如，"我知道你不喜欢见生人，所以我会拉着你的手，你只要看一看每个人就行了。你想和他们一起玩时，就告诉我"）。 告知儿童每个人都会犯错误，谈论下次再遇到这种情况应怎么处理。
24—36个月	显示出同情心和极端的情绪。 表现出害怕改变。 显示出复杂的情感。	当儿童展现出同情心时，告诉他怎样才能让其他人感觉好一些。 告知儿童害怕和担心是怎么回事儿，并对儿童提供支持，来帮助他独自处理害怕和担心的情感（比如转换对象）。 告诉儿童混合的情绪是正常的（比如，"我知道你很高兴见到圣诞老人，但是你还有点小小的担忧。你想要我和你一起去见他吗？或者你想要自己去见他？"）
36—48个月	展现出对视觉形象的恐惧。 表达爱。 在肢体动作上表现出愤怒。	在去观看马戏团表演、游行或者万圣节活动之前，用镜子给儿童、玩偶、成人的脸上化妆。谈论谁正在化妆，猜一猜画好后那个人看上去会是什么样子的。 为儿童提供照料小动物、娃娃、宠物或者弟弟妹妹的机会。 当儿童生气时，告知他生气没关系，每个人在有些时候都会生气，然后帮助他找到适当的方式来表达愤怒（比如，用语言、跺脚、挤压皮球）。
48—60个月	显现出极端的嫉妒。 表现得很傻。 会担心失去父母，害怕独自睡觉，担心迷路，担心自己和别人不同。 知道被"伤害"的感觉。	阅读疗法（Bibliotherapy），即针对正在困扰儿童的情感问题，阅读与此相关的图书，这对儿童是非常有帮助的。 谈论图书故事中的人物有什么感受，他们是怎么做的，问一问儿童如果是他，他会有什么感受以及如何行动。 讨论管理情绪的做法都有哪些。 告诉儿童应对恐惧的具体方法。
60—72个月	显示出对纠正错误的不满。 表达出对鬼怪、巫婆、昆虫、打雷、大火、风暴、血、受伤、死亡的恐惧。	帮助儿童提高解决问题的技能（参见 TPBI2 第七章第三节）以及让儿童确信犯错误是学习的一个途径。 帮助儿童了解他所害怕的东西是什么。 向儿童解释对事物的了解是控制不确定性的一种方式。

第二节 促进情绪情感风格/适应性的策略

目标达成量表

1	2	3	4	5	6	7	8	9
不经过较强的、长时间的情绪反应,就不能适应陌生人、新物体、新事物或者常规惯例中的改变。		在有口头预告和环境支持的情况下,能够适应人、事、物或者常规惯例的改变。		通过采用与情境转换相联结的激励和逻辑手段,能够适应人、事、物或者常规惯例的改变。		在有口头预告的情况下,能适应人、事、物或者常规惯例的改变。		保持着适度的谨慎和情绪反应,适应人、事、物或者常规惯例的改变。

情绪风格/适应性(Emotional Style/Adaptability)指的是对于新的或者与之前的体验不同的各种刺激,儿童通常是怎样接近和反应的。情绪风格包括:对新奇事物的反应,即儿童接受和从事新的事物(包括人、事、物)是否容易;灵活性,即儿童是否能够轻松容易地处理或者应对活动、常规惯例、环境设置、人际交往模式等方面的变化;情绪反应性(Reactivity),即儿童通常对各类刺激给出积极或者消极反应的典型状态。

这些因素之所以非常重要,原因有几个方面。首先,对新奇事物的兴趣和开放态度对于学习是很重要的。学习要求将新的信息整合到已有的认知结构中。儿童需要探索任何独特的事物,以发现它们的特点、联系,以及可能的用途。认知的发展是以将周围环境中的各个方面进行比较,并将它们通过不同的方式进行归类为基础的,因此接受新的体验,是获得知识的关键因素。那些恐惧、焦虑或者过度小心谨慎的儿童,他们多半会"坚持已知的事物",而不是去探索新的事物。对新事物有兴趣的儿童,会热切地去发现新的东西。

对陌生人的反应对儿童来说也是一个重要问题,因为社交互动能力的发展是在儿童日常生活的小家庭之外培养起来的,在家庭之外的人际环境中,儿童能够学到怎样与他人友好相处,以及如何与他人建立友谊。尽管对周围的陌生人保持警觉是必要的,但是知道谁可以信任、怎样与陌生人交往也是非常重要的技能。过分小心谨慎、胆小的儿童,或者不加选择地与任何人都友好的儿童,他们很难建立起有意义的人际关系。

其次,对活动和常规惯例的各种改变应对自如也是情绪风格的一个重要方面。在一天中,活动和常规惯例总是会不断变化的,有时会根据儿童的需要而改变,有时会根据成人或者儿童生活中的其他人的需要而改变。因此,灵活性是必要的,它使得儿童能够在一整天中都应对自如。希望日常活动不要有变化的儿童,对改变怀有负面情绪反应的儿童,或者是对将要发生的变化需要有所掌控的儿童,在变化的转换期间,他们与其他人的关系可能会出现紧张。对改变的抗拒还会导致他们减少对活动的参与。对此我们在前面介绍过。

最后,情绪的强度是儿童学习和社交互动的一个重要因素。儿童应能够显示出各种不同的情绪和能力,来表达与当时的情境相适应的情绪强度水平。如同 TPBA2 的第四章第三节所介绍的那样,他们应该能够根据需要调节自身的情绪强度。与情绪风格和适应性相关,在需要引进新的情境或者向新的情境转换期间,儿童表达出来的情感强度会影响到他的学习状态以及与他人的交往。对常规的改变,以及对特定的人、特定的材料类型、特定的体验带有强烈负面情绪的儿童,常常需要成人的帮助,才能确定引起厌恶反应的原因,从而调整信息输入、过程或者情境,以便使儿童从特定的经历中受益。

2.1 适当的情绪情感风格/适应性

比起适应困难的儿童,适应良好的儿童和对新的经历感兴趣的儿童遇到的压力要少。儿童小心谨慎是应该的,但是他应该表现出对了解每个情境的特点有足够的兴趣,并需要对情境的特点进行评估。他们还应该表现出适当的情绪强度,这能使他们将注意力集中到某个客体对象、某个人或者周围的情境上。情绪强度太高或者太低,都会对他们的学习和活动参与带来消极的影响。

2.1.1 适当的情绪情感风格/适应性的具体表现

Ⅱ. A. 儿童见到陌生人、新活动以及新情境时是如何应对的?
日常常规(家庭和教室)
- 婴儿/学步儿:婴儿看到有个陌生人在靠近,他将自己的脸埋到爸爸的肩膀上。妈妈的朋友来到家门口,学步儿仔细观察来人,辨认她,慢慢地接近她。
- 幼儿:幼儿看着桌子上的新手工材料,拿起一个,研究它,并开始尝试用胶水把它粘到纸上。

游戏常规(家庭和教室)
- 婴儿/学步儿:婴儿将一个球滚过去,爸爸又把球滚回来,来回几次,爸爸把球藏到自己的身后,拿起一个玩具卡车,把卡车推到婴儿面前,婴儿看上去很吃惊,但他还是把卡车推给了爸爸。学步儿站在游戏园地沙子角的边缘,看着其他儿童玩沙子。他的照料者鼓励他说:"来,我们一起挖沙子。"他慢慢地走进沙子中,朝他的照料者移动。

- 幼儿：幼儿正在玩积木，教室中的另一个儿童来到他身边并观看，幼儿看看他说："你想和我一起玩吗？"

课堂常规

在圆圈时间，教师说："我们今天要读一本新书，谁想要帮我？"幼儿举起手。

Ⅱ.B. 在转换活动和/或常规发生改变时，儿童是否容易适应？

日常常规（家庭和教室）

- 婴儿/学步儿：婴儿正在地板上玩，她的妈妈说："午饭时间到啦。我们去吃午饭。"婴儿举起手臂，妈妈把她抱起来。学步儿午睡后似醒非醒的，他的妈妈说："你要醒醒啦，我们要去商店买东西啦。"学步儿有些许的烦躁，然后依偎到妈妈的肩膀上。

- 幼儿：教师说："今天我们不是去外面课间休息一会儿，我们是要到公园里实地游玩。"幼儿齐声欢呼："耶！"

游戏常规（家庭和教室）

- 婴儿/学步儿：婴儿正对着一个皮球假装说着什么，他的妈妈把皮球拿走并说道："让我们到室外玩皮球吧，这样你能玩扔球啦。"婴儿向皮球靠近，有些焦躁，然后在他们走入后院时婴儿变得平和了。学步儿在秋千上来回荡着，他的妈妈说："玩的时间够长了，我们上车回家吧。"学步儿高兴地向汽车跑去。

- 幼儿：幼儿正在电脑上玩游戏，妈妈说道："该停止了，让我们下楼换其他东西玩吧。"幼儿说："可是我还没结束！"他开始呜呜地哭起来。他的妈妈说："我在商店里买了新的画笔，让我们一起来找找。"幼儿噘着嘴，不情愿地跟随妈妈下了楼。

课堂常规

在游戏时间，幼儿独自摆弄一个活动小人偶，然后他走到假扮游戏角，在那里他穿上了化妆服，开始和他的朋友一起玩。

Ⅱ.C. 儿童对不同类型的刺激的反应强度是怎样的？

日常常规（家庭和教室）

- 婴儿/学步儿：当妈妈把婴儿放到一个新的桌子上时，尽管最初时婴儿有些烦躁，但当妈妈和她说着话，并指着婴儿头上面活动的物品时，婴儿很快就平静了下来。学步儿兴奋地在澡盆中玩水，当爸爸宣布洗完澡了，该上床睡觉时，学步儿高声尖叫并踢腿。"不，我不要上床睡觉！"爸爸把他从澡盆中抱出来，他又踢腿又尖叫。但当爸爸给他裹上了浴巾、拥抱他并说"让我们来读故事书吧"时，他平静了下来。

- 幼儿：当妈妈试图给幼儿梳理头发时，幼儿尖叫并扭动身体试图躲开。当她的妈妈温柔地安抚她并告诉她梳头发一小会儿就结束时,幼儿还是尖叫和哭闹。

游戏常规(家庭和教室)
- 婴儿/学步儿:爸爸给玩具小猴上了弦,玩具小猴开始鼓掌并敲小鼓。婴儿大笑,并拍巴掌。学步儿用瓶子给布娃娃喂奶,照料者说:"现在宝宝累了。"学步儿把布娃娃放到玩具婴儿床上,并轻声说:"晚安,宝宝。"
- 幼儿:教师把剃须膏放到桌子上,加入几滴食品色彩添加剂,让幼儿把色彩添加剂和剃须膏混合到一起,幼儿慢慢地把手指放入剃须膏中,开始搅动。"啊哈,它是凉凉的,黏黏的!"

课堂常规
幼儿从午睡中东倒西歪地起来,抱着他的毛绒玩具熊,在屋子中游荡。

2.2 促进适当的情绪情感风格/适应性的一般原则

所有儿童都必须能够进行调整,以适应每日活动和常规日程的改变。儿童对新的情境和每日常规惯例的调整的情绪反应应该是适当的,并且是可控的,这样他才能够正常地生活、学习和进行人际互动。当儿童学会预测改变的后果时,他们就能够更好地调整自己。成人须帮助儿童预测结果,学会如何应对新的情境,如何从一个活动转换到另一个活动,并控制他们因改变而出现的情绪反应的强度。以下是父母和其他儿童照料者常常采用的一些策略。

2.2.1 让儿童知道将要发生的事情
如果儿童知道将要发生什么,那么他们就不太可能在新的情境或者常规的改变中遇到困难,父母常常会让儿童事先知道什么时候什么人要到家里来,他们正在计划去哪里,等等。这种事先的告知能够使儿童想到将要发生的变化,并因此会提前做好准备。例如,成人可能会说:"我们一吃完午饭,就绕着街道去散步。"

2.2.2 与儿童谈论将要发生的事
谈论将要发生的事情的那些积极的方面,这有助于儿童将他们的注意力集中在较不会引发焦虑的那些因素上,成人应努力让儿童看到好的一面,而不是让他们担心发生的变化。在上述情境中,成人还可以说:"我们出去散步时,找找小鸟和花朵。没准我们还会看到你喜欢的小狗狗。"成人还可以通过谈论事情的开始和结尾,描绘一下将要发生的事件。例如:"我们将从家门口开始,围着街道转一圈,然后再回到家门口。"

2.2.3 事先提醒

成人常用的另一种策略是对变化进行"倒计时"。突然宣布"现在我们必须要外出了"会使儿童紧张,并导致他们的反抗。通过不时地提醒将要发生的改变,成人常常能够减少儿童的消极反应,因为幼儿的时间概念是有限的。使用具体的参考物具有帮助作用。例如:"你的饭全都吃完了,等妈妈把你的碗放进碗柜后,咱们就要出去散步了。"过一会儿,妈妈又说:"好了,穿上你的外套,我们要出发了。让我们带上婴儿车。"

2.2.4 使用过渡性物品

过渡性物品为儿童提供了一个与其熟悉事物的联结。许多儿童都有特定的物品,这个特定物品为他们提供了一个安全的条件。一条毯子,一个毛绒动物玩偶,或者一个奶嘴,都是最常见的物品。这些物品有助于儿童在一个他可能感到焦虑的情境中获得自我平复。例如,一个儿童,他很不安,不得不停止游戏。对这样的儿童,当给了他一条毯子,让他带着毯子去儿童床上小憩一会儿时,他立即平静了下来。

2.2.5 将新的经历与带来快乐的事物相搭配

通过将新的经历与一个熟悉的经历结合起来,成人可以降低儿童感受到的紧张程度。例如,如果一个儿童喜欢跑和跳,那么父母可以在穿过动物园的通道上与儿童一起做跑和跳的游戏,通过这种方式,儿童做了他感到有意思的事情,而不会将注意力集中到新的经历上。

2.2.6 表达情绪和保持冷静

试图让一个正在开心玩耍的儿童离开那个地方,或者改变他的活动内容,这是有挑战性的。然而父母的大喊大叫或者激动情绪可能会引起儿童的情绪升级,成人使用平静的语调,可以降低因活动改变或者转换而带来的焦虑。对儿童的情绪进行表达,还能帮助儿童将其情绪保持在可接受的强度水平上。例如,父母可以说:"你感到害羞,是不是?你不必害怕,这是妈妈的一个新朋友。"

2.2.7 为儿童提供一个他可控制的因素

如果儿童感到他对改变中的某些因素有一定的控制力,那么他们中的大多都能够顺利转换,父母和其他照料者常常给儿童提供某些选择,将其作为帮助儿童参与到决策中来的一个手段。当儿童听到"你是要……还是要……"时,他的注意力不是集中到要么改变要么不改变上,而是集中到应该怎样改变上。例如,父母不要说:"你想要睡觉吗?"而要说:"到睡觉的时间了。你是想和你的小熊一起睡还是和你的小猫一起睡?"这样的选择降低了因失去控制力而出现的对立行为以及极端的情绪反应。

2.3 实践中的一些原则

这些策略能帮助儿童提高其适应能力。以下是一些具体的实例，说明了在日常生活中如何应用这些具体策略。

2.3.1 日常常规（家庭和教室）

喂食/进食

在吃新的食物时，儿童常常会犹豫。父母可以通过将新的食物与他喜欢的食物进行比较，来鼓励他去品尝。例如，父母对学步儿说："这是芒果，它的橘黄色和你的娃娃头发的颜色一样。它是甜的，跟香蕉和草莓一样甜哟。"

换尿不湿/如厕

在对儿童进行大小便训练中，坐便盆是一种新的体验，一般来说，儿童不会主动愿意坐便盆。成人应该耐心地鼓励他们，为他们坐便盆提供某些方法。例如，父母可以给儿童一个塑料盆，把它当作玩具娃娃的一个便盆，然后儿童会将娃娃放到塑料盆上，给娃娃做出怎么坐便盆的示范。

穿衣

穿衣可能是一个与转换相关的问题，特别是当他对暖和的"睡衣"感到舒适时，更是如此。如果让儿童穿一件新的，或者他不熟悉的衣服，那么穿衣还会成为一件麻烦事。成人可以在穿衣服时告诉儿童他可以做什么，帮助他完成这个转换。例如："来，穿上你的裤子和T恤，这样你就可以和隔壁的朋友一起玩了。他们在等着和你一起玩沙子呢！"

2.3.2 游戏常规（家庭和教室）

面对面游戏

突然的改变会使儿童感到被打扰了。如果父母知道自己的孩子很容易感到不安，他们可以在整个游戏期间都与孩子不断交谈。例如，与儿童玩"躲猫猫"游戏时，爸爸可以一边躲在毯子后面，一边与儿童对话："爸爸去哪里啦？你能找到我吗？我藏起来了。"

体育游戏

体育游戏可以使儿童放松紧张的情绪。通过逐渐地放慢活动的强度或者拥抱儿童，成人可以帮助儿童平静下来。例如，在游戏中，儿童大声喊叫并跳上跳下，在这样一段剧烈活动后，妈妈走到儿童身边，一边拥抱他，一边慢慢地、轻柔地亲他一下。

操作性游戏

儿童一直与他的活动人偶玩超人游戏,到了停下来去睡觉的时间了,儿童开始大叫。妈妈说:"让我们把超人也放到床上吧。它是愿意睡在这里呢,还是愿意到你的卧室外面的大厅里睡呢?"在这个事例中,妈妈给了儿童一定程度的控制力,使他能够掌控转换过程中的某些方面。让儿童参与到改变中,这样他就能够更主动地转换到新的情境中。

感觉游戏

可触摸到各种材料的"脏玩"游戏或者艺术游戏,能促动儿童的积极参与,但也可能让儿童感到非常厌恶。如果儿童不喜欢这样的游戏,那么父母常常会忽略它们,因为他们认为这样的游戏没有必要,而且"杂乱无序"常常意味着乱七八糟。父母常常会在儿童洗澡和户外游戏时,让儿童玩些杂乱无序的活动,因为在这些情况下,游戏的场地比较好清理。当成人对"脏玩"游戏不觉得有压力时,儿童也会感到更加放松。

2.3.3 阅读与学习常规

圆圈时间

让儿童从活跃的游戏中转到圆圈时间通常是很困难的。教师常常会使用一些信号,如让灯闪几下、播放特定的音乐等,来提醒儿童,让他们知道是时间要改变了(即他们还可以玩五分钟的时间)。

一对一阅读

对于大多数没有残障的儿童来说,从一对一的阅读中转换到另一个活动中是困难的,因为儿童往往不愿意结束这个活动。成人常用的策略是规定或者限定"再多读一本书",这有助于儿童事先形成对阅读结束的预期。

科学与数学

把区域设置为一个互动中心,在那里有多种选项和具体的教具,能引起儿童的兴趣。让儿童从这个互动中心转换到其他活动中时,应提供有同等吸引力的选项,或者采用过渡性物品,比如儿童的图画,把这些图画布置到新的区域中,来帮助儿童顺利转换。

2.4 为促进情绪情感风格/适应性制订个性化的干预计划

残障儿童可能会抗拒新的活动或者新的情境。不熟悉的事物看起来似乎是具有威胁性的,或者是复杂的;新的人看起来似乎会令人生畏,或者很可怕。这些儿童还会抗拒新的玩具、材料,因为他们不知道该怎么使用它们。新奇的情境可能会使儿童感到不舒服,因为他们缺乏必要的技能来分析所发生的事情,以及据此对自己的行为做出适当的调整。

向新活动或者新常规的转换，对于有特殊需求的儿童来说，也可能是困难的，因为这些儿童被要求为了某个未知的事物而离开熟悉的事物。即使儿童要进入的是一个他知道的活动，但是停止做某事并开始做另一件事，这本身就会使儿童畏惧。儿童宁愿以习惯的模式待着，也不愿意被迫开创新的行为。

儿童将新的信息或者新的技能添加到他们已有的系统中，这就是学习。因此，帮助残障儿童增加他们的灵活性和对变化的适应能力，是非常重要的。除了前面讨论过的一些策略，以下我们将提供一些建议来支持情绪风格的发展，以使他们更轻松地接受和适应对常规惯例和活动的调整。

II. A. 儿童见到陌生人、新的活动以及新的情境时是如何应对的？（结合儿童的年龄来考虑）

表现出胆小、害羞、避开陌生人，甚至恐惧的儿童，可能会远离他不熟悉的人及事物。他们会不去看、反抗或者哭闹，努力靠近他认为更安全的人（比如父母）和事物（比如熟悉的玩具）。对陌生人和新的情境表现出抗拒的儿童，他们需要情感支持，以便帮助他们适应新的情境和新的人，进而开始探索周围的环境。

人际互动策略

1. 预测可能出现的问题，并提供支持而不是压力。一些儿童对新奇事物的抗拒可能是由于神经系统的差异而影响到了他的适应能力。最好不要强迫儿童进入到一个新情境中，而是找到一种方式吸引他进入。用外力推着儿童或者要求他进入，其结果是带来更大的抗拒和更多的负面情绪反应，这会使境况变得更加不利。成人要事先预测到新情境对儿童来说是具挑战性的，这种预测很重要，这样就能计划好采取何种技能来应对。

2. 描绘出熟悉的情境和新情境之间的关系。成人可以帮助儿童了解新情境和熟悉的情境之间的关系，指出其中熟悉的事物有助于儿童认识到各因素之间的共同点，这有助于减少他们的焦虑。例如："看，她穿的网球鞋和你的一样！""你在家里也有一个差不多的球，你的是黄色的。""等我们到了图书馆，看看能不能找到你最喜欢的书。"

3. 不要大惊小怪。有些有特殊需求的儿童，在完全不知情的状况下被引入到一个新活动中时，很容易受到惊吓，他们很警觉。失聪儿童或者听力有困难的儿童可能听不到正在靠近他的人或者物体发出的声音。当一个物体或者人突然出现，或者突然从儿童身后过来时，他们可能会被吓一跳，并大哭。成人可利用视觉提醒，结合使用温柔的、平缓的触摸，让他知道某个新的东西正在靠近。同样，有视觉损伤的儿童，可能因为突如其来的碰触或者突然冒出的大声而焦躁不安。在与有视觉损伤的儿童玩耍时，在碰触他们之前，先用轻柔的话语给予提醒，这很重要。例如："妈妈现在要去把你抱起来，我们要去吃东西了。"对触摸高度敏感的儿童在被抱起来之前或者在触摸一些材料之前,也需要温柔的口头提醒。

4. 了解儿童的敏感性。要意识到新的活动在哪些方面可能会冲击到儿童,并帮助儿童逐渐适应。例如,对一个不想尝试新事物的儿童,成人可以让他的巴尼娃娃去触摸某个玩具,翻看一下书,或者把球"扔出去"。事实上,巴尼娃娃进行了探索,同时,儿童在观看。利用毛绒玩具作为中介,可以让儿童了解到活动很有趣,然后他可能会亲自尝试这些活动。对于犹豫不决的儿童,成人或者同伴在示范时,也可使用同样的方法。

5. 告诉儿童在表达他不愿意时可以使用的话语。儿童在还不会用词表达他们的情绪情感时,常常会哭、尖叫,或者抗拒某些活动。成人应该教儿童说一些短语,比如,"我还没准备好""我不喜欢它""还不行",等等。如果成人对儿童说的话及时给予回应,那么儿童将开始使用这些话语来表达那些用身体语言表达不出来的情绪。成人还可以表达出对儿童的信任,确信他能适应新的变化,成人可以说:"你准备好时就告诉我。""你想玩这个游戏时就对我说。"

环境调整

在帮助儿童适应新事物、生人、新情况方面,除了可以使用人际交往策略,常用的还有环境调整策略。根据 TPBA2 中的研究发现,可以考虑以下环境调整的一些做法。

1. 随身携带过渡性物品。正如没有残障的儿童常常喜欢携带一些过渡性物品一样,有特殊需求的儿童也可以从熟悉的物品中获得舒适的感觉。被选定的物品可以是与众不同的,例如,一个皮球,一辆小汽车,甚至仅仅是他离开家时拿在手中的最后一个物品。对于由于分离焦虑而很难适应生人的儿童,父母的一张照片,或者父母用过的衣物,比如一条围巾,都会有所帮助。

2. 提供儿童熟悉的成分。有一样东西或者一个人是儿童以前就认识的——环境布置、人员或者玩具和材料——这为儿童提供了熟悉感。在家中看到新玩具或者生人,比起在新环境中看到他(它)们的压力要小得多。同样,让儿童携带一本书或者一个玩具到新的环境中,也会让他们感到舒服些。做儿童熟悉的游戏也能让他们"安顿下来",在儿童对新环境产生兴趣后,生人可以通过儿童熟悉的图书或者玩具让儿童逐渐地适应他。让儿童熟悉的成人带他参加新奇的活动或者到新的环境中,也很有帮助。

3. 事先考虑到对儿童有重要负面影响的方面。例如,如果儿童对大的声音很敏感,而你们正准备去游乐场或者其他声音很大的地方玩,那么应让儿童戴上护耳罩或者耳机,这可以降低外界的声音。如果儿童不喜欢有很多生人的地方,那就带上一个他喜欢的玩具来分散他的注意力。这时应陪伴儿童,为儿童提供安全感,直到他对新的情境感到舒适为止。

Ⅱ.B. 在转换活动和/或常规发生改变时,儿童是否容易适应?

开始一个新的活动,或者终止一个熟悉的活动,对许多有特殊需求的儿童来说都是件不容易的事。例如,自闭症儿童可能会独自一人执着地重复进行某个活动(比如推小汽车),或者游戏的某个环节(比如给东西排队;参见 TPBA2 第七章第五节)。兴趣面狭窄和注意力有限都会导致儿童难于进行转换。认知发育迟缓的儿童,缺乏对事件后续结果的理解,这还会使他们抗拒改变。如果儿童不能理解接下来会发生什么,那么对改变产生焦虑就是不可避免的。

有社会情感问题的儿童,会难以从一个活动、一个常规日程转换到另一个活动、另一个常规日程。有些儿童还有掌控上的问题,对成人想要改变他们注意力方向的任何努力,都一概排斥(参见 TPBA2 第四章第四节)。对未知的恐惧(比如接下来会发生什么)也会导致活动转换的困难。

有运动障碍的儿童(参见 TPBA2 第二章第四节),也会执着于熟悉的、熟练的活动。向新活动的转换要求重新组织运动步骤,这对他们来说可能是困难的。许多儿童往往会避开他们认为有难度的活动,而宁愿停留在他们能操控的活动上。

所有儿童都与能事先预测的日常活动紧密相连,但是一些有特殊需求的儿童,他们在日常活动的安排上,是非常刻板的。他们可能会对日常活动坚持同样的顺序,比如,他们穿衣服的顺序、每一餐都吃同样的食物,或者每日都是同样的日程。对一些儿童来说,非常细小的变化都能引起很大的混乱。这种灵活性的缺乏会使成人在与儿童互动时感到极大的压力。这种倾向还总是使儿童建立起自己的方式来避开冲突,或者卷入到无数对抗中。对在改变和转换方面有困难的儿童,以下一些建议可能有所帮助。

人际互动策略

1. 让儿童做出选择,这样儿童能保持他的掌控力。让儿童能够对情境的某些方面施以控制,如让他自主选择要带什么东西、如何转换、在新活动或者常规日程中要干些什么等,给儿童进入新的情境提供一个理由。例如,如果儿童准备乘车外出,父母可以问他:"你在车上想玩什么?是你的看图识字,还是蜘蛛侠?"还可以说:"当我们到达学校时,你是想停下来和玛丽说'嗨'呢,还是要与大熊拥抱一下?"让儿童参与到决策中,会减少因进入新的情境,或者因中止某个活动、开始另一个活动而带来的焦虑。

2. 聚焦于手段而不是目的。帮助儿童聚焦于直接的行动上,这有助于儿童将注意力集中到当下,而不是接下来要发生的事情上。例如,成人可以说:"前面是幼儿园大门。你想要走过去,还是跑过去,还是单腿跳过去呢?"这样会使转换过程变得有趣。

3. 强化灵活性。当儿童能够忍受改变时,或者做一个很好的转换时,应对儿童的努力给予赞扬,并指出儿童取得的进步。例如,父母可以说:"瞧!你尝试新事物的样子真勇敢!耶!"

4. 逐渐地进行改变。可能的话,应逐渐地让儿童一步步了解日常生活的改变。例如,如果儿童准备进入幼儿园，或者其他新的托幼机构，儿童需要事先做好准备。父母应该以积极的方式谈论要面临的改变（比如，你将感到很好玩），让儿童对那个情境逐渐熟悉起来（比如，开车经过幼儿园，看一看新的场地和那里的小朋友），谈论儿童在新情境中可以选择的事情（比如，你能在那里玩小汽车和搭积木），以及实地参观（比如，带儿童参观一下幼儿园的教室，看其他小朋友做游戏），让儿童参与到情境转换的具体事物中（比如，去幼儿园时穿什么、带什么物品等）。

5. 淡化改变。不要和儿童谈论那些他会错过的东西（比如，你在幼儿园时妈妈会想你的；我知道你更愿意吃炸薯条，但是你必须要吃些其他的东西）。要从积极的角度谈论当前的情境。

环境调整

在支持儿童更轻松地进行转换上，除了人际互动策略，经常使用的还有环境调整策略。根据 TPBA2 的研究发现，干预小组人员可以考虑以下环境调整策略。

1. 去除儿童所执着的物品。如果儿童在所有时间里一直玩某一个物品，那么就要在儿童的注意力暂时转移的时候，把这个物品从他的视线内移开。可以玩一些体育游戏，这种游戏不会有儿童抓住不放的物品，还可以逐渐地引入新的物品到游戏中。在这个过程中，儿童可能会需要成人作为游戏的伙伴来给予支持，直到新的游戏模式建立起来。

2. 以独特的方式，将儿童喜欢的活动的玩具和材料，与下一个活动会涉及的玩具和材料结合起来，以吸引儿童做出转换。对于儿童来说，游戏材料也可以发挥转换物品的作用，帮助儿童从思想上将不同的活动相互联系起来，而不是将不同的行动看作是一个活动的结束和另一个活动的开始。例如，如果儿童正在玩一套农庄的玩具，他把奶牛一次又一次地放到牲畜棚中，并发出"哞"的声音，成人可以把奶牛拿出来，放到另一个地方，并告诉儿童奶牛也可以在其他地方玩耍。比方说，把奶牛放到弹出式玩具的盖子上，这样当活动装置被推拉或者转动时，那个玩具会发出声音，奶牛也会被弹到空中。这会让儿童感到好玩，并吸引他开始尝试按压不同的按钮和听不同的盖子的声音。

3. 利用日常活动的照片。许多有特殊需求的儿童的活动能够由视觉线索来引导。用来指导儿童行为的成套的照片卡片，可以是由儿童真实的照片做成的，可以是家庭自拍的，或者是从网站上下载下来的，又或者是摄影专业人员拍摄的。一旦儿童学会了怎样使用这些照片卡片和序列行为照片，视觉线索就能够作为活动的提示物而使用，它可以降低对某项活动的执着，还可以减少由于缺乏对事件后续结果的了解而产生的焦虑和紧张。

4. 用物品来暗示。成人可以使用真实的物品或者有刺激作用的物品，来作为对儿童进行课堂常规或者下一个活动的提示物（比如，洗衣服是洗澡的提示物，钥匙是开车兜风的提示物，玩具铲是去公园的提示物，勺子是提示要吃饭了）。这样的物品暗示对于发育迟缓的儿童、有视觉损伤的儿童，或者在注意、记忆和行为方面有障碍的儿童，非常有用。

Ⅱ.C. 儿童对不同类型的刺激的反应强度是怎样的？

儿童对转换和改变的反应强度对实施干预是重要的。反应剧烈的儿童，对父母、照料者和教师来说，是一个很大的挑战。为避免伤害到儿童，父母可能会不带他们外出，照料者可能会让他们"随便吧"，教师可能会让儿童重复他们熟悉的事物，而不是让他们体验新的经历，因为那样可能会把课堂搞得一团糟。对于在情绪风格上表现出极端行为的儿童，成人需要多多动脑和保持敏感性。

另外，有些儿童表现出完全相反的反应，比如安静地退缩，他们常常被忽视，因为他/她不是"问题"。然而，这些儿童由于缺乏专注，或者由于焦虑，会失去学习的机会。这些儿童也需要成人的帮助。之前提到的所有策略都为干预处于极端情绪的儿童提供了基础。另外，还可参见 TPBI2 第五章第三节和第四节。

人际互动策略

1. 保持平和的态度。成人本身的性情对于儿童顺利转换是非常重要的。成人很容易感到受挫，并表现出强烈的情绪。平和的态度在任何时候对应对儿童的情绪和行为都是重要的，尤其在儿童的情绪非常激烈时更为重要。成人应该对期望的行为和情绪强度以身作则。

2. 避免说得太多。对于许多儿童来说，既要应对自己的情绪、考虑发生了什么事情，同时还要听从成人因情绪变化而语调不断上升的教导，这是他们所应付不了的。应减少信息的输入量，在儿童准备就绪时轻柔地抚摸和引导他们。如前面提到过的那样，给儿童一些掌控的权利，让他自己选择怎样参与其中，这是很有帮助作用的。

3. 对于有些儿童，搂住他或者紧紧拥抱他能让他平静下来。当儿童情绪失控时，或者伤害到他本人和其他人时，以及毁坏身边的东西时，可以将他搂抱住。搂抱他不是惩罚性的，要尽量温柔，同时成人什么都不要说，或者在儿童平静下来后轻声地解释所发生的事情（根据儿童的理解水平和注意程度）。

4. 分析儿童的具体情况。一般来说，如果儿童从成人那里得到了关注，他的某种行为就会增强或者持续。但对于不想有所改变的儿童，忽略他们，则是对他们的强化，会促使他们继续做他们一开始就做的事情。还有些儿童，他们之所以不愿意改变，不是出于关注的需要，而是由于改变的过程让他们感到紧张。对于这些儿童，成人应该尽力使改变的过程产生较少的焦虑。参见之前的建议。

环境调整

1. 平复周围的环境。对于有严重转换问题的儿童，重要的是减少他们的焦虑。不要让周围的环境太吸引儿童，这样有利于他们进行调整。明亮的灯光，或者低弱的声音，都可以鼓励儿童进行转换。

2. 提供过渡性物品。如果离开某个有趣的物品会引起儿童的焦虑,那么就拿走他不愿丢下的那个物品,同时提供一个过渡性物品来代替。这个过渡性物品应是儿童喜欢的,并且可以携带的,以此来减少儿童的焦虑。例如,如果一个儿童正在玩他最喜欢的玩具,但是到了该户外活动的时间了,那就可以让他带着这个玩具到户外。如果一个儿童因为不确定性而感到焦虑的话,可以向他作出保证,并让他看到接下来将要进行的活动的照片等信息。

2.5 为在情绪风格/适应性方面需要帮助的儿童提供的常规活动

2.5.1 日常常规(家庭和教室)

喂食/进食

对于挑食和没有灵活饮食模式的儿童,在引入新的食品时,成人应找到特殊的方式。努力发现儿童喜欢的蘸料和调料(比如沙拉酱、芝士酱、蜂蜜),那么任何食物都可以蘸上这些吃。努力发现儿童喜欢的食物模式,可以把食物摆放成脸的形状,有不同的颜色,或者放到盘子的特殊位置。选择权交给儿童。例如,"要我把土豆摆放成小丑脸的样子吗?或者摆成狮子的样子?""你想要 5 颗豆子还是 6 颗豆子?"

换尿不湿/如厕

从用尿不湿到穿上小内裤,对有些儿童来说这是一个困难的转变。他们不得不从父母帮助去做转变到自己独立去做,不得不在面对压力时重新组织内在的情绪,并对自己的身体功能加以控制,进而对坐便盆的一系列行动进行重新组织。儿童在掌握这些新方法时可能会遇到困难,因此可能会抗拒它。儿童只有在对成就的自豪感,超过了熟悉的常规习惯带来的不舒适感的时候,才会转换到更独立的常规习惯上。父母可以根据这一事实,抓住其有利的条件,而不是采用硬生生坐便盆的方式来进行大小便训练,因为那种方式掩盖了儿童因湿漉漉而引起的不适感。成人还可以用坐便盆的常规,逐渐取代原有的换尿不湿的常规,清楚地告诉儿童每一个步骤,需要时可利用图片或者实物,保持坐便盆的常规不变,这样儿童就能学到事物前后的关联。帮助儿童认识整个过程的每一个步骤,使儿童因学会这些步骤而不仅仅是事情的结果而感到自豪。

穿衣

对转换困难的儿童来说,最大的难题就是穿衣,因为穿衣涉及的不只是一个常规习惯。首先的一个常规就是将身上的衣服脱下来(比如睡衣),这就涉及一系列的复杂行动。然后儿童必须适应自己处于裸体状态,对某些儿童来说,裸体是个大问题,因为他们可能对温度的变化非常敏感。穿上衣服,涉及常规习惯的改变和温度变化,以及父母与儿童之间另一种控制力的平衡。另外,使这些改变成为常规习惯是有帮助的,因为儿童尽可能多地学到了东西,并期待着下一个步骤。在衣服的选择、穿衣的速度,以及穿衣的顺序上,最好允许儿童有一定的掌控权。对温度变化敏感的儿童,洗澡后把他的浴巾加热,或者在穿衣服前把衣服加热,这都会使穿衣变得更加愉快。

外出

对有转换问题的儿童来说,离开家里舒适的环境是困难的事情。之前提到的几个方法可以有所帮助:利用过渡性物品,谈论接下来的事件,计划好儿童在路上干什么,把离家的过程变成一个游戏,到了目的地后让儿童参与到适合他的活动中。成人如果已告知儿童他们计划外出,让儿童做好准备,然后出发,那么成人就应该按照原计划来执行,这一点很重要。临时动议的活动(比如在另一个商店前停下来买东西)会对儿童采用的应对策略产生破坏作用。同样重要的是,虽然儿童正在快乐地玩耍但该结束外出活动就结束,不要因儿童表现良好就延长在那里的时间。随意打破原来的界限会让儿童觉得成人关于未来外出的说法是不可信的。

2.5.2 游戏常规(家庭和教室)

面对面游戏

对许多儿童来说,特别是对患自闭症或者脆性 X 染色体综合征的儿童来说,与不熟悉的人做面对面游戏是很困难的事。面对面游戏中突然的动作、特定类型的碰触,或者让儿童感到太过打扰的游戏,都会引起儿童的负面反应。成人应该在进行面对面游戏前,与儿童建立起舒适的、信任的关系。仔细地解读儿童的情绪线索,这样看起来儿童似乎是受到的刺激有些过度,或者抗拒这个游戏时,成人就能够做出相应的回应。节奏缓慢的动作常常可以起到平缓的作用,节奏快、起伏大的动作能引起兴奋。成人应根据儿童给出的暗示来调整互动的速度。尤其是患有脆性 X 染色体综合征的儿童,会害怕做面对面游戏,对他们来说,采用其他类型的游戏会更好些。

体育游戏

体育游戏常常涉及运动和身体接触,特别是含有打闹嬉戏成分的游戏,更是如此。由于体育游戏本身就带有强烈的特点,儿童往往或者喜欢玩,或者抵制它。对喜欢感觉刺激的儿童来说,体育游戏为他们提供了向一个他们不太喜欢的活动转换的手段。对于婴儿来说,在转换到一个新活动的过程中,把他抛起来、来回悠荡和挠痒痒都是令他愉快的做法。对喜欢移动的学步儿和幼儿来说,以各种不同的方式移动,比如爬、向上跳、向前跳等,有助于他们进行转换。对于不喜欢体育游戏的儿童来说,成人面临的挑战是怎样让他们转入到含有活跃运动的游戏中。有的儿童对声音的感受力太差或者太敏感,有的儿童动作有问题,有的儿童对前庭感受和本体感受信号过于敏感,对于这些儿童,要避免让他们参加高强度的体育游戏。由于体育游戏对感觉运动的发展和社会性的发展都是非常重要的,因此搞清楚如何让儿童参与到体育游戏中来也是非常重要的。成人应将儿童喜欢的游戏融合到体育游戏中,例如,如果儿童喜欢拼图,成人可以将拼图结合到体育游戏中,让体育游戏变得更好玩。面对地板上的拼块,通过成人和儿童,或者儿童和他的同伴之间的依次轮流,能够创造出一个有趣的游戏。可以将一些拼块放到屋子的一边,把另一些拼块放到屋子的另一边,他们轮流跑跳着将拼块从屋子的一边放到拼图上,他们还可以比赛看谁能够拿到最后一个拼块。如果儿童喜欢当下的游戏,他们会假装自己是只小狗,坐起来,翻滚着,爬来爬去。成人应思考能够激发儿童的是什么,然后将其融入到体育游戏中。

操作性游戏

避开操作性游戏的儿童,常常有精细动作或者视觉上的障碍,这限制了他们玩好这类游戏。通过放大游戏中吸引儿童的那些方面,或者放大使儿童能感受到成功的那些因素,儿童就能够转换到这类游戏上来。这两种方法可以结合起来使用。开始时可以让儿童玩一个体积大些的物体,这会容易操作些。要确保选择的玩具或者材料能吸引特定的儿童。例如,一些儿童喜欢带有机械装置的玩具,这种装置能使玩具带来视觉、听觉以及活动的效果;另一些儿童可能喜欢发光的、闪耀的或者能发声的玩具;还有一些儿童可能喜欢能组合到一起创造出一个有趣的模型或者结构的玩具和材料,包括拼板、纸张、彩色画笔、积木等。第二个要考虑的要素是选择的玩具和材料对儿童的发展能力来说难度不要太大,如果玩具的组合部件太小,以致难以看清楚和操作的话,那么儿童或者避开这样的玩具,或者不能感受到成功的喜悦,他也将不会再玩这个东西。要从玩体积大的操作性游戏开始,这样儿童就能够体验到成功。在开始阶段为儿童做出示范也很有帮助,这样他们能看到自己的努力可以产生什么结果。在活动中,成人表现出的激动或者高兴,都能对儿童选择尝试这类游戏起到促动作用。

感觉游戏

感觉游戏是涉及不同感官系统的任何游戏。儿童体验到各种不同类型的感觉信号,这是非常重要的,有利于促进其神经和身体的发育。另外,感官体验有助于儿童理解各种与感觉有关的概念,进而将这些概念进行分类(参见 TPBA2 第七章第六节)。尽管有些儿童喜欢所有类型的感觉游戏,但是他们往往对某种类型的感觉游戏有自己的偏好,更愿意做某种特定的感觉游戏。我们在前面说过,一些儿童非常容易就转换到有前庭和本体感受的体育游戏上,另一些儿童则避开这类游戏。同样,触觉防御型儿童可能会避开各种类型的触觉信号输入,比如凌乱的材料、黏手的材料、表面光滑或者粗糙的材质等。一些儿童可能会对声音响亮、吵闹的玩具产生消极的反应。有些儿童还可能避免玩某些特定材质的玩具。

对各种类型的感觉信号都极端厌恶的儿童,在他们彻底喜欢上这些游戏之前,就有必要先降低他们的敏感度。可以通过与感觉愉快的游戏相搭配,逐渐地引入温和的、不引起感觉信号输入的游戏形式,这样儿童就可能逐渐地形成感觉上的忍耐力。例如,如果一个儿童对任何柔软的、黏糊的材质很反感,成人可以将这样的材料逐渐地引入,用它来做游戏,橡皮泥、洗浴泡沫、手指画画,这些都可以先用小棍或者小棒来玩,然后用手指来玩,再然后,随着儿童探索的意愿不断增强,可以用整个手来玩。让儿童用手吃黏糊的食物也是有帮助的,还可以将这些材料结合到假扮游戏比如"喂宝宝"中。成人应考虑用更多创造性的、有趣的方式"温柔地"将感觉刺激类型的游戏介绍给儿童。

假扮游戏

假扮游戏,或者叫通过一个人或者多人的表演,将某个事件表现出来的游戏。这类游戏对于在认知、语言、人际交往、动作方面有一定障碍的儿童来说,是困难的。认知发育迟滞的儿童,可能不能记忆现实生活中发生的事件,或者不能对这些事件形成概念,也可能搞不清楚一系列事件的先后顺序;语言发育迟滞的儿童,可能很难有连贯的思维和行动,他们在做社会性假扮游戏时,会在彼此沟通交流上有困难;在社会情感方面存在一定问题的儿童,可能不能理解假扮游戏情境中其他人的想法和情感,不能将自己的行动与他人的表演相融合、相协调;在感觉动作上有问题的儿童,可能对他们要表演什么有一定的概念,但是不能做出相应的表演动作。这些问题都导致儿童抗拒假扮游戏。在上述每一种情况下,成人可以教给儿童一些基本的技能和个人特点,以此吸引儿童进入到假扮游戏中。对于有认知障碍的儿童,可从简单的操作性游戏和组合性游戏开始,比如推小汽车,然后再转移到儿童自己假装开小汽车。对于语言发育迟滞的儿童,利用唱歌、手势或者图片,再结合具体的语言和行动,可以促动他们加入到游戏中。对于自闭症儿童和有其他人际互动问题的儿童,给他们一份"脚本"是有帮助作用的,让他们知道要说什么、要做什么。成人还可以利用支持性手段来帮助有动作困难的儿童,让儿童来指导成人的行动(成人"替"儿童表演),以有益的方式让儿童参与其中,这样儿童就能意识到他的想法是能够被体现到游戏中的。

2.5.3 阅读和学习常规

圆圈时间

不论是转入还是终止圆圈时间活动,常常都是个难题。因为通常在圆圈时间开始之前,儿童正在进行其他的活动,此时利用转换歌曲或者转换活动是有帮助的。首先,给儿童发出预告(比如让灯闪几下,或者摇摇铃铛),提醒他们目前的活动还有两分钟的时间,之后他们就要整理玩具了。这就给了儿童时间,让他们准备结束活动。然后使用另一个信号(比如某首歌曲或者特定的常规用语)表明是整理玩具的时间了。在这方面,有些儿童可能会需要别人的示范或者帮助。要给儿童选择的权利,让他自己选择坐在哪里,怎么坐,因为有些儿童坐得离其他小朋友太近可能会感觉不自在,有些儿童可能需要有靠背的椅子,还有些儿童可能需要坐在成人的身边。在开始圆圈时间时,最好有一个固定的做法,这样儿童就知道接下来要发生什么。圆圈时间有一个让人激动的开始也同样重要,这样儿童就能预先期望接下来会有一件好玩的事情。有些时候还可以用上道具、服装,或者真实的物品等,以吸引儿童的参与。

一对一阅读

儿童避开一对一阅读,可能的原因有:缺乏兴趣,理解不了书的内容,注意力持续时间短,或者为了避免与他人的密切交往。要促动儿童愿意从一个活跃的游戏中,转换到平静的一对一阅读中,成人首先应使一对一阅读与儿童喜欢的互动形式更加相符。例如,如果儿童喜欢体育游戏、假扮游戏,或者操作性游戏,那么成人为引导他进入阅读中,可以按书中的描述做出动作,加上手指表演,也可利用模拟的或者真实的物品、毛绒动物玩具等,模仿书中的人物。有残障的儿童对真实的物品更感兴趣,成人将真实的物品与图片上的物品作对比,可以吸引儿童的注意。然后,成人和儿童可以一边读故事,一边利用这些物品来描述书中的动作。

科学与数学

在圆圈时间,科学与数学的区域应该包含有儿童操作起来会感到激动和有趣的材料,如果每天都是同样的拼块、数数小熊和令人厌倦的作业单,那是不会吸引儿童想要转换到这个区域来的(除非是那些不喜欢改变的儿童和那些对什么都不感兴趣的儿童)。在转到这个区域之前,就让儿童知道他们可期待的是什么,告诉他们为什么这个区域是好玩的,还可以让他们看一个道具或者一个动作,这可以促动他们进入到这个区域,并帮助他们记住成人告诉他们有关这个区域的一些事情。可以利用这个区域的图片,来指导有关的行为。可以采用同伴配对的方式,因为这样可以使记忆力较弱或者注意力较差的儿童有一个可以交往的榜样(训练同伴如何帮助他的朋友加入到游戏中来是非常必要的)。

案例:贾马尔

贾马尔是一个4岁男孩,他被诊断为患有脆性X染色体综合征。对男孩来说,这个病症的特征是:持续重复的动作,多动,不能集中注意力,对触觉和听觉刺激极其敏感,对生人有人际交往焦虑,语言发育迟缓,短时记忆障碍,在对输入信息的组织、计划和排列上有困难。这样的儿童在某些情况下能表现出其最好的状态,这包括:他们熟悉的氛围和情境,因为他们对熟悉的环境建立了长期记忆;采用同步处理的方式;以及有一个视觉上的或者可动手玩的组件。他们对可以事先预测的活动和事件能较好地应对。

贾马尔很怕见到生人,转换到新的活动时也很困难。他所在的幼儿园采用阅读、游戏、学习的教学课程,这是一个综合性的课程,即在一段时间内,以一本故事书为基础,将故事中讲到的概念和行动融入到活动中,并综合开展各种活动。贾马尔的教师每天都读这个故事,利用故事中的道具,向儿童提些问题,然后让儿童参加到对这个故事的表演中。在圆圈时间,教师给儿童讲读这个故事,之后儿童去艺术区域、假扮游戏区域、感觉游戏区域、体育游戏区域、科学与数学区域、桌面游戏区域以及其他活动区域,所有的区域都包含与故事有关的概念。通过视觉线索来提醒儿童这些概念。通常贾马尔选择在地板上或者桌子上玩拼块或者积木,他很少选择假扮游戏或者那些涉及人际互动的活动。一个教程结束后,贾马尔对词汇的使用和对概念与活动的适应度有所提高。他能够恰当地使用所学到的短语和概念,并能够参与到故事人物的表演上。

以下建议是制订针对贾马尔的干预计划时提出的。

人际互动策略

1. 不要与贾马尔对视,因为这会引起他的焦虑,并降低他与人互动的欲望。让他先看看别处,在他感觉好时再让他看着你进行互动。

2. 由于患有脆性X染色体综合征的儿童在日常生活技能方面通常相对比较好些,可以让贾马尔在日常生活上带个头,这样可以让班上的其他儿童看到他是很能干的。

3. 使用固定的短语和回复,教给他社交技能,并在与他熟悉的故事情境相关的角色游戏中,使用这些技能。

4. 贾马尔可以在他喜欢玩的体育游戏中充当一个合作伙伴,在体育场或者游乐场进行的"跟我学"游戏中,帮助他扮演一个领导者的角色,让他的同伴模仿贾马尔的动作,然后互换角色,告诉贾马尔如何模仿他的同伴的动作。

5. 与贾马尔一起做一对一阅读,这有助于他理解书中的概念,并为参与到圆圈时间中做好准备。在圆圈时间开展讨论时,挑选他知道并能理解的内容,这样他就能够参与到讨论中了。

环境调整

1. 为减少视听方面的干扰,可以将一个房间隔成几个独立的区域,在这些区域,一次只能有几个儿童。

2. 每天的日程,可制作成一个可视时间表,以及每个部分的具体活动安排。还可以制作一个可视的系列图片,以此增加他对任务先后顺序的记忆。

3. 从讲故事开始，而且故事应与贾马尔熟悉的事件相关。这样他就能够将新的概念与他熟悉的内容联系起来。这还有助于他了解每个区域的内容与这个故事之间的联系，并帮助他将可视时间表应用于他不太熟悉的材料上。

4. 当贾马尔烦躁不安时，可利用音乐、平静区域以及放松技能等各种手段。可向作业疗法专业人员(Occupational Therapist)咨询，制订一个"感觉餐单"，以调整感觉信号的输入。

5. 让贾马尔使用工具来探索那些令他反感的感觉材料。鼓励他逐步地用自己的身体部位，比如手指、脚趾，来探索那些材料。

6. 利用贾马尔对马的兴趣让他参与到各种活动中。他的玩具马很有帮助，他可以画马，让玩具马观看他在假扮游戏区域的游戏，让它在感觉桌的沙土上疾驰，等等。

7. 利用真实的道具、服装和不用区域的各种素材，来增加贾马尔与它们的联系。

8. 在圆圈时间，让贾马尔手握一个解压玩具，比如一个挤压球，这会帮助他保持注意力。圆圈时间不要太长，给他找一些事务上的理由，让他能够站起身来(比如，"贾马尔，你能把书拿过来吗？")。

不同发展年龄的干预要点

以下建议针对的是处于相应发展水平的儿童。发展年龄对情绪风格/适应性的影响，并不像神经和气质差异的影响那么大，后者影响到儿童对各种经历有何种类型的反应。出于这个原因，这个区域的年龄水平表明了儿童在这个年龄段通常拥有的兴趣类型，而不是情绪风格如何变化。干预建议解决了如何提高儿童对这些类型兴趣的适应性。这些建议并不是全面的，而是表明了可能的探索领域。

发展年龄	兴趣类型	干预要点
0—3个月	面部。 黑白对比。 活动的物体。 感觉输入信号，比如声音、音乐、运动。	开始进行面对面游戏。 温柔地引入多种感觉信号。 用一对一阅读的方式，看有宝宝和人物的图画书。
3—6个月	自己的脸、身体、手和手指。 熟悉的日常活动和物体。	镜子游戏，更多的面对面游戏。 遵守常规，但要轻微地调整常规，以促进儿童适应变化。 进入一对一阅读。

续表

发展年龄	兴趣类型	干预要点
6—9个月	喜欢玩具、新的东西。 能分解的物体。 气味、声音、新的动作。 熟悉的词汇。 图片。	轮流使用玩具,这样一天中儿童的玩具总有变化。 让儿童感受新的气味、味道、音乐。 增加一对一阅读,看物体、人物、动物的图片,并与真实的物体和声音匹配。
9—12个月	对物体以及成人对物体和动作的回应有兴趣。 有自己喜欢的玩具。 对活动玩具和成人讲话的声音感兴趣。	增加操作性游戏和依次轮流进行的因果游戏。 利用因果玩具,展现这类玩具带来的不同的感觉信号(比如声音、灯光、运动)。 玩面对面的声音游戏。
12—18个月	人身体的特定方面,以及这些人在做的事。 命名并识别书中的图画。	增加带有可操作成分的功能性游戏,增加使用各种材料的感觉游戏。 用生活中的事情和书中的活动做假扮游戏。 增加带有简单节奏和故事情节的一对一阅读。
18—24个月	关注其他人的动作。 看书。 对独自玩耍有强烈的兴趣。	增加社会性游戏情境。 读故事书。 各种类型的游戏,包括带有熟悉的日常生活和简单动作的假扮游戏。 增加对物体的各种感知。 尝试各种类型的动作。
24—36个月	喜欢故事书。 喜欢对小的物品进行拆解,并描绘出解决问题的过程。 假装的社交互动。 尝试以不同寻常的方式将物体组合到一起。	增加故事阅读并将故事中的情境在假扮游戏中表现出来。 增加玩弄可操作的解决问题的玩具。 增加可进行感觉探索与发现的玩具和材料。 给儿童独自或者和成人一道做体育游戏的时间。
36—48个月	关注数量、相似性和差异性、对称、平衡、方向感、分类。 喜欢在视觉运动中发挥问题解决技能。 可以做前后内容连贯的假扮游戏。	在游戏中,通过对各种感觉材料的操作和反复尝试,促进对各种特点的"科学"调查。 鼓励儿童进行有社交情境内容的社交性假扮游戏。 用有趣的活动,让儿童在简易型圆圈时间保持高度参与。 鼓励儿童进行单人的和结对子的体育游戏。 继续保持一对一阅读和圆圈时间。
48—60个月	注意物体和事件的多种感觉特征。 分析人的行为和情境。	鼓励儿童通过各种感官对情境和事件进行调查了解。 对儿童表现出来的个人特点予以支持,将其作为发展其灵活性的手段。 在假扮游戏与体育游戏中开展结对子的和群体的活动,促进人际互动。 继续保持一对一阅读和圆圈时间。
60—72个月	注意各种物体的多重特性。 认识字母和数字。 根据故事情节进行复杂的社会性假扮游戏。 喜欢有难度的任务。 喜欢长的故事和复杂的任务。 能对自己的努力做出计划,并进行实施及评估。	课堂常规应包含各种类型的游戏方式和感觉探索方式。将艺术、文学、科学与数学结合起来是非常有意义的,这样会促动儿童的积极参与,并鼓励他们自己去发现新事物,以及利用各种信息。 鼓励在游戏中使用象征性道具。 鼓励自己编故事和将这个故事体现在假扮游戏中。 继续保持一对一阅读和圆圈时间。 鼓励与同伴一起分享阅读。

第三节　改进情绪和觉醒状态调整的策略

目标达成量表

1	2	3	4	5	6	7	8	9
很难控制觉醒状态和情绪,需要外界有力的支持,以及照料者在身体、语言上的支持。调整需要一个小时以上。		在平缓的环境中,在接收到来自照料者身体和语言支持的情况下,能够控制觉醒状态和情绪。调整需要 30—60 分钟。		在平静的环境中,或者在得到成人身体或者情感支持的情况下,能够控制觉醒状态和情绪。调整需要 15—30 分钟。		通过使用自我调整策略(比如一张毯子、某个特定的玩具),或者来自成人的口头建议,能够控制觉醒状态和情绪。调整仅需要几分钟。		能以适合于所在情境的恰当方式,独立控制觉醒状态和情绪。

3.1　调整情绪和觉醒状态

3.1.1　调整觉醒状态

调整觉醒状态涉及我们用来调节刺激流的策略,以便达到舒适的(满意的)觉醒状态,顺利进入各种觉醒状态,这是一种能力。从昏睡到醒来,再到意识清醒和专心,这个过程是与个体的身体需要和环境要求相一致的。

在白天,我们可能会变得易怒、挑剔,甚至在特定情境中会哭。我们的意识会随着所处的情境和我们调节觉醒状态的能力而波动。所有的状态都是为不同的目的服务的。睡觉使我们暂时脱离外部刺激,并得到复原。昏昏欲睡的状态让我们逐渐地进入睡眠或者从睡眠中醒来。不高兴和哭闹使我们能够告诉他人我们的感受是什么,并"释放"出内在的情绪。保持平静的、警觉的状态对于学习、移动、互动以及沟通交流来说,尤其重要。如果我们在一种状态上花费了太多的时间,这就会干扰到大脑和身体所需要的平衡。我们需要足够的睡眠,但也不能太多。我们需要清醒,需要警觉,但是也不能超过身体所能承受的范围。我们需要处于睡着与警觉之间的状态,以此来帮助我们进行转换,但是总卡在这个状态会妨碍我们的正常生活。我们需要表达愤怒和沮丧,但是不能过度。能够顺利地在不同状态之间移动,并能控制用在每个状态的时间,这是非常重要的过程,适当地利用各种状态,对人的健康发展至关重要。

状态的调整与其他类型的自我调整有密切的关系。但是,对大多数人来说,状态调整的周期过程,是在出生后的第一年内完成的。在这之后,我们学会了根据环境要求和内在需要来进行调整。一个月大的婴儿,平均每天需要 16 个小时的睡眠。到 6 岁时,平均睡眠时间逐渐减少到每天 10.5—11 个小时。由于睡眠状态受到调整,其他的觉醒状态也随之进行了调整。例如,随着睡眠需要的减少,平静的、警觉的状态增加了,这使儿童有了更多的时间与人互动和学习。持续性的状态调整问题,比如不能入睡、警觉状态短暂或者昏沉状态延长等,都会对学习、人际关系发展,以及总体功能的发挥产生不良影响。由于状态调整与觉醒的程度有关,因此它还与情绪调整有密切的关系。一个方面出现问题,其他方面也常常会出现问题。

3.1.2 情绪和觉醒状态的调整

情绪调整涉及对所有情绪的调节,并与状态调整重叠。快乐、喜欢、惊奇、害怕、生气、沮丧、厌恶等基本情绪,在早期婴儿身上都可见到,而且随着婴儿的成长,表现得更加清晰。"情绪发展的目标是获得表达各种情感的能力,并且是以一种经过调整的方式来表达。"(Gowen 和 Nebrig,2002,p.29)情绪调整与状态调整密切相关,而且被定义为基本上是对各种类型情绪的表达水平进行控制和调节的能力。气质因素决定了情绪调整。儿童对周围发生的事件、一般情态、活动水平如何反应,也与情绪调整有关。

儿童必须要能够忍受激动的情绪情感而不失控,必须要能调整情绪的强度和时长,必须要能够从一种情绪状态转换到另一种情绪状态,并重新获得平衡。儿童需要有能力确定自身的情绪,培养同情心,并建设性地管理自己的情绪。不能很好地进行情绪调整的情况,常常可以在情感表现"很平"的幼儿身上看到,或者在总是很不高兴、情绪低落、弥漫性焦虑和恐惧以及发脾气时伴有行为问题的儿童身上看到。

3.2 情绪和觉醒状态的适当调整

状态调整的一个显著特点是,儿童从睡眠的状态转入平静的、警觉的注意状态,在这种状态下,儿童才能够将他的注意力放到学习上。儿童还应该能够有效地调节感觉信号输入的强度,这样就可以将哭闹和易怒降低到最低限度,并使儿童轻松地复原并返回到平静的、警觉的状态。另外,儿童还应该能够关闭信号输入的通道,这样才能进入睡眠。

情绪调整的一个显著特点是,儿童对引发其各种情感的情境做出回应的能力,以及为使自己的各种功能正常发挥而对个人的情绪状态和情绪强度水平进行调整的能力。情绪调整还要求儿童能够集中注意力,转变注意的方向,抑制个人的想法和行为,这些对于减少负面情绪都是必要的。随着婴儿大脑的发育,婴儿对引起情绪变化的各种刺激的耐受力更强了,婴儿从在照料者的帮助下平静下来和控制不良情绪(比如摇晃和抚慰),变为能够将自己的注意力从令人不愉快的事件上转移开,并能够以各种适当的方式让自己平静下来(比如嘬大拇指、揉搓柔软的物品)。幼儿会避开令人不愉快的刺激,或者从这些刺激上转移开,为此他们采用的方式包括:使用语言表达他们的情感,在需要时寻求帮助,以及发现自我平复的其他策略。随着儿童的发展,他们还会用新的目标来替换已经受挫的目标,并能够越来越多地使用一些复杂的策略,面对不同的人、在不同的环境中管理自己的情绪。以下一些实例说明,在通常情况下,正常发展中的儿童是如何调整他们的情绪状态的。

Ⅲ. A. 儿童是否能轻松地调控意识的生理状态(比如从睡到醒和从醒到睡)?
日常常规(家庭和教室)
- 婴儿/学步儿:醒来时,婴儿可能会哭,或者叫喊,以引起成人的注意。有成人的回应,婴儿会很快平静下来,并开始与成人互动。学步儿在过累时会烦躁不安和哭闹,会抓起毯子盖到脸上,然后入睡。
- 幼儿:幼儿醒来后会安静地在床上玩耍,然后起床去找他的父母,表现出从睡眠到警觉的平缓转换。

游戏常规(家庭和教室)
- 婴儿/学步儿:当被发声的玩具吓了一跳时,婴儿开始哭,但当成人把玩具拿在手里让他看时,他会安静下来,并变得很警觉。一个学步儿正在安静地玩娃娃,当另一个儿童把娃娃拿走时,他尖叫并大哭起来。
- 幼儿:幼儿从一个活跃的游戏转换到一个安静的、需要集中注意的游戏时,会需要父母的支持和示范。

课堂常规
课间休息时,儿童到室外跑着玩,之后,他们回到了室内,并挑选了图书。一个儿童尖叫起来,因为他不想回到室内。慢慢地,他平静了下来,看着书,和同伴小声地谈论书上的内容。

Ⅲ. B. 儿童调控情绪(控制、陷入和结束某种情绪状态)是否容易?
日常常规(家庭和教室)
- 婴儿/学步儿:当洗澡时,小婴儿可能会在开始接触水的时候感到吃惊,这会引起他的哭闹。当父母一边把温暖的水洒落在婴儿身上,一边轻声唱歌时,婴儿就会安静下来。在面对日常生活中的压力时,自我情绪调整发展正常的儿童,通过父母轻柔的抚摸以及让人安心的声音就能平复下来。

- 幼儿：幼儿已经能够对环境的改变作出预期，并能够对预期发生的事件所带来的不同感觉作好准备。

游戏常规（家庭和教室）

- 婴儿/学步儿：正在和照料者玩耍的婴儿，开始时可能发现彼此之间的互动是令人愉快的，并通过微笑和大笑展示出他的快乐。如果照料者继续与他玩耍，但玩的不是儿童喜欢的那种，儿童可能会转移他的注意力，把关注点放到其他事情上，以此来减少他的不开心。如果因为玩具坏了而使儿童感到受挫，他可能会尖叫或者哭闹，但是在从哭闹中恢复后，他会在其他人的帮助或者语言的支持下，再次进行尝试。

- 幼儿：在户外游戏中，儿童正在雪地里跑跳。一个儿童滑倒了，开始哭，当他看到其他儿童笑起来并故意滑倒时，他也笑了。他站起来，再次滑倒，这次他是故意的。

课堂常规

当儿童看到书中"可怕的"图画时，她会表现出不高兴。她用手指着那个图，说出她的害怕，并向照料者寻求拥抱，以便让情绪保持平静。

Ⅲ.C. 当儿童情绪调整有困难时，他是否有特定的反应模式和"触发器"（Triggers）？

日常常规（家庭和教室）

- 婴儿/学步儿：当妈妈用凉凉的布擦拭婴儿的屁股时，他大哭起来。学步儿午饭想吃通心粉和奶酪，当妈妈往盘子里放上小馄饨时，他大声尖叫。

- 幼儿：在睡觉时间，妈妈告诉幼儿该把玩具收拾起来，准备上床睡觉了。幼儿开始大喊大叫并和妈妈对抗。

游戏常规（家庭和教室）

- 婴儿/学步儿：当玩具盒里的弹跳小人（Jack-in-the-Box）突然跳出并发出声响时，婴儿大哭。学步儿正在玩火车玩具，这时另一个儿童凑过来坐下，他拿起了火车头，学步儿尖叫并大哭。

- 幼儿：当幼儿在院子里把手里的火箭发射出去时，他尖叫、大笑，跳起脚来。

课堂常规

在歌舞活动中，儿童随着音乐的节奏，挥动他们的手臂、跳动，并且非常兴奋地大笑着。

Ⅲ.D. 当儿童情绪激动时，他是否容易自我平复下来？

日常常规（家庭和教室）

- 婴儿/学步儿：婴儿的爸爸抱起他，在屋子里来回走动，婴儿在 5 分钟内安静了下来。

一个学步儿,当要给她洗头发时,她尖叫,但当她意识到头发已经洗好了,她很快就安静下来了。

- 幼儿:当幼儿知道自己的饭是豆角时,他非常生气,并大叫起来。当全家人坐在一起,每人轮流做一个他非常喜欢吃豆角的表情时,幼儿做了一个愤怒的表情,吃了一颗豆角。然后,当大家都模仿他的表情时,他大笑。

游戏常规(家庭和教室)

- 婴儿/学步儿:当婴儿的爸爸向她肚子上吹气时,她尖叫。然后她停下,看着,等待着直到看到爸爸做动作又要向她肚子上吹气,在爸爸还没吹气时,她就开始笑起来。当爸爸追逐学步儿时,她笑着跑开。她藏在沙发后面,不出声,就在她爸爸假装寻找她时,她突然冒出来,并大笑。
- 幼儿:幼儿正在生气地追赶另一个小朋友,因为这个小朋友正骑着他的小车。当小朋友停下车并说道:"我只是想要试一下。"幼儿平静了下来,说:"好吧,阿斯克,你试好了吗?"

课堂常规

当戴水肺的潜水员穿着全套潜水服进入教室时,幼儿被吓着了。他开始哭,但当这个人拿下他的面罩,说:"好啦,我是戴蒙的爸爸,这是我在海里游泳时穿的服装。"幼儿平静了下来。

Ⅲ.E. 儿童能否为了专心于一个任务而抑制冲动行为和情绪(比如身体动作、声音或言语的爆发)?

日常常规(家庭和教室)

- 婴儿/学步儿:婴儿爬到桌子边,去够桌子上的玻璃水杯,然后停下来,看着她的妈妈。她的妈妈摇着头,表示"不要",婴儿还是拿起了玻璃水杯。学步儿抓起一块饼干,她妈妈阻止了她,说:"你应该说什么?"学步儿回答:"谢谢。"然后拿起了饼干。
- 幼儿:在汽车中,幼儿问道:"如果我真的真的在奶奶家表现很好,我们能在回家的路上在汉堡王那里停一下吗?"

游戏常规(家庭和教室)

- 婴儿/学步儿:在公园里,婴儿爬到沙箱边上,伸手向下,抓了一把沙子放到嘴里。这是婴儿典型的缺乏冲动控制的行为。当一个小朋友拿走了学步儿的娃娃时,学步儿抓住那个小朋友的胳膊,在上面咬了一口,然后她也随着那个被咬的小朋友一起哭了起来。
- 幼儿:运动器械区域里只有一个小型蹦床,幼儿和他的朋友都想上去蹦。他们同时到了蹦床那里后,其中一个说:"你可以先玩,我后玩,但我蹦的时间要长些。"

课堂常规

在写字角,儿童感到厌倦了,他开始扭动身体,并发出怪声。当成人要求他平静下来并找些其他事情去做时,他安静了下来。

Ⅲ. F. 儿童占主导的心情是怎样的？这样的感受或心情会持续多长时间？

日常常规(家庭和教室)

- 婴儿/学步儿：婴儿情绪的快速改变,取决于他是否饿了,是否尿湿了,是否困了,或者是否想要参与周围人或者周围环境的活动。学步儿则不仅仅受内在需求驱动,他还受到欲望的驱动。当他不能得到自己想要吃的东西时,或者不能做自己想要做的事情时,他会哭得时间更长些。但是,即使他没有得到自己想要的,他也能够在10—15分钟内平静下来。
- 幼儿：根据儿童自身的气质和他以前发脾气的程度,有些幼儿可能在较长一段时间内持续地表现出消极的情绪。而学会了妥协和自我平复技能的儿童,他们的消极情绪可能很短暂,集中注意力和满足的情绪可以持续较长一段时间。

游戏常规(家庭和教室)

- 婴儿/学步儿：在游戏期间,婴儿很有兴趣且很满足,直到他感到厌倦为止。学步儿在游戏时的情绪,基本上是满足的,但是当遇到困难时,他们的情绪会快速变化。然而,一旦发生一个新奇的,或者有趣的事件,他们能同样快地转回到满足的情绪状态。
- 幼儿：游戏时间的情绪通常是有兴趣的或者激动的。情绪的转变发生得很快,但负面情绪持续的时间通常不会超过15分钟。

课堂常规

幼儿通常会适应课堂上的情境,能够根据各种活动中同伴的情绪表现来调整自己的情绪。

3.3 促进情绪和觉醒状态适当调整的一般原则

对于在情绪状态调整方面表现出典型模式的儿童来说,以下建议是专门为他们的照料者所设计的,使其能够帮助儿童逐渐形成有力的调节和应对机制。这些策略对在情绪调整方面有障碍的儿童也有所帮助。关于这些儿童的情绪调整问题,后面将有更详细的介绍。

3.3.1 制订常规化日程

常规化日程有助于儿童对接下来的活动以及事物的结果建立期待,成人应该采用一以贯之的方式来应对儿童的需求和情绪。例如，对于上床睡觉、起床、吃饭等日常活动，成人提供了一个固定的程序步骤，这个长期固定的模式，对于帮助儿童了解接下来要发生的事是非常重要的。可期待的日常惯例为儿童提供了舒适感。在回应儿童的情绪时，采用前后一致的方法也是重要的。

3.3.2 接受儿童的情绪情感表达

应让儿童知道，出现情绪激动很正常，表达情绪也很正常，儿童有能力控制他怎样表达自己的情绪。这一点很重要。成人应说出儿童看起来正感受到的情绪。（"我拿走你的食物，你很不高兴。"）这有助于儿童明确用什么词来表达他所经历的情感。随着语言的发展，儿童能够更好地用语言来表达自己的情绪，而不是用身体动作来表达情绪。成人还应该让儿童知道"发狂也是正常的"。成人应使儿童放心，告诉他们表达情绪没什么错，人人都有情感。但是同样重要的是，要让儿童知道情绪的表达是有界限的。成人应设立一个界限，来帮助儿童理解这个道理，比如："你搭的积木高楼垮塌了，你感到沮丧，这很正常。但是向你的弟弟投积木块，这就不对了。"成人应为儿童平缓他的气愤、沮丧、嫉妒、恐惧或者难过提出适当的方法，并帮助儿童在表达情绪时用适当的方法取代不适当的方法。成人应认识到，随着儿童的发展，他正在感受到越来越复杂的情绪，同时，情绪的强度也在提升。照料儿童生活的成人，应该帮助儿童提高他的应对能力，以支持儿童努力应对这些新出现的感受。

3.3.3 帮助儿童确定调整情绪的有效策略

在帮助儿童确定采用什么方法使他们的情绪得到控制方面，成人应发挥重要的作用。成人应该善于观察了解什么类型的活动能刺激儿童，或者能让他平复，然后，当儿童的情绪发生变化时，将这些活动或者活动中的组成部分提供给儿童。"为什么你不坐在摇椅上摇一摇，这样你能平复下来，坐摇椅看上去总是让你感到好一些。"这样的话语能使儿童想到"什么会起作用"，那么在以后他感到烦躁不安时，就会想起这个办法，并开始独立地运用这个策略。

3.3.4 对适当的应对策略给出示范

父母向儿童做出情绪调整策略的示范，这一点很重要。让儿童暂停活动、深呼吸，或者改变行为的方向等，都能减缓儿童的激动情绪。让儿童看一看成人是怎样有效管理他们的情绪的，这也大有裨益。即使优秀的照料者也会偶尔发生情绪失控，说出不恰当的话，或者做出不恰当的行为。如果成人的行为是不适当的，这时可以与儿童谈论他们的情绪感受，并向儿童道歉。照料者还可以谈论他们可选择的其他行为。要在积极的情绪表达中，通过亲吻、拥抱、微笑，来终止消极互动。

3.3.5 向儿童提供各种不同的经历，从而感受各种情绪体验

没有必要让儿童避开能引起情绪激动的各种经历。当儿童面对带来各种感受的情境时，他们会学会如何处理自己的情绪。游乐场、自然历史博物馆（有恐龙骨架或者其他动物场景）、影院、图书馆、新的不同的环境等，不仅为儿童提供了学习新概念的机会，还提供了体验新的情绪以及获得应对策略的机会，这既可以是儿童独立实现的，也可以是在成人的帮助下实现的。

3.4 具体实践中的一些一般原则

尽管下列具体实例没有涵盖每日生活中的所有方面，或者每一种可能的情境，但它们都是在日常生活、游戏、常规阅读中用得最多的一些成功的策略。无论是在家里，还是在学校、托儿所和社区里，都涉及常规的阅读，因为它对儿童的学习是至关重要的。其他的常规学习活动也很关键，以下策略也适用于这些活动。

3.4.1 日常常规（家庭和教室）

喂食/进食

对儿童来说，吃饭通常是一个社交活动，也是一段充满愉快的情绪体验的时间。与儿童谈论食物、味道、日常的活动，以及接下来要发生的事，这不论是对儿童，还是对照料者，都是令人感到平和和愉快的。对小婴儿来说，喂食时的游戏，比如"这里飞来了一架小飞机"，就非常好玩。"将食物扔到地上"的游戏，尽管父母很不高兴，但是儿童非常喜欢。幼儿常常对自己喜欢吃什么、不喜欢吃什么表达出非常强烈的情绪。照料者通过设定什么可以做、避免让儿童过于激动、给儿童自己选择的机会，以及尽可能地让儿童独立进食等方式，帮助儿童在进食期间保持适宜的情绪状态。

换尿不湿/如厕

换尿不湿是儿童体验各种感觉的好时机，这包括体验穿衣和裸体；感觉到潮湿和干爽，或者爽身粉的质地，润肤液的温度，成人手的压力，尿不湿的触压；倾听成人的谈话；察看身边的场景；等等。情绪调整良好的儿童，能够泰然应对所有这些变化。照料者可以通过每次都按同样的常规惯例来做，给儿童以支持，这样儿童对改变就不会感到惊讶。照料者还可以让儿童知道接下来将发生什么，或者一次只让儿童有一点点新的感觉。

对于大一些的儿童，学会控制身体的功能是情绪体验上的一种挑战。成人应承认儿童

的情绪,这对儿童是一种支持,还可提供具体的手段,来帮助他们将应对的策略进行内化。例如,父母通常是最善于读懂儿童的面部表情和身体语言的,他们可以说:"你扭来扭去的,还做鬼脸,这是说你想要洗个澡吗? 我会和你一起去洗,帮助你搞定。"形成一个惯例,例如坐下、看书、擦拭、放水冲洗、洗干净,这很有必要,特别是有助于儿童感受到独立和自信。

穿衣

当儿童开始有了自己穿衣服的能力后,穿衣服常常是一个会带来冲突的活动。儿童可能会想要慢慢地穿上衣服,而要去上班的父母则想要儿童快一些;或者儿童想要穿其他的衣服,而不想穿父母给选定的那件;如果父母硬为儿童穿上衣服,儿童可能会生气或者沮丧。对此,父母可采取的做法是:(1)告诉儿童他正在生气(为儿童的情绪提供一个标签);(2)告诉儿童他的感觉是怎样的(对用语言表达情绪提供一个示范);(3)对儿童穿什么衣服提供几个选择(展示协商的方法);(4)让儿童做深呼吸、使自己平静下来(表明怎么做是有效的)和作出决策,并对此给出赞扬(鼓励自信心)。

上床睡觉

情绪调整良好的儿童,通常他们的状态调整也是良好的。如果建立起来的习惯是常规性的,是一致的,那么上床睡觉应该不成问题。有些活动可能会导致情绪激动,比如歇斯底里地大笑或者大哭,睡觉前应避免进行这些活动。然而,如果儿童在睡前很兴奋,父母应帮助他调整情绪。父母应该知道什么活动能使儿童平复下来,并利用这些手段帮助儿童回到平静的状态,以便让儿童为睡觉做好准备。

外出

情绪调整良好的儿童会盼望外出,他们能够应对新的景色、新的声音和新的体验,而不会有过度的情绪反应。照料者应该与儿童谈论将要发生什么,儿童将会看到什么等,让儿童事先做好准备。即使是对这样的谈话不能理解的小婴儿,也会从成人平和的语调中受益,有助于他们在车上坐好。车座的位置使儿童只能看到他们前面的车座(和父母的后脑勺),在儿童视线可及的地方,放置一些小玩意,这样可以在父母不能搂抱儿童的情况下,避免儿童产生消极的情感体验。另外,和儿童谈话、放音乐,或者一起唱歌,都能够保持儿童的兴趣,并帮助他们自我平复。

3.4.2 游戏常规(家庭和教室)

面对面游戏

与儿童进行面对面游戏,能产生激动的情绪。情绪调整良好的儿童,通常都喜欢面对面游戏,并会使用应对技能。比如,当受到过度刺激时,他们会露出厌恶的目光、转过身去,或者嘬大拇指。照料者应仔细观察和读懂儿童给出的暗示,这样他们就能在儿童表现出"够了"的信号时,停止游戏。另一个策略是逐步增加刺激和轮换的强度,这样可以确保儿童能够将游戏继续做下去。大一些的儿童,在他们感到玩够了时,常常能够用语言表达出来。

体育游戏

与面对面游戏一样,体育游戏也需要成人进行实时的监测。体育游戏具有快速地不断升级的可能,同时伴随有相应的情绪强度的加速提升。因此,特别是挠痒痒游戏和摔跤游戏,照料者应注意儿童的非语言信号,并注意听他们说出的要求,这非常重要。令人感到愉快的游戏能够快速地压倒一切,并很快就又会令人非常沮丧,情绪调整良好的儿童,能感受到自己的情绪,并试图掌控周围的情境。照料者的作用就是对儿童的这些暗示给出回应。

操作性游戏

儿童在玩玩具时,比起他们做面对面游戏或者体育游戏,更容易出现情绪失控。玩玩具时,个人的情绪通常都不是很激动,而且因为玩具是由儿童自己掌控的,需要时儿童就能够从刺激性太强的事件上转移开他的注意力。但是玩玩具也能引起暴烈的行为,或者引发毁坏玩具、动手打架等行为,而这样的行为都包含有极端的情绪。情绪调整良好的儿童,能够监测自己的情绪,如果他们感到太生气或者太害怕,他们会转变自己的行动,改变语言,或者采用其他的策略。照料者也可以通过监控游戏的强度,或者降低互动的等级,使游戏达到合适的程度。

感觉游戏

感觉游戏往往会激发强烈的情绪。由动作而产生的信号输入、触摸、声音以及压力,尤其能引发各种情绪。儿童喜欢或者不喜欢的刺激物的类型,各不相同。儿童会寻找那些能带来快乐的刺激物,而避开那些会带来不快乐的刺激物。在喜欢的感觉输入类型上,如果成人与儿童是相一致的,那么成人很适合利用感觉刺激物来帮助儿童提高他们参与的动机,或者减少消极的反应。例如,成人应知道儿童最喜欢的毯子、玩具、歌曲是什么,并用它们来帮助儿童,使他们达到平静的状态。成人还应知道什么玩具和动作能让儿童感到兴奋,并用它们来使儿童激动起来。

3.4.3 阅读与学习常规

228

圆圈时间

根据课程的安排,圆圈时间可用于不同的目的,包括欢迎新同伴、读书、唱歌、跳舞或者做其他的群体活动。成人应利用圆圈时间中的群体活动,来增加儿童的兴奋度(通过歌曲和舞蹈),或者平复儿童的情绪(通过安静的读书)。成人通过改变讲话声音的大小、语调的高低,以及活动的强度水平,来调整儿童的情绪,并通过各种手段鼓励儿童参与。

一对一阅读

图书阅读通常是照料者和儿童之间的一个平缓的活动,然而,有些图书的内容会让幼儿受到惊吓,或者感到难过。照料者应该事先了解图书的内容,以及与这些内容相关联的情绪,并与儿童谈论这些情绪。对于年龄尚小的学步儿来说,照料者只讲到"难过""愤怒""快乐"等表现在图书人物脸上的情绪即可。对于大一些的儿童,可以谈论更细微的情绪,比如尴尬,谈论儿童处在类似的情境中会做什么,或者讨论书中人物应该怎么做,这些对帮助儿童了解应对策略都是非常重要的。

日常文化环境

儿童看到与他们想要的东西有关的象征符号或者图片时,会非常激动,而看到与他们感到烦躁不安的事物有关的象征符号或者图片时,则会烦躁不安。在儿童能够用词汇与人交流之前,他们采用的是非语言的交流和行动。照料者可以利用共同关注(看儿童正在看的东西),并观察儿童的情绪反应,用词汇说出儿童正在看的东西,并谈论你认为儿童是喜欢还是不喜欢这个东西。例如,如果儿童正在看一个罐头外包装上桃子的图片,并嘟嘟囔囔去够那个罐头,这时照料者可以评论说:"桃子,你爱吃桃子。现在你可以玩一会儿罐头,午餐时我给你桃子吃。"如果儿童开始失控,父母可以将儿童的注意力转移到另一个图片或者另一个活动上。

对于大一些的儿童,利用图片和象征符号可以帮助他们更有意识地应对自己的情绪。例如,看每个人都很开心的全家福合影或者全班小朋友的合影,可以帮助儿童平静下来。

社区文化环境

对社区文化的情绪反应,是以儿童在社区里游玩时对所见到的标志和符号产生的体验为基础的。像麦当劳的大拱门这样的符号,可能会引起儿童的哭闹,从而使照料者在麦当劳门前停下来。糖果的包装上的词汇和图画标志,可能会导致儿童乱发脾气。对于情绪调整良好的儿童,在其注意力被转移或者有了其他选择的情况下,通常能够使他们的情绪发生改变或者平复。

科学与数学

科学与数学方面的许多活动都涉及各种材料的操作、测量、混合、发现相同和不同,等等。有些活动需要平静的、集中的注意力,而另一些活动则鼓励儿童去进行感觉探索,需要他们更积极的参与。一开始时,成人可以辅助儿童调整他们的注意力和情绪。例如,一项让儿童相互测量彼此身高的活动,使用不同类型的物体会使测量活动轻松地成为一项体育游戏,从而导致情绪的上升。教师应帮助儿童将他们的注意力集中在活动的目标上,以及所需要的步骤上,这也有助于儿童调整其情绪。

3.5 为改进情绪和觉醒状态的调整制订干预计划

前面的章节我们讨论了成人如何自然地与儿童进行互动,来帮助他们调整自己的情绪状态。在本部分,我们将讨论如何帮助那些在情绪状态调整方面有问题的儿童,他们或者表现为情绪过度,或者表现为不能根据需要提高或者调整情绪的反应。对此,我们将提供一些具体实例,来表明如何调整日常惯例或互动方式,以帮助儿童对其情绪状态获得更好的认知和内在控制。

Ⅲ. A. 儿童是否能轻松地调控意识的生理状态(比如从睡到醒和从醒到睡)?

许多有各类障碍的儿童在兴奋状态的调整上会出现问题。儿童可能在入睡或保持睡眠上面临困难。睡眠问题可以是由多种因素造成的,包括中枢神经系统不成熟[比如夜惊(Night Terrors)]、生理问题[比如阻塞性睡眠呼吸暂停(Obstructive Sleep Apnea)、疾病]或者行为问题[比如夜醒和睡前抗拒(Night Awakenings and Bedtime Resistance)],这些问题可以是暂时的,也可以是断断续续的,或者长期的。

除了在入睡或者保持睡眠上遇到困难的儿童,一些儿童还可能要用很长的时间才能从睡眠中醒来。还有一些儿童,一旦被激惹进入烦躁状态,就很难安静下来。这些问题大多数情况下与气质有关,但也多见于学习困难或者发展迟滞儿童。这些在兴奋唤起方面有问题的儿童,还没有适应预期的昼夜活动模式。这对儿童的父母和他们的兄弟姐妹来说,都是很大的压力,因为儿童的行为打乱了家庭其他成员的常规模式。有些儿童可能不能在合适的时间去睡觉,有的儿童会在半夜醒来,或者只睡很少几个小时就醒,这使得父母无法得到休息。因此,照料者会变得精疲力竭,烦躁易怒,常常会采用不太理想的方法去对待儿童,比如把儿童锁在他自己的房间里不让他出来,以便自己获得一些安宁。有些儿童需要用更多时间才能清醒起来,还有一些儿童为达到平衡而一直努力挣扎,并因而长时间处于烦躁状态,这些儿童对于照料者来说也是一个挑战。状态调节问题在非残障儿童中也会出现,但由于这个问题常常是与神经系统有关,因此,在残障儿童中比较多见。自闭症儿童和情绪调节障碍儿童,特别容易在状态调节方面出现问题。对这些儿童的情况,将在接下来的章节中予以介绍。

人际互动策略

从一种状态到另一种状态的转换,特别是从清醒状态到睡眠状态或者从睡眠状态到清醒状态的转换,对许多儿童来说都是一个难题。入睡困难和保持睡眠困难,都会对家庭带来极大的损害。以下做法或许对一些儿童有所帮助。如果儿童的问题是持续性的,则需向医学专业人员进行咨询，以获得医学建议。

1. 在上床睡觉前的一段时间做一些特别的安排，比如哺乳、安静的游戏、爱抚的动作。这可使儿童更有安全感，进而减少儿童由于依恋问题和不安心而引起的睡眠问题。过渡性物品，比如毯子、留有父母味道的没洗的 T 恤等，都可以使儿童感到安慰。

2. 让儿童自我平复下来。要避免出现这样一种模式，即成人摇晃儿童，或者抚摸儿童的背部，或者与儿童一同躺下，这样儿童才能睡着。这会导致儿童依赖成人的帮助进入睡眠状态，而不是成人帮助儿童自我平复下来，然后独自入睡。入睡障碍是导致儿童一觉醒来后不能再次入睡的最常见原因，由于他们需要某种与入睡相关联的特定模式，才能在醒来后再次入睡。

3. 态度要积极、有信心。对儿童能上床自己入睡展现出信心。不要不停地查看儿童，因为这向儿童表明成人对此是焦虑的，而且会唤醒昏沉中的儿童。

4. 睡觉时间是固定的，并且不可随意改变。儿童很快就会学会获得额外关注的方法（比如要喝水、吃零食，或者再讲一个故事），对在睡眠时间能干什么要制订规则（比如躺着，不能吃零食），并严格执行。如果儿童需要安慰，那就快速安慰一下，然后让儿童躺好。

5. 如果父母都在家，父母可以轮流安顿儿童上床睡觉。如果通常安顿儿童上床睡觉的父母中的一方不在，那么这种方式就可以避免出现入睡问题。

6. 使睡觉时间变成一个积极的体验，而不是一种惩罚。将睡觉时间作为一种惩罚的手段，将导致消极的联想和抵制。

7. 如果儿童睡醒了，应安抚他，但不要让他变得激动。儿童睡醒后，可能想要起来玩。这时要避免任何刺激性的互动或者游戏。用柔和的声音安抚儿童，不要让他起床（除非儿童生病了，或者哪里疼痛），如果儿童醒来后哭闹，那就等 5—10 分钟，然后再去安抚儿童使其平静下来。最好是使睡醒和出现哭闹之间的时间能够延长，这样儿童将开始自我平复。

8. 如果儿童一直睡不着，要排除他是否生病了。很多种健康问题都会导致睡眠问题。向医生咨询，可以排除是否有过敏或食物过敏、胃食管反流、绞痛、尿道炎症、耳道炎症、胃肠道气体、出牙引起的疼痛，或者皮肤瘙痒等病症。

9. 给儿童自己做出选择的机会。随着儿童的独立性和控制力的发展，要给他们有限的选择权，比如上床睡觉时带哪个毛绒动物玩具，以及睡觉前的准备活动采用什么样的顺序。这能帮助儿童获得对过程的控制感，并降低冲突。

10. 必要时对儿童进行监测并给予安抚。异态睡眠会打扰儿童的睡眠，比如梦魇、夜惊等。当儿童发生梦魇或者做噩梦时，他会害怕和不安。成人应安抚儿童，抚摸他的背部，让他继续睡觉。在睡眠中神经系统问题导致的夜惊发生时，儿童还是处在睡眠中，全然不知道成人就在身边，因此安抚根本不起作用。这时，只要待在儿童身边，随时监测儿童的安全情况即可,直到儿童重新回到安睡状态。

环境调整

1. 减少他人和环境造成的不舒适感。要确保儿童的被褥是干燥、暖和的,穿的睡衣是舒适的。应让儿童感觉到暖和,而不是太热。调整室内的温度时要考虑到儿童穿的衣服和床上被褥的薄厚,因为每个儿童对温度的需要不尽相同,有些儿童睡觉时喜欢暖和些,而有些儿童则喜欢凉爽些。

2. 保持固定的睡觉时间。应该每晚都是在同一个时间睡觉(即使是周末),睡前的准备也要采用同一个顺序(洗热水澡、穿睡衣、讲故事、拥抱)。要保证这样的准备活动不论在哪里都可以做到,这样儿童在自家之外的环境中睡觉时也可照做不误。生活习惯在儿童较小时比较容易建立起来(大约在3—5个月之间),如果儿童没有一套生活常规,那么他在建立常规惯例时,就必须打破他原有的习惯。在其他生活方面(睡醒、吃饭、午睡、游戏)保持固定的常规惯例,也很重要。

3. 在儿童感到过于疲惫之前就开始准备睡觉。当儿童的一切都开始慢下来时,就可以让他准备睡觉了。如果成人要一直等到儿童过于疲惫时才去做,儿童可能会烦躁不安,并且还不容易入睡。儿童在放松一段时间后,可能还会"恢复元气",因此,抓住儿童松懈的有利时机,让他准备睡觉。

4. 设定睡眠时间,以保证儿童有足够的睡眠。睡眠不足不仅会使儿童难以醒来,而且还会导致儿童白天时脾气暴躁和易怒,导致儿童在车上睡着,或者午睡时间过长,而这又影响到晚上的睡眠。在从1个月到1岁的发展过程中,婴儿平均睡眠时间从每天16个小时减少到每天13.5个小时;到3岁时,减少到每天12个小时;到6岁时,减少到每天10.5—11个小时。儿童需要足够的睡眠,4岁以后,大多数儿童都没有午睡了,因此晚上的睡眠就更为重要。睡眠不足,对儿童的学习和行为,都会产生不良的影响。

5. 对于对声音敏感的儿童,用平缓的"白噪音"来屏蔽噪音。能产生白噪音的风扇、加湿器等可以有所帮助。

6. 改变光线的亮度,以启动大脑的睡眠—清醒周期。利用昏暗的光线作为睡觉时间或者午睡时间的手段。早上时要有明亮的光线(打开遮光物、开灯)。

7. 注意儿童睡前吃、喝的东西。睡前避免让儿童喝除水以外的其他任何饮料,牛奶或者果汁会引起婴儿乳牙龋齿。避免食用含咖啡因的饮料和食物,例如苏打水、巧克力等,因为这些食物会扰乱睡眠周期。另外,小于6个月的婴儿食用固体食物还会引起消化系统问题,并导致睡眠困难。

8. 使儿童床成为一个适宜睡觉的地方。将床上的玩具减少到最少,只保留一两个可爱的玩具。太多的玩具会促动儿童去玩,而不是睡觉。电视、电脑以及其他可视的电子产品,都不要放在卧室里,不要用它们来让儿童进入睡眠。

9. 让儿童"一次性通过"。一些儿童会非常想因特定的理由"允许"他们起来一次,这种允许对父母来说是对儿童的投降,同时也是打破了要求儿童在整夜的其他时间都躺在床上(除了大小便)的惯例。

Ⅲ.B. 儿童调控情绪(控制、陷入和结束某种情绪状态)是否容易?
Ⅲ.C. 当儿童情绪调整有困难时,他是否有特定的反应模式和"触发器"?
Ⅲ.D. 当儿童情绪激动时,他是否容易自我平复下来?

这三个与情绪调整有关的问题一起提出来,是因为与它们相关的干预方法是相互重叠的。根据儿童的特点,综合使用所介绍的众多策略,效果更佳。

调整

很多儿童都有情绪调整困难,或者不能调整他们的情绪以适应特定情境的要求。情绪调整对于社交技能、同情和关心行为、问题解决技能,以及应对策略等的发展,都是至关重要的。事实表明,缺乏调整能力会带来不良影响,极易导致行为和情绪问题。

如前面已经表明的那样,情绪的自我调整与状态调整密不可分。情绪调整困难的儿童还会出现各种问题。他们可能很快就情绪激动起来,之后却不能平复。例如,一旦婴儿开始气愤、害怕,或者难过,他能快速提升为哭闹、激动地大叫,并且不容易平复。甚至开始时使他咯咯地笑的挠痒痒游戏,都会使他过于情绪激动,最后导致他大哭。伴随着情绪爆发,常常有其他的行为,比如手打或者脚踢的动作。

性格小心谨慎、慢热的儿童,还可能很容易就被自己的情绪压倒,表现出过度的焦虑和抑郁。当他们为情绪所控时,他们会退缩回自身,并"隐藏"起自己的情绪。这些儿童对与他人的互动可能会表现出恐惧和沉默。例如,当鼓励他们探索新的环境,或者加入到其他小朋友的活动中时,他们可能会黏着自己的父母,并说哭就哭。

缺乏适当的情绪也是值得关注的一个原因。有的儿童对自己和他人都不注意,有的儿童表现出与当时的情境不相适宜的情绪,有的儿童表现出超出当时情境要求的情绪,这些儿童都有情绪调整困难。例如,患有自闭症的儿童,可能无法识别父母或者同伴的情绪,因而也不会对其做出反应;身处不适当的情境中他们可能会激动、难过,或者害怕;日常生活环境中的一个小小的改变都会使他们尖叫、发脾气(参见 TPBI2 第七章第四节)。

反应模式或者"触发器"

对于那些会引发儿童生气、恐惧、难过,甚至激动到失控等极端情绪的各类活动和经历,成人应注意观察。了解什么会导致儿童的情绪爆发,有助于成人在人际互动方面和环境调整方面都给出适当的反应。对于引发极端情绪的活动类型和互动范围,每个儿童不尽相同。

一些儿童可能在他们完全不能控制的社交情境中容易感到不安,只是对他们说"不",就会把他们推入"深渊";另一些儿童可能对特定类型的体验、特定的材料和玩具产生过度的兴奋;转换到生人或者新的环境可能会使某些儿童的情绪爆发。针对上述每一种情况,尽管采用的应对方法可能不尽相同,但是在接下来的部分,我们将对一般的策略作一一介绍。制订干预计划,首先要了解和掌握什么是儿童情绪失控的触发器。

自我平复

有些儿童,他们的情绪能快速提高到极度兴奋、生气、难过、焦虑、沮丧等状态,然后很快,他们也能独立地回归到一个稳定的状态。然而,还有些儿童,他们一旦激动起来,就很难回归到平静的状态。情绪容易失控的儿童,往往表现出消极的行为,比如哭闹、尖叫、打、踢、咬等。具有积极情绪的儿童,也会出现过度的兴奋,当他们过度兴奋时,他们可能会大声喊叫,纵情玩闹,歇斯底里地大笑,表现出超出一定界限的活动动作。对于这些儿童,成人能够起到中介的作用,来帮助他们平复下来。情绪不稳定的儿童,需要学会一些策略,来监控自己的情绪,这样他们就能独立地调整情绪,而不依赖于成人的帮助。这样的策略儿童在还很小的时候就可以开始使用了,但也需要儿童具有一定的认知上的理解能力,以及对原因和结果的关系有更为深入的理解才行。

极端的情绪,无论是过度的气愤、难过、恐惧,还是缺乏情绪表达,都应引起照料者的关注,照料者需要掌握特别的人际互动技能,以帮助儿童学会情绪的自我调整策略。儿童要达到情绪的平复,常常需要外部的支持。然而,出发点应是儿童能够掌握有效地使其自我平复的个人策略或者技能。照料者提供的支持,以及其与儿童之间的沟通交流和人际互动模式,能帮助儿童发展情绪调整的能力。

应牢记,环境本身能够影响到情绪调整。应注意到感觉刺激的数量。对声音、光线、过多的视觉刺激、触摸、动作比较敏感的儿童,需要环境方面的调整以减少一个或者多个刺激物(参见 TPBI2 第三章第五节)。

人际互动策略

1. 教给儿童有关感觉的词汇,以及在需要帮助时能将自己的需要向成人表达出来的词汇。对儿童感觉不舒服的情绪予以命名,这样他就能学会将这个标签与自己的情绪联系起来。"这吓到你了。""你不喜欢吵闹的声音。"还应对儿童获得帮助的方式提出建议,例如:"你能搂住我吗?""我需要一个毯子。"

2. 使用语言提前做准备。如果一个可能会让儿童感到压抑或者受不了的刺激将要发生,可事先告诉儿童。指出这个情境的积极方面,向儿童保证照料者一定会在他旁边提供支持。

3. 对儿童及其情绪避免使用负面的评论。负面的评论会使儿童之后出现情绪升级。不要拿儿童来取笑或者完全忽视儿童的感受,相反,应谈论儿童正在经历的感受,以及儿童应对这种情绪的方法。

4. 鼓励儿童自我对话(Self-talk)。鼓励儿童采用自我对话的方式来平复和安抚自己,或者改变自我平复的策略。例如,向儿童说一些话,比如,"说'深呼吸'"或者"你以前害怕小丑,但现在不怕了"。

5. 鼓励儿童用词汇表述自己的感受。一旦儿童平静下来(在大哭、尖叫、乱踢乱撞之后),搂住儿童,温柔地与他谈论当时的情景。帮助儿童用语言说出他的情绪。告诉他当他发脾气时,他的身体里面是什么样的,他的外表是什么样的,这有助于儿童认识到自己身体的变化(比如肌肉紧缩、呼吸加快)以及内在的感受(比如肚子感觉很兴奋),有助于儿童认识到这可能是一种信号,表示某事正在使自己的情绪升级。如果儿童学会了认识这些信号,并将此感受用语言告诉成人,那么成人就知道采用什么方法能使儿童感到更平静一些。逐渐地,儿童就可以在没有成人的帮助下使用这些策略。成人还可以关注那些表明情绪升级的身体变化,谈论他们正在看到的事情,并帮助儿童采取一些手段"让失控的火车停下"。

6. 谈论行为的后果。帮助儿童了解他所做的针对其他人的行为是会产生后果的。帮助儿童将他的情绪与他的行为区分开来。所有的情绪都是对的,但不是所有的行为都是对的。对儿童自我调整的努力应给予正强化。

7. 具体示范冷静的行为是什么样的。帮助儿童注意面部表情和身体语言,这将有助于他理解其他人是怎么应对这种情况的。例如,表示要安静时,把你的手指放到嘴上;用双手抱肩的动作让自己平静下来;闭上眼睛,并做深呼吸来使自己平静;等等。

8. 鼓励儿童开展角色游戏。幼儿可以通过假扮游戏来再现之前发生的某种情境,这样可以让他们学到在现实情境中可以运用的策略。通过练习,儿童可以采用的行动和话语得到了演练。

9. 展示一种替代行为。展示出一种替代行为(语言或者动作)来取代不可接受的行为。例如,成人可以做出具体的示范,表明怎样安静地讲话,轻轻地移动,用此来取代大喊大叫、尖叫、使劲拍打等举动。

10. 将儿童的注意力转移到其他有趣的事物上。当儿童开始情绪升级时,努力将他的注意力转移到另一个不会使他过于激动的活动上(比如隔着窗户看外面的小狗,或者玩另一个会引起兴趣的玩具)。

11. 对什么是可接受的行为、什么是不可接受的行为,设立明确的界限。告诉儿童表达情绪时可接受的行为方式是什么,不可接受的行为方式是什么,以及理由。对儿童降低情绪的各种努力要给予强化和支持,帮助儿童了解其行为的后果。在界限的维持上,要始终一致。

12. 不要屈服于儿童发脾气。儿童发脾气时,不要屈服,在他发过脾气、平静下来之后再说，否则只会增加他发脾气的次数。可向儿童提出两个可接受的选择，让他选择其中一个，这样可以使儿童拥有一定的掌控感。例如，当儿童因为要吃糖果而大哭时，成人可以说："你是要奶酪饼干还是麦片？"

13. 提供一些挑战。向儿童提供稍带挑战的任务，以便让他面对具体的情绪，比如泄气等，以此进行情绪调整的实际运用，其间要给儿童提供支持和鼓励。例如，如果儿童进入人多的杂货店时很不高兴，那就先带他进小一些的便利店，给儿童一个小小的任务，比如拿着购物单，这样有助于他把注意力集中到某些事物上，而不是周围的环境上。

14. 如果改变会触发他的情绪升级，那就建立一套常规惯例。如果情境常有变化（比如上床睡觉、乘汽车外出），就要制订进入活动的一套常规，常规的每一个步骤都应是令人愉快的，这将有助于儿童建立一套内化的体验，来应对这些情境。

15. 对于过度刺激的情境，要让儿童事先做好准备。帮助儿童理解他不喜欢或者不愿加入的情境，因为这些情境是过度刺激的。告诉儿童在他想要成人帮助时应该怎么说。让儿童知道人人都会遇到烦心的事情，帮助他认识到使他感到烦恼的事是什么，以及怎么去应对。

环境调整

照料者可以利用周围现有的材料，帮助儿童平复下来，或者帮助他们对即将出现的不舒适的情境事先做好准备。如果周围环境的刺激性太强，还可以调整环境的某些方面。要清楚对儿童来说什么是刺激性太强的情境，这有助于照料者事先调整环境，以便对会给儿童造成压力的情境进行提前预防。最好是在负面情境出现之前就调整环境，但也不是总要这样，"现场"调整有时也是必要的。

1. 在一个事件将要到来时，利用各种暗示发出信号。利用一个信号，比如闪几下灯，或者计时器的鸣声等，让儿童知道就要有变化了，5 分钟之内，他必须要停止游戏，去吃午饭了。然后再使用一个不同的信号，告诉儿童时间到了。信号的使用要保持一惯性。第一个信号让儿童在思想上和情绪上做好变化的准备，第二个信号是让他知道到改变的时间了。

2. 向儿童介绍与某个事件或者人物有关的一幅图片或者一个物体。例如，如果儿童讨厌去杂货店，就给儿童看他在杂货店可以找到的水果或者谷类食品的图片，还可以给他看可以在杂货店使用的优惠券。如果改变活动会引起儿童失去自我控制，那么制订一个日程图表也很有用，图片有助于儿童形成一种预期，即即将到来的事件是他熟悉的。

3. 让儿童观看或者手抓一个可以使其平静的物品。儿童可以使用过渡性物品，比如一条毯子、与他爱的人有关的一个物件（比如妈妈睡觉时穿的 T 恤）。过渡性物品还可以是与下一个活动有关的某个东西，例如，儿童喜欢的一个杯子，在接下来的吃点心时间就要用到。

4. 运用预防性策略。对周围环境进行布置，以防对儿童造成太大刺激。还可以利用能

"鼓动他"的玩具和材料,或者能"激他一下"的人际互动,让他有所准备。要注意刺激的强度对儿童是否合适。通过"三只小熊"测试,来确定什么类型和多大量的视觉、听觉、触觉、味觉、嗅觉、运动刺激或者压力"正好适合"这个儿童。尽量让环境的刺激保持在儿童可接受的范围内(参见 TPBI2 第三章第四节)。例如,如果儿童对人多嘈杂的环境反应剧烈,那就带他离开,到一个单独的、人少的、分隔开的屋子里,让他远距离观看其他儿童的活动。

5. 给儿童提供一个独特的安静空间,让他能够自我平复下来。这个空间不是惩罚性的,而是一个特别的地点,在这里能让儿童暂时离开对他来说过于刺激或者过于压抑的活动。告诉儿童来到这个特别的地方是为了让他"安静下来",给儿童一本书、一个毛绒玩具,或者其他"安静"的玩具,这些能帮助他重新集中注意力。

6. 消除负面的触发器。如果你知道什么样的情境会让儿童感到困扰,那么尽量事先就进行调整。告诉儿童的奶奶、姥姥,要把狗留在室外,不要给儿童太多的玩具,不要让儿童看肥皂剧,等等。

Ⅲ.E. 儿童能否为了专心于一个任务而抑制冲动行为和情绪(比如身体动作、声音或言语的爆发)?

情绪调整困难的儿童,往往伴随有冲动控制方面的问题。他们"要他们想要的,而且马上就要"。情绪干扰了他们思考、计划、等待的能力。情绪控制不良的儿童完全不考虑说话、做事的后果,就先动起来。他们对接收到的刺激信号,不根据情境做任何信息处理,就给出快速的、无计划的反应。尽管大多数幼儿都会不加思考就提出要求,或者说出话、做出举动,但是有些儿童是只会这样做,而不会其他方式。幼儿在感觉动作、认知、情绪上的各种类型的障碍,与包括注意力缺乏、多动症、自闭症、脆性 X 染色体综合征、感觉统合失调、躁郁症等造成的冲动控制不良有着密切关系。情绪调整不良、相应的身体冲动控制不良的儿童,具有更多攻击性、难以与专业人士进行人际互动以及在同伴交往上有问题的高危儿童,他们的易冲动性是一种固定的反应模式,而不是偶尔发生的思考不周的行为。因此,找到有关的策略,来帮助儿童抑制那些在特定文化中被认为是负面的行为,帮助他们在做出举动之前想到行为的后果,这是很重要的。

人际互动策略

1. 教他们学会"专注"。对于缺乏冲动控制能力的儿童,成人应帮助他们学会专注于手边的任务上,思考他们周围正在发生什么,并事先做好计划(参见 TPBI2 第七章第一节、第二节及第三节)。以下几个策略有助于专注能力的发展。

2. 把要求限定在儿童能力所及范围之内。冲动控制较差的儿童,由于很容易烦躁,因此他们做事需要一步步来进行,把要做的事情分成一个个小的部分,这样每一步都能得到强化。这有助于儿童专注在具体任务上,并减少儿童突然切换到他更喜欢的活动上的可能。例如,如果父母对冲动性儿童说:"整理好玩具,给我拿一本书来读。"那么,儿童可能不会听话去做,这不是因为他故意不服从,而是因为有太多有趣的事情引起了他的兴趣,他已经忘了要做什么事。成人应提出小的任务(比如"看看你能不能把10块积木摆放整齐"),并在儿童完成这个任务后及时给予赞扬。

3. 在儿童思考做什么和怎么做时,参与到儿童思考的过程中。积极参与到儿童做计划的过程中,有助于儿童对某项任务形成自己的"想法"。例如,在之前讲到的整理玩具的实例中,成人可以说:"该整理玩具了。瞧瞧周围,你最先想整理的是什么?"这样的问题刺激了儿童去思考和计划接下来做什么,并赋予儿童有关思想和行动的自主权与掌控力。

4. 与儿童谈论后果。帮助儿童思考积极的和消极的两个方面的后果,帮助他了解所有的话语和行为都有一定的后果。

(1) 告诉儿童当他做某事(正确的和错误的两个方面)时会有什么感觉;

(2) 告诉儿童他的行动产生的相应的结果或者后果;

(3) 问儿童:"如果……,你想会发生什么?"然后讨论现实中一个行为、举动、事件之后,实际发生的情况;

(4) 问儿童:"当你……,你想你会有什么感觉?"然后讨论现实中一个行为、举动、事件之后,儿童实际上的感觉;

(5) 提醒儿童之前遇到的类似情境,看看他是否能回忆起当时的后果。

5. 立即指出后果。应让儿童清楚合逻辑的、合理的、公平的后果是什么,并需要对此不断重复和说明。针对特定的境况问儿童那种境况下会有什么后果,鼓励他思考并将他的举动与后果联系起来。如果儿童不能用语言表达出来,就给他提供一些选择,让他从中来挑选。例如,"定好的规矩是大家一起玩。你拿了玛迪的娃娃。你要把娃娃还给玛迪,选其他玩具玩吗?"或者"你想要和玛迪一起玩娃娃吗?"

6. 强化期望的行为。对儿童遵守规则、坚持做一项任务、实现或者迈向一个目标、事先做好计划,以及讨论到后果等行为,给予赞扬。就之前的实例来讲,如果儿童选择与玛迪一起玩娃娃,成人就应该说:"做得好。现在你和玛迪都能和宝宝一起好好玩啦。"

7. 保持平静的氛围和一贯的方法。难于抑制冲动的儿童,会使成人感到沮丧,这是一个挑战。当不能遂儿童所愿时,他们可能会中断某个活动、尖叫以引起注意、打人,或者表现出其他不合规的行为。成人应尽力保持平静的姿态,必要时可以停止与儿童紧张的互动,从中退出和离开,可以让儿童到一个平静的、安全的地方,同时成人也一样。儿童和成人都能在他们平静下来后思考一下,并进行更明确的沟通交流。一贯性很重要,即要保持规则的前后一致、后果的不相矛盾、交流的清晰明确。

环境调整

1. 制订几条简单、正面的规则。规则的表述方式是儿童应该做什么,而不是儿童不应该做什么。儿童需要知道什么举动是成人赞成的。要儿童记住几条重要的规则即可,这样儿童更容易遵守这些规则。

2. 利用视听手段提醒儿童。视觉提醒物,比如日程图表、系列活动顺序卡等,有助于防止儿童四处乱跑,或者被其他活动分心。教师可以长时间亮闪灯光,或者利用活动日程卡来通知儿童要转换活动了。听觉暗示包括响铃、计时器或者口头提示等,有时可以结合使用视觉暗示,比如手势,向儿童发出两类信号输入,这有助于儿童保持注意力,并防止分心。

3. 使用强化手段。系统地使用强化手段非常重要。提升强化的程度,能促动儿童保持原有的行为轨迹。要一直给予承诺式强化(Promised Reinforcement),即使是向儿童提出大量要求时也是如此。强化要长时间坚持才能发挥作用。

4. 经常改变强化的方式。改变强化的方式能保持儿童的兴趣,毕竟用贴纸来作为奖励能使用多久呢?

5. 避免让儿童接触诱惑。儿童对他周围环境中的刺激会给出反应。让缺乏冲动控制能力的儿童不去理睬周围的诱惑性因素,这很难做到,他会受到吸引而产生强烈的冲动行为。通过减少干扰,儿童能够很好地停留在原有的过程上。尽可能地不开电视,把玩具放到一边,让任何其他诱惑性事物远离儿童的视听范围。

6. 实施危险管理。如前面描述过的那样,诱惑会增加冲动行为的发生。对一组儿童的观察表明,他们在这方面的表现是相同的。在群体活动中,要让同伴或者游戏互动中的两个儿童都避免做出难度较大的行为。特定的玩具材料也会带来危险。攀登玩具、快节奏的活动,常常会引发更剧烈的动作和更冲动的行为。当儿童从事这些活动时,成人的指导和监管必不可少。

7. 为儿童准备一间特别的庇护场所。我们所有人都需要一个地方使自己"振作起来"。对于不假思索就做出强烈情绪反应和行为的儿童,更是如此。让儿童有一个特别的地方能进行安静的思考,重要的是不要让儿童认为到了这个地方是一种惩罚,而要让他知道这个地方可以使其安静下来,想一想之前发生的事情,计划好下一步。成人可以告诉儿童,要从非惩罚性的角度来认识这种做法。这个安静的地方在视觉上应该是非刺激性的,应该没有那些会引发儿童活跃起来的物品。

Ⅲ.F. 儿童占主导的心情是怎样的?这样的感受或心情会持续多长时间?
心理问题

与一些流行的观点相反,情绪波动或者压抑行为在幼儿身上也会看到。这种普遍存的情况，影响了儿童的依恋行为、交流行为，以及人际互动。弄清楚儿童通常的情绪状态是怎样的，是开展针对成人—儿童互动模式的干预、采用环境调整策略，以及潜在的心理治疗的前提。无论儿童是生气、难过，还是其他的强烈情绪波动，只要他的情绪常常持续时间较长（一次超过一个小时），都需要对他进行针对个人的或者针对家庭的治疗。

情绪"平淡"

有些儿童从临床上来看，虽然不是抑郁症，但是他们不能以适当的方式体验并表达各种情绪。他们缺乏积极的情感，他们的行为是自我刺激的，而不是社会性的，换句话说，是逃避人际互动的。例如，孤儿院里的儿童，如果他们很长时间是在无人照看的床上度过的，那么他们会展现出悲伤的表情、晃来晃去，以及对他人漠不关心。由于周围的环境缺乏回应，儿童还可能会表现出感情平淡。成人应通过人际互动策略和环境调整，而且还可能需要通过其他的治疗手段，针对造成持续性情绪状态的各种不同的原因进行干预。

有些儿童表现出低强度的情绪表达，这些儿童常常被说成是"情绪平淡"。他们在表达兴奋、微笑，或喜欢某些活动时，都是低水平的。尽管做出一些行为并不困难，但是成人、兄弟姐妹和同伴都能发现与这样的儿童交往是没有回应的。其结果是，他们对父母和其他照料者的依恋、与同伴的友谊，以及一般性的人际互动，都会受到负面的影响。其他人可能发现很难"读懂"这个儿童喜欢什么、不喜欢什么。因此，帮助低强度情绪表达的儿童，将他们的情绪反应和情绪表达提高到高一级的水平上，这是非常重要的。

对有些儿童来说，他们很难区分不同的人和不同情境下的情绪。在出生后的第一年，婴儿学会了区分家庭成员和非家庭成员，区分小孩和成人，学会了读懂他人的情绪线索，并据此做出回应。从六个月开始，婴儿有了一定的幽默感，喜欢与身体有关的游戏，然后会注意到有趣事物的微妙矛盾之处——没把它们放到"正确"的地方，没有以"正确"的方式使用它们，或者不是由"正确"的人来使用它们。对他们感到害怕的情境，同样如此，因为儿童利用社交参照来确定什么情境会使他痛苦。有些儿童需要在成人的帮助下，才能学会区分各种情绪，以及在什么时候、应该怎样表达自己的情绪。儿童需要学会"读懂"他人的情绪，确定与不同情境相关联的情绪，以便与他们的真实情感相适应的方式来表达情绪。建议采用以下策略来帮助儿童理解并回应他人的情绪。

人际互动策略

1. 识别情绪并为其命名。帮助儿童理解不同的情绪有不同的表达方式。当儿童展现出一种情绪时，即使他表达的方式不同寻常，或者给出的暗示很微弱，照料者也应抓住机会，对他或者她认为儿童正在感受到什么样的情绪给予标签。这将有助于儿童给自己的情感赋予一定的含义。对你认为儿童正在感受的情绪可采用夸张的方式予以表达。

2. 对恰当的情绪做出示范，并描述这种情绪。无论何时，只要有可能，照料者就应该指出这种感受是什么,对它贴上标签,并将其与某个动作联系起来(比如,"妈妈要气疯了。妈妈正在摇头,这表示说'不'")。

3. 对图片、图书或现实中人物正在表达的情绪命名。指出书中人物和现实中人的面部表情是什么。在与儿童谈论他或别人正在干什么时,同时告诉儿童与此有关的情绪。

4. 看镜子,并尝试做出各种表情动作。让儿童看镜子中的自己,以及周围其他人的表情。玩做各种表情的游戏,让儿童模仿成人的表情,给每个情绪贴上标签。

5. 谈论适合于特定情境的情绪。让儿童知道应该表达和谈论自己的情绪,这样做是对的。

6. 鼓励儿童做出更强烈的情绪表达。对很少有情绪表达的儿童,要鼓励他们做出更强烈的情绪表达,用夸张的表情来表达"惊讶""快乐""厌恶""难过"等情绪,并给各种情绪贴上标签。

7. 开展高刺激性的人际互动游戏。进行高刺激性的人际互动游戏,包括跳跃、挠痒痒、捉迷藏等。在依次轮流进行的游戏中,成人做出夸张的表情,示范给儿童看,让儿童模仿。

环境调整

1. 提供一个刺激性的环境。根据儿童的特点,提供不同感觉类型的输入信号,以唤起儿童的情绪。对有些儿童来说,快节奏的音乐、明亮的光线,或者会动的玩具,都将唤醒他们的平淡情绪(参见 TPBI2 第三章第五节)。

2. 调整过于刺激的环境。对于情绪变化快的儿童,他们可能会对光线变得柔和、声音变得平缓,以及可预知的改变做出反应,应向他们提供这种较平静的环境。

3.6 为在情绪和觉醒状态调整方面需要帮助的儿童提供的常规活动

以下是之前提到的各种策略的具体应用实例,这些策略可以在一天中的任何时间、任何不同的情境、针对各种儿童实施。这些策略并没有细分为哪些是针对婴儿、学步儿的,哪些是针对幼儿的,因为有特殊需求的儿童,他们在能力上和行为上可能各不相同。为适当起见,给出的实例适用面较广,对发展水平上高些或者低些的儿童都适用。专门针对特定发展水平儿童的策略,将在后面的章节中给予介绍。

3.6.1 日常常规(家庭和教室)

喂食/进食

有些儿童非常"挑食",因为他们对特定味道、特定材质的食物过于敏感。对很多食物他们可能都会拒绝吃。对这些儿童来说,引入新的食物时,要循序渐进(一点一点地尝试),这很重要。喂食困难的儿童,或者靠插管喂食的儿童,需要专业人员的辅助,使他们能够与家人一起吃天然的食物。口腔运动敏感问题、嘴和食道感觉刺激的缺乏,以及之前的饮食习惯,都会导致儿童不容易转换到有规律的饮食模式上。这些儿童对进食可能有极其强烈的负面反应,使得全家人吃饭都不愉快。对于这样的问题,照料者与专业人员需要给予特别的理解和耐心,来帮助那些在感觉、生理和行为上有问题的儿童。父母对儿童感到害怕、生气和沮丧的情绪予以认同,以此来帮助他们。努力让吃饭成为一个积极的、有趣的体验,这非常重要,因为帮助消化的荷尔蒙是与愉快的情绪相连的。采用依次轮流进食、发出吧唧嘴的声音、做出喜欢吃东西的示范,以及像家人一样谈话等方式,都可以使吃饭变得有趣。不要强迫进食。设定一个积极的、渐进的进食常规,尽可能地让儿童自己去做,包括取碗勺、摆放碗勺。重要的是不要养成坏的习惯,那样儿童对饮食和特定食物的消极反应可能会变成对情境的操控。为了尽力避免儿童发脾气,父母很容易就"投降"了,但是这样只会让儿童形成消极的饮食模式。

兰迪(Landy,2002)提出了以下技巧:
1. 定时进餐和加餐。
2. 不要用食物来安抚儿童,不要在规定的进餐和加餐之间给儿童吃食物。
3. 进餐和加餐的时间要短。
4. 尽可能让儿童自己吃饭,这可以让儿童获得掌控感和独立感。
5. 进餐时不要让儿童看电视或者玩玩具。
6. 牛奶和果汁不要倒满,不要让儿童自己去接饮料。
7. 将新的或者儿童不喜欢的食物与儿童喜欢的食物,比如比萨饼,搭配食用。
8. 让儿童帮助摆放碗勺等,这样他会对接下来的进餐产生兴趣。
9. 让儿童自己决定是否还要继续吃,不要强迫儿童必须"吃光"。

如果儿童表现出淡漠的或者不恰当的情绪,那么对情绪进行适当夸张的表达是有帮助作用的。如果儿童把刚刚从婴儿食品罐中倒出的食物撒到地上,照料者仅仅指明那样的行为不对,这还不够,还要告诉儿童对他不喜欢的事,或者不高兴的感受应该怎样表达。向儿童做个手势或者给出个信号,同时结合使用口头语言和面部表情,用来表明"全都吃完了""不""不喜欢"等意思。帮助儿童在合适的情境中使用这些手势和表情。另外,对与饮食相关的其他情绪,例如愉快、惊奇等,也可以给儿童发出手势、信号、口头语言、面部表情来表达。

换尿不湿/如厕

对于温度变化和不同材质感觉敏感的婴儿来说,换尿不湿是一个令他紧张的经历。本来穿着很暖和,此时却暴露在冷空气中,感受到冰凉的润肤霜,还要把腿抬拉起来,摆弄来摆弄去的,这些都会导致有些婴儿在整个换尿不湿过程中不停尖叫。这反过来又给成人造成了压力和紧张，使他们急急忙忙地快些完成，而顾不上与婴儿积极互动。成人可以将消极的情境调整为儿童更为积极的体验。另外，建立常规是非常重要的，这样儿童可以预测到紧随某事件之后的是什么。尽管换尿不湿不是总在同一个地点进行，但每次可以尽量使用同一种类型与材质的婴儿垫和湿巾等。与婴儿温柔地谈话，让他知道正在做什么，"让我们把臭臭的尿不湿拿开""要擦屁屁了。怎么样，这里好湿呀"。在给婴儿抹护肤霜时，先把护肤霜放在手掌中间，双手互相搓几秒钟，然后再往婴儿的身体上抹。让儿童玩一个玩具或者观看一个会动的有趣的物品，这可以分散他的注意力，使他不去关注令他感到烦恼的事情。给儿童一个特别的玩具，这可以安抚他，手里抓着一个玩具也可以使他平静下来。成人在牢牢地握住儿童身体的某个部位时，说出这个部位的名称，比如手、脚、肚子等。轻轻的触摸常常会使婴儿感到太过刺激。命名身体的不同部位，有助于儿童认识自己的身体。当儿童开始通过抬腿、换尿不湿等方式预期事情的进展时，应鼓励他逐渐自主配合。

开始独立坐便盆对儿童来说是一种全新的体验。控制身体过程的要求常常会使儿童感到紧张。成人保持冷静、对意外情况保持耐心和忍耐、对儿童独立做出的微小努力给予赞扬，都可减少儿童的焦虑。

进食、换尿不湿都为表达与厌恶、愉快、惊奇等有关的情绪提供了机会。另外，照料者可以做体育游戏，比如向儿童的肚子吹气、挠痒痒等，来促使他发笑。细心观察儿童的面部表情和身体语言，确定他可能有什么样的感觉，说出这些情绪的名称，并用夸张的面部表情展示与该名词相对应的情绪。然后停下来看儿童是否模仿这个表情，并反过来对儿童的表情进行模仿，以此来强化儿童的情绪表达。

穿衣

穿衣服是另一项可能使儿童感到沮丧的活动。小领口的套衫从头上套过，弯曲胳膊和腿才能穿好上衣袖子和裤腿，这些都会使幼儿感到紧张和压力。当父母试图掌控儿童的肢体，或者当衣服太紧、衣料材质令人不舒服时，儿童可能会发脾气。

随着儿童独立性的增强，他们会试图自己穿衣服，但有限的能力可能会使他们有挫败感，并哭闹。可以向儿童描述他们经历的感受，这样随着语言的发展，他们就能够使用词汇而不是靠动作来表达自己的挫败情绪了。教给儿童一些手势、词语或者信号，需要帮助时用此来表达。允许儿童尽可能自己穿衣服。让儿童选择他想穿的衣服（比起独立穿衣，衣服的搭配是无关紧要的），父母可以通过提供有限的选择来保留一定的控制权。

穿衣服常常是对着镜子进行的，这为儿童提供了看到自己面部表情的机会。当照料者正在给儿童穿衣服时，或者儿童正在尝试自己穿衣服时，照料者可以面对镜子做出声音、词语和表情的示范。可利用这个机会，将儿童的努力、受挫、骄傲以及快乐等情绪表达出来，这样的镜子活动可以鼓励儿童模仿成人的表情，并对他的努力提供视觉强化。这样的示范在没有镜子的情况下也可进行。

上床睡觉

小婴儿有很长时间都是在睡觉。随着他们醒着的时间越来越长,父母常常在喂饱他们后摇晃他们,让他们睡觉。随着婴儿的成长和发展,需要建立一个睡眠的常规习惯。对于在情绪调整上需要帮助的儿童,当告诉他们该睡觉了,他们可能会表现出生气和哭闹。他们还可能会在半夜醒来,而且不能再独自入睡。对于这样的儿童,父母应及早帮助其建立起良好的睡眠模式,预防睡眠问题的发生。对此,兰迪(Landy,2002)提出了以下建议:

1. 父母在儿童上床睡觉的时间上要坚定不移,要有睡觉的时间表,让儿童知道什么时候要睡觉。

2. 睡觉前的活动要安排相对安静的,一起看书比较适合睡前进行。

3. 儿童上床时喜欢带上一条特定的毯子或者一个可以搂抱的东西,这样的物品常常可以起到陪伴作用。

4. 当儿童要上床或者醒着躺在床上时,允许儿童小哭一会儿,这将使儿童有时间让自己平静下来。

5. 不要和儿童一起躺下,或等到他睡着才离开,这样会导致儿童依赖于成人的抚慰才能睡觉。

6. 帮助儿童形成应对害怕的策略。例如,为儿童提供一个夜灯,让儿童自己去打开。这会给儿童带来对黑暗的控制感。父母出去找"怪物",也让儿童安心。

7. 中午让儿童小睡一会儿,这可避免儿童因感到太累而烦躁不安。

8. 如果儿童的睡眠问题已经成为顽固的问题,就应采用系统的干预方法(参见前文列出的兰迪的干预方法)。

睡觉时间会涉及儿童的各种情绪,包括生气、沮丧、害怕以及快乐,等等。不要夸大与睡觉有关的负面情绪,而要帮助儿童尽力发现睡觉是一个平静的、令人满意的生活常规,应高兴面对。成人可以做出示范,完成睡觉前的每个准备步骤(脱衣服、洗脸、刷牙、看书、把毛绒玩具摆放到床上),并表现出由此而来的自豪感,以此作为榜样,让儿童照此实践。

外出

对于情绪调整困难的儿童来说,离开家是一件可怕的事。新的环境、新的声音、新的事物,都可能唤起他们的强烈情绪,比如焦虑或者受到过度刺激,其结果是,一提到外出或者在离开家的过程中,他们就会变得非常不快。要事先给儿童足够的提醒,说明你们将要去某个地方。同时,在某个活动结尾时,例如电视节目结束、进餐结束,或者午睡刚起床,就要把下一步的时间安排告诉儿童,这样使得儿童能根据计划调整自己。与其他的日常惯例一样,形成离开家时的一套固定动作或者固定程序,也有助于儿童培养出自我调整的策略。比如,儿童可能要带上他喜欢在车上看或听的东西。把外出变成一种游戏,比如,照料者和儿童都可以自己选择要带的东西,或者在去车上时边走边数步数,或者听自己喜欢的音乐。让儿童帮助做外出的准备,比如拿上衣服、拿上旅途中需要的物品等。对于儿童的帮助,成人要给予正强化。如果要去的地方是儿童熟悉的,照料者可以要儿童预先想一想在路上和到那里后会有什么有趣的活动。

帮助儿童形成对外界的预期,并具体验证这些预期。成人要表现出对新景色、新声音、新事件的兴趣和兴奋。一定要让儿童看到你的表情回应,还要让他能看到你表达出的小心谨慎(在十字路口)、因意外而引起的惊奇(落下来的树叶)、适度的害怕(正在接近的警笛声)、快乐(滑滑梯),以及你对朋友和陌生人的不同情绪。通过读懂成人的表情,儿童将了解到对新的情境应做出怎样的反应(社会性参照体系)。由于外出时幼儿常常是坐在汽车儿童专用椅、童车,或者婴儿包里,他们很难看到成人的面部情绪反应,因此,成人一定要花些时间与儿童说话,谈论接下来要干什么,并用词语表达出自己的情绪。外出时,特别是推童车外出时,要抓住任何需要停下来的时机,弯下身站在儿童身边,告诉他遇到了什么,让他看成人的面部表情,听口头表达的词语。让儿童多体验,多触摸,或者与成人一道多观看周围的事,并对这些事件以游戏的方式做出回应。

3.6.2 游戏常规(家庭和教室)

面对面游戏

面对面游戏也可能引发强烈的情绪。对于过度的刺激,小婴儿会通过目光回避、扭过脸去,或者哭闹来进行调整。当婴儿长大一些后,情绪调整困难的儿童对这类游戏可能会有不同的反应。在不能对输入的信号给予调整时,他们可能会继续"关闭"自己,也可能会哭闹,还有可能会做出过于强烈的积极反应。对于照料者来说,读懂儿童的情绪线索,并在儿童开始出现情绪升级或者失控时,做出一定的让步,这非常重要。轮流做游戏时,让儿童先做,由他来主导。同时,依次轮流进行转换时,成人要给儿童等待的时间。当儿童的兴致不高时,父母应该等一等,直到儿童重新产生兴趣,再继续做游戏。给儿童等待的时间,这一点很重要,因为这样就为儿童提供了"重新部署"的机会,而重新部署是自我调整的技能之一。对照料者来说,同样重要的是,他们要认识到,一个好玩的游戏也能快速转化成过度刺激的和不愉快的,咯咯笑和大笑会即刻转为大哭和尖叫,而要儿童恢复过来,再从头玩游戏,则需要一定的时间。

对于退缩型儿童来说,与同伴进行面对面游戏使他们倍感压力。让儿童有"预热"的时间,这很重要。利用身体和口头上的支持,鼓励儿童逐步地参与到游戏中。要将儿童的关注点集中到游戏中不具威胁的那些方面上,例如儿童感兴趣的玩具和材料,而不是去关注正在与同伴玩的游戏本身。与儿童谈论同伴的情绪,指出他们正在笑、他们感到有趣,以及同伴身体语言中表达出的不具威胁的方面(比如"看,她在朝你笑呢。她想和你一起玩玩具")。

面对面游戏提供了对事物和表情轮流给出回应的可能性。歌曲和手指表演,为儿童提供了用手势、词语和面部表情来表达情绪的机会。像歌曲《如果你想快乐,你就要知道》以及《一只蜘蛛在地板上》,都非常适合父母和儿童做出情绪表达。

体育游戏

比起面对面游戏,儿童在体育游戏中的情绪会更为强烈。儿童的触觉和本体感受系统的敏感度不同,因此不同的儿童对各种强度的体育游戏的容忍度也不同。挠痒痒、打闹嬉戏、追逐、跳跃等游戏,会唤起儿童极其强烈的情绪。这并不意味着照料者应该避免这类游戏,除非这类游戏带来强烈的负面反应,否则,照料者可以开展体育游戏。同样地,依次轮流进行时,还是让儿童先做,让儿童来主导。体育游戏对发展自我调整能力是很好的方式,成人可以鼓励儿童去做这类游戏,并关注儿童的反应,然后告诉儿童自我平复下来的方法。例如,照料者可以让儿童做深呼吸,移动时更慢一些,或者只是轻柔地搂住儿童,直到他安静下来。重要的是,要让儿童知道发生的情况,这样他就能够学会这些策略,并用它们来进行自我调整。在有些情况下,做体育游戏的过程中儿童可能会逐步变得具有攻击性,会打人、踢人、咬人和推搡。如果发生这些情况,必须要对不适当的行为设定一个界限,让儿童知道这样的行为是不可接受的,与他们讨论咬人、打人等行为的原因。告诉儿童如果想要停止游戏,他可以说"停"。当儿童出现攻击他人的行为时,要马上停止体育游戏,将他的注意力转移到其他的活动上。

与同伴进行体育游戏,可能会吓到那些害羞、胆小的儿童,或者那些对同伴没兴趣的儿童。对这样的儿童,要先鼓励他观看其他儿童之间的游戏,然后再让他加入到游戏中。当儿童看到其他同伴的积极情绪时,他可能会想要和他们一起玩。要给儿童充足的等待时间。开始时,可以让儿童先充当游戏中某个儿童的合作者,在他感觉舒适时,再让他完全加入其中。只要可能,就让儿童来主导体育游戏的进程。不要强迫儿童进行互动,因为这样会增加儿童的焦虑、恐惧和抵制。

对那些情绪低落的儿童来说,体育游戏有助于唤起他们的积极情绪。情绪强度高的游戏,能将那些不容易给出反应的儿童带入到各种快乐的游戏中。对于需要靠这类游戏才能兴奋起来的儿童,可以将体育游戏结合到多种日常生活中,包括洗澡、换尿不湿和玩耍。

操作性游戏

玩玩具也可以激发强烈的情绪。照料者应注意到能使儿童情绪兴奋起来的特定玩具类型。有些儿童可能对很多类型的玩具都会兴奋过度,在应对这些情绪时,他们需要成人的帮助。自闭症儿童可能会重复玩某种游戏,同时他们的情绪也会变得激动,这时,成人应为他们引入新的材料和玩具,来扩展他们的注意范围。儿童长大一些后,他们在玩娃娃游戏时,可以表现出各种情绪。假扮游戏能帮助儿童应对自己的情绪变化。照料者可以利用娃娃游戏,来促使儿童谈论自己的情绪,表演出与情绪有关的情境,练习自我调整的技能。在儿童游戏时,照料者可以观察他们对不同玩具和材料的反应,并特别注意造成他们情绪失控的玩具是什么。

对于一些儿童来说,独立游戏并不会导致失控。相反,同伴游戏才是问题所在。儿童在第二年开始和同龄人一起玩游戏。当兄弟姐妹和同龄人侵犯到儿童认为是"我的"的玩具时,儿童的攻击性和愤怒会变得更加明显。成人需要分析情况,以确定是否需要支持性策略。照料者可以帮助孩子看到替代行为、解决问题和用言语代替行动。必要的话,可能需要用平复策略,分离或转移注意力。

做体育游戏时,用力不多就能动起来的那些玩具,能唤起儿童的积极情绪反应。会旋转、有亮灯、会发声和会唱歌的玩具,会让儿童情绪兴奋。观察儿童对各种玩具的反应,确定哪些玩具能够带来情绪反应。要确保所选择的玩具不会造成儿童无意义的重复动作,这样的动作会使他们避开与成人和其他同伴的人际互动。要让儿童在游戏中学会分享情绪,而不是"卡"在重复性的、非人际互动的感觉刺激上,这是十分重要的。

3.6.3 阅读和学习常规

一对一阅读

图书为与儿童谈论情绪提供了绝佳的手段。描绘有各种情绪表达的婴幼儿读物,对于给面部表情命名是非常有益的。在儿童长大一些后,图书可以用来谈论各种情绪、引发情绪的原因、怎样应对自己以及他人的情绪、怎么解决情绪问题,等等。图书还可以在儿童烦躁不安时用来帮助他平复情绪,在午睡或者睡觉前使他安静下来,以及作为一种自我平复的手段提供给儿童。

同样,图书还提供了描绘和展示儿童情绪激动时是什么样子的工具。对情绪表达手段有限的幼儿,应让他们看有简单故事情节的读物,选择有描绘儿童情绪,以及怎么应对各种情境的读物。从激动到害怕的各种情绪,儿童读物上都有描绘和涉及,成人可以利用这些图书来谈论各种情境、图示各种情绪、展示问题解决的技能,做出示范,并谈论儿童的情绪反应。

家庭文化环境

指出商品外包装、报纸、杂志、电视上人的面部,通过图片上的各种表情,谈论人的情绪。谈论人们正在干什么,怎么做会感觉更好,会更使人平静,等等。

社区文化环境

在公告牌、商品广告等上面寻找快乐、难过、生气等表情。可以带儿童去图书馆,并谈论图书和各种读物上人物的动作与表情。

案例：贾斯汀

贾斯汀，3岁，被诊断为患有自闭症。他的父母和照料者报告说，贾斯汀晚上睡觉少、发脾气，以及激动时会升级到嚎叫、尖叫的行为，让他们感到非常沮丧。贾斯汀每晚只睡2—3个小时，其他时间就是在屋子里游荡、玩玩具，或者看电视。他们还担心贾斯汀在情绪控制方面的问题，当事情不按"他的意愿"进行时，他马上就发脾气。而且当他对某事感兴趣时，他会过度兴奋。他会跳上跳下，双手拍打，嚎叫。他会一直这样，直到有人帮助他重新控制住自己的情绪。贾斯汀在兴奋状态和情绪调整方面的困难，给他的家庭造成了压力，并影响了贾斯汀关注周围相关活动的能力，影响了他通过与他人、事物的有益互动进行学习的能力，影响了他应对情绪化事件的能力。干预小组人员首先提出的建议是，他的家庭要对贾斯汀做一个完整的神经方面的检查和睡眠状态研究。干预小组想要排除可能影响贾斯汀的睡眠模式的神经或者医学方面的问题。检查的结果表明，除了自闭症，其他方面未发现有明显的问题。自闭症是贾斯汀睡眠问题的主要原因，可用药物帮助他睡眠。

以下建议是干预小组人员和家庭成员一起制订的，是针对贾斯汀的家庭面临的优先重点问题而提出的。

人际互动策略

1. 改变之前先做准备。用一个计时器或者一个闹钟，在他需要停下来的几分钟之前，给出提示，告诉他接下来要发生的事。

2. 提供选择的范围。确保贾斯汀是在注意着你，然后告诉他接下来要干什么，并让他来选择。例如："我们一会儿要上车了。你是想走过去还是跑过去？"

3. 利用音乐来转换。由于贾斯汀喜欢音乐，可以制作歌曲来提示接下来会发生什么，利用一个他熟悉的曲调，唱出接下来好玩的事是什么。例如，利用《雅克兄弟》(Frère Jacques)的曲调，唱："贾斯汀喜欢洗澡，喜欢洗澡。贾斯汀喜欢洗澡，喜欢玩泡泡！"

4. 对常规稍做改变。贾斯汀喜欢重复同样的、熟悉的事物，可利用一切机会引入新动作、新词语，以及做某事时采用稍微不同的方式。要努力增加他的灵活性和对新事物的容忍度，因此，可以在贾斯汀的饮食常规上增加一个小环节，在分类常规上改变一个小动作，或者在对他说话时加入一个新的词语。尽力让他模仿你，并轮流做新的动作。可以表现出夸张的表情、变音的语调和笑声，这样可使事情更好玩。

环境调整

1. 建立上床睡觉的常规。贾斯汀需要对上床睡觉的一系列步骤建立一个预期。当前他上床睡觉的时间不固定,和他一起建立一套上床睡觉的步骤,并严格执行,这样他对上床睡觉就有了预期。可以尝试各种睡前平复策略,包括:

（1）洗个热水澡,然后用温的润肤露揉搓他的后背和身体;

（2）在他准备上床睡觉时,室内播放柔和的音乐;

（3）在他上床睡觉时,拿开各种玩具和其他会使他分心的东西;

（4）利用绘图系列卡片,提醒他是睡觉的时候了,并帮助他独立入睡。

2. 用被子将他包盖好。在贾斯汀躺在床上后,尝试用各种不同的方式,向他发出平静下来的信号。例如:

（1）水床的波动有利于使其平静下来;

（2）所盖的被子要有一定的重量,有利于让他达到平静;

（3）睡袋可以防止贾斯汀踢开被子。快速的动作会改变身体的温度,会把他弄醒。

3. 帮助贾斯汀找到他在夜间能平静下来的动作。贾斯汀看起来比家里的其他人睡得都要少,尽管他睡觉的时长有所增加,但还是需要进一步的调整。帮助贾斯汀在整夜都能保持平静和安静,以便他的活动不会打扰到家里其他人的睡眠。

• 将图片系列卡放在他的床边,这样在他夜间醒来时,这些卡片能够告诉他怎么做。例如,第一幅图片告诉他要戴上耳机,接下来的图片告诉他要播放录音带。这样他就不用去弄醒其他家人,因为这时他能通过看图片,知道自己该怎么做。你可以自己读个故事,把它制作成录音,这时他可以一边听故事,一边看书。柔和的音乐也可以让他达到平静。

• 在他卧室门上放一个大大的停止标志,告诉贾斯汀这个标志的意思是什么（白天时将这个标志放到不同的门上,然后告诉他:"这是停止标志。意思是'停'。就是说此时不要打开门。"）。

• 不要在他的房间里放电视机,因为活动的画面会刺激得他睡不着。

• 告诉贾斯汀,如果睡不着他可以做什么来使自己保持安静。例如,一套泡沫积木,一个有很多小孔的手指插板,让他可以玩插孔游戏,或者一个可以自己玩的卡片游戏。大多数玩具都不要放到他的卧室里,只留下几个他能独自玩的玩具,这些玩具是用来配合他的图片系列卡告诉他该怎么做的。

• 如果他来到了你的房间,就让他安静地走回自己的房间,把他的图片系列卡拿给他看,用手势告诉他要保持安静,指给他看停止标志,然后离开。

4. 利用过渡性物品。将系列图片卡和过渡性物品结合起来使用,来帮助贾斯汀理解接下来要做的事。

参考文献

Gowen, J. W., & Nebrig, J. B. (2002). *Enhancing early emotional development: Guiding parents of young children.* Baltimore: Paul H. Brookes Publishing Co.

Landy, S. (2002). *Pathways to competence: Encouraging healthy social and emotional development in young children.* Baltimore: Paul H. Brookes Publishing Co.

不同发展年龄的干预要点

以下建议针对的是处于相应发展水平的儿童。这些建议并不是全面的,而是表明了可能探索的领域。

发展年龄	调整问题	干预要点
0—3个月	在抚摸和摇晃下能够被安抚,并平静下来。 感觉刺激过度时,转移目光。 有规律地睡眠(3个月)。 能够在别人的安抚下平静下来,或者自我平复。 保持平静的时间比较短。 通过吸吮、注视以及其他感觉手段,可达到平复。 各种状态循环出现,其中哭的时间越来越少,清醒的时间越来越多。	尝试使用平复策略,根据儿童的情况,采用不同的策略(比如有些儿童喜欢快节奏的摇晃,而不是慢慢的摇动)。 读懂儿童发出的暗示,在儿童背过脸时,停止与他的互动。 利用视觉和触觉来转移他的注意力。
3—6个月	能够自我安抚。 当有人和他说话时,停止哭闹(5个月)。 在照料者的帮助下,能够在15分钟内从不高兴中恢复过来。 睡觉和清醒的时间都开始延长并固定。 会有突然的情绪变化。	让儿童用手抓他最喜欢的玩具或者被子。 与儿童轻声地说话,不要抱着他,鼓励他自我平复下来。 用会动的或者儿童感兴趣的其他物体来吸引他的注意。
6—9个月	不明原因的哭闹停止了。 在一天中有规律地小睡几次。 在人际互动的作用下,可以在10分钟内从不高兴中恢复过来(9个月)。	制订一个全天的日程,其中包括每日同一时间的午睡安排。 利用面对面游戏,发出声响和动作来转移儿童的注意。 让儿童在婴儿床上睡觉。儿童睡觉时每次都采用同一套行为模式,这样他可以建立起睡觉的预期。

续表

发展年龄	调整问题	干预要点
9—12个月	通过社会性参照,能够保持安全感(7—12个月)。 90%的婴儿能够睡一整夜。	用注视、微笑和柔和的声音来安抚儿童。 儿童如果在夜间哭闹,给他平缓的抚摸,轻柔地对他说话,以此鼓励他回到睡眠中,而不要将他抱起来。
12—18个月	可能会利用发脾气,来让别人服从他的要求。 如果常规有所改变,很容易烦躁不安。 每日午睡一次。	提供口头安慰,但要制订界限,否则儿童会认为发脾气是有效的。 利用视觉线索、小道具、口头提示,让儿童对改变产生预期。 在落实常规时,可让儿童选择怎样去实施。
18—24个月	物品能够使他转移注意力或者平复。 在成人的帮助下能够读懂暗示(12—21个月)。 有了某种初步的自我控制,能够停止自己的错误行为。 说"不"的情况达到最高峰(15—24个月)。 经常发脾气(15—24个月)。 事情做不好时,他会烦躁不安(15—24个月)。 手淫可达到自我平复。 能将动作与后果联系起来。	利用过渡性物品或者安抚性玩具帮助儿童适应常规或者环境布置的改变。 事先想到会面临的困难,并提前告诉儿童采取什么方式来应对这些困难。 当儿童发脾气时,给他一些时间来自我平复。 给出口头抚慰及一些行动建议,让儿童来选择。 用简单的词语来描绘儿童的情感,以及他为什么会有这样的感受。 帮助儿童理解情绪与行动是如何相连的,为儿童提供体验情绪的机会。
24—36个月	能够说出自己的情绪是什么,以及什么导致他有那种情绪。 能够寻求成人的帮助来应对自己的情绪。 开始能够不依靠别人而控制自己不发脾气。	鼓励儿童用词语描述自己的情绪、需求和意愿。 读懂儿童与情绪有关的身体动作,并对他可用的词语给出示范。 当儿童能够自我平复时,给予赞扬,并指出他的哪些行为是有益的(比如抱着娃娃安静地坐着)。 提示儿童怎么做可以帮助他达到平静。 提供能够使儿童达到平静的活动,以及必要时使他兴奋的活动。
36—48个月	偶尔会攻击同伴。 可能会表现出极端的情绪状态。	帮助儿童使用词语向小朋友表达自己的需要,做出行动和词语的示范。 当儿童有不当行为时,要指出这个行为是什么,并就其他表达方式给出建议。 提供一定的空间来让儿童运用自我平复的策略。 外出时带上能使儿童自我平复的物品。 提供身体的和口头的抚慰。
48—60个月	能够意识到自己的情绪,并通过与成人谈论自己的情绪而达到平复。	讨论自己和他人的行动以及伴随的情绪。帮助儿童想一想必要时有什么其他的行动可以选择,鼓励儿童在两个可接受的行动中选择其中之一。 帮助儿童考虑解决难题的各种方法。

续表

发展年龄	调整问题	干预要点
60—72个月	能够根据不同情境(比如教堂、游乐场)将情绪调整为适当的状态。	事先谈论接下来会有什么样的情境和事件,并根据儿童对要发生的事有什么感受,提出可以选择的行为建议。 鼓励儿童在需要时寻求帮助。

第四节 促进行为调控的策略

目标达成量表

1	2	3	4	5	6	7	8	9
对成人提出停止行动的要求不能理解,不能给出回应。		开始理解不能做什么,但还是去做。对成人发出的信号和控制,予以抵制。		在成人的指导下,能理解什么是对的,什么是错的,因此,有时能选择适当的行为。在决定做什么的时候,开始寻求成人的建议。		能独立理解对和错,大多数情况下能选择适当的行为,但在行为选择和行为管理上,仍需要成人的辅助。		大多数情况下能选择适当的行为并对成人的要求给予回应。能对自己加以控制。

　　行为调控(Behavioral Regulation)一节将介绍儿童理解和适应各种规则、价值观,以及儿童生活的家庭和社会所期待的行为的能力。冲动控制、行为监测、人际互动,以及在文化所接受的行为范围内做出回应,儿童在这些方面的能力,是随着本章第三节所介绍的情绪情感调节的发展而发展起来的。要调整行为,儿童需要能够:(1)抑制和控制对事件的反应;(2)记住之前发生的后果;(3)预期可能出现的后果;(4)理解社会期待的行为。在整个婴儿期,延迟反应、了解后果,以及形成预期等方面的能力,是不断发展的,因此儿童到了2—3岁时,就能够遵守规则了。

　　行为调控是重要的,因为它有助于儿童认识到,在家庭、幼儿园,以及更大的社会中,是需要服从的,并且需要平衡控制。行为调控是必要的,儿童在形成与社会常规相关联的价值观、获得其生活在其中的文化和社区所认同的对错概念时,都离不开行为调控。行为调控也是必要的,用来控制奇异行为、被文化认定是不恰当的言谈举止,或者可能会对儿童的人际互动产生负面影响的行为。

在人的整个一生中,无论是在儿童的日常生活中,在学校、社区里,还是在工作中,人们都期待做到行为适当、服从要求,以及能够了解什么是对的、什么是错的。在这些方面出现问题,会给个人和社会都带来严重的后果,包括心理健康问题、不能入校学习以及可能会被禁闭起来。

4.1 适当的行为调控

成人赞赏的儿童,是那些不仅意识到"做什么""不做什么",而且还努力学会遵守规则来取悦成人的儿童,而这些规则划定了哪些是可接受的,哪些是不可接受的。在出生后的头两年,儿童正在了解行为在认知、社交、身体上造成的后果,正在了解自身的局限以及社会的限制。随着语言和认知理解力的增强,他们开始独立作出决策,不仅决定他们能做什么,而且决定他们应该做什么。照料者对儿童给出了界限,规定了什么是可接受的,什么是不可接受的,逐渐地,儿童开始理解设定各种限制的理由,并发展出延迟满足的能力。

自我控制和对行为作出明确决策的能力,通常在儿童3岁时就发展出来了。另外,害羞和内疚这类与自我意识有关的情绪,也在此时出现,其结果是服从规则的内在动机建立了起来。到了学前阶段,语言和认知技能的发展,以及竞争意识的增强,都使儿童有能力对要求和规则进行"争论"和协商。争论是重要的,因为它可以使儿童了解到制订规则的理由,并能使他们学会为了某个结果怎样进行协商。

通过协商,照料者起到了一个重要的榜样作用,因为他们的一些做法本身就是一种示范,比如和解或者用强力告诉儿童不服从的后果。这对儿童的社会性学习有很大影响,因为成人对儿童不顺从行为的后果做出了示范。例如,对于不服从就挨打的儿童,他可能就学会了当别人不按他的意愿去做时,他就要表现出生气或者攻击他人。用语言告诉儿童如何纠正自己行为的父母,可能会帮助儿童学会用语言进行协商。

学前期结束时,儿童已经内化了很多行为标准,他们将这些行为标准应用于自己的兄弟姐妹、同伴、照料者。在后来的岁月中,他们要学习在不同的场合运用这些规则,以及逐渐了解到价值观和行为是如何依赖于多种因素的。

服从成人的要求、控制那些成人认为是错误的行为、遵守社会常规,以及抑制令人不愉快的行为,这些都是行为调控的组成部分,下面描述了发展中的儿童进行行为调控的典型方式。

4.1.1 适当的行为调控的具体做法

Ⅳ.A. 儿童遵从成人要求的程度如何？

日常常规（家庭和教室）

- 婴儿/学步儿：婴儿从喂狗的盘子里抓起狗粮，放到自己嘴里，他的爸爸说："那是喂狗狗吃的。来，把它给爸爸。"婴儿伸手将狗粮给他爸爸。学步儿的妈妈让他捡起衣服，把它们放到洗衣篮里。他照做了，微笑着说："我做到了！"
- 幼儿：幼儿的妈妈说该睡觉了，他回应说他想再看一本书。

游戏常规（家庭和教室）

- 婴儿/学步儿：在公园里，婴儿正要将一个小木条放进嘴里，他的爸爸说："不，不要把那个东西放进嘴里，好恶心！"听到爸爸的话后，他停下了。学步儿从他的同伴那里拿走了小卡车，当照料者说把它还给同伴时，他抓着小卡车，开始哭。
- 幼儿：幼儿被告知把她的玩具放到她的柜斗里去，她回应说："玛丽亚不要把她的玩具放进柜斗！"

课堂常规

在圆圈时间，教师说："比利正在把他的手举起来，我喜欢这样的方式。"然后大多数儿童都把手举了起来。

Ⅳ.B. 儿童能否控制那些被认为是错误的行为？

日常常规（家庭和教室）

- 婴儿/学步儿：婴儿在拉扯她妈妈的头发，她妈妈说："不要拽我的头发。妈妈好疼！"婴儿还继续拽妈妈的头发。学步儿用手去够咖啡桌上的玻璃碗并说："不！不！"然后他拿起了玻璃碗。
- 幼儿：幼儿抓起她弟弟扔到坐便器中的玩具，然后跑到她妈妈那里。

游戏常规（家庭和教室）

- 婴儿/学步儿：婴儿爬上了台阶的最高处，笑了，她朝下看着，然后又看看她妈妈，她的妈妈正在摇头表示"不"。婴儿坐起来，开始哭。学步儿在屋子里转圈乱跑，边跑边喊："不要跑，不要跑！"
- 幼儿：幼儿和他的妹妹正在一起逗猫玩，他告诉妹妹不要拽猫的尾巴，"那样不好"。

课堂常规

在知识角，一名儿童从另一名儿童那里抢过胶水，然后停下来说："该轮到我了。好不好？我马上就还给你。"

Ⅳ.C. 儿童能否识别并运用家庭或主流文化认同的社交习俗?

日常常规(家庭和教室)

- 婴儿/学步儿:婴儿向他的奶奶挥手告别,然后身体前倾亲了奶奶。学步儿用手够到饼干,说:"饼干,请,谢谢!"
- 幼儿:幼儿跑向墙角,等着他的爸爸来抓他。然后他说:"看两边,爸爸。"

游戏常规(家庭和教室)

- 婴儿/学步儿:婴儿在玩躲猫猫游戏。开始,他用毯子盖住妈妈的头,然后,看到妈妈露头出来,婴儿大笑。然后轮到他,他把毯子盖到自己头上。学步儿在玩玩具,这时他爸爸说:"来,把你的玩具收拾一下,我们要出去玩了。"学步儿把玩具汽车放到了书架上。
- 幼儿:幼儿正在和照料者玩棋盘游戏,她说:"不,你必须要先掷骰子,然后才能开始走棋子。"

课堂常规

在托幼中心,一名儿童站起来,走到走廊里,想把什么东西放到他的柜斗里。然后他停下来,走回到教师身边,询问教师是否同意。

Ⅳ.D. 儿童是否表现出与文化不符的行为而且无法制止?

尽管有很多儿童表现出各种异常的行为举止,但是,发展正常的儿童通常能够有意识地中止这样的行为。然而,一些有特殊需求的儿童,会做出一些他们自己无法控制的异常行为。因此,本节中,我们的论述不针对发育正常的儿童(参见后文"为改进行为调控制订个性化的干预计划"的内容)。

4.2 促进适当的行为调控的一般原则

成人可以采用各种策略来帮助儿童,使其行为举止符合文化和价值观的认可。不是所有的文化都具有相同的价值观,在各个不同的价值体系中,规定了其社会普遍认同的对与错,规定了什么样的行为举止被认为是可接受的,规定了成人用来向特定文化中的儿童传递这些价值观的具体方法中有哪些是适当的。即使是在单个家庭中,在认为哪些行为模式是可以接受的这一点上,也可能有很大的差异,这导致了家庭内的冲突。例如,父母中的一方,会根据自己原生家庭的价值观和经历,而重视独立、自信的行为,以及崇尚竞争;而另一方则可能是遵从官方的价值观,是顺从的,崇尚人人友好。这些不同的价值观可能会导致父母行事风格上的矛盾和对立,并使儿童感到困惑不解。即使来自同一个文化背景中的夫妻,当他们身为父母时,其养育儿童的想法和行事风格也会随时间而改变。例如,在美国,对儿童权利以及体罚的态度,在20世纪就发生了多次改变。因此,家庭内的价值观并不仅仅是所处文化的反映,而且还反映了家庭存在于其中的时代特征。

大多数文化都有向大多数儿童传递的多种价值观,在面向儿童及其家庭开展工作中,了解并掌握该家庭的价值观、该家庭的文化背景,这一点很重要。下面以西方国家为例,提供了在促进儿童形成"对"与"错"的概念过程中的一些具体观念,包括:(1)尊重并促进个人的自我价值感,重视个人的外表、健康状况、知识面和才能;(2)关心他人,不伤害他人;(3)与人分享,不自私;(4)保护好自己的东西和环境,不使其遭到破坏。

4.2.1 谈论什么是"好"的,什么是"坏"的

成人与儿童一起讨论其他人的行为,并给出评价。例如,当在杂货店看到一个儿童大喊大叫并用手拍打他的妈妈时,父母可以利用这个机会告诉儿童为什么这样的行为不好,那个孩子的正确做法应该是告诉妈妈他的想法到底是什么。观察他人的行为为儿童提供了远距离了解情绪的途径,而当儿童本人身处那种情绪环境中时,他就不可能清楚地了解这种情绪。

与儿童一起讨论他刚刚发生的行为,这一点也很重要,但这必须是在儿童情绪平静、能够倾听的情况下进行。如果儿童正处于完全失控的状态,那么父母首先要让儿童马上停止那个错误行为。当儿童情绪激动时,他们根本不会听成人的劝说(参见 TPBI2 第五章第三节)。

4.2.2 解释什么是对的,什么是错的

成人在很多场合都会谈到他们认为什么是对的,什么是错的。幼儿常常参与到谈论价值观的宗教活动中,成人也会给儿童读一些故事书,其中会涉及价值观,比如害羞、助人、勇敢、努力,等等。儿童电影比如《海底总动员》,儿童电视比如《芝麻街》等,都表现出了社会主流文化的价值观。成人应利用这些形象化的手段,以此为基础,谈论人物的特性,并谈论他们的行为是"好"的,还是"坏"的,以及为什么"好"、为什么"坏"。与儿童谈论各种情境有助于他们看到行为模式,并建立起应该如何看待这个世界的认识体系。

4.2.3 做良好行为的示范

成人通过自己的行为教育儿童。成人对其他人表现出的友善,儿童是会看到的。成人对他人表现出的耐心和宽容,儿童也会感受到。即使一个很小的动作,比如给无家可归的人一个玩具,把一块饼干掰两半并分给朋友一半等,这些都会在儿童幼小的心灵上留下印象。同样,消极的行为也会影响到儿童。常常被打的儿童,或者常常在家中、在社区里以及在电视中看到暴力的儿童,他们可能会将侵犯他人看作解决问题的一种可接受的手段,因为成人

是被儿童当作行为的榜样来看待的。

4.2.4　对期望行为提供实践的机会

成人能够为儿童体验多种不同类型的经历创造条件。社会经济条件较好的家庭能够为他们的孩子选择广泛的经历。他们可能会为孩子报名参加体育、表演、计算机、科技创造以及夏令营等多种活动,他们通常会让幼儿参加他们认为重要的,或者他们希望儿童将来能有所长的培训项目。一些来自收入较低家庭的儿童,接触各种活动的机会可能会少一些,但是对此非常重视的父母也会在社区里找到一些培训项目,鼓励他们的孩子去追求特定的价值。他们可能不会参加私人开办的培训项目,但是教堂、图书馆、社区休闲娱乐中心,以及家庭举办的各种活动,会传递一些信息,告诉儿童什么是重要的,是有价值的。家庭的日常生活也有助于儿童建立行为模式,并提供具体实践特定行为的机会。

家中和学校开展的活动也为儿童践行他们的价值观提供了各种机会。在家庭中,能开展合作性或者竞争性的游戏、谈论遇到的问题以及可能出现的结果、看电视、读书、表达同情和气愤、庆祝节日等,这些活动中践行和推崇的价值观都与儿童持续表现出的行为有很大关系。

4.2.5　强化期望行为

成人总是在有意识和无意识地强化儿童的行为与价值观。通过鼓励儿童重复某种行为、赞扬儿童的努力、安排课程和训练,以及其他类似的行为,成人有目的地肯定了儿童的行为和价值观。成人对儿童正在做的事给予关注,积极评论他人的行为,以及对儿童的某些行为虽然不赞成、却不加评论地任由儿童继续去做,他们的这些做法都无意识地强化了儿童的行为。善意的忽略会告诉儿童,无论他正在做什么,都是可接受的。

4.2.6　阻止不期望行为

成人使用"不""不要""停止"以及其他类似的词语来阻止儿童去做他们不喜欢的行为。他们也可以采用摇头这种方式来柔和地劝阻儿童,或者对他们不赞成的行为给予惩罚来公开反对某种行为。有些父母可能会因儿童打他的某个兄弟姐妹而对其施加惩罚,具体做法可能是让儿童离开原地、坐到"暂停"椅上,或者干脆打他屁股(这种做法向儿童传递了混乱的信息,因为他采取了与儿童同样的行为,而儿童正是因为这样的行为而受到惩罚的)。成人还可能会剥夺儿童从事他们不赞成的活动的机会。例如,想要孩子将注意力集中到音乐技能上的父母,可能不会给孩子报名参加体育训练活动。

4.2.7 用积极的行为取代消极的行为

当成人制止某个行为,并用另一个其更推崇的行为来取代它时,他既强化了某种行为,同时也阻止了某种行为。这是一种有力的策略手段,因为它不仅仅有助于让儿童知道不能做什么,而且还向儿童表明什么是更好的行为。例如,有的儿童会由于沮丧而动手打人,对这样的儿童,父母和教师通常会鼓励他"用言语表达"。他们甚至教给儿童一些词语,用以取代打人的行为,"告诉他,他拿走你的玩具时你很不高兴"。

4.3 实践中的原则

4.3.1 日常常规(家庭和教室)

喂食/进食

父母可以将儿童不喜欢吃的健康食品与喜欢吃的食物搭配起来,尽力让儿童吃健康食品。对于拒绝吃所需食物的大一些的儿童,父母可以采用强化手段,可以说:"试着吃两口,然后你就可以吃一些水果。"成人还可以做示范,吃各种食物,并吃得很香。

换尿不湿/如厕

因文化不同,大小便训练所采用的方式和年龄段也不同。西方文化通常鼓励做个"大男孩"或者"大女孩",并用各种赞赏,比如给小星星、拥抱、亲吻、让婴儿穿上"大孩子"穿的内裤或者裤子等,来强化儿童独立大小便的行为。父母常常会鼓励儿童独立完成一些事,来建立儿童的自豪感。许多文化都利用常规惯例,并结合积极的评论,用以建立新的行为模式。他们首先设定一个期望目标,其次安排一些步骤,最后对儿童的努力给予强化。例如,父母可以说:"该坐便盆了。一会儿我给你一本书看。"儿童离开便盆后,父母可以说:"你没有拉出来,但是尽力了。可能下次就能拉出来了!"

穿衣

有关衣服整洁和类型的观念是非常不同的。父母有关穿衣的日常习惯对儿童穿衣的价值观和行为有重要的影响。例如,日常习惯会涉及多长时间洗一次澡,是否勤换衣服,穿什么类型的衣服,由谁来选衣服,穿衣的时间给多长,是否鼓励儿童自己穿衣服,等等。父母在穿衣问题上,给儿童多大的自由度、帮助程度、强化状况等,都与儿童能否独立完成穿衣的行为有关。父母可以说:"你太脏了。需要洗个澡,这样你就干净了,味道也好闻了。让我们为你选几件干净好看的衣服穿。"这些话提供了信息,即干净是好的,脏是不好的;洗澡是好的,穿干净的衣服是好的。这些话还有助于儿童形成什么是可接受行为的概念。与穿衣有关的价值观,因不同的文化和家庭期待而不尽相同。

4.3.2 游戏常规（家庭和教室）

面对面游戏

大多数正常发展的儿童都喜欢面对面游戏。文化、家庭价值观，以及个人偏好，都对儿童是否常玩这种游戏发挥着重要作用。是否喜欢这类游戏，对这类游戏有多大的容忍度，都影响到面对面游戏的范围。父母的示范和互动对这类游戏起到强化作用。例如，父亲可以把儿童放到他的膝盖上，说："划呀划，划小船。"一边唱，一边前后推拉儿童，这样他给儿童发出了信息，即这类游戏是一种积极的行为。他在做出动作示范的同时也传递出同样的信息。当儿童跟着他边动边唱时，父亲说道："你唱得真好。"由此强化了儿童的行为。

体育游戏

与面对面游戏一样，文化、家庭价值观以及个人偏好都影响儿童对体育游戏有怎样的反应。重视体育游戏的家庭，常常在家中和在社区里为儿童创造各种机会进行体育运动、室外游戏和群体性体育游戏。对儿童在这类游戏中取得的成功给予强化，也促使儿童以积极的态度对待体育游戏。成人设定的界限通常是不要伤害到其他人，要依次轮流来玩，以及要公平。在体育游戏中，合作、竞争等概念也通过成人的引导而得到强化。

操作性游戏

玩具游戏的类型以及重要性，在不同的文化和不同的家庭中不尽相同。在某些非洲文化中，玩具包含了各种各样的小木棍和石头，而在美国文化中，玩具主要由商品材料构成。家庭的价值观也影响到父母告诉儿童什么玩具是可以玩的，什么东西是不可以玩的。例如，有些父母不允许儿童玩玩具枪，因为父母不赞成玩武器；有些家庭会鼓励儿童玩"教育性玩具"，而另一些父母则会鼓励儿童玩戏剧性、艺术性或者音乐类的游戏。在很多家庭中，性别差异也在玩具上有所表现，有些玩具被认为是只限定女孩玩，或者只限定男孩玩。成人还为儿童怎么玩玩具设立了一些标准。他们可能不赞成攻击性或者破坏性的游戏，鼓励具有合作性的互动，或者让儿童在没有成人的限制下自由地玩。父母允许的玩具类型，以及如何强化或者阻止玩某种玩具，都会影响儿童在玩这类游戏时对自己行为的调整。例如，父母可能会说："你可以玩这些积木，做一些东西，但我不喜欢你玩枪。"当儿童用积木搭了个城堡和大炮时，成人作何反应，也影响到儿童是非观念的发展。如果成人将理由解释给儿童听，那么儿童对成人的价值观既可以接受也可以拒绝；如果成人对儿童的行为施以惩罚，或者指责，那么儿童可能会感到或者成人的价值观是对的，或者成人的价值观是错的、不公平的。

感觉游戏

儿童把环境搞得乱七八糟！成人对不整洁的容忍度影响到他们对儿童玩各种颜料、纸张、泥块等材料的手工游戏的态度。那些赞赏儿童进行探索性、艺术性尝试的父母，对把家里搞脏、搞乱不仅能接受，而且还鼓励儿童这样去做。一些儿童可能会抗拒这种类型的游戏,因为他们对各种不同类型的触觉信号输入会产生焦虑和不愉快的情绪。成人为这类游戏提供材料还是不提供材料,以及他们对这类游戏是鼓励还是阻止,都会影响到儿童以后对这类游戏的接受程度。例如,成人可能会说:"把橡皮泥扔掉!它把到处都弄得好脏!"这样的话传递出的信息是:这样的活动和儿童的努力都是不被鼓励的,以后要避免。

4.3.3 阅读和学习常规

圆圈时间

圆圈时间是幼儿园中典型的组成部分,它的持续时间从几分钟到半小时不等。在这个时间内,教师要求儿童有大量的行为调控。各种策略都可用来帮助儿童加入到期望的活动中。例如,教师可以指出什么样的行为是他们期望的(比如:"坐好,把手放到膝盖上。"),或者告诉儿童什么样的行为是错的(比如:"萨拉不喜欢你用手戳她。"),或者强化好的行为(比如:"我将让莫莉来帮我,因为她听讲非常认真。")。

一对一阅读

与儿童一对一地读书能使成人与儿童谈论书中人物的动作和行为。成人能够根据一个行为对他人的影响而指出它是好的行为,还是坏的行为。他们还能谈论读书的正确方式(即从前到后、从上到下、一个词一个词地读),对待图书的正确方式(即轻柔地爱惜图书),读出声的正确方式(即带着表情和含义),以及与人分享图书的正确方式(即轮流谈论书的内容)。

科学与数学

科学与数学活动涉及探索、比较、分析以及结果分享。儿童从中可以了解到仔细寻找、认真调查以及与他人进行成果分享的手段。教师的作用很重要,他们可以示范(比如:"看我是怎样把颜色混合在一起的。"),帮助儿童用积极的行为取代消极的行为(比如:"不是把它们扔在一边,而是让我们来数一数它们有多少。"),以及强化积极的行动(比如:"我喜欢你那么小心翼翼地把那个东西拿开。")。对幼儿来说,科学与数学很容易退化为简单的探索或者用泥块、颜料、纸张等材料进行的手工游戏。成人可以起到引导的作用,帮助儿童将探索性游戏转化为科学调查。

4.4 为改进行为调控制订个性化的干预计划

所有儿童在整个童年期都在顺从和对与错的问题上争斗不休。然而,有些儿童会有一定程度的行为调控问题,以至于阻碍了他们的正常发展以及人际互动。在情感和人际交往方面有一定障碍的儿童、自闭症儿童、脆性 X 染色体综合征儿童、普拉德-威利综合征(Prader-Willi Syndrome)儿童,以及智力落后儿童,常常在冲动控制、服从、理解对与错方面出现困难。有语言障碍的儿童，比如中枢听觉运作失调或者接受性语言能力发育迟缓的儿童，还可能会难以理解成人的要求。前面提到的干预策略对有行为调控障碍的儿童往往也是有效的。除此之外，以下描述的策略能够用来解决特定的行为问题。

Ⅳ.A. 儿童遵从成人要求的程度如何？

要服从成人的要求，儿童必须要听到成人正在说的话是什么，理解具体的要求，并形成正确的反应。注意听讲需要具有将注意力集中到正在讲话的人身上的能力，以及听、看或者触摸正在传递信息的人的能力；理解具体要求需要认知能力，这样儿童才能解读出要求的含义；形成正确的反应需要行动，儿童必须能够通过词语、手势，以及身体动作将他的反应传递出来。儿童在发育方面的迟缓、障碍或者失调，都会严重影响到他们实现上述需要的能力，因而他们会在服从成人要求上出现问题。

服从成人的规则，对儿童来说更为困难，因为这要求儿童记住规则，理解为什么这些规则是必需的，然后控制那些与规则不一致的行为。

弄清楚在服从问题上哪些方面对儿童来说是难以做到的，这有助于成人制订相应的策略来为儿童提供支持。有各种障碍的儿童，特别是在认知能力上小于 3 岁的儿童，由于他们缺乏社交认知和移情能力、注意力不足以及人际交往技能较差，因此服从个体的要求以及群体的规则，对他们来说是非常困难的。

人际互动策略

1. 抓住儿童的注意。利用声音、触摸、手势，以及其他手段，确保儿童将注意力集中到讲话人的身上。如果儿童有障碍，不能做出眼睛对视（比如脆性 X 染色体综合征、视觉或者运动能力损伤），那么就要努力发现能表明儿童正在听你讲话的身体语言，或者声音和词语（参见 TPBI2 第七章第一节）。成人相对于孩子的位置也很重要（距离要近，且要能看到）。要发出新的评论或者指令时，为使儿童能更好的理解，讲话者可能需要轻柔地触摸儿童，或者给出一个特定的信号。

2. 从对日常生活的要求开始。有障碍的儿童，需要多种机会来实践自己的技能。日常生活是每日重复发生、通常具有同样模式的事件，因此，它们为成人教给儿童怎样以熟悉的动作来回应成人的要求提供了机会。一旦儿童从要父母来为他履行日常任务，转移到父母更多的是起到引导作用，父母就可以开始要求儿童去做日常生活中的一些举动了，这样，儿童就可以对接下来要发生的事产生预期，因而也就更容易对成人的要求给出回应。例如，当儿童正在学习独立穿衣服时，他一定对这个程序已经做了无数次，因此，当父母提出要求说"把你的裤子提起来"时，儿童就知道这指的是什么了。

3. 以积极的方式说明要求和规则。告诉儿童做什么，而不是告诉他不做什么。换言之，说"走",而不说"不要跑"。

4. 提出要求时,语速要慢,要说清楚,语言要简短,并且要具体。特别是对于有障碍的儿童,提出的要求必须具体、明确,仅包含必要的信息。例如,对于听觉有问题、注意力不集中,或者有认知障碍的儿童,如果成人说:"时候不早了,你的午觉睡得太长了,我们必须要抓紧。你需要快些,我们好去便利店买些晚饭。"对这样的要求他可能不能理解,因为这段话中包含了几个意思,这使它达不到应有的效果:讲话的速度太快,给出的信息太多,提出的要求太概括,重点被淹没在不太重要的信息之中。成人如果用较慢的速度说出下列语句,会好些:"我们要去趟便利店。你需要穿上外衣。"这样,提出了要求,并给出了理由,而且采用了简短、具体的表达方式,传达出要求的重点。

5. 一次只提出一个要求。对于幼儿来说,特别是对有某种障碍的幼儿来说,记住一系列的要求是困难的事情。因此,一次只提出一个要求,也可以是两个要求。例如,成人不要说:"收拾好玩具,脱掉衣服,穿上睡衣,我在浴室等你。"而要说:"该洗澡了。收拾好你的玩具吧。"在这个任务完成后(给出赞扬),再给出下一个要求。

6. 利用多种手段传递信息。有残障的儿童,不仅需要语言的指导,而且还需要更多的方式来帮助他们理解信息。手势、图片、信号或者示范等,都可使用。如果儿童已经建立了日常习惯,他知道该怎么做,那么就可以采用日程图表的方式,同时再结合语言的指导,这样他就能知道该做什么活动了。例如,如果儿童有一个每日生活常规的日程图表,那么他的妈妈就能指着收拾玩具的图片说:"该收拾玩具了。"如果儿童尚不了解日常安排,日程图表可以帮助他看到整个过程的每一个步骤(参见 TPBI2 第七章第三节)。成人还可以做几次示范,以便儿童能够正确地跟随这些步骤并获得自身的体验,这将有助于儿童记住这个顺序。如果儿童仅靠视觉还不能了解这个顺序,那么用语言告诉儿童,同时结合具体的行动,以此来帮助儿童了解日常的活动。将看、听、做结合起来使用,可以为儿童进行信息处理提供多种渠道。

7. 确认儿童收到了信息。儿童仅仅听到了成人的要求,或者看到了成人要他做什么的手势,并不意味着儿童了解了成人的要求。成人还必须确认儿童是否真正了解了。例如,成人可以问儿童:"你接下来要做什么?"

8. 帮助儿童迈出第一步。通常情况下,儿童需要在成人的支持下才能开始行动。一旦第一步迈出去了,那么接下来的步骤也就按部就班进行了。这一点在完成日常生活的常规上、在儿童已经常做的活动上,尤其明显。

9. 不要期待儿童能记住所有的步骤。成人往往期望儿童在实现成人的要求时能完成全部步骤。然而,有记忆问题、动作计划问题,或者情绪问题的儿童,他们或许可以开始某个活动,但会忘了接下来要做什么,他们不能完成一个任务,或者是因为被其他事情分心,或者是因为失去了继续做下去的动力。成人可以及时提醒儿童接下来的步骤,给出示范或者引导,或者强化儿童已经做出的努力,以便他们能够成功地做完每一步。

10. 需要时提供支持。有认知和情绪障碍的儿童,在服从成人的要求时,可能会在进程管控上遇到困难,特别是在没有成人帮助或者监督的情况下要求他们去做某事,更是如此。如前面提到的那样,日程图表或者口头上的支持能够帮助儿童记住接下来要发生的事情。成人的监测也是有帮助作用的,但是成人必须要通过给出暗示,而不是直接告诉他做什么,以此来支持儿童朝着独立的方向去努力。例如,成人要求儿童去把拖鞋取过来,儿童去了卧室,可能就不回来了。这时成人不要朝儿童大喊大叫,而是应该想到儿童可能是理解错了,或者对其他东西发生了兴趣,或者忘记了成人的要求。父母可以走到儿童身边,帮助他管控自己的行为。例如,父母可以说:"你到这里来是要拿……"如果儿童还是一脸茫然,父母可以给他另一个暗示:"你来这里是为了拿拖……"同时比画出拖鞋的形状,或者朝着儿童的脚做出手势。

11. 教儿童怎样做出回应。一些语言发展迟缓或者失调的儿童,具有特定情绪问题的儿童,或者患有蕾特氏症(Rett Syndrome)的儿童,他们很难给出回应,不论是口头上的,还是动作上的。当他们不能够给出回应时,其反应方式可能表现为消极的行为。可以告诉儿童,当他们感到不知所措时,可以直接说出来,或者用一个特定的信号表达出来。成人可以采用行为分享策略来帮助儿童使用信号或者言语如"我需要帮忙""我想要""停止",等等。重点是要提升儿童交流的意愿,以便减少不服从情况的发生。成人可以通过各种方式向儿童提供支持。

12. 对儿童服从的行为给予认可。成人应该强化儿童在服从上所做的努力,不仅是对儿童最终的成功,而且对儿童小小的进步都要给出回应。在先前的实例中,儿童并没有拿着拖鞋回到父母那里,但是他做到了:(1)听从要求去了正确的地方;(2)行动终止的地方是放拖鞋的地方。如果成人对此做出消极的反应或者惩罚性的回应,那么儿童得到的信息可能是他到卧室去是做错了。这样当下次父母再要求他做某事时,他服从要求的意愿就会降低,因为他的努力没有得到认可和鼓励。与此不同,父母可以说:"耶!你知道那东西在卧室里!你正在为妈妈找东西。你到这里来是为了拿……"(参见第 10 条策略)

环境调整

除了人际互动策略能够帮助儿童,常用的还有环境调整。根据 TPBA2 的研究发现,干预小组可以考虑采用以下环境调整策略。

1. 确保周围的支持是可见的和可听到的。为使儿童真正理解所提出的要求,他们需要能听清楚或者看到正在讲话的人的脸部。尽可能地减少多余的噪音。光线也很重要,从讲话者后面射进的光线会造成阴影和背光,使儿童看不清成人的脸。

2. 必要时使用辅助性设备。听力障碍严重的儿童需要使用辅助性设备,包括因中耳炎而正在经历暂时性听觉丧失的儿童,有永久性中轻度听力丧失的儿童,发音损伤的儿童,学习困难的儿童,以及中枢听觉运作失调的儿童。助听器、调频系统装置、声音放大系统等辅助性设备,都可对这些儿童有所帮助。针对个体使用的声音放大系统可以改善某些儿童的听觉处理能力,教室内的音响放大系统能够改进声场均衡,声场均衡是教室内的听觉设备,它创造了一种环境,在这个环境中,通过教室内设的体积小、无线、高保真的公众传递系统,为教师的声音设定特定线路,使每一个儿童都处在讲话者—听讲者的适宜距离[峰力听力系统(Phonak Hearing Systems);雅虎小组:教室声学(Yahoo! Groups:Classroom Acoustics),在线讨论组/邮件列表(Online Discussion Group/Mailing List);见本章末新增资源部分]。

3. 提供所需的各种辅助性支持。儿童要服从成人的要求,能够执行所需要的行动,这可能需要成人的辅助性支持,或者需要适当的器械,从而使儿童能够抓住物体、移动身体,或者与人沟通。成人不应提出那些需要儿童付出不合理努力才能实现的要求。

4. 利用有关人际交往内容的故事书。从视觉策略中受益的儿童,比如自闭症儿童、脆性X染色体综合征儿童,常常会通过人际交往故事中的情节提示,学会服从成人的要求。故事中有一些人际交往技能的简易警句(4—6个句子),并对期望的行为配有简单图示。这些故事安排在问题行为通常要发生之前讲给儿童听,在一对一的情境中反复读给儿童。图片用来突出强调儿童需要记住的技能。然后让儿童保留这本有关人际交往的故事书,并反复阅读,直到学会这个技能(Gray,1993)。与服从问题相关的社会故事涉及反复出现的问题行为,为了矫正这些问题,故事里有一些专门的语句,如停下游戏到车里准备外出①。

5. 制订有关行为问题的计划。对儿童进行功能评价,有助于确定他为什么会有特定的行为举止,以及怎样调整他的行为。应对各种行为出现的频率、时长、强度进行检验,另外,某行为出现之前发生的特定事件、行为过程中发生了什么,以及行为刚刚产生之后发生的事情,都应记录下来。对这些信息的分析有助于照料儿童生活的成人做出改变环境或者改变人际互动的策略,这对于帮助儿童采取不同的行为举止是非常必要的。

Ⅳ.B. 儿童能否控制那些被认为是错误的行为?

要控制行为,儿童必须能理解成人期望他们做什么,以及特定方式的言语或者行为被他生活中的重要成人认为是错的。儿童还必须理解为什么有些行为被认为是好的,另一些行

---

① 是一件困难的事,在情节里有重复的语句,如"他心里想了一下,放下手中的玩具小熊,上了车;她关上娃娃家的炉火,上了车",等等。——译者注

为被认为是坏的。行为调控还要求儿童想要得到赞许、在意其他人的态度、能够控制冲动、监测自己的行为，以及必要时纠正错误行为。认知水平和情绪调整能力构成了理解是非的基础。有情绪或者人际交往障碍、注意力缺陷多动障碍（Attention-Deficit/Hyperactivity Disorder，ADHD）、学习困难、脆性X染色体综合征、自闭症谱系障碍或阿斯伯格综合征（Asperger Syndrome），以及其他障碍的儿童，在冲动控制上表现较差。有认知障碍、各类情绪问题的儿童，也可能表现出缺乏对是非概念的理解能力，以及缺乏对原则和规则的认知能力。记住以前发生的后果，有助于儿童形成对不可接受行为带来的后果的预期。因此，在记忆上有障碍的儿童，可能会重复之前已经告诉他不要去做的那些行为，或者那些已经收到负面后果的行为。

制订规则往往有助于儿童明白什么是正确的、什么是错误的，明白要尊重他人权利和财产，要防止对自己或者他人造成身体上和精神上的伤害，要公正待人。开始时是由他人来决定什么样的行为是适当的，但随着儿童获得了理解是非的能力，逐渐变成他对自己的行为负有了更多责任。对有些残障儿童来说，责任承担是被延迟的，或者根本就无法实现。这些儿童的认知能力有限，他们不能理解某些事情是错的；他们可能会遵守特定规则，但不明白为什么要遵守；他们缺乏移情能力，而移情是理解某事为什么对、为什么错的必要条件。

人际互动策略

1. 反复告诉儿童什么是对的、什么错的，以及为什么对、为什么错。在适当的时候花些时间向儿童解释成人此时的期待、决定和意图。对儿童的学习来说，重复是必要的。与儿童谈论接下来将要发生的事情。

2. 发挥示范作用。努力对你希望儿童应有的行为和价值观做出示范。对自己的错误要坦诚，用具体行动说明怎样纠正错误。与儿童谈论你的行动所带来的后果。

3. 对关心他人、不自私、诚实的行为给予强化，说明它们对他人的情感有怎样的影响。成人常常指出什么是不对的，而在儿童做了对的事情时却不能及时给予认可。然而，当儿童做了正确的事情时，是应该让他知道的，儿童还应该知道为什么他这样做是对的。成人说"我很高兴你能分享玩具"固然很重要，但是如果说"我很高兴你能分享玩具，你让她很快乐"，这样的话能让儿童知道关注他人的情感是重要的。另外，说出积极的特质，比如坚持、勇敢、真实、公平、诚实、耐心等，以便儿童学会这些词汇，并对儿童在这些方面的努力给予鼓励。

4. 利用图书、电视节目、电影等，进行相关讨论。所有这些媒体都提供了谈论其中人物所做的选择、行动、后果的机会。对有些儿童，父母还可以谈论"如果……会……"，假定特定情境或者行动发生改变，那会怎么样，结果会有什么不同。

5. 当儿童为解决问题而面临选择时，成人可参与其中。当儿童不明白遇到的情景涉及他的或者他人的行为是对还是错时，父母可以与他一起讨论届时应该或者将会发生什么。应该对可能引起冲突或者可能对儿童产生诱惑的情境作出预期，并事先与儿童讨论有关的行为。例如，如果儿童要去参加一个生日聚会，而那里届时会有很多新玩具礼包被打开，那么应事先与儿童讨论在那里可能要做的事情，包括发出请求、分享、体贴他人等行为。

6. 利用角色游戏的有利时机。当儿童能够扮演其他人时，他就能够假设从另一个人的角度来看待事情，体会他们会有什么样的感情和行动。戏剧化的角色扮演还使成人能够为儿童在游戏中尝试其他的方式提供支持。角色游戏还可用来教给儿童适当的社交回应和人际互动。成人能够做出示范，然后让儿童重复成人的行为。

7. 设定少量的、合理的限制。不要对幼儿设立太多的规则，这很重要。幼儿只需要最少数量的规则，因此成人需要关注直接相关的规则。

8. 始终如一地贯彻规则。执行规则要坚定，这一点很重要，但同时要对儿童表现出关心、温暖和尊重，这一点也同样很重要。倾听儿童说了什么，但要保持预期的界限。儿童应该知道要遵守的规则是什么。例如，某天一个儿童打了另一个儿童一下，成人什么也没说，但是下一次这个儿童又打了另一个儿童一下，而这次他受到了警告。那么这个儿童因此得到了不一致的信息，搞不清楚打人是可以接受的还是不可接受的。

9. 在儿童表现出了一定的责任感后，增加儿童的自由度。给儿童提供机会来展现他的责任感，让儿童有机会展现他在与人分享、关心他人、诚实、自觉遵守规矩等方面的能力。如果儿童犯了错误，要让他自负其责。例如，如果儿童弄坏了其他儿童的玩具，就让他想办法把玩具粘好，恢复原样。

10. 帮助儿童将想法和情感表达出来。对于成人认为是错误的行为，成人不要反应太快，而是努力发现这个行为的原因。其原因可能包括想引起成人注意、同伴压力、不理解某事是错的，或者纯粹是出于冲动。了解行为背后的原因有助于成人明确怎样对儿童进行干预。成人应该帮助儿童增加词汇量，以表达自己的情绪，可以教给儿童一些"感觉"方面的词汇，比如发疯、难过、不安、生气、受伤，等等。当儿童没有做出特定情境所适宜的行为，而是做了某些错事时，成人还应该帮助儿童认识到他们所体验到的情感，告诉儿童有时做正确的事是如何不容易。

环境调整

除了人际互动策略可以帮助儿童懂得对与错，常常采用的还有环境调整。根据TPBA2的研究发现，干预小组可以考虑在环境调整方面采用以下策略。

1. 提供可预期的环境。对于各种类型障碍的儿童，包括自闭症、脆性X染色体综合征，以及各种感觉障碍的儿童，一个可预期的常规惯例是非常重要的。如果儿童知道一些东西在哪里可以找到，接下来要发生的是什么，在每一个活动中他的角色是什么，以及成人将会有什么反应等,他们大多不会做出冲动的举动,或者不可接受的行为。

2. 保护儿童不受欺负。由于残障儿童缺乏社会认知或者人际交往技能,他们可能容易受到欺负,容易成为他人负面行为的受害者。成人应该帮助他们防止受到欺负,可以将他们与敏感、关心他人的同伴结成对子,并减少他们与那些在口头上和身体上有攻击性的儿童接触。成人还可以教给儿童一些短语,或者告诉他们受到欺负时如何回应。例如,可以教给儿童说"停,我不喜欢这样"以制止欺负他的儿童,或者找成人寻求帮助。帮助儿童掌握应对不同情境的各种技能,可视提示卡、和木偶一起做的角色游戏,以及和其他儿童一起进行的具体实践活动,都是有所帮助的。

3. 利用儿童的兴趣和"固结"引导儿童进行学习。一些残障儿童会对特定的玩具、对象或者动作产生固结,环境的布置有助于降低儿童着迷的程度。谈论与儿童着迷的事物相关的话题,能教给儿童一些其他技能。例如,儿童对恐龙着迷,可以用恐龙教给儿童假扮游戏、新的词汇、绘画以及写作技能。

对于会引发儿童出现不期望行为,或者只允许在特定时间、特定场合发生的行为的各种素材,要予以清除。例如,一个儿童有过度手淫的行为,成人可以告诉他在什么时候和什么地方这样的行为是可以接受的,为什么这种行为不应当着众人去做。成人可以给儿童一个替代物品来玩,或者给他一个约定的暗示,比如两只手互相握紧,并举起来,用以提醒儿童可用他的手去做其他的动作。

4. 提供"好朋友"以进行行为示范、引导和支持。许多幼儿喜欢充当教师的角色,或者喜欢帮助他人。成人可以告诉儿童他的同伴是怎样做的,并且说明为什么他要那样做,从而将这个儿童与有行为问题的同伴互相配对,由这个儿童来发挥榜样作用,并充当教练和同伴导师。成人还应该对这个儿童进行培训,并对他们之间的人际互动给予支持。

5. 利用有关人际交往内容的故事书(参见上文Ⅳ.A.中环境调整的第4条)。对于那些在游戏时常常伤害他人的儿童,可以阅读有关人际交往的故事,其中会讲到咬、打他人的行为。

6. 针对问题行为制订分析计划(参见上文Ⅳ.A.中环境调整的第5条)。

Ⅳ.C. 儿童能否识别并运用家庭或主流文化认同的社交习俗?

社会常规本身也是各种行为,是由一种文化或者亚文化以非正规的方式决定的被认可的行为。如前面介绍过的那样,一个行为是对还是错,与损害、公平、权利等问题密切相关,比如打人、偷东西违反了不伤害他人的社会常规。常规通常与可接受的人际互动模式(比如见面打招呼)、适当的外表(比如穿干净的服装)、健康和安全(比如饭前洗手)、有条理(比如把衣服挂好)等相关联。让儿童理解社会常规的缘由是相当困难的,社会常规通常是言传身教、代代相传的。

父母在期望儿童了解对与错之前，通常先期望他们能遵守某些社会常规。儿童一旦开始学说话和爬行，父母就期望儿童遵照社会常规使用诸如"请""谢谢"等礼貌性词语，并注意安全问题，比如不要触摸电源插座等。残障儿童可能在人际交往、认知、交流、感觉动作等方面存在问题，而这些问题阻碍了他们理解并遵守社会常规。由于残障儿童的特殊性，他们可能看上去以及在具体行为上与其他儿童有所不同，因此在服从社会常规方面会有比较严重的问题。提高服从社会常规的能力，是帮助残障儿童"融入"群体并为大家所接受的一种方式。出于这个原因，对这个方面的关注在早期干预和幼儿特殊教育中尤其重要。

社会常规是由文化所决定的，因此在不同的文化社群中，社会常规也不尽相同。以交谈的常规为例，等待回应的时长、给出回应的速度、参与其中的程度等，都被不同的文化看作是否尊重谈话对象、是否投入其中以及是否合作的表现。因此，了解不同文化背景的儿童，特别是参与到课堂环境中的儿童，在社会规则、社会期待以及谈话方面的常规是十分重要的。

残障儿童会在社会常规方面面临问题，因为这些儿童可能被发现遵守任何社会常规（无论是何种文化的）都是非常困难的事。用来支持儿童在家中和在托幼机构中能够正常成长的策略，就包括以各种方式教给儿童社会常规。

人际互动策略

1. 示范。吸引儿童的关注，让他注意到你正在按照要求做什么样的行为，例如，母亲可能会说："看着妈妈。'爸爸，请问我可以吃块饼干吗？'"爸爸可能会回答说："你说'请'了，因此你可以吃一块。"如果儿童有听觉或者视觉方面的损伤，成人就应该采用其他信息沟通渠道，确保儿童能够了解成人的期望。

2. 赞许。期望儿童遵守社会常规，成人可以对儿童做出的期望行为给予赞许。例如，"如果你想说什么，就举起你的手"。如果儿童需要成人的支持，那么成人给出的支持越少越好，给出能产生正确结果所需的最低量即可。例如，有些儿童只需要观察成人的行动即可，有些儿童可能需要口头上和视觉上的赞许（比如一个信号或者一个手势），还有一些儿童可能需要身体上的支持（比如把饭碗放到他的手里），或者给出一个线索，诸如说出第一个发音（比如发出 q 的音节，提示儿童说"请"），还有一些儿童可能整个行为都需要身体上的支持（比如把手压在儿童手上按压抽水马桶），通过给出最少量的支持，儿童在行为上获得了更多的独立性。

3. 对适当的举动给予强化。在儿童遵守了适当的社会常规时，对他的行为给予评论。这样就告诉儿童这个行为是正确的，鼓励他以后要继续这样做。例如："你用纸巾擦了嘴，做得好。现在你的嘴又干净又好看。"在这个实例中，成人还说明了为什么使用纸巾很重要。

4. 问儿童正要发生的事情是什么，并等待儿童回答。帮助儿童事先考虑将面对的情境，这样儿童就有时间形成对下一步的预期。例如："我们今天上午要去教堂。到那里后你觉得自己应该保持安静还是大声喧哗？"

环境调整

除了人际互动策略可以帮助儿童适应社会常规，常常采用的还有环境调整。根据TPBA2的研究发现，干预小组可以考虑在环境调整方面采用以下策略。

1. 安排儿童观察同伴并与之交流。儿童能直接从成人的指令中了解到各种社会常规，同时，同伴也具有强大的影响力。通过观察同伴的言行举止，并与同伴进行交流，儿童也能学会一些社会常规。成人可以鼓励儿童在日常生活和日常活动中观察其他儿童的行为模式，还可以告诉他的同伴如何引导这个儿童做出特定的行为。

2. 为完成特定的行为，为儿童提供所需的材料和设备。例如，儿童只有在能够到洗手池、知道如何打肥皂或者洗手液、如何开关水龙头、如何取到毛巾的情况下，才能自己独立洗手。有动作障碍的儿童可能需要一些支持性的器械，才能稳定地站在洗手池前。这意味着在洗手池边上需要安装一个扶手，让儿童抓住扶手，以保持身体平衡。这还意味着要有一个容易操作的洗手液装置，只需要一只手，给很小的压力就能挤压出洗手液。容易打理且刺激性较小的棉质毛巾，或者一个风干机，也是必需的。还要分析是什么原因阻碍了儿童遵从社会常规，这也非常重要。

3. 利用有关人际交往内容的故事书（参见上文Ⅳ.A.中环境调整的第4条），可以帮助儿童了解一些社会常规，包括便后洗手等。

Ⅳ.D. 儿童是否表现出与文化不符的行为而且无法制止？

许多儿童会后天习得某种习惯，而这样的习惯不是在每个儿童身上都能看到的，自己不能很好地控制异常行为的现象在残障儿童身上更为常见。有时，这些习惯与特定的障碍有关，比如，自闭症儿童出现的晃手动作，普拉德-威利综合征（Prader-Willi Syndrome）儿童表现出的不停地吃东西。偶尔情况下，出现非同寻常的行为是由于神经受到损伤，比方说图雷特综合征（Tourette Syndrome）儿童可能会无法控制地发出声音，或者做出动作。有些行为举止是后天获得的，因为这些行为满足了某些生理上的需求。例如，必须触摸每个物品或者舔每个物品的儿童，他们可能需要额外的触觉信号输入，以获得足够的感觉信息。很多行为都可以在儿童身上看到，包括严重的自残行为，如戳眼睛、咬胳膊，以及摸鼻子、抖动身体、摆弄物体等。一些非同寻常的固结行为，比如挑拣衣服上的绒毛等，也时有发生。

与那些涉及对与错，以及不服从的行为不同，怪异的举动通常对他人是无害的，不干涉他人的权利。但在有些情况下，这种行为可能会有违社会常规，比如有的儿童会鹦鹉学舌般地跟着复述其他人说的话，然而在大多数情况下，这些独特的行为举止是不可接受的，因为它们使儿童显得很"与众不同",看起来很奇怪,或者太怪异。这样的举止会影响到这个儿童被他人接受,可能会阻碍儿童参与到周围其他人、其他活动中,还可能会影响到有利于儿童发展的新技能、新行为的获得。由于这些原因,我们建议,只要可能,就应努力减少或者调整不可接受的行为举止。

如前面描述过的那样,分析行为的功能,并尽力确定这个行为有什么作用,是非常重要的。观察儿童在不同场合的行为,对于确定儿童的行为模式非常必要。搞清楚行为的目的往往是困难的,因为这些行为可能有多重功能:(1)这种行为可能提供了感觉输入信号,既可能是由于周围环境刺激太多,也可能是由于周围环境刺激太少;(2)它可能是在没有儿童喜欢的活动的情况下才发生的;(3)它有可能是增加或减少特定类型的刺激或者活动的手段(比如,获得他人关注、停止做他不喜欢的任务)。行为的这些功能与所需干预的类型是密切相关的。

除了前面提出的各种干预策略,还应该根据单个儿童的具体情况决定是否采用以下方法。这些方法中有很多需要在掌握这些具体方法的专业人员的指导下实施。行为方面的专家、作业疗法专业治疗师(Occupational Therapist)、语言治疗师、早期干预或者幼儿特殊教育教师、心理学家,都能对保教人员进行培训并提供支持。

人际互动策略

1. 教给儿童怎么玩耍。儿童常常做出奇怪的行为是因为他们不知道怎样以更成熟的方式玩耍。他们需要知道怎样观察他人、模仿他人、依次轮流,并形成合理地探索和摆弄玩具材料的内在动机。成人应掌握帮助儿童学会玩耍的策略(参见 TPBI2 第七章第五节)。

2. 努力与儿童建立积极的关系。许多有行为问题的儿童,在与照料者建立积极的相互关系方面缺乏必要的技能。他们缺少共同的关注,不具有社交参考体系,不能与人对视,缺乏其他相互交流和互动的行为(参见 TPBI2 第七章第四节)。成人需要耐心地观察儿童的行为,并随着对儿童的引导深入地了解儿童,鼓励儿童以愉快的方式进行人际互动。

3. 不理会儿童为引起他人的注意而做出的举动。对儿童惯常使用的许多老套行为不予理睬,并不会起到减少这种行为的作用。但是如果这个行为是为了引起成人的注意,那么可以对其不予理睬。

4. 教给儿童替代行为。当儿童收到特定的输入信号过多或者过少时,他会出现异常的行为,比如前后摇动,捂上耳朵,或者尖叫。一旦成人明白了儿童举动的真正目的,就可以教给儿童一些代偿性行为,比如和一个"烦躁不安"的玩偶玩耍,戴上耳机或者戴上一个有护耳的帽子,或者把儿童带到一个安静的地方比如坐到沙包椅上,使他自我平复下来。

5. 鼓励渐进性进步。许多行为举止都是难于改变的,例如,每次当儿童感到有压力时,他就会摸鼻子,要儿童停止摸鼻子的动作,可能需要多个环节。成人可以先教给儿童如何对一个特定问题给出回应,比如:"你准备好去试一试吗?"然后成人可以做出示范,并对儿童的回应给出赞许。在儿童能回答说"是"或者"不"之后,他实际上已经能够去完成一个由成人开启的句子了。比如成人说"我想要……",留出后面的部分让儿童去补上。对于有某种障碍的儿童,成人应做出行为示范,并给予鼓励。

6. 提供交流沟通的其他可选手段。尽管异常的行为常常很难给予解释,但行为是交流沟通的另一种形式。成人应帮助儿童建立一个"可读的"交流系统,这可能涉及词汇、手势、信号或者图片,使用什么手段因人而异。利用行为塑造技能(比如通过每一次比较密切的沟通来对儿童进行强化)、游戏策略(比如面对面游戏或者互相对抗的体育游戏)、教给儿童功能性交流的方法(比如帮助儿童从日常活动中学会双向交流),这些策略可以单独使用,也可以结合起来使用。

7. 给出的回应要保持一致。只要为减少儿童不可接受的行为制订了某个行动方案,所有的照料者,无论是在家中的,还是在日托中心、幼儿园的,重要的是他们都必须保持一致的方式。为确保所有人员能够实施这个行动方案,需要提供必要的支持。

环境调整

除了人际互动策略有助于减少儿童的异常行为,常常采用的还有环境调整。根据TPBA2的研究发现,干预小组可以考虑在环境调整方面采用以下策略。

1. 环境的布置。尽力减少周围环境中刺激的数量,物品放在固定的地方,按计划开展日常活动,辅助儿童进行活动转换(参见TPBI2第五章第二节)。

2. 不让儿童接触那些会引起他持续重复举动的材料和玩具。儿童可能会因为从某个行为中得到了愉快的刺激,或者某个行为阻止了其他令人不愉快的刺激,而持续重复地进行这个行为。他们还可能发现特定的材料或玩具(比如能旋转的东西)既提供了愉快的信号输入,同时又阻止了不想要的刺激,一些儿童会迷恋上这些东西。成人应该限制儿童接触这类玩具,以便帮助其学会新的技能。当然,新的技能不会仅仅随着给儿童一些新的玩具就自然产生,成人还需要对儿童的可选行为提供激励。利用儿童想要的玩具来促使他进行另一个活动,有时效果非常好。

3. 利用可视手段规范儿童的行为举止。利用图片、标识、涉及人际交往内容的故事书、系列图片卡等各种可视材料,提醒那些行为举止异常的儿童,他们需要重新调整自己的行为。

4. 发现积极的替代行为。如前面介绍过的那样,大多数特定的行为都对儿童有某种作用,成人应找到一种有效的方式,来指导儿童的行为。如果儿童爱扔玩具,成人可以找些可以扔来扔去的东西让他玩,并给他设定一个目标,例如和另一个小朋友比一比,看谁可以把球穿过一个铁环扔到篮筐里,或者看谁能打准目标。这样,可以让儿童发现他的这个动作是有目的的。一旦儿童体验到了实现目标所带来的愉快,那么再增加其他的动作并取得较好的效果,就是很容易的事了。

5. 使过于敏感的系统变得麻木。如果儿童是过于敏感的,那么他就有可能表现出逃避,或者表现出怪异的、机械性重复的行为。在专业人员的帮助下,成人可以通过针对特定感觉领域的干预计划,来降低儿童的敏感度。例如,作业疗法专业治疗师可以帮助成人实施降低儿童触摸感觉的干预计划;语言发音治疗师或者听力矫正专家可以实施对听觉敏感进行干预的项目;心理学家可以帮助实施降低儿童某种焦虑的干预项目。

4.5 为需要帮助以进行行为调控的儿童提供的常规活动

重要的是成人应认识到,遵守社会常规或者有关是与非的社会价值观,与不违背社会常规或者社会是非观念,但却阻碍儿童正常发展或者使他产生负面看法的冲动性行为举止,是不同的。在儿童的日常活动中,对上述两类行为,应以不同的方式来对待。只是简单地说"不",或许可以让儿童在特定的境况下停止自己的行为,但是不能帮助儿童了解到其他的哪些行为会更好,以及为什么好。儿童的一些冲动性行为不会仅仅靠口头话语策略就能被制止,还需要环境上的调整。

4.5.1 日常常规(家庭和教室)

喂食/进食

许多儿童会挑食,会对饮食有特殊的偏好,比如不让两种食物互相接触、饮食习惯不良等,这些行为可能会惹得父母不高兴,但又不属于不可接受的或者错误的行为。父母可能会容忍儿童的一些特殊饮食习惯,也可能坚持让儿童遵守如何吃饭的家庭价值观。向儿童解释为什么吃饭时要用餐巾可能比较困难,但是成人可以说:"谢谢你用了餐巾,这很有礼貌。"以此告诉儿童父母期望的是什么。吃饭时常见的行为问题,包括是否能坐在餐桌旁等一会儿、是否吃各种不同的食物、是否有"淘气"的行为等。其他一些行为问题有:向某人扔餐具(婴儿除外)、从别人盘子里取食物吃(多见于普拉德-威利综合征儿童)。对有特殊需求的儿童,进餐时涉及的对与错的行为问题,可以通过示范、塑造和奖励好的行为来解决,并告诉他为什么某个行为是父母期望看到的。对于有些儿童,比如普拉德-威利综合征儿童,除了人际互动策略,可能还需要对他们限定食物量,以及使用其他的环境调整策略。

换尿不湿/如厕

与吃饭一样,许多行为都是文化强加于人的,且与健康(比如便后洗手)和社会期望的行为(比如在大多数文化中,大小便是个人隐私,不能在公开场合大小便)有关。异常的行为举止可能与儿童必须遵守的固定程序有关,或者与粪便有关(比如弄得满身都是粪便)。根据行为的不同原因,可采用的应对方法有行为塑造、积极的行为支持,甚至药物(比如对强迫症患者)。随着儿童开始独立大小便,关于遵守什么时候和怎样正确使用卫生间设施的问题也开始出现。当儿童尝试着把物品(或者宠物)放进坐便器里时,这样的行为就涉及对与错的问题了。与儿童讨论其他可选的行为,谈论行为的原因,以及对儿童积极的努力给予支持,这些都是可行的。例如:"玩具进玩具盒里,小便和臭粑粑进马桶里。让我们来把玩具放进盒子里吧。"在儿童上了厕所并想要把成团的手纸扔进马桶时,父母可以说:"只能往里扔小块的手纸,太多了会堵住,那样爸爸会不高兴的。"

穿衣

围绕穿衣的大多数常规都是与气候、风格、洁净有关的社会性习俗。这方面的异常行为包括:只穿特定类型或者特定颜色的服装,不允许特定材质的面料接触皮肤,或者只能用一种方式穿衣和必须在某个特定的地方穿衣。随着儿童逐渐长大,到了学前年龄,被认为是错误的穿衣行为(在西方世界)包括暴露身体的生殖器部位给别人看。曾经受到过性虐待的儿童会在穿衣问题上出现不配合的行为。成人应该关注儿童引起成人注意的方式是否适当,同时也要关注儿童的行为是否正确,以及不仅儿童,甚至成人也会做出的错误行为。承认成人也有做错的时候,这一点不仅重要,而且为成人与儿童谈论某些行为为什么是错的提供了机会。在穿衣和梳洗方面,成人的示范作用是非常重要的。

外出

有情绪和行为问题的儿童,往往不愿意外出去公共场所,因为在这些场合,他的日常习惯会有变化,并超出了他感到舒适的范围。另外,儿童还需记住并遵守公共场所的规则,而这些规则可能与在家时的规则有所不同。例如,他们可能被要求坐好,并保持安静。行为模式的改变不是件容易的事,而且对于年龄小的儿童来说,这还会激发他们持续的反抗。帮助儿童控制行为的策略有多种,包括:(1)事先做好准备,外出之前就与儿童谈论外出时应该怎么做;(2)为儿童提供一些能替代他的消极行为的东西(比如,有关餐厅的涂色书或玩具);(3)对儿童做出的虽不是很好,但接近于良好的行为给予赞赏,以便使其逐步提升为良好行为;(4)提供语言和非语言的暗示,帮助儿童记住他应该做什么;(5)当儿童的行为是成人所期望的,并产生一定效果时,应马上指出来(比如,"谢谢你帮我找到合适的小勺。你真是帮了大忙了。我们一会儿就去公园玩")。利用人际交往故事来指导儿童的行为。

4.5.2 游戏常规(家庭和教室)

面对面游戏

面对面游戏涉及的常规有:游戏参与者彼此之间的密切程度,彼此是否可以互相接触,彼此怎么接触,彼此互动的强度如何,等等。这方面涉及对错的行为包括在人际互动中故意伤害他人,比如用手打父母。父母通常通过让儿童知道什么行为是可接受的,什么是不可接受的,以及通过身体动作来调节儿童的行为,以此来帮助儿童控制这样的行为。当儿童出现伤害性行为,比如用手打、用头撞,或者其他行为时,父母可以中止做这类游戏。由于面对面游戏有利于依恋情感、眼睛对视、依次轮流、语言以及游戏中的人际交往的发展,因此如何将这类游戏转换成对儿童不造成压力、对照料者不造成伤害的愉快的活动,这是非常重要的。首先要确定游戏中的哪个方面(社交距离、避免对视、触觉互动、控制问题)会导致儿童出现消极行为,调整这些因素有助于减少面对面游戏中的消极反应。一对一的游戏为成人提供了适当的机会,使他们能够在这种游戏中引入、监测,以及强化他们期望的行为和反应。

体育游戏

在体育游戏中,婴儿彼此之间会互相探索,你爬到我身上,我爬到你身上,互相拥抱和玩耍。在他们长大一些后,他们开始发现,这类游戏对他的同伴可能有积极的影响,也可能有消极的影响。与面对面游戏一样,体育游戏也能引发行为问题,通常体育游戏能让儿童情绪兴奋和精力充沛,简单的棋类游戏能演变成一场攻击,一场争斗,或者变成对残障儿童口头上或身体上的欺负。开展这类游戏时,成人可以制订几个简单的规则,比如"听你的同伴说什么""如果你的同伴说'停',你应该停下",以及"要一起玩和依此轮流玩",以此来帮助儿童。制订的规则应告诉儿童要做什么,而不是不要做什么。根据在冲动控制或者情绪调整方面有障碍的儿童的实际状况来设定体育游戏的剧烈程度。在游戏中,要求儿童根据指令停止动作或开始动作,以此给儿童创造实践控制冲动的机会,比如玩"木头人"游戏,在这个游戏中,成人让儿童转圈跑,做各种随意的动作,然后当成人喊到"停"时,不管他们是什么动作,都要马上静止不动,直到成人说"走",他们才能再次动起来。在体育游戏中出现的消极行为可通过人际交往故事来解决。

操作性游戏

操作性游戏提供了许多有利的机会,使照料者可以帮助儿童学会回应他人的要求、理解对与错、控制冲动以及减少无效的举动。残障儿童可能不会以普通的方式玩这类玩具,他们可能会更多地把玩具放到嘴里、扔玩具,或者转动玩具、给玩具排队,等等。这里,成人面对的挑战是帮助儿童改变这些无效的举止,转化为真正的游戏。发出指令、做出示范,或者调整游戏的内容都有助于让儿童形成新的模式。在获得新技能的过程中,成人的支持是非常重要的。

另一种行为问题常常发生在有认知障碍、语言障碍、情绪障碍,以及社会技能不足的儿童身上,即缺乏对他人权利的理解。尽管所有儿童在学会分享和尊重他人财产上会有一番挣扎,但是残障儿童可能不会理解与伤害他人、偷窃、说谎等有关的一些规则的原因,他们会迷恋上某个他们喜欢的玩具，且全然不知为什么不能把这个玩具带回家。对于一个他想要，但其他小朋友正在玩的玩具，他会上来就拿走。成人应该使用儿童能理解的语言和句子，以便向儿童提出要求，并解释为什么特定的行为是对的，或者是错的。成人应该做出示范，向儿童表明如何使用语言，而不是用消极的行为来表达自己。鼓励儿童与玩具和人进行适当的互动，并对儿童做出的适当行为予以强化。

感觉游戏

感觉游戏为儿童控制自己的冲动行为提供了很多机会。很多父母对儿童玩那些会把周围搞乱搞脏的活动有严格的限制。例如，生面团只能在厨房操作台上玩，儿童只能在游乐池里玩水，不能在水坑里玩水等。在提供并容忍感觉游戏的种类上，家庭的价值观往往发挥了重要的作用。由于感觉探索会启发儿童对各种概念的理解，因此，环境设置也能帮助儿童从各种经历中有所收获，同时又不超越文化期待的界限。在开展感觉游戏时，提供一些参照标准，这样可以帮助儿童学会不超越这个参照标准的范围。与体育游戏一样，感觉游戏很容易升级为疯狂的活动，这时儿童的行为就很难加以控制了。因此，做这类游戏时，离不开必要的限定和引导，这样才能使活动在一定的控制之下进行。另外，和儿童一起讨论为什么一定要做某些特定的举动，这点也是非常重要的。

假扮游戏

在假扮游戏中，有很多的机会可以谈论行为的原因，通过角色扮演来做出适当的动作和回应，以及让儿童控制他的人际交往。一岁的婴儿开始建立一定的日常常规，比如吃饭。此时成人可以开始帮助他们在与娃娃玩游戏时考虑自己的行动，并按日常常规去做。例如，在玩娃娃时，儿童再现了家中的一些日常常规，比如换尿不湿或者坐便盆。他们还再现了自己对正确和错误的理解。例如，儿童可能会告诉娃娃，它太不听话了，要停止与它继续做游戏。随着儿童开始在一起做假扮游戏，彼此合作就成为必要的，也会出现因为玩具和动作而引起的冲突，因此儿童获得了实践许多行为模式的机会。成人可以利用这些机会帮助儿童思考自己的行为，进行角色扮演时如何遵守社会常规，学会如何回应他人的要求，以及提高应对冲突和处理是非问题的技能。

4.5.3 阅读和学习常规

圆圈时间

在圆圈时间，教师常常会因儿童的行为问题而大伤脑筋，因为此时教师的期望是儿童能安静地坐好、对教师的要求有响应、不去打扰其他儿童、一直保持注意，直到圆圈时间结束。这对所有儿童来说都是挑战，尤其是对注意力不足、在认知和语言方面存在一定障碍并由此造成理解困难、感觉失调的幼小儿童来说，他们更不容易做到。有些儿童在情绪和社交上存在问题,这些问题也会使他们在参加这类活动时面临困难。这类活动期间可能出现的问题包括:不能遵守社会常规,比如插嘴、大声说话、轮到别人时不能等待,以及挤占其他小朋友的空间。异常的行为举止可能包括:咬衣领、发出怪声、重复教师说的话、拍巴掌或者拍手指。在圆圈时间对他人有益或者有害的行为一般都属于对与错行为的范畴。应对这些问题的对策包括调整环境,比如儿童的座位怎么布置,儿童坐的地方距成人和其他儿童的距离如何,需要时给儿童可看到或者可听到的赞赏,对适当的行为给予强化,将儿童与一个可做出榜样并能提供支持的同伴结成对子,使用其他的感觉输入信号(比如某些适宜咀嚼的东西),以一种有目的且适合于其发展程度的方式引起儿童的注意,以此使其集中注意力,等等。

一对一阅读

通常与一对一阅读时的行为相关的社会常规包括:读完整本故事书,儿童对待图书的行为(比如撕书页),以及儿童对阅读图书的其他人的行为(比如用手打、用头撞)。一对一阅读提供了很多的机会,它可以逐渐增强儿童的注意力,使儿童爱惜玩具和游戏材料,将它们作为别人的财产来对待,学会倾听并回应成人提出的要求(比如"告诉我鸭子在哪里"),学会轮流进行(比如"现在轮到你了,告诉我这页书上说了什么"),以及减少异常的行为举止(比如用舌头舔书)。在阅读过程中彼此亲密的关系,使成人能够借此时机以安全的、教育引导的方式提出各种要求、限制和规则,并且强化儿童适当的举止和反应。

科学与数学

科学与数学活动涉及调查、解释以及独立学习等方面,这些活动对有些儿童来说,是具有挑战性的,这些儿童往往注意力不集中,解决问题的技能不足,认知理解力较差,以及缺乏动力。教师应该确保能够对有关活动进行调整,以便儿童能够在现有发展水平的基础上从这些活动中受益。行为问题的出现往往是由于儿童不能理解活动的内容,或者是由于参与活动的积极性不高,因此,一些涉及概念分析的活动应该调整到能适应较低能力儿童的水平,使儿童能够自然而然地进行探索,并达到对简单词汇的理解,而不是去进行比较和过程分析。例如,与其让儿童说出哪个物体会沉到水里、哪个物体会漂浮水上,还不如让儿童调查一下水的特性(比如它是湿的,会往下滴,会流动)。可视的步骤说明(活动图片卡)或者可听的设备(磁带播放设备)都有助于儿童减少因缺乏理解和兴趣而导致的负面行为。同伴配对也有助于儿童通过看到同伴的所作所为而向其学习怎样去做,如果他的同伴接受过一定程度的训练,知道如何回应小伙伴异常的、负面的行为和反应,则效果会更好。

案例:布莱斯

布莱斯是一个 28 个月大的男孩,他表现出了阿斯伯格综合征(Asperger

Syndrome)的特征。他能读出一些词,喜欢把东西拆开,然后再把它们组合在一起。他对与机器有关的图书非常着迷。同时,布莱斯对别人要求他做的事很没有耐心,对改变日常常规很抗拒,不高兴时会尖叫、撞头、用拳头捣自己的眼睛。当别人要求他做他没兴趣的事情时,他就开始晃手,并大声尖叫。布莱斯的父母对他充满好奇的本性很满意,但是对他的行为感到焦虑不安。带他去公共场所是很难的事,因为他动不动就发脾气,而且发脾气的次数、时长、强度都超过了普通两岁儿童的大体情况。他对其他小朋友没兴趣,对他父母表现出的不高兴和不快乐也无动于衷。他的父母最想解决的问题就是布莱斯能对自己的行为有一定的控制力,并能够关注别人的情绪。以下是针对布莱斯的干预方案中有关人际互动和环境调整的一些建议。

人际互动策略

1. 为改变布莱斯的日常常规做好准备(参见 TPBI2 第五章第二节)。

2. 利用夸张的面部表情吸引布莱斯的注意,改变你的位置,以便布莱斯能够看到你的脸。

3. 用轻轻的、柔和的声音与布莱斯讲话,且速度要慢,在向布莱斯提出要求时语句要短,发音要清晰。

4. 当你提出要求时,对你期望布莱斯做出的第一个动作或者说出的第一个词汇,要给予帮助。

5. 以积极的方式告诉布莱斯你想要他做什么。与其说"布莱斯,别尖叫了",不如告诉布莱斯你想让他做什么:"布莱斯,告诉妈妈你想要什么。"

6. 当布莱斯对一个要求给出回应且没有过分的行为时,要对他给予赞赏。表扬他的所作所为(比如"布莱斯,谢谢你替我取来外衣"或者"太棒了,你用词来表达了,而且没有尖叫")。

7. 有些行为,比方晃手,表明布莱斯想要避开他不喜欢的活动,当他开始这样做时,可以在他不想做的活动中引入一些他喜欢的东西。例如,如果他不想洗澡,并开始晃手,那就让他在进澡盆时拿着一个木制螺丝和螺母边洗边玩。

环境调整

1. 布莱斯的日常活动要保持一贯性。

2. 利用图示线索、图示系列说明、信号、手势帮助布莱斯明白你对新活动的要求。

3. 使用带图片的人际交往的故事书,或者画出人际交往的图画,帮助布莱斯改变他的行为。在一个故事中,只讲有关尖叫、撞头、捣眼睛的行为,当布莱斯的行为有稳定性改变时,再讲有关其他行为的人际交往的故事。在每一个故事中都要讲到一个可供选择的可接受的行为,这样布莱斯就知道能以其他方式表达他的挫败感和气愤。

4. 在日常活动中,和娃娃一起做假扮游戏。可有简短的"脚本",这个脚本包括在特定场合说什么,比如吃饭时、上厕所时、见到生人时,等等。通过在社交场合下为娃娃做出的行动和短语示范(比如"请""谢谢""我做完了""我要尿尿"),布莱斯能够实际使用有关的词语。与成人一起做的假扮游戏还为布莱斯与其他同伴玩类似的游戏提供了准备。

5. 给布莱斯一个发条玩具,或者有机械装置的小玩意,这些东西他可装在口袋里随身带着。当想要布莱斯在功能性游戏中安静下来,并取代负面行为反应时,可以利用这些玩具。

6. 利用图画故事书和讲有关情绪与行为的故事。将故事中的情节与布莱斯以及其他家庭成员的情绪和行为联系起来。

参考文献

Gray, C. (1993). *The original social story book*. Arlington, TX: Future Horizons.

资源

网络

The Alliance for Technology Access
　　http://www.ataccess.org
Early Connections: Technology in Early Childhood Education
　　http://www.netc.org/earlyconnections
Phonak Hearing Systems
　　http://www.phonak.com
Stokes, S. (2000). *Assistive technology for children with autism*. Cooperative Education Service Agency 7, Wisconsin Department of Public Instruction. Retrieved June 15, 2007 from http://www.specialed.us/autism/assist/asst10.htm
Yahoo! Groups: Classroom Acoustics (online discussion group/mailing list) http://groups.yahoo.com/subscribe/classroomacoustics

书籍

Adams, S. K., & Baronberg, J. (2004). *Promoting positive behavior: Guidance strategies for early childhood settings*. Upper Saddle River, NJ: Merrill/Prentice Hall.

Chesebrough, E., King, P., & Gulotta, T. P. (2006). *A blueprint for promotion of prosocial behavior in early childhood*. New York: Kluwer Academic/Plenum Publishing.

Notbohm, E., & Zysk, V. (2004). *1001 great ideas for teaching and raising children with autism*. Arlington, TX: Futurne Horizons.

不同发展年龄的干预要点

以下建议针对的是处于相应发展水平的儿童。这些建议并不是全面的，而是表明了可能探索的领域。

发展年龄	行为	干预要点
0—3个月	期待喂食，饿了会哭。 成人的声音、抱起和移动会使其安静下来。 形成进食常规。 听到成人的动静会停止动作。	通过对婴儿需求的一贯回应，帮助他形成对结果的期待。 互动（喂食、换尿不湿）时与婴儿说话，当婴儿听成人说话时，对他的回应要带有更多的情绪。
3—6个月	开始会自我平复。 玩具被拿走会表示抗议。 抵制不想要的举动或者物品。	关注婴儿自我平复时需要什么帮助。 提供一些相关支持来帮助婴儿，在情境允许时对他的抗议给出回应（比如："你想要在水里多待一会儿吗？好的，再加一分钟。"），但在不允许时，要给出解释（比如："我知道你喜欢洗澡，但是该上床睡觉了。明天再洗。"）。
6—9个月	哭闹以引起关注。 开始理解"不"的意思，对成人表示要他控制行为的表情做出回应。	最初说"不"时带上面部表情就可以了。 对成人的解释还不能理解，太多的语言容易使问题更复杂。
9—12个月	用行动引起成人的注意。 解读成人的表情，看看他们是否焦急烦躁。 遵守简单的指令。	当婴儿开始理解简单的指令时，可以在"不"后面再加上一个要求。例如："不，把那个给妈妈。"然后对婴儿的回应给予强化："谢谢。"
12—18个月	意识到自己行为的结果。 理解"不"的含义，开始理解"对"和"错"。 任意发脾气。 他人受伤了，他会给予帮助。	儿童不断发展的语言使得成人能够通过谈论他人的情感而与他简单讨论对和错的问题："特丝很难过，因为你拿走了她的玩具。" 对那些能促进儿童依次轮流进行的活动给予支持："你还能玩一分钟，然后就轮到苏菲玩了。"

续表

发展年龄	行为	干预要点
18—24个月	自我对话。 用身体姿态或动作表达生气。 能够控制情绪。 知道并能说出多种他应该做或者不应该做的行为。 45%的时间是服从的。 可以承受延迟满足。	强化对错误行为的认识(比如:"那是对的。狗狗太淘气了,小心被咬。")。 在儿童生气时帮助他用语言表达出来(比如:"告诉她,'不,我不喜欢那样。'")。 为儿童提供简单易行的方法,以便他能成功遵守(比如,一边说一边伸出手:"我将把你拿走的那块蛋糕取走。"),并且对儿童的努力给予奖励(比如:"谢谢你,你提供的帮助值得亲一下。")。 对儿童的等待行为给予强化,但不要把延迟满足拖延的时间过长(比如:"你在超市里已经安静地走过两个过道了,给你一个零食吃。")。
24—36个月	知道家庭的规则、价值观和标准。 使用词汇描述好的和坏的行为。 显示出同情。 知道怎么帮助他人,与人分享,并合作。 开始将规则内化,但还不能将其应用于不同的情境中。 需要成人帮助来控制冲动。 对做错的事情会尽力"找理由"。	可以开始与这个年龄的儿童谈论行为,以及为什么有些举动是有害的,有些是有益的(比如:"你帮忙捡起了东西,所以现在我们有更多的时间去阅读故事书了。")。 用简单的、积极的词汇表述规则(比如:"我们一起玩玩具吧。")。 在不同的情境中重复规则,以帮助儿童在不同的情境中理解规则。 帮助儿童对会诱发不当行为的情境事先有所准备,给出可供选择的其他行为(比如:"我们将去萨拉家玩。我知道你想和她一起玩玩具,这样吧,让我们带上你的几个玩具和她一起玩。")。 帮助儿童对某个情境"找理由",而不是惩罚他(比如:"我知道你本不想弄坏他的玩具。所以我们看看是否可以把它粘好。")。
36—48个月	能够分辨可接受的行为,什么可做,什么不可做,以及对与错。 与成人争辩并讨价还价他能做什么。 服从的时间占到80%。	关注并谈论他人以及图书和电影中人物的行为。 当这些人物显示出良好的行为,或者当他们做了错事时,记录下来。与儿童谈论他们应该怎么做。 开始用实例来说明对与错。
48—60个月	通过受到惩罚而判断出什么是正确的,什么是错误的。 知道对朋友应表现出什么样的行为,尽管他不一定总是照朋友说的去做。	当某人做了某个错事时,问儿童为什么它是错误的,或者解释它错在哪里。 解释要简短。 当违反规则的情况发生时,可以要儿童解释为什么会发生这种状况,违反的是哪条规则,应该怎样改变这种情况。
60—72个月	有了有关对与错的价值观念。 认为公正是不可改变的。 能够与成人就行动和后果进行协商。 开始理解其他人的理由。	告诉儿童有些举动在某些情境下是对的,而在另一种情境中是错的(比如:在公园里可以大声说话,而在教堂里就是不可以的)。 鼓励儿童与成人进行讨论和协商,但对界限要保持一贯。 不要由于你对儿童感到歉意就改变规则或者后果。 让儿童参与讨论不良行为会有什么后果。

第五节　改进自我意识的策略

目标达成量表

1	2	3	4	5	6	7	8	9
依靠他人来满足需要。		试图接近玩具和他人，拿一些物体给成人看，当别人对他的行为做出反应时，他会笑。在他需要帮助时，他还不会提出要求。		注意力集中到与动作、物体，或者与他人互动有关的特定目标上。常常要求他人的帮助，或者需要不断强化才能使其继续努力。		想要独立实现多种类型的目标，能坚持、有自信，并为取得成功而高兴。知道何时自己需要帮助。		其行为是目标导向的。面对挑战能坚持下去，对成功有信心，完成任务时感到骄傲，意识到自己的长处和不足。

随着儿童获得了自己移动、参与到周围的环境中，以及与其他人互动的能力，他们开始探索其能力的界限，并挑战自己，以学到更多的东西，做更多的事情。他们渴望独立，并且随着他们对自己技能的了解和自信心的增强，儿童还产生了要自己做出决定的愿望。

TPBA2 和 TPBI2 中所使用的"自我意识"（Sense of Self）一词，包括了自主性、成就动机以及认同感。成人应该促使儿童形成积极的自我意识感知——儿童渴望自己独立做事情，努力坚持实现目标，并对自己是谁、自己能够做什么有正确的态度。残障儿童在独立性、掌控力以及适应各种角色上会感到有困难，他们可能需要成人的支持以发展积极的自我意识。

5.1 适当的自我意识

婴儿每一天都发展出新的能力，他们越来越多地意识到自己的成就，并为此感到高兴。婴儿首先开始做的事，就是从他们生活中的特定成人那里得到回应。然而，很快他们纯粹为感到成功的快乐而开始实践新的技能，进行新的探索，并尝试新的动作。到了两岁半以后，对概念上的自我的认知，或者对年龄、性别、身体特征、好和坏以及能做什么的认识，开始发展起来。当儿童开始对这些具体的特性、他们的能力以及他们的信仰上赋予一定的价值时，他们的自我概念就发展起来了。

一般来说，具有积极的自我意识的儿童对自己的感觉是良好的。他们知道，有些事情他们能做到,有些事情他们做不到。但是,他们不断地挑战认知上、身体上、社交上的界限。没有人能做所有的事情,但是一个具有积极的自我感知的儿童懂得,成长的能力是没有界限的。

5.1.1 适当的自我意识的具体表现

Ⅴ.A. 儿童如何表现出其自主性和作出符合家庭文化的决定的愿望?

日常常规(家庭和教室)

- 婴儿/学步儿:当妈妈把豌豆泥送到婴儿嘴边时,他把头转到了另一边,这表明了婴儿的偏好。当告诉学步儿不要玩玩具了,该吃饭了时,她开始大叫:"不吃饭!我还要玩!"
- 幼儿:幼儿独自上了厕所,洗手,然后回到小朋友中间。

游戏常规(家庭和教室)

- 婴儿/学步儿:婴儿把皮球朝电视机扔过去,他爸爸说:"把球扔给我。"婴儿笑了,再次把球扔向电视机。学步儿正在玩塑料的厨房用品玩具,他妈妈说:"我想订一个汉堡包。"学步儿摇着头说:"我们没有汉堡包。"
- 幼儿:幼儿正在用积木搭建一个机场控制塔。一个小朋友想要拿掉几块积木。幼儿说:"不!控制塔很高,别动它,就要我搭的这个样子。"

课堂常规

幼儿选择了一个活动区域,他在那里开始独立搭建一个东西。他看了看其他小朋友的玩具材料,然后拿了一些与别人相同的材料和一些不同的材料。

Ⅴ.B. 儿童如何表现出成就动机?

日常常规(家庭和教室)

- 婴儿/学步儿:婴儿爬到一个高高的椅子边上,抓住椅子,努力让自己站起来。然后她看向妈妈,笑了。学步儿正在穿夹克外衣,爸爸想要帮他一把,他说:"不要。我自己来。"
- 幼儿:幼儿过来吃早饭,他说:"瞧!爸爸,我起床、穿衣,全是我自己做的。"

游戏常规(家庭和教室)

- 婴儿/学步儿:婴儿正在用手拍打一个玩具,一拍打,这个玩具就能旋转。她重复做这个动作,做了10次,然后把注意力转向了其他的东西。学步儿在公园里玩滑梯,滑梯的阶梯太高,他上不去,当妈妈试图往上抱他时,他推开妈妈,自己去爬阶梯。
- 幼儿:幼儿正在扮演三只小猪的故事:"现在,你过去假装把房子吹倒。你必须要用力地吹!"

课堂常规

幼儿坐在桌旁,桌上是她画的画和做的手工,她仔细地写上自己的名字。但她感到不太满意,于是用橡皮擦掉,重新再写。

V. C. 在自我认同方面,儿童具有哪些特点?

日常常规(家庭和教室)

- 婴儿/学步儿:洗澡时,婴儿用手指着说"眼睛""鼻子""嘴"。穿衣时,学步儿对妈妈说:"你是女孩,我是女孩。女孩穿裙子。"
- 幼儿:幼儿一边围着运动器械跑,一边向教师大喊说:"我是真的很能跑步,我能跳很高。看我!"

游戏常规(家庭和教室)

- 婴儿/学步儿:婴儿正在楼梯上爬上爬下,当她爬到最高处时,她转过身体,先把脚伸出来。学步儿在转圈跑,她大笑着,然后摔倒了。她大声说:"我就愿意干傻事!"
- 幼儿:幼儿在假扮游戏区域,他说:"我当爸爸,你当妈妈,他当我们的孩子。现在我要外出工作了,我很快就会回来的。"

课堂常规

在讲故事时间,幼儿围坐在一起,教师问道:"你们会害怕什么?"一个幼儿回答:"我怕黑。"

5.2 促进恰当的自我意识的一般原则

成人做的很多事情都会有意或者无意地影响到儿童的自我意识。任何让儿童感到自己很差、做什么都不行的评论,都会损害儿童的自我意识。不允许儿童去经历挑战和失败,会使儿童形成一个虚假的自我意识,会使儿童感到他面对具有挑战性的事物时总是不会成功的。给儿童提供太多的帮助,或者对儿童的一点点努力就赞不绝口,都会起到不好的作用。照料者向儿童提供的挑战、支持和鼓励尽力做到恰到好处,才是正确之道。

5.2.1 关注积极的一面

成人经常会给出一些评论,而这些评论往往会影响到儿童对他自己的认知。要注意到儿童积极的特点,对他的技能和能力给出赞扬,这样可以让儿童知道他的长处。例如,父母可以说:"你真是一个小画家哟。"如果儿童接受了这样的评论,并认为这是真的,这就会使儿童对自己的绘画能力有自信。

5.2.2 对取得的成就给予赞扬

儿童喜欢因为自己的成就而受到赞扬。对于婴儿,当他表现出新的技能时,照料者可以拍手、呼喊、做出激动的表情以及表现出喜爱,等等。对于大一些的儿童,更常用的方式是给出语言上的赞扬,而身体上的拥抱和激动会变得少些。当儿童开始倾听成人所说的话时,成人可以表扬他是一个好孩子、一个能干的孩子,或者一个有用的人。例如,成人可以说:"你很棒。这是你做的!"

5.2.3 评论他人

儿童总是在乎其他人的评论。当他们长大一些后,对别人说的有关他们的话,他们会更加敏感。成人甚至可以评论他人,故意间接地向他们的孩子传递某个信息,例如:"我为亚历山德拉感到骄傲,他认识他名字上的所有字母,还有数字。他爱看书。"

5.2.4 制造小的挑战

如果儿童感到自己能做某事,他们就会付出努力。如果他们不理解一项任务是什么,或者感到自己不能做这件事,他们就会转而去做其他让自己感到舒适的事情。照料者通常知道儿童能做什么,并提供那些在儿童能力范围内的活动,但也仍然要提供一些具有挑战性的活动。例如,父母可能观察到儿童正在开始站高往上够东西,父母应提供激励,以鼓励儿童尽力做得更多些。父母可以将儿童喜欢的一个玩具从地板上移到长沙发上,这个位置比儿童以前能够到的地方要高些。

5.2.5 提供机会

父母常常会尽力向儿童提供一些机会,让儿童体验到家庭以外的经历,他们可以提供宗教的、社交的机会,或者上幼儿园以及其他类型机构的机会,使儿童能够感知新的态度、新的价值、新的知识和技能。例如,3岁的杰莱亚的养母送她去学前班,以便让她有一个社交的经历,另外,还带她去参加当地康乐中心的体育活动课,以提升她的动作技能。

5.3 实践中的原则

成人使用各种策略来支持儿童进行社交和学习。以下是一些实例,用来说明照料者在家庭和托幼中心中是如何使用之前介绍过的一些策略的。这些实例是大多数照料者在他们与儿童的日常交往中自然采用的一些方法。对于大多数有残障的儿童,这些方法也是适用的。

5.3.1 日常常规（家庭和教室）

喂食/进食

父母常常利用吃饭时间让儿童选择他们爱吃的食物，尝试新的食物，并对他们独立吃饭的能力给予称赞。例如，父母可能会说："这是鸡肉，你爱吃鸡肉，你能自己用叉子扎住它。"

换尿不湿/如厕

儿童独立大小便对他和他的父母都是一个重要的里程碑，这是一个儿童最有成就感和深受鼓舞的发展领域。当儿童能够控制大小便时他通常会感到很有成就感，并感到骄傲。成人通过期待儿童能够完成这个任务，指导他，帮助他，鼓励他，并为强化他在这方面的努力而给予支持。例如："我知道你能把小便尿在便盆里，坐到这里，我会听到你小便的声音。继续加油，你能行。耶！我听到了，你做到了。"

穿衣

独立穿衣常常是由儿童自己主动发起，并由父母给予支持的。首先父母将儿童要穿的衣服放置到合适的位置上，然后鼓励他做接下来的动作，比如把胳膊或者腿伸到睡衣里，然后父母移动衣服，让儿童找到正确的"洞"，把头、胳膊或者腿穿过去。这样，逐渐地让儿童一步步学会自己穿衣服。

5.3.2 游戏常规（家庭和教室）

面对面游戏

在面对面游戏中，父母期望儿童用微笑、语言或者动作给予回应，他们把儿童置于可以看到并可以与之互动的位置上，然后做出示范、等待，并鼓励儿童做出回应。这样的游戏让儿童知道依次轮流和人际互动是很有趣的，这样还可以鼓励儿童观察其他小朋友，并模仿他们。面对面游戏还激发儿童主动发起社交性互动，并对自己开展互动的能力树立起自信。成人通过发起活动、对儿童给予回应，或者对儿童的努力给予支持，从而增强儿童的自信心。例如，当幼儿在床上蹦跳并向父母伸出手时，成人可以说："哦，你想玩'小猴在床上跳跃'？好，我们来一起唱吧。"

体育游戏

体育游戏涉及付出和获得，还能让儿童感受到权力和掌控。当儿童看到成人对他的动作给出回应时，他开始学会懂得一个动作怎样影响到另一个动作。例如，学步儿从他父母身边跑开，然后停下，转身回头看他的父母是否在他身后跟着，然后又大笑着跑开。通过这样的动作，这个儿童了解到其他人对他正在做的事是关注的，了解到他能够成为一个领导者，而且感受到成功的互动在情绪上是有回报的。

操作性游戏

玩玩具既可以是儿童独自玩，也可以是和其他小朋友一起玩。无论哪种情况，都能增进儿童的自我意识。当儿童独自玩、进行尝试、找到解决问题的方案时，完成任务所带来的回报通常并不是需要成人的赞扬，儿童感受到的愉悦本身就是奖励。利用玩具开展的社交性游戏还涉及其他方面，因为一起做游戏的其他儿童提供了与游戏进展有关的某种反馈。在和成人做这样的游戏时，成人可能会给出指导，对动作做出评论，或者对做得好的地方给予强化。例如。成人可能会说："我的小汽车来了，哦，不，小汽车不动了。我可以到哪里加点汽油？哦，太棒了！你那里有汽油！谢谢你的帮助！你是一个好人。"这样的游戏能够使儿童表现出他是有能力的，是能帮助他人的，还让儿童充当了领导和协作的角色，有利于儿童积极的自我意识的发展。

感觉游戏

成人对玩各种手工游戏的容忍度给儿童传递了信息，即他们可以在许多方面扩展游戏的边界，以进行自我表达。当各种手工游戏转化为创造性的、艺术性的努力时，儿童了解到，这些成分能够被结合在游戏中，并且是自我表达的另一种形式，这种形式的自我表达是其他人能理解的，并且是他们所赞许的。在视觉、身体或者听觉形式上的艺术性表达都能够帮助儿童感觉到创造性、被赞许和自身的力量。成人的反馈能够告诉儿童他们是聪明的，并且他们能够交流自己的想法和情感。例如："我喜欢你把阳光染成橙色的样子。它让我想起了日出或者日落。"

5.3.3 阅读和学习常规

圆圈时间

教师常常利用圆圈时间让儿童表达出他们知道什么、感觉如何，以及他们能够做什么，等等。在这个期间，教师应支持每一个儿童在表达自己、理解主题，以及由多人一道进行的各种活动中所做出的努力。例如，教师可以说，"赛琳娜，那是一个很棒的想法""吉米，感谢你告诉我们你到犹他州的旅行"或者是"快看布莱恩，他的舞蹈跳得好快呀"。

一对一阅读

无论是看图画书，还是帮助儿童尽力读出页面上的词汇，一对一阅读都能提供很多的机会来促进儿童获得成就感，强化他们的表达能力，增进人际互动，以及对他们掌握知识的情况给予赞许。从发出声音、解释图画的含义，到描述画面的动作和事件、讲出故事情节，以及真正读出书上的词汇，在每一个不同的水平上，成人都能帮助儿童了解自己知道什么，并对此感觉良好，而且能很好地表达出他所知道的东西。对婴儿，父母可以说："是的，奶牛叫：

'哼。'"对学步儿,父母可以说:"我想你是对的,他不是一个善良的怪物。"对刚刚开始阅读的儿童,父母可以说:"大声读出来。很好!它叫'食物'。"所有这些评论都告诉儿童,他们是能行的,应该为自己的努力感到骄傲。

科学与数学

科学与数学涉及儿童认知系统的发展,从对单一物体的非常简单的理解到对更加复杂的相互关系和系统的理解,成人通常帮助儿童用死记硬背的方式学会特定的概念,比如数数、背诵字母表等。父母还可以为儿童使用他们在日常生活中学到的技能提供机会,例如,"今晚我们有四个人吃晚饭。你能取四个餐巾来,在每个餐碟前放上一个吗?摆放餐具真有意思呀!"或者"什么字母代表了停止(Stop)?对了,是'S'"。让儿童展示出自己的知识以及技能,这有助于他们建立自信心。

5.4 为增进自我意识制订个性化的干预计划

在某个发展领域有功能障碍的儿童,比起正常发展的儿童,他们更容易形成负面的自我意识,特别是在他们有能力理解自身局限性的情况下。发育不良的儿童可能会将自己与其他人作比较,并感到自己不如别人"帅"、不像别人那样"受欢迎""善运动",等等。为促进儿童发展出积极的自我意识,他们需要发现自己的能力,并了解这些能力能够对某些他们做不到的地方予以补偿。在帮助儿童发现自身能力、变得更加独立、坚持实现目标,以及对自己能够做的事感觉良好等方面,成人能够发挥重要的作用。对需要发展出积极的自我意识的儿童,在与其的互动中,以下建议可能有所帮助。

V.A. 儿童如何表现出其自主性和作出符合家庭文化的决定的愿望?

在日常生活方面,残障儿童可能更依赖于成人的辅助。成人可能会为他们做任何事情,小到一件生活小事,比如挑选出他要穿的衣服,大到完成一个主要的任务,比如吃饭,或者帮助他从一个地方移动到另一个地方。成人可能会谈论儿童,或者对儿童做出的任何小手势给出回应,让儿童知道他们懂得了儿童的所想和需要。尽管这看起来似乎是必要的,但是这样做还会导致儿童的无助感和无能感。

对成人越是依赖,儿童获得的新体验和与同伴交往的机会就越少。成人可能会断定,当前的状况可能会对儿童没有好处,因此不值得下功夫去制订干预计划并实施。然而,减少他们与物体、他人,以及各种事物的接触,意味着儿童独立作出决定和独立进行尝试的机会更少,致使儿童只习惯于家中和托幼中心的课堂常规。如果其他人总替儿童做事,这就成为一个被接受的模式,要打破这个模式,需要儿童和其生活中的成人共同努力。

人际互动策略

1. 让儿童自己做出决策。即使是婴儿也会有自己的偏好,在他们喜欢的物体前,他们的注意力会停留更多的时间。那些不能表达自己愿望的儿童,能够给出视觉上的信息。如果一个儿童的视线停留在某一个物体上的时间较长,那么父母就可以告诉儿童:"你想要那个蓝色 T 恤。"不久,儿童将开始理解他的眼睛能够引导别人作出决定。对于不能用手势、声音、词汇与人交流的儿童,成人可以让儿童在任何一个可接受的机会作出选择,甚至在儿童完成没有选择的情况下(例如外出办事、洗澡),成人也可以向儿童提供一个可接受的选择机会,让儿童自己作出决定。例如,"你想要带上一本书还是一个玩具上车?"或者,"你想要在澡盆里放上泡沫吗?"自己作决策,这使儿童获得了控制感,且是建立自信的重要一步。

2. 将任务进行分解。对指定的任务进行充分的考虑,从任务开始到任务结束的各种因素都考虑在内,然后决定儿童是否能够完成其中的某些部分。儿童可能会做第一步(比如拿起勺子并握牢)、一个中间环节(比如抓住放在水中的牙刷),或者最后一步(比如脱袜子时的最后一拽)。儿童能够做到的每一步都为他尝试做下一步提供了动力。成人的角色就是决定儿童能够尝试哪些方面,鼓励儿童的努力,给予关注,以及对任何成功,哪怕是部分的成功都给予鼓励。

3. 做示范时动作要慢。成人与儿童做活动时常常是以自己通常习惯的速度来做的。对有些儿童来说,成人的速度可能太快,他们会漏掉其中的一些环节,只看到最后的结果。例如,如果成人速度很快地用积木搭起一个高塔,儿童会看到最后的高塔,但不理解它是怎么搭建起来的。成人需要把任务分解,动作慢点,用语言描述出正在干什么,给儿童模仿每一个步骤的机会。例如:"看,我正在小心翼翼地把这块积木放在最上面。现在该你了。好,让我们放稳点儿,这样它就不会倒了。好了,现在又该我了,我正在放上另一块积木,非常小心地放。"

4. 对有一定难度的动作做出示范。儿童需要对他们正在掌握的技能不断进行实践,但是他们还需要有机会去扩展他的技能。成人应该监测儿童能够做什么,以及对稍有难度的动作给出示范,或者在一个动作后面再加上一步。例如,如果儿童能够在脱袜子时自己完成最后一步即将袜子拉下来的动作的话,成人就可以增加难度,让儿童帮忙将袜子脱到露出脚跟的位置。这需要儿童付出更大的拉力和坚持。如果儿童正在玩把东西放进盒子的游戏,成人可以把东西拿出来并示范怎样把东西扔进盒子里。

5. 提高对儿童的期望。儿童常常被我们的期望限制。我们不期望儿童去交流,因此我们会直奔一个事物,用它代替必要的交流。如果成人相信儿童自己能独立完成更多的话,他们将会为儿童做出示范,提供最低限度的提示,并会耐心地多给儿童一些完成的时间。如果儿童不想去冲破我们的限制性态度，以及突破他们自身发展中的挑战的话，他们能够战胜的东西就会少许多。

环境调整

除了人际互动策略能够帮助儿童，常用的还有环境调整。根据TPBA2的研究发现，干预小组可以考虑采用以下环境调整。

1. 调整儿童的位置或者材料摆放的位置。有些任务，比如穿裤子，要求身体保持平衡和协调，这对有些儿童来说是困难的。可以不要求儿童站着去完成这个任务，这样儿童就能参与得更多些。例如，如果让儿童坐在地板上，把裤子方向正确地平放在他面前，儿童就能够拉起裤子来套过双脚，然后用脚站地把裤子提上来。

2. 给儿童尝试的机会。在发展上有一定障碍的儿童，比起正常儿童来，可能需要经历更多次才能对一项活动有所了解和掌握。出于这个原因，成人应该在各种场合给他们创造尽可能多的实践机会。如果儿童一天只外出一次，那他一天只有一次穿上外衣的机会。但是，如果外衣是放在玩耍区域的，或者就在穿衣镜旁边，儿童就会受到鼓励，为了好玩而多穿几次。在儿童玩耍的地方，还可以放些日常生活中的小物件，比如汤勺、毛巾、梳子，等等。这些小物件可以用在假扮游戏中，或者也可以仅仅是让孩子自己练习使用。

3. 首先在儿童最感兴趣的任务上建立掌控动机。所有儿童都有他偏爱的活动类型，有些儿童喜欢感觉游戏或者体育游戏，有些儿童喜欢操作性游戏，还有些儿童喜欢假扮游戏，等等。儿童在他们感兴趣的任务上，保持的时间会长些。成人可以利用激励性活动，让儿童开始尝试目标导向的努力。然后，再插入一些有一定难度的活动，并鼓励儿童做出同样类型的努力。还可以利用儿童比较偏爱的活动，将它用作继续坚持完成某项他不太喜欢的活动的强化手段。例如："你只要洗完手，就可以玩娃娃了。"

4. 提供与技能稍高一些的儿童一起玩的机会。有残障的幼儿，特别是有多种发育障碍的幼儿，常常会花很多的时间与成人在一起，包括父母、治疗师等。他们在与成人的交往中，往往是由成人主导的，并且是聚焦于任务上的。事实上在与成人的互动之外，所有幼儿与同伴的交往都是非常重要的。同伴交往起来更随意，对儿童来说同伴是更有趣的榜样，并可以激发残障儿童与之进行交流、模仿他们的动作，或者以独立的方式参与到他们之中。成人需要确保儿童有机会与同伴或者兄弟姐妹玩耍，技能稍微高些的同伴可以在儿童感到有些许挑战性的任务上提供一定的示范。

5. 提供适宜的材料。适宜的材料和设备常常能帮助儿童独立地完成一些事情。儿童或许不能系上鞋带，不能扣上衣服上的纽扣，但是他可以扣上搭扣。一个适宜的汤匙能让儿童用手抓握住，并正确地操控它，自己进食。一个有灯的盒子可以使儿童看到各种形状和数字。一把适宜的椅子可以让儿童在活动时自己坐上去。录音机上的一个按钮可以使儿童自己去操作这个设备,等等。成人需要分析对儿童来说有一定挑战性的活动,并确定环境中的什么材料和设施能够帮助儿童更容易完成一些动作。可以向专家咨询,以了解有关的辅助性手段。

V.B. 儿童如何表现出成就动机?

掌控动机是儿童渴望达成目标以及克服各种障碍坚持实现目标的能力。儿童可能有高水平的掌控动机,但是在不是特别成功的情况下,特别是在面对连续的失败后仍能保持掌控动机,这就不同寻常了。出于这个原因,残障儿童可能会经常面对失败,他们更容易降低掌控动机、中途放弃,并形成不良的自我概念。上述所有增加自主性的策略,对这些问题也都适用。因为儿童越是独立,就越会反过来激发更多的掌控动机。另外,以下策略也有助于帮助儿童建立掌控动机和坚持性。

人际互动策略

1. 表现出你的兴奋和激动。掌控动机指的是儿童对其参与其中的活动有高度的内在兴趣,或者兴奋激动。有些儿童可能在开始时没有内在的动力,成人可以做出示范,与儿童互动时表现出兴奋和激动。如果儿童感到坚持完成一个目标是有意思的事,并且会带来赞赏,他多半会继续努力下去。

2. 对儿童付出的努力给予赞赏。随着最终目标的达成,掌控动机也随之增长。即使目标没有实现,也应该对儿童在实现目标的过程中付出的努力和行动感到满意。在体育运动中,父母会说:"无论是赢是输,重要的是你完成了比赛。"对于残障儿童,努力是感到满足和自我价值的关键,照料者应该对此有清醒的认识,而不仅仅是评论说"做得好""画得真好"或者"好高的楼"。评论要强化儿童的努力和坚持,这才是关键。例如,成人可以说:"看到你做得这么努力,我真高兴!"或者说:"继续努力,你快要做好了。""你应该对自己没有放弃感到骄傲。"

3. 提供最低限度的辅助。如同之前已经介绍过的那样,自主性对于儿童如何看待自己是非常重要的。如果成人提供的帮助太多,会降低儿童的成就感以及对自身能力的确信。因此,成人仅仅在儿童确实需要一些帮助,以便他们能继续努力下去的情况下,再提供帮助,而且提供的帮助越少越好,能使儿童走入下一步即可。例如,一个小肌肉动作有困难的儿童,他正在努力画画,这时给他的帮助包括扶住他的手腕,帮助他握住画笔,语言指导,或者仅仅是鼓励他继续做下去。

4. 在大目标下设定小目标。在儿童长大一些后,他们从事的活动会变得更加复杂,会涉及多个步骤才能达到目标。拼图不再是在一个固定形状内用几块就能拼好,而是一幅图,用很多块才能拼出。知道了如何才能完成拼图的目标,可能会让儿童心生畏惧,很容易就放弃,并将注意力转移到其他玩具上。要建立掌控动机,成人可以将任务分解成更小的目标。例如,如果一个拼图有 10 块拼板,成人可以把其他的拼板都拼好,只留下两个角上的拼板让儿童来拼上,看他是否能拼对。成人可以对儿童的努力和成功给出评论:"我看到你能自己分辨哪块应该放哪里。哦,你找对了。你这么快就找到了合适的那块!"同时,成人可以对儿童提供最低限度的帮助:"我看到这块上有眼睛,可能你需要找到脸部,好把它放上去。"

5. 帮助儿童设立个人目标。一旦幼儿开始用动作词汇进行交流,他们就开始确定自己想要学着去做的东西,由此来自己设立目标了。儿童对完成自己设定的目标,比起完成成人为他们设定的目标,有更多的动力。如果儿童选定了一个超出他当前能力水平的目标,成人可以帮助他设定一个过渡性目标,以实现那个目标。例如,查琳,4 岁,在认知和小肌肉动作方面有些障碍。她想要学会写自己的名字。由于她刚刚在纸上画了涂鸦,她和她的老师做了一个图表,表明了写名字的几个步骤。那个图表包括画直线、画曲线、画圆圈,等等。查琳每天练习多次,在她练习的纸上贴上一个"笑脸"。她自豪地带着这张纸回家,给她的家人看她学会了什么。

环境调整

除了人际互动策略能够帮助儿童,常用的还有环境调整。根据 TPBA2 的研究发现,干预小组可以考虑采用以下环境调整。

1. 调整活动的难度。有时,活动的材料和水平对儿童来说难度太大,当这种情况发生时,会使儿童感到受挫,导致丧失掌控动机。最好是调整材料的难度,而不是给儿童一些继续让他经受挫折的东西。还以上面说的拼图为例,如果父母或者教师知道这个儿童不能操控小块的拼图,或者不能理解怎样将拼块联系到一起,那最好是向他提供低层级的拼图,比如拼图边上有一张图可供参考。先让儿童看到他把一个个拼块放到一起时是有趣的,再让他做有一定难度的拼图。

2. 提供多种选择。如前面所提到的,实践对于独立技能的发展是非常重要的。然而,实践并不是每日都用相同的材料。事实上,如果儿童每天看到的是同样的拼图、同样的书和玩具,他们可能会对这些特定材料产生了掌控感,但却对新的拼图、图书和玩具不知所措。掌握一定的技能,对保持掌控动机是非常重要的。另外,一旦儿童掌控了某个材料,他往往会感到厌倦,这会导致他对这些类型的活动失去兴趣。

3. 调整活动的呈现方式。有许多活动都可以进行调整以保持儿童的兴趣和动力。吃饭、穿衣、洗澡以及其他日常活动,会因其成为生活常规而变得乏味,成人可发挥各种创造力来保持儿童的掌控动机。例如,吃饭对于亚当来说是一件难题,他总是坐不住。他有一个盘子,上面画有许多动物,他的妈妈利用各种策略想方设法让亚当完整地吃一顿饭,其中之一就是用食物将盘子上的某个动物遮盖起来,然后让亚当去吃掉遮盖它的食物来"解放"这个动物。有时他们还会你一口、我一口轮流咬华夫饼吃，有时他们还会假装表现出咬东西是在做一件搞笑的事。他的妈妈说："我大咬一口，它的味道像是蝴蝶。"亚当大笑，咬一口，说："臭虫。"

4. 利用适当的器材。如前面所描述的那样，儿童需要至少取得一定的成功才能保持动力，为使他们的各种能力得到发挥，有必要采用辅助性器材。

V.C. 在自我认同方面，儿童具有哪些特点？

对自己和他人特点的认知情况，表明了一个人的自我意识的程度。儿童最先注意到的是明显的身体特征，以及他们与别人之间的区别。随着他们不断成熟，他们注意到更多的抽象特征，比如友善、分享等。帮助儿童认识到他们与其他人的共同之处和不同之处，这对一个人自我概念的发展非常重要。对于残障儿童来说，看到其他儿童能够做自己做不了的事，其他儿童得到了表扬和赞许，其他儿童被挑选为游戏伙伴，这些都可能对他们自我意识的发展产生负面影响。成人可以帮助儿童了解自身的个人特点，要突出强调他们积极的特质，同时帮助儿童看到他与其他人相似的地方和不同的地方。

人际互动策略

1. 为正在发展的积极特点命名。婴儿一出生，父母就开始和他谈论他的特点，他眼睛的颜色，他身体的各部位，他长得像谁、不像谁，等等。有认知困难的儿童，可能需要在各种情境下，比如洗澡、吃饭的时候，更频繁地听到这样的描述。随着儿童不断长大，向他们描述一些抽象的特点也是非常必要的。儿童需要知道自己在什么时候是友善的、有礼貌的、关心他人的、友好的、有帮助的，等等。应指出他们积极的特点，而不是消极的特点。如："谢谢你帮忙，今天你已经帮了我两次了，刚刚你为我取来了餐巾，今天早晨你还自己脱掉了睡衣。"陈述时应该注意这样几点：（1）指出积极的特点；（2）指出被认为是有帮助的行为；（3）不要提儿童没给出帮助的那些事；（4）强化积极的行为。这样反复多次之后，儿童往往开始认同自己的行为。"看，妈妈，我是能帮忙的。"

2. 谈论儿童的能力。除了谈论儿童积极的特点，成人还应该帮助儿童了解他所掌握的技能。残障儿童常常因他们的"不能"而形成一种自我意象。成人可以帮助他们看到自己的许多能力。如前面所提到的那样，让儿童确定他自己的目标，这有助于建立掌控动机。个人目标的确定还能帮助儿童看到他已经掌握的技能。另外，照料者和教师可以指出儿童的新技能："你正在变得独立。现在你能自己拿起衣服，自己穿衣服啦。你还能自己刷牙，自己上厕所。我为你能自己做这么多的事感到骄傲。"

3. 坦率面对儿童的障碍。除非儿童有严重的缺陷，否则大多数儿童都能意识到他们哪些事情能做好，哪些事情做不好。假装他们与其他儿童完全一样，这没有任何好处。成人能做的是，指出他们与其他儿童相似的地方，并谈论他们与其他儿童不同的地方。不同并不代表他们是"错的"，这一点很重要。父母可以说："你的肌肉不那么听话，所以你行走起来要多花些时间。"或者说："有时，在你没想好玩什么玩具时，你可以多尝试不同的玩具。"当儿童因遇到困难而受到挫折时，成人还应该帮助他们知道要去做什么。例如："如果你想要快些到某个地方，告诉我或者一个朋友，我们会帮你的。"当儿童长大一些后，会听到其他成人说出的一些标签，比如多动症、自闭症，成人应该小心地解释这些术语的含义，以免让儿童感到他被成人贴上了负面标签。

4. 与儿童谈论学习和行为方式。要让儿童知道他们怎样才能学到更多，或者怎么做能有助于调节自己的情绪和行为，这对他们是很有帮助的。这可以引导儿童在需要时去寻求帮助，有助于他们独立做出动作以改善行为和学习效果，并有助于成人知道他们需要什么。例如，如果儿童轻易就发脾气，成人可以帮助他了解怎么做能让自己平静下来。"托尼，看上去你需要到你的豆袋椅里坐一会儿，它可以帮助你平静下来。"过了一段时间，托尼可能不需要帮助就能坐到他的豆袋椅里。如果他能记住这个办法对他有帮助，他会在自己感到不安的时候，不需别人提醒就自己坐到豆袋椅里。儿童还能学会提出请求。例如，如果儿童对视觉日程表或者图表提示有反应，成人需要让他知道这是他学到东西的最好方式，它不是一种惩罚，虽然其他儿童没有使用这样的图表。对于大一些的儿童，对他不能理解的一些事情，他会自己提出要求，来寻求帮助。例如："你能给我画一个图吗？这样我能明白你的意思。"或者，"你站在那里，我看不到你。你能到这边来吗？"儿童应该知道，他们完全可以提出请求，这样对他们的学习以及与他人更好的互动是有帮助的。这不是一种耻辱，而仅仅是他们最好的学习方式的一个特点。

5. 帮助儿童知道怎样与他人谈论自己的不同。因儿童在长相、行为或者其他方面有所不同，其他人对他们的反应也会不同，要让儿童学会如何应对他人的反应。告诉儿童，其他人的某些行为，是由于对他们缺乏了解，而不是出于不喜欢。儿童能够学会使用成人使用的同样词汇来表达他们的不同。向班上的其他儿童作出解释，这是一个好的开端，因为儿童通常并不会问一些后续的问题，而是接受所告诉他们的事情。这样的讨论有助于儿童感到更多的自信。

环境调整

除了人际互动策略能够帮助儿童，常用的还有环境调整。根据 TPBA2 的研究发现，干预小组可以考虑采用以下环境调整。

1. 与书中和电视中的人物进行积极比较。有很多书籍都涉及有特殊需求的儿童，也有很多电视节目，比如《芝麻街》，讲到了残障儿童，这些都可以用来帮助了解困难儿童所具有的积极特点，并对他们如何应对不同的情境提供建议。

2. 让其他儿童也使用特殊的材料。不向有特殊需求的儿童提供特别的关注和材料,这很重要,因为那样做会对其他儿童的态度产生负面的影响。如果儿童正在使用电脑,他会有一个轻便的键盘、耳机、一个充气坐垫、一条厚毯子、图像交换系统,或者其他的材料,这些材料也应该提供给其他儿童使用,这样有助于他们了解有特殊需要儿童的感受是怎样的,以及知道应该如何帮助他们。

3. 以各种方式让有特殊需求的儿童在教室里出现。在一些全纳教育班上,可能会有1—2个有特殊需求的儿童。让所有儿童都了解到存在有各种各样的人,这很重要。所有儿童都应该有机会看到、读到各种不同的人,并与他们交往。有关这方面的图书、电影、实地考察、参观访问等,都可以结合到幼儿园的课程中,以增加对有特殊需要儿童的理解和接受度,并增加班上其他儿童的亲社会行为。

5.5 为需要支持以增强自我意识的儿童提供的常规活动

5.5.1 日常常规(家庭和教室)

喂食/进食

要确保儿童的体位能使他的手自由地活动(比如能很好地得以支撑)。给儿童的餐具是他能够抓住并自由操控的。让儿童自己选择吃什么样的水果、蔬菜,以及其他的食物。儿童要吃的东西,可以分开放,不要都混在一起,也可以先吃某种特定的食物。鼓励儿童独立进食,即使他把吃的东西弄得到处都是,也要用语言鼓励他独立进食,并坚持下去。

换尿不湿/如厕

换尿不湿时总是需要帮助的,但是儿童能够通过抬起腿,把脏尿不湿取走,或者告诉父母他用的尿不湿"脏了"来学会参与。当儿童可以接受大小便训练时,成人可以对儿童不断增长的能力和独立性给予赞扬。想要穿大孩子裤子的欲望可以促进儿童接受大小便训练。让儿童自己选择他们想要穿的第一条裤子,这有很大的激发作用(一旦你会独立坐便盆了,你就能穿那样的裤子了!)。当儿童独立做事的能力增强时,他的自信心也得到了增强。有关大小便训练的图示对有特殊需求的儿童很有帮助,还可以做一个曲线图,让儿童能对他的进步过程看得一清二楚。

穿衣

如前面提到过的,甚至婴儿就已经能够开始选择他自己的衣服了,他会用眼睛盯着他最喜欢的那件看。对儿童自己做出的选择予以鼓励,这还会激励儿童想要参与到穿衣过程的其他方面。儿童的适当体位和衣服的摆放位置,方便松紧带,以及练习的机会,这些都可以激励儿童自己穿衣服。

外出

外出尽管对于成人和儿童来说都是挑战,但对于有特殊需求的儿童来说还是一个与他人交往并获得新体验的机会。成人可以提前告知孩子做好与他人互动的准备。鼓励儿童发起或回应对话,特别是当其他儿童常常避开这个儿童,或者对他的障碍一再提出各种问题的情况下,更是如此。成人还应该鼓励儿童成为社区生活的积极参与者,并且尽可能地独立参与,在超市帮助家里挑选食物,在餐厅看菜单选择吃什么,并自己点菜,在百货商店挑选自己喜欢的衣服,帮助付款,等等。所有这些经历都有助于儿童建立积极的自我意识。

5.5.2 游戏常规(家庭和教室)

面对面游戏

面对面游戏可以帮助儿童在亲密的社会性游戏中建立自信。由于通常在玩这样的游戏时,彼此之间的距离比较近,因此儿童了解到了如何主动与人交往,以及如何向他人给出回应。照料者能够启发儿童产生掌控社会性游戏的愿望,并对和他人一起玩这样的游戏感到舒适(开始时是与家人和朋友,然后是与不太熟悉的成人或同伴一起玩)。

体育游戏

体育游戏往往更加活跃,更能使儿童运用各种身体技能。在不同的场合做体育游戏,不论有没有体育器材,都能增加儿童体育活动的熟练程度,并使他们在同在公共游戏场地的其他儿童面前感到自信。如果成人帮助儿童在玩这类游戏时设立一些小的、有激发作用的目标,还能增强儿童的掌控动机。

操作性游戏

操作性游戏包括拼图、积木、胶泥、艺术材料、能活动的小人偶,以及其他的小物件。这类游戏为儿童学习解决问题、创造一个物体,或者将一种东西变换成另一个样子,以及精细的动手能力提供了机会。画画、剪切、搭建、做桌面游戏等,所有这些活动都能促进儿童动手去实现一个目标。成人可以帮助儿童设立一些小目标,把大的任务分解成小活动,鼓励他们坚持下去,并对他们在游戏中使用的技能和积极表现给予赞扬。

感觉游戏

感觉游戏会涉及所有感觉,并为儿童了解哪种类型的感觉信号令他愉快提供了机会。例如,如果儿童喜欢运动以及本体感受的信号输入,那么可以让他尝试体操、跳舞、运动性活动,以及体育比赛,在这些活动中儿童将很高兴能运用新的技能。如果儿童喜欢触觉信号输入,喜欢创造性的探索,比如玩橡皮泥或者不同类型的介质和胶水,那么可以让儿童尝试各种技能。他可以用手指和手做手指画,可以用橡皮泥捏出故事书中的人物,用羽毛做小鸟,还可以用冰棒棍、胶水等材料做各种东西。将儿童更擅长的那些感觉系统调动起来,能够增强儿童对一项任务的掌控动机。在成人的启发下,儿童可以运用几乎所有感官的很多技能。

假扮游戏

假扮游戏有助于儿童对日常生活、有情节的故事进行具体练习,以及学到大量的认知技能。成人还可以利用假扮游戏,帮助儿童练习在不同社会情境中该如何去做,而这对儿童来说是困难的。例如,成人可以假装请求另一个儿童来玩,或者告诉另一个儿童他有什么困难,或者假装在餐厅点餐。假扮游戏能够使儿童在安全的情境中练习人际互动,这样在他将这些技能应用于实际生活情境中时,会感到更有自信。

5.5.3 阅读和学习常规

圆圈时间

教师可以利用圆圈时间指出某个儿童所展现出的积极的品质、动作、想法,以及行为,并为其他儿童充当重要的示范角色,让孩子们都听到他是如何用积极的词汇来描述每个儿童。例如,教师可能会说,"马修今天非常有耐心。""露比在她的朋友讲话时听得很专心。"有一点很重要,即不是只有"好"孩子才能得到积极的评价,所有儿童都有积极的特质,他们都应该得到积极的评价。

一对一阅读

与有特殊需求的儿童进行一对一的图书阅读,这使得成人有机会与儿童谈论与自我意识相关联的各种领域。面对婴儿和学步儿,成人可以指出并谈论书中人物的特点,将他们的身体特征与其他儿童作比较。对大一些的儿童,可以和他们谈论动作、情景、事件,以及更抽象的特征。图书提供了无限的可能,可以讨论那些在儿童生活中通常不会遇到的主题。例如,儿童在入幼儿园之前可能没有过被嘲笑或者被欺负的经历,但在阅读到一个小孩被别人嘲笑以及他如何应对时,这就打开了一道门,使成人可以和他谈论这样的情境发生时该怎么办,让儿童对此有所准备,并在真实情境出现时做出适当的反应。

科学与数学

科学与数学活动可以采取众多的方式来进行,以便儿童懂得可以通过不同的方式取得成功,操作性的、感觉动作的、视觉的,以及听觉的活动,都可以结合到其中,以增强学习效果。让儿童自己设定目标,并在他们取得进步时,帮助他们看到自己的进步。不要使用工作表(除非工作表能激发儿童强烈的动机),可以利用真实的、有实际作用的,或者对儿童来说是有趣的活动。一个儿童可能对数桌子上有几块积木毫无兴趣,但是他可能对测量教室墙壁上的恐龙有多长非常积极,他更愿意用自己的鞋来衡量恐龙的长度,而不是用一把尺子。成人可以通过使学习过程变得有趣和有意思,来帮助儿童建立掌控动机。

案例：本尼

本尼，3岁，患有脊髓脊膜突出（脊柱裂）[Myelomeningocele (Spina Bifida)]，这种病是中枢神经系统畸形造成的，表现为脊柱的某些骨头融合不佳，并伴随有脊椎突起和脊髓脊膜膨出。

本尼的身高和体重看上去比他的实际年龄要小，他不能独立行走，需要借助一个助步器，没进行过大小便训练，还有胃反流问题以及严重的便秘。他有特定的饮食和泻药。他的语言和认知技能与他的年龄相符。本尼已经接受过大量的治疗，他家人对于允许本尼做什么非常小心谨慎，他们承认，他们有些"纵容"他了，既因为他的个头比较小，也因为他患有病症。他们希望本尼能够更加独立。本尼在上幼儿园，在那里他几乎总是独自玩，对于参加各种活动，他常常表现出烦躁不安。有些事情他完全可以自己做，因为他的手和胳膊并不受任何影响，但他常常要求教师来帮助他做。其他儿童对本尼感到好奇，但并不找他一起玩。他的教师和家人想要看到本尼变得更加独立，能认识到自己的能力，对自己能干什么更有自信，并且愿意和别人交朋友。

人际互动策略

1. 本尼在要求别人帮助他时，喜欢别人关注他。对本尼请求别人帮助之前先自己独立去尝试的行为，给予强化，可以这样说："真棒。这事全是你自己做的。"

2. 在提供帮助之前，先问本尼是否由他自己来完成，在他独立完成后给他一个拥抱和关注。

3. 询问本尼在没有他人的帮助下自己独立完成一个任务时有何种感觉。可用的词汇有"棒极了""重要""感觉良好"。这有助于本尼注意到伴随着独立和成就而产生的积极情绪。

4. 在有积极的特质和行为出现时，要及时指出来："你做得很努力！""你是个很好的朋友。""你真是个好帮手！"

环境调整

1. 确保本尼坐在桌边时一定有支撑，脚要着地，东西摆放的高度要正确。由于本尼个头小，椅子和桌子不一定适合他的身高，要使用一个可以调节的椅子，调整椅子的高度，最好有一个脚踏板。

2. 让本尼坐在一个可以给他起示范作用的同伴旁边，这可以降低本尼寻求他人帮助的需要。

3. 在本尼寻求别人帮助时，可以建议他看看他的朋友是怎么做的，或者请他的同伴来帮助他。这有助于增加他与同伴的互动，并将寻求关注的行为从针对成人转移到针对同伴。

4. 一旦本尼认识到如何做一个任务,就让他为其他儿童充当示范的角色。这将帮助他建立自信,并使他发现知道如何做事可以受到赞扬。

5. 让本尼和他的妈妈或者爸爸在班里谈论为什么他在教室里要用助步器,为什么他要吃特殊的食物(简单地说)。他们可以一起看本尼还是小宝宝时和家人一起拍的照片,这将向全班展示本尼多么地喜欢幼儿园和他的家人。让本尼向其他儿童展示他的助步器是如何工作的,让他们轮流体验一下助步器,这会驱散附加在助步器上的难堪。

6. 让本尼设定一些目标,明确他想学会什么。将这些目标分解成容易实现的小步骤。制订一个图表,这可以帮助他看到自己的进步。

7. 在有些活动中,挑选本尼做小领导,这样能使他在同伴中表现出自己的技能,并使他感到自己很重要。

8. 调整本尼家人使用的策略和方法,保证在家里采用与在幼儿园时同样的方法(比如建立一个家庭联系本,每周一次电话联系,或者接送本尼时与本尼的父母进行交谈)。

不同发展年龄的干预要点

以下建议针对的是处于相应发展水平的儿童。这些建议并不是全面的,而是表明了可能探索的领域。

发展年龄	特征	干预要点
0—3个月	了解环境。	让儿童探索人的脸。 与他们说话,称呼他们的名字,并称呼家庭中其他人的名字。
3—6个月	区分不同的人、声音、味道、远近。 开始认识到他能使一些事情发生。 用手探索自己的脸、眼睛、嘴。	让儿童观看其他儿童和成人。 探索其他人的脸,引导儿童发现他们的不同之处。 让儿童玩那些容易发动起来的玩具。 把物体和材料放到儿童的身体上,以便他够到它们并进行探索。
6—9个月	对着镜子中自己的影像微笑。 能区分出镜子中的自己和妈妈。 自己需要帮助时有所表示。 听到叫自己的名字时有反应。	在洗澡时和宝宝玩镜子游戏。 当儿童遇到困难时,等待儿童发出帮助的请求,向他伸出手,以此作为提示。

续表

发展年龄	特征	干预要点
9—12个月	触摸或者亲吻镜子中的影像。 当他做了自己喜欢的事时会拍手。 如果别人给予鼓掌，他会重复自己的动作。 抢夺属于自己的东西。 在能够按自己的想法玩玩具时表现出高兴。 "炫耀"。 为了引起关注而要求别人的帮助。	当儿童做了某些特别的事情时，给出积极的反馈。 谈论宝宝的用品、奶瓶、衣服、尿不湿，以及其他人的用品。 让儿童看到如何引起一件事情的发生，并让他自己去尝试。 赞扬儿童付出的努力。
12—18个月	说"不"来表明自己的独立性。 别人有伤痛时，他会做些事来给予帮助。 做了好的举动时想要得到表扬。 尽管还要待在父母身边不远的地方，但表现出自信和独立。 坚持完成难度适中的任务。 意识到了失败。 能够在假扮游戏中扮演自己和他人。	让儿童做选择，以保持他对事情的某种控制力。 对做得好的事情予以赞扬。 鼓励儿童自己做事。 将任务分解，以帮助儿童一步步坚持做下去。 当最初的努力没有成效时，让儿童再次尝试。 开展与日常生活有关的假扮游戏。
18—24个月	认出镜子中的自己。 对性别、身体部位及其功能感兴趣。 会使用"我""我的"。 会进行自我描述和自我评价。 感觉自己任何事情都能做。 能识别出照片中的自己。 完成任务后感到自豪。 不能实现一个目标时可能会哭。 想要独自做一些事情（"我来"）。	可能的话，照着镜子穿衣服，并谈论儿童正在做的是什么动作。 命名身体的各个部位。 谈话时使用代名词。 用儿童的家人和朋友的照片制作相册。 交给儿童一些他能很快完成的小任务。 给儿童一些时间并提供支持，使他能够独立完成任务。
24—36个月	当有人干涉了他的动作时，他可能会有攻击性行为。 对自我有了概念上的认知（知道了性别、身体特征、好或者坏的行为、能力）。 谈论他能做的所有事情。 当不能做好某事时会表现出惭愧。	鼓励儿童参加社交性的活动，以及运用综合技能来解决问题。 谈论儿童的具体特点、技能以及行为。 为儿童提供多种机会，来尝试如何成功地适应不同的活动。 告诉儿童要提升自己的技能，就需要不断地实践，并教给儿童具体有效的实践方式。
36—48个月	描述自身情绪的原因和结果。 善辩论，对取得的成就感到自豪（自夸）。 知道了什么叫害怕（使用"担心""害怕"等词汇）。 能够受支使做些小小不言的家务事。	谈论人与人之间的不同，以及为什么有些事情人们能做好，有些事情人们做不好。 讨论儿童对成功和失败的担心。 给儿童一定的任务，让他在没有成人监督的情况下去完成。
48—60个月	判定自身的特点，渴望学到新的东西。 能够根据不同的情境调整自己的行为。	对儿童正在做的事情进行讨论，以及谈论什么事情完成得好，什么事情完成得不好。 鼓励儿童从多种可能中作出选择并实现它。 鼓励儿童进行试错学习和运用新技能。
60—72个月	期望被他人所接受。 能够根据他人的希望调整自己的行为。 为引起他人注意而做出某些行为。	和儿童一起开展角色游戏，来帮助儿童主动发起并保持与他人的互动，以及对他人的评论做出反应。 告诉儿童如何通过完成活动和积极的行为来引起他人的注意。

第六节　改进游戏中情绪情感主题的策略

目标达成量表

1	2	3	4	5	6	7	8	9
在游戏中展现出的情绪情感范围是有限的,并对他人的情绪情感缺乏关注。		在游戏中通过语言和非语言的手段,展现出一定的情绪情感,但是情绪情感所表达的是对游戏本身的反应,而不是对游戏含义的反应。		对在游戏情境中自己和他人的基本情绪情感有所认知,并能命名。在游戏中出现了重复性的、未被认知的情绪情感主题。		能够将情绪情感赋予假扮游戏中无生命的角色身上,并利用游戏主题尝试解决情绪情感冲突。		能够适当地再现自己及其他人的情绪,能够在互动中、在象征性以及社会性假扮游戏的主题范围内解决情绪情感冲突。

儿童在游戏中表达自己的情绪。开始时,他们展示出自己对于游戏本身的感觉是怎样的;逐渐地,他们在对情绪有了更多的了解后,就开始能够通过扮演假扮游戏中的人物来表现情绪,或者通过游戏中他们能操控的娃娃和能动的小人偶来表现情绪。

另外,儿童常常是有情绪的,但对这些情绪,他们自己并没有意识到。这些情绪与他们的整体状态相关,比如快乐、安全、养育等情感可以通过他们在游戏中的情感和动作表现出来。身体方面不太好的状态,也可通过游戏显示出来。担忧、恐惧、创伤都能通过玩玩具的动作表达出来。随着语言的发展,他们内心的关注往往通过其扮演的人物清晰地表达出来。理解儿童的内心世界是重要的,因为对儿童关注点的早期确认,可以引导成人发现如何提供帮助,并使家庭成员知道如何应对儿童的焦虑和恐惧。

6.1　游戏中适当的情绪情感主题

作为成人,我们希望儿童在游戏中感到安全和满足。然而,对儿童来说,游戏还是他们解决在各种情境中经受的挫败,以及应对特定生活情境的问题时所使用的重要工具。出于这个原因,不要期望儿童的游戏总是快乐的,没有任何冲突的,或者不会表达负面情绪的。相反,游戏应该暴露出儿童正在经历的、与当时情境相对应的各种各样的情绪。儿童的游戏还反映出他们在一定环境中所看到的东西,他们的关注、他们的焦虑,以及他们的快乐和安全感。人们期望儿童在游戏中表现出更多的积极情绪,而不是消极情绪。当消极情绪被表达出来时,它们可以通过社会认可的手段在游戏情境中得到解决。例如,一个30个月大的幼儿正在与她的娃娃玩,她可能会表达出与自身体验有关的各种情绪。她可能会摇晃娃娃,亲亲它,给它喂饭,还会说:"好吃,很好。"她也可能会有负面的情绪:"你不听话,就去你的屋子吧。"然而,积极情绪和消极情绪之间的天平,将是向积极一面倾斜的。负面的行为和情绪是用来作为发现如何应对这些情境的手段的。

尽管游戏中情绪的表达开始于婴儿期,但是情绪主题的出现,是在儿童开始在假扮游戏中再现某些行为和感情的时候。因此,在学步期阶段,当假装的行为是直接针对儿童自身、其他儿童、成人,或者娃娃时,情绪主题就开始出现了。当儿童开始允许他人参与到他的游戏中时,情绪就不仅仅指向玩具,而且还指向了其他人。在儿童游戏中还可以看到与权力、控制、气愤、依赖等主题有关的情绪。另外,相对于更积极的情绪而言,更为重要的是这些情绪的频率和强度。一个儿童在游戏中解决情绪冲突的能力,往往反映了他在日常生活中应对这些情绪的能力。

6.1.1 适当的情感主题在游戏中的一些具体表现

Ⅵ. A. 儿童在游戏中的思维模式是否灵活且具有逻辑性?

日常常规(家庭和教室)

- 婴儿/学步儿:吃午饭时,学步儿看到妈妈把饭打翻到了地上,她说:"不好,妈妈。"当她妈妈做出了遗憾的表情时,她轻抚妈妈,亲亲妈妈。(这表明儿童理解了事情的后果,并认知到常规的情绪反应。)
- 幼儿:幼儿正在穿衣,准备去幼儿园。她正在穿一件粉红色的裙子和打底裤。她说:"看,爸爸,我会像个公主一样去幼儿园。"

游戏常规(家庭和教室)

- 婴儿/学步儿:学步儿拿起一个填充玩具熊宝宝,把它放到床上的填充玩具熊妈妈身边。
- 幼儿:幼儿在玩医生游戏,一个幼儿说道:"你发烧了,需要开刀。"另一个假装病人的幼儿说:"不,我需要喝糖浆。""医生"回答道:"好吧。你先喝点糖浆吧。"

课堂常规

在圆圈时间,教师在课堂上一边读故事,一边表演故事的情节,教师说:"你们认为山羊大比利的感觉如何?它还会做什么呢?"

Ⅵ. B. 在假扮游戏中,儿童是否能意识到其他角色的情绪和行为?

日常常规(家庭和教室)

- 婴儿/学步儿:在浴盆里洗澡时,学步儿把她的玩具娃娃放到水中,说道:"闭上眼睛。"

(模仿成人在她洗澡时因怕水溅到她眼睛里而感到不安时的说法。)
- 幼儿:幼儿正在帮助妈妈把衣服放到洗衣机里,她挑出弟弟的 T 恤衫,那上面有点红颜色,幼儿说:"看,妈妈,这是米奇跌倒了流的血。他哭了。"

游戏常规(家庭和教室)
- 婴儿/学步儿:游戏时间,学步儿拿走了另一个儿童的玩具,那个儿童开始大哭,学步儿把玩具还给了他。
- 幼儿:孩子们正在玩上学的游戏,假装是教师的幼儿指着另一个儿童说:"你的手没放好,到外面去,站在那里别动。"

课堂常规

上厕所时间,一个儿童跑到教师面前,说:"艾丽莎需要帮助,她的裤子脱不下来了。她哭了。"

Ⅵ.C. 儿童在游戏中表达了什么情绪情感主题?

日常常规(家庭和教室)
- 婴儿/学步儿:换尿不湿时间,婴儿拿着所有填充动物玩具,把它们沿着婴儿床的边缘排成一溜儿,然后用毯子把它们盖住。
- 幼儿:幼儿重复了做饭、喂宝宝、把宝宝放到小床上的过程,她使用对小婴儿说话时的词语,并轻声地与玩具娃娃说话,亲吻它,道晚安。

游戏常规(家庭和教室)
- 婴儿/学步儿:学步儿拿起一个塑料狮子,并发出吼声。他把狮子换成老虎和大象,又做了同样的事情。
- 幼儿:在与活动人偶做游戏期间,幼儿一直让一个好人和一个坏人打仗,好人总是战胜坏人。

课堂常规

阅读时间,刚上幼儿园的儿童总是选择有关家庭的图书,比如《你是我的妈妈吗?》《亲亲手》。

Ⅵ.D. 在假扮游戏中,儿童如何把想法和情感融入合适的行为并表现出来?

日常常规(家庭和教室)
- 婴儿/学步儿:学步儿从小睡中醒来,坐在小床上,她开始哭,然后她把小毯子扔到地板上,接着把娃娃也扔到地板上,大声喊道:"妈妈,我要出去!"
- 幼儿:幼儿把她的娃娃放到后院的婴儿秋千上,她推着秋千,说道:"不要怕,我不会推得太高的。"

游戏常规（家庭和教室）

• 婴儿/学步儿：学步儿拿起一个娃娃说："她哭了。"然后她把这个娃娃抱在胸前，拍着娃娃的背说："不哭啦。"

• 幼儿：幼儿正在海滩上玩假扮游戏，他一开始假装在水中跳舞，大笑，并拍打水。然后，看到另一个幼儿走过来，他说："我是鲨鱼！"那个幼儿开始尖叫，并跑开。

课堂常规

在阅读了一本关于消防队员的图书后，孩子们开始在消防角活动，一个幼儿正在玩消防队员的玩具，他听到另一个儿童打电话说："救命，救救我，这里着火了。"这个幼儿一边回电话说："不要怕，我来救你。"一边假装拿着水管上前去。

6.2 促进游戏中适当的情绪情感主题的一般原则

从儿童一出生，成人就对他们每日的情绪给出回应。当儿童开始在游戏中表现出情绪时，成人有了更多的机会来帮助他们理解行为与情绪之间的关系。以下是成人可以用来支持儿童获得安全感和舒适感的一些方法。

6.2.1 说出感觉

在情绪方面成人帮助儿童的重要方式之一，就是告诉儿童对于他在游戏中正在体验的感觉他们是怎样想的（参见 TPBI2 第五章第一节）。讨论那些在面部表情、身体语言和口头语言上显而易见的情绪，这是帮助儿童理解自己和他人情绪的方式之一。对成人来说，说出那些在身体上表现得不是很明显的情绪，也非常重要，因为儿童可以感觉到这些情绪，但是无法清楚地表达出来。例如，当妈妈感到很累，儿童跑着追一个玩具卡车，一直追到了妈妈脚边，这时妈妈很容易冒火。妈妈可以说："宝贝，你能把卡车拿到那边去吗？妈妈累了，有些烦。"这样的表达可以帮助儿童了解到情绪是如何导致不希望的结果的。

例如，如果一个儿童正在和家里的宠物狗玩耍，狗冲着他咆哮，儿童可能开始会表现出害怕，然后变得生气，再然后会试图用脚踢它。成人往往会在最开始时告诫儿童不要去踢，实际上成人应该先说出害怕和生气这两种情绪，然后再谈论什么是适当的反应。

6.2.2 将动作与感觉联系起来

成人可以帮助儿童知道他的行为与他的情绪有怎样的关系。婴儿在感觉愉快的时候会微笑或者大笑，感到不舒服、烦躁或者难过的时候，他们会哭。成人通过告诉儿童正在发生什么,以此来帮助他们了解为什么他们正在表达的感觉是那样的。"哦,你喜欢我在你肚子上吹气!好,又来了!""你饿了吗?有什么问题吗?""你别哭了,妈妈就要把你的奶瓶拿来了。"这样的交流都可以让儿童知道其他人对他们感受到的情绪的回应。逐渐地,儿童将形成他自己对情绪的解释。"她生气了,因为山姆吃了她的饼干。"当儿童参与到游戏活动中时,成人可以对儿童的行为和情绪进行评论,例如:"宝宝哭了。'哇哇。'她需要什么呢?"这可以帮助儿童考虑对情绪给予怎样的回应。游戏还能使儿童以安全的方式探索行为与情绪之间的联系。

6.2.3 对在游戏中表现出的行为和情绪给出示范

成人可以利用游戏作为解决有关情绪问题的示范。流行电视剧和电影中的人物动作往往提供了儿童扮演其在生活中和媒体中看到的事物的机会。例如,一个儿童可能在卡通片中看到了一场战斗,然后他会在游戏中再现这个事件。正在参与游戏的成人,可以做出示范,表明另外的人会给出怎样的反应,并谈论这个人物的情绪,或者提供解决问题的其他方式。例如:"我叫尼莫,我迷路了,我好害怕。哦,不,我该怎么办? 我爸爸很爱我,他会找到我的。"

6.2.4 解决游戏中的情绪问题

成人通过帮助儿童分析正在体验的情绪,并给出回应,以此对游戏中的儿童提供支持。当发生人际冲突时,这种支持尤为重要。这时父母通常会告诉孩子发生了什么,其他儿童会有什么感觉,接下来应该如何去做。例如,当一个儿童抢了另一个儿童的玩具,并要爆发一场战斗时,成人应该把两个儿童分开,并说:"我知道马洛拉抢走了你的积木,你很生气,但是他也不高兴,因为你不和他分享玩具。让我们来想一想,怎么做你们才都会感到好些呢?"

6.3 实践中原则

尽管成人在一整天的活动中都为情绪情感发展提供了支持,但是对于了解儿童的情绪情感世界,并促进他们的思考能力来说,游戏活动提供了更多的机会。

6.3.1 日常常规(家庭和教室)

喂食/进食

吃饭时间往往也可与游戏结合起来。儿童可能会给一个娃娃喂饭吃,或者假装是一个动物在吃饭。例如,成人可以说:"哦,班尼兔,这里有给你的胡萝卜。班尼兔最爱吃胡萝卜。"

换尿不湿/如厕

童年早期，在娃娃游戏中换尿不湿是常见的，父母常常让儿童利用娃娃来表达他们在换尿不湿时的焦虑。餐巾纸可以充当尿不湿，小碗可以充当便盆，儿童的行为和用语可以暴露出他们对这种活动的感受。例如，父母可以说："这里是一个便盆，给你的娃娃用。"然后儿童可能会把娃娃放在小碗上，并说："你能行，你能自己尿到里面。"如果儿童想要对娃娃做更多解释，他可能会说："你拉在尿不湿上了。你不好。"父母可以对儿童的焦虑作出反应，说："宝宝惹祸了吗？这只是偶尔会发生。没事。没准下次宝宝就能坐便盆了。"

穿衣

给娃娃穿衣是儿童体验到自豪感和挫败感的另一种方式。父母可以示范如何寻求帮助："宝宝，需要帮你拉上拉链吗？"或者展示出如何建立信心："你能行，宝宝，你能自己坐便盆了。"

6.3.2 游戏常规（家庭和教室）

面对面游戏

当面对面游戏做得太过剧烈时，儿童可能会忙乱，或者哭起来，成人应做出示范，让儿童看到行为的效果："哦，我的声音太大啦。对不起。"

体育游戏

体育游戏常常涉及强烈的情绪。成人可以利用这个机会，对儿童的情绪给出反应，并做出示范，以告诉儿童对其他人的情绪应该怎样回应。例如，可以说："哎呦！我是不是太粗暴了？对不起，让我再试试。"

操作性游戏

所有的玩具游戏都涉及情绪，有些玩具会把儿童引入带有更多攻击性的游戏中（比如小汽车、恐龙、英雄公仔），有些玩具会激发过家家的游戏。成人应通过示范、建议、评论，或者对儿童的行为做出回应，以此来引导儿童介入到不同的游戏中。例如："恐龙来了，我好害怕呀，请不要吃我。我们能一起玩吗？"

感觉游戏

儿童的艺术创造反映了他们的内心情绪。成人如何回应这些创造，是非常重要的。成人可以将关注点聚焦于儿童正在表达出的东西上，而不是儿童艺术创造的质量水平如何。例如："那个怪物看上去很生气。它是黑色的，还有尖利的牙齿。"

6.3.3 阅读和学习常规

圆圈时间

小组阅读可以让成人对儿童有关情绪的认知进行比较。成人可以提出开放性的问题，来引发儿童产生对情绪的各种想法。例如:"当有人嘲笑他时,你认为他的感觉是怎样的?"然后,成人将各种回答加以比较,但不作评论,可以谈论人们对同样的情境会有怎样不同的感受。

一对一阅读

一对一阅读可以让成人探索书中人物的情感,并将它们与儿童的情感进行比较。例如:"你有迷路的时候吗?当时你的感觉是怎样的?"

科学与数学

尽管学习科学与数学不被认为是玩游戏的场合,但是对于学步儿和幼儿来说,游戏中的情境探索以及差异比较也包含科学与数学的内容。心理学是对思维和感觉的研究,也是一种科学。成人可以帮助儿童对人们如何以及什么时候会感受到特定的情绪进行对比,并比较人们的反应有怎样的不同。这样的对比可以发生在假扮游戏中,也可发生在研究动物有何反应的科学角。成人的角色就是激发儿童进行比较,并对他人的反应做出思考。

6.4 为改进游戏中适当的情绪主题的表达而制订个性化的干预计划

Ⅵ. A. 儿童在游戏中的思维模式是否灵活且具有逻辑性?

有过创伤经历的儿童,或者父母对待他们时总是表现出刻板、负面风格的儿童,常常反映出僵硬的思维模式,以及重复性的游戏模式,这与他们所经历的情绪有关。发育迟滞或者有障碍的儿童,比如自闭症儿童,还可能会表现出刻板的游戏模式。发展迟滞或者认知障碍所造成的游戏模式的僵硬与狭窄,与情绪问题所造成的游戏模式的僵硬与狭窄,这两者之间是存在一定差别的。有情绪问题的儿童常常会再现他们的创伤经历,或者再现与他们的焦虑和恐惧有关的那些行为。例如,一个患有危及生命的疾病的儿童,或者一个失去父母的孤儿,他们可能会重复与医院有关的游戏主题,或者出现在他游戏中的人物会死亡。经历过和见证过大量暴力的儿童,可能会在游戏中出现有关攻击性的主题。

对于认知和语言发育迟滞的儿童,成人需要帮助他们扩展其动作所产生的潜在结果。对于由于情绪原因而表现为刻板和僵硬行为的儿童,成人需要帮助他们了解自己的情绪,扩展其游戏中的情绪内容,并帮助他们获得掌控自身情绪的途径。

人际互动策略

1. 用一个新的游戏模式引起儿童的兴趣。儿童的游戏总是与他们正在想的东西密切关联,对于有发展迟滞的儿童来说,他们的游戏常常是他们熟悉的,或者是之前做过的。对于有情绪问题的儿童来说,游戏常常反映出他们的主要担忧。对于在游戏中想法受到局限的儿童,成人需要帮助他们扩展各种想法,以及他们的游戏模式。利用儿童喜欢的玩具和游戏材料，对新的动作做出示范。在那些儿童通常会展示出其情绪的游戏中，成人可以引入一些新的动作，来扩展情绪的主题。例如，如果儿童常喜欢玩带有暴力的电子游戏，并在电子游戏中有杀人的举动，那么成人应该在游戏中加入一些内容，比如，把人送到医院，并照料他直到他感觉好些为止。

2. 展示并解释逻辑的后果。谈论可选择的动作，以及选择这些动作的理由。例如，儿童在游戏中常玩的场景可能是一起撞车，并一再重复这样的动作。成人可以引入一些有关撞车后续结果的内容，同时加上另外一些动作："哦，不（带着难过的声调），我的司机在交通事故中受伤了，他需要帮助。我要打 911 寻求帮助（带着激动的声调）。我想要他好起来（带着关心的声调）。"

3. 产生下一个可选的动作。鼓励儿童思考其他可选的动作。以上述情景为例，成人可以说："你认为接下来会发生什么？"如果儿童想不出会发生什么，成人可以激发他的想法，比如："我们到哪里可以找到电话？""我们需要一辆救护车。"

4. 谈论感受。游戏中不仅仅涉及动作，还可以包括感受。当儿童正在假扮游戏中扮演一个角色时，成人可以说："你看上去不高兴呀，发生了什么？"或者，"你的宝宝现在很高兴，因为刚刚给他换了干净的尿不湿。"还可以问："你的宝宝现在感觉怎么样？"在与微型人物做游戏时，成人还可以谈到这个人物的感受，这样儿童就会开始将动作与情绪结果联系起来了。

环境调整

除了人际互动策略，在游戏中能够促进儿童发展出合乎逻辑和灵活的思维模式的还有环境调整。根据 TPBA2 的研究结果，干预小组可以考虑以下环境调整。

1. 利用道具来激发儿童的思维。在游戏中引入新的道具能够改变动作后果和情感色调。如在前面提到的交通事故例子中，引入一辆救护车不仅能扩展游戏的内容，而且还可以将情绪的色调从攻击转换为关照（参见 TPBI2 第七章第五节）。

2. 利用图片来激发儿童的选择。图片可以被引入到游戏中，用来激发新的想法。例如，如果一个学步儿正在玩填充动物玩具，狗的图片或者跳跃的兔子的图片，都会激发学步儿增加一些动作。成人可以说："看！这个兔子正在跳起来。你的兔子有这个技能吗？它能做什么？"在游戏中还可以利用图片来讨论感受。

3. 利用图书告诉儿童一些动作的后果。你读给儿童听的带有剧情的故事通常会包含一系列的动作，这些东西会产生一些情绪。重复性的图书，比如《三只小猪》《三只山羊坏脾气》，对于较小年龄段的儿童来说，都还是比较容易表演的。而较高发展水平的儿童，他们能表演更为复杂些的故事，比如《一只名叫路威的豪猪》，这个故事涉及多种情绪，比如焦虑、尴尬、自豪等，而且还为成人提供了将这些情绪与儿童的经历联系起来的机会。

4. 利用电子游戏。对于学前儿童和上幼儿园的儿童来说，简单的电子游戏还可以激发他们对情绪的讨论,涉及情绪的电子游戏包括"Chutes""Ladders"和"Emotions Bingo",以及其他能帮助儿童思考动作和情绪的游戏。其实,任何电子游戏都能用来作为讨论情绪的机会。电子游戏的竞争性、需要分享,以及轮到自己才能玩的等待,都提供了各种情绪体验的环境。

Ⅵ. B. 在假扮游戏中,儿童是否能意识到其他角色的情绪和行为?

尽管许多情绪体验是普遍经历的,但这些情绪的表达所代表的含义并不是所有儿童都清楚的。通过观察特定行为发生之后的面部表情和动作,可以增强对其含义的理解。有多种障碍的儿童,他们可能会避免目光接触,或者他们会关注手中的玩具,而不是关注他周围的人。为了勾画出动作与情绪后果之间的关系,儿童必须能够既注意到人的动作,同时也注意到人(参见 TPBI2 第七章第一节)。有些儿童可能需要成人的帮助,才能注意到某个情境的有关方面。还有些儿童要在成人的帮助下,才能理解他们所看到的情绪的含义。例如,自闭症儿童,他们不能理解情绪和动机。在某些场合,成人应该教给儿童怎样读懂各种面部表情或者行为,这样儿童才能给出适当的回应。盲童需要学会区分别人在语调、音频、节奏上的细微差别,而失聪儿童则需要更多地依赖视觉来了解情绪。

人际互动策略

1. 对其他人的面部、身体语言、声音给予关注(参见 TPBI2 第五章第一节和第七章第四节)。应说出面部表情、一个人的声音以及身体部位的动作。不要说"看着我",而是应该指出能传递信息的那些方面:"我的嘴撅起来了。""我正在摇头,表示'不'。""她说话声音很大。""他眼睛里都是眼泪。"

2. 帮助儿童解读游戏中的情绪(参见 TPBI2 第五章第一节和第七章第四节)。在评论中加上对动作含义的说明。例如:"你弄坏了那个东西,我很生气。""我摇头表示我不高兴。""她说话声音很大,因为她很气愤。""他的声音发抖,因为他哭了。"

3. 帮助儿童对他人的情绪给出回应。成人首先应该要看到儿童是否知道如何对他人的情绪给出适当的回应。例如:"你咬了她,她不高兴了。你认为这时你应该做什么呢?"如果儿童不回答,给儿童提供两个积极的方案供其选择:"你认为你是应该帮她贴上创可贴,还是应该为咬她的事向她道歉?"然后帮助儿童实施他选定的那个方案。如果没有具体的可选方案,那就让他帮助修复他造成的毁坏,并谈论他的情绪。在安抚好另一个儿童后,与他讨论为什么他要咬人,被咬的儿童会是什么感觉,以及还有什么其他更好的方式来解决问题。

4. 对游戏中的情绪做出示范。成人对自己的情绪做出示范,这很重要,儿童需要看到照料者的多种情绪,以便懂得体验到各种情绪是正常的。成人可以对游戏中的情绪给出示范。当儿童正在表现出满不在乎的情绪时,成人还可以主动给儿童提供一个作出回应的机会。

特别是在假扮游戏中，成人可以介入戏剧性情境中，他们的角色可以是受伤的、生气的、羞愧的等，这样就使儿童可以对这些情绪给出回应。如果儿童对各种情绪无动于衷，或者对如何回应不知所措，那么成人可以给出建议。例如，在假扮做饭的游戏中，妈妈可能突然被玩具炉灶"烫"到了手指，"哦，烫到手指了，好疼。怎么办？"在操作性游戏中也可以加入情绪的情境。例如，玩从盒子中弹跳出东西的玩具，成人在将弹跳出的东西按回去时，可以假装手指被夹了一下，这样做的目的是激发儿童的关照行为，并对他人的情绪给出积极反馈。当然，对于在游戏中已经表现出了关照行为，并基本上传递出了积极情绪的儿童，就没有必要这么做了。

环境调整

除了人际互动策略，环境调整也常常用来帮助儿童学会在游戏中关注他人的情绪。根据 TPBA2 的研究结果，干预小组可以考虑以下环境调整。

1. 教儿童作出情绪表达。利用涉及自己或他人情绪的图片、娃娃、图书以及真实的情境，来告诉儿童情绪表达意味着什么。当儿童发怒、高兴、难过的时候，让他通过镜子看到自己的脸，抓住日常生活中的各种机会，在儿童展示出各种情绪的时候（比如午睡时间的疲惫，玩棋类游戏时的快乐，被打断时的生气），让儿童知道真实生活情境中的各种情绪，以及出现多种情绪是正常的（参见 TPBI2 第五章第一节）。当这些情绪出现在游戏情境中时，要及时指出来。

2. 安排时间讨论怎样应对自己或者怎样回应他人的情绪。除了在日常生活中偶然教给儿童的，还应该专门安排时间谈论对他人的情绪怎样给出适当的回应。在假扮游戏中，成人可以提出各种反应方式让儿童来尝试（参见 TPBI2 第五章第四节）。

3. 安排时间做木偶戏或者角色游戏。假扮游戏情境可以将有关他人情绪的内容包含其中，这可以通过角色游戏，再加上木偶戏以及能动的公仔来实现。这样的游戏为儿童提供了经历各种情境的机会，并让他在现实生活中遇到这种情境之前就对其进行思考。通过多次实践和强化，儿童开始在实际生活中予以应用。

4. 采用阅读疗法（Bibliotherapy）。在教给儿童了解他人情绪，以及在不同情境中怎样做才是适当的方式上，图书可以作为一个基本工具。选择可以一对一阅读的图书，这样可以对单个儿童提供帮助，而选择小组一起阅读的图书，则可以针对整个班级来学习。在讲故事的同时，配以角色游戏，这样可以为儿童提供实践的机会。

Ⅵ. C. 儿童在游戏中表达了什么情绪情感主题？

所有儿童都会在游戏中表达出情绪主题，投射出他们的感觉。他们通过玩玩具以及玩其他游戏材料的动作、扮演某个他们欣赏或者厌恶的角色，来展现自己的情绪。游戏有助于儿童安全地表达他们的情绪、担心，并形成应对自身情绪的各种方法。在儿童还没有掌握语言以及可接受的交流手段时，游戏还可以使儿童建立起对复杂情绪的表达形式。成人对有些情况应该给予特别的关注。比如，儿童的情绪和行为超越了必要的范围，儿童表现出过于退缩，在游戏中表现出不高兴，没理由地反复生气，或者在各种情境中都延长时间。父母、教师、照料者可以提供一些支持来帮助有情绪和行为问题的儿童，但是他们也应该意识到，有些时候专业人员的支持对儿童和他们的家庭来说是必不可少的。

尽管在儿童的行为和游戏中可以看到心理问题，但是原因并不十分清楚。对于有严重心理问题的儿童，需要由外部的专业人员来了解儿童对自己及他人的认知体系，进而提供专业治疗以及对家庭的帮助。

然而，无论儿童是否得到外部专业人员的治疗，在游戏时的日常互动中有一些方法是可以采用的。以下内容来自一个双极量表（Bipolar Scale）中所列出的儿童在游戏上的五种问题表现，当儿童在这五个方面出现冲突时，可以用此方法来帮助他们（Fein, 1989）：

1. 连通性（Connectedness），依恋相对于分离（Attachment Versus Separation）。

2. 身体状况（Physical well-being），健康相对于身体疾患（Health Versus Bodily Harm）。

3. 赋能（Empowerment），掌控相对于无助（Mastery Versus Helplessness）。

4. 社会规范（Social Regulation），遵守社会规则相对于无视社会规则（Support for Social Rules Versus Defiance）。

5. 尊重物质世界或者反对物质世界（Respect for or Aggression Against the Material World）。

通过了解儿童在上述几个方面的表现，成人能够沿上述每个因素的顺序，来促进儿童的情绪发展。然而，有情绪障碍的儿童，可能在上述主题中的一个或多个因素上存在问题。他们选择的游戏材料，以及他们的动作、语言、与他人的互动，都反映出情绪需要或者情绪冲突。例如，总是选择攻击性玩具比如恐龙、怪兽等的儿童，常常会故意破坏玩具，总是撞车，在假扮游戏中寻机伤害他人，并且似乎总是要把别的小朋友弄哭，这样的儿童可能正被上文列出的问题困扰。

然而，有各种障碍的儿童也会表现出类似的行为，但他们不是由于情绪冲突，而是由于其他方面的障碍，比如感觉动作方面的问题，发育迟缓，或者缺乏对他人的关注，等等。弄清楚行为背后的原因，这一点非常重要，这样才能确保所有的发展领域都得到同等的关注。这些方面的障碍需要得到更直接的干预。

对于在游戏中表现出情绪问题的儿童，建议采用以下干预策略。尽管传统的游戏治疗技术（通常开始于3—5岁）不能在教室环境中实施，但是游戏治疗的一些人际互动策略以及一些游戏材料是可以使用的。具体做法建议咨询实施干预的有关专业人员。

人际互动策略

1. 对儿童玩玩具的行为给出评论。通过接受和评论儿童正在做的事，成人可以进入儿童的情绪世界。只要儿童正在做的不是伤害他人或者破坏性行为，那么成人都可观察并描述他（或者他的玩具）正在做什么。例如：“你的奶牛正在吃掉农夫。”当儿童多次重复某些动作时，他可能是出于某种原因而正在突出强调这个动作。解读这个动作的含义则需要进一步的探索。

2. 对儿童表现出的情绪贴上标签并说出来。儿童所做的每一个动作，对他来说都是有目的的。成人可以说出儿童做出某种行为时伴随着的情感是什么，来帮助儿童明确动作的目的。接着前面提到的实例，成人可以评论道：“你的奶牛看上去冲着农夫发疯啦。”说出评论后，成人等待一会儿，看儿童是否给出更多的信息。如果儿童听到了成人说的话，他有可能没有言语回应，而是跟随成人的评论在动作上加上一些含义。例如，如果儿童再次用奶牛攻击农夫，这意味着他承认成人的评论是对的。如果他把奶牛拿开了，这表明他不赞同成人的话，或者他还不确定是不是这么回事。如果儿童的游戏对任何人都没有伤害，那么承认儿童的动作，则有助于让儿童感到他的情绪是被成人接受的。

3. 探索情绪的原因。要确定为什么儿童在游戏中展现出特定的动作，这并不容易，因为仅仅询问儿童"为什么"要那样做，可能得不到答复。儿童可能不知道原因，或者他对这样谈论他的动作会感到很不舒服。例如，卡莉娅一次又一次地把她的微型娃娃放进一个盒子里，并生气地盖上盒盖，大喊着说："你就在里面待着吧！"成人说："她惹人生气啦。"卡莉娅回答说："她妈妈把她关在里面，因为她对她妈妈发火了。"成人说："这个小女孩哭了。"卡莉娅说："那也没用，她不听话。"成人还可以尝试将情绪个体化而让儿童脱离她的情绪体验。例如："我有一次被人关在一个漆黑的地方，我真的感到害怕。我在想是不是这个女孩也会害怕。"然后卡莉娅说："她是害怕，她哭了。"进一步的游戏和讨论引导成人发现卡莉娅的妈妈就是把她关在黑暗的壁橱里，以此来惩罚她。卡莉娅感到很受折磨，一方面感到恐惧和对妈妈很气愤，另一方面感到自己是一个坏孩子，应该受到惩罚。

4. 帮助儿童掌控内心冲突。儿童既想要靠近父母，又想要自己独立；既希望能帮上忙，又会搞点破坏；既想要遵守规则，又想要制订规则；既想要去保护他人，又会想要伤害他人，儿童就是处在这些内心冲突的挣扎中。成人可以直接向儿童发出指令，或者帮助儿童自己来做出决定。成人能够提出一些问题来引导儿童的想法。比如："你认为妈妈现在应该干什么呢？小女孩很难过呀。"成人还可以将一些新的情境加入到游戏中，以便儿童进行其他方面的探索。例如："小女孩的爸爸来了，小女孩有什么话想要对他说吗？"

5. 提供支持。儿童常常不能理解什么是正确的，什么是错误的，不了解自己的权利是什么。他们认为成人所说的一切都是正确的,自己是坏孩子,自己受到的各种对待都是应该的。成人可以让他们知道,每一个人都会犯错误,有时人需要在别人的帮助下,才能知道什么是对的,什么是错的。成人可以说:"伤害别人可不好,不只是不能伤害爸爸和妈妈。有时爸爸和妈妈也需要帮助,才能做出正确的事情。"

环境调整

除了人际互动策略,环境调整也常常用来为儿童提供支持。根据 TPBA2 的研究结果,干预小组可以考虑以下环境调整。

1. 利用玩具让儿童表达他们的情绪。让儿童自己在游戏中从各种玩具中选择。尽管大多数玩具都能用来以某种方式表达情绪,但是微型人偶和场景为儿童提供了扮演各种人物角色的手段。这还为成人提供了观察儿童如何描述与他人的关系、权力分配、焦虑和恐惧以及其他情绪的机会。

2. 为儿童提供游戏材料,使他们能据此创造出表达情绪的各种途径。绘画和其他介质为表达情绪提供了有力的机制。儿童画什么和怎么画,都暴露出他们的内心世界。一些介质,比如颜料、铅笔、马克笔、胶泥、橡皮泥、沙子、水、纸张、胶水以及各种各样的其他材料,都可以用来使儿童再现他们的经历和感觉。

3. 在假扮游戏中呈现出多种主题。假扮游戏是另一种呈现形式。通过提供日常生活的道具,儿童能够表演他们的日常经历和日常生活中的各种关系。然而重要的是,假扮游戏还提供了一个可供选择的"住所"。通过道具将故事中的情节表演出来,并创造出一种情境,这种情境可以使儿童提高解决有关情绪问题的技能。包含英雄人物、好人和坏人之间发生冲突,以及施救、迷路等内容的故事,都能帮助儿童获得对自身恐惧、不安全感、负面体验的掌控。成人可以监测儿童的游戏进程,并提出一些评论或者建议,以便对游戏进行阐明和扩展,或者如之前描述过的那样,引导游戏朝着问题解决的方向进展。

Ⅵ. D. 在假扮游戏中,儿童如何把想法和情感融入合适的行为并表现出来?

有情绪冲突的儿童可能会以相反的形式展现一系列的情绪,实际上其内心有不同的感受。一个儿童因别人的嘲弄可能感到受到了伤害,但是他不是哭而是大笑起来。一个儿童可能对另一个儿童很生气,但他可能会很热烈地拥抱那个儿童。儿童常常会在他们的感受和"应该"有何种感受之间纠结、挣扎。随着儿童理解了社会行为的各种规则,并开始懂得了什么是正确的、什么是错误的,他们可能会努力表现出其认为是社会所接受的情绪,即使那并不是他们真实的感受。他们还可能展示出自身经历的真实感受,即使那些感受与当时的情境并不相符。例如,他们可能会假装"杀死"一个活动人偶,同时会大笑。这两种情况都要引起重视。在第一种情况下,儿童并不认可他们真正的感受,而是表现出其他人想要看到的情绪。在第二种情况下，真实的情绪在极其不适当的情境下被展示了出来，这表明他们对情绪与其后果的关系缺乏理解。这两种情况都需要成人给予帮助，以明确其暗含的问题。

人际互动策略

1. 指出所看到的情绪。儿童可能认识不到他们显露出的情绪。成人可以说："你在笑。你感到快乐吗？"对儿童所表现出的感受给出回应，能够让他们知道别人是如何解读他们的情绪线索的，并在这些解读不准确时予以纠正。

2. 解释动作的结果。儿童可能不知道其他儿童是如何解读他们的回应的。成人可从中作些解释，来帮助儿童。例如："当马提对你说那些话时，你的感受是怎样的？"或者："你大笑，那是告诉麦克斯你喜欢他说的话。"

3. 讨论儿童的动作和情绪。指出动作与情绪之间的差异。成人可以与儿童谈论当时的情境、儿童的反应，以及可选择的应对策略。"马提那样说，真不好。你说你感到不高兴，但是他认为你喜欢他那样说，因为你当时笑了。你想要他那样认为吗？如果有人说了一些话，而这些话对你来说很重要，你认为你会说什么呢？"

4. 利用假扮游戏再现情绪的情境。利用假扮游戏的故事、角色扮演，或者木偶来说明游戏人物有什么感受，为什么会有那样的感受，他们是怎样表现自己的感受的，以及他们对游戏人物的想法和情绪是怎样回应的。

5. 通过安全的方式探索情绪的原因。谈论娃娃或者书中的人物有什么感觉，他们为什么会有那样的感觉，成人在类似情境中的感受如何，或者别的儿童的感受是怎样的，这些都促使儿童在不涉及自己感受的情况下讨论情感话题。例如：

成人："萨米走丢了，他不知道妈妈在哪里。你认为他有什么感受呢？"

儿童："我不知道。"

成人："我小的时候，有一次找不到妈妈了，那时我感到好害怕。"

环境调整

除了人际互动策略，为帮助儿童在假扮游戏中将想法、动作和情绪结合起来，并找到彼此之间的联系，常用的还有环境调整。根据 TPBA2 的研究结果，干预小组可以考虑采用以下环境调整。

1. 利用含有动作以及后续情绪的系列图片。利用杂志、图册上的图片，或者真实的照片，帮助儿童制订一个行动计划，再现儿童看到或听到过的一些后果，或者后续的一系列的想法或者动作。这些图片还能够用来帮助儿童将动作与想法、情绪联系起来。例如："当她拿了他的皮球后，你认为他的感受是怎样的？"

2. 谈论故事书中有关情绪的图片。和儿童谈论他们认为发生了什么，书中人物是什么感受,为什么会有那样的感受。图书还可以用来开展阅读疗法,作为开启谈论情绪以及如何应对这些情绪的工具(参见 TPBI2 第五章第六节 Ⅵ.B 环境调整的第 4 条建议)。

3. 利用儿童在教室里表现出情绪的图片。挑选出儿童在教室里表现出的各种情绪的图片,当儿童表达他不舒服的情绪时,让他们把这些图片所表现的感觉与教室中的某个儿童联系起来,帮助他们命名这种情绪,或者命名他们看到的其他儿童表现出的情绪。

4. 引入可以用来做情绪游戏的玩具和材料。特定的玩具能产生不同的想法和情绪。例如,木偶、塑料怪兽、恐龙等,可能会导致攻击性情绪的表达,医疗用具、带有奶瓶和毯子的娃娃等玩具,可能会引导儿童玩照料性的游戏。内心存在矛盾冲突的儿童,或者因问题未解决而出现焦虑的儿童,他们可能只要有机会,就会嵌入生气的情绪。例如,他们可能会"杀死"娃娃,或者因它淘气而打它屁股。提供可使儿童表现并谈论其情绪的玩具和游戏材料(比如艺术性材料、沙盘游戏)是非常重要的。

6.5 为需要支持以在游戏中发展有凝聚力的、积极的情感主题的儿童提供的常规做法

残障儿童在日常生活中遇到的各种问题可能源于儿童的性格、儿童或照料者的期望及感受,抑或所有这些因素的综合。因此,了解儿童的身体状况、认知状况,以及交流上存在的障碍,能够确定儿童对各种日常活动的感受。成人还应该确定自己对儿童的期望是什么,以及自己能对儿童做什么,或者与儿童动作相关的情绪是什么。由于这些情境常常是相互交错的,所以要解决关键问题,离不开专业人员的支持。游戏治疗、亲子治疗、父母咨询、积极行为支持,或者其他类型的干预,都是有作用的。以下提出的策略,成人在日常与儿童互动时可以选择采用。重要的是,不仅仅能认识到儿童表现出的问题,而且应知道什么时候儿童需要进一步的专业支持。

6.5.1 日常常规(家庭和教室)
喂食/进食
吃饭通常是一种社交性情境,并且可以包含多种类型的情绪,这取决于具体的情境。例如,有进食障碍的儿童,进食时需要用管子来喂。进食有困难,或者患有一些综合征,比如普拉德-威利综合征(这种病造成儿童永远感受不到满足,好像他们从来没有吃够过一样)的儿童可能会感受到各种情绪,包括尴尬、羞愧、内疚、生气。对父母来说,儿童不想吃饭时硬让他们吃,这对儿童和家庭都是一个很大的压力。进食问题包括医学、生物学、心理学,以及行

为学的多个因素。如果家里有进食问题的儿童,成人应该咨询专业人员,以解决这个常见的复杂问题。

换尿不湿/如厕

和吃饭一样,换尿不湿和坐便盆涉及社会期待,这种期待可能会把儿童带入到负面情绪体验中。如果坐便盆是困难的、痛苦的,那么儿童就会避开坐便盆。如果儿童在感觉上不够敏锐,那他可能感觉不到需要去坐便盆。如果这种情况一直持续,成人会因为儿童做不好而感到很挫败,这也会导致儿童产生自己很无能的情绪。由于独立大小便是成人的价值要求,儿童还会将这个活动作为得到成人关注、保持掌控、表达气愤的手段。成人应该了解儿童大小便的问题,哪些是与发展或者生理问题有关,哪些是与情绪比如恐惧或者焦虑有关。对儿童的各种情绪给予反馈,而不应仅仅对能够成功独立大小便的行为给出反馈,这很重要。父母应该做的是,对儿童在这方面表现出的困难予以接受,讨论该问题,并提供解决问题的方法,以及保持耐心。

穿衣

发展独立穿衣的技能,其中涉及的依赖和控制在很大程度上与吃饭和坐便盆是相同的。残障儿童可能会利用穿衣作为与其照料者保持亲密关系或者保持依赖的一种手段(或者正相反,成人可能用它来使儿童依赖自己的时间更长些)。儿童还可能会对特定的衣服面料或者衣服款式感到厌恶,或者坚持要穿某件衣服。这都会导致儿童与照料者之间的冲突,并对穿衣产生负面的情绪。方便穿脱的衣服可能会使残障儿童独立穿衣变得更容易一些。尼龙搭扣、一脚蹬的鞋、带拉链的裤子等,都能减少儿童的依赖性,并增进儿童成功后的自豪感。

外出

情绪问题还常常出现在儿童外出到公共场所的时候,比如到商场和饭店。情绪问题可能是源于对生人和陌生环境的焦虑(参见本章第二节)、对得到他想要的东西缺乏自控力(参见 TPBI2 第五章第四节)、对感觉信号输入缺乏控制力和适当的回应,其结果是儿童被自身感觉方面的缺陷所压倒。还有可能是源于行为问题,比如,缺乏对冲动的控制(参见 TPBI2 第三章第五节和第五章第四节)。

6.5.2 游戏常规(家庭和教室)

面对面游戏

有情绪障碍的儿童,他们可能会感到面对面游戏是一种干扰,或者是可怕的。例如,自闭症儿童可能会避开眼睛对视,觉得面对面做游戏是一种威胁和压迫。要使儿童接受这类游戏,成人应该让游戏非常有趣,让儿童有很强烈的参与动机,而不是让游戏成为一种干扰。

利用儿童的兴趣（比如手指这样的身体部位、小汽车这样的话题）来制造依次轮流玩的游戏。不要强迫儿童必须看着你，但是在面对面游戏中要给儿童一些赞赏。对经历过虐待，或者害怕与成人直接面对面交流的儿童，成人应该降低互动的强度，动作要轻柔，并给予关照性的抚摸和交流。与儿童谈论正在发生的事，帮助儿童对愉快的互动产生期待。

体育游戏

和面对面游戏一样，有些儿童认为体育游戏在情绪上是有威胁的，还有些儿童喜爱这类游戏，感觉这类游戏在情绪上非常刺激。控制体育游戏的强度，有助于儿童在游戏开始和结束时都能有适当的情绪反应。另外，成人应该意识到，在体育游戏中假装扮演某些形象，比如怪兽或者凶狠的、具有攻击性的人物，可能会引发儿童的恐惧。如果儿童确实对其感到害怕，那么假扮体育游戏能够让儿童开始尝试如何控制这些恐惧感，并且学会如何应对这种困难的情境。成人的作用就是关注并掌握儿童的反应，激发有关情绪方面的讨论，并促使儿童学会如何给出适当的回应。轮流充当攻击者和受害者的角色，还能让成人对各种反应方式做出示范。

操作性游戏

有情绪问题的儿童，常常通过玩小型的操作性玩具比如小汽车、动物、玩具公仔，或者一些感觉材料、艺术材料等来表现其内心冲突。玩操作性玩具，可以使儿童通过设定玩具和游戏材料的动作与情绪，以保持与他人的距离。与强力与软弱、攻击与受害、独立与依赖、控制与丧失相关的两难困境，常常可以出现在儿童安排玩具或者摆弄游戏材料的动作和情绪中，在与玩具人物之间的人际互动中，在游戏中被分配的其他角色中。例如，一直担心失去什么的儿童，可能会不停地安排他的玩具人物死掉，或者离开；因软弱而感到害怕的儿童，可能会让玩具人物反复地做其作为受害者的动作；强力和掌控问题，可以表现为完全由儿童来决定玩具和游戏材料去做什么，或者儿童的所有动作都与攻击和毁坏玩具、游戏材料有关。成人了解儿童感受的方式很多，可以讨论正在发生的事（比如，"这个司机真是疯了，他的车连续撞了好几辆小汽车"），可以指出玩具人物正在做什么（比如，"宝宝的妈妈一回到家，宝宝就哭起来了"），可以提出问题，来弄清楚儿童的感觉是怎样的（比如，"那个家伙怎么了？他是怎么受伤的？"）。成人还可以模仿儿童的动作，以此引发相关话题的讨论，以及找到解决问题的方法（比如，"我的宝宝也哭了，你认为她是怎么了"或者，"我的宝宝也不高兴，她会怎么对她妈妈说呢"）。示范还可以作为帮助儿童产生一些其他解决方法的手段（比如，"我的宝宝说：'妈妈，我需要一个拥抱。'"）。对于能玩桌上游戏的儿童，有很多种游戏都能由成人和他们一起来玩，并在玩的过程中谈论各种情绪。

感觉游戏

感觉游戏材料，比如沙子、橡皮泥、手指颜料等，为儿童做动作、创造出某些形状、表达情绪等提供了与上述同样的机会。儿童选择的颜色、创造出的形状、使用的词汇都代表了他的创造性,这种创造性能够让儿童了解自己的感觉是怎样的。成人敏感的评论和提问,能让儿童明白自己正在发生的情绪。利用沙子、橡皮泥、玩具公仔或者其他玩具,还可以引起儿童做出更具体的情绪表达,并引入假扮游戏元素。

假扮游戏

假扮游戏包含上面介绍过的体育游戏、操作性游戏以及感觉游戏。社会假扮游戏(Sociodramatic Play)常常由儿童与其他儿童或者成人一道表演,并涉及戏剧内容的选择、每一个表演者的角色分配、动作结构和对话,以及游戏情境中的问题解决或者冲突解决。这些内容都为成人观察儿童正在想些什么,正在感受什么提供了机会。例如,儿童要扮演某个角色,他就要深入了解这个角色。儿童是否会选择当一个淘气鬼?还是会选择当一个受他人控制、被他人照料的人?儿童安排其他人在游戏中充当什么角色?儿童是否会参与到一个合乎逻辑的、反映出各种情绪状态的游戏情景中?或者他是否会再现出同样类型的事件(比如创伤、遗弃、攻击或者可怕的情境)?在儿童进行的对话中会有什么样的互动(比如对周围的人发号施令、说出伤害他人的话、关照他人)?游戏中出现问题时儿童是怎么解决的(比如攻击、协商、依赖成人)?通过这些方面的观察,能够使成人探索隐藏在情感后面的原因,扩大解决方法的选择范围,并支持儿童为解决问题而付出努力。

6.5.3 阅读和学习常规

圆圈时间

尽管有许多儿童参与到圆圈时间中,但是被选来阅读的图书也只能针对其中一个或一些儿童的情绪需求。与全体儿童讨论图书中的人物特点,他们的情绪、动作,能使一个或者多个儿童听到他们同伴的观点。教师还可以将游戏中可选择的角色或者故事情节融合进来。还可以利用木偶来讨论故事的内容,表演各种情节,激发儿童一起对动作、情绪、选择方案等进行讨论。

一对一阅读

之前章节中我们已经说过,可以使用图书来帮助有情绪障碍的儿童,以实现治疗的目标。选择与儿童存在的问题有关的图书,能使成人从书中人物的视角谈论儿童的这些问题。这样就为儿童提供了一定的情绪距离,他们就能谈论书中人物的感受,而不是自己的感受。这样的讨论常常能够引导儿童谈论应该做出怎样的行为和反应。他们可以讨论书中人物会说些什么或者做些什么,在类似情境中自己会怎么做、怎么说。这样的讨论有助于儿童将自己的状况与其他人的状况进行比较,并有利于他们思考其他的观点。

科学与数学

心理学是一门科学,儿童可以"研究"是什么使得动物和人会那样去做、会有那样的反应,以及他们在不同环境中的行为方式。儿童还可以研究各种需要,比如食物、住所、亲近、爱等。成人可以利用动物,在班上讨论家庭关系和养育照料的问题,探索从出生到死亡的生命过程。有关家庭、迷路、与别人打架等感受都可以引入进来,一起讨论。由于每个儿童的经历不同,这样的讨论常常会引发出不同的个人观点,随着儿童在感受方面的成长,成人应该敏感地了解每个儿童的不同感受。

案例:尤里

尤里是一个 2 岁男孩,他最近刚被从罗马尼亚收养过来。他对收养家庭还不适应,在游戏中表现出生气、掌控,以及恐惧的情绪。他最喜欢的游戏主题包括充当能管制儿童的"家长",即有掌控力的成人,或者充当一个受到严厉对待的受害者,尤里看起来在受害者和想要掌控他人之间存在内在冲突。他的养父母表现出挫败感,因为尤里对他们和他的兄弟姐妹们看起来没有感情。尤里在日托中心也很不适应,他常常对其同伴很生气,并在操作性游戏中表现出攻击性,常常毁坏小汽车,用脚踢别人的玩具,或者把别人搭起来的高塔推倒。尤里在语言上对他人也是负面的,他用罗马尼亚语大喊着骂人,或者拒绝看别人,对别人的要求不予理睬。其他儿童也都避开尤里,在尤里介入到他们的游戏中时,他们会大叫并向教室里的成人告状。

针对尤里在家和在日托中心时提出的建议如下。

人际互动策略

1. 对尤里对周围环境的认知以及对特定情境的感受作出反应。不作判断,但可以谈论对情境和感受做出怎样的反应。

2. 分享其他儿童在处理困难情境时的做法。

3. 帮助尤里考虑如何对特定情境给出回应,并讨论不同的回应会给尤里带来怎样不同的结果。

4. 对尤里的所言与所行会带给他人什么感觉,以及别人会做何回应给出评论。提供会带来积极回应的一些具体实例。

5. 在任何时候都对尤里给予关照。只要有机会就亲吻他,拥抱他,在实际生活与假扮游戏中具体示范如何给他人关照和爱护。

6. 要求尤里帮你完成某些任务,并向他提供照料你的机会,比如为你贴上创可贴、给你的后背垫上靠垫、亲吻一下、拥抱一下等使你感觉好些的具体做法。

环境调整

1. 为尤里创造机会,让他观察别人的游戏,同时成人对他人的行为和情绪作出评论与解释。这样可以使尤里看到他人在这些情境中是如何做的,并在成人的帮助下理解正在发生的事以及为什么会这样。

2. 和尤里一起阅读能够促进他与父母、兄弟姐妹、同伴建立良好关系的图书。告诉尤里如何解读各种行为,以及书中人物的动作如何影响到别人对他们的态度和行为,谈论书中人物和儿童对不同的期待与行为后果会有什么样的感受。

3. 为尤里提供道具和游戏材料,让他用此来表达自己的感受,但是不需要对其下判断。帮助他用语言表达出他的焦虑和恐惧,然后帮助他思考有什么其他的方式来应对这样的感觉,以便尤里能保持掌控力和安全感。

4. 提供游戏材料,比如医生套具,或者兽医套具,这些玩具可以鼓励尤里开展照料性的游戏,利用这些道具做出照料行为的示范。

参考文献

Fein, G. G. (1989). Mind, meaning, and affect: Proposals for a theory of pretense. *Developmental Review*, 9, 345–363.

资源

athealth.com: Filial Therapy
　　http://www.athealth.com/consumer/disorders/filialtherapy.html
Child Welfare League of America
　　http://www.cwla.org/
Family Enhancement and Play Therapy Center
　　http://www.play-therapy.com/index.html
Scholastic, Inc., Teacher Resources
　　http://teacher.scholastic.com/professional/bruceperry/index.htm

不同发展年龄的干预要点

以下建议针对的是处于相应发展水平的儿童。这些建议并不是全面的,而是表明了可能探索的领域。

发展年龄	情绪表达和回应	干预要点
0—3个月	在游戏中表现出兴趣、愉快、痛苦。 对来自他人的感觉信号给出回应。	读懂儿童的情绪暗示,并对儿童的需求给出敏感的反馈。
3—6个月	在游戏中对极端的情绪给出反应。 对来自他人的带有情绪化的社交表现给出回应。 对他人情绪所表达的含义给出回应。	通过面部表情、手势、词汇和语调向儿童发出清晰的情绪暗示。 触摸可帮助儿童感受面部表情。
6—9个月	在游戏中表达愉快和不愉快的态度。 对不熟悉的人会有消极的回应。 知道了成人发出的信号会传递出信息和情绪。 懂得自己的动作会引起情绪。	通过表述你认为儿童有什么样的感受或者愿望,对儿童的语言和动作给出回应。 通过逐步引入新的人和新的材料,帮助儿童应对焦虑情绪。 给出清晰的面部表情、手势和有声的情绪反馈。
9—12个月	向他人传达自己的意图和愿望。	让儿童知道你清楚了解了他的愿望和意图。 这可用词汇、手势、声调、触摸和引导来实现。
12—18个月	在角色游戏中显示出自己的情感和照料行为。 懂得自我和他人如何进行情感沟通。 可以通过假扮游戏表露出自己的担心。	提供有关简单动作、事件以及后续情绪反应的图书。 引入玩具娃娃、玩具动物和熟悉的服装、道具来模仿熟悉的日常生活。
18—24个月	用词汇和手势与他人沟通自己的需要、愿望和感受。 给情绪命名。 在游戏中表达出自己的感受。 在假扮游戏中基本上可以展示出照料他人和自己的行为。	读懂儿童的语言和非语言线索。 谈论儿童在游戏中展现出的情绪。 提供假扮游戏的机会,让儿童从中演习如何照料自己和他人。
24—36个月	在单独的游戏中进行的角色扮演与照料、关怀、控制、独立有关。 能够应对复杂的愿望、感情(游戏活动可以反映出亲密、分离、探索、决断、气愤、自豪和炫耀)。 喜欢满怀情感地玩娃娃游戏。假装充当具有不同感受的各种人物。 游戏中可以扮演介于"好人"和"坏人"之间的各种人物。	为儿童提供道具和自我照料的材料,以便他们练习独立和照料他人。 扩展假扮游戏的内容,让儿童体验新的经历,这些新体验能使儿童表达出各种不同的情绪。 成人应该对儿童给予监测、评论和建议,并促使儿童自己解决问题。
36—48个月	喜欢假装自己是某个他人。 在游戏中能够反转各种角色。 能够谈论假设的情境。 通过玩"好人"和"坏人"的游戏,常常可以表现攻击性。 喜欢玩吓唬别人和掌控别人的角色游戏。	观察儿童选择扮演什么角色。 鼓励儿童扮演各种不同的角色。 不要阻止儿童表达各种不同的情绪。 谈论在不同情况下可以有怎样的回应。 帮助儿童思考在情境控制上可采取的方式都有哪些。
48—60个月	与其他游戏者的动作协调一致;能够用语言表达出自己的情绪。 参与到非常令人着迷的游戏中,并可以反映出内在的感受、恐惧和照料。	当有同伴介入进来时,观察儿童选择扮演什么角色,以及展现出怎样的情绪。 在适当的时候,帮助儿童尝试一种角色的不同表达方式,或者对他人动作的不同回应方式。
60—72个月	在玩扮演医生的游戏中表达出对性的好奇。 不断提高表演情绪体验的难度。 表演权力、掌控、失去的主题。 能够确认故事中人物情绪的原因。	帮助儿童确定游戏活动的界限,探索儿童在游戏中如何表达自己的情绪,并在游戏中保持对情绪的控制,而不是专横跋扈。 对情绪的原因提出疑问和建议。

第七节　改进人际互动的策略

目标达成量表

1	2	3	4	5	6	7	8	9
观看照料者，对他们发起的互动给出口头或身体动作上的反应。		对他人能给出情绪上的回应，并主动与他人积极互动。和主要照料者分离时可能会出现困难。		能与家庭成员和熟悉的人轮流进行长时间的互动。对陌生人可能表现出害羞和焦虑。和同伴一起做游戏，但是可能经常发生人际冲突。		在日常生活中与家庭成员以及同伴之间基本上是积极互惠的关系。能主动发起人际互动，并和同伴玩几分钟。能利用成人来解决冲突。		能区分出熟悉的人和陌生人，与家人有密切的关系。有几个朋友。在玩互惠的、目标导向的游戏时能主动发起并保持彼此之间的互动。遇到冲突能独立进行协商。

　　人际关系发生在儿童与他人之间的互动中，从简单的观察到积极的参与。积极的人际交往对于发展重要的人际关系是非常必要的，人际交往是从与父母以及其他照料者的交往开始的，然后扩展到兄弟姐妹、同伴、其他成人。人际交往对于儿童的发展是至关重要的，因为很多的学习都是发生在社会性参与中，并且是人际交往的结果。尽管独立地探索世界很重要，但是儿童通过观察他人、与他人互动学到了很多东西。其他人提供了如何积极互动、如何探索并解决问题的榜样。儿童生活中的人，常常会选择能说明事情是如何运行的一些活动，为什么行为是适当的、什么行为是不当的提供参照标准，提供语言和行为上的示范，并对儿童的努力提供反馈。儿童如何看待自己以及他们的能力也部分来自他们在人际互动中得到的反馈。

7.1　适当的人际互动

　　主动发起并保持人际关系的能力，来自儿童参与到社会性游戏、读懂人际关系线索，以及解读和沟通信息的能力。在人际交往上有竞争力的儿童，能够与他人和谐相处，避开负面的冲突，调节自己的情绪，并有较强的解决问题的技能。有积极的人际交往能力的儿童，能够通过观看、触摸、口头表达，或者向其他人提供一个物体来主动发起人际互动。在游戏中轮到他时，他能以互惠的方式连续做同样的行为，来保持人际互动。他们具有积极的情绪，并喜欢参与到人际交往中，这样的行为也鼓励了其他人继续进行社交性活动。

对于婴儿来说，人际互动常常是由成人发起的，然后婴儿用眼睛对视、发出声音来回应。在婴儿早期，他们会笑，这能激发更多的互动。在婴儿对大动作和精细动作有了一定的控制力后，他们能够触及更远的东西和他人，能够递送物体，爬到或者走到别人那里，他们开始利用社会参照指标来观察其他人的感觉如何，并据此调整自己的行为。随着语言能力和表达能力的增强，儿童会命名他周围的事物，并对他人的要求给出回应。他们开始对共同经历的事件发起对话，并保持沟通。在儿童获得了对自己身体的控制后，他们还开始寻求他人，让他们参与到各种活动中（比如体育游戏、与人分享一个玩具或者一本书）。待对情绪的理解力有所增强后，他们还会出于情感的目的（比如为了感到舒服、激动、确定、分担不高兴）主动寻求一些互动。到了学前阶段，儿童还会发现，与其他小朋友一起做游戏是快乐的，他们懂得了要做游戏首先要靠近其他儿童，然后再和他们一起玩。随着游戏中人际互动的增加，儿童学会了如何与他人一起玩——可以当领导者，也可以跟随他人的动作，要一起制定目标，遇到不同意见时要用语言与他人协商，并对别人的需要和感觉给出回应。儿童的人际关系转化为友谊，这样的友谊关系是彼此都感到满意的，并是有帮助作用的，当然偶尔也会有个人之间的冲突。幼儿还学会了调整游戏，使之适应比他小或者比他大的儿童，以及有不同游戏风格的儿童。他们了解了班上的人际群聚方式，并会谈论其他儿童以及他们自己的人际交往能力。

适当的人际互动有利于建立积极的人际关系，这需要综合运用各个方面的技能。

7.1.1 适当的人际互动的具体表现

Ⅶ. A. 儿童对他人的哪些情绪做出回应？

日常常规（家庭和教室）

- 婴儿/学步儿：婴儿手握勺子坐在地板上，等着在她爸爸看她的时候把勺子扔掉。学步儿的手被门夹了一下，当她看到妈妈后，开始哭起来，妈妈过来安抚她。
- 幼儿：午饭时，幼儿看到他的一个朋友把牛奶打翻了，他说："没关系，你不是故意的。"

游戏常规（家庭和教室）

- 婴儿/学步儿：婴儿在发出咂舌声时看到爸爸笑了，因此她再次这样做。学步儿抢了她姐姐的玩具，看到姐姐很生气，她就跑开并躲藏起来。
- 幼儿：幼儿看到她的朋友因用积木搭的高塔倒塌而哭了，幼儿说："我来帮你。"

课堂常规

在圆圈时间，教师讲了一个有关怪兽的故事，儿童好像害怕了，在她旁边的一个儿童说："别怕，那是假装的。"

Ⅶ.B. 儿童是怎样表现快乐和对父母的信任的？

日常常规（家庭和教室）

- 婴儿/学步儿：一个婴儿张开嘴，把嘴贴在妈妈的脸上，亲了一下。一个学步儿从小床上摔下来，他看上去是吓了一跳，然后哭着跑向爸爸。
- 幼儿：在商场，一个幼儿告诉爸爸说："我知道你的电话号码，如果我走丢了，我给你打电话，你来接我。"

游戏常规（家庭和教室）

- 婴儿/学步儿：一个婴儿撩起她的背心，让爸爸在她肚子上吹气。一个学步儿从她妈妈身边跑开，等着妈妈来追她，然后又跑开，回过头看妈妈是不是在追她。
- 幼儿：一个幼儿走过来，拿了一本书，然后坐到爸爸的腿上，说："爸爸，读这本，大声学狮子叫。"

课堂常规

在假扮游戏期间，儿童假装是妈妈，她对玩具娃娃说："哦，你受伤了吗？让我亲亲那里，你会感觉好些的。"

Ⅶ.C. 儿童是怎样区别对待他人的？

日常常规（家庭和教室）

- 婴儿/学步儿：当婴儿被他不熟悉的成人抱起来时，他开始哭。当学步儿被妈妈介绍给她的一个朋友时，他躲在妈妈的裙子下面。
- 幼儿：在便利店，店员问幼儿，他是否需要帮助把他抱起来好能够到花生酱。幼儿回答说："我一般不让陌生人抱我。"

游戏常规（家庭和教室）

- 婴儿/学步儿：在日托中心，婴儿看着另一个婴儿，但并不接近她。学步儿正在玩厨房玩具里的塑料食物，她给娃娃一个奶瓶，说道："吃吧，这对你有好处。"
- 幼儿：幼儿正在戴牛仔帽，穿牛仔靴。他告诉弟弟说："你当坏人，你抢了银行。我是好人，我来抓你。"

课堂常规

在参观宠物店期间，儿童问店主，他的工作是对动物做些什么。

Ⅶ.D. 儿童与兄弟姐妹或者其他小朋友玩哪种类型的社会性游戏？

日常常规（家庭和教室）

- 婴儿/学步儿：婴儿抱住姐姐的腿，朝她笑笑，并靠近她的脸。学步儿和他的哥哥在院子里玩棋类游戏,然后他们互相逗嗝,接着大声地笑起来。
- 幼儿:幼儿坐在长凳上,紧挨着一个便盆,他的妹妹正坐在上面。他鼓励妹妹使劲拉:"你拉好后告诉我,我会让妈妈过来。"

游戏常规(家庭和教室)
- 婴儿/学步儿:婴儿从客厅的地板上爬过来,然后站起来碰到哥哥的脸,哥哥假装大喊救命,婴儿咯咯地笑。在日托中心,学步儿摇摇晃晃地走过来,看一个小朋友正在玩球和斜板。她从她那里抢过球来,把球放到斜板上滚下去。
- 幼儿:几个幼儿在室外玩攀登架。一个幼儿对另一个幼儿说:"让我们比赛看谁第一个到达最上面。一、二、三,开始!"

课堂常规
在大小便时间,幼儿走过来告诉教师说:"萨米的裤子脱不下来。她需要帮忙。"

Ⅶ.E. 儿童是如何应对人际冲突的?
日常常规(家庭和教室)
- 婴儿/学步儿:当婴儿的爸爸说"这些冰激凌够多了"时,婴儿开始尖声喊叫。学步儿从超市收银台旁边的糖果架上拿了一个棒棒糖,妈妈说:"不。你不能拿那个。"学步儿开始哭,但当妈妈给她一包饼干时,她平静了下来。
- 幼儿:幼儿说:"如果我把饭都吃光,我能吃餐后甜点吗?"

游戏常规(家庭和教室)
- 婴儿/学步儿:婴儿周围都是玩具,当另一个婴儿拿走他的玩具小汽车时,他仅仅是拿起另一个小汽车。当一个小朋友拿走学步儿的玩具卡车时,她追上那个小朋友,用嘴咬他。
- 幼儿:在游乐场里,幼儿被同伴扬起的一铲子沙子打到了,她走到教师那里,说:"卡洛斯一点都不友好,他朝我扔沙子。"

课堂常规
在艺术角,两个儿童都想要同一种颜色的马克笔,其中一个儿童说:"我先用一用,然后你再用。"

Ⅶ.F. 在有两个以上儿童的情况下,对其中一个儿童的行为,其他儿童是如何反应的?
日常常规(家庭和教室)
- 婴儿/学步儿:在公园里,学步儿看到一个儿童在打另一个儿童,他赶紧远离他们。
- 幼儿:在公园里,幼儿正躲藏在公园恐龙的"肚子"里,他大喊道:"嘿!它吃掉我了。快来人救我呀。"其他幼儿过来和他一起玩。

游戏常规（家庭和教室）

- 婴儿/学步儿：婴儿正在观看另一个婴儿玩皮球，还看到他大笑，另一个婴儿爬过来想要探索一下。学步儿正在推着玩具童车玩，另一个儿童走过去也推起一辆玩具童车，跟在她的后面。
- 幼儿：幼儿试图让一个小朋友和他玩，但是小朋友不理睬。他难过地对教师说："马克斯不想玩。"

课堂常规

在科学角，两个儿童正在拼接一个立体塑料恐龙骨架。当其中一个儿童做错了的时候，另一个儿童向他提出了建议。

Ⅶ.G. 儿童表现出怎样的幽默？

日常常规（家庭和教室）

- 婴儿/学步儿：婴儿在将面条放到自己头发上时看到了她爸爸的表情，然后她把整个碗都扣到自己的头上。学步儿拽出卫生纸，拉出了长长的一段，从卫生间一直拉到卧室。"看！爸爸，好大！"爸爸咯咯地笑。
- 幼儿：幼儿把卫生纸放在头上，说："看！我是个臭粑粑头。"

游戏常规（家庭和教室）

- 婴儿/学步儿：婴儿坐在洗衣房的衣筐里，她拽出一条毛巾，盖在自己的头上，说："躲猫猫！"然后大笑。学步儿拿过一个贴纸，把它贴到妈妈的鼻子上，然后咯咯地笑。
- 幼儿：幼儿玩捉迷藏。他从大衣柜里冒了出来，大笑，并大声喊道："我在这儿！"

课堂常规

在识字角，儿童正在讨论词的特性，并按照"闹"的声韵找词，然后教师把大家说出的词写下来。一个幼儿用手捂住嘴，咯咯地笑，然后大喊道："尿尿！"

7.2 促进适当的人际互动的一般原则

大多数父母都会自然而然地促使自己的孩子发展出积极的人际互动。只要父母对儿童的需要给予回应，并且儿童没有特别怪的脾气，大多数的互动模式都可以积极地发展起来。无论是婴儿，还是幼儿，他们都会形成愉快的人际互动。随着儿童的发展，照料者有意识或者无意识地对如何促进儿童的社会竞争力发挥了影响。下面是父母和其他照料者用来增进人际关系的一些常用的策略。

7.2.1 读懂暗示

父母很快就能读懂他们的孩子发出的暗示,并知道不同的行为意味着他们有怎样的需要。他们知道孩子不舒服是因为他/她湿了、累了或饿了。他们通过面部表情和肢体语言了解孩子喜欢什么。例如,父母可能会注意到,当给儿童挠痒痒或者将他高抛起来时,他会笑,而当父母说"不"时,他会哭。在儿童长大一些后,照料者开始帮助儿童了解他发出的暗示的意义,他们会对有利于建立积极的人际关系的行为给出肯定的评论。例如,父母可能会说:"我看到你在盯着萨拉手中的点心。如果你从萨拉那里拿走点心,她会很不高兴的。"

7.2.2 及时回应

当父母或者其他照料者理解了儿童正在想什么、感觉如何时,他们就能或者给儿童回应,或者完全忽略。及时的回应是在告诉儿童,对于他们的需要,成人是能理解的。当这种及时的回应不断出现时,儿童懂得了,发起人际互动会引起成人的反馈。成人给出的回应,还为进一步的交往制造了机会。例如,一个儿童可能抱着一个皮球到了父母身边,他的父母说:"你找到了一个皮球,你想要玩球吗?"这样,儿童的努力就得到了承认。这个儿童此时就会决定是把球扔给父母,还是自己玩球,或者抱着球到其他地方。相反,如果总是忽略儿童在人际交流上的尝试,就会使他减少开展互动的努力。

7.2.3 跟随儿童的引导

儿童常常会待在他们的环境中,或者独自做些口头上、身体上,或者操作性的游戏。当成人注意到儿童正在干什么时,他们要做出评论、模仿,或者对其他的行为做出示范,这样就会鼓励儿童进行人际交往。注意到儿童对什么感兴趣,然后根据他的兴趣制造一些题目,就可以围绕这个题目开展人际互动。例如,如果儿童选择把球扔给父母,这是在邀请父母和他玩,如果父母把球扔回给儿童,那么游戏就能继续玩下去。然而,如果成人不理睬儿童,或者说:"让我们来一起看书吧。"这样,儿童可能会转身离开,因为他希望的是玩球,但他的邀请,或者他的引导没有人跟进。

7.2.4 保持平衡

人际交往活动要求每个参与方都能轮流交替地参与到其中。在轮流参与时,发起和回应的次数与长度越是平等,彼此的关系就越平衡。父母通常会尽力鼓励儿童轮流来玩。我们还是用玩球的例子来说明,如果儿童和父母每次都是轮流扔球,这就是平衡的。如果父母评论说"红球",然后再扔出球,儿童说"球",然后把球扔回来,那么这样的轮流也是平衡的。然而,如果父母拿到球,说:"保罗,看球。这个球是什么颜色的?它是红色的。你能说出'红色'吗?"这样就是父母在掌控他们的互动。父母说出了四句评论,如果保罗回答说"红色",那么他就是轮到了一回,因而平衡是向父母一方倾斜的。

7.2.5 脚手架(Scaffold)

要与儿童保持轮流玩,成人可用的方式之一就是利用脚手架,或者在与儿童的互动中增加一些更高水平的动作。脚手架可以是语言的,也可以是非语言的。它可以是针对认知、动作、交流技能的,但无论如何都要与人际互动有关。以下的一些策略是成人通常使用的脚手架类型,所举出的实例与促进积极的人际交往有关。

做出示范

当成人对适当的人际互动做出示范时,他们在发展积极的人际关系上发挥了重要的作用。父母怎样对待儿童和其他人,这就告诉了儿童什么样的社会行为是适当的。我们都听说过这句格言:"照我说的做,不要照我做的做。"但是儿童的学习是通过观察来进行的,而父母则是有力的榜样。例如,父母说:"不要打你的朋友。"但是,如果他们经常用打骂来惩罚儿童,这实际上表明打骂是可以接受的行为。父母应该认识到自身语言和行为的重要性。他们自身的行为,实际上是在为他们想要在自己孩子身上看到的行为做出具体的示范。

直接互动

成人通过告诉儿童做什么和怎么做,为儿童提供了脚手架。这对如何做父母和如何做照料者,是非常必要的,因为幼儿一开始是完全不懂应该怎么做的,成人指导儿童去遵守社会习俗(比如"要说'请'")、怎样对待他人(比如"你应该与弟弟分享那个玩具"),以及在特定情境中该怎么做(比如"吃饭时,必须保持安静")。对于年龄小、尚不了解事情后果的幼儿,指导性互动尤其必要。

指出后果

成人与儿童之间脚手架式的人际交往的另一个方式,就是告诉儿童为什么特定的社交行为或者对他人的回应是重要的。如果儿童理解了自己的行为对他人和对自己是有益的,那么他们多半会做出适当的社交行为。随着儿童获得了更复杂的语言能力,他们能够讨论行为的后果,并了解到为什么积极的社交行为和回应是重要的。例如,成人可能会说:"当你与塔丽娅分享图书时,她会愿意和你玩。现在她也想要和你分享图书。"

提升解决问题的技能

成人应提供必要的手段,提升儿童在与小朋友和其他成人的交往中处理人际关系问题的能力,这很重要。成人可以设定界限、提出建议、必要时可以提供解决问题的办法,这就能使儿童看到并听到如何应对人际交往上的难题。在儿童更成熟一些后,成人的引导应该从由成人导向的指导,转化为由儿童导向的解决问题的方式。儿童将会记住并重复之前的问题解决技能,练习他们在类似情境中看到的其他儿童的具体做法,或者考虑其他独特的解决方案。例如,父母会告诉9个月大的婴儿:"那个是麦克的玩具,这个才是你的。"3岁大的幼儿可能会说:"这个娃娃是我的,那个才是你的娃娃呢。"

7.3 实践中的原则

成人利用各种策略来支持积极的人际互动。以下实例,是照料者在家庭或者托幼机构的日常生活中利用前面介绍的各种策略的一些具体做法。这些做法是照料者在他们与儿童的日常交往中常用的。对于大部分残障儿童来说,它们也是适用的。

7.3.1 日常常规(家庭和教室)

喂食/进食

吃饭是一个人际交往活动,它还提供了很多人际互动的机会。给婴儿喂食涉及成人给儿童食物,儿童的回应是吃掉它。当儿童开始给妈妈或者爸爸提供一口食物时,就开始轮流喂食了。父母既可以咬一口食物,也可以假装咬一口,然后说:"谢谢。好吃,真好吃。"这样的行为是对儿童发起的动作给出的回应,并对依次轮流的做法、社会习俗、带情感的回应做出了榜样。对于大些的儿童,人际互动可以有更多的语言在里面,吃饭时可以一起讨论食物、喜欢或者不喜欢、当天都干了什么、稍后的安排,等等。

换尿不湿/如厕

换尿不湿是一种自然的人际交往活动。父母可以一边换尿不湿一边和儿童说话、挠痒痒、做游戏。坐便盆使儿童开始有了人际互动,并发展为独立的行为。父母可以指导、引导、评论并鼓励儿童,儿童也会从情绪上和动作上给出回应。

穿衣

穿衣也是始于人际互动,并发展为独立的行为。在父母为儿童穿上衣服并作出评论的同时,儿童予以配合,这样可以使他们能够模仿并谈论到身体的各个部位,并认知到衣服的组成部分。穿衣还为听从指令、轮流进行、提问、讨论自己喜欢什么等提供了机会,并为儿童技能的提高提供了支撑。

7.3.2 游戏常规(家庭和教室)

面对面游戏

面对面游戏在本质上是社交性的。特别是在早期,这样的游戏非常重要。婴儿从中学会了观看和模仿面部表情、嘴部的动作、声音、歌曲等。对婴儿来说,这样的游戏常常是由成人发起的。当儿童长大一些后,他可以用词或者动作发起依次轮流的游戏。面对面游戏有两个基本类型:一种是需要依次轮流进行的游戏,比如躲猫猫;另一种是需要参与者同步进行的,比如唱歌,或者手指游戏。这两种类型的游戏在一开始时都是鼓励儿童跟随成人的做法学会互动,然后再由儿童主动发起,让成人参与到游戏中来。

体育游戏

体育游戏既可以是独自玩的,也可以是在人际互动情境中玩的。在人际互动情境中,儿童既可以当一个发起者,也可以当一个响应者。体育游戏在性质上往往是更为强烈的,最开始在婴儿期时,是挠痒痒游戏,后来到了学前期,变成追逐游戏以及更复杂的体育游戏。在婴儿期,这样的游戏通常由成人发起,但是在儿童长大一些后,他们开始主动发起游戏,而成人则通过使游戏变得更加复杂来对这类游戏予以支持。

操作性游戏

当在互动情境中与父母一起玩玩具游戏时,可以依次轮流来进行,父母应给予辅助和指导。随着婴儿发现并探索到了玩具的特性,父母可以模仿他们的动作,依次轮流玩,然后再做出新的动作。当儿童开始玩假扮游戏时,成人给出建议,引入一些新的想法,并对儿童的感觉和想法给出回应,帮助他们解决问题。所有这些行为都为儿童与他人开展互动提供了榜样。

感觉游戏

手工游戏使成人可以利用这个机会分享探索的经历、谈论各种手工材料的特点,并对儿童在手工游戏中的反应给出回应。手工艺术活动最初通常由成人发起,并与儿童分享,而且手工艺术活动还可以成为个体化的一种体验。与儿童交流其对手工艺术的感受,讨论其中有关艺术的内容,都是这类游戏中人际交往的重要方面。

7.3.3 阅读和学习常规

圆圈时间

在圆圈时间,成人可以对儿童进行指导性评论,可以和儿童之间产生交流,还可以和一群儿童开展讨论,因此它是一种社会性体验。这期间,成人的作用是教给儿童适当的社会习俗、引导沟通交流的过程、监测人际关系,并管控人际行为。

一对一阅读

与成人一起阅读,对于儿童与父母或其他成人之间的人际互动是极其重要的。在这个过程中,成人与儿童形成了一种关系,他们能长时间地一起关注同一个事物,这使他们能够参与多种人际交流。他们可以做出手势、评论、提问、回答、解释、预测等,还可以彼此分享自己的以及书中人物的词汇、想法、情绪。

科学与数学

科学与数学活动集中于对概念的理解上。在这些活动中,成人通过促进儿童解决问题的综合技能和合作性的学习,来鼓励儿童进行人际互动。成人与儿童之间的交流,以及儿童与儿童之间的相互作用,都有利于发展积极的人际关系。

7.4 为改进人际互动制订个性化的干预计划

儿童是否能从前面介绍的日常活动中学到适当的人际交往方式,既依赖于与之交往的成人和其他儿童,也依赖于他们的认知、沟通交流、感觉动作,以及情感发展的状况。在这些领域的发展上存在迟滞、失调,或者残障的儿童,他们会在发展积极的人际关系方面出现困难。下面我们将对影响儿童人际互动的一些具体方面加以讨论,并针对每个领域提出干预策略。

Ⅶ. A. 儿童对他人的哪些情绪做出回应?

注意力障碍、视觉受损、智力落后、自闭症、脆性 X 染色体综合征儿童,以及其他一些情绪失调的儿童,都不能理解人际交往的线索,不能理解他人表达出的情绪和想法(参见 TPBA2 第七章第四节)。对于某些儿童,这种在理解情绪和人际关系上的缺陷,是由于他们缺乏对这些线索的关注。不能集中注意力的儿童,只能快速地看一下他人,他们可能会注意到一些物体,或者他们自己感兴趣的东西。例如,注意力缺陷或者多动症儿童,他们可能会将注意力集中到有趣的物体上,但是会快速地从一个游戏活动转到另一个活动上,全然不顾其他儿童。对于注意力失调的儿童来说,其他人只能引起他们短暂的注意。别人只有在用来满足他们自身需要的时候,才是有用的。他们对别人发出的情绪线索毫无兴趣,因为他们的注意力是指向其他地方的。

视觉受损的儿童,当人发起人际互动时,他们可能看不到他人的面部表情,或者看不到他人细微的身体语言,他们需要依赖听觉线索(比如声音的音量和音调变化)、触摸、身体的姿势。要理解他人的交往意图,视觉受损的儿童需要加倍的付出,成人和同伴也需要额外的策略。

对情绪表达和人际交往行为缺乏认知理解的儿童,他们也会遇到困难。有智力缺陷的儿童,其认知水平使他们不能读懂他人动作和情绪的含义。如同有注意力缺陷的儿童一样,他们自己的需要是最为重要的。

自闭症儿童,众所周知他们是"心盲"(Mindblindness),或者是对他人的暗示缺乏理解和关心。他们似乎活在自己的世界里,除非是为了要满足他们的某些需要,否则不会寻求人际互动。这些儿童,以及患有其他失调的儿童,包括脆性 X 染色体综合征儿童,与 XY 染色体相关的其他综合征(XY-Related Syndromes)儿童,都不会对其他人发出的人际交往线索表现出兴趣。

精神疾病也会影响到儿童回应人际交往线索的能力。情绪易激动的儿童,在他们情绪失控(Out-of-Bounds)时,可能不会考虑其他人的需要。同样地,有情绪创伤、精神疾病、依恋障碍的儿童,都可能生活在一个情绪绝缘的世界里,不能对他人主动的交往意图或者情绪表达给出回应。

尽管对每种不同的障碍应采取不同的方式来对待,但是除了之前介绍过的一些策略(参见 TPBI2 第七章第四节),以下策略可能也是有帮助的。

人际互动策略

1. 帮助儿童把注意力集中到人身上。在人际互动情境中避开眼睛对视或者感到焦虑的儿童,他们可能会把注意力集中到物体上,而不是人身上。成人通过调整儿童与他人的位置,帮助儿童聚焦在人身上。可以利用夸张的表情、手势,以及不常用的声音来吸引儿童的注意,还可以将儿童感兴趣的物体与人际互动结合起来。例如,如果儿童对一个玩具有兴趣,那么成人在与儿童和玩具开展互动之前,可以先挑出这个玩具,把它举到儿童面前。

2. 解读社交情绪线索。告诉儿童你或者他人此时的感觉是怎样的,解释面部表情和动作与感觉和意图的关系是怎样的。例如:"萨拉哭了,她不高兴了。"或者:"萨拉想要和你一起玩。"利用夸张的语调,帮助儿童理解有关情绪的用词。

3. 在口头鼓励外,提供身体或者手势上的支持。对有些残障儿童来说,要他们理解社交性线索,仅用词汇是不够的,例如,语言和认知发育迟滞的儿童,不能理解像"情绪"这样的抽象概念。当你微笑或者难过时,让儿童触摸你的脸,可以引起他们对情绪表达的关注。然后成人可以加上词汇,命名这个情绪。在上述例子中,成人可以让儿童轻轻地触摸萨拉的脸。

当另一个儿童做出人际交往的手势时,成人应该帮助儿童给出回应。例如:"伊斯雷尔正在给你一幅画(成人用手指着伊斯雷尔说),让我们看看这幅画(帮助儿童伸出手触摸到画)。让我们对伊斯雷尔说'谢谢'。"这样,成人对儿童给出积极的人际交往回应提供了手势、身体和语言上的支持。

4. 强化人际交往上的回应。对他人发出的情绪线索,无论儿童何时读懂或者何时做出回应,成人都要及时给予反馈。这不是要你对儿童说"做得好",因为这样没有告诉儿童他做的什么事是好的,而是要通过对他读懂的情绪线索给出评论,并说出为什么那么做是适当的,从而对儿童的回应给予赞扬。例如:"你看到萨拉哭了,就拥抱了她。你那样做,非常好。"或者:"你接过了伊斯雷尔的图画。伊斯雷尔笑了。"

5. 指出积极回应的结果。当儿童对人际和情绪线索给出回应时,成人应该告诉儿童这样做的结果是什么,会发生什么。这将有助于儿童将人际交往行为与行为的后果联系起来。例如,在之前的例子中,如果萨拉停止哭,并开始玩,那么成人可以说:"看,你的拥抱使萨拉感觉好多了。现在她想要玩了。"或者:"你看了伊斯雷尔的图画,这让他很高兴。"

环境调整

除了人际互动策略能够帮助儿童学会读懂社会性情绪线索,常用的还有环境调整。根据 TPBA2 的研究发现,干预小组可以考虑采用以下环境调整。

1. 利用镜子看到儿童和其他人的表情。儿童可以通过看到自己高兴和难过的表情,来了解他人面部表情所表达的含义,镜子可以起到这个作用。例如,当儿童感到不安时,成人可以带儿童进入洗手间,让他看镜子中的自己。"看看这个不高兴的脸。你真的生气了。"当通过成人的一些举动,儿童的情绪有所改变时,成人再带儿童回到镜子前:"看。没眼泪了,让我们做出一个笑脸看看(做出笑的示范)。"

2. 减少干扰物。灯光、噪音、过多的玩具和游戏材料都会对儿童进行人际观察与互动起到干扰作用。对于难以读懂人际交往情绪线索的儿童,最好只拿出一两种玩具给他玩,拉上窗帘,减少室外的干扰,减少会影响到谈话的噪音。消除有负面作用的各种因素,这有助于增加儿童关注室内其他人的机会。

3. 利用人际交往的玩具和游戏材料。许多玩具和活动都有促进人际互动和情绪表达的功能,例如,吹泡泡、皮球、音乐,都能鼓励儿童看到别人是怎么互动的。对于儿童喜欢的活动,成人可以掌控什么时候开始,或什么时候停止,具体做法是控制住游戏材料,并等到儿童开始看着成人时,再做更多的互动。例如,如果成人正在吹泡泡,而儿童正在笑,成人就知道这个活动是儿童想要继续的。当成人停止了吹泡泡并等待时,儿童会看着成人希望他继续吹泡泡。一旦儿童盯着成人看,成人就能借此机会向儿童传递出表情、手势和词语。

4. 利用图片线索。婴幼儿通常喜欢看其他婴幼儿的图片。利用真实的人物照片有助于成人向儿童谈论有关社会性情绪线索的含义。例如,当看到图书中一个婴儿的表情时,成人可以说:"哦,看,这个宝宝正在……(成人做出图上的表情,并等着儿童给出回应),你认为发生了什么呢?"这样的图片可使成人客观地谈论起情绪话题,而不需要真的发生了那种情绪。当所读图书中的情况,正好真实发生在了儿童周围或者儿童身上时,成人与儿童谈论那种情绪和感觉就会达到最佳的效果。

5. 利用人际交往故事。人际交往故事(即专门为有特殊需求的儿童设计的简短的、个性化的图书)能够用来告诉儿童对于特定的情境,其他人的感受是怎样的,它还为儿童如何给出回应提供了样板。例如,保罗有运动障碍,这使得他常常会无意地斜靠到别人身上,这让他人感到不舒服。可以为他编写一个人际交往故事,内容是他倒在别人身上,接下来的图画的是被他碰到的那个儿童满脸不高兴的样子,再接下来的画面是保罗在说"对不起",并帮扶一下那个被碰的儿童。这样的人际交往故事可以帮助保罗认识到他对别人的影响,并学会适当的人际回应。

Ⅶ. B. 儿童是怎样表现快乐和对父母的信任的?

在建立父母与儿童之间基本上是愉快的互动、具有可预测性、互惠、信任的关系上,成人和儿童具有同等的作用。个性因素、身体特点、互动模式,都会影响他们之间的关系是怎样的形式、有什么特点,以及双方彼此是如何相互满足的。

残障儿童可能会有一些特点,这些特点使他们与父母的互动变得更具挑战性。有运动障碍的儿童,或者逃避人际交往的儿童,可能不喜欢拥抱;不健康或者行为调节上有困难的儿童,可能会过于挑剔;脑瘫患儿或者各种综合征儿童,比如唐氏综合征儿童可能不会用语言表达,或者不能用与正常儿童同样的方式表达高兴;自闭症儿童对父母在互动上的努力可能不会有任何回应;许多残障儿童还在抓握、进食、睡觉等方面遇到困难。所有这些问题都使其父母面对更多的挑战,其结果是在父母与儿童之间的关系上造成了压力。

从父母一方来说,他们负面的情绪、压抑、不安全感、缺乏为人父母的知识技能、避开互动、不现实的希望,以及其他因素都会导致他们与儿童之间的关系出现困难。父母面临的外在压力,比如财政问题、健康问题、不良的家庭环境和社区环境、婚姻不合,也都对他们与儿童之间的关系有着负面影响。

生物的、环境的、人际交往方面的影响都对父母与儿童在彼此的关系中感到愉快和安全有着重要作用,因为父母与儿童之间强有力的情感联结能够促进健康的社会情感的发展。开展早期干预来改善父母与儿童之间关系的质量,是至关重要的。针对父母如何与儿童建立密切的情感关系,特提出如下建议。

人际互动策略

1. 读懂社会性情绪线索。残障儿童可能会提供更微妙的社交和情绪暗示。例如,微笑可能只是微笑而无其他含义,兴奋可能是用一只腿踢来表示,或者不适可能用呜咽声或转身离开来表示。有障碍的儿童,一般在情绪上都有不同于常人的表现方式。脑瘫患儿可能用做鬼脸来表示笑,自闭症患儿在激动时会晃手指或者晃手,脆性 X 染色体综合征儿童在感到焦虑不安时会问很多的问题。学会如何读懂这些儿童的暗示,并让儿童学会读懂父母的暗示,是建立人际关系的第一步。密切观察儿童,了解他们在微弱的或者不寻常的暗示被看到之前有些什么特别的表现,这是非常重要的。

应该记住,儿童寻求的是他们感兴趣的东西,他们对喜欢的事物才会反复去做,他们避开的事物一定是他们不喜欢或者感到有压力的东西。观察儿童寻求什么、重复什么,以及避开什么,并将这些与他们身体上的反应,以及儿童给出的各种暗示联系起来,可以帮助成人找到一条理解儿童所表达出的情绪的途径。如果在类似的情境中同样的暗示反复出现,那么成人就要开始确定这些暗示的含义。例如,如果一个儿童不停地向前弯曲身体,拿起一块巧克力布丁(即寻求和重复),并且这个动作还总是伴随着特定的鬼脸或者面部表情,那么成人就应该赋予这个面部表情以"愉快"的含义。

2. 及时给予回应。在认识到社会性情绪线索的含义之后,成人接下来的一步就是对儿童想要交流的事情给出及时回应。例如,如果一个儿童不断地看某个玩具,然后又看看父母,那么父母应该把这个动作理解为儿童想要那个玩具。父母通过回应说"哦,你喜欢那个拨浪鼓",并把那个拨浪鼓递给儿童,让儿童懂得他给出的线索是可以被读懂的,那么这个儿童就会采用这个方式来使他的需要得到满足。一旦儿童知道了成人会给出回应,那么成人就可以期待儿童给出更高水平的回应了,比如语言回应。

3. 提供养育性互动(Hurturing Interaction)。抗拒人际互动的儿童,在他们身上常常不会表现出喜欢典型的养育性的行为,比如亲吻、拥抱,有些儿童甚至不喜欢被喂饭。对成人来说,非常重要的是,找到儿童喜欢或者能让他安静下来的互动方式。在一些儿童那里,这些方式可能包含荡秋千、用膝盖上下颠儿童、唱某个歌曲、摩擦儿童的后背、把会震动的玩具放在儿童的腿上,等等。若儿童感到自己是受到抚育的,他们会感到平静与安全。因此,找到让儿童感到不具威胁的一种方式,并通过这种方式将成人与儿童联结起来是非常重要的。

4. 保持一贯性。发展信任关系的另一个关键因素是对儿童的行为和感觉给出前后一致的回应。如果一个行为,比如扔食物这样的行为,在某一天获得了父母的笑声,而在另一天受到了父母的惩罚,那么儿童就不知道他该期待什么,他可能会继续扔食物,试图再次得到父母正面的回应。当然,保持一贯性对父母和照料者来说是最难做的事情之一,但它又是绝对必要的,因为可信赖的、清晰的信息才能让儿童安心,这样的信息告诉儿童,他们与父母的互动是可以预测的,是可以依赖的。

5. 尊重儿童的兴趣和需求。成人与儿童建立积极关系的方式之一就是尊重儿童的喜好和他们想要做的事,即使有时成人对此并不喜欢。跟随着儿童的兴趣和动作,这样就告诉儿童,成人是将儿童作为一个人而接受他们的,他们的快乐和需求是受重视的。

6. 鼓励共同分享。共同快乐是与儿童建立联结感的有效途径。任何在父母和儿童双方都感到愉快的活动,无论是儿童发起的,还是成人发起的,都有利于建立彼此间的积极关系。双方轮流做动作、对情绪给出回应、交流情感、在互动中表达出高兴的情绪等,这些都告诉儿童,他们之间的关系是积极的。

7. 设定界限。当然,儿童不能总是想怎么做就怎么做,或者总是其日常生活和日常行为的决定者。儿童应该知道什么是被期待的,知道所有事都是有界限的,知道什么事可做、在什么时候可做,以及怎样去做,知道什么行为是可接受的,这样就确定了儿童行为的范围。

事实上，儿童也可能会由于别人控制过多而做出错误的行为。因此，限制太少和限制太多之间的平衡是很难掌握的。当儿童还很小时，限制应该少一些，随着儿童获得了更多的独立性，在他的活动范围扩大到社区时，应该增加限制。

8. 将爱与愿望传递给儿童，以保持儿童的安全感。爱是能够通过儿童的感官交流的——满怀爱意的眼神，柔和的声音，轻柔的触摸，有节奏的运动，好闻的气味，好吃的味道，安静的怀抱，等等。残障儿童可能更喜欢某些类型的信号刺激，所需的刺激也比他人要更多一些。成人通过理解儿童喜欢的信号刺激类型是什么，并在日常生活中使用这些信号刺激，从而与儿童建立更坚实的互动关系。

环境调整

除了人际互动策略能够帮助儿童发展出对父母的信任，常用的还有环境调整。根据TPBA2的研究发现，干预小组可以考虑采用以下环境调整。

1. 使用需要人际互动的游戏材料。那些能够用来帮助儿童关注到别人的游戏材料，也可以用来帮助他们发展人际关系。有些游戏材料是有利于鼓励成人参与到活动和互动中的，这些材料为互惠性游戏、养育性游戏、发起活动、给出回应、父母与儿童依次轮流的活动等提供了多种机会。玩具娃娃、玩具电话、多人参与的假扮游戏、棋类和扑克游戏等，都为成人做出示范，进行给予与接受的互动，以及展示出尊重、信任和养育提供了机会。

甚至一些平时是独自玩的游戏，比如拼图、画画、一些有因果关系的玩具，也能和他人一起玩。例如，如果儿童很小，甚至简单形状的拼图都能成为问题解决的一个手段。一起画一幅图画，既提供了彼此之间的直接交流，还能沟通想法，建立自信。

2. 给儿童读书。给儿童读书，并通过讨论书中的图画和动作，共同分享一本书，这是一项重要的养育性活动。儿童通常坐在成人的腿上，或者挨坐在成人的身边。父母读书、给出评论，等待儿童发出声音或者说出他的评论，然后让儿童翻到下一页，这样的互动对于残障儿童来说尤其重要。如果儿童有认知障碍、注意力缺陷、语言损伤、视觉损伤、失聪、自闭症、脑瘫等问题，他们就不能像别的儿童那样频繁地接触到阅读。所有儿童都能在成人的参与下从这样的经历中受益，因此，成人将阅读融入儿童的日常生活中是非常重要的。有时，需要做一定的调整（比如对有注意力缺陷的儿童，可以读短小的故事；对有视觉损伤的儿童，可以给他们可触摸的图书；对于有认知障碍的儿童，可以给他们看一些带有真实图片的书），以便确保儿童能保持兴趣，并参与到阅读图书的过程中。

幼儿喜欢阅读有关父母与儿童关系的图书，喜欢表现爱与被爱的图书，这样的图书为父母提供了机会，使他们能谈论父母与儿童的关系，以及父母是如何爱他们的。

3. 待在儿童可见或者能听到其声音的范围内。当成人不能参与到儿童的游戏中时，成人要尽可能地待在儿童附近，这很重要。智力发育小于其实际年龄的儿童，常常需要"检查"

一下成人是不是还在那里。当儿童玩耍时，成人可以坐在附近，并参与到另一个活动中，只要时不时看一下儿童，并偶尔说上几句话，就足以使儿童感到安全。如果成人是在另一间屋子里，也应该这样做。成人与儿童说说话、向他保证你就在附近，都能达到使儿童安心的效果。

4. 利用各种技能。在电脑里存入儿童和家庭其他成员的照片。这些照片可以起到某种形式的"图书"的作用，大家可以一起看，一起讨论。父母为儿童唱歌的录音带也能帮助儿童在午睡时间感到舒适些。

5. 利用家庭照片书。儿童喜欢看自己和家人的照片。为儿童做一本家庭照片书，这可以使儿童命名各个家庭成员，谈论他们在照片中正在干什么，谈论他们之间的关系（比如妈妈、叔叔、哥哥），并制造家庭和睦的感觉。

6. 利用与父母有关的材料，将其作为过渡性物件。与父母分离有困难的儿童，在去托幼机构时，可以让他随身带有属于父母的物件，这对他们是有帮助的。比如父母用过的手帕、围巾等，上面有父母的气味，会使儿童感到安慰。对不能独自睡眠的儿童，还可以拿着或者穿上父母的衣服上床。父母穿过的T恤衫，父母用过的枕头，都能起到安慰的作用。

7. 利用适当的设备，减少互动的难度。对于有运动障碍的儿童，体位特别重要。治疗师可能会建议父母用使儿童肌体放松的姿势来抱儿童，但是这样会使儿童无法面向父母。父母可以坐在儿童身后，在儿童游戏时通过高肌张力或低肌张力来给儿童一些支撑。但是无论是在上述哪种情景下，儿童都不能与父母进行面对面的互动。因此，特别重要的是，要确保每天中有一定的时间儿童能与父母面对面地玩，这样儿童就能看到父母的面部表情，并能与父母互相亲吻。为使儿童得到支撑，可能需要特殊的座位，这样他们无需父母的帮助就可以互动了。

8. 创造安全的环境。尽管对于所有儿童来说，安全的环境都是必要的，但是对于有特殊需求的儿童来说，还必须考虑到额外的注意事项。例如，不知道害怕的儿童，可能会在游乐场或者有攀登架的环境中把自己置于不安全或者危险的境地。同样，疼痛忍耐度高的儿童，或者认知受限的儿童，他们可能会尝试高危的材料（比如壁炉），而不知危险。通过做好监督和儿童防护，使儿童懂得，父母是可以信赖的，他们能保证自己的安全。

Ⅶ. C. 儿童是怎样区别对待他人的？

理解家庭成员与陌生人之间、熟悉的人与不熟悉的人之间、男人与女人之间、老年人与年轻人之间是有区别的，而这才仅仅是儿童在家庭之外的世界中必定遇到的众多差别中的几个而已。了解社会差别是重要的，因为儿童必须学会与各种不同的人交往。婴儿懂得了区分谁是妈妈，谁不是妈妈，谁是他熟悉的人，谁是陌生人。这样的区分对于发展之前介绍过的信任感是至关重要的。了解谁是陌生人还对自身安全非常重要。随着婴儿进入学步期，他们逐渐地了解了年龄上的不同，他们在与小宝宝互动时，会采用不同于与同伴交往的方式，他们会降低自己的语言和游戏的水平。幼儿懂得了男孩和女孩是不一样的，年轻人和老年人是不一样的。他们注意到了颜色的差别，衣服、口音甚至语言的差别。他们开始就这些差别提出问题，并想要知道这些差别意味着什么。

有认知和社会性发展障碍的儿童，不能做出这样的区分，或者作出区分的年龄比其他儿童要晚些。帮助儿童理解各种特点的含义，并认识到人与人之间的不同之处，对于他们发展适当的人际交往技能是非常重要的。

人际互动策略

1. 指出不同之处。谈论人的特点，以及根据这些特点，人的行为应该有怎样的变化。有某种障碍的儿童，可能不会注意到人的特点，或者他们虽然能看到一些特点，但不能理解它们的含义。成人应帮助儿童注意到相关的人际关系，并增进其对他人行为和特点的了解。例如，"杰米还是个小宝宝，他还不会坐呢。你抱着他时，必须把你的手臂放到他的头后面，并且要非常轻柔"，"爷爷走路时需要拄个手杖。你小心点不要撞到爷爷"，或者"艾安娜听不到你说的话，你需要走到她跟前，这样她能看到你，然后你可以告诉她你想要干什么"。

2. 让儿童提前做准备。让儿童知道接下来要干什么，这样可以减少残障儿童在人际交往情境下出现的焦虑。教给儿童在他不熟悉的人际交往情境下会用到的一些词汇，这对他是有帮助的。"我们要去参加一个聚会，那里会有很多小朋友，你可以和他们一起玩。挑选几个玩具带上，到时候你可以拿出你的玩具说：'你愿意和我一起玩吗？'"

3. 讨论真实情境中的适当互动方式。有许多残障儿童记不住成人告诉他们的他们应该做什么，或者不能将适当的行为从一种情境转换到另一种情境。父母如果说，"我之前告诉过你……"这会让儿童感到不知所措。成人应该利用真实生活中的情境来解释需要做什么，为什么要那样做。例如，当儿童抢了另一个儿童的玩具时，成人可以说："要说'请'，我也想要玩。"或者做个手势，并引入另一个玩具，促使他们一起玩。

4. 讨论假设情境中的适当互动方式。问儿童"如果……会怎么样呢？"或者"如果……你会怎么做？"对假设情境有认知能力的儿童，以及能考虑可能出现的人际交往情境的儿童，成人可以告诉他们可能会遇到的各种情境，然后再与他们讨论在那种情境中他们可以有哪些做法。例如，对一个幼儿，父母可以说："如果排队时有人把你推出队列之外，你会怎么做？"根据儿童的回答，讨论各种可选方案，或者强化儿童的想法。

5. 对一些情境做出示范或者进行角色扮演。对手势、词语、动作做出示范，这是教给儿童社会技能的有效方式。成人做的每一件事，对儿童来说都是示范，但是成人还应该有意识地做出特定的动作和回应，以便儿童仿效。婴儿和学步儿已经能够看、听、模仿成人的举动。

例如,一个成人正在做良好行为的示范:"谢谢你。你和妈妈分享了。"对于残障儿童,成人的回应可能需要夸大一些,以确保儿童能够注意到成人的行为。对于大一些的儿童,在他们可能会遇到的情境中扮演某个角色,有助于儿童记住一些策略,并在真实情境中使用这些策略。例如,成人可以假装成儿童,有一个陌生人正在接近他,要给他糖果吃。成人对他如何回应陌生人做出示范,说:"我不和陌生人说话。"

6. 给出反馈。所有儿童都需要成人对他们的行为给出反馈。我们建议成人支持积极的社会性行为,而不是惩罚消极的社交行为。例如,成人不应说:"不要打你弟弟。"而应说:"问问他什么时候轮到你来玩。等轮到你的时候我会提醒他的。"

环境调整

除了人际互动策略能够帮助儿童将不同的人做出适当的区分,常用的还有环境调整。根据 TPBA2 的研究发现,干预小组可以考虑采用以下环境调整。

1. 阅读图书。有关不同的人的图书,有助于成人与儿童讨论人与人之间的区别。关于家庭成员、祖父母、朋友、陌生人,以及有特殊需求的儿童的图书,能够激发儿童对与其生活相关的人进行讨论和比较。

2. 利用人际交往故事。如之前已经介绍过的那样,人际交往故事能够帮助儿童理解如何对待不同的人。例如,班吉有认知发展障碍,我们为他编画了一个人际交往故事来帮助班吉在圆圈时间学会如何尊重其他儿童和教师。第一页上画的是班吉和其他小朋友围成圆圈坐好,他的双手放在腿上,听教师讲故事;第二页上画的是班吉举手想要回答教师提出的问题;最后一页画的是所有儿童都在看着班吉回答教师的问题。

3. 利用木偶和玩具娃娃。对于学步儿和幼儿来说,玩具娃娃和木偶可以用来再现各种场景,这些场景可以涉及各种不同的人。木偶既可以表现积极的行为,也可以表现消极的行为,儿童可以帮助木偶搞清楚他们应该做什么。例如,在一个学前班上,教师对玛丽娜的行为感到犯愁,因为玛丽娜此时正在咬其他儿童。教师利用木偶,表现出当时的情境,让大家帮助木偶决定它该说什么,然后教师让玛丽娜告诉木偶怎么说和怎么做。

4. 让儿童多经历各种人和情境。毫无疑问,通过亲身体验,儿童能学到很多。与不同年龄、不同背景、不同语言、不同能力水平的人交往,为儿童提供了学习的机会。在成人的帮助下,通过提出问题、问题解决,以及具体实践,儿童能够学到如何与不同的人进行适当的互动。

Ⅶ. D. 儿童与兄弟姐妹或者其他小朋友玩哪种类型的社交性游戏?

尽管每个儿童与兄弟姐妹以及同伴在人际交往上都会出现问题,但是残障儿童在这方面会遇到更多的挑战。在人际交往方面需要进行干预的问题包括:绝对的退缩或者避开人际交往,缺乏主动发起交往的能力,不能维持互动,使用不当的词汇,手势或者动作直接指向他人,以及有些动作伤害到他人,等等。儿童表现出这些问题,原因是多方面的。多动症儿童、自闭症儿童可能不会注意到兄弟姐妹以及其他小朋友,或者对他们没有兴趣。认知障碍儿童、脆性X染色体综合征儿童、自闭症儿童、阿斯伯格综合征儿童,对人际关系的理解都会较差。有运动障碍的儿童,由于身体上的限制,制约了他们对其他儿童的接近,并导致了他们不能够以与其他儿童同样的方式进行动作上的互动。这种"赶不上"的情况,还致使他们降低了与其他儿童一起玩耍的动机。互动中有很多内容都涉及沟通交流,语言发育迟滞或者语言发育失调都会干扰到游戏玩伴之间的沟通。有视觉损伤或者听力损伤的儿童,他们在跟随他人做游戏时会遇到困难。感觉管理、情绪管理或者行为管理有困难的儿童,可能会在动作和互动中失控。在与同伴和兄弟姐妹的游戏中,情绪上的问题会影响到游戏活动的主题或者互动的模式,还会干扰游戏进程,并阻止儿童对他人需求的回应。

对许多有特殊需求的儿童来说,与其他儿童一起做社交性游戏需要成人的帮助。以下策略常常用来帮助需要额外支持的儿童进行人际互动。

人际互动策略

1. 确保游戏参与者要考虑到其他人。将注意力集中到自身游戏的儿童,可能对周围的其他儿童完全不在意。成人可以谈论他们正在做什么,告诉儿童去观察其他儿童,或者用有特殊需求的儿童无法避开的方式让他注意到其他儿童,以此引发儿童对他人的关注。例如:"瞧,珍妮在干什么!她在玩小汽车!"

2. 鼓励人际互动。在没有外在支持的情况下,儿童可能不会主动进行互动。成人可以把孩子们聚到一起,来促进他们的互动。例如:"珍妮,把你的小汽车给克里斯蒂安看看。"另一种方式是给儿童一个互动的理由,例如:"克里斯蒂安那里有很多积木。珍妮,带着你的小汽车过去,这样你和克里斯蒂安可以建造一间洗车房。"要让儿童明白他们正在谈论的那个人是谁,这样他们才能关注到那个人。

3. 做出示范。成人还可以示范如何开展适当的人际互动,以此来吸引儿童的关注。例如:"我需要一块积木。珍妮,非常感谢你。我还需要一块积木。克里斯蒂安,谢谢你。克里斯蒂安,现在珍妮需要一块积木。"

4. 激发语言和行动。儿童可能想要去互动,但是他们不知道怎么说、怎么做。成人可以提出建议,告诉他们用什么词汇和动作。例如:"珍妮,给克里斯蒂安一辆小汽车,这样你们两个就都有小汽车了。克里斯蒂安,现在你可以开着你的小汽车去洗车房了。"活动的图片、手指动作发出的信号,都能告诉儿童如何做出回应。

5. 利用人际交往诱惑物(Social Temptations)。要给儿童一个互动的理由。人际交往诱惑物能引诱儿童介入互动中。例如:"这里有洗车的水,谁想要一把刷子来洗车呢?"对儿童来说,水常常是有诱惑力的,但是只有一把刷子,这也鼓励儿童彼此分享。

6. 评论其他小朋友的行为。谈论其他小朋友正在做什么，与其他小朋友保持生动的交谈，这些都能引起有特殊需要儿童的注意，并吸引他加入到游戏中。在儿童认识他的同伴并对游戏感兴趣的情况下，更需如此。

7. 先与儿童建立关系，然后再与其他小朋友玩。如果儿童与成人之间的互动是有趣的，那么他可能不愿意让成人将其注意力转移到其他儿童身上。通过与其他小朋友玩耍，成人就像磁石一样吸引儿童加入到三人游戏中。一旦儿童与同伴玩起来了，成人就可以退出游戏，他起到的是一个观察者、评论者、促动者的作用。

8. 成为调节互动的"第三方"。有成人参与的三人游戏或者父母为中心的游戏常常能够刺激同伴和兄弟姐妹一起参与。然后成人可以利用之前介绍过的与同伴和兄弟姐妹有关的策略，来促使互动继续下去。

9. 成人提供的支持以需要为准，需要多少就提供多少，然后成人撤出。对于成人来说，重要的是他只是在儿童需要的时候才给予指导、引导和支持。和儿童一起做游戏是快乐的事，而且成人很容易就成为了游戏的中心。要记住，我们的目标是让儿童能够独立发起并保持人际互动。

环境调整

除了人际互动策略能够帮助儿童参与到兄弟姐妹和其他小朋友的人际交往游戏中，常用的还有环境调整。根据 TPBA2 的研究发现，干预小组可以考虑采用以下环境调整。

1. 重新布置环境以利于人际互动。对人际互动感到不适的儿童，可能会在远离其他儿童的地方独自玩。重新布置环境，把玩具放在其他儿童做游戏的地方附近，这样就可以鼓励他们并行开展游戏，并使成人更容易促进他们的互动。

2. 了解儿童的兴趣所在，并利用能强力推动儿童参与的人际交往玩具。要知道什么东西能促动儿童的参与，然后将儿童与他特别感兴趣的事物相匹配，以鼓励儿童进行互动。涉及运动的玩具，比如泡泡机、球，都能吸引爱运动的儿童。包含有趣的事件以及多个人物的假扮游戏，对喜欢创造性游戏以及擅长谈话的儿童，有很大的促动作用。喜欢解决问题的儿童可能更喜欢玩复杂的、有因果关系的物件，比如录音机、麦克风。

3. 提供能为积极的人际互动创造机会的游戏。结构性游戏为教给儿童遵守规则和依次轮流提供了手段。儿童在学习如何玩结构性游戏时，需要成人的帮助。

4. 利用讲故事提供互动框架。当同伴或者兄弟姐妹们喜欢同样的电影和图书时，成人可以提供道具，以此鼓励他们做假扮游戏，并鼓励他们再现故事中的情节。游戏的起步和开始，可能需要成人的辅助。

5. 训练同伴提出要求、建议和评论。对那些对他人很敏感并关心他人的同伴，可以教给他们如何发起游戏，以及如何让不擅长人际交往的儿童参与其中。成人应向他们说明为什么要帮助那些儿童加入进来,可以使用什么词语和动作帮助他们加入。常用的做法是教给同伴一些可用的词语,比如:"我能和你一起玩吗?"这样的话语是很有用的。成人还可以教给同伴如何让游戏继续下去,比如可以提议做某个动作、对正在发生的事做出评论等。对同伴做出的鼓励互动的举动,成人可以给予引导和强化,这样同伴就能成为有效的社会导师。

6. 对位置予以关注。儿童与其他人的位置关系,会影响到他们的互动。特别是有视觉和听觉障碍的儿童,他们更需要处在一个能意识到同伴存在的位置上,以便于在他们需要引起同伴注意的时候,能触摸到同伴,并能尽可能地听到和看到同伴。例如,使用手语的儿童,需要面对他的同伴,这样才能清楚地看到手语、手势、唇语和面部表情。还可以教给同伴,不要背对那些失聪或者听力有困难的儿童。那些视力较差的儿童需要更多的光线,这样他们才能看到同伴的脸和手势。例如,如果光线是从儿童背后的窗户照进来的,就很难看清儿童的面部。有运动障碍的儿童,需要一个特定的位置来进行人际互动。例如,坐轮椅的儿童,就很难参与到假扮游戏、在地板上玩的游戏,以及其他类型的社交性情境中。把儿童从椅子上移下来,安置在一个可供支撑的位置上,这样更易于他与其他儿童互动。然而,有些姿势本身就影响了面对面的交流。成人应该意识到位置对人际互动的影响,并做出调整,以增进在口头、手势和身体上的互动。

Ⅶ. E. 儿童如何应对人际冲突?

所有儿童都必须要应对人际冲突。以下要讨论的目标是针对那些比起大多数儿童来会更多地制造冲突的儿童,这可能是因为儿童故意煽动、制造冲突,也可能是由于不经意间引发了冲突。有情绪障碍的儿童可能会发现,他们引发冲突的行为会引起别人的关注,即使带来的是消极关注。只有很少数的儿童会以给别人制造痛苦和不快为乐。另一方面,有些儿童会无意中引起冲突。有运动障碍的儿童,或者感觉功能失调的儿童,他们会用戳、推搡、碰撞,以及其他方式来激怒其他小朋友,使他人生气发怒。发育迟滞的儿童,或者认识不到他人需求的儿童,可能会追求自己的愿望,而不考虑他们的行为对别人的影响。

人际互动策略

1. 示范如何解决冲突。要让儿童理解如何积极地解决冲突,这要求成人在特定的冲突发生时有意识地做出行为示范,以及在日常生活中随时随地做出示范。例如,父母可以说:"你看到爸爸是怎么做的吗?妈妈和爸爸都想吃最后那块点心,因此爸爸把点心掰开,这样一来,我们两个就都吃到了。"成人在分享、妥协、协商、安抚、重视他人的需求超过自己的需求方面,有很强的示范作用。

2. 指明解决冲突的积极方法。例如,当其他儿童使用词语而不是靠动手来解决冲突时,成人可以说明解决问题可用的词语,这样的情境可以在真实生活中发生,也可以在图书中读到,或者在电视节目中看到。父母在和儿童一起看电视节目时,可以说:"当安吉丽娜不和她的朋友安雅分享玩具时,她失去了朋友,她很难过。安吉丽娜对她的朋友说了什么,使自己感觉好了一些呢?对了,她说对不起和还想一起做朋友。她甚至把玩具给了安雅。"

3. 提供一些选择,让儿童感到有一定的掌控力。只要可能,就让儿童自己作出决定,这样就给儿童赋予了行动的责任,而不是由父母来做独裁者。例如,父母不要说:"把球给你弟弟,该轮到他玩了。"而是说:"你弟弟想要玩球。你现在想给他玩一会儿,还是告诉他再过一分钟就给他玩。"这时儿童多半会选择"再过一分钟",然后父母可以说:"好的。约书亚和我会看着表,一分钟过后会告诉你的。"儿童常常会不到一分钟时就放弃他玩的玩具,因为控制权在他的手里。

4. 提供两个可接受的选择。在提供给儿童不止一个可接受的选择时,争斗常常会得到解决。例如,如果有两个儿童都想要坐到教师的腿上听故事,教师可以说:"我需要把书放在腿上,你俩有一个可以坐在我的这边,另一个坐在我的另一边。"

5. 使第二个选择像第一个选择那样吸引人。当有两个选择出现时,要让两个选择有同样的吸引力。例如,每个人都想在水台子边上玩,但是地方不够大,全部儿童站不下,那么教师可以说:"水台子看上去很好玩,但是看看这里,我这里还有胶水和颜料。你们中有些人可以得到它们,做你喜欢的手工,然后展示在墙上。"

6. 由运气来决定结果。有时候,儿童可能会要争第一个做某事,或者大家都想要某一个东西,从而卷入争斗中,因此肯定会出现不高兴的"失败者"。成人可以通过一个客观的游戏来决定,而不是由人来决定。例如,如果兄妹两人都想要第一个洗澡,父母可以说:"我的一只手里有个硬币,你们谁猜对硬币在哪只手里,谁就先洗澡。"

7. 对解决问题的和平方式给予强化。赞赏儿童在分享、妥协、协商、安抚、重视他人的需求超过自己的需求方面的努力。强化的形式可以是拥抱、口头表扬、特殊的荣誉,等等。比如:"你让玛吉玩你的球,你真友好。我要让你第一个选你最爱吃的冰激凌。"

8. 使用一贯的、公平的策略来解决冲突。尽管应对儿童的操控行为和牢骚并不是难事,但是成人需要保持客观公正,并使用以前用过的策略。如果儿童知道,利用冲突他们能得到自己想要的东西,那么他们将会继续使用它。成人还需注意,要意识到不要对特定儿童有特殊优待,不要掉入总是让特定儿童如其所愿的陷阱里。这样的话,儿童很快就能知道成人做的决定总是对某个人有利。

环境调整

除了人际互动策略能够帮助儿童应对人际冲突,常用的还有环境调整。根据 TPBA2 的研究发现,干预小组可以考虑采用以下环境调整。

1. 移除环境中的冲突物体。有时,让冲突中的物体"出局"是有效的方式,这样就将争夺的物体或者冲突的缘由移除了出去,这样还让儿童懂得这里没有妥协、没有谁战胜了谁的问题。例如,成人可以说:"这里只有一个超人玩具,你们可以决定谁第一个玩这个玩具。如果你们不能和平地作出决定,超人就要休息去了,直到你们决定了怎么分享它再说。"一旦儿童认识到这里没有人是"胜利者",他们就会利用协商或者妥协的方式来解决问题。

2. 利用视觉线索。许多残障儿童对视觉信号的反应比对口头指令的反应要好一些。除了手势、示范,图片线索还有助于告诉儿童在教室中怎样与他人分享和怎样交谈。教师可以指着教室中的图画说:"我们要分享、交谈,不要打架。"视觉线索还可以帮助儿童为完成联合性的社会任务而先做准备。例如,灯的闪动代表收拾整理,这样可以帮助所有儿童理解他们需要一起做什么。对于有听力障碍的儿童,规定、课堂日程表,以及其他活动,都应该用图画表示,或者用聋哑人用的图表以及符号来表示。

3. 利用社会性故事。对于在特定情境中经常出现人际冲突的儿童,单个阅读社会性故事是有帮助作用的。如之前描述的那样,表现儿童积极行为的图画或者真实的照片,是很好的视觉提示物,并能对行为后果提供视觉暗示。

4. 为有感觉障碍的儿童提供人际支持。有视觉和听觉问题的儿童可能在让他人了解自己的需求、遇到的挫折等方面存在困难。如果他们在视听两个沟通渠道上都受到阻碍,这会给他们带来更多的冲突。教给儿童当冲突发生时,可用什么样的具体方式、哪些关键概念来沟通。例如,特定的手势可以加快理解,教给每一个儿童分别代表"不""停止""要""玩"的手势,这会增加同伴间的彼此理解,并减少与听力受损儿童的冲突。帮助同伴了解到视力较差的儿童可能看不到与他们正在沟通交流的人,因此要轻柔地触摸他们,在与他们交谈之前先要引起他们的注意。还可以告诉同伴,在与他们沟通时可以使用一些物体。例如,如果一个盲童想要玩另一个儿童正玩的玩具卡车,那么可以告诉同伴,那个盲童看不到其他可玩的玩具。帮助同伴了解如何读懂视觉损伤儿童的需求,并做出具体的动作作为回应。例如,同伴不要为一个卡车而抢来抢去,而是可以将另一辆玩具卡车递给有视觉损伤的儿童。

Ⅶ. F. 在有两个及以上儿童的情况下,其他儿童对他有怎样的行为反应?

常受欺负的儿童,或者其他小朋友不愿接近的儿童,是社会性情绪问题的高危人群。成人的一个重要作用,就是帮助其他小朋友知道如何与这些儿童一起玩。过于害羞的儿童往往会避开人际互动,他们基本上是独自玩,也不会主动发起与他人一起做的游戏,或者与他人的交谈,而且只要某个地方有别的小朋友在那里,他们往往就会离开那里。同伴很快就会远离这些儿童,尽管他们可能不会以负面的方式对待他,但是他们也不会尝试着去接近他。

还有一个问题,就是有怪癖行为的儿童,他们会受到同伴的取笑、虐待、戏弄。这些儿童可能看上去与别人不同,他们的行为举止怪异,说话的方式也有些奇特,或者行为不正常。其他儿童可能把他们当作实施残忍行为或者虐待行为的目标。通过早期干预来增强积极的人际互动,对这样的儿童是至关重要的。早期干预必须注意要双管齐下,既要针对儿童本身,也要针对儿童周围的同伴。

人际互动策略

1. 讨论相同之处与不同之处。成人应该帮助儿童理解个体差异,并欣赏他们不同的长处。可以谈论我们在某些方面都是相同的,并对其表示赞扬。例如,对于一个爱害羞的儿童,可以说他是"独立的",对于一个爱尖叫或者打人的儿童,可以说他是"正在用动作而不是语言告诉别人他的感受",并且他"需要我们帮助他使用语言来表达"。

2. 帮助其他小朋友理解这个儿童喜欢什么、不喜欢什么。告诉其他小朋友是什么使这个儿童感到高兴或者不高兴,特别是如果这个儿童有可识别的行为模式,则更应让他的同伴知道。在引入一些这个儿童喜欢的玩具、活动或者游戏时,要注意他与其他小朋友的互动,并提出建议。例如:"理查德喜欢搭积木。没准儿你可以在他的高塔旁边再搭一个高塔。"不要强迫儿童去交往,而是鼓励他们平行地玩,同时注意到别人做的同样的活动。

3. 制造人际互动的情境。有些情境能促进儿童进行人际互动,成人应制造一些理由,让儿童进行人际互动。例如,要两个儿童帮助把图片贴到墙上,帮忙一起把一小筐图书拿过来,顺便把一些东西捎带给成人,一起参与假扮游戏,等等。

4. 创造成人干预下的三人游戏情境。当儿童不能自发地进行互动时,成人应发挥促进的作用。成人在三方互动中充当一个中介的角色,其中两个儿童都与成人互动,但是他们彼此之间没有兴趣。在这种情况下,成人应为儿童之间的互动提供一个理由。例如:"萨拉需要一个蓝色蜡笔。"或者说:"玛莉娅,你能把克拉拉宝宝的奶瓶递过来吗?她的宝宝哭了。"

5. 做出关心和尊重的示范。儿童会观察成人是怎样对待其他小朋友的。他们可能会对"受优待的儿童"怀有忿恨,以轻蔑的方式对待"受忽略的儿童",或者残酷对待经常受到训斥的儿童。成人应该时刻意识到他们自身对所有与其互动的儿童的态度是怎样的。他们应该做出榜样,并对所有儿童一视同仁,表现出他们的尊重、关心、关怀和公正。

环境调整

除了人际互动策略能够帮助其他小朋友了解如何与残障儿童交往,常用的还有环境调整。根据 TPBA2 的研究发现,干预小组可以考虑采用以下环境调整。

1. 创造尊重、关心的环境。在一个崇尚尊重、排斥残酷的环境中,儿童学会了容忍、接受、亲社会的行为。将环境安排得有利于鼓励儿童做到与人分享和积极互动,这很重要。在幼儿园的教室里,布置一些积极互动的图片是非常好的提示物。教给儿童们要能够看到别人的不同之处和长处。例如,孩子们可能会懂得,本尼走路需要一个助步器,而且他不能快速移动,但是当他舒服地坐下时,他喜欢玩玩具并和别人分享玩具。教给儿童看到每个儿童除了表面,还有内在的长处。成人可以对儿童的积极特点和重构行为做出评论,这样孩子们就能从不同的角度认识这些特点。例如,如果一个儿童在教室里发脾气,使其他儿童感到很不舒服,这时教师不应用"不听话""牛脾气"这样的词汇来指责这个儿童,而应使用"坚持不懈""有决心"这样的词汇来描述他。可以给儿童提供一些词汇来帮助他们应对所面临的情境,例如:"凯尔正在大声喊叫着努力拿到他想要的东西。让我们帮他学会这时可使用的语言,他就不用大声喊叫了。"

2. 把环境设置得利于合作性互动。将一些棋类、扑克、积木,以及其他鼓励互动的游戏材料放置在儿童可见的地方。为使活动能启动起来,一开始可以由成人来引导儿童开展互动。

3. 训练同伴成为促进互动的辅导员。同伴可以学会如何互相保持警觉,并在儿童受到不适当的对待时能出来调解。同样,成人可以教给同伴一些适当的词汇,或者在这样的情境中该如何去做的可选方案,这一点很重要。

4. 利用木偶、玩具娃娃,以及其他可视的材料,比如图书、图片等,来提醒同伴彼此可以如何互动。做好活动计划,使得孩子们能够看到并讨论不同的活动方式。例如,利用木偶,让它们互相做出不适当的行为,这样能使孩子们知道自己和它们不一样,并客观地讨论语言和动作对他人情绪与行为产生的后果。

Ⅶ. G. 儿童表现出怎样的幽默?

当幽默是积极的且不会诋毁到他人的时候,就是一个很棒的人际交往手段。不幸的是,一些有情绪和行为问题的儿童,他们在说话时,不是尽力让话语有趣,而是成为有伤害性的,或者自嘲性的。这对所涉及的任何一方都不好。随着孩子们开始懂得了词语的含义和力量,他们还懂得了词语和行动可以使他人发笑。大多数儿童都很喜欢让他人发笑,甚至婴儿就会重复那些能使父母发笑的动作。让他人微笑、咯咯笑、大笑,都是一种有益的经历。然而,以他人或者自己为代价让人发笑,则有负面的心理后果。以下是可用来帮助成人促进积极幽默并防止消极幽默出现的一些具体建议。

人际互动策略

1. 做一些语言上和身体上的活动,这些活动是滑稽可笑的,或者是与所期待的事物正好相反的(比如把帽子戴在脚上)。鼓励儿童将幽默穿插在他们的游戏中,并对他们做的好笑的事或者说的好笑的话给出评论。当有儿童弄出噪音,或者模仿小婴儿的有趣声音时,成人会笑,因为这个声音是没想到的。当婴儿把食物扔到地上、看着父母笑时,他是开心的,因为这个动作是没想到的,而不是因为他想要淘气。鼓励儿童大笑,这很有益,成人应该帮助儿童设立一些标准,根据这个标准,知道什么是好笑的,什么是不好笑的。父母自身的动作和回应为儿童树立了榜样。

2. 不要对会产生有害结果的儿童行为发笑。帮助儿童学会和别人一起笑,而不是嘲笑别人。幼儿会不停地做些让成人发笑的事情。当一个人看到一个儿童玩滑梯时,扑通一声屁股坐到了水坑里,他很难控制自己不笑。如果对某些会引起别人不舒服的事情发笑,这就给出了一个错误的信息。然而,如果儿童坐到水坑里,他自己也笑起来,那么这就不是嘲笑他,而是与儿童一起笑,这是可接受的。成人应该向孩子们传递这样的信息,即向孩子们说明什么时候是可以笑的,什么时候是不可以笑的。

3. 尽力避免对儿童做的他不觉得是有趣的事情大笑。孩子们会严肃认真地做许多事情,有些事情会令看到的人捧腹不禁。一个儿童可能会穿着假扮游戏里的道具服装,假装自己是个超级英雄,但是在成人眼里,却是个穿着紧身衣和雪地靴、肩上围着浴巾、头上戴着浴帽的小男孩。对这个儿童大笑,所传递出的信息是:儿童的努力和想法是不成功的,是荒唐可笑的。这不是应传递给儿童的良性信息,因为它还对以不恰当的理由而嘲笑他人做出了示范。较好的做法是对儿童的创造性给出评论,拍张照片,然后再放声大笑。

4. 当其他人不适当地发笑时,给出评论。儿童看到一些好笑的事情时,他们不像大多数成人那样有足够的认知技能来确定这时大笑起来是否适当。这时成人可以谈论事情为什么是好笑的,为什么是不好笑的,怎样笑会伤害到别人的感情等,由此来帮助儿童发展这种技能。例如:"凯拉,那件上衣是挺搞笑的,但是嘲笑他是不友好的。我想他一定喜欢那件上衣,如果你嘲笑他,就会伤害到他的感情。"

5. 提供可选的说法或者做法。当儿童想要得到成人的注意,并想要通过一个举动来引起别人发笑时,成人可以把儿童引导到更适当的幽默上。例如,一个儿童用泡沫棒打了她弟弟的头一下,然后她笑了起来,这时父母可以说:"我知道你觉得那挺好笑,但是你弟弟可不认为那样有趣,而且我也不那样认为。我想,如果你是挠他的痒痒,那样我们都会一起笑的。"

环境调整

除了人际互动策略能够帮助儿童发展适当的幽默感,常用的还有环境调整。根据TPBA2的研究发现,干预小组可以考虑采用以下环境调整。

1. 提供能引发适当的幽默的材料、活动和情境。好笑的图书、电影、玩具、游戏都能带来幽默的结果,一些游戏材料能够制造出幽默的情境,要提供给儿童一些引人发笑的合理理由。

2. 发现周围环境中幽默的事物。好笑的事情随时随地都在发生,让儿童帮助你找到并发现好玩的情境,这将为儿童提供讨论什么是好笑的、什么是不好笑的,以及为什么好笑、为什么不好笑的机会。

7.5 为需要支持以发展积极的人际互动的儿童提供的常规活动

7.5.1 日常常规（家庭和教室）

喂食/进食

吃饭时间常常为人际互动、冲突和幽默提供了机会。成人可以将吃饭作为一个社会性活动来帮助残障儿童。利用这个时间与儿童谈论当天的事、吃的食物，以及接下来会发生什么。利用冲突情境中的有利因素（比如谁吃得更多），提高儿童解决问题的技能，给儿童自己选择的机会，并在吃饭期间做些滑稽的举动，让人大笑。

换尿不湿/如厕

换尿不湿是一个人际互动事件，但坐便盆则是一个越来越独立进行的事件。在换尿不湿的过程中，成人与儿童之间可能会产生很大的冲突，因为儿童想要自己来支配自己的身体。成人可以把换尿不湿变成一个有趣的、人际交流的过程。谈话、轮流进行、配合换尿不湿的动作，以及一起游戏，都可以使这个过程成为积极的人际互动。当成人试图对儿童坐便盆施以控制时，冲突就会发生。坐便盆是儿童展示独立并获得自信的一个机会，要给他机会，让他告诉别人他能独立完成坐便盆大小便了，并让他给别的小朋友做榜样。

穿衣

对婴儿和学步儿来说，穿衣服在很大程度上是一个人际互动行为。随着儿童获得了更多的运动技能，以及连续动作的技能，穿衣就变得没有那么多互动了。儿童想要自己作决定。有身体、感觉、智力障碍的儿童，穿衣的过程需要更长的时间。然而，如果儿童在认知和情感发展方面没有问题，在穿衣这件事上，他们可能会想要更独立地去做，但这又可能超出了他的能力范围。当儿童想要自己掌控但又不能独立完成时，就会发生冲突。因此，重要的是，成人要给儿童各种机会，让他来做出选择，并掌控局面。决定穿什么衣服、先穿什么、怎样穿起来更快，这有助于残障儿童获得重要的、主导性的社会角色，成人也可以借此来提高儿童解决问题的技能。例如，帮助儿童考虑穿什么衣服，外面的天气与穿衣的关系等，这些都涉及协商与妥协。

外出

外出参加社区活动，这通常也是社会性活动，而且对于残障儿童来说，这可能会是件困难的事。人们可能会对他们不友好，因为他们的外表和行为与别人不一样。他们可能会表现出：(1)行为问题。这会干扰到他们成功地与他人进行人际互动的能力。(2)语言困难。这使人际互动变得困难重重。(3)认知障碍。这限制了他们了解什么是适当的社会性行为。(4)其他挑战。这使他们的外出变得更加复杂。

成人要促进儿童在社区范围内的人际互动，可以事先提示儿童他们要去的地方有什么活动，会是什么情境，建议儿童在那里怎么说、怎么做，并对儿童每一步积极的社会性努力给予赞扬。

7.5.2 游戏常规（家庭和教室）

面对面游戏

在很多方面，人际交往都源于面对面游戏，在这类游戏中，父母与婴儿之间通过彼此的一瞥、微笑、谈话、玩耍进行沟通。面对面游戏通常是建立在让人发笑或者得到幽默回应的基础上的。不喜欢眼睛对视的儿童，或者避开与成人密切接触的儿童，他们可能也不喜欢这类游戏，因为他们可能并不觉得这类游戏有什么幽默或者能让人开心的地方。面对面游戏为成人提供了与残障儿童建立人际互动的机会：发起、回应、轮流，并因得到他人的反应而感到愉快。在面对面游戏中，成人能敏锐地看到儿童给出的愉快反应，这样一来，能使那些不喜欢进行直接互动的儿童发现这类游戏的乐趣。

体育游戏

对于体育游戏这种形式，一些有残障的儿童可能是抗拒的。有感觉障碍、运动障碍，或者对别人的接近非常敏感的儿童，可能不喜欢这类游戏。尽管打闹游戏和追逐一类的体育游戏在发展儿童的社交性技能方面不是必需的，但是儿童从这类游戏中确实可以学到给予与接受的技能。有时儿童是个攻击者，有时成人或者同伴成为攻击者，在这两种情况下，儿童都被迫学到了要让自己的行动适度、与别人交流他的感受、对他人做出回应，并根据别人的需要来调整游戏。这样的游戏对于发展社会性技能是有帮助作用的。对于那些不认为活跃的体育游戏好玩的儿童，成人或者同伴应该一开始玩些安静的、安全的轮流做的游戏，在信任感建立起来后，再尝试更剧烈一些的体育游戏。游戏的目的是好玩，并让儿童感受到冒险和热烈的气氛。如果体育游戏达不到这样的效果，那就应该对其进行调整或者终止。

操作性游戏

操作性游戏，为儿童提供了做出幽默举动的机会，特别是当儿童搭建了好玩的结构、把玩具放在可笑的情境中，或者做了夸张的动作时，更是如此。有运动障碍的儿童，对于小的物件，他们不能做出必要的操作性动作，成人需要支持他们的动作，并把小的物件拿给他们。需要记住的是，面对残障儿童，帮助他们的目的不仅仅是让他们获得新的认知、新的语言，或者新的动作技能，而且是让他们发现各种游戏的乐趣。假装有一个玩具人偶做了傻事，故意犯一个幽默的错误，或者编一个好玩的故事，这些都能为操作性游戏添加幽默的成分，这不仅使操作性游戏更加有趣，而且还有益于为幽默感的发展打下基础。

感觉游戏

大多数儿童都喜欢感觉游戏，并能用游戏材料比如泡泡机、橡皮泥、水、泥等制造出幽默的情境。用感觉材料玩幽默的游戏，这里面一定离不开人际交往，涉及要大家轮流玩的内容，或者用游戏材料做一些不切实际的、带来幽默效果的事情。有的游戏中会包含讲究整洁干净的社会习俗内容，从这种游戏中产生的幽默，甚至会延续到以后的人生中。例如，高中生玩的食物大战，不就是感觉游戏吗？然而，对厌恶感觉材料的儿童来说，这样的游戏就一点也不幽默。针对有感觉防御的儿童，需要以探索性的方式——而不是游戏或者幽默的方式——逐步地引入一些他不喜欢的游戏材料。只有当儿童感到安全、可靠时，他才能发现其中的幽默。

假扮游戏

假扮游戏是表达幽默感的最好场合，因为这时儿童可以自由地创造任何他能想到的动作和语言。正是出于这个原因，有能力假装与他人互动的儿童——在真实或者想象的情境下——能够做喜剧性的假扮游戏。他们能滑稽地表演，好让他们的同伴开心，他们会发出搞笑的声音或者语言，编造一个稀奇古怪的故事，还会让他们的同伴以现实中不允许的方式介入其中。认识到这种自由发挥的重要性的成人，会鼓励并支持儿童采用这种幽默的表达方式。成人可以通过做出幽默行为的示范表明他们对这种方式的认可，他们还可以对儿童认为有趣的事情大笑（即使并不好笑），或者和儿童一道制造有趣的情节。例如，成人可以说："我想在晚饭吃点有趣的东西。我今晚要拿石头当晚餐。你想吃什么好笑的东西？"然后儿童可能会顺着成人的话说："我想要拿树当晚餐。"然后你会愉快地笑起来。对于不能很快跟上成人意思的儿童，可以向他们提出建议说："你喜欢在你的冰激凌里放上香蕉或者石头吗？"对这些反常想法的解释，还能促进儿童认知的发展，因为这些反常的想法会引导儿童脱离常规的思维模式，去进行新的比较，并认真思考什么是真实的，什么是讽刺性的，什么只是为了逗笑而已。

7.5.3 阅读和学习常规

圆圈时间

与一对一阅读一样，圆圈时间也为儿童共享幽默提供了一个机会。滑稽可笑的歌、手指游戏、图书、讲个人经历的故事等，都是共享幽默的方式。这里，同伴的影响也是强有力的，因为他们做出了发笑的示范，说明了对彼此来说什么是好笑的，并试图让别人发笑。成人可以鼓励这样的交流，使圆圈时间变成彼此分享快乐的时间。

一对一阅读

许多适合幼儿看的图书都含有幽默成分。有的书能发出好笑的声音（例如，苏斯博士的书),有的书有意料之外的动作或者语言(例如,能发出不同动物声音的书),还有的有多重含义的语言(例如,"Dressing"既指拌沙拉的调料,也指穿上衣服),阅读这样的图书能帮助儿童学会分享幽默。在语言、认知、社会性发展方面有障碍的儿童,需要成人多作解释,这样他们才能欣赏到书中语言的细微差别。

科学与数学

尽管科学与数学通常不被认为是好笑的,但尝试各种奇怪的测量手段(比如用棉花糖做测量工具)、对各种特点作怪异的比较(比如将鲸鱼与孔雀鱼作比较)、以好笑的方式对事物进行分类(比如所有儿童都会做鬼脸),这些都将教给儿童去思考、比较、归类。因此,没有理由认为科学与数学是不好笑的和无趣的。

案例:阿马杜

阿马杜,4岁男孩,来自乌干达,进幼儿园一年了。他的英语说得不错,智力发展也属正常,运动技能超过平均水平。他的父母说,他大多数时间都是在家独自玩,或者和他2岁的弟弟玩。他们说他对人际交往没有兴趣,担心他在幼儿园中的人际交往有问题。在班上,阿马杜总是避开他人,当一个小朋友来到阿马杜正在玩耍的地方时,他通常会转移到另一个地方去玩。当其他小朋友和他说话时,他会不理睬他们。他很少与其他小朋友有视觉接触,但是当成人与他说话时,他对成人有短暂的注意。阿马杜的表情是严肃的,他很少笑,很少做出滑稽的举动,这和班上的其他小朋友很不一样。他的教师很担心他的社会性情绪的发展状况,并想要帮助他更好地发展社会性技能。

以下是专业人员建议阿马杜在家和在幼儿园里需要注意的一些事项。

人际互动策略

1. 向阿马杜提问:朋友们都在做什么?他们是怎么互相交谈的?等等。

2. 教给阿马杜怎样在同伴中当一个"领导者",告诉他如何帮助他的同伴,如何让同伴知道他的想法,如何回应他的同伴等,并做出示范(参考下面环境调整的第1—4条建议)。

3. 阿马杜的父母可以教给他如何玩扑克和棋类游戏,并在阿马杜与班上小朋友玩这类游戏之前,先让他教他弟弟如何玩。通过这种方式,对阿马杜与其他同伴做游戏提供支持。

4. 在阅读有关友谊的图书时,问阿马杜都发生了什么?为什么会发生?朋友之间是怎么交往的?等等。

5. 玩有关朋友的角色假扮游戏,注意主动发起互动和轮流活动的情况。

6. 在玩人际交往的假扮游戏时，成人可以对阿马杜的人际互动情况进行讨论、提问、建议、示范和赞扬。

环境调整

1. 在班上，可以举行一个友谊联盟，让孩子们结对进行所有的活动、比赛、游戏。在友谊联盟内，儿童结对子画画、做科学与数学活动、一起玩、一起看书，等等。

2. 让阿马杜和一个比他小且安静的儿童结对子，这样阿马杜可能会充当领导者的角色。

3. 在班上开展需要轮流进行的游戏。

4. 当阿马杜与他的同伴交往几天后，父母可以安排和那个同伴约定一起玩的时间。

5. 阅读有关友谊的图书，并讨论什么是友谊。

6. 在教室中划定一块领域用于开展假扮游戏，内容可以是有关合作和一道做事的简单故事，一次不超过三个儿童（这样不会给阿马杜造成压力）。在假扮游戏期间，成人应该对他们的互动给予辅助。当阿马杜开始主动与同伴交往时，成人应该退出。

7. 利用木偶、微缩模型、绒布人偶、电脑游戏以及其他手段，促使阿马杜通过各种玩具人偶与同伴进行互动。

不同发展年龄的干预要点

以下建议针对的是处于相应发展水平的儿童。这些建议并不是全面，而是表明了可能探索的领域。

发展年龄	社会性特征	干预要点
0—3个月	聚焦于人的脸上，特别是眼睛上；在人际交往中表现出兴奋。 发出社会性的微笑。 能识别出照料者。 有了不区分对象的微笑。	利用面对面互动游戏，建立对人的信任，并与人愉快交往。 面对婴儿，读懂婴儿表达出的有关开始和停止的暗示。
3—6个月	喜欢自己熟悉的面孔。 对陌生人有不同的反应。 用语言主动发起人际互动。 对人际互动的游戏有积极反应。 能认出照片上的父母。 引起爱和给出爱。	在互动中给宝宝等待的时间，这样他能看到成人的面部表情，并发起互动或者给出回应。 玩躲猫猫、挠痒痒的游戏。 玩能产生某种效果的玩具。

续表

发展年龄	社会性特征	干预要点
6—9个月	探索自己和他人的身体部位。 见到生人可能会哭。 待在父母的身边。 试图引起其他宝宝的注意。	在洗澡和换尿不湿时,用手指、脚趾做游戏,并能说出身体的部位。 轮流做简单游戏。 观察婴儿如何将同伴引入。
9—12个月	开始玩平行游戏。 有了分离焦虑。 能离开成人身边,但要与他们保持眼神接触。 可以玩3轮以内的依次轮流的游戏。	与其他儿童"约定"一起玩,并观察和模仿游戏步骤。 鼓励儿童独自玩以及与其他儿童和成人一道玩。 在成人的视线内活动。 玩游戏时多轮一次。 和玩具娃娃玩假想的日常生活游戏。
12—18个月	模仿动作。 喜欢周围有其他儿童围绕着。 参与平行游戏。 开始做假扮游戏。 开始与人分享。 参与轮流做的游戏,数量可达10轮。 对他人设立界限。	增加约定性的游戏。 有时成人可以作为辅助人员介入游戏。 可以准备多个同样的玩具,以鼓励儿童做平行游戏。 提供与其他儿童一起表演日常生活的机会。 鼓励在儿童之间进行依次轮流。
18—24个月	知道东西是自己的,难于与人分享,但可以提供帮助。 要求照料者给予关注。 在依附成人和抗拒成人之间作选择。 做指向他人的假扮游戏。	当儿童不能与他人分享时,鼓励他做依次轮流的活动。 为表现日常活动的假扮游戏提供真实的材料。 鼓励与一个同伴一起进行探索。
24—36个月	玩同样的玩具,但彼此之间没有合作。 让其他人参与到游戏中。 开始进行社交性假扮游戏。 在想法的选择上,依赖成人给出建议。	提供鼓励与人分享的玩具,比如假扮游戏的各种材料。 在假扮游戏中提议或者示范一个新的动作和活动。 阅读有关与人分享和助人为乐的图书。 鼓励开展合作性活动,比如一起做饭。
36—48个月	有分离悲伤 喜欢同性别的小朋友。 大多数游戏是合作性的。 能够用假扮人物充当不同的角色。 为了表现幽默,与同伴一起做傻傻的游戏。 开始交朋友。	对要经历的分离事先做好准备。 安排"约定性游戏"。 用假扮方式表演图书内容,将故事内容用其他媒介表现出来。 阅读搞笑的故事,唱傻傻的歌曲,做出滑稽的动作。
48—60个月	想要取悦同伴。 喜欢开玩笑以及其他人表现出的幽默。 在很大程度上介入合作性假扮游戏。 意识到他人在游戏中的情绪。	通过提供道具服装和想法,鼓励开展细致的游戏。 鼓励开展有关儿童熟悉的主题和故事的社交性假扮游戏,并在必要时示范和建议人际互动。 阅读有关友谊、合作、协作以及他人情绪的故事。 鼓励儿童看到文字、故事、笑话中的幽默。 引入棋类游戏及其他需要依次轮流进行的游戏。

续表

发展年龄	社会性特征	干预要点
60—72个月	构建联合性游戏，诸如木偶剧、棋类游戏和扑克。 能感受他人在游戏中的回应和情绪。 能够参与群体活动，等待依次轮流，并发挥自己的作用。 能记住并为别人编造笑话。	提供各种机会让儿童玩扑克、棋类游戏以及开展小组讨论。 讨论现实生活中和故事中的友谊与合作。 让儿童自己创造含有复杂情节和人际互动的集体游戏以及社会性假扮游戏。 成人只有在需要时才介入进来以支持人际互动。

第六章　促进交流能力发展

第一节　提高语言理解的策略

目标达成量表

1	2	3	4	5	6	7	8	9
关注说话者的面部并能对响动和人声作出反应。		能对自己的名字以及熟悉的符号、手势和词语作出响应。		能理解手势、手语和/或单个词语、简单的一步式要求,以及早期的问题形式,如用是/不是作答的问题,以及什么、哪里等问题。		能理解熟悉的和新遇到的两步式指示,"谁"和"何时"的问题,以及用手语或言语表达的看法。		能理解适宜于其年龄的基本概念和词语,为什么和怎样的问题,语法结构,以及用手语或言语表达的多步骤请求。

　　语言理解(Language Comprehension)是儿童为他们所听到的带有交流意图的声音、词语、手势、手语或动作赋予意义的能力。儿童会学着对他们在环境中听到的声音赋予含义,并理解人们用以传达信息的词语和动作。语言理解与认知理解密切相关,因为儿童了解他们的世界部分是通过他人所提供的说明和解释。儿童听到声音或看到动作并逐渐学会将这一声音、声音序列(如字词)或手势与人、物体或事件关联起来。例如,当儿童反复听到敲门声,然后看到有人进来时,他就会了解到敲门声所传达的意义,即有人想进来。当儿童听到 T-o-n-i 的声音用在一位姐姐身上时,他就会明白这些发音一起使用就是姐姐的名字。此后,儿童会学到有些相同的声音会用于不同的语境中,如 Toe(脚趾)、Knee(膝盖)。

　　弄明白声音、词语、手势和动作的组合意义的能力使儿童能够与他人建立对世界的共同理解。没有这样的共同理解,知识可能是异质化的、支离破碎的,和别人交流想法的能力也可能很难获得。对所交流的内容在理解上有困难的儿童往往在学习上也会犯难。综上所述,语言理解是交流、社会互动和认知技能发展的基础。

1.1　适宜的语言理解

　　语言理解的开端是儿童开始注意他所处环境中的人、声音和动作。良好的语言理解能力的发展需要几个方面的支持。儿童需要注意和倾听的能力;能准确地辨析声音;能明白日常谈话中声音和词序的意义;能将声音和词语与其指称(心理可视化)相关联;结合面部表情、语调、声音侧重点、手势和身体动作获得意义。之后,图片和符号会以图形与印刷的形式来代表这些声音和词语,并通过书写传达意义。语言理解是大脑多个部位共同运作,以使儿童能够感知、协调输入,并理解他人交流意图的复杂过程。因此,良好的语言理解能力取决于儿童准确感知视觉、听觉、触觉及其他输入形式的能力。良好的语言理解需要大脑能够准确地解释这些感觉输入。语言理解也需要儿童有充足数量和范围的经验,使声音、词语和符号可以与儿童心中的现有心理表征相关联。例如,儿童可能可以准确听到构成"雪"这个字的声音序列,但不懂其意义,因为其之前没有接触过这个词的指称对象。接触实际的物体和事件、图片、故事有助于儿童建立知识与理解的基础。

1.1.1 实践中适宜的语言理解

Ⅰ.A. 儿童展现出了哪些早期的理解能力?

日常常规(家庭和教室)

婴儿/学步儿:婴儿看到她的爸爸拿着尿不湿,并抬起她的双腿做准备。学步儿把意大利面放到她的头上,看向妈妈。妈妈撅起嘴唇,并摇了摇头。于是学步儿把她的意大利面放回碗里。

幼儿:幼儿走进卧室,看到妈妈把一根手指放到嘴唇上,指向睡觉的弟弟/妹妹。幼儿踮起脚尖走到妈妈跟前,在她耳边低语。

游戏常规(家庭和教室)

婴儿/学步儿:婴儿看着她的爸爸按下弹出框上的按钮。她伸手去试图打它。学步儿看到哥哥拿出一块饼干给他,便笑着跑过去拿。

幼儿:幼儿跑进厨房,呼唤他的妈妈。妈妈在讲电话,她抬起手掌朝向他并伸出食指,于是孩子停下来等待。

课堂常规

在圆圈时间,每个人都在说话。教师抬起手并举起,很快,其他儿童停止说话也举起了手。一分钟后,所有人的双手都抬起来了,房间里安静了下来。

Ⅰ.B. 儿童理解什么类型的词语和句子?

日常常规(家庭和教室)

婴儿/学步儿:婴儿坐在爸爸的腿上。爸爸说:"该喝奶了。"婴儿看着桌子上的瓶子。学步儿正在玩,妈妈说:"该收拾了,睡觉时间到了。"学步儿摇了摇头,开始哭。

幼儿:幼儿正在洗澡。爸爸说:"好的,干净啦。打开开关让水流出去。"幼儿俯身过来,转动调节排水盖的把手,水开始往外流。

游戏常规(家庭和教室)

婴儿/学步儿:婴儿正在玩球。爸爸说:"把球滚给我。"婴儿把它推向爸爸。学步儿正在和她的玩具娃娃玩。她妈妈说:"宝宝看起来饿了。"学步儿拿起玩具杯,送它到宝宝的嘴边。

幼儿:幼儿在和她的姐姐一起玩儿。姐姐说:"我当医生,你当病人,你得了流感。"幼儿躺在沙发上,抱着肚子假装哭泣。

课堂常规

教师描述了儿童的游戏中心选项。她说:"谁想要在读写区角做一本书?"两个儿童举手说:"我要。"

Ⅰ.C. 儿童所理解的问题类型

日常常规(家庭和教室)

婴儿/学步儿:父亲在给婴儿读书,说:"球在哪里?"婴儿指向书中一张球的图片。学步儿和他的妈妈沿着道路行驶。妈妈说:"我们要去哪里?"学步儿喊道:"麦当劳!"

幼儿:在买衣服时,爸爸问幼儿,"你想要系带鞋还是尼龙搭扣式的鞋?"

游戏常规(家庭和教室)

婴儿/学步儿:妈妈和婴儿在玩躲猫猫。婴儿头上有条毯子,当妈妈说,"乔希在哪里?"他就把毯子拉了下来。学步儿和爸爸在地板上推车。爸爸说:"你的车能比我的跑得快吗?"学步儿笑着把他的车推到爸爸的车前面。

幼儿:幼儿在假扮女服务生。爸爸说:"一个汉堡包要等多久?"幼儿回答:"10 分钟。你要配薯条吗?"

课堂常规

孩子们在看冰融化成水。教师问:"你们认为冰块为什么会融化?"一个孩子说:"因为这儿暖和。"

1.2 有助于适宜语言理解的一般原则

成人意识到婴儿的理解力有限,于是通过展示和证实环境中发生的事情来增进儿童的理解。幼儿也是如此,但随着儿童的语言越来越复杂,成人开始用不那么刻意而是更自然的方式与儿童交谈。他们往往只有在儿童似乎听不明白的情况下才会退回到早期的说话模式。以下是大多数家长通常会用来与其孩子交流的促进语言理解的策略。

1.2.1 保持儿童专注

早期的语言理解要求儿童要专注面对成人和成人所指的内容。当谈论到瓶子、毯子或书本时,成人要确保儿童看着或触摸到带标记的物体。随着儿童年龄的增长,儿童可以理解更多的词汇,成人可能不需要将讨论的话题进行视觉化,但儿童还需要倾听并专注于所说的内容。父母可以先叫儿童的名字,甚至说:"你在听我说话吗?"或者说:"在我和你说话时你要看着我。"这些都是尝试引起儿童的注意以确保其在倾听。

1.2.2 展示或指向正在谈论的物体或活动

成人可以自然地举起、指向或轻拍交谈中所指的事物。这是为了确保儿童能理解谈话主题。例如,当儿童第一次学习理解词语时,成人可以举起儿童感兴趣的物体,如摇铃、泰迪熊或瓶子。然后成人做个手势说"摇、摇、摇";给物体贴上"泰迪熊"的标签;描述"你太饿了"或"泡泡破了"。重复展示这些熟悉的物体或动作,帮助儿童将词语、物体与动作关联起来。

1.2.3 强调要理解的目标词

成人和幼儿谈话时,经常强调他们在使用的特定声音或词语。通过强调特定的词语,成人将儿童的注意力引导到一个词语或短语里最重要的部分。例如,成人可能会说:"水。感受这温暖的水。""牛说,'哞!'""把它放下!"或者:"你的名字开头是'苔','苔丝'的'苔'。"这种对语调的强调,突出了成人认为儿童要理解的最重要的方面。

1.2.4 使用短语或句子

成人想要让儿童理解词语或概念时,倾向于使用较短的表达。他们会指出事物的关键性能或用途。例如,父母可以说:"你来做。转一下。就这样。"在跟儿童介绍新事物时,大多数父母不会给很长的解释。相反,他们关注关键元素,如名称、动作或用途(例如,"钥匙,它可以开门")。

1.2.5 缓慢而清晰地讲话

另一种确保儿童专注于当前交流内容的方式是要确保他们能够跟上正在说的全部内容,通过缓慢清晰的表达,成人知道儿童没有错过什么声音或词语。

1.2.6 提供手势、举例或解释

成人可以通过添加有用的信息来支持语言理解。诸如展示转动钥匙的手势可能会给儿童更多的视觉信息，以帮助他们了解如何使用钥匙。父母可以通过握住物体（如杯子）、展示动作（如饮水）或使用概念所对应的图片（如一艘船的照片）给儿童展示其中的含义。尤其是当所讨论的概念不在手边且无法进行探索时，成人就可以使用替代方式，如用图片或作说明。通常情况下，口头描述和解释本身首先就要求儿童有良好的语言理解基础。

1.3 实践中的原则

前述策略父母和其他照料者一般在一整天当中都在使用，以支持儿童不断发展的语言理解和交流能力。下面举例介绍成人如何将这些方法整合到不同活动之中。

1.3.1 日常常规（家庭和教室）

喂食/进食

对于婴儿和学步儿，父母可以拿起各种食物并说出它们的名称。他们让儿童触摸、嗅闻和品尝每一样食物。对于大一些的儿童，父母可以提供更多信息。例如："香蕉是水果，他们长在树上，猴子喜欢吃香蕉。"

换尿不湿/如厕

换尿不湿和如厕都是感官体验，成人可以利用这些机会教儿童认识这些标签（如尿不湿、马桶、便盆）、动词（如举、坐、擦、洗）、感官形容词（臭、湿、干、软、硬）和概念（如消除、自豪感）。

穿衣

儿童学会理解标签、动词和介词（如，"把你的头穿过去；把腿放进去"）。他们也学会理解做某事的指令（如，"去拿几只袜子"）。

1.3.2 游戏常规（家庭和教室）

面对面游戏

面对面游戏可以教给儿童身体部位名称（如手、头、手指、脚趾）、代词（如你、我、你的、我的）、介词（如上、向上、在上面）和动作（如够到、触摸、移动）。儿童也能从中学会识别包含交际意图的手势和动作。

体育游戏

由于体育游戏涉及运动，在这类游戏中很容易展示动作词语，以帮助儿童理解（如跑、跳、抓）。提醒谨慎（如"小心""注意"）的词也经常被用于体育游戏。成人在教儿童动作序列

的同时(如,"抬起胳膊,拉回来,用力把球投出去!"),也为儿童提供了学习指令的机会。

操作性游戏

与其他类型的游戏一样,操作性游戏为儿童学习提供了了解事物名称、功能和如何描述事件的机会。成人使用玩具来区别说明真实生活和想象中的事件,特别是在假扮游戏中。他们对事件进行叙述,并示范在各种情况下所使用的语言,从而帮助儿童了解发生了什么以及为什么。例如,在用坏了的电池玩具搅拌机假装做饭时,父母可以引入新词,比如搅拌机、坏的、电池等。

感觉游戏

感官和艺术游戏提供了理解描述性词语的场合(如粗糙、光滑、湿润、干燥)。成人可以通过儿童对材料的感官经验来说明词语的含义。

1.3.3 阅读和学习常规

圆圈时间

教师可以利用圆圈座谈时间帮助儿童理解各种概念。有的会利用这段时间谈论特殊事件或个人事件,或阅读和讨论故事中的概念。教师要对这些概念进行说明、解释或与小组中的儿童一起讨论。

一对一阅读

一对一阅读提供了一个帮助儿童理解超出其直接经验范围的词语和概念的独特机会。成人通过指出和谈论每本书中呈现的图片、句子、书面语、故事和观点,从而帮助儿童了解语言的多个方面。

科学与数学

随着儿童探索物体和事件的特征,他们学会分类并系统地组织他们的想法。成人通过关联物体的相似和不同、展示物体如何适应更大的关系系统,来指导儿童的概念发展。例如,在科学实验中种植种子,成人可以解释种子如何种植,讨论不同种类的种子,比较各种水果和蔬菜等。

1.4 为提高语言理解制订个性化的干预措施

Ⅰ.A. 儿童展示了哪些早期语言理解能力?

儿童难以理解非言语或言语交流意义的原因可能是多方面的。如果他们在专注、感知感官输入或解读感官信息方面存在困难,那么他们在理解他人试图表达的内容方面可能就有问题。这些儿童在从交流尝试中获得意义方面可能需要更多的帮助。

难以专心参与活动的儿童可能难以专注于他人正在说或正在做的,因为他们的注意会快速从一个物体或事件转移到另一个上。难以弄清词语和动作或动作和后果之间关系的儿童(如伸出双手意味着"我想把你抱起来"),可能也难以理解非言语和言语交流。记忆问题也可能会影响儿童理解他人所说的话。例如,如果父母说:"去拿爷爷给你的娃娃。"那么儿童是否理解就要看其是否记住父母所指的是哪个娃娃。

对于失聪儿童来说,语言理解需要儿童具有阅读面部线索、肢体语言、手势、手语、唇部动作以及书面符号的能力。他们也需要发展出协调和心理表征这些元素在不同语境中所指含义的能力。对于盲童或视力障碍儿童,弄懂他们所听到声音的含义可能涉及其他感官的协调,如动觉和触觉,以帮助他们获得相应的心理表征。成人需要分析干扰儿童理解能力的因素是什么,并尝试通过各种方法来看哪些技巧有助于儿童学习。除以上概述的策略之外,还建议采用以下策略。

人际互动策略

1. 引起儿童注意。眼神接触很重要,因为人类交流情感意图是通过他们的眼睛和面部表情来实现的。成人可以通过处在儿童视线范围内来获得与儿童的眼神接触。使用夸张的语调或表达可能会吸引儿童的注意。成人还应帮助儿童聚焦交流的其他方面,如手势。使用夸张的情绪或动作可能有助于捕捉儿童的注意。对于有听力困难的儿童,建议教给他们对轻拍肩膀做出回应。

2. 等待儿童回应。给儿童足够的等待时间来对指令、问题或意见做出回应。足够的等待时间对于有语言延迟或障碍的儿童对成人做出回应是有帮助的。重复也可能是必要的。通常,儿童已经在期待并希望成人跟他们交流些什么。

3. 提供视觉线索。成人经常用手势来辅助词语。对于有特殊需求的儿童,手势特别重要,因为它们能给意义提供视觉上的提示。清晰有力的手势有助于儿童保持专注。能表明所指含义的手势,如手语中所使用的手势,特别有用。例如,"球"的手语是双手做出球状。在与物体搭配使用时,儿童就可以学到非言语提示的意义。手势动作也是如此。父母可以边示范抬起手臂要抱抱边说"起来",照着样子抬起儿童的手臂,然后抱起儿童展示手势使用的结果。面部表情也能提供信息帮助儿童进行理解。

4. 必要时提供重复动作。重复相同的手势并以物体或动作加以辅助,可以帮助儿童学习手势的意义。例如,年幼失聪儿童的父母学到可以轻拍幼儿的肩膀来吸引儿童的注意。起初,这个手势对儿童没有任何意义,但儿童很快就了解到,轻拍肩膀时,他应该看看父母,因为会发生些有趣的事儿。在帮助儿童执行请求时把指令重复一遍,也有利于儿童对指令的理解。

5. 将歌曲整合到日常活动之中。使用相同的歌曲进行转换是有帮助的。儿童一听到打扫卫生歌,就会想到该清理玩具并换到另一个新活动了。手指游戏需要阅读和模仿手势。这些手势会促使儿童仔细观看,并结合具体词语打出手势。这是观看他人把手势和语言搭配起来的好做法。

环境调整

除了人际互动策略的支持,环境调整往往也是有用的。根据 TPBA2 的研究结果,团队可以考虑以下一些环境调整。

1. 尽可能确保儿童能听清。听力损失,或为间歇性,如由耳部感染引起,或为永久性,如传导性或感音神经性听力损失,都对语言理解能力有负面影响。要监控儿童的健康并注意儿童扯耳朵或捂耳朵、抱怨疼痛,或明显突然不注意声音等现象。对于确定为听力损失的儿童,应咨询儿童的保健专家,向其了解改善听力和学习潜能的最佳选择。

2. 尽可能确保儿童能看清。视力丧失会影响语言理解,因为儿童看不到别人在说什么。应该对所有儿童的视力进行检查。残障儿童患有视力问题的风险较高,且可能意识不到或无法表达他们的问题,因此应对他们进行更仔细的评估。盲童必须学习通过其他感官理解词意。

3. 儿童和成人所处位置要使儿童能够清楚地看到手势、面部表情和肢体语言。当成人和儿童处在相同的视线水平时,可提供面对面的互动机会,这样可以促进儿童注视成人面孔、手势使用和身体动作的能力,从而使儿童受益。

4. 在非言语交流时,减少听觉和视觉干扰。提供一个没有很多听觉和视觉分心因素的环境,这些因素可能会影响儿童回应成人并理解其所使用语言的能力。靠近说话者也很重要,特别是在教室环境中,有特殊需求的儿童可以从优先座位中受益,以促进其语言理解。

Ⅰ.B. 儿童理解什么类型的词语和句子?

理解非言语和言语线索有困难的儿童可能也难以理解词语和句子的意思。如前所述,失聪儿童或听力障碍儿童、视力障碍儿童以及认知发育迟缓儿童的语言理解能力往往较低。此外,耳朵频繁受到感染的儿童,其获得的听觉信息可能不一致或不准确,这也会对理解词语和句子产生负面影响。如果儿童不懂词语的意思,他们会难以理解交流的内容。一些儿童或许可以理解单个词语,但组合在一起的词语就理解不了。例如,妈妈说"鞋子"时儿童可以理解,但当妈妈说"我们来把你的鞋子穿上"时他可能就不明白了。词的类型(如名词、动词、代词、形容词)也会加大儿童的理解难度。儿童可能会理解"衬衫",但不能理解"脱掉你的衬衫"或"去拿你的红衬衫"。对于一些儿童,句子长度和复杂性可能会妨碍其理解。"喝牛奶"或许可以理解,但可能会不理解"我把你的玻璃杯放在桌子上,这样你就可以喝牛奶了"。此外,较复杂的句子如果出现在上下文中或者提供了视觉线索,一些儿童也能理解。例如,如果父亲说:"拿上你的外套,我们走。"儿童可能会看着他但不动弹。但如果他指着外套或者拿起来,并说同样的话,儿童可能会做出适当的反应。其他儿童可能会理解句子的一部分但不理解全句。例如,如果父母说:"把你的玩具拿到你房间里,然后把你的睡衣拿过来。"儿童可能会拿着玩具走开,然后空手而回(甚至没回来)。这可能与语言理解或记忆有关,甚至与两者都有关系。一些语句许多儿童要听好几次,信息才能"渗入"。有些家长会说这是典型的行为,称他们的孩子"有选择性听力",因为孩子的反应不一致。同时,说话的速度也可能会影响理解力。

儿童理解了什么以及在什么情境下理解最好,都可以通过在不同的环境中观察来确定。成人需要逐渐增加儿童语言理解的复杂性,包括理解词汇、词性、句型、词语顺序、句子长度和复杂性以及言语速度。

上述所列出的策略,以及本章开头所列出的常见方法,都是有用的。还可以使用以下策略来增强对词语和句子的理解。

人际互动策略

1. 发音(Enunciate)。当词语中的单个音节组合速度太快时,有些儿童很难听清或理解这些音节。在介绍新词时,要确保词语缓慢而清晰地说出来。一旦儿童理解了一个词,他就能更容易地在自然语音中理解这个词。

2. 使用短语和短句。成人与婴儿一起时,会自然地缩短短语和句子,也会随着儿童的成长,对他们的言语做出调整。这对于有理解问题的儿童一直都很重要。要说儿童需要理解的关键词。例如,与其说"把积木放到盒子里面",说"积木、里面"就能告诉儿童什么是重要的。强调关键词也有助于理解。

3. 鼓励倾听。悄声说"秘密",倾听轻微的噪声,并努力听鸟叫或飞机飞过的声音。在幼儿园,"打电话"之类的游戏会鼓励倾听,在游戏中一个人向下一个人低声说话,那个人再把它传给下一个人。唱歌和做手指游戏也会鼓励倾听,并增强儿童对组合手势的理解。

4. 采取多感觉同步输入。听力欠佳或理解词语或句子有困难的儿童可能需要其他替代形式的输入来补充词语。手势、手语、图片和示范都有助于传达含义。此外,儿童可能需要触摸物体,做动作或体验本可以用言语解释的情景。例如,失聪儿童要看过并体验过之后可能才理解"舞蹈"这个词的含义。自闭症儿童可能需要一张直观的照片来帮助她明白需要做什么。

5. 将物体贴近说话者的脸部。通过在空间中移动物体可以吸引儿童的注意。将物体移动到靠近脸部的位置可以使儿童同时看到物体和成人的脸部。这将有助于儿童看到物体和词语之间的关系。也将使儿童看到说话者的情绪,使情绪的意义得以理解。

6. 提供一系列的输入。一些儿童一次只能专注于交流的一个方面。对于这些儿童,推荐使用一系列的多感官输入。成人可以通过轻拍物体,将儿童的注意力引到一个物体上,然后让他/她感觉或探索物体,之后将物体举到嘴巴旁边。如前所述,这样儿童就可以在成人命名或谈论物体时看到词语的形成。然后,成人可以将物品交回给儿童,让其做标记。

7. 使用重复技巧。没有障碍的儿童需要听到一个词语如何在不同的语境中多次被使用,以使这个词成为其词汇中有意义的一部分,并结合其他概念加以理解。有特殊需求的儿童可能需要更频繁地听到这些词语或看到相应的手语或手势才能理解。另外,将所说的话限定在基本词语上。例如,与其说"看杯子,露西,这是一只杯子",不如边说"杯子"边轻拍杯子,把杯子靠近自己嘴边或放到儿童眼前。这样可以使儿童专注于理解很重要的一个词,而不是要去解释一个更复杂的词组。

8. 使用一致的词语。尽管大多数物品、动作和事件都可以用多种方式来命名①,但在尝试教儿童一个概念时,使用相同的词语仍很重要。例如,上面提到的"杯子"也可以用其所盛的物体来命名。成人可能会说"饮料""果汁"或"牛奶"。成人应该优先考虑他们想要儿童学习的概念。例如,"饮"可能首先成为优先事项,因为它既可以包含杯子的内容也包括相应的动作。一旦儿童学会了一般词语,就可以教他们更多更具体的词语了。

9. 提供多种词汇运用的机会。成人需要有意识地让儿童反复接触某些情境,使儿童能够在有意义的语境中听到和体验到其所学词语的不同版本。例如,在爸爸做煎饼、妈妈和儿童帮忙时,儿童会听到"煎饼"这个词。她可能会在餐厅再次听到"煎饼"这个词:当它们在菜单里的图片上出现时,在服务生把它们端出来时,以及在早餐期间。而在用塑料食品扮演做饭时,她也会听到"煎饼"这个词。这种在不同背景下的重复有助于儿童更好地理解词语的含义以及这些词语是如何融入她的世界的。

10. 指令要简短明了。在儿童清楚地理解复杂句子并记住多个物品之前,所给的指令要简单易懂,以便儿童顺利完成请求。涉及熟悉物品或日常生活的指令会更容易记住。

环境调整

除了可能支持词语和句子理解的人际互动策略,环境调整通常也是有用的。根据TPBA2的研究结果,团队可以考虑以下一些环境调整。

1. 参见本章第一节Ⅰ.A的环境调整策略。

2. 使用辅助技术。多种个人扩声设备均可用。根据儿童的残余听力、发育水平和独立程度,可能会推荐不同的方法。需通过专业和医疗咨询确定最能支持儿童的听力和语言发展潜力的方案。

3. 使用视觉和听觉线索。所有有视力问题的儿童都可以受益于额外的视觉线索,帮助他们了解概念。图片、书籍、实物及经验有助于学习词语和句子的意义。

---

① 叫出名字。——译者注

4. 使用教室技术。听力设备可以在教室和嘈杂的环境中提供更好的听力效果。诸如声场系统等设备可以帮助儿童排除外来的噪音，从而专注于言谈中的重要词语。

Ⅰ.B-1 儿童理解什么概念？

概念理解涉及儿童思考和将简单词语关联起来并将其组成关于共性与差异、分组和分类观念（参见 TPBI2 第七章第六节）的能力。儿童学习单个事物的名称，然后开始把这些词组织成系统，使世界变得有意义，而不仅仅是离散词语名称的集合。比如，儿童学到事物的被称为颜色的外在属性，虽然颜色的变化很大。儿童学会将相近颜色的特征进行组合，形成一个具体的颜色分类，如"蓝色"。在儿童初学色彩概念时，他/她可能会把已知的颜色用在所有物品上。一切都是"蓝色"的。儿童也会学习概念分类词语，如"狗"，然后再学习将特定的标签用于各种狗的种类。概念的学习于是涉及分类并建立词语的等级或系统，以及将概念分解为构成所学概念的更小单位。儿童可能会遇到这其中一种或两种类型的理解问题。对于一些有障碍的儿童，他们需要更多时间和支持来认识到"球"可以是任何颜色或大小的，了解到任何玩具上的按钮或手柄可能都会有些功能，体会到皱眉蹙额的人可能是生气了，等等。

人际互动策略

1. 在谈论日常物品时对其进行分类。例如，给儿童展示几个相似但不完全相同的物件，并将其命名为"衬衫""毯子""玩具熊"，等等。谈论一下相同的元素："看它的袖子""这些暖和又舒适""熊说'吼'"。这样可以帮助儿童学习物品的特征并帮助他们将其与其他想法联系起来。例如，在对物品进行讨论之后，儿童可能会开始注意到特征并进行比较。她可能会说，"这件衬衫是长袖的""这件外套暖和又舒适"或者，"老虎也说'吼'"。

2. 指出差异。指出差异可以帮助儿童开始建立一个概念框架。例如，"鸟用翅膀飞，人用腿走路"。

3. 提供信息。一旦儿童学会了事物的基本概念，成人就可以提供信息来帮助儿童对物品和事件进行分类。在前面的例子中，成人可以跟进提供信息。比如："是的，你有两只脚。男孩有两只脚，女孩有两只脚。妈妈和宝宝有两只脚。人有两只脚！"随着儿童对概念理解力的增强，成人可以提供有关不在眼前但孩子看到或读到过的事物的信息。例如，在谈论冰雪时，成人可能会说："一些因纽特人生活在冰做成的屋子里，叫做'冰屋'。"

4. 强调对立面。给儿童展示大和小、上和下、进和出、湿和干等之间的差异，有助于强调各种概念的基本方面。儿童通常先学会一个连续体的两个极端，再学会分级。

5. 模仿节奏。节奏可以帮助儿童学习顺序，这对语言很重要。模仿节奏的强调部分可以帮助儿童学习倾听不同的模式。

6. 分享书籍。给儿童朗读可以教给他们"书本语言"或朗读的语调模式。谈论图书内容可以教给儿童一些概念。鼓励儿童评价、提问并对书中的事物或事件进行比较。反复朗读儿童最喜爱的书,同时朗读相关书籍来延伸概念,并介绍新书来扩展话题和学习新的概念。

7. 提出"思考"问题。一旦儿童能够回答关于物体、人物和事件的名称与特征的"什么"、"谁"和"哪里"的具体问题,就要开始提问需要儿童进行推理的问题。提出以"为什么"和"怎样"开头的问题。鼓励儿童只要有可能就自己发现答案。

环境调整

除了可能有助于概念学习的人际互动策略,环境调整通常也是有用的。根据 TPBA2 的研究结果,团队可以考虑以下一些环境调整。

1. 提供多种方式来了解一个概念。例如,通过看和感受学习鸡蛋的名称。可以通过看看它、打破它、油煎它、煮沸它,或看着它孵化来了解鸡蛋这一概念。儿童对人、物和事件的体验越多样,他们对概念的理解就越全面。

2. 在多种情境下认识概念。例如,身体部位的识别可以发生在儿童洗澡时,玩娃娃时,在父母和兄弟姐妹使用各个身体部位时,或者看到书本和电视上的人物时,等等。儿童在不同情境中听到词语的机会越多,越有利于词语相关概念的形成。

3. 使用聆听设备。幼儿园的听力中心或家中带耳机的录音机可以帮助儿童专心聆听故事或音乐。儿童书籍或 CD 可让儿童结合口头语言独立地去理解其中的图片或文字(取决于他们的水平)。他们需要的话还可以经常听。反复读书能使儿童学习词语、句子、故事序列和声音语调模式。

4. 参观图书馆。阅读书籍是儿童学习他们不直接接触的概念的关键方式。如前所述,与书本的互动是学习的基础。

5. 使用电脑。图书和信息也可在互联网上获得。在成人的帮助下,儿童可以获得来自全世界的为所有年龄段儿童设计的故事、游戏、视频和信息。

Ⅰ.B-2 儿童理解什么类型的问题?

问题涉及简单句子的重组。例如,"你要去"变成"你要去吗"。在其他情况下,添加词语意味着提问:"你要去哪里?"句子中词语的语调也可能意味着提问;"你去?"句尾语调上扬也表明这是个问句。要理解问题,儿童需要了解词序、选词和语调变化如何影响意义。表达问句需要对想法进行复杂的处理,这对于有语言障碍或发育迟缓的儿童来说可能有些困难。

大多数儿童理解语言的学习过程是一种可预测的顺序,但对于语言障碍儿童来说,并不总是如此。一般而言,儿童是先学会事物的名称,然后是动作和方位词,接着是描述词和修饰语。因此,他们首先能够理解"什么"和"哪里"的问题。根据父母所强调的词,儿童可以快速增加他们所能理解的词汇量。

在儿童学习词语时,成人会问很多"什么"和"哪里"的问题,看看他们学到了什么。不理解"什么"和"哪里"这些词的儿童就不知如何应答或者给一个他们认为代表成人意思的答案。例如,成人在和儿童一起读书时可能会说,"这是什么?"或"鸭子在哪里?"幼儿可能看着成人说,"嘎嘎。"这个回应可能表明儿童不明白这个问题,也可能是儿童在使用"嘎嘎"表示鸭子,或者他认为这是正确的回应,毕竟上回一起读书时成人就是这么说的。儿童需要反复听到相同的信息从而将其纳入他们对世界的理解之中。

特殊儿童可能难以捕捉到暗含提出问题的语调变化。当我们提问时,语调会在句尾上扬。这种语调的转换带有含义,告诉儿童需要他做出回应。如果儿童没有听到或没有领会语调变化的含义,他/她可能就不会给出回应。这里提供以下建议来支持儿童对问题理解能力的发展。

人际互动策略

1. 教儿童通过看和指点来定位物体。这将使儿童能够区分出环境中的某些东西,以非言语的方式指代谈话话题。识别东西比说出物体名称要容易些。当儿童开始学习回答问题时,可以提问"给我看"的问题,儿童可以用看或指的动作来回答。"给我看"可以结合"哪里"来教授"哪里"的含义。例如:"给我看看猫。猫在哪里?"患有严重运动障碍的儿童,可以用眼睛来指点。

2. 提供选择。当成人拿给儿童两个物体时,儿童通常会花最长时间看更喜欢的那一个或伸手去够。同时拿给儿童两个物体,并问:"你想要牛奶还是果汁?"递给儿童那个她伸手去够、说出来要或看的时间最长的物体。然后说,"你想要牛奶。"边点头边给,同时说"牛奶"。举起另一个物体说,"你不想要果汁。"边摇头边说"不"。用同样的方法练习"你想要哪一个"这种问题。一旦儿童理解了这个游戏,她会开始更快地作出选择。一旦儿童可以发声、伸手够或用头表示是或否(点头比摇头难),成人就可以拿出一样物体,说:"你想要⋯⋯吗?"

3. 提问发展适宜性问题。一旦儿童能识别他周围的人、物体及事件,成人就可以帮助儿童理解涉及行为和特征的问题了。有关特征的问题经常以"什么"或"多少"提问。例如:"他在做什么?""它是什么形状的?""你想要多少?"

4. 教授概念。随着儿童发展出更复杂的游戏技能,儿童能够操纵玩具,能够研究和弄清楚事物如何运转,并且能够亲身探索他们所处的环境,从而弄明白事情如何以及为何发生。更高层次的概念理解通常需要能回答"为什么"和"如何"的问题。因而之前推荐的帮助儿童理解概念的所有策略都很重要。

5. 模拟提问,然后回答问题。成人帮助儿童理解问题的一种方式是模拟提问和回答过程。向儿童提问,等待答复,如果儿童没有回答,再次提供问题并回答。"你的鞋在哪里?"等待;如果没有回应,便说:"你的鞋在哪里?这是你的鞋。"此外,对于语言产出受限的儿童,问题可以通过动作来回答。例如,上一个问题可以用手指一下来回答。

6. 强调提问的语调。突出强调上扬的语调可能会帮助儿童认识到,成人的意图有了从陈述句向问句的转变。

7. 使用手势描述所使用词语所指的物体或动作。例如,当儿童的杯子在眼前时,可以使用手势来表示喝一杯。

环境调整

除了可能有助于儿童理解问题的人际互动策略,环境调整通常也是有用的。根据TPBA2的研究结果,团队可以考虑以下一些环境调整。

1. 可能需要扩声。听不清楚的儿童可能无法听到语调变化。因而使用适当的辅助技术是很重要的。

2. 图片提示可能会增强理解。除言语和手势外,图片可能会帮助儿童明白要表达什么意思。在成人提出问题时,儿童会先用书中的图片作为理解提示。这种做法可以通过就成人最有可能提问的事物创建画册或图片提示,延伸到有特殊需要的儿童身上。例如,成人可能会指着厕所图片,用手势打出"想去厕所",并做出提问的表情。

1.5 为在提高语言理解能力方面需要支持的儿童提供的常规活动

以下是关于如何将前述策略纳入儿童的家庭和学校日常之中的示例。除本章开篇提到的供没有特殊需要儿童的照料者使用的策略外,这些策略可能有助于提高语言理解能力。

1.5.1 日常常规(家庭和教室)

喂食/进食

在成人教儿童食物和器具的名称时,可以通过提出请求"给我看看你想要的"或"给我杯子"来获得理解。在指点并等待幼儿做出回应的时候,需要提供选择。例如,"你想要梨还是桃?"对于年龄较大的儿童,可以提问更多的概念性问题。例如,"你想要什么样的鸡蛋?硬的?还是软的?"随着儿童概念发展的进步,成人可以添加更多与食物、规矩、饮食情况等有关的信息、解释和讨论,以增进儿童对句子和概念的理解。

换尿不湿/如厕

与喂食一样,在换尿不湿或如厕期间有很多机会可以培养孩子的理解能力。当孩子看向或指向所提到的内容时,就可以看到儿童是在理解特定的词语了。调动儿童在这个过程中参与的积极性很重要。例如:"你需要一块干净的尿不湿。干净的尿不湿在哪里?"(指向尿不湿存放处。)对于年龄较大的儿童,提问可以用动作回答的问题。例如,"你下一步需要做什么?"概念的发展可涉及不同类型的词语——介词,如里面、上面、下面;动词,如举、坐、拉;形容词,如臭、软、硬、自豪。发出指令或提问简单的问题可以表明儿童是否理解这些词语。示范和打手势有助于提高理解能力。例如,成人可以边用手势比画"里面",边把东西放进抽屉里。

穿衣

与前面讨论的日常活动一样,我们要为理解困难的儿童提供视觉示例。例如,"你想要红色还是绿色衬衫?"(一边拿给他们看。)在儿童能够在这种情况下作出选择后,我们可以多问开放式问题。例如:"你想穿什么?"(一边把选项列出来。)随着儿童对当前不存在的物体形成记忆,成人可以在没有可视化选项的情况下对儿童提问或要求儿童做动作。

外出

外出办点杂事为陈述、给予指示和提问提供了许多机会:在车里或婴儿车里看周围的事物,谈论下一步会发生什么,回顾发生了什么。例如:"我们要走了。请拿上你的夹克。""你想要带上小兔子或小狗吗?""我们唱首歌吧。你选一个。""我们需要吃谷物。你想要麦圈吗?"购物结束后,父母可以问问题以提示儿童回忆并解决问题。例如:"你能在包里找到麦圈吗?请把它们放进橱柜里。"

1.5.2 游戏常规(家庭和教室)

面对面游戏

儿童跟父母最早玩的游戏之一是躲猫猫。"宝贝在哪里?"这句话在互动和轮流进行中多次重复。这是教儿童学习"在哪里"这一概念很好的方法。手指游戏也可以提升理解力,因为它们将表征性手势与词语和面部表情结合在了一起。这种组合有助于儿童伴随动作理解词汇。例如,手指游戏"大拇指在哪里?"(Where Is Thumbkin?)可以调动儿童积极参与,从而支持对问题的理解。舞蹈和歌曲,如"呵吉啵吉舞"(The Hokey-Pokey)可以帮助儿童了解身体部位、动作和介词。

体育游戏

身体互动一般涉及跑步、跳跃、追逐、挠痒痒等。短语的重复有助于儿童学习意义。父母经常通过说"我要逮到你啦!"来发起互动。这些话告诉儿童准备好接下来会有一次"猛攻"。儿童因此得知"我要……"之后将会有一个成人的行动。成人也会提问,比如:你要我……吗(如逮到你,给你挠痒痒,追你)? 儿童可以在体育游戏中学到身体部位词语、动词、介词和形容词(如快和慢、硬和软)。我们可以通过提问,如"你想让我挠你哪里?"给儿童机会处于控制一方，并在不用语言的情况下展示已理解。更高层次的问题可能涉及"你想怎样……?"或"我们应该如何……?"

操作性游戏

操作性游戏中有大量展示对术语、行为和概念理解程度的机会。成人可以通过像"我需要一支蓝色的蜡笔"这样的表述确定儿童是否理解。如果儿童给了成人错误的颜色，那么成人可以示范正确的回应。例如："这个红色很漂亮，但我想要蓝色的，就像这个。看，这是蓝色的。"随着儿童学会操作物体，成人可以问从"这个是什么?"到"那个怎么运行?"的很多问题。注意到儿童的认知和精细运动能力很重要，这样提的问题才不会让孩子困惑或要求他/她给予无法给出的回应。例如，如果儿童不会说话，那么问"这个是什么?"就太有挑战性了。"你想做什么?"才是让儿童能够通过指点或展示来表现其理解的问题，而不是通过要求口头回应。

感觉游戏

涉及感官方面的游戏对一些儿童而言可能是愉快的，另一些儿童则可能感到厌恶。无论哪种情况，感觉游戏都提供了理解描述性词语和相关情绪的机会。与喜欢和不喜欢有关的问题在这些活动中是适宜的（如，"你想快点还是慢点?"）。尽量不要问太多是/否或封闭式的问题，这很容易让谈话停止；相反，多问开放式问题。更高层次的问题可能包括"那是什么感觉?""我下一步该做什么?"以及"我们怎么清理那个?"

假扮游戏

假扮游戏是对自然动作和活动的再创造。为此，角色扮演可以使成人重建涉及语言理解的各种情境。当儿童在游戏中恰当地使用了术语或动作时，就表明儿童有一定的记忆力，且很可能有一定程度的理解力。但是，即使儿童不理解他们所说或所做的，也能重复他们所看到或听到的——见过照着说脏话的学步儿吧！儿童把动作、故事和活动加以戏剧化的机会越丰富，使用概念并深入了解其意义的可能性就越大。成人应对假扮游戏中的语言理解予以支持，比如通过为动作或活动提供道具、标签和建议，或通过为儿童示范越来越复杂的词汇和句子结构。

1.5.3 阅读和学习常规

圆圈时间

虽然圆圈时间不像儿童和成人之间的个体活动那样集中，但它为儿童提供了彼此学习的机会。儿童特别喜欢互相看对方。听其他儿童说什么常常会引发模仿。通过反复观察和讨论，儿童可以通过相互之间的社交互动来学习概念。成人的角色是鼓励儿童之间建立能促进分享信息、展示理解或支持他人学习的交流互动。例如，在给儿童读关于冬天的书时，教师问:"谁知道'雪天使'是什么吗?"几名儿童举起了手。教师选了一名儿童,让他解释并给其他儿童展示如何做一个雪天使。然后,所有的儿童都躺在地板上,模仿他的动作。之后,在室外时间,他们都在新落的雪中做出了真实的雪天使。

一对一阅读

除直接经验外,书籍是学习理解语言的所有组成部分的最佳方式之一。书中的图片不仅提供了具体的意义以支持这些词语,而且书籍还在符合逻辑的语序中提供了各种各样支持理解的句子结构。同时,书籍还为成人和儿童提供了一起聚焦特定的话题的机会。儿童和成人可以在安静的倾听与学习中,指着图片标注、讨论、提问和互动,进行意见交换式的互动交流。

科学与数学

科学与数学概念最宜通过实际经验——观察、触摸、嗅闻、品尝、倾听和试验——来理解。成人的角色是帮助儿童注意到事物的特征,进行比较,关联想法,并得出可展示他们对所探究概念理解程度的结论。概念的理解不仅仅是对词语理解,而且要理解生长、度量、时间等更大的概念。例如,儿童理解数字的概念,不是通过他们在一页纸上做练习计数的练习题,而是通过在他们的日常经验中运用数数技巧。他们可以数门外的靴子有几只,每个儿童一杯爆米花一共需要几杯,甚至他们用几张卫生纸,以确保不是太多或太少!数字于是可以理解为数量的度量,而不仅仅是死记硬背。成人可以提示进行比较,以帮助儿童看到数量之间的关系,可以从"很多"和"一点"开始,再到个别量的比较。

案例:特丽萨

特丽萨是一名 5 岁儿童,被诊断为发育迟缓,没有确定病因。她发出各种咿呀学语声,偶尔会夹杂着听起来像字的发音。她使用了 10 个左右可辨认的词语,包括妈妈、爸爸、球、小狗,和几个与熟悉物体名称近似的音。特丽萨很少使用手势,而是直接把父母和老师拽向她想要的事物。当她因没得到想要的东西而感到沮丧时,她会发脾气。她在别人和她说话时很少和别人有眼神接触,大多数时候她对要她做的事没给出回应。她会看书中的图片,但不会去指标出名称的物体。

评估团队认为,特丽萨不理解许多说给她的话,而且因为在别人跟她说话的时候她并没有看人,她也漏掉了非语言线索和手势。要增加她的交流和语言产出,减少她的负面行为,提高她的社交能力,重要的是要增强特丽萨的语言理解能力。

人际互动策略

1. 确保你和特丽萨处于相同的高度。将正在谈论的物体(或者象征物,如用车钥匙表示要出门)放在嘴边,吸引她的注意力。

2. 用手势、夸张的表达和物体来传达意思。强调你想让她理解的词。

3. 对特丽萨使用简短的词语或句子,以便她需要正确理解的词语少一些。

4. 给予选择。比如说:"你想要麦片还是薄饼?"而不是说:"你想吃什么早餐?"如果她没回应,再问一遍,这次把麦片盒和薄饼粉盒都举起来。

5. 当特丽萨不回应请求时,重复一遍请求并用肢体去帮她做。在她做的同时,把每一步都标记下来。给她很多注意力,作为尝试的奖励。

6. 玩唱歌和手指游戏、挠痒痒等话轮转换游戏,在开始你的话轮之前,等着让特丽萨看你。轮到她时,说:"该你了。做……"这将有助于她学会参与话轮转换谈话并听从指令。

环境调整

1. 鉴于特丽萨开始看图片了,只要有可能就将文字、图片和物体搭配起来,帮她理解你的意思。

2. 和特丽萨谈话时减少其他听觉干扰,如音乐或电视。太多的干扰可能会妨碍理解。

3. 使用多感官输入来教授概念。如看看它,感觉它,闻闻它,移动它,标记它,并按它本来的用途使用它。

4. 使用图片时按照熟悉的惯例排序。一旦特丽萨知道了惯例,就只使用第一张图片和词语来引导她的动作。

不同发展年龄的干预要点

以下建议针对的是处于相应发展水平的儿童。这些建议并不是全面的,而是表明了可能探索的领域。

发展年龄	交流兴趣	干预要点
0—3个月	区分熟悉和不熟悉的声音。 能区分母语与另一种语言的声音区段和声调、韵律、重音。 能通过安静下来对声音做出回应。 能从抚摸和摇晃中得到安慰并平静下来。 会盯着脸看。	在换尿不湿、喂食等过程中与婴儿交谈。

续表

发展年龄	交流兴趣	干预要点
3—6个月	头部从一侧移动到另一侧,来定位声音来源。 能区分声音和人声,并作出不同回应。 对大的声响或意外的噪音表现出恐惧。 能识别熟悉的声音模式,如唱歌或面对面言语游戏中的声音。	从不同的地方发出声音,而不是总在儿童面前发出声音。 给儿童读书(阅读的声音不同于说话的声音)。 帮儿童识别声音的来源。
6—9个月	通过声调学习"不"的含义。 区分友好和生气的谈话。 对他人的情感展示做出回应。 喜欢听自己的声音。 喜欢复杂的声音刺激。 有选择地倾听声音和话语。 对自己的名字做出回应。 双语儿童能在言语交流中区分两种语言的词汇。	用不同的声调给儿童指示,什么是可以接受的或"好"的,什么是不可接受的。 用面部表情来表达情绪。 听各种类型的音乐和歌曲,包括其他语言的音乐和歌曲。 用家中所有种类的母语和儿童交流。用物品和动作展示所说的内容。
9—12个月	能听懂搭配手势的一些简单命令。 能理解一些词语。 能跟着音乐跳舞。 了解一些物体的名称。 有兴致地倾听熟悉的词语。 能理解更多搭配手势的命令(比如"给我")。 能识别物体的词语和符号(例如,飞机/指向天空;小狗/学狗叫)。 能对"不"做出回应。	要求或请求儿童做些什么时,可以使用短语(如"给我")。 可以使用搭配手势的词语。 指出所有噪音的来源。 标记物体和动作。 示范不同的声音。 鼓励儿童模仿声音和嘴巴动作。
12—18个月	头部能根据声音来源上下左右移动(10—15个月)。 能识别说到的名称所对应的常见物体。 长时间对言语表现出强烈关注。 用手势回应词语(例如,向上、再见)。 能将物品与其属性关联起来(动物的声音,物体的位置)。 通过寻找物体或家庭成员回答"……在哪里?"(12—16个月)的问题。 可以理解多至50个词。 将头直接移动到声源处(15—18个月)。 会持续有兴致地观察被说到名称的图片2分钟或更久。 寻找叫到名称但不在眼前的物体。 根据提示,能听从简单的指示(例如,把球给我,展示一下)。 从一组物体中识别出某样物体。	询问熟悉的物体。 给出选择但不给出物体(你想要……或……吗?)。 看书、看盒子和罐头上的图片、看广告牌等。 标记一下并问"……在哪里?" 在游戏中把物体藏起来再找出,标记出它们被找到的位置。 提问有关玩具、人和日常活动的"什么"以及"哪里"的问题。
18—24个月	通过指点识别并确定物体和图片。 指点3个身体部位。 能听从单步骤的指示。 能理解问题的意图。 用点头、摇头回答是与否的问题。 能认出5个身体部位。 倾听带有有趣声音的短韵文,特别是带动作或图片的内容。 能理解一些情绪词语(例如,快乐、伤心、生气)。 能理解一些人称代词,可以区分"给她"和"给他"。	谈谈儿童在做什么,标出身体部位名称,以及动作序列中的步骤。 唱儿童可以模仿的带重唱内容的动作歌曲,然后不带做,看儿童是否知道下一步。 如有必要给出手势提示。 不去指点或展示,直接告诉儿童需要什么物体,以鼓励倾听。

续表

发展年龄	交流兴趣	干预要点
24—36个月	头部能四处转动以确定声源位置。 能认识并指出最常见的物体。 能理解行动词。 能确定并指出大家庭的成员。 能理解超过300个词语。 倾听并享受简单的故事。 能理解一些代词(我/我的、你)。 能回答"什么"的问题。 能识别图片中的动作。 能通过功能识别物体。 知道大和小的区别。 能指点较小的身体部位。 能听从两步指示。 能理解"一个"和"所有"。	通过功能识别需要什么(例如,"我脚上需要穿些东西")。 在给命令时,问儿童她要做什么,看看她是否明白。 提供物体和动作的描述,然后问选择类问题,如,"毛巾是湿的还是干的?" 不要问是/否或者是封闭式问题(如,"你想要蓝色的蜡笔吗?"或者,"这是什么颜色?"),相反,要问开放式问题(如,"你想要什么颜色?")或者功能性地使用颜色词汇(如,"请帮我拿蓝色蜡笔")。 按位置识别物体。不要说:"去拿你的鞋子。"而要说:"你需要你的鞋子。它们在床下面。"
36—48个月	能理解描述性词语。 能识别性别。 能识别基本的颜色。 能理解"为什么"的问题。 能理解空间概念(例如,里面、外面、上面、下面)(33—36个月)。 能回答"在哪里"和"在做什么"的问题。 能理解类别。 能理解"多少""是谁""谁的"的问题(36—40个月)。 能听从两到三步的指示。 能识别最常见的物体及其图片。 能理解他人说的话。 懂得家庭关系的称谓。 懂得基本形状和大小的词语表达。 能理解描述性概念(例如,硬、软、粗糙、光滑)。 能理解在前面、后面、顶部、底部和之间。	在游戏中和白天观看有趣的活动(如起重机的吊梁),提问并回答"为什么"和"如何"的问题。 描述物体的特征,然后找到其他具有相同特征的物体。 进行比较并标记差异。 阅读具有描述性词汇以及关于反义词的韵文的书籍。 将时间概念与日常活动关联起来(例如,日常活动中开始使用具体的时间数字)。 突出颜色和形状的功能,而不是提问(例如,"你穿着波尔卡斑点——小圆点")。
48—60个月	知道对立(例如,长/短、热/冷等)。 区分昼夜。表现出对时间概念的理解(例如,之前/之后、昨天/今天)。 了解空间概念(例如,后面、前面、旁边、上面、下面)。 识别颜色和形状。 回答"如何"的问题。 回答"何时"的问题(52—58个月)。 识别硬币。 了解约13 000字。 理解多、少、一些。 理解"如果……会……"的问题。	阅读许多不同类型的书籍,包括关于真实事物和活动的说明性书籍,以促进词汇和概念理解能力。 让儿童帮忙购物,为单个物品、停车费及其他小费用付钱。 除了数字(如,3大汤匙),还可以用通用术语谈论数量和进行比较(例如,"更多/更少")。

第二节 提升语言生成的策略

娜塔莎·霍尔

目标达成量表

1	2	3	4	5	6	7	8	9
通过身体反应表达需要(例如哭、移动身体、扮苦相)。		通过眼神注视、面部表情、身体动作、手势和发出一些声音来进行交流。		使用手势、声音、言语、符号(词语、合成词、短语),和/或增强性和替代性交流(augmentative and alternative communication, AAC)进行交流。		使用手势、词语、短语、符号和/或 AAC 来生成句子(语法并不正确),还能提问和回答问题。		能一贯使用正确形式的句子,而且还能提出和回答多种问题。

语言产出是以符号化的形式表达个人想法和观点的过程。语言可以通过言语或非言语的多种方式传达出来,包括书写的、手势的、符号的、身体语言的、面部表情的以及口头的。语言产出可以让我们向其他人表达出我们自己的需要、想法、欲求以及感受。

2.1 适宜的语言产出

当信息从一个人传递给了另一个人且说者的话能被听者理解时,这便是有效的语言产出。

交流模式:儿童能使用多种交流模式,包括眼神注视、面部表情、身体动作、手势、声音、言语。根据所处的发展阶段,儿童可使用多种类型的模式;有些模式发生的频率比其他的多,这取决于交流的伙伴和环境。

交流水平:儿童能用发声、言语(词语)、短语或者句子来做出回应和与他人交流。

交流频率:儿童交流的频率和持续时间会受交流模式的减少、交流水平以及儿童的社会经济地位(例如害羞、被忽视或者虐待的经历、选择性缄默症)影响。

语法结构和句法的使用:儿童在和他人交流时使用的是什么类型的语法结构和句法结构。

语言形式和概念的使用:儿童在和他人交流时使用的是什么类型的词汇和概念(例如,

主体＋客体，主体＋动作＋客体）。

2.1.1 实践中适宜的语言产出

Ⅱ.A. 儿童使用哪些交流模式？

日常常规（家庭和教室）

婴儿/学步儿：换尿不湿时，婴儿一边躺着，一边望着天花板上的吊灯，并试图伸手去抓，同时发出了类似词语的声音（例如"aiy"或"aiyt"）。在伸向天花板时，向吊灯做出一张一合的手势，这也是一种容易学会的早期言语/示意动作。学步儿把他的果汁杯拿给妈妈，然后指着冰箱说"喝"。

幼儿：幼儿来到成人身边，指着她的鞋子说，"我需要帮助，请帮帮我。"

游戏常规（家庭和教室）

婴儿/学步儿：为谈论某支乐曲或者发光玩具，婴儿会看向成人，然后再看回玩具，来和成人分享这个经历。在和哥哥玩耍的时候，学步儿从哥哥那里拿起一个玩具，对他喊道："我的。"

幼儿：在一次轮流游戏中，幼儿看着下一个要玩的人，把骰子递给他，说："到你了。"

课堂常规

在点心时间，儿童看着他的同学，伸手去拿果汁瓶，然后用口语提出请求，他说："康纳，可以请你把果汁瓶递给我吗？"

Ⅱ.B. 儿童的交流频率是怎样的？

日常常规（家庭和教室）

婴儿/学步儿：婴儿整天都在练习怎么发音，尤其是父母在场时。她用尖叫引起注意，在疲惫、饥饿、需要换尿不湿时哭泣。学步儿坐在她的坐便盆上，自言自语，自说自唱。她会发出一些噪音、咯咯笑声，然后制造更多的噪音，用各式各样的声音做实验。

幼儿：幼儿在艺术区画画。他十分专注，好几分钟都没有和别人说话，然后他和自己说他画了什么。接下来他叫来其他幼儿和教师来看他的画："看，这间是消防站，这间房子着火了，它是红色的，因为它着火了。"

游戏常规（家庭和教室）

婴儿/学步儿：在玩沙盒的时候，学步儿在搅动、翻弄沙子以及用勺子敲打沙子的同时，发出一些杂音和词，比如搅动（"eee, stir"）、翻弄（"hole"）、敲打（"boom, bang"）。在爸爸追逐他时，他边跑边笑还发出傻傻的声音。

幼儿：幼儿和他的朋友在玩蜘蛛侠的角色游戏。他说："我要当蜘蛛侠。他用他黏黏的、胶一样的手指爬墙。你想当谁？你可以当坏人。你跑到房顶时我来追你，我会爬上来抓住你。"

课堂常规

在圆圈时间，幼儿听教师说话，教师问有没有谁度过了一个非常有趣的周末。乔伊站起来说："我和爸爸妈妈还有弟弟去了动物园。那一天是'免费日'，妈妈说下一次我们要付钱，因为实在太挤了！"

Ⅱ.C. 儿童语义方面的能力表现如何？

日常常规（家庭和教室）

婴儿/学步儿：当爸爸走进门口，婴儿说"爸爸"来回应，说明他能区分"爸爸"和"妈妈"。在和哥哥一起玩时，学步儿会说"我的"来表明所有权。

幼儿：幼儿能够表达多种语义关系（例如，"我想要更多牛奶"→主体+动作+客体）。在帮家人洗衣服时，幼儿能够说出不同衣物的名称，能用语言把它们归为一类，还能描述它们的不同属性特征（如颜色、材质、形状）。

游戏常规（家庭和教室）

婴儿/学步儿：妈妈做晚餐时，婴儿坐在那里看着。她看到一颗球生菜并说，"球。"玩追逐游戏时，学步儿说："跑，爸爸！"（动作+行为主体。）

幼儿：在幼儿园，幼儿用多样的描述词汇来描述感知桌上的"干净泥浆"（如湿的、白色的、浸水的、像雪一样的、黏黏的、软软的）。

课堂常规

在打扫厨房的游戏角时，幼儿注意到披萨被放到了蔬菜篮子里，然后说，"嘿，它不应该放在那里！那里全是放蔬菜的。"

Ⅱ.D. 儿童会产出怎样的语法词素？

日常常规（家庭和教室）

婴儿/学步儿：婴儿通过包含多种元音和辅音的咿呀学语对沐浴泡泡做出回应，还会指给妈妈看以分享经历。学步儿会用简单的词汇来形容此种活动（例如，"泡泡""妈妈泡泡"）。

幼儿：幼儿使用短语和句子来描述感知桌上的泡泡（例如："这像是家里的浴缸。我们来给宝宝洗个澡吧。我们在家洗澡时有泡泡，它们会溢出来。"）。

游戏常规（家庭和教室）

婴儿/学步儿：看书时，婴儿看到鸭子的图片，指着一边说"嘎嘎"，一边挥动手臂。和妈妈一起堆积木时,学步儿敲了敲塔的顶端说:"啊哦,妈妈。"

幼儿:在超市,幼儿问:"我们都没有我午餐吃的饼干了,妈妈,它们在哪里?"

课堂常规

在故事时间阅读一本书时,幼儿问道:"西姆老师,老鼠身上会发生什么事?它会没事吗?"

Ⅱ.E. 儿童的句法能力怎样?

请注意语法结构、合理的句法/语法、合理的语言形式以及概念都放到了一起,因为这些领域的策略相似。

日常常规(家庭和教室)

婴儿/学步儿:6—8个月大的婴儿发出重复的咿呀学语声(如"ba-ba""ga-ga")。9—12个月大的婴儿开始使用多样化的咿呀声音(如"ba-di-ga")。学步儿描述动作行为会说,"妈妈洗。"

幼儿:在外玩耍时,幼儿描述他的游戏说:"我用两只手抓住了球。"

游戏常规(家庭和教室)

婴儿/学步儿:婴儿开始在探索中发出元音。一般最先发出的音是回辅音(Back Consonant,如 k、g)和双唇辅音(如 b、p、m)。学步儿试图使用词语的复数形式,但用得不对,比如"fishes"。

幼儿:在和同伴玩玩具车时,幼儿说:"他拿了我的红卡车。"("He taked my red truck[①].")

课堂常规

幼儿会使用长句,但也会继续犯语法错误。例如说:"请再给我些奶酪。"("I want more cheeses[②], please.")

2.2 支持儿童语言表达发展的一般原则

照料者一般会调动儿童参与多种行为以鼓励更复杂的语言表达。通常这是没有刻意努力做出的。下列策略经常用以帮助儿童扩展他们在游戏中的思维。这些策略适用于各个发展水平的儿童。

[①] "taked"这里应为 took。——译者注
[②] "cheeses"这里应为 cheese。——译者注

2.2.1 模仿声音、口部肌肉动作以及词语的产生

婴儿不断地通过语声游戏来进行发音实验。他们通过这种实验学习新的声音,然后建立起他们的语音库。照料者会通过在婴儿频繁密集发音时,模仿婴儿发出的这个声音来进行回应。就模仿和进行话轮更替而言,面对面的接触对于这些互动是很重要的。起初,婴儿发出的声音可能是非言语的声音或者只是在进行口部肌肉运动,比如伸舌头、发出嘘声或者吹气。随着婴儿的声音重复次数变多,这些声音越来越接近元音、辅音,然后是两者的组合。随着这些模仿游戏的复杂程度的增加,婴儿开始模仿新的语音、新组合的语音或者某种声音模式。

2.2.2 确保儿童的注意

在期望儿童做出回应之前,要先确保他是专注的,这一点非常重要。成人常常会贴近儿童的面部,或者确保儿童在关注成人的脸部、声音、手势和身体语言,以便增加模仿和互动的可能性。

2.2.3 说出熟悉的物体、人和活动的名称

成人说出环境中物体、人和动作的名称,可以给儿童提供关于周围世界的知识和信息。儿童一般是先理解一个词,再口头说出来,并且需要反复接触这个词,才能恰当地用它进行交流。当儿童的词汇量有限时,他或许会用同一个词代表多种不同的含义(例如,指奶瓶用"baba",要喝牛奶也说"baba",在妈妈拿着奶瓶时说"baba"表示拥有权)。

2.2.4 鼓励多种交流模式

婴儿和学步儿会使用多种交流模式(例如,手势、身体动作、眼神注视、声音、词语)以使他们的想法和需求得到满足。很多时候,成人希望婴儿和学步儿去模仿或用一个词语进行交流,却错误地忽视或拒绝了另一种交流形式。对交流尝试有敏感认识的成人会重视儿童在交流中做出的各种努力,甚至是那些没有他们所希望的那般复杂或恰当的表达方式。例如,如果一个儿童把手伸向成人并发出呜呜声,成人来到他身边说"起来",这是在示范更高一层的交流(比如,可以把手势和词语结合起来,而不是分别用手势和发音)。对于年龄大一点的儿童,成人也可以说出与交流行为有关的感受。例如,如果儿童打你一下然后说"不",成人可以回应,"我知道你生气了,因为你想要这个球。你可以试着说:'到我了,请把球给我。'"这样可以示范更高一层的交流。

2.2.5 为儿童的语言搭建支架，帮助他们发展到下一个水平

多数成人给儿童示范的语言略高于儿童的当前水平，以此希望她最终能把新词汇、复杂的语法结构和句子结构添加到她的语言库中。如果儿童说："看，奶牛，哞。"成人回应："我看到那头大奶牛了。它说'哞'。"根据儿童的语言水平，成人可以对这一短句做出复杂或简单的重构和扩展以适应儿童的需要。儿童不大会重复这些拓展的话语，但有时候他们会模仿其中的某些部分。

2.2.6 用正确的语法重复儿童的话语

即便是正处在语言发展过程中的儿童，往往也会犯一些语法错误，尤其是在尝试使用新动词时态和复数时。例如，儿童在学习过去式时，常会给动词加后缀"-ed"。儿童可能会说："I ranned fast."①有机会时，成人可以用恰当的语法变化重复这个短句（如："You ran very fast."），如上所述，不要期待儿童总会去重复正确的版本。

2.2.7 提供简单正确的例子

儿童从成人和周围的人那里学习语言。成人改变他们的语言是为了给儿童提供一点额外的信息。如果儿童用一个单词来交流，比如"baba"和"doggie"，成人则通过使用短语和两个单词的组合来保持他的语言相当简单。这很自然地模拟了语言发展的下一个自然步骤（即增加词汇量并将一些简单的单词组合成两个单词的组合）。

2.3 实践中的原则

2.3.1 日常常规（家庭和教室）

前述策略是供父母或其他照料者在日常中使用的，以支持儿童正在发展的语言生成能力。下面的内容是举例说明成人如何把这些策略整合到各类活动中。

喂食/进食

在用餐时，成人可以给学步儿及幼儿提供一些口头上的选择。例如问："你想要烤奶酪还是意面？"儿童接着会以其中一项选择应答。照料者还可以使用一种支架技巧增加提问的复杂性。比如，"你想要一个烤奶酪三明治"，添加一个新名称。还可以问幼儿关于食物属性的问题，比如颜色、大小、味道和种类。

---

① 意为我跑得快，此处属于不规则动词过去式的情况，"ranned"应为"ran"。——译者注

换尿不湿/如厕

当一个学步儿来到成人身边,摸摸他的尿不湿说"臭",成人的反应可以是先接受然后感谢儿童提供这一信息,而后说是时候给他换尿不湿了。对幼儿而言,扩展的评论可能囊括了指示内容。

穿衣

吃完晚饭后,幼儿的妈妈说,"该准备睡觉了。我们先要做什么呢?"幼儿回答说,"该洗澡了。"妈妈又说,"你想穿哪件睡衣睡觉,恐龙的还是芝麻街的?"儿童说,"恐龙的。"这种互动可以给儿童造句和口头表达选择的机会。

2.3.2 游戏常规(家庭和教室)

面对面游戏

在面对面的咿呀学语游戏中,一位妈妈一直等着婴儿尝试模仿新的声音。她一边说"噢",一边轻轻抚摸婴儿的肚子。幼儿试着教爸爸唱他在学校学到的新歌。他说:"像天空里的跳伞者。"爸爸说:"'像一颗钻石。'钻石是像星星一样闪闪发光的石头。"

体育游戏

在操场上时,教师可以让秋千停下,等儿童发起某种形式的交流后,再推下一次。

操作性游戏

参与容器游戏时,儿童每放入一种形状的东西到容器里,成人就说一次"in",以此示范介词的使用。轮到成人玩时,成人也等儿童说"in"。对于年长一点的儿童,教师可以问这样的问题,"你们觉得那里面可以放多少块积木?"或者,"空间不够了,我们怎么办?"后面这句互动可以鼓励儿童产生新的想法、造出新的句子。

感觉游戏

在幼儿园的干面条和胶水活动期间,教师可以评论一个儿童的作品像一个女孩的笑脸,以此引出进一步的符号语言。儿童可能会回应:"我做的将是一张生气的脸。"

2.3.3 阅读和学习常规

圆圈时间

在圆圈时间,教师可以就一个不熟悉的故事向儿童提出开放式问题,例如,"我想知道接下来会发生什么?"然后等待儿童根据书中图画提供的视觉支持作答。

一对一阅读

成人可以给学生读一本熟悉且内容重复较多的书,随着儿童对书中重复出现的短语越来越熟悉,成人可以在朗读过程中不时暂停,等儿童来填补没说出来的词、声音和/或者手势。

科学与数学

在科学中心，教师可以回顾一下当前月份，然后讨论季节特点，跟儿童谈论本月户外会发生什么。可以让他们动脑筋思考，气温降低时会发生什么。

2.4 为提升语言表达制订个性化的干预措施

Ⅱ.A. 儿童使用的是什么交流模式？

一般而言，随着儿童的成长，他们在习得语言、动作、社交和认知能力的同时，交流模式的数量和复杂性也在增加。儿童交流模式有限的原因有很多种。有不同类型的残障、语言障碍和语言发育迟缓的儿童都无法使用多种交流模式。例如，自闭症谱系障碍儿童可用词语和手势交流，但可能难以发起和保持眼神交流。脑瘫儿童或患有其他肌肉障碍的儿童可能面临一系列或将影响他们交流能力的挑战。例如，动作能力有限，可能的呼吸支撑问题，以及动作控制减弱会影响表达性交流。因此，脑瘫儿童可能会用一些特殊的交流模式，比如不寻常的面部表情、手势或动作，向熟悉的成人表达自己的意思。患有痉挛性脑瘫的儿童可能很难将头转向说话者以保持眼神接触，他们对手势的控制有限，呼吸支撑也较弱，这些都会影响发音的准确性。对于这些儿童，要用增强性与替代性交流方式支持他们的表达性交流的发展和技能（参见 TPBA2 第五章）。

人际互动策略

1. 把注意力集中到想要的形式上。通过夸张的手势、面部表情、声音和词语，成人可以把儿童的注意力吸引过来。例如，在把一个已知的符号（比如"Milk"）和所说的词语结合起来时，成人首先需要确保儿童的注意力正在集中于他的面部，然后再夸张地说出这个词。成人也可以让儿童摸着他的脸，感受说出这个词时产生的空气流动。对于有视觉损伤的儿童，这个办法可能尤为有用。有听力障碍或失聪的儿童需要同时关注口头和手势上的形式。

2. 示范形式供儿童模仿。根据儿童当前所用的交流模式（如手势）及其他希望他能掌握的交流方式（如发音），引入新模式时要给儿童以支持。例如，如果儿童在抓泡泡棒，表达希望游戏继续的想法，成人可以在儿童再次伸向泡泡棒时说出"泡泡"这个词以作示范。

3. 新交流模式搭配已熟悉的旧模式来建立含义。起初，随着儿童学着模仿和理解新模式，我们就可以预估到儿童差不多是可以接受这个新模式的。例如，在试着对使用手势（如"球"）获取某物的模式进行扩展时，成人可以继续用手势比画"球"这个词，同时说出这个词。多次重复后，成人会放弃手势，而仅用这个词，同时期待儿童打出手势并说出来，或者发出近似"球"这个词的音。

4. 留出等待时间。引入新的模式时，有必要多留些时间给儿童处理并回应所呈现的模式。成人应该期待并认可多种交流模式,但需要等到儿童采用新模式后再去回应和强化。在躲猫猫(Peekaboo)游戏进行多个回合后,成人在和儿童面对面时已经示范说出了"boo"这个词。然后成人可以暗中观察,但要等儿童发出某种声音、做出肢体动作或者发出近似这个词的音时,再进行下一回合。特殊儿童通常需要额外的等待时间(5—10秒),才能给出一个回应。

5. 调整回应时间。当儿童看到他们进行交流的努力得到立即回应时,他们便学会了交流。成人的回应时间应是即时的,以便儿童知道对方理解他的意思。而后,随着儿童长大一些,根据儿童的语言水平,可以延迟回应时间,鼓励儿童提供更多信息以吸引成人的注意。

6. 把新模式融入到有趣的游戏中。在引入和结合新模式时,重要的是激发儿童的积极性并能适当地强化。歌曲、手指游戏、舞蹈和律动是一些可以让儿童以一种有趣且具有强化作用的方式,练习发音、姿势、手势、肢体动作、发音及眼神接触方式。

7. 配合儿童的语言水平。如果儿童在试着发音——比如当儿童正抱着一个娃娃玩偶时——建议成人先去模仿儿童的发音,然后通过提供适当的名称,同时示范下一个水平的表达方式,如"宝宝"这个词,来对其中的含义进行解释。

8. 使用增强性和替代性交流。对于不会说话或口语表达有限的儿童,可能有必要给他们提供增强性和替代性交流选择。增强性和替代性交流是一个专业化的领域,需要团队一起合作来处理摆位、精细动作技能、认知功能、语言、听觉和视觉等问题。对于有动作障碍的儿童而言,如果能使用声控或其他增强性和替代性交流设备控制对话,他们回应起来也许更容易。成人需要了解如何使用这些设备与儿童进行最佳互动。这些全都需要提供多种水平的支持、等待时间以及回应类型。

9. 鼓励儿童和不同类型的人交流。增加儿童所能使用的交流模式种类,有助于儿童和不同的人进行交流。重要的是,儿童能展示出恰当的使用不同交流模式与各种环境中不同类型的人进行交流的能力。例如,在早教中心或在家里时,婴儿或许会通过向上伸手臂向父母或其他亲戚表达想要抱抱的意思。随着学步儿及幼儿与各种各样的人进行交流,他们会学着增加交流模式以帮助人们理解自己。例如,为了向一个不熟悉的成人阐明对方不理解的问题,儿童可能会示范鸭子的走路方式,让手指像鸭嘴一样动,并发出嘎嘎叫的声音。

环境调整

除了能帮助儿童增加交流形式的人际互动策略,环境调整通常也很有用。根据TPBA2的研究结果,团队可以考虑下面一些环境调整。

1. 确保交流的最佳摆位。最佳摆位对于建立交流模式十分必要。如有可能,应建立面对面的接触。如果儿童有身体缺陷,他可能需要额外帮助以获得适当的呼吸支持、躯干和头部控制以及眼神接触。成人可能需要创造性地建立面对面的交流。例如,在那些四肢有缺陷的儿童可以触摸到的地方放置一个有开关的玩具,让儿童操作一下开关,然后用增强性和替代性交流来与他交流。父母通常把儿童抱到肩上或者面朝外抱,这样不利于和交流物体面对面接触。只要有可能,最好进行面对面的交流。

2. 激发交流的需要。制造一些困难或者问题,让儿童产生交流的需要,这是成人创造交流机会的一种方式。例如,把电池从玩具中拿出,然后在游戏中发现这个问题,就是一种创造交流机会的方式。此后儿童就会和成人交流怎么解决这个问题。在问题解决过程中,可以引发很多种交流模式。

3. 在多种环境中建立交流模式。能将不同的模式运用于多种环境,表明儿童已经理解并能熟练运用这种方式。重要的是,要在不同的环境中实践正在学习中的交流模式。儿童在晚餐桌上也许每次都会用"all done"来表达全部完成,但需要在鼓励他完成睡前阅读或者在幼儿园完成一项任务时也这么说。

4. 要将儿童独特的交流风格告知那些频繁接触儿童的人。对于和使用特殊交流模式(比如特殊的手势、增强性和替代性交流系统)的儿童相处的成人而言,掌握儿童的交流体系和意图很重要。制作一本有关儿童独特交流含义的清单或手册给儿童的照料者、老师、治疗师、家庭成员是很关键的,这样儿童的需要才能得到满足,儿童才能得到理解和参与进来。

Ⅱ. B. 儿童的交流频率是怎样的?

交流频率的减少反映了交流的模式和水平。如果儿童的交流水平下降了(比如,平常用声音但是现在不用了),他可能是在发起和参与交流的过程中遇到了困难。儿童的交流模式也可能会妨碍互动频率。例如,使用特殊手势的儿童可能很难和陌生人交流。频率的下降也有可能是社交或者行为方面的原因。出于多种原因,残障儿童可能缺乏交流的动力。例如,没有朋友的儿童也许能进行交流,但没有这么做的渴望或机会。有选择性自闭症的儿童只在特定情形下或者和特定的人才会交流。存在运动障碍的儿童可能会选择不经常交流,因为产生交流性的声音、词汇、手势或符号需要花费很大力气。有运动问题的儿童可能会被排除在社交互动之外。有口语障碍的儿童会避免频繁的交流,以避免要努力说出流畅话语可能引起的尴尬状况。为增加交流的频率,成人需要建立可展开持续交流的言语刺激丰富的环境。不经常交流的儿童需要适宜交流的安全环境,和有敏感认识、回应性强的互动对象(参见 TPBI2 第五章第三节和第四节)。

人际互动策略

1. 默默观察。观察儿童的交流有助于其与环境进行接触或与同伴进行互动。例如,儿童可能想要或需要什么东西,但不向任何人表达。成人要密切留意才能有效地促进交流。

2. 把所有行为都看成交流行为。不常交流的儿童其实会有意识或无意识地透过眼神的凝视（比如，看向一个想要的物品）、动作（比如，避开一件不愉快的事）、身体语言（比如，焦虑时把手臂缩向身体），和/或发出声音（比如，咕哝声、尖叫声或者其他表达感兴趣的程度的声音）进行交流。成人需要以交流行为来看待这些行为，并向儿童传达这些行为对自己意味着什么；比如："杰米，你在看饼干。我想你是想要一块。"这就给予了儿童回应的机会。

3. 接受并支持所有的交流尝试，然后示范下一个水平的表达方式。为了减少儿童在努力交流过程中的挫败感和给他们提供支持，父母可以支持他们所做的交流尝试，然后示范下一个水平的表达方式，这可以激励儿童更进一步去尝试交流，由此增加交流的频率。

4. 创造交流的需要。为了参与某项活动，儿童需要发起某种形式的交流，或者对交流做出回应。通过给儿童少许积木玩，同时把其他积木留在视线范围内，成人创造了持续交流的需要。在计划和放置各类活动所需物品时，让儿童也参与进来；例如："我们画一幅画。我来拿画纸。你想拿什么东西？"

5. 强化任何交流意图。儿童所做的交流尝试需要给予积极强化。如果儿童伸手去够饼干，但不开口要，成人可以回应说，"噢，你想要饼干吗？"以此来鼓励儿童说话。不要用"说得好"这类无意义的话进行强化。"干得好"是另一种成人常用的评价语，但这样的评价也会使对话终止。返回来和儿童交流是告诉儿童，他/她的意思我们明白了。对儿童的话语做出合理的言语或身体上的回应是在强化并鼓励对话持续进行。不要逼儿童说话，因为这会增加压力，并减少有意义交流的可能性。

环境调整

除了可以增加交流频率的人际互动策略外，环境调整通常也很有用。根据TPBA2的研究结果，团队可以考虑以下几个方面的环境调整。

1. 创造一个安全、接纳的环境。说话有困难、怕被嘲笑，或对说话感到害羞或焦虑的儿童需要感到被接纳，以及他们的交流努力得到重视。成人创造这种环境，可以通过给予每个儿童均等的表达机会、接纳儿童的感受、提供让儿童感觉良好并想和他人分享的活动，使交流成为各项活动和常规中被期待与鼓励的事情。

2. 创造一个可以频繁展开交流的环境。人们期望的是，人们自然而然地进行交流，以使欲求或需要得到满足。有一个术语叫做"声音蔓延"（Vocal Contagion），指给婴儿提供一个可以增加发音的声音环境。对于大一点的儿童来说，语言环境也能激发很多交流。

3. 使用支持物和材料鼓励交流。使用能促进交流的玩具和场景（比如电话这类可以开关的电子玩具、会说话的玩偶、图书）。这类玩具可以促进言语和交流，而不仅是操控交流。

4. 提供和同伴展开社交游戏的机会。儿童应处于一个他们能看到其他同龄人在交流，从而从中学习的环境。假扮游戏、玩偶、棋盘游戏是一些社交机会的例子。对于年幼的儿童，可以玩需要轮流进行的游戏，比如早期的棋盘游戏[如"糖果大陆"（Candy Land）]和卡片游戏[如"钓鱼"(Go Fish)]。另外,通常可独自完成的活动(如画画、拼图)可以和同伴一起完成,以增加交流的机会。

5. 利用情境中产生的问题。指出某人需要帮助的情形,然后鼓励儿童去帮助其他儿童或成人。可以问他们如何解决出现的问题,比如点心不够分给每一个人。瓶盖卡住时,让两个小朋友去协作解决。如果没有问题出现,成人总是可以制造一个,比如有记号笔但没有纸可以用来写,把椅子从桌旁移开等,这样儿童就可以谈论出现的问题。

Ⅱ.C. 儿童的语义能力是怎样的?

语义是指儿童如何单独以及组合使用词语。儿童说出的第一批词一般都是名词,指代家庭中重要的物体和事件。动词(如"走")、方位词(如"上")、所有格(如"我的")、施事词(如"宝宝")、复现词(如"更""再")都在 18 个月大儿童能说出的词汇范围内。一旦儿童拥有包含这些不同种类词语的词汇,组词就可开始出现。随着儿童词汇量的增长,他们能说出更复杂的语义关系。儿童可能有丰富的名词/宾语词汇,但如果动词和方位词还没出现,那就只能创造出少量组合,从而使得儿童的表达性语言发展滞后。视觉损伤儿童使用较少的视觉描述词(如"漂亮")。自闭症儿童会持续使用颜色或数字等特定描述词,但可能无法表述整体概念(比如粉色帽子、蓝色外套、紫色靴子→"她已准备好在寒冷的天气里出门了")。运动障碍儿童的词汇中动词可能不会太多。

在婴儿期,儿童会学习与人、物体、动作、地点、事件相关的多种概念和特点。理解这些概念的意义通常发生在表达与这些概念相关的词语之前。然后儿童开始说出熟悉物体(如用"baba"表示瓶子)、家庭成员(如"妈妈""爸爸")、想做的动作(如"上""吃")等词汇的名称。特殊儿童的概念发展可能会延迟,这意味着他们这些概念的产生会晚于一般的同龄人(如语言发育迟缓的儿童);他们可能会出现概念发展混乱,即他们会发展出与某些概念相关的词汇,但其余则缺乏(例如,自闭症儿童可能会发展出高水平的抽象概念,但发展不出与人有关的概念);或者他们的概念发展得可能比较破碎(例如,可以发展出家长或教师所"训练"或教授的概念,但会缺乏同等或低于当前发展水平的其他概念)。概念发展要求儿童不仅要学会所在环境中人、物体、事件的名称,还要了解这些要素之间的关系。儿童习得的概念越多,他们就越需要能看出相似点和差异点,并将相关的概念组在一起,来辅助想法的组织;否则知识就只是一个词语列表。随着儿童学习词语,并将它们组织成潜意识结构,他们开始了解如何使用这些词来传达他们的想法。当词语含义(即语义)和词序的分组与建构变成可预测、可理解的模式(即句法),儿童对概念的理解也就传达了出来。

人际互动策略

1. 给儿童提供有关人、物体、动作、事件和描述的词汇。一般来说,儿童学习表达概念呈

以下发展顺序,且学步儿时期所有领域会重叠在一起。促进更高概念表达的策略包括:

物体:物体应呈现在儿童眼前,让儿童可以看到并探索它。而且应呈现不同类型的物体(如篮球、硅胶毛毛球、网球),以便儿童了解物体的不同特征。

人:使用不同的人的照片。
- 指出照片里出现的人(例如,"奶奶在这里")。
- 用微型人物指代其他人(例如,"这是妈妈在喂宝宝喝奶")。

地点:用儿童熟悉的事物建立关联(例如,"我们得去一趟商店。我们可以多买些苹果")。
- 用符号或环境中的标记指代一个熟悉的概念(例如,金色拱门代表麦当劳)。
- 提供代表这个地方的物体或图片(例如,一本书的图片意味着去图书馆)。

事件(动作、日常常规、活动):提供表示事件的物体或图片(例如,钥匙代表上车,勺子代表进餐,毯子代表午休)。
- 回顾之前进行的活动或发生的事件(例如,"还记得我们去山里,然后见到了一只鹿吗?")。
- 解释活动中会发生什么(例如,"你会见到你的朋友安妮")。

属性或特征(情绪、身体特征、描述词):使用社会故事阐释概念(例如,"玛丽说,'我想玩。'她是在对你表示友好")。
- 解释人们看到的他们的面部表情和行为(例如,"你摆出了一张生气的脸。你生鲍比的气吗?""多拉给朋友们一个拥抱时,她充满了爱意")。
- 通过描述身体特征来表明属性或环境(例如,"她戴了帽子、手套,还穿了厚大衣,所以外面肯定很冷")。

2. 呈现指示物。在强调含义的时候,重要的是要让儿童在功能语境中使用语言。让儿童说出"球"或做出手势,证明他可以在没有实物的情况下表达出象征球的符号,这样不涉及含义。

3. 将离题的话重新带回当前话题。如果儿童的语言使用有限并且词汇量减少,在被引入陌生主题或环境时,她可能会倾向于坚持使用已知的词语。成人可以先接受,然后通过向儿童示范新的、恰当的词汇,把他们的话引导回来。

4. 用评价激发进一步的语言表达。对当前的话题进行评论可以激发儿童更进一步的言语表达和使用新词的尝试。在看书的时候,成人可以对目标的含义进行评价:"看,这只小猫在椅子上。"

5. 为儿童提供具有意义的功能性词汇(Functional Words),而非过度泛化的请求性词语(Overgeneralized Requsting Words)。尝试通过使用新的词语/手势建立意义时,应该教儿童学习物体、事件等方面的词汇,而不是使用"请再来一些""这个"或"那个"这类非特异性语言。保持具体的语言使用是很重要的,这样可以使儿童充分理解含义。在为儿童提供选择时,应说出物体名称,如"牛奶"或"果汁",而不是"这个"或者"那个"。

6. 使用多模态线索(Multimodal Cues)。在提出介词、颜色或形容词这类不熟悉的语言概念时,重要的是要呈现所教概念的视觉或其他可以感知的表现形式。要了解羽毛是什么,儿童需要看到许多不同鸟类的羽毛,触摸它们并感受它们。通常,儿童是先理解一个概念,然后才能口头表达这个概念。儿童先认出羽毛,然后学着说出这个词。因此,可以先在接受性任务中强调概念,然后再在表达性任务中进行强调。例如,在教授方位的概念时,成人可以先示范,然后建议儿童"把马放在谷仓旁边"。之后当儿童开始说出介词时,他/她就可以告诉成人在哪里放置动物了。要强调含义,应为儿童提供看、摸、嗅、听和尝的多模态线索。例如,在谈论香蕉和橙子等不同水果时,给儿童呈现这些水果供他们探索,有助于儿童理解两者之间的相似和差异之处。

7. 展现物体和事件之间的异同点。为巩固含义,将物体和事件进行分类可以帮助儿童理解含义。例如,按形状给积木分类,或者把相同大小的积木叠起来,然后按照物体的放置方式描述特征,比如说"这个圈圈是圆形的"或者"我们来数一下这个正方形有几面吧"。

8. 提供获得新经验以及接触陌生概念的机会。儿童需要接触陌生的概念和事件,以便先予以理解,之后再进行讲述。在幼儿园的教室里,儿童每天都会看到日历——星期几和与日历相关的数字。然后,随着时间的推移,他们能够关联日历中的信息。

9. 定期演唱歌曲或诵读诗歌。通过定期唱歌或者朗诵诗文引入活动,让儿童以一种有趣的方式接触新的概念。它还可以简化从一个活动到另一个活动的过渡。这些歌曲的例子有点心时间、圈圈时间、再会歌、星期歌,等等。

环境调整

除了能帮助增加交流频率的人际互动策略,环境调整通常也很有用。根据 TPBA2 的研究结果,团队可以考虑以下一些环境调整。

1. 提供适当的材料。在强调意义的掌握时,应仔细选择材料。通常情况下,儿童需要物体、图片或人等具体示例来理解意义。

2. 使用视觉(物体/图片)和环境线索(表征)。在各种环境中利用视觉支持(如图卡、物体、微型物体、图片时间表)为儿童提供词语含义的视觉表征(如具有空间概念的图卡或"停止"标志以示活动完成)。让儿童同时接触概念的视觉表征和命名概念的词语可增强其对概念的理解。多感官方法呈现概念很有用,因为儿童会感知概念的不同方面。例如,在教颜色时,可以开展不同颜色的手指画活动。儿童便能去感受、去闻,并把不同颜色混合起来,创造更多的颜色。

3. 评论发生的事件。在事件发生时把它们指出来是有益的，这样儿童可以看到动作的发生。当其他儿童穿上外套准备外出时，成人可以指出来并说："小朋友们在穿外套准备出去。我们应该做什么呢？"这会促使儿童用"施动者+动作"的格式来回应。

4. 根据语言概念水平给儿童分组。将概念知识程度不同的儿童放在同一组是有帮助的。这使得概念知识多的儿童可以为概念知识少的儿童做同伴示范。例如，在幼儿园完成颜色分类活动时，可以将概念知识较少的儿童与熟练掌握颜色分类的儿童分在同一组。

Ⅱ. D. 儿童会产出怎样的语法词素？

语言发展通常会在某个年龄范围内以一种可预测的模式出现。残障儿童的表达性交流一般会有延迟。婴儿和儿童的交流能力起初是通过模仿动作和发声行为获得的。模仿能力下降会直接影响儿童的语言表达和语言水平。例如，模仿音节组合和不同辅音发音有困难的儿童难以将语言程度提高到单个和多个词语组合的程度。有视力障碍的儿童可能同时难以模仿发音、手语和手势。这个儿童可能需要一个多模式交流系统，侧重其他感官并提供听觉、触觉、嗅觉和味觉线索以建立语言表达。为提高交流水平，引导员先采用与儿童的水平相匹配的方式，再提升到新的水平，这是很重要的。例如，看着自己想要的东西的儿童已经准备好发音或者用手指。能用手指和发音的儿童已经准备好发出近似词语的音和/或词语。这是"垂直"扩展（Expansion），即将儿童提升到更高的发展阶段。同时，发展交流技能的深度和广度也很重要，或称"横向"发展。例如，如果儿童使用多个单个词语的表达，并不意味着他/她已准备好了说两个词组成的短语，可能需要更多的单个词语建立语言基础。另外，有些儿童可能会恰当地使用预先练习过或学过的短语（如"我也想来一轮"），但无法说出关于新事件的原创句子。实际上，他们是在使用一个词的表达，好比"我也想来一轮"是一个词。

人际互动策略

1. 示范目标模式。确保为儿童示范希望他们能达到的交流水平。这可以通过两种交流模式的组合自然发生。例如，当儿童伸手拿瓶子时，如果成人想要儿童说"瓶子"，成人可以在儿童伸手拿的时候示范说"瓶子"。

2. 玩轮流进行的交流游戏。交流涉及话轮交替。儿童需要学习相互交换词语、手势、面部表情和身体语言的模式。轮流游戏是展示互动交流的一种方式。在婴儿时期，外表、声音和动作的轮换会激发儿童模仿成人。当儿童开始进行词语的轮换时，他会了解到轮换涉及发起、等待、观察和倾听，然后做出回应。在这个阶段，手指游戏、唱歌、词语游戏和笑话（如"敲敲门"）可以鼓励这种相互交流的模式。

3. 提供具体的提示。视觉提示可以给儿童词语的具体示例。为了让词语产生意义，儿童必须明白一系列特定的声音（一个词）总是指同一个含义。为了让这种理解得以发展，儿童需要多次听到(或看到,如果是聋哑儿童;参见 TPBI2 第六章第七节)这个词,其指示物也一同呈现[例如物体(桌子)、动作(跑)、叙词(美丽)]。儿童学会某样事物的"名称"是通过看它(如小狗)、感觉它、听到它,以及在某些情况下品尝它、移动它或者体验它的效果。将词语与实际指示物结合起来呈现对学习语言至关重要。比如读书时,儿童在成人说出不同动物的名称时指着它们,并发出与这种特定动物有关的声音。儿童有了名称的指示物。另一个例子是让儿童选择两个物体并给它们命名。这样可以促使儿童使用词语和手势发出请求。对于有视力丧失或障碍及其他残障的儿童,可能需要使用触觉和/或其他具体输入(参见 TPBI2 第四章)。

4. 将你试图引导儿童掌握的表达类型夸张化。将你试图引导的交流模式夸张化(如语调模式、发音、词语、手势),可以将儿童的注意带到希望达到的交流水平。在和婴儿玩咿呀学语的轮流游戏时,成人可以夸张地说出既定的辅音元音组合让婴儿重复。

5. 用多种呈现方式强调词语的含义。采用强调的方式巩固意义,可以让儿童理解,然后重现希望达到的交流水平。边比画边说出这个词,可以同时给儿童提供听觉和视觉输入,从而提高交流水平。

6. 尽量减少使用封闭式问题。封闭式问题需用是/否或一个词进行回应。这些问题适合儿童的表达能力水平限制他/她的交流的情况(例如,如果儿童不能说出物体或人的名称);比如"你需要帮助吗"这样的问题。但是,对于能够使用一些词语的儿童,使用封闭式问题会限制其语言表达。儿童会用一个词回答而不是进行更长的交流。是/否型问题存在的另一个问题是当成人给儿童一个选择时(例如,"你现在要洗澡吗?"),成人需要准备好接受否定回答。相反,使用"你洗澡的时候想带什么玩具"这样的开放式问题,不会给儿童一个他不能拥有的选择,同时也为儿童创造了一个说句子或短语的机会。

7. 给予评价。评价一个事件或活动是另一种激发更高交流水平的办法。成人在作出评价而不是提问时,不需要回应。然后成人等待儿童整合信息并对自己的评价做出回应。例如,参加茶话会的时候,成人说:"不知道我们在茶话会上可以吃什么。"然后儿童对此回应自己的想法。

8. 模仿儿童的发音或词语。通过模仿儿童的发音、词语、手势或词语组合,成人是在建立儿童的回应预期。成人也可以扩展儿童的表达。例如,儿童指着一本书中的插图说:"看,气球。"成人说:"看,天上有一只红色气球。"

9. 提供选择。提供口头或视觉选择是帮助儿童提升交流水平的另一种支撑方式。当有机会选择时,如果儿童主要使用单个词的表达,成人可以用两个词的组合描述每个选择给儿童以支撑,例如:"你想要大卡车还是小汽车?"

10. 带着期许的表情等待儿童回答。新的挑战需要更多时间处理并给出回答。成人在要求儿童提升交流水平时不能着急催促。成人要将注意力停留在儿童身上,做出期待的样子。例如,成人可边挥手边说"再见",然后看向儿童,等待回应。几秒钟后如果没有回应就再示范一次。如前所述,一些残障儿童可能需要5—10秒的等待时间。

11. 跟随儿童的引导。当着眼于提高儿童的交流水平时,重要的是跟随儿童的引导。活动应当对儿童有激发性和趣味性,好玩并且会用到适宜儿童年龄特点的玩具。如果儿童会被音乐/灯光玩具吸引,成人应该用这种玩具来激发和创造交流机会。迫使儿童谈论成人想说的话题(例如,"和我讲一讲汽车"),要求他们使用语言(例如,"和奶奶说说你的学校"),或者给儿童做词汇训练(例如,"这个叫什么?"),可能会让儿童产生抗拒或得到低于期望水平的回应。

12. 面对面交流。成人应该把自己降到儿童的高度。这有助于儿童发展适当的社会交流,并让他看到对话过程中发生的适当的面部表情、嘴部动作和眼神交流。面对面交流还可以使儿童看到成人的回应,如果成人的回应是积极的,将激励儿童继续交谈。

13. 建立期待。儿童会学着将词语、短语、句子等与熟悉的事件和活动关联起来。在阅读熟悉的书时,父母可以暂停,让儿童补上空缺的词语、手势或短语。到最后,儿童将能填补越来越多的词语。例如,在家中要完成一项日常活动时(如洗澡),父母可以说"洗澡歌时间到了",儿童会了解该期望什么,然后可能会说:"我想拿着小鸭子一起洗澡。"儿童需要在有意义和多样的语境中,数百次地听别人使用词汇,才能正确地使用它们。

14. 重复。儿童通过重复熟悉的事件、书本和活动进行学习。每晚睡前读同一个故事对于成人来说似乎是多余的,但儿童会从这种重复中受益,在成人适当的指导下,还可以提升儿童具有表现力的语言表达。

环境调整

除可提升交流水平的人际互动策略外,环境调整通常也很有用。根据TPBA2的研究结果,团队可以考虑以下几个方面的环境调整。

1. 将所需材料放在儿童接触不到的地方,以使儿童不得不请求帮助。将材料放在儿童够不到的地方,可以创造儿童必须进行交流的情境。采取这样的方式可以提高语言水平。如果儿童在点心时间只得到少量饼干,而她想要更多,那么她要更多饼干的请求可以成为提升语言水平的施教时刻(例如,"饼干,请"→"请再给我一些饼干")。

2. 设置障碍。成人可以设置一些儿童通过交流可以解决的障碍。例如,将儿童的乐高玩具放在密封的容器中,可以促使儿童需要求助他人打开盒子才能开始活动。发现蜡笔盒是空的也会引发谈话。

3. 给予适当的支持使儿童处在最佳的交流环境中。如果儿童有运动或方位障碍,有必要让他们处在交流的最佳位置。患唐氏综合征的儿童的躯干部位可能需要额外的支撑以参与面对面交流,并且需要为他们练习发音提供适当的支持。脑瘫儿童的头部可能需要支撑。

4. 使用视觉提示。视觉提示可以用来将儿童的注意吸引到当前讨论的话题上,这样儿童可以通过补充提示提升交流水平。在帮助儿童发音时,指着说话者的嘴或摸着儿童的喉部是一种吸引儿童注意声音从哪里发出的方式。可使用图片时间表给儿童提供一日安排的结构和可预测性,以及拓展儿童的表达性语言技能。成人可以就时间表提问以教授概念、排序和意义。儿童也可以用到交流的扩展形式。

5. 使用增强性和替代性交流方式。患有自闭症和重度或极重度交流、运动和/或社会性障碍等各种残障的儿童可能需要图片或符号板、手语/手势、提示话语、物体、迷你物体或高科技设备(如人体激活的语音设备)。所有选项应经家庭成员和专家小组检验,以确定使用的简易性、成本、生活方式的灵活性,和符合儿童交流水平的交流能力。

6. 让儿童体验各种各样的经历。让儿童接触多种环境和经验将有助于增加词汇和概念。把儿童带到公园,让他们体验不同的设施,看看陌生人。将声音与动作搭配起来,然后描述动作,可以提升交流水平(例如,在儿童从滑梯上滑下时说"哟",然后描述这个动作,"你从滑梯上滑下来了")。对于年龄大些的儿童,新的经历可以引发问题、评论、比较和新的概念。无论是电影、书本、电视、外出活动、社区活动,还是游戏和日常生活,所有经历都需要成人的帮助,才能最大限度地为儿童提供交流机会。需要将这些策略合理运用,并融入到所有环境当中。

Ⅱ.E. 儿童的句法能力(Syntactic Abilities)如何?

在 18 个月大的时候,当儿童开始把词语组合到一起的时候,他们开始生成各种语义关系、语法语素、句法结构和类型。语素是最小的意义单位,可以是一个独立的词(如自由语素)或粘着语素。语义关系的例子包括儿童如何使用施事词(如"妈妈")、动词(如"吃饭")、复现词(如"更")、位置词(如"下")和所有格(如"我的"),以及儿童在前语言、单词句和多词句阶段中如何使用它们。语素是复数形式、物主代词、各种动词时态、主语、代名词主格和所有格及冠词等有意义的言语的最小单位。句法是指儿童创建短语和句子的词序及句子结构类型(如简单句、复合句、复杂句、并列复合句)和句子的种类[如陈述句、疑问句(疑问句的类型和复杂性包括是/否、什么、哪里、谁、为什么、哪个)、祈使句、感叹句]。

人际互动策略

1. 示范恰当的语法结构(Grammatical Structure)。不要期望儿童总是能模仿纠正后的话语,直接给他们示范。例如,如果儿童说:"我跌倒了。"成人可以回答:"是的,你跌倒了。"请了解儿童学习语法结构的发展顺序,并进行横向和纵向结构上的示范。

现在进行时(-ing)	示范自我陈述,并提供给儿童模仿该结构的格式(例如,"我在跳,你在做什么?"或"我在搅拌,你在_____")。
介词(如 in/on)	将句子中介词的位置空出来,让儿童补上[例如,"I'm putting your shoes _____"("我要帮你把鞋穿上"),把"put on"里的介词"on"空出来]。 给出恰当形式的选项(例如,是在桌子'上'还是桌子'下'?)。
所有格('s)	提供示范(例如,"那是约翰的夹克,这是_____")。 激起回应(例如,指着儿童的点心说:"那是我的吗?")。
可缩写的连系动词(如"She's little")	示范使用缩写形式,然后添加扩写版本;例如:"He's big. He is big."分别用两种形式表达"他很大"。
不可缩写的连系动词(如"Who is happy? He is")	强调说出来的词,表明需要这个词。例如,说"He is"时,其中的"is"不可缩写省略。
常规第三人称形式(如"reads")	示范并鼓励模仿,尤其是正在做动作时,例如,"妈妈看书。莎拉_____"。
非常规第三人称形式(如"does")	通过示范纠正儿童,而非告诉儿童他/她错了。例如,当儿童说:"He doed it wrong."("他做错了。")可以说:"Yes, he did it wrong."("是的,他做错了。")把说错的"doed"纠正为正确的"did"。 用示范的内容提问:"What did he do?"("他做了什么?")
可缩写的助词(如"Mommy's running")	用两种格式示范其中的变化,例如:"Billy is running. Billy's running fast."("比利在跑步。比利跑得很快。")用全写"is"和缩写"'s"来展示。
不可缩写的助词(如"I am not going")	提供正确的示范。例如,如果儿童说:"I amn't going."成人可以回应:"No, and I am not going either."把错误缩写的"not"纠正过来。
句子结构	结合参照物,为儿童提供以下句子结构的示范: 短语:"做得不错!(一边指着儿童正伸进裤腿里的腿)" 陈述:"你全都是自己完成的。" 问句:"你要帮忙吗?" 复合句:"我们先穿裤子,然后再穿衬衫。" 复杂句:"在我去给你拿衣服的时候,你自己穿好裤子。" 时态: ● 现在:"爸爸在车里。" ● 过去:"他去商店了。" ● 未来:"他很快就会回家。"

2. 重点强调被纠正的结构。为儿童提供正确示范时,成人可以通过声音转折重点强调正确的结构。例如,儿童可能会说:"我们去了(goed)动物园。"成人回答说:"是的,我们去了(went)动物园。"

3. 在游戏中提一些建议。玩人偶的时候,成人可通过示范促使儿童使用某些语法结构,"Tell him to go up the stairs."("告诉他上楼"。使用祈使句和"tell somebody to do something"的短语)

4. 通过提问促使儿童使用所期望的语言结构。如果成人说:"你接下来要做什么?"这其实在促使儿童使用未来时态。

5. 留出句中一个词让儿童补充。为了向儿童展示恰当的语法结构，成人可以先示范句子结构。例如，用一本读过多次的图画书，把重点放在结尾的"-ing"上，成人可以帮儿童说出每句开头："The girl is _____ (swimming)."（这个女孩正在游泳。）

环境调整

除了能帮助儿童增加恰当的语法结构的使用的人际互动策略，环境调整通常也很有用。根据 TPBA2 的研究结果，团队可以考虑以下几个方面的环境调整。

1. 使用有序的图卡和/或提示。可以用图片提示促使儿童使用恰当的语法结构。成人可以按顺序排列图片，然后指着每张图给儿童以提示。图片上可以是真实物体或熟悉的手势。例如："请给我些饼干。"

2. 视觉提示（手语/手势/词语）。成人可以以适当的顺序用手语、手势或说出词语提示儿童进行模仿。视觉提示应一次只提供一个词，以给予儿童时间模仿这个词。当儿童能成功使用某一结构时，可以开始减少线索。

3. 增强性和替代性交流设备（AAC）。低技术与高技术的增强性和替代性交流设备均可用来构建恰当的语法结构。

4. 选择强调恰当的语法结构的儿童读物。许多儿童书会有侧重某一特定语言模式的重复性概念、词语、短语、句子和主题。可以寻找针对否定词、现在和过去时态、从句等不同语法结构的书。

2.4 有利于提升儿童语言表达的常规做法

以下是如何将先前所述策略运用到儿童在家和学校的日常生活的例子。除了本章开头所述的由那些无特殊需求的儿童的照料者使用的策略，以下这些策略也可能会提高语言表达的熟练程度。

2.4.1 日常常规（家庭和教室）

喂食/进食

在进餐时间，儿童有很多机会来增进语言表达能力。在进餐时给予儿童选择，让他做出反应，可激发语言表达（例如："你想要牛奶还是果汁？"）。如果儿童不会说话，可使用实物和图片符号。重点应该放在让儿童通过将果汁盒或图卡递给成人请求这一物品，以发起互动。一旦儿童使用各种单个词语发出请求、说出名称和发表意见，那么下一个目标便是建立两个词的组合和短语表达。在幼儿园的点心时间，可以在餐桌中间放一小罐果汁，以鼓励分享和表达性语言的使用。在开始阶段，需要成人帮助儿童传递和分享。

换尿不湿/如厕

在给婴儿换尿不湿时,成人可以描述在做的动作,这样既可以给婴儿做语言示范,也可以减少成人对于当前要完成的步骤以及接下来要做之事的焦虑。换尿不湿时会发生大量的面对面互动,同时也可以玩躲猫猫或声音模仿这样的感觉社会游戏。当儿童在体格发展方面可以进行如厕训练时,成人可以继续使用与如厕相关的词汇。对于那些语言表达能力下降的儿童,也有必要提供手语或手势表示开始如厕。口头上说出如厕的顺序步骤(例如,坐下、擦拭、提起裤子、冲马桶、洗手)也会激发儿童说出这些词。也可以用引导动作的图片序列谈论"下一步"是什么和刚刚做了什么。

穿衣

穿衣可为儿童提供大量机会来用表达性语言做选择,对行为和天气作评价,以及学习和表达连接词。成人可以通过设定情景,让儿童参与对话以支持其语言表达。幼儿的父母说:"去窗外看看,然后告诉我今天是冷还是热。"儿童回答后,父母可以接着说明那种天气要穿什么样的衣服,并在穿衣的时候问孩子一些问题。关于颜色、衣物、鞋子和外衣的选择也可以讨论。还可以示范连接词。例如:"我们需要先穿上你的内裤再穿裤子。"拉、踩进去、放、在上面、在下面、在里面、在外面、推、收紧等动作词和方位词在穿衣过程中都可以强调。此外,描述性词语(例如,好看的、镶褶边的、硬的、蓝色的、长的)也可以加进去。还可以示范句子结构(例如:"你穿着衬衫、背心和裤子。")。也可以鼓励使用句法结构(例如:"我昨天穿了件红裙子。你穿的什么?")

外出

带儿童出门办事时,父母可以依次给儿童提供所经历事件的持续评论。大一点的儿童(学步儿和幼儿)可以通过说出物体名称、计数、描述属性及预测物体将如何使用来为在超市购物提供帮助。另一个激励人的办法是,让儿童为一种特殊小吃制订食谱,谈谈他在做的时候会放什么,并描述其中的步骤。父母或成人可以通过减慢这一过程来促进这种互动。应该鼓励儿童谈论发生的事情,它看起来像什么,以及它的气味、口味、等等(例如:"我喜欢这种气味。你觉得它闻起来像什么?")。成人可以通过提问,甚至提供直观的例子(如烹饪书插图、简单的绘图、演示、口头示范)给儿童以提示。

2.4.2 游戏常规(家庭和教室)

面对面游戏

在儿童的一天中,面对面游戏频繁发生。对于婴儿,面对面游戏发生在每次喂奶、换尿不湿、被抱着等情况下。在这些时候,可以通过对婴儿微笑、轻柔低语、模仿宝宝的咿呀声或和婴儿说话以充分引起婴儿的注意。随着婴儿渐趋成熟,可以模仿婴儿的发音和言语。模仿婴儿发出的声音、做的动作或表情以鼓励婴儿你来我往地进行游戏互动。躲猫猫、唱童谣、拍手游戏这样的社交感觉游戏有助于轮流参与，并增强对即将到来的事情的期待。随着儿童逐渐长大，可以培养儿童对创造口头游戏、唱歌和互相朗读的兴趣。

体育游戏

体育游戏和户外活动通常是儿童会发出很多声音的时候——即使是那些有表达性语言障碍的儿童。对于婴儿和学步儿，更多的语言一般是在摆动和大肌肉动作游戏时听到的。对于学龄前儿童，他们通常会对某些操场活动极其感兴趣，这些活动往往是强调轮流参与和表达性语言的机会。成人可以等儿童发起游戏或试着轮流参与时，评价儿童在做什么，成人在做什么，并询问下一步该做什么。这种要求可以是身体上的、声音上的或手势上的。这可以推动儿童发起交流，以请求进一步的行动（如荡秋千）。

操作性游戏

在操作性游戏过程中，成人可以帮助促进的话题有很多（如分类、基本概念、图案绘制、构建、数学概念）。虽然精细动作在操作性游戏中可以得到支持，但语言表达和概念发展也可以得到锻炼。当儿童完成农场动物拼图时，其模仿动物声音（如"哞"）和回答"Wh"问题的能力可以得到促进。其他的表达性语言任务可以包括计数、使用介词（如"in"和"out"）、说出动物名称，以及发出请求。可以说出物体、动作和事件名称，对游戏进行描述，以及问开放式问题。注意使用有助于解决问题的提问方式（例如，"如果……会发生什么？""我该怎么办？"）。

感觉游戏

感觉游戏让儿童通过多种感官体验某一事件。这种多感官体验为有特定感觉障碍（如视觉损伤）的儿童提供了学习使用其他感官的机会。以这种方式，一件事对儿童有意义，是因为他/她已经触摸到、闻到、尝到、听到或看到了这个活动。例如，在幼儿园学习有关冬天的内容时，教室内的感知桌上可能会放"雪"以供儿童研究。成人可以帮助儿童掌握所有关于雪的描述性词语（如寒冷的、潮湿的、洁白的、轻盈的、软绵绵的、压实的、坚硬的、含水的、松脆的等）。感官体验也可以鼓励儿童说出物体、动作、顺序的名称。

假扮游戏

假扮游戏融合了前述所有日常活动，因此它包含了所有类型的语言。社会性假扮游戏本质上需要在表演假扮事件和顺序的同时进行互动。成人可以示范各种角色的语言，提问关于过去或未来事件的问题，并帮助儿童预测结果。此外，成人可以引入新词汇，并阐释假扮游戏中的概念（例如，"我要去给宝宝买一双新鞋。看，我喜欢这些——两只鞋一样——是一双"）。对于语言表达能力下降的儿童，假扮游戏可能是个困难的领域，因为这个领域需要高级的游戏和语言技能，以在假扮游戏模式中进行有意义的交流。语言表达能力差的儿童可能需要成人的帮助来扮演游戏模式的一部分，而非仅仅完成敷衍性的活动，比如穿衣或者洗碗。成人需要通过提问以及提供与一般同伴交流的恰当词语/短语，为儿童的语言提供支撑。儿童说，"我农民。"成人回答说，"你穿得像个农民，所以我们最好去喂鸡。鸡食在哪里？"

2.4.3 阅读和学习常规

圆圈时间

圆圈时间是儿童分享和表达自己的黄金时段。如果成人引导者能根据每个儿童的表达性语言水平给予提示，那么所有儿童都能参与圆圈时间。成人引导者可以提出引导问题、分配特定的圆圈时间任务，以及创建适合每个儿童的水平和需要的活动。押韵游戏、手指游戏和唱歌也是促进表达性语言发展的活动。表达性语言较差的儿童，可以注意看同伴的示范，通过模仿身体和运动动作，即使不能在口头上参与，也能以一种有意义的方式参与。歌曲、手指游戏和韵文在全年课程中不断重复，给儿童多个练习和学习的机会。

一对一阅读

书本阅读开始得越早越好。父母在儿童很小的时候就开始安排读书时间是很重要的。起初，读书时间不一定要包括对一个故事的实际阅读，但可以看起来像是指向、标记和演示如何正确地处理书籍（如右手拿着、翻动书页、打开和合上这本书）。带有响声、音乐、触摸材料等的书籍对大多数儿童都很有吸引力，也能起到激励作用。例如，触摸时可以为每只动物发出一个声音的农场书，可以促进儿童对这些声音的模仿。重复性的书也很有用，因为儿童需要重复学习一个概念。给学龄前儿童进行读前预热是一个让学生熟悉书籍的策略。之后，这名儿童将知道如何适当地回答问题，并在更大的小组故事时间内参与。当儿童对反复读给他们的故事越来越熟悉时，成人就可以提出更高层次的问题（如"下一步会发生什么？"）。（参见 TPBI2 第八章。）

科学与数学

在科学与数学中心，儿童正在学习秋天树叶的不同颜色、形状、质地、大小和种类。教师可以帮助儿童展开有关描述、比较、测量和分类的讨论，要求儿童根据概念创造适当的词汇。

案例：安

安是一名患有唐氏综合征的 2 岁孩子，她患有轻度至中度耳聋。她双耳戴的助听器不一致。她生活在有四个兄弟姐妹的家庭里。妈妈和她及其他孩子一起待在家里。妈妈主要关注安的表达性语言的发展。她还没有学会走路，还在不停地向前滑动和爬行。她刚刚开始抓住环境中的物体帮助自己站立。安是个非常喜欢社交的小女孩，喜欢泡泡玩具和弹出式玩具等因果玩具。她用眼神、手势、少量手语和偶尔发出的声音进行交流。

她开始通过推拉让玩具移动。安的家人打算教她手语，并购买了录像带，所有家庭成员都在用录像带来学习手语。他们白天经常放录像带给安看。安已经学会按录像带上的顺序模仿这些手语，而不需要对手语所指对象进行视觉呈现。安通过胃管吸收主要营养，但最近开始了一些早期的口头喂养。她正在接受早期干预者、语言病理学家以及职业治疗师为所有发展领域提供的联邦医疗保险优惠计划服务。

以下计划是通过安的父母及干预小组的随访讨论形成的。

人际互动策略

1. 在与安交流之前，轻拍她的肩膀，举起一个物体或发出夸张的声音或做出夸张的表情，以吸引她注意你的脸和手。等安注意到你，再说出并用手语比画出一到两个词，表明你想要她注意或做的事情。

2. 围绕安最感兴趣的物体、事件、动作展开直接交流。当她伸手去拿东西时，把东西给她或者用手举起，并说说你的看法。当她转身离开某些事物时，把它解释为她不感兴趣及需要改变。

3. 成人需要对安的表情、手势、手语和发音立即做出回应，并给予夸张的情绪和动作；将这些理解为一种交流，并做出适当的反应。安使用细微的动作、表情和手势传达意图。如果没有回应，她可能会停止这种交流的尝试。

4. 安能自发地模仿手语和回应手语；但她会拒绝使用手语的口头要求。给安呈现视觉上和动机上的理由，引导安请求一个动作或者回应视觉或口头上的交流。

5. 使用简单的口语、手势和手语名称，而不是全部使用手语或口语句子，因为安还处在单个词语阶段。

6. 安能对手语示范做出回应，但这些手语需要与其实际代表的物体或事件相对应，因为孤立的符号对她而言毫无意义。

7. 为学习这个词/手语的含义，安需要通过她的所有感官体验这个概念的意义，包括看、听、闻、尝、触摸以及移动它。

环境调整

1. 鼓励家人促使安持续佩戴助听器。因为她喜欢音乐，还有些残留的听力，所以让安透过耳机听节奏强烈的音乐，帮助她适应耳朵上戴着东西的感觉。早晨戴上助听器应该成为安日常生活的一部分，就像刷牙一样。把她早上的日常活动按顺序排好，包括每天穿衣服后戴上助听器。只要有可能，安应该全天佩戴助听器。

2. 由于躯干控制、舌头控制和呼吸支持减弱，应该把安放在合适的位置，使她的背部和两侧及脚下得到很好的支撑。在进行言语和语言活动时，要确保她不会消耗能量以稳定她的身体,以便她能够专注于交流。

3. 把安想要的物品稍微移到她够不到的地方,以鼓励她发出对物品的请求。例如,把她最喜欢的玩具搬到沙发上,这样她需要抓着东西站起来,然后发出请求。

4. 开始一个有声音和轮流发声的面对面游戏,让安触摸你的喉咙或嘴唇来感受声音和振动,使她能感觉到并理解声音的来源。然后让安触摸自己的嘴巴和喉咙,提示她发出这些声音。

不同发展年龄的干预要点

以下建议针对的是处于相应发展水平的儿童。这些建议并不是全面的,而是表明了可能探索的领域。

发展年龄	语言表达的重点	干预要点
0—3个月	发出元音/咕咕声。 使用前手势动作。 表情。 发声。 啼哭。 发出低沉的声音。 咯咯声。 笑声。	鼓励面对面接触。 使用平和、安抚的话语。 发音。 使用简单的语言描述活动。 使用夸张的面部表情。
3—6个月	有不同的哭声。 使用持续的咕咕声,开始有早期的辅音。 发出声音来回应他人的声音。 尖叫声。 烦躁。 无目的的咿呀儿语。	玩社会性感觉游戏(例如躲猫猫)。 鼓励面对面互动。 唱简单的歌曲。 回应儿童的话语和面部表情。 玩轮流发声的游戏。
6—9个月	通过啼哭/喊叫引起注意。 发出元音和辅音。 发出重复的咿呀儿语(如 ba-ba-ba)。 使用手势。	玩社会性感觉游戏。 模仿声音。 提供"声音蔓延"。 播放音乐。 给儿童介绍图书。 使用手势/手语。
9—12个月	通过打手势和发声交流。 在来回玩的游戏中模仿声音。 发出各种各样的咿呀儿语。 表达需要帮助。 说出物体名称。 咿呀儿语变成听不懂的话语。	使用手势/手语。 在声音轮流游戏中模仿儿童的声音。 提供环境中简单词语和概念的口头示范。 说出儿童正在谈论或者发出请求的事物的口头词句。 夸张地说出词语和发出声音。

续表

发展年龄	语言表达的重点	干预要点
12—18个月	挥手表示再见和你好。 说出物体名称。 表达感叹。 有意义地发出"mama"和"dada"。 模仿动物的声音。 使用5—20个词。	将物体或人的声音表征和手势匹配起来。 专注于说出物体和图片的名称。 在多种环境情景中口头演示词语和声音。
18—24个月	使用听不懂的话语和词语描述经历。 问"那是什么?" 说出物体名称。 模仿并说出两个词的组合。 使用50个不同的单个词语。 使用词语多于手势和儿语。 运用问句的语调。 说出图片名称。 开始使用代词。 说出身体部位。	拓展儿童的话语并对"物体/人+动作"进行评价。 提供增加词汇量的体验。 在介绍新的疑问词时,提供口头和/或者视觉上的选择(例如,谁吃掉了芝麻街的所有饼干?是饼干怪兽还是埃尔莫?)。 用书本让儿童对图片中的动作做出评价。
24—36个月	经成人提示交流以前的经验。 说出一种颜色。 使用2—3个词的组合。 问是与否的问题。 请求成人帮助处理情绪。 问为什么、怎么样、什么、在哪里的问题。 使用一些复数形式。 能说出姓和名。 使用代词"我"。	通过重复儿童所说的话,然后补充信息,来扩展儿童的话语。 让儿童在不同环境中接触同一概念。 在谈话过程中示范正确的句法和语法结构。 提问有关游戏活动的问题,以鼓励进一步的语言表达。 为儿童提供与同龄人一起玩的机会,借此练习语言。
36—48个月	说出数百个词。 使用3—4个词的组合。 数到3。 说出代词。 被问及性别和年龄时能够回答。 问为什么、谁的问题。 复述故事的顺序。 说使用四到五个词的句子。 知道一些歌曲/童谣。	示范复杂的句子和句法。 提问需要儿童预测和进行信息排序的问题。 让儿童重述过去的事件。 引入歌曲、童谣,并将其融入日常谈话中。
48—60个月	背诵童谣、短篇故事,会唱歌曲。 说出颜色。 回答关于一个讲过的故事的问题。 询问词的定义。 不经成人提示转述所经历的事情。 使用6—8个词的句子。 使用正确的语法。 使用过去式。	使用新的词汇,能解释并能将其与已知概念联系起来。 要求儿童通过解释书中每一页所发生的事情来"读"睡前故事。 让儿童在吃饭时分享当天发生的事情。

续表

发展年龄	语言表达的重点	干预要点
60—72个月	说出过去和未来时的动词。 出现不规则名词和动词。 按顺序说出一周的日期。 说反话。 认识2 000个词。 说地址。 说出所有句型。	向儿童提出问题，要求他/她转述过去和未来的信息。 使用开放式问题来获取信息和促进叙述。 在谈论过去和未来的事情时使用时间概念(如明天、昨天)。

第三节　提高语用的策略

目标达成量表

1	2	3	4	5	6	7	8	9
无法理解或给出"可读的"身体、声音或言语提示来交流需求。		使用和回应眼睛的注视，以此与照料者分享对某一物体/活动的注意力。用眼神、手势和发声向他人有意传达信息。		就一个话题轮流进行1—2次，并使用眼神、手势、手语和/或语言进行要求、评论、抗议、问候和规范他人的行为。		在照料者的支持下，通过延长轮流时间、询问信息或澄清情况，并谈论过去发生的事情，发起、回应和拓展交流谈话的主题。		在不同的语境中，出于多种不同的目的，使用和回应言语与非言语交流。

　　语用(Pragmatics)是指交际中的社会意图和人们所表现出的表达不同类型意义的行为。语用包括因不同的社会目的而使用语言，改变交际行为以适应各种社会情况，以及遵守语言和非言语"规则"进行交谈。

　　儿童通过观察和与他人在周围环境中的互动获得语用技能。他们学会与他人共同分享一个谈话的"主题"，无论是通过看同一个物体还是谈论同一个事件。他们开始使用非言语和言语手段传达各种功能，如问候、请求、表达意见、询问或提供信息等。儿童还学会在谈话中轮流发言，并懂得对于不同的人和不同的情况，交流的规则也不同。

　　语用技能很重要，因为儿童需要知道如何在社交中以适当的方式使用他们的语言。他们需要知道如何发起互动，组织要共享的信息以便他人能够理解，与他人轮流交谈以交换信息,以及适当地改变话题或结束互动。他们需要学会等其他人说完再开始说话。他们需要能够理解与他们交流的同伴需要知道什么,才能使谈话对他/她有意义。例如,如果儿童在谈论其他事情时脱口而出"猴子在树上",听众无法了解孩子那天去了动物园,并且看到了猴子。换句话说,儿童需要了解如何向没有出席正在讨论的活动的人提供有关某个话题的背景信息。儿童还需要学习如何跟随他人的话题引导,问问题以获得更多的信息。此外,他们需要一种不显得突然的改变话题的能力。

儿童还需要了解语言内容和词语的人际意义的细微差别。他们需要理解什么时候有人在开玩笑,或者什么时候在特定的语境中使用的词语是在讲笑话。他们还需要知道什么时候不要使用某些词语或开自己的玩笑。例如,告诉别人他/她有个大鼻子(即使是真的)不是个好主意。所有这些技能都需要学习交流的细微差别,以及什么时候特定的语言形式合适,什么时候不合适。

儿童可能有良好的理解能力、大量的词汇以及足够的句法和语义,但仍然没有适当的语用技能。语用技能是交际的社会基础,没有足够的语用技能,孩子在交际中肯定会遇到困难。

3.1 适宜的语用技能

文化影响语用的许多方面。一个人如何使用眼神接触和手势,与说话者靠得多近,在很大程度上取决于某种文化的期望。因此,在专业人员观察和解释儿童的交流行为之前,以及在提供干预咨询之前,对文化和家庭预期的了解很重要。不应建议违反文化规范的干预策略。

语用技能基于交际互动的社会层面。交流是与另一个人产生关联的基础。婴儿和父母都自动寻求建立这样的联系。通过父母对非故意交流的反应,儿童了解到成人可以满足他们的需求。他们开始发现,成人会对他们的声音、面部表情和动作做出反应。随着这种意识的增长,婴儿开始尝试有意识地传达他们的需求。儿童的有意识的交流不再仅仅满足他们的需要和调节父母的行为,他们开始对世界表达看法、请求和提供信息,并了解如何在各种情况下改善他们的社会交流。父母与其他成人可以调节和引导儿童的交流努力,以满足文化的期待。

3.1.1 实践中适宜的语用技能

Ⅲ.A. 儿童是否理解和使用共同注意(手势、发声或词语)传达意图?
日常常规(家庭和教室)
婴儿/学步儿:爸爸指着房前的自卸卡车说,"卡车。"婴儿爬到门口,停下来向外看。学步儿挥手和祖父说再见。

幼儿：幼儿把手放在屁股上，跺着脚。"我才不要穿那个！"她对妈妈说。

游戏常规（家庭和教室）

婴儿/学步儿：婴儿把两块积木块碰撞在一起，抬头看着妈妈，她说，"砰，砰！"学步儿把娃娃拿到妈妈面前，并把娃娃递给她。妈妈说，"宝贝。好可爱的宝贝！"他说，"我的宝贝。"然后亲亲它。

幼儿：幼儿在教室里走来走去，假装吹号角。她走到老师面前说，"你看到我行走了吗？你觉得我的音乐怎么样？"

课堂常规

圆圈时间，一个幼儿站起来说，"我从海滩上带了一只贝壳。有人想要拿一下吗？"

Ⅲ. B. 儿童的交流起什么作用？

日常常规（家庭和教室）

婴儿/学步儿：当父母试图给婴儿换尿不湿时，她哭了，并且翻了个身，试图跑开。当照料者把一样新食物放在学步儿面前时，他做了个鬼脸，把它推开说，"不。"

幼儿：当将一样新食物端给幼儿时，他问："那是什么？看起来像绿色的土豆泥。"

游戏常规（家庭和教室）

婴儿/学步儿：婴儿喊，"妈妈妈妈。"她伸手去拿妈妈拿着的玩具，显然是在要求妈妈把玩具给她。学步儿问，"我的火车在哪里？"成人回答说，"在沙发上。"学步儿看着说，"不，不是那个。"

幼儿：幼儿正在和他的朋友玩，他们正在建一座堡垒。他问，"你的牛仔想要一匹马吗？我的牛仔要一匹马和一把大步枪。"

课堂常规

在科学中心的乐透游戏中，幼儿说："我有一只蜘蛛、一只蚂蚁和一只甲虫。我只要一只苍蝇就赢了。"

Ⅲ. C. 儿童展现出什么样的会话或话语技能（Conversational or Discourse Skills）？

日常常规（家庭和教室）

婴儿/学步儿：爸爸靠在婴儿床上问，"谁是我的漂亮女儿？"婴儿笑着发出咕咕的声音。妈妈说："你想穿红衬衫还是蓝衬衫？"学步儿说："蓝色的。"妈妈说："我喜欢那件蓝色的。"他回答说："我想穿蓝裤子。""好的。白袜子？"妈妈问。儿童回答，"蓝袜子。"

幼儿：幼儿问爸爸，"为什么烘干机里的衣服一圈又一圈地转？"爸爸说，"嗯，那里有热量,当衣服转起来,就会变干。"她又问,"为什么要这么长时间?""好问题!"爸爸感叹道。

游戏常规(家庭和教室)

婴儿/学步儿:婴儿和妈妈互相看着,仔细地看着对方。妈妈伸出舌头等着。婴儿慢慢伸出舌头。妈妈张开嘴做成"O"型,婴儿模仿她。这是一种非语言的交谈。学步儿和哥哥在玩拼图。哥哥说:"这个是什么?"学步儿说:"牛,哞哞。""它放哪里?"哥哥问。"就放这,"她说。"没错!"

幼儿:在假扮表演区,幼儿说:"我要去购物。""我和你一起去,"他的朋友说。"我们应该买什么?""汉堡包和炸薯条,"朋友答道。

课堂常规

老师停下来看着幼儿画画。"那是一幅有趣的画,"老师对一个女孩说。"这是我在坐摩天轮,"她说。"哦,真的?你什么时候坐的摩天轮?"老师问。"在周末。"

3.2 支持有效语用技能发展的一般原则

大多数父母都能毫不费力地带着真情和兴趣与婴儿互动,婴儿会自发地做出反应,并主动发起互动。父母通过观察婴儿对他们的面部表情、发声和用词的行为反应,学习如何改进他们的方法,以使孩子理解他们的意图。当儿童观察和模仿父母时,他学会了如何进行交流互动。以下是父母在与儿童交流时自然使用的策略。

3.2.1 眼睛接触和面孔交流

眼神接触和面部表情是表达情绪的主要方式之一。大多数父母通过将儿童的脸转向自己的脸,将他们的脸移动到与儿童一致的位置,或者等待儿童看着他们来寻求与儿童的眼神接触。他们用响声、视觉信号和词语来吸引儿童的注意。

3.2.2 手势要与词语结合使用

如前所述,父母和其他成人将自己的面部表情与物体结合起来使用,以吸引儿童的注意。他们举起手,然后指向环境中熟悉的物体。结合这种手势,他们会说出谈话的对象、人或事件的名称,这些动作不仅有助于儿童理解和学习表达语言,还有助于儿童学习如何将动作和话语结合起来以满足他们的需要,并了解世界。例如,父亲可以抱着宠物狗让儿童抚摸,并说:"小狗。汪!汪!你想摸摸小狗吗?"他说出物体的名称,把这个物体和响声联系起来,并指出儿童需要伸手去够或说出这个想法以得到它。当儿童这样做,然后去摸狗时,她正在懂得,她的行为可以得到期望的回应。

3.2.3 谈论具体情境下的事情

对于婴儿和幼儿,成人谈论的是当时的环境。这不仅有助于儿童学习词汇,还有助于儿童了解在不同的语境中交流如何不同。例如,在前一个例子中,父亲说"小狗",但如果一只陌生的狗靠近他们,父亲会用不同的方式说这个词,并且会拦住儿童。儿童会学到,在不同的情境下,词语和动作的意义会发生变化,因此也需要不同的社交反应。

3.2.4 将交流用于多种目的

语用包括各种目的的交流。成人会示范为不同的目的使用不同形式的语言。他们会做一些提供信息但不需要回应的陈述,提出一些期待回应的问题,用信息或评论回答问题,也会表达自己的感受和观点。他们还促使儿童为各种目的表达语言。例如,在餐馆里,父母可能会说"跟女服务员说你想吃什么"或"你想来一份烤奶酪三明治吗?"

3.2.5 要求澄清

成人经常通过要求澄清鼓励儿童继续提供信息。他们希望能够理解儿童的意思,当这一点不清楚时,他们会要求儿童澄清。例如,如果儿童伸手去拿某样东西,并开始抱怨,父母可能会问,"你想要什么?"或"你想要椒盐卷饼吗?"要求进一步解释可以给儿童机会提供更多关于他/她的交际意图的信息。这种方法也为儿童如何获得澄清提供了方式。

3.2.6 纠正儿童

父母通过促进社交技巧鼓励语用技能。例如,当儿童害羞地往下看时,父母可能会说:"看哈里特阿姨。她在和你说话。"在北美文化中,眼神接触是必要的。而在某些文化中,眼神接触会显得缺乏尊重,这样的行为会受到成人的监督和纠正。成人也会纠正儿童的跨语境交流行为。例如,他们在做礼拜时让儿童安静下来,却鼓励儿童在公园里喧闹地交流。他们会指出其他人在谈论什么,以及如何解读他们的肢体语言。例如,"小心!他拿水枪指着你!"

3.3 实践中的原则

上述策略通常是父母、照料者、教师和其他成人在与儿童互动时无意识使用的。可教的时刻是非结构化的,它们在一天中自发地发生。以下是一些成人如何在一种支持语用技能发展的例子。

3.3.1 日常常规（家庭和教室）

喂食/进食

午饭时，儿童把嘴里的东西吐了出来，说："真恶心！"他妈妈说："如果你不喜欢，就说，'我不喜欢。不了，谢谢。'"在这里，儿童的母亲正在纠正一个在现实中不可接受的行为，希望能够防止别人认为这是对他们烹饪的粗鲁的评论。她给了儿童一个更容易接受的社会评论来表达他的意见。

换尿不湿/如厕

让儿童学会请求去卫生间是每一个父母和照料者所期望的重要行为之一。儿童不想停止玩耍，并经常通过上蹦下跳和夹紧他们的双腿这种非言语的方式表达这种需要。成人通过阅读幼儿的非言语暗示帮助他们学会请求一个动作，然后问他们："你需要去洗手间吗？你要告诉我你得走了，免得尿裤子。"

穿衣

儿童知道，如果他们寻求帮助，成人可以帮助他们。穿衣是成人鼓励儿童求助的一个方面。成人可能会提示儿童说，"你能帮我吗？"穿衣也是一种成人鼓励儿童分享关于身体部位、颜色和其他概念的信息的活动，例如："你衬衫上的是什么？"

3.3.2 游戏常规（家庭和教室）

面对面游戏

轮流做动作的面对面游戏，比如"这么大"①（So Big），为话轮转换奠定了基础。儿童从中懂得动作、声音和话语都会得到相应的回应。成人通过发起游戏，示范一个回合，提示儿童轮流进行，等待回应，然后通过发起另一个回合来强化儿童的行为，来鼓励儿童开启下一个话轮。

体育游戏

激烈的体育游戏鼓励儿童发出诸如"再做一次"这样的指令。儿童喜欢父母与他们打闹并胳肢他们，父母则喜欢逗儿童，直到他们尖叫着喊住手为止。这样的游戏有助于儿童尝试通过语言和非言语手段控制他人的行为。例如，儿童从爸爸身边爬开然后回头看，接着爸爸从后面跟着他，开始胳肢他。他们笑着打滚，直到幼儿尖叫并推开爸爸。爸爸说，"你需要休息一下吗？说，'停下，爸爸。'"幼儿说，"停下，爸爸。"然后他们开始笑，并再次开始。在这种互动中，父亲鼓励幼儿通过语言和非言语手段控制他（父亲）的行为。

---

① 在这个游戏里成人逗宝宝说："宝宝你有多大？这么大！"——译者注

操作性游戏

玩玩具提供了一个鼓励交谈的机会。成人通过谈论儿童在做什么、问开放式问题和扩展讨论来促进玩具游戏中的谈话。例如，当儿童玩公仔时，成人会说："哇！蜘蛛侠正在爬墙！"儿童回答："是的。它身上有黏黏的东西。"成人回应说："那个黏黏的东西是如何起作用的？""它在蜘蛛手上和脚上，粘在东西上。它可以做这些长长的细线并在上面摇摆。""你知道这黏黏的东西是什么做的吗？"儿童问。成人说："不，我不知道。你觉得会是什么？"在这个例子里，成人鼓励儿童通过提问来交流，以提供信息和获取信息。

感觉游戏

凌乱的游戏和艺术为成人提供了评论材质的纹理与其他特性的机会。成人经常通过问"你在做什么"或"那个感觉怎样"这样的问题，促使儿童表达看法。他们也会示范并鼓励儿童表达意见，如，"红色是我最喜欢的颜色。你呢？"

3.3.3 阅读和学习常规

圆圈时间

教师使用许多技巧让儿童在小组中使用多种语用技能。他们经常问问题和寻求信息，比如，"今天谁不在？"他们可能会鼓励孩子之间的语言交流；例如："贾斯汀，告诉我们这个周末你做了什么。"这之后可以鼓励儿童问问题。例如："贾斯汀说他的家人去了海滩。那一定很有趣。谁有关于海滩的问题要问贾斯汀？"

一对一阅读

成人可以运用一对一阅读作为引发讨论的机会。他们询问书中的人物和行为，并提示儿童提供意见和信息，以及提出问题。他们也可以利用书本作为一个机会，通过将书本与儿童自己的经历联系起来，开启一番对话。例如，

妈妈："你还记得我们坐飞机的时候吗？"

儿童："我们去看爷爷了。"

妈妈："你喜欢坐飞机吗？"

儿童："我喜欢飞机颠簸的时候！"

妈妈：（笑）"那时候我可不喜欢！"

科学与数学

科学与数学活动刺激儿童问问题和与他人分享信息。教师通过为儿童提供调查和发现缺失的元素以及用多种方式表达想法的方法来促进这一点。例如，当他们研究恐龙时，他们会看到许多恐龙的图片，看玩具恐龙，看电影。然后儿童们把所有关于恐龙的问题都写下来。当他们找到答案时（通过书籍、询问他人或看含有相关信息的视频），他们会与全班同学

口头分享答案,并口述给老师,让老师把答案添加到他们的问答图表中。

3.4 为提高语用技能制订个性化的干预措施

Ⅲ. A. 儿童是否理解和使用共同注意(手势、发声或词语)来传达意图?

患有各种特殊障碍的儿童可能会有与语用技能相关的问题。存在发育迟缓、语言处理问题、自闭症谱系障碍或脆性 X 染色体和其他综合征的儿童可能在社交方面有困难。共同注意是与他人合作,共同关注某一物体或事件,并分享共同的兴趣的能力。共同注意对于儿童获得想要或需要的事物,并且对于获取关于世界的信息都是必要的。学习人名、物体和事件名称可以通过共同注意得到加强。共同注意也有助于学习新的动作和认识新的关系。由于缺乏对正在讨论的话题的关注,对共同注意的使用减少也可能降低对语言的理解能力。为帮助儿童发展使用共同注意的能力,建议采用以下策略。

人际互动策略

1. 鼓励幼儿关注面部表情。为了让儿童想要看脸,需要给儿童一个激励。成人的脸需要表现出一种有趣的表情,看着这张脸需要得到一个吸引人的结果。例如,躲猫猫、亲吻和在脖子上吹气等面对面游戏,以及唱歌都可能会激发儿童的兴趣。虽然诸如成人说"看着我"这类结构化的请求可能会使儿童看着成人,但这样的提示可能只会导致儿童因被要求而看着成人,而不是因为看着成人会获得强化事件。成人应该帮助儿童发展一种看别人的自然的愿望,因为这样做是愉快的。

2. 对眼神接触的不适做出敏感回应。如果儿童发现眼神接触会引起焦虑(患有脆性 X 染色体综合征的儿童便是如此),成人不应强迫儿童进行眼神接触,而应该允许儿童短暂地看一眼。使用太阳镜或带帽舌的帽子也能使儿童习惯于看眼睛被遮挡的人。

3. 通过面对面游戏建立轮流进行的方式。除了帮助儿童专注于面部表情,面对面游戏还可以提高儿童轮流进行互动的能力。成人可以发明游戏,儿童可以重复,从而轮流进行。例如,轮流做出有趣的表情,重复有趣的手势或手指游戏,以及玩声音游戏可以鼓励儿童模仿成人。模仿儿童的声音、面部表情或手势可以引发模仿游戏。

4. 促进对物体的共同注意。成人的目光或手势,往往会把儿童的注意力引到重要的物体上。重要的是,儿童能够专注于他人的面部表情和手势来确定他/她应该把注意力放在哪里。有特殊需求的儿童往往难以理解别人手势的意义,成人需要通过将物体与手势紧密地联系起来,帮助儿童学习这一点。例如,当儿童看着他/她想要的东西时,成人可以走到物体前并指向它,这样儿童就能近距离地看到指的动作和物体。然后成人举起它,等待儿童表达对该物体的渴望。成人边指边问,"你想要卡车吗?"指向物体并用手势配合儿童发动的所有物体游戏和请求。使用等待时间，以便儿童将手势与他/她想要的物体联系起来。

5. 模仿儿童对物体的使用以提示轮流互动。一旦儿童意识到他人的行为，成人就可以尝试引入模仿行为。有特殊需求的儿童常常对成人模仿他们的动作和声音感兴趣。模仿常常导致儿童重复动作，以观察成人是否会再次模仿。

6. 鼓励儿童对手势、发声和语言表达做出反应。词语和手势的结合可以帮助儿童把注意力引导到想要的焦点上。用于说明动作或物体的手语也能吸引儿童的注意力，帮助他们集中注意力并获得意义。例如，成人可以做出"球"的手势（双手形成球的形状），指着球说"球"。这个手势对幼儿而言可能比单纯的指示性手势更有意义，因此可能会鼓励幼儿朝球的方向看。

7. 使用声效和触摸。结合手势、发声和词语，声效和触摸可以吸引儿童的注意力。例如，弹动舌头或打响指，同时触摸或轻拍幼儿的肩膀可以吸引他/她的注意。一旦引起了儿童注意，成人就可以使用前面描述的策略。

8. 教儿童关注指向或手势。儿童需要使用和理解手势与指向。即使成人明白儿童想要什么，成人也需要鼓励儿童做更具体的交流。当儿童因为她想要什么东西而又喊又闹时，可以做出看起来困惑的样子并说，"给我看看。"如果儿童一句话或一个手势都没有回应，拿起你知道儿童没有要求的东西说，"你想要这个吗？"当儿童再次烦躁时，亲身帮助儿童指向你认为她想要的东西。这一次，给儿童想要的东西。成人试图让儿童看到，通过指向或打手势表明想要的物体，她可以更有效地传达需求。

环境调整

除了可能帮助儿童理解使用手势、发声和语言表达来传达意图的人际互动策略，环境调整通常也有用。根据 TPBA2 的研究结果，研究团队可能需要考虑以下一些环境调整。

1. 让共同注意的焦点靠近说话人。当谈论一个物体、动作或人时，如果所谈论的对象与说话的人很接近，儿童会更快地建立起一种联系。如果成人把正在谈论的玩具放在成人的脸旁，那么儿童把玩具和词关联起来的可能性就会增加。使用指向手势也是如此。如果物体太远，儿童可能会错误地把注意力集中在成人的手上而不是所指的目标上。通过让物体靠近说话者，儿童可以更容易地理解指一下的意思是"看这个"。当儿童开始学习"指向"的含义时，可以把物体移到更远的地方。例如，不要指着房间的另一头说，"这是你的卡车。"而是走到离卡车约半米的地方，吸引幼儿的注意力，然后指向卡车说，"这是你的卡车。"

2. 选择儿童感兴趣的对象。动机是帮助有特殊需求的儿童学习共同注意的关键。他们更有可能对与他们喜爱的事物有关的手势和词做出反应。使用前面描述的策略，使用儿童喜欢的物体或动作，来教他们共同注意。例如，如果儿童喜欢打闹，你可以做一个手势或动作（例如，玩耍的手势或表示挠痒痒的动作），来表示你想做这个他喜欢的活动。把这个手势或动作与"我们来挠痒痒"这样的话搭配在一起。一旦儿童理解到,这些手势和词语的使用传达了做他最喜欢的活动的意图,他可能会开始自己去说并做动作。

3. 使用需要成人协助的玩具和材料。使用能激发儿童兴趣的玩具,可能是一个有运动部件的玩具,也可能是一个会发光或能演奏音乐的玩具。为了建立共同注意,成人可以激活玩具,等待儿童表现出兴趣,然后再次激活它,并等待儿童过来探索。

4. 使用重复的物体来模仿儿童,并提示轮流使用物体。通过提供重复的玩具也可以获得共同注意。成人可以用他/她的玩具创造一些愚蠢或有趣的效果来吸引儿童观看。然后,成人可以使用手势和语言来帮助儿童模仿这些动作,并建立轮流的意识。

5. 使用图片和书籍。有些儿童除了喜欢实物,也喜欢图画。书籍、杂志和图片可以作为共同注意的焦点,以此来建立共同注意。例如,通过指向、标记和讨论图片来共享书籍是一种不具威胁性的交流方式。分享书籍,特别是当儿童坐在成人的腿上时,不需要眼神接触,这对许多有特殊需求的儿童来说可能很困难。然而,在阅读过程中应该尽可能地鼓励面对面的互动。

Ⅲ. B. 儿童的交流都实现了什么功能?

语言和非语言的交流有很多目的:满足需求,控制他人的行为,抗议,请求物体和行为,评论世上的事件,请求信息,提供信息,参与社会互动,表达意见,等等。所有这些功能都可以通过声音、手势和言语等许多方式实现。所有这些对于了解世界和建立成功的社会关系都很重要。

语言最早的功能包括满足一个人的需要和调节他人的行为。儿童起先是伸手去够他们需要的人或东西,例如父母和他们想要的玩具等,他们也很快学会如何控制他人的行为。他们拿东西给父母看,指出环境中有趣的事,哭泣并用手势让父母做他们想做的事(例如,拉父母的手带他/她拿想要的饼干),等等。抗议行为也出现在早期发展阶段。随着语言的发展,儿童开始通过对周围的事物说出名称或进行描述(如"妈妈""宝贝""书")来发表看法。他们同时使用手势和语言询问信息(例如,"这是什么?")并提供信息(例如,"这是一只黄色的鸡")。他们也开始使用语言进行社交(例如,"妈妈,我能帮你做饭吗?")

残障儿童对交流的使用常常限于有限的目的。他们可能主要通过交流满足自己的需求,并通过控制他人的行为实现自己的目标。他们也可以使用其他交流功能,但是处在较低的水平。例如,4岁的健全儿童可能会问,"雷声来自哪里?"或"婴儿是怎么从你肚子里出来的?"发育迟缓的儿童对这些概念可能没有足够的理解,无法问出更高层次的问题,如"如何"和"为什么"。相反,这些儿童会要求具体的信息,例如,"他在做什么?"或"狗狗在哪里?"

有语用问题的儿童也可能提供与他们当前的语境无关的信息。例如,他们可能会谈论一些题外话，以及与他们所处的环境、所参与的活动或日常活动无关的事情。虽然所有的儿童都会谈论他们的想法，不管成人是否在讨论同一个话题，但有语用问题的儿童似乎不关心成人的话题。成人往往无法确定引起儿童评论或产生无关信息的关联是什么。

有与语用相关语言问题的儿童也可能不会像正常发展的儿童那样使用语言实现社交互动功能。例如，患有自闭症谱系障碍的儿童可能主要是为获得某些东西而接近成人，而不是为分享信息、提问或寻求互动。对许多有特殊需求的儿童的干预应注重：(1)扩大交流功能的范围；(2)提高所表达的知识水平（参见 TPBI2 第七章第六节）；(3)拓展表达形式，包括手势、发声、语言表达和复杂的语言结构（参见 TPBI2 第六章第二节）。下面的建议主要用于扩大儿童使用的交际功能的范围。

人际互动策略

1. 确定儿童的目标或需要。成人需要确定他/她认为是什么在激励儿童。如果可以确定儿童的意图，成人可以协助儿童表达他/她的需要。在回应之前，帮助儿童使用一个手势或手语（例如，示范或帮助儿童就想要的事物做一个手势），或示范说出儿童需要的事物。例如，如果一个儿童在哭，而老师确定原因是另一个儿童正坐在"他的"椅子上，老师可能会说，"告诉莫拉，'我的。'"（用手势表示"我的"）如果儿童不模仿老师，老师可以亲身提示"我的"这个手势并对莫拉说，"泰勒在用手势说'我的'。他是在告诉你，你正坐在他的椅子上。他想要你另找一把椅子。"以此帮助儿童了解交流如何能产生期望的结果。

2. 示范对物体和动作发表意见。试着从儿童的角度思考，阅读儿童的暗示行为，以确定儿童在想什么。然后示范一个手势、手语或词语让儿童交流。例如，如果儿童在微笑并重复一个动作，成人可能会评论，"它会转动。你喜欢转动它。"然后做出手势并说"转"。如果儿童正饶有兴趣地望着窗外，成人可能会指向窗外说，"出去？你想出去吗？"

对于有语言能力但不主动分享意见的儿童，成人可以提供语言示范。在前面的例子中，当儿童望向窗外时，成人可能会说，"我喜欢在这样的好天气去外面。"这样的看法可能会激发儿童做出回应。

3. 请求沟通，而不是哭泣或抱怨。鼓励儿童用积极的非言语交流（例如，带成人去做他们想做的事或用手势）或用言语表达抗议。让儿童知道，如果他人不明白他们需要什么，就无法回应。例如："如果你告诉我你想要什么或告诉我你需要什么，我可以帮助你。"如果儿童服从了，并且交流时没有哭闹或尖叫，他/她的努力应该得到强化。有几个关键的手势和词语对儿童的学习是有帮助的。这些包括我的、给、再次、玩、口渴、饥饿，等等。大多数都与帮助儿童实现愿望或目标有关（参见 TPBI2 第六章第四节）。

4. 鼓励提供相关信息。父母和其他成人经常就儿童知道什么训练他们，让他们数数或说出动物、形状或颜色的名称等。虽然儿童往往不介意"炫耀"他们的知识，但缺乏实用技能的儿童需要学习更多的实用交流模式。他们需要学习在特定情况下自发地分享信息，而不是仅仅回答问题或仅仅回应儿童的想法。因此，成人应该试着讨论与当前情况相关的信息。问题须与当前的情况相关。例如，在教室里准备零食或在家里准备晚饭时，儿童数一数需要多少人来吃是合适的。在室外时，谈论树和花的颜色是相关的。

当儿童开始分享与情况无关的信息时，成人需要确定儿童是否应该继续当前的话题。例如，如果儿童开始引用她从车牌上知道的数字，那么最好将儿童转到当前的话题上。然而，如果儿童就她感兴趣的话题提出信息，并且情况允许，成人可以利用这个机会让儿童分享信息。例如，如果儿童对蝙蝠很感兴趣，并提出了蝙蝠的话题，成人可以鼓励儿童分享这些信息，提出问题，甚至帮助儿童获取更多的信息。

5. 澄清儿童的意图。存在语用问题的儿童可能不知道别人不理解他们，或者如果他们自己不理解某件事，他们在要求澄清时可能会有问题。当成人要求澄清时，幼儿被要求重复或重新表述他们的意图。要求澄清可以用示意动作，比如耸肩或用手势表明"什么"。它可以是一个简单的词，比如，"什么"；或一个句子，比如，"再告诉我一遍"；或者一个直接的问题，比如，"你说了什么？"

要求澄清的请求可能是因为成人真的不理解儿童，也可能是为了让儿童扩展他/她的交流而假装不理解。例如，如果儿童身体前倾，把手伸向玩具，并发出声音，成人可能会说，"你想要哪些玩具？"或"你想要积木还是球？"如果儿童没有用一个词或明确的手势回答，成人可以耸耸肩，看着儿童，就好像成人在期待答案，并多给些时间等儿童回应。

提出澄清要求的另一个好处是，当儿童不清楚自己说了什么或说了什么意思时，成人可以做出示范，让儿童学习如何寻求澄清。儿童很容易就能学会表示"什么"的手势是双手掌心向上外加疑问的表情（许多成人会很自然地用这个手势提问）。

6. 鼓励社交游戏。社交游戏很重要，因为它涉及关注其他参与者、等待和观察，以及轮流参与。所有这些方面都是语用技能的重要组成部分。社交游戏可以是简单的交换游戏，如打球、互相吹泡泡、挠痒痒、假装在电话里交谈或玩角色假扮游戏，如果没有提示，这些对儿童来说可能有困难。每当儿童发起社交游戏，成人应立即用言语和行动做出积极的回应，以强化儿童的努力。

环境调整

除了可能会支持儿童用交流实现多种功能的人际互动策略，环境调整往往也是有用的。根据对 TPBA2 的研究结果，团队可能需要考虑以下一些环境调整。

1. 提供有趣和新奇的体验。所有的儿童都需要接触各种各样的经历。而对于有特殊需求的儿童，新的经历为拓展语用技能提供了无数的机会。新的物体和动作可以提供提问、评论与提供信息的机会。在新环境中，共享和轮流也需要经常进行。在新环境中，儿童会更依赖社会，更少受日常活动的束缚，这使他们有更多的机会进行儿童与成人之间的对话。去动物园、图书馆、博物馆、机场和社区其他地方游玩可以提供交流的动力。

2. 为解决问题设置障碍。利用环境调整创造交流诱导因素，鼓励儿童提出请求。交流诱导是为激发儿童交流而创设的情境。交流诱导的关键是干扰儿童真正想要做的事。例如，把儿童想要的旋转陀螺放在他够不到的地方，这样会鼓励儿童向成人寻求物体或帮助。请求可以用发声、手势和词语来表示。在没有帮助的情况下无法达到目标会促使他/她提出请求。然而，如果挑战太困难，或者活动没有激励作用，儿童可能会放弃并转身离开，或变得沮丧并表现出来，而不是提出请求。其他一些交流诱导的例子包括：把盖子拧紧，或者在盖子上粘上胶带，使盖子难以打开；漏掉儿童真正喜欢的活动所需要的一些部分（例如，漏了儿童最喜爱的拼图中的一块）；裤子或衬衫不系扣子；激活一个玩具，让它停止，然后等着儿童要求成人再激活它。创造儿童想要解决的问题是激发交流的好方法。

3. 使用需要两个人一起玩的玩具和材料。需要两个人或两个人以上才能玩的玩具会增加社交和交流的可能性。一个很好的例子是跷跷板，没有另一个人它就没法运转。跷跷板还提供了创造交流诱导的机会。一旦儿童的那边在空中，成人可以等待儿童指出他想要什么（不让儿童感到失望）。其他需要两个人一起玩的玩具和材料包括秋千（除非儿童可以用脚蹬）、玩具货车，而对于儿童来说，还包括滑梯。

4. 当环境提出挑战时，好好利用。家庭、学校和社区环境中的楼梯、高脚椅、婴儿床、高橱柜、浴缸、卫生间、水槽，以及许多其他方面，都对儿童的独立使用提出了挑战。成人可以利用这些挑战作为机会，鼓励交流、请求帮助、评论或提问、澄清，等等。特别是对于残障儿童，成人往往会过快地提供帮助，从而减少或消除了儿童与他人就情况进行交流的需要。这并不意味着儿童应该在生活中挣扎，但儿童不会花很长时间来学习满足他/她的需求所需要的东西。然后，就该由成人最大限度地提供交流的机会了。

5. 使用辅助技术。缺乏言语能力或语言能力发育迟缓的儿童可受益于几种辅助技术中的一种：

- 手语可以帮助儿童出于各种各样的原因进行交流。
- 图片交流板呈现了词语的视觉表示形式。儿童可以指向他们听到或想要表达的词语。可以用一张或多张图片表示学校和家庭的日常活动，这取决于儿童的能力。图片可以根据当时的情况和课程需要而改变。图片交流板可以让儿童表达多种功能：

    通过标记熟悉的人、想要的物体或活动来回答问题；

    通过选择一个话题发起会话；

    请求一个人、动作或物体；

    在游戏或其他活动中请求社交互动；

更改话题或终止活动；

表达意见或分享感受；

抗议或同意。

- 语音输出设备会在儿童按下按钮或拨动开关时播放预先录制好的消息。设备在可以记录多少消息、消息是否可以排序，以及消息可以持续多长时间等方面有所不同。语音输出设备可以进行编程，让儿童参与日常生活，如问候、讲故事和唱歌。根据儿童的功能水平和日常安排，这些设备可以用于让儿童表达之前列出的语用功能。

- 故事板或歌曲板可以帮助儿童通过图片表达叙事。故事板是另一种形式的交流板，通过图片来排列故事或歌曲中的词语、动作或事件。允许儿童独立地或与其他儿童一起使用故事板建立叙事序列。

使用这些材料与儿童互动的成人首先示范辅助技术的使用，然后在儿童感知到需求时，帮助儿童在功能性情境中使用这些材料。

6. 使用社会故事。社会故事是为个别儿童编写的，以帮助他们发展更适当的社交互动（参见 TPBI2 第五章第七节）。社会故事还可以帮助儿童学习更恰当的语用技能，这是积极的社会关系的基础。社会故事用图画和情节告诉儿童在一般或困难的情况下如何应对。社会故事可以帮助儿童学会发起互动、对特定的评论或行为做出回应，或结束互动。

Ⅲ.C. 儿童表现出什么样的会话和话语技巧？

进行谈话需要有人发起一个话题，另一个人对发起做出回应；他们通过几个回合维持讨论的话题；然后，有人要么终止谈话，要么改变话题。在谈话过程中，双方都会参与以使谈话继续进行，包括评论、提问、提供信息和所有其他先前讨论过的功能。

进行谈话的另一个重要技能是成功地讲述个人经历或故事的能力。这包括能够讲述一个事件和在事件中发生的事（例如，乘车去动物园）。它还包括能够讲述一个包含一系列事件的故事（例如，在奶奶家发生的所有事情）。叙述需要以有意义的方式组织思想的能力，包括有开头、中间和结尾。对儿童而言，这可以在他们叙述日常经历，在他们复述故事，或在他们编造一个假扮游戏的故事时看到。

残障儿童往往在交谈的基本部分有困难，比如看着与他们交谈的人。有些儿童可以在两到三轮交谈中使用简单、具体的句子。然后他们可能就无话可说了，除非成人通过继续提问保持谈话的平衡。缺乏实用技能的儿童可能无法理解别人感兴趣的内容。他们可能有关于某个主题的信息，却不能组织想法，并以一种合乎逻辑的方式分享它们。另一些儿童想要交流，但他们说出的词或句子往往脱离了语境或与主题无关。即使是聪明、词汇量大的儿童，也可能缺乏所必要的语用技能，无法让自己感到舒适，也无法让他人在与他们交谈时感到舒适。因为语用是成功交流和社会互动的基础，这些技能需要在干预中加以解决。以下建议有助于儿童成功地发展语用技能。

人际互动策略

1. 等待儿童发起谈话。有语言障碍和社交能力发育迟缓的儿童经常会等待他人发起谈话。结果，他们很少交谈。为帮助儿童主动交谈，可使用前面描述的交流诱导。此外，提供需要协助操作或让儿童想要展示给成人的玩具，这可以为发起提供激励，然后等待儿童发表意见。

2. 保持话题的转换。通过不断扩大话题的信息帮助儿童学习如何进行交谈。提供额外的信息，或对有趣的方面进行评论。提供关于成人自身经历的信息常常会引发询问或评论。例如，读一本关于怪物的书时，成人可能会说，"有一次我做了一个关于怪物的梦，"然后等待回复，不要提供太多"无偿"信息；让儿童为之努力！

3. 问开放式问题。开放式问题可以有多个答案，并可能促使儿童提供更多的信息。例如，成人可能会问，"你怎么解决的？"或"你为什么认为它会浮起来？"这些问题需要儿童使用更高层次的语用功能来提供信息。

4. 尽量避免问封闭式问题。封闭式问题通常只有一个答案（例如，"它是什么颜色？"），或者要求一个简单的一两个字的回答（例如，"你想要……"或"那叫什么？"）。它们倾向于结束对话而不是延长对话。封闭式问题会激发提供信息的语用功能，但是层次较低，仅需使用简单的"是"或"否"或者一个名称。

成人经常用封闭式问题"轰炸"那些不主动交谈的孩子。为了得到回应，他们会问一些常规的问题，比如"你今天怎样"，或者提出一个他们知道儿童能回答的问题，比如"你衬衫上的是什么"，这类问题可以打破沉默，但应该以有限的方式使用。封闭式问题应该在必要或者适当的情况下使用。比如，成人问："是不是太热了？"这时就不需要谈话。

5. 把话题转到相关的话题上。当一个话题已经穷尽时，扩展对话的一种方法是转移到一个相关的话题上。与前一个话题的联系使转移焦点变得更容易。比如，如果儿童一直在谈论他/她在动物园里看到的动物，那么话题可以转向农场或者森林里的动物。这是一个双重目的，因为这不仅使谈话继续进行，还会帮助儿童发展分类技能（参见 TPBI2 第七章第六节）。

6. 假装感到困惑。假装听不懂、做个鬼脸或要求澄清，可以促使儿童补充更多的信息，然后对话就可以展开了。例如，如果儿童说或用手语说，"更多，"成人可以一脸困惑地说和/或用手语说，"更多什么？"如果儿童回答，"更多牛奶，"成人可以补充，"你想要多少？"或，"你想要一点还是很多？"这些都取决于儿童的能力水平。

7. 通过对话构建叙述技巧。谈论一个刚刚完成的活动。回顾已经完成的事，从而对发生的事件进行排序。例如，成人可能会说，"让我们谈谈我们做了什么，这样我们明天可以再做一次。首先我们……（成人可以开始排序，也可以让儿童先想想发生了什么）"然后，成人和儿童轮流对事件的顺序进行评论。重要的是要保持轮流，使它成为一个对话，而不是儿童的独白。

8. 谈论当天的事件。回顾一天需要长期记忆。要养成良好的日常对话习惯，就要考虑一天的方方面面。例如，每天成人和儿童可以讨论当天的一件"好事"或"我最喜欢的事"，以及一件"坏事"或"让我伤心的事"。如果每天都这样做，儿童就会随着每个参与者依次分享他/她一天中难忘的事件而学习日常事务和谈话模式，这样的例行程序也会促进生成记忆（参见 TPBI2 第七章第二节）。

9. 谈论计划未来的事情。谈论成人和儿童想要做的事情的顺序是一种建立叙述的好方法，也能让他/她为事件发生期间和之后的讨论做好准备。

环境调整

除了可支持儿童使用会话和话语技能的人际互动策略，环境调整通常也是有用的。根据 TPBA2 的研究结果，团队可能需要考虑以下一些环境调整。

1. 呈现激励物体、玩具和图片。为了进行对话，儿童（不仅仅是成人）需要有一些他/她想要谈论的东西。因此，培养兴趣对那些不会使用会话技能的儿童而言尤其重要。使用儿童喜欢或着迷的玩具，找儿童感兴趣的图片或书籍，和儿童一起参加能产生兴趣的非课堂常规。然后，成人可以使用前面列出的策略来促进讨论。

2. 使用计算机和视频进行互动式讨论。电脑游戏、实景摄像机（"网络摄像头"）、儿童喜欢的视频等都可以作为交谈的基础。太多时候，电视和视频被用作儿童的保姆；然而，孤立地看这些只会进一步限制儿童的社会互动。如果用作讨论的主题，它们可以作为交流的有用理由。例如，成人可以看一段视频，然后停下来谈论发生了什么。电脑上的实景摄像机是很好的工具，因为它们通常是无声的，成人和儿童可以谈论他们所看到的。

3. 使用真实的动作场景。人不需要实景摄像机去看有趣的事情。大自然提供了许多可以谈论的有趣的事件。无论是制造水坑的雨、筑巢的鸟、携带食物的蚂蚁，还是田野里的牛，成人都可以围绕儿童感兴趣的事情的各个方面展开对话。这样的情况也为当天晚些时候的讨论和叙述提供了机会。儿童和成人可以画画，告诉别人他们看到了什么，或者编一个故事来配合活动。

4. 利用书籍培养叙述技巧。故事书讲述了一个故事；因此，它们是完美的示范，用于向儿童演示如何使用言语对事件进行排序。成人可以使用故事书作为谈话的基础，也可以练习分享一个故事。成人可以问一些开放式问题，比如，"那个小男孩怎么啦？""你认为接下来会发生什么？""他应该怎么办？"

5. 用道具和材料把故事书改编成剧本。戏剧化就是把一系列的动作表演出来。将故事书表演出来涉及将动作排列成有序的事件。使用故事书作为假扮游戏的基础,特别是对于有特殊需求的儿童来说,其优势在于,在对故事中图片和词语的记忆的触发下,儿童可以建立一个结构化的事件序列。在与故事相关的道具和材料的帮助下,他们有了进行假扮游戏对话的基础,这在某种程度上是由故事脚本"编写"的。例如,当狼对小猪说:"我要吹气,我要吹气,我要把你的房子吹进去!"儿童不必创建一个回应(不过如果他创建了,那就太好了!)。相反,他可以记住故事中的台词,或者在成人用一两个词的提示之下说出下一句台词。这种半编排的游戏让儿童有机会在故事对话的支持下练习对话。

6. 使用社会故事。参见 TPBI2 第六章第三节Ⅲ.B 的环境调整部分。

3.5 为需要帮助的儿童提高语用技能的日常活动

以下是如何将上述策略纳入儿童家庭和学校日常活动的例子。除了本章开头提到的没有特殊需求的儿童的照料者所用的策略,以下这些策略也可能有助于提高语用技能的熟练程度。

3.5.1 日常常规(家庭和教室)
喂食/进食

图片时间表可以告诉儿童,接下来是例行的用餐时间,比如一张儿童吃饭的图片。交流板可以通过按需调整的图片帮助儿童选择食物。它可以让儿童做出选择。例如,"你想要三明治(指向图片)还是通心粉和奶酪(指向图片)?"如果儿童身体有残障,成人可以通过指出他/她下一步想要吃什么或喝什么,让儿童有更多的控制权。

换尿不湿/如厕

语音产出设备可以用于多种场合。例如,不会说话的儿童可以有更多的独立性,如果如厕椅或厕所有一个附有简单语音输出装置的托盘,他/她就可以请求帮助。然后,儿童可以看看书,或在托盘上玩玩具,上完厕所后,他/她可以按下开关,机器可以通过编程在开关被激活时发出呼叫,比如"妈妈,我需要你"或"我上完厕所了",这样的比较常用的信息可以在许多情况下使用,儿童可借助它们提出请求。

穿衣

穿衣的一个策略是鼓励儿童要求穿衣和发表意见。成人把儿童的衣服排成一行——先是内衣,然后是裤子,然后是衬衫,然后是袜子,最后是鞋子。儿童站在这一行的最前面,靠近内衣旁边。成人问儿童想先穿什么。儿童可能会说出名称、做手势、指一指,或者只是向前倾着拿起衣物。然后,成人通过比如说"好的,你想要裤子!我帮你穿上"来确认儿童的交流行为。在这个过程中,成人可以要求或示范说出物品、身体部位或儿童正在做的动作的名称。内衣穿好后,下一件衣服离得更远了,儿童会被问到她下一步需要什么。由于下一件衣服够不着,儿童需要用更多的努力请求她所需要的。成人可以等待、示范或用手势或手语表明她需要的请求。如果这个过程重复进行,儿童将学会这个顺序以及请求她想要的东西的方法。

外出

任何外出到社区的活动都会提供会话交谈的机会。计划好要拿什么,讨论所见所闻,对喜欢什么和不喜欢什么发表意见,这些都是潜在的话题。此外,回家的旅程提供了一个对所发生事情进行回顾或叙述的机会。对于有语用障碍的儿童,成人需要观察和倾听儿童的非语言和语言反应,以建立对话。例如,大多数儿童在商店里都会伸手去拿他们喜欢的东西。这是一个成人可以回应的非语言评论,例如:"那是一件漂亮的连衣裙。我也喜欢红色。"如果可能的话,让儿童触摸物品,观察儿童的反应和其所触摸的对象。每当儿童看着说话人的时候,说话人应该回应,例如:"那些纽扣很漂亮,不是吗?"当儿童被允许探索时,他/她发声的频率可能会增加。

3.5.2 游戏常规(家庭和教室)

面对面游戏

对于缺乏语用技能的儿童来说,这是一种很好的游戏,因为作为游戏的一部分,成人和儿童面对面,可以在非语言或语言对话中学习阅读和回应对方的暗示。任何儿童喜欢的轮流进行的游戏,甚至是吹吐泡沫,都可以成为轮流互动的机会。游戏可以从儿童的发声能力开始,成人可以添加不同的或越来越复杂的动作、手势或词语。等待的时间将鼓励儿童发起和保持对话。通过等待更高层次的回应提高要求。例如,如果儿童上下弹跳,要成人让她在成人的膝盖上弹跳,在成功地进行几次之后,成人可以示范"弹—弹—跳、弹—弹—跳"并等待有声音后再弹跳。

体育游戏

在体育游戏中,面对面游戏中使用的策略同样适用,但是暗示可能是触觉的(在打闹的情况下)或动作的(在追逐或球类游戏中)。在体育游戏中很容易激起抗议,成人可以尝试给儿童一个手势或词语来代替尖叫或哭闹。成人也可以示范这样表达意见,比如"我帮他擦额头时很热",或者用手势或词语表明"我很开心"。

操作性游戏

同时使用教具和游戏会产生模仿,这是轮流的一种形式。添加语言可使其变成对话。要以儿童的动作和词语为基础。例如,如果儿童在堆积木并把它们推倒,成人可以按照与儿童相同的速度在她旁边建一座塔,所以她在轮流时,成人也在轮流。成人可以边加积木边说,"爸爸加积木。"儿童加积木时可以说,"麦迪加积木。"添加几个积木以后,儿童可能开始等待爸爸添加一个。现在这是一种"对话",因为她承认爸爸是互动的一部分。这是个简单的轮流互动,成人不应要求语言表达。示范简单的词语,比如"积木"、名字,或者"你""我"就足够了。在这种简单的轮流中,重要的是在活动中获得共同关注,并让儿童认识到他人的角色。

感觉游戏

不同类型的感觉游戏对不同的儿童来说可能是有趣的,可以忍受的,或者无法忍受的。这提供了请求、抗议、评论、提供意见、提供信息和通过对话进行讨论的机会。感觉游戏跟体育游戏一样,可以产生高水平的情绪。成人不应该避免儿童不喜欢的感觉活动,原因有几点:第一,因为感觉游戏可以提高情绪,它可以鼓励发声、说话、表达情感。第二,儿童可以逐渐接受不同类型的感官输入。第三,感官经验提供了添加描述性信息以帮助增强儿童词汇理解和/或表达的机会。

假扮游戏

有语用问题的儿童可能很难适应假扮游戏,因为他们倾向于参与孤立的或平行的游戏,而不是社交性假扮游戏。成人应该首先根据日常生活开发简单的假扮游戏序列,运用与他们在日常生活中使用的同样的语言互动。一旦儿童能够在与成人的互动中将简单的日常戏剧化,成人可以成为帮助儿童在社交性假扮游戏中互动的协助者。这可能包括:

1. 提出社交性陈述作为建议(例如,"你可以告诉萨拉你也想开车去商店")。
2. 示范一个手势(例如,给另一个儿童做"玩"的手势,让他/她跟自己玩)。
3. 示范具有不同语用功能的词(例如,礼貌的抗议、要求轮流、对发生的事情发表看法)。
4. 引导其他儿童发起会话或回应儿童正在做的事情。儿童经常会模仿他们所听到的其他儿童说的话,也会帮助其他儿童,包括有特殊需求的儿童。儿童有语言表达能力、外向且对他人敏感更为重要,成人的协助应逐步停止。

3.5.3 阅读和学习常规

圆圈时间

教师也应使用前面介绍的对话技巧(参见 TPBI2 第八章),鼓励儿童表达看法、提供信息、提问,等等。

一对一阅读

对于不太说话的儿童,成人会很容易直接给儿童图书让他阅读。儿童会很喜欢,这样也占用成人较少的时间。然而,直接阅读图书没有利用儿童和成人之间的最佳互动时间。成人需要把书当作一个交谈的机会。书籍是语用技能的一个很好的示范,一旦具备言语能力的儿童学会读这本书,成人就可以省略他们想要强调的词,然后等待一下,如果儿童不主动提供这个词,成人可以给一个提示或手势帮助儿童。可以使用对话策略(参见 TPBI2 第八章):

1. 就儿童所看到的提问"什么"的问题(例如,"这是什么?"不要问可用是/否回答的问题)。
2. 重复或纠正儿童说的话(例如,"是的,这是一只鸭子!"或"它看起来像只鸭子,但它叫做'鹅'")。这可以强化儿童的反应。
3. 接着问一个问题来扩展话题(例如,"鹅在做什么?")。
4. 回应儿童的姿态、发声或看法(例如,儿童用手势说"吃",成人说,"是的,他在吃饭。")。
5. 扩展儿童所说的话,提供信息和语言示范(例如,"他在吃玉米。你喜欢玉米吗?")。
6. 使用开放式问题(例如,"你还看到了什么?")。

对于能力较低的儿童,可以使用带有按钮和声音的互动书籍鼓励他们轮流互动与表达意见。对于有运动障碍的儿童,可以使用容易翻页的书,如纸板书,或给书装上"翻页器"(即粘在书页角上的一块海绵,以便手指更容易夹在书页之间翻页),或用半根冰棍棒粘在书页上,作为翻页的把手。这些改进很重要,因为儿童的参与与投入是轮流进行和鼓励专注的关键。

一对一阅读也可以让同伴参与进来。设定一个"读书伙伴"时间,在这期间每个儿童都可以向同伴展示自己最喜欢的书。这可以鼓励发起谈话,在提示下,儿童可以通过指向、做手势、打手语、使用词语和句子来学习与他人分享书籍。

科学与数学

科学与数学活动为儿童提供了提问和分享他们所发现信息的机会。在较低的层次上,科学与数学包括对事物进行比较、说出名称和发展分类能力。照料者和儿童可以轮流找到相似的东西,例如,找到所有的奶牛。他们可以谈论奶牛,例如,哪些是大的、小的、妈妈、婴儿、棕色的、黑色的,等等。儿童可以假装让牛吃东西、互相交谈,等等。

对于有较高水平的儿童,教师可以通过游戏和活动等方式促进互动与轮流进行,如洛托数卡牌戏、积木结构搭建及其他发现活动。对于某些儿童,社会故事可能会帮助提供他们在与其他儿童一起玩耍时使用的言语和动作。

案例:詹姆兹

詹姆兹是一名生活在寄养家庭的 5 岁非裔美国儿童。他从小受到忽视和虐待。他在目前的寄养家庭已经住了 6 个月,并与养父母和他们 6 岁的儿子形成了亲密的关系。这家人正在考虑收养詹姆兹,尽管他们担心他存在发育缓慢和语言迟缓问题。他们报告说,当他需要或想要东西时,他会问他们,但他通常是自己玩或者在哥哥旁边玩,而不是和哥哥一起玩。他们指出,他能说出周围环境中许多东西的名称,大多数时候都使用两个词的组合。当别人跟詹姆兹说话时,他似乎经常忽视别人。家人检查了他的听力,发现一切正常。他们表示,与他们第一次见面时相比,现在他的词汇量要多得多,他的老师表示说,在他被寄养期间,他在学校的技能有所提高。

詹姆兹接受了 TPBA2 的评估,以确定家庭和教师可以使用什么策略来帮助他同哥哥和同学发展语言与更好的社交互动技巧。在评估过程中,詹姆兹表现出短暂的专注力,从一个玩具换到另一个。他很少看他的家人或游戏促进者,尽管当他们问他一个简单的问题时,他会用一个词回答。詹姆兹喜欢汽车和卡车,花了最多时间在地毯上的轨道上玩赛车。他用了简单的评价语言,比如卡车停下来时说"卡车加油",汽车坏了时说"坏了"。

评估结果显示,詹姆兹在认知、语言和社交技能方面有延迟,但他最近几个月的进步是个好迹象,表明环境对他的发展产生了积极的影响。评估小组认为,尽管詹姆兹已经提升了通过与他人交流满足自己需求的能力,但他需要提高的一个方面是他的语用技能,这是他在所有发展领域取得进一步进步的基础。他们认为,改善他交流的社会方面,将使他与他人产生更多的积极互动,从而使他能够在学校和家庭的互动中学到更多的概念。他需要提升自己参考他人眼睛和面孔的能力,以了解他们在谈论什么,分享对物体和活动的注意,并扩展他使用语言的目的。组员们谈到了詹姆兹的经历,并表示他已经了解到,关注他人不会有回报,他必须保护自己,远离伤害。因为以前没有人向他表示关心,也没有人展示他人如何帮一个人满足他的需要,所以他学会了不去寻求他人的关爱、信息或帮助。他需要建立起这样一种理解,即与人联系和交流是值得付出努力的。如下是给詹姆兹家人和老师的可能的建议。

人际互动策略

1. 回到建立关系的基本事情上。和詹姆兹做些需要他看着你做他喜欢的事的有趣游戏。他喜欢和父亲打闹,所以这是一个很好的入手点。做一些詹姆兹喜欢的事情,然后停下来等待他看你再做。可以教他的哥哥也这样做。

2. 学习阅读詹姆兹的非语言提示,用言语告诉他你认为他在想什么或有什么感受——当他离开(例如,"哦,你完成了吗?")、靠近你(例如,"你需要什么,詹姆兹?")、用眼角瞄着你(例如,"我正在看着你,詹姆兹")时,等等。让他知道你在乎他的想法和感受。你也可以通过他的非语言暗示了解他想要什么和需要什么。然后,告诉他你认为他可能的需要,例如,"我看见你站在冰箱旁边。你想要果汁还是零食?"这样可以帮助他学习词汇,同时明白有人在一旁满足他的需要。

3. 做大量涉及轮流的养育活动。詹姆兹开始向你走来,在你身边玩耍,这是他开始信任你的迹象。在此基础上玩他喜欢的游戏。不要强迫他接受你的存在,只要在他旁边玩,模仿他的动作。评论一下他在做什么,你在做什么。一起读关于家庭(人或动物)和朋友的书,说出角色及他们在做的事情的名称。问詹姆兹一些问题,并帮助他参与翻页、评论等。因为他的注意力持续时间短,不要期待他能读完一本书。只是谈论图片,并试着延长看书和互相交谈的时间。重要的是花时间在他身旁,一起分享一些东西。

4. 当你想让詹姆兹跟你说话的时候,你要和他处在一个水平上。蹲下来,走到他面前,轻声说话,面带微笑。你希望他在你和他谈话时开始看着你,但是你需要开始接近他,让他从房间的另一头看着你。一旦引起了他的注意,你就拿起你想和他谈论的东西并指向它。我们希望他在开始看你之后看你所指的东西。一旦你让他一直看着你和你想让他看到的物体,你就可以站起来做同样的事情。

5. 示范与詹姆兹的需求相关的关键词和短语,例如,"我需要……""我想要……""我可以……吗"和"你会……吗"。如果他自发地或在你模仿之后使用了其中的一个短语,尽量尽快把他需要的东西给他,这将有助于他了解到,成人确实会倾听并做出积极的回应。

环境调整

1. 詹姆兹的生活没有多少激励人心的经历。设法引导他接触有趣的活动和体验。带他一起到超市挑选食物,去露营或钓鱼,甚至去农场看奶牛和猪。所有这些事件对他来说都是新鲜的,会给你一些可以谈论的话题和事物名称。

2. 制造需要你协助的问题。詹姆兹开始知道你会支持和帮助他,当他需要你解决问题时,他可以更快地学会表达他的需求。例如,把他最喜欢的玩具的电池取出来,这样他就会来寻求帮助,让它运转起来。藏起一只鞋,这样他需要你帮他找。换句话说,想想每一个日常活动,想出詹姆兹想让你参与的方式。这将增加他的交流,以满足他的需要。下一步是在找到不见了的物体或解决问题后,讨论和示范语言。

3. 假扮游戏对詹姆兹来说很重要,因为它可以让他把自己的感受表演出来,并尝试使用语言。目前他正在与恐惧、焦虑和欲望之间的冲突作斗争,且在自我表达上有困难。因此,他可以从团队的专业帮助中获益,团队可以在詹姆兹的水平上,共同应对社会和情感发展、交流和认知技能。

不同发展年龄阶段儿童的干预要点

以下建议针对的是处于相应发展水平的儿童。这些建议并不是全面的,而是表明了可能探索的领域。

发展年龄	语用技能	关键干预措施
0—3 个月	微笑回应高音调的声音(0—1 个月)。 注视照料者的脸。 无差别的哭闹。 产生其他声音:打饱嗝、打嗝、打喷嚏、咳嗽。 对熟悉的面孔微笑(1—2 个月)。 进行眼神交流。 喜欢对人做出回应和进行眼神交流(2—3 个月)。 产生真正的社交微笑。	立即以微笑和发声回应婴儿的注视。 通过设法满足需求来应对吵闹和哭泣。 模仿婴儿发出的声音。 用嘴、嘴唇和舌头进行面对面的游戏。
3—6 个月	发声以开始社交(3—4 个月)。 对不同的人有不同的反应。 社交时会笑。 沮丧时表现出愤怒或抗议(4—5 个月)。 对社交姿态做出情感上的回应。 喜欢熟悉的面孔、微笑。 对陌生人的反应不同(可能退缩或皱眉)。 享受社交游戏,并给予情感上的回应。 抗拒他/她不想要的动作或物体(5—6 个月)。 反对有人拿走玩具。 对他人特定情感表达的意义做出反应。	对发声立即做出回应。 当熟悉的物体和人离儿童很近时,指给儿童看,并说出物体和人的名字。 用说出所表达的情感名称回应生气。帮助儿童解决问题。 玩躲猫猫和其他社交游戏。 当儿童拒绝某样东西时,摇着你的头和手指说"不"。 教儿童认识"想要"的手势和词语(例如,张开与合上手掌,手掌向上)。 使用夸张的表情来鼓励儿童看脸和识别面部表情。
6—9 个月	玩躲猫猫游戏(6—7 个月)。 跟随他人的指向(7—8 个月)。 指着物体给别人看。 发起有意的互动(例如,伸手够鼻子、头发、嘴;8—9 个月)。	增加面对面游戏,增加回合数。 几个回合后等待儿童发起互动。 指向并说出离儿童不那么近的东西。 用声音、动作和词语回应儿童发起的互动。
9—12 个月	用发声来请求物体、人和活动。 对陌生人表现出恐惧(7—12 个月)。 喜欢轮流的游戏。 回应他人的声音。 发起和结束三个连续的交流循环。 开始社会性参照(例如,向成人寻求有关情况的情感信息)。	模仿儿童的发声,然后说出想要的物体、人或活动的名称。 说出新认识的人的名字;评价儿童的情绪回应。 增加轮流游戏,把物体加进来,如按按钮、拉玩具、堆叠环等。 在每个回合中添加声音和语言。 注意儿童在失去兴趣前能做多少回合,并尝试添加一个更有趣的回合。 帮助儿童知道,当他/她有压力时,你是一个安慰的来源。 给儿童明确的面部表情暗示,帮助儿童理解你的暗示,并鼓励儿童继续参照你。 除手势外,还要等待儿童做出声音请求。

续表

发展年龄	语用技能	关键干预措施
12—18个月	监测成人的情绪,以判断自己应该如何回应(14个月;社会参考,12—14个月)。 与他人共同关注一个物体(8—14个月)。 喜欢和其他儿童在一起(8—14个月)。 模仿别人的动作(8—14个月)。 摇头说"不"。 始终使用一个较远的点请求操作和信息。 用升高语调请求信息。 进行口头抗议(10—18个月)。 使用单个词语请求动作。 跟随直接视野外他人的视觉注视。 回答是/否问题。 显示控制自己情绪/行为的能力(18个月)。 表现出能够意识到照料者的愿望和期望。 表现出沮丧。 使用抗议词(如"不""不要")。 对他人的行为设置限制(如"停止")。 指向动作加上表征性词语的使用频率超过其他任何手势。 回应简单的澄清要求(如"嗯?""什么?";16—18个月)。	一起玩玩具,同时拓展游戏和语言。将日常生活融入到玩偶的假扮游戏中。 阅读书籍,使用对话策略。 用玩具建立实用功能;例如示范请求动作或物体、请求信息、提供信息、用词语进行抗议,等等。 通过在每个幼儿的行动中提供话语促进同伴间的游戏。 指向并谈论远处的物体、事件和人,并请求回应。 示范什么、在哪里、谁进行提问(用手势支持话语)。 忽略指点,只对靠近的物体进行凝视,鼓励儿童观察面部线索,以获得共同注意。 鼓励习得情感词来代替表现沮丧的行为。 向儿童提出简单的要求,并鼓励儿童使用词语和手势提出请求、表达沮丧或抗议。 示范所需的词,在儿童使用类似语言的发音时做出回应。 当儿童试图用语言控制你的行为时,你可以要求他们提供更多的信息或评论,以鼓励延长对话(例如,"再来一些果汁""你真的渴了!")。 要求澄清,以鼓励提供更多信息(例如,"告诉我更多")。
18—24个月	33%的时间开始要求澄清(例如,"嗯?")。 用共同注意的一个词发起话题。 用手势说明一个词(如,表征手势/手拿杯子)。 开始在成人的帮助下叙述过去的事件。 对陌生成人提出的澄清要求做出不同的回应。 在谈话中进行1—2次轮流。 发起一个话题并以新的信息进行回应。	当儿童说"嗯?"时,重复这句话,并且换一种方式表达。这样可以示范澄清。 回应儿童的手势,并给儿童更多的信息。 当儿童说出一个物体、人或事件的名称时,利用这个机会扩展儿童的词,并开始几轮对话。
24—36个月	在游戏中合作。 了解家庭的规则、标准、文化价值观(24—36个月)。 回应成人提出的三分之一的问题。 内化规则并遵从部分时间。 有一些关于时间和场景的一般规则。 经常要求澄清(例如"嗯?""什么?")。	对文化规范给予口头和手势上的支持,并告诉儿童它们为什么重要。 在提问之前,蹲下来,和儿童处于同一高度,获得眼神交流或面部凝视。 有一些经常谈论的规则。 儿童经常要求澄清,即使他们听到并理解了所说的话。用不同于第一个句子的句子来澄清,然后问:"我的意思是什么?" 讨论刚刚完成的活动。 阅读熟悉的书,并在阅读之前和之后讨论书的内容。这将有助于建立会话和叙述技巧。
36—48个月	区分适当的角色和行为。 85%的时间回应澄清请求(24—48个月)。 在叙述中结合两个事件。 手势和言语的搭配类似于成人水平。 在一次真正的对话中进行四轮。	鼓励儿童在不同的情境下使用不同的言语行为,并解释原因(比如外面声音大,里面声音小)。 读书时,讨论角色做事的原因和方式。 回顾课堂常规并询问一系列的问题以拓展语言功能。 创作故事,在假扮游戏中表演,让角色在对话中交谈。

续表

发展年龄	语用技能	关键干预措施
48—60个月	知道怎样做才能交到朋友。 开始理解幽默(即使不懂,也很喜欢笑话)。 开始改变视角/理解他人的观点。 会将多个事件的故事进行排序,但没有寓意或没有产生有意义的结果。	鼓励儿童主动与同伴互动,如果需要的话,用实际的单词提示。 轮流编造和讲笑话,玩胡闹游戏。 理解什么能让别人笑是一种实用的技能。 参与有各种角色的假扮游戏并鼓励像角色那样行事。 讨论为什么书中的人物会有那样的行为。 阅读并讨论包含更多复杂情节和冲突的较长的故事。 讨论"如果……会发生什么"之类的问题,鼓励儿童思考不同的叙事动作和结果。 提供许多儿童一起参与社会性假扮游戏的机会。 提供适合2—3个孩子一起玩的简易棋盘游戏。
60—72个月	参加小组活动。 提问并与他人交换信息。 讲述具有高潮的故事情节。	提供最多四名儿童轮流参与的集体游戏,并为全班儿童提供有组织的轮流游戏。 提供与同伴一起发现新情况的机会。 鼓励儿童编故事,并把故事讲给其他儿童听。 表演故事书中的复杂故事。

第四节 促进发音和语音发展的策略

目标达成量表

1	2	3	4	5	6	7	8	9
咕咕叫、尖叫、发笑、进行语音游戏。		产生一连串没有意义的元音和辅音。		说出可能无法完全理解的近似词的发音、词语或短语。		在交谈和各种活动中,言语通常能被熟悉的和不熟悉的听众理解。		在交谈和各种活动中,能准确而清晰地发出他/她的语言的声音。

当儿童的言语不容易被理解时,就会引发父母对儿童早期的交流发展最普遍的担忧。当儿童没有发展出与他/她的年龄相适应的发声能力时,他/她就可能患有发展性发音障碍或语音障碍。在早期发现这种障碍可能会对儿童将来在学校的成功产生影响,尤其是在阅读和拼写方面。此外,不易被同龄人理解的儿童可能有产生消极行为的风险,也有可能被同龄人嘲笑和回避,并由此减少与同龄人适当社交的机会。

大多数儿童以相同的、可预测的顺序发出语音。位置靠前的辅音（如 m、n、p、b、t、d）一般最先习得。接着，像 l、r、s 和 th 这样需要发音器官（如颌、唇、舌）进行更复杂协调的发音往往会随着儿童相关系统的成熟而开始发展。虽然儿童在出生最初的几个月就开始发出语音，但在接下来的 7 年里，他们才能学会发出所有的语音。这是由于儿童在口部运动机制和发音器官（如舌头、嘴唇、上颚、下颚）的精细协调运动方面需要进一步发展。儿童产生语言的能力取决于他/她的个体先天生理禀赋、身体结构和神经运动的成熟，这些因素受经验和使用情况影响。这些要素的任何干扰都可能对进一步的语言发展造成障碍。儿童的交流发展也会受到认知、情感和身体发育方面同时发生的相互作用的影响。因此，详细的背景病史对于语音障碍的诊断至关重要。背景病史包括听力敏锐度和儿童的整体认知和语言水平。有关运动表现的额外信息对评估呼吸控制至关重要，而呼吸控制反过来又影响语音控制。对儿童的整体表现有一个更广泛的了解可以澄清儿童的发音发展是否与其认知水平相称。

当儿童发展出发声的能力时，可以观察到一些常见的错误。具体表现为单词尾音的省略、音的变形或音的替换；儿童往往会用先前的、更容易发的音去替换那些他们目前不会发的音。其他的语音习得模式包括在单词不同位置的发音顺序。一般而言，在单词的起始位置产生的辅音是最容易的（如 ba/ball），其次是词尾的辅音（如 up）。出现在单词中间的辅音是最困难的（如 mitten）。此外，在混合词中出现的辅音（2—3 个辅音组合）特别难发音（如 star、school、play、broom、flag）。

4.1 适宜的发音和语音

语音被定义为支配语言声音系统的规则。当儿童学习说出语言并能说出大约 25 个单词时，他们正在学习如何组合他们语言中的不同发音。这就是语音系统。当儿童说出词语时，他们会将成人语言的模式简化为更简单的声音和模式，也就是语音过程。

随着儿童年龄的增长，经常发错音是一个问题。然而，如果她有时能正确地发出一个音，她可能会自己朝着标准发音迈进。大多数儿童在 6 岁时就形成了标准发音，虽然一些儿童 7 岁时在一些难发的音上还有问题——在这个年龄所有的发音都应该能够发出来。辅音错误是最典型的发音错误。与辅音一样，元音的发音也有一个发展模式。在说英语的人中，元音发音的不同通常被看作是方言的不同，而非发音错误。然而，有时由于口部运动机制的结构或功能问题，儿童的元音发音可能会被扭曲。因此，有可能出现鼻音或沙哑的音质在发元音时被放大。例如，听力丧失或唇裂、腭裂可能会影响儿童的发音能力。此外，儿童在发音器官的流畅运动和有目的发音方面有困难，也可能表现出元音和辅音的发音困难。有这些症状的儿童应该去找言语语言病理学家。

当观察儿童的言语发音能力时,有必要注意以下几点:
- 儿童发出的语音;
- 儿童发音困难的语音(如需要使用唇、齿、舌的语音);
- 这些语音在词语中的位置(如词头、词中、词尾);
- 发音错误的频率和一致性。

这些观察可以帮助确定儿童的发音能力水平,以及他/她在这方面是否存在发育迟缓。标准美语语音生成的大致发展量表如下所示:

3岁:元音,p, b, m, n, d, g, h。

4岁:k, t, th, f, v, ng, j, ch。

5岁:sh, zh。

7岁:l, r, s, th。

4.1.1 实际情境中适当的发音和语音

Ⅳ.A. 儿童会发哪些语音(元音和辅音表)?

日常常规(家庭和教室)

婴儿/学步儿:婴儿在换尿不湿时看着妈妈的脸说"唔"和"啊"。在车里,学步儿指着掉在地上的毛绒玩具喊:"小狗!"

幼儿:吃点心时,幼儿明确地央求:"请再给我一块饼干。"

游戏常规(家庭和教室)

婴儿/学步儿:婴儿会在游戏中和姐姐一起发出嘘声。学步儿跟着《老麦克唐纳》(Old MacDonald)的儿歌唱"咿呀咿呀"。

幼儿:幼儿边玩积木边数数,"一,二,三,四,五,六,七。"

课堂常规

在识字中心,儿童正在制作日历。儿童很难说出"January"(一月)和"February"(二月),他们说成了"Janawy"和"Febwawy"。

Ⅳ.B. 儿童的发音能力如何?

日常常规(家庭和教室)

婴儿/学步儿:洗澡的时候,婴开始咿呀学语地把元音和辅音串在一起。在超市里,学步儿指着水果说:"爸爸,桃——子——"(Daddy, peeech.)

幼儿：睡觉前，幼儿能够背诵图画书《棕熊》(*Brown Bear*)里的语句，"棕熊，棕熊，你看到了什么？"只有几个发音错误。

游戏常规（家庭和教室）

婴儿/学步儿：婴儿拿起娃娃，亲吻它，说："Ba-ba（baby）。"学步儿捡起球说："To ba（throw ball）。"

幼儿：幼儿能够模仿歌曲和手指游戏，但经常会念错不熟悉的词语。例如，"John Jacob Jingleheimer Smith"变成了"John Jako Jingle Hammer Smit"。

课堂常规

在科学中心，儿童能够准确发出大部分熟悉的词，但却很难发出新的多音节词，如将"hippopotamus"（河马）说成"hipotumes"。

Ⅳ.C. 儿童言语的清晰度如何？

日常常规（家庭和教室）

婴儿/学步儿：婴儿把手伸向瓶子，说"ba（bottle）"。学步儿看着脚边形成的水坑，说："水坑（poddie①），妈妈，水坑！"

幼儿：晚餐时，幼儿讲了一个关于学校里打架的故事。他妈妈能听懂他90%的话，而不需要他解释。

游戏常规（家庭和教室）

婴儿/学步儿：婴儿的意思是通过她的游戏的情境来理解的，单独来看是无法理解的。学步儿的语言通常脱离情境，通过她对玩具的简单称呼和动作也可以理解，例如"宝宝吃"（baby eat）或"车走"（car go）。

幼儿：幼儿会进行几乎所有人都能理解的谈话，即使是脱离情境。

课堂常规

在分享交流时间，儿童清晰地讲述："我要飞去我奶奶在亚利桑那州的家。"

4.2 支持有效发音与语音的一般原则

成人使用各种各样的策略提高发音与语音技能。以下是成人经常使用以帮助儿童推动言语发展进程的策略。这些策略对在实现这些技能方面有困难的儿童也很有用。

---

① 水坑应是 puddle。——译者注

4.2.1 示范

父母喜欢和他们年幼的孩子交谈,发出嘘声一类的语音,或唱熟悉的歌曲。通常父母会发出一个语音,幼儿模仿它,然后父母重复它。这个轮流的语音游戏是幼儿探索发出不同语音和模仿他人的方式。它以早期的语音开始,接着是单词和短语。

4.2.2 夸张和强调

当儿童在学习如何发出新的语音或词语时,父母会放缓他们的语速,夸大动作让儿童看到。例如,对于把辅音丛中的一个辅音省略的儿童,父母会为儿童示范漏掉的发音。例如,小女孩说:"看,一条蛇(nake)。"爸爸说:"是的,这是一条蛇(sssssssnake)。"父母们也会强调儿童发错的语音。例如,对于说"我想要那本书(boot)"的儿童,家长会说:"书(book)在这里。"强调"k"这个音。

4.2.3 使用视觉提示

一些儿童可能会受益于使用手势提示来促进儿童语音模仿的能力。例如,妈妈可能会按压上下嘴唇并夸张地发出"mmmilk"中的"m"音。

4.2.4 练习

在阅读重复性的书籍和唱歌时,成人帮助儿童练习发出语音和词语。许多书的节奏和重复特征能使儿童同时多次练习语音或词语。

4.3 实践中的原则

成人使用各种各样的策略支持儿童的发音和语音发展。下面列举了照料者如何在家庭和学校里使用上述策略。这些例子是大多数照料者在与儿童的日常交流中自然使用的方法,其同样适于大多数残障儿童。

4.3.1 日常常规(家庭和教室)

喂食/进食

吃饭时,妈妈会强调"m"的发音,说:"嗯(Mmm),很棒。我很喜欢!"

换尿不湿/如厕

当学步儿脱下脏裤子时,他说:"臭臭(tinky),妈妈。"妈妈回答:"是啊,臭臭的(ssstink)!"

穿衣

父亲正把一件T恤套到儿子头上。他说:"你穿着条纹衫。你会说吗?'条纹衫(striped shirt)'。"儿子说:"条纹衫(stwipe sirt)。""很接近啦!"父亲回答。

4.3.2 游戏常规(家庭和教室)

面对面游戏

妈妈把儿子抱在腿上,他唱着字母歌,妈妈随着节奏弹动膝盖。妈妈放缓了动作,他们唱"L-M-N-O-P",字母之间有停顿。

体育游戏

课间休息时,儿童轮流当"西蒙说"游戏的主导者。一个儿童说:"西蒙说:'走七小步。'"

操作性游戏

儿童说:"看,妈妈,我的宝宝在爬(cwalling)。"妈妈在儿童旁边蹲下来说:"她在爬(c-rawling)。"她说得很慢,并将嘴部动作夸张化,让儿童看得到。

感觉游戏

在玩画手指画时,老师说:"我们在画的同时发出一些有趣的声音。我先做一个,你们可以模仿我。'ZZZZIPPY!'试试看。现在你们发出一种有趣的声音,我照着说出来。"

4.3.3 阅读和学习常规

圆圈时间

全班正在读一本押韵的书。之后,他们都试着想出跟猫押韵的词。

一对一阅读

儿童正在给老师"朗读"。她说:"奥利维亚喜欢红色(web)。"老师说:"是的。红色(rrred)是她最喜欢的颜色。试着发出这个音:红(rrrrred)。"

科学与数学

当儿童数棍子时,他说的是"sebun"而不是"seven"。老师指着他的下唇说:"把牙齿放在下唇这里说:'VVV。'很棒!现在来说:'Se-vven。'"

4.4 为改善发音和语音制订个性化的干预措施

Ⅳ. A. 儿童会发哪些语音(元音和辅音表)?

确保儿童进行过听力检查很重要。如果听力是完整的,根据儿童的年龄,言语的简化或用一个语音代替另一个语音可能只是发展的天性。当儿童开始说出更复杂、更长的词语和短语时,他们的言语可能自然会更难以理解。一个重要的考虑是熟悉和不熟悉的听众对他们的理解程度,以及主题的上下文何时已知、何时未知。语音错误通常具有下列某个特征:

- 吞音(Omissions)——当儿童漏掉词语里的语音时,言语清晰度折损最大。
- 替代(Substitutions)——儿童在词语中用一个语音代替另一个语音。
- 添加(Additions)——儿童在词语中添加语音。
- 歪曲(Distortions)——儿童用歪曲的语音代替标准语音。

对于正处于发出语音阶段的儿童,最好咨询语音语言病理师,以获得关于如何最好地促进儿童言语发展的信息。如果通过评估确定发音错误超出了正常发育的范围,可以建议进行语言治疗和在家与父母一起进行其他活动。除了正常发育儿童的父母所使用的前述策略,以下是可以在专业人员的支持下使用的人际互动策略和环境调整。

人际互动策略

1. 练习目标语音。许多发音错误是由于形成了一种与舌头或嘴的位置有关的不正确的习惯。练习对于改变这些习惯很重要,但是练习会让孩子失去兴趣。做一个发声的轮流游戏。这可以是一种简单的模仿游戏,也可以是一种更高层次的"西蒙说"游戏:"我将闭着眼睛说'ss'。现在,我将把双手放在头上说'ss'。"至少玩10个回合的游戏来重复这个语音,每天玩两次,在洗澡、玩耍、睡前等时间。在儿童能正确发音后,改变游戏,将发音加到音节的开头、中间或结尾(一次只练习一个音节)。接着练习有这个音的单词,然后是句子。这些应该是有趣的游戏,而不是枯燥的练习。

2. 玩一些包含正在学习的语音的活动性游戏。用语言重复动作,例如,"跳,跳,跳";"跑,跑,跑";"扔,扔,扔"。在儿童开始游戏前,确保儿童的发音是正确的,否则他/她将练习错误的声音。对于一些儿童,只让他们说一遍单词,因为他们在重复的模式下可能很难正确地说出单词。

3. 唱一首喜欢的曲子,用声音代替歌词。例如,在《划,划,划你的船》(Row, Row, Row Your Boat)中,用"p"或"t"的发音代替单词。这可以很有趣,也可以很滑稽。可以在开车时做这个游戏,轮流选择一个语音。另一首可以尝试的歌曲是《我喜欢吃苹果和香蕉》(I Like to Eat Apples and Bananas);改变整首歌的元音。

4. 使用包含儿童需要练习的语音的图片或物品玩捉迷藏。成人蒙住双眼,不能看,直到儿童宣布已经找到藏好的物品或图片为止。成人提供线索帮助儿童找到它。然后儿童宣布他的发现。将许多包含儿童需要练习的目标语音的图片和物品藏起来,可以给儿童一个有趣的方式练习这些发音。

5. 示范目标语音。当说到一个含有目标语音的物品时,成人应该把物品举到自己嘴边,这样儿童就会专注于这个物品的语音是如何发出的,以及这个物品本身。

6. 玩猜谜游戏(I-Spy-with-My-Little-Eye),提示儿童看到了什么。第一个线索可以是单词的第一个或最后一个音(需要改进的语音),例如,"我来用小眼睛找找'ka'开头的音"。

7. 确定日常生活中要关注的功能词。例如,洗澡时,把这些词和你能找到的目标音联系起来,比如"bath""boat""baby""bubble"和"ball"。

环境调整

除了可能支持儿童产生适当语音的人际互动策略,环境调整往往也有用。根据TPBA2的研究结果,团队可能需要考虑以下一些环境调整。

1. 使用在线语音游戏练习发音。这些游戏包括对儿童有吸引力的图片。

2. 玩识别游戏。记忆、纸牌游戏或棋盘游戏可以鼓励儿童识别动物、物品和家庭用品。

3. 使用镜子,让儿童得到视觉和听觉的反馈。在镜子前玩扮鬼脸的游戏,游戏中涉及发音和模仿语音。

4. 使用电脑动画程序。当儿童发出正确的音时,电脑程序可以使用改变的视觉模式。这类程序可以和语音语言病理师一起使用。

5. 使用电脑动画程序(续)。电脑程序也适于年龄大一些的儿童,程序会为儿童呈现一个"会说话"的头,可以告诉儿童口舌的位置和发音方法。这可以给儿童以激励,只要他们愿意,随时都可以练习。这些程序已被证明对自闭症儿童和其他类型的障碍有效。

Ⅳ.B. 儿童的发音能力如何?

Ⅳ.C. 儿童的话有多易懂?

儿童的言语难以理解的原因可能多种多样。他们可能有较差的发音器官控制力或肌肉组织能力;对必要的发音动作进行计划、制订和排序的能力不强;或无法控制气流以产生言语。他们可能会有身体上的问题,如牙齿不整齐、鼻塞、耳朵感染,或由于缺乏有效的吞咽而唾液过多。发音不清晰的儿童需要的不仅是练习单独的语音。除了言语和语言治疗,他们可能还需要身体、牙科或医疗方面的支持。需要跨学科团队确保所有相关问题都得到解决。

人际互动策略

1. 把幼儿想要或要求的物品举到你的嘴边。幼儿必须看到物品是什么,以及成人如何移动他/她的嘴产生这个词。专注于一个词,而不是短语和句子,以减少语音序列的数量。

2. 用目标语音做一本单词图画书。用真实的图片或来自商品目录和杂志的图片做一本关于幼儿的关键词和喜欢的东西的书。一起阅读,让幼儿尽可能多地说出名称。让这成为一个分享、舒适的时光,而不是"治疗"。这本个性化的书可以让幼儿先学会生活中重要的单词,让她的需求更容易得到满足。它也提供了一个机会,以一种无压力的、滋养的方式练习这些单词。

3. 只要有可能,就给儿童提供一些选择,这样他/她在发出当前的词语时会更有针对性。用餐时间、游戏时间和穿衣打扮都是做选择会带来益处的日常活动。选择也能让儿童确保自己能被理解。选择听起来不太相似的词语,这样可以确保成人能听懂幼儿的话,从而加强日后的沟通。

4. 采用轮流活动示范目标语音和词语。这之后儿童能得到一个他们能模仿的正确模板。轮流可以从发出动物的声音、扮鬼脸(与发音的部位相关)开始,然后发出与真实单词相关的语音和音节。

5. 给儿童生活中的所有照料者提供目标语音和策略。如果儿童生活中的成人知道要从儿童身上引出目标语音和词语,那么儿童将一整天都有很多练习的机会。

环境调整

除了能帮助儿童改善言语清晰度的人际互动策略,环境调整也很有有用。根据 TPBA2 的研究结果,团队可能需要考虑从以下方面进行环境调整。

1. 计算机程序。儿童可以使用前述等基于计算机的活动,以便通过图片和符号加强发音。

2. 使用增强性和替代性交流设备。增强性和替代性交流对发音严重受损的儿童可能有用。这些设备可以在短期内用于增强和鼓励产生言语的动机,或是作为口语发声的替代手段。

3. 使用手语。手语可以用作语音的辅助或语言的替代。手语能帮助儿童减少尝试交流的压力,从而实现更多的正确发音。

4.5 针对需要支持以改善发音/语音的儿童的常规活动

以下是如何将上述策略纳入到儿童在家庭和学校里的常规活动中的示例。除了本章开头提到的照料者对没有特殊需求的儿童使用的策略,以下这些策略可能会在提高发音和语音的熟练度方面提供支持。

4.5.1 日常常规(家庭和教室)

喂食/进食

用餐时间是鼓励儿童发出词语中的语音以发出请求的好机会。为儿童提供选择,将鼓励他/她更加积极地专注于其正在发的音和词语,例如,"你想要甜点还是饼干?"重要的是,不能在整个用餐过程中一直要求儿童发出目标语音。

换尿不湿/如厕

在换尿不湿期间,谈论身体部位,同时强调每个部位的名称。面部(眼睛、耳朵、嘴巴、鼻子)与主要身体部位(手、头、脚、膝盖)的不同元音和辅音的变化有助于儿童早期语音的发展。你也可以发出"peepee"（尿尿）和"poopoo"（便便）的音，看儿童是否能用正确的元音模仿每个单词。

穿衣

穿衣是用重复的话帮助儿童练习语音的时候。例如，如果儿童难以始终如一地发出词尾辅音，可以在帮他们穿衣或脱衣时，强调"on"或"off"这些词①。

外出

去外面和不同的地方可以分享许多经验。对于正在学习不同发音的儿童，谈论不同的环境声音，如动物和车辆的噪音，会很有趣。例如，看见汽车说"哔哔"（beep），看见火车说"呜呜"（choo-choo）。

4.5.2 游戏常规（家庭和教室）

面对面游戏

儿童通过观察他人的嘴，以及他们如何发出与不同事物和动作相关的语音学习发音。唱歌或玩其他感觉社交游戏时，确保成人在儿童面前，并处于同一水平。

体育游戏

在体育游戏期间，一直关注语音可能比较困难，因为儿童也在关注自己的运动技能。然而，如果有机会轮流进行，并且运动出现中断，例如请求物品或轮流继续活动，那么引导儿童发音是一种选择。

操作性游戏

精细运动活动是引导儿童发音的好时机，因为儿童通常是坐着的，并且可以对活动进行设置以请求所要求或所需的物体或物体的一些部分，如形状分拣机或拼图块。如前所述，对于一些专注于精细运动任务的儿童，需要注意的是，不能在他们完全沉浸在操作中时要求他们发出目标语音。此外，采用轮流的话轮，为儿童示范正确发音，然后让儿童请求一样物体或轮换一次。这类活动也能帮助大量练习语音和词语。

感觉游戏

用儿童能够模仿的不同语音和词语谈论成人或儿童在做的事情（如鞭打、推动、发出啊的欢呼声）。

假扮游戏

这类游戏能让儿童练习使用熟悉事物的名称，同时练习日常生活中可以使用的功能语言。同伴的示范能让儿童跟着模仿。

---

① 分别为穿上和脱下中的辅音介词。——译者注

4.5.3 阅读和学习常规

圆圈时间

在圆圈时间练习不同的语音是儿童听到成人或同伴的语音或语言示范的绝佳机会。有重复句子的歌曲或环境音效是最好的,包括《巴士上的轮子》(The Wheels on the Bus)和《老麦克唐纳》。

一对一阅读

找些针对某些语音或有旋律或重复语句的书给儿童练习。务必要留有停顿,让儿童说出那些语音和词语。逐字阅读这本书可能不如谈论图片重要。

科学与数学

谈论不同的材料,它们的外观、感觉等。可以用一些除末尾词语外句型一致的短句帮儿童练习在短语中正确发音,如"我看到一个_____"或"我需要_____"。

> **案例:阿里**
>
> 阿里是一个 28 个月大的女孩,由于担心她的言语发育迟缓,她被转介去评估。她的父母报告称,她有慢性中耳炎病史,在过去的一个月里,她的耳朵里被放置了压力平衡管。他们感觉女儿讲话越来越多,也开始说一些不同的话,但很难理解。在背景已知的情况下,她的父母能听懂约 60% 的内容,其他人只能听懂少于 50% 的内容。当别人不能理解她时,阿里会不断重复,有时会哭。据她的父母说,有时候像是在玩猜谜游戏般试图弄明白她想要什么。
>
> 在评估期间,有人指出,阿里能够发出与其年龄相符的元音和辅音,但会漏掉所有词语词尾的辅音。例如,她的一些发音包括:"po bubo/pop bubbles, mo ju/more juice, my boo/my book。"因为她是在把词连起来,所以父母更难识别短语中的词。
>
> 评估团队确定,能够通过早期干预使阿里的学习和发展得到支持。以下是针对阿里提出的有关方案。
>
> **人际互动策略**
>
> 1. 示范词语中的正确发音。不要重复阿里所说的话,以免加重她的错误表达。
>
> 2. 在你说话时,强调和延长目标发音。例如"busssss go/bus go"。
>
> 3. 与语音语言病理师合作,确定阿里生活中重要的功能性词语,并包括这些语音。重要的是,要记住她目前语音表中的元音和辅音以及她在不同词语中发出这些音的能力。一开始可以从目标语音和词语开始,并将其添加到她的语音词汇表中。要侧重于关注功能性词语,以及阿里可以在一天的不同日常活动中练习这些

词汇。

4. 尽量单独引出言语。当阿里也在做精细动作时,不要要求她正确地模仿或发出语音。例如,如果阿里在玩一个拼图,在将拼图块递给她之前,为她示范所请求的拼图块的名称让她模仿。

环境调整

使用阿里生活环境中的物品、人和动作的图片制作一本个性化的词语书。从包含阿里已经使用过的的发音的词语图片开始。每天找一个愉悦、安静的时段与她交流,聊聊这本书以及图片。有节奏地阅读,强调单词中的声音,以鼓励模仿声音。

不同发展年龄的干预要点

以下建议针对的是处于相应发展水平的儿童的。这些建议并不是全面的,而是表明了可能探索的领域。与口部运动机制的结构或功能相关的确诊问题可能会对言语的表达产生不利影响。向团队中的语言语音病理学家咨询指导意见是很重要的。

发展年龄	发音能力	干预要点
0—3个月	模仿口舌动作。 用口腔后部发音(2个月)。 延迟面部动作的模仿。 将手放到嘴边。 把物品拿到嘴边(3个月)。 吮吸手和手指。 产生一些唾液。	与儿童交谈,让他/她看到你的脸和嘴。 鼓励儿童用口部来探索物品和手。
3—6个月	尝试模仿语音(4个月)。 发出元音"ah"。 玩语音和语音模式(5个月)。 发出辅音(如 p、b、n、k、g)。 经常把东西放进嘴里(6个月)。 发出不同的元音(如 ah、eh、ee、oo)和早期的辅音(如 b、m、g)。 发出嘘声。	用嘴的动作和元音语音进行面对面游戏。 示范用嘴唇和舌头发出声音。 示范并模仿语音,如嘘声、元音、口腔前部发音(b、m)和后部发音(g)。
6—9个月	能完全控制各个位置的唾液,除非进食、积极玩东西或长牙。 产生元音-辅音音节(如"ba",7个月)。 产生音节链(如"bababababa",8个月)。 模仿语音(9个月)。	模仿儿童发出的语音。 唱只强调一个音节或语音的曲调(如 la-la-la、ba-ba-ba)。 慢慢地说带有口腔前部发音的词语(如 ma-ma、da-da、ball),让孩子看着你的嘴。 注意适当的头部和颈部支撑。

续表

发展年龄	发音能力	干预要点
9—12个月	吃饭时流口水现象减少。 说出第一个词(12个月)。 发音能被熟悉的人听懂。 咿呀学语时发出各种各样近似元音和辅音的语音。	使用简单的一个到两个词的短语,让儿童能试着单独模仿。 读书时发出动物的声音。
12—18个月	磨牙和一些精细运动任务期间可能会流口水。 发出多种早期辅音:b, m, n, t, d, w。 想要牛奶(milk)的时候说"muh"。 模仿语音和词语(18个月)。 漏掉单词的词尾辅音。 漏掉单词的词头辅音。 发出类似句子的语调。	读一些包含简单词语和短语的书。引入儿童的个人单词书,并随着儿童词汇的增加添加图片。 唱一些有重复语段的歌。 说出物体和动作的名称。 重复儿童的发音以巩固。
18—24个月	说出不熟悉的人能理解少于50%的话(21个月)。 不一致地漏掉词语词尾辅音。 大约50%的言语可以被理解(24个月)。 使用早期辅音(p, b, m, n, t, d, h, w),发出辅音-元音-辅音的结构(如 mo mick/more milk)。	延长和强调儿童可能发音困难的音。 示范含有新语音的词语。 鼓励儿童模仿其他的环境声音。
24—36个月	流口水现象应该已经消失。 熟悉的人能听懂50%—70%的话(30个月)。 遗漏辅音丛的一个辅音(如_top/stop)。 重复词语中的音节(如 wawa/water)。 简化多音节词语(36个月)。 辅音的替代和变形仍然存在。 70%的话能被理解。 能发出口腔后部的语音(如 c, car; g, go; -ing, eating)	正确地说出单词,为儿童做良好示范。 用舞蹈和唱歌把声音与文字融入节奏。 使用故事中包含声音的书。 唱简单的儿歌,玩手指游戏。 空出儿童最喜欢的书和歌曲中的词语与短语让儿童补全。
36—48个月	言语能被不熟悉的人理解(42个月)。 在某些单词位置生成辅音l、f、s和y。 大约80%的言语可以被理解(48个月)。 说话速度加快。 存在少量替代和吞音现象。 辅音丛可能仍无法完整发音。 发出更多的辅音:z, v, sh, ch, j。	使用儿童语音清单中的词做假扮游戏。 说出儿童说出的字母和语音的名称。 谈论当天的活动。
48—60个月	能准确发出任意位置的辅音。 言语能被不熟悉的人理解。	从儿童的单词书中扣出熟悉的单词,写下这些单词的字母并说出它们的发音,这将提供额外的视觉提示,以匹配听觉输出。 让儿童参与讲故事,发展叙事技巧。让儿童在故事中组词造句。 根据故事编一些歌曲。 给儿童读有韵律和节奏的诗歌。背诵一些简单的诗歌。 将喜爱的书籍中的道具和语言融入到假扮游戏中,鼓励儿童复述这些用语和故事序列。
60—72个月	7岁前能发出所有位置的全部语音。	让儿童说出他/她想要学习书写的单词。然后写下这些单词,让儿童用磁性字母、字母印章、书写或其他方式临摹。让儿童把单词读给你听。 使用语言和故事板、木偶和法兰绒故事板。 根据故事书编写剧本,进行假扮游戏。

第五节　改善发声和流畅度的策略

与蕾妮·查利夫-史密斯共同写作

目标达成量表

1	2	3	4	5	6	7	8	9
呼吸支持足以发出哭声、咕噜声、咕咕语或笑声，但不能支持发音。		呼吸功能和发声功能足以支持发音，但还不会咿呀学语或说出类词语的单个词。		呼吸支持足以发声，但是下列任意行为都是慢性的、明显的，并且会干扰儿童的交流： 音高：很高、很低或无变化。 音质：气息声重、刺耳、嘶哑、鼻音重或不通气。 响度：不响亮或非常响亮。 流畅度：节奏非常变化不定和/或经常不流利（语音或音节的重复，例如"c-c-c-cat"、拖长的语音"sssss-sat"或卡顿）。 语速：很慢或很快。		呼吸支持足以发声。下列任意行为可被观察到，但不会明显地干扰儿童的交流： 音高：稍高、稍低或无变化。 音质：略带气息声、略刺耳、轻微嘶哑、略带鼻音或稍微不通气。 响度：略轻或略响。 流畅度：节奏有些变化不定和/或偶尔不流利（语音或音节的重复，例如"c-c-c-cat"、拖长的语音"sssss-sat"或卡顿）。 语速：稍慢或稍快。		音高、音质、响度、流畅度和语速与儿童的年龄、身形、性别和文化相协调。

　　肺部（呼吸系统）、喉头或发声腔（发声功能）、咽喉（喉咙）、口腔和鼻腔（共鸣系统）之间复杂的交互作用形成了每个儿童与众不同的声音。当儿童呼气时，空气通过喉部时声带会振动，并经由口腔和鼻腔发出改变了的声波。

　　儿童一开始的发声交流产生于哭、咕咕语以及与成人的语音游戏。成人会把这些发声理解为携带着交际性的意图。随着儿童的成长，其语音清单、音高范围和语调模式对有效交流和社会互动变得重要。响度、音质、共鸣、语速和音高都影响着儿童言语的清晰度以及他人对儿童社交行为的认知。

流畅度指发出与组合语音、短语和词语，以流畅和有节奏的方式表达想法的能力。口吃是指语音和音节的重复（例如"p-p-p-p-push it"）、语音的拖长（例如"mmmmy car"）或发出语音或词语时的卡顿（例如没有声音）。流畅度对于别人理解儿童试图交流的内容很重要；对于孩子培养自我意识，成为有效的沟通者也很重要。无法流利地进行交流可能会令人极其沮丧并产生自我挫败感。

5.1 适宜的发声和流畅度

随着儿童的生理变化以及获得发出语音和词语的能力，儿童的声音和流畅度会随时间而变化。当响度、音高和音质符合儿童的交流需要，并且不掩盖儿童所说的话时，儿童的发声被认为是正常的。随着儿童的喉头、声带、口部和鼻部结构的发育，儿童的声音也随之发生变化。

在流畅度方面，其发展进程通常以可预测的模式进行，发音、声音组合和词汇在出生的头18个月发展迅速。儿童从哭声和元音的发声开始，接着开始把元音和辅音组合起来，在同一模式下不断重复。这些模式开始增加声音的可变性和复杂性、声音模式的长度以及类似真实单词的词语。一开始儿童逐个发出词语，之后和其他词组合起来，以传达更复杂的思想。对于大多数儿童来说，即使他们发音不准确，他们仍然可以轻松流利地组合语音。

在正常的语言发展进程中，2到5岁的幼儿经常重复词语或在说词语时有困难。当他们想要用更长、更复杂的话表达他们的想法时，他们的发音器官有时会跟不上。当儿童兴奋、焦虑或对情况不确定时，他们可能会出现这些不流畅的情况，并且可能有多种形式：整个词语的重复（如"我的、我的、我的火车"），短语的重复（如"我的洋娃娃、我的洋娃娃脏了"）；修正，即儿童在句子没说完时改换修正（如，我想要果汁-[停顿]-牛奶）；或者插入语，其中儿童使用了"填充"词，如"嗯"。这些不流畅的情况可能发生数天或数周，并在无人帮助的情况下自行解决。

5.1.1 实践中适宜的发声和流畅度

V.A. 儿童的音高、音质、响度是什么样的？

日常常规（家庭和教室）

婴儿/学步儿：婴儿大声哭泣，发出清晰、响亮、长时间的哭声。学步儿在妈妈的耳边低语："我爱你。"

幼儿：幼儿在浴盆里唱歌，他降低音高变成牛蛙声，接着提升音高变成青蛙声。

游戏常规(家庭和教室)

婴儿/学步儿：婴儿躺在婴儿床上，发出声音。她用很高的音尖叫，然后吹泡泡，接着又尖叫。学步儿一边兴奋地尖叫，一边在操场上跑来跑去，追逐他的小狗。

幼儿：幼儿唱着熟悉的歌，随着音乐及时地变换着他的音高和节奏。他的发音很清晰。

课堂常规

三个儿童在带水槽的桌子旁玩耍。当他们开始洗车时，他们的声音越来越大，发出像洗车一样的噪音。老师告诉他们要用"内心"(inside)的声音。他们都收小了声音。

Ⅴ.B. 儿童的言语有多流畅？

日常常规(家庭和教室)

婴儿/学步儿：婴儿发出声音，连起来是类似说话语调的一连串语音。当学步儿看到父母穿上外套，她毫不犹豫地说："我走。"("Me go.")

幼儿：幼儿就电视节目进行了长时间的对话。他滔滔不绝地谈论着人物和情节，只是偶尔会说，"还有，呃，然后……"

游戏常规(家庭和教室)

婴儿/学步儿：婴儿看着镜子中的自己，喃喃地发出一串辅音-元音。学步儿从篮子里拿出塑料香蕉，递给她的朋友说："你要香蕉(nana)吗？"(这是正常的音节遗漏现象，不是言语不流畅。)

幼儿：幼儿问他的朋友："你要跟我玩吗？我想建一座城堡，你可以帮帮我。"他说得很快，没有停顿。

课堂常规

在圆圈时间，幼儿被询问周末做了什么。她回答说，"嗯，我和我哥哥去了，呃，动物园。"(这是正常的言语不流利，以此让儿童有时间组织她的想法。)

5.2 支持有效发声和流畅度的一般原则

5.2.1 示范

成人为儿童示范流利的言语和语音调节。例如，当儿童声音太大时，他们经常降低自己的声音。当儿童思忖着要说哪个词时，成人可以说出儿童可能会说的物品名称。例如，如果儿童说"我要一个，呃，……"时，成人可以等一等，还可以提供一个选择或说出儿童在看的物品的名称，比如，"你想要一根香蕉吗？"

5.2.2 指导

成人引导儿童调节他们的声音。例如,在前面的示例中,教师告诉儿童用他们"内心"的声音。儿童理解这是指他们声音太大了。

5.2.3 等待

对于那些说话不流畅的儿童,成人往往只要等待儿童自己说出正确的词或话,全神贯注地关注儿童,用心倾听,不去打断。

5.3 实践中的原则

5.3.1 日常常规(家庭和教室)

喂食/进食

成人鼓励儿童在用餐时发出语音和说话。成人说出儿童正在吃的东西的名称并加以描述。用餐或吃零食的时间能让每个人轮流谈论这一天的日常或一件事情。

换尿不湿/如厕

在换尿不湿和如厕时,成人做出语言示范,并鼓励安静的互动。

穿衣

穿衣服是一种连续动作,所以成人可以使用重复的句子鼓励儿童把词语连起来(例如,"脱掉袜子"),以及使用声音效果(例如,当拉上睡衣或外套的拉链时说"呲——")。

5.3.2 游戏常规(家庭和教室)

面对面游戏

面对面游戏中所唱的歌和所做的动作能够鼓励儿童模仿,并提升语音、词语、语调、语音调节的流畅度。

体育游戏

体育游戏可以允许和鼓励儿童大声地玩游戏、大声吵闹和大声欢笑。

操作性游戏

成人提示儿童模仿各种各样的声音——动物、货车、飞机、火车、汽笛和撞击声。这些模仿能让儿童尝试进行语音调节。此外,在模仿成人的评价时,儿童也在练习流利地说句子。

感觉游戏

成人鼓励儿童玩与动作相匹配的语音游戏(例如"嗖!""唰!""咚!")。儿童在这样的游戏中经常用不同的音高和响度表露丰富的情感。

5.3.3 阅读和学习常规

圆圈时间

在圆圈时间,成人通过引导学生回答问题、谈论日常或与同伴互动来要求学生参与。成人会对情况提示适当的声音,并在儿童正在表达想法时,鼓励同伴们等他/她说完。

一对一阅读

成人做出流利的阅读语言示范,鼓励儿童通过模仿并补全熟悉的书籍中缺失的句子进行参与。回忆书中的文章能提升言语流畅度。

科学与数学

成人鼓励儿童按顺序流利地数数。科学活动也涉及有序地组织想法。成人可以鼓励儿童讲述他们做了什么、发生了什么以及接下来会发生什么。

5.4 改善发声和流畅度的个性化干预计划

V. A. 儿童的音高、音质、响度是怎样的?

当儿童在音高、响度或音质上出现偏差,以至于妨碍交流或不适合儿童的性别、年龄或文化背景时,儿童可能会被诊断为发声障碍。参与发声的任何身体机能——呼吸系统、发音系统或共鸣系统(鼻腔或口腔)存在问题,都可能会影响音质。儿童出现的发声问题可能有多种原因。遗传、神经、身体或环境问题可能是根本原因。患听力损失、唐氏综合征、脑瘫、情绪和行为障碍以及其他语言和认知障碍的残障儿童,更有可能比无发展障碍的儿童表现出更多的音质问题。可能导致发声质量差的其他因素包括不合理的呼吸支持和语速。以下是最常见的发声问题:

- 共鸣:过度的鼻音(即鼻腔共鸣过多)或过少的鼻音(例如,听起来儿童像感冒了,鼻共振太少,尤其是鼻辅音,/m/、/n/、/ng/)。
- 音质:嘶哑、刺耳或呼吸声重的声音。
- 响度:太弱或太强。
- 音高:过高、过低或单调。

过度的鼻音可能是诸如鼻塞或鼻窦问题、颅面障碍(如唇裂和/或腭裂)的身体机能问题造成的。患有脑瘫等神经肌肉问题的儿童可能因呼吸系统障碍导致言语困难或在音质、响度和韵律上存在障碍。自闭症谱系障碍儿童说话时也可能有声音韵律问题和响度问题。

嘶哑、粗糙或刺耳的声音可能是由医学病因引起的,如胃食管反流导致的过敏和刺激、持续大喊大叫导致的声带使用过度、长时间压低声音说话或不恰当的呼吸支持。滥用声音可能会致使声带肿胀或声带上囊肿、息肉的逐渐生长。这些问题需要向耳鼻喉科专家咨询,以评估、确定任何医疗原因,并制订治疗计划。有些情况可能需要手术。然而,根据所呈现问题的严重程度,发声治疗通常是治疗的首选。

人际互动策略

1. 鼓励儿童使用适当的声音交谈。在很长一段时间内,禁止使用粗糙的声音,如发出动物的声音(如嚎叫)或卡车的声音。

2. 为儿童示范恰当的语速,用放松的和平静的声音交谈。如果语速过快,可能会导致言语的不流畅。

3. 指导大一点的儿童如何呼吸。在专业团队的支持下,指导儿童使用胸部和腹部呼吸,而不是用对说话没有帮助的锁骨(肩部)呼吸。使用这种方式呼吸时,让儿童感受她的下部肋骨在扩张。从容地、放松地呼吸能帮助发声。

4. 学习如何帮助儿童放松。和儿童一起练习放松身体和面部。儿童就能很好地掌握深呼吸和放松策略。在安静和放松的环境中与儿童一起做这些运动。

环境调整

除了可能帮助儿童调节发声的人际互动策略,环境调整通常也有用。根据 TPBA2 的调查结果,团队可能需要考虑下列一些环境调整。

1. 考虑姿势需要。胸部、颈部和头部需要向上挺直并进行支撑,以便说话时实现良好的呼吸控制。

2. 保持一个放松的环境。放松的环境能帮助儿童放松,支持呼吸和说话。

3. 成为儿童正确发声的榜样。教师可以通过按铃,而不是大喊让儿童进教室。

4. 提供一个需要低声说话的安静环境。洗碗机、吸尘器和电视机发出的繁杂噪音要求儿童增加音量。在嘈杂的环境中,不要要求儿童大声说话(即需要长时间提高音量和/或说话)。

Ⅴ.B. 儿童的言语流畅度如何?

言语不流畅的儿童可能会出现说话不连贯或口吃的现象。口吃可表现为语音和音节的重复(如"g-g-g-ive me" or "gi-gi-gi-give me")、拖长语音(如"mmmmm-ine")、不必要的暂停或卡顿(如没有语音)、修正前面说的话或插入语音或音节(如"um""uh")。口吃儿童还会表现出纠结的行为或动作,这表现出他们的言语困难。这些行为和动作包括面部和身体的挣扎与紧张、全身或身体某些部位的移动或口吃时转移目光。当儿童激动或不安时,口吃行为可能会加重。在重复中,儿童也经常表现出响度和音高的变化。

另外一种言语流畅障碍被称为言语急促。急促的言语难以理解,因为它太快,许多语音被遗漏或变得模糊。句子也可能杂乱无章。这些儿童通常不会表现出挣扎的行为,因为他们可能没有意识到他们的话很难理解。

多年来，关于口吃儿童治疗的观点一直在演变。建议对儿童进行早期干预，并与家庭和工作人员（即儿童保育提供者和教师）进行有益与持续的协作和交流。要与团队不断协商，因为儿童的口吃可能会对社会情感等其他发展领域产生不利影响。

人际互动策略

1. 不要让儿童放慢速度或深呼吸。这可能会让儿童注意到不流畅问题，并增加压力，可能会增加而不是减少这种行为。

2. 当儿童说话时，要给予他/她充分的关注。听者应该与儿童进行眼神交流，并停止正在进行的其他活动。

3. 示范正常语速。和儿童交谈时，要注意语速。在句尾停顿并正确使用语调变化。平缓的言语会暗示儿童不用着急。

4. 用放松和缓慢的方式模仿儿童之前说的话。当儿童说话不流畅时，不要纠正他/她。正确地重复儿童说的话。例如，如果儿童说："I wa-wa-wa-want a cracker."成人可以说："Okay. You want a cracker? I'll get you one."

5. 在交谈中轮流说话。如果是一个集体活动，每个儿童都要能轮流发言，不能让言语不流畅的儿童等待太久才发言。吃饭时，让每个人轮流交谈，留出时间让每个儿童不被打断地表达自己的想法。

6. 提供等候时间。即使你知道儿童要说什么，也等儿童完成沟通后再回应。当儿童在说话时不要去打断。

7. 减少对信息或表现的询问。通过对话获得你想知道的信息，而不是直接提问，例如，"我想知道松鼠们早上吃的什么？"不要要求儿童在别人面前表演或背诵。如果儿童需要在一群人面前做出言语回应，试着问一些儿童熟悉的内容。减少为了表现而使用提问。例如，不要对儿童说："给我们表演一下如何数到20。"给出其他选择，例如，"你想在假扮游戏区还是在科学区玩？"

8. 与儿童在同一高度交谈。和儿童建立联系很重要，所以要与儿童在同一水平线上说话，面对面交谈互动，同时在儿童的发展水平上交流能减少压力。

9. 说一说造成压力的来源。压力会加重言语不流畅，所以试着去减少压力，例如，可以说："这里好吵。把音乐关小一点我就能听到你说话了。"

10. 保持冷静。支持、鼓励、亲切、友善，这样儿童将愿意交流。不要在你的脸上表现出痛苦、忧虑或失望。

11. 给予口头表扬。儿童说话时，评论他/她的谈话，"你对你的旅行描述得真好"。

环境调整

除了能帮助儿童改善言语流畅度的人际互动策略，环境调整通常也很有用。根据

TPBA2 的调查结果，团队可能需要考虑下列一些环境调整。

1. 尽量安排儿童说话的时间。有父母和孩子单独互动的特殊时间很重要。

2. 把熟悉的书、歌曲、诗歌、手指游戏融入日常生活中。熟悉能减少儿童的压力并提升流畅度，因为已知的内容说起来会更流畅。手指游戏以及随音乐进行身体摆动也能减少儿童对言语的关注。

3. 记录言语最不流畅的情境。可能是出于以下这些情况：
- 在别人面前说话时感到有压力。
- 争着说话。
- 害怕所说内容的后果。
- 表达复杂的想法或使用新词。
- 新的情境或陌生人。
- 着急。

4. 借用视觉辅助。鼓励儿童使用图片等视觉辅助帮助他们解释想要分享的内容。图片也许能够引导思维。

5. 给儿童时间谈论他们感兴趣的内容。当儿童知道他们在说什么时，言语不流畅现象会减少。

6. 探索稍大的学龄前儿童的辅助设备。改变儿童听到自己声音的方式的辅助设备被证明对一些儿童有效。咨询儿童的语音语言病理师。

5.5 为需要支持以改善发声和流畅度的儿童提供的常规活动

以下是前面讨论的策略如何被纳入儿童在家中和学校里的日常活动中的示例。除了本章开头提到的没有特殊需求的儿童的照料者所采用的策略，以下内容也可能支持改善发声和言语流畅度。

5.5.1 日常常规（家庭和教室）

喂食/进食

安排用餐时间和其他"谈话时间"，确保兄弟姐妹或同伴知道每个人都需要用一定时间分享主意和想法。这些谈话分享时间应该是和缓的、轻松的，每个人都不应该被打断。一开始，可以击鼓传花，传到的人来分享。

换尿不湿/如厕

在换尿不湿和如厕时，成人与儿童轮流交谈。

穿衣

家长给儿童提供穿衣选项并让儿童试着自己穿上。这一活动不能太急,儿童需要有交谈的机会。

外出

照料者示范在室外时适宜的音量和音调。

5.5.2 游戏常规（家庭和教室）

面对面游戏

唱歌或轮流玩语音游戏,让儿童练习不同的发音、响度和音调。

体育游戏

这类游戏经常引起尖叫。尽量一贯地减少太多的响亮和粗糙的声乐。

操作性游戏

儿童经常喜欢模仿动物的声音和车辆的音效。注意避免儿童发出过多的粗糙声音,并示范其他音调和音高。

感觉游戏

成人在玩不同的东西时,可以用自己的声音模拟不同的语音。

假扮游戏

为每个儿童提供机会,轮流在游戏中交流他/她的想法。

5.5.3 阅读和学习常规

圆圈时间

确保在集体活动中安排好时间,以减少中断。每个人都应该有机会在活动中轮流发言。

一对一阅读

让儿童参与补全短语末尾的词。模拟不同角色的不同音调。

科学与数学

学习并模仿与自然界的各个方面有关的声音(如动物的声音、自然的声音、环境的声音)。辨别环境中响亮而柔和的声音或用物品发出的音。对于大一些的儿童,可以和他们谈论每天多喝水等有关健康的重要性的问题。

案例：迈克尔

迈克尔是一个 3 岁的男孩,学前老师推荐他参加 TPBA2,因为他很容易感到沮丧。他的父母想知道他们如何能促进他的言语发展。总的来说,迈克尔有正常的发展,只是他的言语与语言发展比他的孪生兄弟和朋友慢。迈克尔不经常说话,但当他说话时,他的父母通常是听得懂的。然而,他们报告说,其他人往往不理解他。据他的父母说,迈克尔不像同龄的其他儿童那样喜欢社交。他不喜欢人很多或者嘈杂的环境,并且"他似乎需要更多的关注"。他很容易发脾气,会很快地发火,而且很难平静下来。在 TPBA 期间,迈克尔的说话以发展性的声音替代为特点。然而,因为他的低声细语以及音质太平缺乏音高变化,所以迈克尔在评估中常常让人难以理解。他的引导师试图从迈克尔那里引出一般音量,一个从房间那头告诉他父母一些事情的声音、一个喊叫的声音(在操场上和他的兄弟),以及不同的声音变化。在评估中,迈克尔在说话时自发地使用了高音,这个行为持续了几分钟。他的老师报告说,迈克尔的这种发声行为在教室里很常见。

案例:杰西卡

杰西卡是一个 4 岁的女孩,她和父母、哥哥(7 岁)、婴儿妹妹(6 个月)一起住在家里。他们几个月前搬家了。杰西卡此后一直和妹妹住一个房间。她的父母说,大概在全家搬家时,她开始重复词语词头的语音。他们担心杰西卡有口吃。她没有意识到这种言语不流畅的行为,但她的哥哥一直在取笑她。在评估过程中,杰西卡表现出挣扎的行为,并经常重复词语中的辅音/m/、/b/和/p/。

人际互动策略/环境调整

1. 儿童的声音质量问题应该求助于耳鼻喉专家做进一步检查。

2. 有声音和流畅问题的儿童应该由语音语言病理师进行干预治疗。在某些情况下,在语音或流畅度领域具有专长的语音语言病理学家可能给孩子以帮助。家庭应参与干预过程。

3. 尽量减少家中的压力和冲突。

4. 给儿童提供一个安静、放松的环境,让儿童说话不受干扰。

不同发展年龄的干预要点

随着儿童神经系统的成熟以及口腔、鼻腔结构和功能的发展,儿童的声音质量和言语流畅度也会随时间而改变。除发生在 2 至 5 岁之间的典型的言语不流畅外,声音和流畅度的干预应该在家庭的教育和支持下进行个性化干预,以此解决儿童的问题。

第六节　促进言语生成的口部运动机制功能发展的策略

目标达成量表

1	2	3	4	5	6	7	8	9
上颚、唇、下颌、舌、咬合结构和/或对称性会干扰功能性言语。		这些结构已充分发展，但言语的产生主要还是靠下颌与嘴唇的大动作。这些动作可能要么过大，要么不足。		这些结构足以支持生成言语。儿童可以流畅地鼓圆并回缩嘴唇，上下前后地抬动舌头，精确地控制下颌的不同位阶来发出语音和简单的词语。		这些结构足以支持生成言语。儿童能够单独控制嘴唇、舌头、下颌和上颚的运动，但在说复杂的词语（如potato和buttercup）或短语时难以整合这些动作。		这些口部运动机制的结构和功能足以支持生成与其年龄相符的言语。

口部运动机制（Oral Machanism）是生成言语所必需的生理组块，包括呼吸系统和发音系统协调动作的发展以及进行交流的构音器官的发展。口部运动机制包括口部和下颚的生理结构，包括牙齿、唇肌、舌头和面颊的肌肉组织。需要触觉、压力和动觉的感觉加工。包括躯干和头部控制在内的体态支持也会作用于儿童的言语能力。

6.1　口部运动机制的适宜结构和功能

观察嘴唇、舌头和下巴在休息与说话时的整体外观、对称性和流动性。儿童的牙齿情况如何？上颚是什么形状？有没有唇裂或腭裂病史？儿童的牙齿是否缺失或不齐，从而影响儿童说话？当为儿童提供使用口部运动机制说话的支持时，这些问题都需要考虑。

6.1.1　促进言语生成的口部机制的适宜结构与功能

Ⅵ. A. 放松状态下发音器官整体呈现出什么状态？
日常常规（家庭和教室）
婴儿/学步儿：婴儿躺在婴儿床里，伸出舌头，吹出嘘声。学步儿把牙齿合在一起，微笑着刷牙。

幼儿：当老师读一本关于青蛙的书时，幼儿伸出舌头模仿。

游戏常规（家庭和教室）

婴儿/学步儿：婴儿看着爸爸吹出口水泡泡，撅起嘴唇，模仿他。爸爸在学步儿的肚子上吹泡泡。学步儿也试着那么做。他张开嘴，放在爸爸的肚子上，试着吹泡泡，但却哼着留下一圈口水。

幼儿：幼儿假装成一条河豚。她鼓起脸颊，夹紧嘴唇，屏住呼吸。

课堂常规

儿童围坐一圈，轮流模仿各种物体发出的声音。其他儿童试着来猜发声的儿童在模仿什么物体。一个儿童站起来，快速地开合嘴唇，发出嗖嗖的声音。当没人猜出来时，他大笑道："我是一只马桶！"

Ⅵ. A2. 儿童说话时能在多大程度上控制发音器官？

日常常规（家庭和教室）

婴儿/学步儿：婴儿看着他的爸爸说："爸爸。"在浴缸里，学步儿把发出的一串元音和辅音，变成听起来像语音的儿语。"鸭子"和"泡泡"两个词在儿语中是可以理解的。

幼儿：在饭桌旁，儿童对家人说："It was Apwi's (April's) buday (birthday) today. Her mommy bwot (brought) cupcakes."

游戏常规（家庭和教室）

婴儿/学步儿：婴儿在踢她的风铃时，会发出喉音、颤音和尖叫来玩语音游戏。学步儿拿起玩具电话说："嗨，爸爸。拜拜，爸爸。"然后挂断。

幼儿：在假扮游戏中，当同伴在轨道里跑动他们的小汽车时，儿童会去模仿嗡嗡声和撞击声。他说："小心点，伙计！我要加速了。"

课堂常规

在圆圈时间，儿童站起来，自己唱《小小蜘蛛》(Itsy Bitsy Spider)，没有发音错误。

6.2 支持口部运动机制有效运动的一般原则

成人使用各种策略来提升与言语生成有关的口部运动能力。以下是成人经常使用的策略，以帮助儿童支持言语生成的动作。这些策略对于难以完成这些技能的儿童也很有用。

6.2.1 示范

从婴儿早期起，成人就会示范语音和词语让儿童模仿；例如，妈妈在儿童面前吹出嘘声供其观察和模仿。当儿童发出咕咕语时,父母会反过来模仿儿童,让婴儿看到发音时嘴的形状。轮流进行的语音游戏持续不断,儿童越来越能够熟练地模仿,最终这些语音变为了词语。成人会继续在儿童早期示范语音和词语,尤其是对模仿有困难的儿童。

6.2.2 使用缓慢的动作和夸张

当儿童起初学习语音和口部运动时,以及当儿童有发音困难时,成人会放缓言语和口部动作,让儿童能清晰地观察到。另外,他们会夸大嘴、唇和舌头的动作。例如,当成人试着让儿童说 spaghetti(意大利面)之类的复杂词语时,成人会在组合音节时夸大"s"的发音并着重发"pa"的语音,让儿童看到如何说出这个词。

6.2.3 使用手势提示

使用手势提示或许可以帮助一些儿童提升语音模仿能力。例如,夹紧嘴唇来展示"m"这个音。

6.2.4 练习

当和儿童一起唱歌时,当成人问儿童需要用特定词做出回应的问题时,或者在一起阅读的过程中儿童学习语音和词语的韵律时,成人可以帮助儿童练习语音发音和词语发音。当儿童在学一个新的语音时,成人常常连续多次地使用它,以鼓励儿童练习。

6.3 实践中的原则

成人可以运用各种策略支持儿童言语生成的口部运动机制的发展。以下示例解释了照料者如何在家中和学校里使用上述策略。这些例子是照料者在与儿童的日常互动中自然使用的方法。它们也适用于大多数残障儿童。

6.3.1 日常常规(家庭和教室)

喂食/进食

成人不仅在吃饭时为儿童示范口部运动,也会在喂饭时示范语音和词语的发音。例如,成人说:"嗯。很好!你想多要点 O(即麦圈)吗?"

换尿不湿/如厕

成人在这些过程中可以使用描述性的词语和声音,在强调词语词义时做个鬼脸。例如,"噢!那个好臭呀!"或"嘘嘘,嘘嘘。真棒!"

穿衣

成人在给儿童穿衣时,常常会夸张地发出声音并伴以动作。例如,"拉——上!"或,"提——上——裤子!"

6.3.2 游戏常规（家庭和教室）

面对面游戏

面对面游戏经常涉及对彼此面部动作和语音的模仿。早期的游戏包括体育游戏(如,把毯子从脸上拉下来),并伴以语音(如,"嘣!")。紧接着通常是元音和早期辅音的语音模仿游戏。随着儿童对词汇理解的加深,这些游戏也变得越来越复杂。

体育游戏

在体育游戏中,成人使用音效(如,"呲!")、词语的强调(如,"我要抓住你!")、夸张的面部表情,以引起儿童的注意,传达游戏的意图。儿童常常也会反过来模仿这些语音和动作。

操作性游戏

玩具游戏经常涉及语音。玩具发出声音,然后成人模仿,或是成人给玩具配上声音。例如,电池带动的小汽车玩具可能会发出鸣笛声。成人模仿这个声音,并鼓励儿童也这么做。不会发出声音的小汽车,成人可能会配上"呜呜"的音模仿火车的声音,或假装按喇叭,说:"哗!哗!"

感觉游戏

和成人给玩具配音一样,他们也可以给儿童的动作或儿童使用的材料配音。例如,玩手指游戏时,成人可能会示范用一个指头画个圆并说:"一圈又一圈。"在带水槽的桌子上灌满一个容器时,伴随着杯中水的上升,成人可能会配一个逐渐升高的音(如"咕咕咕咕咕")。这么做是为了让儿童重复这些动作和语音。这些动作可作为发出语音的动力。

假扮游戏

当成人参与假扮游戏时,他们有很多机会去示范语音、词语和短语。例如,在扮演消防员时,人们哭喊,"救命!"消防车警报响起、假装水发出"嘶嘶"声,成人也可以示范语言,比如:"救救我。我受伤了。"

6.3.3 阅读和学习常规

圆圈时间

儿童围坐在一起,教师会用歌曲和手指游戏来鼓励他们模仿。节奏和韵律能够促使儿童模仿教师和同伴。

一对一阅读

儿童喜欢阅读语言的节奏，想要去学习这些词语。他们很快就学会了这些模式，并有动力在每次书上出现时都重复它们。在一对一阅读中，成人可以引导儿童朗诵整本书。

科学与数学

成人利用动物研究和关于动物的书发出动物的声音，并谈论动物的食物、家等。儿童最初的语音或词语经常与动物有关。儿童在观看图片、动物玩具或拼图时会模仿成人发出的语音和词汇。

6.4 为改善口部运动机制制定个性化的干预措施

Ⅵ.A. 放松状态下发音器官整体呈现什么状态？

幼儿有两种基本的口腔运动问题。第一种是结构性的，是生理问题导致的，如口腔结构的不对称。第二种口部运动机制问题是功能性的，儿童在模仿或被要求发声时，很难启动和/或协调下颌、嘴唇、舌头和面颊的运动。本部分讨论第一个问题，下一部分讨论第二个问题。这些问题也可能重叠，因此很难看出主要的问题。

患有各种残障、保健和牙科问题的儿童可能存在对语言产生负面影响的生理问题。以下因素可能影响言语生成的口部运动机制或发音器官的功能。

1. 低肌张力或低张力可能会削弱躯干、头部、颈部和肩带的控制，这种稳定性的缺乏可能会影响运动和/或说话时的呼吸与呼吸支持。低肌张力可能会导致下颌控制能力减弱，由此导致张着嘴、口腔呼吸和/或挺舌，从而抑制发出准确的声音并导致流口水。

2. 肌肉张力增高或高张力也可能阻碍发声运动。儿童的嘴唇可能会收缩或者头部和颈部会向一侧收缩。

3. 异常的反射模式也可能会抑制说话所需的随意运动。

4. 对触觉输入的敏感性降低会降低儿童对口腔唾液的感知，从而减少唾液吞咽的努力，导致流口水。敏感性低的儿童可能意识不到自己在流口水。儿童也可能没有意识到舌头和嘴唇的位置，使得发音更加困难。

5. 敏感性的增加可能会导致儿童避免使用那些在口中产生振动或刺激感觉的语音。

6. 牙齿不好或嘴唇、上颚、舌头的外观改变（如腭裂、严重的高位上颚、由于吮吸拇指或磨牙等行为导致的口腔结构变化）会导致特定语音的发音困难。

7. 过敏、扁桃体肿大或腺样体，或其他呼吸系统问题会导致张嘴呼吸。

有上述口部运动机制困难的儿童可能会有发音困难，当他们想组织语音说话时，其言语可能难以理解或只有部分可以理解。有口部运动机制问题的儿童可能还会存在喂食和进食困难(有关这方面的观点,参见 TPBI2 第三章第六节)。在接下来的内容中,我们将提出有关口腔运动机制和言语产生的建议。咨询卫生专业人员、语音语言病理师和其他团队成员对于确定适合儿童的个人干预方案非常重要。

人际互动策略

1. 玩亲吻游戏。亲吻需要噘嘴,也很有趣。轮流亲吻对方的颈部、脸颊、嘴唇和手。每轮一圈,就说:"我要亲你。"

2. 帮助儿童形成口部意识。给儿童一个提示,比如摸儿童的下巴,提醒儿童闭上嘴巴,或者摸下巴下面提示需要吞咽。这种方式最初可以直接在儿童身上作为触摸提示,然后在成人身上作为儿童的视觉提示,再然后随着儿童获得运动控制而逐步被淘汰。

3. 让刷牙成为互动的时间。刷牙对口腔健康很重要,也是锻炼舌头、嘴唇和嘴巴功能性运动的好方法。通过这种方式,成人可以示范嘴巴和嘴唇的运动。让儿童尽量独立完成,否则,这感觉就像一件"杂务"而不是一个有趣的互动。把刷牙变成一项游戏,扮鬼脸、咧嘴笑、朝水池里的目标吐唾沫或者漱口。

4. 重复很重要。为了使神经模式发展从而将行动成为自动,重复是至关重要的。试着找出尽可能多的方法把口部运动融入到日常生活和游戏中。例如,洗澡时玩"西蒙说"的面部模仿游戏。用一面镜子,试着在午餐前做一些傻傻的鬼脸来逗对方笑。在玩游戏时,强调嘴唇、舌头和脸颊的运动。下次玩时,加上帽子;再下次在脸上画画,让它更有趣。互动应该是相互的,而不是感觉像是对孩子做了什么。

5. 鼓励和加强努力。当儿童记得诸如闭上嘴的动作时,对儿童说:"你的嘴唇是闭着的。好样的。你的衬衫干了!"

环境调整

除了能够支持儿童口部运动机制功能正常发展的人际互动策略,环境调整往往也是有用的。根据 TPBA2 的发现,团队可能需要考虑以下一些环境调整。

1. 确保儿童的姿势正确。良好的头部和躯干支持,头部居中,颈部既不向后延伸也不弯曲,可促进使用口部运动机制进行讲话。对于有运动障碍的儿童,可能需要在座椅上安装头部和/或颈部稳定器。

2. 引入增强性和替代性交流,以提高言语清晰度。如果儿童的言语难以理解,当别人不能听懂他们在说什么时,他们可能会感到沮丧。全面沟通与其他增强性和替代性交流系统或许可以帮助儿童减少挫折感,增加交流的尝试。增强系统的类型应根据儿童的认知、运动和社交能力而定。

3. 正畸矫治器可能对一些儿童也有帮助。可以向牙医或专家咨询。

4. 使用合适的水杯。超过发育适当的年龄后,减少使用奶瓶、吸管杯和奶嘴,因为这些可能会对口部结构的发育产生负面影响。例如，长时间使用奶嘴可能会导致牙齿和下巴被咬破。长时间使用奶瓶或吸管杯可以增强发出某些语音时舌头的正面位置和运动。

Ⅵ. A2. 儿童在说话时对发音器官的控制程度如何？

言语要求儿童能够以有组织的方式形成精细的运动动作，发出特定的语音模式和语音序列。起初，声音的发出几乎没有有意识的思考。随着儿童年龄的增长并开始发出语音，语言变得越来越复杂，需要有意识地去发出语音序列。儿童必须以与呼吸模式相协调的顺序快速地移动下巴、舌头和嘴唇。语音被组合成单词，单词被组合成短语，短语被组合成句子，句子被组合成对话来表达思想和感受。儿童期言语失用症（Childhood Apraxia of Speech，CAS）是运动障碍的一种形式，即在组织言语产生的口部运动机制方面存在困难。与表现出典型发展的儿童的情况不同，他们的各种运动模式通过自然练习变得自动化，而患有 CAS 的儿童很难快速形成所需的声音序列。另外，患有 CAS 的儿童一般也可能在组织想法和动作上有困难，从而加重了对语言的影响（参见 TPBI2 第三章第四节）。干预的重点不在于单个语音的生成（参见 TPBI2 第六章第四节），而在于语音的排序，或"把音节连在一起"，以形成单词、短语和句子。以下策略在咨询专业人员后使用，可能对难以组织口部运动机制的动作以产生言语的儿童有帮助。

人际互动策略

1. 使用多模态线索。患有 CAS 的儿童仅通过听觉输入难以学习语音的顺序。他们需要多重和多模态的线索发音。手语、触摸提示（例如，显示舌头的位置）、提示和图片刺激提供了线索，帮助儿童开始说话并形成后续的语音或词语。当儿童学说话时，这些线索能提供支持，但不能替代言语。例如，用手语比画和说出单词"ball"（球），接着给出一个身体上的提示，例如触碰嘴唇表示"b"这个音。随着儿童学习这些语音，这些提示慢慢减少，只在需要时使用。比如，对大一些的儿童，使用图片序列可以促进形成更长的言语（详见第 3 条）。

2. 示范并鼓励稍慢的语速。虽然单独模仿言语通常不是很有效，但它仍然很重要。成人需要放缓语速，夸张地示范嘴唇、舌头和下颌的位置。儿童长时间地保持这样的发音位置，能让他们在发音过程中更明显地"感受"到舌头、嘴唇和其他结构的位置。乐于言语模仿的儿童在语言发展方面进步更快。

3. 先教早期发展的和频繁出现的语音。早期发展的辅音包括 p、b、t、d、m、n、h 和 w。找出会用到这些语音的词，并在日常生活中尽可能频繁地使用。

4. 把视觉和触觉线索与语音联系起来。手势（不是手语）和触觉提示可以发展成提示特定的语音。这些提示会暗示发音器官的形状、位置和运动。一旦儿童学会了这些信号，它们就可以提供一个锚点，儿童可以据此建立起语音序列。

5. 练习与儿童生活相关的语音和词语。列出对儿童的生活很重要的词的清单(参见环境调整部分的第3条)。接下来,选择那些包含有儿童语音清单中的语音的词语。然后,用这些词语中的语音玩语音游戏。例如,如果"blanket"这个词语对儿童很重要,并且"b""a"和重音"k"在儿童的语音清单之内,那么这就是一个值得练习的词语。辅音丛"bl"很难发音,所以可以创造一个更短更简单的词来替代"blanket",例如"banky"。先播放音乐,唱"b"音的曲子,然后跟着音乐节奏用"b"发出无意义语音,如"bo"和"ba",最后随着音乐的节奏移动到"bank"这个词的使用上,同时引导儿童说"banky"。一般情况下,先练元音,再练辅音,然后是元音和辅音组合音节,再是单音节单词。确保游戏有趣,没有压力,以及在儿童获得成功之后再尝试更多词语。每天频繁使用"bank"和"banky"这两个词,这样儿童就能练习这些语音序列。

6. 分开教授多音节词语。双元音、辅音丛、音节间的递进和单词间的递进是儿童最难掌握的。这类词可以用连续的近似词语的词来教——逐步强化单个语音发音以塑造儿童的发音。

7. 等待儿童的交流互动。让儿童慢慢来。不要强迫他们说太快或不耐烦地替他们说话。

8. 试着解释儿童在说的话。听用难以理解的顺序发出的语音,并给这些词语或短语赋予意义。说出你认为儿童是什么意思。例如,当儿童在堆绿色积木时把语音都混在一起,你听到"gee"的音,你或许可以说:"是的,绿色(green)的积木。"这往往会促使儿童试着再次重复这个词,尤其是当儿童想要说的就是这个词时。

9. 使用"载体短语"和"力量短语"。一旦儿童开始说出组合的单词,让他们用一个可与多个单词或情景联系起来的简单短语创造多个句子。载体短语能让儿童更容易地交流许多想法,同时专注于发出短语末尾的词。例如"我想要……"和"给我……"是载体短语。空白处可以用无数种方法来填补。

10. 另一方面,力量短语本身是完整的。它们可以在多种情况下传达一个主要的想法。例如,"没门!""现在不行"和"怎么了?"都是力量短语。它们可以帮助儿童在学习说更复杂的言语序列时更好地交流。

环境调整

除了可以支持儿童口部运动机制发展的人际互动策略,环境调整通常也是有用的。根据 TPBA2 的发现,团队可能需要考虑以下一些环境调整。

1. 鼓励将手势与增强性和替代性交流作为口语交流的桥梁。手势、个人手势(为儿童设计的手势)、手语、交流板、图片日程表等都很有用,不是作为言语表达的替代,而是在儿童习得言语表达能力时,作为交流的支持。如前一部分关于口部运动机制的结构性问题所述,儿童的言语不易被人理解,这会使儿童极其受挫。鼓励儿童使用别的方式补充言语。这能使儿童减少压力,因此,实际上可以帮助儿童更容易地组织言语序列。[注意:使用与口语相匹配的手势系统(Signing Exact English 或是 Signed English)而不是手语系统,因为目的不是让儿童学习聋人文化中使用的手语,而是去用手语辅助口语。]

2. 尽可能地使用通用的手势而不是手语。尽量使用简单的手势,如点头或摇头,而不是手语或抽象表征,这样每个人都可以理解。

3. 列出最需要和最实用的词汇表。虽然一些经常需要的词汇对于大多数孩子来说是一样的(例如,想要、停下、更多),但是文化和家庭生活方式的不同会使每个清单都独一无二。这个清单可以帮助成人在儿童的生活中优先关注儿童的语言。如果一个单词不是儿童经常看到并想要谈论的,那么学习这个单词就没有意义。因为对儿童来说,言语生成需要大量的努力和练习,所以选择儿童想要或需要说的词,比如最喜欢的食物。可列入清单的有:

- 重要的人名
- 日常活动的名称
- 最喜欢的食物
- 最喜欢的玩具
- 最喜欢的活动
- 有关地点的词(如,在……里、在……上、在……下)
- 有关对物品、人和活动的请求的词(如,更多、想要、什么、哪里、谁)
- 有关动作请求的词(如,帮助、走、做)
- 有关抗议的简单词语(如,停下、别)
- 用于描述的常用词(如,大、小)
- 能用简单的是/否回答的提问
- 表示社交愿望的词(如,玩、来、你好)

4. 制作一本高频词的图画书。用真实的图片或来自商品目录和杂志的图片,把儿童的关键词和喜欢的东西做成一本书。晚上和儿童一起"读"常规书籍,让儿童尽可能多地说出事物的名称。让这成为分享、舒适的时光,而不是"治疗"。这将让儿童有机会通过轻松的方式练习这些词。

5. 使用音乐和韵律。唱歌能让言语变得流畅。韵律能帮助儿童连接语音。唱歌或朗诵也能提供一种有趣的练习方式。用儿童最喜欢的曲调,结合他们最需要的词汇来编歌,一起唱。例如,儿童歌曲"这是我们……的方式"可以修改为许多不同的动作(如,打开书、刷牙)。

6. 条件允许的话,使用技术。跟踪网络上的为口部动作和言语组织提供反馈的发展技术。

6.5 为需要支持以改善口部运动机制的儿童提供的常规活动

以下的例子将说明如何将之前讨论的策略融入到儿童在家里和学校里的常规活动中。除了本章开头提到的照料者对没有特殊需求的儿童使用的策略，以下这些活动可能有助于提高口部运动机制的熟练程度。

6.5.1 日常常规（家庭和教室）

喂食/进食

对于因口部运动顺序问题而导致言语障碍的儿童来说，轻松和缓地谈论餐食、当天的活动、即将进行的活动等是很重要的。对于有口语困难的儿童，可以谈论当天和这顿饭。说出词语时可以使用强调的口型，如"maSHed pO-tA-tOes"（捣碎土豆）、"pUt the juice away"（推开橙汁）、"diP your chicken"（蘸蘸鸡块）。

换尿不湿/如厕

换尿不湿是进行面对面游戏的理想时间。当儿童坐在马桶上时，给一本他/她最喜欢的书，让他/她"读"给你听，或是让他/她谈论图画。你也可以使用之前提到的儿童图画书中的关键词。玩具清单特别受儿童欢迎，或许能激发谈话。

穿衣

穿衣涉及一系列的动作，因此在儿童穿衣时说话可为思考和谈论穿衣顺序提供支持。穿衣也可以伴随着唱歌。编造一首《这是我们（穿衬衣）……的方式》[This is way we… (put on our shirt)]的歌曲。还有诸如《头、肩、膝和脚》(Head, Shoulders, Knees, and Toes)以及《这个老人》(This Old Man)等动作歌也可以与穿衣相结合，来让儿童练习说身体部位。使用载体短语如"接下来穿……"和力量短语如"穿好了"。

外出

使用与儿童一起制作的图片序列卡片、优惠券、杂货店图片清单或其他视觉支持帮助儿童说出词语和短语。使用儿童在买杂货或服装时可以学习的载体短语，如"我们要"，或力量短语，如"接下来呢？"这将帮助儿童参与到活动过程中，并发表一些评论。

6.5.2 游戏常规（家庭和教室）

面对面游戏

成人可以和儿童一起玩游戏，例如，吹嘘声、用指头和嘴唇发出声音、对着镜子做鬼脸等。一起唱歌或玩手指游戏，例如，一边用手指假装做爆米花或戳破气泡，一边说："嘭！"

体育游戏

不同的语音都可以配上肢体动作，例如，吹嘘声、模仿环境音效等。伴着音乐跳舞能鼓励儿童唱歌或只是跟着节奏重复声音的节拍。结合儿童正在学习说的话，使得儿童可以跟着节奏重复这些词。

操作性游戏

成人可以弹奏乐器（如鼓、铃鼓、三角铁），让儿童跟着唱或模仿乐器发出的声音。

感觉游戏

用到口部运动机制的感觉游戏可以包括吹嘘声或玩动物声音游戏（如发出蛇、鸡、猪的声音）。

假扮游戏

假扮游戏能提供很多对话的机会。将反复阅读的故事改编成游戏是帮助残障儿童的好方法，因为他们可以从故事中吸收学过的短语。《金发姑娘与三只熊》(*Goldilocks and the Three Bears*)、《三只山羊坏脾气》(*The Three Billy Goats Gruff*)和《三只小猪》(*The Three Little Pigs*)有强调的重复台词，儿童可以有节奏地陈述，并用手势来辅助。

6.5.3 阅读和学习常规

圆圈时间

和一对一阅读一样，在小组中反复阅读同一本书能够帮助儿童学习书中的词语、顺序和节奏。之后，儿童可以去补充成人省掉的词语、短语和句子。选择那些有重复短语的书，如《你是我妈妈吗?》(*Are You My Mother?*)或《棕熊，棕熊，你看到了什么?》(*Brown Bear, Brown Bear, What Do You See?*)，这样儿童就能预见到接下来会发生什么，并一起说出来。还可以围成一圈唱歌或做手指游戏。团体的存在能消除儿童个人的压力感。（别要求儿童独自在大家面前表演！）手指游戏是另一种交流方式，能支持歌词的使用。做一些示意动作或手势来配合儿童最喜欢的歌曲。

一对一阅读

读一些有规律、有节奏和押韵的书。有头韵的书能让儿童练习特定的语音。带有拟声词[即词语听起来就是它的意思，如"crunch"（嘎吱嘎吱的声音）]的书能让儿童把语音和意思联系起来。选择那些既简单又有趣的书，一起反复阅读。反复阅读同一本儿童最喜欢的书，这样儿童在阅读时可以和成人同时说出一些词。一起阅读时也可以伴以歌声来增加流畅度。用真实照片或杂志中的图片做一本包含儿童最喜欢的词语的书。每天阅读儿童的词语书。

科学与数学

在书上和电脑上看图学习不同动物的嘴（或喙）和舌头。看看它们如何用这些器官进行交流。带不同的动物去教室或去动物园看动物发出声音。试着模仿这些动物的声音。

案例：鲁本

鲁本是一名3岁的儿童，由于语言障碍，他被要求进行评估。鲁本展示了一些元音(如ah、eh、un)和一些辅音(m、d、b)的使用，在想要东西时他还会说"na"。他表现出轻微的挺舌，流很多口水，大多数时间都是张着嘴。在需要妈妈帮助时，鲁本表现出对于无法让别人理解自己而感到沮丧，会哭闹和用手去指。鲁本组织游戏活动的能力也有所下降。他的妈妈报告称，他每小时至少有一次情绪崩溃，而且随着年龄的增长，他的脾气似乎越来越坏。她想知道如何让他说话。

研究小组认为鲁本的肌肉张力低，难以模仿声音。他需要跨学科团队的持续支持来支持他的学习和发展。以下是与鲁本的问题有关的一些想法。

人际互动策略

1. 示范缓慢地说话并用夸张的嘴型进行发音。当你对着他说话时，恰当地着重并延长那些目标语音。

2. 和鲁本一起使用手势，教给他另一种交流方式，这样他在学习说话时就不会那么沮丧。查看网址http://www.signwithme.com，找一些给鲁本用的简单手势。

3. 鲁本会使用一些元音和辅音。与语音语言病理师合作，识别那些在鲁本的生活中重要的和包含这些语音的功能词。重要的是记住鲁本现在的语音清单中的元音和辅音，以及鲁本在不同词中发这些音的能力水平。例如，"dog"(狗)、"mom"(妈妈)和"ball"(球)都是可能的词。从这些目标词开始，并将其加入到鲁本的清单中。聚焦这些功能性的词是非常重要的。

4. 鲁本爱音乐。用家人的名字、最喜欢的玩具等来唱歌。团队将帮忙出点子。

环境调整

1. 鲁本没有意识到自己在流口水，嘴部周围的敏感度也降低了。他需要加强嘴部周围的敏感度，学着合上嘴、吞咽和发出前部语音(Frontal Sounds)。能够帮助他的小技巧包括：

● 对鲁本的下巴使用触觉提示，提醒他合上嘴，并逐渐过渡到用指自己下巴的方式提醒他。

● 对鲁本的下巴使用触觉提示，提醒他吞咽，并逐渐过渡到用指自己下巴的方式提醒他。语音语言病理师将帮你考虑其他线索提示以帮助鲁本。

2. 创编手势和/或触觉线索，让鲁本知道嘴型、舌位和发音方法。语音语言病理师会提供相应的帮助。

3. 用鲁本周围出现的物品、人物和动作的图片制作"鲁本的词语书"。从包含鲁本已经使用过的发音的词语图片开始。每天找一个美好、安静的时间，与鲁本一起谈论这本书和图片。有节奏地阅读，强调词语中的语音，并鼓励鲁本模仿。

不同发展年龄的干预要点

以下建议针对的是处于相应发展水平的儿童。这些建议并不是全面的，而是表明了可能探索的领域。需要注意的是，口部运动问题首先可能会被确定为运动控制问题、协调问题和神经障碍导致的结构性与功能性问题。

发展年龄	口部机能	干预要点
0—3个月	模仿口舌运动。 用口腔后部发音(2个月)。 延迟模仿面部动作。 将手放到嘴边。 把物品拿到嘴边(3个月)。 吮吸手和手指。 产生一些唾液。	用口部运动和元音语音进行面对面游戏。 鼓励儿童用口部来探索物品和手。
3—6个月	试着去模仿语音(4个月)。 发出元音"ah"。 玩语音游戏(5个月)。 发出辅音(如 p、b、n、k、g)。 经常把物品放到嘴里(6个月)。 发出不同的元音(如 ah、eh、ee、oo)和早期辅音(如 b、m、g)。 发出嘘声。	进行面对面游戏，用舌头和嘴唇发出声音。 模仿婴儿发出的语音。
6—9个月	除了进食、咬玩东西和出牙的时候，能完全控制口水。 产生元音-辅音音节(如"ba"，7个月)。 产生音节串(如"babababa"，8个月)。 模仿言语语音(9个月)。	用单音节或着重的语音(如 ba-ba-ba)哼唱。 缓慢地说出用口腔前部发音的词语(如 ma-ma、da-da、ball)，让儿童看到你的嘴部。 注意抬正儿童的头部和护好颈部。
9—12个月	吃饭时流口水现象减少。 说出第一个词(12个月)。 熟人能听懂儿童所言。 咿呀学语时能发出各种各样的近似元音和辅音的语音。	使用简单的一个词或两个词的短语让儿童能试着单独模仿。拖长或着重语音。 读书时发出动物的声音和其他环境音。
12—18个月	磨牙和做一些精细运动任务时可能还会流口水。 发出各种早期辅音：b、m、n、t、d、w。 想要"milk"(牛奶)的时候说"muh"。 模仿语音和词语(18个月)。 漏掉词语大部分的词尾辅音。 漏掉词语部分的词头辅音。 发出类似句子的音调。	使用包含特定语音的简单词语和短语的书。使用儿童个性化的词语书，并随着儿童词汇的发展在词语书中增加图片。 唱一些有重复语段的歌。

续表

发展年龄	口部机能	干预要点
18—24个月	儿童能被不熟的人听懂的言语少于50%(21个月)。 断断续续地漏掉词语的词尾辅音。 言语的50%能被理解(24个月)。 使用早期辅音(p, b, m, n, t, d, h, w),发出辅音-元音-辅音结构(如"mo mick"/more milk)。	当儿童有语音和词语模仿困难时,让儿童观摩针对运动计划障碍的手势。 使用知觉提示或触觉线索帮助发音。 使用手势和常用标识帮助交流。
24—36个月	流口水现象消失。 熟人能听懂儿童言语的50%—70%(30个月)。 遗漏辅音丛的一个辅音(如"_top"/stop)。 重复词语中的音节(如"wawa"/water)。 简化多音节词语(36个月)。 辅音的替代和形变现象还存在。 言语的70%能被理解。 能发出口腔后部的语音(如c, car; g, go; -ing, eating)	倾听儿童发出的语音,在他周围找出会用到这些语音的词。 把这些词加入到儿童的图画书中。 加入手势和图片序列线索来帮助儿童。 使用唱歌和跳舞的方式把这些词与韵律结合起来。 使用故事中包含这些语音的图画书。 唱简单的歌,做手指游戏。
36—48个月	言语能被陌生人理解(42个月)。 在一些词语中能发出这些辅音:l, f, s, y。 言语的80%左右能被理解。 说话速度加快。 辅音的吞音和替代现象减少。 可能无法用所有的辅音发出辅音丛。 发出更多辅音:z, v, sh, ch, j。	使用儿童的语音清单中的词和口部动作进行假扮游戏(如,生日派对)。 使用重复的词和动作来做集体游戏(如"鸭子,鸭子,鹅")。 使用个性化的增强性交流技术来促进儿童的言语能力。 说出儿童发出的字母和语音的名称。 谈论日常轶事来帮助儿童组织句子。 将儿童最喜欢的书和歌曲中的词或短语抠掉,让儿童填补。
48—60个月	能准确发出任意位置的辅音。 言语能被陌生人理解。	从儿童的词语书中选择熟悉的词写出来,并发出那些词的语音。这能提供与听觉输入相匹配的视觉线索。 让儿童参与到讲故事中去,发展其叙事能力。 让儿童在故事中组词造句。 根据故事创编歌曲。 有节奏、有韵律地为儿童读诗。用心地学习一些简单的诗歌。 把儿童最喜欢的书中的道具和语句引入到假扮游戏中,促进儿童的语言发展和提升儿童组织故事的能力。
60—72个月	7岁前能发出所有位置的全部语音。	让儿童说出他/她想要学习写的词语。之后写下这些词,让儿童用磁性字母、字母印章、书写或其他方式临摹。让儿童在你后面读出这些词。 把语言训练跟故事板、木偶和法兰绒故事板结合起来。 在故事书的基础上按脚本进行假扮游戏。

第七节　提升听力和交流的策略

目标达成量表

1	2	3	4	5	6	7	8	9
对环境中的声音无意识或有极轻微的意识。		辨别不同的声音,无论是否有适应性支持。		区分环境背景音和一些语音,无论是否有适应性支持。		对声音和口头语言做出不同反应,无论是否有适应性支持。		关注与定位声音和言语,并在有或没有适应性支持的谈话中使用听力功能。

听力是指声波经耳朵的听觉机制和神经系统传导到大脑的各个区域,在这些区域,神经信号被记录下来,然后被解释为意义。一旦意思明确,儿童便能对情境做出恰当的反应。

分贝(dB)是用于衡量声音强度的单位。正常人所能听到的最轻微的声音被定义为 0 分贝。喷气式飞机的声音约为 120 分贝。儿童的正常听力范围在 0—25 分贝之间。产生声音的振动速度是以赫兹(Hz)为单位来测量的,这就是我们所说的音高。人耳能接收的振幅在 20—20 000 Hz 之间,大多数的语音振幅在 250—8 000 Hz 之间。

尽管听觉只是众多重要的感觉之一,但是正常的听力更便于儿童从所在的环境中获得意义(如,我听到警笛声了,那里一定出现了火情),了解声音与环境的其他特征间的关系(如,看到树的摇动并听见风的声音),更充分地参与交流(如,听到一个人声音中情感的细微差别)。当然,正常的听力最有价值的方面在于一个人能够听到语音的声音,然后学习发出和组合这些声音,说出让他人理解的话语。听力与其他能力结合,能帮助儿童学会讲话。所有的语音都比儿童所能听到的最柔和的声音要大,这确保了儿童能够听到他们语言的声音。一般而言,1 岁时,儿童开始发出声音以传达意义。如果没有正常的听力,儿童的语言发展,以及随后的社会互动都有可能受到消极影响。

听力也帮助儿童学习倾听。听促进理解。倾听他人的想法,倾听书中的故事,欣赏音乐的细微差别,聆听大自然的声音,这些都是人生最大的乐趣。帮助儿童学会倾听可以丰富他们的学习和生活。

能够听到声音有助于我们更安全、全面地参与生活的方方面面。它告诉我们,我们与环境中其他人和事物的关系在哪里(例如,东西在哪里,它们离我们有多远,以及它们相对我们的方位)。听力使我们理解声音和行为间的因果关系(例如,当门铃响时,有人在门口)。听力还具有调节功能。当我们听到威胁的声音,我们就会警觉起来,准备做出防御反应。当我们听到安慰的声音,我们就会平静下来。声音还能够唤起我们的积极行动,引起我们的注意或者刺激我们唱歌或跳舞。

7.1 正常听力的特征

儿童双耳都应该能够听到各种不同的声音,从低音到高音,从响亮到柔和的声音。他们应该能够倾听,区分声音的来源,赋予声音意义,这样他们就知道如何回应。

婴儿会安静下来,对熟悉、舒缓的声音做出积极的反应。他们会对突如其来的巨大声音感到惊慌,或因不同寻常的声音的出现而惊恐或哭泣。他们想要了解不同声音的来源,这使得他们开始探索周围的环境,先是视觉上的,再到身体上的。当婴儿尝试发出声音以及体验到发出声音的感觉时,他们开始注意其他人发出的声音,并尝试模仿他们听到的声音。反复听到的声音组合总与同一物体相联系,那么这些声音模式或"词语"(如瓶子、毯子、爸爸)就会被熟知。当别人叫他们自己的名字时,反复听到别人叫他们的名字有助于儿童认识到自己的特殊身份。很快,儿童就能理解很多物体、行为、人物和事件的词语。他们开始通过模仿听到的声音模式说出这些词。一旦儿童能够模仿声音序列,将词语与所指物体联系起来,从而增加词汇量,言语就会迅速发展。

儿童在学习理解语音的同时,也在学习理解其他环境声音。动物的叫声、机械的声音、大自然的声音以及很多其他的声音,当儿童听到这些声音,成人帮助他们探索它们的意义时,这些声音逐渐获得了意义。随着语言的增加,儿童开始问有关声音的问题(如,"那是什么声音?""青蛙是怎么发出那个声音的?"),这样的提问会引起对声音更深入的探索,以及对环境中物体和事件的特性与关系的理解。

随着儿童学习阅读,他们也会尝试在印刷品上出现的各种语言的声音。朗读的节奏不同于日常讲话的节奏。听他人朗读能帮助儿童学习朗读策略。

7.1.1 实践中的正常听力

Ⅶ. A. 儿童听音的能力
日常常规(家庭和教室)
婴儿/学步儿:当妈妈轻声对婴儿说话时,她安静下来。学步儿听到妈妈叫他过来吃午饭,他就去了厨房。
幼儿:午餐时老师问:"谁想第一个洗手?"米兰达举起了手。

游戏常规（家庭和教室）

婴儿/学步儿：当儿童按下玩具上的控制杆时，铃就会响。她再按一次，让声音重现。学步儿按下玩具电话的按钮，铃声响起，然后她说："你好。"

幼儿：在假扮游戏中，幼儿激活玩具收银机，但没有声音。她把玩具拿给老师，说："它坏了。"

课堂常规

儿童在学习交通工具。他们围坐成一圈。当教师播放不同车辆的声音时，儿童试着猜测哪种车辆的声音与不同车辆的图片相匹配。

Ⅶ.B. 追踪声音的来源

日常常规（家庭和教室）

婴儿/学步儿：爸爸打开音乐盒，婴儿转过头去看。学步儿听到外面有狗叫，就走到窗口去看。

幼儿：休息的时候，两个幼儿在窃窃私语。约书亚坐起来，看着他们，把手指放在嘴唇上，说："嘘。"

游戏常规（家庭和教室）

婴儿/学步儿：婴儿听到叮叮声，就摇晃球，看声音是否还会响起。学步儿听到玩具消防车的声音，就去看是谁在玩。

幼儿：幼儿在玩"野餐"。幼儿把假装的热狗放在烤架上，打开玩具烧烤机的开关，当它发出咝咝的响声时，他说："现在它在做饭了。"

课堂常规

儿童正在地板游戏中心玩躲猫猫。四个儿童捂上眼睛，此时老师把发出汽车声音的录音机藏起来。然后他们努力识别并找到声音的来源。

Ⅶ.C. 对声音或词语的有意义的反应

日常常规（家庭和教室）

婴儿/学步儿：婴儿听到卧室门打开的声音，开始蹦跳和尖叫。学步儿听到门铃响，走到门口。

幼儿：在操场上，玛丽听到一个幼儿在哭，就跑过去帮她。

游戏常规（家庭和教室）

婴儿/学步儿：当狗对着弹出式玩具吠叫时，婴儿看着狗开始哭。学步儿听到电话铃响，就跑过去拿起电话。

幼儿：在玩"过家家"时，一个幼儿演"妈妈"，另一个幼儿演"爸爸"。"妈妈"把玩具娃娃放到婴儿床上说"嘘"。然后"爸爸"开始轻轻地说话,踮起脚尖在游戏区走来走去。

课堂常规

当积木搭建区发出一声巨响时,一个儿童开始哭了起来,迈克尔扔下他的玩具,跑去看发生了什么。

Ⅶ. D. 对声音的即时反应

日常常规(家庭和教室)

婴儿/学步儿:当婴儿把手伸向热咖啡时,他的母亲严厉地说:"不不,它是热的。烫的。"婴儿缩回了他的手。学步儿听到茶壶水开的声音,便跑到妈妈跟前,指着炉子说:"都烧好了,妈妈。"

幼儿:"大扫除时间"的铃声响起,幼儿立即开始捡积木。

游戏常规(家庭和教室)

婴儿/学步儿:妈妈问:"基沙在哪里?"婴儿立即把毯子举到面前。学步儿和她的妈妈正在给玩具娃娃穿衣服,妈妈说,"她需要鞋子,"学步儿马上拿起一只鞋。

幼儿:在操场上,儿童们骑着三轮车绕着小路走。亚历克斯站在小路上,背对着车辆。一个儿童骑着迎面而来的三轮车,边按铃铛边喊:"快走,亚历克斯!"亚历克斯从路上跳开了。

课堂常规

当火灾警报在学习时间响起时,儿童们立即停下手中的事情,有序地跑出门。

Ⅶ. E. 对声音的准确模仿

日常常规(家庭和教室)

婴儿/学步儿:妈妈正在给儿童穿衣服。她说,"叫'妈——妈',"婴儿回答,"妈——妈。"爸爸正在给学步儿读书,他说,"奶牛叫'哞'。"学步儿回应道,"哞。"

幼儿:教师介绍一首新歌,查理跟着教师重复每一句。

游戏常规(家庭和教室)

婴儿/学步儿:妈妈从毯子后面跳出来,说,"嘣!"基沙笑着回应,"嘣!"学步儿按下玩具厨房的按钮,玩具发出很大的"吱吱"声,学步儿模仿"吱吱"声。

幼儿:儿童在玩"过家家","爸爸"在纸上乱涂乱画,然后把纸递给"妈妈"说,"我们没有面包和花生酱了,这是你的清单,拿着去商店吧。"她拿着清单说:"好的,面包和花生酱。"

课堂常规

在读写区域,乔西正在跟教师说她想写有关她最喜爱的事物的词。教师正在帮助她读出这些词,并找出她需要写下的字母。乔西想写她最喜欢的颜色——蓝色。她模仿教师发出"b"的声音,思考后问道,"是'b'吗?"

7.2 支持听力的一般原则

成人感兴趣的是让儿童学习倾听别人所说的话、模仿声音和词语、听从指示、服从要求。成人也很自然地使用视觉支持帮助他们传达信息。他们一般不会刻意练习听或看，而是很自然地把需要听/看的活动结合起来。下面是成人自然使用的策略。许多传统的策略包括听觉策略和视觉策略的组合。以下策略常用于与听力正常的儿童交流，但大多数也适用于失聪或重听的儿童，并强调视觉方面的使用。

7.2.1 共同注意、相互参照

父母很自然地希望与儿童进行眼神交流和面对面的互动。他们在喂食、交谈和玩耍的互动中这样做。照料者借助声音、面部表情和歌曲玩游戏。成人抓住儿童的注意力，交流沟通，引导儿童注意感兴趣或重要的事情。共同注意或注视相同的对象或事件，会为交流提供共同的话题。早期的亲子关系建立在满足儿童的需要和相互享受之上，为儿童向成人寻求营养、指导和信息奠定了基础。

7.2.2 指出环境中的声音

父母帮助儿童注意环境中的声音。当有声音出现时，他们通常会表现出惊奇的表情，并指向发出声音的物体或者人。

7.2.3 改变声音的音调和响度

儿童会自然地接触到不同音高和不同音量的声音。比如，成人为了不同的目的使用不同的音高。当他们试图引起婴儿的注意时，他们会用更高的声音说话；当他们想让孩子安静下来时，他们会轻声说话；而当他们想确保孩子能听到时，他们会大声说话。他们还会改变说话的节奏，以强调他们所说的不同方面。成人也会使用不同音调和响度的声音。比如，他们可能在安静的时候播放轻柔、缓慢的旋律；也会用更快、更响亮的音乐唤醒精神。音乐玩具可以发出高音，而玩具鼓可以发出较低的声音。

7.2.4 演示和模仿

父母与其他成人为儿童演示和模仿不同的声音。他们会用嘴发出声音，如用舌头和嘴唇发出咂舌的声音。成人清晰地发音，这样儿童就能看到嘴唇的形状，也能听到发出的声音。这使得儿童更容易模仿成人。他们还会演示开关、按钮、杠杆和挤压型玩具等各种机器的发声机制。当儿童模仿成人的行为时,他们会自己发出声音。这给儿童创造了一种力量感和控制感,从而导致了动作的重复,并为动作和产生的声音之间的关系创造了记忆。

7.2.5 夸大声音

成人也会通过夸大声音、音节或者词语来强调他们想让儿童听到的内容。如,成人会说"BRRR. It's cold"(呵,好冷啊)、"Give it to MOMmy"(把它给妈妈)、"NO. Don't put it in your mouth"(不,不要把它放进你的嘴里)或者"UP you go"(你上去)来强调特定的音,以使儿童专注于重要的声音或者词语上。这种夸大也有助于促进模仿。

7.2.6 解释声音的意义

当儿童看到声音的来源时,他们开始赋予声音意义。他们看到拨浪鼓,听到声音,然后把两者联系起来。他们听到一个声音,看到父母的嘴在动,然后把两者联系起来。随着儿童对语言理解力的发展,成人用语言解释声音的含义。当玩具轮朝向动物图片旋转并发出动物的声音时,父母指着图片说,"鸭子,鸭子的叫声是'呱呱'。"当外面的风呼啸时,父母说,"那是风吹过树木的声音。"成人也会为儿童澄清声音。当儿童听到鸟叫声并说"鸭子"的时候,父母说:"那不是鸭子。那是知更鸟。那是一种不一样的鸟。"当儿童再大一点时,成人会讨论各种各样的声音:人的声音、动物的声音、机械的声音和大自然的声音。随着时间的推移,儿童学会区分这些声音,并预测与之相关或有因果关系的事件。比如,他们听到雷声会预测将要下雨。

7.2.7 要求儿童模仿他人的声音

当儿童开始把声音组合在一起时,成人开始要求模仿。他们促使儿童发出特定的声音或词语。他们首先模仿儿童自己发出的元音,促使儿童重复这些发音。然后,他们提示儿童模仿辅音、重复的声音,如"mama"和"dada"(父母把这归因于给自己取名!),最后是词语。通过缓慢地模仿嘴唇和舌头的动作,儿童可以看到声音是如何发出的。成人喜欢听儿童发出自发的声音,但当儿童应成人的要求开始模仿成人的声音时,他们就知道语言正在形成。成人应强化儿童的模仿,成功会导致更多的模仿,从而导致言语和语言学习的不断循环。

当儿童开始说出多音节的单词,并且很难发音时,成人就会放慢他们的语速,将儿童不能说出的单词分解成音节。这有助于儿童听到每个单词的发音。同样,成人通过视觉方式展示声音如何产生。之后,成人帮助儿童把不同的声音或所说的话与书面符号表示的声音联系起来。

7.2.8 要求重复词语

随着儿童词汇量的增长,成人会提出新词,对它们进行定义,并经常要求重复,这样他们就可以听到儿童准确地发出这些词。例如,爸爸可能会说:"我们午饭吃意大利面。"亚当带着疑问的表情望着爸爸。爸爸边说"意大利面,像面条"边给亚当展示了一小把意大利面(Spaghetti)。亚当说:"Ba-ske-tee."爸爸蹲在亚当面前说:"Spa-GET-ee."

7.3 实践中的原则

成人在一天中会对儿童使用不同的策略。他们的目标是鼓励倾听(用眼睛和耳朵)、理解和使用语言。接下来是照料者如何在家里和学校里使用前面讨论过的策略的例子。这些例子是大多数照料者在与儿童的日常互动中自然使用的方法。这些策略也适用于大多数残障儿童。

7.3.1 日常常规(家庭和教室)

喂食/进食

父母吃饭时会发出享受和愉悦的声音,比如咂嘴或者说"嗯"或"好吃,好吃"。较大的儿童可能会听出麦片的"咔嚓、噼啪、啪啪"声,或者被勺子在碗里搅动的声音吸引。

换尿不湿/如厕

有很多声音与排泄有关!早期的声音包括父母在换尿不湿时的评论(并不总是令人愉快!)。当儿童开始进行如厕训练时,成人通过听"叮咚"或"砰"的声音鼓励儿童继续。儿童能给马桶冲水会是一个很大的奖励。

穿衣

穿衣、脱衣时,成人会指出拉链的声音和打开魔术贴的声音,并说出身体部位和穿的衣服各部分的名字。

7.3.2 游戏常规(家庭和教室)

面对面游戏

面对面游戏几乎总是涉及声音。它可能包括噪音、歌唱、词语或惊讶、高兴的声音。成人通过这种游戏使儿童来回使用这些声音。无论成人是来回拉着儿童哼唱,还是唱"划,划,划你的船",儿童都会听,并参与身体和声音的模仿。

体育游戏

体育游戏通常涉及挠痒痒、摔跤或追逐,所有这些都会引起咯咯笑和笑声。正如成人发起这个游戏的目的是听到儿童发出这些欢快的声音,儿童也开始回应,以从他们的照料者、兄弟姐妹或同伴那里引出同样的声音。

操作性游戏

许多玩具都有声音。婴儿的因果关系玩具通常所包括的声音会鼓励儿童探究并发起产生声音所需要的动作。成人搜罗这些玩具,然后演示如何使用这些玩具。他们评论这些声音并鼓励儿童进行模仿。即使不发声的玩具也常常在玩耍中被用于发出声音。例如,儿童喜欢把积木堆起来,然后听积木被推倒后发出的碰撞声。他们喜欢让玩具汽车相撞发出声音。当玩具动物被拿出来时,他们喜欢发出动物的叫声。在假扮游戏中,儿童模仿他们在生活中听到的声音。当儿童做出回应时,成人通过展示、示范、提示和反应来鼓励儿童倾听。

感觉游戏

很多游戏包括喷射、挤压、爆裂和其他激烈动作产生的声音。成人评论这些声音(如,"听,剃须膏出来了"),使用这些声音(如,"让我们来吹泡泡! 嘭! 嘭!"),并鼓励儿童制造声音(如,"让你的手指'咻'的一声穿过手指画")。

7.3.3 阅读和学习常规

圆圈时间

圆圈时间是教师和一群孩子分享想法的机会。教师可能会利用这段时间玩听力游戏,分享故事,谈论一个话题,如森林里的动物,或调查环境的各个方面。当然,圆圈时间通常包括倾听和遵循指示,但也可以包括分享与意义相关的感知,包括对声音的感知。

一对一阅读

当成人为儿童阅读时,他们会模仿词语的清晰发音、阅读的节奏、故事中的声音效果、角色声音的变化以及情感的语调。这对儿童的自然语言以及未来的读写能力的发展都很重要。

科学与数学

对自然的各个方面进行比较和分类是科学与数学的一部分。对学步儿而言,这可能意味着研究各种动物的声音;对幼儿而言,这可能意味着自然中的其他声音,比如下雨、冰裂或吸泥浆的声音。

7.4 为改善听力制订个性化的干预措施

Ⅶ. A. 哪些行为表明儿童能听到语音和声音?

如前所述,儿童可能听不清所有声音或者只是某些声音。听声音有困难的儿童需要依靠环境(包换他们周围的人)在音高和响度上提供他们能听到的听觉输入,视觉线索来帮助理解，面对面的互动来支持唇读，与物体的互动来促进触觉（振动）输入。儿童也需要学习仔细倾听，以使用他们拥有的听力。听力技能对所有儿童都很重要，但对听力受损的儿童尤其重要，他们可以从这一领域的技术支持（如助听器、人工耳蜗）中受益。仔细的评估是很重要的，以确定所需的交互与环境支持的程度和类别。对于一些儿童而言，耳蜗植入物、助听器或其他增强设备可能是有用的。

失聪或听力障碍儿童可以通过使用技术或训练提高他们听各种声音的能力。专家们对如何与失聪或听力障碍儿童进行最好的交流存在分歧，包括是否应使用扩音器的争论。

在用来教失聪或听觉障碍儿童进行交流的三种最广泛使用的方法中，有两种方法将提高听力作为一个重要组成部分。主要的交流替代方案包括：（1）听说方法，强调发展儿童的残留听力能力和口语能力。（2）全面的交流方法，包括交流的所有方面，包括听力、语音、口语、面部表情、手势、手语和手指拼写。（3）双语方法，强调将美国手语（American Sign Language，ASL；一种具有自己的语法和句法的视觉手语）作为与英语并列的第二语言进行教授。ASL 是根据孩子的能力和需要，通过不同程度的阅读、写作和口语来教授的。另一种应用不广的方式是语音提示。语音提示是一个用来协助儿童澄清视话法信息的系统。以手为基础的线索可以帮助儿童区分从唇形上看起来相似的各种语音音素。这种方法有助于理解口语，但不一定有助于表达性语言的发展。对于所有这些方法，口语指导（即言语治疗）和放大声音是可选的，也可能是有用的。关于这些方法优缺点的讨论超出了本章的范围［参见高立德大学的劳伦·克勒聋人教育中心（Laurent Clerc National Deaf Education Center）的网站：http://clerccenter.gallaudet.edu/infotogo/index.html］。对这些方法的研究并没有发现任何一种方法适合于所有听力受损的儿童（Carney 和 Moeller，1998；Erting，2003；PARA，2007）。听力丧失的程度，父母是否耳聋，家庭的价值观，其他可能影响孩子技能的残障，以及可利用的资源都是选择交流方式时的重要考虑因素（Rushmer，2003）。

倾听和理解声音的能力需要专注的倾听。大多数失聪儿童都有一些残余听力，可以通过技术或训练加强。无论使用何种交流方式，儿童生活中重要的成人都可以实施一些策略，比如这里建议的那些策略，以增加儿童对语音以及环境中的声音的注意力和辨别能力。

视觉交流可以加强听觉学习，这对于失聪或听力障碍儿童尤为重要。虽然有些儿童既失聪又有视力障碍，但大多数有听力问题的儿童可以使用他们的视力补充他们对所听到内容的理解，或者，如果他们听不见，他们可以用视觉形式的意义代替听觉。因此，了解儿童通常如何使用视觉策略很重要。

人际互动策略

1. 在婴儿的耳边讲话。这有助于婴儿将言语与其他环境声音区分开。如果婴儿有轻微的听力损失或中耳感染，这一点尤为重要。

2. 注意声音。听力困难的儿童可能不会注意到他们所处环境中的所有声音。成人可以边说"听"边指向他们的耳朵："手机响了。"他们还可以指着一个正在发出声音的物体并强调这个声音："看，萨曼莎，一只鸟在唱歌。"

3. 说话之前得到儿童的注意。如果儿童看着与他们交流的脸，他们就会对正在产生的声音和单词更敏感。可通过轻拍肩膀或打手势的方式获得儿童的注意。一旦儿童看向说话者，保持这种直接面对面的接触。这将使儿童能够看到声音形成的方式，读取面部表情，并专注于收听消息。（在听说方法中，可能不鼓励儿童观察唇部运动，这样他们才会专注于声音。）

4. 说话的音量要有规律。儿童学会使用现存的听力很重要。说话的音量要有规律，这样可以提高听力，但要使用简单句，不要说太快。

5. 使用最容易让儿童听到的音高。一些儿童对某些音高的听力更好。婴儿通常适应更高的音调，成人在面对婴儿时也会自然地使用更高的音调。一旦评估了儿童的听力，成人就会知道儿童能够更好地听到的声音类型。可以选择合适的音高和响度的玩具，成人也可以调节他们的声音。

6. 使用声音突显技术（Acoustic Higlingting Techniques）。使用语调、旋律和表达丰富的句子。当语调和节奏抑扬顿挫时，儿童能够更好地辨别声音。改变典型的句式使之包含更多的歌曲节奏可以使儿童更想要听。偶尔使用耳语来鼓励倾听，并强调不同的句法元素以突出单词或短语的重要方面。

7. 鼓励儿童听自己的声音。儿童喜欢听自己的声音。成人可以通过评论强化儿童的说话行为，"我听到你说话了！""你的声音很好听，多唱一些！"这增加了言语产出和听力的练习，也促进了谈话中必要的音转的练习。

8. 声音和意义结合起来。儿童喜欢知道他们听到了什么声音。通过演示（如动物叫声）、指出环境中的声音（如马桶抽水的声音）以及让儿童发出声音（如按烘干衣机上的"开启"键），帮助儿童理解是什么在发出声音。在反复接触这样的配对后，儿童开始对他们听到的声音赋予意义。

9. 玩听力游戏。通过玩与声音有关的游戏，让儿童聆听和辨别声音以帮助其学习。在儿童多次看到一个对象和事件成对出现之后（参见第8条），尝试让儿童识别没有视觉参考的声音。例如，播放鼓、喇叭或吉他的声音（在磁带上，或在儿童被蒙住眼睛或转过身时）。儿童可以指着所听到内容的图片，用手势、手语或言语表达出相应的词语。这是"我听到一个_____"的游戏，让儿童选择声音，让成人来猜，这样会更有趣。

10. 跟随儿童的引导。所有的儿童都更喜欢听他们感兴趣的东西。注意儿童看的、玩的、表示关心的事件，等等。帮助儿童识别与其感兴趣的东西相关的声音。

11. 通过辨别关键声音来帮助锻炼听力。六种分别代表口语中的低、中、高频率的声音，经常被纳入听力"测试"；它们是"ah"（像"father"）、"oo"（像"moon"）、"ee"（像"key"）、"sh"（像"shoe"）、"s"（像"sock"）、"m"（像"mommy"）(Ling，2003)。如果儿童能够对这些声音有反应(有或没有听音装置)，他/她应该能够听到人类说话的声音。

环境调整

除了人际互动策略可能支持改善儿童的听力，环境调整通常也是有用的。根据 TPBA2 的发现，团队可能需要考虑以下一些环境调整。

1. 坐在儿童听力较好的耳朵旁边(在能听到的范围内)。如果儿童植入了人工耳蜗或戴了助听器，请移近麦克风或助听器。

2. 为发出声音的人和物体提供清晰的视线。如果儿童看到说话者的面部表情和嘴部运动，他们将能更好地理解所听到的声音。对于一群儿童而言，坐成一圈能使失聪或听力不好的儿童看到每个人。

3. 减少背景音或干扰音。关闭电视、收音机或立体声，并减少其他背景声音，如关闭风扇，使儿童可以专注于口语。关闭窗户或门，以减少街道噪音或其他房间的声音。言语必须要比背景声高出 30—40 分贝，以使儿童能够注意到它。窗帘、地毯、室内装潢和隔音砖都可以帮助吸收背景噪音。

4. 在幼儿园的教室里，降低视觉障碍，如书架。如前所述，与儿童进行面对面交流很重要；因此，教室里的隔板要低一些，这样儿童才能看得清楚，声音也不会被挡住。

5. 在给予听觉输入之前，先给予一个视觉警告，提醒儿童去听。使用视觉信号，例如手势，或在教室里闪烁一下灯光，以将儿童的注意力带到说话者身上。

6. 练习听环境声音。用日常生活中的声音做听力游戏，尝试分辨出室内和室外的声音。例如，尝试识别自来水、门铃、洗衣机或房子中的洗碗机的声音。在户外，听鸟类或其他动物的声音，河流的声音，汽车或公共汽车的声音，等等。

7. 录制语音和声音。记录儿童的发音或说话，并播放给他/她听。这将刺激婴儿模仿他们听到的声音，较大的儿童会评论他们所听到的。

8. 使用有音高和响度的发声设备，增加被听到的可能性。使用能发出儿童可以听到的声音，同时也要发出能激发孩子去听的声音的玩具。

9. 使用科技手段提高听力。使用最先进的技术放大声音和最大限度地保留听觉。说话者佩戴具有麦克风和无线发射器的调频系统或 FM 系统，听者佩戴发射器，可以帮助儿童在他/她不靠近说话者时听到声音；它也可以减少儿童在教室里听到的背景噪音。外部助听器或需要手术植入的耳蜗也是一种选择。助听器的类型多样，应当咨询专家以帮助家庭为他们的儿童确定最好的个性化选择。确保所有设备都受到监控并处于工作状态。

Ⅶ.B. 儿童是看还是转向声源？

声音定位(Sound Localization)是儿童识别声音来源的能力。它需要通过两只耳朵比较声音，并通过外部身体和耳朵结构过滤声音。定位声音的能力可能受到单耳或双耳听力损失的影响，也可能受到身体异常给声音过滤带来的负面影响。助听器能改善听力，但不能改善声音定位。儿童也许能听到驶来的汽车，但不知道它从哪个方向来。声音定位对于安全和日常功能很重要。任何曾经试图找到一个正在响铃的手机的人都可以证明声音定位对日常生活的重要性！

人际互动策略

1. 在收到视觉、听觉或触觉提示后立即发言。一旦儿童有了看说话者的暗示，说话者应该立即进行语音交流。例如，如果父母喊儿童的名字，儿童转身看，这时父母应立即以评论进行回应。

2. 将能发出声音的玩具或物体与其发出的声音配对。例如，如果儿童听到音乐玩具的声音并看着玩具的方向，照料者应重复玩具的声音并说，"是的。是它在放音乐！"

3. 玩"找声音"的游戏。使用能发出声音的物体，把寻找声音当成一种游戏。从比较近的和比较响的声音开始，例如，在桌子下面摇晃一罐豆子并问："你听到了么？它在哪里？"一旦儿童开始理解听找的顺序，成人尝试不同响度和音色的声音，例如，生日音乐盒、一袋米或其他各种不同的声音。当儿童可以很容易地找到放置得很近的声音时，用录音机记录下各种声音，并把它藏在房间的不同地方，让儿童找到它。

4. 提供线索。每当环境中发出出人意料的声音时，说，"听，我听到……"然后朝声音的方向看去。让儿童看着你接近声音（例如，厨房定时器），或如果可能的话，让儿童看看声音的来源（例如，邻居的割草机）。这将鼓励儿童寻找声音的来源。

5. 跟随儿童一起寻找。当听到重复的或反复出现的声音，并有时间进行搜索时，可以和儿童谈论一下这个声音并一起搜索它；例如，"我听到警笛声了，让我们去找找消防车"或"我听到电话响了，我们去接电话"。去儿童指向或指示的地方，直到找到声源。

6. 给儿童处理听觉信息的时间。儿童可能会花更多的时间来接收听觉输入，并解释声音的意义和位置。在引导他/她的注意力之前，等待儿童做出反应。

环境调整

除了人际互动策略可能支持儿童寻找声源，环境调整往往也是有用的。根据 TPBA2 的发现，团队可能需要考虑以下一些环境调整。

1. 声音位于听力较好的耳朵一侧时，更容易被定位。玩听力游戏时，先在儿童"最佳听力"的一侧发出声音或放置发声物体。

2. 声音靠近时比远离时更容易被定位。在靠近儿童的位置开始识别游戏，并逐步将发声物体移动到更远的位置。

3. 注意环境中的声音。大多数人会忽视环境中的许多背景噪音。这是一件好事,因为它让我们把注意力集中在我们需要听的重要声音上面。通过消除两三个声音以外的所有声音,帮助儿童学会集中注意力;例如,电视和洗碗机。玩"躲在这个声音里"游戏,轮流告诉对方去找哪个声音,然后数到10,看看对方是不是在正确的地方等着。

4. 帮助儿童跟上谈话。当别人在交谈时,使用手势提示,指出谁在说话,帮助儿童理解说话者之间的声音转换。

Ⅶ. C. 儿童对声音或言语的反应是否有意义?

儿童不仅要听到声音,他们还需要赋予这些声音意义,这样他们才能做出适当的反应。有听力障碍、听觉处理问题或注意力缺陷的儿童可能会发现很难将他们听到的声音与准确的含义联系起来。准确的理解是通过对所听到的声音做出适当的反应得以证明的。没有做出适当反应的儿童可能会忽略声音(例如,继续做他们在交流或发出声音之前正在做的事情);给出一个近似但不正确的回答(例如,成人说,"把手给我,"儿童却把帽子给了成人);或者做出完全不正确的反应(例如,儿童听到定时器响了,就去开门)。根据儿童的关注点(例如,听力与听觉处理问题),以下建议的策略可能有帮助。

人际互动策略

1. 谈论什么对儿童而言是重要的,什么让他/她感兴趣,或什么是儿童所关心的。辨识儿童有关声音的暗示。寻找声音之后的面部表情,比如好奇的眼神,或者语调中出现的表示问题的发声;眉毛挑起表示惊讶的表情;愁眉苦脸的表情。然后用具体的方法来解释或演示声音的意义。当然,有时候成人需要引导儿童的注意力,但跟随儿童的引导会告诉儿童,成人可以提供有趣的信息。

2. 改写(Reword)以帮助儿童理解。当面对复杂的声音、词语或句子时,儿童可能需要听到另一种声音来帮助理解。例如,可以替换成另一个词语;可以给出词语的明喻或定义;可以改写句子;或者可以重复词语、短语或句子。成人需要确定哪一个最有可能帮助儿童准确地理解和适当地做出反应。

3. 提供等待时间。许多儿童需要时间来处理他们听到的声音,并将声音转换成有意义的信息。给有听力障碍或听觉处理困难的儿童思考的时间。有些儿童可能需要至少10秒钟。

4. 确保讲话者的面部清晰可见。如果儿童看不到伴随话语的嘴唇运动和面部表情,他们可能会误解听到的话。例如,在之前的例子中,儿童听到的是帽子而不是手,如果儿童能看到成人在说单词,他/她就能看到成人在"hand"(手)的末端发出"nd"的声音。成人说话时应把手远离脸和嘴,这样儿童才能看清嘴唇。(相比之下,对于听说方法,成人有时可能会故意遮住嘴部,以确保孩子是在听,而不是在读唇语。)

5. 使用身体提示帮助儿童理解节奏和音乐。例如,成人可以将婴儿抱在胸前,随音乐或声音适时摇动,帮助婴儿在声音和动作之间建立联系。对于较大的儿童,帮助儿童打拍子或随音乐跳舞会让声音变得生动。

6. 教兄弟姐妹和同伴在说话时使用手势配合语言。对所有的儿童,除声音和话语外,手势也可以阐明意思。对于使用全面交流方法或双语方法的儿童来说,向同伴传授日常生活和互动的关键信号对于支持理解交际意图很重要。

7. 鼓励探索和实验。有听力困难的儿童需要有机会在实践中发现和学习。他们需要探索他们的环境,通过触觉和运动体验找出不同类型的振动、运动、声音之间的差异。他们需要通过体验式学习来学习事物的各种相关意义,如硬的(hard)和软的(soft)。例如,"soft"可以表示轻微的压力或安静的噪音。语言和概念的理解能力随着儿童比较和归类各种经历的能力而增长。

环境调整

除了人际互动策略可能支持儿童适当地回应声音,环境调整通常也是有用的。根据TPBA2 的发现,团队可能需要考虑以下一些环境调整。

1. 使用辅助设备。为失聪或听力障碍儿童提供的常见便利包括使用手语或手势来支持交流或解释声音,在教室中设置听觉设备和信号装置(例如,一盏闪烁的灯提醒儿童有人敲门或门铃在响)。

2. 使用图片线索。与日常生活相关的图片提示,如穿衣、吃饭、课堂作业、活动或活动中心,可以支持使用手势、发声或手语。图片时间表可以解释活动的顺序,并帮助儿童理解语言指示。当儿童违反规则时,有字的图片规则表可以配合语言一起使用。家庭成员和班级成员的照片可以确保儿童能认出正在讨论的人。

3. 为使用手语和听力语言的儿童在房间区域贴上图片、标志和手势语。标签既可以在家里做,也可以在教室里做。这允许成人说一个字或谈论一个例行的事情,并确保儿童理解语境。这样儿童就更有可能理解关于这个话题的谈话。

4. 使用带有标志或视觉符号的书。当给个别儿童或一群儿童阅读时,正在学习手语的听力障碍儿童可以从包含手语的书籍中受益。对于能够听到的儿童和正在使用听说方法的儿童,用符号表示文字的书[例如,用符号书写(Writing with Symbols)]可以支持他们的听力和他们新形成的识字理解。

5. 阅读书籍和创造有机会重现声音效果的游戏情境。展示图片,让所有的儿童发出相应的声音(例如,风、狼的嚎叫、拍手)。使用道具来产生声音效果(例如,一袋玉米片发出嘎吱嘎吱的雪声,爆裂的气泡膜发出树枝"噼啪"的声音)。让儿童在戏剧扮演活动区将故事戏剧化,并在游戏中使用音效。

6. 注意灯光。光源应该在说话者的脸上,而不是在儿童的眼睛里。不要让说话者站在窗前,因为那样他/她的脸上会有阴影,使唇部动作、面部表情或手势更难以看清。

7. 将声音与视觉线索结合起来。一个视觉提示,如闪烁的灯光,可以告诉听力障碍儿童,清理时间到了。随着时间的推移,当这个信号与清理铃声结合在一起时,儿童可能会学会独自对铃声做出反应。

Ⅶ. D. 儿童对声音和话语的反应有多快?

处理听觉信息包括听和理解所听到的内容。为了快速回应,大脑必须将声音信号转换成有用的信息。反应不快的儿童可能在注意力、倾听能力、听力或理解所接收信息的能力方面有问题。听到声音之后难以辨别、识别和保留声音的儿童可能有中枢性听觉处理障碍(Central Auditory Processing Disorder,CAPD)。患有 CAPD 的人难以将意义赋予构成单词、句子和故事的语音组。在阅读过程中,他们在处理和组织书面语言方面可能会遇到类似的问题。

CAPD 并非听力损失的结果。大脑可能只能准确接收部分信息,导致 CAPD 患者的信息不完整。具有这种语言处理问题的儿童对问题或指示的反应迟缓,并且他们可能需要多次练习或复习新信息。CAPD 的确定通常需要一组专业人员进行专门的评估。

有听力损失的儿童所听到的声音可能会失真,或者听不到某些响度或音高的声音。虽然与 CAPD 不同,但听力损失也可能导致儿童在试图解读信息时处理时间延迟。直觉策略可以帮助 CAPD 患儿在他们需要倾听之前组织信息,这有助于他们理解他们听到的内容,并在听到后记住信息。

人际互动策略

1. 确保儿童在讲话者说话之前注意到他。如果其他事情分散了儿童的注意力,那么整个消息就可能丢失。

2. 使用面部表情、肢体语言和手势来支持理解。例如,挑起的眉毛表示有问题。放松的面部表情通常意味着陈述。

3. 将方向分解为特定方面,而不是一般性陈述。例如,说,"把所有的卡车放在这个盒子里,"而不是说,"去找地方把你的玩具放起来。"

4. 一次给予 1—2 个指示,而不是全部。这会允许儿童理解并准确反应每个步骤。如果一次给予所有,儿童可能无法保留或理解所有必要的行动。例如,"穿上你的睡衣,去刷牙,拿一本书读。是时候睡觉了"要求儿童一次处理和保留太多的信息。

5. 提供关键信息,省略不必要的细节。陈述对话的主题,只提供主要想法。然后重申重点。例如,在下面的语句中,老师提供了太多的信息:"兰德勒,这将会是非常忙碌的一天,因为我们要先去我们的中心,然后去兽医那里进行一次有趣的实地考察。兽医那里有很多生病的动物,我们将看她检查动物,找出它们的问题,然后使它们康复。"患有 CAPD 或听力损失的儿童可能难以全部或部分理解该消息。一个更好的方法是慢慢地告诉儿童,"我们今天要去拜访兽医,"停顿一下,老师可以补充说,"我们会先去中心。然后我们会去实地考察。"

6. 使用视觉效果来支持学习。患有 CAPD 和听力损失的儿童可以从学习将所说的内容形象化中受益。这给了他们一个更容易理解的参照物。在前面的例子中,老师可以向孩子们展示一本关于拜访兽医的书,以帮助他们了解在拜访中应该期待什么以及要寻找什么。这个过程对所有儿童都有帮助,并确保他们都有相同的理解基础。

7. 使用多种方式重述重要信息,诸如使用"这意味着"或"换种方式来说"之类的短语。在前面的例子中,老师可能会说,"兽医也就是'动物医生'。"

8. 给儿童时间来思考他们说了什么。儿童需要时间来思考他们说了什么,并处理信息,以使之有意义。当你问一个问题的时候,5—10 秒之后再期待对方的回答。

9. 请儿童告诉你,他/她所了解的是什么。例如,问,"兰德勒,你认为今天会发生什么?"这会使成人确定儿童所理解的内容。成人可以纠正错误或澄清误解。

10. 教儿童问具体的问题。许多没听明白的儿童不想承认他们不清楚。他们可能什么也不说,只点头,或者通过看同伴寻找他们应该做什么的线索。提问是获取信息的重要方式。父母和专业人员可以示范问题,并在每次讨论时规定一段时间让每个儿童都问问题。成人可以说,"你们有什么问题?"然后示意每个儿童。一旦这成为惯例,困惑的儿童就不会对请求澄清问题感到尴尬。

11. 重复其他学生的建议和问题。没有听或不明白他人的儿童很可能不会大声表示。相反,他可能茫然地看着其他儿童,或被其他活动分心。

环境调整

除了人际互动策略可能支持儿童适当地回应声音,环境调整通常也是有用的。根据 TPBA2 的发现,团队可能需要考虑以下一些环境调整。

1. 提供技术支持。如前所述,在教室中使用 FM 放大系统,减少外来噪声。使用材料减少混合声音。

2. 以多种方式提供视觉支持。在故事时间可以使用木偶、法兰绒板字符和道具来解释角色与动作。幻灯片、投影仪、图片、计算机图形和其他视觉辅助可以强调重要的概念。当与适当的成人支持一起使用时,电影、录像带、DVD 和可视互联网站点也可以强调信息。

3. 确保一次只有一个儿童说话。集中注意听一个人说很难。如果几个儿童或成人同时说话,儿童很可能会非常困惑。

4. 避免环境因素混淆所听到的内容。例如,嚼口香糖,咬铅笔,谈话时将下巴放在手上,或吸烟都会干扰所给的清楚的信息,并且使儿童难以看到嘴唇准确地发音。

5. 在包含听和遵循指示的活动中为儿童分配搭档。儿童可以观察伙伴,并向他/她提问,以确保有听力损失的儿童知道接下来会发生什么(例如,移动到故事圈或艺术区域)。

Ⅶ. E. 儿童是否能准确地模仿声音?

模仿是在所有发展领域学习的一项基本能力(参见 TPBA2 第七章第三节)。准确模拟发声对语音发展至关重要。模仿声音需要儿童能够模仿舌头、嘴唇和牙齿的位置。这需要观察他人,感觉这些结构的位置,以及根据需要重新定位以产生准确的声音的能力。此外,儿童需要模仿正在发出的声音的响度、强度、音调和音色。这需要精确的听觉、呼吸控制,和口腔结构的微妙运动。显然,所模仿的不仅仅是听力,虽然听力是至关重要的,但是失聪或听力障碍儿童可以学习说话。

成人需要确保与儿童的互动能够增加其对语音的模仿,并将这些互动融入生活常规和游戏活动中。通过观察儿童的兴趣和自发行为,成人可以将发出与模仿声音作为愉快和快乐互动的一部分。内部动机是儿童这项能力持续发展的关键。

人际互动策略

1. 确保说话者的嘴巴清晰可见。避免在说话时遮掩或遮盖嘴巴。

2. 模仿婴儿自己的发声或行为。婴儿在模仿成人示范的新声音之前,会先模仿自己的声音。即使是全聋的婴儿,在约 6 个月大的时候也会发出声音和咿呀学语。利用这段时间鼓励儿童发声。

3. 提供等待时间。等待儿童看向你。一旦儿童看着成人,成人就可以发出声音或评论所发生的事。许多儿童需要时间思考如何发出声音或词语。因此,在重复声音或词语之前,需要等待一段时间。等待很困难,但很重要! 当儿童开始看时,这意味着他们准备好了。如果儿童不看,轻轻拍打手臂或腿可能会引起注意。在失聪群体中,触摸脸是不可接受的。成人可以轻点物体或指向物体并给它命名。与所使用的词的关联是至关重要的,所以儿童正在学习的是听声音的意义,而不仅仅是模仿随机的声音和音节。

4. 在重复声音或话语之前,问较大的儿童,"你听到了什么?"这将提示儿童模仿。

5. 在语境中提供许多重复的机会。儿童通常需要在上下文中重复使用一个词超过 200 次,以使它成为他们词汇库的一部分。这很重要,因为有听力损失的儿童可能需要额外的练习。仅仅让儿童模仿声音是没有动力的,反而可能会导致抵抗。相反,最好使用儿童在有意义的情况下可以学到的声音和词语。例如,儿童学习的第一个辅音是上下嘴唇一起发出的声音，如 b、m 和 p。环视儿童身处的环境，找到简单、有意义的含有这些字母的词语，从它们开始，如"baby""bottle""binky""mama""puppy"和"papa"。当举起一个物品时，成人可以连续多次重复该词，在每次的重复之间都有等待时间。

6. 为儿童的日常活动、喜欢的物品和活动中的关键词优先排序。进行模仿，重要的是不仅要选择儿童准备好发出的词，而且是对儿童重要的词。这将确保儿童有动力使用这些词语。最初开始于低频和中频元音；例如，游戏情境下儿童使用的词。例如，展示儿童喜欢的东西，然后将其隐藏在毯子下面。当儿童看着你的动作时，慢慢且清楚地说这个词。对于儿童发出的任何声音，首先拿出玩具让儿童玩，然后在儿童发出的音越来越近似的时候给他。

7. 尽可能阅读给儿童听。阅读的节奏与使用夸张的音调和面部表情会激发儿童的听与模仿。儿童喜欢一遍又一遍地阅读同一本书，听力障碍儿童也是如此。阅读有重复的声音和短语、韵律、歌曲和手指游戏的书。轮流发出动物和角色的声音。让儿童有机会通过指图片、发声等向成人发起"阅读"。

环境调整

除了人际互动策略可能支持儿童适当地回应声音，环境调整通常也是有用的。根据 TPBA2 的发现，团队可能需要考虑以下一些环境调整。

1. 放大可以帮助儿童更好地听到声音。儿童获得辅助听力装置时的年龄越小，儿童的声音模仿和语言产生就越好。

2. 为儿童形成"经验书"。收集儿童的家人和朋友的活动照片；儿童最喜欢的物品、玩具和活动的图片；以及儿童所拥有的特殊经历的例子。经验书可以包括来自喜爱的毯子的布块，来自喜爱的食物的包装等。随着书籍的共享和添加，成人和儿童可以命名与标记对儿童重要的人物、物体和事件。这本书允许重复对儿童来说熟悉和重要的词。熟悉也使得儿童在成人不在场时能够看到并产生声音和词语。

3. 找一个安静的地方，谈论、阅读和玩模仿游戏。一个安静的环境，几乎没有视觉和听觉干扰，将使儿童对声音更专注。

4. 在房间里放置几面适合儿童高度的镜子，以鼓励儿童对着镜子玩发声游戏。沐浴时间和游戏时间是做镜子游戏的自然时机。年幼的儿童喜欢从镜子里看自己的模样，所以可以轮流模仿面部表情和声音。这应该是乐趣，而不是"治疗"。

5. 提供触发模仿的玩具。儿童可以打开那些能模仿动物声音或者说出单词、短语的玩具。确保选择的玩具能提供清晰的发音，并且声音足够大，能让儿童听到。

6. 提供假扮游戏的道具和机会。儿童模仿他人的行为、言语和互动模式。使用人物形象和装扮服装，以及常规材料，鼓励儿童重现场景和故事。成人的参与可以给儿童示范话语，并帮助儿童拓展。

7. 在室外提供各种体验。挑战儿童的好奇心和想象力。当儿童提问某物是什么或是用来做什么，或者某物为什么或如何发生，并要求更多的信息时，成人可以提供新的词汇和概念。新的物体、材料、事件、情境、人物和问题刺激儿童想要学习新的概念。有听力损失的儿童将模仿成人使用的词语和短语，随着时间的推移，他们会把这些词语应用到新的情境中。

一般性策略

推荐给失聪或听力障碍儿童使用的策略，很大程度上取决于家庭采用的理念和方法。策略的选择以家庭偏好、儿童的需求和社区资源为导向。上一节中解释的大多数策略适用于三种主要的方法：听说方法、全面交流方法和双语/双文化方法。请注意，视觉注意是有顺序的，所以必须允许儿童先注意物体，然后将他/她的视线转移到成人的面部，看成人说话或打手势，或两者兼而有之（同时交流）。

然而，儿童的听力越强，越应该重视他们的听和对口语的理解。听力损失得越严重，儿童越需要使用 ASL 或手势系统（Seeing Essential English，SEE-1）或者手语。如果强调的是说出的话，那么手势和眼睛的注视就可以用于支持言语和听觉能力。如果儿童需要视觉形式的交流，手语或一种手动编码形式的英语（Signing Exact English，SEE-2）可与口头英语一同使用。注意：儿童生活中的成人将决定如何与听力损失的儿童进行交流。这应该是一个在家庭和学校环境中实施的决定。他们可以决定是随时说话还是仅在某个词语或短语被强调时，是仅凭听觉还是与阅读相结合。成人可以决定是边讲话边打手语，还是仅使用手语。这些选择可以在任意时间使用，取决于成人的目标。

如果实施双语系统，ASL 将作为儿童的第一语言。所选择的策略根据家庭选择的学习交流的方法而变化。应当注意的是，某些策略建议使用听说方法的家庭不要使用手语、手势或唇语。另一方面，双语方法应强调这些元素而不是言语。

视觉模式——失聪儿童的优势

当儿童在很小的年龄接触到像 ASL 这样的视觉手语语言时，他/她能通过这种视觉模式自然而轻松地发展语言。如果一个听力正常的儿童是用手语的失聪父母所生，那么这个儿童的第一语言将是 ASL（在美国）；如果一个失聪儿童的父母是听力正常的，并且这对父母在儿童的早期学习和使用 ASL，那么儿童的第一语言也将是 ASL。当儿童有无限机会与该语言的其他使用者互动时，儿童就会学习以一种清晰、易懂和完全发展的模式呈现给他们的语言。

正如具有正常听力的儿童使用他们的听力能力发展语言一样，失聪或听力困难的儿童使用他们的视觉能力来观察他们的环境并进行交流。当儿童看到门灯闪烁时，她会走到门口或提醒她的父母。当婴儿啼哭，且婴儿啼哭灯闪烁时，儿童做出适当的反应——正如能听到的儿童听声音一样。正如一个儿童用他的声音咿呀学语一样，一个正在学习手语的儿童也会用他的小手"咿呀学语"。当与所指物相一致时，手的形状与在空间中的动作和位置的结合将作为词语（手语）被学习，而通过动作和面部表情修饰的手势与其他手势组合相结合，就形成了完整的语言。任何能用英语口语说的话均能用 ASL 表示。

ASL 还提供了以视觉来表达我们环境中的声音的方法。失聪的成人使用面部表情（包括嘴唇的形状和动作）、手势、身体动作和手形等元素创造视觉上的声音效果。

准确的示范和模仿、清晰的手语对儿童的语言完整发展至关重要。失聪的成人（和其他流利的手语者）会使用一些技巧，比如让儿童与自己的眼睛平齐，与儿童近距离地手语，为儿童提供机会模仿手语，帮助他们"发音"。模仿环境中移动的物体（如动物、机器、人）对儿童而言很有趣，可以帮助他们完善视觉运动的表达，这是在视觉环境中交流的重要要素。擅长用 ASL 讲故事的人是这方面的大师，可以帮助家长和老师发展它。

打手语时，一个人可以改变手语的速率（速度）或大小以及手语的密度以暗示意义上的差异。例如，说"他走得很慢"，手语者可以缓慢地做出"走"的手势。说"我住在一间小房子里"，手语者可以在更小的空间里做出"房子"的手势。通过更松弛或坚定的手势表示强度。要让某人停止，就坚定地打手语。成人可以鼓励儿童使用他们的语言，并相应地调整他们的面部表情。和往常一样，给儿童流利的手语示范对儿童来说是必不可少的。

失聪儿童在学习阅读时听不到语言的声音，尽管使用语音的能力可能会提高儿童的阅读能力。在以 ASL 为主要语言的课程中，常使用双语方法来学习英语读写（阅读和写作）。

如果家长和教师使用某种形式的手势，研究表明，有一些特定的策略可以有效地最大化视觉交流（无论是 ASL 还是一些变化的版本）。以下是失聪儿童的父母所用策略的示例。

人际互动策略

1. 使用非言语交流。微笑、面部表情和手势支持可视模式的发展，这是进行交流所必需的视觉模式。

2. 使用触觉获得视觉注意。触摸、拍拍或抚摸是失聪儿童的父母用来训练儿童注意力的有效策略。失聪儿童的父母也使用触摸提供积极的反馈，并在离开儿童的视野时安抚他们。

3. 获得视觉注意。挥手或将物体移动到儿童的视线中，或来回摇摆，能训练儿童对成人的脸的注意。

4. 在持续的语言输入的同时用指的方式直接引起注意。视觉注意是顺序的，而不是同时的。失聪儿童的父母获得儿童的注意，告诉他将会看到的，然后把他的注意力直引向话题。他们用附近正在讨论的物体代替手势，以便儿童可以同时看到物体和手势。

5. 降低交流的频率来提示重要性。失聪儿童必须在活动和与之交流的人之间不断转移注意力。失聪儿童的父母通常交流较少，并等待儿童看向他们，以确保儿童将父母的交流视为重要的。

6. 使用短话。当他们将视觉注意点从一个焦点转移到另一个时，短语句的使用减少了对儿童活动的打断和对记忆的需求。

7. 在儿童的视野中定位自己和物体。失聪儿童的父母站在儿童身后或旁边来保存儿童的精力，弯曲身体，以便儿童可以看到他们和感兴趣的物体。

8. 将手、脸或两者都移动到儿童的视野内。在儿童的身体上做标志或将标志移入儿童的视野中，有助于减少儿童将注意力从活动转向父母的需要（当父母参与某事时）。

9. 使用支架（Bracketing）。失聪儿童的父母先命名一个物体，然后指着该物体，再次为该物体命名，从而澄清语言的意义。

10. 调整手势。失聪儿童的父母通过重复、扩大、延长以及将它们靠近所注意的物体来调整手势。这通过允许儿童用更长的时间内化语言来促进理解。

环境调整

除了人际互动策略可能支持儿童适当地回应声音，环境调整通常也是有用的。根据TPBA2 的发现，团队可能需要考虑以下一些环境调整。

1. 在所有的交流行为中，始终确保成人在儿童的视线内。交流之前，检查所有有听力损失的儿童是否能够看清说话者，保证消息是明确的。

2. 对于集体教学，将儿童放在一个圆圈或半圆中以保证视线。有听力损失的儿童需要彼此看见才能参加小组讨论和其他小组活动。

3. 减少教室里可能阻碍交流的视觉干扰。分析视觉环境并重新安置那些使儿童和教师难以在教室的所有区域看到彼此的家具或材料。

4. 使儿童适应教室中的视觉警报装置（例如，视觉火灾警报，门警报，视觉留言板）。正如成人会给听力正常的儿童解释公共广播系统的公告或听觉火灾报警一样，依靠视觉的儿童应该有相同的经验以尽可能地独立。

5. 在教室里制作互动的录像，并与儿童讨论。将视频作为一种工具，发展清晰的交流技巧，如做清晰的标志、正确放置标志等。

6. 使用技术来增强视觉学习。包含电影和图形、智能卡、数字摄像机和/或静态相机等材料的多媒体（用 ASL/英语）是用于支持学习的有效工具。

7.5 为需要支持以使用听力的儿童提供的常规活动

以下是如何将之前讨论的策略纳入儿童家庭和学校日常生活的例子。除了本章开头所述的由没有特殊需求的儿童的照料者使用的策略,以下策略能不断提高使用听力的熟练程度。

7.5.1 日常常规(家庭和教室)

喂食/进食

在吃零食或进食期间,成人让食物经过儿童视野。这将使儿童注意交谈的话题。当儿童的视觉跟随着碗时,父母可以把碗举到嘴边。一旦儿童参与进来,成人就可以做一个夸张的表达,为其命名,"Peas(豌豆)!"鼓励儿童重复这个词,"I want _____.",让儿童把空填上:"Peh.""Yes. *Peas*."使用短语,并确保儿童注视正在说话的人。提醒餐桌上的人使用手势来表示他们说话的内容。

换尿不湿/如厕

换尿不湿是有节奏地活动和面对面交流的理想时间。利用这段时间来介绍与身体部位、位置、动作等相关的词语。当儿童静静地躺在桌子上时,他/她就是一个被动的观众,这是指出环境中的声音的一个好时机。例如,在换尿不湿期间,妈妈抬起亚历克斯的脚,并唱一首歌,同时随音乐向前和向后摇摆他的脚。他笑着移动他的脚。她拿着他的手随歌曲拍手。然后她把他放置在尿不湿上,同时展示每个动作:"腿,打开。尿不湿,放上。提上,裤子!完成!"她抱起亚历克斯让他可以看到并说,"听,亚历克斯。"她踩着尿不湿桶踏板,模仿它的声音,说:"咚咚!完成!"随着儿童变得更加独立,开始进入如厕训练,成人可以让儿童听浴室的声音,如水流声、冲洗马桶的声音、马桶盖关闭的声音,等等。要注意这些声音很重要,这样儿童能记得冲水,知道水何时关闭,等等。成人也可以使用这个常规来扩展包括动作步骤的词汇等。手势和词语可以结合进行。

穿衣

与以前的常规一样,穿衣服为通过模仿特定情境下的词语,为增加这些词语的使用提供了机会。这个过程可能需要使用标志、手势和声音提示。例如,达斯廷在穿衣服的时候,爸爸点了他的肩膀。达斯廷看着他的爸爸。"Foot,"他的爸爸说。达斯廷举起脚,说:"oot."他的爸爸帮助他站起来。爸爸再次敲打他的肩膀。达斯廷看着他的爸爸,爸爸说:"Arm."达斯廷一动不动地站在那里看着他的爸爸。爸爸指着达斯廷的手臂,说:"Arm."达斯廷抬起手臂说:"Am."他的爸爸穿上衬衫。爸爸给了达斯廷一个大拥抱,等待达斯廷看着他,然后说:"完成了,达斯廷。"注意等待的时间是如何结合示范、手势练习和发声的加强来使用的。

外出

可以做的事包括去有很多有背景音的社区。对于有听力损失的儿童来说,重要的是学习区分各种声音,特别是背景音与应该要注意的声音的对比。社区活动是指出环境中各种声音的好时机,以便儿童认识到它们是什么。例如,去车上时妈妈牵着科比的手。她停下来，和他坐在前面的台阶上，指着她的耳朵。"听，科比。你听到什么了？"科比来回转转头，接着摇摇头。妈妈指向空中。科比抬起头。他指着一架飞机留下的白色痕迹，说："Ayplane①."（飞机）妈妈再次指着她的耳朵。科比偏着他的头，所以他的耳朵朝向天空。他微笑着说，"Ayplane."

7.5.2 游戏常规（家庭和教室）

面对面游戏

面对面游戏通常涉及移动、唱歌或轮流。它提供了眼神交流、模仿和向声音移动的机会。这种类型游戏的人际特性是激励儿童，鼓励交流和模仿。例如，妈妈抓着亨特的手，让他的身体在她的腿上来回摇晃。她正在用"咩，咩，黑羊"的韵律配合她的运动。她向后晃动他，并等待。他看着她，她继续等待。她说，"咩。"他说，"咩。"妈妈笑着把他拉起来并唱，"咩，咩，黑羊，你有羊毛吗？"她又重复一遍这个动作，等待他发出声音。

体育游戏

不同于面对面游戏，体育游戏通常包括没有直接目光接触的单独运动或互动运动。重要的是成人调整他们与失聪及听力困难儿童的交往，以便增加面对面交流的机会。例如，爸爸正在追逐达拉。他在沙发后面等待达拉寻找他。当达拉跑到角落时，她的爸爸喊道："我抓到你了！"并拥抱她。达拉尖声笑开，挣脱后开始跑。爸爸拉回她，等待达拉看着他，并问道："Again?"达拉点了点头并喊道，"Aga!"接着跑远了。爸爸抓住她抱着说："我该怎么办？"达拉试图离开。爸爸轻拍她的肩膀让她看着他。爸爸扬起眉毛说："我应该跑还是追你？"他指着自己，然后指着达拉。她停下来想了几秒，然后说："跑。"爸爸放开她，开始跑远。在这个例子中，爸爸让儿童进行一种面对面的对话，但允许儿童选择将采取的行动。语言被模仿，通过姿态和话语给予了儿童发起游戏的机会，爸爸跟随他女儿的领导，这增加了另一个产生对话的机会。

操作性游戏

成人对创造性思维和想象力游戏的鼓励很重要。在游戏场景中引入新材料可以增加解决问题的机会，并提供有关物体、描述和行动的新词汇。例如，詹妮正在玩一个小娃娃。她把它放在床上说："Nye-nye."然后她拿起娃娃，开始给它穿衣服。她说，"鞋子，衣服。"妈妈进入房间，坐在詹妮旁边。詹妮看着她。妈妈说，"宝贝已经准备好了。"妈妈微笑着拍拍宝贝。她等待詹妮看着她。詹妮说，"准备好了。""她去哪儿？"妈妈问。詹妮没有回应。妈妈去厨房，端回一锅水。詹妮疑惑地看着她。妈妈微笑着说，"宝贝想去游泳吗？"詹妮笑着说，

---

① 正确为 Airplane。——译者注

"宝贝喜欢游泳。"在这种情况下,儿童已经重复多次过去与娃娃一起做的动作。虽然她使用的是熟悉的词汇,但她也准备拓展她的行动和言语。她妈妈通过引入一种激励性的道具,增加了新的游戏和语言机会。她们现在可以用新的声音和词语来创建一个全新的场景。

感觉游戏

促进同伴互动很重要,特别是听力正常的儿童与听力困难的儿童一起玩时。成人需要帮助同伴了解通过引起儿童的注意、使用手势、直接与儿童说话的方式进行交流。例如,鲁伊莉娅和她的朋友朗达在感觉中心玩。老师走过来,跪在他们旁边。朗达正在说话,但鲁伊莉娅正在低头看感官表中的材料——柔软、蓬松的枕头填充物,带刺的物品,如牙签和松果。老师对朗达说,"鲁伊莉娅听不到你的声音。你需要确保在和她谈话时她看着你。轻拍她的肩膀比较好,当她看着你时,你再继续你想给她展示的。"朗达拍鲁伊莉娅的肩膀。当鲁伊莉娅看着她时,朗达微笑着看着老师。"这就对了。现在她正在看你。你想告诉她什么?"朗达在鲁伊莉娅前面举起一个松果,说:"看,鲁伊莉娅,它来自一棵松树。我家里有一棵松树。"老师给了鲁伊莉娅一个松果,把它放在朗达的松果旁边。当鲁伊莉娅看着她时,她慢慢地说并打着手势,"松果,两颗带刺(Prickly)的松果。"鲁伊莉娅模仿了"刺"的手势,并说:"Puh-lee."老师重复这个词,强调如何用嘴唇发出"pr"的声音。朗达也这样说,"看,鲁伊莉娅。像这样。"在这种情况下,老师的指导和演示增加了同伴之间的交流。

假扮游戏

假扮游戏使得失聪或听力障碍儿童能够利用他们看到和听到的内容。它为语言、行动和情感表达提供了一个安全的舞台。老师应该基于儿童的阅读和现实生活经验开展主题。在下面的例子中,游戏的社交互动鼓励有听力损失的儿童进行交流。

> 儿童在假扮游戏区。鲁伊莉娅穿着白色的医生外套,正在检查一只毛绒小狗的心脏。朗达带来另外一只动物,并说:"它也生病了。"鲁伊莉娅用手势表示"生病",一只手的中指放在她的肚子上,另一只手的中指放在头上,同时表达不快乐。朗达笑着模仿鲁伊莉娅。朗达说,"生病。"鲁伊莉娅说,"生病。小狗生病了。"阅读关于兽医的书籍时使用的语言,从当地兽医办公室的实地考察中获得的知识,以及假扮游戏道具给予这两个儿童共同的语言和经验。老师需要监控这个假扮游戏,看看是否需要增强交流来促进新的想法或交流。

7.5.3 阅读和学习常规

圆圈时间

老师需要确保失聪或听力障碍儿童能从活动的各个方面受益。儿童与老师、圆圈活动和其他儿童的位置关系很重要。儿童需要能够看到所有的面孔、图片提示、书籍、标志和手势。使用视觉辅助工具很重要。如果儿童使用手语,教授其他儿童与常规相关的关键标志,并为班级阅读的每本书添加新的标志。让配对的标志和词语成为大家的记忆游戏。以下示例演示了如何并入这些原则。

  儿童围坐在一个圈子里谈论他们的实地考察。老师举起手示意他们安静。她说:"举手很重要(演示),要慢慢地说(打手势)。我们希望大家(打手势)能够看到(打手势)并听到(打手势)。约翰,(她指向约翰)向我们展示并告诉我们你参观时最喜欢的东西(拿着相关的书)。"

一对一阅读

  成人需要让与有听力损失的儿童一起阅读成为一个双向过程。如果成人只读书,他/她并不知道儿童能理解什么。通过互动式的阅读,成人可以监督儿童看到和听到的内容,并建立话轮转换能力。例如,幼儿正坐在老师的膝盖上看一本关于小动物的书。老师把嘴靠近幼儿听力更好的一侧,慢慢地说话。她指着图片说:"羊(Sheep),"并等待。当幼儿没有回应的时候,她说:"羊,羊叫'咩'。"幼儿指着图片说:"咩。"老师在重复的时候把儿童的手指放到嘴唇上,"羊叫'咩'。"幼儿试着说:"Cheep."

科学与数学

  对于失聪或听力不佳的儿童来说,复杂的指示往往很难。序列图片可以为口头和手上的指示提供支持。失聪儿童经常通过观察其他儿童来寻找线索,因此可以通过为儿童配备"工作伙伴"或指定"活动负责人"或"中心助手",来使其成为可接受和预期的行为。以下示例说明了这些要点。

  老师告诉科学中心的儿童如何混合"泥土"使其成为一个非洲村庄。她将图片序列放在桌子上,显示该做什么。她分配一个前一天制作食谱的儿童当中心助手,让他坐在鲁伊莉娅对面,让她能看到他。然后,老师告诉大家,"如果你需要帮助,可以叫查理。"

7.6 为使用 ASL 进行交流的婴幼儿提供的常规活动

7.6.1 日常常规(家庭和教室)

喂食/进食

  在抱着你的宝宝或把她放在高脚椅上时,微笑并打着手势向她介绍她最喜欢的食物。你在打手势的同时要将食物靠近你的脸部,以便幼儿能够看到你的面部表情和手势。

外出

  当你离开房间时,一定要告诉宝宝你要去哪里。使用婴儿用品(如 Snugli)吸引儿童的视线,以便你评论她可以看到的东西。将镜子放在车内并进行调整,以便宝宝在你驾驶时可以看到你的脸。告诉宝宝她的视觉范围之外发生的事情。例如,告诉她,你看到爸爸在外面走,或者你听到她的同伴在哭泣,或者消防车在接近。

7.6.2 游戏常规（家庭和教室）

面对面游戏

模仿婴儿的手形和动作［即"牙语期手势"（Mabbling）或手势咿呀语（Manual Babbling）］。使用重复的词(2—3个标志)分享简单的ASL故事。例如,你可以比画"眼睛,眼睛,蓝色,蓝色,蓝色"。使用单手比画简单的ASL诗歌（例如,LEAF）,并改变动作来展示"落叶,飘落,下来"。玩视觉模仿游戏;例如,在婴儿面前拍一个简单的节奏(拍手,拍手,拍手),或轻拍婴儿的头三次,然后微笑,并重复。五指张开,打出"阳光"的手势表示阳光照在婴儿的脸上,然后轻轻地在婴儿的脸上打出"睡觉"的手势。重复几次,或比画叶子,然后睡觉;然后比画叶子飘远,再然后比画梦。重复几次。玩开/关灯游戏。当你用一只手臂抱着婴儿时,打开和关闭灯的开关,指向灯并点亮;然后指向灯,关灯并比画关灯。重复几次。确保你有足够的时间让婴儿在游戏时看着光线并能回头看你。打手势或ASL词语。例如,比画我爱你,然后让它"起飞",像飞机一样"飞行",然后在婴儿的肚子上"降落"。比画蝴蝶并让它在婴儿的视线中飞舞,降落在不同的物体上,最后落在婴儿身上。

操作性游戏

在操作性游戏区域引入一个故事、一个示范或两者兼而有之。拍下儿童的照片,然后在圆圈时间进行讨论。在圆圈时间,给做出适当的ASL手势的儿童拍一些照片,例如水、倒水等。把手势的照片贴在之前儿童在玩操作性游戏时拍的照片旁边;并用标志简单描述每一幅图片。

假扮游戏

提供属于儿童体验的一部分游戏项目,例如提供失聪成人通过短信进行通信的寻呼机。通过提供ASL词汇,让儿童通过手势和动作来演绎事件和情节,从而拓展他们的语言能力。解释所有标志特征;例如,老虎的标志是用爪子手形画在脸上,以表示脸上的条纹。

7.6.3 阅读和学习常规

圆圈时间

用关于儿童世界中的事件与事物的交流来开发越来越复杂的语言和识字能力（对话性查询）。使用视觉和触觉信号来确保儿童的注意力。使用眼睛凝视作为管理课堂话语的手段。比画易引起注意的物体来支持眼神的协调。为失聪成人和年龄较大的失聪儿童寻求机会与失聪儿童互动，以促进语言和交流的发展。在教室里比画 ASL 的手形故事和视觉韵律。向一个失聪成人举个例子。

一对一阅读

演示 ASL 与英文文本之间的多重复杂联系。在故事互动时使用角色扮演。在强调特定的词汇或概念时，在儿童的身体上比画。用"夹心"(Sandwiching)和"链接"(Chaining)的方式来教词汇；例如，比画这个词语，打手语比画，指着这个物体，或指着印刷品（或它们的某种组合）。给儿童展示 ASL 的故事录像带，并乐于比画你看到的东西。使用儿童导向的手势来确保关注和理解。确保幼儿的视线在共享的图书上。将文本翻译成 ASL。演示手形，假装思考，然后使用手形来比画。例如，使用"5"的手形，然后在你正在分享的书中的词汇表中比画妈妈、爸爸和树。成人常将儿童的手调整成正确的形状。成人慢慢比画目标词，所以手形、运动和位置更容易被看到。当然，如在说话时一样，近似是可以被接受的，因为一些手势处于动态时更复杂，因此更难比画。从出生就打手语的儿童"喋喋不休"地比画，家长模仿儿童的手部运动并为他们形成正确的手形提供帮助，就像使用口语的父母模仿婴儿的咿呀学语，强调目标声音和嘴形一样。

科学与数学

确保儿童在科学与数学词汇方面有适当的 ASL 标志。大量在线资源可参考网站：http://www.needsoutreach.org。

案例：塔莉娅

塔莉娅是一名 4 岁女孩，中度听力损失。她的父母在其被诊断出来之后不久便参与了听力-口头计划。因此，塔莉娅的父母强调学习倾听以发展她的残存听力。塔莉娅每周参加两次听力-口头治疗课程。她正在融入一个普通的学前教育计划。塔莉娅用她的语言来交流，但往往难以被理解。

塔莉娅的父母选择了一所正在使用"阅读、游戏和学习！"课程的幼儿园(Linder, 1999)，因为这个课程在基于游戏的环境中非常重视语言和识字发展。塔莉娅能够在一个项目中学习，该项目将全天的主题概念纳入到功能性和应用性的活动中。强调通过社交互动学习对她的父母也很重要，她的父母希望塔莉娅学习与同龄人以及成人交流。团队制订了以下环境和人际互动建议，以支持她的老师为她提供适当的教育。

人际互动策略

1. 塔莉娅的老师应该使用清晰的讲话、中等程度的声音、精确的发音和稍慢的速度。还推荐使用声音强调，老师在交谈之前提示儿童听，强调句子中的关键词，并使用动画语调。

2. 老师/教学助理应每天与塔莉娅进行一对一的对话,以加强她的词汇和概念,并为她提供一个明确的讲话示范。这些对话应该在房间的安静处进行。

3. 当塔莉娅发错音或滥用一个字时,老师应该用短句来模拟一个词语的正确发音而非纠正。

4. 老师应该全天强化重点概念和词汇,使塔莉娅在各种语境中听到并理解这些词语。

环境调整

1. 听力辅助检查应全天进行,以确保塔莉娅听得到她周围发生的事情。听力学家应该指导老师基本的故障排除策略,以及如何进行有关语音接收的林氏六音测试(Ling Six-Sound Test;Ling, 2003)。

2. 老师应按照听力学家的规定,统一使用助听器或 FM 听觉训练器。

3. 教室里应该用地毯和天花板上的隔音板来吸收声音,以便塔莉娅更容易听到声音。应关闭教室门以避免不必要的声音。

4. 儿童应该被教导在塔莉娅需要时进行提示以引起她的注意。

5. 塔莉娅应该靠近老师,坐在小组前面,以便在故事书阅读或小组活动期间最大限度地获取视觉和听觉信息。

6. 塔莉娅的老师应该建立一个通讯簿,每隔一天让塔莉娅带回家,告诉她的父母可以和她讨论的课堂活动与话题。父母应该回信告知老师家里发生了什么,这样概念和词汇才能得到强化。

案例:史黛西

史黛西是一名 4 岁的重度耳聋儿童,她一直在听说教室里学习。她并没有像她的父母和老师希望的那样完全成功地掌握英语口语,所以她现在被安排在一个强调 ASL 和书面英语的双语/双文化项目中。她的父母是在见了她邻居的一个表亲后作出这一决定的。这个失聪的成人花了很多时间解释(在她精通 ASL 的堂兄的帮助下)手语,以及失聪的人如何与听力正常的人交流,她同情地听着史黛西父母讲述他们对女儿未来的担忧、恐惧和希望。史黛西的父母决定在邻近城镇的聋人学校安排一个双语/双文化学前教育项目。她的父母希望她继续进行言语和听觉训练,但意识到通向语言、认知和社交的道路是视觉的。该计划向家长保证,言语和听觉训练会作为辅助服务提供。

史黛西的父母将通过家庭访问和学校提供的小组指导获得 ASL 方面的指导,家庭访问侧重于家庭内部的功能性交流,而学校提供的小组指导是一种更加结构化的学习ASL的方法。他们还会与其他父母一起学习聋人文化。这个家庭将与一个聋人家庭(父母和儿童)配对,他们将作为文化和交流的向导,在各种家庭活动中进行互动。

史黛西的学校还将在课堂之外为她提供额外的支持,帮助她沉浸在双语/双文化环境中。为了支持她的老师为她提供适当的教育,并帮助她顺利过渡到新的交流和学习方式,团队制订了以下人际互动和环境调整建议。

双语/双重文化人际互动策略

1. 教师将为史黛西提供集体和个人的反馈式对话,以支持她的认知和交流能力的发展。

2. 话语策略,如编码转换、链接、夹心和手指拼写将用于提供多种形式的消息。

3. 教师将首先对史黛西的交际尝试内容作出反应,然后示范正确的符号形式,时常将手形与史黛西相匹配,或调整史黛西的手形。

4. 教师们将向史黛西介绍各种形式的 ASL 文学——诗歌、ABC 故事和韵律——以超出功能性语言的范围。

双语/双重文化环境调整

1. 指导期间为每名学生提供直接视线。史黛西将被展示有障碍和无障碍视觉的示例,并指示如何在不同情况下向教师发信号。这有助于告诉她,她有责任确保她能够在课堂上进行活动和谈话。

2. 史黛西将认识视觉环境元素(例如,视觉火灾报警器,留言板)。将使用手势、角色扮演和儿童导向的手势来表达这些技术的目的,以及学生如何适当地使用这些技术并做出反应。这有助于史黛西意识到这些工具的重要性,也可以帮助她在环境中有安全感。

3. 史黛西将学会区分整个学校的"失聪"或"听力正常"儿童和成人,并演示每个人如何对声音做出反应(即一些有反应,一些不反应),以及如何对视觉信号做出反应。该策略将有助于她在与聋人或正常人交流的情况下,了解如何恰当地使用不同策略。

4. 言语和听觉训练将最大限度地提高视觉策略和技术,帮助史黛西了解活动并激励她参与。

5. 录像带将用于记录史黛西习得 ASL 的情况,也可以作为父母的教育材料。

6. 当史黛西学习 ASL 时,教师会使用许多视觉资源为她提供支持。照片、事件和互动的录像、静态图片或真实物体将与儿童导向的手势配对,以便在交谈/教学期间提供一系列的信息。

参考文献

Carney, E. A., & Moeller, M. P. (1998). Treatment efficacy: Hearing loss in children. *Journal of Speech, Language, and Hearing Research*, 41, 561–584.

Erting, C. J. (2003). Language and literacy development in deaf children: Implications of a sociocultural perspective. In B. Bodner-Johnson & M. Sass-Lehrer (Eds.), *The young deaf or hard of hearing child: A family-centered approach to early education* (pp. 373–398). Baltimore: Paul H. Brookes Publishing Co.

Linder, T. W. (1999). *Read, Play, and Learn!®: Storybook activities for young children. The transdisciplinary play based curriculum*. Baltimore: Paul H. Brookes Publishing Co.

Ling, D. (2003). The Six-Sound Test. In W. Estabrooks & L. Birkenshaw-Fleming (Eds.), *Songs for listening! Songs for life!* (pp. 227–229). Washington, DC: A. G. Bell Association for the Deaf and Hard of Hearing.

Marschark, M., & Spencer, P. (2003). *Deaf studies, language, and education*. New York: Oxford University Press.

PARA. (2007). *Reading and students who are deaf or hard-of-hearing*. Retrieved June 15, 2007, from http://www.readingassessment.info/resources/publications/deaforhardofhearning.html.

Rushmer, N. (2003). The hard of hearing child: The importance of appropriate programming. In B. Bodner-Johnson & M. Sass-Lehrer (Eds.), *The young deaf or hard of hearing child: A familycentered approach to early education* (pp. 223–251). Baltimore: Paul H. Brookes Publishing Co.

第七章 促进认知的发展

第一节 提高注意力的策略

目标达成量表

1	2	3	4	5	6	7	8	9
注意力不集中,表现为不能注意到周围的环境,或者容易分心,并且无法持续关注某个物体或个人。		有选择性的注意。难以与他人分享注意的焦点,或者只对特定的事物感兴趣。又或者注意的焦点会快速地从一个事物转移到另一个事物。		在提示下能注意到相关的人、事物和事件。可以与他人分享注意的焦点,但需要语言或动作提示才能保持或转移注意。		能独立地关注相关的人、事物和事件。偶尔需要语言或动作的提示来保持注意。		能够有选择地关注和保持注意,并能适当地把注意的焦点从事物转移到人,或者是从一个人转移到另一个人。

注意力是一种选择并关注刺激物、保持专注、在需要时转移注意,以及忽视干扰物的能力。注意力对于社会参与、学习技能、获取知识和满足自身的需要等各个方面都很重要。

要想成功地进行社交活动,儿童必须选择把注意放在某个人身上。在互动过程中,他/她得保持对对方的关注。当多人谈话或互动时,儿童需要随着说话人的改变把注意的焦点从一个人转移到另一个人身上。在涉及人与物体、材料或情境的互动中,当需要学习、回应或说明信息(Clarifying Information)时,儿童必须能够将注意的焦点从谈话的人转移到谈话的主题上。例如,当父母正在交谈时,儿童看着父母,父母说:"窗外是什么?"儿童则将注意的焦点从父母身上转移到窗外,从而回应这个问题。能够与他人分享注意也同样重要。例如,当成人与儿童分享一本书时,儿童需要注意文字和图画,以及两者所代表的意义。

社会互动中需要注意的另一个方面是分配注意的能力,或是能同时关注两个事物的能力。例如,一名儿童需要注意他正在建造的城堡,但同时也要注意他的弟弟正在旁边开着玩具卡车,并且还要留意妈妈会叫他去吃饭。同时,能够忽视无关干扰因素也是很重要的。如果一名正在建造城堡的儿童需要停下来去看路过的玩具车,转身去看他放在房间里的另一个玩具,然后起身去看为什么他的弟弟在制造噪音,那么他永远也完不成他建造城堡的目标。注意的另一个方面是能够针对社会情境的不同方面调整注意的水平或强度。例如,如果幼儿园的教室里有多个交谈或社交活动正在进行,幼儿既需要知道周围发生的事情,也需要对他所参与的互动保持更密切的注意。

所有这些方面的注意对于学习来说也是至关重要的。儿童必须能将注意集中在环境中最重要的方面,以便充分地学习和参与。注意基本上对于生活的每一个方面都很重要,包括满足自身的需要,获取知识和技能,以及建立积极的社会互动。

在接下来的部分,我们会介绍这些目的如何在注意的支持下达成,因为这些目的有所重合,而且为实现这三个目的而使用的注意策略和方法是相似的。

1.1 适当的注意

随着儿童大脑的发育,上述注意能力变得更加复杂。在儿童的生活中,涉及其他人的日常活动或事件总是很重要的,注意的所有因素都是良好的社会互动、学习和独立所必需的。儿童专注于人的面部和嘴巴,因此,他们学会模仿动作和表情,理解社会线索(Social Cues)。随着运动技能的发展,儿童在专注于玩玩具时会注意他人对自己行为的反应,并观察和模仿他人对物体的操作。注意是指向人和事物的。儿童探索各种特征,模仿其他成人和儿童的行为,并进行因果实验。在幼儿园阶段,幼儿保持与同伴的社会互动应该是一个重要的注意的焦点。儿童可以通过对话,仔细了解物体和事件,进行合作探索,能够独立或与他人一起计划和实施一系列精心设计的游戏。儿童还会关注哪些行为会导致积极的社会反应,哪些行为会导致消极或惩罚性的反应。当儿童对行为对错背后的原因有越来越深入的理解时,他们对行为的注意也会增加。到上小学前,儿童应该能够选择情境中适当的方面来集中注意,保持注意集中地完成时长 15—30 分钟的任务,还能根据需要在人和物之间转移注意,以及间歇性地把注意分配在两件事上。以下例子呈现了婴儿、学步儿和学龄前幼儿适当的注意行为,用于选择和集中注意、保持注意、转移注意、忽视干扰物(Ignoring Distractions)和分散注意。

1.1.1 实践中适当的注意

Ⅰ.A. 儿童在任务中的注意选择、注意集中程度以及注意稳定性如何?
日常常规(家庭和教室)
- 婴儿/学步儿:学步儿走到冰箱边,指着牛奶说,"牛奶。"然后走到桌旁,等着妈妈倒牛奶给她。

- 幼儿：幼儿打开碗橱，拿出麦片，然后把麦片倒在桌子上的碗里。在妈妈的帮助下，她向麦片里倒入牛奶。然后坐在桌旁跟姐姐一起吃早餐。

游戏常规（家庭和教室）

- 婴儿/学步儿：婴儿停在皮球前，捡起来端详一下，然后扔了出去。她追到球，再次捡起，然后扔了出去。
- 幼儿：幼儿正在用一个圆形的燕麦片盒子制造宇宙飞船。他在盒子外面涂上颜色，把纸的顶部剪成圆锥体，找来胶带，把纸贴在他的火箭的顶端。然后他拿出飞行员的人偶玩具，把它们放在火箭里，并做着飞行倒计时的准备。

课堂常规

在阅读活动时，她旁边的一个儿童向她展示了一个玩具，并开始和她说话。她看了看这个玩具，然后再次回头去听。

Ⅰ.B. 儿童抵御外部刺激的能力如何？

日常常规（家庭和教室）

- 婴儿/学步儿：学步儿的妈妈正在给他倒牛奶，他的哥哥走进厨房，与妈妈交谈。学步儿注意到了他的哥哥，但却一直关注着牛奶杯。
- 幼儿：幼儿正在帮助她的爸爸搭建鸟窝。她听到隔壁邻居的孩子正在玩耍，但她注意的焦点一直是帮爸爸拿着钉子。

游戏常规（家庭和教室）

- 婴儿/学步儿：婴儿的姐姐要爸爸给她读一本书。婴儿没有注意到姐姐，继续和爸爸玩球。
- 幼儿：幼儿正在户外的游乐设施上攀爬。其他幼儿都在大声笑着、嚷着，但这个幼儿仍在集中注意小心地把他的脚放在链梯上。

课堂常规

在圆圈时间，有儿童在大厅里哭，但小女孩回答老师问题的时候，似乎并没有注意到大厅里的声音。

Ⅰ.C. 儿童能否将注意从刺激物或问题的一个方面转移到另一个方面？

日常常规（家庭和教室）

- 婴儿/学步儿：学步儿拿起他的牛奶，站起来用杯子喝牛奶。他的哥哥说："想要看我的城堡吗，马克斯？"学步儿跟着他的哥哥，喝着牛奶说道："这是我的积木。"
- 幼儿：幼儿正在找他想要穿的那件衬衫。衬衫不在他的抽屉里，所以他往床底下看，然后发现它在脏衣篮里。

游戏常规（家庭和教室）
- 婴儿/学步儿：玩球结束后，爸爸给了小女儿一个奶瓶。她拿着奶瓶喝水，看着爸爸，还把自己的手指塞到爸爸嘴里。
- 幼儿：幼儿正在尝试找到新玩具的玩法，他将玩具转了一圈，想找一个控制按钮。他发现一个按钮并且按下。玩具没什么反应，他便把玩具拿给爸爸，并说，"我觉得它需要一个电池。"

课堂常规
圆圈时间结束后，幼儿开始选择自己的活动区。当老师解释每个活动区进行的活动时，幼儿听着并且看着每个活动区，以决定选择哪个活动区。

1.2 支持适当的注意的一般原则

成人有许多经常使用的策略，来帮助儿童注意他们认为重要的各个方面。以下是成人经常用来帮助儿童提高注意力的策略。这些策略对那些有注意困难的儿童也是很有用的。

1.2.1 强调重要的方面

大多数成人会自然地使用手势和指向来帮助儿童注意到人、物体、事件，或者这些的特定方面。例如，爸爸会指着一只狗说："看，安娜，一只小狗。"老师可能会把手举得很高说："看这有多高？"成人也可能指出某一情境的具体方面。例如，妈妈会说："看兔子的鼻子，它在扭鼻子呢。"

除了使用手势和指向，成人还会夸大他们的声音或动作。例如，妈妈指着水和肥皂，然后说："凯莉，用这个肥皂洗一下手。"然后她会假装用力地洗着自己的手。夸张的情绪也能帮助儿童集中注意。老师可能会说："哦，看看发生了什么事！"这个感叹词通常与老师想要指给儿童看的事件相结合。

成人使用的另一种策略是把希望儿童注意到的物体移动到儿童的视野中。成人通过把物体放在儿童眼前或在儿童面前来回移动，来吸引儿童的注意。

1.2.2 转移注意

成人通常会通过视觉或听觉干扰，使儿童的注意从一个人或物体转移到另一个人或物体。当一名幼儿正在玩玩具时，妈妈想要他过来，就可以叫幼儿的名字，然后举起另一个不同的玩具，说："看，凯莱布！想要你的球吗？"

当成人试图用手势、指向或有趣的物体来转移儿童的注意，而儿童却不回应时，下一步通常就是进行身体上的控制（Physical Manipulation）。父母可以把儿童转向他们想要的目标，或者把儿童抱起来，让他去看别的东西。例如，当父母离开，儿童开始哭泣时，保姆通常使用的策略是带儿童到另一个房间，找到一些具有激励作用的东西。保姆也可以带儿童去喂小猫，看看窗外，或者玩体育游戏。

前面讨论过的转移注意的策略通常与使用儿童更感兴趣的事物相结合。例如，如果儿童喜欢恐龙，用塑料恐龙或恐龙书来转移儿童的注意可能是有效的。了解儿童的兴趣和使其产生愉快反应的行为是这一策略的关键。

1.2.3 减少干扰物

帮助儿童集中注意的关键是消除争夺感官注意的刺激物。如果成人想让儿童专心地看一本书，那么消除电视机的声音和可能会争夺儿童注意的玩具的视觉刺激是很重要的。干扰物通常是视觉或听觉上的，但也可以是物理干扰。例如，不舒服的椅子会让儿童想离开去做其他的事情。善于解决暗示的父母往往能找出是什么让儿童分心，并且会改变环境来帮助儿童集中注意。

1.2.4 演示（Demonstrate）

有时儿童不集中注意是因为他们不知道自己在某种情况下应该注意什么，或者做什么。例如，当给儿童一个新玩具时，他/她可能会简单地观察一下玩具，如果没有什么有趣的事情发生的话，他/她可能会回去玩熟悉的玩具或活动。在这种情况下，成人往往会演示玩具是如何玩的，或者是如何操作的。成人的示范也能提高儿童的兴趣和注意力。演示诸如跳跃、唱歌或触发具有因果关系的玩具，这些做法几乎都能吸引儿童的注意，并且儿童通常都会模仿。

1.3 实践中的原则

成人使用多种策略来支持儿童发展以社交和学习为目的的注意。以下是照料者在家里和幼儿园里如何使用之前介绍的策略的例子。这些例子是大多数照料者在日常与儿童的互动中经常使用的方法。它们也适用于大多数残障儿童。

1.3.1 日常常规（家庭和教室）

喂食/进食

照料者在给婴儿喂饭时，常常利用婴儿对脸部的兴趣，通过模仿婴儿张开嘴巴的方式来引起婴儿的兴趣。对年龄较大的儿童来说，吃东西往往不如玩有趣。照料者通常会使用口头提示或用一点甜品来作为强化，例如："你吃完晚饭后，可以吃冰淇淋。"

换尿不湿/如厕

在换尿不湿的过程中，照料者通常试图让儿童注意其他东西。挂在尿不湿台上方转动的饰物就能吸引儿童的注意。对于年龄较大的儿童，照料者可能会尝试用一本书或一个玩具来让他们坐着。

穿衣

照料者通过玩游戏来帮助儿童分解任务，这样儿童就可以一步一步来，例如，"你的手臂在哪里？在这里！"对于年龄较大的儿童，自己挑选衣服也可以帮助他们提高注意力。

1.3.2 游戏常规（家庭和教室）

面对面游戏

照料者通常尝试与儿童一起玩他们最喜欢的互动游戏，如捉迷藏、做鬼脸。对于年龄较大的儿童，通常使用歌曲或手指游戏。

体育游戏

与面对面游戏一样，照料者也会尝试进行儿童喜欢的游戏。比如追逐游戏、挠痒痒或打闹游戏等。

操作性游戏

为了帮助儿童专注地玩玩具或家庭用品，照料者通常会演示如何去操作一个物体。他们也可能会对儿童正在做的事情发表看法或通过提问题来鼓励儿童进行尝试。

感觉游戏

尽管许多照料者不支持"脏玩"游戏（Messy Play），但是照料者可能会演示或指导这样的游戏。学前教师可以提供各种各样的材料来鼓励幼儿实验。

1.3.3 阅读和学习常规

圆圈时间

学前教师使用的策略，如利用独立的方块地毯来划定空间，使用具有视觉吸引力的较大的书籍，口头提醒，或提问题。

一对一阅读

当给儿童阅读时，照料者常使用的策略是让儿童坐在膝盖上，指着书上的标记和图片，然后提问题。

日常读写能力

照料者通常会指出他们希望儿童在社区里玩耍时看到的标志和符号。

1.4 提高注意力的个性化干预计划

注意力问题在残障儿童中是很常见的。因此,家长和专业人员必须了解各种策略,来帮助提高儿童对环境相关方面的注意能力。除了前面提到的照料者和教师通常使用的策略,下面的方法可用于为在注意力各方面有问题的儿童制订个性化的干预项目。

Ⅰ.A. 儿童在任务中的注意选择、注意集中程度以及注意稳定性如何?

有注意缺陷/多动障碍,或是有某些类型的感觉功能障碍、多动症、严重的认知延迟或其他相关残障的儿童,可能表现出高度的注意不集中。他们会觉得事事有趣或全部无趣。因此,当儿童在进行有趣或具有激励作用的活动时,他们可能会快速地从一件事转移到另一件事,或者漫无目的地游荡。成人的作用就是帮助儿童找到他们足够感兴趣的、想要扩展互动的人、物体或事件。

不同的特征会吸引不同的儿童。陀螺可能会吸引一个孩子,却吓跑另一个孩子。有些儿童喜欢玩"脏玩"游戏,而有些则完全不喜欢。有些儿童喜欢安静的游戏,而有些则喜欢运动。从家庭成员和TPBA2过程中获取的信息应该能帮助团队了解哪些特征最能激励儿童。然后这些知识可被迁移到一日活动中的各个方面。注意是参与度的最基本要素,因此抓住儿童的注意是至关重要的。

儿童选择适当的注意焦点也同样重要。例如,儿童可能完全专注于他正在玩的卡车,但他只是注意到转动的车轮。另一名儿童可能会把注意集中在和她说话的成人身上,但她只关注到他衬衫上的纽扣而不是他的脸。一名小婴儿可能会注意到颜色鲜艳的玩具,但不会关注玩具怎么玩。因此,重要的是不仅要考虑儿童是否能把注意集中在一个事物上,而且还要考虑他是否能专注于物体或事件的相关方面。

在日常常规的每项活动或事件中,需要注意不同的因素。至于哪些因素是最重要的,部分取决于儿童的发展水平。例如,对于一个婴儿来说,他/她想去拿一本书,是因为这本书的颜色、形状或书页的翻转使得这本书成为一个有趣的物体。对于一个10个月大的婴儿来说,他/她对同一本书感兴趣,可能是因为图片或识别出这是一个熟悉的物体。对于一个2岁的幼儿来说,书中的图片本身很有趣,但是能够说出这个物体的名称和识别出图片中的各个方面,才能吸引儿童的注意。对于一个4岁的幼儿来说,假装阅读这本书,并能认出一些文字才是具有吸引力的。对于一个6岁的幼儿来说,文字和图片的结合才能吸引注意,因为幼儿可以使用图片提供的线索识别出熟悉的文字。成人的部分任务是根据兴趣和发展水平来确定每个儿童需要注意哪些因素。

关键步骤是从对儿童有激励作用的因素开始,然后利用这些因素来引导儿童把注意放在适宜其发展的互动上。一旦儿童开始专注于一项活动,保持注意是很重要的。完成一项任务,独立解决问题,进行对话交流都需要持续的注意。许多因素可能导致儿童无法持续集中注意,缺乏兴趣就是一个因素。有些儿童只对某些人、玩具或材料感兴趣,其他的选择不能引起他们的注意。例如,自闭症儿童可能兴趣有限,只对某些有偏好的物体或事件保持关注。缺乏保持注意的能力也可能与认知问题相关,例如不能确定要注意情境中的哪些方面,不理解材料的使用方法,没有固定的目标,或不理解如何朝着目标采取有序的行动(参见TPBI2 第七章第三节)。身体上的限制可能也会使儿童只能参加某些类型的活动。例如,精细动作有困难的儿童可能无法操作像拼图或小块乐高积木这样精巧的玩具(参见 TPBI2 第三章第三节)。不能自如地控制自己身体的儿童可能无法完成需要大肌肉动作的任务(参见 TPBI2 第三章第二节)。年龄较大的有交流障碍的儿童只能进行简单的社交活动,而不能参与社会性游戏(参见 TPBI2 第六章)。因此,对于一个干预团队来说,重点不仅在于尽力帮助儿童保持注意,还要解决其注意困难背后的可能原因。

人际互动策略

488

1. 获得眼神交流。当成人想要儿童参加社交活动时,他们应该与儿童的眼睛在同一水平线上。从另一个房间与孩子说话,或者隔着房间说话,都更加不容易引起互动。如果儿童有视力障碍,可以用声音或触摸,理解儿童的肢体语言,在和儿童交流之前,确保其已集中注意力。

2. 鼓励儿童去探索物体。鼓励儿童通过视觉、触觉、听觉或以他们喜欢的感觉方式来探索物体。正如前面所说的,儿童有自己偏爱的参与方式。如果成人明白儿童的喜好,可以在儿童的探索中强调事物或情境中有吸引力的元素。例如,对于有视力障碍的儿童,应鼓励他探索物体的声音、气味、质地和味道。

3. 用夸张的情绪演示对物体、人物或事件感兴趣。当儿童觉察到别人的想法和感受时,他们也会对这些情绪产生的原因感兴趣。成人可以通过利用这种对情绪的兴趣,将情绪引导到他们希望儿童注意的物体、人物或事件上。如果成人看起来喜欢它,儿童可能也会想要去探究它。

4. 为儿童演示动作。幼儿通过模仿进行学习。他们想模仿他们所看到的成人做的事情,当成人表现出前面所说的积极的情绪时尤其如此。与夸张的情绪一样,夸张的动作也能更好地引起儿童的注意,让他/她跟你做同样的事。例如,如果成人拿起一个钉子,轻轻把它敲入洞中,儿童可能也会拿起钉子做同样的事;但如果成人露出灿烂的笑容,夸张地做出使劲儿敲击的动作,并且说:"梆!梆!梆!"儿童则可能更加集中注意力,模仿成人的可能性也更大,因为成人的行为看起来更有趣。

5. 指向物体、人物或事件。指向物体、人物或事件或者儿童没有注意到的事物的某些特征。指示可能是促使儿童注意某些事情的最常用的方法。指示也是使儿童注意到事物的某些特征的一种方法。例如,当儿童试图把方块积木放在圆孔中时,成人需要做的就是指一指圆孔,让他/她把注意转向圆孔。

6. 以特别的方式使用儿童感兴趣的物体。随着儿童开始了解物体的功能,并明白事物之间的联系,他们学会了以传统的方式来使用玩具和材料。当我们以特别的方式使用这些旧的、他们熟悉的材料时,他们还是会被吸引。例如,我们把通常用来坐的板凳翻过来,凳子就变成了儿童可以坐的雪橇,他们就可以用一种全新的视角来关注这个事物。此外,儿童对雪橇滑行时需要的互动可能会更加感兴趣。

7. 把想要让儿童注意的物体、人物或事件联系起来,以转移其注意偏好。例如,当儿童反复搭建和推倒积木时,如果你想要改变这个持续已久的游戏方式,你就可以用一辆玩具卡车撞倒积木,把积木放在一大桶豆子(或碎报纸)里玩积木捉迷藏的游戏,或者用一个人偶玩具假装从积木上跳到水池里。

8. 引入需要多个人进行操作的物体或活动。想要提高儿童的注意力和与人互动的能力,很重要的一点就是引入具有激励作用但无法单独完成的活动。正如第6点描述的情况那样,如果没有人推,儿童就不能坐在雪橇上滑行。把互动变成有趣的游戏,就可以等着儿童来找你了,游戏会迫使儿童注意到成人。如果成人表现得太积极参与,儿童就只能享受滑雪橇的过程,而不会注意到能让雪橇滑起来、让他快乐游戏的成人。几乎所有的活动都可以变成能激发儿童积极性的轮流游戏,成人可以利用这个策略让儿童注意到游戏中的其他参与者。

9. 一次只指出一个步骤或情境的一个方面。重要的是不要让儿童因为不理解活动或材料的玩法而丧失兴趣或变得沮丧。例如,一名婴儿在玩一个弹出式的玩具,这个玩具需要转动旋钮才会弹出,但婴儿只是敲打旋钮,那么,如果玩具没有出现预期的效果,她可能很快就会放弃。照料者可以帮助儿童演示手腕的运动、演示如何转动旋钮或手把手地帮助儿童。这三个方法是按成人的支持从少到多排序的,成人可以以此为参考,判断需要给儿童提供多少支持。

10. 坐在儿童的旁边,玩另一个相似的物体或活动,用"自言自语"的方式向其展示问题是如何解决的。"自言自语"的内容是谈论自己正在做什么,例如,"我把宝宝的胳膊放在她的袖子里",这种方法使儿童既能看到示范,又能听到解释。

11. 与儿童谈论如何一步一步地完成任务。例如,"宝宝想把手放进衬衫的袖子里。现在她想把胳膊向后移动,这样她就可以把另一只手也放进另一只袖子里了"。如果没有真实的演示或帮助,这个策略需要很高水平的语言理解能力。

12. 通过评论和提问题来帮助儿童想出下一个步骤。例如,"你用积木搭了墙,看起来不错!我们可以用什么做屋顶呢?"

13. 鼓励会说话的儿童用自言自语的方式解释他正在做的事情。这有助于儿童把目标说出来,例如,"给我讲讲你正在涂色的图片,你想在里面放些什么东西呢?"

14. 用疑惑的表情和手势来表示你希望儿童去尝试其他的方法。当儿童向你寻求帮助时,你可以耸耸肩,做出"我不确定"的表情,然后让他们回到活动中,等着他们再尝试一次。

15. 帮助儿童独立地完成活动。不要为儿童解决问题。这只会让儿童认为自己做不到,他们会很快把注意力转向成人来寻求帮助,而不是坚持完成任务。提供足够的帮助,让儿童能集中精力完成任务。

环境调整

除了用人际互动策略来帮助儿童选择并专注于特定的活动,环境调整通常也很有效。环境的改变和辅助技术也可以帮助儿童保持注意。有严重的认知、语言和运动障碍的儿童可能需要帮助才能保持对环境各个方面的注意。各种类型环境的支持可以帮助他们保持注意。根据TPBA2的结果,团队可能会考虑从以下方面调整环境。

1. 把物体放置在儿童能看到并触手可及的范围内。儿童更容易注意到易于拿到的物体或方便参与的活动。当需要改变注意的焦点时,以同样的方式,把有趣的物体移动到儿童的视线中也能帮助儿童转移注意。

2. 利用儿童的兴趣和感官偏好提供材料。例如,一名喜欢触摸的幼儿可能更喜欢书页带有纹理质感的书籍。

3. 用另一种颜色、质地或声音来强调物体值得关注的方面。对许多幼儿来说,多种类型的感官输入会使活动更加具有吸引力。通常幼儿对带有灯光和声音的玩具更感兴趣。同样的原理可以帮助幼儿专注于物体或事件的特定方面。例如,如果录音机的按钮上粘有一块绿色的毛毡,幼儿就更有可能注意到那个按钮。如果一本木板书上有一个红色的木质标签,那么幼儿更有可能翻到这一页。如果把套有绳子的铃铛藏在毯子下面,然后通过拉绳子摇响铃铛,幼儿就更有可能继续寻找这个铃铛。

4. 减少干扰物的数量。限制玩具和其他视觉干扰物的数量。对于一些儿童来说,降低光线或噪音的强度,甚至改变房间的温度,都是有帮助的。不舒服的衣服也可能会分散注意力。例如,有些儿童会被衣服内侧的标签、过紧的领口或腰带之类的东西困扰。

5. 开关玩具很容易被激活,它可以帮助那些因身体原因而缺乏注意力的儿童。如果儿童觉得他们可以控制游戏或互动的某些方面,他们就更有可能继续参与其中。对于发展阶段处在婴儿水平的儿童来说,那些敲击或滑动就能激活的玩具更能让他保持注意。在电脑上做一些改装可以让儿童在不需要小按钮的情况下也能启动玩具,这对许多发展水平的儿童都是有帮助的。

6. 把一项活动分解成较小的步骤可以帮助容易放弃的儿童坚持下去。例如,当把复杂的恐龙骨骼组合在一起时,一些学龄前幼儿可能仅仅是看着所有的碎片就要放弃了。但如果我们把任务分解,让幼儿一次只组装几块,他们就可以在没有成人帮助的情况下完成整个任务。

7. 视觉提示对那些因为不知道接下来要做什么而注意不集中的儿童很有帮助。活动步骤的序列图片卡可以提示那些难以保持注意的儿童。就像成人会看着拼图包装盒盖子上的完成图来寻找下一块拼图的线索一样,儿童通常也需要一个范例作为参考。

8. 提供同伴示范,演示并鼓励儿童与玩具材料互动。我们可以教会儿童如何帮助他们的朋友提高注意力,让同伴成为"学习的促进者"。同伴之间可以互相示范、练习和鼓励。

Ⅰ.B. 儿童抑制外部刺激的能力如何?

为了学习,儿童需要能够集中注意,且不因其他外界环境中的感官影响因素或是他们自己的想法而分心。有各种特殊需求的儿童可能很难从不相干的信息中筛选出有用的信息。例如,有感觉加工困难的儿童可能难以集中注意,因为他们在获得太多的感官信息时,就不能充分地处理信息和理解他们应该把注意集中在哪里。患有注意缺陷、多动症以及某些综合征的儿童也可能难以集中注意,难以将注意转移到最重要的活动上,并保持长时间的注意来完成活动。他们的注意可能很容易转移到其他的事物上。患有自闭症的儿童可能会有不同类型的注意问题。他们会筛选相关的外部信息,并能把注意集中在特定的感兴趣的刺激物上。成人接下来面临的挑战就是通过减少抑制反应来丰富儿童的世界。

人际互动策略

1. 使用前面提到的策略,因为注意分散与无法集中注意有关。
2. 和儿童说话时要靠近儿童。这会使成人的声音在噪音中更加突出。
3. 避免一次性给出多个指示。在注意力、听觉处理和运动技能上有问题的儿童可能无法整合所有的信息,因而会把注意力转移到其他的事情上。
4. 谈论儿童正在做的事情。成人的语言提示可以帮助儿童保持注意,减少分心。成人可以对儿童正在做的事情发表看法,并为下一步可做的事提供支持性的想法。
5. 安排材料和儿童的位置。如果材料离儿童较近,并且在一个可以阻断其他视觉干扰的角度上,儿童可能会更好地参与其中(参见 TPBI2 第四章)。让儿童坐在一个固定的位置上,让他的脚、屁股和背部都能得到支撑,从而减少烦躁不安和注意分散(参见 TPBI2 第三章

第一节)。

6. 增加"工作量"。需要更多努力的活动可能会减少分心；例如，切割更厚的纸张，推或搬运较重的材料等(参见 TPBI2 第三章第五节)。

7. 在教室里使用电脑。有注意困难的儿童在电脑上工作或玩游戏时往往比平常更专注。因为这时视觉是直接指向前方的，屏幕有边界，屏幕上的动作也更能吸引儿童的注意。

环境调整

1. 提供一个没有干扰的空间。如前所述，环境的特性是很重要的。儿童在嘈杂或混乱的环境中很难抵抗外部的刺激。回音大或音质差的教室、墙壁上材料太多或者拥挤的空间对那些难以抑制干扰物输入的儿童都会产生负面的影响。限制干扰物的数量可以帮助儿童保持注意。

2. 在需要时提供私人空间。我们不应该把有注意困难的儿童与同伴隔离开，但是当他们需要独立地关注某个任务或者活动时，就需要一个独立的安静空间。

3. 使用耳机。有些儿童在从事安静的活动(如，看书)时戴上能阻挡噪音的耳机，这对他们有好处。

4. 使用声场系统(Sound Field Systems)。声场系统使用无线麦克风放大老师的声音，能帮助儿童专心听老师说话，不被外界干扰。教室和个人系统(Individual Systems)都可用。

5. 如果儿童需要完成特定的任务，可提前准备好环境。有特殊需求的儿童在寻找他们需要的东西时很容易分心。最好把衣服、材料或其他必要的东西放在离儿童很近的地方。

6. 使用视觉提示。用线条或圆点来突出儿童需要注意的活动区域，或用一系列有序的图片来提醒儿童下一步需要做什么。

I.C. 儿童能否将注意从刺激或问题的一个方面转移到另一个方面？

选择注意的焦点和保持注意是很重要的，但是在干预中经常被忽视的一个方面是转移注意的能力。这意味着将注意从一种活动转移到另一种活动或从活动的一个方面转移到另一个方面。另一项重要的技能是在物体、活动、与儿童互动的成人或同伴以及材料之间转移注意的能力。儿童会直观地参考他人的信息、建议、反馈和认可。无法做到这一点的话，就会限制沟通、学习和互动。

一些残障儿童很难知道他们的注意应该转移到哪里，甚至不理解为什么他们需要转移注意。例如，自闭症儿童可能会长时间地玩一个玩具或持续同一个行为，就好像他们的注意被"卡住"了。

有注意缺陷障碍的儿童可能会经常转移注意，但毫无目的性。认知发展迟缓的儿童可能不明白为了跟进事件的发展或为了获取信息以使他们的努力更成功，他们需要来回地在物体与物体之间、成人与物体之间转移注意，或者是把注意从情境中的一个方面转移到另一个方面。一些儿童也有可能会延迟反应，他们注意转移的时机会慢一点，所以行动或反应显得不同步。

能够控制注意的焦点也需要能同时把注意分散到两件事情上。例如，一边听着《变戏法》(The Hokey-Pokey)一边跳舞。这要求儿童在思考她所听到的内容的同时，还要将自己的动作和歌曲的节奏相匹配。随着儿童年龄的增长，他们同时做两件事的能力也会增强，直至长大后掌握成人称之为"多重任务处理"的能力。

对于转移注意有困难的儿童，建议采取以下人际互动策略。

人际互动策略

1. 提供足够的等待时间。当儿童需要转移注意时，给予大量的等待时间让儿童处理和重新集中注意。
2. 提供视觉线索。在需要儿童注意的地方提供视觉提示。指向一个物体、人物或事件，或者举起一个有趣的物体，可能会引起儿童的注意。
3. 使用语言强调或声音提示。例如，在儿童踢球时，如果你想让他把球扔出去，你可以拍击旁边的一个容器来吸引他的注意，然后指着里面说："看你能不能把它扔进来。"
4. 改变声音的节奏。用特别的方式唱歌或强调词语，这样可能会吸引儿童注意你的脸或者你所说的话。
5. 模仿儿童。模仿儿童的行为有助于把儿童的注意转移到成人身上。儿童会好奇为什么你会做他正在做的事情。在模仿了儿童的几个动作之后，你就可以加入新的动作来帮助他转移注意。

环境调整

1. 将需要注意的对象摆放在一起，这样儿童不需要重新定位就可以来回查看。例如，在儿童正在学习穿鞋时，他需要向下看他的鞋，然后再看向你获取更多信息。你可以蹲在儿童旁边，这样你的脸、脚和手都靠近他。然后你可以开始演示、给予建议和奖励，使儿童能够很容易地注意到你和他要做的事情。
2. 利用灯光和声音。许多有趣的儿童软件程序都有灯光和声音，可以帮助儿童把注意力从屏幕上的一个部分转移到另一个部分。例如，跟着游戏中人物的动作或歌曲中的弹球来进行活动。
3. 使用灯光指向。激光笔或手电筒可以促使儿童把注意从一个物体或人转移到另一个物体或人。
4. 使用图片提示或物体提示来帮助儿童理解下一步要发生的事情。这可以帮助儿童转移注意。例如，在洗澡时，拿出毛巾和洗澡玩具可以让儿童把注意转移到接下来的洗澡上。

进入浴缸后,把搓澡巾和肥皂一个一个地拿出来,这可以让儿童依次看到这两个东西以及它们是怎么组合起来的。这有助于儿童理解活动的关系和顺序。带有图片、符号或简单词语的顺序提示卡也是有帮助的。

1.5 为在注意方面需要帮助的儿童提供的常规活动

1.5.1 日常常规（家庭和教室）

喂食/进食

不是所有的儿童都喜欢吃饭。有些儿童更喜欢把食物用来玩耍,有些儿童更容易被其偏爱的活动分心。帮助儿童专心地进餐,建议采取以下策略：

- 给儿童一个关注食物而不理会其他事情的理由。例如,把食物做成一个脸的形状或指出各个部分。
- 关注食物的一个方面,例如:"让我们找到绿色的部分。"
- 通过轮流吃来帮助儿童转移注意。例如,说"轮到我吃一口了。现在轮到你了"或"我只吃了一点,你吃了多少？"
- 通过提供选择来帮助儿童转移注意,例如,"你想要软一点的还是硬一点的？"或"你想要绿色的还是黄色的？"

换尿不湿/如厕

对婴儿来说,换尿不湿不是最有趣的活动。事实上,做其他任何事情都比这个有趣。这个时候成人需要决定他们想要儿童关注什么。对于年幼的婴儿来说,最关键的是把他们的注意从换尿不湿不舒服的感觉中转移开。给儿童一个玩具或物件玩,一瓶婴儿乳液或许就能让儿童感兴趣。让儿童看、踢或拍一个可移动的物体也可以。对于那些能够从桌子上爬下来的较大一点的婴儿来说,需要让他们做一些能够平躺的活动。书、玩具或者会移动的玩具都能引起儿童的注意。换尿不湿时,用毯子躲猫猫的面对面游戏、模仿宝宝吐舌头,或者唱歌都可以帮助儿童把注意从换尿不湿转移到其他的事情上。另一方面,让儿童作为参与者来参与这个过程,有时是一种更容易、更合适的方法。例如,在换尿不湿的过程中与儿童交谈,不仅有助于完成任务,还能教会儿童这个活动的顺序,帮助她更独立。例如,"谁能把腿抬起来呀？哇！你抬得真高！现在谁能帮我拿着尿不湿呢,这样我们就能把标签撕下来了,真棒！"这样有序的对话不仅能吸引儿童的注意,还能鼓励儿童独立。

穿衣

正如前面的例子,穿衣时需要引导儿童注意独立完成任务。尽管照料者可以给儿童穿衣服,但最终的目标是让儿童独立完成这项任务。因此,有必要让儿童参与到穿衣和脱衣的过程中。为了保持儿童的注意,重要的是让他/她尽可能多地主导这个过程。让儿童拿起衣服,尽可能独立地去做。成人可以建议、支持、帮助和鼓励。虽然开始时很费时间,但让儿童为能够自己穿衣感到自豪,会使他/她的注意更集中,成人的干预也就更少了。

外出

外出购物或做其他事往往是很困难的,要么是因为儿童不想去或没兴趣,要么是儿童被成人不想理会的东西吸引了。逛食品杂货店是一个出了名后不受欢迎的活动。首先,我们要让儿童不仅愿意而且很乐意做一个能干的参与者。但购物的一个问题就是商场里的一切都是干扰物。想办法让儿童参与并能专注于所需的物品是很重要的。其中一个方法就是让学步儿或学龄前幼儿拿一张带有图片或折扣物品的"购物清单",这样儿童可以帮助寻找图片中的物品。

1.5.2 游戏常规（家庭和教室）

体育游戏

大多数的儿童即使不擅长完成运动任务,也都喜欢体育游戏。对于那些不喜欢运动或有运动困难的儿童来说,把注意力放在运动任务上是很困难的。可以通过以下几种方式帮助儿童关注到运动活动：

- 让一个受欢迎的朋友倡导并带领大家开始活动。
- 在运动游戏中加入儿童喜欢的玩具（例如,带着娃娃去兜风,摇晃娃娃,帮助娃娃跳过岩石）。
- 让游戏有趣到儿童无法抗拒。
- 对于一些儿童来说,语言和触觉提示可以帮助他们了解要用身体的哪个部位以及怎样做（例如,抬起这条腿越过栅栏）。

操作性游戏

有些儿童需要通过以下一些策略来拓展他们的游戏项目：

- 关注物体的特征（参见上文 I.A 中有关集中注意的建议）
- 将注意从熟悉的玩具转移到新型玩具或材料上（参见 I.C 中转移注意的建议）
- 将注意转移到熟悉的玩具的新玩法上（参见 I.C 中转移注意的建议）

感觉游戏

幼儿通常喜欢各种类型的感觉游戏,但有些幼儿也会避开某些类型的感觉游戏（参见 TPBI2 第三章第五节）。探索与命名标记的经验对于学习物体和事件的特点是至关重要的。因此,如果儿童不参加某些方面的感觉游戏,成人需要确定有其他可以替代的探索方法。例如,如果儿童不想触摸材料,他可以用眼睛（或放大镜）去观察它,用鼻子去闻它,或以其他方式探究它。当儿童以许多不同的方式体验到他所回避的物品后,注意力可能会逐渐增加,也可能会对此脱敏。

假扮游戏

假扮游戏对各个领域的发展都是很重要的。对于不喜欢假扮游戏的儿童,一旦他们能够理解和完成简单的日常活动,就可以帮助他们更多地参与这种类型的游戏,并且他们可以以有意义的方式组合物体。成人可以使用以下策略:

- 使用真实的物体模拟简单熟悉的日常活动(例如,假装吃饭或睡觉)。
- 当儿童在进行真实的日常活动时,假装做同样的事情并解释你在做什么(例如,"你在喝饮料。我假装也在喝饮料")。
- 解释假扮游戏中使用物体的原因(例如,"这个小宝宝看起来很脏。这有洗澡布,给她洗个澡吧")。
- 在有目的的情形下进行假扮游戏(例如,"让我们假装吃一些小零食吧")。
- 表演他们阅读过的最喜欢的故事。

1.5.3 阅读和学习常规

圆圈时间

在圆圈时间,让所有的儿童都集中注意是一个挑战。以下是一些建议:

- 选择具有激励作用的书籍或活动。
- 每天不要做相同序列的活动,要加入意想不到的元素。
- 做"疯狂"或意想不到的事情(例如,打扮成故事中的角色参加演出)。
- 给每个儿童一个参与活动的角色或方式,不用让他们等待。
- 为需要语言(例如,标志或个人的图片)、感觉运动(例如,定位或本体感觉输入)、情绪或社会(例如,与成人坐在一起)或认知(例如,实际的物体或动作)支持的儿童提供支持,以帮助其提高注意力。

一对一阅读

根据儿童的发展水平,成人可以把注意放在最相关的方面:

- 指向和标记图片、图片内的细节、图片中的动作、事情发生的原因,以及接下来会发生什么。
- 根据儿童的水平提问。
- 鼓励儿童向你、兄弟姐妹或朋友发表评论或朗读书上的内容。

科学与数学

当我们把操作和探索发现的技能用于教科学与数学时,儿童可能会非常积极地参加。但是,需要实验的活动往往包括多个步骤,这可能会让有注意困难的儿童分心。以下是一些建议：
- 用展示操作顺序的图片告诉儿童需要做什么，这能按顺序提醒儿童下个一步骤。
- 把儿童和一名能当小老师的同伴分在一组。如果成人没有提前告诉同伴，那就有可能会发生同伴独立操作，而该儿童旁观的情形。我们需要教同伴如何做示范，以及观察和支持他们的朋友。
- 电脑游戏可以兼具教育意义和激励作用，而且有助于儿童保持注意，因为儿童的积极参与是必不可少的。以下网站为儿童提供了一些电脑游戏：

常识媒体（Common Sense Media）

http://www.commonsensemedia.org/reviews/Video+Game/Computer-Software-Preschool/

寓教于乐（Edutaining Kids）

http://www.edutainingkids.com/

电子学校（Electronic School）

http://www.electronic-school.com/199909/0999poweruser.html

评论中心（Review Centre）

http://www.reviewcentre.com/products2044.html

案例：夏丽蒂

夏丽蒂是一名4岁的儿童，被诊断出严重的发育障碍。社交互动是她的长处。她喜欢对成人和孩子微笑，喜欢看玩具和书籍。由于感觉运动困难，除了简单的挥手和极小声的说话，她无法进行其他身体上的探索活动。虽然让身体变得更加独立是一个目标，但更急迫的目标是增强夏丽蒂通过视觉、听觉与触觉来观察物体和人的能力，从而满足夏丽蒂想进行沟通交流的需要。

在发展水平上，夏丽蒂能够将她的目光从一个物体转移到另一个物体上，或者从一个物体转移到一个人身上，她能够通过长时间凝视来表达对偏爱事物的喜爱。她的干预小组、家长和保育员制订了融入日常活动的干预策略，以提高她的注意力水平和注意集中能力，并使用集中注意作为夏丽蒂进行沟通和进入更高水平游戏的方法。以下几种策略被建议应用在她的日常活动中。

人际互动策略

1. 让夏丽蒂用目光注视来控制自己的活动。在吃饭和其他日常活动中，在夏丽蒂的眼前给出两个选项，以便她可以选择她想要吃饭、喝水还是穿衣服，等等。

2. 在游戏过程中，给夏丽蒂两个玩具，或她愿意做的动作的图片。

3. 对夏丽蒂来说,精细运动控制是非常困难的,因此要有一个成人或同伴来充当她的手,让她可以控制游戏的顺序。成人可以摆放一系列的物品让夏丽蒂看,如洋娃娃、衣服、瓶子和海绵。让夏丽蒂用视线决定先玩什么,再玩什么,她的游戏同伴就根据她的目光提示来按顺序操作玩具,并给出评论。

4. 使用夸张的表情让夏丽蒂注意到你的脸,进而进行沟通或做"大"的动作,以增加夏丽蒂对手势或动作的注意。

环境调整

1. 把夏丽蒂放在一个使她的头和脖子都能得到支撑的地方,并让她可以轻松地移动头和眼睛(如,一个轻微向后倾斜并且背后有支持的座位)。

2. 给动作玩具改装启动开关,让夏丽蒂能轻松地启动。例如,增加夏丽蒂可以操作的开关,让她能启用磁带、录像机或视频/DVD播放器。

3. 给电脑连接一个大型自动感应触控板,让夏丽蒂能够"翻阅"电脑上的电子书,或者在电脑屏幕上使用包含因果动作的简单软件。

不同发展年龄的干预要点

以下建议针对的是处于相应发展水平的儿童。这些建议并不是全面的,而是表明了可能探索的领域。

发展年龄	注意的兴趣	干预要点
0—3个月	注意的焦点: 　　面孔; 　　黑白对比的物体; 　　运动的物体; 　　圆形模式; 　　感觉输入(例如,声音、音乐、动作)。	强调面对面互动。 近距离缓慢地移动物体,让儿童能跟随和注意到它。 引入清晰、有节奏的声音和嗓音。
3—6个月	注意的焦点: 　　自己的脸、身体、手和手指; 　　图形的内部; 　　熟悉的活动和物体。	支持幼儿通过触摸或在镜子中探索身体的部位。 更详细地探索熟悉的物体。
6—9个月	注意的焦点: 　　喜欢的玩具、新物体; 　　物体的一部分; 　　气味、声音和新动作; 　　熟悉的词语; 　　图片。	在家里摆放新物体。 让幼儿闻闻食物、润肤乳等物品的气味。 用不常见的动作引起幼儿注意。 从不同的距离指向物体、图片或玩具的某些方面。

续表

发展年龄	注意的兴趣	干预要点
9—12个月	兴趣从物品转移到成人的反应上。 有自己偏爱的玩具。 对会动的玩具更加感兴趣。 注意成人发出的语音。	用夸张的面部和声音反应鼓励幼儿看成人的反应;看书。 用生活用品和玩具演示因果关系。 用嘴唇和舌头夸张地制造噪音。
12—18个月	专注于物体特定的物理特征及其作用。 眺望远方。 喜欢辨认书中的图片或给它们命名。	指出和谈论物体的特征。 寻找和谈论事件。 经常一对一阅读。
18—24个月	关注他人的行为。 看书。 对自己的游戏有强烈的兴趣。	鼓励进行假扮游戏,模仿复杂的动作。 互动式阅读与探索游戏。
24—36个月	关注书中的故事。 喜欢用小的物体解决问题和了解物体如何操作。 假装在进行社会互动。 以特别的方式和实验组合物体。	问一些关于书籍、因果关系、假装游戏的开放式的问题。 抓住机会用新的方式探索、实验和组合物体。
36—48个月	注意到数量、相似性和差异性、对称、平衡、方向性和分类。 运用视觉运动解决问题。 进行假扮游戏。 注意到物体和活动的多种感官特征。 会分析行为和情境。	提供建构、比较、描述的机会,找出事情发生的原因以及它们哪里相似,对行为进行排序。 对物体的特征进行描述和提问。 协助分析情境。 鼓励比较。 鼓励有序的行为计划。
48—60个月	关注物体的多个属性。 定位和识别字母与数字。 进行具有故事情节的社会性假扮游戏。 完成困难的任务。	鼓励使用带有功能性目的的字母和数字。 创编故事;积极讲述、说明和表演戏剧。 提供具有挑战性的实验和探索。
60—72个月	关注长的故事、复杂的任务。 可以计划、实施和评估自己的努力。	为不断的探索提供机会。 对想法和行为进行提问、实验与记录。

第二节 提高记忆力的策略

目标达成量表

1	2	3	4	5	6	7	8	9
通过长时间地看新奇的物品来展现记忆。		预期要做什么或如何对熟悉的玩具、人物或事件做出反应。根据示范模仿简单的动作。		用语言或非语言的形式显示对简单的对象、地点、行为和日常名称的认识。		表现出准确识别的能力,以及短时间或长时间后回想与重现日常事件、技能、概念和事件的能力。		详细地讲述复杂的分类和详细的规则系统、概念过程、运动技能序列、多层面的事件。

记忆是识别先前遇到的感觉信息，或对先前感知的信息产生表征的一种能力。记忆可以通过语言或非语言的形式表达。信息保留和检索可能是简单的（例如，事物的名称、地点、日期、日常）或复杂的（例如，分类和规则系统概念化的过程、运动技能序列、多层面的事件）。所有的感官系统，包括注意、先前的经验、情感参与的强度都有助于记忆。记忆保留的时间可以很短（例如，短短几秒钟、几小时、几天），也可能是长期的（例如，几个星期、几个月、几年）；可以是非常详细的，或者是模糊地回想起"要点"。

记忆是学习的关键，因为它涉及行为和发展的各个方面。学习是建立在一个相互关联的记忆协作系统基础之上的。没有记忆，学习就不会发生。

2.1 适当的记忆

记忆可以在每个年龄段的儿童的日常生活中的各个方面观察到。婴儿快速学会识别熟悉的面孔、气味、物体和动作。他们可以回忆起几个月内滑动手机屏幕或被父母挠痒痒挠得咯咯笑时发生的事。他们会形成一些习惯，如吸吮拇指，因为他们回忆起那些动作是可以自我安慰或达到自己希望的结果的。婴儿会学习步骤，例如如何移动身体摆成不同的姿势，他们还会观察并记住如何再现他们看到过的动作序列，例如拉动开关来开灯。

学步儿以越来越复杂的方式表现记忆。他们能认出最喜爱的食物、游戏、玩具和事件。学步儿可以记住词语、句子，并使用他们所记住的将读音、短语和单词组合起来的规则造句（例如，"我摔倒了"）。他们已经形成了包括复杂的日常活动在内的习惯（例如，自己睡觉的流程）。不断增强的记忆力能使幼儿记住复杂的步骤，如学习如何骑三轮车。当幼儿能够再现他们的日常活动和他们观察到的事件时，假扮游戏也变得更加复杂。

幼儿将视觉、声音、味道、气味和无数的经验融入到越来越有条理的记忆结构中，这使他们能够将新概念、行动和经验融入到一个基本的分类和分类系统中。经验记忆的基础越广、越深，新材料就越容易被整合。结合记忆的结果与他们的经验，他们可以开始建立日益多样化的问题解决方法。

2.1.1 实践中适当的记忆

Ⅱ. A. 儿童自发的行为和交流可以证实哪些短时或长时记忆能力？
日常常规（家庭和教室）
- 婴儿/学步儿：学步儿识别出门铃的声音，跑去看看谁在那儿。
- 幼儿：幼儿在睡觉的时候说："不，爸爸，我想要蓝色的毯子！"

游戏常规(家庭和教室)
- 婴儿/学步儿：10个月大的婴儿每天从小睡中醒来，躺在她的婴儿床上，制造一些声音，发出咿呀学语的声音。
- 幼儿：幼儿把老师讲的故事戏剧化，并提醒他的同伴下一步做什么。

课堂常规

在科学中心，玛丽亚看着朱利奥把蓝色和红色的油漆混在一起，画了一个紫色正方形。然后她也把蓝色和红色的油漆混合在了一起，画了一个紫色的正方形。

Ⅱ.B. 儿童需要多长时间来对概念、动作序列或事件进行加工和回忆？

日常常规(家庭和教室)
- 婴儿/学步儿：在超市里，成人指向苹果，然后学步儿说："我想要苹果。"(表示对"苹果"这个词的记忆)
- 幼儿：餐桌上的幼儿说："老师说绿色食物是有益的，我告诉她你也说过同样的话。"

游戏常规(家庭和教室)
- 婴儿/学步儿：孩子看到艾摩(Elmo)玩偶说："那是艾摩。他笑了。"
- 幼儿：幼儿看着盒子上的积木结构图片，然后尝试按图片摆放积木。然后他回头看看盒子，比对自己搭的是否跟图片相同。

课堂常规

艾利克斯拿起书，毫不犹豫地看着每页的图片开始"读"他记得的故事。

2.2 支持适当记忆的一般原则

大多数成人用本能的方法帮助儿童记住成人认为重要的东西。以下是家长、照料者和教师常用的支持儿童记忆发展的方法。

2.2.1 重复

人们更容易记住经常听到、看到、感觉到或闻到的人、物体或事件。婴儿的第一个长期记忆包括他们白天经常看到的人，他们经常看到、听到、闻到或触摸到的物体，以及每天定期发生的日常事件。这些经验并不是为了帮助儿童记住而重复的，而只是自然而然地重现。每一种刺激都会创造神经记忆通路。每一次刺激被重复后，记忆的神经通路就会得到加强。我们可以把这个过程看成是在纸上画一条线，然后在那条线上反复描。随着每画一笔，印象的痕迹就会更加深刻。经验的重复也会以同样的方式发生作用。

2.2.2 多感官的体验式学习

就像重复某种特定的刺激会增强记忆一样，各种感官刺激的输入也会强化记忆。包括视觉、听觉、嗅觉、味觉、触觉、本体感觉和前庭知觉在内的各种类型的感觉输入都会在大脑中留下一种与特定经历相关的不同类型的神经"标记"。这些感觉的数量和强度对于记忆的保持是很重要的。例如，比起幼儿看书上的一张图注是"狗"的图片，如果她真的看到一只狗，听到它的叫声，在狗狗舔她的脸时闻到它的气息，摸它的时候感受它的皮毛，被它摇摆的尾巴轻碰，她就更可能记住"狗"这个单词，遇到一只狗这样一个事件，以及狗的特征或者样子。尽管不了解记忆背后的科学，大多数成人通常也会尝试为幼儿提供多感官的经验。成人指出不同的特征，并鼓励幼儿探索每种情况下的不同感觉。

感觉刺激的强度对记忆也有影响。强烈的气味，鲜艳的颜色，不寻常的声音、味道或质地等更容易被记住。强烈的刺激也可能导致放大的情绪反应。增强的情绪反应，无论是正面还是负面的，都与记忆保持有关。例如，一个被狗咬过的孩子会立刻认出狗的图片或真实的狗，并在许多年里对这个记忆产生消极的情绪反应。另一方面，如果一个孩子与一只小狗发生了嬉笑、打闹的接触，他也能够立刻认出一张狗的照片、狗叫的声音，或一只真实的狗；认出并把它称为"小狗"，并对狗产生积极的情感反应。成人通常想让幼儿感受积极的或中性的情绪。积极的情绪反应比中性的更强大，比起同样能让记忆增强、情绪充实的负面体验，儿童显然更喜欢前者。

2.2.3 概括

不同的人在不同的环境中会通过多种方式的参与来增强记忆。在不同的背景下多次使用概念或动作，不仅增强了记忆，而且扩大了知识或技能的应用。例如，父母在各种不同的情境下教孩子如厕；他们利用每一个机会指出单词（例如，一只猴子在动物园里，在电视上，在书上）；他们帮助孩子在家、公园、学校、朋友家等场所爬楼梯。在许多情境下使用特定的概念和技能，包括人、地点和情况，可以加强对特定概念或技能的记忆的获取。成人经常提出问题或提醒儿童，概念和行动应该如何去概括，例如："杰克，你去卫生间后应该做什么？说得没错。洗洗你的手。"

2.2.4 强调

在特定情况下强调的东西有助于引导记忆。强调可以通过多种形式实施。当父母和孩子谈话时，父母经常强调他/她想要记住的话。例如，当往池塘里看时，父母可能会说，"鱼在游动，"（强调动作词）或在过马路时说，"看两边！"（强调方向）成人也使用视觉强调。他们强调重要的对象,演示行动,或给词汇配上手势。正如注意部分所指出的(参见 TPBI2 第七章第一节),这种视觉帮助能增强注意力,而集中注意力可以增强记忆力。

2.2.5 联想

家长和其他照料者经常使用提醒或联想帮助孩子记忆。他们会使用提醒这种方法,例如,"记得我们是什么时候在动物园里看到的长颈鹿吗?"成人会帮孩子建立联想,例如:"这个娃娃就像你在家里的宝贝。"在幼儿园里,老师经常使用一个容易被回想起来的东西帮助幼儿记住一个新概念,例如:"安妮塔,看,苹果这个单词的首字母就像你名字里的 A。"父母也会利用联想,比如:"泰茜,记得玛姬姑姑吗?她给了你那件漂亮的粉红色连衣裙。"孩子们也用自己的联想来帮助回忆。例如,一个孩子可能会提醒自己,"老虎是有条纹的,豹子是有斑点的"。父母和幼儿园老师经常用问题来刺激回忆,例如:"谁记得我们读过的关于雪人的另一本书的名字?"

2.3 实践中的原则

成人使用许多以前讨论的策略来帮助儿童记忆。以下是照料者白天在家里和学校里如何使用这些方法的例子。

2.3.1 日常常规(家庭和教室)

喂食/进食

当儿童在吃饭的时候,成人经常会问问题或提示回忆;例如:"你最喜欢的谷类食物是什么,马克?"老师可能会说:"猜猜我们要吃什么点心。它们是橙色的,兔子很喜欢的。"

换尿不湿/如厕

换尿不湿可以作为一个刺激幼儿并使其回想起身体部位的名称和步骤的时机。例如,父母可以给稍大的婴儿一个尿不湿并等待婴儿把它放在身体正确的部位。如厕经常被用来帮助儿童记住顺序、步骤和社会规则。例如,父母可能会说:"玛雅,你记得了洗手、擦手,但你忘记了什么。你的屁股怎么了?对!你忘了内裤!小女孩需要穿内裤。"

穿衣

穿衣是成人帮助儿童记住身体部位的名称、服装类型、颜色概念、穿衣流程和物品功能的好时机。作为穿衣过程的一部分,成人会在婴儿早期就把这些想法说出来。随着婴儿掌握语言,成人开始提出问题,要求婴儿想出所需的东西或动作。对于学步儿和幼儿,成人往往会提出更高水平的问题,不仅需要回忆,还需要解决问题的能力,例如,"今天很冷。你认为穿什么好呢?"

2.3.2 游戏常规(家庭和教室)

面对面游戏

对于婴儿来说,家长经常鼓励他们回忆体育游戏。他们将手指放在孩子的肚子上,说:"我要抓住你!"让孩子对这个游戏有所预期,然后开始咯咯地笑。幼儿喜欢唱歌和手指游戏。成人可以让他们开始,然后暂停,看看他们是否能记住下一个短语或动作。

体育游戏

对婴儿来说,在公园或后院玩耍通常包括模仿先前看到或表演过的动作。随着幼童年龄的增长和运动技能的不断提高,他们大部分的游戏时间会重复玩最喜爱的游戏或顺序。成人也会提示对动作的记忆,例如:"记得昨天你是怎么爬上恐龙的吗?你能再做一遍吗?"

操作性游戏

成人使用玩具游戏(Toy Play)主要是为了鼓励幼儿记住名称和动作。他们经常问这是什么东西、它是什么颜色、它是用来做什么的,等等。对于在幼儿园里的幼儿来说,玩玩具往往涉及再现以前看到的行动,例如画画、搭建积木或参与涉及他人动作和行为表现的假扮游戏。

感觉游戏

对于婴儿来说,"脏玩"游戏需要他们记得用材料做某些事情时发生了什么(例如,记住这种颜料让人感到冷,并做标记)。婴儿的照料者经常示范一些婴儿可以模仿的动作。年龄较大的儿童会再现以前见过的物体或动作,而成人经常从儿童的经验出发,提出主题建议,让他们绘画、建造或创建。

假扮游戏

在假扮游戏中能清晰地看到记忆。婴儿的照料者通过让用餐、睡眠、洗漱等环节更有趣来促进日常记忆。对于年龄较大的幼儿,成人可能会激发更多对复杂事件的记忆。例如,在阅读一个故事之后,老师可以根据故事提供一些道具来鼓励幼儿记住并重演故事顺序。

2.3.3 阅读和学习常规

圆圈时间

在圆圈时间,教师可以问的问题包括"有人记得这本书的作者吗?"或者"谁记得熊遇到了什么事吗?"老师在读故事的时候可能会漏掉一些词语,让儿童补充缺失的词语、短语或动作,例如,"然后狼说,'小猪,小猪……'"有的儿童可能会被要求为其他儿童讲述故事。

一对一阅读

前面讨论的策略也经常被成人用于一对一阅读。此外，成人可能会提到儿童自己的生活，以引发联想，如，"你迷过路吗？"成人可以使用儿童的意识来刺激记忆，如，"博比，看，这页所有的单词都是以 b 开头的，你还知道哪些单词是以 b 开头的吗？"

日常读写

当父母和其他照料者遇到儿童熟悉的图片或符号时，他们往往会让儿童讨论符号的意义，例如，"莱西，你看看盒子上是什么。你认为我们午饭吃什么？"或者开车时，父母可能会说："红灯亮了。这是什么意思呢？"

2.4 为提高记忆力制订个性化的干预措施

Ⅱ. A. 儿童自发的行为和交流可以证实哪些短时和长时记忆能力？

许多类型的短期和长期记忆对成功来说是必需的，包括再认（即从记忆中识别某物）、回忆或生成记忆（即能够从记忆中产生某物），简单的和复杂的程序记忆（即能够记住特定的生理和心理序列），对事件的简单和复杂的重构记忆（即能够从身体上、视觉上或口头上重构记忆）。这些都在 TPBA2 的第七章中有更详细的讨论，下面将对涉及每一种记忆功能的发展策略进行描述。

再认是记忆的最基本形式。儿童需要回想起之前遇到的东西，并确定对象和情境的意义，然后才能通过命名（Labeling）或行动有效地回忆。这需要在大脑不同区域的神经网络中编码信息，以使适当的刺激被重新接入时，相同的神经网络被激活并识别。

当婴儿还在母亲的子宫中，他的大脑开始处理声音和动作时，婴儿就已经具备再认能力。这可以通过婴儿在出生后很短时间就识别出母亲乳汁的味道和父母的声音来证实。很多新生儿很快就熟悉了生活环境并且能很快进入到环境中寻求新的体验，之后将这些新的体验和他们熟悉的类别联系起来。然而，有些新生儿需要更多的支持来建立处理复杂和长期记忆的基础。

相对于只从过去的经历中再认出一些事物来说，能够回忆起或者产生之前见过的动作、词语或者序列则是一种更高级的记忆。当幼儿能够从动作或者语言上回忆起动作或者词语，并且将之用于有意义的情境中时，概念理解能力被加强了，同时行为也被强化了。

程序记忆要求回忆起动作的顺序或者序列。当幼儿将思维和动作相结合时，他们为学习怎样获得复杂的技能打下了基础。当动作的顺序和记忆相结合时，对动作顺序的记忆引导着幼儿进行有目标的行为和问题解决。因此，支持程序记忆的发展是学习的基础。

通过不同形式的表征来重新建构事件，比如洋娃娃和木偶戏、假扮游戏、操作性游戏、建构游戏、运动和跳舞、画画、写作、讲故事，这些都要求融入各种形式的记忆。所有之前获得的记忆策略都能够帮助儿童进行重构。早期的记忆重构可以从儿童重新做出其看到过的父母曾做过的动作看出。随着神经系统发展得越来越复杂，这种重构可以在各种日益复杂的再现中实施。

人际互动策略

1. 使用可预测的行动模式。使用相同的方式开展日常活动，这样儿童就能意识到即将发生什么。这意味着儿童的照料者要一致，因为不同的人给儿童换尿不湿和喂养的方式是不同的。对于一些残障儿童，把特定的触摸提示、信号或者手势加入到常规的步骤里，可以帮助他们意识到正在发生什么。预测模式或相同的常规也可以帮助儿童进行回忆并且让他们自己进行创造。

2. 将儿童未接触的事和一些他们知道的事匹配起来。因为熟悉能擦出记忆的火花，将儿童熟悉的记忆和一些其他的事相联系可以帮助儿童记住新的结构。也就是说，它只是从记忆的主要轨迹中分离出一个新的轨迹。对那些有视觉障碍的儿童来说，他们不能看到自己所感觉到或讨论的东西，照料者可以使用一个可识别的物体来帮助他们学习新的概念。比如，一旦儿童触摸到了一个瓶子并且认出了它的形状以及之后的动作，那么他在触摸到其他形状像瓶子的物体时就会意识到很可能马上就要喝东西了。同样地，当真正的实物或实物图片随手势或者唇部动作一起呈现时，有听力障碍的儿童会学习一个与标签相关的手势或者唇部动作。没有视力问题或者听力问题的儿童也可以用这种方式识别物体或事件。

比如，喜欢乘汽车的儿童可能不能识别"车"和"搭乘"的意思。但如果家长每次带着儿童坐车出去兜风都让儿童拿着车钥匙，不断地重复这种联系，那么儿童很快就会明白当他看到车钥匙时，接下来他将可以坐车了。这样具体的联系可以帮助儿童识别出将要发生什么事情。

3. 修改常规并且融入新的事物。一旦儿童表现出再认能力（比如，面部表情的改变和身体紧张度的变化，声音或者动作的变化），这时候成人就可以向儿童介绍新的变化。当另一个玩具或者事物呈现出来时，儿童也许会选择现在熟悉的那一个，但是兴趣会很快就转向新的一个。这样，当儿童能够再认的事物越来越多时，学习便可以转向新的情境。对于某些婴儿来说，这种过渡性的改变是不需要的。然而，对于明显迟钝的幼儿，再认之后再进行常规的改变已被证实可以让他们适应得更好。

4. 示范或者给出下一步建议。在儿童模仿了一个动作之后，成人可以示范下一个动作。比如，如果幼儿向下按一个需要向上翻起盖子的盒子，成人可以示范如何打开它。如果一名30个月大的婴儿指着一个他想要的玩具，成人可以建议他把凳子推到他可以拿到玩具的地方。如果一名5岁大的儿童在试着玩一种乐器，成人可以给他示范如何演奏。

5. 使用歌谣或节奏。幼儿喜欢音乐和儿歌。歌曲和手指游戏的唱词通常是他们能记得的第一个完整的句子。将常规用幼儿熟悉的歌曲的旋律唱出来可以帮他们记住顺序。比如,《变戏法》的调子——"你将肥皂放在这只手里,你将肥皂放在那只手里,你将肥皂放在两只手里,你用它洗手的每一个地方。"唱(如:先擦、擦、擦,然后洗、洗、洗!)或者当你想呈现某种顺序时,使用一种不同寻常的音调变化,同样也会达到帮助幼儿记忆的效果。比如,强调平时没有重视的句子里的词语可以帮助幼儿注意这些词语。如果成人说:"我们来洗洗这双**脏手**,然后再擦干手。"在这句话中强调了名词和形容词。如果成人说:"我们来洗洗这双脏手,然后再**擦干手**。"想要的动作顺序就得到了强调,并且不同寻常的音调也引起了幼儿的注意。

6. 分解程序。如果我们告诉儿童"去商店买一袋面包然后回家",他们是没法学会在小区里找到路线的。他们对于空间、方向和距离的学习首先经历了怎样在一间房间里走到想去的位置,之后是整个家、院子和街道。通过将复杂的事分为很多小的部分这种方式,幼儿可以学会做有复杂顺序的事情。脱下衣服是第一步;进入浴盆是第二步;洗头发是第三步;洗身子是第四步;在浴盆里玩耍会包括更多步骤;走出浴盆和擦干身子是一步;穿衣服又是一步;梳头发是最后一步。如果每一步都被看作是总的步骤的一部分,整个过程就更容易完成。所有的任务都可以用这种方式分解。

7. 鼓励幼儿自问自答。成人可以示范怎样使用"语言中介"或者用词语来说出自己一连串的动作。比如,当一起做早餐时,父母可以说:"首先,让我们拿出鸡蛋和黄油,然后让我们拿出平底锅,我们下一步应该做什么?"当幼儿在画画时教师可以说:"告诉我你要先画什么?"当幼儿完成那部分时,教师可以鼓励他接着画,告诉他:"那是一个看起来很凶恶的龙!你想加点什么其他的上去吗?"许多幼儿画一个简单的图案之后就结束绘画了,因为他们不将画画当作一件连续的事情。只要稍加鼓励或者刺激记忆,教师就可以帮助幼儿将画画扩展成为一个更加复杂的活动。如果幼儿对于要添加什么没有想法,教师可以说,"让我们想想恐龙的故事中还有什么。"

环境调整

除了人际互动策略可能会帮助儿童发展记忆力,环境调整往往也是有用的。根据TPBA2的结论,团队可能会考虑以下一些环境调整。

1. 呈现一致的感觉输入。儿童通过物体或事件的"同一性"来识别物体和事件。例如,瓶子可以通过它的形状认出来,狗有四条腿和摆动的尾巴,医生穿白色外套。保持环境的一致性,不要太快地引入变化,可以帮助儿童识别熟悉的物体和事件。对于那些功能发育较低(Lower Functioning Developmentally)的儿童,照料者应该呈现一致的形象(例如,穿着类似的服装,保持固定的发型,每天用一样的香水)。如前所述,在引入变化之前,使用相同的玩具,直到儿童认出并理解它们的功能。

2. 儿童更容易识别和记住那些具有不寻常的或独特特征或以某种方式吸引他们注意力的事物。可参见 TPBI2 第七章第一节关于吸引儿童注意力的环境手段的例子。一个特殊的线索(例如,颜色、纹理)、符号或香气可以帮助儿童认识物体或人。

3. 让儿童尽可能多地体验各种各样的场景、事件和经历。利用社区的场地,其中许多地方收费并不贵(例如,去公园、利用动物园和博物馆的"免费日")。乘公共汽车、徒步旅行或露营,或只是看城市的风景等经历都能给儿童留下宝贵的回忆。

4. 书籍可以带儿童去他们不能去的地方,让他们体验他们没有的经历。沙漠里的儿童通过书本、电视、电影和电脑了解海洋与雪。有智慧地使用多媒体,特别是那些非动漫类的作品,可以打开儿童的新世界。

5. 使用适宜的设备,使儿童更容易地访问这些媒体,以获取信息。(参见 TPBI2 第三章。)

6. 使用适宜的装置或辅助技术,让有特殊需求的儿童更容易表达自己的想法和行动。方法可能包括手势、符号、标志、图片或语音输出技术。

7. 在呈现事件、故事或其他你希望儿童能够重构或以某种方式表征的信息时,提供多感官的输入。例如,儿童通过看、听、感觉、闻、品尝等方式来参与活动(例如,马戏团之旅),比起她只是读一个去马戏团的故事,更有可能更准确、更全面地重建和呈现这段经验。这个故事会给儿童一些关于马戏团的知识,而不是那些有助于构建体验式记忆的感官记忆。因为儿童不能一直有机会直接参与所有可能的经历,所以退而求其次的事情可能就足够了。特别是对于那些因为自身背景或残障而经验有限的儿童,我们必须保证他们通过尽可能多的感官来理解概念和事件。在前面的例子中,如果教师读《奥利维亚去马戏团》(*Olivia Goes to the Circus*),并希望孩子们更全面地了解什么是马戏团,教师可以通过书籍提供众多的经验:

- 马戏团里动物的声音。
- 对木屑、动物皮毛、亮片和丝绸织品的触觉经验。
- 爆米花和棉花糖的味道。
- 盛装打扮的小丑、驯兽师和空中飞人。
- 教室里有一个有毛绒动物玩具的马戏团角色游戏区,一个马戏团的"环",一个秋千或模拟高空秋千。

同样,婴儿或学步儿的照料者也可以读一本关于狗的书,把一只狗带到教室里,并带着碗、牵狗绳等。下一次再读这本书或提及狗的时候,会唤起儿童的多种感官记忆,让他们有多种方法重建与狗一起玩耍的经验。

8. 使用图片卡和实物帮助记忆。在前面场景中描述的图片卡和实物对象可以帮助记忆的重建,特别是以事件发生的顺序来安排的时候。例如,教师可能安排了一个毛绒玩具狗、一条牵狗绳、一袋狗粮和一个碗。学步儿可能不能自发地重新创造整个事件,但他们可以用所需的单词和动作作为线索来表演整个事件。

Ⅱ.B. 儿童需要多长时间来对概念、动作序列或事件进行加工和回忆?

回忆意味着通过某种类型的行为来表达一个人所知道的东西。这种行为可能是声音、手势、文字、标记、动作、图片或其他代表理解的方式。在婴儿期和整个儿童早期,即时模仿和后来的延迟模仿(不借助示范)分别是短期记忆和长期记忆的指标。当儿童整合各种类型的信息时,行为反映了对信息的回忆、概括和适应,以满足儿童的个人需求。

想办法提高儿童快速回忆和表达已知信息的能力,这种能力对有特殊需求的儿童来说是一个挑战。注意力、理解和处理信息以及功能性地使用信息的能力是必不可少的(参见TPBI2第七章第一节、第六章第一节和第三章第四节)。人际关系和环境策略可能是有用的,包括以下内容。

人际互动策略

1. 提供回忆的时间。许多儿童回忆处理的信息时需要很多的时间。在提供线索或平台之前,成人应给予儿童足够的时间做出反应。言语和非言语行为都需要时间。

2. 使用线索。在回忆时遇到困难的儿童往往需要一点线索来帮助他们回忆起在特定情况下需要什么。这些提示或线索可以以多种形式出现。例如,视觉线索对一些儿童是有帮助的。真实物体或模型可以充当线索。照料者可以举起两件衬衫说:"你想穿红色的还是蓝色的?"

构建交互的回忆平台也是可能的。例如,在去超市之前,家长可能会坐在儿童身边一起看书上不同食物的图片,谈论他们想在超市里买什么。他们可以把书带着,然后用图画帮助孩子回忆他们想要得到的东西。声音提示也有帮助。在超市的水果区,家长可能会问:"你要什么水果?"当儿童不记得时,家长可以提示,"你说你想要 l-l-l……对,梨!"更高水平的幼儿可能会对游戏的线索做出反应,比如:"它是黄色的。它顶部有柄。它的底部有点胖。而且,它是你最喜欢的水果。"

3. 提供选择。回答问题对于一些儿童来说有困难,因为他们想不到答案。但如果成人要求他们二选一,儿童只需要识别和回忆这两个想法,然后选择一个回应。例如,如果家长说:"你早餐想吃什么?"儿童可能会说:"我不知道。"这个问题要求儿童记住所有可能的选择,然后选择一个。但如果家长说:"你早餐想吃煎饼还是麦片?"儿童现在可以设想这两种选择,并考虑哪个是首选。

4. 示范不同的重构形式。儿童是天生的模仿者。他们想做成人做的事。如果成人说,

"我吃了一顿墨西哥玉米饼，"儿童马上就会去谈论他/她晚餐吃的东西。

示范表演是另一种形式的支持。成人应该选择事件、序列、语言、道具，并基于幼儿的能力将它们用于重演中，以重现行动顺序。成人可以：（1）示范角色扮演；（2）支持孩子或孩子们的角色扮演；（3）当孩子在帮助下学会了表演顺序后，让孩子自己或与其他孩子一起重新按顺序表演。有特殊需求的儿童可能需要更多的示范、建议或轮流将事件戏剧化，首先成人可能需要表演短剧，等儿童开始记得练习过的场景时，再加入更多的动作。

5. 诱发重构。发展迟缓或者残障儿童在重建时可能会"卡"在某一方面，例如，堆积木或排队。成人可以给儿童提示或提醒他们其他的办法来帮助他们思考重构的其他方面。例如，儿童开始修建公路，然后他们得意忘形了，忘记了修路的目的，此时成人可以用行为或问题提醒，"警察的车来了。他开了警报器。这是你的车"，或者"我在马路的尽头放了一座房子，这样汽车就可以开进车库了！然后发生了什么？"

重构可以通过讲故事引出，在这个过程中，成人可以说出鼓励的话语，例如，"哦，我的天！然后发生了什么？"重构可以在木偶戏中进行，成人扮演一个角色，从孩子的木偶中提取故事和动作，例如："你能请我过来真好。我可以吃些饼干吗？"

画画也可以讲故事。如前所述，通过评论或建议，成人可以帮助儿童记住故事图片述说的另一个方面。

舞蹈和音乐可以帮助儿童记住故事或描述。成人可以给故事添加音乐，然后用手势、语言和舞蹈来描绘活动。例如，用古典音乐和朦胧的丝巾，孩子们可以描绘出风吹云朵和树叶，树叶飘落下来，新的植物在春天生长。

6. 促进想法的拓展。使用口头策略，如：

评论："那朵花似乎缺了些什么"（关于孩子的图画）；"我给你带来了礼物"（在假扮游戏中）。

建议："它看起来像一朵快乐的花。我敢打赌，阳光正灿烂"（关于孩子的图画）；"我们可以为聚会做蛋糕！"（在假扮游戏中）

提问："小女孩是怎么进入房子的"（关于孩子的图画）；"我们能用蜡烛做什么"（在假扮游戏中）。

提示："他看起来像……"（关于孩子的图画）；"我想孩子需要吃东西"（在假扮游戏中）。

环境调整

除了人际互动策略可能帮助儿童记忆，环境的调节往往也是有用的。根据 TPBA2 的结论，团队可能会考虑以下的一些环境调整。

1. 使用图片提示做选择。物体或动作的图片可以帮助幼儿做出选择或沟通愿望和需要。各种辅助设备的存在能够在儿童口头表达上有困难时帮助回应（参见 TPBI2 第六章第二节）。图片也可以激发对想法的回忆。例如,幼儿教师可以拿两本不同的书问："我们午餐前读的书叫什么名字？"正如前面所指出的,这不是让幼儿在提供的两个答案中间做选择,但是它可以让幼儿通过视觉提示产生反应。

2. 使用图片或符号提示来指导动作。图片可以帮助幼儿了解下一步应该发生什么事件或行动。这些线索对于很难记住规则（例如,分享两个孩子玩一辆卡车的插图）或回顾事件的顺序（例如,先在圆圈时间进行,之后在区角进行）,或记住动作序列（例如,先把面粉放进去,然后倒入牛奶,然后搅拌）的幼儿来说特别有帮助。自闭症儿童往往会持续一个行为,他们可能会受益于看到的图片或视觉符号,来提醒他们接下来会发生什么。物品的图片也经常放在物品所在的教室里（例如,积木架上的积木图片）。

3. 使用一致的关联模式。正如成人期望计算机键盘上的按键每天都在同一个地方一样,孩子们也会使用一致的环境线索来帮助他们记忆。虽然玩具、材料和活动可能会一天一天地改变,但时间表、区角位置和预期的互动是可预测的。随着变化的出现,照料者和教师需要提供视觉、听觉和触觉的支持,以帮助儿童回忆所需的信息、行为和事件。

4. 建立常规。如果每天不同时间段发生的事情保持一致,流程就更容易被记住。让儿童帮助建立常规,决定什么应该先发生、再发生,等等。例如,家长在睡前可以让儿童决定是否他/她应该在椅子上或在床上看书,哪只（或多少）动物玩具应该和儿童一起睡觉,或者在儿童入睡的时候,是否可以不关音乐。保持这种习惯有助于儿童知道应该期望什么,帮助儿童感到安全和可控制。它还可以建立程序记忆。同样地,如果用图片卡向幼儿提示一系列的动作,那么每次都要在同一个空间和顺序上呈现。

5. 为复杂过程呈现较小的片段。复杂的程序可能会压倒对想法进行排序有困难的儿童。对于他们来说,重要的是提出更小的可以结合起来的部分,以实现一个更大的目标。例如,用积木建设一个完整的城镇,需要一个长期计划。如果教师把积木放在一个特殊的空间里,儿童每天就可以把它们添加到他们的"城镇"里,建造不同的部分,增加道具、标志,等等。每天看到的旧建筑可以帮助他们回忆顺序。当它们搭建在一起时,他们可以每天重新叙述顺序,然后确定还需要什么。

2.5 为在记忆方面需要支持的儿童提供的常规活动

2.5.1 日常常规（家庭和教室）

喂食/进食

对于婴儿来说,对食物的识别和回忆以及对进食顺序的预测是重要的。父母举起奶瓶和婴儿食品罐,示范张开嘴,并给宝宝的食物和行为贴上标签。对于那些反应不快的婴儿,这些动作可以放缓和夸张一些,让婴儿有足够的等待时间来反应和回想。对于有视觉障碍的儿童,使用物体的线索让他们感觉到可能会为正在发生的事情做准备。对于大一点的幼儿来说,进餐是一个学习记住礼节,不同的餐桌行为(如吐牛奶)的后果,以及从放置餐桌到清洗的整个过程的时机。照料者可以通过问儿童这样的问题来帮助儿童,如,"我们还需要什么?""下一步我们该怎么办?""我们正在吃汉堡包,我们还应该和他们一起吃什么?"或者"如果我把牛奶吐在爸爸身上,会怎么样?"

换尿不湿/如厕

早在婴儿期,照料者就开始让幼儿准备参与独立如厕的序列。婴儿体验脱衣、清洗和穿衣。他们开始预测下一个动作,并移动他们的身体部位来协助。所有这一切都融入了他们学习独立如厕所需要的记忆基础。如果这个时间变成了互动的时间,通过说出身体的部位、面对面游戏、鼓励和强化儿童发起和参与,如厕之后的经验对增加独立的感觉来说,更可能重塑积极的记忆和动机。对于发展迟缓的儿童,成人需要分解这些步骤,要求儿童标注任务的各个方面,并要求他们记住下一步需要做的。浴室里的图片提示可能对一些儿童有帮助。

穿衣

穿衣涉及运动技能,以及对穿什么和如何穿的记忆。成人可以使用小提示来提醒儿童。举个例子,拿着衬衫打开衣领递给儿童,让儿童把头伸进去,这一提示提醒儿童应该做什么。问:"这个洞里放什么?"这是另一种提醒身体部位名称的提示。要求儿童回忆并启动程序性反应为重复提供了机会,最终养成穿衣习惯。残障儿童可能需要更长的时间来穿衣,重要的是不要控制他们穿衣服或"帮他们穿"。

外出

在社区里活动提供了许多把经验加入记忆池(Memory Pool)的可能性。此外,儿童有机会通过丰富个人意义来认识、回忆和增强记忆。成人应该指出熟悉的物品,鼓励认知;提出问题,鼓励回忆;帮助儿童联系以前的经验,鼓励情节记忆或个人记忆。

2.5.2　游戏常规(家庭和教室)

面对面游戏

面对面游戏可以涉及多种类型的记忆。如果儿童看见成人摆好姿势准备玩耍并微笑,她就会意识到或预料到游戏即将到来。如果她模仿成人的面孔或动作,说明她具备即时回忆能力。如果她启动一系列的动作,那么她正在使用顺序记忆。如果游戏伴随着特定的"规则"或动作,如手指游戏,则会涉及程序记忆。儿童喜欢重复,因此尽管成人对《小蜘蛛》(The Itsy Bitsy Spider,英国童谣)感到无聊,他们也应该注意到,重复可以提高记忆力。成人应该从儿童的发展水平出发并跟随儿童的兴趣引导。成人也可以使用这些激励游戏引出新单词、表情和动作,这样儿童的记忆就会循环一次。

体育游戏

与面对面游戏一样,体育游戏可以包含模仿、发起、轮流和重复。许多类型的体育游戏需要视觉空间记忆,因为儿童是围绕环境移动的。如骑三轮车等体力活动涉及程序记忆,丢手绢等游戏涉及对规则的记忆,打闹游戏(Rough-and-Tumble Play)需要有对社交后果的记忆。虽然自由游戏利用对以前的游戏事件的识别和回忆,但它并不是挑战更高级别的记忆技能。对于与特殊儿童一起工作的成人来说,重要的是需要提供所有这些类型的体育游戏体验来帮助儿童发展并使用各种记忆技巧。

操作性游戏

有操作控制的自由游戏能让儿童识别并记住用玩具去做什么。根据儿童的理解水平,操作性游戏,比如搭建积木城堡,可涉及复杂的程序和重建记忆。对于年龄较小的儿童,成人想要通过示范、建议或提问后续步骤来鼓励其的顺序记忆的发展。对于年龄大一些的儿童,提供不寻常的操作性的组合将促使其思考这些材料在过去是如何使用的,以及如何以新的方式重新结合。例如,用一个鞋盒、人形玩偶、废旧材料和乐高玩具促进幼儿对以往经验的回忆,同时也能促使其建立新的联系。对任何年龄段的儿童来说,建立神经网络需要扩展到其所熟悉的经验。成人的角色是不断提供可能发生的情境来刺激记忆,引导儿童进入下一个学习水平。在以往的情况中,如果儿童在有许多游戏材料的情形下只是重复把人偶放进或拿出箱子,成人可说,"看,这好像你正在把一个人放到床上。需要用一条毯子把他盖上。"这个提示可以让儿童用一种新的方式看废旧材料,与他自己的经验结合起来,然后添加一个新的、更高级别的游戏步骤。成人需要不断解读儿童的行动,并尝试预见对他来说可能更熟悉的经验或联系。用一块材料作为记忆触发物对有些儿童可能是有用的,但对很多儿童来说并不能触发记忆。

假扮游戏

假扮游戏需要使用多种形式的记忆,因此不论在家、托儿所还是学校里,都应支持儿童来玩假扮游戏。假扮游戏需要儿童重新构建其心中的世界。与前面讨论的操作性游戏一样,道具和材料可促进创造性思维,但成人的促进作用也是至关重要的。要记住,游戏的目标是建立和加强记忆神经网络,成人可以用熟悉的道具和常规顺序让新手玩家把游戏玩起来,但应该迅速以新的材料和活动来作出调整。一旦适应了重建事件的想法,成人应该引入不断变化的游戏情境,建立熟悉的、新的经验和信息。例如,在幼儿园里游戏的道具通常涉及厨房材料和塑料食品。在熟悉这些材料几天后,游戏就总是主要依赖于回忆和重复创建相同的事件。通过引入新材料,如毛绒玩具狗、狗床、空的狗粮袋和牵引绳,家里有宠物狗的儿童就会立即向一个新的方向改变他的游戏。当小狗"生病",需要去看兽医时,成人可能会引入新道具。儿童于是有机会学习新的词汇和新的程序，并重建特别的事件（特别是如果有实地考察或参观诊所的经验，就更有利于重建这方面的表现）。

2.5.3 阅读和学习常规

圆圈时间

许多在一对一阅读中能够加强的相同的技能也可以在圆圈时间里得到提高，但因为每个组都会表现出一系列的能力，这对于教师或照料者来说就更困难些，并且需要具备调节与不同儿童的互动方式以满足儿童个体需要的能力。可能有帮助的策略包括：

- 让儿童拿纸板书，并与教师一起观看。
- 使用更容易看到的大书。
- 使用书中描绘的真实物体或道具。
- 修改复杂的书籍中的文本，使其适合儿童的水平。
- 针对儿童的发展水平提出讨论或问题，例如，"有人记得兔子的名字吗？"这样的问题不要问那些不需要低级的提示也能快速回答的儿童，教师应该把这个问题留给在这一发展水平的儿童。较高发展水平的儿童可能会被问到，"为什么兔子想要翅膀？"这需要对兔子特征的记忆、翅膀功能的记忆和如果兔子改变了会怎样的重构记忆。
- 使用手语、手势和创编情节来阐明词语和行为，并提供多种感觉输入。
- 使用辅助设备使处于不同水平的儿童都能参与（例如图片、图表、语音输出设备）。

一对一阅读

大多数儿童喜欢坐在成人膝上看书或读书。这是一个建立语义记忆，或记忆单词、句子结构、词组变化、记叙和文字概念的关键时刻。因为阅读是一个复杂的过程，也是帮助儿童认识并记住阅读的所有程序的时机。从婴儿期到整个儿童时期，成人每天都应该花时间和儿童单独阅读。在家里，儿童通常是有阅读时间的。在托儿所或幼儿园中，由于幼儿数量多，通常意味着牺牲个人阅读时间来进行小组阅读。但其实不应该这样。在一天内，教师需要抓住时间来给个别孩子阅读。在自由游戏时间、午睡醒来的时间，只要有可能，一对一（甚至两个）的互动可以使成人根据儿童的个体发展水平来加强儿童的与语言和阅读相关的语义与程序记忆的每个方面。在这段时间，成人示范语言；讨论词汇、行为、序列和特征；指出读写概念；提出问题以引出不同类型的记忆技巧；将书籍与儿童的经历联系起来；并鼓励儿童在帮助下使用早期语言和读写技能。

科学与数学

我们所认为的科学与数学（例如，计数、数字运算、给对象和材料分类）大部分是基于早期的概念发展和心理特征，比如数量、形状、功能、异同、空间、时间、距离意识。成人可以支持儿童对这些内容及其关系的记忆。前面所有的策略都是有用的。重要的是成人与儿童互动的聚焦点。儿童自己的经历引导了他们的记忆，但是成人可以帮助引导这些经历以及与这些经历相关的行动和想法。例如，正在玩带有旋转器的塑料球的婴儿与照料者进行互动，成人可能会强调，这是一个球，玩法跟其他球类似，可以来回滚动。通过对以往经历的使用，加强了儿童对对象的认知和回忆，也扩大了球的"类型"的概念。成人也可以摇球、旋转球或旋转它以使其内部的旋转装置移动。这种互动将有助于儿童回忆起类似的因果经验，这可能会刺激儿童尝试模仿这个动作。同样，玩球时互动可以涉及球从不同坡度的斜坡上滚下来时，观察球的速度或距离，将旋转器与其他旋转的东西作比较，检查部件，或渲染一艘从月球来的太空飞船，等等。儿童和成人的活动、讨论和问题都会影响刺激或强化的记忆类型。

案例：齐娜

齐娜是一名3岁的唐氏综合征女孩，她能说一些话，主要是关于物体的名称和家庭成员的名字。她能够独立行走和玩耍，尽管她的大部分游戏都是重复的。齐娜最喜欢的玩具是她的娃娃，她喜欢给娃娃喂食；齐娜喜欢用小物件填充空纸巾盒；她喜欢敲击玩具钢琴；她还有一本图画字典。在记忆能力方面，齐娜已经做好了增加单词记忆的准备，包括对象和行为的词汇；提高对于物体和日常的动作序列的记忆的准备；她在假扮游戏中，重建她所看到的别人的表演动作的准备。以下建议可以在家庭和幼儿园的日常生活中使用。

人际互动策略

1. 开展齐娜喜欢的活动，并向她展示如何用她已经掌握的部分技能来扩展序列。这将使她能够学习和记住玩具的新方法。例如，用各种包含两到三步动作序列的方式使用齐娜最喜欢的纸巾盒。例如，玩游戏时，你可以把齐娜能叫出名字的两个物品放在纸盒里。让她用一块布盖住盒子，闭上眼睛，然后用感觉找到你所要的物品。这要求她使用记忆来进行言语和触觉识别，涉及了三个步骤。你在引导几次游戏后，让齐娜隐藏物品，看看她能不能记住这些步骤。

2. 使用齐娜的盒子进行各种类型的游戏。这将有助于她打破仅使用一件东西的"习惯"。例如，假装它是一个小毛绒动物的床，把它翻过来，使它成为她娃娃的桌子，或者把它和积木结合起来，用它作为一个大的积木来建造一座墙或塔。再次模拟几个动作步骤并多次重复游戏序列。然后离开材料，看看齐娜是否能独立地记住这些动作。你也可以让她的同伴参与，以便他们继续为她示范。

3. 让齐娜的玩具娃娃来体验一天中不同的活动流程。当齐娜吃饭时，她可以喂她的宝宝。当她上厕所时，她的宝宝可以坐在纸巾盒上。当齐娜穿好衣服时，她也可以为宝宝穿衣服。当齐娜读书睡觉时,她的宝宝也可以读书睡觉。成人可以模仿娃娃做动作,并让齐娜参与进来。利用这个机会标记身体部位和动作。成人可以通过提示鼓励回忆,"宝宝将要去……"制作齐娜在游戏区中可用的日常材料;例如,毛巾、毛毯、卫生纸、枕头,等等。几天后,齐娜可能会在她的游戏中开始重构这些场景。

4. 用各种方式使用齐娜的玩具钢琴。用一根手指示范按一个键,然后再按另一个。她能及时唱出她所知道的歌词;例如"齐—娜—弹"和"妈—妈—弹"。这种类型的游戏与三种类型的输入相匹配——听觉、视觉和触觉。旋律有助于齐娜记住这些话,并将其与动作匹配。使用齐娜的模式(无论她弹什么),并给她的旋律配上词句。当她有游戏的想法时,你可以修改它,以便你添加提示,或用手拍一段她弹奏的节奏或随着她的旋律跳舞。她也可以用这种方式练习她学的词组,将物体放在钢琴旁边,然后"弹出"这些词,例如"香—蕉"或"宝—贝"。这应该是一个有趣的游戏,而不是"治疗"。在齐娜的带领下开始和停止游戏。

5. 通过简单、有趣的动作介绍新玩具,方便齐娜模仿。重复游戏活动多次,以便她能记住该做什么。

环境调整

1. 齐娜因唐氏综合征而肌张力较低。尽管她能独立行走和游戏,但如果她能不借助手臂或靠在桌子上而保持平稳的话,她可以更容易地操作玩具和材料。一张立方体的椅子能使她舒舒服服地坐在小桌旁。在地板上,鼓励她盘腿坐或伸直腿,而不是呈"W"型的坐姿。这些都是对她臀部无害的稳定的姿势。

2. 齐娜喜欢图片,并能认出许多物品的图片。在日常中使用图片序列可以帮助她记住活动的每一步,像是如厕或穿衣。图片序列也将帮助她的照料者遵循一贯的做法,并鼓励照料者让她记住和独立完成这些日常活动。

不同发展年龄的干预要点

以下建议针对的是处于相应发展水平的儿童。这些建议并不是全面的,而是表明了可能探索的领域。

发展年龄	记忆技能	干预要点
0—3个月	模仿面部动作。 重复有趣的动作。	进行面对面游戏。 使用夸张的表情。 让幼儿体验导致某些事情发生的行为。

续表

发展年龄	记忆技能	干预要点
3—6个月	再认熟悉的物体。 模仿声音和动作。	呈现物体让儿童去看、感觉、移动、品尝和闻。 使用缓慢的动作,让儿童可以看到如何模仿。 夸大口型动作和声音以供模仿。
6—9个月	激活物体。 重复短的行为序列以达到目标。 预料会发生什么。	提供做某事的材料(例如,家用物体,如可以移动、照明或发出声响的电灯开关或玩具)。 模仿儿童初始动作之后的第二动作。 举着物体或物体提示(例如,汽车钥匙)并等待儿童预测下一个事件。
9—12个月	找到目标物。 记得简单的游戏。 知道许多单词的意思。 记住别人如何使用工具。	用最喜爱的玩具玩捉迷藏。 问识别问题(例如:"球在哪里?""你想要球还是雨声棒?")。
12—18个月	记住策略并将其应用于新场景。 识别与指出物体和图片。 为人和物体命名。 模仿话语。 认识地点。	指出相似之处。 询问与物体和图片相关的问题。 标记物体和指出特点。 使用新词汇和鼓励模仿。 注意场所、事件等的特性。
18—24个月	回忆和谈论经验。 能长时间记住动作序列。	回忆并讨论书籍、活动、日常和事件中的行动顺序。 提供组合所需使用的材料和所有类型的游戏所需的动作序列材料。
24—36个月	戏剧化事件。 识别和标记书籍、标志、符号。 讨论自己和别人的活动。	为假扮游戏提供来自家庭和社区的真实材料。 引发对人、物体、活动和事件的比较。 指出并讨论环境印刷文字和标志。 分享书籍和讨论细节。
36—48个月	记住事件的细节。 记得整首歌曲/手指游戏。 从歌曲、故事、假扮游戏剧本中填补遗漏的词语。 记住地标。 数数。 使用复杂的句子和描述语。	在活动、事件或故事之后重新叙述顺序。 玩词语游戏、编歌曲和手指游戏。 把故事扩展到假扮游戏中。 使用特殊用途的材料。 在游戏和日常中模拟各种句子结构。 问开放式的问题来引出更复杂的语言。
48—60个月	记住故事中的事件。 戏剧化事件序列。 将行为建立在以前经验的结果之上。 可以确定场景中缺少什么。 识别和说出熟悉的歌曲名。	让儿童"读"这本书。 指出与阅读和印刷相关的概念。 讨论与儿童的经历有关的自己和他人行为的后果。 玩"破坏"游戏,其中不是所有需要的东西都存在。 玩简单的规则游戏。 玩匹配游戏,和需要命名、比较、计数和排序的游戏。

续表

发展年龄	记忆技能	干预要点
60—72个月	可以背诵诗歌;对经历的详细记忆;会写剧本和改编故事。 记住数字、单词的顺序。	玩记忆游戏,模仿记忆策略,如自我交谈,使用视觉空间技术以及联想。 提供背诵或唱诗歌的机会。 通过读相关的书籍(如《如果我开动物园》)和提供道具(如填充动物玩具)来扩展愉悦的经验(如《动物园之旅》),并将这些经历戏剧化。

第三节 改善问题解决的策略

目标达成量表

1	2	3	4	5	6	7	8	9
识别人、物体或动作的变化。		能看到一个简单行为或事件与导致其发生的原因之间的关系。		能通过他人或自己的方式来使一件期望的熟悉的事件发生。		能够对不熟悉的目标进行一系列的操作,并使用试错法进行修正。		能够理解复杂的因果关系,在心里有序地组织目标,并根据需要做出修改。可以将结果归纳到新情况中。

理解问题解决需要知道"问题"这个词的定义。从对年幼儿童工作的角度考虑,其定义非常广泛。一个"问题"可能会涉及一些让幼童感到困惑的情况。其困惑可能包含许多事,比如,这是什么(例如,人、物、情况、事件),它做了什么,它怎么做,它为什么这么做,或如何改变它以得到一个具体的结果,等等。问题可以与物体、情境或社会互动有关。

解决问题涉及确定问题,计划需要做些什么,执行一个解决方案,评估结果以及在必要时进行修改等(Zelazo 和 Mueller,2002)。问题解决整合了概念性知识和程序性知识。大脑将前庭、本体感觉、视觉、听觉、触觉、味觉和嗅觉系统的信息组织成感知系统与概念系统,以理解物体、人、事件、关系和抽象概念。根据儿童对问题的理解和解释、儿童的目标以及个人处理策略和执行策略的能力,所得到的结果会有所不同。幼儿需要解决的问题和所使用的策略会依其不同的发展水平而有所不同。

问题解决对所有的发展领域都至关重要。孩子们需要有能力弄清楚如何使事情发生，并了解他们自身的思维技能、社交技能、运动技能、沟通能力是否成功。问题解决技能有助于发展成功的社会关系、获取知识和满足自身需求。

认知领域的注意和记忆、情感与社会领域的情感和行为调节，这些都与问题解决密切相关（参见 TPBI2 第七章第一节和第二节、第五章第三节以及第五章第四节），并且都与本章相关。

3.1 适宜的问题解决

婴儿天生就有鉴别相似性和差异性、动作的改变，以及人、物体和事件的微妙特征的能力。正如本章第二节提高记忆的策略所述，婴儿很快学会了记忆行动并预测下一步将会发生什么事情；例如，当母亲将乳房露出来或给婴儿看一个奶瓶时，婴儿知道这是要喂他。幼儿早在婴儿期学习时就知道他们的行为会导致某些事情发生；例如，当他们哭泣时，他们的母亲或父亲会回应。到第一年年底，婴儿开始主动控制自己的行为，并开始对行为进行排好顺序以达到一个特定的结果。婴儿可能会爬到一个球旁，然后将其扔给父母，以便父母将球扔回来。如果球滚错了方向，婴儿会去捡球然后再试一次。到第一年年底，婴儿就能识别出他们自己的努力是否成功。他们的坚持和再次尝试的能力是他们未来取得成就的关键。在第二年，学步儿学会尝试多种方式来实现目标，满足他们的需求。他们除了解决认知任务，还进行了精细动作和大肌肉运动的问题解决。他们也开始与同龄人发生冲突，并不得不学习解决社交问题的策略。成人在帮助孩子学会如何处理所有这些具有挑战性的情境中发挥了重要作用。在学龄前和幼儿园的几年里，儿童可以看到物体、人、情境和事件之间的关系。他们解决问题的方法是非常具体的，但他们开始归纳各种事情发生的时间、原因和规则。

3.1.1 在实践中恰当地解决问题

Ⅲ. A. 哪些行为说明儿童具备因果推断能力或问题解决能力（执行功能）？

日常常规（家庭和教室）

婴儿/学步儿：婴儿的勺子从高脚椅上掉了下来，他看向妈妈并寻求帮助想要拿回它。

幼儿：幼儿跑到窗前看鸟儿是否把她放在外面的面包吃了。当她看到一只鸟都没有时，她说，"鸟儿正在睡觉。"

游戏常规（家庭和教室）

婴儿/学步儿：婴儿在他的床上敲击着挂满各种小件的玩具箱（Busy Box），期待箱子的各个部分动起来。

幼儿：幼儿把一块大理石放到一个洞里，然后绕着洞走动，等待石头从洞的另一边出来。

课堂常规

在圆圈时间，教师问了一个问题，幼儿举起手回答。

Ⅲ.B. 儿童如何识别和计划解决一个问题？

日常常规（家庭和教室）

婴儿/学步儿：学步儿看到牛奶洒在了地板上，说，"洒出来了，"然后去寻找毛巾。

幼儿：睡前，幼儿对爸爸说，"我饿了。我需要在睡觉前吃点东西。"

游戏常规（家庭和教室）

婴儿/学步儿：婴儿伸出手去抓泡沫，看着气泡从手中消失。然后他回头看向成人，并向成人伸出手。

幼儿："你把它弄得太高了，所以它掉下来了。"

课堂常规

在户外，一名幼儿开始哭泣。教师说："发生了什么事？"另一名幼儿回答说："亚历克斯拿走了玛丽的三轮车。"

Ⅲ.C. 儿童根据目标来组织、监控、评估进展和修正错误的能力如何？

日常常规（家庭和教室）

婴儿/学步儿：学步儿打开抽屉，拿出一件衬衫，将衬衫套在头上。然后他大声向母亲求助。

幼儿：幼儿想穿上夹克，但穿反了，所以他脱掉并重新开始穿。

游戏常规（家庭和教室）

婴儿/学步儿：学步儿把正方形积木放在圆孔上进行形状分类。当圆孔不适合时，她尝试用方孔。

幼儿：幼儿正在为他的汽车建车库，他在四个角把积木堆成一座塔，然后在顶上放一个长块。当一个角的塔楼太矮时，他把长积木拿开并研究情况。

课堂常规

在科学角，幼儿试图把恐龙拼图拼在一起。当有一块不适合时，他仔细观察拼图，并把它放在正确的位置。

Ⅲ.D. 儿童分析和回应问题情境的速度有多快？

日常常规（家庭和教室）

婴儿/学步儿：学步儿看到架子上的玩具，并试图拿下来。当他发现他够不着时，便推来一把椅子，爬上去拿玩具。

幼儿：在幼儿园教室里，幼儿去给没有盘子的幼儿拿另一个盘子。

游戏常规（家庭和教室）

婴儿/学步儿：学步儿拾起另一个立方体块，这一次他立即将其放在方形孔处，并将其推进去。

幼儿：幼儿看着他的积木结构，认为长积木从两座塔的顶部掉落是因为其中一座塔太矮了。他在矮塔上另加了一个积木，然后用它替换掉了横在两座塔上的长积木。看到塔没有倒，他很开心。

课堂常规

在假扮游戏中，一个幼儿扮演成医生。另一个幼儿说，"我肚子疼。""医生"潦草地在一张纸上写了几笔，并说道："这是一个'药方'。"

Ⅲ.E. 儿童将一个情境下的信息归纳并迁移到另一个情境中的能力如何？

日常常规（家庭和教室）

婴儿/学步儿：学步儿拿走他母亲的车钥匙并试图在他的赛车上找到一个洞，把它插进去。

幼儿：幼儿正在看的杂志的那一页不小心被妈妈撕掉了。她说："我能修好它。"她去"杂物"抽屉里拿回了透明胶带。

游戏常规（家庭和教室）

婴儿/学步儿：学步儿看到一个有按钮的新玩具，她按下按钮，看看将会发生什么。

幼儿：幼儿正在和他的妹妹玩过家家。妹妹递给他一个假的纸杯蛋糕。他说，"谢谢你，"并假装剥开蛋糕纸。

课堂常规

幼儿们正在看着在笼子里奔跑的仓鼠。一个幼儿走向桌子上的万能工匠（Tinkertoys，玩具名），试图做一个轮子。

3.2 支持适当的问题解决的一般原则

3.2.1 帮助识别问题

在问题解决发生之前，儿童需要认识到有些地方出了错。这意味着一个动作没有像预期的那样发生，而是出现了一个意想不到的结果，遇到了一个障碍，或者一个未知的答案。成人帮助儿童鉴别存在的问题。父母经常用婴儿的声音来预示困境已经发生。他们经常会说:"哦——!""哎呀!""嗯——"这些声音很快就与遇到的困难联系在一起,儿童也开始使用这些声音来表示出问题了。父母在发出这些声音时通常带有手势或评论,表明麻烦的性质。举个例子,当儿童的玩具掉在沙发上,父母可能会说,"哦——,你的拨浪鼓掉了。"当儿童获得语言理解时,这样的评论就是在表明遇到问题了。

随着儿童的长大,父母开始帮助儿童识别问题。家长可能用手、皱眉来表明问题,用动作示意"什么?"或者说,"发生了什么事?"所有这些交流都是为了帮助儿童发现有一个难题。

3.2.2 探索和识别关系

大多数家长通过问题识别来澄清问题是什么,以便协助儿童发现问题为什么存在。例如,如果敲击操纵杆不能使玩具上的盖子弹起,照料者可能会说:"哦——,敲击没有用。"然后,照料者可以继续鼓励发现,说:"嗯——,试试别的办法。"父母可能会找出一个特征和一个方法来尝试,例如:"这就像一个手柄。拉它。"

3.2.3 制定计划

对于年龄稍长的儿童,照料者通常会帮助其思考行动过程,例如:"你伤害了索菲的感情。你认为你应该怎么做才能让她感觉好点?"在这一点上,儿童可能有自己的想法或根本没有想法。在第一个例子中,儿童可能会提供一个计划。"说'对不起'"或者"我给她娃娃"。儿童可能也会以她自己的感觉来做出回应,比如走向前给索菲一个拥抱。如果儿童不回应,或者是因为她不想,或者是因为她不知道该做什么,父母通常会给儿童一个建议或选择。通常情况下,家长只是告诉儿童一个适当的反应(虽然给予不同的选项会更有利于儿童思考)。

3.2.4 尝试计划

不管儿童处于哪个年龄段,实践都是学习的途径。无论是婴儿学习踢的动作导致运动的结果,还是学龄前儿童发现12个鸡蛋可以装满一个纸箱,儿童通过验证他们的假设进行学习。照料者或教师支持儿童通过调查以及他们自身坚持不懈的努力来解决问题。例如,教师可能会说:"你认为需要一打鸡蛋里的多少个才能装满纸箱?"如果儿童说:"10个。"教师会说:"你为什么不把10个鸡蛋放在纸箱里,看看你是不是正确的呢?"

3.2.5 修改计划

当最初解决问题的尝试不起作用时,成人帮助儿童思考哪里出了问题以及如何修改计划。当婴儿不能拉动控制杆使盖子弹出,成人可以模拟拉动控制杆,协助婴儿拉它,或改变目标,指向可以推或敲击的按钮来打开它。对于那些发现10个鸡蛋填不满纸盒的学龄前的幼儿,成人可能会说:"你现在怎么想？你有新的想法吗？"

3.2.6 庆祝成功

通常情况下,照料者和教师会奖励成功的结果。当儿童走路不摔跤时,父母拍手鼓掌；当儿童把信成功地投入邮箱时,他们会欢呼；当儿童准确地穿上裤子时,他们会与儿童"击掌"。儿童喜欢接受强化,当他们开始意识到自己确实解决了问题时,他们开始对自己的成就感到自豪。

3.3 实践原则

对幼儿来说,生活是一个又一个的挑战。幸运的是,他们通常并不认为这是一个消极的处境。事实上,日常遇到的问题和困境提供了发现的快乐。以下是成人在幼儿生活中如何支持他们发展解决问题的能力的例子。

3.3.1 日常常规（家庭和教室）

喂食/进食

在进餐时,照料者会给儿童提供汤匙和叉子两种选择来吃布丁。当儿童拿起叉子时,照料者让她吃几口,然后让她尝试用汤匙。照料者评论儿童用汤匙吃了多少布丁。成人的角色是帮助儿童进行实验和比较结果,指出为什么这个比别的更好使用。

换尿不湿/如厕

当儿童开始了解换尿不湿中步骤的顺序时,照料者让儿童帮忙完成一些步骤,如将黏性条贴在一次性尿不湿上,将裤子脱下或穿好。

穿衣

当儿童试图对齐、扣紧或拉链时,成人完成第一步,将纽扣固定,然后用语言来支持他/她的问题解决；例如:"在这里,我拿住它。你来拉！"

3.3.2 游戏常规（家庭和教室）

面对面游戏

躲猫猫是最受欢迎的涉及问题解决的亲子游戏。成人躲在毯子下,然后等儿童把毯子扯掉。刚开始,父母可以在儿童身上和他们自己身上做这样的示范。

体育游戏

旧版本的躲猫猫包括捉迷藏。成人通常让躲藏点非常容易找到(事实上,成人躲藏在桌子下或椅子后面通常能被看到）。当儿童开始了解躲藏顺序时，成人开始让躲藏的地点变得更加难找。

操作性游戏

在西方文化中，涉及问题解决的因果玩具往往是儿童接触到的第一个对象。摇晃、旋转或碰撞时发出声音或产生移动的物体，涉及让儿童弄清楚如何重现事件。有时候事件是偶然发生的，就像拨浪鼓被拨动而发出声音一样。其他时候，成人会向儿童展示该事件，并试图通过手把手或身体操纵的方式来帮助儿童让它再次发生。

感觉游戏

用凌乱的感觉材料和艺术材料来解决问题通常是为了体验材料的感觉，它们能做什么，以及就艺术材料而言，如何用它们来制造一些东西。成人鼓励通过探索、试错、问引导性问题、示范等方式解决问题。

假扮游戏

假扮游戏涉及更高层次的问题解决，因为儿童必须构成一系列动作和事件的顺序以及人物遇到的问题。成人为这样的问题提供建议，例如："哦，不！公共汽车没油了！"当儿童很难想出解决问题的方法时，成人可以通过提问进行提示，例如："我们可以用什么来做加油站？"当没有现成的解决方案时，成人可能会给出一个解决方案，例如："我们可以使用这些积木来建一个加油站和加油泵。"

3.3.3 阅读和学习常规

圆圈时间

教师经常帮助处于群体情况下的儿童解决社交问题。他们指出问题，并经常给儿童解决问题的方法，例如："当每个人都在说话时，我听不见。麦迪，你举手了。你想要说什么呢？"

一对一阅读

在分享阅读的过程中，成人指出书中呈现的问题，并让儿童参与到预测解决方案中。例如，当阅读《三只熊》(The Three Bears)的故事时，成人可能会说："看看她坐在熊宝宝的椅子上时发生了什么事！当三只熊回家时将会发生什么？你认为她应该做什么？"

科学与数学

在家庭、社区和学校中，每天都在出现解决与分类、科学、数学有关的问题的机会。成人通过指出问题、注意正在发生的事情以及帮助儿童思考他们正在经历的事情来帮助学习。如，在汽车里，他们可能会玩一个游戏，例如："我看到的东西是棕色的，有一个毛茸茸的尾巴，爬着树，吃着坚果。"

3.4 为提高问题解决能力制订个性化的干预措施

上述策略适用于大多数的儿童(无论有或没有特殊需求)。然而,对于那些对传统方法没有回应的儿童,需要采取额外的策略。患有认知迟缓、信息处理困难、视觉或听觉处理问题、注意力缺陷/多动症以及许多其他残障的儿童在解决问题时都会遇到困难。对于一些儿童来说,困难源自对改善解决问题的方式缺乏概念性的认识,而另一些儿童则缺乏努力解决问题的坚持,还有一些儿童无法看到因果关系。有运动困难的儿童可能可以理解概念,但缺乏把思想付诸实践的能力。有些儿童可以解决与他们可看到的和可操纵的具体对象有关的问题,但是他们无法辨别社交情境中的原因和后果。解决问题是一个复杂的过程,必须对所有发展领域进行检查。

Ⅲ.A. 哪些行为表明儿童具备因果推断能力或问题解决能力(执行功能)?

为了解决问题,儿童必须领会关系的存在,并有一个基本的认识,即某事不应该是这样的,是其他事件的发生导致了这种情况的出现。解决问题也需要儿童理解只有需要的事情发生了才能产生所需的结果。问题解决的第一部分是对环境中应该发生的事情的基本理解和预期。

许多有迟缓或残障的儿童甚至可能都不明白有什么问题需要解决。他们没有注意到那些造成差异和转变的特征,所以他们无法预料将会发生什么。例如,自闭症儿童可能侧重于某一情况的某一方面,而忽视其他相关的方面。举例来说,儿童可能会看着并反复旋转玩具车的车轮,而不会注意到玩具车的其他方面。有注意问题的儿童可能容易被其他的输入信息分散注意力,不能长时间地沉入到任何一件事情中去发现一种情况的所有相关方面。识别挑战的能力需要多种感官输入。无法看到、听到、感受、探索物体或情况的残障儿童,可能需要帮助以确定情况的相关特征。例如,一名有运动障碍的儿童可能无法移动她的身体来适应给定的情况,或者可能无法操作一个物体来发现重要的方面。对感官输入极度敏感的儿童可能会避开让他们感到不舒服的物体或情景,因此错过了使用问题解决技巧的机会。

注意到已经发生的变化或需要发生的事情是解决问题的第一步。了解导致变化的实际过程是另一个步骤。这需要了解因果关系和行动与结果之间的联系。例如,为了了解三块饼干是如何出现在他的高脚椅托盘上的,玩具小丑是怎么开始笑的,或者为什么要赶时间,儿童必须了解每种情况的几个不同方面。他/她需要知道是行动或想法导致了结果;行为主体引起了行动;行为主体可以是其他人、物品或自己。儿童在婴儿期很早就意识到他们可以让人们做事情;例如,当他哭泣时,成人会来;当他微笑时,成人会微笑。他们还发现,他们的行为会导致环境的变化。例如,他们发现,通过移动不同的身体部位,他们可以使物体移动或制造声音。

了解这些变化发生的原因是理解的下一个层次。这需要在结果和发生的事件之间建立连接。回到前面的例子:

> 饼干之前不在这里。妈妈刚刚走过来,把手放在我椅子的托盘上。一定是妈妈把饼干放在这里的。

> 在爸爸拿小丑玩具之前,小丑没有笑。爸爸一定对小丑做了什么。

> 我在玩耍时,打了我的弟弟。现在我在面壁思过。我必须面壁思过,因为我打了我的弟弟。

这种对因果关系的理解对于下一步有针对性地解决问题至关重要。本节为成人提供建议,以帮助儿童了解事情发生的原因。

注意、记忆和概念化对于解决问题至关重要,应该结合问题解决的所有方面来考虑(参见 TPBI2 第七章第一节、第二节和第六节)。虽然可以尝试许多不同的策略,但是如果成人可以运用自己解决问题的技巧来确定哪些问题可能会对儿童的能力产生负面影响,确定出给定的情境中发生的事情,那么便可以决定哪种方法对儿童来说更容易。

人际互动策略

1. 注意差异或变化。成人需要帮助儿童注意各种感官特征、差异和关系。对于有视力障碍的儿童,可以通过使用触摸或声响来帮助呈现与问题相关的关键方面。在玩具被激活时,失明的儿童可以感觉并听到振动的玩具。当它停止时,成人可以说:"它停止了!让它继续!"这会鼓励儿童想办法再次打开玩具。对于注意力不集中或认知理解能力不足的儿童,成人可能需要突出问题。例如,如果一辆玩具卡车不能放置在桥下的话,成人可能会用声音强调问题:"轰隆!卡车撞上桥了!"

2. 使用多感官输入来解释将会发生什么。有很多方法可以证实儿童应该注意问题的多个方面。声音和动作通常是强调关键要素的强大机制。在前文失明儿童的例子中,成人可以把儿童的手指放在拉环中,并帮助儿童把拉环拉回来再次体验振动。然后成人应该等着看儿童是否能连贯并独立地拉环。

在上述第 1 点的第 2 个例子中,成人使用声音来说明问题("轰隆"),用语言和实物指出汽车撞上了桥梁。他/她可以让儿童感受卡车撞上桥,以强调大小的差异。

3. 使用快速重放。体育运动中的快速回放不仅用于重现发生在某一情况下的事件,而且还能看到它发生的原因。同样的原则也适用于儿童。确保儿童正在注意,并重复该动作。例如,如果父母将饼干放在托盘上时,儿童没有看到,那么饼干看起来就像是神奇地出现了。如果儿童再次观察这个顺序,即母亲把手伸进盒子里,拿出饼干,然后把它们放在托盘上,他/她就可以形成事件之间的联系。

对于可能更难以看出事物之间联系的残障儿童,重复事件或过程的步骤尤为重要。视觉障碍儿童或聋哑儿童可能会突然感觉到他们所没有预料到的刺激的冲击,因为他们没有看到或听到事件的发生;例如,一勺食物突然碰到幼儿闭合的嘴唇,或者后面的人突然把她举起来。没有经历连接的过程,这样的事情是吓人的,似乎不知它是从何处出来的。即使对于视觉和听觉正常的儿童,认知障碍也可能会抑制其做出简单的因果联系的能力。成人需要有意识地帮助儿童注意变化,看清关系,并体验后果。例如,对于失明的婴儿,照料者可能要让儿童感受食品罐子和勺子,然后将婴儿的手放在她自己的手上感受勺子从罐子到嘴的运动。失聪儿童的父母可能会站在儿童面前,这样她就能意识到父母的存在。然后,他可能会向儿童打手势或做动作,表明将会发生什么。

4. 使用慢动作或夸张行为。除了重复的动作,重复慢动作和强调联系的夸张动作可以让儿童体验多次相同的因果顺序。例如,举着小丑,让儿童可以看到发条的机制,然后用幅度很大的动作慢慢转动它,让儿童看到每一步的顺序。如果成人快速移动,儿童可能只会察觉到小丑静止不动或小丑在动,而根本无法明白整个顺序。

5. 帮助儿童体验事件。特别是对于残障儿童来说,仅仅观察事情的发生可能还不足以转化为认知理解。成人可以帮助儿童体验如何让事情发生。例如,如果使用之前描述过的策略,成人示范建造一座积木塔,并将其快速或缓慢地撞倒几次。然而,如果成人帮助儿童建造一座塔,然后和儿童一起把它撞倒或者把它踢倒,儿童可能会有完全不同的理解。真正动手做某件事才会超越意识达到内化,在更高水平上理解为什么这件事情会发生。

6. 解释原因。在儿童的世界里发生的许多事情并没有提供明显的感官线索来解释事情为什么或如何发生。例如,儿童想知道是什么使黑暗的房间里突然有了光(即儿童看不见灯的开关被打开)。儿童想知道为什么当妈妈用耳朵听电话时就不能和她玩(即儿童不明白有另一个人和另一部电话在其他地方)。儿童想知道为什么她按下按钮时玩具有时会工作,但不是所有时候都会工作(即不了解电池及其工作原理)。按照儿童的发展水平提供解释,有助于儿童理解那些更难体验的元素。

7. 鼓励问为什么。问事情为什么发生、发生的方式以及相关的问题是一个重要的过程。成人需要为儿童示范如何问问题,然后找到答案(例如,"我想知道奶牛吃什么?让我们找出答案")。儿童问为什么可以鼓励成人提供解释。

环境策略

1. 使用多功能玩具和材料。有许多可以通过触摸、声音或移动来激活或使用的玩具。这让不同兴趣和学习风格的儿童能够以各种不同的方式发现因果关系。那些只能以一种方式使用的玩具,对于喜欢新奇的儿童来说,很快就会变得无聊。市面上有很多玩具只能用一种方法使用,例如,按下按钮并播放歌曲。除非儿童喜欢重复这首歌,否则玩具很快就会变得无趣。与此不同,一卷卫生纸可以以许多方式使用。在玩偶游戏中,可以用卫生纸擦娃娃的鼻子或屁股,卫生纸也可以换成尿不湿、浴巾、毯子、枕头、桌布、餐巾或娃娃的衣服。这种适应性强的材料促进了思维和问题解决,保持了儿童的积极性和兴趣。当与其他物品(如剪刀、胶水、小发光物和蜡笔)相结合时,儿童可以设想卫生纸的新用途。成人的角色是提供有趣的材料和情境,促使儿童想出新的想法或方法。

2. 使用具体的材料。许多因果概念很难理解。使用具体的例子可以阐明正在发生的事。例如,当儿童绘画并使用不同的颜色时,颜色就会融合,并产生新的颜色。新颜色产生的原因似乎像魔术一般神奇。然而,用彩色玻璃纸或彩色塑料片进行实验可以让儿童把颜色分开,并多次将它们重新组合在一起,以了解新颜色怎样随着先前颜色的变化而变化,以及变化的原因。

Ⅲ. B. 儿童如何识别和计划解决一个问题?

有特殊需要的儿童通常可以确定存在的问题。但不是每次都能确定如何解决这个问题并执行解决方案。这可能是由于对挫折的忍耐性低、注意力分散、缺乏概念理解,或难以用一种有意义的方式组织他们的想法。

人际互动策略

1. 帮助儿童作出预期。当问题出现时,成人经常使用两种常见的策略之一:他们要么告诉儿童将会发生什么或正在发生什么事情,要么展示给儿童看。这些方法通常是有效的,但是让儿童自己思考和探索一个情境能让他们体验问题解决。例如,在玩耍时,不要说:"拿个杯子和茶壶,然后我们可以开茶话会。"如果家长说:"我们来开茶话会吧。需要什么呢?"这样让儿童有机会预料情境,并考虑需要什么。

2. 鼓励尝试寻找解决方案。最重要的成人支持之一是鼓励尝试。找到解决问题的方法值得赞扬,但是很多幼儿在计划或找到解决方案之前就放弃了,然后感到沮丧和失败。这一般可能导致放弃解决问题。因此,强化努力与强化成功一样重要,甚至更重要。例如,"你可以做到!""试试另一种方法!"或者"你真的很努力!"强调儿童在解决问题时的努力,而不是最终的结果。一个人并不总是能成功,但总是可以尝试。这是儿童应接受的一个重要信息。

3. 使用循序渐进的方式。一个好的厨师从来不会从商店里拿现成的饭菜。他/她通过以下独立的步骤来创造它们,每个过程由一个单独的操作序列组成。参照食谱、知道需要以某种方式完成的原因,以及在出现问题时得到鼓励和指导,任何人都可以做出一顿饭。

以类似的方式,儿童也可以承担复杂的任务。把大的问题打散成比较小的问题可以使任务看起来更易于管理。当问题很复杂,而他们尝试的第一件事情就行不通了的时候,许多儿童很容易变得不知所措或沮丧。例如，一个大的地板拼图可以分拆成几个较小的拼图，然后再拼成一个大的。复杂的运动序列可以分解为简单的动作。

4. 提出指导性问题。成人经常为有特殊需求的儿童提供太多的指导和支持。任何可能的时候，成人都应该只是使儿童独立思考和行动的刺激物。家长们不想让儿童带着自己署名却由老师创作的艺术作品回家，同样，家长们也希望儿童的发展成果是他们自己努力的结果。

5. 描述和解释。根据儿童的语言理解水平，成人可以提示儿童，描述发生了什么，说明要做什么，并对结果发表评论。对于功能发展较迟缓的儿童采取简单的单字描述的形式。例如，当儿童试图弄清楚如何进入隧道时，成人可以提示："跪下来。把手放下。低头。爬着走！"如果儿童忘记低头，成人可能会解释一下，"哎哟！"（抚摸着她的头）并补充说，"低下头，"同时向下移动儿童的头。

6. 分解流程。对于更复杂的问题，重复或减缓过程可能是不够的。对于涉及两到三个步骤（例如，建造动物园）或一系列动作序列（例如，表演故事）的问题，成人可以使用先前讨论的针对问题的每一个小部分的策略。示范、命名标注、解释和鼓励都是可以针对每一系列动作进行组合的潜在策略。

7. 帮助儿童了解别人的观点。特别是在社会情境下，儿童从自己的角度做出反应，而不是看另一个人如何看待情况。当一名儿童从另一名儿童那里拿走玩具时，他对这一问题的看法是，去拿自己想要的玩具，解决方案是拿走它。成人需要帮助儿童看到问题是两个儿童都希望玩玩具，但只有一个玩具。通过说"只有一个娃娃，可你们俩都需要一个娃娃来玩"来改变问题。

环境调整

除了能够支持儿童制订计划并采取各种行动达成目标的人际互动策略，环境的改变通常也是有用的。根据 TPBA2 的发现，团队可能需要考虑以下一些环境调整。

1. 使它变得容易。提出简单的问题，并制订出更复杂的策略。例如，大多数照料者能理解在拼拼图之前要先呈现简单的小块拼图。以同样的方式，日常生活或游戏日常的问题解决可以从一个或两个步骤开始，在幼儿理解过程时再添加其他步骤。

2. 使它变得有可能。如果有辅助技术可以帮助残障儿童理解和尝试，他们将更能独立地解决问题。开关可以连接到几乎所有的因果设备。语音输出设备可以使儿童能够口头分享他们的意见，或者在需要时请求帮助来完成任务。

3. 使用增强的线索信号。颜色提示（例如，红色和绿色开关代表停止和前进）；直接引起注意的触觉或颜色提示（例如，匹配形状的魔术贴）；或录音的引导（例如，"现在翻页"）都是可以引导儿童注意某一情况的关键要素的线索。

4. 安排结构环境以支持问题解决。使用顺序辅助工具,如按顺序列出材料或使用"提示"卡片、"配方"卡片或动作序列图等来帮助儿童"解构"活动顺序。

5. 逐渐增加挑战性材料。在许多教室里,材料、书籍、玩具和活动在一年中变化不大。"厨房"区域保持不变,几乎没有额外的材料;书籍保持不变,只是更加磨损;拼图和积木保持不变;因此,儿童的活动是重复的。成人的角色不仅是通过互动来促进学习,还要通过增加材料和活动的挑战来促进学习。

6. 示范用不同的方法来解决问题。当儿童不了解如何解决问题时,他们可能会沮丧或生气。另一方面,他们也可能会放弃,离开情境,或让别人解决问题。成人可以通过示范来帮助那些没有坚持的儿童,或者放弃的儿童。成人可以根据儿童的记忆力水平和能力水平,对一个令人沮丧的问题示范下一步怎么做,或者示范一系列的步骤。

7. 多提供几件同样的物品。儿童通过观察和模仿学习。有两个相同的物品可以让儿童在不必与成人或其他儿童分享或轮流的情况下观看和探索,这可以帮助儿童不间断地探索。

8. 提供发展适宜的材料和情境。当儿童遇到超出他们发展水平的问题时,他们会感到沮丧。除非玩具能够适应各种水平(如上述第1点所描述的),重要的是提供足够具有挑战性的玩具和材料,以鼓励儿童解决问题,但不要太具挑战性,以免令儿童气馁而停止尝试。稍微有点新奇和难度是鼓励兴趣与研究的理想组合。

9. 提供许多重复经验的机会。特别是当与物体接触时,儿童需要一个机会去探究一种情况的所有特征,这样他们就可以确定什么有助于解决潜在的问题。他们的经验越多,就越能以不同的方式对这些经历进行分类。视觉、感觉、嗅觉和操作物体给儿童提供信息,可以帮助他们弄清楚如何使用物体。例如,一名儿童怎么知道游戏区里的塑料食物是不能吃的?他发现塑料香蕉尝起来和真的不一样,塑料香蕉很硬而且不能剥开,闻起来也不像香蕉的气味。随着时间的推移,通过从其他假食物的视觉、触觉上获得的经验,帮助儿童认识到的塑料食品只是用来玩的。他不再需要对每一个都进行测试,看它是不是真的。

10. 使用图片提示。在一张儿童坐着举手提问的照片后面紧邻一幅教师微笑着指着儿童的照片,可以说明教师微笑着关注儿童的原因是因为他在举手。在一间学步儿的教室里,教师有一排所有儿童的照片,儿童在照片下面写着他们的名字。当照片缺失时,空格会提示有多少位缺席,而空格下面的名字指出了缺席者是谁(参见 TPBI2 第七章第二节)。在学步儿和学龄前儿童的房间里,在房间的某个特定区域所进行的活动的照片提供了帮助幼儿独立操作的线索。

11. 创造与儿童的需求相关的环境问题。当儿童期待环境中的物体,如椅子、最喜爱的毛绒玩具或杯子,而它并不在预期的地方时,儿童需要找到解决问题的方法。创造一些简单的问题使儿童有机会在成人的支持和鼓励下练习问题解决。

Ⅲ.C. 儿童根据目标来组织、监控、评估进展和修正错误的能力如何？

通常儿童对目标的第一次尝试并不成功。当发生这种情况时，儿童必须确定错误之处，修正或改变自己的方法。很多时候，儿童只是重复同样的行为，看看结果是否发生变化，就像成人在电梯慢下来的时候不停地按电梯按钮一样。经过多次重复，没有得到期望的结果，儿童可能放弃或改变方法。评估给定的方法为什么不起作用需要分析能力。儿童需要明白为什么方法不起作用。然后儿童需要思考另一个计划。

残障儿童往往难以思考别的策略。成人在帮助儿童成为适应性思考者方面发挥着重要作用。创造力需要流畅性，能够迅速思考；灵活性，能够转移思维模式；独创性，能够想到独特的方法。解决问题需要所有的这些变化量。儿童第一次尝试新事物时，这种经历对他来说是独一无二的。改变一种模式需要灵活的思维，通常还需要快速的思考，以免解决方案来得"太晚"而没法解决问题。帮助儿童培养这些技能对于问题的解决很重要。

人际互动策略

1. 把儿童的注意力集中在问题上。当受到挑战时，许多儿童的反应都是情绪化的。挫折可能导致儿童放弃或转移注意力。用积极的情绪将儿童重新引导到问题情境中，鼓励他重新检查，而不是解决儿童的情绪问题。如果需要成人帮助，那么确保儿童的注意力集中在问题是什么以及如何解决问题上，而不是一上来就关注解决办法。

2. 鼓励尝试找到多种解决方案。解决问题的方法通常不止一种。帮助儿童理解实验对于问题解决来说是个不错的方法。也就是说，只要没有成功，那就值得我们再试一次或尝试另一种方式。成人的作用是强化实验和探索发现，而不是总期望儿童按照规定的方式做事。特别是对残障儿童来说，达成愿望的方法可能是独一无二的。

3. 讨论分析。帮助儿童找到需要集中注意力的关键方面。用手势或直接指出可以改变的事物名称，例如："你的房子需要一个屋顶。我们需要一些足够大的东西横过顶部。它需要很坚硬才不会掉落。看看周围你能找到什么。"

4. 提示实验。以"还能怎么"开始提问。例如："让我们考虑另一种方法来……""我们可以用什么来做屋顶？你认为这根绳子可以当屋顶吗？""足够长，但它太……你还能用什么吗？"通过问这些问题来推动灵活的思维。

5. 展示选择项。展示不同的方法可以有效地促进灵活性。例如，成人可能会说，"让我们每个人找到一个不同的方式把球传给朋友，我打算用腿传过去。""这是画花的好方法。让我们看看如果你用刷子和铅笔画会怎样。"

6. 鼓励原创。帮助幼儿从新的角度看问题。例如，到桌子底下看过之后再画这张桌子。在地板上、桌子上或软垫子上玩积木。这样可以帮助幼儿看到不同的情况。

环境调整

除了可能支持幼儿分析和修改策略的人际互动策略,环境调整往往也是有用的。根据 TPBA2 的发现,团队可能需要考虑以下一些环境调整。

1. 改变环境来更改方法。利用设置阻碍(Sabotage)来让儿童思考。如果吃饭时没有椅子,该怎么办？如果瓶盖太紧,我们可以试着做什么？如果宝宝拿不到玩具,还可以添加什么选择(例如,一根绳子、一个斜坡)。

2. 允许替代选择。一些身体上有明显问题的儿童仍然可以在心理上进行问题解决。他们需要一种方式来表达他们的想法,以及有途径实现他们自己不能执行的行动。各种各样的计算机程序和符号或图片系统可以让儿童表达他们的想法。然后,照料者或同伴可以采取行动,以便儿童可以看到他们的想法得以实现。

3. 提供可用的新材料。多种通常不会同时出现的不同寻常的东西可以鼓励儿童有创造性地把玩具和材料进行组合。例如,在玩积木、假扮游戏、识字和艺术游戏中,包含独特的物品或材料,可以以新颖的方式启发儿童对玩具、材料或情境进行思考。彩虹圈这个材料在假扮游戏中可以作为怪物的尾巴,在积木游戏中可以作为隧道,还可以作为绘制或描绘的对象,或蘸上颜料绘制图案的工具。把看起来通常不会在一起的东西放在一起可以激发想象力,当成人给予了提示或信息让儿童看到联系时尤其如此。例如,儿童会在积木区用冰棒棍、棉球或丝带做什么？当儿童看到有趣的材料时,他们通常想用某种方式尝试它。结合之前所描述的人际支持,环境"舞台"可以以新的方式鼓励问题解决。

Ⅲ. D. 儿童分析和回应问题情境的速度有多快？

人际互动策略

1. 给儿童一个思考和行动的机会。在成人提供信息或解释之前,儿童应该有机会确定会发生什么或问题是什么;例如:"凯蒂来了。我想知道她将要做什么。"或者,在发条玩具停下来后说,"哦！发生了什么？"不要太快给出答案或解决方法。如果儿童是口头表达出来的,应给他/她机会来预测或解释。如果儿童是非语言表达,应给他/她时间做出身体反应,例如,试图再次给玩具上紧发条。

2. 帮助儿童从具体的视觉、听觉和触觉输入中转移到逻辑思考中。儿童成功地进行了许多次的活动后,成人可以问发生了什么事,为什么发生,如果……会发生什么,等等。

环境调整

1. 强调正在发生的事情。例如,用放大镜观看玩具的内部齿轮结构,或者用手电筒观看面粉和水混合在一起会发生什么。一旦儿童理解了一个概念,他们将能够思考不同的关系。

2. 多次给儿童同样的问题。当儿童有多次机会来解决同样的问题时,速度和流畅性就会增加。儿童喜欢重复做他们能成功的事情。因此,当儿童学会操作新玩具、爬上沙发或用积木建造时,对他来说,能够用这些相同的物体反复练习实践是很重要的。

Ⅲ.E. 儿童将一个情境下的信息归纳并迁移到另一个情境中的能力如何?

为了归纳,或者看到一个问题的解决方案如何应用到另一个问题上,儿童需要很多之前描述过的经验。归纳需要了解情况是如何相似的。有几个因素有助于学习归纳问题解决的规律：接触到许多不同的经历,成人指出情况中的相似和不同之处,发现自己的想法和行为的结果的机会。

人际互动策略

1. 制造相似的问题。虽然成人希望儿童总是成功,但实际上他们通过面对挑战来学习解决问题。成人可以使儿童面临具有挑战性的情境,然后支持他们对问题的归纳。例如,如果儿童在某一天穿上夹克有困难,而家长提供了口头的步骤和建议,以帮助儿童成功,那么家长在第二天可以提供一件不同的外套或毛衣,看看儿童记得多少,只给儿童一些他/她需要的提示。

2. 指出问题之间的相似之处。当问题或情况相似时,成人需要指出并讨论它们是如何相似的,以及一个问题的解决方法如何对另一个问题有用。在有了之前穿夹克的情况下,成人可以提醒儿童这种情况"就像昨天你穿上你的夹克那样"。

3. 指出结果。讨论行动如何导致相似或不同的结果。通常情况下,儿童不会把发生在另一个儿童身上的事情与发生在自己身上的事情联系起来。幼儿教师经常指出一个儿童的行为如何产生积极的结果,旨在让其他儿童归纳这些行为；例如："杰瑞米坐得很好,所以我会让他先帮我。"

环境调整

除了可以帮助儿童归纳策略的人际互动策略,环境调整往往也是有用的。根据 TPBA2 的发现,团队可能需要考虑从以下方面调整环境。

1. 在空间和时间上提供与不同材料相似的经历。例如,当婴儿探索因果玩具时,为他提供类似但略有不同的活动(例如,可敲击的或可推的按钮的不同玩具)。对于学步儿来说,可以给娃娃、毛绒动物和会动的玩偶喂食,或哄它们睡觉,等等。学龄前儿童可以做到更高水平任务的问题解决,例如,重力如何使不同的物体沿着斜坡下滑,什么使物体漂浮,等等。

2. 为重复的想法和行为提供机会。有些儿童难以对不同人的行为或行动进行归纳。他们对一个人使用社交问题解决行为,而不对其他人使用。对于家长和照料者来说,他们对问题解决的期望的一致性是十分重要的,这样儿童就能学会在不同的情况下对不同的人使用他们的技能。

3.5 为在问题解决方面需要支持的儿童提供的常规活动

3.5.1 日常常规（家庭和教室）

喂食/进食

对于婴儿和学步儿来说，他们可以归纳出如何使用叉子和勺子，也可以归纳出如何使用其他不同类型的餐具。采用不同的形状和大小的用具，帮助儿童学习如何调整自己的手、手指、嘴、嘴唇和牙齿。对于有运动困难的儿童，尝试用不同大小的把手、形状和方向的器具是很重要的；对这类儿童来说，解决找到一套合适的餐具的问题比归纳更重要。对儿童来说，不同类型的食物也很重要。如果儿童喜欢某种类型的蔬菜，如胡萝卜，照料者可以把它与儿童喜欢的其他东西结合起来，如米饭或面条。而且，除了喜欢的蔬菜，还可以引入少量的其他蔬菜。随着儿童适应了新口味，可以增加其他蔬菜的量。

换尿不湿/如厕

对于解决换尿不湿的问题，可以在儿童玩物体的过程中完成换尿不湿。拿一个用开关激活的物体和操作玩具来玩也是一种选择。一旦儿童开始如厕训练，他们会更加积极地参与到问题解决的过程中。问题解决可以与过程的任何部分有关，包括脱衣服和换衣服、如厕时保持平衡、打开水龙头、使用肥皂、擦干手、挂毛巾等。这也是成人强调安全问题的机会。成人可以协助儿童体验水压和水温，冲洗的因果关系，卫生纸的数量，穿衣服和扣扣子的不同方法，等等。每一步都为成人提供了机会去帮助儿童思考问题、解决问题的计划、替代方案以及他们努力的效果。

穿衣

如厕时主要解决下半身的衣服。穿连体衣服或多穿一件外套会给儿童带来额外的困扰。儿童经常在穿套头衫时有困难。他们很难把正确的身体部位放进手臂和头部的小洞里。成人可以通过指出衣服的各个部位并帮助儿童分析每个部分对应哪一个身体部位，计划穿的顺序，在儿童尝试穿衣服时看着他，帮助儿童发现如果把手臂伸到领口的洞里可能会出现什么错误，并鼓励再次尝试，无论儿童是否能独立地穿上套衫，都要奖励这次的努力。对于排列穿衣顺序有困难的儿童，成人可能需要让孩子参与最后的步骤（例如，把衬衫拉下来），然后当他/她成功时，添加相反的步骤。成人尝试的另一个策略是让儿童每天穿同样类型的衣服（如套衫、拉链裤）连续数天。这使儿童有机会在一个密集的时间段中练习和归纳这些技能。

外出

每一次进入社区都提供了问题解决的机会。无论是在杂货店、银行还是商场，儿童都能遇到需要解决问题的经历。特别是对于有特殊需求的儿童,他们可能不问为什么和怎么做,成人需要特别留心那些可能让儿童参与观察、计划、分析、试验,以及可以改变他们对努力的看法的机会。例如,确定怎么把东西放入购物车,弄清楚怎么使用自动取款机,谈论怎么上自动扶梯,都可能是成人不自觉地就为儿童做的活动,但这些也可以成为让儿童参与主动学习和解决问题的活动。

3.5.2 日常常规（家庭和教室）

面对面游戏

特别是对婴儿来说,面对面游戏为他们提供了弄清楚如何让成人做事情的机会。无论是做鬼脸、制造声音,或玩轮流游戏,成人都需要给儿童一个尝试主动发起并让成人参与进来的机会。儿童的努力可能包括使用发音或动作。在儿童知道如何让成人做出反应之后,成人可以等待,使儿童更努力"工作"以让游戏继续进行。

体育游戏

就体育游戏来说,等待时间和让儿童知道如何引起别人的社交参与是很重要的(除了那些不主动参与互动的儿童)。体育游戏为运动问题以及社交问题的解决提供了许多机会。了解如何做动作序列是早期儿童体验的一部分。成人可以帮助儿童预测他们需要做什么,移动时会发生什么,以及如果他们的行动不起作用需要改变什么。体育游戏涉及轮流,如"丢手绢"和"音乐椅",是让儿童通过互相观察和成人的提示来学习的游戏,"抢地盘"这样的游戏还让儿童更快速地练习动作,这样动作就会变得更加流畅和无意识。成人也可以改变体育游戏来满足运动变化的需要。例如,儿童可以一边爬行一边玩"丢手绢",一边跳一边玩"音乐椅"。这些改变帮助儿童更灵活地看到其他方法。

感觉游戏

感觉游戏给儿童提供了机会,让他们了解各种不同的材料可以用来做什么。儿童需要机会了解物质的特性和潜力(例如,触觉材料如沙子、水、纸张、谷物或胶水)。他们还需要有与乐器和其他制音对象接触的机会。搬运、推、拉物体教会儿童如何解决重量的问题以及如何使用工具来获得帮助。几乎每一个被发现的物体或材料都可以用来制造某物。成人可以帮助儿童探索材料的质量,发现如何使用材料。让儿童选择他们想做的事情(或提供其他选择),然后帮助他们想出不同的方法来实现目标。

假扮游戏

假扮游戏需要各种形式的问题解决。特别是对于残障儿童,他们往往不能协调社会角色和对象扮演(或者两者兼有),需要成人的支持。成人可以示范;询问关于需要发生什么的问题;提出替代选择;鼓励新的想法;介绍刺激行动的道具;并帮助儿童把思想、行动和语言结合起来。对于有特殊需求的儿童来说,成人作为游戏伙伴在表演中的参与是至关重要的。成人需要跟随儿童的引导,同时在儿童不能识别或者不能解决出现的问题时在旁支持。

3.5.3 阅读和学习常规

圆圈时间

教师通过向每个儿童提出适当的问题,可以使小组解决问题的方式变得人性化。从与将会发生什么有关的简单问题到与内在动机特征相关的复杂问题。了解儿童的理解能力是重要的第一步。

一对一阅读

在阅读中问题解决的范围可以从弄清楚如何翻页到找出页面上的单词以及它们的意思。一对一阅读时间是围绕着书的内容进行问题解决的最佳场所:了解概念及其含义,故事的主人公及其感受和打算做的事情,接下来会发生什么,为什么会发生,以及其他可能发生的事情。问题解决也涉及学习如何把声音和字母结合起来组成单词,单词组合起来形成句子,句子结合起来构成故事。成人的角色是了解儿童在所有这些方面遇到的问题,然后提供提示或协助,帮助儿童独立解决问题。在操作上,可能是对翻页提供帮助,如用"页面分隔符"来显示页面之间的空间,或向儿童展示如何用手指指着一行行文字来阅读。辅助技术也可用在计算机上以帮助突出字母和声音、追踪单词等。认知问题的解决往往需要帮助。抽象概念可能无法通过查看图片或只是通过网页上的文字来解决。需要成人的提问和建议来帮助幼儿对实际的人物与事件进行思考。

科学与数学

帮助儿童利用科学与数学概念解决问题,包括关系的表达、分类和归类,识别一对一的关系,以及将思路朝着预定的目标排序。残障儿童可能需要针对部分或所有这些步骤的支持。使用具体的例子、示范实验和比较,以及帮助幼儿预测下一步都是重要的过程。

  案例:哈桑

  三岁半的哈桑来自索马里,他已经在美国待了几个月了。他的父母正在上大学,哈桑白天待在当地的托儿所。虽然他的父母说英语,但他们和哈桑讲索马里语。托儿所的老师担心哈桑,因为哈桑不玩玩具也不和其他孩子玩。他喜欢运动,喜欢户外活动,运动时他会变得更加活泼。老师想知道语言差异是不是他明显迟缓的原因,或者是不是存在其他发展问题。

  TPBA2旨在弄清哈桑是如何发展的。他的发展历程显示他没有产前或产后问题。哈桑在一个大家庭环境中长大,周围都是亲戚和朋友。与哈桑的父母讨论后发现,在他在索马里的家中,玩具并不常见。在那里,孩子们用"水、石头、泥土和棍子"在户外玩游戏,他们主要是玩投掷和跳跃的游戏,或者假装做他们的亲戚所做的事情。父母认为语言是一个问题,也许他们应该开始用两种语言和他交谈。

游戏观察显示,哈桑正在研究他的环境,对因果玩具感到好奇,不太确定他是否对表演游戏感兴趣。当他和父亲一起玩耍时,他们玩球和追逐打闹的游戏。他和母亲一起看了一本书。与同伴一起时,哈桑主要观察其他孩子在做什么。当游戏引导者鼓励他去尝试时,他能够做轮流游戏,模仿游戏引导者的游戏顺序并在她的鼓励下进行问题解决。语言不通和谨慎的气质似乎是导致他缺乏玩耍与互动的原因,而非认知或运动能力方面的局限。

提出下列建议是为了提高哈桑的问题解决能力,同时帮助他学习一门新的语言。值得注意的是,虽然学习如何解决问题是关注的重点,但这个领域不能被单独解决。需要同时考虑情感、社会以及语言的发展。

人际互动策略

1. 坐在哈桑旁边,慢慢演示问题解决的顺序。指出他应该注意什么,并使用语言专注于重要行动。允许他观察,然后模仿动作序列的每一步。

2. 以微笑和索马里人表示赞同的手势奖励哈桑的努力。

3. 当孩子们把一个序列演示出来的时候,拍下照片,然后按照动作的顺序把它们贴出来。这将作为哈桑的线索。同伴也可以为他做示范。

4. 用简短的句子说话,强调需要的关键词。列一个索马里语关键词的清单,包括介词、关键名词和与日常相关的词语,以及常用动词,以便在哈桑感到困惑时,照料者能使用这些来加强他的词语表达。

环境调整

1. 使用视觉提示,让哈桑在一天的学习日程或例行程序中得到帮助。许多日常常规对他来说都是新鲜的。

2. 安排哈桑与一名同龄小伙伴一起参加需要按顺序思考的活动,这样哈桑就可以只看一个同伴,而不用去看很多人。

3. 哈桑学得很快,所以从难度较低的智力游戏、因果玩具等开始。这样,哈桑就可以学习基本的方法,而不被他不熟悉的玩具和材料的复杂性所击败。使用哈桑所知道的智力游戏。在他学会了简单的关系之后再增加复杂性。开展那些不需要复杂语言指令但可以用视觉空间或运动能力检查来解决问题的活动。

4. 在这个主题下选取一个索马里的故事《狐狸和鳄鱼》(The Fox and the Crocodile),并设置与这个传统的索马里故事有关的表演游戏区,用服装和道具呈现故事(McParland，Mohammed 和 Hewis，1992)。这可以让哈桑进行熟悉的活动，且有机会成为领导者。

5. 使用《索马里旅行》(*A Journey Through Somalia*；Buxton，1997)这本书，这是一本关于索马里的日常生活的双语字母书。这本书和其他书可以被整合到读写区，以帮助其他孩子了解哈桑的出生地。

6. 因为哈桑了解户外游戏，他和他的父亲可以教他班上的其他孩子玩这些游戏。这将打破一些社交障碍，给哈桑一个机会来展示他可以做得很好。

7. 哈桑的母亲自愿来教孩子们制作薄饼和一道索马里菜肴，将此作为他们科学与数学区的一部分。

参考文献

Buxton, C. (1997). *A journey through Somalia*. London：Tower Hamlets.

McParland, E., Mohammed, O., & Hewis, B. (Ill.). (1992). *The fox and the crocodile*. London：Learning Design.

Zelazo, P. D., & Mueller, U. (2002). Executive functions in typical and atypical development. In U. Goswami (Ed.), *Handbook of childhood cognitive development* (pp. 445-469). Oxford, England：Blackwell.

不同发展年龄的干预要点

以下建议针对的是处于相应发展水平的儿童。这些建议并不是全面的，而是表明了可能探索的领域。

发展年龄	问题解决的特征	干预要点
0—3 个月	目光追随物体和脸。	玩面对面游戏，让婴儿观察面部表情和物体运动的变化。
3—6 个月	移动自己的手和手指。 注意腿和脚的动作。 注意物体和人的消失与再次出现。 模仿声音和简单动作。 通过咬来对物体进行探索。	在划动和踢的距离内移动物体。 与人或物体玩捉迷藏游戏。 玩声音和运动模仿游戏。

续表

发展年龄	问题解决的特征	干预要点
6—9个月	用眼睛、手和手指来探索与操纵玩具。 通过行动来实现期望的目标。 将目标与行动结合。 尝试新方法。 知道成人会解决问题。	提供移动时发出声音或做动作的玩具。 放置所需的物体,让幼儿运动。 使用具有有趣特征和运动部件的玩具与材料。 展示新的动作、声音和策略。
9—12个月	双手合在一起或分开使用。 可以把东西放进去,然后把它们倒出来。 以新的方式使用身体来达到目标。 使用工具解决问题。 归纳解决问题的方法。	提供需要使用双手的玩具和材料。 为幼儿提供大的物体,让他们推动或放置东西在里面。 演示工具如何提供帮助。 给幼儿类似的玩具和材料供他进行归纳。
12—18个月	对物体的方向、距离和高度进行实验。 在生成性的角色扮演游戏中使用对成人的延迟模仿。 为实现目标制订计划。 以新的方式组合对象。	玩把物体扔到容器里的动作游戏。 让幼儿参与家务活动,模仿成人行为。 谈谈你在解决问题时正在做的事情。 演示其他方法。
18—24个月	有目的地对平衡的、可移动的和多变的物体进行实验。 能按照口头指示解决问题。 使用物体的功能进行问题解决。	在意想不到的地方放置物体并鼓励实验。 用词语来解释物体在哪里和正在发生什么。 让幼儿利用工具(例如,家用器具)参与日常问题解决。
24—36个月	在没有反复实验的情况下,在心里计划如何解决问题。 喜欢用不同的方式把东西拆开。 理解言语在问题解决中的地位。 喜欢弄清楚机械是如何工作的。 问关于是什么、在哪里、为什么、何时、谁的问题。 对于拼图和建构活动使用视觉空间问题解决能力。	问开放性问题来引发思考。 提供可拆卸的材料。 让幼儿参与了解事物如何打开、移动、变化、激活,等等。 让幼儿帮助决定在日常活动中哪些东西可以一起使用以及如何使用。 用缺少的部分来引发提问。 准备或制作简单的拼图。
36—48个月	表现出知道什么能、什么不能放置在一起的能力。 能创造性地使用材料。 询问和回答"为什么"和"怎么样"的问题。 按大小、形状、颜色和功能分类。 解决复杂的视觉空间问题与拼插类玩具的问题。	让幼儿参与组织和决定环境的安排。 为探索和创造提供不同寻常的材料组合。问为什么,并给予解释。 让幼儿看到关系和概念的类别。
48—60个月	可以用积木创造复杂的模式;在假扮游戏中创造故事。 为物体发明新的用途。 能描述怎样以及为什么做某事。 能使用"规则"并理解,而不是用视觉感知来了解问题。	为假扮游戏区和建造区提供日常物品。 让幼儿解释她在做什么,她的目标是什么,以及她为什么这样做。 帮助幼儿理解事情这样发生的规则和原因。 对幼儿自身生活经历的解释。
60—72个月	可以使用数字推理。 可以制订计划,实施和监督进程,必要时改变方法,并评估结果。	在有意义的情境中提供查看数量的机会(例如,数量、大小、金钱)。 为项目的规划、实施、修改和评估提供机会。

第四节　提高社会认知的策略

目标达成量表

1	2	3	4	5	6	7	8	9
不关注或不理解他人的面部表情、手势或肢体语言的意义。		能够理解并回应他人的面部表情、手势、肢体语言和动作。		对他人通过行为动作表达的情绪能做出回应,能保持积极的情绪和减少负面的情绪。		根据自己的需要、愿望和逻辑去预测或回应他人的需要、意图和想法,但可能与他人的想法和需要并不相符。		即使他人的动机、愿望和想法与自己的不同,也能理解并做出回应。

社会认知是儿童对社会和他人心理状态的理解,是对各种情况下人们行为方式和原因的认知(参见 TPBA2 第七章)。社会认知与儿童怎样思考他人的需要、意图和动机有关。它涉及对他人社会行为及其相关结果的推理和思考。

对他人想法、信念和意图的理解是随着认知技能(如模仿、对因果关系的认识、分类能力,以及对与需要、感觉、想法、认识和信念有关的概念的理解)的发展而发展起来的。社会认知对发展假扮游戏、联合策划和协商谈判能力,以及更高水平的思维能力,包括做出道德判断都非常重要。社会认知对儿童理解书籍、电视、电影中人物角色的行为和动机也是必要的。社会认知需要注意和模仿的能力,以及对他人在一个事件之前、之中、之后的行为形成心理表征(或者是设身处地)的能力。如果没有理解,儿童的行为仅仅是满足自己的需要和对导致事件发生的原因的具体观察做出回应,他们不了解社会中个体的细微差异,不能用自己的经历来解释他人的想法和感受。因此,社会认知能力低的儿童难以理解如何对他人的想法和感受做出回应。

4.1　适宜的社会认知

社会认知的早期发展阶段是婴儿期。婴儿天生就对人脸以及成人用语言或面部表达的情感有兴趣,他们着迷于成人的行为和这些行为产生的结果。9—12 个月的婴儿能意识到面部表情的情感意义,知道手势的意图以及与声音语调有关的意义,而且他们会预测成人做这些动作的结果。这些早期基础帮助婴幼儿发展出更高水平的社会理解。正如问题解决部分所描述的（参见 TPBI2 第七章第三节），模仿能力是早期问题解决能力的核心。越来越复杂的动作、语言和认知能力使儿童能够模仿更复杂的行为。儿童会观察、构建心理地图、同化他人的行为，然后计划怎样完成这些行为，这是解决社会问题和实际问题的方法。这种重现他人行为的能力有助于儿童学习他人在这些行为中的想法和感受。另外一种能力是儿童能够概括不同的人在不同情境中的想法和感受，这也是非常必要的。婴幼儿通常在与他们的照料者一起做的日常活动中发展社会认知能力。

4.1.1 实践中适宜的社会认知

Ⅳ.A. 儿童表现出哪些与社会认知有关的基本技能？

日常常规（家庭和教室）

- 婴儿/学步儿：在换尿不湿时，妈妈一边笑着一边望向窗外，说："看，詹姆斯。"然后詹姆斯也会望向窗外，看看那里有什么。
- 幼儿：幼儿正挨着他的爸爸在地板上玩耍，当他的爸爸指着电视机说："看，这个人正在和鳄鱼打斗。"这个小孩看着电视机说："他看起来很害怕！你会害怕吗，爸爸？"

游戏常规（家庭和教室）

- 婴儿/学步儿：两名婴儿正在玩耍时，一名婴儿跌倒并开始哭泣，另外一名婴儿爬过去，看着她，然后也开始哭泣。
- 幼儿：弗莱迪垒起一座高塔，他站起来，走到老师面前，指着他的塔楼。老师说："哇！你做的是什么？"

课堂常规

在读写区，麦克斯看见莎拉为自己的名字画了一个"S"，麦克斯也试图画一个"S"。

Ⅵ.B. 儿童推断他人想法和行为的能力如何？

日常常规（家庭和教室）

- 婴儿/学步儿：玛拉看到她的母亲穿上外套就开始哭泣。
- 幼儿：阿里正在为妈妈买生日礼物。他告诉爸爸："我觉得她会喜欢漂亮的、闪闪发光的东西。"

游戏常规（家庭和教室）

- 婴儿/学步儿：爸爸正追着两岁的杰米跑。杰米跑着，停下来，回头看着爸爸，笑了笑，然后继续跑。
- 幼儿：当亚历山大看到他的朋友旋转着，笑着，然后跌倒了，他说："等等，我也想变傻瓜。"

课堂常规

在圆圈时间,莉莉看见老师安静地坐着,膝上放着一本书。莉莉看着老师担忧的表情,正在等待着那群吵闹的孩子安静下来。莉莉说:"我准备好听故事了,老师。"

4.2 支持适宜的社会认知的一般原则

社会认知涉及有关社会情境的问题解决。问题解决部分中指出的许多相同的策略也与此相关。只是这个"主题"更为内在。

4.2.1 示范行为和反应

儿童用多次观看他人行为和反应的方式学会预测他人的行为。他们看到当把手转动时,盒子里的小人就会弹出来。当儿童以特定的方式发出行为时,成人也以某种方式做出回应。这时成人行为的一致性是很重要的。儿童会知道,当他捡起他的玩具时,他总是会得到一个拥抱、一个微笑或者一次击掌。

4.2.2 用面部表情和肢体语言来表达情绪

儿童通过理解他人的面部表情来了解他们的情绪。他们通过跟随面部表情之后的行为和语言来理解这些面部表情的意义。在上一个例子中,儿童知道捡起玩具与一个特定的反应相关,并且这个反应是一种良好的情绪。他父母的微笑感染了他,他也微笑了。他知道微笑与良好的情绪有关。其他的情绪也是如此,当儿童在其他人身上看到这种情绪时,他就开始理解这种情绪,并将自己的情绪与之相联系。

4.2.3 解释你的情绪及其原因

给情绪命名是很重要的。当成人给一种情绪贴上一个标签时,会帮助儿童懂得如何分类各种情绪。父母经常会这样说,"你这样做让我很生气""如果你还不停止,我就生气了"以及"当你自己去上厕所时,妈妈很开心"。一旦儿童开始了解了这些情绪的名称,当他们听到一种情绪的名称时,他们就会问有关名称的问题,例如:"爸爸,沮丧是什么意思。"向儿童解释成人这些情绪的原因是很重要的,比如这样说:"我现在非常伤心,因为被打碎的盘子是一件非常特别的礼物。"

4.2.4 解释你正在做的事情及其原因

照料者通过谈论他们正在想什么和做什么,也能促进儿童社会认知的发展。这有助于儿童理解一个人的想法和具体行为的原因。例如,妈妈说:"我们没有牛奶了,我必须得去商店。"当妈妈去拿钱包的时候,儿童就有了将会发生什么的线索。电话响了,爸爸说:"是奶奶,她要过来带你去公园。"当电话铃响的时候,儿童开始意识到,有人在别的地方说话(虽然要打很多次电话才会知道那头的人不一定总是奶奶)。如果爸爸微笑,儿童就会知道这是一件好事。

4.2.5 谈论行为与结果

照料者要帮助儿童看到他们的行为与结果之间的关系,例如:"但丁,我知道你哭,是因为拉玛尔打了你,他打你是因为他生气了,你知道他为什么会生气吗? 是的,因为你拿走了他的玩具。当自己的玩具被拿走时,人就会很生气;当被打时,人也会很伤心。让人生气或伤心都是不好的。我们要想想什么能让大家都感到快乐。"

4.2.6 谈论情绪及情绪的原因

儿童在婴儿时期就会表达很多情绪,即使他们不能叫出情绪的名称。正如前面描述的那样,他们是理解这些语言的,因为当他们看到成人对这些语言的行为表现以及听到成人使用的情绪名称时,他们就能感觉到。儿童也需要为自己的情绪命名。父母可以使用这样的表达方式,例如,"我知道你很讨厌换尿不湿,但是我会换得很快的""我给你冰淇淋,因为你很喜欢冰淇淋"或"你很生气,因为萨米拿走了你的玩具"。

4.3 实践中的原则

大多数成人不知道什么是社会认知,或者不了解如何促进社会认知的发展。他们只是自然地使用一些帮助儿童更好地了解想法和情绪的互动。以下是典型的支持社会认知发展的策略。

4.3.1 日常常规(家庭和教室)

喂食/进食

在点心时间,照料者正在喂杰克逊吃梨,杰克逊吵闹着并且身体向前倾。照料者微笑着说:"你喜欢梨,你还想要吃梨。"她用一个情绪名称和行为回应他的情绪。他就明白了他的声音和行为会引起一种反应。很快他就会预测到当他张开嘴并向前倾的时候,他的照料者会做什么。

换尿不湿/如厕

爸爸正在为科里换尿不湿。他做了一个鬼脸,说:"咦!"科里大笑。爸爸说,"你觉得换尿不湿有趣吗?"科里笑着说,"咦!"然后又笑。爸爸建构了一种情绪反应,并且回应了科里的情绪反应,把这种情绪和原因联系了起来。

穿衣

加布丽埃尔穿着游泳衣走进厨房。她的妈妈看到她,笑着说:"你自己穿上了衣服,我为你感到骄傲!但看看外面。"妈妈的脸上露出担心的表情,指着外面的雪说:"外面看起来很冷,让我们找些暖和的衣服穿上吧。"加布丽埃尔的妈妈表现出两种不同的情绪,并解释了每种情绪的原因。

4.3.2 游戏常规(家庭和教室)

面对面游戏

达米安正在和妈妈玩耍。达米安用手指戳着自己的嘴,然后妈妈用嘴唇假装大嚼着他的手指。达米安咯咯地笑着,并把手指戳向妈妈的眼睛,妈妈说:"哎哟,达米安,这是伤害别人的行为。"达米安看上去快要哭了,妈妈说:"你可以把手指放到我的嘴边,但是不能用它戳向我的眼睛。"妈妈把他的手指放到自己的嘴边,对着达米安再次笑了,达米安也以微笑回应她。

体育游戏

在贴标签的嬉闹游戏中,乔丹跳上跳下,然后在沙发上跑跳着。她停下,看了看爸爸,然后又开始上蹿下跳。爸爸的表情从微笑变成皱眉,乔丹跳下沙发,再次开始跑着。乔丹读懂了爸爸的面部表情,知道爸爸对她在沙发上跑跳不开心了,这是不需要语言的。

操作性游戏

玩假扮游戏时,里萨邀请她的妈妈也加入游戏。当妈妈坐在桌旁时,里萨假装给妈妈的杯子里倒上茶,说:"这是茶,你不喜欢咖啡。"里萨的妈妈说,"你认为我应该加糖吗?"里萨回答说:"是的,你应该加糖,这是你的糖。"里萨在预测她认为妈妈可能喜欢喝的,而不是倒上自己喜欢的,或者是她曾看见过的其他成人喜欢喝的。里萨的妈妈鼓励她去想她还可能喜欢其他什么东西。

感觉游戏

在教室里玩艺术游戏时,兰迪拿到了水彩。他看着老师问:"你认为我应该做什么?"老师说:"我认为你应该想想在这个世界上你喜欢的东西,然后画下来。"兰迪意识到他的老师是有想法的,但是老师鼓励他去思考自己的喜好。思考是一种重要的社会认知技能。

4.3.3 阅读和学习常规

圆圈时间

老师正在读《三只小熊》的故事。她问,"你们认为当小熊们回到家发现他们的房子一团糟时,他们会有怎样的感受呢?"老师要求孩子们把自己放在小熊的处境,想想他们会怎样看和怎样想。

一对一阅读

照料者正在给克丽丝讲故事。她说:"鸭妈妈走了,看,所有的小鸭子都跟着它。你认为它想把它们带到哪里去呢?"克丽丝喜欢和妈妈一起去公园,所以他把自己的愿望投射到小鸭子身上。老师回答说:"有这个可能。我知道你喜欢去公园,不是吗?那除了这个,你认为鸭子们还想做什么呢?"老师试图帮助克丽丝想出另一种与鸭子有关的想法。

科学与数学

瑞秋和马可正在操场上玩石头,老师开始用石头玩游戏,她说:"我现在假装这些石头就是土豆,你们认为我会煮多少个呢?"

4.4 为改善社会认知制订个性化的干预策略

有些儿童不能通过成人的表情、动作与行为来理解他们在交流中的想法和感受。这是由于神经、发展和环境等不同因素的影响,有特殊需求的儿童可能表现出在这方面的延迟或障碍。例如,自闭症儿童就明显缺乏对他人情绪和意图的理解,这些会对他们的社交产生消极的影响。有情绪问题或认知障碍的儿童也可能表现出社会认知能力的延迟或受损。儿童也可能受到消极的环境因素影响,例如,缺少经历不同情绪的机会,没有榜样示范,或者缺少照料者的回应。

Ⅳ. A. 儿童表现出哪些与社会认知有关的基本技能?

基本的社会认知包括通过非言语手段,如手势、面部表情和行为,理解交流中成人的想法、感受以及他们将要做的事情。如前面提到的,大多数儿童在 12 个月大的时候就发展这些基本能力了。前面所描述的策略对所有儿童都是有帮助的,但残障儿童可能需要额外的策略来帮助这方面的发展。

人际互动策略

1. 确保儿童正在注意着手势或动作。通常,成人会使用一种提示信号,例如,"看我这里",这通常是没有效果的,因为儿童把这些话看成是负面的而不是积极的提示。使用一种更加有效的提示信号,来表明这里有值得一看的事情。在儿童面前做手势或动作时,以一种特别的方式移动手指,或者把你的脸贴近儿童,这可能有助于他/她看向感兴趣的对象。

2. 夸张的面部表情、手势或动作。夸张或极端的方式能引起注意。让儿童理解人们在想什么或做什么的前提是让他们看着正在发生的事情。正如上一条的建议,手势或动作可能会有帮助,但是通常残障儿童,例如自闭症儿童,不会主动注意他人的行为。出于这个原因,很重要的一点是把行为或注意对象变成无法忽视的,例如,增加声音,突然的动作,或者激烈的大动作,等等。

3. 说话时带有面部表情、音调、手势和动作。多感官的方法对一些儿童是有效的。结合一些声音,例如,摇铃、轻敲物体、打响指或者利用附近的物体制造一些有趣的声音来引起儿童的注意。然后加上你想让儿童了解的对象的语言或动作。例如,打响指,说,"汪汪,"然后指着小狗,当儿童再看到小狗时,就会说,"小狗,小狗会说'汪汪'。"

4. 演示手势与结果之间的关系。因为儿童没有看成人的动作或手势时,他们就不明白这样做的原因。成人需要帮助儿童理解这样做的原因。儿童喜欢将玩具或一些材料作为关注的对象。用儿童感兴趣的物体接近儿童,使他/她立即看到所要指向的对象与感兴趣的对象之间的联系。例如,将儿童最喜爱的玩具呈现在他的面前,并且指向这个物体,同时叫出其名称。多次重复呈现这样的手势或指向,直到儿童自然地将这样的手势和他想要注意的事情联系起来。然后用你指向的将要看到的物体替代那些儿童感兴趣的物体。重复这样的过程直到儿童开始主动地去看,然后用其他物体替代儿童感兴趣的物体,并把它们放得更远一些。断断续续地利用儿童感兴趣的物体,这样他/她就不会失去看这些手势的兴趣。

5. 用某种有意义的东西奖励儿童观察、反应或理解的结果。一旦儿童的注意力指向所期望的物体或行为,成人需要确保儿童感兴趣的事情会发生。如果成人确保手势是明确的,并且与一个真实的物体或儿童感兴趣的事物相联系,儿童就会将这些手势或指向与物体或事物联系起来。例如,如果成人不断地发出"游戏"的信号,然后给儿童一个他最喜爱的物体,儿童很快就会将这个符号与这个物体联系起来。然后成人可以通过展示其他玩具来概括"游戏"的信号,给出"游戏"的信号,并对玩具进行操作。

6. 把成人的脸与儿童的脸放在同一水平线上。重点是让儿童将成人的脸作为一个重要的对象来看待。照料者想要能够抓住儿童的直接注意,想要儿童关注自己的这个方向,听见自己的言语,并且能够进行对话交流。因此,重要的是,让儿童开始明白是他人导致了事情的发生,并且他人在帮助他们理解这个世界。

环境调整

除了人际互动策略可能会促进儿童基本社会认知的发展,环境调整通常也是有用的。根据 TPBA2 的发现,我们可能会考虑以下一些环境调整。

1. 增强参照物的视觉、听觉或触觉效果。在柔和或暗淡的颜色中的明亮颜色、闪烁的灯光、有趣的声音、在暗淡的表面中的光亮的表面,或者移动的物体,这些都会吸引儿童的注意力。成人需要做一些事情来帮助儿童看到物体和成人的行为与语言之间的联系。例如,成人可能会以一个按键游戏开始,以使某些事情发生。当儿童变得有兴趣时,成人需要保持发起者的角色,要么把儿童感兴趣的物体拿开,这样他就需要用声音或手势暗示成人让事情发生,要么与儿童轮流参与活动。这实际需要人际互动策略和环境策略的结合,因为环境应该是吸引人的,但是成人在一定程度上也需要用某些能保持趣味性的方法使儿童参与到活动中来。

2. 提供儿童很容易找到的位置参照物。成人需要与儿童交谈或在儿童身边演示有趣的物体或活动,以便儿童能在一两秒钟内看到、闻到、触摸到或听到这个物体。叫儿童到厨房吃饭是远远不够的,这需要儿童设想成人在厨房里的情况,以及如果她被叫到厨房来会有什么后果。而有些方法可能会更有效,即要么把儿童带到厨房里指出和谈论晚餐,要么带一些食物到客厅,给儿童展示哪些东西是放在厨房里的。成人需要记住,有时候单靠说话是无法让儿童完全理解的。

3. 运用多种感知输入。与任何一种单一的感知输入相比,让儿童以多种方式去看、触摸、听和体验,能更好地让儿童理解情境。例如,如果成人举起一个玩具,一些儿童可能会去看。如果成人举起玩具,并让儿童触摸这个玩具,然后成人和儿童一起推玩具,发出与玩具相配的声音(例如,一个玩具汽车的马达声音),儿童可能会更喜欢重复这些行为,并理解这个声音与物体和物体运动之间的关系。又如:一个橘子可以让儿童观察、闻、触摸纹理,一起给它去皮,并体验变化后的纹理和气味,然后尝尝味道。如果成人把全部的经验按照顺序加以说明、示范和鼓励,可能会增加儿童对人们做什么会导致事情发生的理解。

4. 使用指向。如果幼儿正在看你的手指,而不是你所指向的物体,那你就移动这个物体并且再一次指向它。把你的手指放在这个物体上,并叫出名称。对同一物体或者不同的物体,多次重复这类动作。你希望儿童明白他应该看向你所命名的那个物体。越是有趣的物体,一旦儿童将标签或指向与这个有趣的物体联系起来,他想要去看的动机就会越强,例如:"看,你的小丑在跳舞。"

5. 声音的双向指向。一个人指向一个对象,然后让另一个人从目标对象方向发出声音。例如,妈妈先指着并叫出名字,说:"看,小狗。"然后爸爸要么激活玩具,要么学小狗叫,以吸引儿童的注意力。多次重复这样的动作后,当有人指向某处时,儿童就会去看,期待有趣的事情在指向的方向会发生。重要的是要始终叫出你指向的目标的名称,因为对物体的命名来自这个关联。

Ⅳ.B. 儿童推断他人想法和行为的能力如何?

理解他人的想法和行为,是因为你对人们将要做的事情有一个心理意象(Mental

Image),这是基于你在同一情况下将会做什么,并将他人的意图和动机与自己的意图和动机联系起来。起初,儿童认为每个人的行为和他们自己的行为都是一样的,并且理由也是一样的。儿童只有当看到别人做出不同的反应,听到他们解释或证明他们为什么这样做时,才开始明白,人们有自己的独特的想法和动机。例如,大多数的儿童在看到父母打开生日礼物的时候,都会设想他们喜欢的东西在盒子里。当爸爸打开盒子时,一件衬衫在盒子里,他们会很惊讶,但并没有被打动。当他们看到爸爸脸上露出愉快的表情,并给妈妈一个吻和一个拥抱时,儿童开始构建关于人们喜好差异的初步看法。儿童需要许多这样的经验才能区分不同的人(例如,爸爸和妈妈,年轻人和老人,男孩和女孩)的行为,他们的喜好如何变化,以及人们的行为根据他们的意图和愿望有何不同。

人际互动策略

1. 告诉儿童你在做什么以及为什么这样做。通常,成人认为儿童知道"当我手里拿着钥匙时,我就要出门了"。一些儿童的确会形成这样的联系,但有些儿童却不会。对于一些儿童来说,成人只是站在那里说话,手里拿着一个东西,成人的消失完全是个意外。最好是帮助儿童形成物体和行为之间的联系,例如:"妈妈正在穿外套,妈妈将要开车去商店(给儿童展示车钥匙),并且我很快就会回来。莫丽将留在这里陪你(指着站在她旁边的莫丽),我要走了。莫丽将和你一起玩(莫丽给儿童看一个他喜欢的玩具,并且靠近儿童一起玩)。"有些儿童,特别是患有自闭症或发育迟缓的儿童,可能不知道或不在意父母是否要离开。成人向儿童解释清楚即将发生的事情及其原因仍然是很重要的。这将帮助儿童建立对物体、行为和结果之间联系的认识。

2. 演示行为并缩短等待结果出现的时间。让儿童在较短的时间内看到行为和结果,例如,如果儿童在分离方面有困难,短时间的分离可以让儿童理解离开—回来的顺序。父母可以说,"我要去洗手间,"然后离开房间,并在短短的几秒钟内回来,说,"我回来了。"这些离开和回来的情节可以延长,让儿童理解这样的顺序。

3. 告诉儿童你认为他是什么样的感受以及原因。儿童用许多方式来表达情绪——面部表情、肢体语言、发声或语言表达。儿童直到理解他们的感受和成人提供的名称之间的联系时,才会用语言表达他们的感受。成人可以通过指出儿童的行为以及解释这些行为,来帮助儿童学会这些名称。例如,"我听到你尖叫了,我知道你很生气"或者"我看到你噘嘴了(模仿儿童),我知道你很伤心"。

4. 告诉儿童你的感受及其原因。许多儿童能注意到成人的面部表情或肢体语言(例如,转过身,身体前倾,扶着孩子过来),但是他们不理解这些表情或动作的意思。成人需要对这些表情和动作做简短的解释,例如,"你打我,所以我很难过""就是这样,再做一次"或者"我亲吻你,因为妈妈爱你"。使用简短的句子,使儿童获得最佳的理解。语言和行为要相匹配。

5. 解释他人表现出来的感受及其原因。帮助儿童观察和理解别人的感受是非常重要的。此外,帮助儿童理解表情和行为的意义,可以帮助儿童发展同理心和适当的社交反应的能力。当儿童还小的时候,成人可以作为行为的翻译者。当儿童开始习得语言时,成人应该开始让儿童解释别人的行为,例如,"为什么你认为她在隐藏自己的脸?"或者"你能想些办法让她感觉好点吗?"

环境调整

除了人际互动策略可以帮助儿童理解别人的想法和行为,环境调整往往也是有用的。根据 TPBA2 的发现,团队可能会考虑以下一些环境调整。

1. 夸大行为和情绪。对他人的提示和情绪理解起来有困难的儿童,也很难理解他人的想法。成人可以通过夸张的面部表情、身体动作和解释来强调他们的行为、感受以及行为的结果。成人的角色是确保儿童体验正在发生的事情,了解导致事情发生的原因,以及所产生的结果。

2. 使用言语解释。让儿童知道接下来会发生什么,例如,"我要去给你准备午餐了"。午餐后不久,基于重复的日常活动、语言、行为,儿童学会了预测将要发生什么。

3. 使用有行动-反应模式的玩具。有声音的玩具可以帮助儿童做出联系以及预测将要发生什么。例如,一个上好发条的玩具可能会发出像是受伤了的声音,然后会做动作或唱歌。这种类型的序列可以教会儿童预测,当成人给玩具上好发条后会发生有趣的事情。这样推及其他方面,当儿童看到不同的行为会产生有趣的结果时,他就会开始预测他人行为的结果了。

4. 指出图片中描绘的情绪和动作。无论是在广告牌、食物盒还是在书籍中,成人都可以为儿童指出图片中描绘的表情和行为,并且谈论这些情绪代表着什么,也可以指出这些行为的理由或者这个人接下来可能会做什么。这可以帮助儿童思考和预测可能发生的动作顺序。

5. 使用阅读疗法。用故事(带图片)说明一系列行为后会发生的结果,这能帮助年龄较大的儿童将他人的行为与自己的行为联系起来。

4.5 为需要支持以提高社会认知能力的儿童提供的常规活动

无论是通过肢体还是言语来表达情感,都要和儿童谈论正在发生什么,为什么思维、语言和情感理解的发展至关重要。这可以而且应该在一天中都使用这样方法。每一个日常活动都提供了机会来谈论儿童的感受、行为和反应,以及他人的感受、行为和反应。

4.5.1 日常常规（家庭和教室）

喂食/进食

用面部表情来帮助儿童表达自己对食物或吃饭的感受。当儿童不喜欢这个食物时，成人可以做一个讨厌的面部表情，儿童就会明白不喜欢的表达方式。当儿童喜欢一种食物时，成人可以用一个微笑或愉快的声音来表达儿童的感受。这将有助于儿童明白这些表达方式是什么意思，而不是只能靠亲身经历来慢慢摸索。

换尿不湿/如厕

尿尿是一种因果行为，儿童尿裤子后感觉到有水顺着腿流下来，当坐下来时有一种不舒服的感觉。这些行为，结合成人对如何使用"儿童马桶"能让儿童感觉更好的解释，能帮助儿童学会理解为什么成人使用厕所。成人给儿童示范、讨论并解释原因，这在如厕训练中很重要，因为使用厕所而不是尿不湿的原因并不是显而易见的。

穿衣

父母需要示范和解释穿衣的过程以及需要各种服装的原因。例如，当天热时，父母使用面部表情和语言告诉儿童需要脱掉外套，因为他很热。当一件衣服很难穿过儿童的头时，成人会发出声音来表示儿童正在努力，在儿童的头钻出来时发出惊奇的声音，并且会为孩子的成功而欢呼。所有这些情绪的表达都展示出行为和反应之间的关系。

外出

任何出门的目的通常都是与正面或负面的感受相联系的。儿童期望从日常活动中得到有趣的事情或改变不愉快的事情。照料者可以帮助儿童预测接下来发生的好事和与之相对的坏事。如，家长可以帮助儿童理解他们出门的原因，预设一些积极的事情，例如："我们没有麦圈了，你可以坐在购物车里，帮我找到麦圈吗？"而不是说："你只需要在你的汽车座位里待几分钟。"

4.5.2 游戏常规（家庭和教室）

面对面游戏

面对面游戏是让儿童看到和回应他人面部表情和动作的好方法。成人可以使用各种各样的策略来突出情绪和行为的结果。例如，成人可以模仿儿童的面部表情、动作，或者夸大对儿童行为的反应。成人可以演示儿童的行为会产生什么样的结果，无论是情感上的还是身体上的。例如，一边唱歌，一边做"五只小猴子"的手指游戏时，成人就有机会示范高兴（跳跃）、悲伤（撞头）和反对（没有跳跃）。此外，因为这是一个重复的游戏，儿童很快就会预测成人的动作和面部表情，并且很快就会独立地做出这些动作和表情。这些言语就突出了表达这些情绪的原因。

体育游戏

不像之前描述的游戏那样,体育游戏涉及真实的情绪而非模仿的情绪,当儿童被逗笑时,她就会大笑,因为她感觉这个很搞笑或很有趣;当她哭泣时,是因为她不知所措或受伤了。亲身体验情绪对于理解他人的感受很重要。轮流这种类型的互动是很重要的,可以让儿童了解到对她做出的让她感觉好或不好的事情,也可以对别人做,并让别人感觉好或不好。作为引起他人积极或消极情绪的"主体",这是一次强有力的经历,儿童可以迅速地了解他们的行为对他人产生的结果。

操作性游戏

操作性游戏通常是独立或平行进行的游戏,特别是用智力玩具、因果玩具、积木等进行的操作性游戏。因为操作性游戏需要他人的参与,因此对社会认知的发展具有指导性的意义。在独立的操作性游戏中,儿童可以展示出他们对别人的想法和感受的理解,但他们只能通过社会互动学习新的理解,因此,和成人、兄弟姐妹、同伴一起进行操作性游戏是很重要的。游戏伙伴会展示出对彼此行为的情绪反应,鼓励改变行为,或展示行为的结果。将动作人物、玩具人物、动物加入到游戏中,增加了表演各种情景或活动的机会,这些情景或活动可能会引发不同的反应或情绪。例如,在建设一个农场时,成人或同伴可能让动物表现出饥饿、疲惫、害怕、欺凌、勇敢、保护、友好、关怀,等等。每一种情况都提供了探索新行为、反应和情绪的机会。成人的工作是不断地探索介绍新颖的、创新的情境。

感觉游戏

感觉游戏是另一种典型的独立和平行游戏。成人可以把这变成一种活动,通过使其成为社交游戏来增加儿童的社会理解。从模仿儿童正在做的事情开始,例如,清空和装满一个杯子,然后当儿童做这些行为时,表现出兴奋的情绪,确保儿童看见、听见或者感受到你的反应。重复几次之后,看看儿童是否在期待甚至在等待你的反应。还可以加入其他的动作,例如,当儿童倒沙子时,把你的手伸到沙子的下面,并且做出另一种情绪反应,"哦,不,你把沙子倒在我的手上了,"等着看看儿童是否重复这个行为。感觉游戏为儿童提供了看到各种情绪反应(快乐、惊喜、厌恶等)的机会。成人的角色是帮助儿童看到行为和情绪之间的联系。

假扮游戏

角色扮演是让儿童安全地"尝试"不同情绪和对他人的情绪进行反应的最好的方法之一。幼儿在假扮游戏中扮演他们看到的家庭成员或其他人的角色和情绪,然后他们得到了体验他人如何回应这些行为和情绪的机会。成人可以用假扮游戏作为鼓励儿童学习情绪的一种方式。角色扮演活动引起情绪,然后表现出适当的反应。对喜爱的故事进行角色扮演,其中包含了行为与结果或情绪与反应。使用语言、手势和面部表情来帮助儿童理解正在发生的事情及其原因。

4.5.3 阅读和学习常规

圆圈时间

在一个大型的阅读活动中,老师需要能够根据儿童理解他人想法和情绪的能力,对每个儿童的问题进行个性化的提问。例如,小组中一名儿童能够说出这个人物生气了,但不能说出原因;而另一名儿童能够解释这个人物生气的原因,并且能够预测结果会是怎样的。此外,老师可以通过解释和比较人物的想法与情绪,来帮助儿童理解他们可能经历的事情。例如,如果书中的一个角色迷路了,老师会问:"你们中有谁曾迷路过?""你的感觉如何?""你是怎样做的?"老师也应该确保儿童知道表达情感是好的,但是用适当的方式表达情感是很重要的,这样就不会伤害自己或其他人。书籍可以帮助儿童展示接受行为表达的方式。教师也应该认识到在不同的文化价值中要何时以及如何表达情感。

一对一阅读

正如假扮游戏一样,一系列的事件被表演了出来,书籍也讲述了故事中的行为以及随之而来的结果和情绪。书籍为成人提供了可以向儿童谈论各种各样的人物发生的事情的机会,他们是怎样做的以及这样做的原因,他们是如何回应自己和他人的感受的。同时,家长也可以将书中人物的行为和感受与自己的经历和感受联系起来。成人还应该确保,每当书中的人物表达情感时,就花时间谈论人物的感受及其原因。还要讨论书中人物正在做的事情,帮助儿童思考他们这样做的原因。问问儿童书中人物以这种方式做事的原因,并且让儿童预测接下来他们可能会做什么。所有的这些策略都能帮助儿童了解他人的想法。

科学与数学

心理学,或者说理解他人的想法,本身就是一门科学。当儿童学会对经验进行分类时,他们也学会了理解不同类型的情绪与特定类型的经验之间的关系,他们还学会了理解行为顺序是如何导致各种情绪结果的。在这一探索过程中,教师的角色是帮助儿童明白经验的相似性和差异性,去看行为的结果,以及去思考他人的想法和感受是如何以相似或不同的方式进行表达的。例如,教师可以帮助儿童思考为什么有的人可能喜欢去海滩,而有的人可能不喜欢。教师可以指出他人的行为动作,并问问儿童他们认为这个人正在做什么,为什么这样做,以及这个人可能有的感受。例如,在去南瓜地春游时,儿童看到人们弯下腰采摘南瓜。教师可以问儿童,"为什么人们要采摘南瓜呢?""你认为他们正在想什么?""你觉得他们的感觉如何?""你曾经做过一些让你感到很兴奋的事情吗?"这些类型的问题有助于儿童对不同类型的行为和情绪进行分组与分类。

案例:伊莱贾

伊莱贾是一个3岁的自闭症患者。除非他想要什么东西,不然他就避免和他人进行眼神接触。伊莱贾没有表现出对他人行为和情感的认识，并且忽视了他所在幼儿班级中的同伴。他喜欢独自玩耍和重复创建视觉上具有趣味效果的动作。例如，趴在桌子上看玩具汽车的轮子。为了让他更了解他人的行为、想法和感受，他的父母和老师制订了一个计划来帮助他觉察和意识到他人的情绪。

人际互动策略

1. 当与伊莱贾互动时，使用歌声和夸张的面部表情来吸引他的注意。

2. 当他走近你时，表示你很高兴见到他，当他看着你时，拥抱他并说："伊莱贾，我很高兴见到你。"

3. 用伊莱贾喜欢的感官材料进行轮流游戏。例如，在桌面上使用泡沫。模仿伊莱贾正在做的事情。制造有趣的声音吸引他的注意，让他看见你在模仿他。再一次等待、观看和模仿他，一旦他看向你正在做的事情，稍微改变你的动作，并且加上一些词语，例如"好难吃呀"，看看你能否鼓励他去模仿你。

4. 当进行日常活动时，将伊莱贾感兴趣的东西靠近你的脸，放在你的嘴巴和眼睛旁边。叫出这个东西的名称并说说你打算用这个东西做什么，然后开始示范。

5. 标记伊莱贾表达的情绪。说说你为什么认为他有那种感觉。

6. 谈论你自己的情绪，并向他展示你的表情。用简单的语言告诉他为什么你有这样的情绪和感受。例如："妈妈不高兴，因为杯子碎了。"当你不高兴的时候，抱着他，然后告诉他你感觉好点了。告诉他："拥抱让我感到快乐。"这将帮助他明白行为和感受之间的关系。

环境调整

1. 当与伊莱贾互动时，与伊莱贾保持同一水平线，这会让他容易看到你。

2. 阅读带有儿童情绪图画的书。更好的方法是，用伊莱贾和其他家庭成员的不同情绪的图片制作情绪图画书。和伊莱贾一起阅读这本书，谈论发生了什么以及发生的原因。

3. 采用轮流模式玩因果玩具，轮到你玩时故意拖延，直到伊莱贾看着你，并且提示你他想让你做些什么事情。

不同发展年龄的干预要点

以下建议针对的是处于相应发展水平的儿童。这些建议并不是全面的，而是表明了可能探索的领域。

发展年龄	社会认知特征	干预要点
0—3个月	喜欢研究人脸。 对他人声音中的情绪做出回应。	看着儿童时,向他展示夸张的面部表情。 面部表情与声音表达相匹配。
3—6个月	重复让他/她感觉良好的事情。 对不同的人有不同的反应。 发出人类的声音。	让儿童接触不同性别、年龄和身体特征的人。 让儿童与各种各样的人互动。 让儿童体验不同的声音、表情和手势。
6—9个月	看到他人的脸或他人的微笑时,要报以礼貌性的微笑。 喜欢看自己或他人的动作行为。 与成人进行社会性游戏和体育游戏时会发笑。 对他人的情绪表达做出反应。	进行各种社会性游戏(例如,躲猫猫、唱歌、手指游戏、挠痒痒和模仿游戏)。 对每个人表现出适当的情绪。
9—12个月	观察他人如何完成他们的目标。 对成人表达的微妙情绪做出反应。 注意同伴的行为和感受。 知道他人可以让他/她感觉更好。	指出他人正在做什么和感觉如何。 谈论和展示面部表情。 指出兄弟姐妹或其他儿童正在做什么。
12—18个月	在行动前会看看他人的情绪反应。 知道一个人可以分享情绪或改变别人的情绪。 知道他人的动作意味着朝目标行动。 知道成人想要什么,并且会做出满足其需要的行为。	当儿童的头朝向不被允许的东西时,用声音吸引他/她的注意,皱着眉头,摇着手指提示不行。 当你要开始行动时,告诉儿童你的意图是什么。 谈谈你的需要和儿童需要做什么。 提供等待的时间和手势来支持你想要的。
18—24个月	能看(识别)出来有人在假装。 知道他人有不同的情绪、喜好;会使用与感情有关的词汇。 表现出关心他人的痛苦。 会预测行为的后果。	进行假装游戏和表演不同的情绪。 谈论每个家庭成员或同学喜欢和不喜欢什么。 问儿童,"将会发生什么?"
24—36个月	会使用假装、思考和知道等词语。 知道人们的感受在不同的情况下会有所不同。 在假扮游戏中能理解他人的感受和行为;表现出同情;表现出内疚的迹象。 知道自己可能会引起他人的难过。 认为玩偶和人物角色是有思想和感情的。	使用关于思考和感觉的词汇。 询问他人的想法和情绪。 给儿童表演有关情绪的故事的机会。 当有人受伤时,让儿童亲吻和关怀他人。 讨论儿童的行为是如何影响他人的。 谈论玩偶和动物玩具在假扮游戏中的特定情境下的"感受"。
36—48个月	能够描述自己的感受;意识到别人的想法、感受和看法。 能区别自己和他人的观点。 理解"如果……那么……"的行为和结果。	谈论儿童的、你的以及他人的感受。 询问情绪表达时,他人的感受如何。 问"如果……会发生什么"的问题。 问"你认为……想要吗"的问题。
48—60个月	可以向他人解释如果他/她做了某事会发生什么;能够通过问问题来确定他人的想法或感受。 可以讨论他人的想象、知识。 能够推断他人的动机;理解信念和意图决定行为。 能够捉弄他人,知道他们会相信一件事,然后做另一件事。	让儿童一起讨论并假设在各种情况下会发生什么。 利用问题让儿童比较思想和感情。 谈论为什么人们在做他们正在做的事情。 预测接下来会发生什么。 谈论不同的文化和信念。 在游戏中让儿童预测会发生什么,以及接下来会发生什么其他事情。 讨论发生了的事件及原因。 讲笑话、恶作剧。

555

续表

发展年龄	社会认知特征	干预要点
60—72个月	能够考虑多个人物；他们的动作、想法和行为；以及彼此之间的影响。	让儿童参与带有情感主题的戏剧故事，并且谈论故事中人物角色的行为和感受。 当儿童的行为导致另一个人生气或伤害到他人的感情时，以不同的角色扮演的方式做出反应。

第五节 提高游戏复杂性的策略

目标达成量表

1	2	3	4	5	6	7	8	9
喜欢他人，运用所有感官探究环境。		喜欢感官探索，身体运动，重复探索事物。		喜欢把东西放在一起，尝试使事情发生，并重新构建熟悉的动作和活动。		结合各种游戏创造实际和想象的结构、情景与结果。		在所有形式的游戏中(即感觉游戏、体育游戏、功能游戏、建构游戏、假扮游戏、规则游戏)显示出逻辑和创造性思维，用自己的规则构建自己的游戏。

认知领域的复杂游戏子类主要是探讨儿童如何将人、物体、空间、行为和语言整合进他们的游戏中。复杂性意味着游戏的类型和游戏中行动的复杂程度。游戏的类别包括面对面游戏、感觉运动游戏、功能/关系性游戏、建构游戏、假扮游戏、规则游戏、嬉戏打闹游戏等。虽然这些游戏形式往往是有层次并基于彼此的，但是各种游戏在儿童的整个童年(甚至成年)都是重要的。游戏中的行为顺序也是儿童思维复杂性的指标。

游戏是儿童学习的重要工具。每一种游戏形式在童年都有占主导地位的时期，并促进了儿童认知、运动、语言、沟通以及社会发展的各个方面。儿童在游戏中不仅学会了问题解决和独立思考，也学会了协商和社交互动。他们学习如何使用内部语言来讨论自己的问题，他们在社会性游戏中也学会了如何使用语言。儿童在游戏中不仅学习了如何移动和控制他们的身体，而且当游戏需要集中有限的运动时，他们也学会了如何坚持。游戏为所有发展领域的实验和发现提供了一个安全的场所。儿童生活中的成人在帮助儿童过渡到更高层次的游戏和使用更复杂的思维过程中起着至关重要的作用。

5.1 适宜的游戏复杂性

根据儿童的发展水平,复杂性会有所不同。对于婴儿,增加感官探索和实物操作将使其以多种多样的方式用双手摆弄玩具。对于学步儿,增加社会、语言和运动技能将使其了解如何多功能地使用物体,以及如何模仿更高水平的行为。学龄前儿童表现出更高的社会理解能力、更可控的动作、语言概念的扩展和更高水平的问题解决能力,这些使儿童能参与复杂的体育游戏、结构游戏、假扮游戏,以及需要社会和认知策略的游戏。

5.2 实践中适宜的复杂性

Ⅴ.A. 哪些行为表现了儿童游戏的水平和复杂性?

日常常规(家庭和教室)

- 婴儿/学步儿:在妈妈做饭时,马歇尔拿着妈妈的量杯玩。他反复地把一个杯子放在另一个杯子里面。
- 幼儿:当妈妈正在做饭时,艾弗里拿着一个罐子和一把勺子,假装也在做饭。"我在做意大利面条,你在做什么呢?"

游戏常规(家庭和教室)

- 婴儿/学步儿:寇特妮正玩着她那多功能的盒子,转动着旋转器,按着制造声音的按钮,拉着操纵杆把某个动物的脸弹出来。
- 幼儿:安德森把五把椅子排成一排,然后坐在第一把椅子上,他拿着一个纸盘作为方向盘,说:"谁要搭我的车? 车费是一块钱。"

课堂常规

学步儿正在玩橡皮泥,用擀面杖把它滚平,然后用销子在上面戳洞。

Ⅴ.B. 在所列的游戏类别中,哪些是体现儿童行为复杂性的典型方法?(参见Ⅴ.A)

日常常规(家庭和教室)

- 婴儿/学步儿:凯利在换尿不湿时手里握着拨浪鼓。她摇晃着,咬着,然后向周围挥动着。她不小心用拨浪鼓打到了风铃,然后风铃移动了。她再次挥动拨浪鼓。
- 幼儿:玛雅和她的双胞胎妹妹在浴缸里洗澡。她把杯子浸入水中,说:"我是妈妈,现在我要给你洗澡,不要哭哦。"接着她把水倒在妹妹的腿上。然后,杯子变成了在水中漂浮的乌龟,后来又变成了一只鼓。

游戏常规(家庭和教室)
- 婴儿/学步儿:希瑞打开玩具房子的门,并把小牛放在里面,说,"小牛,晚安。"
- 幼儿:朱力欧正在表演一个关于怪兽的故事。他用围巾当作尾巴,用披肩和皮带当作衣服。然后,他让他的朋友扮演一只羊,并且他会来吃这只羊。

课堂常规
一名幼儿正在用积木盖房子。他的朋友杰克开着玩具车经过,说,"嘿,阿姆杰德,你建了一间车库吗?"阿姆杰德回答说:"是的。"然后他开始为车库铺路。

V.C. 幽默感展现了儿童怎样的认知能力?

日常常规(家庭和教室)
- 婴儿/学步儿:当布丽的爸爸对着她的肚皮吹气时,她笑着,推开他,然后拉起她的衬衫露出肚皮,让爸爸再做一遍。
- 幼儿:睡觉前,幼儿在床上跳上跳下,然后笑着一屁股坐下来,他一遍又一遍地重复着这个动作。

游戏常规(家庭和教室)
- 婴儿/学步儿:婴儿把毯子盖在自己的头上,等待她的爸爸把它揭开。当爸爸揭开毯子时,她尖叫和大笑。然后她试着把毯子盖在她爸爸的头上。
- 幼儿:罗根在他朋友的耳边笑着悄悄说:"你是个大便脸。"然后他们都哈哈大笑。

课堂常规
老师正在读一本关于公主进行如厕训练的书。她展示了一组公主将便壶顶在头上的图片,并说:"哦,不!看看她在做什么。"孩子们都哈哈大笑。

5.3 支持适宜的游戏复杂性的一般原则

照料者通常在游戏中会使用许多行为来鼓励更复杂的思维和动作,通常这种情况是无意识的努力。下面的策略经常被用来帮助儿童在游戏中拓展他们的想法。这些策略可用于各种发展水平的儿童。

5.3.1 为许多不同类型的游戏提供机会

儿童需要参加多种类型的游戏。面对面游戏、感觉运动/探索游戏、功能/关系性游戏、建构游戏、假扮游戏、社会性假扮游戏、规则游戏、嬉戏打闹游戏等,会鼓励儿童不同方面的发展。感觉运动或探索游戏可以涉及视觉、听觉、嗅觉、味觉、触觉、运动或压力等任何感觉。不同的文化，甚至是个人的家庭，在接受和容忍不同的游戏形式方面可能会有所不同。例如，一些文化或家庭有不允许儿童在地板上玩耍的传统，或有的家庭不支持"脏玩"游戏，还有一些家庭因为经济原因，而只有很少数量的玩具。在游戏中可用的游戏材料的数量、对游戏的支持程度以及父母参与的程度因家庭而异。无论是在户外用沙子、岩石和棍棒，还是在室内用盆、木勺和其他家居用品，儿童都会找到玩的方式。然而，无论文化或家庭偏好如何，大多数家长都会想方设法地帮助儿童体验多种类型的游戏。全面的经验对于最佳学习至关重要。如前所述，父母、老师和其他照料者全天都会提供许多可选择的游戏。

5.3.2 提高游戏水平

成人使用的另一个策略是鼓励儿童进入更高水平的游戏。通常这是通过给儿童提供建议或示范来完成的。例如，母亲可以通过示范行为把儿童的嵌套活动（功能/关系性游戏）变成假装倾倒、搅拌和饮用（假扮游戏），以鼓励更高级别的游戏。

5.3.3 增加游戏材料

当成人观察到儿童在重复动作或只玩有限的材料时，通常会用的一个策略是增加新的材料。这并不意味着一直要买新玩具（尽管有些父母这样做）。通常只需添加一个新的物品来鼓励儿童以新的方式使用旧材料。例如，父母只需在玩偶游戏中增加一块尿不湿，来当作口水巾。这立即扩展了儿童常规喂养宝宝的游戏，进一步增加了与喂养有关的更加复杂的事件序列。新物品的加入鼓励儿童思考如何将新材料纳入游戏中。

5.3.4 增加语言

与儿童玩耍时提供无数的使用语言的机会。父母通过增加声音、节奏和话语来游戏。对婴儿来说，带有声音的游戏对语言的发展很重要。例如，当宝宝开始说话时，母亲唱歌的话，婴儿也会加入游戏。成人也要提供词汇解释游戏中发生了什么。成人的描述、提问和建议，会增加儿童的理解，使他们思考，并帮助他们考虑替代方案。

5.3.5 增加动作

儿童喜欢重复动作，重复是他们练习技能的方法。但是，为了学习新技能，重要的是让儿童去发现新的游戏模式。通常，这些新方法是在儿童探索游戏材料或情境的过程中发现的，但成人也扮演着重要的角色。成人为儿童示范多种方法或如何使用材料。通过演示一种新的方法，儿童可以学会新的策略。例如，除了滚球，成人还可以把球扔在空中，让球弹跳,或者把球放在桶里摇晃。增加动作可以帮助儿童学习新的策略,以及学习如何将动作组合成新的序列。

5.3.6 增加想法

前面所描述的策略都是建立在儿童已经能思考和行动的基础上。成人帮助儿童建立游戏技巧的另一种方式是提出新颖的他们可能没有考虑到的想法。例如,父母可以建议为奶奶做生日贺卡,然后给儿童提供纸、胶水、羽毛、记号笔等材料,让他们以自己的方式把材料结合起来。如果没有被成人结构化,这对于儿童来说会成为一种嬉闹的创造性行为。成人和同伴可以将新的想法引入到多种形式的游戏中。例如,他们可能会在建构游戏中增加一个想法(正如同伴所建议的那样,这个积木建筑可以是给他停车的车库)。他们也可能会在假扮游戏中增加一个事件,比如说他们车的汽油快用完了。成人通过增加想法,来帮助增加儿童游戏的复杂性。

5.4 实践原则

大多数照料者和教师都会自动地使用策略来提高游戏的水平。以下是成人每天使用的鼓励儿童进行更复杂游戏的策略。

5.4.1 日常常规(家庭和教室)

喂食/进食

午餐时,乔迪吃完了酸奶。她的妈妈把酸奶盖给她,乔迪试图把它盖上。接着妈妈把儿童座椅托盘上的面包屑和剩菜放在空杯子里。乔迪也这样做。妈妈把盖子盖在酸奶杯上并摇了摇。乔迪也摇一摇,然后她们相视一笑。

换尿不湿/如厕

克里斯汀坐在马桶上。当他想上厕所时妈妈给了他两个玩具娃娃,并说:"这些伙伴们,他们已经去过厕所了。他们说,他们想在你上完厕所后和你一起玩。"

穿衣

当爸爸给蒙塔纳穿衣服时,爸爸拿着蒙塔纳的内衣说:"我需要一顶帽子。"然后把衣服戴在头上。接着,他把蒙塔纳的袜子套在手上,并说这是"手套"。蒙塔纳笑着,把内衣从爸爸的头上拉下来戴在自己头上,并拿起一只袜子,试图把它套在自己的手上。

外出

坐在车里时,玛格发出声音。妈妈慢慢地唱起一首歌,玛格发出的声音更大,并且偶尔尝试模仿妈妈的话。发出声音是婴儿最初的感觉游戏,然后变成功能游戏。妈妈在儿童的自然声乐游戏的基础上,鼓励增加节奏和言语。

5.4.2 游戏常规（家庭和教室）

面对面游戏

妈妈把德鲁山放在腿上面对着她。她一边唱"摇,摇,摇你的船",一边前后摇动着德鲁山。当妈妈倾身向前时,德鲁山就向后仰,然后德鲁山向前拉,以期待着游戏的继续。妈妈在继续唱之前,等待着德鲁山发出下一步的信号。

体育游戏

爸爸和儿子在地板上打闹。爸爸说:"我要咬你的鼻子。"然后他弓步向前,乔丹转过头去。爸爸咬了乔丹的耳朵说:"我咬到你的鼻子了!""没有,那是我的耳朵。"乔丹笑着说。原始的游戏主要是建立在感觉游戏上的幽默,但是,爸爸把更高水平的言语幽默增加到了游戏中。

操作性游戏

娜塔莎假装在喂洋娃娃。照料者递给娜塔莎一块尿不湿,说:"她是要准备打嗝吗?这块布你可要放在她肩上,以防她吐奶。"娜塔莎把布放在肩上,然后拍拍宝宝的背。在这种情况下,照料者增加了道具和建议,把儿童的游戏从简单的假扮游戏一步一步地扩展到一系列的动作,包括一系列较长的喂养婴儿的序列。

感觉游戏

泰林用手指在纸上画图案。老师给了她各种各样的工具用于绘画——波浪形意大利式馄饨刀、饼干切割机和其他工具。泰林开始尝试使用这些工具设计和绘图。

5.4.3 阅读和学习常规

圆圈时间

在圆圈时间,老师从以前课堂上读过的书中拿出一系列的图画。然后她问谁想把图画中描述的故事的一部分表演出来,让全班同学猜猜发生了什么事。

一对一阅读

在给肖莎娜读书的时候,妈妈指着书中的牛,并发出有趣的"哞哞"的声音。肖莎娜也模仿着妈妈。然后妈妈假装"牛爸爸"发出了一声很深沉的"哞哞"声,接着假装牛妈妈的声音,最后又假装牛宝宝发出了一声很响亮的"哞哞"声。肖莎娜很喜欢并想把书重新翻到那几页。这种语言游戏帮助肖莎娜探索音调、声音的意义,以及游戏性表情表达的意义。

科学与数学

在假扮游戏区,玛瓦正在将玩具从医用箱中取出来。老师说:"你是医生吗?我生病了。

你能听听我的心跳吗?"玛瓦点点头,打开医用工具箱,拿出听诊器。当老师通过扮演一个病人的角色将自己加入到游戏情境中时,儿童简单的探索行为就变成了社会性假扮游戏。

5.5 为提高游戏的复杂性制订个性化的干预措施

V.A. 哪些行为展现了儿童游戏的水平和复杂性?

与预期的实龄儿童的游戏水平相比,许多发育迟缓或有特定残障的儿童表现出较低的游戏水平。许多残障儿童主要进行感觉运动游戏或功能/关系性游戏。在感觉运动游戏中,他们喜欢探索和研究物体的感官特征。在功能/关系性游戏中,他们喜欢使用现实的物体,如电话,或喜欢用简单的方法组合物体,如将它们放在一起或将物体放入容器和从中取出。由于不同的原因,儿童可能会"卡"在这个水平上。

有些儿童选择在他们认知水平上的游戏。例如,智力障碍儿童可能一直进行感觉运动或功能/关系水平的游戏,因为这是他们的理解水平。他们会研究玩具,用嘴咬玩具或拆开零件,把东西放在一起。其他的儿童选择较低水平的游戏,因为这种类型的游戏可以满足他们特定的需要。例如,自闭症儿童可能会选择提供了某种刺激类型的游戏,如看旋转的东西或按直线排列的东西。他们可能会专注于特定类型的感觉输入,如看他们的手指弹动,而忽略其他类型的感觉输入。

视力障碍儿童可能会选择提供了某些感觉输入的游戏,如运动或压力,或提供了有趣的触觉和听觉体验的游戏。因为他们看不见,他们可能会错过环境中的一些细节,如空间维度以及整个环境中所包含的概念。此外,他们可能会错过别人的一些非语言交流活动。高水平的建构或假扮游戏涉及儿童无法看到或体验的活动,如乘火箭去太空,可以模仿,但不能完全理解。确保有视力障碍的儿童理解这些抽象的概念需要成人的一些创造力。视力障碍儿童也可能难以理解活动是如何发生的。例如,他们可能会感觉到洋娃娃是湿的,但他们不知道导致这种情况发生的活动顺序(即给洋娃娃洗澡)。社会性游戏也会受到影响,因为视力障碍儿童看不到别人在做什么。

听力障碍或语言障碍儿童也可能会在游戏中显得较迟缓。虽然他们可以看到和模仿别人,但他们可能会对不能看见的抽象概念理解得较慢,如饥饿的概念。他们的游戏主要是反映他们可以看到的别人发生的动作。

注意力缺陷儿童的游戏水平也可能较低,因为他们注意的焦点在他们可以进行更高水平的游戏之前就转移了。因此,他们的游戏可能看起来是片段式的和无条理的。他们与同龄人一起游戏可能会特别困难,因为注意力缺陷儿童通常更专注于物体和运动,而不是与他人的互动。

无论发展迟缓的原因如何,我们都可以帮助儿童进入更高水平的游戏。以下是帮助有特殊需要的儿童进步到更高水平的游戏的建议。

人际互动策略

1. 通过模仿使儿童达到他的水平,然后示范更高水平的游戏。例如,如果儿童处于感觉水平,拿着物体咬、挥舞或碰撞,成人可以直接站在儿童面前,然后模仿儿童。一旦儿童也加入,成人就可以把两个物体放在她面前(因为婴儿很可能会看着成人的脸),并且把两个物体撞在一起发出有趣的声音。如果儿童在几轮之后没有模仿,成人可以手把手地帮助儿童敲击。有时儿童需要通过"感受"动作,来帮助他完成这个动作。当儿童开始组合物体并功能性地使用物体时(功能/关系性游戏),成人可以开始以更复杂的方式组合玩具模型,如垒高、排列和创造有趣的效果(例如,把球滚下坡道,按下弹出式玩具的按钮)。当儿童开始明白如何将物体和动作序列结合起来时,他们就已经准备好模仿日常生活中的动作了。这是假扮游戏的开始。成人可以通过扮演一个游戏伙伴,或引入儿童日常生活中真实的物体来促成这一点。当现实生活中的动作序列被自发地表演出来时,儿童就准备好在游戏中使用洋娃娃、人偶玩具和真实物体的复制品了。成人也可以帮助儿童利用不同的角色将他们的同伴融入游戏中。这包括观察和预测所有儿童的行为,并对每个幼儿正在做的事情提供叙述性的解释。成人在游戏中的叙述和"介入"会帮助儿童进入社会性假扮游戏。

2. 主要停留在儿童现有的水平上,偶尔增加更高水平的动作。成人需要明白,儿童是逐渐地进步到下一水平的游戏。儿童模仿成人假装喝一杯酒,这并不意味着假扮游戏就突然成为了主要焦点。儿童需要探索和观察多种水平的游戏。

3. 给儿童介绍一个比他的游戏水平高一级的同伴。同伴是最好的老师!儿童通常对看其他儿童感兴趣。同伴可以成为儿童模仿的榜样。成人可以帮助儿童注意同伴正在做什么,并鼓励他模仿。例如:"瞧,丽贝卡!安德鲁把他的车开进了洗车场。你的车看起来也很脏。"

4. 使用语言解释正在发生的事情。对活动提供解释或叙述,有助于儿童理解游戏。在前面的例子中,认知延迟的儿童可能会观察到同伴把车开到一个玩具建筑物下面,但他不明白这个玩具建筑物代表着要洗车。成人可以加入喷水的声音效果来对同伴的行为进行解释,并提示儿童他的车也脏了,这既促使他去模仿同伴,又让他知道自己在做什么。

5. 提供语言和视觉线索,如前面所述,这些线索通常是由成人提供的。但是,有些儿童需要额外的线索。对于有视觉障碍的儿童或需要额外的感官输入的儿童,对情境中所有元素进行更加全面的检查将有益于他们对情境的理解。再者,在前面的例子中,儿童可能需要感受汽车、移动的车轮和洗车房的结构。此外,用磁带播放真实洗车时冲水的声音,或者真实的用水冲洗汽车(或人行道),将帮助儿童理解游戏的意图,激发他参与游戏的动机。

6. 如果要给玩具或材料贴上标签,可以在被标记物体的旁边贴记号。这个与目标接近的标签可以帮助儿童创建联系。做标记或提供明确的手势也可以帮助听力和视觉障碍儿童,因为该标志往往是语言的另一种视觉表达。

7. 引入可以激发想法和连接的材料或道具。提供具有多个零件的玩具,彼此之间可以从内部、顶部一起进行组合安装,从而鼓励关系性游戏。将假扮游戏材料移动到建构区或感官区可以促进假扮游戏的发生。例如,在沙滩桌上加上人偶玩具会激发海滩上的假扮游戏。甚至动物拼图可以成为建构区的戏剧人物。

8. 表演儿童最喜欢的故事。在读完儿童最喜欢的故事后,让儿童表演他最喜欢的角色。找到道具,一起表演故事。这不仅让儿童参与到社会性假扮游戏中,而且还促进了文学叙事技巧的萌芽。

环境调整

除了人际互动策略可以支持儿童进入到更高水平的游戏,环境调整往往也是有用的。根据 TPBA2 的发现,团队可能需要考虑以下一些环境调整。

1. 突出游戏。醒目的颜色或者游戏中焦点对象与背景之间鲜明的对比可能对有轻微视力障碍的儿童(看得见一点)更有益。在游戏桌或地板上铺上与玩具(黑色或浅色)形成鲜明对比的桌布,使用灯箱,或者用灯光照亮一个区域也可能会对一些儿童有帮助。减少区域中玩具的数量也可以帮助儿童专注于手中的物体。旋转玩具和材料有助于让儿童遇到新奇的体验。

2. 考虑材料的清晰度和尺寸。小的物体可能很难让一些儿童看到、操作,或与他们现实生活中大的物体联系起来。例如,小乐高的人物角色通常是真实的人或动物的大致象征,儿童可能很难理解这些可以被用来在游戏中代表人或动物。在假扮游戏中可以使用逼真的橡皮动物和人偶。图片、拼图或玩具太多太杂也可能会抑制儿童对物体特征的理解,从而影响材料的意义和使用。

3. 考虑材料的位置。儿童需要能够很容易地在环境中看到、触摸到、听到和体验到游戏材料与物体。如果玩具架太高,他们无法拿到;椅子太高,他们的脚无法碰到地板;书籍太远,他们无法看到;或重要的声音太小,他们无法听到,这些会使儿童的游戏水平受到负面的影响。对于不能独立拿到玩具的儿童,要确保物体摆放在儿童够得到的位置。把两个玩具放在一起会在某种程度上鼓励儿童把两个玩具组合起来。

4. 让儿童熟悉可以找到材料的地方。正如儿童依靠课堂常规来指导他们每一天的生活一样,他们依靠环境的可预测性来指导他们的游戏。高水平的游戏需要以创造性的方式结合不同的玩具和材料。重要的是,让儿童知道在哪里可以找到这些材料,以帮助他们组织自己的游戏。例如,如果儿童去寻找假扮游戏所需的物体,但所需物体并不在他们期望的地方，儿童可能会很失望地放弃这个游戏，或寻求成人的帮助。有条理的、可预测的环境可以最大限度地减少这些不好的结果。

Ⅴ. B. 哪些方式最能体现儿童在不同类别的游戏中行为的复杂性？

儿童通过观察、操作、实验和组合物体来制订游戏的顺序，并再现他们所看到或想象到的事件。当他们进入社会性假扮游戏时，他们学会了如何将他人融合进他们游戏的序列中。有特殊需求的儿童可能会在一些或所有的这些技能上存在问题。他们可能会选择有限种类的玩具和材料，对物体进行有限数量的操作，组合少量动作序列，并在所有类型的活动中重复相同的动作或序列。例如，有发育障碍的儿童可能会反复选择相同的玩具，比如玩具汽车，而不是研究新的物体。他可能会重复熟悉的动作，例如推或扔，而不是尝试新的动作或发现新的关系。由于儿童进行的动作数量有限，所以创建的游戏序列的数量也会受到限制。缺乏扩展的行为将儿童限制在发展水平较低的游戏类别中，结果就导致了复杂性和条理性较低的游戏。因此，这类儿童需要依靠成人或同伴引入其他的玩具或动作，建议游戏的顺序，或建构社会互动。以下是增加儿童游戏的复杂性的一些建议。

人际互动策略

1. 注意观察练习和持续症的差异。练习对儿童很重要。当玩具、材料或动作都是新的时，重复游戏可以使儿童练习新技能。当儿童只能进行重复或只想重复，这就变成了一种持续症。成人需要通过示范另一种行为来给儿童另一个游戏的选择，或者给儿童一些可以与玩具结合的东西来鼓励其他行为。例如，如果儿童反复推车，不做其他任何事情，成人可以模仿儿童用汽车做一些不同的事情。如，成人可以把胶带放在地板上当作"道路"，或者用杂志制作一个斜坡，让车子滑下去。也可以添加一辆后面车厢装满（积木块）的自卸卡车。请注意，成人有意识增加的多样变化是激励儿童进行更多的游戏的方法。如果儿童玩某种玩具或做某个动作成了强迫性的而停不下来，可能需要引入另一个有激励作用的替代物。

2. 引入组合游戏。可以用多种方式将玩具和材料进行组合。在前面的案例中，添加胶带或积木块可能足以激发儿童尝试新的动作。有时引入独特的动作或材料也会引起儿童的兴趣，鼓励儿童模仿新的动作；例如，把车开进一个鞋盒子"车库"里，用一个塑料的苹果假装给洋娃娃喂真正的苹果，或者将选好的球和其他物品藏在一个空的纸巾盒中，玩"捉迷藏"游戏。

3. 用玩具展示新颖的动作。上发条的玩具或提供大量刺激的玩具通常会吸引儿童的注意力，并鼓励儿童实验以重现玩具的效果。注意儿童喜欢什么样的效果（例如，听觉的、视觉的、触觉的、动觉的），给儿童提供具有这种效果但又需要因果行为的玩具。例如，如果儿童喜欢发出声音的东西，给儿童能够发出声音但又需要不同的动作来发出声音的物体（例如，有旋钮的收音机,带有按钮的电视遥控器,带有小钥匙的发条玩具,摇动曲柄就有玩偶跳出的玩具盒)。这将帮助儿童学习发现不同玩具的多种可能性。

4. 给儿童的动作添加一个步骤。无论儿童做什么,不管是一个动作还是有三个或四个步骤的动作,成人总是可以为儿童的动作序列设计一个额外的动作。示范一个新的动作会给儿童提供一个新的想法来添加到他全部的动作中。例如,如果儿童重复喂宝宝,然后把它放在床上睡觉,成人就可以添加一步。"哦！宝宝尿了,她需要换尿不湿。"如果在成人的建议下,这个步骤被多次添加在游戏中,之后在没有成人支持的情况下,儿童很有可能会自发地添加这个步骤。

5. 讨论玩具的特征。通常,有特殊需求的儿童只关注物体的一个特征或功能。成人可以帮助儿童学习分析材料,以确定与某些功能有关的特征。成人可以指出某些特征,并将它们与儿童已经知道的东西联系起来；例如:"你看,布莱安娜,它有一个按钮,就像你的录音机一样。"看看儿童是否会将它们联系起来并按下它。如果需要更多的提示,成人可以说,"如果你按下它会发生什么呢？"如果儿童不回应,成人按下按钮,让儿童可以观察到这个动作与之后发生的结果之间的关系。

6. 提出问题鼓励探究。提问可以帮助儿童思考游戏序列中的下一个动作或步骤,例如:"我们还能在洞里放些什么？""你能找到别的办法吗？""现在宝宝已经饱了,那她想做什么呢？"这些问题可以帮助儿童思考超越他们目前所看到或想到的问题。

7. 不要忘记声音游戏。无论儿童的发展水平如何,玩声音、节奏、歌曲和舞蹈都可以激励儿童尝试有创造力的游戏形式。

8. 运动也可以涉及更高水平的游戏。运动也可以是假扮游戏的一部分。摇摆木马、阶梯、钓鱼竿以及其他鼓励运动的玩具和材料都可以成为故事表演的小道具。马(玩具木马)可能会被骑到山上去远足(上楼梯)或被骑到钓鱼的湖边(使用钓鱼竿)。几乎所有的材料都可以成为故事中另一个物体的表现形式。

环境调整

除了人际互动策略可以支持儿童进入到更高水平的游戏,环境调整往往也是有用的。根据 TPBA2 的结果,团队可能需要考虑以下一些环境调整。

1. 确定"合适"数量的玩具或材料。有选择是很重要的,这样儿童有游戏的动机,但选择太多会使儿童被各种各样的选择弄得不知所措。

2. 有多个相同的玩具。多个相同的玩具可以减少儿童之间的冲突。同时也可以使儿童观察其他人是怎样玩这个玩具的,有一个行为的参考示范。

3. 提供合适的玩具和材料。合适的玩具可以让儿童更容易操作。拼图或旋转装置上的大旋钮、蜡笔或记号笔的柄、机械装置上容易启动的开关、粘贴在玩具上的触碰开关等这些选项,可以使儿童识别关键的方面。在橡皮泥中加入香味可以吸引儿童的注意力,有鲜明对比的颜色或灯光会使玩具更容易被看到。

4. 提供适应性的环境。适应性的环境可以让有特殊需求的儿童玩起来更容易。例如,对于坐起来有困难的儿童,合适的座椅可以让儿童在游戏中更好地控制自己的手臂、手和手指。在玩具上添加其他材料(如,积木上的魔术贴)可以为控制动作有困难的儿童提供支持。稳定的材料也是一个简单的适应,如贴纸,这样儿童画画时就不用担心纸会移动。

5. 充分利用儿童的长处来选择玩具和材料。例如,与打开开关会发出声音的玩具相比,具有闪烁灯光的玩具对聋哑儿童更有益。触觉防御的儿童可能不想玩毛绒玩具或手指画。这并不意味着儿童永远不会接触到这些材料,相反,如果对儿童的发展很重要,成人可以逐步地向儿童引入他们避开或抵制的玩具。

V.C. 幽默感展现了儿童怎样的认识能力?

儿童发现的幽默可以在很大程度上揭示他们的认知理解,特别是对于那些不能通过动作或语言来表达认知技能的儿童。人们发现有趣是一个累积的过程。作为成人,我们会因感官体验而笑,如挠痒痒,但我们也会因复杂的笑话而笑,这需要在生活中或事件中对语言和"不合常理"进行理解。因此,随着儿童概念理解能力的发展,幽默欣赏能力提升的迹象也应该是显而易见的。对于儿童来说,幽默感在他们的游戏中通常是最明显的。社交是促进儿童幽默感发展的主要因素。共同的笑点在某种程度上可以使儿童聚在一起,这与其他类型的社会互动有着本质的区别。以下策略突出了提供幽默感发展机会的方法。

人际互动策略

1. 解释某些情境为什么是有趣的。儿童可能无法看到或理解幽默情绪发生的不合常理的情境。例如,阅读关于豪猪的书时,家长可以指出豪猪打伞的图片,豪猪的刺都戳在了伞上。如果没有父母的解释,孩子可能不明白这为什么可笑。

2. 创造有趣的情境。成人喜欢用感官体验来使儿童发笑,尤其是当他们还是婴儿和幼儿的时候。他们挠痒痒,摇晃,和孩子一起跌倒。这种玩闹性的互动应该随着儿童的长大而继续,但也应该扩展到更高层次的幽默类型。家长可以使用不寻常的方式(例如,试图把孩子的鞋穿在成人的脚上),并开始以多种方式使用词汇。几乎任何有多重意思的词汇都可以用幽默的方式进行使用。例如,父母和孩子都在填色,孩子问:"你想要橘色吗?"家长回答说:"哦,是的,我喜欢吃橘子!"孩子会笑着说:"不,妈妈!不是那种橘子,是橘色!(举起橘色蜡笔)"这有助于儿童增加概念上的理解,同时也可以培养幽默感。

3. 给儿童指出有趣的事情。用幽默的情境吸引儿童的注意力。一天中有很多小事情是幽默的,寻找机会向儿童指出来这些。例如,蚂蚁携带了十倍大小的碎屑,溢出的牛奶看起来像一只小鸟,水流到下水道时发出的声音,等等。

4. 用幽默化解困境。幽默能分散和转移感情。例如,当儿童试图穿上她的鞋子,因为感到沮丧而哭泣时,家长可以说,"难怪你不能穿上它们,那是我的鞋子!"然后努力穿上一只。

5. 分享书籍、歌曲和诗歌。阅读或歌唱有趣的材料时,使用夸张的情感和语调。这为儿童强调了有趣的部分。当成人笑的时候,通常也会引起儿童的笑声,然而这时成人可能需要解释有趣的事情是什么。

6. 指出什么是不好笑的。幽默也可能会伤害别人。成人需要帮助儿童理解当说某些事情时是不好笑的(例如,"你像圣诞老人一样胖!"),以及为什么有些情况可能看起来很滑稽,但在现实生活中并不好笑(例如,卡通书中坐在狗身上的大象)。

环境调整

1. 利用有趣的书籍。阅读含有幽默的语言[例如,《哞咩啦啦啦》(*Moo,Baa,La-la-la!*);《食物大战》(*Food Fight!*);《古纳什小兔:警示故事一则》(*Knuffle Bunny: A Cautionary Tale*)]、有趣的情境[例如,《别让鸽子开巴士》(*Don't let the Pigeon Drive the Bus*);《奥莉薇》(*Olivia*)],以及有趣的诗歌(例如,《人行道的尽头》(*Where the Sidewalk Ends*)]的书籍。读书时,使用之前的策略。

2. 提供令人惊奇的玩具。幽默是惊喜,所以有意想不到的动作或结果的玩具、游戏和材料都会给笑声制造机会(例如,将气泡喷射到空中,会跳的青蛙,能扮演愚蠢角色的材料)。

5.6 为需要支持以提高游戏复杂性的儿童提供的常规活动

5.6.1 日常常规(家庭和教室)

喂食/进食

虽然用餐时间通常不是玩的时间,但在用餐时可以鼓励游戏的某些方面。观察他人、轮流使用、模仿和声音游戏都可以很容易地整合到用餐时间中。此外,用餐时发生的事情通常会在之后的假扮游戏中重演,因此用餐实际上也鼓励了假扮游戏的发展。成人和年龄大一点的儿童都可以是年幼儿童的榜样,示范动作(例如,倒牛奶)、发出声音(例如,"好吃,好吃!")以及吃饭时交谈。成人也可以演示如何使用工具(例如,一起使用刀和叉),强调动作的顺序(例如,将食物放在嘴里,咀嚼,吞咽),和模仿他人在做什么(例如,爸爸吹了吹他的很烫的鸡肉,我也要吹吹我的鸡肉)。用餐时间也提供了有趣的语言和情境。

换尿不湿/如厕

虽然换尿不湿、如厕通常不是有趣的情境,但是这样做对儿童和父母都是有益的。换尿不湿时,儿童可以握着一个物品玩耍,进行面对面游戏,并且在游戏中可以用他的脚进行互动。这也可以是一个声音游戏和唱歌的时间。假扮游戏对要学习使用厕所的儿童具有很好的激励作用。在假扮游戏中,儿童给洋娃娃如厕的一系列动作可以用到自己身上(反之亦然)。

穿衣

穿衣可以很容易地成为一个游戏活动,如前所述,无论是和洋娃娃还是照料者,都可以进行游戏。穿衣可以涉及歌曲(例如,"这是我们穿上衬衫、穿上衬衫、穿上衬衫的方式")、猜测游戏(例如,"我有一个东西,两条腿都是蓝色的"),或轮流的动作(例如,"先给宝宝穿上衣服,再给自己穿上衣服")。

外出

步行或开车到达目的地的过程都可以涉及唱歌、表演或轮流游戏。如果是步行,还可以加入体育游戏,例如快走或慢走、单脚跳、跳跃、快跑等。儿童可以假装把娃娃带到了商店或公园。在车上,可以唱歌和做手指游戏,或者玩"我看见"(I See)游戏,例如:"我看到了停车标志!还有谁看到停车标志了吗?你看到了什么?"对于年龄较大的儿童,可以使用线索进行暗示,例如:"我看到的东西是很大的,有躯干,还有绿色的叶子。"

5.6.2 游戏常规(家庭和教室)

面对面游戏

面对面游戏是儿童参与的第一种类型的游戏,面对面游戏在整个儿童早期都是有趣的。婴儿从面部模仿开始,进而在譬如躲猫猫这样的游戏中模仿手势姿态。到了学前期,幼儿喜欢加入到成人的歌曲和手指游戏中。手指游戏是帮助幼儿进行更复杂的语言和手势游戏的好方法。手指游戏需要对思维和动作进行排序。在幼儿能够轻松地模仿简单的动作之后,就可以引入手指游戏了。成人说话或唱歌时应慢一点,同时做出相应的手势。让幼儿在进入下一步之前能模仿语言或手势。当幼儿开始预测语言和手势时,成人可以加快速度。让幼儿自己选择想要唱的歌曲或想要做的手指游戏,让她自己尽可能地完成动作,这有助于顺序记忆的发展。

体育游戏

体育游戏通常涉及动作的排序(例如,骑三轮车,要先放好脚和手,然后协调双脚相互运动)。成人可以通过引入需要额外思考和动作的道具或步骤来增加体育游戏的复杂性。例如,当婴儿学会爬行时,可以引入能够穿过或可以在下面、上面、四周爬行的物体,以提高婴儿计划运动的能力。把儿童想要的玩具放在一个需要新动作才能拿得到的地方,这是一个简单的激励因素。随着平衡能力和技能的提高,学步儿有能力攀登或移动他们的身体。他们可以开始模仿需要全身运动的歌曲,例如,《我是一个小茶壶》(I'm a Little Teapot)。对于大多数儿童来说,语言会刺激动作记忆,虽然反过来也是可能的。完成需要使用不同身体部位的动作需要学龄前儿童的身体更协调,例如,骑三轮车。涉及穿越障碍和动作序列的游戏,能帮助儿童练习动作的顺序,如圆圈舞(the Hokey-Pokey)。成人的演示能促进儿童最初的参与,但慢慢地应该让同伴取代。

操作性游戏

对于一些残障儿童来说,操作小物体和玩那些需要使用手指的玩具是很困难的。使用较大的材料可能有助于他们取得成功。例如,如果儿童玩小型乐高有困难,那么大块的乐高可能更容易操作。也可以采取简单的组合,例如把玩具放在某些东西里面,然后再拿出来。为了提高操作性游戏的水平,儿童需要思考不同的动作,并尝试用新的方法来游戏。引入具有相似属性的新物体可以帮助儿童获得新的视角。例如,如果儿童难以给洋娃娃的衬衫系上纽扣,那么把硬币投进盖子上的扁孔里的游戏可以帮助儿童理解这个序列。当儿童给洋娃娃穿衣服时,成人可以指出相似的地方:"还记得你是如何把硬币放进扁孔里的吗?把纽扣放进这个孔里,然后把它拉出来!"

对于精细动作有问题的儿童,调整材料可能会有所帮助。给儿童选择的玩具增加手柄可能会有帮助。例如,热熔胶这样的材料可以被制作成儿童能握住的形状。

视觉障碍儿童可能需要减少游戏区的杂乱,这样他们才能看见较小的物体。注意颜色和背景也很重要。使用放大设备也可能有帮助。

增加游戏序列中动作的数量以及儿童使用的各种各样的动作,可能需要成人或同伴的示范、语言上的建议或动作上的提示。

感觉游戏

感觉游戏通常是探索性的。在沙坑里或在浴缸里玩耍通常以"倾倒"和"填充"为特征。在沙子中加入水可以把孩子带入到建构游戏中,用沙子建造城堡或墙壁。雪可以用来堆雪人或雪城堡。把厨房的工具放到浴缸里,例如,筛网、量杯、滴管,这些可以鼓励儿童进行实验。像泡泡浴液和沐浴玩具这样的材料可以帮助儿童在浴缸壁上进行艺术创作,人偶玩具和塑料碗可以成为假扮游戏中的海盗和船。塑料娃娃、海绵、婴儿洗发水和其他洗浴用品的加入可以鼓励儿童进行游戏,也有助于儿童练习洗澡的动作顺序。

假扮游戏

假扮游戏始于熟悉的日常活动。正如前面指出的,将娃娃添加到日常活动中,鼓励儿童在游戏中重演这些序列。成人可以通过鼓励儿童将书中或电影中的故事表演出来,将其引入到更高水平的假扮游戏中。提供与故事有关的道具以促进儿童回忆动作。表演故事使得儿童超越了简单动作序列的角色扮演,而进入到事件序列和叙事复述的表演中。

发育迟缓的儿童可能需要成人或游戏同伴来示范或者提醒他们下一步的动作。大肌肉动作和精细动作有问题的儿童可能需要适宜的环境,使他们能够参与到假扮游戏中。需要给轮椅、助步车或"旁观者"留出许多空间。道具可能需要放置在容易拿到的较低的地方。对于难以握住玩具的儿童,可以用魔术贴粘在玩具上,或用一个粘扣带固定在儿童的手掌上。

对认知延迟或视力有问题的儿童来说,使用真实或现实中的道具是很重要的。在假扮游戏开始之前,成人需要确保视力障碍儿童了解游戏中的每一个物体是什么,以及如何使用。成人需要让儿童熟悉道具的位置,对于有视力障碍或不能看见同伴在做什么和道具放在什么位置的儿童,成人可以为他们叙述发生了什么。按照需要的顺序排列道具,也有助于第一次参与假扮游戏的儿童。

对于失聪或听力不好的儿童,成人需要教同伴如何在这些儿童面前定位,这样他们就可以看到他们的嘴巴、姿势或手势了。可以将故事中的动作顺序和制订好的事件顺序的图片贴出来,以便让儿童可以看到接下来会发生什么。

5.6.3 阅读和学习常规

圆圈时间

当给一群儿童阅读时,成人应该尽可能地融入到儿童中。确保所有的儿童都能看到、听到和理解正在读的内容。这可能意味着要使用大尺寸的书籍,使用实物来解释概念,使用动作和姿势来表演故事,或让儿童用自己的方式讲述这个故事。圆圈时间应该是一个有趣的、互动的时间。

一对一阅读

对儿童来说,阅读应该是有趣的体验。当儿童阅读书籍时,学习也将会发生,但这并不是强调的唯一重点。让儿童的兴趣引导阅读。根据儿童的发展水平,成人可以帮助他/她学习动作的序列,预测接下来会发生什么,并填补书中的单词、短语或句子。成人也可以在阅读时指着单词,这就为儿童演示了书籍的阅读顺序以及口语与书面文字之间的联系,并且随着对故事的熟悉,也能使儿童开始认识故事中的词语。当儿童开始认识字母时,就可以提示他们把字母和字母发音联系起来了。

科学与数学

科学与数学涉及关系的发现。作为儿童游戏,成人可以帮助儿童进行比较,指出相似性、差异性、相关性,理解因果关系。例如,当儿童在拼凑一个农场动物的拼图时,成人可以这样说:"鸭子和鸡都有两只翅膀和两条腿,它们都是鸟类。你看看小牛,小牛有几条腿?"只要儿童感兴趣,这样的讨论就可以继续下去。

案例：瑞尔

瑞尔是一名2岁的孩子，他家——包括他的爸爸马可、妈妈安娜、哥哥胡安和卡利托——刚刚从西班牙搬到美国。他的两个哥哥已经被确诊患有脆性X染色体综合征。基因检测之后，瑞尔也被认为患有脆性X染色体综合征。瑞尔的父母急于对瑞尔进行早期的干预。他们表示他们担心瑞尔短暂的注意以及重复性的动作。他们希望瑞尔能够独立地游戏，也可以跟他的两个哥哥一起玩。瑞尔最喜欢的玩具是小汽车和卡车，但是他玩这些玩具仅限于制造汽车噪音和推动汽车在地板上跑。他偶尔会去玩其他的玩具，但是他的注意是短暂的。他和他的哥哥们在相同的区域玩耍，但是不会观察以及参与到他们之中。

在第一次的家庭拜访中，一位早期干预专家金姆，想要了解瑞尔的游戏技能，并且帮助他的家庭制订干预计划。她首先与瑞尔以及他的父母一起坐在地板上。瑞尔玩着他的卡车并且不停地来回推动着卡车。金姆建议瑞尔的爸爸坐在他身后，妈妈则坐在他前面几英尺的地方。她表明她愿意帮助瑞尔将他最喜欢的游戏融入到社交活动中。她让马可帮助瑞尔将卡车推到安娜的方向。当瑞尔放手让安娜抓住卡车时，她建议他们表现出兴奋和赞许。然后在将车子推回到瑞尔的旁边时他们再次欢呼。经过几个来回的练习，金姆建议马可不要帮助瑞尔，看他自己是否能操作一遍。安娜满怀期待地将手伸出等待车子过来。瑞尔将车子推向了她。马可和安娜互相看了对方一眼，接着看向瑞尔，微笑并欢呼。经过几个来回之后，安娜让5岁的胡安坐在她的前面，哥哥再一次来回地推动着车，游戏又开始了。金姆解释说，这个游戏有利于男孩们的社会性发展，他们可能需要这个游戏中得到一些支持，直到他们在没有父母鼓励的情况下找到活动的乐趣。然后，金姆建立了一个沙发枕头隧道，让汽车通过，并向男孩们展示如何将车瞄准隧道。她也将一个球加入到了游戏中。

金姆表示她希望看到瑞尔扩展他的游戏兴趣以及他玩玩具的行为。她建议他们可以开始尝试将汽车和卡车与其他玩具和材料相结合。她询问瑞尔喜欢的其他玩具和材料。马可说他喜欢水和洗澡；安娜补充说他喜欢戏水。干预专家表明也许他们可以找出一种方法，结合瑞尔喜欢的活动来扩大他的游戏内容。他们赞成让瑞尔先洗个澡以便于他们可以尝试一些新的想法。瑞尔激动地期待着洗澡，马可带着瑞尔去浴室将浴缸放满水，金姆让安娜从厨房里带一个塑料碗或容器，以及其他可以放在浴缸里的厨房用具。金姆带着一些塑料汽车和公仔进去了浴室。瑞尔迅速地脱掉了他的衣服进入浴缸里，他开始玩水并大笑。马可说:"他喜欢玩水，我们需要十条毛巾来清理。"金姆说:"让我们看看我们是否能让他对水里的玩具感兴趣。"她把他最喜欢的卡车放在碗里,让碗漂浮在水上。瑞尔停止了玩水并且看着卡车。他拿起了卡车,并试图在水里"开"起车来。卡车在水上漂浮了几分钟,然后下沉。他看着它。金姆将车子从水里拿了出来,倒掉车内的水,并将它装回碗里。瑞尔将顺序重复了一遍。金姆讲述正在发生的事情:"看!瑞尔,碗漂起来了,卡车正在下沉!就在这里!将水倒出来!"她向马可和安娜解释说瑞尔正在使用卡车达到不同的游戏目的,并实验其中的因果关系。他们笑了,坐在瑞尔身边开始摆弄玩具和厨房用具。以下的计划是从与瑞尔父母的后续讨论中得出的。

人际互动策略

1. 在游戏中使用夸张的动作和表情来吸引瑞尔观看与参加。

2. 经过几轮瑞尔喜欢做的事情后,在游戏中引入另一个动作、声音、文字、玩具或材料。

3. 让瑞尔和胡安一起玩游戏,并告诉胡安做什么以及原因,这样他就可以在你不在场时重复地玩这个游戏。这将有益于两个男孩。

4. 瑞尔喜欢自己所熟悉的游戏方式,但他也需要学习新的方式去玩游戏。让瑞尔坐在你的双腿之间,通过动作来指导他,直到他理解这个序列,这样当你引入新的活动、玩具或动作时,瑞尔能回应这样的安排。你也可以通过大的声音或动作使新的活动有趣。

5. 不要害怕显得很蠢。瑞尔喜欢笑和发出声音,所以让大家都玩得开心。

环境调整

1. 家庭成员都靠近瑞尔坐下,让他意识到自己的存在。

2. 使用瑞尔喜欢的玩具和材料,以拓展他游戏的序列。添加有趣或令人惊奇的材料来引起他的兴趣。

3. 把洗澡时间当作一个有趣的游戏时间,并且引入新的话语和游戏序列。尝试每次使用不同的一个或两个玩具,这样让每次洗澡都有不同的尝试,并且可以引入新的游戏序列。

4. 如果可能的话,和其他孩子玩游戏,这样他们兄弟几个会有其他的榜样和玩伴。

5. 在游戏中使用各个房间中真实的物体,然后你可以在与孩子们的假扮游戏活动中示范如何使用这些物体。

参考文献

Boynton, S. (1995). *Moo, baa, la-la-la*! New York: Little Simon.
Falconer, I. (2000). *Olivia*. New York: Atheneum Books.
Shields, C. D. (2002). *Food fight*! Brooklyn, NY: Handprint Books.
Silverstein, S. (1974, 2004). *Where the sidewalk ends*. New York: HarperCollins.
Willems, M. (2004). *Knuffle bunny: A cautionary tale*. New York: Hyperion Books.
Willems, M. (2003). *Don't let the pigeon drive the bus*. New York: Hyperion Books.

不同发展年龄的干预要点

以下建议针对的是处于相应发展水平的儿童。这些建议并不是全面的,而是表明了可能探索的领域。

发展年龄	游戏兴趣	干预要点
0—3个月	喜欢看着他人;移动手臂和腿;用感官探索,尤其是嘴。	进行面对面游戏、体育游戏。 拿那些可以被咬的物体玩。 用夸张的嘴和手臂动作进行模仿。
3—6个月	喜欢感觉游戏,开始用手和脚去探索因果关系。 喜欢声音(如摇铃)、体育游戏、声音游戏;去拿想要的物体。	演示因果动作。 设置环境,使儿童的行为能引起有趣的效果。 玩需要用嘴进行的游戏(例如,吹泡泡)和挠痒痒。
6—9个月	喜欢社会性游戏(例如,躲猫猫)。 组合物体,为不同的目的使用物体。	演示把物体放在一起。 使用需要不同动作的玩具(例如,戳、推、拉、转),以使某些事情发生(例如,装有小人的盒子)。 考虑物体的特征。
9—12个月	喜欢让东西"走"。 开始假扮游戏(例如,假装喝饮料、吃东西),喜欢社会性游戏[例如,"真大啊"(So Big)]。 喜欢追逐游戏;喜欢组合物体(例如,把东西放进去)。	引入可以推或拉的玩具、带弦和手柄的玩具。 用塑料盘子和杯子假装喝酒和吃东西,并且轮流进行。 以第一个单词或动作开始,引导儿童参加社会性游戏。 为儿童提供有不同开口且大小不同的容器,让儿童可以放东西进去。 演示以不同的方法组合物体(例如,在上面、在里面、在一起、在下面)。 当需要时使用适应性设备(例如,开关玩具)。

续表

发展年龄	游戏兴趣	干预要点
12—18个月	模仿别人；喜欢玩洋娃娃；触发玩具"做"一些事（例如，移动，照亮，发出声音）。 喜欢水和自由游戏。 与同伴进行平行游戏；用真实的玩具做游戏（如电话）；在彼此的头上堆积物体。	将洋娃娃引入到各种日常活动的情境中（例如，洗澡、穿衣、喂养、散步），让儿童计划如何将洋娃娃整合进来。 在洗澡时间引入玩具和材料；有游戏时间。 演示堆叠和嵌套，以鼓励对大小、形状和平衡进行实验。
18—24个月	在游戏中使用象征性的物体（例如，假装倾倒）；在假扮游戏中组合物体（例如，装满自卸卡车）。 在游戏中组合三个步骤（例如，喂养娃娃，然后放在床上，说："晚安。"）。	利用周围日常的情景和特殊事件进行假扮游戏。 在假扮游戏中使用真实的物体。 当儿童停止或开始重复时，再示范一个动作。 根据需要使用适应性设备。
24—36个月	用积木进行简单的建构游戏；装扮游戏；超过四个步骤的假扮游戏。 利用书籍、电影中的场景进行假扮游戏；会发觉一些有趣的语言。 具有戏剧化的情感；在假扮游戏中替代不真实的物体（例如，用香蕉代表棍子）。	使用各种材料进行建造（例如，积木、牛奶箱、棍子、沙子）。 在看完电影或读完一本喜欢的书后，提供道具再次表演，从儿童记得的地方开始。 一边唱歌一边做手指游戏。 做需要多个步骤的在操场上的运动活动。
36—48个月	搭建围栏；喜欢小型的假扮游戏；喜欢猜谜；喜欢和同龄人一起玩。 喜欢在游戏中加入主题（例如，当一个英雄）和用自己的生活事件进行游戏表演。 喜欢音乐、唱歌和跳舞。	构建微型场景，包括人偶玩具和故事对话。 通过让每个儿童说出对游戏的想法，鼓励和同伴一起游戏。 把音乐和舞蹈融入到带有服装和乐器的游戏中。 将假扮游戏融入到户外的大肌肉运动中。 在可能进行模仿的室内和室外进行轮流游戏。
48—60个月	在假扮游戏时创造详细的故事； 喜欢押韵和没头脑的话。 喜欢追逐游戏；在轮流游戏中制订自己的规则（例如，卡片或棋盘游戏）。 在社会性假扮游戏中协商角色；创造自己的服装。	提供简单的室内和室外的轮流游戏。 编排押韵的歌曲和舞蹈。 提供奇特的道具和材料，鼓励用小型作品和假扮游戏创作社会性游戏。
60—72个月	喜欢编造复杂的故事并表演出来。 喜欢卡片和棋盘游戏。 开始在游戏中使用规则（例如，体育运动）。	鼓励儿童创作他们自己的游戏、对话、道具和服装（每一个都包括计划和创作的顺序）。 玩各种涉及策略的游戏。

第六节　提高概念性知识的策略

目标达成量表

1	2	3	4	5	6	7	8	9
识别熟悉的声音、气味、味道、人、动作和物体。		注意突出的属性,能看到相似性和差异性,并且能为一些动物、人、物体、动作和事件贴上简单的标签。		能识别、讨论或根据具体的相似性和差异性将动物、人、物体、动作和事件进行分组或分类,如类型、位置、用途、关系和/或因果关系。		通过具体和抽象的概念与类别,能识别、描述和组织想法及动作。正在形成一个将新概念和规则结构化并关联起来的分类系统。		描述、比较、区分和理解概念的各个方面的个性特征和动态(例如人物、地点、时间、原因以及方式)。了解数学、物理、生物、心理和读写概念之间的逻辑关系,并可以通过符号表征来分享想法。

概念性知识(Conceptual Knowledge)是儿童通过将"碎片化"的信息进行组合分类、建立联系而得到的自己的理解。分类可使幼儿将感官信息划分为可管理的、关于相似事物的单位。信息分类使得检索信息更容易,并提供了比较和组织新信息的方式。

通过学会区分物体、人和事件的特征,儿童增长了对世界是如何运作的认识。概念发展包括几个步骤:(1)识别物体、人、行为或事件的显著特性;(2)注意相似性和差异性;(3)通过确定其共同属性并将它们归类,开始发展类别概念。因此,对于概念化来说,注意、记忆和解决问题的能力是很必要的(参见TPBA2第七章第一、二、三节和TPBI2第八章)。

因此,概念性知识和分类知识是组织输入到大脑的信息的方式,以便被使用。与物理知识有关的概念的发展,以及涉及心理操纵(Mentally Manipulating)这些概念的认知过程的发展,导致了与心理学、生物学、数学和物理学相关的分类系统,以及更高水平的思维能力。

分类知识(Categorical Knowledge)的发展为儿童加工感官信息提供了重要的组织框架。将信息分类,个人能够管理无限多细节,还能在记忆中有组织地存储信息,从而使检索更有效率。信息分类也使得新的刺激能够被快速地分析和融入到现有的概念类别中。将词语进行分类可以帮助儿童交流他们的想法。而哪些类别是最相关的,则部分取决于儿童的经验。

儿童首先通过分析动物的特征,例如脚的数量、是否有翅膀、身体的形状、身体覆盖物的类型、如何移动等,来了解他们看到的是什么动物。此外,当儿童在现实生活中、在书本上、在各种媒体上看到不同的动物时,他们开始思考不同类别的动物。这些类别将受到逻辑和经验的影响。一个生活在农村的儿童可能主要根据它们是"野生"还是"农场"的动物来进行分类。住在城市的儿童最初可能认为动物是生活在"农场""动物园"或是"宠物店"里的。生活在乡野之地的儿童,那里的动物主要是作为食物,他们可能通过它们是否可以吃或者它们是否危险来对动物进行分类。对于这些儿童来说,分类动物的能力可能是一个生和死的问题,因此,分类系统可能比生活在城市或农村的儿童更加详细和明确。虽然通过环境要素进行分类无疑是一种普遍的范畴,但发展、文化和经验也有助于提高个体概念体系的复杂水平和程度。

6.1 适当的概念性知识

婴儿在出生前就开始对感觉输入进行分类。他们感觉到运动,听到声音,并被不同类型的输入信息唤醒和安慰。出生后,他们立即开始注意到人,并识别熟悉的人、声音、气味和味道。儿童开始接受他们的环境以及熟悉物体的动态的或变化的方面。增加注意和记忆技能有助于他们区分人、物体、动作和活动。到第一年末,婴儿可以识别出以不同方式操作的玩具,以及那些需要成人帮助进行操作的玩具,他们也能识别出不同的动物、人、动作和活动。

6.1.1 实践中适当的概念性知识

Ⅵ. A. 儿童能识别什么样的异同?

日常常规(家庭和教室)

- 婴儿/学步儿:婴儿认出了奶瓶,即使是一个新的,他也准备去吸。学步儿认出奶奶的房子,兴奋不已。
- 幼儿:幼儿意识到她不在公园里,变得很失望。

游戏常规(家庭和教室)

- 婴儿/学步儿:婴儿看到他最喜欢的拨浪鼓旁边有另一个物体,他拿起拨浪鼓,并把它放进嘴里。学步儿拿着她的洋娃娃,找到一个玩具奶瓶,假装喂宝宝。
- 幼儿:幼儿翻看着玩具,寻找会骑摩托车的活动玩偶。

课堂常规

在圆圈时间,老师问,"有人曾经像故事中的女孩一样害怕过吗?"杰里迈亚回答说:"我迷路的时候很害怕。"

Ⅵ.B. 什么可以作为儿童具备概念性或类别知识的证据？

日常常规（家庭和教室）

- 婴儿/学步儿：婴儿看到一个新的玩具，拿起来咬了一下。学步儿看到一只知更鸟，说："小鸡。"
- 幼儿：幼儿拿出水果麦圈，并按照颜色堆放在一起。

游戏常规（家庭和教室）

- 婴儿/学步儿：婴儿爬到咖啡桌旁，扶着桌子站起来，笑着，并开始把桌子上的每一个物体扔到地板上。学步儿坐在地板上，把拼图块放在正确的空间里。
- 幼儿：幼儿整理玩具盒里的玩具，把所有的恐龙都拿出来。

课堂常规

在科学角里，梅根把那些浮在水面上的东西放在一堆，把沉在水里的放在另一堆。

Ⅵ.C. 哪些行为表明儿童将概念性知识整合到了一个分类系统中？

日常常规（家庭和教室）

- 婴儿/学步儿：当不熟悉的成人的声音靠近时，婴儿就会啼哭。学步儿在家人的鞋子中寻找自己的鞋子。
- 幼儿：幼儿把盘子里的莴苣挑出来说："我不喜欢吃蔬菜。"

游戏常规（家庭和教室）

- 婴儿/学步儿：婴儿拿起玩具，先挥动，然后敲击玩具。学步儿把玩具娃娃排成一列，然后用毯子盖住每个玩具娃娃。
- 幼儿：幼儿从内到外、从上到下有条不紊地给洋娃娃穿衣服。

课堂常规

在假扮游戏区，米格尔正在扮演医生。他把他的"器具"放在一个口袋里，把药水和绷带放在一起，并标上"X R A"，他把它们放在床上。

Ⅵ.D. 儿童对数学和科学中的测量概念的理解程度如何？

日常常规（家庭和教室）

- 婴儿/学步儿：婴儿听到狗叫，然后爬到窗口去看。学步儿看到她的哥哥有两块饼干，然后就哭了，因为她只有一块。
- 幼儿：幼儿帮忙摆餐桌，给五个家庭成员放足够的餐巾纸。

游戏常规（家庭和教室）

- 婴儿/学步儿：婴儿每只手里都拿了一块积木，然后把它们放在一起。学步儿说："我想要三块饼干。"
- 幼儿：幼儿正在玩桌面游戏，用他的棋子数了三格。

课堂常规

在假扮游戏中，米格尔"医生"让爱丽儿站在秤上。他看着秤说："你的体重是40斤。"他把温度计放在爱丽儿的嘴里："你的体温是200度。"他把听诊器放在爱丽儿的胸口："你病得很重。我数了11次心跳。"

6.2 支持适当的概念性知识的一般原则

成人与儿童在一天中的许多互动，都可以鼓励儿童把经验进行区分和分类。以下是成人在与儿童的互动中经常无意识地实施的策略。

6.2.1 指出物体的相似性和差异性

成人经常帮助儿童分析他们自己的经历。成人可以通过与其他人、物体或事件相比较，来向儿童指出相似性和差异性。例如，在幼儿园，老师经常让幼儿按某些特征来排队。老师可以说："所有棕色头发的同学排成一队，所有穿裤子的同学排成一队，所有卷发的同学可以排成一队。"这个活动鼓励儿童看看自己和别人，然后来确定特征。之后，他们可以看到他们有哪些相似的地方，有哪些不同的地方。这种类型的分析是概念理解的基础。

6.2.2 把相似的物品分组

随着儿童的发展，成人通过位置、物体的类型和用途帮助他们理解分组。大多数成人会根据物品的使用地点来放置家里的东西。例如，盘子和餐具放在厨房里，毛巾和卫生纸放在浴室里。床单和毯子放在卧室的床上。成人通常也将相似的事物归类在一起。盘子叠放在一个地方，玻璃杯排放在另一个地方。成人也按物体的功能进行分类。我们吃的东西放在冰箱或橱柜里，我们穿的外套放在壁橱里。这样的组织帮助儿童看到关系。他们学会用同样的方式整理自己的玩具和材料。所有的卡车和汽车都放在一个架子上。书放在另一个书架上。在条理不明显或混乱的家庭里，儿童可能难以形成关系的逻辑模式。

6.2.3 表明关系

看到相似性和差异性只是理解概念的一个方面。儿童不仅要学会比较，还要辨别关系。理解概念之间的关系会引起更高水平的思考。例如，安妮首先要了解家庭的具体概念，如

"妈妈""爸爸"和"杰克",然后她会知道,妈妈是"妈妈"这个群体中的一个具体的人,杰克是"哥哥"这个群体中的一个具体的人。再后来,安妮将明白妈妈也有一个妈妈,她是安妮的外祖母,所有的成员都是安妮"家庭"中的一部分。当安妮明白这些关系,并开始清楚那些她已经知道的关系时,安妮的分类系统就得到了发展。

6.2.4 给类别命名

成人也可以通过为不同类别的经验贴标签来支持儿童的发展。语言本身是组织经验的一种方式。给定语言中的每个词语都与一个概念相联系。首先学会的是物体或人物的名词或标签,稍后学会的是动作,更抽象的概念如数字是再后来学会的。当儿童把单个物体的名称学会时,这些物体的类别也会获得名称,例如,香蕉是一个物体,它既被归类为水果,也是被称为食品的一个大类别中的一部分。儿童通过倾听成人和其他儿童使用这些术语来学习这些关系。成人可能会说,"你饿了吗?你想吃点东西吗?来点水果怎么样?哦,这是香蕉!"不经意间,成人就帮助儿童学习了几个概念,以及"香蕉"这个单词是如何与分类系统相适应的。

6.2.5 给经验分类

成人帮助儿童给经验分类。例如,家长可能会说,"我们要为去教堂而打扮一下"或"让我们脱下你漂亮的衣服,方便你在外面玩"。这些意见帮助儿童开始对经验以及与经验相关的因素进行分类。这对于学习一种文化的"规则"尤为重要。儿童也通过因果观察和成人叙述经验来理解抽象概念,如情绪。成人可能会说"索菲哭了,因为你打她,她受伤了"或"我喜欢你的画!我会把它挂在冰箱上!"对一个物体、人或经历的价值判断也来自倾听他人的评价和情绪反应。例如,偏见是通过吸收别人的评价而获得的,也是通过确定自己的判断而获得的。

6.3 实践中的原则

如前所述,成人在帮助儿童组织和理解概念方面扮演着重要的角色。以下是在日常活动中如何使用前面的策略的例子。

6.3.1 日常常规(家庭和教室)

喂食/进食

当给幼儿喂饭时,照料者说:"我们先吃豌豆吧,它们会使你长得强壮。然后,你可以吃桃子作为甜点。"照料者正在根据食物的作用和吃食物的顺序来区分食物。

换尿不湿/如厕

在如厕训练中，儿童坐在便盆上，妈妈从一本书中读到关于所有动物和人是如何大便的内容。"哦，看看你都做了什么。你拉了一个大便便，就像所有的动物一样。"家长通过阅读关于儿童正在做的事情的书籍，可以帮助儿童了解如厕过程和他人是一样的，是一种常见的行为。这是了解更广泛的生物学概念的一个小步骤。

穿衣

爸爸告诉儿童，外面很冷，他需要穿得暖和些。儿童去他的房间，拿出袜子、裤子和一件运动衫。他问："这样暖和吗？我需要手套吗？"儿童正在发展衣服及其功能的分类系统。爸爸通过指出天气和衣服之间的关系来指导儿童这个过程。

6.3.2 游戏常规（家庭和教室）

面对面游戏

全班唱了"如果感到快乐，你就拍拍手"很多次。现在教师让孩子们轮流编新的诗句来说明他们是如何"快乐"的。惠特尼说："跑来跑去。"贝勒说："跳上跳下。"克里斯托弗说："翻跟头。"

体育游戏

孩子们正在操场上玩"西蒙说"游戏。教师会发出不同的指令，比如"快走""慢慢地跳""慢慢地爬""快快地跳"，等等。一些儿童按照指示移动；有的儿童则看他们的朋友怎么做。教师这样做是在帮助儿童发展运动的概念，以及根据他们是如何移动的来进行分类。

操作性游戏

英格丽德和布伦南正在用班里同学带到教室的玩具搭建一个兽医诊所。小狗有一个区域，"动物园里的动物"在另一个区域，"农场里的动物"和"森林里的动物"在另外两个区域。教师建议动物可能需要不同种类的床和食物。为了他们能在假扮游戏中决定他们可能需要的东西，教师给他们看了有关动物的书籍。

感觉游戏

春天，孩子们正在他们的墙上创作一幅壁画。教师要求每个孩子谈论他们在课堂上散步时看到的内容，以及他们应该在壁画上画些什么。孩子们提到云、雨、花、草、蝴蝶和蒲公英。教师把他们的每一个想法都写在了一张纸上。然后，她询问每个物体的特征以及他们在壁画上可以用什么来代表这些物体。一个孩子说云是白色的，可以用卫生纸、书写纸、棉花或白布来代替。杰西说："云是软的。我们需要一些软的东西。"

6.3.3 阅读和学习常规

圆圈时间

老师给孩子们阅读《三只山羊坏脾气》的故事。他们讨论山羊、绵羊和奶牛的相似性与差异性。他们讨论是否所有的动物都吃草。他们比较幼儿的高矮,并讨论勇敢、欺负或大哥各是什么意思。他们也谈论对一个自私的人应该说些什么。

一对一阅读

莎拉的妈妈正在给她读一个关于一只走失的动物正在寻找妈妈的故事。她问莎拉:"你觉得它的妈妈长什么样子?""你怎么知道奶牛不是它的妈妈?"

科学与数学

在科学区,孩子们正在研究生活在海洋中的生物。他们正在看有不同种类的鱼的图画书。他们在大厅里用胶带做记号,来测量金鱼、鲶鱼、海豚、鲨鱼和鲸鱼的大小。

6.4 为提高概念性知识制订个性化的干预计划

有特殊需求的儿童由于注意力、记忆力、理解力、组织能力或经验上的缺陷而通常会在概念发展上有延迟。不同于正常发育的儿童,正常发育的儿童并不需要特殊的支持,他们可以把自己的经验纳入概念化和分类的水平中,而残障儿童可能需要通过指导来创建一个对他们所生活的世界的理解层次体系。下面的建议适用于所有的儿童,但可能更有益于概念理解能力有限的儿童。

Ⅵ. A. 儿童能识别什么样的异同?

幼儿会注意到个体特征(例如,轮廓、面部、结构、颜色)和动态特征(例如,物体如何以及为什么移动)。动态方面给儿童提供了主体线索(谁正在做什么)、行为意图(为什么做)或目标导向(结果会发生什么)(Gelman 和 Opfer, 2002)。难以识别这些特征的儿童在语言发展、社会性发展和认知发展的某些方面存在问题,如问题解决。因此,为了知道在哪里以及如何集中干预,重要的是知道儿童是否能够区分和识别个体特征与动态特征,以及是否能识别物体、人和事件之间的相似性与差异性。

如果儿童不能辨别特征、记录信息、加工(即比较和对比)特征、保留(记忆)特征或表达他们的理解,问题就出现了。这里出现的每一类儿童的表现都需要成人去解决相应的问题。

注意力困难儿童可能难以专注或不能对物体和事件保持长时间的注意,来记录个体特征与动态特征之间的相似性和差异性。概念化的第一步有困难,也会对概念发展的其他方面产生负面影响,这可能导致儿童在处理和解决问题上出现困难(参见 TPBA2 第七章第一节）。

患自闭症或其他类似疾病的儿童可能只关注某一特定的特征或情境而忽视其他的因素，从而错过了物体"是什么"或能"做什么"，以及与其他物体或情境有什么关系的内容。另一方面，他们可能能够非常详细地了解特定的事件或活动。例如，他们可能会了解旋转到一个特殊的程度的事物的物理性质和动态平衡。还有的儿童展现出非凡的才能，可能表现出区分和处理某一类的经验的杰出能力。例如，一些儿童为了演奏出令人难以置信的复杂的音乐，他们可以听到、区分、记忆以及联系细微的声音变化。但是，这种能力可能不会转移到其他概念化领域。

视力障碍儿童以及失聪或听力障碍儿童有不同类型的信息输入问题。大多数儿童使用所有感官获取特定情形的信息。但对于感觉障碍儿童来说，情况并非如此，失明的儿童要依靠他们的其他感官，特别是听觉和触觉来了解他们的世界。根据他们听到或触摸到的，他们的理解可能是有限的。这就像"盲人摸象"的古老故事。根据他们摸到的大象的一部分——耳朵、腿、象鼻或尾巴，他们对大象的印象也是非常不同的！失聪或听力困难儿童有类似但又不同的问题。他们可以看到世界，但不能听到细微的声音或无法对不能看见的概念关系进行解释。涉及触觉、前庭或本体感觉输入的感觉障碍的儿童，他们对环境的某些方面会有曲解或理解有限。他们要么避免特定类型的输入，要么寻求某些类型的输入来排除或最小化其他信息输入。这两种情况可能会导致对物体、人或事件的错误理解，从而限制对概念的理解。

智力缺陷或认知延迟儿童可能会表现出有足够的注意力，但无法保留或处理有关他们经验的信息。他们难以将信息从一种情形推及或关联到另一种情形。他们需要许多重复的概念或模式才能记住，并应用于类似的情况或活动。对于这些儿童，活动需要是具体和有意义的，这样才能使他们将先前的知识联系起来。

运动障碍如脑瘫儿童，即使他们在其他方面没有缺陷，也可能难以通过接近不同的物体或参加活动这样的方式来获得足够的感官信息，以对他们所经历的情况进行充分的分类。例如，如果儿童只能撞击玩具，而不是用双手握住并探索它们，他们可能不会发现物体的所有的特征。有限的感觉获取会限制他们的理解。

人际互动策略

1. 帮助儿童注意人物、物体和事件的特征。虽然成人通常会在幼儿面前命名事物和指出事物特征，但重要的是要考虑每个儿童以及哪些特征可能是被忽视、避免或误解的。成人应该考虑到每个方面的情况，并考虑对于个别的儿童来说哪些是需要被强调的。帮助儿童看、摸、听、移动和体验环境的每一个重要方面，说出事物的名称，描述特征和动作。

2. 提供概括的机会（相似性）。概括要求某些方面的情况是相似的，例如，两个玩具都有可以按的开关；所有类型的电话都可以用来通话；圆形的东西通常可以滚动；等等。成人可以指出不同情形之间的相似性，给儿童识别出这些特征和概括这些动作的机会。提问题可以促进概括能力的发展，例如，"看，米兰达，这款手机看起来有点像你家里的玩具手机。我们可以用它做什么呢？"

3. 强调差异性。就像成人指出相似性一样，他们也需要为儿童指出差异性。不会用语言表达的儿童会试图以熟悉的方式对待物体。当这些方法不起作用时，成人可以帮助儿童学习新的策略。例如，如果米兰达拿起一个老式的旋转拨号电话，她可能已经认识到它是一个电话，并试图去按数字拨号。成人可以利用这个机会帮助她看到差异性和解决问题。"没错，米兰达，这是一部电话。但是它和你的有点不同。当你按数字的时候什么都没有发生。我们还应该尝试做点其他的什么吗？"（米兰达再次按数字）她的爸爸演示转动拨号盘。米兰达再次去按。爸爸拿着她的手指，帮助她旋转拨号盘。当表盘旋转回来时，米兰达笑了。她试图自己来旋转拨号盘。

4. 给予感觉比较。即使听不懂或看不清差异的儿童也能作比较。把具有高对比度的物体一起放在儿童的面前，让儿童清楚地体验到差异，例如，一条毛茸茸的毯子和一条柔滑的毯子。然后给这个物体命名或做标记——"毯子"，以及你想要儿童学习的毯子的特点——"毛绒毯"和"光滑毯"。当儿童荡秋千时，成人可以示范快速和缓慢荡，同时叫出动作的名称或做标记。成人可以说或暗示，"你想要快点吗？"注意儿童的非语言反应。如果儿童摇头或做出否认的表情，成人可以问："你想慢一点吗？"然后慢慢地摆动儿童，注意儿童的反应。

当儿童获得对比的概念时，可以增加更细微的比较。了解极端的概念有助于考虑与这些极端相关的变化。

环境调整

除了人际互动策略可以帮助儿童确定相似性和差异性，环境调整通常也是有用的。根据 TPBA2 的结果，团队可能需要考虑以下一些环境调整。

1. 布置环境时突出相似性。正常儿童可以自己识别出相似性。有特殊需求的儿童可能需要一些环境"工程"。换句话说，成人可以通过布置环境，使相似性更容易被识别和标记。把积木放在一个地方，书在另一个地方，洋娃娃又在其他地方，帮助儿童看到相似性并整理心理类别。在幼儿园的环境设置中，通常会进一步划分类别（例如，大小或形状）。

2. 同时玩有相似机制的玩具。提供在多个方面有相似特征的多种玩具，如启动机制，同时呈现具有不同启动装置的玩具可以帮助儿童看到相似性和差异性，并学会怎样玩这些玩具。例如，一个带按钮的玩具，一个带发条钥匙的玩具，和一个带开关的玩具，都可以帮助儿童理解相似之处（他们都要做一些事情）和不同之处（你需要改变动作使其工作）。同时呈现这些可以让儿童立即进行比较，而不是试图回忆以前的经验。同样的做法也可以用于其他材料。例如,让儿童在同一游戏时间尝试使用铅笔、记号笔、蜡笔和颜料。

3. 提供具体的感觉体验。许多残障儿童需要更广泛的感官体验与材料,来完全理解所提出的概念。为了完全理解鸡蛋是什么,你需要知道它来自鸡,它包含蛋黄和蛋清两个部分,它可以变成一只活的小鸡,它也可以是吃的食物。当孩子们有机会体验鸡蛋的各个方面时,他们从看到窝里的鸡蛋的生物学概念,到看到小鸡啄破蛋壳出来并逐渐长大的样子,这些知识能得到最有效的学习。对于食物的概念,孩子需要触摸和闻鸡蛋,他们需要打破它,闻并触摸它的内部部分,用不同的方法吃鸡蛋——炸、煮、炒,或作为做饼干的一部分。这种体验式学习给儿童一个更完整的物体及其功能的概念。全面周到的计划能以这种方式使孩子们体验到许多这样的概念(见本章最后莉亚的例子)。

Ⅵ. B. 什么可以作为儿童具备概念性或类别知识的证据?

有些儿童记得概念,但不能检索正确的词来表达他们所知道的。这是处理信息的问题(参见 TPBI2 第六章第一节)。还有一些儿童,甚至再认概念都是困难的。似乎每一次的经历都是新的体验。这是保留信息的问题(参见 TPBI2 第七章第二节)。由于这些问题在其他章节中已经讨论过,这里只提供一些建议。

人际互动策略

1. 提供等待的时间。有些儿童需要更多的时间去回忆概念。在重复要求或提供线索之前等一会儿。

2. 提供声音线索。用一个词的第一个音提示儿童。这足以帮助儿童回忆这个概念的词语。

3. 给予选择。让儿童在两个概念之间选择,缩小选项的总数。例如,成人问一个问题,比如:"这个动物叫什么?"成人等待着,当儿童不回答时,可以再问他,"是牛还是羊呢?"

4. 提供线索。提供有关概念的线索或建议通常可以帮助儿童回忆一个概念。线索可以是看图片的一部分,听相关的词语,感觉或体验概念的一个方面。例如,一些儿童书籍展示了物体的一部分,如呈现一片花瓣,来帮助儿童对这朵花进行概念化。儿童能听到一句歌曲,便记起整首歌。儿童也可以通过触摸来识别物体或物体的某个部分,所以让儿童感觉或触摸物体的某些部分可能会引发识别。以同样的方式,重复经历的事件也可能激发儿童对概念的记忆。例如,在过桥时可能激发复述《三只山羊坏脾气》的故事。

5. 将物体与图片、符号、动作或手势进行配对。组合各种类型的感觉输入帮助儿童整合概念的各个方面。多种类型的输入也给儿童提供了多种类型的关于即将发生什么的线索,例如,当父母把孩子的衣服脱掉,然后用毛巾把孩子包起来,朝浴室走去,即使没人说什么,孩子也知道会发生什么事。

6. 命名并解释。儿童必须听到对概念的标记和解释，最好是以具体的方式体验。如果一个概念无法被体验，如乘船，那么解释必须包括不同层次的理解：看水中船只的照片，在浴缸或水池里玩玩具船，移动玩具汽车时假装在驾驶小船，或发出声音，或听发动机的声音。

7. 在多种情况下经常使用概念。为了真正整合概念，使其易于识别或回顾，概念需要以各种不同的方式被重复体验。如果儿童只在一本书中看到牛的图片，他们可能不能识别不同图书中牛的图像，或者认不出图片中的牛与真正的牛是同一种动物。

8. 接受语言之外的交流方式。识别事物比回忆或生成标签更容易。因此，允许语言有困难的儿童使用识别策略。例如，他们可能会用眼神示意做出选择或表明他们想要什么。当给定图片选项时，他们可以指向图片。甚至可以通过向人或物体的方向移动来表明他们理解了。例如，如果成人说："你想要爸爸还是妈妈带你去？"孩子向爸爸倾斜，这也是理解的一种表现。

环境调整

除了人际互动策略可以帮助儿童认识或回忆概念，环境调整往往也是有用的。根据 TPBA2 的研究结果，团队可能需要考虑以下一些环境调整。

1. 使用具体的物体。儿童首先通过实际经验和真实物体进行学习。一只真正的兔子比一只毛绒玩具兔子更能说明兔子的概念。事实上，如果毛绒玩具被称为"兔子"，儿童可能会认为许多的毛绒动物都是兔子，或者只有他/她的毛绒玩具是"兔子"这个概念，真正的物体也可以用来作为象征即将发生的事情的线索。例如，勺子象征"吃饭时间"。除了使用标志和手势，这种方法也可能有益于认知障碍或失聪或听力困难儿童。

2. 利用科技来强化概念。辅助技术可以帮助儿童生成概念。图像或符号系统可以呈现儿童能够识别和指出的概念。激活声音响应的开关装置也可以帮助有运动障碍的儿童。

3. 采用多种感官并用的方法。为儿童提供获得各种感官输入的途径，使他们能够结合并理解不同形式的信息。一个玩木制玩具、帮爸爸锯木头、玩木屑、尝试用木片搭建东西，并见识到所有可以用木头制作的东西的儿童，会比只在一种情况下看到木头的儿童对"木头"这一概念有更深刻的理解。

4. 允许从不同的角度进行探索。如果只从上面看一张桌子，一个人对桌子的感知是一个平坦的二维平面。那些活动不便的儿童，概念理解的能力也总是有限的，因为他们探索的机会有限。因此，允许儿童用不同的方式、从不同的位置探索物体是很重要的。

5. 突出概念的重要方面。任何概念都有不同的特点。成人可以确保或指出物体、人、情况或事件的关键方面。这可能意味着提高声音水平，使用颜色或灯光突出特点，演示动作或结果，或口头描述特点。

Ⅵ.C. 哪些行为表明儿童将概念整合到了一个分类系统中？

对人、物体、事件和其他类型的概念进行简单的命名是概念理解层次结构的第一层。儿童首先会从整体上对物体进行概念化(例如,这是一张桌子)。一旦一个物体在一个类别中被指定一个名称标签,该标签就适用于该类别中的其他成员(例如,"这个大的也是一张桌子");不同的物体(例如,椅子、桌子)有各自的标签,且不同的物体不能被指定相同的名字。儿童在给他们的环境中存在的物体指定名称标签后,就可以开始关注这些物体的特点,从而形成更大的概念范畴(参见 TPBA2 第七章第六节)。

随着儿童的发展以及经验的增多,这些名称标签可以包含在一个更复杂的关系网络中。在不同的房间或场所可以找到不同种类的家具。例如,床在卧室,儿童餐椅在厨房。在教堂里发现了一种长凳,在公园里发现了另一种长凳。如前所述,儿童开始区分他们所处环境中的特征和动态方面。儿童对物体和事件的分类形成心理系统:它是什么?它的特点是什么?它与我所知道的东西的相似性或差异性在哪?它是做什么的?为什么它可以这样做呢?其他人如何看待它?

这种心理发现有助于儿童把概念转化为分类系统或层次结构,例如:(1)这是我的椅子;(2)你坐的这些东西是椅子;(3)各种不同的椅子有不同的名称;(4)所有椅子的类型被称为"家具";(5)其他物体,像桌子和床,也被认为是"家具";等等。这将导致更复杂的概念整合,如潜在的材料、功能或变化。

除了扩大对词语关系的理解,儿童也扩展了他们交流想法的方式。当他们开始理解抽象表征时,如图片,他们就扩大了他们表达理解的方式。他们开始通过画画、姿势、手势剧和戏剧化来分享概念。概念的抽象表示将语言扩展成诸如符号、手语、手语字母表、书面文字这样的形式。

对世界的物理理解为至少四个领域相关的知识体系的发展提供了基础:物理学(对物体如何运作的理解)、数学(对数量测量的理解)、生物学(对生命过程的理解)、心理学(对心理过程的理解)。这本书并没有完全覆盖这些领域,但是在增加对如何将概念融入系统的理解中,干预的一般原则是适用于所有领域的。

人际互动策略

1. 积累词汇。儿童需要广泛的词汇作为分类的基础。抓住每一个机会标记和解释物体与事件。见前面的部分以及交流领域(参见 TPBA2 第五章)。

2. 对物体和材料进行分类,可以使关系更加显而易见。如果关系可以被看到或体验,那么它们就更容易被内化。例如,不要有相同大小的玩具盘子和餐具,而是提供不同大小的。这样儿童就可以通过观察与触摸来比较和了解大小(例如,小、大、最大)的概念。当儿童把杯子、盘子和银质餐具放在一起时,成人可以提问和引导。然后可以通过提问为儿童提供更高水平的提示,例如,成人、小孩和洋娃娃应该坐在哪里吃饭。这要求儿童考虑位置的特征(大小)和动态方面(为什么)。

3. 根据特征演示或指出类别。有特殊需求的儿童可以在他们的环境中学习许多不同的事物的名称,但却很难把这些"物体"组织成更大的类别。例如,他们可能知道许多他们吃的食物名称,而不知道"水果""蔬菜"或"肉"的概念,成人可以帮助指出和分类属于不同类别的物体,并讨论为什么它们都是一样的,以及这个概念叫什么。例如,在超市购物时,成人应识别商店的每个区域(例如,面包房、肉类区、生产区),并讨论每一个区域的特点(例如,肉类来自动物,如牛)。对基本名称以外的事物进行分类,通常需要成人的帮助,以便儿童能够将概念融入类别。

4. 根据动态方面演示或指出类别。正如"物体"可以根据可识别的特征分为更大的类别,动态方面也可以分为更大的类别。如前所述,动态方面包括了解是什么导致事情发生(例如,一个人、机制、生物学原因),为什么它会发生(例如,为了满足需求、一个物体对另一个物体的影响),以及将产生什么结果(例如,感情、动作)。这些概念更难以理解和使用,它要求成人演示、解释,并允许儿童以具体的方式体验。例如,对一个婴儿,把一个玩具放在毯子上,然后把毯子拉向婴儿,向婴儿展示毯子是如何成为一种工具的。用其他玩具和不同的支持物(如,报纸)进行重复,让婴儿开始看到玩具和支持物之间的联系。对于幼儿来说,观看在浴缸里正在移动的一辆水车,推动水,使"波浪"推动玩具船,成人给出解释,可以帮助儿童了解水有"力量",可以移动物体。相比"水""船"或"车轮"那些难以掌握的概念,这些更容易掌握,因为所有的这些都是可以看到的,而不是推断出来的。

5. 不要低估儿童形成更高层次理解的能力。通常情况下,与有特殊需求的儿童互动的成人会对儿童能力上的局限性作出假设。这是错误的,我们要尽一切努力建构概念理解,而不是停留在简单的物体识别水平上。解释、演示、说明、比较、描述、联系,都能帮助儿童获得更大程度的理解。

环境调整

除了人际互动策略可以帮助儿童将概念组织成一个系统,环境调整往往也是有用的。根据 TPBA2 的研究结果,团队可能需要考虑以下一些环境调整。

1. 按类别分组。如前一节第 2 项所说,成人如何布置环境是很重要的。教师经常按照活动区来布置房间,如假扮游戏区、感觉游戏区和图书区。这也是一种分类的形式。将相似的物体分类,然后将它们另归一类是另一种分类方法。成人如何对物品进行分类将影响儿童怎样理解这个类别。例如,将所有不同类型的积木放在积木区域是一种分类的方式。这能告诉儿童,无论什么材料(如木材、塑料、纸板、泡沫)、大小(例如,极小、小、中、大)或类型(例如,有磁性、魔术贴、毛刷、堆叠类玩具、拼插类玩具),它们都是"积木"。另一种分类的方式是将所有的积木组合成其他建构项目，如万能工匠（Tinkertoy）、林肯积木（Lincoln Logs）和科乐思拼装积木（K'NEX），这些都叫"建构材料"。还有一种分类的方式是将小的玩具放在一起（例如，小积木、拼图、发条玩具），该区域称为"操作区"。成人需要考虑儿童的发展水平及其分类能力的特点。

2. 使用视觉提示帮助儿童分类。教师可以通过环境线索来帮助儿童组织概念。例如，用标志或贴纸标记书籍及它们相应的书架来表明分类，能帮助儿童学习分类。比如，标有农场动物标志的书应该放在标有"农场动物"的相应的书框里，这将有助于儿童了解到关于绵羊的书在"农场动物"的书框里，关于马的书也是一样，教师需要通过解释类别来支撑这一点，而不仅仅是完成匹配贴纸的任务。

3. 使用视觉提示显示动态结果。正如盒子上的图片方向可以帮助解释将要发生什么，图片序列也可以帮助儿童展示关系和结果。一张儿童把一个玩具交给另一个儿童的图片，接着是一张儿童拿着玩具微笑的图片，这传达了分享让人感觉良好的信息。这些图片线索传达了因果关系，对理解冗长的口头解释有困难的儿童是有帮助的。

4. 使用触觉和其他感官线索进行分类。对于许多儿童来说，多个感官输入有助于分类。例如，感受羽毛和皮毛之间的差异有助于儿童对动物进行分类，听鼓和喇叭之间的差异有助于他们对声音进行分类，一英里的远足能帮助儿童对距离进行分类。成人不仅可以提供经验，还可以通过比较和对比不同的因素，帮助儿童思考如何将经验融入到其他经验的模式中。

Ⅵ. D. 儿童对数学和科学中的测量概念的理解程度如何？

儿童以逻辑顺序理解世界。学习科学概念的过程受到经验的影响，在成人的帮助下，从具体层面上的理解转变为通过心理表征的理解。科学与数学概念的心理表征从局部集群思维到线性关系，再到结构关系。例如，儿童首先理解空间与自身身体的关系，然后了解他的身体和外部参照物的关系，最后他可以思考空间中的物体之间的关系（参见 TPBA2 第七章）。

学习顺序是逻辑关系的基础。儿童首先发展出一种对动作进行排序的能力，然后将其转化为对思维进行排序。同时，儿童学会了比较和排序，或把一系列的元素序列化，把它们从连续体的一端排列到另一端，从两个开始，逐渐增加越来越多的元素。为了做到这一点，儿童必须能够看到该系列中的任何元素之间的关系以及前一个与后一个的关系，并且还要了解单位的等价性。对于物理、数学、生物学和心理学的概念，儿童通过一种方式来关联和组织概念，这种方式允许使用思维"单位"对这种类型的心理参考线（Mental Reference Line）进行系统的比较。

正如前面章节所讨论的那样，儿童在对其他特征（如，等价性）作比较前，会进行相似性匹配。儿童被物体的相似性吸引。当他们识别物体是相同的或是来自同一类别的客体时，他们会首先识别其等价性。儿童首先会注意到数量的相似性，然后他们发展出区别数量和不连续的数字的能力。可以凭知觉就理解的"多/少"和"一个/多个"的概念，是最先能够获得的。

当儿童开始使用数字时，他们的形象理解（Figurative Understanding）就出现了，首先是把"onetwothreefour"当作一个单词，然后以机械的方式使用不同的数字，接着是一一对应，即儿童明白了一个数字与每一个被数的物体相关联。起初，儿童可以指出每个被数的物体，虽然不一定是正确的数字。他们也可能会跳过一些物体或不止一次地数过一些物体。当儿童开始理解每个数字之间的关系，理解基数，或理解最后一个数代表物体的总数时，他们的能力就有所提高了。儿童以数量对数字进行概念化，知道5比4大1，比6小1，从而知道数字可以用来确定数量和测量数量。在幼儿园，他们开始使用他们的手指来计算简单的加法。

有认知障碍的儿童可能对数学与科学概念的理解处于较低的水平。干预需要从了解每个儿童知道哪些程序和概念开始。对于感觉障碍儿童，需要通过使用其他类型的感觉输入来帮助他们发展表征能力。对于注意障碍儿童，需要帮助他们集中注意力，并关注其发展水平的相关方面。对于语言障碍儿童，需要用具体的方法来帮助他们理解数量词，并恰当地使用这些词汇。

人际互动策略

1. 提供看到等价性的机会。（见上一节关于感知相似性和差异性的部分。）对于儿童来说，重要的是使用他们所有的感官来体验相同的事物，以帮助他们注意到事物的差异。这包括物体外观的相似性，也包括所有的数学和科学概念，例如，看大小和形状彼此相同的积木，听与儿童不同距离的声音，或用每只手感受重量相同的两个物体。

2. 演示比较数量（对于不同类型的数量）。一旦儿童能够像对物体进行分类一样进行比较，他们就确定了一种知觉上的等价性。然后，他们可以开始比较不同的数学和科学概念。例如，当一个球离儿童很近，另一个球离得很远时，儿童通过移动身体来确定它们之间在空间距离上的差异。将物体从高脚椅上丢下或从楼梯上丢下，这样可以教儿童认识高度和时间（在物体落到地面之前）。先坐在儿童的小椅子上，然后再坐在爸爸的软垫椅上，教儿童关于尺寸、高度和形状的差异。玩不同大小和形状的积木，教儿童关于平衡、距离、高度、长度、形状、重量和空间的差异。有明显的差异是很重要的，因为儿童在区别出细微的差异之前，要先辨别出大的差异。成人的角色是提供机会，首先让儿童在知觉上体验这些概念。概念理解会随着成人或其他儿童的经验和社会调解而增加。

3. 指出不同的特征或方面。成人可以通过提供事物名称来明确指出儿童所看到、听到、感觉到、闻到或尝到的东西。儿童可以独立地区分物体之间的差异，但他们需要成人来对他们所经历的东西命名。成人可以使用描述差异或矛盾的词语。使用比较的词语,如"更小/更大""更大/最大""酸/甜""粗糙/平滑"等,可以帮助儿童扩展词汇来描述他们所知道的。

4. 演示计数或测量的过程。当说出一个数字时,通过计数来显示这是什么意思。例如,"你3岁了,1、2、3"(手指计数)。学习数字的名称先于理解数字的意思,因此死记硬背是可以使用的,但必须进行解释。

5. 练习使用数字词(Number Words)和数量词(Quantity Words)。像数量和大小这类词是日常生活的一部分,在任何可能的时候都应该使用。随着时间的推移,儿童会拼凑出各种用途的意义,例如,"娜娜住在库克街2541号";"让我们给爷爷打电话,你拨号码……3-0-3……";"你可以拿两块饼干";"我们要去3楼,按数字3"。数量词也很重要,例如,"你比我大";"雪都不见了";"你的杯子是空的"。

6. 支持使用一一对应的关系。告诉儿童如何一一对应地进行计数。指着每个物体时给它标一个数字。演示如何一一对应,例如,"这个宝宝有两只脚,所以我们需要两只鞋";"让我们为每个人拿出一个盘子:一个给爸爸,一个给妈妈,一个给莫丽,一个给泰迪"。帮助儿童看到数量之间的关系:"爸爸很饿,我们要给他一块大的。我不是很饿,我要一块小的。你有多饿呢?"

7. 帮助儿童理解基数。儿童不能总是明白最后一个被标记的物体的数字表示计数的总数。成人通常认为这种现象只是暂时的。为了帮助儿童理解这个概念,成人可以问,"那么,我们总共有多少人?(用手势显示全部的数量)""你数了五个,所以我们一共有五块积木。"使用"一共"和"总共"这样的概念,也有助于数量词的获得。为了能对不同的数量进行心理操作,而不必一个一个地计数或测量,了解基数是必要的。儿童通常需要帮助才能把数字概念化为所有的部分的总和。

8. 帮助儿童发展心理数字线的概念。为了了解彼此之间量的关系,儿童需要能够理解每个数代表的实际数量,以及这个数字比它前面的数字多一个,比它后面的数字少一个。这个是随着之前讨论的儿童的基数概念的发展而发展的。一旦儿童理解了数量上数字的意义,成人就可以帮助儿童看到如何添加或拿走一个数来改变总量。成人可以通过这样做来帮助儿童发展心理数字线——让儿童思考某个数字和数量的之前与之后分别是多少。还可以玩游戏,成人正数和倒数,然后儿童填写下一个数字。手指歌谣中涉及计数和增减数字,例如,"十只小猴子,床上蹦蹦跳,一只滚下来,头上撞个包"。

9. 提供增加和减少数量的机会。儿童通过实验来学习操作数量,随着情况的变化,他们有机会比较数量。他们需要机会玩和研究空间、不连续的数量(即单独的物体)、连续的数量(例如,水)、距离和时间。通过让儿童比较数量、用不同的方法进行测量并解释他们发现了什么来挑战他们是很重要的。例如,让儿童数食谱的数量,或让儿童观察浴缸里的雪或水有多深来帮助他们了解距离。看着温度计谈论温度,帮助他们看到更大的数字和温度之间的关系。每天晚上看月亮逐渐变圆,这就提供了一个讨论大小和时间的机会。在街区散步,提供了一个数街道的数量和量化空间的机会。每天的活动也可以让儿童增减数字,例如,"通常晚餐我们要准备四个盘子,但今晚妈妈不在。我们应该准备多少个盘子呢?"

环境调整

除了人际互动策略能帮助儿童,环境调整往往也是有用的。根据 TPBA2 的调查结果,团队可能需要考虑以下一些环境调整。

1. 改变环境来帮助儿童集中注意力。安排并对物体进行分类,使各种概念得到加强。例如,不是将所有的积木放成一堆,而是长的积木放一排,短的积木相邻排放,可以让儿童看到一种模式。成人可以根据儿童的理解水平,通过谈论或大或小的数字、数量、长度、距离、空间、预计高度和其他概念,用不同的方式把这些关联起来。在把它们呈现给儿童之前考虑材料的安排。甚至快餐盘上的食物也是谈论一一对应、增减数字的机会,等等。

2. 使数学和科学有意义。一天中发生的所有事件都与数学和科学有一定的联系。利用每天遇到的自然环境,指出空间、距离、数字、数量、温度、时间等。练习册虽然可以用来练习,但对儿童没有意义。思考与真实事件相关的概念有助于儿童思考和解决问题。

3. 提供多种感官探索的方法。使用所有的感官将神经输入分配到大脑的不同区域。大脑理解一种现象的方式越多,儿童就越有机会理解不同类型的输入。然而,对于一些儿童来说,在同一时间有太多类型的输入可能会导致超负荷和大脑"关机"。重要的是,成人要观察什么类型和多少数量的感官输入对儿童是有用的。这可能意味着要调整环境,以便能在不同的时间通过不同的渠道提供输入。例如,看、触摸、听以及将球滚向一个螺旋坡道玩具中,这对一些儿童来说是超负荷的。要一次性加工关于球的如此多的信息,以致于斜坡的影响、从不同的洞落下的距离,所有的这些都被儿童错过了。对于这个儿童,去掉一些输入,如声音,并且一次只看一个球可能是必要的。成人的看法和问题也可以引导儿童直接关注特定的方面。

6.5 支持儿童增加概念性知识的日常活动

6.5.1 日常常规(家庭和教室)

喂食/进食

根据幼儿的水平,按基本名称或食物类别标记要吃的食物。比较和描述颜色、结构和味道。安排或呈现食物时,你可以对食物进行计数(例如,豆子的数量,盘子上食物的数量),使用数字(例如,"你可以吃两颗豆子")、大小(例如,"我要咬一小口")、量词(例如,"你的盘子是空的吗")等,使用评论来示范词汇并通过提问来引出概念,给出选择并展示[例如,"你想要一颗长的豆子还是一颗短的豆子?"(同时拿着两种大小的豆子)]。

换尿不湿/如厕

换尿不湿提供了很多认识和计数身体部位、描述和比较不同质地与气味的机会。在浴室里还有许多进行科学探索的机会,例如,数卫生纸的方格数;谈论大便的大小、形状和量;谈论厕所、马桶或水池的高度;还有谈论时间。

穿衣

穿衣通常也是一个识别身体部位和数到 2 的机会——袖子里的两只胳膊,裤子里的两条腿,袜子、鞋子里的两只脚。同时,穿衣时也可以谈论方向(例如,上面、下面、外面、里面);数量和大小(例如,衣服的数量和大小);尺寸的比较(例如,大、更大);生理变化(例如,成长);测量(例如,长度、高度);等等。成人还可以谈论各种衣服的功能和不同人群的服装差异。成人会问:"动物穿衣服吗? 为什么不呢?"

外出

当外出办事时,成人有许多机会指出和命名物体、人、动物、动作、地点和事件。这也可以是比较和分类的游戏,如猜物游戏(I Spy)。外出是谈论空间和距离、时间和位置的绝佳机会。诸如"近/远""很快""10 分钟"或"5 英里"之类的术语可以帮助儿童理解这些概念。数一数各种看到的物体,并使用顺序词,例如,"第一,我们要去加天然气;第二,我们去商店;第三,我们去娜娜家"。行程结束后回忆这个序列也能帮助儿童创建心理序列。在购物期间,成人还可以鼓励儿童进行命名、比较、分类(例如,水果与蔬菜),并使用计数和数学技巧。"让我们看看这一串有多少个香蕉,你数一数。"在儿童数完后,再问:"那么这一把里有多少个香蕉?"

6.5.2 游戏常规(家庭和教室)

面对面游戏

与婴儿玩面对面玩游戏可以让成人帮助儿童体验不同的视角和距离。婴儿喜爱在空中被举起,颠倒着看世界,体验运动,触摸面部和布料,以及尝一尝成人的下巴和其他一切他们能够放在嘴里的东西。学步儿和幼儿喜欢玩手指游戏、挠痒痒游戏和打闹游戏。成人可以通过叫出身体部位、动作的名称和使用数量词,并在游戏中插入问题来鼓励思考;例如:"你想要更痒,还是不这么痒?""数到十,然后我就开始抓你了。"

体育游戏

体育游戏通常涉及跑步和追逐、打球、骑自行车、跳跃、旋转和攀登。这些活动提供了谈论这些动作的机会,锻炼儿童这些动作的地方,以及涉及动作的事件。对于处于适当水平的儿童,成人也可谈论距离(例如,"你可以坐到角落里,那不太远")、数量(例如,"如果你能跳 15 次")、空间(例如,"让我们看看你能扔多高")、速度(例如,快或慢)或时间(例如,"在 5 分钟内进去")。成人可以根据发展水平来帮助儿童,帮助他们数数或帮助他们看到关系,例如:"我在秋千上推了你12下。现在我该推你多少下?15比12多还是少?让我们看看还有多少下。"

操作性游戏

用玩具与微型人物和场景进行操作性游戏(例如,房子、农场、动物园)允许成人帮助儿童学习叫出物体、人、动物、角色、动作、地点和功能,以及理解因果关系。用建构玩具进行操作性游戏(包括艺术材料)提供了许多用数量、空间理解、平衡、对称、距离和重量进行实验的机会。虽然许多儿童会通过探究获得对这些概念的理解,但还是有许多儿童需要成人指导才能看到关系。当儿童在建构时,成人可以帮助儿童计划和思考正在发生的事情。他们可以通过问问题来促进思考,例如:"你认为我们铺到车库的路需要多少积木?让我们看看你是否正确。"他们可以帮助儿童分析情况。"你把三角形放在正方形的上面。它上面有一个点。你认为你能把另一个积木放在三角形的上面吗?为什么不能呢?说得没错,它不是平的。"成人也能解释为什么会发生这样的事:"你为你的树砍了一个大三角形。你的卡片太大了。我们需要一张比你的树还大的纸。"

感觉游戏

感觉游戏能实验和比较许多不同的概念。儿童可以在感觉游戏中命名和描述物体,比较颜色和结构等特征,描述他们用材料正在做的动作,并讨论他们正在玩的容器的功能。成人不仅可以提供材料,帮助儿童查找标注概念的词汇,还可以根据需要进行评论或指导探究。例如,在探究沙子和水的配比结果表中,儿童探究把两种材料结合起来的数量和结果,"我们加1/4杯水,看看会发生什么"。他们可以用湿沙子塑造形状和建造,并发现重量和高度的特性。成人可以提示或示范:"我的沙子不粘在一起。我要再加1/4杯水。现在我可以用它来塑造形状了!你的怎么样了?你需要更多的水,还是更多的沙子?让我们看看在它倒下之前我们能建造多高。哎呀!发生了什么事?是太高还是太瘦小了?让我们变得更胖一些,看看我们能建多高。"这样的探索可以用各种材料和各种感官探索来完成。成人只需要考虑材料的潜在特性,并与所需的科学与数学概念相联系。

假扮游戏

儿童的假扮游戏通常涉及日常活动的重演。在这种类型的游戏中,成人可以加强适用于儿童生活的概念的应用。自然地纳入与命名对象(例如,婴儿)、动作(例如,吃)和事件(例如,上床睡觉)相关的概念。随着儿童的长大,成人将融入与功能(例如,"我们需要能倾倒的东西")、比较(例如,"这件衣服太小")和分类(例如,"晚餐我想吃肉")有关的概念。当儿童开始理解分散的数量的时候,成人可以鼓励儿童使用道具,而这将激发儿童使用科学与数学概念。例如,在厨房里玩量杯和勺子,以及大小和重量不同的材料(例如,装有真正的食物的罐头和空的食物盒)是重要的。拓展超出过家家的假扮游戏也是很重要的,让儿童可以探究各种假扮游戏的场景。例如,美容店、警察局、鞋店、考古学家、兽医和建筑工人的道具给儿童提供了各种各样的选择,包括计数、测量、称重、确定空间,等等。同样,成人可以观察和评论,根据需要及时促进儿童思考与使用相关的数学和科学概念。

6.5.3 阅读和学习常规

圆圈时间

在圆圈时间进行个性化的提问和评论是很重要的。虽然许多评论是面向整个小组的,但是成人可以根据儿童的理解水平,针对个别儿童提出具体的问题。特别是在幼儿园,这很重要,因为儿童的理解水平可能存在较大差异。为有特殊需求的儿童制作改编版本的书籍,也可以让需要调整信息输入方式的儿童看到不同版本的书籍;少用图片、增加不同质地、增加图片符号或其他改编。与儿童讨论和一起阅读的成人可以改变评论与问题的水平,如前面章节所述。

一对一阅读

幼儿的读物鼓励他们对人、动物、动作和事件进行标记。成人在提供和引出适当的术语中扮演着重要的角色。成人通过评论和提问来鼓励幼儿思考因果关系(例如,发生了什么,为什么)、描述(例如,颜色、结构、大小)、比较(例如,很好与一般)和分类(例如,斑点狗、狗、动物、哺乳动物)。每本书都提供了数数的机会,无论是翻到"首"页,数页面上的东西,还是数书的页数。即使并不总是由书的内容来提示,成人也可以找到方法,将数学和科学概念整合进来。例如,在一张带有不同动物图片的页面上,成人可能会问,"你觉得哪个更重,老鼠还是松鼠?""狗和猫哪个更高?你认为哪种动物吃得最多?为什么?"关于顺序的讨论也可以包括在内,例如:"奥莉维亚首先做了什么?她然后做了什么?最后发生了什么?"

科学与数学

对数学和科学的理解从出生就开始了,所以各个年龄段的儿童都应该有机会对他们环境中的物理、生物学和数学特性进行探究。对于婴儿来说,这涉及发现在他们附近的事物是如何运作的;对于学步儿来说,发现扩展到了他们能移动的空间;对幼儿来说,世界更进一步地扩展到任何他们能设法到达的地方!对于所有的儿童来说,他们的家和学校以外的世界是依赖于成人介绍的。然而,即使没有实地参观公园和博物馆,儿童也可以了解很多关于世界运作方式的知识。各个年龄段的儿童首先需要经验来了解事物是什么,它们的目的是什么,然后事物是如何发生的,以及为什么事物以这种方式发生。理解为什么是通向真正理解概念的步骤。所有发展水平的儿童都可以通过以下这些步骤来引导:(1)探究物体或场所的特性;(2)确定可以实施的动作或感知经历;(3)将经验与产生的后果相联系;(4)了解结果的具体原因。探索时应该让儿童体验物体和情况的静态与动态特性,包括物理、生物学和数学世界。

案例：莉亚

莉亚是一个3岁的患有皮质失明的亚洲儿童。她的父母一直教莉亚用双手搜寻周围她想要的东西。他们用莉亚自己的身体部位来帮助她识别她的洋娃娃的身体部位，让莉亚知道这是一个像她一样的小"人"。洋娃娃麦现在是莉亚最喜欢的玩具。麦和她一起洗澡，莉亚给麦洗头发，擦干，吹干头发。吃饭的时候，莉亚吃完后会给麦喂饭。麦陪着莉亚一起睡觉。莉亚的父母教莉亚用她的手指来辨认物体的关键部分，然后再"教"莉亚认识这个物体。例如，当莉亚穿她的裤子时，她妈妈通过使裤腿远离莉亚的平铺方式，来让莉亚识别裤腰。莉亚可以坐下来，把她的腿穿进裤子，然后拉起来。然后莉亚教麦如何穿她的裤子。这样，当莉亚教她的洋娃娃时，她就在练习新的技能和描述自己的策略。

莉亚和她的父母一起使用的另一个策略是，通过提供多种感官体验来帮助她学习概念和探究学习其他概念。例如，莉亚正在学习关于胡萝卜的概念。她帮助种下胡萝卜的种子，每天都去看一下地面，看是否有任何变化，给地面浇水，胡萝卜长大后，她把胡萝卜拔出来。然后她仔细检查，感受并品尝花园里的胡萝卜。她帮助清洗和切掉绿叶和顶端。他们用各种方式切胡萝卜——去皮、切碎、切片和卷曲。他们品尝和探究生的、煮的、蒸的、煮汤的胡萝卜和其他菜肴。

莉亚以这种方式了解所有她吃的食物，即尽可能多地参与探究和准备她要吃的食物。莉亚通过闻和触摸来学习分辨食物。这样，莉亚就知道晚餐吃什么，以及是否煮熟和怎样煮熟。

莉亚也在学习如何将烹饪的原料组合起来。她帮妈妈用花园里的胡萝卜、面粉、糖和鸡蛋做胡萝卜蛋糕。每一种配料在被感觉和品尝之前，莉亚会用她能触摸的带有盲文的测量杯和测量勺来测量。莉亚的妈妈告诉她每种配料需要多少，然后告诉莉亚找到合适的杯子。在倒入原料搅拌之前，妈妈会帮助莉亚测量和感觉这个碗。莉亚的妈妈也告诉她如何在烤炉里烤蛋糕。她们打开烤箱门，感受热度。莉亚的妈妈帮助她感受温度和打开开关。她还感受了定时器，她们设置定时器在1小时内关闭。接着莉亚帮助妈妈把肥皂沫放在水槽里洗盘子。最后她把餐具放回厨房抽屉里的正确间隔里。

这些事件，虽然对有视力障碍的儿童是很有益的，但是对正常儿童也一样宝贵。儿童需要尽可能多地体验每一种情况。我们过分依赖于让儿童观看和/或听成人解释。你如何解释肉桂的味道或蛋黄吃起来是什么感觉呢？所有的儿童都会通过他们的各种感官体验各种事件，通过参与来学习和发现。

以下是莉亚的干预计划中采用的建议。

人际互动策略

1. 莉亚不能看见正在靠近的人和东西,所以你需要提醒她。让她知道你什么时候会给她礼物或抚摸她,以免吓到她。比如说:"莉亚,我要把洗发水倒在你的头上,它来了。"描述一下她会体验到的东西:"它有点凉凉的和湿湿的感觉。"

2. 在体验一个物体或事件之前,让莉亚为接下来的事情做好准备。例如:"莉亚,这是一种美味的水果,叫木瓜,尝一尝。"告诉她物体或事件的相似性以及它由什么组成:"它是甜的,有点像你喜欢的桃子,只是要软一点。"当你探索一个物体时,说出莉亚正在体验的物体的特点:"当你摸它的时候,它是湿湿的、滑滑的。"在探究完一个物体后,谈一下体验:"你喜欢木瓜吗?你喜欢什么?它还像其他什么水果吗?"

3. 莉亚可以从多种感官体验中学习概念。她需要在多种情况下探索物体的所有属性。例如,当教莉亚标记一种新的食物的名字,在食物是生的和/或者熟的时,让她触摸、闻、品尝它。当教她一个概念如"椅子"时,给她展示许多不同大小、形状、柔软度的椅子,这样她就能学会将这个概念推广到各种变化中去。

环境调整

1. 提供适合视力障碍儿童的材料。其中许多是通过各种组织免费提供的。这些材料包括盲文、触觉和盲文书籍,以及其他能让盲童独立游戏和使用的材料。有关资源,请访问美国盲人基金会网站(http://www.afb.org)。

2. 放置材料时,使莉亚可以通过触觉搜寻到它们。从只有一个或两个物体开始,后来发展到能从许多物体中找出自己想要的物体。

3. 当莉亚已经能正确地做一些事情时,使用具有触觉和听觉反馈的材料与玩具。例如,使用激活时会发出声音的玩具,或使用让她能根据物品的纹理来进行组合的玩具(例如,表面有凹凸纹路的拼图)。

参考文献

Gelman, S., & Opfer, J. (2002). Development of the animate-inanimate distinction. In U. Goswami (Eds.), *Blackwell handbook of childhood cognitive development* (pp. 161-166). Malden, MA: Blackwell Publishers Ltd.

599 不同发展年龄的干预要点

以下建议针对的是处于相应发展水平的儿童。这些建议并不是全面的，而是表明了可能探索的领域。

发展年龄	对概念的兴趣	干预要点
0—3个月	观察图案、对比、味道、大小、有/无生命的物体、声音、人的差异。	呈现对比的刺激，使儿童可以从一个物体看向另一个物体，或听到对比的声音，或触摸对比的结构和刺激，从而对比较产生兴趣。
3—6个月	识别声音、物体、熟悉/不熟悉的人。喜欢看颠倒着的事物；探索身体；制造各种事情。	进行面对面游戏，尝试从不同的角度看世界。在不同的平面上移动(例如，向前/向后；向上/向下；一边到另一边；朝着相反方向)。数手指和脚趾(为了语言的节奏和部位的区分)。
6—9个月	比较对象。知道近和远。对看见的物体命名。表现出害怕高。	将物体放置在儿童周围的不同位置，以鼓励移动和探索距离。将物体从不同高度丢到不同大小的容器中。让球滚下楼梯，穿过房间，滚到椅子下，鼓励儿童发现距离和角度、力量和空间。
9—12个月	知道成人可以使事情发生。了解身体部位。把东西放进/拿出、打开/关闭；关联物体的属性；知道相同的性别；第一次叫出物体的名称。	用简单的开关或按钮启动玩具或物体，或有轮子的玩具。分享具有不同种类物品的图画书，如人、动物、玩具和食物。
12—18个月	关注物体的物理特性。组合相关物体。按功能使用物体；能识别圆形。把喜欢的物体放在一起。理解数字"1"和"许多"的概念。	尝试组合不同的积木，把物体放在不同形状的孔里，称不同重量的物体，攀登不同的障碍物，把东西放在一起，以不同的速度移动。玩水。练习对物体进行计数，并在数数时指着物体。使用"数量"词，如全部都走了、再来一个等。
18—24个月	理解和使用代称(例如，妈妈)、动作(例如，跑)、物体(例如，杯子)、重复(例如，更多)、暂停(例如，停止)、消失(例如，全部不见了)等类别的词。以某些方式收集具有相似性的物体(例如，把玩具与车轮放在一起)。知道位置(例如，"那里"）；嵌套物体(涉及大小)；匹配圆、正方形、三角形；把两个物体一对一对应。指向和命名身体部位。区分生物和非生物；有基本水平的分类知识，如植物、动物和人。理解"多"；比较和匹配形状、颜色和大小。	开始实验以帮助发展概念。探讨：水里的物体会发生什么？是什么让事情"发生"？事情怎么会一起发生？事物如何随着生长而变化？植物有什么相似之处？动物呢？人呢？指出比较并描述物体、动作和事件。

续表

发展年龄	对概念的兴趣	干预要点
24—36个月	连续数到三；计数两个物体，知道"再来一个"。 识别和指出物体的功能；识别大小的差异（例如，指出小、大）；至少知道一种颜色的名称。 理解最常见的描述；理解性别；给出名字和姓氏；可以做简单的形状拼图；问是什么、在哪里、为什么、什么时候、是谁的问题。 用积木进行空间设计；知道方位词（例如，向上、向下、向外、向内、在……之上、在……之下）。 理解数字2和3，并能一一对应；理解"所有"和"没有"的概念。	试着用不同的方法使用物体（例如，棍子、勺子或用作铲子的叉子）。 试着找出事情发生的原因。 用变化的事件进行实验（例如，在短或长坡道上、陡峭或轻微倾斜的坡道上放下小车）。 用旧的事物做新的实验（例如，混合颜色、用积木或袜子做东西）。谈论事物的特性和改变了什么。
36—48个月	有意义地数到3。 知道几种形状、颜色、大小和材质。 知道各种各样的空间关系。 知道哪些物体在功能上可以放在一起以及它们如何使用，了解身体部位的功能。 匹配多种颜色。 可以在一个类别中命名物体、动物等（例如，水果）。 询问有关身体机能的问题。	用计数来解决需要什么问题。 "收集"类似的事物，相似的数量。 探究自然界中发生的事情。 创造虚构的动物、植物、人和交通。 在假扮游戏中使用道具来刺激探索和使用分类，以及计数和测量。 利用日常活动来谈论时间。 在购物时谈论金钱，让儿童花钱买物品。
48—60个月	会使用"更长""更短"；识别白天和黑夜，并与经验相联系。 一一对应地计数到4。 可以做简单的类比（例如，炉子是热的，冰箱是冷的）。 使用假设推理（例如，"如果……会发生什么"）谈论过去、现在和将来的时间。 理解"相同数量"；正确地背数到20。 识别常用硬币（例如，分、角、元）。 可以解释物体和人之间的异同，比较重量（例如，轻、重）。 指出和命名广泛的颜色；使用关系词（例如，向前、然后、何时、第一、下一步、向后、后面、前面）。 当遇到同属某类的物体被命名（例如，苹果、香蕉和梨）时，可以识别出其所属的类别（例如，水果）。	用不同的单位使用一一对应和计数的方法来测量长度、高度和重量（例如，绳子、鞋、棍棒、岩石的长度）。 在差异之前寻找相同。 比较物体的物理、数学和生物学特性。 用图画、图表和口述的方式记录结果。 通过比较集合中的单个物体的数量来比较数量，并讨论基数。 用具体的方法比较一个或两个不同的物体（最多五个）。 将数字符号与口语数字相联系。 通过时钟的移动来测量与日常活动相关的主要数字。 玩一些需要记住某一类别事物的游戏（例如，人们驾驶的东西）。 观察动物和植物的生命过程。

第八章　支持读写能力发展的策略

福里斯·汉考克

目标达成量表

1	2	3	4	5	6	7	8	9
听见声音,识别熟悉的声音,喜欢节奏。		喜欢探索书籍,看图片,听人阅读的节奏,在纸上做标记。		听一个简单的故事,翻页,给图片贴标签,重复书中成人的话并模仿语调。尝试在纸上描绘物体或人。		听长一点的故事,假装阅读,谈论图片,可以重述一个故事,可以在纸上模仿字母或写写画画。		理解故事,有阅读行为,具有语音意识,知道一些字母或单词的意思。同时,写写画画字母或字母样的标记。使用自创的拼写。撰写书面作品,如清单、笔记和故事。

　　读写能力的发展是语言技能的逐渐增长并最终形成独立的阅读和写作能力。读写的学习在出生时就开始了(或者某些人相信在出生前就开始了),并通过与他人的支持性互动持续发展。大部分读写能力的发展来自与书籍有关的经验:发现如何使用书籍;听书;学习书籍传达的意思;关注其中包含的单词和声音;学习字母表中的字母和它们的发音,以及如何操纵它们组成不同的单词;不断发展如何用单词和句子向读者传达思想和想法的意识。读写能力非常重要是因为它是读写的基础,而读写能力是在学校以及整个一生中学习和取得成功的关键。

1.1　适宜的初期读写能力

　　由于初期读写能力从儿童出生起就开始发展,一直延续到他成为独立的阅读者和写作

注意:在 TPBA2 和 TPBI2 中,读写能力作为认知发展领域的一个子类别来讨论,但同时也作为独立的一章以突出强调读写能力对于在学校中取得成功的重要性。为了书卷之间的一致性,TPBI2 第八章中读写子类别的问题编号为Ⅶ.A、Ⅶ.B 等。在 TPBA2 中,参见第七章的概念发展观察指南、观察指南记录和观察总结表(包括读写子类)。在 TPBA2 第七章章末,可以看到一个独立的概念发展年龄表(数学/科学与初期读写能力)。

者,因此其特点会随时间而变化。研究人员发现,言语行为,如手势、发声、听和理解单词,以及在玩耍中使用物体都与语言的后续能力显著相关。这些早期的言语行为为词汇发展、语音意识、理解字母发音规则和印刷品知识奠定了基础,是读写能力的强大预测因素。

初期读写能力的发展指标很容易在儿童的行为中观察到。支持读写能力的早期发展行为包括儿童对他人、环境声音、节奏和韵律以及正在阅读的故事的倾听和回应。读写能力发展的另一个特点是儿童注意到和理解环境中的印刷品,如商店和餐馆的徽标与标志、路标、出入口指示标识、洗手间标识,等等。许多初期读写能力的迹象可以在儿童使用书籍时观察到,这包括广泛的行为,如摆弄和探索书籍、看书、翻页;标记图片,知道哪些是单词、哪些是图片;知道可以阅读,假装阅读,然后真地读出单词;理解故事并能够复述。书写与阅读技能同时发展,包括做标记、涂鸦、画画、创作字母、写字母并将它们组合起来形成单词、使用发明的拼写,以及独立书写书面作品(如笔记、卡片、清单、故事)。

在婴儿、学步儿和学龄前儿童在日常生活、照顾、玩耍以及支持性学习活动(如对话阅读)中与他人自然进行的语言互动中,他们的读写能力就开始显现了。当儿童能够独立阅读和书写时,他们对读写能力的掌握就非常明显了;他们可以解读和理解印刷品,并创作新颖的语言文本,使用书面语言与他人沟通,并参与有目的的阅读和书写。以下是初期读写行为的典型例子和成人可以在日常活动中支持他们发展的方法。成人的作用是对儿童做出回应,布置环境或利用环境的特点来支持儿童读写能力的发展,并适时提供指导。

1.1.1 适宜的读写能力发展实践

Ⅶ. A. 儿童展现了哪些倾听技巧?

日常常规(家庭和教室)

• 婴儿/学步儿:婴儿在妈妈说"换一块干尿不湿"时迅速爬开。在外面散步时,学步儿在听到头顶上的飞机时仰望天空,她指着飞机说:"灰机(ah-pain)。"她的爸爸说:"是的,那是一架飞机(airplane)。"

• 幼儿:幼儿在他的老师说"瑞恩,今天的故事时间你可以选择一本来阅读"时,选择了一本要阅读的书给了他的老师。

游戏常规(家庭和教室)

婴儿/学步儿:当爸爸说"躲猫猫"时,婴儿会露出灿烂的笑容,并充满期待地看着遮挡住爸爸脸的那块布。当幼儿拍拍手时,他妈妈说,"烤蛋糕,烤蛋糕。"他们唱歌、拍手,一起玩"烤蛋糕"游戏。

• 幼儿:户外玩耍期间,当老师响铃时,儿童停止游戏并跑进队列中。

课堂常规

在圆圈时间，孩子们听三年级的学生读故事书。

Ⅶ.B. 儿童如何使用书？

日常常规（家庭和教室）

婴儿/学步儿：婴儿在儿科诊室候诊时坐在妈妈的腿上。当她的妈妈从尿不湿袋里拿出一本布做的书时，婴儿拿起它，并在空中挥动，然后开始咀嚼一角。幼儿的姐姐放学回家，他把家庭相册拿给她。在他们一起看时，幼儿坚持亲自拿着相册并翻页。当他指向一张照片时，姐姐就说出这个人的名字。

幼儿：在幼儿园的图书角，儿童在扮演老师，她将一堆玩偶在面前摆成半圆形，并为它们读书。

游戏常规（家庭和教室）

婴儿/学步儿：当婴儿打开和合上妈妈拿着的书时，妈妈将"打开"和"合上"这两个词语与婴儿的动作配对。学步儿把他最喜爱的书放在他的婴儿车上，从一个房间推到另一个房间。当他妈妈说"你要我给你读吗？"时，他把书交给了她。

幼儿：幼儿在看书中火箭飞船的图片后说："我长大了想成为宇航员。"老师说："等你成了宇航员，你会做什么呢？"

课堂常规

在区角游戏时间，孩子们躺在阅读角的豆袋垫和地毯上看图画书。

Ⅶ.C. 儿童在看书或者和别人一起看书时能理解到什么？

日常常规（家庭和教室）

- 婴儿/学步儿：爸爸在睡前给她读书时，婴儿拍打着书。在阅读分享中，她反复地看着爸爸和书。在和哥哥一起阅读他最喜欢的故事书时，当哥哥说："红鸟，红鸟，看着我。"学步儿指向红鸟的图片。

幼儿：在阅读角，幼儿请求其照料者和她一起读书。在阅读过程中，成人问道："我想知道接下来怎么样了？"幼儿说："狗狗找到了它的妈妈。"

游戏常规（家庭和教室）

婴儿/学步儿：婴儿交给成人一本儿歌书，接着又拿了回来。成人说："你有一本书。"当妈妈读到《矮胖子》(Humpty Dumpty)、《杰克和吉尔》(Jack and Jill)，以及《滴答滴答钟声响》(Hickory Dickory Dock)时，学步儿摇来晃去。当她停下来时，学步儿说："还要听。"母亲回答："你想读更多的诗。"

幼儿：当老师读《小青蛙穿衣服》（*Froggy Gets Dressed*）时，幼儿笑了起来。

课堂常规

老师读完《卖帽子》（*Caps for Sale*）后问道："我想知道猴子们会用这些帽子做什么？"

Ⅶ.D. 儿童记起哪些单词、短语、故事情节和熟悉故事的内容？

日常常规（家庭和教室）

- 婴儿/学步儿：睡前，婴儿在妈妈给唱他《一闪一闪亮晶晶》时，模仿妈妈的面部表情。学步儿在加餐时间吃小鱼饼时，会让它们"游泳"，并称其中一块饼干"尼莫"，尼莫是他最喜爱的故事书《你能找到尼莫吗？》（*Can You Find Nemo?*）中的主角。

幼儿：当老师在读《鼓手霍夫》（*Drummer Hoff*）停顿时，幼儿填上适当的单词、短语或重复的句子。

游戏常规（家庭和教室）

- 婴儿/学步儿：婴儿期待伴随着《拍拍小兔子》（*Pat the Bunny*）的动作。当该页面出现时，她向前倾去闻鲜花的味道。当爸爸说"嗡嗡，嗡嗡，忙碌的小蜜蜂"时，学步儿跑过来，拿起他的故事书，找到重复的内容，并交给爸爸让他再读。

幼儿：幼儿一边把一列玩具火车推上一个枕头，一边说："我想我可以。我想我可以。"

课堂常规

老师在读《非常饥饿的毛毛虫》（*The Very Hungry Caterpillar*）时，她停下来等待孩子们重复。她在阅读中间定期停下来，并且问道："毛毛虫接下来会吃什么？"故事书读完后，老师让孩子们回忆毛毛虫吃了什么，看他们能否想到毛毛虫还可能吃其他的什么东西。

Ⅶ.E. 在儿童的尝试阅读中会出现哪些（早期）读写技能？

日常常规（家庭和教室）

婴儿/学步儿：午睡时间，婴儿看着挂在他婴儿床附近墙上的妈妈、爸爸和兄弟姐妹的照片。妈妈注意到并问："茜茜在哪里？"当他看着姐姐的照片时，妈妈说："是的，这是茜茜！"洗澡的时候，学步儿拿着漂在水上的海绵字母玩耍。他把字母 M 拿起来给妈妈，她微笑着说："这是 M。你有一个 M！"

幼儿：坐车的时候，幼儿指着麦当劳的标志说："我想要一个快乐餐。"

游戏常规（家庭和教室）

婴儿/学步儿：婴儿一边翻动她最喜爱的关于猫咪和小猫的图画书的页面，一边发出喵喵的猫叫声。学步儿翻开互动图画书《婴儿的肚脐在哪里？》（*Where Is Baby's Belly Button?*）的每一页，并指向自己身体的那个部位。

幼儿：幼儿拿到她最喜欢的故事书，读给她的玩偶听。

课堂常规

在圆圈时间，孩子们阅读并唱一首老师用文字和图片写在图表上的歌。

Ⅶ.F. 儿童理解的写作是什么？

日常常规（家庭和教室）

婴儿/学步儿：婴儿从正在写字的妈妈手中抓过笔，在纸上推着，注意着他所做的标记。在公园里，学步儿在沙滩上推动自己的小车，注意到轮子留下的痕迹。接着她的父亲用一根小棍在沙滩上画出更多的标记。学步儿从父亲手里拿过小棍，模仿他的样子，也在沙滩上画出标记。

幼儿：幼儿在妈妈经常写购物清单的记事本上画了三条像草书一样的涂鸦。他请妈妈把它贴在通常放购物清单的冰箱上。

游戏常规（家庭和教室）

婴儿/学步儿：稍大一些的婴儿在爸爸画一朵花时定睛观看一些痕迹出现在纸上。爸爸画完了，她就凑上前去闻闻花香。学步儿在一张纸上画出一些标记，递给母亲并说："读吧。"

幼儿：幼儿把他画的一只恐龙拿给老师看，并询问如何写"T-Rex"。老师说："你知道第一个字母，因为它和你的名字'Todd'的第一个字母是一样的。"然后，她写出剩下的字母（每写一个都念出其对应的音素声），并交给托德临写。

课堂常规

在老师的支持和指导下，孩子们创作出一个晨讯，描述他们当天将在学校里做什么。他们把信息口述给老师，老师写下来让所有人看见。完成后，他们一起读出来。

Ⅶ.G. 儿童写作的特点是什么？

日常常规（家庭和教室）

婴儿/学步儿：婴儿双手转动放在其高脚椅上的托盘里的桃子。她用双手转动桃子，探索观察着结果。在观察到妈妈在生日贺卡上签名时，学步儿拿起蜡笔并在一张纸上画出一些标记。妈妈说："读给我听。"学步儿说："Happy berday (birthday), Nana(Mana)."

幼儿：幼儿向阿姨写了一封感谢信，感谢阿姨送给他一本恐龙书。他画了一幅恐龙的画，并在旁边写上阿姨和他自己的名字。

游戏常规（家庭和教室）

婴儿/学步儿：婴儿拿着蜡笔准备放进嘴里。他妈妈说："不是这样，我们用蜡笔写字。"然后她移动他的手，用蜡笔在一张纸上画出一个痕迹，并说："看看你写的！"学步儿开始用铅笔在一张大纸上涂鸦。

幼儿：在幼儿园的假扮游戏区，阿瓦把她的名字写在一张纸上并把它贴在一条项链上说："这是我参加派对的项链。"

课堂常规

孩子们在假扮游戏区搭建了一家餐厅。一个儿童把菜单拿给他人，并把他们点的餐食写在记事本上。

1.2 支持读写能力发展的一般原则

因为读写是一种语言技能，成人用来支持读写能力发展的策略与用来支持语言发展的策略类似。随着儿童的成熟及他们逐渐扩大的使用书面语言的兴趣，成人的支持将聚焦于帮助儿童理解、阅读和创作符号类语言，如图片、标志、信件、文字和故事等方面。以下是成人可以支持读写能力发展的一些方法的实例。

1.2.1 识别和评价儿童的倾听技能

当父母或照料者注意到儿童正在听寻响声或声音时，成人可以为那个声音的来源命名。例如，如果母亲观察到婴儿将头转向父亲发出的声音，母亲可以通过说"爸爸。那是爸爸！"来确定声音的来源。随着儿童的成熟，她开始关注外界环境的声音，如电话铃声、门铃声、犬吠声、警笛声或飞机发动机的轰鸣声等。通过成人标注声音的来源，儿童学习理解声音的意义。一旦儿童知道了一系列的响声和声音，成人就可以要求她预测、识别、标注和搜索声音的来源。所有这些成就构建了后续更复杂的任务所需要的听力技能的基础，如追踪方向、开展对话、有意识地关注讲话的声音和听故事。

1.2.2 对儿童说话和与儿童对话

在前语言发展时期，成人对婴儿发起的行为保持警觉和给予反应是非常重要的。通过将婴儿的手势和发声解释为对话中的轮流发言，成人为它们赋予了意义，这样就为两个成员的互动对话做好了准备。对话中轮流发言为语用学的发展奠定了基础，并且在早期的语言游戏（如躲猫猫和拍蛋糕）中也是显而易见的。当儿童为歌曲、手指游戏、圣歌、诗词和童谣做好准备时，这些早期的语言游戏会变得更为复杂。这些游戏中关注的单词和声音将支持儿童学习语音意识的内容。与儿童对话的其他语言方面的优势包括词汇的增长、抽象语言的使用、语法/文法使用和词汇知识，所有这些都是早期读写能力的组成部分。

1.2.3 充分利用构建词汇量的机会和经验

儿童早期丰富的词汇量与小学的阅读能力呈显著正相关。成人可以通过对婴幼儿感兴趣的对象命名，描述他们参与或观察的动作，以及有目的、有计划地设计能够刺激学习新单词含义的经验，来支持婴幼儿词汇量的增长。词语的教授应该与实际的对象、人物和功能性的事件及自然发生的日常生活相对应，然后再以照片、图片、绘画或书面文字的形式呈现。

1.2.4 提供一个易于接触的阅读和书写资料丰富的环境

成人可以通过提供读写资料并示范其用途来支持儿童探索和使用读写材料的兴趣。环境中应该包含适合儿童发展水平的阅读和书写材料，容易拿到，并可以引起他/她的兴趣。

在家中，印刷品丰富的环境包含适合发展水平的图书；玩具的介绍目录；多处可见的各种类型的书写纸，如电话机旁边的记事本、用于列清单的纸、用于画画的纸、卡片、信封，等等。绘画和书写材料应该反映可能在家中发生的各种书写类型，以便儿童可以模仿或扮演其观察到和经历的有关书写的各种活动。

在幼儿园教室里应该有各种各样的材料的标签及其展示位置。这些标签可以标示真实物体的样本，或与物体的书面名称匹配的物体的表现形式（如迷你模型、某个物体的显著之处、照片、图画、容器内部的图片等）。通过标签来实现真实物体、外表样式和其书面名称之间的对应匹配，由此为读写能力的发展提供丰富的机会。

印刷品丰富的幼儿园教室包含许多可供选择、容易拿到并代表儿童的兴趣和文化遗产的读写材料。儿童应该有机会探索使用各种媒介和工具表达自己（如蜡笔、油漆、黏土、铅笔、记号笔、不同类型的纸等）。这些材料可以放在教室的各个角落，例如把图画纸放在积木区；把食谱、菜单、电话簿、地址簿和清单纸放在假扮游戏区；把图书和创作图书的资料放在图书角或艺术区；把歌曲放在音乐区；等等。通过这些方式，儿童可以发展对读写的理解，创作他们自己的读写作品。

1.2.5 谈论印刷品

经历了家中和课堂上充满印刷品的环境，儿童有了在邻里和社区等更大的范围内延展其印刷品知识的基础。他们可能注意到自己可以读出来的，或者需要更有能力的人为他们加以解释的标识、标志和数字。成人可以指出环境中的印刷品并与儿童一起谈论其意义。这样儿童就会认识到读写不仅仅局限于阅读故事书；它存在于我们的周围，无所不在。

1.2.6 与儿童一起阅读

家长和教师通过在给儿童阅读时关注儿童的理解和诠释技能来支持儿童这两个方面的

发展。理解所读的内容与理解所写的内容（即字母、声音以及如何使用）一样重要。通过实行对话式阅读的原则，如与儿童一起谈论故事、提问和回答问题、激发儿童思考故事等方法，使儿童成为阅读活动的积极参与者，并扩展儿童理解阅读内容的能力。当成人指出并标注单独的字母或单词时，可以帮助儿童学习字母（音素）的发音，以及如何混合生成单词或通过各种排列产生不同的单词，可以用来说、读和写。

与儿童一起阅读应该是一段愉快、舒适和投入的经历。朗读者的声音应该反映出作者的激情和对作者意图的准确描述。儿童选择的、反映他们喜爱的话题的图书都会吸引他们参与阅读。通常，幼儿一遍又一遍地选择同一本书阅读。通过重复阅读一本故事书，儿童可以做出预测，加入阅读，并最终开始独立阅读这个故事。有些故事书具有这些特点，例如复读行和可预测的故事，这会有助于儿童成为阅读活动中的积极伙伴。

1.2.7 鼓励儿童创作自己的故事

享受读故事书和听其他人讲故事都可以鼓励儿童创作他们自己的故事。儿童可以给其他人口头讲述故事、复述这个故事，以便它被写下来，以后再读。进一步延展她的创造性，可以让作者或让其他想加入即兴复述的人表演这个故事。通过创作自己的故事，儿童被赋权成为写作者和创作者。

1.3 实践中的原则

前面概述的策略可以由父母、照料者和教师在日常生活中使用，以支持儿童读写能力的发展。以下列举了成人可以将这些策略自然地融入日常活动中的一些方法。

1.3.1 日常常规（家庭和教室）

喂食/进食

对于婴幼儿来说，照料者可以利用用餐时给食物命名和解释儿童正在吃的食物（如，"你正在吃香蕉，嗯！"）来强化他们的词汇量。照料者可以提供可选择的食物。例如，在向儿童展示食物的容器或实际的食物时，照料者可以问："你想要红薯，还是青豆？"确保每种食物的名称与适宜的食物相匹配。

对于年龄大一些的儿童，父母可以在阅读食物包装上的标签时指给儿童看，或者让儿童根据标签预测包装内的食物。一些餐馆的菜单带有图片，儿童可以用它来选择和点他们想吃的食物。成人可以示范阅览餐厅和杂货店的标识或标志，当儿童阅读标签、标识或标志时，成人应该认可并重视他们在读写方面的进步。

换尿不湿/如厕

对于婴幼儿，父母可以在日常换尿不湿或上厕所时边做边说，从而建立词汇量和先后顺序的技能。成人可以指着日常上厕所时所用物品的包装或容器并命名。例如，他们可以拿着卫生纸，并指着包装说，"擦一擦就干净了。"或者他们可以指着标签上的图片，并将其命名为"卫生纸"。换尿不湿或上厕所的时间可以当作是学习歌曲或儿歌的机会；例如，当儿童坐在便盆上时，唱《公共汽车上的轮子》(The Wheels on the Bus)可以成为日常上厕所的一部分。

在学前班课堂上，教师会帮助儿童学习并阅读"男孩""女孩""洗手间""热""冷"等与上厕所和卫生相关的标签与标志。可以将包含符号信息的图片或照片放置在洗手池的附近，用来帮助儿童学会正确的洗手程序。

穿衣

婴儿和学步儿的父母可以利用穿/脱衣服的机会提升儿童的词汇量，如给身体的部位命名，说出穿/脱的是什么衣服，以及解释儿童正在做什么（例如，"先穿衬衫，再穿裤子"）。可以为学步儿和大一些的儿童提供穿什么的选择。例如，妈妈拿着两件上衣，问道："你要穿红色的还是蓝色的衬衫?"或者简单地说："红衬衫，蓝衬衫。你选一件。"儿童用眼神、手指、触摸、说出名字等方式指出的那一件，就是他选择要穿的。通过这些互动，儿童学习身体的各个部位、衣服和颜色的名称；使用介词；以及做出选择。

对于大一些的儿童，可以利用穿衣服的机会进一步命名更复杂的身体部位（例如，肩膀、肘部、脚踝、腰部）来支持词汇量的增长，增加形容词的使用（例如，米色、栗色、海军蓝等表示颜色的词；长袖或短袖衬衫；套头衫或纽扣衬衫；等等），并使用更复杂的介词（例如，在……前面、在……后面、在……背面、在……中间、在……下方）。通常，T恤衫上印有字词，父母或教师可以解释，或者读给儿童听，或者问儿童那是什么（例如，恐龙战队、公主、儿童的姓名、学校的名称）。

1.3.2 游戏常规（家庭和教室）

面对面游戏

面对面游戏为成人和婴儿提供了读懂与回应彼此手势、声音和面部表情的机会；所有的这些对于语言的发展都非常重要，并与读写技能的发展密切相关。

在与学步儿和大一些的儿童的面对面游戏中，成人可以支持儿童词汇量、听力技能的发展以及对物体的使用，这也与后来读写能力的发展密切相关。当大一些的儿童开始对玩棋盘游戏感兴趣时，随之会有更多支持读写能力发展的机会，如理解棋盘上的符号，学习这类游戏通常配有书写好的规则，以及学习如何在轮到自己时弄清楚应该做什么（例如，阅读骰子上的数字,阅读绘制的卡片,阅读游戏棋盘空间上的内容)。

体育游戏

户外体育游戏为儿童提供了肌肉运动的机会,而肌肉运动又将支持手写技能的发展。可以给年龄大一些的儿童提供大块的粉笔,让他们在人行道或大的纸上画画,比如贴在围栏上的牛皮纸。他们可以用油画笔蘸水"刷(画)"篱笆。在体育游戏中,儿童可以参与需要听力技能和听从口头指令的游戏,如"鸭子,鸭子,鹅"或"西蒙说"。

操作性游戏

玩小型的"可操控"的玩具如汽车、卡车、积木、玩偶之家等,往往会用到手写这类精细运动技能所必需的小肌肉。此外,小组游戏可以创造每个参与游戏的玩家扮演不同角色的场景。例如,大一点的儿童可以用积木搭建一个建筑物,假装它着火了,然后驾驶着消防车来灭火,并把建筑物里面的人救出来。在金属物表面上摆弄字母磁性贴是儿童探索字母表中字母形状的一种方式;找到这些字母对儿童的意义,如他名字中的第一个字母;试着将字母排列在一起组成单词,并不断变化组成新词。

感觉游戏

玩一些脏脏乱乱的材料,如剃须膏、泥巴、手指画和面团可以支持儿童发展后续书写所必需的精细运动技能。感觉游戏还提供了尝试绘画和早期书写的机会。学龄前儿童可以探索和尝试选择不同的材料、创作各种符号、画画、书写等。

假扮游戏

在假扮游戏中,儿童的语言和沟通技能都处于当前发展水平的上限(即最近发展区)。游戏使儿童富于创造性和无局限地使用语言。在此类游戏中,当参与者创造和扩展游戏的主题并把它表演出来时,其故事讲述的能力就得以发展。还有其他一些可以融入假扮游戏的读写技能,包括听(如,其他表演者)、使用书本(如,电话簿)和写(如,电话信息)。老师可以把来自最喜欢的社区餐馆的菜单放在假扮游戏区。如果儿童选择玩"餐厅"的游戏,就有可能会产生读(如,菜单)、听(如,食品订单)和写(如,订单)的行为。

1.3.3 阅读和学习常规

圆圈时间

在圆圈时间,幼儿园的老师可以阅读有吸引力的故事书,并鼓励儿童重新讲述和/或表演所熟悉的故事或他们自己创作的故事。圆圈时间也是儿童唱歌、吟诗和表演手指游戏的好机会,包含了支持儿童语音意识发展的韵律和有节奏的语言。

一对一阅读

一对一阅读对于参与者双方(即读者和听者)都应该是一个有趣和吸引人的经历。和婴幼儿一起阅读"翻翻书"①及可以触摸和感觉的图书②会鼓励他们对阅读的兴趣。在个性化的阅读过程中，成人或大一些的儿童可以阅读儿童特别感兴趣的书，例如，一本最喜欢的故事书；一本有关儿童感兴趣的话题的书；或者儿童喜欢的一类书，如翻翻书、带有复读行的书或儿歌书。阅读搭档中的任何一方都可以阅读，或者可以轮流阅读。温馨舒适的一对一阅读环境本身就在吸引人来阅读和互动。更熟练的读者（成人或大一些的儿童）可以通过一对一阅读来支持听者发展读写技能，如词汇量、印刷品知识和图书常规、语音意识、音素意识、字母表知识和阅读理解等。读者可以采用不同的策略来提高效果，如提问，给图片或其他特点命名、重述故事、帮助儿童将书中的内容与真实的人和个人经历联系起来，等等。

科学与数学

科学与数学活动为多感官学习和探究提供了机会。利用实际物品、做功能性（有实际用处的）活动是学习发生的关键组成部分。例如，烹饪可以扩展科学、数学、语言和读写能力。在"做饭"活动中，儿童可以积极参与，听从书面和/或口头指导，排序，量重，计数，预测，观察，改变物质的物理属性，计算和控制数量，等等。儿童可以回忆起他们所做过的事情，以及在数学和科学活动之后发生的事情。他们可以通过描述自己的回忆来产生经验故事，这些故事可以由儿童来写或者由儿童口述给成人来写。故事还可以由儿童选择的方式来演示。

1.4 为提升读写能力制订个性化的干预措施

因为读写能力是以语言为基础的，有语言延迟或障碍的儿童在这一发展领域的技能提升方面或许会遭遇困难。此外，由于读写能力的发展强烈依赖于视觉和听觉的处理能力，因此患有这些感觉障碍的儿童可能需要专门的、个性化的干预策略才能获得读写技能。在为有语言、视觉和听觉障碍儿童设计和实施干预方案时，应当咨询接受过特定残障领域培训和认证的专家，并让他们参与其中。辅助技术领域的专家也熟悉各种各样支持残障儿童读写能力发展的装备和干预策略。他们也应该是重要的团队成员和咨询对象。以下建议适用于所有的儿童，但可能对残障儿童尤为有益。

Ⅶ. A. 儿童展示的听力技巧是什么？

儿童出现听书困难的原因可能有多种，如语言延迟或障碍，或者听力障碍干扰了对口语

---

① 如有立体画的书。——译者注
② 有些书会给其中的物体附上真实材料，比如小鸡的羽毛，可以让儿童直接触摸体会质感。——译者注

的理解。此外,患有自闭症谱系障碍、认知延迟或功能障碍或注意力缺陷/多动障碍(ADHD)的儿童可能需要额外的时间和/或特定的干预措施才能够专注和处理听觉信息。

严重视力损伤的儿童需要具体的、现实的经验和参照才能理解口头信息。他们可能需要学习盲文。低视力的儿童在听书时可能没有困难,但是他们可能需要特定的照明、放大的图片或文字、放大镜才能看见正在阅读的图书、图片或字。

具有严重听力障碍的儿童可能需要专门的和个性化的助听装置与策略来接收和理解听觉信息。一些听力损失的儿童已经植入了人工耳蜗,需要专门计划的干预措施才能让他们从植入体中获益。经过认证的听力障碍儿童的教师了解广泛的教学策略,以及如何获取、维护和使用这些儿童的辅助技术设备。这些教师可以为轻度至中度听力损失的儿童提供建议和意见。肢体障碍如脑瘫、脊柱裂或创伤性脑损伤的儿童可能需要专门的干预和辅助技术装备才可以利用、发展和展现其听力技能。

人际互动策略

1. 使用故事道具。故事道具有助于说明和展示故事的内容。例如,故事《金发姑娘和三只熊》(Goldilocks and the Three Bears)的道具可能包括三种大小不同的椅子、碗、床和熊。在阅读故事书的同时使用道具可以帮助儿童专注于故事。道具强化了儿童对故事内容的关注和理解。儿童可以在故事书阅读期间或之后摆弄道具,以便讲故事或重述故事。道具可以帮助有注意力缺陷或自闭症的儿童集中注意力关注故事,在他们听的时候,手里握有一些东西可以提醒他们专心听。对于患有感觉障碍的儿童来说,道具可以帮助他们在看到、感觉到和摆弄这些物体时更好地理解。

2. 鼓励积极参与。当儿童积极参与故事阅读时,他们的听力和注意力都得到了增强。例如,儿童可以表演故事中的动作,翻页或者告诉朗读者何时翻页,说出下一个字,等等。

3. 利用带有复读行的故事。带有复读行的故事鼓励儿童积极参与故事书的阅读,不管有没有读者的加入,他们都会根据提示一起说出复读行。儿童可以独立阅读熟悉的、带有复读行的图书,所以应该让他们在环境中轻松地拿到这些书。

4. 可预测的故事。有可预测的情节的故事书可以通过听者的积极参与、对预测的渴望以及对预测是否正确的渴望和好奇心来提高倾听的兴趣与能力。

环境调整

除了可能在阅读中支持儿童倾听的人际互动策略,环境调整通常也是有用的。根据TPBA2的发现,团队可以考虑下列的一些环境调整。

1. 监测噪音水平。故事阅读区的噪音水平可能会影响一些儿童听见和理解内容的能力。读者需要了解听者在这方面的需求。

2. 简化语言和/或故事。听口语阅读故事有困难的儿童可能需要给他们读语言简单的短故事，以便他们能够体验到成功的倾听。随着儿童的准备情况逐渐变好，可以逐渐增加故事的长度或复杂程度。另外一个策略是让儿童口述一个故事，老师记下来，然后儿童再听老师说一遍。

3. 提供选择。在给有听力困难的儿童读故事书时，让他们选择自己感兴趣的故事可能是有帮助的。例如，成人可以拿两本书，让儿童选择其中的一本。因为儿童喜欢听自己最喜爱的故事被反复阅读，所以通常可以把儿童最喜爱的书作为选择之一。

4. 咨询专家团队。训练有素的跨学科专家团队可以为残障儿童，如自闭症、视觉障碍或听觉障碍、语言发育迟缓或障碍、精神发育迟滞或肢体功能障碍儿童提供个性化的环境调整，来帮助他们听故事。

Ⅶ. B. 儿童是怎么使用书的？

有些儿童可能在取书、处理或拿书，或翻页时遇到问题。每个儿童都有需要团队面对的独特优势和解决的不同需求，以下建议为使用书有困难的儿童提供支持。

人际互动策略

1. 提供成人支持。成人可以拿着书以便儿童翻页。

2. 提供选择。对于有运动困难的儿童，成人或其他儿童可以帮忙选择书，并把根据儿童的目光、手势、声音或言语示意所选择的书递给他们。开始选择时，只展示两本熟悉的书。当儿童能够熟练做出选择时，书的数量和种类可以根据儿童的发展水平而增加。

3. 观察和回应儿童的需求。坐在一个正在翻弄一本书的残障儿童的旁边时，敏感的成人会对来自儿童的关于如何和何时提供帮助的线索做出相应的反应。如果成人仍然对如何支持儿童有疑惑，可以咨询跨学科团队（例如，语言病理学家、职业治疗师、物理治疗师、视觉或听觉障碍儿童的老师）。

4. 支持患有视力障碍的儿童。视力障碍儿童可能需要具体的关于翻阅和使用图书的说明或指导。书可能需要改装以便支持有视力障碍的儿童探索（例如，增加触觉特征以便儿童识别，将真实物品与书的主题相对应，放大图片和印刷字）。在儿童学习新的词汇或识别熟悉的物品时，可能需要将真实的物品与故事书中的相对应，以便儿童可以通过触摸、摆弄或闻味来体验它们。

5. 支持肢体损伤的儿童。身体受限的儿童可能需要成人或相关设备的物理支持才能够翻页，或拿到、拿住和探索图书。一本放置在特定角度的书是有益的，这样可以让儿童直观地看见它。为儿童的姿势提供适当的支持是非常重要的，这样她在坐下时才能保持稳定，并将她的注意力集中在拿住书本上。

6. 支持患有自闭症的儿童。患有自闭症的儿童可能会通过把书排列成行或放置在环境中的特定地方来玩书籍,当这些安排受到他人的干扰时,他可能就会很沮丧。成人可以认可儿童对书籍的兴趣,询问他是否愿意选一本书一起阅读。仅仅坐在一个自闭症儿童旁边,默默地看一本有他感兴趣的内容的书,就有助于为他树立一个阅读的范例。患有自闭症的儿童往往对火车、机器、物体或形状有着明确的兴趣。他可能会找到包含自身感兴趣的图片的书来看和阅读。关注儿童积极参加阅读活动的信号。关于如何读书的社会性故事可能会帮助一名自闭症儿童理解为什么读书和怎样读书。自闭症儿童通常会喜欢可预测的图书,带有复读行的故事,以及有韵律和节奏的图书。他们经常喜欢重复阅读书籍,享受单词、图片和故事的可预测性与熟悉性。

环境调整

除了可能支持儿童适当地使用图书的人际互动策略,环境调整通常也是有用的。根据TPBA2的发现,团队可以考虑下列的一些环境调整。

1. 使用改造的图书。用泡沫、魔术贴、别针等制作分隔页面的垫片来调整图书以便翻页。纸板书有厚厚的书页,可能易于翻动,但有些儿童可能还是需要借助页面之间的隔片。对于幼儿和有肢体障碍的儿童来说,有把手的书籍可能比常规的书籍更容易携带。

2. 调整阅读的空间。将书放在一处不滑的表面上(如,防滑台、防滑纸),这样对于有翻页困难的儿童来说,书是稳定的。根据儿童的视觉和身体需要提供支持,把书放置在一个合适的角度。

3. 为有视力障碍的儿童调整图书。如果儿童患有严重的视力障碍,可以使用触觉信息或触觉符号来调整好,以帮助她选择她想要的,探索并理解书的内容。

Ⅶ.C. 看书或分享阅读时,儿童领会到了什么?

难以理解故事的儿童可能有听觉系统处理问题,或词汇量不足,或缺乏与故事内容相关的经验。这些儿童可能需要个性化的支持策略来提高他们的理解力。

人际互动策略

1. 使用真实的物品。使用真实的物品来提升儿童对书的兴趣和理解。儿童可以利用真实的物品在当天晚些时候重新讲述。

2. 使用道具。使用与故事情节相符合的道具,帮助儿童理解并参与故事阅读。

3. 向儿童提问和讲故事。帮助儿童将故事与他们自身的经历联系起来,或提供经验来支持他对分享故事阅读的理解。设计可以帮助儿童思考故事、回忆细节和分享感受的问题。

4. 支持理解和学习词汇。儿童的词汇量太有限,就会妨碍他对分享的故事内容的理解,选择包含儿童知道的词语的书,帮助他将认知能量集中在故事的含义理解而不是学习新的单词上。但是,扩展儿童的词汇量也是非常重要的。要在日常生活中为因词汇知识不足而无法理解故事书的儿童提升词汇量创造经历和寻求机会。词汇量的增长来自儿童积极参与的真实体验。

环境调整

除了可能支持儿童理解分享阅读的人际互动策略，环境调整通常也是有用的。根据TPBA2的发现，团队可以考虑下列的一些环境调整。

1. 监测环境的噪音水平。关注环境中的噪音水平，以强化听力，从而理解分享阅读。

2. 支持视力障碍儿童。对于有视力障碍的儿童来说，以下环境特征很重要：颜色、对比度、时间、空间和照明。咨询视力障碍儿童的老师，了解儿童的个人需要和环境改善方法。

3. 支持听力障碍儿童。听力障碍儿童可能需要特定的环境才能参与分享阅读。咨询听力障碍儿童的老师，以便根据儿童的具体需要改善环境。

4. 支持患有ADHD或自闭症的儿童。患有ADHD或自闭症的儿童在分享阅读中可能难以集中注意力。成人可能需要发现能够支持儿童关注和理解故事的图书的具体特征。此外，分享阅读的场所也需要适应儿童对噪音水平和刺激程度的需求。TPBA中家长的意见和观察可以为这一关切提供意见与建议。

Ⅶ. D. 儿童从熟悉的故事中想起哪些单词、短语、故事情节和内容？

对有语言障碍、认知障碍和神经失能的儿童来说，口头回忆读过的故事是很困难的。成人可以提供一个架构来支持儿童成功地完成。下面是一些对回忆故事有困难的儿童提供鹰架支持的例子。

1. 使用有复读行的书。阅读带有复读行的图书，鼓励儿童在复读行出现的时候加入进来。

2. 重复阅读喜欢的书。长时间专注阅读一本故事书，让儿童对人物、情节和故事熟悉起来。感知型和观察型的老师会意识到儿童在体验故事书阅读时愉悦享受的程度，从而能够估计他继续关注故事的时间长短。

3. 表演故事。支持儿童表演一个熟悉的故事。他们对再创作的积极参与将有助于再现回忆。

4. 带有节奏和韵律的故事。阅读带有节奏和韵律的故事与诗词，例如，《鼓手霍夫》(*Drummer Hoff*)、《棕熊，棕熊，你看到了什么？》(*Brown Bear, Brown Bear, What Do You See?*)、《"A"曾经是个苹果派》(*"A" Was Once an Apple Pie*)，以及苏斯博士(Dr. Seuss)的书。这种像歌曲的、有稳定的节奏的故事有助于儿童记住和再现故事。

5. 阅读带有押头韵的故事。阅读包含押头韵的故事①[例如,《苏斯博士的 ABC》、《亚瑟趣事(一只愚蠢的猿猴)》、《动物王国》(Animalia)、《动物字母表》(Zoophabets)]。鼓励儿童参与语言游戏,用相同的音素开头造词来讲述或扩展故事。

6. 利用歌曲和诗歌。唱出或诵读一个故事或其中的一部分都是有助于回忆的策略。

7. 将故事书和道具结合起来使用。在阅读故事的同时使用道具来增强理解和记忆。允许儿童在阅读时间玩道具。鼓励他们使用道具为其他班级、小组或缺课的同伴重述故事。

8. 提问。在阅读最喜欢的、经常阅读的故事期间停下来,问:"我想知道接下来发生了什么?"写下孩子们的预测,并在读完故事的下一部分后引用。有计划地提出对儿童来说具有挑战性的问题,例如:"如果你在这个故事中,你会怎么做呢?""这个故事会有哪些不同的结尾?""你喜欢(或不喜欢)这个故事的什么?"

9. 预先通知和问题解决。在阅读故事之前告诉儿童要回忆的那部分。如果他们知道被要求回忆的具体部分,他们就会专注地听,然后做好回答的准备。让他们想办法记住故事中的单词、短语、句子或想法(例如,"我们可以做些什么来帮助我们记住饥饿的毛毛虫吃了什么?")。在读完故事后,将儿童的一个或多个想法付诸实施。

环境调整

除了可能支持儿童回忆书中的单词、短语、句子和内容的人际互动策略,环境调整通常也是有用的。根据 TPBA2 的发现,团队可以考虑下列的一些环境调整。

1. 提供故事或故事片段的视觉展示。阅读者可以在故事阅读的同时用图片视觉化地把它展示出来。或者阅读者可以展示一张图来表示故事、复读行、单词或短语等,以便儿童在回忆时可以参考。利用故事中的图片来帮助儿童回忆事件的情节顺序。视觉模式是支持学习和回忆的有力途径。

2. 在环境中使用道具。环境中儿童可以玩耍的大型的、互动式的以及与故事有关的道具可以作为帮助回忆故事的手段。例如,如果一个大盒子变成三头熊的家,儿童可能会添加更多的道具,决定谁扮演哪个角色,并重新演出这个故事。他们积极参与故事复述的筹划与表演,这将有助于回忆。

3. 表演故事。儿童可以利用木偶或穿上戏服来重新表演故事。重新表演将鼓励儿童回忆故事中的人物所说的话、他们的行为和/或故事的情节。

Ⅷ. E. 儿童尝试阅读的特点是什么?

残障儿童通常需要结构性的引导和支持,以便学会独立阅读和写作所需的要素。下列

---

① 指有许多押韵的句子和词汇的故事。——译者注

的一些建议与通过游戏和发现来学习相比,可能显得有些说教;但这并不意味着在教授学习读写的要素时不能采用有趣且引人入胜的方法。

人际互动策略

1. 唱"ABC 歌"。与儿童一起唱"ABC 歌"来帮助他们学习字母表中字母的名字。在唱歌时,将歌曲与字母的视觉表示联系起来。

2. 使用三维字母。提供各种各样的三维字母(如磁性的、泡沫的、塑料的、毛毡的)和放置它们的空间,以便儿童可以探索它们的形状并将其摆弄成各种形式。

3. 学习字母表中的字母。在开始学习字母表时,儿童通常会关注他们名字中的第一个字母,这为他们提供了关注单词和环境中字母的机会。

4. 学习字母的发音。利用歌曲和诗歌帮助儿童体验发出与听字母表中字母的声音。为儿童提供摆弄字母表中字母的机会,并解释与每个字母相关联的声音。例如,字母表中的字母戳和印油可以让儿童在纸上盖出字母。当他们印上字母时,成人可以说出那个字母的音素。

5. 利用多感官方法教授字母的发音。使用多感官方法教授字母表中字母的发音,例如,结合触觉、视觉、听觉和动觉的行为,让儿童能够同时接触到字母;看见字母;说出字母的发音或音素;以及通过模仿或独立创作,用身体姿势或动作组成字母。

6. 利用多感官方法解码书面单词。使用多感官方法解码单词,例如,在模仿时发出字母的声音。用这种方式,儿童可以同时使用视觉、听觉、触觉和动觉。

7. 显示音素的混合和分割。使用三维字母,视觉化地显示字母的发音(音素)是如何混合在一起形成单词的,以及如何改变发音及其字母以形成新的单词的。将每个单词与视觉化的展示(如图片、照片或线条画)相对应,为由音素混合而生成的单词增添意义,并提高对其的理解。

8. 口述句子和故事。支持儿童就他们感兴趣的话题创作句子和故事。写下他们口述的句子或故事,并与儿童一起读出来。添加图片有助于后续阅读这些句子或故事。

9. 支持有理解障碍的儿童。有些儿童被迫阅读环境中的印刷品。通常,这些儿童记住了书中的文字,但不明白书的内容。有理解障碍的儿童常常难以理解他们所阅读的内容,并且在语言技能方面发育迟缓。语言的改善往往会提高这些儿童的阅读理解能力。成人可以利用有理解障碍的儿童的独特能力,在阅读一本熟悉的书籍中暂时停顿,让儿童插入后续的单词或短语。跨学科团队的语言病理学家可以为支持儿童的语言发展提供想法和专业知识。

10. 支持患有听力障碍的儿童。学习美国手语的儿童可能因为美国手语和英语语法的不同而出现阅读障碍。此外,患有轻度至中度听力障碍的儿童由于听不清语音或无法将语音与字母表中的字母联系起来,而难以获得音素意识技能。对于患有听力障碍的儿童,可以咨询听力障碍儿童的老师和/或语言病理学家,以探索支持这些儿童发展和利用读写技能来尝试阅读的方法。

环境调整

除了可能支持儿童利用读写技能来尝试阅读的人际互动策略,环境调整通常也是有用的。根据 TPBA2 的发现,团队可以考虑下列的一些环境调整。

1. 支持患有视力障碍的儿童。为了有效利用儿童不断发展的读写技能,对于患有视力障碍的儿童,可能需要根据其视力进行具体的、个性化的改善。有些儿童需要使用盲文、触觉符号、放大的字体、眼镜或者放大镜。有些儿童可能需要特定量的光线或特定的照明角度才能看见书中的图片和/或字体。

2. 噪音水平。环境中噪音的水平可能会影响儿童关注阅读的能力。当成人注意到儿童无法集中注意力时,她可以借机让儿童加入问题的解决。例如,成人可能会问:"声音太大了,都没法讲故事了,我们该怎么办呢?"

3. 在听力中心录制故事。给儿童提供熟悉和喜爱的故事书的设备与录音,让他/她单独聆听。当儿童听录音时,故事书也应该提供给他/她使用。故事道具也应该可以随手拿到。

Ⅶ. F. 儿童对书写的理解是什么?

了解书写——我们为什么写和如何写——对于那些有认知、沟通、肢体、视觉或听觉障碍的儿童而言是一项艰巨的任务。跨学科团队可以一起工作,为这些有理解书写和动手书写问题经历的儿童制订个性化的策略。

人际互动策略

1. 利用三维字母。利用三维字母可以视觉化地展示如何将字母混合起来形成单词,以及如何变化字母以形成新单词。儿童可以摆弄具体的字母,形成可能可以或可能不可以阅读的词。

2. 体验故事。针对一些常见的经历(例如实地考察、特殊访客、课堂聚会),成人可以支持儿童书面记录这些经历。通过讨论和协商,扩展故事并请抄写员将其写在一张大家都可以看清楚的大纸上。故事写好后,由儿童和/或抄写员阅读。儿童可以决定使用照片、图画或实物来更好地展示他们的故事。

3. 利用听写。支持儿童针对他们感兴趣的主题造句或创作故事,写下他们的句子/故事,并一起读出来。为有兴趣展示他们的句子或故事的儿童提供材料。

环境调整

除了可能支持儿童理解书写过程的人际互动策略,环境调整通常也是有用的。根据

TPBA2 的发现,团队可以考虑下列的一些环境调整。

1. 在环境中使用标签。环境和空间中的物品都被贴上标签,这传达出一种有条理的感觉。它们帮助儿童(和来访的成人,如代班老师、观察员、家长助理等)理解事物的归属。当有一个新的物品被加入到教室环境中时,成人可以鼓励儿童为该物品和存储该物品的地方各做一个标签。这个活动不仅有助于儿童学习书写的过程,同时还帮他们了解书写的原因。

2. 在冰箱上留字条给儿童看。冰箱通常是家庭的通讯中心。可以把儿童能读的带有图片、符号和/或单词的字条贴在冰箱上他们可以轻松看到的位置。准备好可供儿童留字条的纸笔。

3. 标注存放玩具的区域。使用图片、图画、照片、实物或部分实物,连同玩具的名称一起创建玩具的标签。标签应该放置在玩具存放的位置,并将相同的标签贴在存放玩具的容器上。通过将玩具与标签上玩具的视觉呈现以及书面文字配对来支持儿童阅读标签。儿童可以对在哪里存储玩具,以及如何绘制或制作标签贡献想法。实际上,儿童可以制作鼓励和支持书面语言发展的标签。

Ⅶ. G. 儿童的书写有哪些特点?

有些儿童在书写时可能会遭遇身体上的困难,另一些儿童可能难以用书面形式表达自己的想法,还有一些儿童可能会在书写前很难组织和回忆他们的想法。当儿童遇到书写障碍时,他们会对参与书写过程感到害怕、恐惧或犹豫。有洞察力、敏感的成人应该将儿童的兴趣、乐趣与激励策略结合起来,激励儿童克服他/她的自我限制并尝试书写。例如,如果一个儿童害怕在纸上写字,他可以用涂改液、用沙子或剃须泡沫、用字母戳、用含有隐形墨水的笔写字,或在空气中书写字(用大幅度的手臂运动在空中书写字母)。

那些难以组织和回忆自己打算写下来的想法的儿童,可以从学习元语言方法中获益,这种方法可以帮助他们整理和组织自己的想法与思想。例如,他们会考虑他们想要写什么,如何组织想法,以及如何把想法呈现在纸面上来计划自己的写作过程。通常,这些儿童需要学习具体的策略,或发展自己的自我组织策略。

支持每个有沟通、肢体、视觉或听觉障碍的儿童的特殊需求的跨学科团队都应该讨论和制订其方案来匹配每个人独特的需求。辅助设施和方法可能包括专门的或改装的书写用具和/或特定的纸张,推荐的坐姿或姿势,合适的照明,声控技术,使用听写,教使用美国手语的儿童利用英语语法写作,等等。

人际互动策略

1. 鼓励有目的的、功能性的写作。支持儿童参与有目的的书写,如向生病的朋友发送卡片、写感谢信、发送生日贺卡、留言、列清单,等等。

2. 利用儿童的兴趣。发现儿童的兴趣，并利用它们为儿童创造参与书写的机会（例如，为新玩具制作标签，并决定将其存放在教室里的什么地方，列出拟邀请参加生日聚会的朋友名单，给离开的朋友写字条或送出自己的画作等）。

3. 提供独特的书写工具。为儿童提供独特的书写工具，例如，麦格纳涂鸦（Magna Doodle）、蚀刻素描（Etch A Sketch）、颜料和画笔、粉笔、记号笔、魔力板等。用剃须膏尝试手指画，或使用棍棒在室外的土或沙子中书写。在人行步道上用粉笔写、画等。

4. 提供个性化的支持以确保成功。要注意提供的支持要在使儿童能够成功的水平上，如果写字有困难，就画画、做记号或涂鸦（例如，使用计数标记，在教室里用记号给儿童量身高，画出她想要表达的东西）。

5. 通过唱歌来帮助学习拼写。唱一些有助于学习拼写的歌曲，例如《宾果》（BINGO）；"唱歌和读故事"（Sing and Read Storybooks①），包含用于拼写表示颜色的单词如红、蓝、黄的歌曲。用熟悉的曲调编拼写单词的歌曲。

6. 使用策略来学习如何拼写单词。教给儿童找出如何独立拼写单词的策略，例如，发出单词的音素音，让朋友在环境中找出这个单词并复制，使用"带图片和单词的图片字典（pictionary②）"，或者要求成人将其写在索引卡上，并将卡片保存在特定的位置，以备以后再次使用。

7. 利用听写。支持儿童向成人或大龄儿童复述故事，允许儿童写下或画出在故事中他感兴趣的任何一个单词。故事写完后，与儿童一起大声读出来，适时停下来，让他自己读出一个词。

环境调整

除了可能支持儿童学习书写的人际互动策略，环境调整通常也是有用的。根据 TPBA2 的发现，团队可以考虑下列的一些环境调整。

1. 提供各种各样的书写材料。在教室中提供书写材料，特别是儿童在家、学校和社区里观察到的各类材料，以便他模仿或扮演成人如何使用这些材料。

2. 支持有精细运动困难的儿童。有精细运动困难的儿童可能需要使用握笔器、大尺寸的或单独改装的书写工具。为儿童提供有趣且有吸引力的方式来拓展其精细运动技能，如用各种各样的材料来创作艺术作品（例如，在画架上的画，橡皮泥，用胶水和胶带粘在纸上的小东西）。巧妙利用设有障碍的设计来激发精细运动。如，故意将颜料管上的盖子拧紧，要求儿童把颜料从颜料管中挤到画架上的颜料罐中，或者让儿童当"看门人"，这个"职责"让儿

---

① 美国学乐公司的一个品牌名。——译者注
② dictionary 和 picture 的合并写法。——译者注

童有更多练习开门动作的机会。

3. 调整书写空间。可以调整书写空间的物理平面（例如，水平的、垂直的、有角度的）来支持儿童的书写能力。注意哪只手是儿童的优势手，以及书写空间是否有利于儿童使用优势手。

4. 调整儿童书写的纸张。具有触觉功能，如有凸起线的纸可以帮助一些儿童知道在纸上的什么位置写字。一些儿童可能需要行距特别宽大的纸，从而给他们足够的空间写字，行线的视觉支持有助于他们安排在纸面上的什么位置写字。

5. 支持有肢体障碍的儿童。有肢体障碍的儿童可能需要进行各种各样的调整，包括调整书写用具，专门的坐姿和姿势，书写板的适宜角度，或独特的书写方式，如口述给抄写者。

6. 支持有视力障碍的儿童。有视力障碍的儿童可能需要环境方面的技术支持，如提供特殊的照明，在工作空间中书写活动的位置，放大镜，具有触觉功能的纸张（如凸起线），或盲文笔记本。

1.5　为需要帮助以支持读写能力发展的儿童制订的常规活动

1.5.1　日常常规（家庭和教室）

喂食/进食

成人拿着两瓶婴儿食品，把标签面向儿童，并说"梨子"（她将打开的瓶子靠近儿童，让她闻里面的气味）和"香蕉"（然后，她把另一个瓶子移近儿童，让她闻）。然后，成人并排拿着这两个瓶子，使用面部表情并说："你来选一瓶。"然后，这个策略可以演变成利用代表食物和饮料的照片或图片，并在图片下方标注文字，来帮助儿童选择早餐、午餐、晚餐和零食。例如，父母、照料者或老师可以把一张下方写有"苹果"字样的苹果的图片，和一张下方写有"橙子"字样的橙子的图片拿给儿童，并让他选择苹果或橙子，当他/她指向某个图片时，应将每张图片的口语词与书面词相对应。重要的是，要提供足够的等待时间，让儿童能够在头脑中处理选择，并利用眼神、手势或言语来回应。

换尿不湿/如厕

可以将儿童的照片或展示换尿不湿或上厕所程序的图片放置在更换尿不湿处或厕所区域附近。随着常规程序一步一步地进行，成人可以将儿童的注意力引导到这些视觉呈现上。成人可以为每一步匹配相应的语言，从而提高儿童的词汇量、理解能力和排序技巧。对于大一些的儿童，教师可以利用照片、图片符号或线条画连同每张图片的单词来说明，如洗手的顺序。这些图片可以张贴在儿童如厕后洗手的环境区域中。

穿衣

穿衣服这一生活环节为语言和沟通、做出选择、利用视觉呈现有顺序的步骤、使用精细运动和自理技能等方面提供了丰富的机会。成人可以通过说出衣服的名称、肢体活动和身体部位以及使用计数的单词（例如，一只袜子、两只袜子）和形容词（例如，红色衬衫、蓝色衬衫）来提升儿童的词汇量。成人可以提供衣物的选择（例如，同时给出两个选择，"你今天想穿蝙蝠侠衫，还是超人内裤？"）。日常穿衣服的步骤可以用儿童穿衣服的照片或从左到右有序排列的符号图片来进行视觉呈现。成人可以参考视觉呈现来询问"下一步做什么？""首先做什么？"或"最后做什么？"当儿童自己穿衣服时，成人可以利用语言描述他的行为（例如，"雷塞穿上了袜子"）。此外，成人可以给儿童接受帮助或者自己穿衣服的选择。当儿童在幼儿园需要帮助穿衣服时（例如，穿上外套、鞋子、绘画罩衫等），成人可以等待、观察，在看见儿童需要帮助时走近她，并问："你需要什么？"这是儿童使用语言描述其需求或寻求帮助的机会。

外出

在与儿童一起外出之前，父母可以使用符号图片来表示事件的顺序。在按照从左到右的顺序展示和解释、排列和陈设之后，父母将排列好顺序的图片放置在外出时儿童可以看见的地方。随着每个部分按顺序完成，就移除相应图片，从而显示剩下的部分。这一策略有助于在阅读和解释符号图片时教授顺序、时间、预测、任务完成以及识字。为了方便回忆，父母和儿童可以在完成任务回家后，按照先后顺序重新摆放照片。对于有视觉障碍的儿童（取决于儿童的功能性视觉能力），父母可以提供触觉符号，给儿童一个代表此任务目标或目的地的一个有形的物体，解释他们何时以及如何去完成这个任务，并解释需要多长时间。患有自闭症的儿童可能会受益于持有一个与任务相关的有形物体，以及使用符号图片来说明任务、目的地和时间的流逝，因为随着任务逐渐完成，每个图片都被移除。

1.5.2 游戏常规（家庭和教室）

面对面游戏

面对面游戏是成人能够专注于支持儿童的听力技巧和提高其词汇量的时机。通常，儿童喜欢玩电话，模仿别人对着它说话。因为交谈是电话的目的，作为一个功能性的玩具，电话激发对话、询问和回答问题，以及鼓励儿童交谈。使用真正的电话（如，废弃/过时的手机或座机）可以激励儿童。面对面游戏需要两部电话，参与的双方人手一部。对于大多数儿童来说，当成人跟随儿童的角色扮演或选择的对话话题时，儿童的玩法会比成人带头的更丰富，且持续的时间更长。

体育游戏

在户外游戏时，教师在儿童骑三轮车的区域放置"交通信号"标识。这些标识表示停、行、等和看。为儿童提供制作和展示自己的标识的材料。询问儿童是否还需要其他道具(或玩具;例如,口哨、旗子、加油站的箱子)。鼓励有意愿的儿童加入游戏,向不能骑三轮车的儿童提供带轮子的皮卡车或踏板车,儿童可以坐在上面自己推或由另一名儿童或成人推。当成人和儿童一起游戏时,她可以模拟读出和回应"交通信号"标识。

操作性游戏

利用漂浮在水中的海绵字母,儿童可以探索字母,找到他们认识的字母,并给他们知道的字母命名。儿童通常在学会其他字母之前就学会了自己名字里的字母(特别是他们名字的第一个字母)。成人应该确保儿童名字中的字母漂浮在水上。作为这个游戏的延伸,成人可以提供让儿童在上面盖字母戳的纸,从而留下印记。成人也可以在儿童需要或表现出兴趣时,命名和帮助他找到字母来支持这类游戏。如果儿童已经对这些信息有所准备,成人也可以说出儿童选择的每个字母的声音(即音素)。

感觉游戏

成人可以为儿童提供用海绵画画的材料,来拓展上一段描述的海绵字母游戏。成人可以通过描述儿童在画画中使用的字母来对游戏和其中读写能力的发展提供支持。关注儿童是否在画画中使用了自己的名字或朋友的名字中的一个字母,她是否拼出了一个单词或近似一个单词的词,或者她是否在她的画作中反复使用一个字母,并做出评论。

假扮游戏

在假扮游戏中,大纸盒经常会激发创造力。游戏主题伴随着丰富的语言机会而出现。大盒子可以放置在室内或室外,游戏主题很可能会随着设置和当时的兴趣而发生变化。当儿童使用物品来代表其他时(例如,盒子变成了一座房子或一辆汽车),他们正在运用象征技能,而这正是读写技能发展的一部分。

1.5.3 阅读和学习常规

圆圈时间

教师可以利用圆圈时间让孩子们形成一个描述未来一天的晨讯,孩子们可以把自己的想法说给教师,一起读出来,并在一天结束时反思一下。这些词可以配上由孩子或成人创作的画作,以帮助孩子们阅读这些信息。

一对一阅读

一对一阅读为儿童提供了做出选择、扩大词汇量及享受成人或大龄儿童一对一关注的机会。成人可以轻松地与儿童进行个性化的沟通,以适应儿童独特的需求和兴趣。儿童可以选择要阅读的书并参与故事阅读的过程(例如,翻页、指出图片、给图片命名、在读者暂停时说出词等)。成人可以帮助儿童将他对故事的理解与经验联系起来,创造一个与故事相似的经历,并让儿童参与到有关故事的对话中。

科学与数学

大多数儿童喜欢将配料组合在一起制作东西的过程。例如,儿童按照指导玩橡皮泥。这项活动蕴含很多支持儿童读写能力发展的机会,例如,听说明书;学习配料的名称;标注制作橡皮泥所需要的动作;阅读食谱、配有配料和说明的视觉图;按照指示的顺序完成步骤;称量和计数需要添加的配料;回想制作的步骤和/或配料;以及操作摆弄作品,从而构建手写所需要的精细运动技能。选择可以很容易地包含在活动中,如制作什么颜色的橡皮泥,是否添加香料或香味以及添加什么香料或香味,橡皮泥制作完成后如何处理,等等。成人可以增加字母饼干来拓展学习经验。可以用数码相机记录这一活动,之后成人可以帮助儿童把这段经历写成故事,并配上数码照片说明。

案例:娜奥米

娜奥米是一名四岁的脑瘫儿童。她使用轮椅、手臂和双手的动作有限。尽管她的肢体面临巨大的挑战,但是娜奥米喜欢与人交往。当人们和她讲话时,她的脸上绽放出大大的笑容,声音也变得快乐起来。她的父母说:"娜奥米是一个聪明的小女孩,她被身体障碍所困,无法做她真正想做的事情。"他们意识到,当他们的女儿学习阅读时,他们需要帮助她发展达成读写所需要的技能。

娜奥米喜欢有人给她读书。她看着书中的照片,可以用眼神表示她想阅读哪本书。她的父母想知道他们还能做些什么来帮助她学习阅读。因为娜奥米无法说话,也无法走动,她的沟通方式和与他人互动的方式都有限。在许多场合,特别是当大多数人都不了解如何与她互动的时候,她就变成了一个观察者。

以下是被纳入到娜奥米的读写能力发展干预计划中的建议。

人际互动策略

1. 通过使用真实的物品、照片和符号图片,为娜奥米提供用目光做出选择的机会。为每一次的选择标注符号和相关的书面名称。

2. 使用以年轻女孩的声音编程的语音输出通信辅助器(Voice-Output Communication,VOCA),鼓励娜奥米参与有脚本的沟通交流,与其他儿童一起读故事书中的复读行,并参与日常的课堂活动。

3. 支持娜奥米在日常生活中、在阅读期间,以及在家庭、学校和社区的有计划的活动中不断拓展词汇量。

4. 提供一种辅助沟通设备,让娜奥米可以用来发起和加入与他人自然的对话。设备的复杂程度(即高科技与低科技)应该符合娜奥米的认知、语言交流和运动能力水平。设备应该在她生活、学习和游戏的环境中方便使用。

5. 阅读和/或描述娜奥米每天都能看到的标签、标识和环境标志，以便她可以自己学习阅读。

6. 反复阅读她选择的最喜欢的故事书。

7. 找到那些可以让娜奥米在故事阅读中变成积极参与者的方式（例如，拿着书、翻页、指示何时翻页、目光指向图片或文字、利用她的沟通设备复读、做出预测、回答与故事相关的问题）。

8. 当班上的其他儿童开始专注于学习他们名字中的字母时，如果娜奥米表现出学习自己名字的兴趣，则为她提供合适的三维字母，让她摆弄、探究和/或从视觉上仔细观察。

9. 在娜奥米的沟通设备中提供字母，以支持她探索它们在书写、拼写和与他人沟通方面的用途。

环境调整

1. 确保娜奥米的姿势正确，以支持她对沟通设备的使用，并使她在故事阅读时间和其他的日常活动中保持稳定。另外，确保娜奥米可以全天候地使用到主要的设备。

2. 确保娜奥米的目光可以接触到正在阅读的故事书和正在使用的沟通设备。

3. 确保环境中的照明适合娜奥米的需求。

4. 确保环境中的噪音水平适合娜奥米的需求。

5. 改装故事书，让娜奥米尽可能地单独拿着并探索它们。

6. 在适当和需要时使用合适的设备、合适的工具和支持性策略，如手把手（Hand-over-Hand），帮助娜奥米参与艺术、写作、科学与数学等活动。

7. 支持娜奥米尽可能独立地参与日常生活。

参考文献

Base, G. (1997). *Animalia*. New York: Harry N. Abrams.

Carle, E. (1969). *The very hungry caterpillar*. New York: Scholastic.

Carle, E. (1974). *All about Arthur (an absolutely absurd ape)*. Danbury, CT: Franklin Watts.

Carle, E., & Martin, B., Jr. (1996). *Brown bear, brown bear, what do you see?* New York: Henry Holt & Co.

Dr. Seuss. (1963). *Dr. Seuss's ABC*. New York: Random House.

Emberley, B., & Emberley, E. (1967). *Drummer Hoff* (2nd ed.). New York: Simon & Schuster Children's Publishing.

Katz, K. (2000). *Where is baby's belly button?* New York: Little Simon.

Kunhardt, D. (2001). *Pat the bunny* (reissue edition). New York: Golden Books.

Lear, E., & Macdonald, S. (2005). *"A" was once an apple pie*. New York: Orchard Books/Scholastic.

Logan, J. (1992). *Froggy gets dressed*. New York: Puffin Books.

RH Disney. (2005). *Can you find Nemo?* New York: Random House.

Slobodkina, E. (1987). *Caps for sale: A tale of a peddler, some monkeys and their monkey business* (reissue edition). New York: HarperTrophy.

Tallon, R. (1979). *Zoophabets*. New York: Scholastic.

不同发展年龄的干预要点

以下建议针对的是处于相应发展水平的儿童。这些建议并不是全面的，而是表明了可能探索的领域。

发展年龄	初期读写技能	干预要点
0—3个月	看有对比的图案，触摸图片，转向各种各样的声音。 可以定位声音的来源。	寻求合适的位置来展示物品和简单、高对比度的图片。对于非常小的婴儿来说，黑色和白色可能是有效的对比色。 解说人类、动物和环境的声音（例如，"那是小猫。小猫说，'喵，喵，喵'"）。 坐在一个舒适的地方，抱着婴儿，大声朗读，让婴儿开始把阅读与愉快的经历联系起来。
3—6个月	仔细观看图片几秒钟。 在关注图片的同时听成人说话。 认出熟悉的物品和人；开始发出声音，如"咕咕"和各种开放元音；参与声音游戏。	用短小、简单的单词、短语或句子命名图片。 当宝宝认出熟悉的人或物（例如，"那是茜茜"或简单地说，"茜茜!"）时，一定要关注和回应。 回应婴儿发出的声音（如，咕咕），就像是在和他们对话。成人适时暂停片刻，以便让婴儿有机会参与。 允许婴儿和对话伙伴之间轮流。 翻看相册，翻页并叫出照片中熟悉的人物。 提供一个舒适温馨的环境，阅读短篇的图画书，文字简单、图片清晰、整洁的图画书，有触觉感的书和纸板书。 寻求关注同一事件、行动、物品、人、动物等的机会，从而建立婴儿协同关注的技能。

续表

发展年龄	初期读写技能	干预要点
6—9个月	对自己的名字和一些熟悉的单词有所回应。 开始咿呀学语（例如，"妈妈""爸爸""丫丫"等）。 伸手去抓并抓住书。 把书拿到嘴里啃咬或吮吸。 探索和摆弄书（例如，打开、合上）。 帮助翻页。 主动把书给成人来读。 双手拿着书。	对婴儿发起的涉及语言和交流的互动，应做出敏感的回应。 回应婴儿的咿呀学语，就像它带有意义一样，并且留出空挡，就好像是该轮到宝宝说话了。 为婴儿提供适合发展阶段的各种书籍来摆弄和探索。 提供一个温馨舒适的环境，和婴儿一起看着一本书①或读书。 扩展图书的类型，包括互动式翻翻书；可以轻松摆弄的相册；以及带有纹理的书，如有触觉感的书。 接受婴儿主动提供的书，或提供两本书让婴儿选择，关注婴儿提供/选择的书，并和他一起看。 收录带有简单的图片、简洁的语言的书，以及可以使用声乐韵律（即旋律和节奏）和身体运动配合单词节奏的书。 寻求机会，通过关注同一事件、物品、人等来发展共同的认识，让婴儿描述或命名（例如，"这是妈妈！妈妈的家！"）。
9—12个月	把书从书架上拿(拽、拉等动作均可)下来。 和书玩躲猫猫②。 一边指着图片，一边叫出名字或内容。 拍打图片。 喜欢人或动物面部的图片。 朝着熟悉的图片大笑或微笑。 在成人发出有趣的声音或用一种有趣的方式阅读时微笑。 长时间坐在成人的膝盖上看书。 用手势请求重复阅读一本书。 独立翻页，但不是一次翻一页。 开始叫出物品的名字。 随着节奏运动。 涂鸦。	继续与儿童一起阅读，允许她选择想阅读的书，翻页，并与书和阅读者互动。 跟随儿童的提议③与儿童一起"玩"书；命名儿童手指着或在观看的图片。 给儿童看画面上有小婴儿、动物以及熟悉的物品的书。 满怀热情地阅读有节奏和押韵的书，提供充分的愉悦体验。抱着儿童或坐在儿童旁边的时候，身体随着节奏移动/摇摆。 持续跟随或引导儿童一起关注附近环境中的物品、人和发生的事情，从而培养协同关注的技能（例如，"这是一辆大卡车！一辆喔喔叫的大卡车！"）。 为儿童提供鼓励他/她尝试做记号的材料（例如，纸张、记号笔、大蜡笔等）。 坐在儿童旁边，做和儿童一样的探究活动，让儿童主导艺术或书写活动。 对亲子双方的行动和结果做出评论，从而表明兴趣和关注，并利用这一机会扩大词汇量。

---

① 有时婴儿不能读，但是仅仅看着或玩一本书也是有意义的。——译者注
② 比如把书藏起来，儿童会关注，然后再拿出来。——译者注
③ 指儿童表现出兴趣。——译者注

续表

发展年龄	初期读写技能	干预要点
12—18个月	将一本倒置的书向右翻转或倾斜头部。 借助他人的帮助,拿住打开的书。 看书时,一下翻很多页。 通过搜寻或反复地把一本书翻到某一页来显示最喜欢那本书的这一页。 走路时带着书。 根据内容选择书。 把书交给成人来读。 在看一幅有名称的图片时,至少保持2—5分钟的兴趣。 看到书中的动物图片时发出动物的声音。 看见图画、插图说明时表现出对文字的熟悉(说出其中的一些词)。 说出图片中物品的名称。 当被问及"……在哪儿"时,正确地指向熟悉的目标。 把书中的一个物品或动作与现实中的物品和动作相联系。 使用"书牙牙语(book kobkle)"(听起来像是在阅读的牙牙语)。	像上个年龄段一样地继续给儿童阅读图画书和故事书;提供多种多样的选择(例如,互动书,翻翻书,有触感的书,有照片/图片的书,纸板书),以及可以随身携带的书。 允许婴儿翻动正在看和/或阅读的书的页面。 提供可以发展词汇的图书和经验,以及儿童可以指出和命名或发出相关声音的图画书(例如,关于服装、食物、动物、日常生活的书)。 要求儿童指出书中熟悉的目标(例如,"狗狗在哪里?")。如果儿童回答错误,请不要说"不对",而是指着正确的图片,简单地说,"这是狗狗"。如果儿童回答正确,要回答"对"或"对,这是狗狗"或"狗狗!这是狗狗!"这一经历应该是既好玩又有吸引力的,而不应该像一个测验。 在故事阅读中间适时停下来,让儿童自己说出一个熟悉的单词或某些图片的名字。 认同"书牙牙语"是阅读①。 为儿童提供材料(如纸、书写工具、艺术材料等),让他们探索做标记的方法,自己动手,并创作作品。 敏感地回应婴儿涉及语言和交流的互动的愿望,通过扩展儿童的话和重新造句来逐步发展语言。
18—24个月	把书从书架上拿下来,并替换书籍。 在家里走动时随身带着书。 用书作为传递物品的桥梁。 坐着看一本书达若干分钟。 偶尔或无意地撕页。 指着一幅图,问"这是什么?"或能表示这张图需要一个名称。 能够区分印刷字和非印刷字。 认识一些印刷字。 注意到打印品不仅仅是图片。 当儿童叫出图片的名字时,指向图片下方的标签②。 在阅读中使用"书牙牙语"。 背诵或引用一些著名故事、儿歌、歌曲的片段。 表演出书中展示或提到的动作。 对书中描写的角色或情境表现出同情。 在书与书之间建立联系③。 喜欢各种各样的互动式图书。 探索用铅笔或蜡笔做记号。 涂鸦演变成更受控制的垂直和水平线条。	继续为儿童提供和阅读各种各样的故事书,以及多提供机会让儿童参与到故事阅读过程中(例如,选择阅读哪本书,拿着书,翻页,当朗读者停顿时让儿童发声或者说出词语"填空"等)。 以重复阅读儿童喜欢的故事书的方法吸引儿童参与阅读活动,自发地朗读著名故事中的声音、单词或句子。 适时地将图片或故事与熟悉的经历或日常生活关联起来④。 对物品、人物和事件进行描述与命名,并提供丰富的经验,以扩大词汇量。 这是词汇量大幅度增长的时期,所以要求儿童说出和聆听环境中事物的名称。当儿童需要知道事物的有关知识和物品名称时,要及时地给予应答。 继续为儿童提供多样的书写和美术材料,供他们探索和尝试。

---

① 允许和支持而非纠正。——译者注
② 意味着儿童知道图片是有文字说明的。——译者注
③ 即儿童能看到一本书同另一本在内容、任务或者场景等方面的相似或不同。——译者注
④ 即故事书引发了一些生活中的相关经历。——译者注

续表

发展年龄	初期读写技能	干预要点
24—36个月	在书中寻找他/她喜欢的图片。 通常能够指出哪个是图片,哪个是文字,明白印刷字是什么。 配合图片说出相应的词语。 跟过去相比能够听更长一些的故事。 谈论书中的角色和情节,表现出对其中的故事有一定的理解。 将故事与自己的经历相联系。 当朗读者暂停时,儿童能填上文本中的词或短语。 在朗读者之前说出下一个单词或短语,或在阅读一本可预测/熟悉的书时与朗读者一起读。 在成人误读了熟悉故事中的一个单词时,表示反对;通常还会提供正确的词。 在熟悉的印刷字上用手指或手指着读(说),能说出或解释其内容。 给娃娃、毛绒动物或自己读书。 阅读一些环境中的印刷字(例如,熟悉的标识)。 复制垂直线和水平线。 可以控制一点肌肉,随意地在纸上做记号。 开始早期的涂鸦,画出的记号有一定规律。	阅读更长的故事和最受儿童喜爱的故事。 在阅读熟悉的图书期间暂停一下,以便让儿童说出下一个词或短语。 在阅读熟悉的图书时,询问"我想知道下一步是什么?"或"下一步是什么?"为儿童提供学习预测和回忆的机会。 如果儿童表示他/她想要一起读,请放慢阅读的速度。在故事分享阅读中,成年人将其手指放在文字下方移动,并鼓励儿童做同样的事情。 如果儿童有兴趣,鼓励她在故事阅读期间沿着印刷文字移动手指。 帮助儿童将故事与她自身的经历联系起来(例如,"昨天我们在公园里看到一辆像这样的卡车")。 在儿童所处的环境中提供类似其他人使用的书写材料(例如,铅笔、钢笔、记号笔、纸张、卡片、信封)。 为儿童提供各种各样的艺术材料,供他们探索摆弄和用来创作。
36—48个月	知道字母表中的每个字母都有自己的名称。 可以识别十个或更多的字母(特别是自己名字中的字母)。 开始关注熟悉的单词中的起始音。 开始将字母与声音相匹配。 区分字母和数字。 开始区分熟悉单词中的韵律和韵声。 拼出简单单词的韵律。 关注头韵。 可以识别简单的高频词。 开始把单词分解成音节。 认识自己的印刷体名字。 认识当地环境中的印刷字。 知道这是在故事中读到过的印刷字。 可以重述一个简单的故事的前后顺序。 将故事中的信息和事件与现实生活相联系。 问题和评论表明其理解了故事的字面意思。 开始预测一个不熟悉的故事接下来会发生什么。 阅读画作,就像上面有字一样。 开始意识到书面符号是有意义的,并开始创作自己的符号。 可能有意地把他/她自己的涂鸦当作在写字。 在纸上的横线内从左到右地涂写重复的图案,对肌肉的控制明显增加。 知道不同的文本形式可用于不同的目的。 尝试写短信息。	在儿童提出要求时,给他阅读字母书,告诉儿童字母的名称和发音,并鼓励儿童说出他知道的字母名称。 指出儿童名字中的字母及其对应的发音。 在学前教育的环境中,用儿童的名字与他选择的一个符号配对来标注属于他的空间,或者他的任务(例如,玩具小屋,在圆圈时间他坐在哪里,他的课堂工作)。 阅读包含计数的书,鼓励儿童加入节奏性的朗读和数数口诀。 在数数口诀中使用韵律节奏,尽可能从左到右指物和做动作,将数字与物品配对。这样,儿童学会了一一对应,并强化了阅读和书写时所需的从左至右的移动。 延展使用韵律节奏的活动,支持儿童创作自己的韵律,并由成人听写下来,然后读出来。 阅读含有头韵的图书,并鼓励儿童一起阅读经常读的书。 无论阅读熟悉还是不熟悉的故事,都鼓励儿童预测后面的情节或结果。 持续寻求帮助儿童扩展词汇量的方法。 在故事阅读中,利用儿童的口语和完形填空(即在空白处填词)来支持其语言的发展。 在课堂学习区角增加读写材料,例如电话簿、记事本、擦写板、熟悉的社区餐厅的菜单和餐厅订单,以及假扮游戏区的食谱等。

续表

发展年龄	初期读写技能	干预要点
	向他人展示阅读和写作尝试。 画简单的画。 画的人有头和一至四个特征。 创作可以识别但不精准的视觉作品或符号(例如,场景、熟悉的物品、动物、设计)。 画出线条和形状(例如,圆形、正方形、对角线、交叉线)。 说出单词、短语和句子,让他人写下来。	参观学前班或社区的图书馆。帮助儿童选择一本书借阅。和儿童一起看或读书。 为各种各样的书写目的提供材料(例如,书写用具、卡片、列表、标签、标识、信息、故事等)。 为儿童的创意表达和探索提供艺术材料。
48—60个月	认识和读出所有大写与小写字母。 知道很多,但不是全部的字母及其发音。 表现出理解口语单词是由一系列音素组成的。 能够听一些音素,然后将音素混合成单词。 在听见一个词时,可以生成一个有韵律节奏的词。 阅读经常出现的词语和周围环境中的印刷字。 知道一本书的各个组成部分及其功能。 在听熟悉的故事或读自己写的作品时,目光或手指会跟着文字。 可以说出一些书和作者的名字。 能够识别几种类型或种类的文本。 可以回答有关正在朗读的故事的问题。 根据插图或部分文字内容作出预测。 结合涂鸦开始写字母或非常接近的字形;慢慢地,类似字母的形状和真正的字母替代了涂鸦。 从环境中复写几个单词。 可以使用一组已知的字母(通常是辅音)来组成一个单词。 写自己的名和姓。 写一些朋友和同学的名字。 在书写的单词之间留出空格。 独立写出字母表中的大写和小写字母。 写短信息时从左至右、从上到下。 开始在书写中使用标点符号。 书写时经常把字母反过来。 既使用自己发明的拼写方法,也采用符合常规的拼写方法。 开始积累一定数量的按常规拼写的单词。 口述消息和故事让人记下来。 给插图写标签和标题。 画一个人,有头和八个或更多的特征。	为儿童提供利用其语音技巧和逻辑思维能力解码新单词的机会[例如,"既然我读了关于丛林(jungle)中大象的故事,那么以'j'开头的单词可能是'jungle'"]。 寻找机会讨论字母表中可以读出熟悉单词的字母(例如,儿童的姓和名)。 与一群儿童一起使用大书,使他们可以看到文字和插图。把她的手放在你正在读的文字的下面,不时地在儿童认识的词的位置停下来。 鼓励儿童自己制作一本他们自己的关于共同兴趣或经历的大书。在成人的帮助下,他们可以编故事、写/记故事,并配插图。撰写大书的儿童可以在第一页作为作家和/或插画家签名,这样,不仅运用了写作技巧,还可以学习作家和插画家是做什么的。同样的过程可以用来创作诗歌或有押韵词的故事。一个儿童可以自愿给其他儿童读故事。 在这一发展时期,儿童通常会对棋盘游戏感兴趣。利用诸如糖果王国(Candy Land)、记忆(Memory)或宾果(BINGO)等游戏(用字母表中的字母代替数字)来发展读写能力。"我看到游戏"(I Spy)是一个很好的提高听力技巧的游戏。 继续关注词汇量的扩展;教授已知单词的替代词(例如,"是的,那是一条狗,一种叫做可卡犬的狗")。 持续给儿童阅读,把它当作享受愉悦、词汇量增长和学习新的信息或概念的途径。 鼓励儿童参与正在阅读的故事的讨论(即实施对话性阅读策略)。 继续参观学前班或社区的图书馆。帮助儿童选择一本书借阅。看和/或读其所要求的书。 继续为儿童的创意表达和探索提供各种艺术材料。

续表

发展年龄	初期读写技能	干预要点
60—72个月	语言库扩展了。 识别出口语单词的首音和尾音。 组成韵律词,并能够区分韵律词与非韵律词。 混合和分割口语词的音节。 混合和分割单音节单词中的音素。 利用字母—声音的对应关系来读①。 利用图片线索帮助自己进行阅读和理解。 目视认出常见的、不规则拼写的单词。 拥有300—500个单词的阅读词汇量。 阅读并理解简单的书面说明书。 能监测自己的阅读,当单词不符合线索或语境时自我纠正。 重新建构/讲述故事。 理解一本书的部分信息(例如,封面、标题、目录)。 能够预测故事中的下一个情节并给出预测的理由。 判断故事的问题和情节。 描述从文本中获得的信息。 阅读和理解适合其发展阶段的小说和非小说读物。 写印刷体的名字和简单的单词。 书写或抄写字母或数字。 在书写中使用基本的大写字母和标点符号。 通过音素拼写单词来使用发明的拼写方法。 正确使用短元音,拼写有3或4个字母的单词。 展示出需要使用常规拼写的意识。 利用资源找到正确的拼写。 选择自己的读写活动,如读书、查找信息、给朋友写字条。 口述消息和故事。 创建自己的书面文本供他人阅读。 制作和讲述包含情节与结构的真实或想象的故事。 创作各种类型的作文,显示出对文本和插图综合运用的理解。	因为这个年纪的儿童正在发展其解码书面文字的能力,所以为他们提供无需成年人帮助就可以读给其他儿童的故事书。 继续给儿童阅读,通过提问和讨论情节、人物、结果、问题及其解决方案、故事如何或是否与他们自身的经历相连接等话题,让儿童参与对话或谈话,提升他们的阅读能力。 请儿童预测故事下一步会发生什么。 鼓励儿童搜寻和阅读书籍以获取信息。例如,如果一个儿童对仓鼠感兴趣,成人可以指导他找到关于仓鼠的书,以及如何从书中了解更多的有关仓鼠的信息。 继续参观学校或社区图书馆。帮助儿童选择一本书借阅。和他一起看和/或读他要求的书。 通过经验和说明性的书继续支持儿童扩展词汇量。 鼓励儿童编写自己的故事并配插图,他们可以读或者表演给其他人。 虽然这个年龄段的儿童经常会使用自己发明的拼写,但他们也有兴趣弄清楚正确的拼写方式。成年人可以指导儿童学习探索单词拼写的策略。

---

① 在拼音文字中,儿童可以自己按照字母通常的读音来自己试着拼读。——译者注